Dierk Schröder

Elektrische Antriebe – Regelung von Antriebssystemen

Springer

Berlin
Heidelberg
New York
Barcelona
Hongkong
London
Mailand
Paris
Tokio

Dierk Schröder

Elektrische Antriebe – Regelung von Antriebssystemen

2., überarbeitete und erweiterte Auflage

 Springer

Universitäts-Professor Dr.-Ing. DIERK SCHRÖDER
Technische Universität München
Lehrstuhl für Elektrische Antriebssysteme
Arcisstraße 21
80333 München
e-mail: eat@ei.tum.de

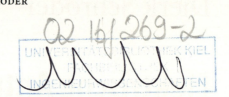

ISBN 3-540-57610-X   1. Auflage Springer Verlag Berlin Heidelberg New York
ISBN 3-540-41994-2   2. Auflage Springer Verlag Berlin Heidelberg New York

Die Deutsche Bibliothek – CIP-Einheitsaufnahme

Schröder, Dierk:
Elektrische Antriebe / Dierk Schröder. –
Berlin ; Heidelberg ; New York ; Barcelona ; Hongkong ; London ;
Mailand ; Paris ; Tokio : Springer
2., überarb. und erw. Aufl. – 2001
   ISBN 3-540-41994-2

Springer-Verlag Berlin Heidelberg New York
ein Unternehmen der BertelsmannSpringer Science+Business Media GmbH

http://www.springer.de

© Springer-Verlag Berlin Heidelberg 2001
Printed in Germany

Einbandgestaltung: medio Technologies AG, Berlin
Satz: Digitale Druckvorlagen des Autors

SPIN: 10836704   62/3020xv - 5 4 3 2 1 0 - Gedruckt auf säurefreiem Papier

Vorwort zur 2. Auflage

Die erste Auflage des Buches „Elektrische Antriebe 2: Regelung von Antrieben" hat eine erfreuliche Aufnahme gefunden, so daß die Neuauflage erforderlich ist. Dies wurde als eine Chance und als Ansporn gesehen, dem neuen Buch erstens eine Neuordnung der Kapitel zu geben. So folgt nach den grundlegenden regelungstechnischen Kapiteln 1 – 5 nun das Kapitel 6: *Abtastsysteme*. Weiterhin folgt dem Kapitel 7: *Regelung der Gleichstrommaschine* sowie den Kapiteln wie der regelungstechnischen Modellbildung von netzgeführten Stromrichter–Stellgliedern oder Fehlereinflüsse und Genauigkeit bei geregelten Systemen nun die Regelung der Asynchronmaschine und danach die Regelungsvarianten der Synchronmaschinen. Erst nach der Regelungen der Antriebe an sich erfolgt die Erweiterung um mechatronische Fragestellungen.

Zweitens wurden einige Kapitel in sich neu geordnet und um neue Aspekte erweitert, um eine durchgängigere Folge der Darstellungen zu erzielen. Beispielsweise wurde eine neue und damit geschlossenere Darstellung des regelungstechnischen Verhaltens der netzgeführten Stromrichter–Stellglieder erarbeitet. In Kapitel 8.6.3 werden von Herrn Prof. Kennel – in Erweiterung der nicht ausregelbaren und ausregelbaren Fehler sowie der erreichbaren Genauigkeiten von Regelungen – die Auswirkungen der absoluten und differentiellen Genauigkeiten von Drehzahl- und Positionsgebern dargestellt. Weiterhin wurden drei typische Verfahren zur Stromeinprägung bei Drehfeldmaschinen bzw. für Stellglieder auf der Netzseite eingefügt. In Kapitel 15.5.1 wurden außerdem von Herrn Prof. Steimel die Varianten der direkten Selbstregelung ausführlich dargestellt. Es liegt somit nun eine durchgängige Beschreibung der Stromeinprägungen bei den unterschiedlichsten Stromrichter–Stellgliedern vor.

Drittens wurden neue Fragestellungen aufgenommen. Die selten angesprochene Problematik der Stellgrößen–Beschränkung bzw. der Sättigung und die entsprechenden Gegenmaßnahmen (Regler–Windup und Strecken–Windup) wird in Kapitel 5.6 von Herrn Dr. Hippe und Herrn Dr. Wurmthaler abgehandelt. Weiterhin wird in Kapitel 14 das sich noch in der Entwicklung befindliche Gebiet der geberlosen Regelung von Asynchronmaschinen dargestellt. Da diese Anforderungen auch für die anderen Drehfeldantriebe bestehen, wurden im Literaturverzeichnis zusätzlich die entsprechenden Veröffentlichungen für die anderen Drehfeldantriebe, d.h. der Synchronmaschinen und der Reluktanzmaschinen, angegeben.

In Kapitel 16.5 wird von Herrn Dr. Bauer die feldorientierte Regelung der Synchronmaschine beschrieben. Damit liegen nun die relevanten Regelverfahren sowohl für die Asynchronmaschine als auch für die Synchronmaschine geschlossen vor. Weiterhin folgt nach dem mechatronischen Grundkapitel 18: *Drehzahlregelung bei elastischer Verbindung zur Arbeitsmaschine* nun ausgehend von diesem Kapitel die Schwingungsdämpfung in Kapitel 19 von Herrn Dr. Filipović. In Kapitel 19 werden ganz neue Ansätze wie der Linear Active Resonator (LAR) oder der Bandpass–Absorber (BPA) dargestellt. Ausgehend von diesen einfachsten mechatronischen Grundansätzen folgt in Kapitel 20 die Darstellung der objektorientierten Modellierung von Antriebssystemen von Herrn Dr. Otter, so daß mit diesem Werkzeug beliebig komplexe Systeme mittels Simulation analysiert werden und die Reglerentwicklung sowie die Optimierung des Gesamtsystems erfolgen können. Abschließend folgt in Kapitel 21 die Darstellung der Regelung kontinuierlicher Fertigungsanlagen von Herrn Dr. Wolfermann; dies ist ein langjähriges spezielles Arbeitsgebiet des Lehrstuhls.

Außer diesen grundlegenden Verbesserungen und Erweiterungen erfolgte mit großer Unterstützung der Mitarbeiter eine Vielzahl von zeitraubenden Detail–Verbesserungen, die in ihrem Umfang hier nicht aufgezählt werden können.

Ich bin sowohl meinen Mitarbeitern für die tatkräftige Unterstützung als auch den vielen externen Autoren außerordentlich dankbar, daß sie neben ihrer beruflichen Arbeitsbelastung meiner Bitte entsprochen haben und einen Beitrag für dieses Buch abgefaßt haben. Ein besonderer Dank gilt meiner Sekretärin, denn allen diesen Beiträgen mußte der entsprechende Rahmen gegeben werden.

Ich hoffe sehr, daß unsere vereinten Anstrengungen allen Lesern dieses Buches die Chance gibt, sich in das komplexe Gebiet der Regelung elektrischer Aktoren und der mechatronischen Systeme effizient einzuarbeiten, erworbenes Wissen aufzufrischen und zu vertiefen sowie mit den dargestellten Werkzeugen einen Ansatzpunkt zu finden, die wachsenden Anforderungen an die zu regelnden Systeme erfüllen zu können.

In Erweiterung des Ihnen vorliegenden Buches liegt inzwischen das Buch „Intelligent Observer and Control Design for Nonlinear Systems" vor, in dem insbesondere für nichtlineare mechatronische Systeme Verfahren zur Identifikation, Modellierung und Regelung dargestellt werden.

München, im Frühjahr 2001   Dierk Schröder

Vorwort

Das vorliegende Lehrbuch ist das zweite Buch in der vierbändigen Reihe „Elektrische Antriebe".

Die Schwerpunktthemen dieses Bandes sind die Regelungsvarianten sowohl der drehzahlvariablen Gleichstrom– als auch der Drehstrom–Antriebe.

Der vorliegende Band baut auf dem ersten Band „Elektrische Antriebe 1, Grundlagen" auf. Dies bedeutet, daß Fragen zur Auslegung von Antriebssystemen, die Signalflußpläne für Gleichstrom– und Drehstrom–Maschinen, die Steuereingriffe und deren Wirkung sowie die Funktion der Stellgliedvarianten im Ansatz als bekannt vorausgesetzt werden. Dies gilt ebenso für die grundlegensten Kenntnisse der Regelungstechnik.

Großer Wert wird auf die durchgängige Darstellung der mathematischen Behandlung von Regelkreisen, der Stabilität sowie der Optimierungskriterien und deren praktische Anwendung gelegt. Es wird deshalb nicht nur das Betragsoptimum und das symmetrische Optimum, sondern auch das allgemein anwendbare Dämpfungsoptimum ausführlich behandelt.

Ein weiterer Schwerpunkt ist die Darstellung der Regelungen von Drehfeldmaschinen. Aufgrund der Bedeutung dieses Gebiets werden die grundlegenden Signalflußpläne der Asynchron– und Synchron–Maschine und deren Abwandlungen in den verschiedenen Koordinatensystemen und Orientierungen noch einmal kurz wiederholt. Erweitert werden die Darstellungen um die permanent erregten Drehfeldmaschinen. Es folgt eine ausführliche Darstellung von Entkopplungsverfahren zur Regelung von Drehfeldmaschinen. Diese Vorgehensweise hat zwei Vorteile: Erstens wird damit das komplexe Thema der Feldorientierung leichter verständlich und zweitens resultieren die Entkopplungsverfahren in relativ einfach zu realisierenden Regelverfahren. Es folgen die Erläuterungen zur feldorientierten Regelung einschließlich der Diskussion verschiedener Modelle und der Parameteradaption.

In einem weiteren Kapitel werden die Rückwirkungen mechanischer Systeme auf den elektrischen Antrieb beispielhaft erläutert.

Um die angestrebte Durchgängigkeit des Lehrbuchs zu erreichen wurden auch Sonderfragen wie Fehlereinflüsse, Genauigkeit sowie Schirmung oder Approximationen des dynamischen Stellglied–Verhaltens dargestellt.

Das Ziel dieses Lehrbuches ist, sowohl eine Einführung zu geben für Studierende der elektrischen Antriebstechnik an den Fachhochschulen und den Technischen Hochschulen als auch den in der Industrie Tätigen eine Auffrischung des Wissens zu ermöglichen.

Wiederum möchte ich meiner Familie und meinen wissenschaftlichen Mitarbeitern danken für das Verständnis, die Unterstützung und die hilfreichen Diskussionen bei der Abfassung. Gedankt sei auch den Mitautoren von Lehrgängen des VDI–Bildungswerkes, mit denen ich vor vielen Jahren einen intensiven Gedankenaustausch über die industriell angewandten Regelungsverfahren hatte.

München, im Frühjahr 1995   Dierk Schröder

Inhaltsverzeichnis

1 Regelungstechnische Grundbegriffe und Grundregeln

1.1 Gegenüberstellung von Steuerung und Regelung

Bei technischen — aber auch anderen — Systemen besteht häufig die Aufgabe, bestimmte Größen auf einen gewünschten Wert zu bringen und dort zu halten. Diese Größen bezeichnet man als Ausgangsgrößen x des Systems. Damit aber die Ausgangsgrößen auf den gewünschten Wert gebracht und dort gehalten werden können, müssen die geeigneten Eingangsgrößen u der Strecke bekannt und zugänglich sein.

In Abb. 1.1 ist dies symbolisch und am Beispiel der Strecke „Gleichstromnebenschlußmaschine" (GNM) dargestellt. Die Eingangsgröße bzw. die Stellgröße u ist hierbei die Ankerspannung U_A. Der Ausgangsgröße x entspricht in diesem Beispiel die Motor-Drehzahl N. Der Block „Strecke" sei in Abb. 1.1 nur die Gleichstrommaschine. Die mathematischen bzw. funktionellen Zusammenhänge sind im Band „Elektrische Antriebe — Grundlagen" beschrieben [35, 36].

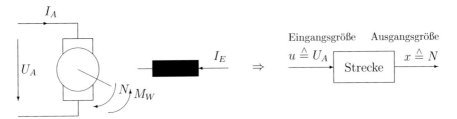

Abb. 1.1: *Steuerung der Gleichstromnebenschlußmaschine (GNM)*

Wenn der Zusammenhang zwischen U_A und N genau bekannt ist (beispielsweise bei Leerlauf im stationären Betrieb $N = K\,U_A$), dann kann durch Verstellen von U_A die gewünschte Drehzahl N eingestellt und dort gehalten werden. Wesentlich ist im vorliegenden Fall die proportionale Abhängigkeit zwischen N und U_A. Diesen Vorgang nennt man *Steuerung*.

Im allgemeinen ist aber der Zusammenhang zwischen der Stellgröße u und der Ausgangsgröße x nicht genau bekannt, da unbekannte Störgrößen z vorhanden sind, deren zeitlicher Verlauf nicht vorhergesagt werden kann.

Bei der betrachteten Gleichstromnebenschlußmaschine kann sich beispielsweise im Ankerstellbereich der Erregerstrom I_E ändern; der Erregerstrom ist in diesem Fall eine der möglichen Störgrößen, die Ankerspannung U_A die Eingangsgröße. Wenn sich nun der Erregerstrom I_E ändert und dies nicht bekannt ist, führt dies auch zu einer — unerwünschten — Änderung der Drehzahl. Eine andere Störgröße ist die Belastung der Maschine, das Lastmoment M_W, das bei Änderungen ebenso Änderungen der Drehzahl N verursacht.

Solange diese Störgrößen in ihrer Größe und in ihrem zeitlichen Verlauf nicht genau bekannt sind, werden durch die Störgrößen somit unerwünschte Veränderungen der Ausgangsgröße $x = N$ nicht zu vermeiden sein.

Um eine gezielte Beeinflussung des Systems zu erreichen, ist es deshalb notwendig, die Ausgangsgröße x zu beobachten und die Stellgröße u so zu verändern, daß die Ausgangsgröße in einem vorher vereinbarten Toleranzbereich bleibt. Der klassische Weg ist die Einführung des Regelkreises (Abb. 1.2).

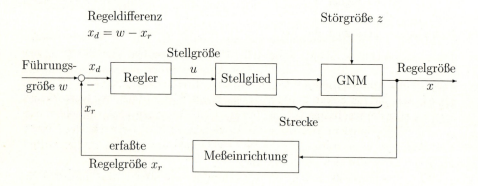

Abb. 1.2: *Regelkreis am Beispiel der Gleichstromnebenschlußmaschine*

Wie in Abb. 1.1 ist die Eingangsgröße der Strecke die Stellgröße u und die Ausgangsgröße die Drehzahl N, die in Regelkreisen wie in Abb. 1.2 Regelgröße x genannt wird. Die Strecke besteht jetzt allerdings aus dem leistungselektronischen Stellglied und der GNM. Zusätzlich sind die Störgrößen z eingetragen, die in der Strecke eingreifen und die Regelgröße x beeinflussen.

Um die Regelgröße x auf den gewünschten Wert zu bringen und dort zu halten, wird sie durch eine Meßeinrichtung erfaßt. Häufig wird die Regelgröße dabei in eine andere physikalische Größe umgeformt. In unserem Fall der Drehzahlregelung wird die Drehzahl häufig mit einem Tachogenerator in eine Spannung umgeformt. Diese so erfaßte Regelgröße x_r ist der ursprünglichen Regelgröße x proportional; dies gilt zumindest im stationären Betriebsfall. Die erfaßte Regelgröße x_r wird nun mit dem Sollwert w verglichen; der Vergleich erfolgt durch Differenzbildung. Die Ausgangsgröße des Vergleichs ist die Regeldifferenz x_d.

$$x_d = w - x_r = w - K_r x \qquad (1.1)$$

Gleichung (1.1) besagt, daß die Regeldifferenz x_d Null ist, wenn der Sollwert mit der erfaßten Regelgröße x_r übereinstimmt bzw. $x = w/K_r$ ist. Für $K_r = 1$ gilt damit $x = w$.

Die Funktion des Regelkreises in Abb. 1.2 kann wie folgt erläutert werden. Es wird angenommen, daß bei jedem der Blöcke *Regler, Stellglied, GNM* und *Meßeinrichtung* eine Vergrößerung der jeweiligen Eingangsgröße im stationären Betrieb auch eine entsprechende Vergößerung der Ausgangsgröße bewirkt. Der Regler sei beispielsweise ein Verstärker mit der Verstärkung K_R, das Stellglied könne mit dem Verstärkungsfaktor K_{STR}, die GNM könne mit der Verstärkung K_S im stationären Zustand approximiert werden. Dann gilt:

$$x = K_S K_{STR} u = K_S K_{STR} K_R x_d = K x_d \qquad (1.2)$$

Dies bedeutet, je höher die resultierende Verstärkung K ist, desto geringer kann das ansteuernde Signal sein, um den gewünschten Ausgangszustand (Arbeitspunkt) zu erhalten.

Nun gilt aber zusätzlich die Gleichung

$$x_d = w - x_r = w - x \qquad \text{mit} \qquad K_r = 1 \qquad (1.3)$$

Eine erste Erkenntnis aus dieser Gleichung ist, daß die Regelgröße x im stationären Zustand der Sollgröße w mit einem Regelfehler x_d folgt, der umso kleiner ist, je größer die resultierende Verstärkung K ist. Die zweite Erkenntnis ist, daß bei nur proportionalem Verhalten im Vorwärtskanal Regler–Strecke der Istwert x den Sollwert w im stationären Betrieb nicht exakt erreichen kann. Der Vorteil der Regelung ergibt sich bei Einwirkung von Störgrößen z.

Wird eine Störgröße z, wie z.B. das verlangte Lastmoment M_W an der Welle erhöht, dann werden die Drehzahl N bzw. Regelgröße x und damit die erfaßte Regelgröße x_r absinken. Die Regeldifferenz x_d wird aufgrund $x_d = w - x_r$ zunehmen, dies gilt ebenso für u, so daß die Regelgröße an den Sollwert herangeführt wird. Verringert sich eine Störgröße, so wird die Drehzahl N bzw. die Regelgröße x zunehmen, die Regeldifferenz x_d und die Größe u dagegen abnehmen, so daß die Regelgröße x wiederum an den Sollwert w zurückgeführt wird.

Die Aufgabe der Regelung besteht somit darin, die Auswirkung der Störgröße z auf die Regelgröße x zu begrenzen. Die gewählte Struktur in Abb. 1.2 bewirkt, daß die Regelgröße x der Führungsgröße w folgt. Die Regelung hat somit die zweifache Aufgabe, die Regelgröße x auf die Führungsgröße w einzuregeln und Störungen auszuregeln. Bei den bisherigen Überlegungen hat sich im stationären Zustand jeweils eine stationäre Regeldifferenz x_d ergeben, die umso geringer ist, je größer die resultierende Verstärkung gewählt wird. Eine andere Lösung ist eine Reglerstruktur, die einen Integralanteil enthält und die somit im stationären Betrieb $x_d = 0$ erzwingt.

Bei einer Änderung der Führungsgröße w bzw. bei Änderungen der Störgrößen z wird die Regelgröße x allerdings nicht sofort den stationären Endzustand erreichen können, sondern mit einer gewissen Verzögerung reagieren. Beispielsweise wird eine Erhöhung der Drehzahl–Führungsgröße w zu einer Erhöhung des Reglerausgangssignals u und zu einer Erhöhung der Ausgangsgröße des Stellglieds führen. Aufgrund des Trägheitsmoments des Rotors der Gleichstrommaschine wird die Regelgröße x (Drehzahl N) aber nicht sofort folgen können.

Wenn nun die Verstärkung K_R des Reglers erhöht wird, dann wird die Stellgröße u wesentlich mehr ausgesteuert als vorher. Dadurch wird sich die Regelgröße x schneller ändern als bei einer kleineren Verstärkung des Reglers. Eine Erhöhung der Verstärkung im Regelkreis führt somit zu einer Verringerung der Verzögerung im Führungsverhalten des Regelkreises. Allerdings kann die Verzögerung nicht immer durch eine Erhöhung von K_R beliebig verringert werden. Die gleiche Aussage gilt für das Störverhalten.

Die grundsätzlichen Eigenschaften der Regelung sind (ohne Beweise):

- der Wirkungsablauf findet in einem geschlossenen Kreis – dem Regelkreis – statt.

- Der Einfluß von Nichtlinearitäten und unstetig arbeitenden Systemkomponenten,

- der Einfluß der Störgrößen und

- der Einfluß von Verzögerungen in der Strecke werden in der Auswirkung auf die Regelgröße x verringert.

Die Regelung hat gegenüber der Steuerung somit beachtliche Vorteile. Zusammenfassend ergeben sich folgende charakteristische Eigenschaften von Regelungen und Steuerungen, die in der Tabelle Seite 5 oben zusammengestellt sind.

Zur Beurteilung der Güte von Regelkreisen dient häufig die Sprungantwort, d.h. der zeitliche Verlauf der Regelgröße bei Beaufschlagung des Regelkreises mit einer sprunghaften Änderung der Führungsgröße oder einer Störgröße. Die dafür wichtigen Definitionen sind einer typischen Sprungantwort (sprunghafte Änderung der Führungsgröße) zu entnehmen, vgl. Abb. 1.3.

Es ergeben sich somit drei Forderungen für die Regelung:

1. Der Regelkreis muß stabil sein.

2. Die bleibende (stationäre) Regeldifferenz muß innerhalb eines gegebenen Toleranzbandes bleiben bzw. möglichst klein sein.

3. Die Regelgröße x soll der Führungsgröße w so schnell wie möglich folgen.

Eigenschaft	in Steuerungen	in Regelungen
Grundstruktur	Kettenstruktur	Kreisstruktur
Wirkungsablauf	stets nur in einer Richtung vom Eingang zum Ausgang	im geschlossenen Kreis, d.h. Rückkopplung der Regelgröße auf den Eingang zum Sollwert
Einfluß von Nichtlinearitäten in der Regelstrecke	volle Auswirkung	verminderte Auswirkung
Einfluß von Störgrößen die Regelstrecke	voller Einfluß	reduzierter Einfluß
Zeitverhalten	wie von der Regelstrecke vorgegeben	z.B. durch Überverstellung Verringerung der Einstellzeiten möglich
Stabilität	von der Strecke vorgegeben	die Möglichkeit der Instabilität ist gegeben. Instabile Strecken können stabilisiert werden

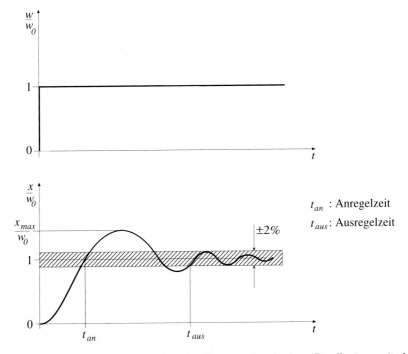

t_{an} : Anregelzeit

t_{aus}: Ausregelzeit

Abb. 1.3: *Charakteristische Größen der Sprungantwort eines Regelkreises mit dem Bezugs–Sollwert w_0*

Jede dieser Forderungen ist eine Bedingung sowohl für das Führungsverhalten als auch für das Störverhalten des Regelkreises. Ziel der weiteren Überlegungen muß daher sein, trotz hoher resultierender Verstärkung des Regelkreises und damit kleiner stationärer Regeldifferenz sowie geringem Einfluß von Störgrößen, die Stabilität und ein gewünschtes dynamisches Verhalten sicherzustellen. Dazu ist notwendig, daß zunächst die Übertragungsfunktionen der Komponenten des Regelkreises bekannt sind. Mit diesen Kenntnissen wird dann die Analyse des Regelkreises und der Entwurf (Synthese) der geeigneten Regeleinrichtung ermöglicht.

1.2 Beschreibung des dynamischen Verhaltens eines Systems durch den Signalflußplan

Der Signalflußplan eines Systems wird in zwei Schritten aufgestellt:

1. Aufgrund der physikalischen Gesetze werden die Funktionalbeziehungen (Übertragungsfunktionen) ermittelt, die zwischen den verschiedenen zeitveränderlichen Größen der betrachteten Komponente bestehen.

2. Durch geeignete (vereinbarte) Symbole werden diese Funktionalbeziehungen im Signalflußplan anschaulich dargestellt.

Dieses Vorgehen soll am Beispiel eines unbelasteten RC–Gliedes gezeigt werden (Abb. 1.4).

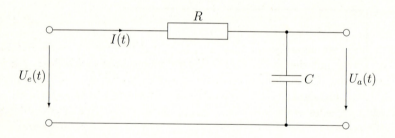

Abb. 1.4: *RC–Glied*

Bei der Aufstellung der physikalischen Gleichungen empfiehlt es sich meist, mit den Zusammenhängen für die *energietragenden Größen* zu beginnen. Im Falle des RC–Gliedes wird im elektrischen Feld des Kondensators Energie gespeichert, beschreibbar durch die Ladung oder die Spannung des Kondensators. Im vorliegenden Fall ist die Kondensatorspannung gleichzeitig die Ausgangsgröße des Systems und deswegen zu dessen Beschreibung besonders geeignet.

Aus der Kondensatorgleichung folgt:

$$\frac{dU_a(t)}{dt} = \frac{1}{C} \cdot \frac{dQ}{dt} = \frac{1}{C}\,I(t) \tag{1.4}$$

Aus der Schaltung folgt für den Strom $I(t)$:

$$I(t) = \frac{1}{R}\left(U_e(t) - U_a(t)\right) \tag{1.5}$$

Wird Gl. (1.5) in (1.4) eingesetzt, dann ergibt sich nach Umformung die Differentialgleichung für die Ausgangsspannung $U_a(t)$ mit der Zeitkonstante $T = RC$ des RC–Gliedes zu

$$RC\frac{dU_a(t)}{dt} + U_a(t) = U_e(t) \tag{1.6}$$

$$T\frac{dU_a(t)}{dt} + U_a(t) = T\dot{U}_a + U_a = U_e(t) \tag{1.7}$$

Die letzte Gleichung stellt die Differentialgleichung 1. Ordnung des RC–Gliedes dar. Für vorgegebene Verläufe der Eingangsgröße läßt sich durch Lösung der Differentialgleichung der zugehörige Verlauf der Ausgangsgröße berechnen. Für den Fall des Einschaltens einer Gleichspannung U_0 zum Zeitpunkt $t = 0$ ergibt sich der bekannte Exponentialverlauf der Ausgangsgröße:

$$U_e(t) = \begin{cases} 0 & \text{für } t < 0 \\ U_0 & \text{für } t \geq 0 \end{cases} \tag{1.8}$$

$$U_a(t) = U_0\left(1 - e^{-t/T}\right) \tag{1.9}$$

Wird statt der sprungartigen Eingangsspannung mit der Amplitude U_0 eine Eingangsspannung mit der normierten Amplitude Eins an den Eingang geschaltet, dann ist das Eingangssignal die Testfunktion $\sigma(t)$ (Einheitssprungfunktion) und das Ausgangssignal wird *Sprungantwort* oder auch *Übergangsfunktion* des Übertragungsgliedes genannt. Dies ist im Symbol anschaulich dargestellt (vgl. Abb. 1.5 rechts).

Die Ermittlung des Signalflußplanes vereinfacht sich wesentlich, wenn statt der Aufstellung und der Lösung der Differentialgleichung im Zeitbereich direkt in einem Bildbereich gearbeitet wird. Vorzugsweise wird die Laplace–Transformierte benutzt. Im Fall des RC–Tiefpasses kann die Differentialgleichung in den Laplace–Bereich transformiert werden, indem im wesentlichen die Differentiation durch den Laplace-Operator s ersetzt wird. Man erhält (alle Anfangsgrößen $U_i(t < 0) = 0$) aus Gl. (1.7):

$$U_a(s)\,(sT + 1) = U_e(s) \tag{1.10}$$

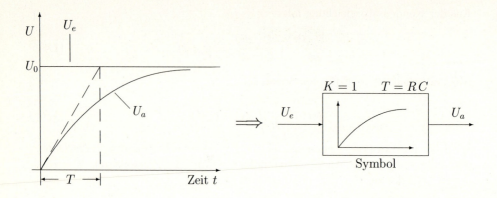

Abb. 1.5: *Sprungantwort und Symbol der Übergangsfunktion*

oder mit $G(s)$ als Übertragungsfunktion des RC–Tiefpasses:

$$G(s) = \frac{U_a(s)}{U_e(s)} = \frac{1}{1 + sT} \tag{1.11}$$

Im Spezialfall eines linearen elektrischen Netzwerks kann die Laplace–Übertragungsfunktion mittels komplexer Rechnung allerdings viel schneller bestimmt werden, wenn im komplexen Rechnungsgang $j\,\omega$ durch s ersetzt wird.

$$U_e(s) = I(s)\left(R + \frac{1}{sC}\right) \tag{1.12}$$

$$U_a(s) = I(s)\frac{1}{sC} \tag{1.13}$$

also mit $s = \sigma + j\,\omega$

$$G(s) = \frac{U_a(s)}{U_e(s)} = \frac{\dfrac{1}{sC}}{R + \dfrac{1}{sC}} = \frac{1}{1 + sRC} = \frac{1}{1 + sT} \tag{1.14}$$

Wesentlich ist, daß unterschiedliche physikalische Systeme dieselbe Übertragungsfunktion haben können. Wir betrachten z.B. Abb. 1.6.
Es gilt:

$$G(s) = \frac{U_a(s)}{U_e(s)} \tag{1.15}$$

$$U_a(s) = I(s)\,R \tag{1.16}$$

$$U_e(s) = I(s)\,(R + sL) \tag{1.17}$$

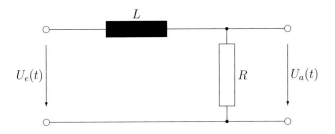

Abb. 1.6: *LR–Tiefpaß*

und mit $T = L/R$:

$$G(s) = \frac{R}{R + sL} = \frac{1}{1 + s\dfrac{L}{R}} = \frac{1}{1 + sT} \tag{1.18}$$

Dieses Verfahren ist insbesondere bei linearen Systemen besonders einfach anzuwenden, da bei Kettenstrukturen von Übertragungsgliedern die einzelnen Übertragungsfunktionen multipliziert werden (vgl. Kap. 1.3.2). Nichtlinearitäten müssen dabei als getrennte Blöcke dargestellt werden.

Wesentlich bei der Ermittlung der Differentialgleichung bzw. der Übertragungsfunktion ist, daß dabei die Auftrennung des gesamten Systems in Einzelblöcke an rückwirkungsfreien Stellen erfolgt, d.h. daß sich durch die Verkettung der Einzelfunktionen zum Gesamtsystem nicht die einzelnen Übertragungsfunktionen an sich ändern. Diese Voraussetzung ist allgemein zu beachten.

Die Bedeutung der Bedingung der Auftrennung an rückwirkungsfreien Stellen soll am folgenden Beispiel erläutert werden. Es wird der belastete RC–Tiefpaß in Abb. 1.7 betrachtet.

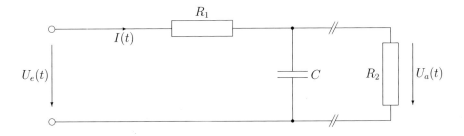

Abb. 1.7: *Belasteter RC–Tiefpaß*

Wenn $R_2 \to \infty$ ist, dann gilt mit $T = R_1 C$

$$G_1(s)\Big|_{R_2 \to \infty} = \frac{1}{1 + sT} \tag{1.19}$$

Wenn $R_2 \neq \infty$ ist, ergibt sich jedoch

$$G_2(s)\Big|_{R_2 \neq \infty} = \frac{U_a(s)}{U_e(s)} \tag{1.20}$$

$$U_a(s) = I(s)\, \frac{\dfrac{R_2}{sC}}{R_2 + \dfrac{1}{sC}} = I(s)\, \frac{R_2}{1 + sR_2C} \tag{1.21}$$

$$U_e(s) = I(s)\left(R_1 + \frac{R_2}{1 + sR_2C}\right) \tag{1.22}$$

$$G_2(s)\Big|_{R_2 \neq \infty} = \frac{R_2}{(1 + sR_2C)\left(R_1 + \dfrac{R_2}{1 + sR_2C}\right)} \tag{1.23}$$

$$G_2(s)\Big|_{R_2 \neq \infty} = \frac{R_2}{R_1 + R_2} \cdot \frac{1}{1 + s\,\dfrac{R_1 R_2}{R_1 + R_2}\,C} \tag{1.24}$$

Aus dem Vergleich der beiden Übertragungsfunktionen $G_1(s)$ und $G_2(s)$ ergibt sich, daß sich sowohl die statische Verstärkung als auch die Zeitkonstante des RC–Tiefpasses geändert hat, d.h. eine Auftrennung an dieser Stelle ist unzulässig.

1.3   Frequenzgang

Im letzten Abschnitt wurde das Zeitverhalten einer Strecke untersucht, d.h. es interessierte der zeitliche Verlauf der Ausgangsgröße U_a, z.B. nach einer sprunghaften Änderung der Eingangsgröße U_e. Das Verhalten wurde somit im Zeitbereich betrachtet.

Eine andere Betrachtungsweise untersucht die Eigenschaften von Übertragungsgliedern bei sinusförmiger Anregung in Abhängigkeit von der Frequenz. Das Verhalten wird dann im Frequenzbereich betrachtet.

Wir betrachten ein physikalisches System (Abb. 1.8), das durch ein sinusförmiges Signal $U_e(t)$ angeregt wird. Die sinusförmige Anregung am Eingang wird beschrieben durch

$$U_e(t) = \hat{U}_e \cos \omega t \tag{1.25}$$

mit der Amplitude $\hat{U}_e$ und der Kreisfrequenz ω, kurz Frequenz genannt. Da wir uns hier auf die Behandlung linearer Glieder beschränken wollen, wird bei sinusförmiger Anregung $U_e(t)$ auch die Ausgangsgröße $U_a(t)$ *im eingeschwungenen Zustand* ein sinusförmiges Signal mit der gleichen Frequenz sein. Verändert ist

Abb. 1.8: *Strecke*

jedoch im allgemeinen die Amplitude und der Phasenwinkel von $U_a(t)$ gegenüber $U_e(t)$. Für die Ausgangsgröße gilt daher allgemein

$$U_a(t) = \hat{U}_a(\omega)\,\cos(\omega t + \varphi(\omega)) \tag{1.26}$$

mit der Amplitude $\hat{U}_a$ der Ausgangsschwingung und dem Phasenwinkel $\varphi(\omega)$ zwischen Eingangs– und Ausgangsschwingung.

Wird ein lineares System mit einem sinusförmigen Signal konstanter Amplitude angeregt, so antwortet das System somit im eingeschwungenen Zustand mit einem ebenfalls sinusförmigen Signal mit ebenfalls konstanter Amplitude. Das Amplitudenverhältnis zwischen Eingangs– und Ausgangssignal ist abhängig von der Frequenz. Außerdem wird im allgemeinen zwischen Ein– und Ausgangsschwingung eine Phasenverschiebung festzustellen sein, die ebenso von der Frequenz abhängig ist.

Wenn nun im Frequenzbereich (Bildbereich) der Quotient von Ausgangs– und Eingangsgröße gebildet wird, dann erhält man den Frequenzgang $F(j\omega)$ (vgl. Abb. 1.9):

$$F(j\omega) = \frac{U_a(j\omega)}{U_e(j\omega)} = |F(j\omega)|\,e^{j\varphi(\omega)} = \frac{\hat{U}_a(\omega)}{\hat{U}_e(\omega)}\,e^{j\varphi(\omega)} \tag{1.27}$$

Der *Frequenzgang* stellt somit das Verhältnis von Ausgangs– zu Eingangsgröße bei sinusförmiger Anregung in Abhängigkeit von der Frequenz dar.

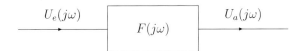

Abb. 1.9: *Frequenzbetrachtung*

Im allgemeinen sind sowohl das Amplitudenverhältnis

$$|F(j\omega)| = \frac{\hat{U}_a(\omega)}{\hat{U}_e(\omega)} = \sqrt{\mathrm{Re}^2\{F(j\omega)\} + \mathrm{Im}^2\{F(j\omega)\}} \tag{1.28}$$

als auch der Phasenwinkel $\varphi(\omega)$ frequenzabhängig:

$$\varphi(\omega) = \arctan \frac{\operatorname{Im}\{F(j\omega)\}}{\operatorname{Re}\{F(j\omega)\}} \tag{1.29}$$

Der Zusammenhang zwischen Eingangs– und Ausgangsgröße wird in der komplexen Zahlenebene dargestellt (Abb. 1.10 rechts).

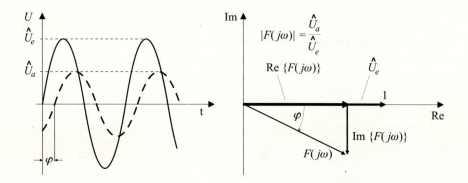

Abb. 1.10: *Untersuchung des Frequenzverhaltens*

Experimentell erhält man den Frequenzgang eines Übertragungsglieds durch Oszillographieren und Vergleichen der sinusförmigen Eingangs– und Ausgangsgröße (Verhältnis der Amplituden, Phasenverschiebung) oder mit industriell gefertigten Geräten.

Die rechnerische Ermittlung des Frequenzganges von $F(j\omega)$ erfolgt nach den Regeln der komplexen Rechnung. Als Beispiel soll die Berechnung des Frequenzganges des RC–Tiefpasses gemäß Abb. 1.11 gezeigt werden.

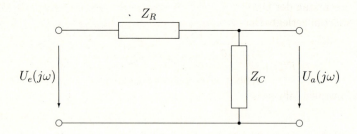

Abb. 1.11: *Ermittlung des Frequenzganges durch komplexe Rechnung*

Mit $Z_R = R$ und $Z_C = 1/(j\omega C)$ gilt

$$F(j\omega) = \frac{U_a(j\omega)}{U_e(j\omega)} = \frac{Z_C}{Z_R + Z_C} = \frac{\dfrac{1}{j\omega C}}{R + \dfrac{1}{j\omega C}} \qquad (1.30)$$

und für $T = RC$ folgt

$$F(j\omega) = \frac{1}{1 + j\omega T} \qquad (1.31)$$

Der Frequenzgang des RC–Gliedes (Verzögerungsglied) zeigt die zu erwartende Frequenzabhängigkeit. Für $\omega = 0$ gilt $U_a = U_e$, für $\omega \to \infty$ folgt $U_a = 0$ und für $\omega = 1/T$ wird $U_a = U_e/\sqrt{2}$ und $\varphi = -45°$ (siehe Abb. 1.10).

Aus dem Berechnungsgang ist zu entnehmen, daß der Frequenzgang der Sonderfall der Übertragungsfunktion mit $\sigma = 0$ ist:

$$s = \sigma + j\omega \to j\omega \qquad (1.32)$$

Der Grund für die besondere Bedeutung der Frequenzdarstellung liegt in der einfachen meßtechnischen Erfassung. Dies ist insbesondere bei Übertragungsgliedern wichtig, bei denen die Funktionalbeziehung theoretisch nicht oder nur sehr schwierig zu ermitteln ist. Außerdem ist das Verfahren außerordentlich anschaulich.

Der Frequenzgang läßt sich sowohl in rechtwinkliger (Ortskurve) als auch in logarithmischer Darstellung (Frequenzkennlinien, Bode–Diagramm) auftragen.

1.3.1 Darstellung in rechtwinkligen Koordinaten (Ortskurvendarstellung)

Für jede Frequenz ω ergibt sich nach Kap. 1.3 ein Punkt für den Frequenzgang in der komplexen Zahlenebene. Die Verbindung der Punkte mit unterschiedlicher Frequenz ergibt die Ortskurve des Frequenzganges $F(j\omega)$.

Zur Berechnung der Ortskurve wird der komplexe Ausdruck in den Real– und den Imaginärteil zerlegt. Der Betrag des Frequenzganges $F(j\omega)$ ergibt sich dann zu

$$|F(\omega)| = \sqrt{\text{Re}^2\{F(j\omega)\} + \text{Im}^2\{F(j\omega)\}} \qquad (1.33)$$

Der Phasenwinkel läßt sich berechnen aus

$$\tan\varphi = \frac{\text{Im}\,\{F(j\omega)\}}{\text{Re}\,\{F(j\omega)\}} \qquad (1.34)$$

Für das RC–Glied mit

$$F(j\omega) = \frac{1}{(1 + j\omega T)} \qquad (1.35)$$

ergibt sich

$$F(j\omega) \ = \ \frac{1}{1+\omega^2 T^2} - \frac{j\omega T}{1+\omega^2 T^2} = \mathrm{Re}\left\{F\right\} + j\,\mathrm{Im}\left\{F\right\} \qquad (1.36)$$

$$\tan\varphi \ = \ -\omega T \qquad\qquad\qquad\qquad\qquad\qquad (1.37)$$

$$|F(\omega)| \ = \ \frac{1}{\sqrt{1+\omega^2 T^2}} \qquad\qquad\qquad\qquad\qquad (1.38)$$

Die Ortskurve des RC–Gliedes beschreibt einen Halbkreis im 4. Quadranten der komplexen Zahlenebene, vgl. Abb. 1.12. Bei einer Änderung der Zeitkonstanten T ändert sich lediglich die ω–Teilung auf dem Halbkreis.

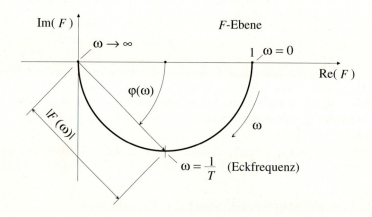

Abb. 1.12: *Frequenzgang des RC–Glieds*

1.3.2 Graphische Darstellung in logarithmischer Form (Frequenzkennlinien, Bode–Diagramm)

Bei dieser Darstellung des Frequenzganges werden der *Amplitudengang* $|F(j\omega)|$ und der *Phasengang* $\varphi(\omega)$ getrennt in Abhängigkeit von ω aufgetragen. Für die ω–Achse wird ein logarithmischer Maßstab gewählt. Als Ordinate wird nicht $|F(j\omega)|$, sondern üblicherweise $20\log|F(j\omega)|$ mit der Dimension dB (Dezibel) aufgetragen; Beispiele zur Umrechnung sind der folgenden Tabelle zu entnehmen:

$$
\begin{aligned}
\left.|F(j\omega)|\right|_{dB} &= 20\log|F(j\omega)| \\[2mm]
|F(j\omega)| &= \quad 0{,}1 \quad \stackrel{\triangle}{=} \quad -20 \quad dB \\
&= \quad\quad 1 \quad \stackrel{\triangle}{=} \quad\quad 0 \quad dB \\
&= \quad\quad 10 \quad \stackrel{\triangle}{=} \quad 20 \quad dB \\
&= \quad 100 \quad \stackrel{\triangle}{=} \quad 40 \quad dB \\
&= 1000 \quad \stackrel{\triangle}{=} \quad 60 \quad dB
\end{aligned}
\tag{1.39}
$$

Für ein Verzögerungsglied erster Ordnung mit einer statischen Verstärkung K ergeben sich folgende Asymptoten:

$$
F(j\omega) = \frac{K}{1+j\omega T} = \begin{cases} K & \text{für} \quad \omega T \ll 1 \\ K/(j\omega T) & \text{für} \quad \omega T \gg 1 \end{cases}
\tag{1.40}
$$

Für den Amplitudengang folgt daraus:

$$
\left.|F(j\omega)|\right|_{dB} = 20\log\frac{K}{\sqrt{1+\omega^2 T^2}} = \begin{cases} 20\log K & \text{für } \omega T \ll 1, \text{ d.h.} \\ & \text{Gerade parallel} \\ & \text{zur Abszisse im} \\ & \text{Abstand } 20\log K \\[2mm] 20\log K & \text{für } \omega T \gg 1, \text{ d.h} \\ -20\log\omega T & \text{Gerade mit der} \\ & \text{Neigung} - 20\frac{dB}{Dekade} \end{cases}
\tag{1.41}
$$

Die Asymptoten schneiden sich bei $\omega = 1/T$ und $|F| = 20\log K$.

Der bei dieser asymtotischen Darstellung maximal auftretende Fehler ist $3dB$, denn bei $\omega = 1/T$ ist $|F(j\omega)| = K/\sqrt{2}$.

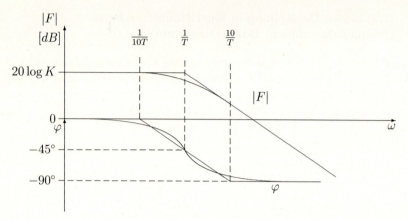

Abb. 1.13: *Frequenzkennlinie des RC–Glieds*

Für den Phasengang des gewählten Beispiels gilt (Abb. 1.13):

$$\varphi(\omega) \; = \; -\arctan(\omega T) \tag{1.42}$$

Näherungsweise kann mit folgendem Phasengang gearbeitet werden:

$$0 < \omega < \frac{1}{10T} \quad \Longrightarrow \quad \varphi(\omega) = 0° \tag{1.43}$$

$$\frac{1}{10T} < \omega < \frac{10}{T} \quad \Longrightarrow \quad \varphi(\omega) = -45° \cdot (1 + \log \omega T) \tag{1.44}$$

$$\frac{10}{T} < \omega < \infty \quad \Longrightarrow \quad \varphi(\omega) = -90° \tag{1.45}$$

In der folgenden Tabelle sind von den wichtigsten linearen Übertragungsgliedern, die in Regelkreisen auftreten können, die Differentialgleichung, die Übertragungsfunktion, der Frequenzgang, die Frequenzkennlinie und die Ortskurve aufgeführt.

Da, wie bereits in Kap. 1.2 nachgewiesen, unterschiedliche physikalische Systeme gleiche Differentialgleichungen, Übertragungsfunktionen etc. haben können, wird im folgenden grundsätzlich von den normierten Größen (Kleinschreibung) u_e und u_a ausgegangen.

$$\frac{1}{V} \cdot \frac{u_a(t)}{u_e(t)} \qquad \text{und} \qquad u_e(t) = \sigma(t)$$

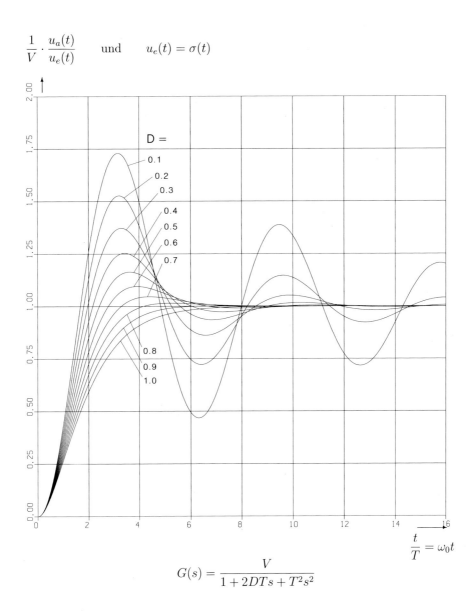

$$G(s) = \frac{V}{1 + 2DTs + T^2s^2}$$

Abb. 1.14: *Übergangsfunktionen des PT$_2$–Glieds*

System	Differentialgleichung	Übergangsfunktion
P	$u_a(t) = K\, u_e(t)$	
PT_1	$T\,\dot{u}_a(t) + u_a(t) = K\, u_e(t)$	
PT_2 aperiodisch	$T_1 T_2\, \ddot{u}_a(t) + (T_1 + T_2)\, \dot{u}_a(t) +$ $+\, u_a(t) = K\, u_e(t)$	
PT_2 schwingungs- fähig	$\dfrac{1}{\omega_0^2}\, \ddot{u}_a(t) + \dfrac{2D}{\omega_0}\, \dot{u}_a(t) +$ $+\, u_a(t) = K\, u_e(t)$	
T_t	$u_a(t) = u_e(t - T_t)$	
I	$u_a(t) = K_I \displaystyle\int u_e(t)\, dt$	
D	$u_a(t) = K_D\, \dot{u}_e(t)$	
PD	$u_a(t) = K\, (u_e(t) + T_V\, \dot{u}_e(t))$	
PI	$u_a(t) =$ $K_P\, u_e(t) + K_I \displaystyle\int u_e(t)\, dt$	

Frequenzgang	Frequenzkennlinie	Ortskurve
$F(j\omega) = K$	$|F|$, $|F|$ --- $-20\log K$; $0°$, φ, ω; $-\varphi$	j, K
$F(j\omega) = \dfrac{K}{1 + j\omega T}$	$|F|$ --- $-20\log K$; $-45°$, $-90°$, $-\varphi$, $\omega = 1/T_1$; $|F|$, φ	j, K, ω
$F(j\omega) = \dfrac{K}{(1+j\omega T_1)(1+j\omega T_2)}$	$|F|$ --- $-20\log K$; $-\varphi$, $1/T_1$, $1/T_2$; $|F|$, φ, ω	j, K, ω
$F(j\omega) = \dfrac{K}{1 + \frac{2D}{\omega_0}j\omega + \frac{1}{\omega_0^2}(j\omega)^2}$	$|F|$ --- $-20\log K$; $-180°$, $-\varphi$; $|F|$, φ, ω	j, K, $\dfrac{\omega}{\omega_0}$
$F(j\omega) = e^{-j\omega T_t}$	$|F|$, $|F|$, ω; $-\varphi$, φ	j, ω, 1
$F(j\omega) = \dfrac{K_I}{j\omega}$	$|F|$ --- $20\log K_I$; $-90°$, $-\varphi$, 1, $|F|$, φ, ω	j, ω
$F(j\omega) = K_D\, j\omega$	$|F|$, $\varphi = 90°$; 1, $|F|$, ω; $-\varphi$ --- $20\log K_D$	j, ω
$F(j\omega) = K(1 + j\omega T_V)$	$|F|$, $|F|$; $90°$ --- $20\log K$, φ, ω; $-\varphi$, $1/T_V$	j, ω, K
$F(j\omega) = K_P\, \dfrac{1 + j\omega\frac{K_P}{K_I}}{j\omega\frac{K_P}{K_I}}$	$|F|$ --- $20\log K_P$; $-90°$, $-\varphi$, φ, ω, $\omega = K_I/K_P$	j, K_p, ω

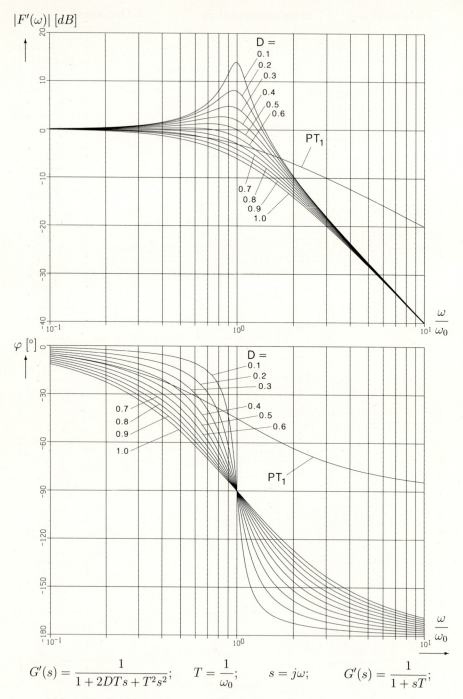

$$G'(s) = \frac{1}{1 + 2DTs + T^2s^2}; \quad T = \frac{1}{\omega_0}; \quad s = j\omega; \quad G'(s) = \frac{1}{1 + sT};$$

Abb. 1.15: *Amplitudengänge und Phasengänge des PT_1– und PT_2–Glieds*

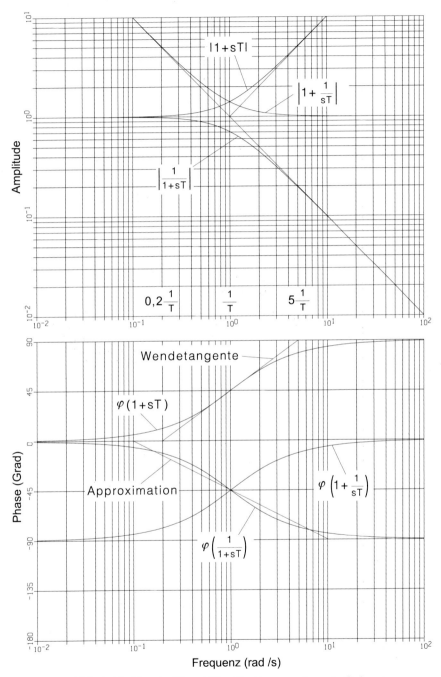

Abb. 1.16: *Konstruktionshilfen für Frequenzgänge 1. Ordnung*

1.4   Rechenregeln, Umwandlungsregeln, Signalflußplan

In den vorhergehenden Abschnitten wurde gezeigt, wie ausgehend von einem linearen physikalischen System ein Signalflußplan für dieses physikalische System entwickelt werden kann. Außerdem wurden einige Darstellungsformen vorgestellt.

Wichtig ist, daß abhängig vom Vorgehen bei der Aufstellung der Funktionalbeziehungen bzw. bei der Ermittlung der Übertragungsfunktionen Unterschiede in den Signalflußplänen auftreten können. Diese Unterschiede bewirken aber kein anderes Verhalten des Systems, sondern sind durch das andere Vorgehen und damit durch unterschiedliche Verknüpfungen der einzelnen Größen bedingt, wenn die Übertragungsfunktionen immer zwischen „rückwirkungsfreien" Stellen bestimmt werden. Die Unterschiede können dann aufgehoben werden, wenn die Signalflußpläne entsprechend den Rechenregeln umgeformt werden. Grundsätzlich wird im folgenden angenommen, daß die Übertragungsglieder linear bzw. daß Linearisierungen in den Arbeitspunkten zulässig sind.

In den folgenden Abbildungen sind die Signalgrößen üblicherweise ohne Argument angegeben. Die Bezeichnung x repräsentiert dabei sowohl den Zeitbereich $x(t)$ als auch den Bildbereich $x(j\omega)$ und $x(s)$. Es wird also im Zeit–, Frequenz– und im Laplacebereich die exakt gleiche Signalbezeichnung verwendet. Zeit t und Frequenz ω sind dabei nicht normiert. Wenn in einer Gleichung der zugehörige Bereich nicht aus dem Zusammenhang hervorgeht, wird das entsprechende Argument mit angegeben. Groß– bzw. Kleinschreibung wird zur Unterscheidung von unnormierten und normierten Größen eingesetzt. Wie bereits in den Tabellen auf den vorigen Seiten angenommen, werden aus den gleichen Gründen auch in den folgenden Ableitungen bzw. Darstellungen normierte Größen angenommen.

Es können drei verschiedene Verbindungsmöglichkeiten von Übertragungsgliedern festgestellt werden:

Kettenstruktur (Reihenschaltung)

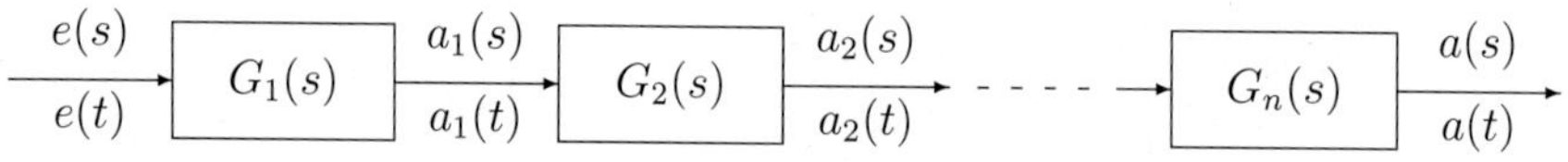

Abb. 1.17: *Kettenstruktur*

Es gilt:

$$a_1(s) = G_1(s)\, e(s) \tag{1.46}$$

analog für alle weiteren Übertragungsglieder. Somit gilt:

$$a(s) = G_1(s)\, G_2(s) \cdots G_n(s)\, e(s) \tag{1.47}$$

oder

$$G(s) = \frac{a(s)}{e(s)} = G_1(s) \cdots G_n(s) \qquad (1.48)$$

(Beachte: rückwirkungsfreie Trennstellen !)

Parallelstruktur (Parallelschaltung)

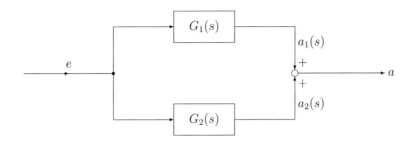

Abb. 1.18: *Parallelstruktur*

Es gilt:

$$a_1(s) = G_1(s)\, e(s) \qquad \text{und} \qquad a_2(s) = G_2(s)\, e(s) \qquad (1.49)$$

also

$$a(s) = e(s)\,(G_1(s) + G_2(s)) \qquad (1.50)$$

Kreisstruktur (Rückkopplung)

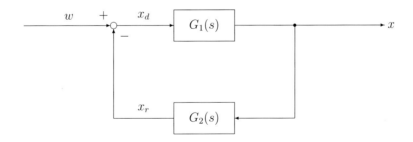

Abb. 1.19: *Kreisstruktur*

Mit den Rechenregeln

$$x(s) = G_1(s)\,x_d(s) \qquad \text{und} \qquad x_r(s) = G_2(s)\,x(s) \qquad (1.51)$$

oder

$$x_r(s) = G_1(s)\,G_2(s)\,x_d(s) = -G_0(s)\,x_d(s) \qquad (1.52)$$

und

$$x_d(s) = w(s) - x_r(s) \qquad (1.53)$$

ergibt sich mit $G_v(s) = G_1(s)$ und $G_r(s) = +G_2(s)$

$$x(s) = \frac{G_1(s)}{1 - G_0(s)}\,w(s) = \frac{w(s)}{\dfrac{1}{G_1(s)} + G_2(s)} \qquad (1.54)$$

oder

$$G_w(s) = \frac{x(s)}{w(s)} = \frac{G_1(s)}{1 - G_0(s)} \qquad (1.55)$$

mit der Führungs–Übertragungsfunktion $G_w(s)$ des geschlossenen Regelkreises. $G_0(s) = -G_1(s)G_2(s)$ wird Übertragungsfunktion des offenen Kreises genannt und spielt bei Stabilitätsbetrachtungen eine wichtige Rolle.

Rechenregeln der Signalflußplan–Algebra

Mit den obigen Rechenregeln sind die folgenden Umwandlungsregeln für die Verzweigungsstellen, Additionspunkte und Blockschaltbilder in linearen Systemen leicht zu verstehen:

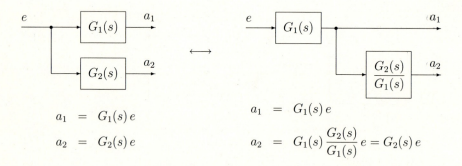

$$a_1 = G_1(s)\,e$$
$$a_2 = G_2(s)\,e$$

$$a_1 = G_1(s)\,e$$
$$a_2 = G_1(s)\,\frac{G_2(s)}{G_1(s)}\,e = G_2(s)\,e$$

Abb. 1.20: *Signalflußplan–Algebra 1*

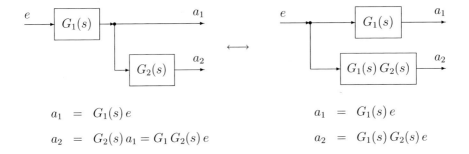

$$a_1 = G_1(s)\,e \qquad\qquad a_1 = G_1(s)\,e$$

$$a_2 = G_2(s)\,a_1 = G_1\,G_2(s)\,e \qquad\qquad a_2 = G_1(s)\,G_2(s)\,e$$

Abb. 1.21: *Signalflußplan–Algebra 2*

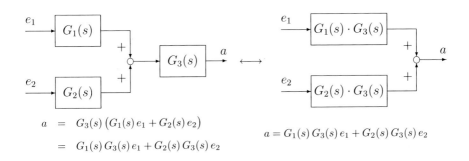

$$a = G_3(s)\big(G_1(s)\,e_1 + G_2(s)\,e_2\big)$$

$$= G_1(s)\,G_3(s)\,e_1 + G_2(s)\,G_3(s)\,e_2 \qquad a = G_1(s)\,G_3(s)\,e_1 + G_2(s)\,G_3(s)\,e_2$$

Abb. 1.22: *Signalflußplan–Algebra 3*

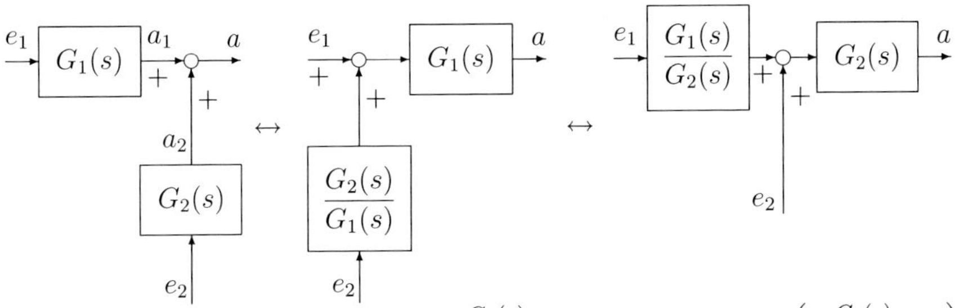

$$a = G_1(s)\,e_1 + G_2(s)\,e_2$$

$$a = G_1(s)\,e_1 + \frac{G_2(s)}{G_1(s)}\,G_1(s)\,e_2 \qquad a = G_2(s)\left(e_1\,\frac{G_1(s)}{G_2(s)} + e_2\right)$$

$$= G_1(s)\,e_1 + G_2(s)\,e_2 \qquad\qquad = G_1(s)\,e_1 + G_2(s)\,e_2$$

Abb. 1.23: *Signalflußplan–Algebra 4*

1.5 Führungs- und Störungsübertragungsfunktion

In der Regelungstechnik werden einläufige Regelkreise von vermaschten Regelkreisen unterschieden. Im folgenden sollen als erstes für den einläufigen Regelkreis charakteristische Formeln abgeleitet werden, vermaschte Regelkreisstrukturen werden in Kap. 5 behandelt.

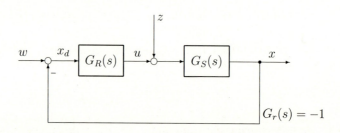

Abb. 1.24: *Regelkreis mit Führungs- und Störgröße*

Anhand des Signalflußplans des einläufigen Regelkreises (Abb. 1.24) ermitteln wir die Grundgleichungen des Regelkreises. Dabei muß der Unterschied zu Abb. 1.19 und Gl. (1.55) beachtet werden. Die Regelgröße x ergibt sich zu:

$$x(s) = G_S(s)\,(u(s) + z(s)) \tag{1.56}$$

mit $u(s) = G_R(s)\,x_d(s) = G_R(s)\,(w(s) - x(s))$ folgt

$$x(s) = G_S(s)\Big(G_R(s)\,(w(s) - x(s)) + z(s)\Big) \tag{1.57}$$

Daraus folgt:

$$x(s) = \frac{G_R(s)\,G_S(s)}{1 + G_R(s)\,G_S(s)}\,w(s) + \frac{G_S(s)}{1 + G_R(s)\,G_S(s)}\,z(s) \tag{1.58}$$

und mit $G_0(s) = -G_R(s)\,G_S(s)$ folgt

$$x(s) = \frac{-G_0(s)}{1 - G_0(s)}\,w(s) + \frac{G_S(s)}{1 - G_0(s)}\,z(s) \tag{1.59}$$

Für $z(s) = 0$ ergibt sich

$$x(s) = \frac{-G_0(s)}{1 - G_0(s)}\,w(s) \tag{1.60}$$

Diese Gleichung beschreibt die Reaktion des Regelkreises aufgrund von Änderungen der Führungsgröße w.

Die diesen Zusammenhang beschreibende Übertragungsfunktion

$$\frac{x(s)}{w(s)} = \left.\frac{-G_0(s)}{1 - G_0(s)}\right|_{G_r(s)=-1} = G_w(s) \qquad (1.61)$$

wird die *Führungsübertragungsfunktion* $G_w(s)$ des Regelkreises genannt.
Für $w(s) = 0$ ergibt sich aus der Grundgleichung

$$x(s) = \frac{G_S(s)}{1 - G_0(s)}\, z(s) \qquad (1.62)$$

Diese Gleichung beschreibt die Reaktion des Regelkreises aufgrund von Änderungen der Störgröße z. Die diesen Zusammenhang beschreibende Übertragungsfunktion

$$\frac{x(s)}{z(s)} = \frac{G_S(s)}{1 - G_0(s)} = G_z(s) \qquad (1.63)$$

wird die *Störübertragungsfunktion* $G_z(s)$ des Regelkreises genannt. Damit läßt sich die Grundgleichung des Regelkreises in folgender Kurzform darstellen:

$$
\begin{aligned}
x(s) &= G_w(s)\, w(s) + G_z(s)\, z(s) \\[2mm]
G_0(s) &= -G_R(s) G_S(s) \\[2mm]
G_w(s) &= \frac{-G_0(s)}{1 - G_0(s)} \\[2mm]
G_z(s) &= \frac{G_S(s)}{1 - G_0(s)} \\[2mm]
\text{bei} \quad G_r(s) &= -1
\end{aligned}
\qquad (1.64)
$$

Die Führungsübertragungsfunktion G_w und die Störübertragungsfunktion G_z eines Regelkreises haben denselben Nenner. Allein die Nullstellen dieses Nenners sind für die Stabilität entscheidend. Die Gleichung

$$\boxed{1 - G_0(s) = 0} \qquad (1.65)$$

wird deshalb auch die *charakteristische Gleichung* des Regelkreises genannt. Sie beschreibt den inneren Aufbau des Regelkreises vollständig. Die in dieser Gleichung vorkommende höchste Potenz von s gibt an, wievielter Ordnung die den Regelkreis beschreibende Differentialgleichung ist.

2 Stabilisierung und Optimierung von Regelkreisen

Im vorigen Kapitel wurden grundlegende Begriffe der *linearen* Regelungstechnik wie Übertragungsfunktionen, Signalflußpläne, statisches und dynamisches Verhalten, Übergangsfunktionen sowie Steuerung und Regelung erläutert. In diesem Kapitel werden nun die Bedingungen, die die Stabilität eines *linearen* Regelkreises und sein optimales Verhalten sicherstellen, dargestellt.

Die Regelung einer Anlage (genannt Strecke) hat die Aufgabe, eine vorgegebene Größe (genannt Regelgröße) auf einen vorbestimmten Wert zu bringen und sie gegen den Einfluß von Störungen auf diesem Wert zu halten.

Charakteristik der Regelung im Gegensatz zur Steuerung ist dabei, daß zu diesem Zweck die Regelgröße laufend erfaßt wird und eine Abweichung von dem gewünschten Wert dazu benutzt wird, die Strecke so zu beeinflussen, daß der gewünschte Zustand wieder hergestellt wird. Die Regelung ist somit durch einen geschlossenen Wirkungskreis gekennzeichnet.

In dem in Abb. 2.1 dargestellten Regelkreis werden die Führungsgröße w, die den gewünschten Wert der Regelgröße x darstellt, und die Regelgröße x miteinander verglichen. Die Abweichung der Regelgröße von der Führungsgröße (genannt Regelabweichung x_d) wird dem Regler zugeführt. Der Regler ist dabei der Teil des Regelkreises, mit dem die statischen und dynamischen Eigenschaften des Regelkreises beeinflußt werden können. Die Ausgangsgröße des Reglers ist die Stellgröße u, die gleichzeitig die Eingangsgröße der Regelstrecke ist.

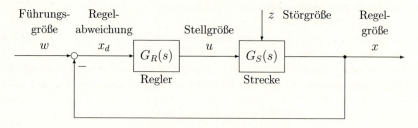

Abb. 2.1: *Prinzipbild Regelkreis*

Als äußere Größen wirken auf den Regelkreis ein:

1. Die Führungsgröße w, die den Sollwert der Regelgröße x vorgibt,

2. die Störgrößen z, deren Änderung auch eine Änderung der Regelgröße x bewirken kann, sofern die Regelung dies nicht verhindert.

2.1 Stabilität

Eine wichtige Voraussetzung, damit der tatsächliche Wert der Regelgröße (auch Istwert genannt) den Sollwert erreicht, ist die Stabilität des Regelkreises. Die Bedingung dafür läßt sich anschaulich am folgenden Beispiel im Frequenzbereich erklären.

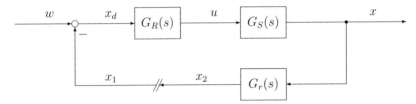

Abb. 2.2: *Aufgeschnittener Regelkreis*

Die Überprüfung der Stabilität kann am „aufgeschnittenen" Regelkreis durchgeführt werden. Der Regelkreis muß bei dieser Untersuchung allerdings stets an einer rückwirkungsfreien Stelle aufgeschnitten werden, um die dynamischen Eigenschaften der Übertragungselemente nicht zu verändern. Die Untersuchung des aufgeschnittenen Kreises ist im allgemeinen einfacher als die des geschlossenen Kreises.

Die Vereinfachung wird erstens dadurch erzielt, daß der Regelkreis aus der Hintereinanderschaltung von Regler, Regelstrecke und Rückführung besteht, deren Übertragungsfunktionen meist bekannt sind. Zweitens sind häufig zwar der Regler, die Regelstrecke und die Rückführung für sich genommen stabil, der geschlossene Regelkreis kann dagegen instabil sein.

Abbildung 2.2 zeigt den aufgeschnittenen Regelkreis mit den drei linearen Übertragungselementen $G_R(s)$, $G_S(s)$ und $G_r(s)$, bzw. im Frequenzbereich Regler $F_R(j\omega)$, Strecke $F_S(j\omega)$ und Rückführung $F_r(j\omega)$. Durch Zusammenfassen der drei Übertragungselemente ergibt sich der Frequenzgang des offenen Regelkreises:

$$F_0(j\omega) = \frac{x_2(j\omega)}{x_1(j\omega)} = -F_R(j\omega)\,F_S(j\omega)\,F_r(j\omega) \tag{2.1}$$

Die Vorzeichenumkehr an der Vergleichsstelle wird als proportionale Übertragungsfunktion mit der Verstärkung -1 berücksichtigt. Die Führungsgröße w wird

zu Null gesetzt. Speist man an der Schnittstelle ein sinusförmiges Anregungssignal x_1 mit der Kreisfrequenz ω_1 und der Amplitude $\hat{x}_1$ ein,

$$x_1 = \hat{x}_1 \sin(\omega_1 t) \tag{2.2}$$

dann wird im eingeschwungenen Zustand das Signal x_2 ebenfalls ein sinusförmiges Signal mit derselben Frequenz sein. Gegenüber dem Signal x_1 hat jedoch
das Signal x_2 im allgemeinen eine unterschiedliche Amplitude $|F_0(j\omega_1)|\,\hat{x}_1$ und
Phasenlage $\varphi_0(\omega_1)$ (siehe auch Abb. 1.10 und 2.4).

$$\begin{aligned}
x_2 &= F_0(j\omega_1)\,x_1 = -|F_0(j\omega_1)|\,e^{j\varphi_0(\omega_1)}\,x_1 \\
&= -|F_0(j\omega_1)|\,\hat{x}_1 \sin\left(\omega_1 t + \varphi_0(\omega_1)\right)
\end{aligned} \tag{2.3}$$

Dabei ist zu beachten, daß $\varphi_0(\omega)$ den Phasenwinkel von $-F_0(j\omega)$ bezeichnet.
Auch stellen die Ortskurven immer $F_R\,F_S\,F_r$ dar, also $-F_0$.

Zur Erklärung der Stabilität wird nun folgendes Gedankenexperiment durchgeführt. Im ersten Schritt soll die Frequenz des Signals x_1 so lange erhöht werden, bis die Signale x_1 und x_2 phasengleich sind; dies wird bei der Kreisfrequenz
ω_K erreicht sein. Aufgrund der Vorzeichenumkehr genügt dazu ein Phasenwinkel $\varphi_0 = 180°$.

Im zweiten Schritt wird dann — bei fester Kreisfrequenz ω_K — die statische
Verstärkung von $F_0(j\omega)$ erhöht, bis das Amplitudenverhältnis $\hat{x}_2/\hat{x}_1 = 1$ ist.

Die Signale x_1 und x_2 sind nach diesen zwei Schritten somit in der Phase und
in der Amplitude gleich. Bei diesem Betriebszustand $x_1 = x_2$ kann das äußere,
anregende Signal x_1 entfernt und der Regelkreis gleichzeitig geschlossen werden;
der Betriebszustand des Regelkreises bleibt dabei erhalten, d.h. die Signale im
Regelkreis werden mit der Kreisfrequenz ω_K weiterschwingen. Wird nun seiner-
seits das Amplitudenverhältnis $|F_0| = \hat{x}_2/\hat{x}_1$ unter den Wert 1 erniedrigt, dann
wird die selbsterregte Schwingung abklingen. Die Bedingung für die Stabilitätsgrenze lautet somit

$$x_1 = x_2 \tag{2.4}$$

Nach Einsetzen von Gl. (2.3) lautet das Ergebnis

$$F_0(j\omega) = 1 \qquad \text{bzw.} \qquad -F_0(j\omega) = -1 \tag{2.5}$$

Aus dem Gedankenexperiment ist für das gegebene Beispiel somit zu folgern:

$$|F_0(j\omega)|\Big|_{\varphi_0=-180°} \begin{cases} < 1 & \Longrightarrow \quad \text{Stabilität} \\ = 1 & \Longrightarrow \quad \text{Stabilitätsgrenze} \\ > 1 & \Longrightarrow \quad \text{Instabilität} \end{cases} \tag{2.6}$$

Gleichung (2.6) gibt die Bedingung für die absolute Stabilität an, da nur die
Einhaltung dieser Bedingung eine Selbsterregung des Regelkreises verhindert.

2.1.1   Nyquist–Kriterium

Ein verallgemeinertes Kriterium ist das Stabilitätskriterium von Nyquist, das wie folgt lautet:

Definition

Der geschlossene Regelkreis ist stabil, wenn der vom kritischen Punkt $(-1 + j0)$ zum laufenden Ortskurvenpunkt $-F_0(j\omega)$ (Frequenzortskurve des aufgeschnittenen Regelkreises) weisende Fahrstrahl für wachsendes ω von $\omega = 0$ bis $\omega \to \infty$ eine Winkeländerung $\Delta\phi$ von

$$\Delta\phi_{soll} \bigg|_{\omega=0}^{\omega\to\infty} = r_0\,\pi + a_0\,\frac{\pi}{2} \tag{2.7}$$

erfährt. Dabei ist:

r_0 : Anzahl der Pole von $G_0(s)$, die *rechts* der imaginären Achse liegen,

a_0 : Anzahl der Pole von $G_0(s)$, die *auf* der imaginären Achse liegen.

Voraussetzung:

Bei $\omega \to \infty$ muß $|F_0(j\omega)| \to 0$ erfüllt sein; dies ist, bei realen Systemen immer gegeben (Ordnung des Zählerpolynoms von $G_0(s)$ < Ordnung des Nennerpolynoms von $G_0(s)$).

Vorteile des Nyquist–Kriteriums

1. Es ist anwendbar, wenn ein analytischer Ausdruck für den Frequenzgang $F_0(j\omega)$ nicht bekannt ist, aber eine Messung des Frequenzganges $F_0(j\omega)$ vorliegt.

2. Das Kriterium gilt auch für Systeme mit Totzeit.

3. Mit dem Kriterium kann auch die Dämpfung von Einschwingvorgängen abgeschätzt werden.

Abbildung 2.3a zeigt die Nyquist–Ortskurve und Abb. 2.3b einige Beispiele für Ortskurven stabiler und instabiler Regelkreise.

Abschätzung des Einschwingverhaltens

Prinzipiell kann festgestellt werden, daß die Dämpfung des Einschwingvorgangs um so größer ist, je weiter die Ortskurve des Frequenzgangs vom kritischen Punkt $(-1, 0)$ der Frequenzebene entfernt ist. Ein Maß für die Entfernung der Ortskurve vom Punkt $(-1, 0)$ ist erstens der Phasenwinkel φ_0, bei dem die Ortskurve des Frequenzgangs $-F_0(j\omega)$ den Einheitskreis schneidet. Der Winkel

$$\varphi_{Rd} = 180° + \varphi_0 \bigg|_{|F_0(j\omega)| = 1} \tag{2.8}$$

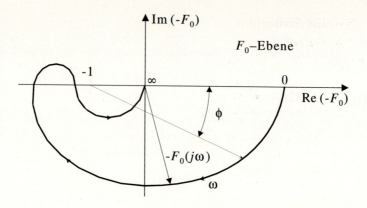

F_0–Ebene

Offener Kreis	Geschlossener Kreis *stabil*	Geschlossener Kreis *instabil*

PT_n – Verhalten

$r_0 = 0,\ a_0 = 0$

$\Delta\phi_{Soll} = 0$

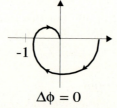

$\Delta\phi = 0$

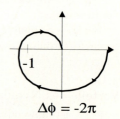

$\Delta\phi = -2\pi$

I – Verhalten

$r_0 = 0,\ a_0 = 1$

$\Delta\phi_{Soll} = \dfrac{\pi}{2}$

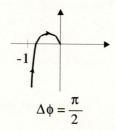

$\Delta\phi = \dfrac{\pi}{2}$

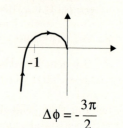

$\Delta\phi = -\dfrac{3\pi}{2}$

I_2 – Verhalten

$r_0 = 0,\ a_0 = 2$

$\Delta\phi_{Soll} = \pi$

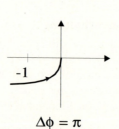

$\Delta\phi = \pi$

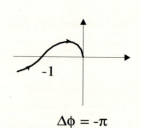

$\Delta\phi = -\pi$

Abb. 2.3: *Nyquist–Kriterium*

wird Phasenrand genannt. Falls die Ortskurve $-F_0(j\omega)$ die negative reelle Achse schneidet, kann als zweite Größe der Amplitudenabstand (auch Amplitudenrand)

$$A_{Rd} = \left.\frac{1}{|F_0(j\omega)|}\right|_{\varphi_0 = -180°} \tag{2.9}$$

für die Abschätzung der Dämpfung verwendet werden. A_{Rd} ist somit der Verstärkungsfaktor, der notwendig wäre, um bei ω_K ($\varphi_0 = -180°$) die Verstärkung des offenen Regelkreises auf $|F_0(\omega_K)| = 1$ anzuheben.

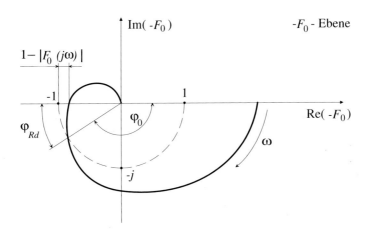

Abb. 2.4: *Abschätzung des Einschwingverhaltens*

Für die Belange der elektrischen Antriebstechnik gelten ungefähr die folgenden Anhaltswerte. Die Umrechnung des Amplitudenabstands nach dB erfolgt dabei mit $A_{Rd,dB} = -20\log(A_{Rd})$.

1. Aperiodischer Einschwingvorgang (ohne Überschwingen)

$$\varphi_{Rd} \geq 90°$$

2. Einschwingvorgang mit 5 bis 10 % Überschwingen

$$\varphi_{Rd} \geq 60°$$

$$A_{Rd} \geq 3 \quad (\text{entspricht} - 10\,dB)$$

3. Einschwingung mit erheblichem Überschwingen

$$\varphi_{Rd} \geq 30°$$

$$A_{Rd} \geq 2 \quad (\text{entspricht} - 6\,dB)$$

Die angegebenen Werte sind Anhaltswerte und haben bei komplizierten Regelkreisen nicht in jedem Fall Gültigkeit. Eine Erläuterung, wie diese Zahlenangaben errechnet werden, erfolgt in Kap. 3.

2.1.2 Frequenzkennlinien

Die Ortskurven–Darstellung eignet sich gut für grundsätzliche Überlegungen, wird dagegen aber unhandlich, wenn Übertragungsfunktionen miteinander zu multiplizieren sind (Kettenstruktur). Bei dieser Aufgabe müssen im Bereich $0 \leq \omega \leq \infty$ die Beträge der einzelnen Frequenzgänge multipliziert und die Phasenwinkel addiert werden.

$$|F_0(\omega)| = \prod_{i=1}^{n} |F_i(\omega)| \qquad (2.10)$$

$$\varphi_0(\omega) = \sum_{i=1}^{n} \varphi_i(\omega) \qquad (2.11)$$

Eine weitere Erschwerung tritt bei einer Änderung von Parametern der Übertragungsfunktionen ein, da der Einfluß eines oder mehrerer Parameter in der Ortskurve des Frequenzgangs nicht mehr erkennbar ist; der Frequenzgang muß neu berechnet werden. Eine wesentliche Vereinfachung der Analyse und Synthese von Regelkreisen wird mit dem Verfahren der Frequenzkennlinien erzielt.

Das Verfahren der Frequenzkennlinie beruht auf der Darstellung im logarithmischen Koordinatensystem. Die sich daraus ergebenden Vorteile sind, daß die Multiplikation zweier Frequenzgänge auf die Addition der Beträge der Einzel–Frequenzgänge und die Addition der Phasen der Einzel–Frequenzgänge zurückgeführt wird. Sobald allerdings andere Verknüpfungen als Multiplikationen, z. B. Parallelschaltungen von Übertragungsfunktionen vorliegen, bietet das Verfahren der Frequenzkennlinien keine Vorteile mehr.

Die Rechenvorschrift für das Frequenzkennlinienverfahren bei einer multiplikativen Verknüpfung der Übertragungselemente lautet somit:

$$\log |F_0(\omega)| = \sum_{i=1}^{n} \log |F_i(\omega)| \qquad (2.12)$$

$$\varphi_0(\omega) = \sum_{i=1}^{n} \varphi_i(\omega) \qquad (2.13)$$

Beispiel

Als Beispiel für die Anwendung sollen die folgenden Übertragungsfunktionen dienen, die in einer Kettenstruktur angeordnet sind:

$$G_1'(s) = \frac{1}{1+2s} \cdot \frac{1}{1+0,5s}$$

$$G_2'(s) = 4 \cdot \frac{1}{s}$$

$$G_3'(s) = 4 \cdot e^{-0,05s}$$

Es ergibt sich die folgende Gesamtübertragungsfunktion, die aus einem Integrator, zwei PT_1–Gliedern mit den Zeitkonstanten $T_1 = 2$ und $T_2 = 0,5$, sowie einem Totzeitglied besteht:

$$G(s) = 16 \cdot \frac{1}{s} \cdot \frac{1}{1+2s} \cdot \frac{1}{1+0,5s} \cdot e^{-0,05s} \qquad (2.14)$$

Mit Hilfe der Tabelle auf den Seiten 18 und 19 kann man nun zunächst die Frequenzkennlinien der einzelnen Teilübertragungsfunktionen ermitteln und danach die Gesamt–Frequenzkennlinie konstruieren. Wie aus der Tabelle zu entnehmen ist, hat der Integrator

$$G_1(s) = \frac{16}{s} \qquad \text{bzw.} \qquad F_1(j\omega) = \frac{16}{j\omega} = -j \cdot \frac{16}{\omega} \qquad (2.15)$$

einen konstanten nacheilenden Phasenwinkel von 90°; der Amplitudengang ist umgekehrt proportional zu ω, d.h. bei einer Erhöhung der Kreisfrequenz um den Faktor 10 wird der Betrag des Amplitudengangs auf 0,1 abnehmen. Dies bedeutet in der Frequenzkennliniendarstellung, daß der Integrator durch eine 1:1 fallende Gerade dargestellt wird. Zur Festlegung des Ortes dieser Gerade genügt folgende Überlegung zur Bestimmung zweier Punkte, durch die die Amplitudengerade gelegt werden kann:

$$|F_1(j\omega)| = \frac{16}{\omega}$$

$$|F_1(j\omega)|\Big|_{\omega=1} = 16 \qquad \text{oder} \qquad 24\,dB$$

$$|F_1(j\omega)|\Big|_{\omega=16} = 1 \qquad \text{oder} \qquad 0\,dB$$

Folglich muß die Gerade durch die beiden (ω, dB)–Punkte (1, 24) und (16, 0) verlaufen.

Die Überlegungen zu den Übertragungsfunktionen der PT_1–Glieder sind bereits ausführlich in Kap. 1 dargestellt und ergeben folgende Eckfrequenzen:

$$G_2(s) = \frac{1}{1+T_1s} \cdot \frac{1}{1+T_2s}$$

$$\text{mit} \qquad \omega_1 = \frac{1}{T_1} = 0,5 \qquad \text{und} \qquad \omega_2 = \frac{1}{T_2} = 2$$

Die letzte Teilübertragungsfunktion ist das Totzeitglied mit:

$$G_3(s) = e^{-0,05s} \qquad \text{bzw.} \qquad F_3(j\omega) = e^{-j0,05\omega}$$

Es läßt sich erkennen, daß beim Totzeitglied die Amplitude im gesamten Frequenzbereich konstant ist und sich nur der Phasenwinkel $\varphi_3(x)$ ändert.

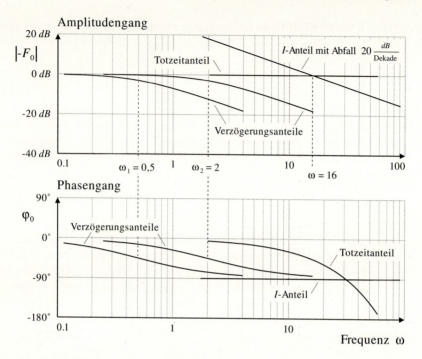

Abb. 2.5: *Frequenzkennlinien der Teilübertragungsfunktionen (ausschnittsweise)*

$$\varphi_3(\omega) \,=\, 0,05\,\omega\cdot\frac{180°}{\pi} \qquad\qquad (2.16)$$

Damit liegen die Grundvorstellungen zur Realisierung der Gesamtfrequenzkennlinie vor. Der Übersichtlichkeit halber werden in Abb. 2.5 die Teilfunktionen noch einmal dargestellt. Bei der genauen Realisierung empfiehlt es sich insbesondere, den Phasenwinkel über der Frequenz genau zu ermitteln und aufzutragen. Abbildung 2.6 zeigt die resultierende Gesamtfrequenzkennlinie.

Aus der resultierenden Frequenzkennlinie läßt sich nun erkennen, daß der Regelkreis, der beim Schließen der Kettenstruktur entsteht, instabil ist. Der Grund ist, daß bei $\varphi = -180°$ ($\omega \approx 1,0$) der Betrag von $|F|_{dB} \approx +18\ dB$ ist. Zum Erreichen der Stabilitätsgrenze muß somit die Kreisverstärkung um ca. 18 dB abgesenkt werden.

2.2 Stabilitätsprüfung anhand der Übertragungsfunktion

In den vorherigen beiden Unterkapiteln wurde die Stabilitätsprüfung anschaulich im Frequenzbereich dargestellt. Diese beiden Wege sind immer dann anwendbar, wenn — wie beim Frequenzgang — der Frequenzgang des offenen Re-

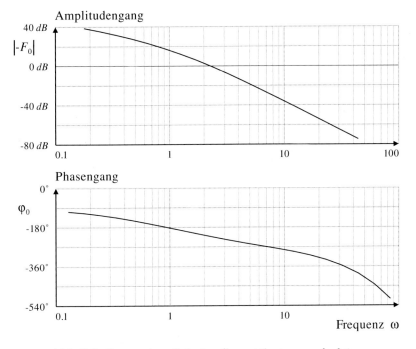

Abb. 2.6: *Frequenzkennlinie der Gesamtübertragungsfunktion*

gelkreises beispielsweise experimentell ermittelt wurde und somit das Nyquist–Kriterium anwendbar ist. Bei der Frequenzkennlinie wird ebenso der Frequenzbereich genützt. Allerdings werden im allgemeinen die Struktur des offenen Regelkreises und die zugehörigen Übertragungsfunktionen der Komponenten des offenen Regelkreises bekannt sein. Ausgehend von dieser Kenntnis sind daher sowohl die Übertragungsfunktion $-G_0(s)$ des offenen als auch die Führungs–Übertragungsfunktion $G_w(s)$ oder die Stör–Übertragungsfunktion $G_z(s)$ des geschlossenen Regelkreises zu berechnen. In diesem Fall wäre es vorteilhaft, direkt mittels dieser Übertragungsfunktionen die Stabilitätsprüfung durchzuführen.

Wie bereits in Kap. 1.5 diskutiert, können die Übertragungsfunktionen ein Zähler– und ein Nennerpolynom aufweisen:

$$G_w(s) = \frac{Z_1(s)}{N(s)} = \frac{b_0 + b_1 s + \ldots + b_m s^{m-1}}{a_0 + a_1 s + \ldots + a_n s^{n-1}} \qquad m < 1 \qquad (2.17)$$

$$G_z(s) = \frac{Z_2(s)}{N(s)} \qquad (2.18)$$

Das Nennerpolynom $N(s)$ ist das charakteristische Polynom, welches das Eigenverhalten des betrachteten Systems darstellt und deswegen bei der Führungs–

und der Stör–Übertragungsfunktion gleich sein muß. Die Zählerpolynome $Z_1(s)$ und $Z_2(s)$ beschreiben, wie das betrachtete System von der Eingangs– bzw. Störgröße angeregt wird; die Zählerpolynome werden deshalb im allgemeinen unterschiedlich sein.

Für die Stabilitätsprüfung ist daher das Nennerpolynom $N(s)$ des geschlossenen Regelkreises entscheidend. Die Fragestellung der Stabilitätsprüfung anhand des Nennerpolynoms $N(s)$ wurde bereits 1877 von E.I. Routh und in ähnlicher Form 1895 von A. Hurwitz behandelt. Der Grundgedanke des Vorgehens ist zu bestimmen, ob Nullstellen des Nennerpolynoms (Pole) nur in der linken Halbebene der s–Ebene (stabil) oder ob Pole auf der imaginären Achse oder sogar in der rechten Halbene angeordnet sind.

Die Aussage *stabil* oder *instabil* in Verbindung mit der Pollage läßt sich anschaulich mittels der Tabelle auf Seite 39 darstellen.

Wenn eine Übertragungsfunktion eines PT_1–Systems angenommen wird, dann ist der Übergangsvorgang stabil, und der Pol $s_1 = -1/T$ ist in der linken Halbebene auf der negativ reellen Achse der s–Ebene angeordnet. Dies gilt entsprechend für das aperiodische PT_2–Übertragungsverhalten und Systeme höherer Ordnung.

Wenn ein reines I–Verhalten angenommen wird, dann ist der Pol bei $s_1 = 0$ angeordnet, d.h. im Ursprung der s–Ebene und somit auf der imaginären Achse und bei einem konstanten Eingangssignal ergibt sich kein konstantes Ausgangssignal; das I–Verhalten ist somit instabil.

Wenn ein periodisches PT_2–Verhalten mit $D < 1$ vorliegt, dann wird ein konjugiert komplexes Polpaar entstehen, wobei mit abnehmender Konstanten $0 < D < 1$ (Dämpfungsfaktor) die Abklingdauer der periodischen Schwingung zunimmt und das konjugiert komplexe Polpaar mit abnehmendem Dämpfungsfaktor D immer näher zur imaginären Achse wandert und bei $D = 0$ das Polpaar bei $s_{1,2} = \pm j\omega_0$, d.h. auf der imaginären Achse, angeordnet ist. Im Fall $s_{1,2} = \pm j\omega_0$ liegt ebenso ein instabiles Verhalten vor, denn die angeregte Schwingung klingt nicht ab. Damit ist die obige Aussage, stabiles Verhalten erfordert Pole in der linken Halbebene der s–Halbebene, anschaulich dargestellt.

Diese grundsätzlichen Aussagen können sogar noch erweitert werden, denn reelle Pole bewirken ein umso langsameres Übergangsverhalten, je näher sie zum Ursprung wandern. Weiterhin wird das Übergangsverhalten bei konjugiert komplexen Pollagen umso unbefriedigender, je näher das betreffende Polpaar zur imaginären Achse wandert.

Die prinzipielle Stabilitätsaussage läßt sich somit sehr schnell erzielen, wenn das Nennerpolynom in faktorisierter Form, d.h. in Nullstellen–Darstellung, vorliegt. Wenn dies nicht gegeben ist, dann müssen die Nullstellen numerisch bestimmt werden wie in [5, 17, 18, 32, 34, 40, 45] beschrieben oder mit MATLAB.

Es gibt allerdings weitere Kriterien, mit denen die prinzipielle Entscheidung zur Stabilität getroffen werden kann. Wenn der Koeffizient a_0 fehlt, beginnt $N(s)$ mit $a_1 s$, der Laplace–Operator s kann als Vorfaktor von $N(s)$ interpretiert werden; damit hat das Übergangsverhalten einen I–Anteil ($s = 0$) und ist somit instabil.

Haben die Koeffizienten a_i unterschiedliche Vorzeichen, dann ist das System ebenso instabil. Alle diese Aussagen sind aber nur notwendig und nicht hinreichend. Diese Grundsatz–Überlegungen werden systematisiert im Routh–Verfahren. Bei diesem Verfahren werden die Koeffizienten des Nennerpolynoms $N(s)$ wie folgt zugeordnet:

$$p_{ij} = a_{n-l} \tag{2.19}$$

mit $l = 0, 1, \ldots, n$ sowie $i = l - 2\,\mathrm{int}(l/2)$ und $j = \mathrm{int}(l/2)$. Die doppeltindizierten Parameter p_{ij} ordnet man in den ersten beiden Zeilen ($i = 0$ und 1) der nachfolgenden Routh–Tabelle an, d.h. in der ersten Spalte die Koeffizienten $p_{00} = a_n$ und $p_{10} = a_{n-1}$, in der zweiten Spalte $p_{01} = a_{n-2}$ und $p_{11} = a_{n-3}$ usw. In die letzte Spalte mit dem Index $k = \mathrm{int}(n/2)$ fallen für ungerade Ordnungszahlen n die Elemente $p_{0k} = a_1$ und $p_{1k} = a_0$, für gerade Ordnungszahlen wird $p_{0k} = a_0$ und $p_{1k} = 0$ gesetzt. Anschließend berechnet man die Elemente der folgenden Zeilen ($i = 2, 3, \ldots, n$) nach dem Algorithmus

$$p_{ij} = \frac{p_{i-1,0}\, p_{i-2,j+1} - p_{i-2,0}\, p_{i-1,j+1}}{p_{i-1,0}} \tag{2.20}$$

mit $j = 0, 1, \ldots, (k - \mathrm{int}(i/2))$ und trägt diese in die Tabelle ein; die Routh–Tabelle nimmt damit die gezeigte Dreiecksform an.

j / i	0	1	2	$\cdots$	$k-2$	$k-1$	k
0	p_{00}	p_{01}	p_{02}	$\cdots$	$p_{0,k-2}$	$p_{0,k-1}$	p_{0k}
1	p_{10}	p_{11}	p_{12}	$\cdots$	$p_{1,k-2}$	$p_{1,k-1}$	p_{1k}
2	p_{20}	p_{21}	p_{22}	$\cdots$	$p_{2,k-2}$	$p_{2,k-1}$	0
3	p_{30}	p_{31}	p_{32}	$\cdots$	$p_{3,k-2}$	$p_{3,k-1}$	0
4	p_{40}	p_{41}	p_{42}	$\cdots$	$p_{4,k-2}$	0	0
5	p_{50}	p_{51}	p_{52}	$\cdots$	$p_{5,k-2}$	0	0
$\vdots$							
$n-1$	$p_{n-1,0}$	0	0		0	0	0
n	$p_{n,0}$	0	0		0	0	0

Das Routh–Kriterium sagt dann zur Stabilität des Übertragungsglieds folgendes aus: Die Zahl der Nullstellen des Nennerpolynoms $N(s)$, die einen positiven Realteil haben, also in der rechten Halbebene liegen, ist gleich der Zahl der Vorzeichenwechsel der Elemente p_{i0} in der ersten Spalte der Routh-Tabelle. Tritt also kein Vorzeichenwechsel auf, dann ist das System stabil. Ist man nur an einer Aussage über die Stabilität eines vorgegebenen Systems interessiert, kann man die Berechnung der Routh–Tabelle beim ersten Auftreten eines Vorzeichenwechsels in der ersten Spalte abbrechen.

Beispiel nach [8]:

Das Nennerpolynom eines linearen Übertragungsglieds ist durch

$$N(s) = 1 + 6,1s + 18,1s^2 + 29,2s^3 + 28,8s^4 + 19,2s^5 + 7,6s^6 + 1,2s^7$$

gegeben. Man bestimme die Stabilität des Systems mit dem Routh–Verfahren.

Mit der Ordnungszahl $n = 7$ wird die größte Spaltenkennziffer der Routh–Tabelle $k = \mathrm{int}(n/2) = 3$. Die Elemente p_{ij} der ersten beiden Zeilen erhält man mit der Zuordnung nach Gl. (2.19) zu:

$$p_{00} = a_7 = 1,2; \quad p_{10} = a_6 = 7,6; \quad p_{01} = a_5 = 19,2; \quad p_{11} = a_4 = 28,8;$$
$$p_{02} = a_3 = 29,2; \quad p_{12} = a_2 = 18,1; \quad p_{03} = a_1 = 6,1; \quad p_{13} = a_0 = 1.$$

Man berechnet jetzt zeilenweise die Elemente der Routh–Tabelle nach Gl. (2.20); beispielsweise wird:

$$p_{20} = (p_{10}p_{01} - p_{00}p_{11})/p_{10} = (7,6 \cdot 19,2 - 1,2 \cdot 28,8)/7,6 = 14,7$$

Man erhält schließlich die folgende Routh–Tabelle.

j i	0	1	2	3
0	1,2	19,2	29,2	6,1
1	7,6	28,8	18,1	1,0
2	14,7	26,3	5,9	0
3	15,1	15,0	1,0	0
4	11,8	5,0	0	0
5	8,6	1,0	0	0
6	3,6	0	0	0
7	1,0	0	0	0

Da in der ersten Spalte $j = 0$ der Tabelle alle Koeffizienten positive Vorzeichen haben, also kein Vorzeichenwechsel auftritt, ist das Übertragungsglied stabil. Dieses Ergebnis wird durch die Lage der Nullstellen von $N(s)$ bestätigt, die man auf numerischem Wege berechnet zu:

$$s_1 = -0,799; \quad s_2 = -1,479; \quad s_3 = -2,758;$$
$$s_{4,5} = -0,303 \pm j0,302; \quad s_{6,7} = -0,346 \pm j1,132$$

Der Vorteil des Routh–Verfahrens ist, daß man mit relativ geringem Aufwand algebraische Ausdrücke für den zulässigen Wertebereich der Koeffizienten des Nennerpolynoms $N(s)$ ableiten kann, um Stabilität sicherzustellen. Damit wird ein weiterer Aspekt, der Parameterempfindlichkeit linearer Systeme, angesprochen.

Im allgemeinen wird in Lehrbüchern eine genaue Kenntnis der Struktur des zu untersuchenden Systems und der Parameter der Komponenten im Regelkreis vorausgesetzt. Dies ist in der Realität nie gegeben, selbst die Annahme der Linearität ist im allgemeinen unzulässig, denn alle Komponenten haben zumindest Sättigungseffekte.

Wenn Linearität vorausgesetzt wird, dann sind folgende „Ungenauigkeiten" zu beachten:

- Struktur–Ungenauigkeit, d.h. die Modellgleichungen sind zu vereinfacht und damit ist die Ordnung des angenommenen Modells gegenüber der Realität zu gering;

- Parameterfehler des Modells, d.h. die im Modell angenommenen Parameter unterscheiden sich von den realen Parametern. Die Gründe dafür sind vielfältig, wie Temperatureinfluß, Alterung, Verschleiß oder einfach ungenaue Kenntnis.

- Kombination von Struktur- und Parameter–Ungenauigkeit.

Um eine Abschätzung der Einflüsse derartiger Ungenauigkeiten zu erreichen, wurde die Empfindlichkeitsanalyse entwickelt [6, 7, 9, 13].

2.3 Optimierung bei offenem Kreis (Bode–Diagramm)

Alternativ zu den vorangegangenen Betrachtungen eignen sich zur Optimierung des Regelkreises sowohl die Analyse des offenen Kreises mit Hilfe des Bode–Diagramms als auch eine Reihe von allgemeinen Optimierungsverfahren, die in Kap. 3 und 4 behandelt werden.

Durch die Form und Lage des Amplituden– und Phasenverlaufes im Bode–Diagramm für den offenen Kreis $-F_0(j\omega)$ ist der Führungsfrequenzgang $F_w(j\omega)$ und damit auch das Führungsverhalten nach Geschwindigkeit und Dämpfung festgelegt.

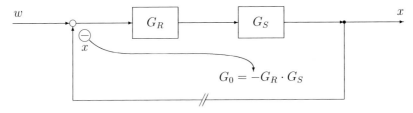

Abb. 2.7: *Regelkreis*

Bei gegebener Frequenzkennlinie von $F_S(j\omega)$ ist die Frequenzkennlinie von $F_R(j\omega)$ gesucht, so daß $-F_0(j\omega)$ einen gewünschten Verlauf annimmt. Gesucht sind somit die Kenndaten des offenen Kreises und ihr Zusammenhang mit dem geschlossenen Kreis.

Wichtige Kenngrößen der Frequenzkennlinie des offenen Kreises sind der *Phasenrand* φ_{Rd} und der *Amplitudenrand* A_{Rd}. Im Bode–Diagramm haben diese Größen folgende anschauliche Bedeutung (siehe Abb. 2.8):

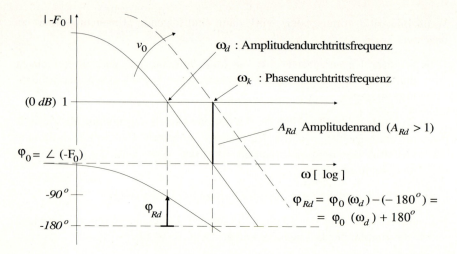

Abb. 2.8: *Frequenzkennlinie des offenen Kreises*

φ_{Rd} : die bei der Amplitudendurchtrittsfrequenz ω_d zusätzlich erlaubte Phasenverschiebung im offenen Kreis, bis die Stabilitätsgrenze von $-180°$ erreicht ist,

A_{Rd} : die bei der Phasendurchtrittsfrequenz ω_k zusätzlich erlaubte
Verstärkung im offenen Kreis, bis die Stabilitätsgrenze von
$0\ dB$ erreicht ist.

Das in Kap. 2.1.1 behandelte Nyquist–Kriterium benutzt zur Stabilitätsanalyse die Ortskurvendarstellung der Frequenzgänge. Hier geben φ_{Rd} und A_{Rd} den
Abstand zum kritischen Punkt $(-1 + j0)$, d.h. zur Stabilitätsgrenze mit der
Dämpfung $D = 0$ an. Phasenrand und Amplitudenrand sind damit ein Maß für
die Dynamik (Ersatzzeitkonstante T_{ers} und Anregelzeit t_{an}, vgl. Abb. 1.3) sowie
für die Dämpfung des geschlossenen Kreises.

Gesucht ist somit die Übertragungsfunktion des offenen Kreises $G_0(s)$ bei einer vorgegebenen Führungsübertragungsfunktion $G_w(s)$; diese wird im folgenden
Beispiel durch ein dominierendes komplexes Polpaar beschrieben.

$$G_w(s) = \frac{1}{1 + 2DTs + T^2s^2} \quad \text{mit} \quad T = \frac{1}{\omega_0} \qquad (2.21)$$

Das schwingungsfähige PT_2 ist die einfachste Struktur, bei der der Kompromiß zwischen Stabilität und Dynamik frei gewählt werden kann. Außerdem soll
im stationären Betrieb $x(t) = w(t)$, also stationäre Genauigkeit gelten.

Aus dieser Wunsch–Übertragungsfunktion $G_w(s)$ soll die Übertragungsfunktion $G_0(s)$ des offenen Regelkreises bestimmt werden.

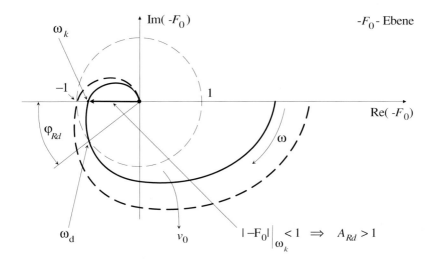

Abb. 2.9: φ_{Rd} und A_{Rd} in der komplexen Ebene

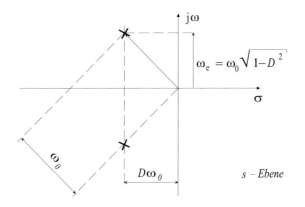

Abb. 2.10: Pollage in der $s-$Ebene

$$G_w(s) = \frac{-G_0(s)}{1 - G_0(s)} = \frac{1}{1 - \dfrac{1}{G_0(s)}} \quad \Longrightarrow \quad \frac{1}{G_0(s)} = 1 - \frac{1}{G_w(s)} \qquad (2.22)$$

$$-G_0(s) = \frac{1}{2DTs} \cdot \frac{1}{1 + \dfrac{T}{2D}s} \qquad (2.23)$$

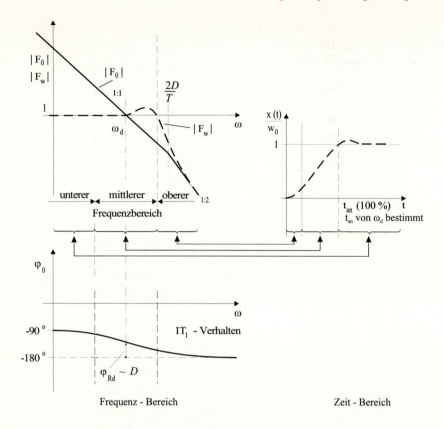

Abb. 2.11: *Zusammenhang von F_0, F_w und Zeitverhalten*

Für den offenen Kreis ergibt sich also ein IT_1–Verhalten. Dabei ist der I–Anteil für die stationäre Genauigkeit verantwortlich. Mit dem PT_1 ergibt sich ein System 2. Ordnung (wie vorgegeben). Mit der Amplitudendurchtrittsfrequenz $\omega_d|_{|F_0|=1}$ und der Phasendurchtrittsfrequenz $\omega_k|_{\varphi_0=-180°}$ ergeben sich folgende Forderungen an $F_0(\omega)$:

1. $\omega_d < \omega_k$ (Stabilitätskriterium): Die Amplitudendurchtrittsfrequenz muß unter der Phasendurchtrittsfrequenz liegen, so daß die Ortskurve von $-F_0(j\omega)$ den kritischen Punkt $(-1, j0)$ nicht umschlingt.

2. $|F_0| \gg 1$ für $\omega \ll \omega_d$ (stationäre Genauigkeit): Soll kein stationärer Regelfehler auftreten, d.h. $G_w(s = 0) = 1$ (Grenzwertsatz), so muß $|F_0(\omega)|$ für kleine ω möglichst groß werden. Im offenen Kreis sollte also ein I–Anteil oder zumindest eine sehr hohe stationäre P–Verstärkung vorhanden sein.

3. $|F_0| \approx 0$ für $\omega \gg \omega_d$ (hochfrequente Signale abschwächen): Für Frequen-
    zen jenseits der Durchtrittsfrequenz ist dieser Abfall wünschenswert, damit
    höherfrequente Störsignale abgeschwächt werden (Störfrequenzgang).

4. $|F_0|$ fällt mit $20\,dB/Dekade$ in der Nähe von ω_d ab (Einschwingverhalten):
    Da der mittlere Frequenzbereich das Übergangsverhalten bestimmt, ergibt
    sich dadurch ein günstiger Phasenrand (bei Systemen ohne Totzeit) und
    ein stabiles Einschwingverhalten.

Zusammengehörige Größen sind also:

$$t_{an} \Longleftrightarrow \omega_d \qquad \text{und} \qquad D \Longleftrightarrow \varphi_{Rd}$$

Ein günstiger Bereich für den Phasenrand und damit für den Dämpfungsfaktor
sind:

$$0,5 \;\leq\; D \;\leq\; 0,7$$
$$50° \;\leq\; \varphi_{Rd} \;\leq\; 65°$$

3 Standard–Optimierungsverfahren

Bei der Betrachtung von linearen Regelkreisen wurde bisher schwerpunktmäßig die Stabilität behandelt. Im allgemeinen reicht dieses Kriterium allein jedoch nicht aus, um ein zufriedenstellendes Verhalten der Regelung sicherzustellen. Vielmehr werden auch an das stationäre wie an das dynamische Verhalten des Regelkreises unterschiedlichste Anforderungen gestellt, wie

- stationäre Genauigkeit (Istwert erreicht Sollwert genau),

- Führungsverhalten (dynamische Genauigkeit der Regelung) oder

- Störverhalten (Auswirkung von Störgrößen).

Die Schwierigkeit der Regelkreisoptimierung besteht folglich darin, daß die Anforderungen wie Stabilität, Genauigkeit und dynamisches Verhalten gegensätzliche Reglereinstellungen, d.h. einen Kompromiß, erfordern. Eine Erhöhung der Verstärkung vergrößert beispielsweise im allgemeinen die Genauigkeit, verringert aber die Stabilität. Aufgrund dieser und ähnlicher Situationen wurden Optimierungskriterien entwickelt. In der elektrischen Antriebstechnik werden für die inneren Regelkreise dabei bevorzugt das Betragsoptimum (BO) und das Symmetrische Optimum (SO) angewendet. Ein weiteres verallgemeinertes Optimierungskriterium ist das Dämpfungsoptimum (siehe Kap. 4).

Das Ziel der Optimierung ist, daß sich die Regelgröße x so schnell wie möglich, so genau wie möglich und so gut bedämpft wie möglich auf einen neuen Sollwert w einstellt bzw. nach einer Störung z den ursprünglichen Wert wieder erreicht. Die Überprüfung der Reglereinstellung erfolgt meist durch eine sprungartige Änderung der Führungsgröße, da diese Anregung am besten reproduzierbar ist.

In diesem Kapitel werden das Betragsoptimum und das Symmetrische Optimum mathematisch hergeleitet und an Beispielen erläutert. Die Ergebnisse und Einstellregeln sind in einer Tabelle (Seite 80) zusammengefaßt, die eine praxisgerechte Anwendung auch unabhängig von der Herleitung erlaubt. Weitere Beispiele zu den verschiedenen Optimierungskriterien runden das Kapitel ab.

3.1 Betragsoptimum (BO)

Das Betragsoptimum ergibt sich aus folgender Forderung: Der Betrag des Frequenzgangs des geschlossenen Regelkreises soll in einem möglichst weiten Bereich ideal sein, d.h. die Regelgröße soll bis zu möglichst hohen Frequenzen genau dem Sollwert folgen. Daraus ergibt sich die Forderung, den Betrag des Amplitudengangs des geschlossenen Regelkreises bis zu so hohen Frequenzen wie möglich auf dem Wert Eins und den Phasengang bei Null zu halten (Phasenminimumsystem).

Dies garantiert geringes Überschwingen bei Sprunganregung durch die Führungsgröße und eine rasches Ausregeln von Störungen. Das Betragsoptimum kann auf nicht–schwingungsfähige Strecken angewendet werden und kommt in der elektrischen Antriebstechnik z.B. bei Stromregelkreisen zum Einsatz, wenn das dynamische Verhalten des Stromrichter–Stellgliedes nicht vernachlässigt werden darf. Teilweise wird das Betragsoptimum auch bei Drehzahlregelkreisen angewendet, wenn der Drehzahlregler keinen Integralanteil besitzt.

Der anschaulichen Herleitung an einem Beispiel folgen Hinweise auf verschiedene Anwendungsfälle sowie für Interessierte eine mathematische Herleitung.

3.1.1 Herleitung für Strecken ohne I–Anteil

Allgemeine Strecke ohne I–Anteil
Ein allgemeiner Regelkreis mit einer Strecke ohne I–Anteil ist in Abb. 3.1 dargestellt. Die Strecke besteht aus drei Verzögerungsgliedern 1. Ordnung im Vorwärtszweig.

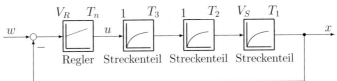

Abb. 3.1: *Allgemeiner Regelkreis ohne I–Anteil*

Die Streckenübertragungsfunktion lautet:

$$G_S(s) = \frac{V_S}{1+sT_1} \cdot \frac{1}{1+sT_2} \cdot \frac{1}{1+sT_3} = \frac{V_S}{1+sT_1} \cdot \prod_{i=2}^{n} \frac{1}{1+sT_i} \qquad (3.1)$$

Regelkreise dieser Art besitzen meist Zeitkonstanten unterschiedlicher Größe. Wenn für die Zeitkonstanten gilt

$$T_i \ll T_1 \qquad (3.2)$$

wobei ein Unterschied um den Faktor 5 ausreichend ist, dann können die kleinen Zeitkonstanten zu einer Summenzeitkonstanten T_σ zusammengefaßt werden,

$$T_\sigma = \sum_{i=2}^{n} T_i \qquad (3.3)$$

ohne daß das Regelkreisverhalten im dynamisch maßgeblichen Bereich entscheidend verändert wird. In realen Anlagen können die kleinen Zeitkonstanten z.B. Verzögerungen von Stellgliedern, Ersatzzeitkonstante von unterlagerten Regelkreisen oder Meßglättungen darstellen.

Regelkreis zur Herleitung des Betragsoptimums

Zur Herleitung des Betragsoptimums wird eine PT_2–Strecke, bestehend aus zwei Verzögerungsgliedern 1. Ordnung mit einer großen Zeitkonstante T_1 und einer kleinen Zeitkonstante T_σ nach Gl. (3.3) sowie einem PI–Regler verwendet, wie in Abb. 3.2 dargestellt. Die Optimierung der Reglerparameter nach dem Betragsoptimum kann durch einfache physikalische Überlegungen veranschaulicht werden.

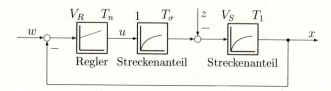

Abb. 3.2: *Regelkreis zur Herleitung des Betragsoptimums*

PT_2–Strecke:

$$G_S(s) = \frac{V_S}{1 + sT_1} \cdot \frac{1}{1 + sT_\sigma} \qquad \text{mit } V_S = \text{Streckenverstärkung} \qquad (3.4)$$

$$T_1 = \text{große Zeitkonstante}$$

$$T_\sigma = \text{kleine Zeitkonstante}$$

PI–Regler:

$$G_R(s) = V_R \cdot \frac{1 + sT_n}{sT_n} \qquad \text{mit } V_R = \text{Reglerverstärkung} \qquad (3.5)$$

$$T_n = \text{Nachstellzeit}$$

Die größere Zeitkonstante T_1 der Strecke entspricht beispielsweise beim Stromregelkreis der Ankerzeitkonstante T_A, die kleinere Zeitkonstante T_σ bezieht sich auf die Verzögerung durch das Stellglied und die Meßglättung.

Für den Fall, daß auch das Störverhalten des Regelkreises von Interesse ist, sollte die größere Zeitkonstante T_1 kleiner als oder gleich dem Vierfachen der kleineren Zeitkonstante T_σ sein. Diese Forderung ist durch das Störverhalten bedingt und wird in Kap. 3.2.2 noch näher erläutert.

$$T_\sigma < T_1 \leq 4T_\sigma \qquad (3.6)$$

Für den Fall $T_1 > 4T_\sigma$ wird das Symmetrische Optimum bei Strecken ohne I–Anteil angewendet (siehe Kap. 3.2.2). Der günstige Bereich des Betragsoptimums wird bei Stromregelkreisen allerdings durch diese Forderung eingeschränkt. Die Begrenzung des Gültigkeitsbereichs ist bedingt durch das Verhalten des geschlossenen Regelkreises bei einer Störung. Sollte nur das Führungsverhalten von Bedeutung sein, ist die obige Bedingung nicht zu berücksichtigen.

Der Einsatz eines PI–Reglers bei dem vorliegenden Problem hat zwei Vorteile: Die größte Zeitkonstante der Regelstrecke kann kompensiert werden; dies ist, wie die folgende Rechnung zeigen wird, die Voraussetzung für bestmögliche Dynamik. Außerdem erzwingt der Integralanteil des Reglers im stationären Betrieb eine exakte Übereinstimmung von Ist– und Sollwert.

Damit ergibt sich die erste Optimierungsbedingung: Zur Kompensation der größten Zeitkonstante T_1 der Regelstrecke wird die Nachstellzeit T_n des PI–Reglers gleich dieser Zeitkonstante gesetzt, also $T_n = T_1$. Unter dieser Voraussetzung lauten die Übertragungsfunktion $G_0(s)$ des offenen Regelkreises und die Führungsübertragungsfunktion $G_w(s)$ des geschlossenen Regelkreises nach Abb. 3.2

$$-G_0(s) = G_R(s) \cdot G_S(s) = V_R \cdot \frac{1 + sT_n}{sT_n} \cdot \frac{V_S}{1 + sT_1} \cdot \frac{1}{1 + sT_\sigma}$$

$$= \frac{V_R V_S}{sT_1} \cdot \frac{1}{1 + sT_\sigma} \tag{3.7}$$

$$G_w(s) = \frac{x(s)}{w(s)} = \frac{-G_0(s)}{1 - G_0(s)} = \frac{1}{1 + s\dfrac{T_1}{V_R V_S} + s^2 \dfrac{T_1 T_\sigma}{V_R V_S}} \tag{3.8}$$

Die Forderung des Betragsoptimums, den Betrag $|F_w(j\omega)|$ in einem möglichst großen Frequenzbereich konstant zu halten, führt zur zweiten Optimierungsbedingung. Dazu wird der Frequenzgang $F_w(j\omega)$ der Führungsübertragungsfunktion betrachtet (mit $s = \sigma + j\omega \longrightarrow j\omega$).

$$F_w(j\omega) = \frac{1}{1 + j\omega \dfrac{T_1}{V_R V_S} + (j\omega)^2 \dfrac{T_1 T_\sigma}{V_R V_S}} \tag{3.9}$$

Mit komplexer Rechnung ergibt sich das Betragsquadrat zu

$$|F_w(j\omega)|^2 = \frac{1}{\left(1 - \omega^2 \dfrac{T_1 T_\sigma}{V_R V_S}\right)^2 + \left(\omega \dfrac{T_1}{V_R V_S}\right)^2} \tag{3.10}$$

$$= \frac{1}{1 + \omega^2 \left(\dfrac{T_1^2}{V_R^2 V_S^2} - \dfrac{2T_1 T_\sigma}{V_R V_S}\right) + \omega^4 \dfrac{T_1^2 T_\sigma^2}{V_R^2 V_S^2}}$$

Damit der Wert von $|F_w(j\omega)|$ in einem großen Frequenzbereich (beginnend bei Frequenz Null) nahe bei Eins bleibt, muß der Term mit ω^2 verschwinden, da dieser für $\omega T_1 \ll 1$ langsamer gegen Null strebt als derjenige mit ω^4. Es gilt also die Bedingung $T_1^2/(V_R^2 V_S^2) = 2T_1 T_\sigma/(V_R V_S)$. Die Optimierungskriterien bei einer Strecke mit zwei Verzögerungsgliedern 1. Ordnung lassen sich daher wie folgt zusammenfassen.

Betragsoptimum (BO)

1. Kompensiere mit dem Vorhalt des PI–Reglers die größere Zeitkonstante T_1:
$$T_n = T_1$$

2. Stelle die Verstärkung des PI–Reglers so ein, daß der Betrag der Führungsübertragungsfunktion in einem möglichst großen Frequenzbereich nahe 1 bleibt:
$$V_R = \frac{T_1}{2V_S T_\sigma}$$

Randbedingung bei Berücksichtigung des Störverhaltens:

$$T_\sigma < T_1 \leq 4T_\sigma$$

Nach Einsetzen der Reglerparameter ergibt sich für den betragsoptimierten Regelkreis die Standard–Führungsübertragungsfunktion 2. Ordnung.

$$G_w(s)\Big|_{\text{BO}} = \frac{1}{1 + s2T_\sigma + s^2 2T_\sigma^2} \qquad (3.11)$$

Diese Übertragungsfunktion besitzt ein konjugiert komplexes Polpaar und ist damit schwingungsfähig. Die Übertragungsfunktion weist einen Dämpfungsfaktor $D = 1/\sqrt{2}$, ein maximales Überschwingen von 4%, eine Anregelzeit $t_{an} = 4,7\,T_\sigma$ und eine Ausregelzeit $t_{aus} = 8,4\,T_\sigma$ bei $\pm 2\%$ Regelfehler auf (Abb. 3.22).

Da diese Übertragungsfunktion im Frequenzbereich und in der mathematischen Darstellung schwieriger handzuhaben sind (vgl. Abb. 1.15), wird hierfür häufig auf eine Approximation des betragsoptimierten Regelkreises durch ein Verzögerungsglied 1. Ordnung (Ersatzzeitkonstante T_{ers}) zurückgegriffen.

$$G_{w,ers}(s)\Big|_{\text{BO}} = \frac{1}{1 + sT_{ers}} \quad \text{mit} \quad T_{ers} = 2T_\sigma \qquad (3.12)$$

Die Frequenzgänge des offenen Regelkreises sowie des Führungs– und Störverhaltens zeigt Abb. 3.3. Eine ausführliche Tabelle mit Einstellregeln für alle gängigen Streckentypen findet sich auf Seite 80.

3.1.2   Verallgemeinerung und Anwendung des Betragsoptimums

Einfluß der Reglerverstärkung auf die Dämpfung des Regelkreises

Die vorigen Ergebnisse können allgemein gefaßt werden. Führt man eine Kreisintegrierzeit $T_0 = T_1/(V_R V_S)$ ein, so ergibt sich für die Führungsübertragungsfunktion 2. Ordnung folgende Form, wobei T_0 durch die Reglerverstärkung frei wählbar ist:

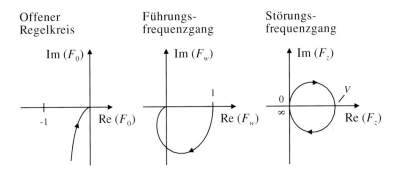

Abb. 3.3: *Frequenzgänge beim Betragsoptimum*

$$G_w(s) = \frac{1}{1 + sT_0 + s^2 T_0 T_\sigma} \tag{3.13}$$

Kennkreisfrequenz ω_0 und Dämpfung D ergeben sich allgemein zu

$$\omega_0 = \frac{1}{\sqrt{T_0 T_\sigma}} \quad \text{und} \quad D = \frac{1}{2}\sqrt{\frac{T_0}{T_\sigma}} \tag{3.14}$$

Der Dämpfungsfaktor eines betragsoptimierten Regelkreises ergibt sich aus der zweiten Optimierungsbedingung mit $T_0 = 2T_\sigma$ zu $D = 1/\sqrt{2} = 0,707$. Aperiodisches Verhalten ($D \geq 1$) stellt sich für $T_0 \geq 4T_\sigma$ ein. In beiden Fällen gilt für die Anregelzeit $t_{an} \approx 2,5\,T_0$.

Abbildung 3.4 zeigt einige Sprungantworten des Regelkreises für verschiedene Kreisintegrierzeiten T_0 und bei einer Anregung durch die Führungs- bzw. Störgröße (Signalflußplan siehe Abb. 3.2). Aus der Darstellung des Führungsverhaltens ist der Kompromiß zwischen Stabilität und Dynamik bei der Wahl der Reglerparameter zu erkennen.

Betragsoptimum bei Kompensation einer weiteren Zeitkonstanten

Ist außer der großen Zeitkonstanten T_1 auch noch die größte der weiteren Zeitkonstanten T_i kompensierbar, kann ein PID–Regler eingesetzt werden. Dadurch wird die Dynamik der Regelung erhöht, da die verbleibende kleine Zeitkonstante T_σ kleiner als mit PI–Regler wird. Zu beachten ist dabei allerdings, daß insbesondere durch die Differentiation im Regler keine störenden Übersteuerungen der Signale im Regelkreis auftreten und die Meßwerte keinen allzu großen Rauschanteil besitzen.

Die Nachstellzeit T_n des PID–Reglers kompensiert die große Zeitkonstante T_1, die Differenzierzeitkonstante T_v des PID–Reglers entspricht der zweiten Zeitkonstante T_2. Somit lauten die Einstellregeln für den PID–Regler:

$$V_R = \frac{T_1}{2V_S T_\sigma}, \quad T_n = T_1 \quad \text{und} \quad T_v = T_2 \tag{3.15}$$

(siehe auch Optimierungstabelle Seite 80, Nr.6).

Führungsverhalten

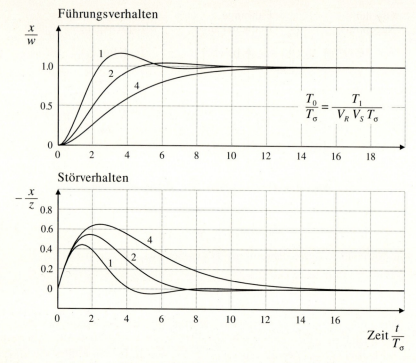

Abb. 3.4: *Übergangsverhalten bei verallgemeinerten Betragsoptimum (Standard–BO für $T_0/T_\sigma = 2$)*

Betragsoptimum bei Meßwertverzögerung im Rückwärtszweig

Ein häufig in der Praxis auftretender Fall ist die Istwerterfassung über ein verzögerndes Meßglied. Regelungstechnisch gesehen liegt dieses im Rückwärtszweig des Regelkreises. Anhand einer Strecke 2. Ordnung mit Istwerterfassung über ein PT_1–Meßglied mit der Glättungszeitkonstante T_g soll dies näher betrachtet werden (Abb. 3.5).

Die Optimierung nach dem Betragsoptimum kann wie für die zweifache PT_1–Strecke durchgeführt werden, wenn sie für x' erfolgt, d.h. wenn die Rückführung gedanklich der Strecke zugeschlagen wird. Die *Zusammenfassung* der beiden PT_1–Streckenübertragungsfunktionen mit den kleinen Zeitkonstanten T_2 und T_σ ist *erlaubt*, solange nur das *Ein–Ausgangsverhalten des offenen Regelkreises* betrachtet wird und die *Strecke linear* ist (siehe auch Kap.1.4).

$$G'_S(s) = \frac{x'(s)}{u(s)} = \frac{V_S}{1 + sT_1} \cdot \frac{1}{1 + sT_2} \cdot \frac{V_r}{1 + sT_g} \qquad (3.16)$$

Mit der kleinen Summenzeitkonstante $T_\sigma = T_2 + T_g$ folgt:

$$G'_S(s) = \frac{x'(s)}{u(s)} = \frac{V_S}{1 + sT_1} \cdot \frac{V_r}{1 + sT_\sigma} \qquad (3.17)$$

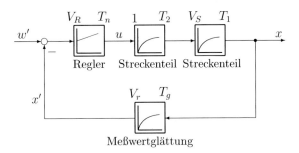

Abb. 3.5: *Regelkreis mit PT_1–Meßwertglättung*

Damit lautet die Auslegung des PI–Reglers nach dem Betragsoptimum:

$$T_n = T_1 \quad \text{und} \quad V_R = \frac{T_1}{2V_S V_r T_\sigma} \tag{3.18}$$

Mit der Gleichung der Rückführung $x' = x \cdot V_r/(1 + sT_g)$ ergibt sich die Übertragungsfunktion des geschlossenen Regelkreises zu

$$G'_w(s) = \frac{x'(s)}{w'(s)} = \frac{1}{1 + s2T_\sigma + s^2 2T_\sigma^2} = \frac{V_r}{1 + sT_g} \cdot \frac{x(s)}{w'(s)} \tag{3.19}$$

Um die Führungsübertragungsfunktion des tatsächlichen Istwertes x/w' zu erhalten, muß über die Meßwertglättung zurückgerechnet werden. Man erhält dann:

$$G_w(s) = \frac{x(s)}{w'(s)} = \frac{1 + sT_g}{V_r} \cdot \frac{1}{1 + s2T_\sigma + s^2 2T_\sigma^2} \tag{3.20}$$

wobei V_r den stationären Endwert von x bestimmt, da im stationären Betriebspunkt $(s \to 0)$ $x = w'/V_r$ gilt. Die Ersatzzeitkonstante dieser Übertragungsfunktion ist wegen des Zählerterms über eine Polynomdivision zu ermitteln (Nenner durch Zähler). Der Koeffizient bei der ersten Potenz von s stellt die Ersatzzeit dar.

$$G'_{w,ers}(s) = \frac{1}{V_r} \cdot \frac{1}{1 + sT_{ers1} + s^2 T_{ers2}^2 + ...} \tag{3.21}$$

$$\approx \frac{1}{V_r} \cdot \frac{1}{1 + s(2T_\sigma - T_g)} = V_{ers} \cdot \frac{1}{1 + sT_{ers}} \tag{3.22}$$

Anders als in Gl. (3.12) ergibt sich hier als Ersatzzeitkonstante nur

$$T_{ers} = 2T_\sigma - T_g \tag{3.23}$$

Dies bedeutet, daß die Regelgröße x gegenüber der für die Optimierung verwendeten Rückführgröße x' schneller reagiert. Folglich ist auch die Überschwingweite

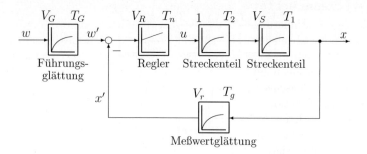

Abb. 3.6: *Regelkreis mit PT₁–Meßwertglättung und Führungsglättung*

deutlich größer und damit scheinbar der Dämpfungsfaktor geringer, was durch die Nullstelle in der Führungsübertragungsfunktion bedingt ist.

Um das gewünschte betragsoptimierte Verhalten der Führungsübertragungsfunktion dennoch zu erreichen, muß im Sollwertzweig eine Führungsglättung $G_G(s)$ mit der Zeitkonstante des Zählerpolynoms $T_G = T_g$ eingefügt werden. Mit diesem Vorfilter kann gleichzeitig auch V_{ers} kompensiert werden, indem $V_G = V_r$ gewählt wird.

$$G_w(s) \;=\; \frac{x(s)}{w(s)} \;=\; G_G(s) \cdot G'_w(s) \;=\; \frac{1}{1 + s2T_\sigma + s^2 2T_\sigma^2} \quad (3.24)$$

$$\text{mit} \quad G_G(s) \;=\; \frac{w'(s)}{w(s)} \;=\; \frac{V_G}{1 + sT_G} \;=\; \frac{V_r}{1 + sT_g} \quad (3.25)$$

Darstellung des Betragsoptimums im Frequenzbereich (Phasenreserve)

Die Aussagen des Betragsoptimums können in den Frequenzbereich (Frequenzkennlinie) übertragen werden. Werden die betragsoptimierten Reglerparameter in die Übertragungsfunktion des offenen Kreises eingesetzt, ergibt sich beim Amplitudendurchtritt $0\,dB$ ($|F_0(j\omega_d)| = 1$) der Phasenwinkel

$$\varphi_0 \;=\; -90° - 24{,}5° \Big|_{|F_0(j\omega_d)|=1} \;=\; -114{,}5° \quad (3.26)$$

Aufgrund der approximierten Darstellung des Amplitudenganges wird statt des exakten Winkels ($\varphi_0 = -114{,}5°$) oft auch der approximierte Winkel φ_0^* angegeben.

$$\varphi_0^* \;=\; -90° - 26{,}5° \Big|_{|F_0(j\omega)|=1} \;=\; -116{,}5° \quad (3.27)$$

Dies entspricht einer Phasenreserve von $\varphi_{Rd} \;=\; 180° + \varphi_0^* \;=\; 63{,}5°$ (siehe Abb. 2.11).

Betragsoptimum bei totzeitbehafteten Systemen

Die bisherigen Optimierungsvorschriften wurden nur für minimalphasige Übertragungselemente abgeleitet, d.h. für stabile Übertragungsfunktionen mit Polen und Nullstellen ausschließlich in der linken $s-$Halbebene. Bei minimalphasigen Übertragungsfunktionen besteht ein eindeutiger Zusammenhang zwischen Betragsverlauf und Phasenverlauf im Frequenzbereich.

Übertragungsfunktionen, bei denen die Pole zwar auf die linke $s-$Halbebene beschränkt sind, deren Nullstellen jedoch in der gesamten $s-$Ebene liegen, werden dagegen nicht–minimalphasige Funktionen genannt. Häufig auftretende nicht–minimalphasige Übertragungsfunktionen sind Allpässe und Totzeiten. Ein typisches Allpaßverhalten entsteht durch die Differenzbildung der Ausgangssignale zweier Verzögerungsglieder. Totzeiten (auch Laufzeiten genannt) treten in Form von Transportverzögerungen auf.

In der elektrischen Antriebstechnik werden Stromrichter–Stellglieder als Leistungsstellglieder eingesetzt. Die mathematische Beschreibung ihrer dynamischen Eigenschaften ist aufwendig. Nur teilweise existieren auch geeignete Verfahren, um das Verhalten von Regelkreisen mit diesen Stellgliedern geschlossen darzustellen. Aufgrund dieser Schwierigkeit werden diese Systeme oft vereinfacht durch Totzeiten approximiert. Das Stellglied ist ein Teil der Strecke und wird durch eine Totzeit T_t und die Verstärkung V_{STR} angenähert.

$$G_{STR}(s) \ = \ V_{STR} \cdot e^{-sT_t} \tag{3.28}$$

Für die Optimierung von Regelkreisen mit Stromrichter–Stellgliedern ist eine Erweiterung der abgeleiteten Optimierungskriterien somit notwendig. Am übersichtlichsten und deshalb am meisten angewendet wird bei diesen Problemen das Verfahren der Frequenzkennlinie.

Für die Optimierung nach dem Betragsoptimum kann ein PI–Regler gewählt werden. Damit ergeben sich die Übertragungsfunktionen von Regler $G_R(s)$ und Strecke $G_S(s)$ allgemein mit $T_t \ll T_1$ zu

$$G_R(s) \ = \ V_R \cdot \frac{1 + sT_n}{sT_n} \tag{3.29}$$

$$G_S(s) \ = \ \frac{V_S V_{STR}}{1 + sT_1} \cdot e^{-sT_t} \tag{3.30}$$

Bei Wahl der Nachstellzeit des Reglers nach dem Betragsoptimum $T_n = T_1$ vereinfacht sich die Übertragungsfunktion des offenen Regelkreises

$$-G_0(s) \ = \ V_R \frac{1 + sT_n}{sT_n} \cdot \frac{V_S V_{STR}}{1 + sT_1} \cdot e^{-sT_t} \ = \ \frac{V_R V_S V_{STR}}{sT_1} \cdot e^{-sT_t} \tag{3.31}$$

Zur Bestimmung der Reglerverstärkung V_R wird bei der Amplitudendurchtrittsfrequenz $|F_0(j\omega_d)| = 1$ eine Phasenreserve von $\varphi_{Rd} = 180° - 116,5° = 63,5°$ gefordert bzw. ein Durchtrittswinkel von

$$\varphi_0 = \underbrace{-90°}_{\substack{\text{I–Anteil} \\ \text{von } G_0}} \underbrace{-26,5°}_{\substack{\text{Totzeitanteil} \\ \text{von } G_0}} = -116,5° \tag{3.32}$$

Mit $e^{-sT_t} \longrightarrow e^{-j\omega T_t}$ gilt weiterhin

$$\omega_d T_t = 26,5° \cdot \frac{\pi}{180°} \qquad \text{bzw.} \qquad \omega_d = \frac{26,5°}{T_t} \cdot \frac{\pi}{180°} \tag{3.33}$$

Für beliebige Frequenzen ω ist der Betrag $\left| e^{-j\omega T_t} \right| = 1$. Damit ergibt sich bei der Amplitudendurchtrittsfrequenz ω_d die Einstellbedingung für V_R

$$1 = \frac{V_R V_S V_{STR}}{\omega_d T_1} \tag{3.34}$$

$$V_R = \frac{\omega_d T_1}{V_S V_{STR}} = \frac{T_1}{V_S V_{STR}} \cdot \frac{26,5°}{T_t} \cdot \frac{\pi}{180°} \approx \frac{T_1}{2 V_S V_{STR} T_t} \tag{3.35}$$

Vergleicht man dieses Ergebnis mit den Einstellregeln des Betragsoptimums (siehe Seite 50), so ist zu erkennen, daß diese auch bei Systemen mit Totzeit einsetzbar ist, indem $T_\sigma = T_t$ gesetzt wird.

Bei Strecken mit variabler Totzeit (z.B. bei netzgeführten oder pulsweitenmodulierten Stromrichtern) kann es günstig sein, T_σ bei der Auslegung des Reglers auf die im statistischen Mittel auftretende Totzeit zu beziehen.

3.1.3   Mathematische Herleitung des Betragsoptimums

Das Betragsoptimum kann allgemein auch auf Strecken höherer Ordnung angewendet werden. Für diesen Fall wird die Reglerauslegung im folgenden mathematisch hergeleitet. Die Bedingungen für die Optimierung sind dabei

1. Stabilität

2. Betragsanschmiegung im Nutzbereich $|F_w(j\omega)| \to 1$

Es wird ein allgemeiner Regelkreis mit Einheitsrückführung nach Abb. 3.7 angenommen mit einer Strecke $G_S(s)$ der Ordnung τ und einem Regler $G_R(s)$ der Ordnung $\nu + 1$. Für den Fall $c_0 = 0$ besitzt die Strecke einen Integralanteil; für $c_0 \neq 0$ besteht sie nur aus Proportional– und Verzögerungsgliedern.

$$G_S(s) = \frac{1}{c_0 + c_1 s + c_2 s^2 + \ldots + c_\tau s^\tau} \tag{3.36}$$

$$G_R(s) = \underbrace{r_{-1} s^{-1}}_{I} + \underbrace{r_0}_{P} + \underbrace{r_1 s}_{D} \underbrace{+ \ldots + r_\nu s^\nu}_{\substack{\text{schwer realisierbar, da} \\ \text{mehrfach differenzierend}}} \tag{3.37}$$

$$= \frac{r_{-1}}{s} \cdot \left(1 + \frac{r_0}{r_{-1}} s + \frac{r_1}{r_{-1}} s^2 + \ldots + \frac{r_\nu}{r_{-1}} s^{\nu+1} \right) \tag{3.38}$$

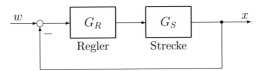

Abb. 3.7: *Regelkreis mit Einheitsrückführung*

Die Führungsübertragungsfunktion $G_w(s)$ ist für $\tau > \nu$

$$G_w(s) = \frac{-G_0}{1 - G_0} = \frac{G_R \cdot G_S}{1 + G_R \cdot G_S} = \frac{G_R}{G_R + \frac{1}{G_S}}$$

$$= \frac{r_{-1}s^{-1} + r_0 + r_1 s + \ldots + r_\nu s^\nu}{r_{-1}s^{-1} + (r_0 + c_0) + (r_1 + c_1)s + \ldots + c_{\tau-1}s^{\tau-1} + c_\tau s^\tau} \quad (3.39)$$

$$= \frac{1 + \frac{r_0}{r_{-1}}s + \frac{r_1}{r_{-1}}s^2 + \ldots + \frac{r_\nu}{r_{-1}}s^{\nu+1}}{1 + \frac{r_0 + c_0}{r_{-1}}s + \frac{r_1 + c_1}{r_{-1}}s^2 + \ldots + \frac{c_{\tau-1}}{r_{-1}}s^\tau + \frac{c_\tau}{r_{-1}}s^{\tau+1}} \quad (3.40)$$

Diese letzte Umformung ist nur für $r_{-1} \neq 0$ erlaubt, d.h. für Regler mit Integralanteil. Im Fall eines P–Reglers ($r_{-1} = 0$) folgt aus Gl. (3.39)

$$G_w(s) = \frac{r_0}{r_0 + c_0} \cdot \frac{1 + \frac{r_1}{r_0}s + \ldots + \frac{r_\nu}{r_0}s^\nu}{1 + \frac{r_1 + c_1}{r_0 + c_0}s + \ldots + \frac{c_{\tau-1}}{r_0 + c_0}s^{\tau-1} + \frac{c_\tau}{r_0 + c_0}s^\tau} \quad (3.41)$$

Man erkennt, daß durch den ersten Term eine stationäre Regelabweichung verursacht wird, falls $c_0 \neq 0$, also auch in der Strecke kein integraler Anteil enthalten ist. Im weiteren sei wieder von $r_{-1} \neq 0$ ausgegangen. Zur Vereinfachung werden nun die Koeffizienten der einzelnen s–Potenzen in Zähler und Nenner der Führungsübertragungsfunktion aus Gl. (3.40) zusammengefaßt.

$$G_w(s) = \frac{b_0 + b_1 s + b_2 s^2 + \ldots + b_{\nu+1}s^{\nu+1}}{a_0 + a_1 s + a_2 s^2 + \ldots + a_\tau s^\tau + a_{\tau+1}s^{\tau+1}} \quad (3.42)$$

Aus dem Koeffizientenvergleich folgt:

$$
\begin{aligned}
a_0 &= 1 & b_0 &= 1 \\
a_1 &= \frac{r_0 + c_0}{r_{-1}} & b_1 &= \frac{r_0}{r_{-1}} \\
&\;\vdots & &\;\vdots \\
a_{\nu+1} &= \frac{r_\nu + c_\nu}{r_{-1}} & b_{\nu+1} &= \frac{r_\nu}{r_{-1}} \\
a_{\nu+2} &= \frac{c_{\nu+1}}{r_{-1}} & & \\
&\;\vdots & & \\
a_\tau &= \frac{c_{\tau-1}}{r_{-1}} & & \\
a_{\tau+1} &= \frac{c_\tau}{r_{-1}} & &
\end{aligned}
\qquad (3.43)
$$

Damit liegt die sich ergebende Führungsübertragungsfunktion fest. Die Koeffizienten a_i und b_i müssen nun so bestimmt werden, daß optimales statisches und dynamisches Verhalten erreicht wird. Die Forderung der Betragsanschmiegung $|F_w(j\omega)| = 1$ bis zu möglichst hohen Frequenzen und anschließendem Tiefpaßverhalten wird bei dem Betragsquadrat des Frequenzgangs zur Bestimmung der Koeffizienten angewendet.

$$|F_w(j\omega)|^2 = \frac{B_0 + B_2\omega^2 + B_4\omega^4 + \ldots}{A_0 + A_2\omega^2 + A_4\omega^4 + \ldots} \tag{3.44}$$

Dabei ergeben sich im Zähler wie im Nenner nach Potenzen von ω geordnete Polynome der Art

$$B_0 + B_2\omega^2 + B_4\omega^4 + \ldots = \underbrace{b_0^2}_{B_0} + \underbrace{(b_1^2 - 2b_0b_2)}_{B_2}\omega^2 + \underbrace{(b_2^2 - 2b_1b_3 + 2b_0b_4)}_{B_4}\omega^4 + \ldots$$

Die Optimierungsbedingung der Betragsanschmiegung fordert, daß die jeweiligen Koeffizienten für ω^{2i} im Zähler und im Nenner bis zu möglichst hohen Frequenzen gleich sein sollen, also

$$\begin{aligned}
A_0 = B_0 &\longrightarrow & a_0^2 &= b_0^2 \\
A_2 = B_2 &\longrightarrow & -2a_0a_2 + a_1^2 &= b_1^2 - 2b_0b_2 \\
A_4 = B_4 &\longrightarrow & 2a_0a_4 - 2a_1a_3 + a_2^2 &= b_2^2 - 2b_1b_3 + 2b_0b_4 \\
\vdots & & \vdots &
\end{aligned} \tag{3.45}$$

Durch Lösen eines Gleichungssystems dieser Art können nun die Reglerparameter nach Gl. (3.43) bestimmt werden.

Beispiel: PI–Regler für PT$_2$–Strecke
Strecke:

$$G_S(s) = \frac{V_S}{1 + sT_1} \cdot \frac{1}{1 + sT_\sigma} = \frac{1}{c_0 + c_1s + c_2s^2} \tag{3.46}$$

Regler:

$$G_R(s) = V_R \cdot \frac{1 + sT_n}{sT_n} = r_{-1}s^{-1} + r_0 \tag{3.47}$$

offener Kreis:

$$-G_0(s) = G_R(s) \cdot G_S(s) = \frac{1 + sT_n}{sT_0 \cdot (1 + sT_1)(1 + sT_\sigma)} \tag{3.48}$$

$$\text{mit} \quad V_0 = \frac{1}{V_RV_S} \quad \text{und} \quad T_0 = \frac{T_n}{V_RV_S} = \frac{T_n}{V_0}$$

geschlossener Kreis:

$$
\begin{aligned}
G_w(s) &= \frac{1 + sT_n}{1 + s(T_n + T_0) + s^2(T_0T_1 + T_0T_\sigma) + s^3 T_0 T_1 T_\sigma} \\
&= \frac{b_0 + b_1 s}{a_0 + a_1 s + a_2 s^2 + a_3 s^3}
\end{aligned} \tag{3.49}
$$

Koeffizienten–Vergleich (alle höheren Koeffizienten ab a_4 und b_2 sind 0):

$$
\begin{aligned}
a_0 &= 1 & b_0 &= 1 \\
a_1 &= T_n + T_0 & b_1 &= T_n \\
a_2 &= T_0(T_1 + T_\sigma) \\
a_3 &= T_0 T_1 T_\sigma
\end{aligned}
$$

Aus den drei Bedingungen nach Gl. (3.45)

$$
\begin{aligned}
a_0^2 &= b_0^2 \\
-2a_0 a_2 + a_1^2 &= b_1^2 \\
-2a_1 a_3 + a_2^2 &= 0
\end{aligned} \tag{3.50}
$$

können V_R und T_n bzw. V_0 und T_0 bestimmt werden.

$$
\begin{aligned}
1 &= 1 \\
-2T_0(T_1 + T_\sigma) + (T_n + T_0)^2 &= T_n^2 \\
-2(T_n + T_0)T_0 T_1 T_\sigma + T_0^2(T_1 + T_\sigma)^2 &= 0
\end{aligned} \tag{3.51}
$$

Mit $T_n = T_0 V_0$ eingesetzt in die letzte Zeile von Gl. (3.51) folgt:

$$
\begin{aligned}
-2(V_0 T_0 + T_0)T_0 T_1 T_\sigma + T_0^2(T_1 + T_\sigma)^2 &= 0 \\
(T_1 + T_\sigma)^2 &= 2(V_0 + 1)T_1 T_\sigma
\end{aligned} \tag{3.52}
$$

$$
V_0 = \frac{(T_1 + T_\sigma)^2}{2 T_1 T_\sigma} - 1 = \frac{1}{2} \cdot \left(\frac{T_1}{T_\sigma} + \frac{T_\sigma}{T_1} \right) \tag{3.53}
$$

$$
V_R = \frac{V_0}{V_S} = \frac{1}{2V_S} \cdot \left(\frac{T_1}{T_\sigma} + \frac{T_\sigma}{T_1} \right) \tag{3.54}
$$

Aus der mittleren Gleichung von (3.51) folgt mit $T_0 = T_n / V_0$:

$$
-2\frac{T_n}{V_0}(T_1 + T_\sigma) + \left(T_n + \frac{T_n}{V_0} \right)^2 = T_n^2 \tag{3.55}
$$

$$
-(T_1 + T_\sigma) + T_n \left(1 + \frac{1}{2V_0} \right) = 0 \tag{3.56}
$$

Durch Einsetzen der oben abgeleiteten Beziehung für V_0 ergibt sich:

$$T_n = \frac{T_1 + T_\sigma}{1 + \frac{1}{2V_0}} = \frac{T_1 + T_\sigma}{1 + \frac{1}{\left(\frac{T_1}{T_\sigma} + \frac{T_\sigma}{T_1}\right)}} = T_1 \cdot \frac{\left(1 + \frac{T_\sigma}{T_1}\right) \cdot \left(\frac{T_1}{T_\sigma} + \frac{T_\sigma}{T_1}\right)}{\left(\frac{T_1}{T_\sigma} + \frac{T_\sigma}{T_1}\right) + 1} \tag{3.57}$$

Wie aus dem Ansatz ersichtlich ist, wurden keine Vorgaben für das Verhältnis von T_1 und T_σ festgelegt. Wird nun $T_\sigma \ll T_1$ angenommen, wird $V_0 \approx T_1/(2T_\sigma)$, und es ergeben sich die bekannten Optimierungsbedingungen nach dem Betragsoptimum:

$$T_n = T_1 \quad \text{und} \quad V_R = \frac{T_1}{2V_S T_\sigma} \tag{3.58}$$

3.2 Symmetrisches Optimum (SO)

Das Symmetrische Optimum stellt ein weiteres wichtiges Optimierungskriterium in der elektrischen Antriebstechnik dar. Es wird bevorzugt bei Strecken mit integrierendem Anteil eingesetzt, oder in abgewandelter Form, wenn das Verhältnis der Zeitkonstanten für eine Optimierung nach dem Betragsoptimum ungünstig ist, um ein gutes Störverhalten zu erzielen.

Der Name „Symmetrisches Optimum" bezieht sich auf den Frequenzgang des offenen optimierten Regelkreises, dessen Phasengang symmetrisch zum Amplitudendurchtritt liegt (vgl. Abb. 3.9).

Wie schon beim Betragsoptimum soll zunächst eine anschauliche Herleitung des Symmetrischen Optimums an einem Beispiel erfolgen. Für Interessierte werden die Optimierungskriterien im Anschluß daran auch mathematisch abgeleitet sowie Frequenzgangdarstellung, Sprungantworten und Pol–Nullstellenverteilungen erläutert.

3.2.1 Herleitung für Strecken mit I–Anteil

Die Besonderheit des Symmetrischen Optimums zeigt sich im Vergleich zum Betragsoptimum, auf das noch einmal kurz eingegangen werden soll. Das Betragsoptimum kann Regelkreise optimieren, deren offene Übertragungsfunktion $G_0(s)$ einen (einfachen) Integralanteil sowie einen oder mehrere Verzögerungsanteile enthält. Dabei kann, abweichend von der Annahme in Kap. 3.1, daß der Integralanteil im Regler enthalten ist (I–, PI– oder PID–Regler), der Integralanteil stattdessen auch Teil der Strecke sein (z.B. PD–Regler und IT_2–Strecke).

Solange keine Störgröße wirkt, verhält sich auch die zweite Konfiguration optimal, da die stationäre Genauigkeit durch den I–Anteil in der Strecke sichergestellt wird. Greift nun eine Störgröße an der Strecke ein (vgl. Abb. 3.8), entsteht dagegen eine stationäre Regelabweichung. Dieser Nachteil kann durch

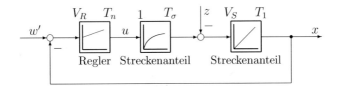

Abb. 3.8: *Regelkreis zur Herleitung des Symmetrischen Optimums*

die Verwendung eines Reglers mit Integralanteil beseitigt werden. Für die Stabilisierung eines derartigen Regelkreises mit insgesamt zwei Integralanteilen wurde das Symmetrische Optimum entwickelt.

Dieses Optimierungskriterium kann somit immer dann angewendet werden, wenn ein Regelkreis mit Einheitsrückführung vorliegt, bei dem die Strecke einen integralen Anteil aufweist und die stationäre Regelabweichung auch bei Störungen zu Null geregelt werden soll. Das Symmetrische Optimum ist das typische Optimierungskriterium für Drehzahlregelkreise mit unterlagertem Stromregelkreis.

Für eine anschauliche Herleitung sollen eine IT_1–Strecke (einschließlich Stellglied) und ein PI–Regler betrachtet werden (siehe Abb. 3.8).

IT_1–Strecke:

$$G_S(s) = \frac{V_S}{sT_1} \cdot \frac{1}{1 + sT_\sigma} \qquad \text{mit } V_S = \text{Streckenverstärkung} \qquad (3.59)$$

$$T_1 = \text{(große) Integrationszeitkonstante}$$

$$T_\sigma = \text{kleine Zeitkonstante}$$

PI–Regler:

$$G_R(s) = V_R \cdot \frac{1 + sT_n}{sT_n} \qquad \text{mit } V_R = \text{Reglerverstärkung} \qquad (3.60)$$

$$T_n = \text{Nachstellzeit}$$

Die Zeitkonstante T_σ soll wie beim Betragsoptimum eine nicht kompensierbare Zeitkonstante sein, wie z.B. die Ersatzzeitkonstante eines unterlagerten Stromregelkreises.

Die Übertragungsfunktion $G_0(s)$ des offenen Regelkreises und die Führungsübertragungsfunktion $G'_w(s)$ des geschlossenen Regelkreises lauten:

$$-G_0(s) = G_R(s)\,G_S(s) = V_R \cdot \frac{1 + sT_n}{sT_n} \cdot \frac{V_S}{sT_1} \cdot \frac{1}{1 + sT_\sigma} \qquad (3.61)$$

$$G'_w(s) = \frac{x(s)}{w'(s)} = \frac{-G_0(s)}{1 - G_0(s)} = \frac{1 + sT_n}{1 + sT_n + s^2 \dfrac{T_n T_1}{V_R V_S} + s^3 \dfrac{T_n T_1 T_\sigma}{V_R V_S}} \qquad (3.62)$$

Wie beim Betragsoptimum wird auch beim Symmetrischen Optimum angestrebt, den Betrag des Frequenzgangs $|F_w|$ des geschlossenen Regelkreises bis zu möglichst hohen Frequenzen bei Eins zu lassen. Da hier aber laut Gl. (3.62) die Koeffizienten von s im Zähler– und Nennerpolynom gleich sind, kann im Gegensatz zum Betragsoptimum die Forderung $|F_w(j\omega)| \to 1$ nur dadurch erfüllt werden, daß möglichst viele Nenner–Koeffizienten der Betragsfunktion $|F_w(j\omega)|$ zu Null gemacht werden. Durch die Wahl von $T_n = 4T_\sigma$ wird bei der Amplitudendurchtrittsfrequenz $\omega_d = 1/2T_\sigma$ ein Phasenrand $\varphi_{Rd} = 37°$ erreicht (Abb. 3.9). Der Rechengang verläuft dabei ähnlich der Betragsoptimierung (siehe auch Kap. 3.2.3).

Symmetrisches Optimum (SO) — Standardeinstellung

$$T_n = 4T_\sigma$$

$$V_R = \frac{T_n T_1}{8V_S T_\sigma^2} = \frac{T_1}{2V_S T_\sigma}$$

Nach Einsetzen der Reglerparameter ergibt sich für den symmetrisch optimierten Regelkreis eine Führungsübertragungsfunktion 3. Ordnung (Index w' in Abb. 3.8).

$$G'_w(s) = \frac{x(s)}{w'(s)} = \frac{1 + s4T_\sigma}{1 + s4T_\sigma + s^2 8T_\sigma^2 + s^3 8T_\sigma^3} \tag{3.63}$$

Bei einer sprungförmigen Änderung der Führungsgröße zeigt die obige Übergangsfunktion allerdings große Unterschiede gegenüber der Übergangsfunktion des betragsoptimierten Kreises. Die Sprungantwort des symmetrisch optimierten Regelkreises weist ein Überschwingen von ca. 43 %, eine Anregelzeit $t_{an} = 3,1\,T_\sigma$ und eine Ausregelzeit $t_{aus} = 17,8\,T_\sigma$ bei $\pm\,2\,\%$ Regelfehler auf. Dieses unerwünschte Überschwingen ist vorrangig auf den Vorhalt $(1 + s4T_\sigma)$ im Zähler zurückzuführen (Abb. 3.22).

Um die Übergangsfunktion dem gewünschten Verlauf anzunähern, muß dieser Zählerterm durch eine Glättung der Führungsgröße kompensiert werden. Dazu wird ein Verzögerungsglied 1. Ordnung mit der Zeitkonstante $T_G = 4T_\sigma$ in den Sollwertzweig eingefügt (siehe Abb. 3.10).

$$G_G(s) = \frac{w'(s)}{w(s)} = \frac{1}{1 + sT_G} = \frac{1}{1 + s4T_\sigma} \tag{3.64}$$

Alternativ dazu kann auch eine äquivalente Sollwertglättung verwendet werden, wie in Kap. 4.3 behandelt.

Unter dieser Voraussetzung stellt sich im Regelkreis ein Überschwingen von 8 %, eine Anregelzeit $t_{an} \approx 7,6\,T_\sigma$ und eine Ausregelzeit $t_{aus} \approx 13,3\,T_\sigma$

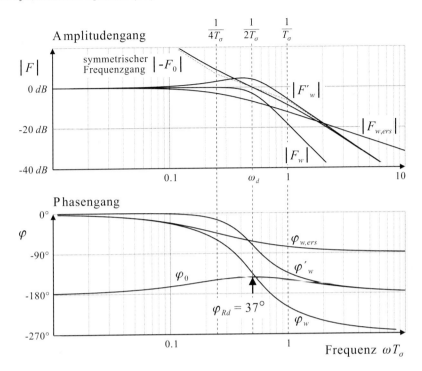

Abb. 3.9: *Frequenzgänge des Symmetrischen Optimums bei Standardeinstellung — Offener (Index 0), geschlossener Regelkreis mit (Index w) und ohne (Index w') Führungsglättung sowie Ersatzfunktion (Index w, ers)*

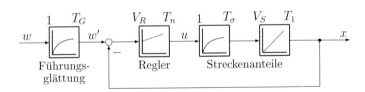

Abb. 3.10: *Regelkreis mit Führungsglättung*

ein (Abb. 3.22). Damit ergibt sich ein Frequenzgang nach Abb. 3.9 (Index w) und die Führungsübertragungsfunktion

$$G_w(s)\Big|_{SO} = \frac{x(s)}{w(s)} = G_G(s)\,G'_w(s) = \frac{1}{1 + s4T_\sigma + s^2 8T_\sigma^2 + s^3 8T_\sigma^3} \qquad (3.65)$$

Das Nennerpolynom von $G_w(s)$ kann in einen reellen Pol und in ein konjugiert komplexes Polpaar aufgespalten werden:

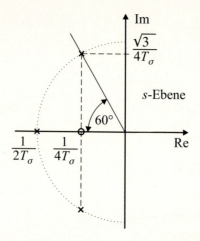

Abb. 3.11: *Polstellen (×) des geschlossenen Kreises beim Symmetrischen Optimum — die Nullstelle (○) wird durch das Vorfilter kompensiert (Führungsglättung)*

$$G_w(s) = \frac{1}{(1 + s2T_\sigma)(1 + s2T_\sigma + s^2 4T_\sigma^2)} \tag{3.66}$$

mit den Polstellen

$$s_1 = -\frac{1}{2T_\sigma} \qquad \text{und} \qquad s_{2,3} = \frac{1}{4T_\sigma}\left(-1 \pm j\sqrt{3}\right) \tag{3.67}$$

sowie der Kreiskennfrequenz $\omega_0 = 1/(2T_\sigma)$ und dem Dämpfungsfaktor $D = 0,5$.

Die Schwierigkeit bei der Stabilisierung und damit bei der Optimierung von Regelkreisen mit zwei Integralanteilen ist der Phasenwinkel von $2\cdot 90° = 180°$ und der konstante Verstärkungsabfall von $40\,dB$ je Kreisfrequenzdekade, d.h. bei tiefen Frequenzen ist die Kreisverstärkung größer als $0\,dB$ und damit der Regelkreis zunächst instabil. Der grundlegende Gedanke des Symmetrischen Optimums ist, eine Verringerung der Phase des offenen Regelkreises im Bereich der Amplitudendurchtrittsfrequenz $\omega_d = 1/(2T_\sigma)$ durch den Vorhalt (Zählerpolynom) des Reglers zu erreichen.

Der Tiefpaßanteil der Strecke mit der Zeitkonstante T_σ vergrößert die Phase des offenen Regelkreises; daher muß die Eckfrequenz $\omega = 1/(4T_\sigma)$ des Vorhalts bei tieferen Kreisfrequenzen liegen als die Eckfrequenz $\omega = 1/T_\sigma$ des Tiefpasses.

Dieser Zusammenhang ist in Abb. 3.9 dargestellt. Wie daraus zu entnehmen ist, sind die Eckfrequenzen des Vorhalts $\omega = 1/(4T_\sigma)$ und des Tiefpasses $\omega = 1/T_\sigma$ symmetrisch zur Kreisfrequenz $\omega_d = 1/(2T_\sigma)$ des Amplitudendurchtritts angeordnet; daher kommt die Bezeichnung „Symmetrisches Optimum".

Wie schon beim Betragsoptimum kann die Führungsübertragungsfunktion beim Symmetrischen Optimum ebenso durch eine Ersatzübertragungsfunktion approximiert werden (Index w, ers in Abb. 3.9). Daraus ist allerdings deutlich zu erkennen, daß dies eine sehr grobe Näherung ist.

$$G_{w,ers}(s)\Big|_{\mathrm{SO}} = \frac{1}{1 + s4T_\sigma} \tag{3.68}$$

Häufig wird statt der Glättungszeitkonstante $T_G = 4T_\sigma$ auch eine Glättungszeitkonstante bis zu $T_G = 1,2 \cdot 4T_\sigma$ gewählt, um ein Überschwingen unterhalb der 5 %–Grenze zu erhalten.

3.2.2 Verallgemeinerung und Anwendung des Symmetrischen Optimums

Einfluß der Reglerparameter auf das Verhalten des Regelkreises

Das Symmetrische Optimum kann verallgemeinert werden, indem ein Faktor a bei der Bestimmung der Reglerparameter eingeführt wird. Damit ergeben sich die allgemeinen Einstellregeln

---

Symmetrisches Optimum (SO) — Allgemein

$$T_n = a^2 \cdot T_\sigma$$

$$V_R = \frac{1}{a} \cdot \frac{T_1}{V_S T_\sigma}$$

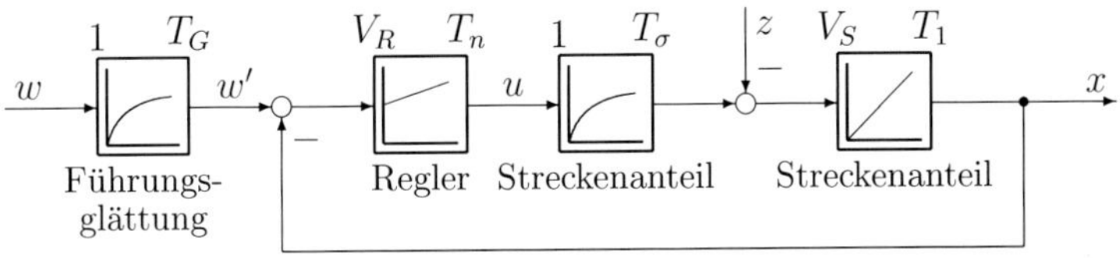

Abb. 3.12: *Betrachteter Regelkreis für Übergangsverhalten und Frequenzgang beim Symmetrischen Optimum mit Einheitsintegrator*

Das Führungs– und Störübertragungsverhalten des betrachteten Regelkreises in Abb. 3.12 für verschiedene Werte von a zeigt Abb. 3.13. Aus dieser Darstellung ist wiederum der Kompromiß zwischen Stabilität und Dynamik bei der Wahl der Optimierungsparameter zu erkennen. Die Führungsübertragungsfunktion wird damit zu:

$$G_w(s)\Big|_{\mathrm{SO}} = \frac{x(s)}{w(s)} = G_G(s)\, G_w'(s) = \frac{1}{1 + a^2 T_\sigma s + a^3 T_\sigma^2 s^2 + a^3 T_\sigma^3 s^3} \tag{3.69}$$

Führungsverhalten

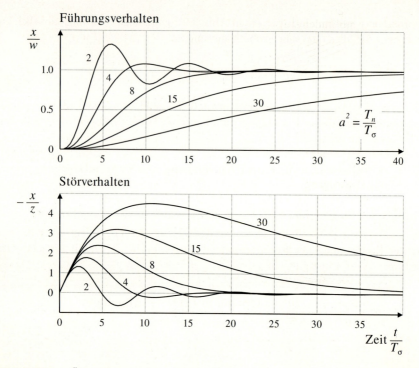

Abb. 3.13: *Übergangsverhalten bei Symmetrischem Optimum (Standard–SO für $a^2 = T_n/T_\sigma = 4$)*

Darstellung des Symmetrischen Optimums im Frequenzbereich (Phasenreserve)

Für die Standard–Auslegung des Symmetrischen Optimums $a^2 = 4$, ergibt sich ein Phasenwinkel von

$$\varphi_0\Big|_{|F_0(j\omega_d)|=1} = -143°$$

und damit eine Phasenreserve von $\varphi_{Rd} = 180° + \varphi_0 = 37°$.

Je größer dagegen der Faktor a gewählt wird, desto größer wird der Bereich des Frequenzgangs, in dem der Amplitudenabfall $|F_0(j\omega)|$ ungefähr $20\,dB$ pro Kreisfrequenzdekade ist. Gleichzeitig nähert sich das Maximum des Phasenverlaufs dem Wert $-90°$ und erhöht so die Dämpfung des Übergangsverhaltens (vgl. Abb. 3.14).

Erweiterter Gültigkeitsbereich für Strecken ohne I–Anteil

Bei der Ableitung zum Betragsoptimum wurde für die Regelkreisstruktur bei Strecken ohne I–Glied (vgl. Abb. 3.15) der Gültigkeitsbereich $T_\sigma < T_1 \leq 4T_\sigma$ angegeben. Bei Zeitkonstanten $T_1 > 4T_\sigma$ führt diese Optimierung hinsichtlich des Störverhaltens zu unbefriedigenden Ergebnissen.

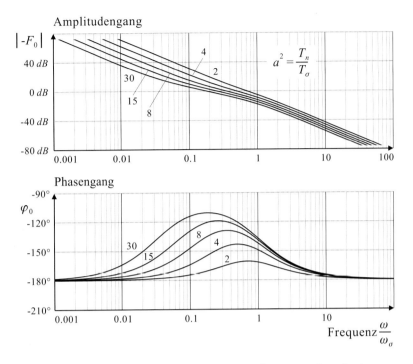

Abb. 3.14: *Frequenz– und Phasengang beim Symmetrischen Optimum*

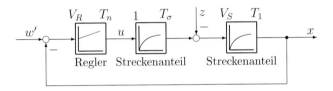

Abb. 3.15: *Betrachteter Regelkreis für erweitertes Symmetrisches Optimum*

Aus Abb. 3.16 ist zu ersehen, daß die Ausregelzeit umso mehr zunimmt, je größer die Zeitkonstante T_1 im Verhältnis zur kleinen Zeitkonstanten T_σ ist. Ein wesentlich besseres Störverhalten ist zu erwarten, wenn im Fall einer PT$_2$–Strecke und eines PI–Reglers bei $T_1 > 4T_\sigma$ die Optimierungsbedingungen an das Symmetrischen Optimum angenähert werden (siehe Abb. 3.13 für $a^2 = 4$).

Die Grundüberlegung bei diesem Ansatz ist, daß bei $T_1 \gg T_\sigma$ die Eckfrequenz $\omega = 1/T_1$ des Tiefpaßanteils mit der großen Zeitkonstante bei sehr viel tieferen Kreisfrequenzen liegt als die Eckfrequenz $1/T_\sigma$ des Tiefpasses mit der kleinen Zeitkonstante.

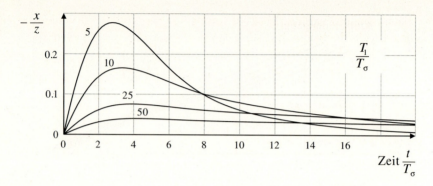

Abb. 3.16: *Störverhalten eines betragsoptimierten Regelkreises bei $T_1 > 4T_\sigma$ und Strecke ohne I–Anteil*

Damit wird im Bereich der Eckfrequenz des Tiefpasses mit der kleinen Zeitkonstante das Verhalten des Tiefpasses mit der großen Zeitkonstante im Amplitudengang ungefähr $20\,dB$ pro Kreisfrequenzdekade und der Phasenwinkel etwa $-90°$ sein, d.h. das Tiefpaßverhalten entspricht dort ungefähr dem Verhalten eines Integrators. Ausgehend von dieser Überlegung ergibt sich die folgende mathematische Übertragung der Optimierungsbedingungen des Symmetrischen Optimums auf eine Strecke mit zwei PT_1–Anteilen.

$$G_S(s) \;=\; \frac{V_S}{1 + sT_1} \cdot \frac{1}{1 + sT_\sigma} \tag{3.70}$$

$$G_R(s) \;=\; V_R \cdot \frac{1 + sT_n}{sT_n} \tag{3.71}$$

Es ist bekannt, daß beim Symmetrischen Optimum das charakteristische Nennerpolynom $1 + s4T + s^2 8T^2 + s^3 8T^3$ auftritt. Dieses soll nun auch im vorliegenden Fall erzeugt werden. Dazu werden zwei Korrekturfaktoren k_1 und k_2 eingeführt.

$$T_n \;=\; k_1 \cdot 4T_\sigma \qquad \text{und} \qquad V_R \;=\; k_2 \cdot \frac{T_1}{2V_S T_\sigma} \tag{3.72}$$

Durch Einsetzen dieser beiden Gleichungen in die Reglerübertragungsfunktion erhält man die Übertragungsfunktion $G_0(s)$ des offenen Kreises sowie die Führungsübertragungsfunktion $G'_w(s)$ des geschlossenen Regelkreises

$$-G_0(s) \;=\; \frac{k_2 T_1}{2V_S T_\sigma} \cdot \frac{1 + s4k_1 T_\sigma}{s4k_1 T_\sigma} \cdot \frac{V_S}{1 + sT_1} \cdot \frac{1}{1 + sT_\sigma} \tag{3.73}$$

$$G'_w(s) \;=\; \frac{1 + s4k_1 T_\sigma}{1 + s\left(4k_1 T_\sigma + 8\frac{k_1 T_\sigma^2}{k_2 T_1}\right) + s^2 8\frac{k_1 T_\sigma^2}{k_2 T_1}(T_1 + T_\sigma) + s^3 8\frac{k_1 T_\sigma^3}{k_2}} \tag{3.74}$$

Der Nenner dieser Führungsübertragungsfunktion wird nun mit dem charakteristischen Standardpolynom des Symmetrischen Optimums gleichgesetzt:

$$1 + s\left(4k_1 T_\sigma + 8\frac{k_1 T_\sigma^2}{k_2 T_1}\right) + s^2 8\frac{k_1 T_\sigma^2}{k_2 T_1}(T_1 + T_\sigma) + s^3 8\frac{k_1 T_\sigma^3}{k_2}$$

$$\stackrel{!}{=} 1 + s4T + s^2 8T^2 + s^3 8T^3 \tag{3.75}$$

Der Koeffizientenvergleich ergibt:

$$4k_1 T_\sigma + 8\frac{k_1 T_\sigma^2}{k_2 T_1} = 4T \tag{3.76}$$

$$8\frac{k_1 T_\sigma^2}{k_2 T_1} \cdot (T_1 + T_\sigma) = 8T^2 \tag{3.77}$$

$$8\frac{k_1 T_\sigma^3}{k_2} = 8T^3 \tag{3.78}$$

Die Lösung dieses Gleichungssystems mit den drei Unbekannten k_1, k_2 und T lautet:

$$k_1 = \frac{1 + \left(\frac{T_\sigma}{T_1}\right)^2}{\left(1 + \frac{T_\sigma}{T_1}\right)^3} \tag{3.79}$$

$$k_2 = 1 + \left(\frac{T_\sigma}{T_1}\right)^2 \tag{3.80}$$

$$T = \frac{T_1 T_\sigma}{T_1 + T_\sigma} \tag{3.81}$$

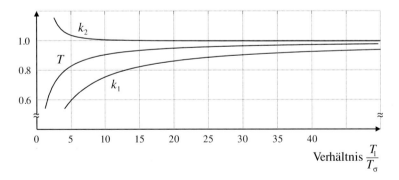

Abb. 3.17: *Symmetrisches Optimum: Korrekturfaktoren bei Strecke ohne I–Anteil*

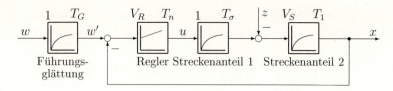

Abb. 3.18: *Betrachteter Regelkreis für das Übergangsverhalten des erweiterten Symmetrischen Optimums mit Führungsglättung*

In Abb. 3.17 sind k_1, k_2 und T als Funktion des Zeitkonstantenverhältnisses $T_1/T_\sigma \geq 4$ aufgetragen. Die mit den Einstellregeln nach Gl. (3.72) unter Verwendung von Gl. (3.79) und (3.80) erreichbaren Ergebnisse mit Führungsglättung sind in Abb. 3.19 gezeigt (betrachteter Regelkreis siehe Abb. 3.18). Greift die Störung *vor* dem Stellglied an, ergibt sich ein Störverhalten nach Abb. 3.20.

Dieses Optimierungskriterium wird in der Antriebstechnik dann angewendet, wenn die Ankerzeitkonstante T_A größer ist als $4T_\sigma$ und das Störverhalten des Stromregelkreises von Bedeutung ist. Im allgemeinen ist die Ankerzeitkonstante $T_A \gg 4T_t$, mit der Ersatz–Totzeit T_t des Stromrichterstellglieds.

Aus Abb. 3.17 ist weiterhin zu entnehmen, daß für $T_1/T_\sigma \to \infty$ gilt:

$$k_1 \to 1 \qquad \text{und} \qquad k_2 \to 1$$

Die Einstellregeln nach Gl. (3.72) gehen dann in die Standardform des Symmetrischen Optimums über (siehe Seite 62).

Verwendet man diese Standard–Einstellregeln zur Vereinfachung auch bei Zeitkonstantenverhältnisse $T_1/T_\sigma < \infty$, so darf natürlich kein mit dem Symmetrischen Optimum identisches Verhalten erwartet werden. Statt dessen ergibt sich für die Führungsübertragungsfunktion durch Einsetzen der Faktoren $k_1 = k_2 = 1$ in Gl. (3.74):

$$G'_w(s) = \frac{1 + s4T_\sigma}{1 + s\left(4T_\sigma + 8\frac{T_\sigma^2}{T_1}\right) + s^2 8\frac{T_\sigma^2}{T_1}(T_1 + T_\sigma) + s^3 8T_\sigma^3} \tag{3.82}$$

Diese Führungsübertragungsfunktion sowie auch das maximale Überschwingen, die Anregel– und Ausregelzeit hängen von T_1/T_σ ab. Die vereinfachten Einstellregeln nach Seite 62 werden auch in der Optimierungstabelle auf Seite 80 verwendet.

Das gleiche Ergebnis für die Korrekturfaktoren wie in Gl. (3.79) und (3.80) erhält man alternativ auch mit Hilfe des Dämpfungsoptimums, einem verallgemeinerten Optimierungsverfahren, das in Kap. 4 ausführlich behandelt wird.

Das erweiterte Symmetrische Optimum wird damit in der elektrischen Antriebstechnik insbesondere dann angewendet, wenn die Ankerzeitkonstante T_A größer ist als $4T_\sigma$ und das Störverhalten des Stromregelkreises von Bedeutung ist. Wenn T_σ die Ersatz–Totzeit T_t des Stromrichterstellglieds darstellt, ist dies

Führungsverhalten

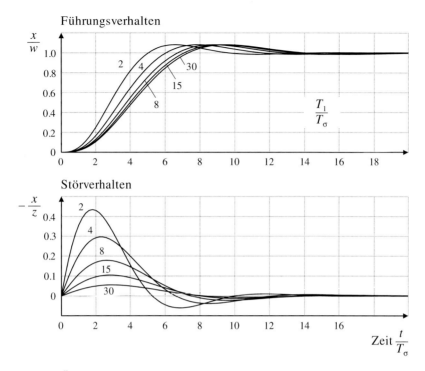

Störverhalten

Abb. 3.19: *Übergangsverhalten des erweiterten Symmetrischen Optimums: Führungsverhalten bei Glättung der Führungsgröße, Störverhalten bei Angreifen der Störung zwischen Streckenanteil 1 und 2*

Störverhalten

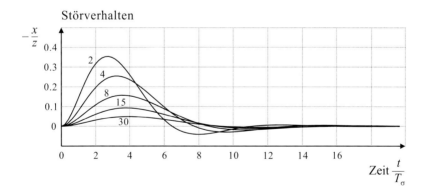

Abb. 3.20: *Übergangsverhalten des erweiterten Symmetrischen Optimums: Störverhalten bei Angreifen der Störung **vor** der Strecke (d.h. vor beiden Streckenanteilen in Abb. 3.18)*

häufig der Fall. Eine etwas andere Situation liegt vor, wenn zusätzliche Zeitkonstanten (z.B Meßglieder) im Regelkreis vorhanden sind, wie bereits in Kap. 3.1.2 beschrieben.

3.2.3   Mathematische Herleitung des Symmetrischen Optimums

Das Symmetrische Optimum soll im folgenden aus der Bedingung für die Betragsanschmiegung hergeleitet werden. Als Rechenbeispiel dient eine IT_1–Strecke und ein PI–Regler (siehe Abb. 3.8). Die Übertragungsfunktionen von Regler $G_R(s)$ und Strecke $G_S(s)$ sind:

$$G_S(s) = \frac{V_S}{sT_1} \cdot \frac{1}{1 + sT_\sigma} \tag{3.83}$$

$$G_R(s) = V_R \cdot \frac{1 + sT_n}{sT_n} \tag{3.84}$$

Damit ergibt sich die Übertragungsfunktion $-G_0(s)$ des offenen Regelkreises und die Führungsübertragungsfunktion $G'_w(s)$ des geschlossenen Regelkreises:

$$-G_0(s) = \frac{V_R V_S (1 + sT_n)}{s^2 T_1 T_n (1 + sT_\sigma)} \tag{3.85}$$

$$G'_w(s) = \frac{1 + sT_n}{1 + sT_n + s^2 \frac{T_n T_1}{V_R V_S} + s^3 \frac{T_n T_1 T_\sigma}{V_R V_S}} = \frac{b_0 + b_1 s}{a_0 + a_1 s + a_2 s^2 + a_3 s^3} \tag{3.86}$$

Um wie beim Betragsoptimum den Betrag des Frequenzgangs $|F'_w(j\omega)|$ in einem möglichst weiten Frequenzbereich nahe Eins zu halten und damit, wie bei Phasenminimumsystemen üblich, die Phase gering zu halten, müssen die beim Betragsoptimum hergeleiteten Bedingungen in Gl. (3.45) erfüllt werden.

$$a_0^2 = b_0^2 \tag{3.87}$$

$$-2a_0 a_2 + a_1^2 = b_1^2 - 2b_0 b_2 \tag{3.88}$$

$$2a_0 a_4 - 2a_1 a_3 + a_2^2 = b_2^2 - 2b_1 b_3 + 2b_0 b_4 \tag{3.89}$$

Die genauen Reglerparameter lassen sich aus den obigen drei Betragsanschmiegungsgleichungen errechnen. Da $a_4 = 0$ und $b_2 = b_3 = b_4 = 0$ sind, ergibt sich aus Gl. (3.88):

$$-2 \frac{T_n T_1}{V_R V_S} + T_n^2 = T_n^2 \tag{3.90}$$

Diese Bedingung ist *nicht* zu erfüllen. Damit ergibt sich eindeutig, daß bei der vorliegenden Übertragungsfunktion $G'_w(s)$ keine optimale Betragsanschmiegung zu erhalten ist. Um dies dennoch zu erzielen, wird das Zählerpolynom in $G'_w(s)$

durch einen Tiefpaß kompensiert. Damit wird $b_0 = 1$ und $b_1 = 0$, und es ergibt sich aus Gl. (3.87) bis (3.89):

$$1 = 1$$

$$-2\frac{T_n T_1}{V_R V_S} + T_n^2 = 0 \tag{3.91}$$

$$-2\frac{T_n^2 T_1 T_\sigma}{V_R V_S} + \frac{T_n^2 T_1^2}{V_R^2 V_S^2} = 0 \tag{3.92}$$

Mit den Bedingungen nach Gl. (3.91) und (3.92) errechnen sich die Reglerparameter für das Symmetrische Optimum zu:

$$V_R = \frac{T_1}{2V_S T_\sigma} \quad \text{und} \quad T_n = 4T_\sigma \tag{3.93}$$

Damit ergibt sich die bekannte Übertragungsfunktion $G'_w(s)$ für den geschlossenen symmetrisch optimierten Regelkreis:

$$G'_w(s) = \frac{1 + s4T_\sigma}{1 + s4T_\sigma + s^2 8T_\sigma^2 + s^3 8T_\sigma^3} \tag{3.94}$$

3.3 Auswahl des Reglers und Bestimmung der Optimierung

Mit der Kenntnis des Betragsoptimums und des Symmetrischen Optimums wurden in der Vergangenheit die überwiegende Anzahl der Regelkreisoptimierungen in der elektrischen Antriebstechnik gelöst. Zur Übersicht sind in Tabelle 3.1 für die verschiedenen Aufgabenstellungen noch einmal die möglichen Kombinationen dargestellt.

In den Spalten „Strecke" ist angegeben, ob ein I–Anteil oder eine bzw. zwei große Verzögerungszeitkonstanten vorhanden sind. Von der Existenz einer weiteren kleinen Zeitkonstante T_σ wird ausgegangen. Die Spalten „kleine" geben Bereiche für das zulässige Verhältnis dieser kleinen Zeitkonstante zur größten Zeitkonstante T_1 an. Dabei können in den Zeilen 1, 8 und 10 für mehrere Bereiche die gleichen Einstellungen gewählt werden. Die Spalten unter „Regler" geben den Reglertyp, die Optimierungsvorschrift und die Zeitkonstante für die Glättung der Führungsgröße vor (Sollwertglättung).

Zu beachten sind weiterhin bei den Zeilen 4, 7, 9 und 11, ob aufgrund des Regelfehlers im stationären Betrieb der Einsatz eines P– bzw. PD–Reglers anstelle eines Reglers mit I–Anteil zulässig ist. Eine Führungsglättung ist dabei nur bei Anwendung des Symmetrischen Optimums sinnvoll. Beim Einsatz eines PID–Reglers ist außerdem zu beachten, daß mit dem D–Anteil die zweitgrößte Zeitkonstante T_2 der Strecke kompensiert wird. Die Optimierung des verbleibenden PI–Reglers erfolgt dann in Abhängigkeit von den restlichen Zeitkonstanten

	Strecke						Regler		
	I–Anteil	PT$_1$–Zeitkonstanten					Regler–auslegung	Optimie–rungs–kriterium	Sollwert–glättung
		große		kleine					
	T_1	T_1	T_2	$4T_\sigma > T_1$	$4T_\sigma \leq T_1$	$4T_\sigma \ll T_1$			T_G
1				●	●	●	I	BO	—
2		●		●			PI	BO (SO)	—
3		●			●		PI	SO (BO)	$0\dots 4T_\sigma$
4		●				●	P (PI)	BO (SO)	$(4T_\sigma)$
5		●	●	●			PID	BO (SO)	—
6		●	●		●		PID	SO (BO)	$0\dots 4T_\sigma$
7		●	●			●	PD (PID)	BO (SO)	$(4T_\sigma)$
8	●			●	●		PI	SO	$4T_\sigma$
9	●					●	P (PI)	BO (SO)	$(4T_\sigma)$
10	●	●		●	●		PID	SO	$4T_\sigma$
11	●		●			●	PD (PID)	BO (SO)	$(4T_\sigma)$

Tabelle 3.1: *Tabellarische Übersicht zur Reglerauswahl*

bzw. der Integrationskonstante entweder nach dem Betragsoptimum oder nach dem Symmetrischen Optimum.

Ein Sonderfall ist die Strecke 2. Ordnung mit komplexen Zeitkonstanten, d.h. einer (in der Regel gedämpften) schwingungsfähigen Strecke, was einem Dämpfungsfaktor $D < 1$ entspricht. Bei diesen Regelstrecken ist zu berücksichtigen, daß bei einer Anregung mit Frequenzen in der Nähe der Resonanzfrequenz eine Überhöhung im Amplitudengang und eine schnelle Phasenänderung auftritt. Hohe Regelgeschwindigkeit und definierte Dämpfungsverhältnisse sind nur dann zu erreichen, wenn die Amplitudendurchtrittsfrequenz ω_d möglichst weit oberhalb der Resonanzfrequenz ω_0 liegt. In diesem Bereich der Kreisfrequenz kann die Regelstrecke durch die Hochfrequenz–Asymptote angenähert werden. Welche statischen und dynamischen Eigenschaften der geschlossene Regelkreis aufweist, wird von den evtl. vorhandenen, anderen Verzögerungszeitkonstanten bestimmt und davon, ob ein Regler mit oder ohne I–Anteil gewählt werden muß. Wenn $\omega_d < \omega_0$ ist (z.B. kann T_σ durch den unterlagerten Stromregelkreis festgelegt sein), dann muß ω_d soweit abgesenkt werden, daß ausreichende Dämpfung sichergestellt ist. Allerdings muß in diesem Fall im allgemeinen eine wesentliche Verschlechterung der Regeldynamik akzeptiert werden. Alternativ können Regler für schwingungsfähige Strecken auch nach dem Dämpfungsoptimum ausgelegt werden (siehe Kap. 4).

Abschließend wird der Sonderfall betrachtet, daß die Rückführung der Regelgröße x keine proportionale Rückführung, sondern eine verzögerte Rückführung, wie z.B. in Kap. 3.1.2, aufweist. In diesem Fall werden auf die Übertragungsfunktion des offenen Regelkreises $-G_0(s) = G_R(s)G_S(s)G_r(s)$ die dargestellten Optimierungsvorschriften angewendet. Das Führungsverhalten dieses Regelkreises wird dabei von dem optimierten Führungsverhalten abweichen, weil die Pol-

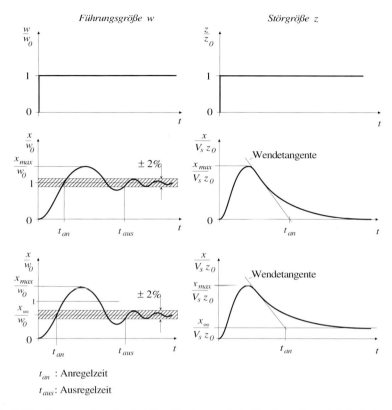

Abb. 3.21: *Sprungantworten bei Regelkreisen mit stationärer Genauigkeit (mitte) und ohne stationäre Genauigkeit (unten)*

stellen des Verzögerungsglieds in der Rückführung als Nullstellen (Vorhalte) in der Führungsübertragungsfunktion auftreten. Eine entsprechende Glättung der Führungsgröße ist deshalb notwendig (siehe Kap. 3.1.2).

Ein anderer Weg ist die Verwendung einer Reglerbeschaltung, bei der die Verzögerungszeit der Rückführung in den Vorwärtszweig verlegt und somit für die Führungs– als auch für die Regelgröße wirksam wird.

Zur Definition der Anregelzeit t_{an}, der Ausregelzeit t_{aus} und des maximalen Überschwingens x_{max} siehe Abb. 3.21. Dort sind die Verhältnisse bei sprungförmiger Änderung der Führungsgröße w in der linken Spalte, bei sprungförmiger Änderung der Störgröße z in der rechten Spalte dargestellt. Für den Fall stationärer Genauigkeit, d.h. $x_\infty/w_0 = 1$ bzw. $x_\infty/z_0 = 0$, entnehme man die Definitionen der An– und Ausregelzeit sowie des maximalen Überschwingens den beiden mittleren Diagrammen. Ist stationäre Genauigkeit nicht gegeben, d.h. $x_\infty/w_0 \neq 1$ bzw. $x_\infty/z_0 \neq 0$, sind die beiden unteren Diagramme maßgeblich.

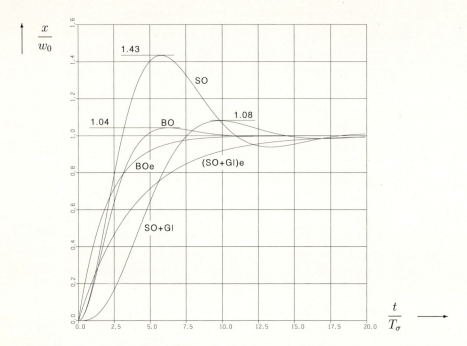

BO   :   Betragsoptimum
BOe   :   Ersatzfunktion des BO, vgl. Gl. (3.12)
SO   :   Symmetrisches Optimum
SO+Gl   :   Symmetrisches Optimum mit Sollwertglättung
(SO+Gl)e :   Ersatzfunktion des SO+Gl., vgl. Gl. (3.68)

Abb. 3.22: *Übergangsfunktionen bei Betragsoptimum und Symmetrischem Optimum*

Abbildung 3.22 zeigt die Übergangsfunktionen für das Betragsoptimum (BO) und dessen Ersatzfunktion (BOe), für das Symmetrische Optimum (SO), für das Symmetrische Optimum mit Sollwertglättung (SO+Gl) sowie dessen Ersatzfunktion ((SO+Gl)e).

In der Tabelle auf Seite 80 sind die bisherigen Ergebnisse übersichtlich zusammengefaßt. Für die Streckentypen PT_1, PT_2, PT_3, IT_1 und IT_2 sind die nach Betragsoptimum oder Symmetrischen Optimum möglichen Reglerstrukturen mit ihren Gültigkeitsbereichen und der erzielbaren Regelgüte angegeben.

Eine Analyse des Störverhaltens ergibt die Kurven in Abb. 3.23, die die maximale Regelgrößenabweichung bei Sprung der Störgröße in Abhängigkeit des Zeitkonstantenverhältnisses T_1/T_σ zeigen. Man erkennt, daß für PT_2–Strecken mit $T_1/T_\sigma > 4$ das Symmetrische Optimum ein geringeres Überschwingen aufweist als das Betragsoptimum und damit besser ist, während für $T_1/T_\sigma \leq 4$ das Betragsoptimum besser ist.

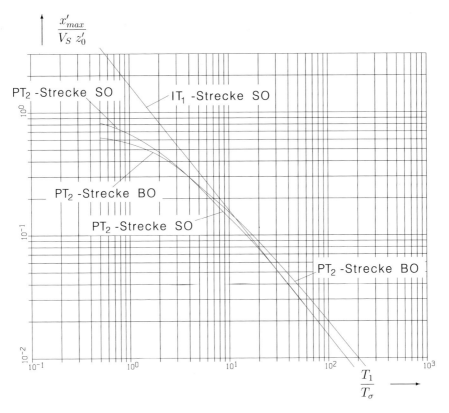

Abb. 3.23: *Maximale Regelgrößenabweichung bei Sprung der Störgröße für Betrags–
und Symmetrische Optimierung von Strecken mit IT_1–Verhalten und PT_2–Verhalten*

Aus diesem Grund wird, falls ein gutes Störverhalten gefordert wird und
$T_1/T_\sigma > 4$ ist, auch für PT_2– und PT_3–Strecken das Symmetrische Optimum
angewendet (vgl. Tabelle Seite 80). Die in diesem Fall nötige Glättungszeitkonstante T_G ist Abb. 3.24 zu entnehmen (T_G/T_σ als Funktion von T_1/T_σ). Die
Anregel– und Ausregelzeiten sowie das maximale Überschwingen mit und oh-
ne Führungsglättung sind für das Symmetrische Optimum bei PT_n–Strecken in
Abb. 3.25 angegeben. Zum Vergleich zeigt die gleiche Grafik auch die mit dem
Betragsoptimum erzielbaren Anregel– und Ausregelzeiten; in diesem Fall sind t_{an}
und t_{aus} unabhängig von T_1/T_σ und deshalb konstant.

In Abb. 3.24 ist ferner das maximale Überschwingen x_{max}/w bei PT_n–
Strecken und einem Sprung der Führungsgröße für das Betragsoptimum sowie
für das Symmetrische Optimum mit und ohne Führungsglättung aufgetragen.
Zusätzlich ist die bei Verwendung der Führungsglättung resultierende Ersatzzeitkonstante T_{ers} beim Symmetrischen Optimum dargestellt.

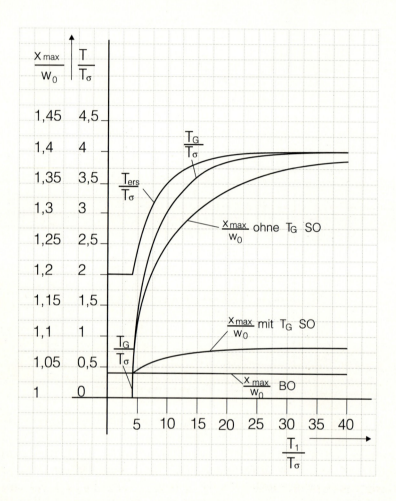

Abb. 3.24: *Sollwertglättung, Ersatzzeitkonstante und maximales Überschwingen bei Sprung der Führungsgröße für Betrags– und Symmetrische Optimierung von Strecken mit PT–Verhalten*

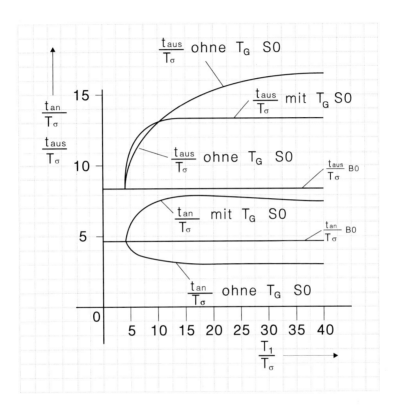

Abb. 3.25: *Betrags– und Symmetrisches Optimum: Strecken mit PT–Verhalten bei Sprung der Führungsgröße, An– und Ausregelzeit*

3.4   Optimierungstabelle

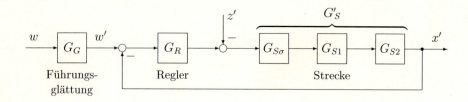

	Strecke			Regler			Einstellung			
Nr.	Typ	$G's$	Günstiger Bereich	Typ	G_R	Opt. Krit.	T_n	V_R	T_v	T_G
1	PT$_1$	$\dfrac{V_S}{1+sT_\sigma}$	beliebig	I	$V_R\dfrac{1}{s}$	BO	—	$\dfrac{1}{2T_\sigma V_S}$	—	—
2			$\dfrac{T_1}{T_\sigma}\gg 1$	P	V_R	BO	—	$\dfrac{T_1}{2T_\sigma V_S}$	—	—
3	PT$_2$	$\dfrac{V_S}{(1+sT_1)(1+sT_\sigma)}$	$\dfrac{T_1}{T_\sigma}>1$	PI	$V_R\dfrac{1+sT_n}{sT_n}$	BO	T_1	$\dfrac{T_1}{2T_\sigma V_S}$	—	—
4			$\dfrac{T_1}{T_\sigma}\geq 4$	PI	$V_R\dfrac{1+sT_n}{sT_n}$	SO	$4T_\sigma$	$\dfrac{T_1}{2T_\sigma V_S}$	—	$\dfrac{—}{0..4T_\sigma}$
5			$\dfrac{T_1}{T_\sigma}\gg 1$	PD	$V_R(1+sT_v)$	BO	—	$\dfrac{T_1}{2T_\sigma V_S}$	T_2	—
6	PT$_3$	$\dfrac{V_S}{(1+sT_1)(1+sT_2)(1+sT_\sigma)}$	$\dfrac{T_1}{T_\sigma}>1$	PID	$V_R\dfrac{(1+sT_n)(1+sT_v)}{sT_n}$	BO	T_1	$\dfrac{T_1}{2T_\sigma V_S}$	T_2	—
7		$T_2>T_\sigma$	$\dfrac{T_1}{T_\sigma}\geq 4$	PID	$V_R\dfrac{(1+sT_n)(1+sT_v)}{sT_n}$	SO	$4T_\sigma$	$\dfrac{T_1}{2T_\sigma V_S}$	T_2	$\dfrac{—}{0..4T_\sigma}$
8	IT$_1$	$\dfrac{V_S}{sT_1(1+sT_\sigma)}$	$\dfrac{T_1}{V_S T_\sigma}\gg 1$	P	V_R	BO	—	$\dfrac{T_1}{2T_\sigma V_S}$	—	—
9			beliebig	PI	$V_R\dfrac{1+sT_n}{sT_n}$	SO	$4T_\sigma$	$\dfrac{T_1}{2T_\sigma V_S}$	—	$4T_\sigma$
10	IT$_2$	$\dfrac{V_S}{sT_1(1+sT_2)(1+sT_\sigma)}$	$\dfrac{T_1}{V_S T_\sigma}\gg 1$	PD	$V_R(1+sT_v)$	BO	—	$\dfrac{T_1}{2T_\sigma V_S}$	T_2	—
11		$T_2>T_\sigma$	beliebig	PID	$V_R\dfrac{(1+sT_n)(1+sT_v)}{sT_n}$	SO	$4T_\sigma$	$\dfrac{T_1}{2T_\sigma V_S}$	T_2	$4T_\sigma$

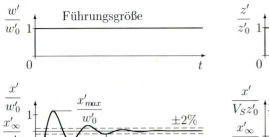

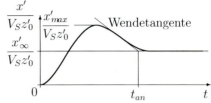

Verhalten bei Sprung der								
Führungsgröße w					Störgröße z			Nr.
$\dfrac{t_{an}}{T_\sigma}$	$\dfrac{t_{aus}}{T_\sigma}(\pm2\%)$	$\dfrac{x'_{max}}{w'_0}$	$\dfrac{x'_\infty}{w'_0}$	$\dfrac{T_{ers}}{T_\sigma}$	$\dfrac{t_{an}}{T_\sigma}$	$\dfrac{1}{V_S}\dfrac{x'_{max}}{z'_0}$	$\dfrac{1}{V_S}\dfrac{x'_\infty}{z'_0}$	
4,7	8,4	1,04	1	2	6,3	0,64	0	1
(4,7)	(8,4)	$\left(1{,}04\dfrac{x'_\infty}{w'_0}\right)$	$\dfrac{V_RV_S}{1+V_RV_S}$	2	(4,7)	$\approx\dfrac{1}{1+V_RV_S}$	$\dfrac{1}{1+V_RV_S}$	2
4,7	8,4	1,04	1	2	$5{,}5\sqrt{\dfrac{T_1}{T_\sigma}}$	$\dfrac{0{,}5\dots1{,}2}{T_1/T_\sigma}$	0	3
3,1 ... 4,7	8,4 ... 16,5	1,04 ... 1,43	1	—	≈10	$\dfrac{1{,}2\dots1{,}6}{T_1/T_\sigma}$	0	4
4,7 ... 7,6	8,4 ... 13,3	1,04 ... 1,08	1	2 ... 4				
(4,7)	(8,4)	$\left(1{,}04\dfrac{x'_\infty}{w'_0}\right)$	$\dfrac{V_RV_S}{1+V_RV_S}$	2	$4+\dfrac{T_2}{T_\sigma}$	$\approx\dfrac{1}{1+V_RV_S}$	$\dfrac{1}{1+V_RV_S}$	5
4,7	8,4	1,04	1	2	$4{,}4\sqrt{\dfrac{T_1T_2}{T_\sigma^2}}$	$\dfrac{0{,}5\dots0{,}75}{\sqrt{T_1/T_\sigma}\sqrt{T_2/T_\sigma}}$	0	6
3,1 ... 4,7	8,4 ... 16,5	1,04 ... 1,43	1	—	$\approx10\sqrt[4]{\dfrac{T_2}{T_\sigma}}$	$\dfrac{1{,}4\dots1{,}8}{T_1/T_\sigma\sqrt{T_2/T_\sigma}}$	0	7
4,7 ... 7,6	8,4 ... 13,3	1,04 ... 1,08	1	2 ... 4				
4,7	8,4	1,04	1	2	(4,7)	$\approx\dfrac{1}{V_RV_S}$	$\dfrac{1}{V_RV_S}$	8
3,1	16,5	1,43	1	—	10	$\dfrac{1{,}6}{T_1/T_\sigma}$	0	9
7,6	13,3	1,08	1	4				
4,7	8,4	1,04	1	2	$4+\dfrac{T_2}{T_\sigma}$	$\approx\dfrac{1}{V_RV_S}$	$\dfrac{1}{V_RV_S}$	10
3,1	16,5	1,43	1	—	$\approx10\sqrt[4]{\dfrac{T_2}{T_\sigma}}$	$\dfrac{1{,}8}{T_1/T_\sigma\sqrt{T_2/T_\sigma}}$	0	11
7,6	13,3	1,08	1	4				

3.5   Führungsverhalten bei rampenförmiger Anregung

Bei allen bisherigen Überlegungen war als typischer Führungsgrößenverlauf ein Sollwertsprung angenommen worden.

$$w(t) = \begin{cases} 0 & \text{für} \quad t \leq 0 \\ 1 & \text{für} \quad t > 0 \end{cases} \qquad \text{bzw.} \qquad w(s) = \frac{1}{s} \qquad (3.95)$$

Für eine allgemeine Führungsübertragungsfunktion $G_w(s)$ gilt bei einem Sollwertsprung der Grenzwertsatz:

$$\lim_{t \to \infty} x(t) = \lim_{s \to 0} \left[s \cdot G_w(s) \cdot \underbrace{\frac{1}{s}}_{x(s)} \right] \qquad (3.96)$$

Wird statt des Sollwertsprungs als Führungsgröße eine Rampenfunktion

$$w(t) = \begin{cases} 0 & \text{für} \quad t \leq 0 \\ t/T_{AN} & \text{für} \quad t > 0 \end{cases} \qquad \text{bzw.} \qquad w(s) = \frac{1}{s^2 T_{AN}} \qquad (3.97)$$

vorgegeben, dann gilt der Grenzwertsatz:

$$\lim_{t \to \infty} x(t) = \lim_{s \to 0} \left[s \cdot G_w(s) \cdot \frac{1}{s^2 T_{AN}} \right] \qquad (3.98)$$

Für einen Standard–Regelkreis mit Einheitsrückführung und der Übertragungsfunktion $-G_0(s)$ des offenen Kreises bzw. der Führungsübertragungsfunktion $G_w(s)$ des geschlossenen Regelkreises gilt allgemein für den Führungsfehler $E(s) = 1 - G_w(s)$. Dabei entspricht 1 der idealen und $G_w(s)$ der realen Übertragungsfunktion.

Für einen nach dem Symmetrischen Optimum ausgelegten Regelkreis mit Sollwertglättung ergibt sich die Führungsübertragungsfunktion:

$$G_w(s)\Big|_{\text{SO}} = \frac{1}{1 + s4T_\sigma + s^2 8 T_\sigma^2 + s^3 8 T_\sigma^3} \qquad (3.99)$$

Damit folgt für den Führungsfehler:

$$E(s) = 1 - G_w(s) = \frac{s4T_\sigma + s^2 8 T_\sigma^2 + s^3 8 T_\sigma^3}{1 + s4T_\sigma + s^2 8 T_\sigma^2 + s^3 8 T_\sigma^3} \qquad (3.100)$$

Der Grenzübergang $t \to \infty$ ergibt für den Führungsfehler $e(t)$:

$$\text{bei} \quad w(s) = \frac{1}{s} \quad \Rightarrow \quad \lim_{t \to \infty} e(t) = \lim_{s \to 0} \left[s \cdot E(s) \cdot \frac{1}{s} \right] = 0$$

$$\text{und bei} \quad w(s) = \frac{1}{s^2 T_{AN}} \quad \Rightarrow \quad \lim_{t \to \infty} e(t) = \lim_{s \to 0} \left[s \cdot E(s) \cdot \frac{1}{s^2 T_{AN}} \right] = \frac{4T_\sigma}{T_{AN}}$$

Dies bedeutet, daß bei einem Sprung der Führungsgröße kein stationärer Regelfehler verbleibt, bei einer rampenförmigen Anregung dagegen ein stationärer Regelfehler auftritt.

Eine mögliche Abhilfe bei ausschließlich rampenförmiger Anregung besteht in der Einführung eines differenzierenden (PD–) Anteils, was im vorliegenden Beispiel durch den Wegfall der Führungsglättung (wie sie bei Sprunganregung eingeführt wurde) erreicht werden kann. Damit gilt für die Führungsübertragungsfunktion:

$$G'_w(s)\Big|_{\mathrm{SO}} = \frac{1 + s4T_\sigma}{1 + s4T_\sigma + s^2 8T_\sigma^2 + s^3 8T_\sigma^3} \qquad (3.101)$$

Für den Führungsfehler

$$E'(s) = 1 - G'_w(s) = \frac{s^2 8T_\sigma^2 + s^3 8T_\sigma^3}{1 + s4T_\sigma + s^2 8T_\sigma^2 + s^3 8T_\sigma^3} \qquad (3.102)$$

ergibt der Grenzübergang $t \to \infty$ nun:

$$\text{bei} \quad w(s) = \frac{1}{s} \quad \Rightarrow \quad \lim_{t\to\infty} e(t) = \lim_{s\to 0}\left[s \cdot E'(s) \cdot \frac{1}{s}\right] = 0$$

$$\text{und bei} \quad w(s) = \frac{1}{s^2 T_{AN}} \quad \Rightarrow \quad \lim_{t\to\infty} e(t) = \lim_{s\to 0}\left[s \cdot E'(s) \cdot \frac{1}{s^2 T_{AN}}\right] = 0$$

Bei der Führungsübertragungsfunktion Gl. (3.101) ist allerdings zu beachten, daß aufgrund des Zählerpolynoms $1 + s4T_\sigma$ bei sprungförmiger Änderung der Führungsgröße ein erhebliches Überschwingen auftritt. Somit ist der Verzicht auf eine Sollwertglättung nur dann sinnvoll, wenn sichergestellt ist, daß sich der Sollwert nicht sprungförmig sondern stets nur rampenförmig ändert, d.h. seine Steigung einen bestimmten Gradienten nicht übersteigt, siehe auch Kap. 5.4.

4 Verallgemeinerte Optimierungsverfahren

Die bisher vorgestellten Optimierungsverfahren des Betrags– und des Symmetrischen Optimums berücksichtigen speziell die Belange der Antriebstechnik, denn das Betragsoptimum ist für Strom– und Drehmomentregelkreise und das Symmetrische Optimum für Drehzahlregelkreise geeignet. Beide Verfahren erlauben in der Originalform nur die Behandlung von Strecken mit reellen Polen bis maximal 3. Ordnung. Strecken höherer Ordnung müssen vereinfacht werden (z.B. durch Zusammenfassung kleiner Zeitkonstanten) oder können gar nicht behandelt werden (wie schwingungsfähige Strecken).

Aufgrund dieser Einschränkungen wurden unterschiedliche Verfahren zur Optimierung von Regelkreisen entwickelt. Als Beispiel sei der Ansatz des Butterworth–Filters genannt [31, 43]. Wie bereits dargestellt, soll die Regelung stationäre Genauigkeit sowie ein gutes dynamisches Führungsverhalten aufweisen. Weiterhin kann gefordert werden, daß oberhalb der Grenzkreisfrequenz der Führungsfrequenzgang mit mindestens 20 $dB/Dekade$ abfällt, um Störsignale zu dämpfen.

Wenn somit das Führungsverhalten festgelegt ist, dann kann aufgrund der Kenntnis der Strecke und des gewünschten Frequenzverhaltens der Regler entwickelt werden [6, 8, 11, 42].

Ein vergleichbarer Ansatz zur Regleroptimierung ist das Dämpfungsoptimum, welches im folgenden Kapitel dargestellt ist. Andere Ansätze sind Verfahren, die ein Gütefunktional nützen.

4.1 Dämpfungsoptimum (DO)

Beim Dämpfungsoptimum wird das Übertragungsverhalten des geschlossenen Regelkreises vorgegeben, um daraus die Reglerparameter zu berechnen. Dazu wird ein Nennerpolynom beliebiger Ordnung für die Führungsübertragungsfunktion G_w vorgegeben, das optimale Dämpfung und somit das gewünschte Einschwingverhalten aufweist. Das Verfahren baut dabei auf der Einstellung der Doppelverhältnisse auf.

Es werden zunächst die Grundlagen der Doppelverhältnisse und die Bestimmung der Wunschpolynome, anschließend die Reglerauslegung mit Einstellregeln behandelt. Beispiele runden die Darstellung ab.

Die im folgenden dargestellten Ansätze und Gedankengänge wurden am Lehrstuhl für Elektrische Antriebstechnik der Technischen Universität München entwickelt [16, 29, 44].

4.1.1 Herleitung der Doppelverhältnisse

Zur Herleitung des Dämpfungsoptimums werden zunächst die verwendeten Doppelverhältnisse definiert. Dazu wird die Führungsübertragungsfunktion eines linearen Regelkreises betrachtet. Die Variable m bezeichnet den höchsten Zählergrad, n den höchsten Nennergrad.

$$G_w(s) = \frac{x(s)}{w(s)} = \frac{e_0 + e_1 s + e_2 s^2 + \ldots + e_m s^m}{a_0 + a_1 s + a_2 s^2 + \ldots + a_n s^n} \qquad (4.1)$$

Der Zählerterm entsteht durch den inhomogenen Teil der Differentialgleichung, die durch die Ankopplung der Eingangsgröße bestimmt ist. Der Nennerterm stellt den homogenen Teil der Differentialgleichung dar, also die rückgekoppelten Zustände des Systems. Der Nennerterm ist deshalb allein für die hier betrachtete Dämpfung des Systems verantwortlich.

Als Vorstufe der Doppelverhältnisse werden nun Koeffizientenverhältnisse aus je zwei benachbarten Koeffizienten des Nenners gebildet; diese Koeffizientenverhältnisse besitzen die Dimension Zeit.

$$V_i = \frac{a_i}{a_{i-1}} \qquad \text{mit} \qquad i = 1 \ldots n \qquad (4.2)$$

Das erste und letzte Koeffizientenverhältnis V_1 und V_n haben dabei besondere Bedeutung. Das erste Verhältnis $V_1 = a_1/a_0$ beschreibt für $t \to \infty$ (und damit für $s \to 0$) das langsame Verhalten des Systems

$$\lim_{s \to 0} G_w(s) = G_{w,ers}(s) = \frac{\dfrac{e_0}{a_0} + s\dfrac{e_1}{a_0}}{1 + s\dfrac{a_1}{a_0}} = \frac{\dfrac{e_0}{a_0} + s\dfrac{e_1}{a_0}}{1 + sT_{ers}} \qquad (4.3)$$

und wird deshalb als *Ersatzzeitkonstante* T_{ers} bezeichnet. Umgekehrt beschreibt das letzte Verhältnis $V_n = a_n/a_{n-1}$ das schnellste Verhalten des Systems und heißt daher *Systemzeit* T_{sys}.

Aus den Koeffizientenverhältnissen V_i werden nun die dimensionslosen Doppelverhältnisse D_i des Systems gebildet. Durch Einsetzen der Koeffizientenverhältnisse V_i lassen sich die Doppelverhältnisse auf die Koeffizienten des Nennerpolynoms von $G_w(s)$ zurückführen.

$$D_i = \frac{V_i}{V_{i-1}} = \frac{\dfrac{a_i}{a_{i-1}}}{\dfrac{a_{i-1}}{a_{i-2}}} = \frac{a_i\, a_{i-2}}{a_{i-1}^2} \qquad \text{mit} \qquad i = 2 \ldots n \qquad (4.4)$$

Durch Umformen von Gl. (4.4) zu $V_{i-1} = V_i/D_i$ läßt sich das erste Koeffizientenverhältnis V_1 und damit die Ersatzzeitkonstante $T_{ers} = V_1$ durch die Systemzeit $T_{sys} = V_n$ ausdrücken.

$$T_{ers} = V_1 = \frac{V_2}{D_2} = \frac{V_3}{D_2 D_3} = \cdots = \frac{V_n}{D_2 D_3 \cdots D_n} = \frac{T_{sys}}{\prod\limits_{i=2}^{n} D_i} \qquad (4.5)$$

4.1.2 Standardfunktionen des Dämpfungsoptimums

Die Grundlage für die Reglerauslegung nach dem Dämpfungsoptimum bilden Standardfunktionen, die auf ihr Dämpfungsverhalten durch Wahl der Doppelverhältnisse zu 0,5 optimiert sind.

Im folgenden werden typische Standardfunktionen angegeben. Die Analyse der Polverteilung wird an der nachstehenden Standardfunktion 2. Ordnung exemplarisch durchgeführt.

$$G_w(s)_{n=2} = \frac{1}{1 + s\,2T_{sys} + s^2\,2T_{sys}^2} \qquad (4.6)$$

$$= \frac{\dfrac{1}{2T_{sys}^2}}{\left(s + \underbrace{\dfrac{1}{2T_{sys}} + j\dfrac{1}{2T_{sys}}}_{s_1}\right)\left(s + \underbrace{\dfrac{1}{2T_{sys}} - j\dfrac{1}{2T_{sys}}}_{s_2}\right)} \qquad (4.7)$$

Diese Übertragungsfunktion besitzt ein konjugiert komplexes Polpaar:

$$s_{1,2} = -\frac{1}{2T_{sys}} \pm j \cdot \frac{1}{2T_{sys}} = \sigma \pm j\omega \qquad (4.8)$$

Da die Realkomponente σ und die Imaginärkomponente ω betragsmäßig gleich groß sind, liegen die Pole auf der Winkelhalbierenden des 2. und 3. Quadranten (siehe Abb. 4.1 links). Alle Pole mit dieser Eigenschaft besitzen den Dämpfungsgrad:

$$d = \cos(45°) = \sqrt{\frac{1}{2}} = 0,707 \qquad (4.9)$$

Für die Ordnungen 2...4 lauten die Standardfunktionen folgendermaßen:

$$G_w(s)_{n=2} = \frac{1}{1 + s\,2T_{sys} + s^2\,2T_{sys}^2} \qquad (4.10)$$

$$G_w(s)_{n=3} = \frac{1}{1 + s\,4T_{sys} + s^2\,8T_{sys}^2 + s^3\,8T_{sys}^3} \qquad (4.11)$$

$$G_w(s)_{n=4} = \frac{1}{1 + s\,8T_{sys} + s^2\,32T_{sys}^2 + s^3\,64T_{sys}^3 + s^4\,64T_{sys}^4} \qquad (4.12)$$

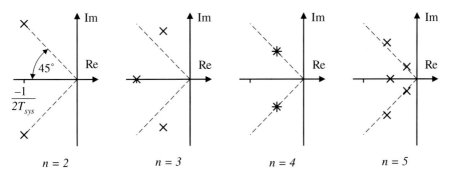

Abb. 4.1: *Polverteilung der Standardfunktionen mit Ordnung* 2 ... 5 *(man beachte das doppelte konjugiert komplexe Polpaar bei* $n = 4$*)*

Allgemein läßt sich die Standardfunktion einer beliebigen Ordnung $n > 1$ nach folgender Formel ermitteln. Der Index i läuft dabei im Bereich $1 \ldots n$.

$$G_w(s) = \cfrac{1}{1 + \ldots + 2^{\frac{i\,(2n-i-1)}{2}}\, T_{sys}^i\, s^i + \ldots + 2^{\frac{n\,(n-1)}{2}}\, T_{sys}^n\, s^n} \tag{4.13}$$

Die Anregelzeit t_{an}, die Ausregelzeit t_{aus} und das maximale Überschwingen x_{max} einiger Standardfunktionen sind in nachstehender Tabelle zusammengefaßt. Dabei wird von einer Kompensation der auftretenden Zählerterme mit einer entsprechender Führungsglättung ausgegangen.

Ordnung n	$\dfrac{t_{an}}{T_{sys}}$	$\dfrac{t_{aus}}{T_{sys}}$	$\dfrac{x_{max}}{x_0}$
2 (= BO)	4,64	8,64	1,05
3 (= SO)	7,52	13,28	1,08
4	14,40	24,00	1,06
5	29,00	49,50	1,06
6	60,00	99,00	1,05
7	117,00	209,00	1,06

Abbildung 4.2 zeigt das Übergangsverhalten bei Standardfunktionen der Ordnung 2 ... 6, Abb. 4.3 die zugehörigen Frequenzkennlinien. Dabei werden die Kurven in Amplituden– und Phasengang für ansteigende Ordnung n qualitativ immer ähnlicher. Daraus folgt auch ein vergleichbares Dämpfungsverhalten. Praktisch läßt sich also das Verhalten dieser Übertragungsfunktionen durch je einen Frequenzgang für $n = 2$, $n = 3$ und durch eine mittlere Charakteristik für $n > 3$ beschreiben.

4.1.3 Reglerauslegung nach dem Dämpfungsoptimum

Nachdem die gewünschte Führungsübertragungsfunktion G_w wie oben gezeigt festgelegt ist, besteht die Aufgabe des Reglerentwurfs nun darin, die Übertragungsfunktion $G_R(s)$ des Reglers zu bestimmen (siehe Regelkreisstruktur in Abb. 4.4).

Für die Optimierung wird im folgenden eine Regelstrecke mit der Übertragungsfunktion der folgenden Form betrachtet. Die Variablen σ und τ geben die niedrigste und höchste s–Potenz des Nenners an. Insbesondere σ kann dabei auch negativ sein, was auf das Vorhandensein eines differenzierenden Streckenanteils hinweist.

$$G_S(s) = \frac{1}{c_\sigma s^\sigma + c_{\sigma+1} s^{\sigma+1} + \ldots + c_\tau s^\tau} = \frac{1}{\displaystyle\sum_{i=\sigma}^{\tau} c_i\, s^i} \qquad (4.14)$$

Die Berücksichtigung möglicher Zählerpolynome in der Übertragungsfunktion ist aufwendig und wird in einem späteren Abschnitt behandelt.

Die Struktur des zugehörigen Reglers lautet allgemein wie folgt. Die Variablen ρ und ν geben die niedrigste und höchste s–Potenz der Reglerübertragungsfunktion an.

$$G_R(s) = b_\rho s^\rho + b_{\rho+1} s^{\rho+1} + \ldots + b_\nu s^\nu = \sum_{i=\rho}^{\nu} b_i\, s^i \qquad (4.15)$$

Es sind sowohl positive wie auch negative s–Potenzen erlaubt, was einem Aufbau des Reglers aus parallelgeschalteten Integral–, Proportional– und Differentialanteilen entspricht.

$$
\begin{aligned}
i < 0 &\quad : \quad \text{Integralanteile} &&(s^{-1},\, s^{-2},\, \ldots) \\
i = 0 &\quad : \quad \text{Proportionalanteil} &&(s^0) \\
i > 0 &\quad : \quad \text{Differentialanteile} &&(s^1,\, s^2,\, \ldots)
\end{aligned}
$$

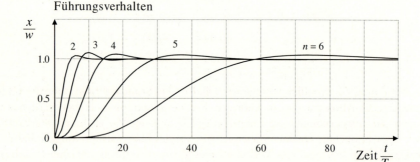

Abb. 4.2: *Übergangsverhalten bei Standardfunktionen des Dämpfungsoptimums*

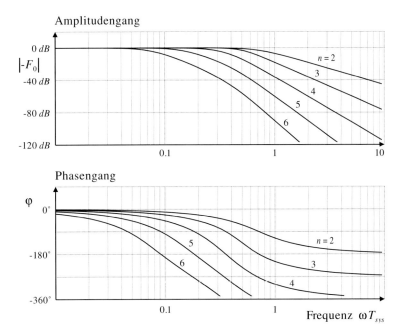

Abb. 4.3: *Frequenzgänge bei Standardfunktionen des Dämpfungsoptimums*

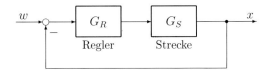

Abb. 4.4: *Regelkreis mit Einheitsrückführung*

Damit läßt sich die Führungsübertragungsfunktion des geschlossenen Regelkreises aufstellen. Die Koeffizienten gleicher Potenzen von s im Nenner können dabei zu Summenkoeffizienten $a_i = b_i + c_i$ zusammengefaßt werden. Die Faktoren c_i stellen die vorgegeben Koeffizienten der Strecke und b_i die noch zu bestimmenden Reglerkoeffizienten dar. Einzelne Koeffizienten können dabei den Wert 0 annehmen.

$$G_w(s) = \frac{G_R(s)\,G_S(s)}{1 + G_R(s)\,G_S(s)} = \frac{G_R(s)}{G_R(s) + \dfrac{1}{G_S(s)}} = \frac{\displaystyle\sum_{i=\rho}^{\nu} b_i\,s^i}{\displaystyle\sum_{i=\rho}^{\nu} b_i\,s^i + \sum_{i=\sigma}^{\tau} c_i\,s^i} \qquad (4.16)$$

$$= \frac{b_\rho\, s^\rho + b_{\rho+1}\, s^{\rho+1} + \ldots + b_\nu\, s^\nu}{b_\rho\, s^\rho + b_{\rho+1}\, s^{\rho+1} + \ldots + b_\nu\, s^\nu + c_\sigma\, s^\sigma + c_{\sigma+1}\, s^{\sigma+1} + \ldots + c_\tau s^\tau} \qquad (4.17)$$

Bei der Wahl der Reglerkoeffizienten b_i sind nun zwei Bedingungen zu erfüllen: Die Einstellung aller Doppelverhältnisse auf den Wert 0,5 muß ermöglicht werden, und gleichzeitig soll die stationäre Genauigkeit der Regelung sichergestellt sein.

Stationäre Genauigkeit

Aus Gl. (4.17) ist zu erkennen, daß ρ die niedrigste s–Potenz im Zähler ist. Im Nenner dagegen könnte die niedrigste s–Potenz auch durch σ festgelegt sein, falls $\sigma < \rho$ ist. Wenn stationäre Genauigkeit gefordert wird, muß $\lim_{s\to 0} G_w(s) = 1$ gelten, d.h. die Terme der niedrigsten s–Potenz in Zähler und Nenner müssen gleich sein. Damit ist für die niedrigste s–Potenz ρ des Reglers zu fordern:

$$\rho \ \le \sigma - 1 \qquad (4.18)$$

Um keinen rein differenzierenden Regler zu bekommen, muß aus Realisierbarkeitsgründen gleichzeitig $\rho \le 0$ gelten. Um die Ordnung der Führungsübertragungsfunktion G_w nicht unnötig zu erhöhen, wählt man ρ aber möglichst groß. Damit gilt:

$$\rho = \begin{cases} 0 & \text{für} \quad \sigma > 1 \\ \sigma - 1 & \text{für} \quad \sigma \le 1 \end{cases} \qquad (4.19)$$

Einstellbarkeit der Doppelverhältnisse

Die obere Grenze ν der s–Potenzen im Reglerpolynom ergibt sich aus der Anzahl notwendiger Freiheitsgrade, um die gewünschte Anzahl von Doppelverhältnissen einstellen zu können.

Für die folgende Herleitung werden Strecken mit $\sigma \le 1$ betrachtet, d.h. es gilt $\rho = \sigma - 1$. Das Nennerpolynom der Führungsübertragungsfunktion besitzt dann $n = \tau - \rho + 1 = \tau - \sigma + 2$ Koeffizienten. Da jedes Doppelverhältnis durch drei Nennerkoeffizienten bestimmt ist, können damit $n - 2 = \tau - \sigma$ Doppelverhältnisse gebildet werden. Für jedes einzustellende Doppelverhältnis ist ein Reglerparameter notwendig. Damit ergeben sich für die Anzahl $\nu - \rho + 1 = \tau - \sigma$ der Reglerkoeffizienten die folgenden drei Möglichkeiten. Diese gelten auch für den Fall $\rho = 0$.

1. Unterbestimmtes System: $\nu < \tau - 2$
   Die Anzahl der Reglerparameter reicht zum Einstellen aller Doppelverhältnisse nicht aus (z.B. I–Regler bei PT_2–Strecke).

2. Einfach bestimmtes System: $\nu = \tau - 2$
   Die Zahl der Reglerparameter entspricht der Anzahl aller Doppelverhältnisse (z.B. PI–Regler bei PT_2–Strecke).

3. Überbestimmtes System: $\nu > \tau - 2$

Es stehen mehr Reglerparameter zur Verfügung als zum Einstellen aller Doppelverhältnisse notwendig (z.B. PID–Regler bei PT_2–Strecke).

Im weiteren wird nur der Fall einfach bestimmter Systeme behandelt.

Dämpfungsoptimum (DO) — Reglerauswahl

Übertragungsfunktion der Strecke (s–Potenzen $\sigma \ldots \tau$):

$$G_S = \frac{1}{c_\sigma s^\sigma + c_{\sigma+1} s^{\sigma+1} + \ldots + c_\tau s^\tau}$$

Übertragungsfunktion des Reglers (s–Potenzen $\rho \ldots \nu$):

$$G_R = b_\rho\, s^\rho + b_{\rho+1}\, s^{\rho+1} + \ldots + b_\nu\, s^\nu$$

mit dem Koeffizientenbereich des Reglers
für einfach bestimmte Systeme:

$$\rho = \begin{cases} 0 & \text{für } \sigma > 1 \\ \sigma - 1 & \text{für } \sigma \leq 1 \end{cases}$$

$$\nu = \tau - 2$$

Reglerauslegung

Zur Herleitung der Einstellregeln wird zunächst die Führungsübertragungsfunktion des Regelkreises umgeformt, indem durch den ersten Nennerkoeffizienten gekürzt wird (mit $\nu = \tau - 2$).

$$
\begin{aligned}
G_w &= \frac{b_\rho s^\rho + \ldots + b_\nu s^\nu}{b_\rho s^\rho + (b_{\rho+1} + c_{\rho+1})s^{\rho+1} + \ldots + (b_{\tau-2} + c_{\tau-2})s^{\tau-2} + c_{\tau-1}s^{\tau-1} + c_\tau s^\tau} \\[2mm]
&= \frac{1 + \frac{b_{\rho+1}}{b_\rho}s + \ldots + \frac{b_\nu}{b_\rho}s^{\nu-\rho}}{1 + \frac{b_{\rho+1}+c_{\rho+1}}{b_\rho}s + \ldots + \frac{b_{\tau-2}+c_{\tau-2}}{b_\rho}s^{\tau-\rho-2} + \frac{c_{\tau-1}}{b_\rho}s^{\tau-\rho-1} + \frac{c_\tau}{b_\rho}s^{\tau-\rho}}
\end{aligned} \tag{4.20}
$$

Die Forderung, alle Doppelverhältnisse auf den Wert 0,5 einzustellen, ergibt für diese umgestellte Form das folgende Wunschpolynom der Ordnung $n = \tau - \rho$ für den Nenner der Führungsübertragungsfunktion aus Gl. (4.13):

$$1 + 2^{n-1}T_{sys}\,s + \ldots + 2^{\frac{i\,(2n-i-1)}{2}}\,T_{sys}^i\,s^i + \ldots + 2^{\frac{n\,(n-1)}{2}}\,T_{sys}^n\,s^n \tag{4.21}$$

Durch Koeffizientenvergleich mit dem Nenner aus Gl. (4.20) ergibt sich die Einstellbedingung wie folgt. Die Systemzeit T_{sys} und die Ersatzzeitkonstante T_{ers} sind dabei:

$$T_{sys} \;=\; \frac{c_\tau}{c_{\tau-1}} \tag{4.22}$$

$$T_{ers} \;=\; 2^{n-1} \cdot T_{sys} \tag{4.23}$$

Ein in Gl. (4.20) auftretender Zählerterm der Führungsübertragungsfunktion muß durch eine Führungsglättung G_G kompensiert werden. Ebenso ist auch eine äquivalente Sollwertglättung nach Kap. 4.3 möglich.

Dämpfungsoptimum (DO) — Einstellregeln

Reglerkoeffizienten:

$$b_i \;=\; 2^{-\dfrac{(\tau-i)(\tau-i-1)}{2}} \cdot c_\tau \cdot \left(\frac{c_{\tau-1}}{c_\tau}\right)^{\tau-i} \;-\; c_i$$

mit dem Laufindex i:

$$\rho \le i \le \nu$$

Führungsglättung:

$$G_G(s) \;=\; \frac{1}{1 + \dfrac{b_{\rho+1}}{b_\rho}s + \ldots + \dfrac{b_\nu}{b_\rho}s^{\nu-\rho}}$$

4.2 Beispiele zum Dämpfungsoptimum

Anhand von Beispielen für verschiedene Streckenordnungen soll deutlich gemacht werden, daß die bisherigen Optimierungskriterien (Betrags– und Symmetrisches Optimum) nur Spezialfälle des Dämpfungsoptimums darstellen.

PT$_1$–Strecke mit I–Regler

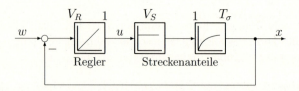

Abb. 4.5: *Regelkreis: PT$_1$–Strecke mit I–Regler*

Die Übertragungsfunktion der Strecke in Abb. 4.5 mit dem Koeffizientenbereich von $\sigma = 0$ bis $\tau = 1$ lautet:

$$G_S(s) = \frac{V_S}{1 + sT_\sigma} = \frac{1}{\frac{1}{V_S} + s\frac{T_\sigma}{V_S}} \tag{4.24}$$

Daraus ergeben sich die Nennerkoeffizienten

$$c_0 = c_{\tau-1} = \frac{1}{V_S} \quad \text{und} \quad c_1 = c_\tau = \frac{T_\sigma}{V_S} \tag{4.25}$$

und die Systemzeit

$$T_{sys} = \frac{c_\tau}{c_{\tau-1}} = T_\sigma \tag{4.26}$$

Da $\sigma \leq 1$ ist, wird der Koeffizientenbereich des Reglers festgelegt zu:

$$\rho = \sigma - 1 = -1 \quad \text{bis} \quad \nu = \tau - 2 = -1 \tag{4.27}$$

Der Regler enthält damit nur einen I–Anteil und besitzt die Übertragungsfunktion $G_R = b_{-1}s^{-1}$. Um den Koeffizienten b_{-1} zu bestimmen, muß die Gleichung der Einstellregeln (Seite 92) für $i = -1$ ausgewertet werden. Da die Strecke keine negative s–Potenz besitzt, ist $c_{-1} = 0$ und man erhält:

$$b_{-1} = 2^{-1} \cdot \frac{T_\sigma}{V_S} \cdot \frac{1}{T_\sigma^2} - c_{-1} = \frac{1}{2T_\sigma V_S} \tag{4.28}$$

Damit ist die Reglerübertragungsfunktion:

$$G_R(s) = b_{-1}\,s^{-1} = \frac{1}{s\,2T_\sigma V_S} = \frac{V_R}{s} \tag{4.29}$$

Mit $T_{sys} = T_\sigma$ wird die Führungsübertragungsfunktion des Regelkreises

$$G_w(s) = \frac{1}{1 + s\,2T_{sys} + s^2\,2T_{sys}^2} = \frac{1}{\underbrace{1}_{a_0} + s\underbrace{2T_\sigma}_{a_1} + s^2\underbrace{2T_\sigma^2}_{a_2}} \tag{4.30}$$

Das zugehörige Doppelverhältnis ist dann:

$$D_2 = \frac{2T_\sigma^2 \cdot 1}{(2T_\sigma)^2} = \frac{a_2\,a_0}{a_1^2} = 0,5 \tag{4.31}$$

Für diesen Fall ist das erhaltene Ergebnis identisch dem Betragsoptimum, welches damit einen Spezialfall des Dämpfungsoptimums darstellt.

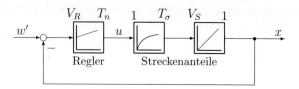

Abb. 4.6: *Regelkreis: IT_1–Strecke mit PI–Regler*

IT_1–Strecke mit PI–Regler

Die Übertragungsfunktion der Strecke in Abb. 4.6 mit dem Koeffizientenbereich von $\sigma = 1$ bis $\tau = 2$ lautet:

$$G_S(s) \;=\; \frac{V_S}{s\,(1 + sT_\sigma)} \;=\; \frac{1}{s\,\frac{1}{V_S} + s^2\,\frac{T_\sigma}{V_S}} \tag{4.32}$$

Daraus ergeben sich die Nennerkoeffizienten:

$$c_1 \;=\; c_{\tau-1} \;=\; \frac{1}{V_S} \qquad \text{und} \qquad c_2 \;=\; c_\tau \;=\; \frac{T_\sigma}{V_S} \tag{4.33}$$

Da $\sigma \leq 1$ ist, wird der Koeffizientenbereich des Reglers festgelegt zu:

$$\rho = \sigma - 1 = 0 \qquad \text{bis} \qquad \nu = \tau - 2 = 0 \tag{4.34}$$

Der Regler würde damit nur einen P–Anteil enthalten und die Übertragungsfunktion $G_R = b_0$ besitzen. Dies würde ausreichen, damit keine stationäre Regelabweichung bei einem Sprung der Führungsgröße auftritt.

In diesem Fall soll jedoch der Regler auf eine PI–Struktur erweitert werden, um auch die vollständige Ausregelung von Störungen zu ermöglichen. Der Regler erhält damit die Übertragungsfunktion $G_R = b_{-1}s^{-1} + b_0$, was einer neuen unteren Grenze der Koeffizienten von

$$\rho = -1$$

entspricht. Damit wird auch die Führungsübertragungsfunktion des Regelkreises um eine Ordnung vergrößert. Um die Koeffizienten b_{-1} und b_0 zu bestimmen, muß die Gleichung der Einstellregeln (Seite 92) für $i = -1$ und $i = 0$ ausgewertet werden. Da die Strecke keinen Durchgriff und keine negative s–Potenz besitzt, sind $c_{-1} = 0$ bzw. $c_0 = 0$ und man erhält:

$$b_{-1} \;=\; 2^{-3} \cdot \frac{T_\sigma}{V_S} \cdot \frac{1}{T_\sigma^3} - 0 \;=\; \frac{1}{8T_\sigma^2 V_S} \tag{4.35}$$

$$b_0 \;=\; 2^{-1} \cdot \frac{T_\sigma}{V_S} \cdot \frac{1}{T_\sigma^2} - 0 \;=\; \frac{1}{2T_\sigma V_S} \tag{4.36}$$

Damit ist die Reglerübertragungsfunktion in Summen– und Produktform:

$$G_R(s) = b_{-1}\,s^{-1} + b_0 = \frac{1}{s\,8T_\sigma^2 V_S} + \frac{1}{2T_\sigma V_S}$$

$$= \frac{1}{2T_\sigma V_S} \cdot \frac{1 + s\,4T_\sigma}{s\,4T_\sigma} = V_R \cdot \frac{1 + s\,T_n}{s\,T_n} \qquad (4.37)$$

mit $V_R = 1/(2T_\sigma V_S)$ und $T_n = 4T_\sigma$ darstellbar.

Mit $T_{sys} = T_\sigma$ wird die Führungsübertragungsfunktion des Regelkreises:

$$G'_w(s) = \frac{1 + s\,4T_\sigma}{\underbrace{1}_{a_0} + s\,\underbrace{4T_\sigma}_{a_1} + s^2\,\underbrace{8T_\sigma^2}_{a_2} + s^3\,\underbrace{8T_\sigma^3}_{a_3}} \qquad (4.38)$$

Das Zählerpolynom der Führungsübertragungsfunktion muß mit einem Vorfilter (Führungsglättung G_G) kompensiert werden.

$$G_G(s) = \frac{1}{1 + \frac{b_0}{b_{-1}}s} = \frac{1}{1 + s4T_\sigma} \qquad (4.39)$$

Die zugehörigen Doppelverhältnisse sind dann:

$$D_2 = \frac{a_2\,a_0}{a_1^2} = 0,5 \qquad \text{und} \qquad D_3 = \frac{a_3\,a_1}{a_2^2} = 0,5 \qquad (4.40)$$

Für diesen Fall ist das erhaltene Ergebnis identisch mit dem Symmetrischen Optimum. Damit kann auch das Symmetrische Optimum als Spezialfall des Dämpfungsoptimums gesehen werden.

Zweifache PT$_1$–Strecke mit PI–Regler

Die Übertragungsfunktion der Strecke in Abb. 4.7 mit dem Koeffizientenbereich von $\sigma = 0$ bis $\tau = 2$ lautet:

$$G_S(s) = \frac{V_S}{1 + sT_1} \cdot \frac{1}{1 + sT_\sigma} = \frac{1}{\frac{1}{V_S} + s\,\frac{T_1 + T_\sigma}{V_S} + s^2\,\frac{T_1 T_\sigma}{V_S}} \qquad (4.41)$$

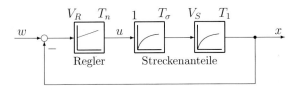

Abb. 4.7: *Regelkreis: Zweifache PT$_1$-Strecke mit I–Regler*

Daraus ergeben sich die Nennerkoeffizienten

$$c_0 = c_{\tau-2} = \frac{1}{V_S} \quad , \quad c_1 = c_{\tau-1} = \frac{T_1 + T_\sigma}{V_S} \quad , \quad c_2 = c_\tau = \frac{T_1 T_\sigma}{V_S} \quad (4.42)$$

und die Systemzeit

$$T_{sys} = \frac{c_\tau}{c_{\tau-1}} = \frac{T_1 T_\sigma}{T_1 + T_\sigma} \quad (4.43)$$

Da $\sigma \leq 1$ ist, wird der Koeffizientenbereich des Reglers festgelegt zu:

$$\rho = \sigma - 1 = -1 \quad \text{bis} \quad \nu = \tau - 2 = 0 \quad (4.44)$$

Der Regler besitzt damit eine PI–Struktur mit der Übertragungsfunktion $G_R = b_{-1}s^{-1} + b_0$. Die Koeffizienten b_{-1} und b_0 ergeben sich mit $c_{-1} = 0$ zu:

$$b_{-1} = 2^{-3} \cdot \frac{T_1 T_\sigma}{V_S} \cdot \left(\frac{T_1 + T_\sigma}{T_1 T_\sigma}\right)^3 - 0 = \frac{(T_1 + T_\sigma)^3}{8T_1^2 T_\sigma^2 V_S} \quad (4.45)$$

$$b_0 = 2^{-1} \cdot \frac{T_1 T_\sigma}{V_S} \cdot \left(\frac{T_1 + T_\sigma}{T_1 T_\sigma}\right)^2 - \frac{1}{V_S} = \frac{T_1^2 + T_\sigma^2}{2T_1 T_\sigma V_S} \quad (4.46)$$

Damit ist die Reglerübertragungsfunktion:

$$G_R(s) = b_{-1}s^{-1} + b_0 = \frac{(T_1 + T_\sigma)^3}{s\, 8T_1^2 T_\sigma^2 V_S} + \frac{T_1^2 + T_\sigma^2}{2T_1 T_\sigma V_S} \quad (4.47)$$

$$= \frac{T_1}{2T_\sigma V_S} \cdot \left(1 + \frac{T_\sigma^2}{T_1^2}\right) \cdot \frac{1 + s\, 4T_\sigma \frac{1+\left(\frac{T_\sigma}{T_1}\right)^2}{\left(1+\frac{T_\sigma}{T_1}\right)^3}}{s\, 4T_\sigma \frac{1+\left(\frac{T_\sigma}{T_1}\right)^2}{\left(1+\frac{T_\sigma}{T_1}\right)^3}} = \frac{T_1}{2T_\sigma V_S} \cdot k_2 \cdot \frac{1 + s\, 4T_\sigma k_1}{s\, 4T_\sigma k_1}$$

Dies entspricht der Form des erweiterten Symmetrischen Optimums mit den Korrekturfaktoren k_1 und k_2 nach Gl. (3.79) und (3.80). Für den Fall $T_\sigma \ll T_1$ (und damit $k_1 \to 1$ bzw. $k_2 \to 1$) vereinfacht sich die Reglerübertragungsfunktion näherungsweise zur Standardform bei der Optimierung nach dem Symmetrischen Optimum:

$$G_R(s) \approx \frac{T_1}{2T_\sigma V_S} \cdot \frac{1 + s\, 4T_\sigma}{s\, 4T_\sigma} \quad (4.48)$$

Die Führungsübertragungsfunktion G'_w, das Glättungsfilter G_G und die sich ergebenden Doppelverhältnisse D_2 und D_3 entsprechen denen des vorangehenden Beispiels.

4.3 Zählerpolynom und äquivalente Sollwertglättung

Beim Dämpfungs– wie auch beim Symmetrischen Optimum tritt häufig ein
Zählerpolynom in der Führungsübertragungsfunktion auf. Dieses ist in der Regel
nicht erwünscht und kann durch eine entsprechende Führungsglättung kompensiert werden (siehe Abb. 4.8). Dazu wird der Sollwert durch ein Filter mit der
inversen Übertragungsfunktion des Zählerpolynoms geglättet. Mit der Übertragungsfunktion G_G der Führungsglättung ergibt sich für die Führungsübertragungsfunktion G_w des Regelkreises:

$$G_w = G_G \cdot \frac{G_R G_S}{1 + G_R G_S} \tag{4.49}$$

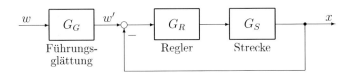

Abb. 4.8: *Regelkreis mit Führungsglättung*

Alternativ dazu bietet sich eine Zerlegung des Reglers in zwei Teilübertragungsfunktionen G_{R1} und G_{R2} in Verbindung mit einer Reglerstruktur nach
Abb. 4.9 an, so daß weiterhin die gleiche Führungsübertragungsfunktion G_w
wie in Gl. (4.49) erzielt wird. Dadurch kann die explizite Führungsglättung
eingespart und so der Implementierungsaufwand verringert werden. Die Übertragungsfunktion G_R des Reglers wird dazu wie folgt zerlegt:

$$G_R = G_{R1} + G_{R2} = \underbrace{G_G G_R}_{G_{R1}} + \underbrace{(1 - G_G) \cdot G_R}_{G_{R2}} \tag{4.50}$$

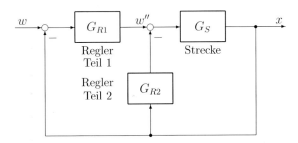

Abb. 4.9: *Regelkreis mit äquivalenter Sollwertglättung*

Für diese Regelkreisstruktur verändert sich das Nennerpolynom nicht gegenüber dem ursprünglichen Ansatz, und es ergibt sich:

$$G_w''(s) \;=\; \frac{x(s)}{w''(s)} \;=\; \frac{G_S}{1 + G_{R2}G_S}$$

$$G_w(s) \;=\; \frac{x(s)}{w(s)} \;=\; \frac{G_{R1}G_w''}{1 + G_{R1}\,G_w''} \;=\; \frac{G_{R1}G_S}{1 + G_{R1}G_S + G_{R2}G_S} \qquad (4.51)$$

Damit ergibt sich dieselbe Übertragungsfunktion wie in Gl. (4.49).

Beispiel: PI–Regler bei IT$_1$–Strecke

Am Beispiel einer IT$_1$–Strecke mit PI–Regler kann die oben hergeleitete Reglerzerlegung veranschaulicht werden. Es sind die Übertragungsfunktionen G_S und G_R der Strecke bzw. des Reglers eines Regelkreises nach Abb. 4.8 sowie die daraus resultierende Führungsübertragungsfunktion G_w' ohne Führungsglättung gegeben.

$$G_S \;=\; \frac{V_S}{sT_1} \cdot \frac{1}{1 + sT_\sigma} \qquad (4.52)$$

$$G_R \;=\; V_R \cdot \frac{1 + sT_n}{sT_n} \qquad (4.53)$$

$$G_w' \;=\; \frac{1 + sT_n}{1 + sT_n + s^2 \frac{T_nT_1}{V_RV_S} + s^3 \frac{T_nT_1T_\sigma}{V_RV_S}} \qquad (4.54)$$

Um den auftretenden Zählerterm in G_w' zu kompensieren, erfolgt eine Führungsglättung mit der Übertragungsfunktion:

$$G_G \;=\; \frac{1}{1 + sT_n} \qquad (4.55)$$

Um diese explizite Führungsglättung durch eine Reglerstruktur nach Abb. 4.9 einzusparen, wird nun der Regler nach Gl. (4.50) in zwei Teilübertragungsfunktionen zerlegt:

$$G_{R1} \;=\; G_GG_R \;=\; \frac{1}{1 + sT_n} \cdot V_R \cdot \frac{1 + sT_n}{sT_n} \;=\; \frac{V_R}{sT_n} \qquad (4.56)$$

$$G_{R2} \;=\; (1 - G_G) \cdot G_R \;=\; \left(1 - \frac{1}{1 + sT_n}\right) \cdot V_R \cdot \frac{1 + sT_n}{sT_n} \;=\; V_R \qquad (4.57)$$

Damit läßt sich die äquivalente Sollwertglättung nach Abb. 4.9 darstellen. Diese ist mathematisch identisch mit der Struktur in Abb. 4.8.

4.4   Erweitertes Dämpfungsoptimum

In seiner erweiterten Form kann das Dämpfungsoptimum auch auf Strecken angewendet werden, die ein Zählerpolynom und damit einen differenzierenden Anteil
enthalten. Grundsätzlich gibt es dafür verschiedene Vorgehensweisen. Neben den
Sonderfällen, die eine Kompensation oder die Anwendung der Divisionsmethode
zulassen, wird die allgemeine Herleitung über die Betragsanschmiegung behandelt.

Im folgenden wird die Übertragungsfunktion G_S der Strecke durch die Übertragungsfunktionen Z_S und N_S des Zählers bzw. des Nenners dargestellt.

$$G_S(s) \;=\; \frac{Z_S(s)}{N_S(s)} \tag{4.58}$$

4.4.1   Kompensation des Zählerpolynoms

In bestimmten Fällen kann das Zählerpolynom der Strecke durch ein Glättungsfilter, das zwischen Reglerausgang und Streckeneingang eingefügt wird, kompensiert werden. Dieses Glättungsfilter G_G besitzt die inverse Übertragungsfunktion
des Zählers:

$$G_G(s) \;=\; \frac{1}{Z_S(s)} \tag{4.59}$$

Damit ergibt sich für die Reglerauslegung die geglättete Streckenübertragungsfunktion G_S', für die der Regler in bekannter Weise ermittelt werden kann.

$$G_S'(s) \;=\; G_G(s) \cdot G_S(s) \;=\; \frac{1}{N_S(s)} \tag{4.60}$$

Zu beachten ist allerdings, daß Nullstellen des Zählers Z_S, die in der rechten
s–Halbebene liegen, nicht kompensierbar sind.

4.4.2   Divisionsmethode

Ist eine direkte Kompensation nicht möglich oder erwünscht, kann zur Reglerauslegung eine Ersatzfunktion gebildet werden. Dazu wird die Streckenübertragungsfunktion durch Polynomdivision von Nenner durch Zählerpolynom angenähert.

$$G_S(s) \;=\; \frac{Z_S(s)}{N_S(s)} \;=\; \frac{1}{\frac{N_S(s)}{Z_S(s)}} \;\approx\; \frac{1}{N_S'(s)} \tag{4.61}$$

Im allgemeinen wird dabei ein Restglied übrig bleiben. Falls dieses vernachlässigbar klein gegenüber der neuen Funktion ist, sind durch diese Methode einfache
Ersatzfunktionen für die Reglerauslegung zu erhalten.

Es sei darauf hingewiesen, daß die Koeffizienten der Ersatzfunktion negativ oder Null sein können. In diesem Fall besitzen nicht mehr alle Pole des Ersatzpolynoms $1/N_S'$ negative Realteile und die Divisionsmethode ist aus Stabilitätsgründen nicht anwendbar.

4.4.3 Allgemeine Methode für Strecken mit Zählerpolynomen

Falls die Kompensationsmethode und die Divisionsmethode nicht anwendbar sind, muß eine allgemeine Rechenvorschrift für Strecken mit Zählerpolynomen gefunden werden. Die im folgenden vorgestellte Methode basiert auf der in Kap. 3.1.3 hergeleiteten Bedingung der Betragsanschmiegung. Ausgehend von der Darstellung des Reglers

$$G_R(s) = \frac{Z_R(s)}{N_R(s)} \tag{4.62}$$

mit Zählerpolynom Z_R und Nennerpolynom N_R ergibt sich die folgende Führungsübertragungsfunktion G_w. Dabei treten im Zähler von G_w sowohl die Nullstellen des Reglers als auch die der Strecke auf.

$$G_w(s) = \frac{Z_R(s)\,Z_S(s)}{N_R(s)\,N_S(s)\,+\,Z_R(s)\,Z_S(s)} = \frac{b_0 + b_1 s + \ldots + b_m s^m}{a_0 + a_1 s + \ldots + a_n s^n} \tag{4.63}$$

Die Forderung der Betragsanschmiegung bedeutet, den Frequenzgang der Führungsübertragungsfunktion $|F_w(j\omega)|$ bis zu möglichst hohen Frequenzen bei dem Wert Eins bzw. den Phasenwinkel gering zu halten (Phasenminimumsystem).

$$|F_w(j\omega)|^2 = \frac{B_0 + B_2 \omega^2 + B_4 \omega^4 + \ldots}{A_0 + A_2 \omega^2 + A_4 \omega^4 + \ldots} \tag{4.64}$$

Damit ergeben sich für die Koeffizienten a_i und b_i die Bedingungen nach Gl. (3.45):

$$
\begin{aligned}
A_0 &= B_0 &\longrightarrow \qquad a_0^2 &= b_0^2 \\
A_2 &= B_2 &\longrightarrow \qquad -2a_0 a_2 + a_1^2 &= b_1^2 - 2b_0 b_2 \\
A_4 &= B_4 &\longrightarrow \quad 2a_0 a_4 - 2a_1 a_3 + a_2^2 &= b_2^2 - 2b_1 b_3 + 2b_0 b_4 \\
\vdots \qquad & & \vdots
\end{aligned}
\tag{4.65}
$$

Für ein System n–ter Ordnung kann eine anschauliche Darstellung von Gl. (4.63) gefunden werden, indem die Führungsübertragungsfunktion für $a_0 = b_0$ und $m = n - 1$ in die folgende Gleichung umgeformt wird (siehe Signalflußplan nach Abb. 4.10).

$$G_w(s) = \frac{1 + s T_{Zn-1} + s^2 T_{Zn-2} T_{Zn-1} + \ldots + s^{n-1} T_{Z1} T_{Z2} \cdot \ldots \cdot T_{Zn-1}}{1 + s T_{Nn} + s^2 T_{Nn-1} T_{Nn} + \ldots + s^n T_{N1} T_{N2} \cdot \ldots \cdot T_{Nn}} \tag{4.66}$$

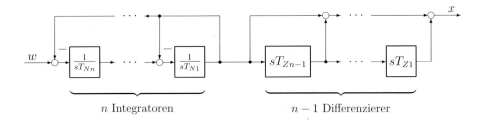

n Integratoren $n-1$ Differenzierer

Abb. 4.10: *Signalflußplan eines Systems n–ter Ordnung*

Durch schrittweise Anwendung der obigen Optimierungsbedingungen auf Gl. (4.66) ergibt sich nach längerer Rechnung ein Gleichungssystem $(n-1)$-ter Ordnung:

$$T_{N2}^2 - 2T_{N1}T_{N2} = T_{Z1}^2$$

$$T_{N3}^2 - 2T_{N2}T_{N3} = T_{Z2}^2 - 2T_{Z1}T_{Z2}$$

$$T_{N4}^2 - 2T_{N3}T_{N4} = T_{Z3}^2 - 2T_{Z2}T_{Z3} \qquad (4.67)$$

$$\vdots$$

$$T_{Nn}^2 - 2T_{Nn-1}T_{Nn} = T_{Zn-1}^2 - 2T_{Zn-2}T_{Zn-1}$$

Bei diesem Vorgehen wird der Nenner der Führungsübertragungsfunktion so festgelegt, daß das Zählerpolynom berücksichtigt und ein dämpfungsoptimales Führungsverhalten erzwungen wird.

Die Integrationskonstanten $T_{N2} \ldots T_{Nn}$ können durch Auflösung direkt berechnet werden zu:

$$T_{N2} = T_{N1} \pm \sqrt{T_{N1}^2 + T_{Z1}^2}$$

$$T_{N3} = T_{N2} \pm \sqrt{T_{N2}^2 + T_{Z2}^2 - 2T_{Z1}T_{Z2}}$$

$$T_{N4} = T_{N3} \pm \sqrt{T_{N3}^2 + T_{Z3}^2 - 2T_{Z2}T_{Z3}} \qquad (4.68)$$

$$\vdots$$

$$T_{Nn} = T_{Nn-1} \pm \sqrt{T_{Nn-1}^2 + T_{Zn-1}^2 - 2T_{Zn-2}T_{Zn-1}}$$

Die Bestimmungsgleichungen für T_{Ni} (mit $i = 2 \ldots n$) können zu nicht realisierbaren Reglerkoeffizienten führen, wenn eine ungünstige Reglerordnung gewählt wird. In der Tabelle auf Seite 103 sind die bevorzugten Strecken und Reglerkonfigurationen sowie die jeweiligen Beschränkungen angegeben.

Die Einschränkungen bei den Realisierungen des Dämpfungsoptimums, die durch konventionelle Reglerstrukturen bedingt sind, können durch Zustandsregelungskonzepte vermieden werden.

Abschließend soll festgehalten werden:

- Das Dämpfungsoptimum enthält das Betragsoptimum, das Symmetrische Optimum und das erweiterte Symmetrische Optimum als Spezialfälle.

- Das Betrags– und das Symmetrische Optimum sind auf nicht–schwingungs-fähige Regelstrecken beschränkt und bei Strecken höherer Ordnung nur bedingt einsetzbar. Wesentlich günstiger ist das Verfahren des Dämpfungs-optimums, da hier Strecken hoher Ordnung und Strecken mit konjugiert komplexen Polpaaren zugelassen sind.

- Im Gegensatz zum Betrags– und Symmetrischen Optimum kann das Dämp-fungsoptimum auf Strecken mit Zählerpolynom und auf Führungsübertra-gungsfunktionen mit Zählerterm erweitert werden.

Siehe auch [3, 11, 21, 22, 41] im Literaturverzeichnis.

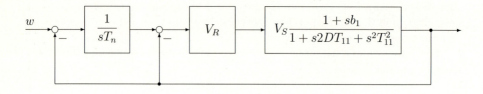

Abb. 4.11: *Besondere Reglerstruktur*

Strecke	Regler	Einstellregel	Bedingung
$V_S \dfrac{1 + sb_1}{(1 + sT_1)(1 + sT_\sigma)}$	V_R	$V_R = \dfrac{1}{2V_S} \cdot \dfrac{T_1^2 + T_\sigma^2 - b_1^2}{(b_1 - T_1)(b_1 - T_\sigma)}$	$V_R V_S \gg 1$ $b_1 < T_\sigma$
$V_S \dfrac{1 + sb_1}{sT_1(1 + sT_\sigma)}$	V_R	$V_R = \dfrac{1}{2V_S} \cdot \dfrac{T_1}{T_\sigma - b_1}$	$V_R \gg 1$ $b_1 < T_\sigma$
$V_S \dfrac{1}{(1 + sT_1)(1 + sT_\sigma)}$	$V_R \dfrac{1 + sT_n}{sT_n}$	$V_R = \dfrac{1}{2V_S} \cdot \left(\dfrac{T_1}{T_\sigma} + \dfrac{T_\sigma}{T_1} \right)$ $T_n = \dfrac{(T_1 + T_\sigma) \cdot (T_1^2 + T_\sigma^2)}{T_1^2 + T_1 T_\sigma + T_\sigma^2}$	—
$V_S \dfrac{1}{1 + s2DT_{11} + s^2 T_{11}^2}$	$V_R \dfrac{1 + sT_n}{sT_n}$	$V_R = \dfrac{1}{V_S} (2D^2 - 1)$ $T_n = \dfrac{DT_{11} \cdot (2D^2 - 1)}{D^2 - 0,25}$	$D > 0.5$
$V_S \dfrac{1 + sb_1}{(1 + sT_1)(1 + sT_\sigma)}$	siehe Abb. 4.11	$T_n = \dfrac{2a_2 V_R V_S b_1}{(a_1 + V_R V_S b_1)^2 - 2a_2(1 + V_R V_S)}$ $V_R = \dfrac{1}{V_S} \cdot \dfrac{K_1 + \sqrt{K_2}}{K_3}$ $K_1 = a_1 (a_1 b_1 - a_2 - b_2^2)$ $K_2 = a_2 (a_1^2 a_2 - b_1 (a_1^3 + 2a_1 a_2) +$ $\quad\quad + b_1^2 (3a_1^2 + a_2) - b_1^3 3a_1 + b_1^4)$ $K_3 = b_1 (a_2 + b_1 (b_1 - a_1))$ $a_1 = T_1 + T_\sigma$ $a_2 = T_1 T_\sigma$	$b_1 < T_\sigma$
$V_S \dfrac{1 + sb_1}{1 + s2DT_{11} + s^2 T_{11}^2}$	siehe Abb. 4.11	$T_n = \dfrac{2a_2 V_R V_S b_1}{(a_1 + V_R V_S b_1)^2 - 2a_2(1 + V_R V_S)}$ $V_R = \dfrac{1}{V_S} \cdot \dfrac{K_1 + \sqrt{K_2}}{K_3}$ $K_1 = a_1 (a_1 b_1 - a_2 - b_2^2)$ $K_2 = a_2 (a_1^2 a_2 - b_1 (a_1^3 + 2a_1 a_2) +$ $\quad\quad + b_1^2 (3a_1^2 + a_2) - b_1^3 3a_1 + b_1^4)$ $K_3 = b_1 (a_2 + b_1 (b_1 - a_1))$ $a_1 = 2DT_{11}$ $a_2 = T_{11}^2$	$D > 0.5$ $b_1 < T_{11}$

4.5 Reglerentwurf durch Gütefunktionale

In den vorigen Kapiteln wurde der Regler aufgrund der Streckenstruktur und der Streckendaten sowie des gewünschten Führungs– bzw. Störverhaltens direkt ermittelt.

Ein anderes Vorgehen beim Reglerentwurf verwendet als Ausgangspunkt ein Gütekriterium. Dieses Gütekriterium bewertet z.B. den zeitlichen Verlauf des Regelfehlers $x_d(t)$. Es können aber auch andere Größen wie die Stellgröße $y(t)$, die Stellenergie oder weitere relevante Größen im Gütekriterium berücksichtigt werden. Das Ziel des Vorgehens ist, entweder das Gütekriterium zu maximieren oder als gegensätzliches Kriterium das „Kostenkriterium" zu minimieren.

Prinzipiell gibt es unterschiedliche Güte– bzw. Kosten–Kriterien; die einfachsten Kostenkriterien sind in Tabelle 4.1 zusammengestellt.

Abkürzung	Bezeichung	Kostenindex (Regelfläche)
IAE	Betragslineare Regelfläche	$\int_0^\infty |x_d(t)|dt$
ISE	Quadratische Regelfläche	$\int_0^\infty x_d^2(t)dt$
ITAE	Zeitgewichtete betragslineare Regelfläche	$\int_0^\infty t|x_d(t)|dt$
ITSE	Zeitgewichtete quadratische Regelfläche	$\int_0^\infty tx_d^2(t)dt$

Abkürzungen: I: Integral; A: Absolute; E: Error; S: Square; T: Time

Tabelle 4.1: *Kostenindizes für die Parameteroptimierung*

Bei diesem Vorgehen mit einem Kostenkriterium wird als Eingangsgröße des geschlossenen Regelkreises eine Sprungfunktion $\sigma(t)$ angenommen. Die Strecke sei linear und zeitinvariant, der Regler sei in der Struktur bekannt und die Parameter des Reglers sind so zu wählen, daß der Regelkreis stabil, der Regelfehler $x_d(t \to \infty) = 0$ und das Kostenkriterium minimiert wird.

Die Kostenkriterien aus Tabelle 4.1 bewerten somit den zeitlichen Verlauf von $x_d(t)$ insgesamt, entweder alleine mit der Betrags– (Absolute) oder der Parabelfunktion (Square) oder in Kombination mit einer zeitlichen (Time) Zusatzbewertung.

Bei den beiden ersten Kriterien wird die „anfängliche" Regeldifferenz hoch bewertet, so daß eine möglichst schnelle Reaktion auf den Sollwertsprung erfolgen wird, dies wird aber ein Überschwingen des Istwerts zur Folge haben. Demgegenüber wird bei den beiden letzten Kriterien die „spätere" Regeldifferenz hoch bewertet, so daß eine „weichere" Anfangsreaktion und damit ein geringeres

Überschwingen die Folge dieser Optimierung ist. Andere Kostenfunktionen sind selbstverständlich entsprechend den Erfordernissen der Anwendung möglich.

Als Beispiel wird für den Fall der Minimierung der quadratischen Regelfläche (ISE–Kostenkriterium) die optimale Parameterkombination zusammengestellt [10]. Es gelte

$$x_d(s) = \left. \frac{1}{1 + G_0(s)} \right|_{G_r(s)=-1} \cdot \omega(s) = \frac{b_0 + b_1 s + \ldots + b_{n-1} s^{n-1}}{a_0 + a_1 s + \ldots + a_n s^n} \qquad (4.69)$$

und für $n = 1$ bis 4 ergeben sich aus der Berechnung des ISE-Kostenkriteriums die Ergebnisse in Tabelle 4.2.

n	ISE–Kostenindex $J = \int\limits_0^\infty x_d(t)dt$
1	$\dfrac{b_0^2}{2a_1 a_0}$
2	$\dfrac{a_0 b_1^2 + a_2 b_0^2}{2a_2 a_1 a_0}$
3	$\dfrac{a_0 a_1 b_2^2 + a_0 a_3(b_1^2 - 2b_0 b_2) + a_2 a_3 b_0^2}{2a_3 a_0(a_1 a_2 - a_0 a_3)}$
4	$\dfrac{a_0(a_1 a_2 - a_0 a_3)b_3^2 + a_0 a_1 a_4(b_2^2 - 2b_1 b_3) + a_0 a_3 a_4(b_1^2 - 2b_0 b_2) + a_4(a_2 a_3 - a_1 a_4)b_0^2}{2a_4 a_0(a_1(a_2 a_3 - a_1 a_4) - a_0 a_3^2)}$

Tabelle 4.2: *Quadratische Regelflächen (ISE) für $n = 1$ bis 4*

Diese Kostenkriterien müssen zur Bestimmung der optimalen Reglerparameter minimiert werden. Dies kann bei niederer Systemordnung analytisch erfolgen, bei hoher Ordnung kann auf numerische Verfahren jedoch nicht verzichtet werden, da die zu minimierenden Kostenfunktionen sehr kompliziert werden.

Faßt man alle Reglerparameter im Vektor $\underline{p}$ zusammen so stellt sich das zu lösende Problem wie folgt dar: Löse das, im allgemeinen nichtlineare, Gleichungssystem

$$\frac{\partial J}{\partial \underline{p}} = \underline{0} \qquad (4.70)$$

nach den gesuchten Reglerparametern $\underline{p}$ auf. Diese Bedingung ist jedoch nicht hinreichend, und es müssen somit noch zweite Ableitungen herangezogen werden, ob es sich tatsächlich um ein Minimum handelt.

Das gezeigte Verfahren ist prinzipiell für alle linearen Regelkreise anwendbar. Es ist jedoch nicht gesichert, daß es bei jeder Strecken–Reglerkombination auch tatsächlich ein Minimum geben muß. Das Gütekriterium J kann auch eine monoton steigende oder fallende Funktion ohne Extremwerte sein. Das Verfahren der Kostenminimierung stellt somit nur ein Hilfsmittel, aber keine systematische Vorgehensweise zur Reglereinstellung dar. Diese Problematik soll an den folgenden zwei Beispielen gezeigt werden.

Beispiel 1

Gegeben sei die Regler– und Streckenkonfiguration nach dem Betragsoptimum.

$$G_S(s) \; = \; \frac{K_S}{(1 + T_1 s)(1 + T_2 s)} \qquad (T_1 > T_2) \qquad (4.71)$$

$$G_R(s) \; = \; \frac{K_R \cdot (1 + T_R s)}{s} \qquad\qquad (4.72)$$

Wird die große Zeitkonstante T_1 mit der Reglerzeitkonstanten T_R kompensiert $(T_R = T_1)$, so ergibt sich der Regelfehler $x_d(s)$ bei sprungförmiger Anregung zu

$$x_d(s) = \frac{1 + T_2 s}{K_S K_R + s + T_2 s^2} \qquad (4.73)$$

Gemäß Tabelle 4.2 ergibt sich die quadratische Kostenfunktion J (ISE) zu:

$$J = \frac{1}{2} \cdot \frac{K_S K_R T_2^2 + T_2}{K_S K_R T_2} \qquad (4.74)$$

Die Differentiation von J nach K_R liefert keine Lösung. Der Verlauf von $J(K_R)$ ist in Abb. 4.12 dargestellt. Die physikalische Interpretation von Abb. 4.12 besagt, daß das Kostenkriterium J für $K_R \rightarrow \infty$ am kleinsten wird. Dies kann in Anwendungen jedoch nicht realisiert werden. Das ISE–Kostenfunktional liefert für die gewählte Systemkonfiguration damit keinen optimalen Wert für die Reglerverstärkung K_R.

   An dieser Stelle sei daran erinnert, daß die Regler– und Streckenkonfiguration nach Gl. (4.71) und (4.72) der Optimierungsaufgabe nach dem Betragsoptimum (BO) entspricht. Die erste Optimierungsbedingung beim BO ist $T_R = T_1$ (s.o.) und die zweite Bedingung lautet $K_R = 1/K_S \cdot 1/2T_2$.

Beispiel 2

Betrachtet man nun eine Regelstrecke mit einer zusätzlichen Summenzeitkonstanten T_σ, und verwendet man ebenfalls einen PI–Regler, so ergibt sich die Systemkonfiguration gemäß Gl. (4.75) und (4.76).

$$G_S(s) \; = \; \frac{K_S}{(1 + T_1 s)(1 + T_2 s)(1 + T_\sigma s)} \qquad (T_1 > T_2) \qquad (4.75)$$

$$G_R(s) \; = \; \frac{K_R \cdot (1 + T_R s)}{s} \qquad\qquad (4.76)$$

Der Regelfehler $x_d(s)$ ergibt sich bei sprungförmiger Anregung und Kompensation der großen Zeitkonstante T_1 $(T_R = T_1)$ nun zu:

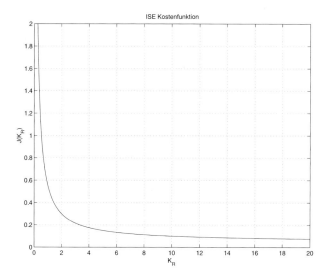

Abb. 4.12: *Verlauf des Kostenindex ISE für einen BO–Regelkreis bei Kompensation der großen Zeitkonstanten T_1*

$$x_d(s) = \frac{1 + (T_\sigma + T_2)s + T_2 T_\sigma s^2}{K_S K_R + s + (T_2 + T_\sigma)s^2 + T_2 s^3} \qquad (4.77)$$

Die Kostenfunktion kann ebenfalls noch analytisch angegeben werden. Aus Tabelle 4.2 liest man ab:

$$J = \frac{1}{2} \cdot \frac{(K_S K_R T_2^2 T_\sigma^2 + K_S K_R T_2 T_\sigma((T_\sigma + T_2)^2 - 2T_2 T_\sigma) + (T_\sigma + T_2)T_2 T_\sigma)}{T_2 T_\sigma K_S K_R(T_\sigma + T_2 - K_S K_R T_2 T_\sigma)}$$

$$(4.78)$$

Die Differentiation und anschließende Lösung der beiden Gleichungen liefert zwei Lösungen. Ein Extremwert ergibt sich für $K_R > 0$ ein weiterer für $K_R < 0$. Die Disskussion soll wieder anhand des Verlaufes von $J(K_R)$ erfolgen (siehe Abb. 4.13). Der negative Extremwert scheidet für regelungstechnische Betrachtungen aus, da der Regelkreis sonst instabil werden würde. Für positive K_R ist deutlich genau ein Minimum zu erkennen. Die Stabilitätsgrenze des Regelkreises ist erreicht, sobald das Gütefunktional zum erstenmal gegen ∞ strebt. Es ergibt sich also genau eine Lösung bei dem hier angewandten ISE–Kriterium. Die Sprungantwort des Regelkreises zeigt wie erwartet starkes Überschwingen, da der Faktor *Zeit* im Gütekriterium nicht berücksichtigt wurde (siehe Abb. 4.14).

Generell soll angemerkt werden, daß dieser Weg der Parameteroptimierung sehr schnell schwierig wird. Aufgrund der heute verfügbaren Simulationsprogramme und der zugehörigen numerischen Auslegungs– und Optimierungsverfahren ist die Festlegung der Reglerparameter mittels Gütefunktional oder Kostenfunktion aber ein interessantes Werkzeug, welches insbesondere bei komplexen Regelstrecken sehr hilfreich sein kann.

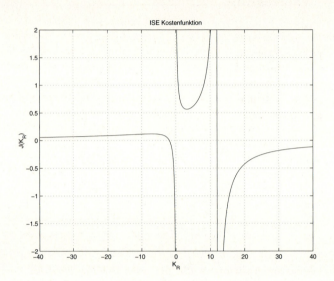

Abb. 4.13: *Verlauf des Kostenindex ISE für eine PT_3–Strecke mit PI–Regler und Kompensation der großen Zeitkonstanten T_1*

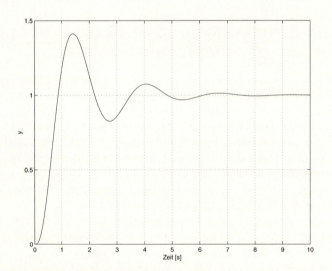

Abb. 4.14: *Sprungantwort des nach ISE optimierten Regelkreises*

4.6   Reglerauslegung mit MATLAB

In diesem Abschnitt wird die Reglerauslegung mit Hilfe des Simulationsprogrammes MATLAB beschrieben. Voraussetzung hierfür ist das Vorhandensein der MATLAB *Control System Toolbox*. Das Vorgehen wird am Beispiel eines Zweimassenschwingers verdeutlicht.

Der Zweimassenschwinger wird ausführlich in Kap. 18.3.1 beschrieben. Die benötigte Zustandsdarstellung lautet mit $\underline{x} = [\, N_1 \;\; \Delta\varphi \;\; N_2 \,]^T$:

$$\dot{\underline{x}} = \underbrace{\begin{bmatrix} -d/\Theta_1 & -c/\Theta_1 & d/\Theta_1 \\ 1 & 0 & -1 \\ d/\Theta_2 & c/\Theta_2 & -d/\Theta_2 \end{bmatrix}}_{\mathbf{A}} \cdot \underline{x} + \underbrace{\begin{bmatrix} 1/\Theta_1 \\ 0 \\ 0 \end{bmatrix}}_{\underline{b}} \cdot u \qquad (4.79)$$

$$y = \begin{bmatrix} 0 & 0 & 1 \end{bmatrix}^T \cdot \underline{x} \qquad (4.80)$$

Werden für den Zweimassenschwinger folgende Werte vorgegeben

$$\begin{aligned} \Theta_1 &= & 0,166 & \quad kg\,m^2 \\ \Theta_2 &= & 0,33 & \quad kg\,m^2 \\ c &= & 400 & \quad Nm/rad \\ d &= & 0,0106 & \quad Nm\,s/rad \end{aligned}$$

so ergibt sich die folgende Zustandsdarstellung. Hierbei wurde zwecks besserer Lesbarkeit auf die Einheiten verzichtet.

$$\dot{\underline{x}} = \begin{bmatrix} -0,0639 & -2409,6 & 0,0639 \\ 1 & 0 & -1 \\ 0,0321 & 1212,1 & -0,0321 \end{bmatrix} \cdot \underline{x} + \begin{bmatrix} 6,0241 \\ 0 \\ 0 \end{bmatrix} \cdot u \qquad (4.81)$$

$$y = \begin{bmatrix} 0 & 0 & 1 \end{bmatrix}^T \cdot \underline{x} \qquad (4.82)$$

Um die gesuchten Reglerparameter $\underline{r}^T$ zu berechnen, werden als erstes die Systemmatrix $\mathbf{A}$, der Eingangsvektor $\underline{b}$ und der Ausgangsvektor $\underline{c}$ eingegeben. Im MATLAB *Command Window* werden die Systemmatrix und die Vektoren folgendermaßen eingegeben:

```
>> A=[-0.0639,-2409.6,0.0639;
      1,0,-1;
      0.0321,1212.1,-0.0321]
>> B=[6.0241;0;0]
>> C=[0,0,1]
```

Die Pole des geregelten Systems legt man mit Hilfe der charakteristischen Gleichung 3. Ordnung fest. Wählt man ein DO–Polynom 3. Ordnung (Kap. 4.1.2) und legt man die Ersatzzeit zu $T = 0,1\,s$ fest, so wird folgendes eingegeben:

```
>> T=0.1
>> polynom=[1,4/T,8/T^2,8/T^3]
```

Die Nullstellen dieses Polynoms werden nun mit der MATLAB–Funktion `roots` berechnet.

```
>> roots(polynom)
```

Mit Hilfe der MATLAB–Funktion `place` können nun die Reglerkoeffizienten berechnet werden.

```
>> R=place(A,B,roots(polynom))
```

R entspricht $\underline{r}^T$ und enthält nun die gesuchten Reglerparameter. Berechnet man sich die Eigenwerte der Systemmatrix $\mathbf{A_{ZR}}$ des geregelten Systems, so erhält man die vorgegeben Pole.

```
>> AZR=A-B*R
>> eig(AZR)
```

In Abb. 4.16 ist dies anhand eines Bildschirmausdruckes noch einmal zu sehen.

Um stationäre Genauigkeit zu erreichen, muß nun noch der Vorfaktor K_V berechnet werden (siehe Kap. 5.5.5).

```
>> KV=1/(C'*(B*R-A)^(-1)*B)
```

Wird das Zweimassensystem mit den so ermittelten Reglerparametern geregelt, erhält man z.B die in Abb. 4.15 dargestellte Sprungantwort, bei einem Sprung der Drehzahl von $N_2 = 0\,rad/s$ auf $N_2 = 33,33\,rad/s$.

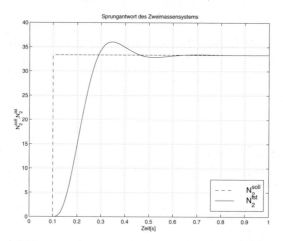

Abb. 4.15: *Sprungantwort des Zweimassensystems*

Soll entsprechend Kap. 18.3.2 ein Zustandsregler mit I–Anteil eingesetzt werden, so erfolgt die Vorgehensweise analog zum obigen Beispiel. In diesem Fall muß die Matrix $\mathbf{A}$ um den Zustand des Integrators erweitert werden; die charakteristische Gleichung wird außerdem ein Polynom 4. Ordnung:

```
>> A=[-0.0639,-2409.6,0.0639,0;
      1,0,-1,0;
      0.0321,1212.1,-0.0321,0;
      0,0,1,0]
>> B=[6.0241;0;0;0]
>> polynom=[1,8/T,32/T^2,64/T^3,64/T^4]
```

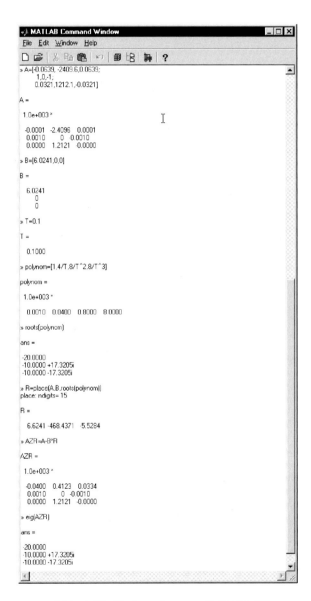

Abb. 4.16: *Reglerauslegung mit MATLAB*

5 Regelkreisstrukturen

In vielen Fällen können die Forderungen wie Anregelzeit oder Überschwingweite sowie die Führungs– und die Stör–Ausregelzeitfläche nicht durch die Optimierung des Reglers allein erfüllt werden. Um dies dennoch zu erreichen, kommen erweiterte Regelkreisstrukturen zum Einsatz, die in diesem Kapitel näher beschrieben werden. Im einzelnen sind dies

- allgemein vermaschte Regelkreise,

- Kaskadenregelungen,

- Conditional Feedback,

- Zustandsregelungen.

Ein weiterer Grund für den Aufbau von erweiterten Regelkreisen ergibt sich aus der Möglichkeit, das Störungsverhalten und die Inbetriebnahme von Regelkreisen unter bestimmten Voraussetzungen durch Aufbau dezentraler Reglerstrukturen, wie der Kaskadenregelung, erheblich zu verbessern.

5.1 Allgemein vermaschter Regelkreis

Die im folgenden behandelten vermaschten Regelkreisstrukturen zeichnen sich durch die Verwendung mehrerer paralleler Regler aus. Als Möglichkeiten für allgemein vermaschte Regelkreise kommen u.a. Begrenzungsregelungen, Störgrößenaufschaltungen und die Einführung von Hilfsstellgrößen in Betracht.

5.1.1 Begrenzungsregelung

Bei vielen Anwendungen bestehen Restriktionen für Zwischengrößen x_i, die bestimmte Grenzwerte nicht über– oder unterschreiten dürfen. Diese Aufgabe stellt sich z.B. bei der Drehzahlregelung eines Gleichstrommotors. Der Ankerstrom darf einen Maximalwert nicht überschreiten. Dies kann bei Kaskadenregelung (Kap. 5.2) durch einen Drehzahlregler mit Begrenzung der Ausgangsgröße (also dem Ankerstromsollwert) realisiert werden. Eine andere Lösung sind Begrenzungsregelungen.

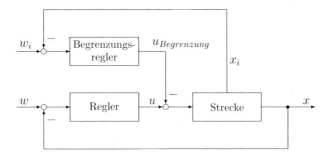

Abb. 5.1: *Regelkreis mit Begrenzungsregelung*

Die Begrenzungsaufgaben werden durch Aufbau von parallel zum Regler bei Grenzwertüberschreitung eingreifenden Begrenzungsreglern gelöst. Den prinzipiellen Aufbau eines solchen Regelkreises zeigt Abb. 5.1.

Da der Begrenzungsregler nur bei Überschreitung des Grenzwertes für die Hilfsregelgröße x_i eingreift, wird dabei scheinbar keine allgemeine Verbesserung des Führungs– bzw. Störverhaltens erzielt. Durch den Einbau des Begrenzungsreglers wird aber die Möglichkeit beim Kleinsignalverhalten geschaffen, die Verstärkung des Reglers für den äußeren Kreis zu erhöhen und damit die Regelgenauigkeit und die Dynamik zu erhöhen. Dabei werden große Änderungen der Führungsgröße und somit auch der Stellgröße dennoch von der Regelstrecke ferngehalten.

Ein weiterer Vorteil dieses Verfahrens liegt darin, daß die Erfassung der Hilfsregelgröße hinsichtlich der Genauigkeits– und Oberschwingungsforderungen nur geringeren Anforderungen genügen muß. Da die Begrenzungsaufgabe im allgemeinen nur zum Schutz der Einrichtungen gestellt wird, kann man sich meist schon mit einer bleibenden bzw. vorübergehenden Regeldifferenz von 10 % des Grenzwertes zufrieden geben. Dieses Regelverfahren wird in Kap. 7.1.2.3 zur direkten Drehzahlregelung der Gleichstrommaschine verwendet.

5.1.2 Störgrößenaufschaltung

Bei einschleifigen Regelkreisen können Störgrößen z erst am Streckenausgang erkannt und vom Regler ausgeregelt werden. Damit diese Störgrößen, besonders wenn sie auf den Eingang der Regelstrecke wirken, schneller ausgeregelt werden können, wird häufig eine Störgrößenaufschaltung vorgesehen. Die „Vermaschung" des Regelkreises erfolgt dabei derart, daß die Störgröße erfaßt und über eine entsprechende Übertragungsfunktion aufgeschaltet wird. Dabei kann diese Störgrößenaufschaltung je nach Anwendung auf den Ausgang des Reglers oder auch auch innerhalb des Reglers erfolgen (siehe Abb. 5.2).

Beispiele dafür sind die e_A–Aufschaltung bei der Gleichstrommaschine, die in Kap. 7 behandelt wird.

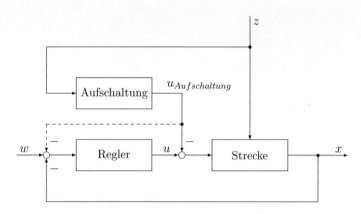

Abb. 5.2: *Regelkreis mit Störgrößenaufschaltung*

5.1.3 Hilfsstellgrößen

Das dynamische Verhalten eines Regelkreises kann zum Teil auch dadurch verbessert werden, daß mit einer oder mehreren Hilfsstellgrößen in die Regelstrecke eingegriffen wird. Dies geschieht an Stellen, die dem Streckenausgang näher sind als der Eingriffspunkt für die reguläre Stellgröße u.

Mit der Einführung von Hilfsstellgrößen soll in erster Linie ein Teil der Verzögerungen in der Regelstrecke ausgeschaltet werden, um ein möglichst günstiges Führungsverhalten zu erzielen. Man verwendet deshalb im allgemeinen als Hilfsregler reine P–Regler.

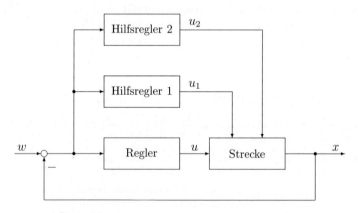

Abb. 5.3: *Regelkreis mit Hilfsstellgröße*

Da der Eingriff der Hilfsstellgrößen von der Regeldifferenz gesteuert wird, kann man mit diesem Verfahren zwar das Führungsverhalten verbessern, aber im allgemeinen keine wesentliche Verbesserung des Störverhaltens erzielen.

Den prinzipiellen Aufbau eines vermaschten Regelkreises mit zwei Hilfsstellgrößen u_1 und u_2 zeigt der Signalflußplan nach Abb. 5.3.

5.2 Kaskadenregelung

Die bisherigen Ableitungen zur Optimierung von Regelkreisen wurden am Beispiel des einschleifigen Regelkreises durchgeführt. Eine wesentliche Vereinfachung des Entwurfs von Regelkreisen ist im allgemeinen durch eine Kaskadenregelung zu erreichen.

Darunter versteht man den Aufbau geschachtelter bzw. unterlagerter Regelkreise. Dabei werden Zwischengrößen der Regelstrecke als Hilfsregelgrößen verwendet. Dieses Verfahren, das auch die oben geschilderten Vorteile des Aufbaus vermaschter Regelkreise bietet, soll am Beispiel einer Regelstrecke 4. Ordnung näher erläutert werden (siehe Abb. 5.4).

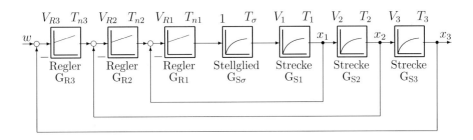

Abb. 5.4: *Struktur einer Kaskadenregelung*

Dazu wird die Regelstrecke beispielsweise in vier Teilstrecken 1. Ordnung aufgespalten. Die Zwischengrößen x_1 und x_2 stellen die Hilfsregelgrößen dar. Die innerste Teilstrecke mit der Übertragungsfunktion $G_{S\sigma} G_{S1}$ wird mit dem Regler G_{R1} geregelt. Die Führungs–Übertragungsfunktion des innersten Regelkreises $G_{w1} = x_1^*/x_1$ wird somit hinsichtlich des statischen und dynamischen Verhaltens optimiert.

Der geschlossene innerste Regelkreis G_{w1} bildet zusammen mit der zweiten Teilstrecke G_{S2} die Regelstrecke des zweiten Regelkreises, der mit dem Regler G_{R2} gebildet wird. Dies setzt sich fort, bis zum äußersten Regelkreis.

Dabei können folgende Zwischengrößen begrenzt werden: Die Stellgrenzen von G_{R2} bestimmt die Aussteuerung des Ausgangs von G_{S1}, die Stellgrenzen von G_{R3} bestimmt die Aussteuerung des Ausgangs von G_{S2}. Zudem wird durch diesen

Aufbau erreicht, daß der Störgrößeneinfluß z.B. auf die innerste Teilstrecke G_{S1} bereits durch den innersten Regelkreis mit G_{R1} ausgeregelt wird, ehe er sich auf die äußeren Regelkreise auswirken kann.

Ein typisches Beispiel einer Kaskadenregelung ist die Regelung von fremderregten Gleichstrom–Nebenschlußmaschinen. Der innere Regelkreis regelt den Ankerstrom, der zweite die Drehzahl. Weitere unter– oder überlagerte Regelkreise sind möglich (z.B. Lageregelung).

Mathematische Analyse

Im folgenden soll die Kaskadenregelung nach Abb. 5.4 mathematisch untersucht werden. Die Regler sind als PI–Regler gewählt, um die stationäre Genauigkeit einzuhalten. Zuerst wird der innere Kreis optimiert. Mit $T_1 > T_\sigma$ und der Übertragungsfunktion

$$G_{S1}(s) \cdot G_{S\sigma}(s) \;=\; V_1 \frac{1}{1 + sT_1} \cdot \frac{1}{1 + sT_\sigma} \tag{5.1}$$

der innersten Teilstrecke einschließlich Stellglied ergibt sich bei einer Optimierung nach dem Betragsoptimum für die Übertragungsfunktion G_{R1} des innersten Reglers:

$$G_{R1}(s) \;=\; V_{R1} \frac{1 + sT_{n1}}{sT_{n1}} \;=\; \frac{T_1}{2T_\sigma V_1} \cdot \frac{1 + sT_1}{sT_1} \tag{5.2}$$

Die Übertragungsfunktion G_{w1} des inneren Regelkreises ergibt sich damit zu:

$$G_{w1}(s) \;=\; \frac{1}{1 + s\,2T_\sigma + s^2\,2T_\sigma^2} \;\approx\; \frac{1}{1 + s\,2T_\sigma} \tag{5.3}$$

Der innerste Regelkreis kann somit durch ein Verzögerungsglied 1. Ordnung mit einer Ersatzzeitkonstante $T_{ers\,1} = 2T_\sigma$ approximiert werden. Die verbleibenden Regelkreise werden ebenso optimiert. Die Regelkreisstruktur nach Abb. 5.4 kann damit in eine Struktur nach Abb. 5.5 umgeformt werden.

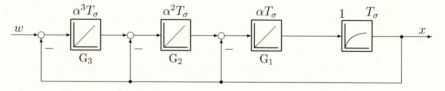

Abb. 5.5: *Umgeformte Struktur einer Kaskadenregelung (n = 3)*

In den resultierenden Übertragungsfunktionen G_ν seien der jeweilige Regler und die neu hinzukommende Teilstrecke zusammengefaßt, die durch den Vorhalt des Reglers kompensiert wird, so daß für G_ν jeweils nur ein Integralterm übrigbleibt.

$$G_\nu = G_{R\nu} \cdot G_{S\nu} = \frac{1}{s\,T_\nu} \qquad (5.4)$$

Die Übertragungsfunktion eines Regelkreises nach Abb. 5.5 lautet bei einer Erweiterung auf n Regelschleifen bei einer Auslegung nach dem Betragsoptimum:

$$G_{w1} = \frac{1}{1 + \dfrac{1 + T_\sigma s}{G_1}}$$

$$G_{w2} = \frac{1}{1 + \dfrac{1}{G_{w1}\,G_2}}$$

$$G_{w3} = \frac{1}{1 + \dfrac{1}{G_{w2}\,G_3}} \qquad (5.5)$$

$$\vdots$$

$$G_{wn} = \frac{1}{1 + \dfrac{1}{G_{w\,n-1}\,G_n}}$$

Für das Nennerpolynom $N(s)$ der Führungs–Übertragungsfunktion G_w gilt mit $\alpha = 4D^2$ und $T_1 = T_{ers} = \alpha^{n-1}\,T_{sys}$ sowie $T_{sys} = T_\sigma$ die Gleichung:

$$N(s) = 1 + sT_1 + \frac{(sT_1)^2}{\alpha} + \frac{(sT_1)^3}{\alpha \cdot \alpha^2} + \ldots \frac{(sT_1)^{n+1}}{\alpha \cdot \alpha^2 \cdot \ldots \cdot \alpha^n} \qquad (5.6)$$

Bei einem Dämpfungsgrad $D \geq 1/\sqrt{2}$ sind beliebig viele Schleifen zulässig. Die Führungsübertragungsfunktionen bauen sich für $n = 1...3$ Schleifen wie folgt auf (man beachte dabei die Analogie zu den Standardfunktionen des Dämpfungsoptimums in Kap. 4.1.2):

$$G_w(s)_{n=1} = \frac{1}{1 + s\,2T_{sys} + s^2\,2T_{sys}^2} \qquad \text{mit} \quad T_1 = 2T_\sigma$$

$$G_w(s)_{n=2} = \frac{1}{1 + s\,4T_{sys} + s^2\,8T_{sys}^2 + s^3\,8T_{sys}^3} \qquad \text{mit} \quad T_1 = 4T_\sigma$$

$$G_w(s)_{n=3} = \frac{1}{1 + s\,8T_{sys} + s^2\,32T_{sys}^2 + s^3\,64T_{sys}^3 + s^4\,64T_{sys}^4} \qquad \text{mit} \quad T_1 = 8T_\sigma$$

Die Erweiterung auf eine beliebige Zahl von Schleifen erfolgt analog. Zu beachten ist, daß die Ersatzzeitkonstante des Gesamtsystems mit jeder neuen Regelschleife um den Faktor zwei zunimmt (bei einer Auslegung der Regler nach dem Betragsoptimum). Die Ersatzzeitkonstante des innersten Kreises bestimmt somit die Regelgeschwindigkeit des gesamten Regelkreises. Es ist deshalb wichtig, die Verzögerung des innersten Regelkreises möglichst klein zu halten.

Die obigen Überlegungen gelten ebenso, wenn die Strecke außer Verzögerungsgliedern auch I–Anteile enthält. Die Optimierung erfolgt dann nach dem Symmetrischen Optimum. Hier nimmt die Ersatzzeitkonstante mit jeder neuen Regelschleife um den Faktor vier zu. Es ist außerdem zulässig, durch einen PID–Regler zwei Zeitkonstanten gleichzeitig zu kompensieren und eine Regelschleife einzusparen.

Die Vor– und Nachteile der Kaskadenregelung sowie die notwendigen Voraussetzungen sollen abschließend kurz zusammengefaßt werden.

Vorteile der Kaskadenregelung

- Bei komplizierten Regelstrecken kann der Entwurf des Reglers für einen einschleifigen Regelkreis schwierig oder sogar unmöglich sein. Die Kaskadenregelung bietet die Möglichkeit, die Strecke zu unterteilen und einfache Regelkreise zu entwerfen.

- Die in einer Teilstrecke eingreifenden Störgrößen werden bei der nächsten inneren Regelgröße erfaßt und müssen nicht den gesamten Regelkreis durchlaufen. Störungen werden daher schneller ausgeregelt.

- Jede in der Regelstrecke erfaßte Größe kann, falls dieser Größe ein Regelkreis zugeordnet ist, über den Sollwert begrenzt werden. Außerdem sind sehr leicht Vorsteuerungen und Störgrößenaufschaltungen möglich.

- Die Regelung kann in mehreren Schritten — ausgehend vom innersten Regelkreis — in Betrieb genommen werden.

- Die Auswirkung nichtlinearer Übertragungsglieder wird eingegrenzt.

Nachteile der Kaskadenregelung

- Für jeden Regelkreis ist eine Meßwerterfassung und ein eigener Regler notwendig.

- Die Ersatzzeitkonstanten der Regelkreise nimmt von innen nach außen zu. Eine Kaskadenregelung kann evtl. langsamer als eine einschleifige Regelung auf Änderungen der Führungsgröße reagieren. Dies gilt nicht für Störgrößen innerhalb der Regelstrecke; dort ist die Kaskadenregelung stets überlegen.

Voraussetzungen zum Aufbau einer Kaskadenregelung

- Die Regelstrecke muß in eine Kettenschaltung rückwirkungsfreier Übertragungselemente aufspaltbar sein.

- Der Aufwand für mehrere Regler und Meßglieder muß vertretbar sein.

5.3 Modellbasierte Regelungen

5.3.1 Conditional Feedback

Wie bereits in Kap. 1.5 dargestellt, besitzen Führungs– und Störübertragungsfunktion bei einschleifigen Regelkreisstrukturen dasselbe Nennerpolynom und
damit dieselbe charakteristische Gleichung. Führungs– und Störverhalten unterscheiden sich daher nur durch das zugehörige Zählerpolynom der Übertragungsfunktionen.

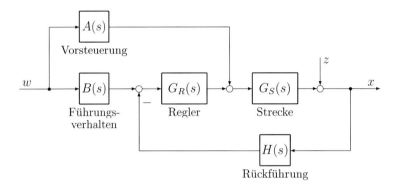

Abb. 5.6: *Regelkreisstruktur bei Conditional Feedback*

Ein Lösungsansatz, um diese Festlegung und die damit verbundene Beschränkung aufzuheben, ist das *Conditional Feedback* [25]. In Abb. 5.6 ist die
zugrundeliegende Struktur dargestellt. Dabei sind $G_S(s)$ und $G_R(s)$ die Übertragungsfunktionen der Strecke bzw. des Reglers. Zusätzlich werden drei weitere
Übertragungsfunktionen $A(s)$, $B(s)$ und $H(s)$ verwendet, wobei $H(s)$ das Verhalten der Meßwerterfassung beschreibt.

Die frei wählbare Vorsteuerung $A(s)$ wird im ersten Entwurfsschritt so
gewählt, daß sich ein gewünschtes Führungsübertragungsverhalten G_w^* ergibt.

$$G_w^*(s) \;=\; A(s) \cdot G_S(s) \tag{5.7}$$

Im zweiten Entwurfsschritt wird nun die Übertragungsfunktion B zu

$$B(s) \;=\; A(s) \cdot G_S(s) \cdot H(s) \tag{5.8}$$

gewählt. Unter der Annahme vollständiger Linearität und exakter Streckenkennt-
nis wird damit das Eingangssignal des Reglers G_R gleich Null sein, soweit keine
Störung an der Strecke angreift. Es kann also mit $A(s)$ und $B(s)$ ein gewünschtes Führungsverhalten realisiert werden. Für den Spezialfall $H(s) = 1$ bedeutet
dies, daß $B(s)$ das gewünschte Führungsverhalten beschreibt bzw. ein Modell
des gewünschten Systems ist.

Die Störübertragungsfunktion G_z lautet dagegen:

$$G_z(s) = \frac{1}{1 + G_R(s) \cdot G_S(s) \cdot H(s)} \tag{5.9}$$

Daraus folgt, daß der Regler G_R bei obiger Auslegung lediglich die Störung z ausregeln und Einflüsse von Parameterschwankungen und Nichtlinearitäten unterdrücken muß.

Zu beachten ist allerdings auch, daß bei Fehlanpassung der Funktion $B(s)$, z.B. durch Parameteränderungen bei Temperaturschwankungen ein unerwünschter Regelvorgang mit der Dynamik der Störübertragungsfunktion auftritt. Wesentliche Merkmale bei der Struktur mit Conditional Feedback sind somit:

- eine Vorsteuerung mit der Übertragungsfunktion $A(s)$ zum Einstellen des Führungsverhaltens,

- ein Modellansatz des Führungsverhaltens, der in die Übertragungsfunktion $B(s)$ eingeht,

- und eine Störunterdrückung durch den Regler $G_R(s)$.

Diese Struktur ist auch dann vorteilhaft anwendbar, wenn die Strecke Nichtlinearitäten enthält. Falls Struktur und Parameter der Nichtlinearitäten bekannt sind, können diese auch direkt in der Funktion $B(s)$ berücksichtigt werden.

5.3.2   Internal Model Control (IMC)

Wie im vorherigen Kapitel 5.3.1 und Abb. 5.6 dargestellt, kann durch eine Vorsteuerung $A(s)$ das Führungsverhalten $G_w^*(s)$ (siehe Gl. (5.7)) vorgegeben werden. Indem die Übertragungsfunktion $B(s) = G_w^*(s)$ gewählt wird, ist bei fehlerfreier Anpassung von $B(s)$ (Gl. (5.8)) und bei $z = 0$ der Regler $G_R(s)$ nur bei $G_w^*(s) \neq B(s)$ und $z \neq 0$ wirksam.

Ein ähnlicher Ansatz wird beim IMC–Verfahren gewählt (Abb. 5.7). Bei diesem Ansatz wird – wie in Abb. 5.7 – der realen Regelstrecke $G_S(s)$ ein Streckenmodell $\hat{G}_S(s)$ parallelgeschaltet und die Differenz der Streckenausgänge $y - \hat{y}$ dem Regler $G_{IMC}(s)$ zurückgeführt. Wenn $G_S(s) = \hat{G}_S(s)$ ist, dann ist das Rückführsignal $y - \hat{y} = 0$ und $G_{IMC}(s)$ wirkt als Vorsteuerübertragungsfunktion (entsprechend $A(s)$ in Abb. 5.6). Damit ist – bei $y - \hat{y} = 0$ – kein Regelkreis geschlossen, es besteht nur eine Vorsteuerung, und somit gibt es keine Stabilitätsprobleme wie in einem geschlossenen Regelkreis. Dieser Gedankenansatz wird später bei totzeitbehafteten Strecken und HIL–Regelkreisen vorteilhaft genutzt. Wenn $\hat{G}_S(s) \neq G_S(s)$ und/oder $z \neq 0$ ist, dann gilt:

$$y(s) = G_S(s)u(s) + z(s) \tag{5.10}$$

$$\hat{y}(s) = \hat{G}_S(s)u(s) \tag{5.11}$$

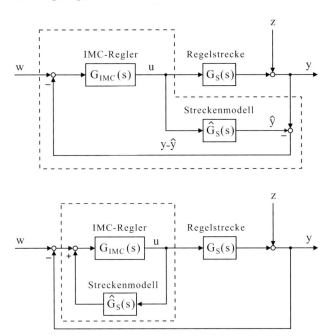

Abb. 5.7: *Struktur des IMC–Regelkreises*

und man erhält das Rückführsignal

$$y(s) - \widehat{y}(s) = (G_S(s) - \widehat{G}_S(s))u(s) + z(s) \tag{5.12}$$

Der Regelkreis in Abb. 5.7 wird somit geschlossen, wenn $\widehat{G}_S(s) \neq G_S(s)$ und/oder $z \neq 0$ ist. Da das Streckenmodell $\widehat{G}_S(s)$ beim Entwurf des Reglers $G_{IMC}(s)$ zu berücksichtigen ist, wird in Abb. 5.7 unten das Streckenmodell dem Regler zugeschlagen. Es gilt:

$$G_R(s) = \frac{G_{IMC}(s)}{1 - G_{IMC}\widehat{G}_S(s)} \tag{5.13}$$

Eine kurze Rechnung zeigt, daß die Übertragungsfunktion des Regelkreises bei $G_S(s) = \widehat{G}_S(s)$ gleich $G(s) = G_{IMC}(s)G_S(s)$ ist, d.h. die Vorsteuerfunktion bestätigt sich. Der Entwurf des IMC–Reglers bei $G_S(s) \neq \widehat{G}_S(s)$ und/oder $z \neq 0$ ist ein Optimierungsproblem, welches häufig durch eine H_2–Optimierung unter Festlegung des quadratischen Gütefunktionals

$$J = \int\limits_0^\infty e^2(t)dt \tag{5.14}$$

gelöst wird. Als Anregungssignal für Eingangsgröße und Störung werden zweckmäßigerweise Sprung– und Dirac–Funktionen verwendet. Bei der Optimierung wird nicht nur nach möglichst optimalen Reglerparametern, sondern auch nach einer möglichst optimalen Struktur von $G_{IMC}(s)$ gesucht.

5.3.3 Smith–Prädiktor

Eine spezielle Art von modellbasierter Regelung einer Regelstrecke stellt der sogenannte *Smith*–Prädiktor dar. Dieses regelungstechnische Verfahren ist besonders für Regelstrecken geeignet, deren dynamisches Verhalten sehr von den darin enthaltenen Totzeiten geprägt ist. Typische Beispiele sind Regelstrecken von Heizungs– oder Kühlkreisläufen, *Hardware–in–the–Loop* (HIL)–Prüfständen mit langen Übertragungszeiten oder die Walzspaltregelung in Walzwerken.

Beim Streckenmodell geht man prinzipiell von einem totzeitfreien Anteil $\tilde{G}_S(s)$ und einem verbleibenden Totzeitglied e^{-sT_t} aus.

$$G_S(s) \;=\; \tilde{G}_S(s)e^{-sT_t} \tag{5.15}$$

Wegen des Einflusses der Totzeit kann ein Stelleingriff frühestens zur Zeit $t + T_t$ am Ausgang der Regelstrecke erkannt werden. Ähnlich wie bei der IMC–Regelung kann auf die durch einen Stelleingriff in der Regelung hervorgerufene Wirkung schneller reagiert werden, wenn man die Wirkung mit einem Modell der Regelstrecke $\tilde{G}_S(s)$ vorhersagt (Abb. 5.8).

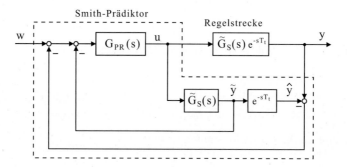

Abb. 5.8: *Grundidee des Smith–Prädiktors*

Auch bei dieser Regelstruktur wird an den Regler nur die Differenz zwischen Streckenmodell und Regelstrecke zurückgeführt, wobei jedoch in diesem Falle auch die Ausgangsgröße der totzeitfreien Strecke berücksichtigt wird. Aus diesem Grund wird diese Regelstruktur auch nach seinem Erfinder Smith–Prädiktor bezeichnet, da die Wirkung der Stellgröße auf die Regelstrecke vorhergesagt wird.

Bei der Auslegung der Übertragungsfunktion $G_{PR}(s)$ des Reglers kann so vorgegangen werden, als ob die Totzeit in der Regelstrecke gar nicht vorhanden wäre. Der Smith–Prädiktor ist auch geeignet, wenn in der Regelstrecke Störgrößen vorhanden sind, da diese dann, wie bei der im vorhergehenden Absatz angeführten modellbasierten Regelung schon gezeigt, als Regelabweichung erkannt und ausgeregelt werden können.

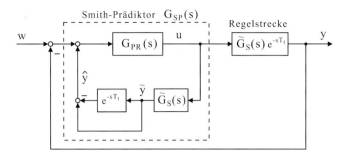

Abb. 5.9: *Smith-Prädiktor*

Die Übertragungsfunktion $G_{SP}(s)$ des Smith–Prädiktors kann aus dem Blockschaltbild in Abb. 5.9 abgeleitet werden und ergibt sich zu:

$$G_{SP}(s) \;=\; \frac{G_{PR}(s)}{1 + G_{PR}(s)\widetilde{G}_S(s)(1 - e^{-sT_t})} \tag{5.16}$$

Bei der Bewertung der Regelgüte ist zu berücksichtigen, daß die Ausgangsgröße $y(t)$ noch um die Totzeit T_t zu verschieben ist.

5.4 Vorsteuerung

Um bei einer Regelung das Führungsverhalten zu verbessern, kann der Sollwert w über eine Vorsteuerfunktion $A(s)$ direkt auf den Streckeneingang geführt werden. Dies ist vor allem sinnvoll bei Folgeregelungen, bei denen der Streckenausgang x einem sich änderndem Sollwert w folgen soll. Abbildung 5.10 zeigt die grundsätzliche Regelkreisstruktur der Vorsteuerung, die aus der Conditional Feedback–Struktur (Abb. 5.6) durch Setzen der Übertragungsfunktion $B(s)$ zu eins hervorgeht. Die Regelung mit Vorsteuerung stellt somit einen Spezialfall der Regelung nach Conditional Feedback dar.

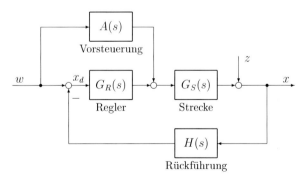

Abb. 5.10: *Regelkreisstruktur bei Vorsteuerung*

5.4.1 Übertragungsfunktionen

Zur Beurteilung des Streckenverhaltens werden die Übertragungsfunktionen für Führung $G_w(s)$, Regelabweichung $G_{xd}(s)$ und Störung $G_z(s)$ aufgestellt.

Führungsübertragungsfunktion:

$$G_w(s) \;=\; \frac{x(s)}{w(s)} \;=\; \frac{G_R\,G_S + A\,G_S}{1 + G_R\,G_S\,H} \;=\; \frac{(G_R + A)\,G_S}{1 + G_R\,G_S\,H} \qquad (5.17)$$

Fehlerübertragungsfunktion:

$$G_{xd}(s) \;=\; \frac{x_d(s)}{w(s)} \;=\; \frac{1 - A\,G_S\,H}{1 + G_R\,G_S\,H} \qquad\qquad (5.18)$$

Störungsübertragungsfunktion:

$$G_z(s) \;=\; \frac{x(s)}{z(s)} \;=\; \frac{1}{1 + G_R\,G_S\,H} \qquad\qquad (5.19)$$

Die einzelnen Übertragungsfunktionen lassen sich darstellen als

$$G_S(s) = \frac{P_S}{Q_S}\;; \qquad G_R(s) = \frac{P_R}{Q_R}\;; \qquad A(s) = \frac{P_A}{Q_A}\;; \qquad H(s) = \frac{P_H}{Q_H}$$

mit den Zählerpolynomen $P_i(s)$ und den Nennerpolynomen $Q_i(s)$.

Die Übertragungsfunktionen Gl. (5.17) und (5.18) lauten dann

$$G_w(s) \;=\; \frac{P_S\,Q_H}{Q_A} \cdot \frac{P_R\,Q_A + Q_R\,P_A}{Q_R\,Q_S\,Q_H + P_R\,P_S\,P_H} \qquad (5.20)$$

$$G_{xd}(s) \;=\; \frac{Q_R}{Q_A} \cdot \frac{Q_A\,Q_S\,Q_H - P_A\,P_S\,P_H}{Q_R\,Q_S\,Q_H + P_R\,P_S\,P_H} \qquad (5.21)$$

mit dem charakteristischen Polynom

$$Q_w(s) \;=\; Q_{xd}(s) \;=\; Q_A \cdot \Big(Q_R\,Q_S\,Q_H + P_R\,P_S\,P_H \Big) \qquad (5.22)$$

5.4.2 Auslegung der Vorsteuerübertragungsfunktion $A(s)$

Damit die Regelabweichung x_d stationär verschwindet, muß der Zähler der Fehlerübertragungsfunktion G_{xd} zu Null werden, es muß also folgende Bedingung erfüllt werden:

$$0 \overset{!}{=} 1 - A(s)\,G_S(s)\,H(s) \quad \Rightarrow \quad A(s) \;=\; \frac{1}{G_S(s)\,H(s)} \;=\; \frac{Q_S\,Q_H}{P_S\,P_H} \qquad (5.23)$$

Die Übertragungsfunktion $A(s)$ der Vorsteuerung hat folglich das inverse Verhalten der Übertragungsfunktionen $G_S(s)$ und $H(s)$ aufzuweisen. Setzt man nun $A(s)$ aus Gl. (5.23) mit $P_A = Q_S Q_H$ und $Q_A = P_S P_H$ in Gl. (5.20) ein, so ergibt sich für die Führungsübertragungsfunktion:

$$G_w(s) = \frac{P_S Q_H}{P_S P_H} \cdot \frac{P_R P_S P_H + Q_R Q_S Q_H}{Q_R Q_S Q_H + P_R P_S P_H} = \frac{Q_H}{P_H} \qquad (5.24)$$

Nimmt die Übertragungsfunktion $H(s)$ stationär einen Wert $\lim_{t\to\infty} H(s)$ ungleich 1 an, so erreicht x nie den Sollwert w, sondern verharrt auf $x = w/\lim_{t\to\infty} H(s)$. Um diesen stationären Fehler auszugleichen, kann eine Sollwertanpassung mit $w' = w \cdot \lim_{t\to\infty} H(s)$ erfolgen oder der Sollwert w wird zusätzlich über ein Vorfilter auf die Summationsstelle der Regelabweichung x_d geführt, wie in Kap. 5.3.1 (Conditional Feedback) gezeigt (Abb. 5.6).

Im weiteren wird nun von $H(s) = 1$ ausgegangen, so daß die Vorsteuerung gewählt wird zu:

$$A(s) = \frac{1}{G_S(s)} \quad \Longrightarrow \quad G_w(s) \equiv 1 \qquad (5.25)$$

Dieser ideale Fall erfährt in der Realität jedoch einige Einschränkungen:

1. Besitzt $G_S(s)$ Nullstellen in der rechten Halbebene, so sind dies Polstellen von $A(s)$ mit einem Realteil größer Null, so daß das Teilsystem $A(s)$ instabil und ergo auch das Gesamtsystem instabil ist.

2. Da die Streckenübertragungsfunktion in der Regel nicht sprungfähig ist, der Nennergrad also größer der Zählergrad, ergibt sich für $A(s)$ inverses Verhalten. Dies erfordert Differentiations–Glieder, die meist unerwünscht sind und deren Realisierung schwierig ist.

3. Weitere Probleme sind die oft nicht exakte Modellierung der Strecke, nicht genau bekannte Streckenparameter oder zeitabhängige Schwankungen der Parameter.

5.4.3 Beispiel: Nachlaufregelung mit IT$_1$–Strecke

Als Beispiel soll nun eine IT$_1$–Strecke mit rampenförmigem Sollwertverlauf betrachtet werden. Als Regler dient ein nach Betragsoptimum eingestellter P-Regler, die Rückführung wird zu 1 gesetzt. Die weiteren Parameter sind:

Strecke: $\qquad G_S(s) = \dfrac{1}{s\,T_1} \cdot \dfrac{V_S}{1 + s\,T_S} = \dfrac{1}{s\,1} \cdot \dfrac{10}{1 + s\,0,2}\,; \quad K_S = \dfrac{V_S}{T_1}$

Regler: $\qquad G_R(s) = V_R = \dfrac{T_1}{2\,V_S\,T_S} = 0,25 \quad \text{(BO)}$

Vorsteuerung: $\quad A(s) = \dfrac{s\,K_V}{1 + s\,T_V}$

Die folgenden drei Fälle wurden simulativ untersucht; die Ergebnisse für die Regelgröße x und die Regelabweichung x_d sind in Abb. 5.11 dargestellt.

a. Keine Vorsteuerung: $\quad K_V \;\; = \;\; 0 \qquad\qquad T_V = 0,0$

b. Ideale Vorsteuerung: $\quad K_V \;\; = \;\; \dfrac{1}{K_S} \qquad\quad T_V = 0,9 \quad$ (langsam)

c. Ideale Vorsteuerung: $\quad K_V \;\; = \;\; \dfrac{1}{K_S} \qquad\quad T_V = 0,1 \quad$ (schnell)

Im idealen Fall von $A(s) = 1/G_S(s)$ wäre die Übertragungsfunktion der Vorsteuerung eine Serienschaltung eines D– und eines PD–Gliedes; dies ist aus oben genannten Gründen unerwünscht. Es wird für $A(s)$ also DT_1–Verhalten gewählt. Die Fehlerübertragungsfunktion nach Gl. (5.21) lautet in diesem Fall:

$$G_{xd}(s) \;\; = \;\; \frac{s \cdot [T_1 - K_V V_S + s\, T_1 (T_V + T_S) + s^2\, T_1 T_V T_S]}{(V_R V_S + s\, T_1 + s^2 T_1 T_S) \cdot (1 + s\, T_V)} \qquad (5.26)$$

Mit dem Grenzwertsatz nach Gl. (3.98) folgt für den stationären Endwert der Regelabweichung bei Rampenanregung:

$$\lim_{t \to \infty} x_d(t) \;\; = \;\; \lim_{s \to 0} \left(s \cdot \frac{s \cdot [T_1 - K_V V_S + s\, T_1(T_V + T_S) + s^2\, T_1 T_V T_S]}{(V_R V_S + s\, T_1 + s^2 T_1 T_S) \cdot (1 + s\, T_V)} \cdot \frac{1}{s^2} \right)$$

$$= \;\; \frac{T_1 - K_V V_S}{V_R V_S} \qquad\qquad\qquad\qquad\qquad\qquad (5.27)$$

Die stationäre Regelabweichung im Fall a ohne Vorsteuerung ergibt sich also zu:

$$x_{d\infty} \;\; = \;\; \frac{T_1}{V_R V_S} \;\; = \;\; \frac{T_1}{\frac{T_1}{2 V_S T_S} V_S} \;\; = \;\; 2 \cdot T_S \;\; = \;\; 0,4 \qquad (5.28)$$

Wie aus Abb. 5.11 abzulesen, kann über die Zeitkonstante T_V der Vorsteuerung die Geschwindigkeit bestimmt werden, mit der sich x an w angleicht.

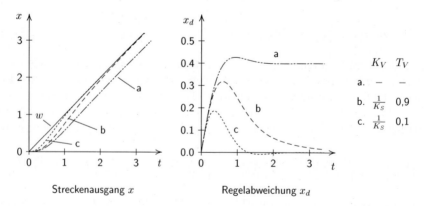

Streckenausgang x · · · · · · · · · · · · Regelabweichung x_d

Abb. 5.11: *Streckenausgang x und Regelabweichung x_d für verschiedene Parameter*

5.4.4 Beispiel: Nachlaufregelung mit zwei PT$_1$–Strecken und PI–Regler

Als zweites Beispiel sollen nun zwei in Reihe geschaltete PT$_1$–Strecken mit rampenförmigem Sollwertverlauf betrachtet werden. Als Regler dient ein nach dem Betragsoptimum eingestellter PI–Regler, die Rückführung wird zu $H(s) = 1$ gesetzt. Die weiteren Parameter sind:

Strecke: $\qquad G_S(s) = \dfrac{V_S}{1 + s\,T_1} \cdot \dfrac{1}{1 + s\,T_\sigma}$; $\quad V_S = 1$; $\ T_1 = 0,1$; $\ T_\sigma = 0,05$

Regler: $\qquad G_R(s) = \dfrac{T_1}{2\,V_S\,T_\sigma} \cdot \dfrac{1 + s\,T_1}{s\,T_1}$ $\qquad (BO)$

Vorsteuerung: $\ A(s) = \dfrac{1}{K_V} \cdot \dfrac{(1 + s\,T_1) \cdot (1 + s\,T_\sigma)}{(1 + s\,T_a)^2}$

Auch hier wird für die Übertragungsfunktion $A(s)$ nicht die ideale inverse Streckenfunktion verwendet, da diese doppelt differenzierendes Verhalten aufweisen würde, sondern eine Funktion mit D$_2$T$_2$–Verhalten. Für die Fehlerübertragungsfunktion folgt:

Fehlerübertragungsfunktion ohne Vorsteuerung:

$$G_{xd}(s) = \frac{2\,T_\sigma\,s \cdot (1 + s\,T_\sigma)}{1 + 2\,T_\sigma\,s + 2\,T_\sigma^2\,s^2} \tag{5.29}$$

Fehlerübertragungsfunktion mit Vorsteuerung:

$$G_{xd}(s) = \frac{2\,T_\sigma\,s \cdot (1 + s\,T_\sigma)}{1 + 2\,T_\sigma\,s + 2\,T_\sigma^2\,s^2} \cdot \frac{K_V(1 + s\,T_a)^2 - V_S}{K_V\,(1 + s\,T_a)^2} \tag{5.30}$$

Der stationäre Endwert der Regelabweichung bei Rampenanregung ergibt sich mit dem Grenzwertsatz Gl. (3.98) zu:

$$\lim_{t \to \infty} x_d(t) = \lim_{s \to 0}\left(s \cdot G_{xd} \cdot \frac{1}{s^2}\right) = \frac{2\,T_\sigma(K_V - V_S)}{K_V} \tag{5.31}$$

Wie in Kap. 5.4.3 hängt auch hier das Erreichen des Sollwertes w nur vom Verhältnis der beiden Verstärkungen K_V und V_S ab, T_a bestimmt nur die Geschwindigkeit des Einschwingvorgangs. Abbildung 5.12 zeigt wieder Regelgröße x und die Regelabweichung x_d für drei simulativ untersuchte Fälle: Keine Vorsteuerung (Fall a), ideale Vorsteuerung mit $T_a = 0,1$ (Fall b) und $T_a = 0,01$ (Fall c).

Die stationäre Regelabweichung im Fall a ohne Vorsteuerung ergibt sich also nach Gl. (3.98) und Gl. (5.29) zu:

$$x_{d\infty} = 2\,T_\sigma = 2 \cdot 0,05 = 0,1 \tag{5.32}$$

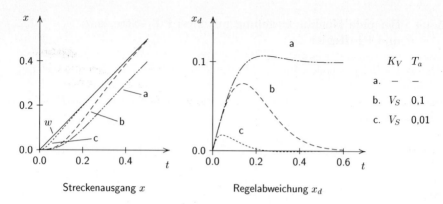

Abb.5.12: *Streckenausgang x und die Regelabweichung x_d für verschiedene Parameter*

5.5 Zustandsregelung

Die bisher behandelten Regelkreisstrukturen sind aus verteilten Reglern aufgebaut, die getrennt ausgelegt werden. Demgegenüber ermöglicht eine Zustandsregelung den geschlossenen Reglerentwurf für die gesamte Regelstrecke. Als Voraussetzung dafür werden zunächst verschieden Zustandsdarstellungen einer Regelstrecke erläutert. Anschließend wird der Entwurf von Zustandsregelungen und die Verwendung von Beobachteransätzen zur Zustandsregelung behandelt.

5.5.1 Zustandsdarstellung

Allgemein läßt sich eine lineare Regelstrecke durch eine Differentialgleichung höherer Ordnung beschreiben. Für die Zustandsdarstellung wird diese jedoch in einen Satz von Differentialgleichungen 1. Ordnung aufgespalten. Die Anzahl der Gleichungen entspricht dabei der Anzahl der unabhängigen Energiespeicher in der Regelstrecke und ist damit gleich der Streckenordnung.

Jeder Energiespeicher wird durch einen Integrator beschrieben, dessen Ausgang eine Zustandsgröße darstellt. Damit läßt sich dieses Gleichungssystem gut in Matrizenschreibweise darstellen; n sei die Anzahl der Zustände im Zustandsvektor $\underline{x}$ und m die der Elemente im Eingangsvektor $\underline{u}$. Die Systemmatrix wird mit **A** bezeichnet, die Steuermatrix mit **B**.

Der Ausgangsvektor $\underline{y}$ mit der Dimension k wird über die Ausgangsmatrix **C** aus den Zuständen gebildet. Eine Durchschaltmatrix **D** tritt auf, wenn der Ausgangsvektor zusätzlich direkt von Streckeneingängen abhängt.

Für die weitere Behandlung der Zustandsregelung wird eine lineare und zeitinvariante Regelstrecke vorausgesetzt, d.h. alle Elemente der oben eingeführten Matrizen (und damit alle Koeffizienten des Differentialgleichungssystems) sind zeitlich konstant.

Es wird der MIMO–Fall (<u>M</u>ultiple <u>I</u>nput <u>M</u>ultiple <u>O</u>utput, d.h. mehrere Ein–
und Ausgangsgrößen) sowie der SISO–Fall (<u>S</u>ingle <u>I</u>nput <u>S</u>ingle <u>O</u>utput, d.h. jeweils eine Ein– und Ausgangsgröße) betrachtet. Für Mischformen (MISO bzw.
SIMO) gelten die Gleichungen entsprechend.

Zustandsdarstellung

Multiple Input Multiple Output (MIMO):

$$\dot{\underline{x}} = \mathbf{A}\underline{x} + \mathbf{B}\underline{u}$$

$$\underline{y} = \mathbf{C}\underline{x} + \mathbf{D}\underline{u}$$

Single Input Single Output (SISO):

$$\dot{\underline{x}} = \mathbf{A}\underline{x} + \underline{b}u$$

$$y = \underline{c}^T\underline{x} + du$$

In der nachfolgenden Tabelle sind die hier verwendeten Bezeichnungen sowie
die Dimensionen (Zeilen × Spalten) der Vektoren und Matrizen angegeben. Im
SISO–Fall werden die Steuermatrix und die Ausgangsmatrix zu Vektoren (man
beachte, daß alle Vektoren Spaltenvektoren sind, folglich ist $\underline{c}^T$ ein Zeilenvektor).
Ebenso werden der Eingangsvektor und der Ausgangsvektor im SISO–Fall zu
skalaren Größen.

	MIMO		SISO	
	Symbol	Dimension	Symbol	Dimension
Zustandsvektor	$\underline{x}$	$n \times 1$	$\underline{x}$	$n \times 1$
Eingangsvektor / Eingang	$\underline{u}$	$m \times 1$	u	1
Ausgangsvektor / Ausgang	$\underline{y}$	$k \times 1$	y	1
Zustandsmatrix	$\mathbf{A}$	$n \times n$	$\mathbf{A}$	$n \times n$
Steuermatrix / –vektor	$\mathbf{B}$	$n \times m$	$\underline{b}$	$n \times 1$
Ausgangsmatrix / –vektor	$\mathbf{C}$	$k \times n$	$\underline{c}^T$	$1 \times n$
Durchschaltmatrix / Durchgriff	$\mathbf{D}$	$k \times m$	d	1

Anhand der obigen Gleichungen läßt sich der Signalflußplan einer MIMO–
Strecke in Zustandsdarstellung ableiten (siehe Abb. 5.13). Die verstärkten Pfeile
kennzeichnen dabei vektorielle Größen.

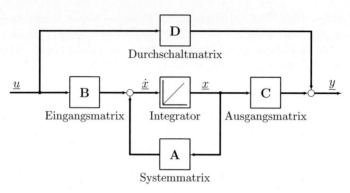

Abb. 5.13: *Zustandsdarstellung einer Regelstrecke*

Die Übertragungsfunktion des i–ten Eingangs zum k–ten Ausgang eines Systems in Zustandsdarstellung ergibt sich im Laplacebereich wie folgt:

$$\frac{y_k(s)}{u_i(s)} = \underline{c}_k^T (s\mathbf{E} - \mathbf{A})^{-1}\underline{b}_i + d_{k,i}$$

Mit $\mathbf{E}$ wird dabei die Einheitsmatrix bezeichnet, $\underline{b}_i$ ist die i–te Spalte der Steuermatrix $\mathbf{B}$ und $\underline{c}_k^T$ die k–te Zeile der Ausgangsmatrix $\mathbf{C}$. $d_{k,i}$ ist das entsprechende Element der Durchschaltmatrix $\mathbf{D}$. Für den SISO–Fall vereinfacht sich die Darstellung wie folgt:

Übertragungsfunktion bei Zustandsdarstellung (SISO)

$$\frac{y(s)}{u(s)} = \underline{c}^T (s\mathbf{E} - \mathbf{A})^{-1}\underline{b} + d$$

Die notwendige Matrixinvertierung kann auch durch Adjungierte und Determinante ausgedrückt werden:

$$(s\mathbf{E} - \mathbf{A})^{-1} = \frac{1}{\det(s\mathbf{E} - \mathbf{A})} \cdot \mathrm{adj}\,(s\mathbf{E} - \mathbf{A})$$

5.5.2   Normalformen

In der Praxis entfällt häufig der Durchschaltanteil $\mathbf{D}$, da die meisten Strecken ein Tiefpaßverhalten aufweisen. Deshalb soll für die weiteren Betrachtungen $\mathbf{D} = \mathbf{0}$ sein.

Prinzipiell werden für Systembeschreibungen im Zustandsraum vier Darstellungsformen, die natürliche, die Regelungs– und Beobachternormalform sowie die Jordansche Normalform, unterschieden. Zur Vereinfachung werden in den folgenden Ausführungen lediglich SISO-Systeme betrachtet.

Natürliche Zustandsdarstellung

Diese Darstellung besitzt direkten physikalischen Bezug, wobei die Zustandsvariablen den Energiespeichern in der Strecke entsprechen.

Regelungsnormalform

Die Regelungsnormalform (oder auch Phasenvariablenform) gestattet es, auf einfache Weise die Zustandsdarstellung in die skalare Differentialgleichung bzw. in die Übertragungsfunktion umzurechnen und umgekehrt. Ausgangspunkt ist die Übertragungsfunktion

$$G(s) = \frac{c_0 + c_1 s + \cdots + c_m s^m}{a_0 + a_1 s + \cdots + a_n s^n} \tag{5.33}$$

Daraus erhält man die Zustandsgleichungen

$$\underline{\dot{x}} = \underbrace{\begin{bmatrix} 0 & 1 & 0 & \cdots & 0 \\ 0 & 0 & 1 & \cdots & 0 \\ \vdots & \vdots & \vdots & \ddots & \vdots \\ 0 & 0 & 0 & \cdots & 1 \\ -a_0 & -a_1 & -a_2 & \cdots & -a_{n-1} \end{bmatrix}}_{\mathbf{A}_R} \underline{x} + \underbrace{\begin{bmatrix} 0 \\ 0 \\ \vdots \\ 0 \\ 1 \end{bmatrix}}_{\underline{b}_R} u \tag{5.34}$$

$$y = \underbrace{\begin{bmatrix} c_0 & c_1 & c_2 & \cdots & c_m & 0 & \cdots & 0 \end{bmatrix}}_{\underline{c}_R^T} \underline{x}$$

Abbildung 5.14 zeigt den zugehörigen Signalflußplan.

Beobachternormalform

Zur Regelungsnormalform existiert eine duale Darstellung, die Beobachternormalform (siehe Abb. 5.15). Die Systemmatrix der Beobachternormalform (Index B) ergibt sich durch Spiegelung an der Hauptdiagonalen aus der Systemmatrix der Regelungsnormalform (Index R). Ebenso lassen sich der Eingangs– und Ausgangsvektor umrechnen.

$$\mathbf{A}_B = \mathbf{A}_R^T, \qquad \underline{b}_B = \underline{c}_R, \qquad \underline{c}_B^T = \underline{b}_R^T \tag{5.35}$$

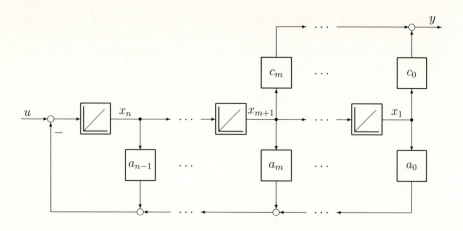

Abb. 5.14: *Signalflußplan der Regelungsnormalform*

Die Zustandsgleichungen bei Beobachternormalform ergeben sich zu:

$$\underline{\dot{x}} = \underbrace{\begin{bmatrix} 0 & 0 & \cdots & 0 & -a_0 \\ 1 & 0 & \cdots & 0 & -a_1 \\ 0 & 1 & \cdots & 0 & -a_2 \\ \vdots & \vdots & \ddots & \vdots & \vdots \\ 0 & 0 & \cdots & 1 & -a_{n-1} \end{bmatrix}}_{\mathbf{A}_B} \underline{x} + \underbrace{\begin{bmatrix} c_0 \\ \vdots \\ c_m \\ 0 \\ \vdots \\ 0 \end{bmatrix}}_{\underline{b}_B} u \tag{5.36}$$

$$y = \underbrace{\begin{bmatrix} 0 & \cdots & 0 & 1 \end{bmatrix}}_{\underline{c}_B^T} \underline{x}$$

Jordansche Normalform

Die Jordansche Normalform ist dadurch gekennzeichnet, daß die Systemmatrix (Index J) Diagonalform aufweist. Diese wird über eine Modaltransformation mit der invertierbaren Transformationsmatrix $\mathbf{M}$ aus der natürlichen Zustandsdarstellung erhalten.

$$\mathbf{A}_J = \mathbf{M}^{-1}\mathbf{A}\mathbf{M}, \quad \tilde{\underline{x}} = \mathbf{M}\underline{x}$$

$$\underline{b}_J = \mathbf{M}^{-1}\underline{b}, \qquad \underline{c}_J^T = \mathbf{M}^T\underline{c}^T \tag{5.37}$$

Die Systemmatrix bei der Jordanschen Normalform enthält die Eigenwerte λ_i der Strecke in der Diagonalen.

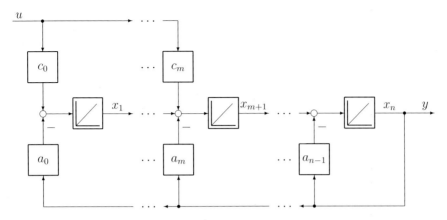

Abb. 5.15: *Signalflußplan der Beobachternormalform*

Die Zustandsgleichungen bei Jordanscher Normalform ergeben sich damit zu:

$$
\dot{\underline{\tilde{x}}} = \underbrace{\begin{bmatrix} \lambda_1 & \cdots & 0 \\ \vdots & \ddots & \vdots \\ 0 & \cdots & \lambda_n \end{bmatrix}}_{\mathbf{A}_J} \underline{\tilde{x}} + \underbrace{\begin{bmatrix} \tilde{b}_0 \\ \vdots \\ \tilde{b}_n \end{bmatrix}}_{\underline{b}_J} u \tag{5.38}
$$

$$
y = \underbrace{\begin{bmatrix} \tilde{c}_1 & \cdots & \tilde{c}_n \end{bmatrix}}_{\underline{c}_J^T} \underline{\tilde{x}}
$$

Abbildung 5.16 zeigt den Signalflußplan bei Darstellung in Jordanscher Normalform bei einfachen Eigenwerten.

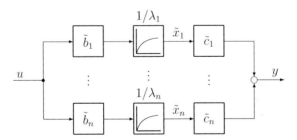

Abb. 5.16: *Signalflußplan einer Strecke in Jordanscher Normalform*

5.5.3   Lösung der Zustandsdifferentialgleichung im Zeitbereich

Um das Anfangswertproblem

$$\dot{\underline{x}} = \mathbf{A}\underline{x} + \underline{b}u \qquad \text{mit} \qquad \underline{x}(t_0) = \underline{x}_0 \tag{5.39}$$

im Zeitbereich zu lösen, bedient man sich der sog. *Transitionsmatrix* $\Phi(t)$. Diese berechnet sich mit der inversen Laplacetransformation $\mathcal{L}^{-1}$ und der Matrixexponentialfunktion[1] aus der Systemmatrix $\mathbf{A}$ zu:

$$\Phi(t) = e^{\mathbf{A}t} = \sum_{k=0}^{\infty} \frac{t^k}{k!} \cdot \mathbf{A}^k = \mathcal{L}^{-1}\left\{(s\mathbf{E} - \mathbf{A})^{-1}\right\} \tag{5.40}$$

Die Gesamtlösung setzt sich dann aus einem homogenen Teil $\underline{x}_h$ und einem partikulären Teil $\underline{x}_p$ zusammen:

$$\underline{x} = \underline{x}_h + \underline{x}_p \tag{5.41}$$

$$= e^{\mathbf{A}(t - t_0)} \cdot \underline{x}_0 + \int_{t_0}^{t} e^{\mathbf{A}(t - \tau)} \mathbf{B}\underline{u}(\tau)\, d\tau \tag{5.42}$$

5.5.4   Steuerbarkeit und Beobachtbarkeit

Das dynamische Verhalten eines linearen Systems wird durch die internen Zustände vollständig beschrieben. Diese Zustände sind aber im allgemeinen nicht alle bekannt (z.B. nicht meßbar). Es sind lediglich die Eingangsgrößen und die Ausgangsgrößen des Systems vollständig erfaßbar. Für den Entwurf von Regelkreisen im Zustandsraum sind daher die Begriffe der *Steuerbarkeit* und der *Beobachtbarkeit*, die von Kalman eingeführt wurden, von grundlegender Bedeutung.

Beobachtbarkeit

Die Beobachtbarkeitsbedingung gibt Auskunft darüber, ob alle inneren Zustände über die Messung der Ausgangsgrößen in endlicher Zeit rekonstruiert (d.h. beobachtet) werden können. Dies ist der Fall, wenn die Beobachtbarkeitsmatrix $\mathbf{Q}_B$ vollen Rang besitzt, d.h. wenn ihre Determinante nicht Null wird. Die Strecke wird dann als *vollständig beobachtbar* bezeichnet.

Anschaulich gesagt bedeutet die Beobachtbarkeit eines Systems, daß der Ausgangsvektor von allen Eigenbewegungen des Systems beeinflußt wird. Eine vollständige Beobachtbarkeit ist z.B. für eine vollständige Zustandsregelung oder für Überwachungsaufgaben notwendig. Die zwei wichtigsten Beobachtertypen sind der sog. *Luenberger–Beobachter* (siehe Kap. 5.5.6.2) und das sog. *Kalman–Filter* (siehe Kap. 5.5.6.4).

---

[1] Die Matrixexponentialfunktion $e^{\mathbf{A}}$ wird durch elementweise Anwendung der skalaren Exponentialfunktion gebildet.

Steuerbarkeit

Die Steuerbarkeitsbedingung gibt Auskunft darüber, ob alle inneren Zustände aus jedem beliebigen Anfangszustand $\underline{x}_0$ in endlicher Zeit durch eine Steuerfunktion $u(t)$ in einen Endzustand $\underline{x}^*$ überführt werden können. Dies ist der Fall, wenn die Steuerbarkeitsmatrix $\mathbf{Q}_S$ vollen Rang besitzt. Die Strecke wird dann als *vollständig steuerbar* bezeichnet.

Anschaulich gesagt bedeutet dies, daß der Streckeneingang u alle Eigenbewegungen des Systems beeinflußt. Ein System, bei dem dies nicht möglich ist, kann durch eine Regelung naturgemäß nicht beherrscht werden.

Die Definitionen der Beobachtbarkeit und der Steuerbarkeit können sinngemäß auch auf einzelne Zustände angewandt werden. Bei linearen Systemen kann der Zusatz *vollständig* auch entfallen.

Zur Verdeutlichung der beiden Begriffe Steuerbarkeit und Beobachtbarkeit dient Abb. 5.17. Dort ist für jedes Teilsystem die Steuerbarkeit bzw. Beobachtbarkeit angegeben und aus der Struktur ersichtlich. Für das Gesamtsystem in Abb. 5.17 gilt jedoch, daß es weder vollständig steuerbar noch vollständig beobachtbar ist.

Im folgenden werden die Bedingungen für die (vollständige) Beobachtbarkeit und Steuerbarkeit eines SISO–Systems zusammengefaßt.

Beobachtbarkeit und Steuerbarkeit

SISO–System:

$$\dot{\underline{x}} = \mathbf{A}\underline{x} + \underline{b}u$$
$$y = \underline{c}^T\underline{x} + du$$

Beobachtbarkeitsbedingung:

$$\det \mathbf{Q}_B = \det \begin{bmatrix} \underline{c}^T \\ \underline{c}^T\mathbf{A} \\ \underline{c}^T\mathbf{A}^2 \\ \vdots \\ \underline{c}^T\mathbf{A}^{n-1} \end{bmatrix} \neq 0$$

Steuerbarkeitsbedingung:

$$\det \mathbf{Q}_S = \det \begin{bmatrix} \underline{b} & \mathbf{A}\underline{b} & \mathbf{A}^2\underline{b} & \cdots & \mathbf{A}^{n-1}\underline{b} \end{bmatrix} \neq 0$$

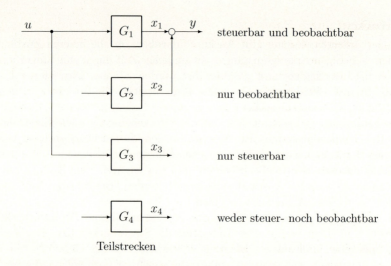

Abb. 5.17: *Zur Steuerbarkeit und Beobachtbarkeit linearer Systeme*

5.5.5   Entwurf einer Zustandsregelung

Für den Entwurf von Zustandsreglern soll zunächst nur der Wunsch nach
möglichst schnellem Führungsverhalten stehen. Somit sollen Störgrößen
zunächst vernachlässigt werden. Um die Ordnung des Systems nicht unnötig
zu erhöhen, liegt der Gedanke nahe, jede Zustandsgröße der Strecke über einen
proportionalen Rückführkoeffizienten an den Stelleingang zurückzuführen, was
einer P–Regelung jedes Streckenzustandes entspricht. Abbildung 5.18 zeigt die
Struktur der betrachteten SISO–Regelstrecke mit Zustandsregler.

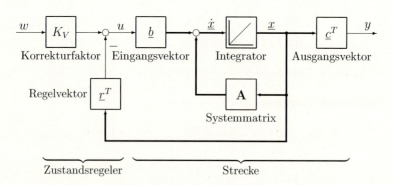

Abb. 5.18: *Regelstrecke und Zustandsregler*

Reglerentwurf durch Polvorgabe

Wie aus der linearen Regelungstheorie bekannt ist, können durch eine Rückkoppelschleife die Eigenwerte bzw. Pole des zu regelnden Systems verändert werden. Dies wird durch Einführung der Reglermatrix $\mathbf{R}$ bzw. (im Fall einer skalaren Stellgröße) des Reglervektors $\underline{r}^T$ (Zeilenvektor) erreicht. Dadurch kann dem rückgeführten System (zumindest theoretisch) ein frei wählbares Zeitverhalten vorgegeben werden.

Um gleichzeitig die stationäre Genauigkeit des Führungsverhaltens zu erzielen, wird außerdem ein Vorfilterfaktor K_V eingeführt. Somit besteht der Entwurf einer Zustandsregelung aus zwei Schritten:

1. Reglervektor $\underline{r}^T$ berechnen (Polvorgabe),

2. Vorfilterfaktor K_V bestimmen (stationäre Genauigkeit).

Aus Abb. 5.18 läßt sich das durch die Rückführung modifizierte Steuergesetz ableiten:

$$u = K_V w - \underline{r}^T \underline{x} \qquad (5.43)$$

Dieses neue Steuergesetz, abhängig vom Sollwert und den Zustandsgrößen, wird nun in die Zustandsdarstellung der Strecke eingesetzt.

$$\begin{aligned}
\dot{\underline{x}} &= \mathbf{A}\underline{x} + \underline{b}u \\
&= \mathbf{A}\underline{x} - \underline{b}\,\underline{r}^T\underline{x} + \underline{b}\,K_V w \\
&= \left(\mathbf{A} - \underline{b}\,\underline{r}^T\right)\underline{x} + \underline{b}\,K_V w \qquad (5.44)
\end{aligned}$$

Die homogene Zustandsdifferentialgleichung des geregelten Systems wird nun durch eine neue Systemmatrix $(\mathbf{A} - \underline{b}\,\underline{r}^T)$ beschrieben. Das Eigenverhalten des *geregelten* Systems kann durch Lösung dieser homogenen Zustandsdifferentialgleichung (für $w = 0$) bestimmt werden. Diese wird im Laplacebereich durchgeführt und dazu der homogene Teil der Systemgleichung (5.44) transformiert.

$$s\underline{X}(s) - \underline{x}_0 = \left(\mathbf{A} - \underline{b}\,\underline{r}^T\right)\underline{X}(s) \qquad (5.45)$$

Mit Verwendung der Einheitsmatrix $\mathbf{E}$ erhält man durch Umformung:

$$\left(s\mathbf{E} - \left(\mathbf{A} - \underline{b}\,\underline{r}^T\right)\right)\underline{X}(s) = \underline{x}_0 \qquad (5.46)$$

Auflösen nach dem Zustandsvektor $\underline{X}(s)$ ergibt:

$$\underline{X}(s) = \left(s\mathbf{E} - \mathbf{A} + \underline{b}\,\underline{r}^T\right)^{-1}\underline{x}_0 \qquad (5.47)$$

$$= \frac{1}{\det\left(s\mathbf{E} - \mathbf{A} + \underline{b}\,\underline{r}^T\right)} \cdot \mathrm{adj}\left(s\mathbf{E} - \mathbf{A} + \underline{b}\,\underline{r}^T\right)\underline{x}_0 \qquad (5.48)$$

Die Pole bzw. Eigenwerte des geschlossenen Systems mit Zustandsrückführung können nun aus der Determinante im Nenner ermittelt werden.

Bei der Auswertung der Determinante ergibt sich ein charakteristisches Polynom n–ter Ordnung, da der proportionale Zustandsregler die Ordnung der Strecke nicht erhöht. Dieses Polynom ist von den Reglerkoeffizienten abhängig. Für die Berechnung des Reglervektors $\underline{r}^T$ wird ein Wunschpolynom n–ter Ordnung vorgegeben. Die Reglerkoeffizienten werden durch Lösen eines linearen Gleichungssystems n–ter Ordnung ermittelt (Koeffizientenvergleich zwischen charakteristischem und Wunschpolynom). Dieses Verfahren wird als *Polvorgabe* bezeichnet.

Im zweiten Entwurfsschritt muß der Vorfilterfaktor K_V für das stationäre Verhalten ($t \rightarrow \infty$) bestimmt werden. Da im stationären Zustand $\dot{\underline{x}}_\infty = 0$ ist, wird zunächst der Wert von $\underline{x}_\infty$ aus der stationären Zustandsgleichung bestimmt.

$$0 = \dot{\underline{x}}_\infty = \left(\mathbf{A} - \underline{b}\,\underline{r}^T\right)\underline{x}_\infty + \underline{b}\,K_V w \tag{5.49}$$

$$\underline{x}_\infty = \left(\underline{b}\,\underline{r}^T - \mathbf{A}\right)^{-1}\underline{b}\,K_V w \tag{5.50}$$

Eingesetzt in die Ausgangsgleichung ergibt sich mit der Bedingung $y_\infty = w$ für das gewünschte stationäre Verhalten die Bestimmungsgleichung für den Vorfilterfaktor.

$$w = y_\infty = \underline{c}^T \underline{x}_\infty = \underbrace{\underline{c}^T \left(\underline{b}\,\underline{r}^T - \mathbf{A}\right)^{-1}\underline{b}\,K_V}_{= 1}\,w \tag{5.51}$$

Aufgelöst nach K_V erhält man schließlich

$$K_V = \frac{1}{\underline{c}^T\left(\underline{b}\,\underline{r}^T - \mathbf{A}\right)^{-1}\underline{b}} \tag{5.52}$$

Die wichtigsten Gleichungen zur Auslegung eines Zustandsreglers sind im folgenden nochmals zusammengefaßt.

Zustandsregelung

SISO–System:

$$\dot{\underline{x}} = \left(\mathbf{A} - \underline{b}\,\underline{r}^T\right)\underline{x} + \underline{b}\,K_V w$$

$$y = \underline{c}^T \underline{x}$$

Polvorgabe (Nullstellen der Determinante):

$$\det\left(s\mathbf{E} - \mathbf{A} + \underline{b}\,\underline{r}^T\right) = 0$$

Vorfilterfaktor (stationäre Genauigkeit):

$$K_V = \frac{1}{\underline{c}^T\left(\underline{b}\,\underline{r}^T - \mathbf{A}\right)^{-1}\underline{b}}$$

Reglerentwurf auf endliche Einstellzeit

Allgemein werden an einen Regelkreis die drei Grundforderungen Stabilität, gutes Störverhalten und gutes Führungsverhalten gestellt, wobei letzteres im Vordergrund steht. Ein für den Reglerentwurf oft verwendeter Güteindex ist die Einstellzeit, d.h. das Zeitintervall zwischen dem Beginn des Regelvorgangs und dem Erreichen des Endzustands. Die Minimierung dieses Zeitintervalls führt im allgemeinen zu einem nichtlinearen Regler, der in Abhängigkeit des Systemzustandes jeweils die größte positive oder negative Stellgröße aufschaltet.

Bei Abtastsystemen geht die zeitoptimale Regelung im kontinuierlichen Fall über in eine schrittoptimale Regelung, wobei hier nicht mehr die Umschaltzeitpunkte, sondern die Stellamplituden zu bestimmen sind (siehe Dead–Beat–Regler in Kap. 6.2). Der schrittoptimale Entwurf liefert im Gegensatz zum zeitoptimalen Entwurf einen linearen Regler, der sich durch große Einfachheit auszeichnet.

Modale Zustandsregelung

Der Reglerentwurf in Zustandsdarstellung läßt sich wesentlich vereinfachen, wenn jeder Streckenzustand getrennt regelbar ist. Kann die Systemmatrix durch eine geeignete (Modal–) Transformation diagonalisiert werden, läßt sich eine Zustandsdarstellung gewinnen, in der sämtliche Zustandsvariablen voneinander entkoppelt und deshalb auch getrennt voneinander regelbar sind. Zur Ansteuerung der realen Strecke ist ein entsprechendes Entkopplungsnetzwerk vorzuschalten, wie es auch in Kap. 13 bei der Asynchronmaschine eingesetzt wird.

Das genaue Vorgehen bei der Modaltransformation ist in der Literatur ausreichend beschrieben und soll daher hier nicht weiter aufgeführt werden (z.B. [11]).

5.5.6   Zustandsbeobachter

Eine wesentliche Voraussetzung bei der Anwendung von Zustandsreglern ist die Kenntnis aller Streckenzustände. Da wegen des hohen Aufwands oft nicht alle Zustände als Meßgrößen vorliegen, müssen die unbekannten Zustände aus den gemessenen rekonstruiert, d.h. beobachtet werden.

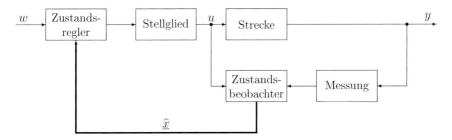

Abb. 5.19: *Gesamtsystem mit Beobachter und Zustandsregler*

Für diesen Zweck wurden Beobachter entwickelt. Ein Beobachter hat die Aufgabe, die Zustandsgrößen eines Systems dynamisch genau zu rekonstruieren. Im folgenden wird nun näher auf die Struktur eines Zustandsbeobachters eingegangen. Eine mögliche Gesamtstruktur mit Zustandsbeobachter und Zustandsregler zeigt Abb. 5.19.

5.5.6.1 Beobachtung mit Differentiation und Parallelmodell

Das Ziel jeder Beobachterstruktur ist, alle Systemzustände möglichst genau und verzögerungsfrei nachzubilden. Im folgenden soll von zwei Beobachter–Grundformen ausgegangen werden. Diese bauen auf der Verwendung von *Differenzierern* bzw. eines *Parallelmodells* auf.

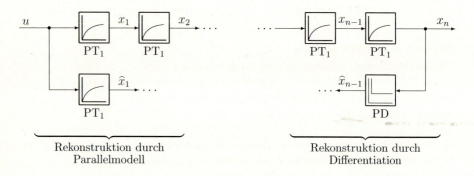

Abb. 5.20: *Beobachter mit Differentiation und Parallelmodell*

Die einfachste Möglichkeit, nicht meßbare Zustände eines Systems zu rekonstruieren, ist die Realisierung eines Parallelmodells nach Abb. 5.20 (links). In diesem Fall wird nicht mehr die Ausgangsgröße eines Systems, sondern die Eingangsgröße zur Rekonstruktion herangezogen. Dieses Modell arbeitet aber nur dann optimal im Sinne einer genauen Nachbildung der Zustände x_1, x_2 usw., wenn sowohl die Struktur als auch die Parameter der Strecke genau bekannt sind. Zudem ergibt sich die Forderung, daß im System keine weiteren Störgrößen einwirken dürfen, welche im Parallelmodell nicht exakt bekannt sind.

Abbildung 5.20 (rechts) zeigt die Rekonstruktion eines Zustandes durch Differentiation. Ziel ist es hierbei, auf der Basis des gemessenen Zustandes x_n, welcher in diesem Fall gleichzeitig Ausgangsgröße ist, sämtliche „davorliegende" Zustände zu rekonstruieren. Dies setzt aber die Invertierung des PT_1–Gliedes voraus. Unter der (idealen) Annahme, daß ein dazu nötiges PD–Glied realisierbar wäre, könnte der Zustand x_{n-1} optimal und ohne direkte Messung nachgebildet werden. Man hätte dadurch einen sogenannten **Identitätsbeobachter** geschaffen. Zum einen kann aber in der Realität ein solches Übertragungsglied nicht realisiert werden und zum anderen werden mögliche Rauschanteile im Meßsignal x_n verstärkt. Bei

der Rekonstruktion der weiteren Zustände, d.h. x_{n-2}, x_{n-3} usw., würde dieser
Nachteil noch stärker zum Tragen kommen.

Beide hier beschriebenen Modelle zeigen also erhebliche Schwächen. *Luenberger* gelang es schließlich, einen Beobachter zu entwickeln, der die Vorteile der hier erläuterten Strukturen vereint.

5.5.6.2 Luenberger–Beobachter

Dieser Entwurf benützt sowohl die Eingangsgrößen als auch die Ausgangsgrößen eines Systems zur Rekonstruktion der Zustände. Abbildung 5.21 zeigt die allgemeine Struktur des Beobachters nach Luenberger.

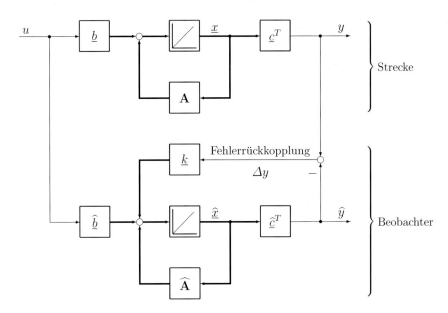

Abb. 5.21: *Beobachter nach Luenberger*

Der Beobachter besteht zunächst einmal aus einem vollständigen Parallelmodell der Strecke, welches mit der gleichen Stellgröße u wie die Strecke angesteuert wird. Sind die Parameter im Parallelmodell mit denen der realen Strecke identisch, ist der rekonstruierte Zustandsvektor $\widehat{\underline{x}}$ dem realen Zustandsvektor $\underline{x}$ gleich.

Durch unvermeidliche Abweichungen aufgrund nicht exakt bekannter Streckenparameter, ergibt sich ein Fehler zwischen den Zuständen $\widehat{\underline{x}}$ des Beobachters und den Zuständen $\underline{x}$ der Strecke. Zur Korrektur dieser Abweichung wird der Fehler Δy aus dem Vergleich des Strecken– und Beobachterausgangs y bzw. $\widehat{y}$ gebildet. Mit diesem Fehlersignal werden nun alle Beobachterzustände laufend in Richtung der realen Streckenzustände korrigiert.

Durch diese Rückkopplung wird der Beobachter selbst ein schwingungsfähiges System mit eigener Dynamik. Das Einschwingverhalten (d.h. von $\widehat{x}$ auf x) des Beobachters und seine Stabilität können durch die sogenannten Luenberger–Koeffizienten im Vektor $\underline{k}$ vorgegeben werden. Für den Beobachter eines SISO–Systems gelten nach Abb. 5.21 die Gleichungen:

$$\dot{\widehat{x}} \;=\; \mathbf{A}\widehat{x} + \underline{b}u + \underline{k}\,\Delta y \tag{5.53}$$

$$\Delta y \;=\; y - \widehat{y} = \underline{c}^T x - \underline{c}^T \widehat{x} \tag{5.54}$$

Durch Zusammenfassen der Matrix $\mathbf{A}$ und des rückgeführten Anteils ergibt sich die Zustandsdarstellung des Beobachters zu:

$$\dot{\widehat{x}} \;=\; \mathbf{A}\widehat{x} + \underline{b}u + \underline{k}\,\underline{c}^T x - \underline{k}\,\underline{c}^T \widehat{x} \tag{5.55}$$

$$=\; \left(\mathbf{A} - \underline{k}\,\underline{c}^T\right)\widehat{x} + \underline{b}u + \underline{k}\,\underline{c}^T x \tag{5.56}$$

Die Eigenwerte des Beobachters ergeben sich aus den Nullstellen der Determinante

$$\det\left(s\mathbf{E} - \mathbf{A} + \underline{k}\,\underline{c}^T\right) = 0 \tag{5.57}$$

und sollten dabei möglichst weit links in die komplexe Ebene gelegt werden, um ein schnelles Einschwingverhalten zu erreichen. Als Richtwert gilt, die (negativen) Eigenwerte des Beobachters betragsmäßig größer zu wählen als die der Strecke (Matrix $\mathbf{A}$), damit der Beobachter schneller einschwingt als das beobachtete System.

Luenberger–Beobachter

Zustandsdarstellung SISO–Beobachter:

$$\dot{\widehat{x}} \;=\; \left(\mathbf{A} - \underline{k}\,\underline{c}^T\right)\widehat{x} + \underline{b}u + \underline{k}\,\underline{c}^T x$$

Beobachterpole (Nullstellen der Determinante):

$$\det\left(s\mathbf{E} - \mathbf{A} + \underline{k}\,\underline{c}^T\right) = 0$$

Luenberger–Koeffizienten:

$$\underline{k} = \begin{bmatrix} k_1 \\ \vdots \\ k_n \end{bmatrix}$$

In der bisherigen Betrachtung hatte der Beobachter die gleiche Ordnung wie die Regelstrecke; man spricht daher in diesem Fall von einem *Einheitsbeobachter*. Der damit verbundene Aufwand ist in vielen Anwendungen beträchtlich. Sind Zwischenzustände in der Strecke meßbar, können diese direkt als Eingangsgrößen für den Beobachter verwendet werden. Die Ordnung des Beobachters kann dann reduziert werden, in diesem Fall spricht man von einem *reduzierten* Beobachter.

5.5.6.3 Zustandsregelung mit Beobachter

Abschließend sollen die Kombination von Zustandsregler und Beobachter betrachtet werden. Beim Entwurf des Zustandsreglers durch Polvorgabe wird zunächst die etwaige Verwendung eines Beobachters nicht berücksichtigt. Vielmehr wird so verfahren, als ob ein direkt gemessener Zustandsvektor zur Verfügung stehen würde.

Bei Verwendung eines Beobachters wird nun aber ein zusätzliches dynamisches System in den Regelkreis eingeführt. Dabei stellt sich die Frage, wie sich dies auf das dynamische Verhalten und auf die Stabilität des gesamten Regelsystems auswirkt.

Betrachtet wird im folgenden ein SISO–System, welches beobachtbar und steuerbar sei, ein Luenberger–Beobachter mit obiger Struktur, sowie eine Zustandsregelung mit dem folgenden Regelgesetz (man beachte die Abhängigkeit vom Beobachterzustandsvektor $\hat{\underline{x}}$).

$$u = K_V w - \underline{r}^T \hat{\underline{x}} \tag{5.58}$$

Damit ergeben sich die Zustandsgleichungen der Strecke mit Zustandsregler bzw. des Beobachters zu:

$$\dot{\underline{x}} = \mathbf{A}\underline{x} + \underline{b}K_V w - \underline{b}\underline{r}^T \hat{\underline{x}} \tag{5.59}$$

$$\dot{\hat{\underline{x}}} = \mathbf{A}\hat{\underline{x}} + \underline{b}K_V w - \underline{b}\underline{r}^T \hat{\underline{x}} + \underline{k}\underline{c}^T \underline{x} - \underline{k}\underline{c}^T \hat{\underline{x}} \tag{5.60}$$

Faßt man sowohl die zustandsgeregelte Strecke als auch den Beobachter zu einem System zusammen, ergibt sich

$$\begin{bmatrix} \dot{\underline{x}} \\ \dot{\hat{\underline{x}}} \end{bmatrix} = \begin{bmatrix} \mathbf{A} & -\underline{b}\,\underline{r}^T \\ \underline{k}\,\underline{c}^T & \mathbf{A} - \underline{k}\,\underline{c}^T - \underline{b}\,\underline{r}^T \end{bmatrix} \begin{bmatrix} \underline{x} \\ \hat{\underline{x}} \end{bmatrix} + \begin{bmatrix} \underline{b} \\ \underline{b} \end{bmatrix} K_V w \tag{5.61}$$

Die Eigenwerte des Gesamtsystems ergeben sich aus den Nullstellen der Determinante, die vor der Auswertung in eine einfachere Form gebracht werden soll. Dabei wird die Eigenschaft genutzt, daß zu einer Zeile Linearkombinationen anderer Zeilen addiert werden können, ohne den Wert der Determinante zu ändern. Gleiches gilt auch für Spalten.

Damit erhält man:

$$
\begin{aligned}
0 &= \det \begin{bmatrix} s\mathbf{E} - \mathbf{A} & \underline{b}\,\underline{r}^T \\ -\underline{k}\,\underline{c}^T & s\mathbf{E} - \mathbf{A} + \underline{k}\,\underline{c}^T + \underline{b}\,\underline{r}^T \end{bmatrix} \\[2mm]
&= \det \begin{bmatrix} s\mathbf{E} - \mathbf{A} + \underline{b}\,\underline{r}^T & \underline{b}\,\underline{r}^T \\ s\mathbf{E} - \mathbf{A} + \underline{b}\,\underline{r}^T & s\mathbf{E} - \mathbf{A} + \underline{k}\,\underline{c}^T + \underline{b}\,\underline{r}^T \end{bmatrix} \\[2mm]
&= \det \begin{bmatrix} s\mathbf{E} - \mathbf{A} + \underline{b}\,\underline{r}^T & \underline{b}\,\underline{r}^T \\ \mathbf{0} & s\mathbf{E} - \mathbf{A} + \underline{k}\,\underline{c}^T \end{bmatrix} \\[2mm]
&= \det \begin{bmatrix} s\mathbf{E} - \mathbf{A} + \underline{b}\,\underline{r}^T \end{bmatrix} \cdot \det \begin{bmatrix} s\mathbf{E} - \mathbf{A} + \underline{k}\,\underline{c}^T \end{bmatrix} \qquad (5.62)
\end{aligned}
$$

Hierbei zeigt sich, daß die Eigenwerte der Strecke durch die Rückführkoeffizienten $\underline{r}^T$ des Zustandsreglers eingestellt werden, die Eigenwerte des Beobachters dagegen durch die Luenberger–Koeffizienten $\underline{k}$. Diese Erläuterungen führen zum sogenannten Separationstheorem.

Separationstheorem

Sofern eine Strecke vollständig steuerbar und beobachtbar ist, können die Eigenwerte des geschlossenen Regelkreis und die Eigenwerte des Beobachters unabhängig voneinander festgelegt werden. Dies bedeutet, daß durch Hinzufügen eines (stabilen) Zustandsbeobachters die Stabilität des Gesamtsystems mit Zustandsregler nicht beeinflußt wird.

Das Separationstheorem wurde für ideale Strecken aufgestellt. Dagegen muß bei realen Strecken darauf hingewiesen werden, daß die Polstellen des Beobachters durchaus Einfluß auf das dynamische Verhalten des Zustandsreglers haben. Dies gilt insbesondere für den Einschwingvorgang des Beobachters und bei Abweichungen zwischen den Parametern der realen Strecke und den im Beobachter angenommenen Parametern.

Deshalb müssen die Beobachtereigenwerte im Vergleich zu den Eigenwerten des Zustandsreglers möglichst schnell einschwingen, um eine gute Regeldynamik zu erzielen. Dies bedeutet, daß dessen Eigenwerte möglichst weit links auf der imaginären Achse liegen sollen, um den getrennt vom Beobachter entworfenen Zustandsregler nur wenig zu beeinflussen.

Doch auch hier sind dem Entwurf Grenzen gesetzt: Werden die Eigenwerte des Beobachters zu schnell eingestellt, so wächst auch seine Rauschempfindlichkeit (differenzierendes Verhalten). Es muß an dieser Stelle also beim Beobachterentwurf ein Kompromiß zwischen schnellem Einschwingen und geringer Rauschverstärkung getroffen werden.

Abbildung 5.22 zeigt die Struktur einer Zustandsregelung mit Luenberger–Beobachter für eine Strecke 2. Ordnung.

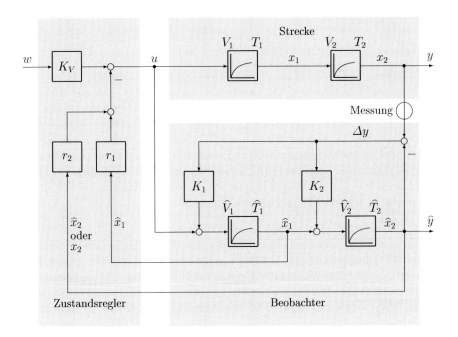

Abb. 5.22: *Zustandsregelung mit Beobachter*

5.5.6.4 Kalman–Filter

Das sogenannte *Kalman–Optimal–Filter* hat dieselbe Struktur wie der oben beschriebene Luenberger–Beobachter. Der Unterschied zwischen diesen beiden Systemen besteht in der Berechnung der Fehlerrückkopplung. Neben der Struktur und den Parametern des Gesamtsystems wird beim Entwurf des Filters zusätzlich weißes Prozeß– und Meßrauschen berücksichtigt.

Beide Störgrößen seien gaußverteilt. Diese Annahme ist auf viele technische Prozesse übertragbar. Man spricht deshalb auch von einem „stochastischen Filter". Geht man von derartigen Störungen in einem System aus, so liefert das Kalman–Filter eine optimale Zustandsschätzung hinsichtlich eines definierten Gütefunktionals (Optimales Filter). Trifft die Annahme einer gaußverteilten Störgröße nicht zu, so liefert das Filter nur eine suboptimale Lösung. In Bezug auf das Gütefunktional ist dieses Ergebnis dennoch besser als die Zustandsschätzung anderer linearer Beobachter.

Diese Tatsache deutet schon darauf hin, daß der Luenberger–Beobachter eine Untermenge des Kalman–Filters darstellt, zumal dieses auch eine Berechnungsgrundlage für zeitinvariante Systeme liefert. Zudem ist es möglich, die Zustandsbeobachtung um eine Parameterschätzung zu erweitern. Auf die mathematische Herleitung der Berechnung der Rückführmatrix des Filters sei an dieser Stelle verzichtet und auf [30] verwiesen.

5.5.7   Zusammenfassung

Abschließend sollen einige wichtige Hinweise zum Einsatz und Entwurf einer Zustandsregelung zusammengefaßt werden.

- Wird ein sehr schnelles Regelverhalten des Zustandsreglers durch Polvorgabe eingestellt, können sehr hohe, nicht realisierbare Stellamplituden auftreten. Ein mögliches Problem dabei ist die Parameterempfindlichkeit. Anders als bei der in Kap. 5.2 behandelten Kaskadenregelung kann sich bei der Zustandsregelung eine größere Parameterempfindlichkeit einstellen, die gesondert zu untersuchen ist. Dies gilt insbesondere bei großen Rückführkoeffizienten sowie bei Unsicherheit der Streckenparameter, die eine unvermeidliche Reglerfehlanpassung zur Folge hat.

- In der bisherigen Konzeption ist die Zustandsregelung als Proportionalregler ausgeführt, woraus beim Auftreten von Störgrößen eine bleibende Regelabweichung resultiert. Die stationäre Genauigkeit kann nun auch beim Entwurf einer Zustandsregelung durch Einführung eines Integralanteils verbessert werden. Für die Einbeziehung eines I–Anteils in die Zustandsregelung gibt es verschiedene Ansätze, wovon einer als Beispiel in Kap. 18.3.4 gezeigt wird.

Die Ausführungen in diesem Kapitel sollten zunächst ein prinzipielles Verständnis des Vorgehens ermöglichen. Mit diesen Kenntnissen können aber bereits die Darstellungen für Gleich– und Drehstromantriebe in die Zustandsform überführt werden. Dies soll aber in diesem Buch noch nicht erfolgen, da im allgemeinen reale Strecken nicht absolut linear sind und somit erweiterte Ansätze zu verwenden sind, die diese Nichtlinearitäten berücksichtigen. Eine ausführliche Behandlung ist in der Literatur zu finden [399, 756, 757].

5.6   Stellbegrenzungen in Regelkreisen
Dr. P. Hippe, Dr. C. Wurmthaler

5.6.1   Allgemeine Vorbemerkungen

Die meisten Reglertypen im industriellen Einsatz sind durch lineare Differentialgleichungen beschreibbar, und auch die zum Reglerentwurf herangezogenen Streckenmodelle sind in der Regel linear. Obwohl es im strengen Sinne keine (praktisch realisierten) linearen Strecken gibt, ist die lineare Modellbeschreibung solange ausreichend, wie sich der Regelkreis im Arbeitspunkt befindet, für den die Regelung ausgelegt wurde. Durch die Einwirkung größerer Störungen oder bei sogenannten Weitbereichsübergängen, wie sie z.b. bei Anfahrvorgängen stattfinden, können erhebliche Regelabweichungen auftreten. Dies führt zu großen Stellsignalen, die von den vorhandenen Stellgliedern entweder aus gerätetechnischen Gründen nicht umsetzbar sind, oder die aus Sicherheitsgründen vermieden werden müssen. Es existiert also eine Stellbegrenzung, welche die wohl am häufigsten auftretende Nichtlinearität in Regelkreisen darstellt.

In linearen Regelkreisen ist die Ausregelzeit, z.B. nach Führungssprüngen, unabhängig von der Eingangsamplitude. Sobald die Stellbegrenzung anspricht, ist die auf die Strecke einwirkende Stellgröße kleiner als das vom linearen Regler generierte Ausgangssignal, so daß sich die Annäherung an den Endwert gegenüber dem unbegrenzten Fall verlangsamt. Diese verzögernde Wirkung von Stellbegrenzungen ist nicht vermeidbar, und man würde vermuten, daß sie auch zu besser gedämpften Übergangsvorgängen führt. Sobald der Regler jedoch einen Integralanteil besitzt, kann es beim Ansprechen der Stellsignalbegrenzung zu erheblichen Überschwingern z.B. in den Führungssprungantworten kommen, die sehr störend sind. Die Ursache für diese unerwünschten Phänomene ist eine Überreaktion des Integrierers („Vollaufen" des Integrierers), die im internationalen Schrifttum mit „Integral Windup", „Reset Windup" oder kurz „Windup" bezeichnet wird.

Im folgenden Abschnitt soll dieser Windup näher untersucht, und Methoden für seine Beseitigung in klassischen Reglern mit I–Anteil vorgestellt werden.

Bei genauerer Untersuchung von Regelkreisen mit begrenzenden Stellgliedern zeigt sich jedoch, daß der sogenannte „Integral Windup" nicht die einzige unerwünschte Auswirkung dieser Nichtlinearität darstellt. Auch ohne integrierenden Regleranteil kann es, wie z.B. im Falle konstanter, und damit völlig dynamikloser, Zustandsregelung zu Schwingneigung oder sogar Grenzzyklen im Regelkreis kommen, wenn das Reglerausgangssignal die Begrenzungsamplitude überschreitet. Dieses Phänomen hängt folglich nicht mit der Reglerdynamik (I–Anteil), sondern mit der Dynamik des geschlossenen Regelkreises zusammen, so daß es naheliegt, die beiden unterschiedlichen Windup–Phänomene begrifflich zu unterscheiden, und sie in Regler– und Strecken–Windup zu unterteilen. Dies geschieht in Kap. 5.6.3, in dem auch die Vermeidungsmaßnahmen für beide Formen des Windup vorgestellt werden.

5.6.2 Regler–Windup bei PI– und PID–Reglern

5.6.2.1 Beschreibung des Phänomens

Bei erheblichen Sollwertänderungen oder auch bei Störungen mit großer Amplitude erzeugt der Regler Stellsignale, welche die maximal umsetzbaren (oder erlaubten) Amplituden überschreiten. Die Strecke wird dann mit einem reduzierten Stelleingriff beaufschlagt, wodurch sich eine größere Regelabweichung einstellt als im unbegrenzten Fall. Diese vergrößerte Regelabweichung bewirkt ihrerseits ein überhöhtes Reglerausgangssignal, was zu einem deutlichen Überschwingen der Regelgröße im Vergleich zum linearen Verhalten führt.

An einem Beispiel sei demonstriert, daß der I–Anteil im Regler den wesentlichen Beitrag zu diesem unerwünschten Effekt liefert.

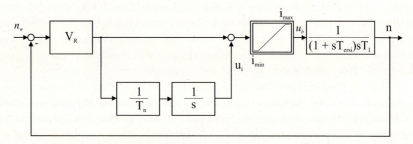

Abb. 5.23: *Drehzahlregelkreis mit PI–Regler und Stellbegrenzung*

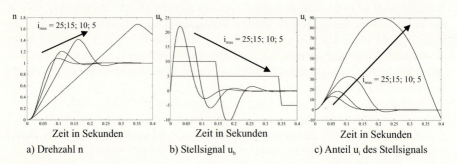

a) Drehzahl n   b) Stellsignal u_b c) Anteil u_i des Stellsignals

Abb. 5.24: *Führungsübergänge des Regelkreises bei verschiedenen Begrenzungswerten* i_{max}, i_{min}

Abbildung 5.23 zeigt einen Drehzahlregelkreis, bei dem der stromgeregelte Antrieb als IT_1–System modelliert ist (Zeitkonstanten $T_{ers\,i} = 0,01s$, $T_I = 1s$). Der Stromsollwert sei auf die maximal zulässigen Werte beschränkt. Als Drehzahlregler kommt ein PI–Regler mit PT_1–Sollwertglättung ($T_G = T_n$) zum Einsatz, der nach dem symmetrischen Optimum dimensioniert ist ($V_R = 50$, $T_n = 0,04s$). In Abb. 5.24 sind die Drehzahl n und der auf die maximal zulässige

Größe begrenzte Stromsollwert u_b für unterschiedliche Begrenzungswerte i_{max}, i_{min} gezeigt, die im betrachteten Arbeitspunkt symmetrisch um den Mittelwert Null liegen mögen.

Man erkennt, daß die Strombegrenzung wie erwartet den Drehzahlanstieg verlangsamt. Je kleiner der Begrenzungswert jedoch ist, desto größer fällt das Überschwingen über den Sollwert aus, obwohl die Annäherung an diesen Endwert immer langsamer erfolgt. Die Ursache für dieses Verhalten macht Abb. 5.24.c deutlich, wo der Anteil u_i des Stellsignals aufgetragen ist, der vom Integrierer geliefert wird. Aufgrund der für kleinere Begrenzungswerte länger andauernden und größer werdenden Regelabweichung kommt es zu einer unnötig hohen Stellsignalamplitude im Integralanteil („Vollaufen" des Integrierers), die erst durch Umkehr des Vorzeichens in der Regelabweichung, also durch Überschwingen, abgebaut werden kann. Diesen auch *Integral Windup* genannten Effekt kann man eindeutig der Reglerdynamik zuordnen, und deshalb wurde für ihn die Bezeichnung *Regler–Windup* eingeführt [48].

5.6.2.2 Maßnahmen zur Vermeidung des Regler–Windup bei PI– und PID–Reglern

Es gibt eine Reihe unterschiedlicher Maßnahmen, den oben beschriebenen Effekt zu bekämpfen. Abbildung 5.25.a zeigt eine Anordnung, die den Eingang des Integrierers auf Null setzt, sobald das Stellsignal bestimmte Grenzen überschreitet. Dadurch kann der Integrierer während der Begrenzungsphase nicht mehr „vollaufen". Er tritt nur in Aktion, wenn das Stellsignal unterhalb der eingestellten Grenze ist.

Eine andere Möglichkeit zur Beseitigung des Regler–Windup besteht darin, den Integrationsvorgang nur für kleine Regelabweichungen zuzulassen (vergl. Abb. 5.25.b).

In Abb. 5.27.a sind Ablöseregler (Begrenzungsregler) eingesetzt, die dafür sorgen, daß das Reglerausgangssignal die einstellbaren Begrenzungswerte u_{min} und u_{max} nicht überschreitet. Ähnlich wirkt die in Abb. 5.27.b gezeigte Anordnung.

Abbildung 5.26 zeigt Führungsübergänge des Regelkreises von Abb. 5.23 sowie die Verläufe des entsprechenden Integrierer–Ausgangssignals u_i und des begrenzten Stellsignals u_b für verschiedene Werte des Rückführfaktors K_f in einer Windup–Vermeidungsstruktur nach Abb. 5.27.b.

Es zeigt sich, daß man den Rückführfaktor K_f in weiten Bereichen variieren kann, und daß er einen deutlichen Einfluß auf das resultierende Überschwingen der Führungssprungantworten hat.

a)

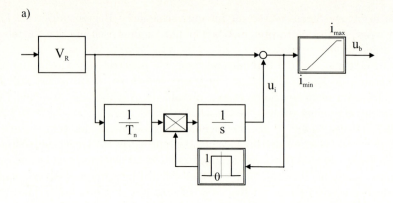

b)

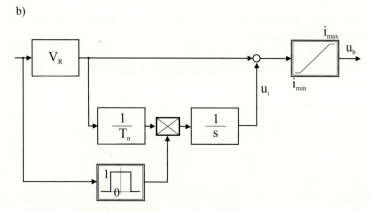

Abb. 5.25: *PI–Regler mit Integralabschaltung bei:*
  a) *Überschreiten von Grenzen für das Stellsignal,*
  b) *Überschreiten von Grenzen für die Regelabweichung*

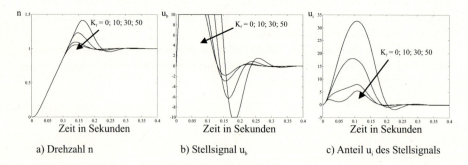

a) Drehzahl n   b) Stellsignal u_b c) Anteil u_i des Stellsignals

Abb. 5.26: *Verlauf der Führungssprungantworten, der Integriereramplituden und des Stellsignals in Abhängigkeit von K_f*

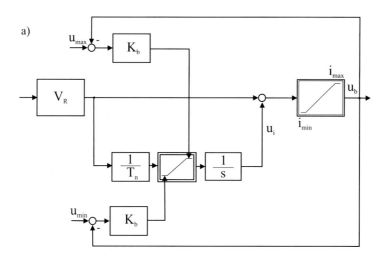

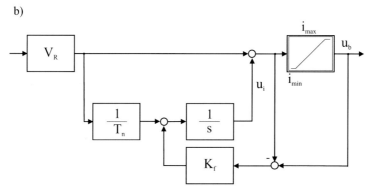

Abb. 5.27: *PI–Regler mit Nachführen des Integralanteils über:*
a) Begrenzungsregler mit einstellbaren Grenzen,
b) Regelung der Differenz zwischen Reglerausgang und Begrenzungswert

5.6.3 Systematisches Vorgehen zur Beseitigung von Regler– und Strecken–Windup

Die Überlegungen im vorangehenden Abschnitt hatten Maßnahmen zum Inhalt, den sogenannten *Integral Windup* in klassischen Reglern mit I–Anteil zu vermeiden. Die unerwünschten Auswirkungen begrenzender Stellglieder beschränken sich jedoch bei weitem nicht nur auf dieses „Vollaufen" des Integrierers.

Damit die Untersuchungen auf beliebige lineare Reglertypen übertragbar sind (klassische Regelungen, Zustandsregelungen), wird eine Frequenzbereichsbeschreibung für Strecken und Regler zugrunde gelegt, wie sie Abb. 5.28 zeigt. Dabei ist im folgenden angenommen, daß die zeitinvarianten Strecken bis auf die Stellbegrenzung linear und stabil sind (wobei einfache Eigenwerte auf der imaginären Achse zulässig sind). Die Nichtlinearität am Streckeneingang sei so geartet, daß Stellsignale u bis zu einer Amplitude u_{sat} mit Verstärkung 1 übertragen werden, und für $|u| > u_{sat}$ am Ausgang der Wert $u_{sat}\mathrm{sign}(u)$ anliegt.

Sobald die Stellbegrenzung anspricht, ist der Regelkreis offen. Wenn der Regler nun grenz– oder instabile Pole besitzt (wie z.B. bei Reglern mit I–Anteil), kommt es im offenen Regelkreis zu einem unkontrollierten Weglaufen der entsprechenden Reglerzustände, was die Ursache für das im vorhergehenden Abschnitt diskutierte unerwünschte Überschwingen der Regelgröße ist. Dieses Phänomen bezeichnet man als *Regler–Windup*, da es durch die Reglerdynamik hervorgerufen wird.

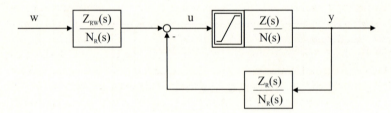

Abb. 5.28: *Sonst linearer Regelkreis mit Stellbegrenzung*

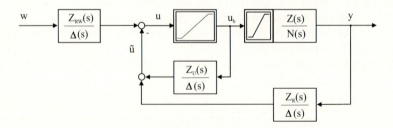

Abb. 5.29: *Systematische Vermeidung des Regler–Windup*

Sorgt man durch geeignete Maßnahmen dafür, daß der Regler beim Ansprechen der Stellbegrenzung ein stabiles Nennerpolynom erhält, tritt dieser Effekt nicht mehr auf. Abbildung 5.29 zeigt eine Struktur zur systematischen Vermeidung des Regler–Windup, die ein Modell der in der Strecke vorhandenen Stellbegrenzung beinhaltet.

Damit die beiden Regelkreise in Abb. 5.28 und 5.29 im linearen Falle ($u_b = u$) identisches Verhalten zeigen, muß das Polynom $Z_U(s)$ die Form

$$Z_U(s) = N_R(s) - \Delta(s) \tag{5.63}$$

besitzen. Wenn das Polynom $\Delta(s)$ ein Hurwitz–Polynom ist, es also nur Nullstellen in der linken s–Halbebene besitzt, kommt es beim Ansprechen der Stellbegrenzung auch bei einem Regler mit grenz– oder instabilem Nenner $N_R(s)$ zu keinem unkontrollierten Weglaufen der entsprechenden Zustände.

Damit tritt der sogenannte Regler–Windup nicht mehr auf. Für die Wahl des Polynoms $\Delta(s)$, das denselben Grad wie $N_R(s)$ besitzt, gibt es in der regelungstechnischen Literatur verschiedene Vorschläge. Im Rahmen der sogenannten „Conditioning Technique" [16] legt man die Nullstellen von $\Delta(s)$ so fest, daß sie mit den Nullstellen von $Z_{RW}(s)$ übereinstimmen. Bei der sogenannten Beobachtertechnik [47] wird $\Delta(s)$ aus entsprechend vielen Nullstellen des charakteristischen Polynoms

$$C_P(s) = Z_R(s)Z(s) + N_R(s)N(s) \tag{5.64}$$

des Regelkreises gebildet. Dies hat auf der einen Seite den Vorteil, daß sich die Phänomene im Rahmen der beobachterbasierten Zustandsregelung sehr anschaulich interpretieren lassen, zum anderen werden die im folgenden betrachteten Frequenzgänge besonders einfach.

Entscheidend für die Wahl der Nullstellen von $\Delta(s)$ ist jedoch die Tatsache, daß diese das Verhalten des nichtlinearen Regelkreises beeinflussen. Es zeigt sich nämlich, daß die Stellbegrenzung auch nach der Beseitigung des Regler–Windup einen destabilisierenden Einfluß haben kann. Selbst wenn der Regler überhaupt keine dynamischen Elemente enthält (wie z.B. bei proportionaler Rückführung gemessener Zustandsgrößen), kann im nichtlinearen Regelkreis eine unerwünschte Schwingneigung bis hin zu nichtlinearen Grenzzyklen auftreten. Dieses Phänomen ist der sogenannte *Strecken–Windup* [48].

Ob ein Regelkreis mit begrenzendem Stellglied stabil oder instabil ist, läßt sich anhand des Frequenzgangs des linearen Teils beurteilen. In Abb. 5.30 ist der Regelkreis nach Abb. 5.29 so umgezeichnet, daß er die Standardstruktur eines Regelkreises mit einer isolierten Nichtlinearität besitzt.

Der Linearteil $F_L(s)$ des Regelkreises in Abb. 5.29 (d.h. das Übertragungsverhalten von u_b nach u) besitzt die Form

$$F_L(s) = \frac{C_P(s)}{N(s)\Delta(s)} - 1 \tag{5.65}$$

was man mit linearer Blockschaltbild–Algebra leicht nachvollziehen kann.

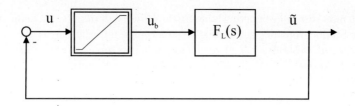

Abb. 5.30: *Regelkreis mit isolierter Nichtlinearität*

Liegt nun die Ortskurve

$$F_{PH}(j\omega) = F_L(j\omega) + 1 = \frac{C_P(j\omega)}{N(j\omega)\Delta(j\omega)} \tag{5.66}$$

vollständig im rechten Teil der komplexen Ebene, läßt sich die Stabilität des nichtlinearen Regelkreises nach Abb. 5.30 (und damit auch nach Abb. 5.29) z.B. mit Hilfe des Kreiskriteriums streng nachweisen. Langjährige praktische Erfahrungen haben jedoch gezeigt, daß diese Forderung an den Frequenzgang $F_{PH}(j\omega)$ (was bedeutet, daß die Phase von $F_{PH}(j\omega)$ im Bereich

$$-90° \leq \arg(F_{PH}(j\omega)) \leq 90°$$

verläuft) zu scharf ist. Die Stellbegrenzung regt auch dann keine Schwingneigung des Regelkreises an, wenn die Phase $\arg(F_{PH}(j\omega))$ den Bereich

$$-130° \leq \arg(F_{PH}(j\omega)) \leq 130°$$

nicht verläßt [48].

Wenn also bei Wahl eines Hurwitz–Polynoms $\Delta(s)$ die Phase von $F_{PH}(j\omega)$ in den in Abb. 5.31 grau eingezeichneten verbotenen Bereich eintritt, besteht die Gefahr des Auftretens unerwünschter Schwingneigung durch die Stellbegrenzung.

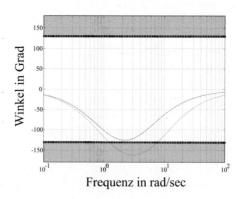

Abb. 5.31: *Erlaubter und verbotener Bereich für die Phase von $F_{PH}(j\omega)$*

Dies läßt sich nun auf zwei verschiedene Arten vermeiden:

1. Man kann versuchen, durch geeignete Modifikation der Nullstellen von $\Delta(s)$ (sie müssen natürlich negativen Realteil haben) die Phase von $F_{PH}(j\omega)$ in den erlaubten Bereich zu bringen, oder, wenn dies nicht gelingt,

2. den gewünschten Phasenverlauf des Linearteils durch Einsatz eines Zusatznetzwerkes sicherstellen. Die Struktur eines solchen Zusatznetzwerkes zeigt Abb. 5.32.

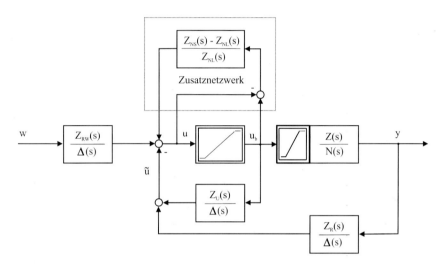

Abb. 5.32: *Zusatznetzwerk zur Vermeidung von Strecken–Windup*

Durch dieses Zusatznetzwerk hat die Übertragungsfunktion des Regelkreises von u_b nach u nun die Form

$$F_L(s) = \frac{C_P(s)Z_{NL}(s)}{N(s)\Delta(s)Z_{NS}(s)} - 1 \tag{5.67}$$

so daß man die Hurwitz–Polynome $Z_{NL}(s)$ und $Z_{NS}(s)$ (gleichen Grades) so zu wählen hat, daß die Phase von

$$F_{PH}(j\omega) = \frac{C_P(j\omega)Z_{NL}(j\omega)}{N(j\omega)\Delta(j\omega)Z_{NS}(j\omega)} \tag{5.68}$$

den in Abb. 5.31 dargestellten erlaubten Bereich nicht mehr verläßt. Der Grad der Polynome $Z_{NL}(s)$ und $Z_{NS}(s)$ kann beliebig sein; meist reichen jedoch Polynome ersten Grades, um die erwünschte Phasen–Anhebung (–Absenkung) zu erzielen. Polynome niedrigen Grades führen jedoch u.U. zu relativ langsamem Einschwingen, was durch Polynome höheren Grades verbessert werden kann (siehe Beispiel).

Beispiel: Für das demonstrierende Beispiel liegt eine einfache Strecke, bestehend aus drei Verzögerungsgliedern mit der Zeitkonstante $1\,s$ zugrunde. Ihre Übertragungsfunktion lautet

$$F(s) = \frac{Z(s)}{N(s)} = \frac{1}{s^3 + 3s^2 + 3s + 1} \quad .$$

Mit einem einfachen PI–Regler gelingt es nicht, einen Strecken–Windup zu erzeugen, weil dafür eine schnelle Regelkreisdynamik erforderlich ist. Daher sei hier ein Regler 3. Ordnung mit I–Anteil betrachtet, der ein charakteristisches Polynom

$$C_P(s) = (s + 10)^3(s + 6)^3$$

für den Regelkreis erzeugt. Die Polynome dieses Reglers haben die Form

$$Z_R(s) = 7290s^3 + 54405s^2 + 171990s + 216000$$

$$N_R(s) = s^3 + 45s^2 + 810s$$

$$Z_{RW}(s) = 1000s^3 + 18000s^2 + 108000s + 216000$$

womit sich die Führungsübertragungsfunktion des Regelkreises

$$\frac{Y(s)}{W(s)} = \frac{1000}{(s + 10)^3}$$

ergibt, die überschwingungsfreie Führungsübergänge erwarten läßt.

Die Stellbegrenzung werde bei $|u| = 1$ aktiv, so daß die über das Streckeneingangssignal maximal erreichbare Ausgangsamplitude gerade $y = 1$ beträgt. Bringt man in diesem Regelkreis Führungssprünge der Amplitude 0,5 auf, ergeben sich die in Abb. 5.33 gezeigten Führungssprungantworten, welche Grenzzyklen ausführen.

Diese Grenzzyklen sind offensichtlich eine Folge der Stellbegrenzung.

Als erste Maßnahme sollte man auf jeden Fall den Regler–Windup vermeiden, was durch die in Abb. 5.29 gezeigte Struktur möglich ist. Wählt man für das Polynom $\Delta(s)$ die drei Nullstellen des charakteristischen Polynoms der geregelten Strecke bei $s = -6$, so ergibt sich mit

$$\Delta(s) = \Delta^a(s) = s^3 + 18s^2 + 108s + 216$$

das Polynom $Z_U(s)$ über Gl. (5.63) zu

$$Z_U(s) = Z_U^a(s) = 27s^2 + 702s - 216 \quad .$$

Mit der Reglerrealisierung in der in Abb. 5.29 gezeigten Struktur ergeben sich die in Abb. 5.34 dargestellten Führungssprungantworten, die erheblich besser gedämpft verlaufen, aber immer noch deutlich oszillieren.

Trotz der Beseitigung des Regler–Windup bewirkt die Stellbegrenzung also eine Schwingneigung des Regelkreises; es tritt ein Strecken–Windup auf.

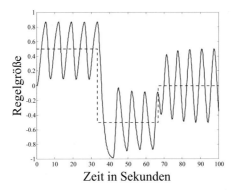

Abb. 5.33: *Führungssprungantworten des nichtlinearen Beispiel–Regelkreises*

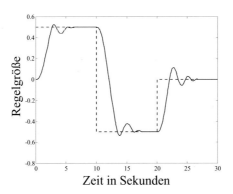

Abb. 5.34: *Führungssprungantworten des nichtlinearen Beispiel–Regelkreises nach Vermeidung des Regler–Windup mit $\Delta^a(s)$*

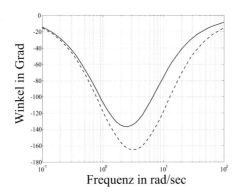

Abb. 5.35: *Phasenkurven für $F_{PH}(j\omega)$ bei Vermeidung des Regler–Windup mit $\Delta^a(s)$ (gestrichelt) und $\Delta^b(s)$ (durchgezogen)*

Dies wird deutlich, wenn man die Phase des Frequenzgangs von

$$F_{PH}^a(s) = \frac{C_P(s)}{N(s)\Delta^a(s)} = \frac{(s+10)^3}{(s+1)^3}$$

betrachtet (vgl. Gl. (5.66)), die in Abb. 5.35 gestrichelt eingetragen ist. Sie tritt deutlich in den verbotenen Bereich (vgl. Abb. 5.31) ein, was auf die Möglichkeit eines Strecken–Windup hinweist.

Nimmt man zur Bildung von $\Delta(s)$ stattdessen die drei Nullstellen von $C_P(s)$ bei $s = -10$, also

$$\Delta(s) = \Delta^b(s) = s^3 + 30s^2 + 300s + 1000$$

dann ergibt sich ein Phasenverlauf für

$$F_{PH}^b(s) = \frac{C_P(s)}{N(s)\Delta^b(s)} = \frac{(s+6)^3}{(s+1)^3}$$

der in Abb. 5.35 durchgezogen eingetragen ist. Er tritt nur noch wenig in den verbotenen Bereich ein, und folglich zeigt der Regelkreis mit $\Delta(s) = \Delta^b(s)$ und

$$Z_U(s) = Z_U^b(s) = 15s^2 + 510s - 1000$$

keine Schwingungsneigung mehr, was die Führungssprungantworten in Abb. 5.36 demonstrieren.

Um die Wirkung des Zusatznetzwerks aus Abb. 5.32 zu demonstrieren, ist für das folgende wiederum angenommen, daß der Strecken–Windup mit dem Polynom $\Delta(s) = \Delta^a(s)$ beseitigt wurde. Abbildung 5.35 zeigt, daß die Phase von $F_{PH}^a(j\omega)$ bei der Frequenz 3,16 rad/s um 35° angehoben werden muß, damit sie im erlaubten Bereich bleibt und folglich kein Strecken–Windup mehr auftritt. Dies läßt sich mit einem einfachen Zusatznetzwerk bewerkstelligen, dessen Polynome $Z_{NL}(s)$ und $Z_{NS}(s)$ die Übertragungsfunktion

$$\frac{Z_{NL}(s)}{Z_{NS}(s)} = \frac{s + \frac{3,16}{2}}{s + 3,16 \cdot 2}$$

bilden. Simulationen mit diesem Zusatznetzwerk (und $\Delta(s) = \Delta^a(s)$) zeigt Abb. 5.37 gestrichelt.

Man erkennt, daß das Einlaufen in den Endwert verzögert geschieht. Ein günstigeres Verhalten kann man mit einem Zusatznetzwerk 3. Ordnung erzielen. Ein Zusatznetzwerk, dessen Polynome die Übertragungsfunktion

$$\frac{Z_{NL}(s)}{Z_{NS}(s)} = \frac{(s+5)^3}{(s+9)^3}$$

bilden, liefert bei der Frequenz 3,16 rad/s ebenfalls eine Phasenanhebung von 35°. Abbildung 5.37 (durchgezogene Kurve) zeigt das deutlich schnellere Einschwingen mit diesem Zusatznetzwerk.

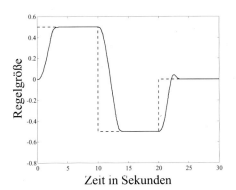

Abb. 5.36: *Führungssprungantworten des nichtlinearen Beispiel–Regelkreises nach Vermeidung des Regler–Windup mit $\Delta^b(s)$*

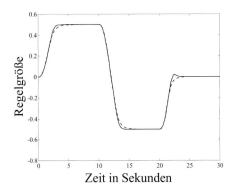

Abb. 5.37: *Führungssprungantworten des nichtlinearen Beispiel-Regelkreises (für $\Delta(s) = \Delta^a(s)$) mit Zusatznetzwerk 1. Ordnung (gestrichelt) und 3. Ordnung (durchgezogen)*

6 Abtastsysteme

In diesem Kapitel werden die Grundlagen abgetasteter Systeme dargestellt, um auch Regelkreise mit digitaler Signalverarbeitung und Abtastung der analogen Signale behandeln zu können. Da für dieses Gebiet eine umfangreiche Literatur vorliegt, sollen sich die folgenden Ausführungen auf das notwendigste beschränken.

6.1 Grundlagen der z–Transformation

Im folgenden werden Systeme wie in Abb. 6.1 gezeigt betrachtet. Wie die folgenden Ableitungen zeigen werden, müssen die Eingangssignale x_{e0} bei einem Abtastvorgang bandbegrenzt sein. Um das sicherzustellen, muß am Eingang ein Anti–Aliasing–Filter vorgesehen werden; das so bandbegrenzte Signal wird mit $x_e(t)$ bezeichnet.

Bei einer nachfolgenden digitalen Signalverarbeitung folgt eine Abtastung mittels eines A/D–Wandlers, der aus einem Abtaster mit der Abtastperiode T (Signal x_e^*), einem Halteglied H_0 (Signal x_h) sowie einer Quantisierung besteht. Wird am Ausgang wieder ein Analogsignal benötigt, erfolgt nach der digitalen Signalverarbeitung (DSP) eine D/A–Wandlung. Im folgenden sollen nun einige der wesentlichen Komponenten und ihre Funktion beschrieben werden.

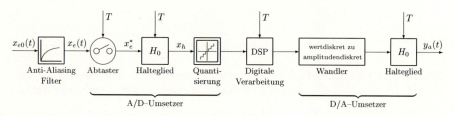

Abb. 6.1: *System mit digitaler Signalverarbeitung und analogen Ein– und Ausgangssignalen*

6.1.1   Abtastvorgang

Es wird zunächst ein Abtastsystem mit einem Halteglied nullter Ordnung (H_0) betrachtet. (**Hinweis:** Es muß unterschieden werden zwischen T beim Abtastsystem und $T = 1/(f_N\, p)$ beim Stromrichter–Stellglied.)

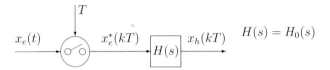

Abb. 6.2: *Halteglied nullter Ordnung*

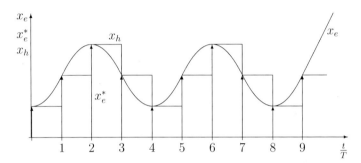

Abb. 6.3: *Abtastsystem und Abtastvorgang (Abtastperiode = T)*

Dabei sei angenommen, daß das Signal x_e bandbegrenzt ist. Tritt zum Abtastzeitpunkt bei nichtstetigen Funktionen eine Unstetigkeit auf, so wird der rechtsseitige Grenzwert der Funktion verwendet:

$$x_e(kT) = x_e(kT + 0) \qquad \text{für} \qquad 0 \le k \le \infty \tag{6.1}$$

Der Abtastvorgang läßt sich mathematisch durch eine Multiplikation der abzutastenden Funktion $x_e(t)$ mit einer Impulsfolge δ_T beschreiben. Das abgetastete Signal $x_e^*(kT)$ wird somit berechnet gemäß

$$x_e^*(kT) = x_e(t) \sum_{k=0}^{\infty} \delta(t - kT) = \sum_{k=0}^{\infty} \big(x_e(kT) \cdot \delta(t - kT)\big) = x_e(t) \cdot \delta_T(t) \tag{6.2}$$

wobei $\delta_T(t)$ eine unendliche Impulsfolge von Einheits–Dirac–Impulsen mit der Periodendauer T darstellt. Die Laplace–Transformierte des abgetasteten Eingangssignals wird zu:

$$x_e^*(s) = \mathcal{L}\{x_e^*(t)\} = \sum_{k=0}^{\infty} x_e(kT) \cdot e^{-kTs} = x_e(s) * \delta_T(s) \tag{6.3}$$

Aus der Multiplikation im Zeitbereich mit der Dirac–Impulsfolge wird im Laplace–Bereich eine Faltung (Symbol ∗) mit der zugehörigen Transformierten $\delta_T(s)$. Dabei gilt:

$$\delta_T(s) = 1 + e^{-Ts} + e^{-2Ts} + \cdots = \frac{1}{1 - e^{-Ts}} \qquad (6.4)$$

Die Abtastung im Zeitbereich bewirkt eine periodische Fortsetzung des Originalspektrums im Frequenzbereich. Daher darf das Eingangssignal x_{e0} nur Frequenzanteile kleiner als $\omega_A/2 = \pi/T$ enthalten, damit keine Frequenzanteile aus den Seitenbändern $n\omega_A$ in das Grundfrequenzband $\pm\omega_A/2$ gespiegelt werden. Andernfalls ist das ursprüngliche Signal nicht mehr zu rekonstruieren. Umgekehrt bedeutet dies, daß Signale nur bis zur halben Abtastfrequenz rekonstruiert werden können (Shannon–Theorem).

Das Halteglied nullter Ordnung hält den letzten Abtastwert bis zur nächsten Abtastung fest. Dies kann mathematisch durch zwei Sprungfunktionen, die um eine Abtastperiode verschoben sind, dargestellt werden. Mit dem Einheitssprung $\sigma(t)$ besitzt das Halteglied damit die Impulsantwort $g_H(t)$ und mit dem Rechtsverschiebungssatz (s.u.) die zugehörige Laplace–Transformierte $H_0(s)$ wie folgt:

$$g_H(t) \;=\; \sigma(t) - \sigma(t - T) \qquad (6.5)$$

$$H_0(s) \;=\; \mathcal{L}\{g_H(t)\} \;=\; \frac{1}{s} - \frac{1}{s} e^{-sT} = \frac{1 - e^{-sT}}{s} \qquad (6.6)$$

Damit wird die Laplace–Transformierte der Treppenfunktion $x_h(t)$ zu:

$$x_h(s) \;=\; \mathcal{L}\{x_h(t)\} = x_e^*(s) \cdot H_0(s) \;=\; \underbrace{\frac{1 - e^{-sT}}{s}}_{\text{Halten}} \underbrace{\sum_{k=0}^{\infty} x_e(kT) \cdot e^{-kTs}}_{\text{Abtasten}} \qquad (6.7)$$

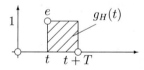

Abb. 6.4: *Impulsantwort des Halteglieds nullter Ordnung*

6.1.2 z–Transformation

Wird eine beliebige Zeitfunktion $f(t)$ abgetastet, erhält man die abgetastete Zeitfunktion $f^*(t)$. Von dieser kann ebenfalls eine Laplace–Transformierte $F^*(s)$ gebildet werden. Aus $F^*(s)$ kann durch Einführung der Abkürzung $z = e^{sT}$ direkt die z–Transformierte $f(z)$ der abgetasteten Zeitfunktion angegeben werden.

Definition: $z = e^{Ts}$

$$\text{Zeitfunktion} \quad \text{Transformierte}$$

$$f(t) \qquad\qquad F(s)$$

$$f^*(kT) \qquad\qquad F^*(s)$$

$$F^*(s) \;=\; \mathcal{L}\{f^*(kT)\} \;=\; \sum_{k=0}^{\infty} f(kT) \cdot e^{-kTs} \tag{6.8}$$

$$f(z) \;=\; \mathcal{Z}\{f^*(kT)\} \;=\; \sum_{k=0}^{\infty} f(kT) \cdot z^{-k} \tag{6.9}$$

Anhand zweier Beispiele (abgetasteter Einheitssprung und abgetastete Rampe) soll die analytische Berechnung einer z–Transformierten aus der Definitionsformel gezeigt werden. Für kompliziertere Zeitfunktionen muß auf die untenstehende Transformationstabelle verwiesen werden.

Beispiel 1:

$$f(t) \;=\; \sigma(t) \quad \circ\!\!-\!\!\bullet \quad f(s) \;-\; \frac{1}{s} \tag{6.10}$$

$$f^*(s) \;=\; \sum_{k=0}^{\infty} 1 \cdot e^{-sTk} = 1 + e^{-sT} + e^{-2Ts} + \ldots \tag{6.11}$$

$$f(z) \;=\; 1 + z^{-1} + z^{-2} + \ldots \tag{6.12}$$

Die Umformung mit der Binomischen Reihe $(1 - x)^{-1} = 1 + x + x^2 + x^3 + \ldots$ ergibt:

$$f(z) \;=\; \frac{1}{1 - \dfrac{1}{z}} = \frac{z}{z - 1} = \frac{1}{1 - z^{-1}} \tag{6.13}$$

Beispiel 2:

$$f(t) \;=\; t \cdot \sigma(t) \quad \circ\!\!-\!\!\bullet \quad f(s) \;=\; \frac{1}{s^2} \tag{6.14}$$

$$f^*(s) \;=\; 0 + T \cdot e^{-Ts} + 2T \cdot e^{-2Ts} + 3T \cdot e^{-3Ts} + \ldots \tag{6.15}$$

$$ \;=\; T \cdot e^{-Ts} \cdot (1 + 2e^{-Ts} + 3e^{-2Ts} + \ldots) \tag{6.16}$$

Die Umformung mit der Reihe $(1 - x)^{-m} = 1 + mx + m(m+1)x^2/2! + \ldots$ ergibt mit $m = 2$:

$$f(z) \;=\; \frac{Tz^{-1}}{\left(1 - \dfrac{1}{z}\right)^2} = \frac{Tz}{(z - 1)^2} \tag{6.17}$$

6.1.3   Gesetze und Rechenmethoden der z–Transformation

Im folgenden sollen einige Rechenregeln der z–Transformation aufgeführt werden.
Sie sind sehr ähnlich zu denen der Laplace–Transformation.

1. Linearität

$$\mathcal{Z}\{af(kT) + bg(kT)\} = a \cdot \mathcal{Z}\{f(kT)\} + b \cdot \mathcal{Z}\{g(kT)\} \qquad (6.18)$$

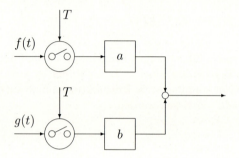

$\Downarrow$ synchron arbeitende Abtaster

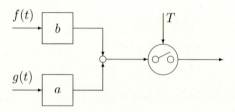

Abb. 6.5: *Linearität*

2. Rechtsverschiebung einer Folge: $n \geq 0$

Verschiebt man eine Folge $x(kT)$ auf der Zeitachse um n Abtastintervalle
nach rechts (das entspricht einer Verzögerung des Signals x), so wird dies
durch eine Multiplikation der z–Transformierten mit z^{-n} ausgedrückt.

$$\mathcal{Z}\{x(kT - nT)\} = z^{-n} \cdot \mathcal{Z}\{x(kT)\} \qquad (6.19)$$

3. Linksverschiebung einer Folge: $n > 0$

Bei einer Linksverschiebung werden die Glieder der Folge, die nach der
Verschiebung links vom Nullpunkt sind, unterdrückt.

$$\mathcal{Z}\{x(kT + nT)\} = z^{n} \cdot \left[\mathcal{Z}\{x(kT)\} - \sum_{m=0}^{n-1} x(mT)z^{-m} \right] \qquad (6.20)$$

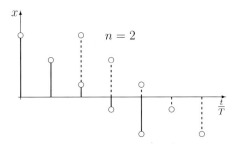

Abb. 6.6: *Rechtsverschiebung*

4. Dämpfungssatz:

$$\mathcal{Z}\{x(kT) \cdot e^{-akT}\} = x(ze^{aT}) \tag{6.21}$$

5. Erste Differenz einer Folge:

$$\Delta x(kT) = x((k+1)T) - x(kT) \tag{6.22}$$

$$\mathcal{Z}\{\Delta x(kT)\} = (z-1) \cdot \mathcal{Z}\{x(kT)\} - x(+0) \cdot z \tag{6.23}$$

6. Anfangswert und Endwert einer Folge:

$$x(+0) = \lim_{z \to \infty} x(z) \tag{6.24}$$

$$x(\infty) = \lim_{k \to \infty} x(kT) = \lim_{z \to 1}((z-1)x(z)) \tag{6.25}$$

7. Differentiation einer Folge nach einem Parameter:

$$\mathcal{Z}\left\{\frac{\partial}{\partial a}x(t,a)\right\} = \frac{\partial}{\partial a}\mathcal{Z}\{x(t,a)\} \tag{6.26}$$

8. Inverse z–Transformation:

Es gilt:

$$x(z) = \sum_{k=0}^{\infty} x(kT)z^{-k} \tag{6.27}$$

Die Koeffizienten dieser Laurent–Reihe ergeben sich zu:

$$x(kT) = \mathcal{Z}^{-1}\{x(z)\} = \frac{1}{2\pi j} \oint x(z)z^{k-1}dz \tag{6.28}$$

Das Integral kann mit dem Cauchyschen Residuensatz berechnet werden, wenn $x(z)$ rational ist.

$$x(kT) = \sum_i \text{Res}\left[x(z)z^{k-1}\right]\Big|_{z=z_i} = \mathcal{Z}^{-1}\{x(z)\} \tag{6.29}$$

Zur Veranschaulichung der verschiedenen möglichen Vorgehensweisen sollen einige Beispiele dienen.

Wir der Anfangswertsatz $x(+0) = \lim_{z \to \infty} x(z)$ auf Gl. (6.27) angewendet

$$x(z) = \sum_{k=0}^{\infty} x(kT)z^{-k} = x(0) + x(1)z^{-1} + \ldots + x(n)z^{-n} + \ldots \quad (6.30)$$

so ist $x(0)$ bestimmbar. Wenn nun der Linksverschiebungssatz (Abschn. 3) angewandt wird, dann können die Terme $x(k)$ nacheinander bestimmt werden.

Generell müssen die Koeffizienten der Potenzreihe durch die Anwendung des Cauchyschen Residuensatzes entwickelt werden. Voraussetzung ist allerdings, daß die Pole $z_{\infty r}$ der im allgemeinen gebrochen rationalen Funktion $x(z) = y(z)/u(z)$ bekannt sind. Andernfalls kann die Funktion z.B. durch Partialbruchzerlegung oder Potenzreihen in eine Summe einfacher Partialbrüche zerlegt werden.

Wenn nun die Pole $z_{\infty r}$ bekannt sind, müssen verschiedene Fälle unterschieden werden.

(a) n einfache Pole $z_{\infty r}$:

$$x(z) = \frac{y(z)}{u(z)} = \frac{y(z)}{\prod_{r=1}^{n}(z - z_{\infty r})} = x(0) + \sum_{r=1}^{n} \frac{\text{Res}\left[\dfrac{y(z)}{u(z)}\right]_{z=z_{\infty r}}}{z - z_{\infty r}} \quad (6.31)$$

n Polstellen $z_{\infty r}$

$$x(0) = \lim_{z \to \infty} x(z) \quad (6.32)$$

$$\text{Res}\left[\frac{y(z)}{u(z)}\right]_{z=z_{\infty r}} = \frac{y(z_{\infty r})}{u'(z_{\infty r})} \quad (6.33)$$

(b) m–facher Pol $z_{\infty r}$:

$$\text{Res}\left[x(z)\right]_{z=z_{\infty r}} = \frac{1}{(m-1)!} \cdot \frac{d^{m-1}}{dz^{m-1}}\left[x(z)(z - z_{\infty r})^m\right]_{z=z_{\infty r}} \quad (6.34)$$

Im vorliegenden Fall der inversen z–Transformation ist allerding statt $x(z)$ der Ausdruck $x(z)z^{k-1}$ zu integrieren. Analog gilt dann:

für (a):

$$R_r = \text{Res}\left[x(z)z^{k-1}\right]_{z=z_{\infty r}} = \lim_{z \to z_{\infty r}}\left[(z - z_{\infty r}) \cdot x(z)z^{k-1}\right]$$

für (b):

$$R_r = \text{Res}\left[x(z)z^{k-1}\right]_{z=z_{\infty r}} = \frac{1}{(m-1)!} \lim_{z \to z_{\infty r}} \frac{d^{m-1}}{dz^{m-1}}\left[(z - z_{\infty r}x(z)z^{k-1}\right]$$

Generell gilt dann für die gesuchte Potenzreihe mit den Residuen R_r:

$$x(z) = \sum_{k=0}^{\infty} R_r z^{-k} \qquad (6.35)$$

Bei konjugiert komplexen Polen sei auf die Spezialliteratur verwiesen.

9. Faltungssatz:

$$y(nT) = \sum_{k=0}^{\infty} u(kT) \cdot h\left[(n-k)T\right] \qquad (6.36)$$

$$\mathcal{Z}\{y(nT)\} = \mathcal{Z}\{u(kT)\} * \mathcal{Z}\{h(kT)\} \qquad (6.37)$$

10. Modifizierte z–Transformation:

Bisher wurden bei der z–Transformation eines Signals $x(t)$ nur die Amplituden im rechtsseitigen Grenzwert $x(kT+0)$ berücksichtigt. Für bestimmte Anwendungsfälle, muß auch die Amplitudenwerte zwischen den Abtastzeitpunkten bekannt sein. Typische Anwendungen sind die Erkennung von „hidden oscillations" bei der Stabilitätsanalyse oder spezielle Anwendungsfälle in der Leistungselektronik.

Immer dann, wenn zum Zeitpunkt

$$t = (k+\gamma)T \qquad \text{mit} \qquad 0 \leq \gamma < 1 \qquad (6.38)$$

die Signalwerte des Signals $x(t)$ ermittelt werden sollen, muß die modifizierte z–Transformation verwendet werden. Prinzipiell kann die Modifikation wie folgt veranschaulicht werden: Das Signal $x(t)$ wird um $(1-\gamma)T$ zeitlich verschoben und dann erst abgetastet, was einem Laufzeitglied $e^{-(1-\gamma)Ts}$ vor dem Abtaster entspricht.

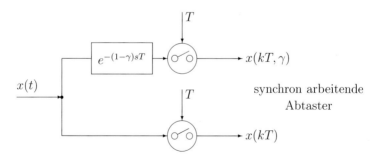

Abb. 6.7: *Modifizierte z–Transformation*

Die Berechnung von $x^*(s, \gamma)$ erfolgt mit der komplexen Faltung (Parseval–Gleichung). In Sonderfällen wird zur Konvergenz des Integrals $\gamma = 1 - m$ gesetzt.

$$x^*(s, \gamma) \quad = \quad \mathcal{L}\{x(t - \gamma T) \cdot \delta_T(t)\} \tag{6.39}$$

$$= \quad \frac{1}{2\pi j} \int_{c-j\infty}^{c+j\infty} x(\varepsilon) e^{\gamma \varepsilon T} \frac{1}{1 - e^{-T(s-\varepsilon)}} \, d\varepsilon \tag{6.40}$$

Anschließend läßt sich daraus die z–Transformierte $x(z, \gamma)$ bestimmen.

11. Zusammenschaltung einfacher Abtastsysteme

Im folgenden sollen einige Rechenregeln für die z–Transformation von Systemen mit Abtastern angegeben werden. Insbesondere ist dabei zu beachten, ob die Teilsysteme durch Abtaster voneinander „isoliert" sind oder nicht. Zur Vereinfachung der Schreibweise wird die folgende Abkürzung eingeführt, die es in der Praxis vielfach erlaubt, in der untenstehenden Korrespondenztabelle direkt von der Laplace–Spalte in die z–Spalte zu gehen.

$$\mathcal{Z}\mathcal{L}^{-1}\{G(s)\} = \mathcal{Z}\left[\mathcal{L}^{-1}\{G(s)\}|_{t=kT}\right] \tag{6.41}$$

In den folgenden Abbildungen wird angenommen, daß alle Abtaster synchron arbeiten, so lange nicht explizit eine andere Arbeitsweise angegeben wird.

Bei der Anordnung nach Abb. 6.8 ist das Ausgangssignal x_{a1} ein kontinuierliches Signal, das als Eingangssignal für den Übertragungsblock mit der Übertragungsfunktion $G_2(s)$ wirkt. Aufgrund des kontinuierlichen Eingangssignals x_{a1} müssen $G_1(s) \cdot G_2(s)$ gemeinsam in den z–Bereich transformiert werden.

Im Gegensatz dazu sind bei der Struktur nach Abb. 6.9 die Eingangssignale jeweils abgetastet. Daher müssen die Übertragungsfunktionen getrennt in den z–Bereich transformiert werden.

Die Struktur von Abb. 6.12 entspricht der Struktur von kontinuierlichen Regelkreisen mit einem leistungselektronischen Stellglied. Die Anordnung Abb. 6.13 entspricht einer möglichen digitalen Regelkreisstruktur.

Weitere Anordnungen können aufgrund dieser Vorkenntnisse leicht selbst erarbeitet werden.

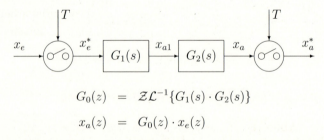

$$G_0(z) \quad = \quad \mathcal{Z}\mathcal{L}^{-1}\{G_1(s) \cdot G_2(s)\}$$

$$x_a(z) \quad = \quad G_0(z) \cdot x_e(z)$$

Abb. 6.8: *Abtastsystem zur* **gemeinsamen** *z–Transformation von G_1 und G_2*

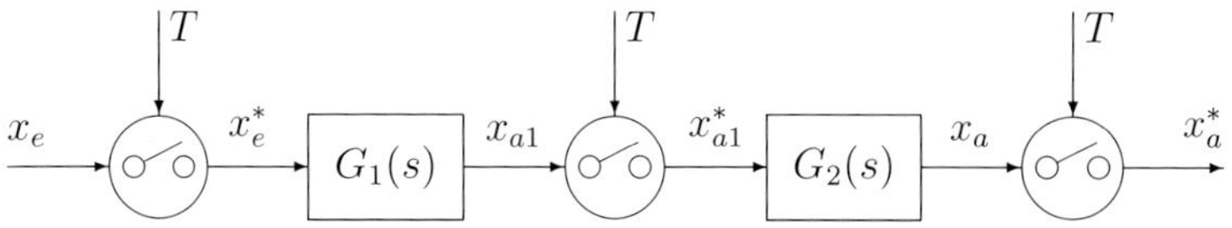

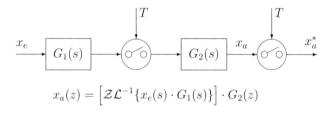

$$G_0(z) \;=\; G_1(z) \cdot G_2(z) \;=\; \mathcal{ZL}^{-1}\{G_1(s)\} \cdot \mathcal{ZL}^{-1}\{G_2(s)\}$$

$$x_a(z) \;=\; G_1(z) \cdot G_2(z) \cdot x_e(z)$$

Abb. 6.9: *Abtastsystem zur* **getrennten** *z–Transformation von G_1 und G_2*

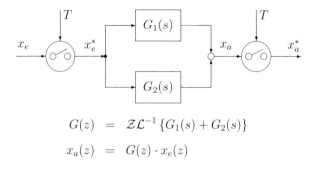

$$x_a(z) = \left[\mathcal{ZL}^{-1}\{x_e(s) \cdot G_1(s)\}\right] \cdot G_2(z)$$

Abb. 6.10: *Abtastsystem zur gemischten z–Transformation von G_1 und G_2*

$$G(z) \;=\; \mathcal{ZL}^{-1}\{G_1(s) + G_2(s)\}$$

$$x_a(z) \;=\; G(z) \cdot x_e(z)$$

Abb. 6.11: *Abtastsystem mit parallelen Signalpfaden*

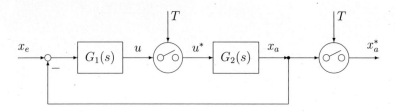

$$u(z) = \mathcal{ZL}^{-1}\{x_e(s) \cdot G_1(s)\} - \mathcal{ZL}^{-1}\{G_1(s) \cdot G_2(s)\} \cdot u(z)$$

$$x_a(z) = \mathcal{ZL}^{-1}\{G_2(s)\} \cdot u(z) = G_2(z) \cdot u(z) = \frac{G_2(z) \cdot \mathcal{ZL}^{-1}\{x_e(s) \cdot G_1(s)\}}{1 + \mathcal{ZL}^{-1}\{G_1(s) \cdot G_2(s)\}}$$

Abb. 6.12: *Regelkreis Anordnung 1*

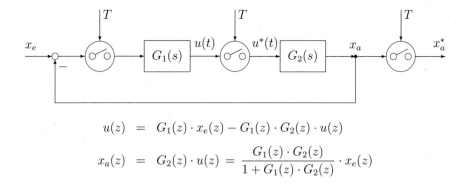

$$u(z) = G_1(z) \cdot x_e(z) - G_1(z) \cdot G_2(z) \cdot u(z)$$

$$x_a(z) = G_2(z) \cdot u(z) = \frac{G_1(z) \cdot G_2(z)}{1 + G_1(z) \cdot G_2(z)} \cdot x_e(z)$$

Abb. 6.13: *Regelkreis Anordnung 2*

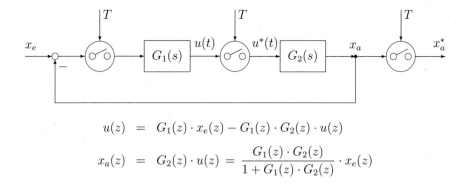

$$x_a(z) = \frac{G_1(z) \cdot x_e(z)}{1 + G_1(z) \cdot G_2(z)}$$

Abb. 6.14: *Regelkreis Anordnung 3*

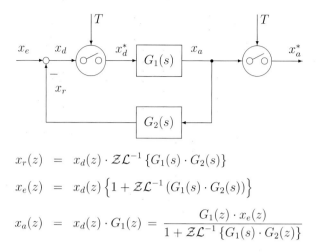

$$x_r(z) \;=\; x_d(z) \cdot \mathcal{ZL}^{-1}\left\{G_1(s) \cdot G_2(s)\right\}$$

$$x_e(z) \;=\; x_d(z)\left\{1 + \mathcal{ZL}^{-1}\left(G_1(s) \cdot G_2(s)\right)\right\}$$

$$x_a(z) \;=\; x_d(z) \cdot G_1(z) \;=\; \frac{G_1(z) \cdot x_e(z)}{1 + \mathcal{ZL}^{-1}\left\{G_1(s) \cdot G_2(z)\right\}}$$

Abb. 6.15: *Regelkreis Anordnung 4*

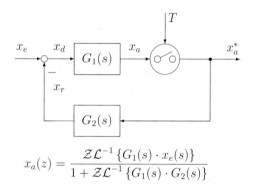

$$x_a(z) = \frac{\mathcal{ZL}^{-1}\left\{G_1(s) \cdot x_e(s)\right\}}{1 + \mathcal{ZL}^{-1}\left\{G_1(s) \cdot G_2(s)\right\}}$$

Abb. 6.16: *Regelkreis Anordnung 5*

6.1.4   Transformationstabelle

$f(t)$	$F(s) = \mathcal{L}\{f(t)\}$	$f(z) = \mathcal{Z}\{f(kT)\}$
1	$\dfrac{1}{s}$	$\dfrac{z}{z-1}$
t	$\dfrac{1}{s^2}$	$\dfrac{Tz}{(z-1)^2}$
t^2	$\dfrac{2}{s^3}$	$\dfrac{T^2 z(z+1)}{(z-1)^3}$
t^3	$\dfrac{6}{s^4}$	$\dfrac{T^3 z(z^2 + 4z + 1)}{(z-1)^4}$
t^n	$\dfrac{n!}{s^{n+1}}$	$\lim\limits_{a \to 0} \dfrac{\partial^n}{\partial a^n} \left\{ \dfrac{z}{z - e^{aT}} \right\}$
e^{-at}	$\dfrac{1}{s+a}$	$\dfrac{z}{z - e^{-aT}}$
te^{-at}	$\dfrac{1}{(s+a)^2}$	$\dfrac{Tze^{-aT}}{\left(z - e^{-aT}\right)^2}$
$t^2 e^{-at}$	$\dfrac{2}{(s+a)^3}$	$\dfrac{T^2 z e^{-aT}\left(z + e^{-aT}\right)}{\left(z - e^{-aT}\right)^3}$
$t^n e^{at}$	$\dfrac{n!}{(s-a)^{n+1}}$	$\dfrac{\partial^n}{\partial a^n} \left\{ \dfrac{z}{z - e^{aT}} \right\}$
$1 - e^{-at}$	$\dfrac{a}{s(s+a)}$	$\dfrac{\left(1 - e^{-aT}\right) z}{(z-1)\left(z - e^{-aT}\right)}$
$at - 1 + e^{-at}$	$\dfrac{a^2}{s^2 \cdot (s+a)}$	$\dfrac{\left(aT - 1 + e^{-aT}\right) z^2 + \left(1 - aTe^{-aT} - e^{-aT}\right) z}{(z-1)^2 \left(z - e^{-aT}\right)}$

$f(z, \gamma) = \mathcal{Z}\{f(kT + \gamma T)\}$ mit $0 \leq \gamma < 1$	$f(t)$
$\dfrac{z}{z - 1}$	1
$\dfrac{Tz[\gamma z + (1 - \gamma)]}{(z - 1)^2}$	t
$\dfrac{T^2 z \left[\gamma^2 z^2 + (1 + 2\gamma - 2\gamma^2)z + (1 - \gamma)^2\right]}{(z - 1)^3}$	t^2
$\dfrac{T^3 z \left[\gamma^3 z^3 + (1 + 3\gamma + 3\gamma^2 - 3\gamma^3)z^2 + (4 - 6\gamma^2 + 3\gamma^3)z + (1 - \gamma)^3\right]}{(z - 1)^4}$	t^3
$\displaystyle\lim_{a \to 0} \frac{\partial^n}{\partial a^n} \left\{ \frac{z e^{a\gamma T}}{z - e^{aT}} \right\}$	t^n
$\dfrac{z e^{-a\gamma T}}{z - e^{-aT}}$	e^{-at}
$\dfrac{Tz e^{-a\gamma T} \left[\gamma z + (1 - \gamma)e^{-aT}\right]}{(z - e^{-aT})^2}$	te^{-at}
$\dfrac{T^2 z e^{-a\gamma T}}{(z - e^{-aT})^3} \left[\gamma^2 z^2 + (1 + 2\gamma - 2\gamma^2)e^{-aT}z + (1 - \gamma)^2 e^{-2aT}\right]$	$t^2 e^{-at}$
$\dfrac{\partial^n}{\partial a^n} \left\{ \dfrac{z e^{a\gamma T}}{z - e^{aT}} \right\}$	$t^n e^{at}$
$\dfrac{\left(1 - e^{-a\gamma T}\right) z^2 + \left(e^{-a\gamma T} - e^{-aT}\right) z}{(z - 1)\left(z - e^{-aT}\right)}$	$1 - e^{-at}$
$\dfrac{z}{(z - 1)^2 \left(z - e^{-aT}\right)} \Big\{ \left(a\gamma T - 1 + e^{-a\gamma T}\right) z^2$ $+ \left[aT\left(1 - \gamma - \gamma e^{-aT}\right) + 1 - 2e^{-a\gamma T} + e^{-aT}\right] z$ $+ \left[e^{-a\gamma T} - aT e^{-aT}(1 - \gamma) - e^{-aT}\right] \Big\}$	$at - 1$ $+ e^{-at}$

$f(t)$	$F(s) = \mathcal{L}\{f(t)\}$	$f(z) = \mathcal{Z}\{f(kT)\}$
$e^{-at} - e^{-bt}$	$\dfrac{b-a}{(s+a)(s+b)}$	$\dfrac{z\left(e^{-aT} - e^{-bT}\right)}{\left(z - e^{-aT}\right)\left(z - e^{-bT}\right)}$
$(a-b)$ $+be^{-at} - ae^{-bt}$	$\dfrac{ab(a-b)}{s(s+a)(s+b)}$	$\dfrac{(a-b)z}{z-1} + \dfrac{bz}{z - e^{-aT}} - \dfrac{az}{z - e^{-bT}}$
$ab(a-b)t$ $+(b^2 - a^2)$ $-b^2 e^{-at}$ $+a^2 e^{-bt}$	$\dfrac{a^2 b^2 (a-b)}{s^2(s+a)(s+b)}$	$\dfrac{ab(a-b)Tz}{(z-1)^2} + \dfrac{(b^2 - a^2)\,z}{z-1}$ $-\dfrac{b^2 z}{z - e^{-aT}} + \dfrac{a^2 z}{z - e^{-bT}}$
$\sin \omega_0 t$	$\dfrac{\omega_0}{s^2 + \omega_0^2}$	$\dfrac{z \sin \omega_0 T}{z^2 - 2z \cos \omega_0 T + 1}$
$\cos \omega_0 t$	$\dfrac{s}{s^2 + \omega_0^2}$	$\dfrac{z(z - \cos \omega_0 T)}{z^2 - 2z \cos \omega_0 T + 1}$ Spezialfall: $\omega_0 T = \pi: \quad \mathcal{Z}\left\{(-1)^k\right\} = \dfrac{z}{z+1}$
$e^{-at} \sin \omega_0 t$	$\dfrac{\omega_0}{(s+a)^2 + \omega_0^2}$	$\dfrac{ze^{-aT} \sin \omega_0 T}{z^2 - 2ze^{-aT} \cos \omega_0 T + e^{-2aT}}$
$e^{-at} \cos \omega_0 t$	$\dfrac{s+a}{(s+a)^2 + \omega_0^2}$	$\dfrac{z^2 - ze^{-aT} \cos \omega_0 T}{z^2 - 2ze^{-aT} \cos \omega_0 T + e^{-2aT}}$ Spezialfall: $\omega_0 T = \pi: \quad \mathcal{Z}\left\{\left(-e^{-aT}\right)^k\right\} = \dfrac{z}{z + e^{-aT}}$

$f(z, \gamma) = \mathcal{Z}\{f(kT + \gamma T)\}$ mit $0 \leq \gamma < 1$	$f(t)$
$\dfrac{\left(e^{-a\gamma T} - e^{-b\gamma T}\right) z^2 + \left(e^{-T(a+b\gamma)} - e^{-T(b+a\gamma)}\right)}{\left(z - e^{-aT}\right)\left(z - e^{-bT}\right)}$	$e^{-at} - e^{-bt}$
$\dfrac{(a-b)z}{z-1} + \dfrac{bze^{-a\gamma T}}{z - e^{-aT}} - \dfrac{aze^{-b\gamma T}}{z - e^{-bT}}$	$(a-b)$ $+be^{-at} - ae^{-bt}$
$\dfrac{ab(a-b)Tz}{(z-1)^2} + \dfrac{\left[ab(a-b)\gamma T + b^2 - a^2\right] z}{z-1}$ $-\dfrac{b^2 z e^{-a\gamma T}}{z - e^{-aT}} + \dfrac{a^2 z e^{-b\gamma T}}{z - e^{-bT}}$	$ab(a-b)t$ $+(b^2 - a^2)$ $-b^2 e^{-at}$ $+a^2 e^{-bt}$
$\dfrac{z^2 \sin \gamma \omega_0 T + z \sin(1-\gamma)\omega_0 T}{z^2 - 2z \cos \omega_0 T + 1}$	$\sin \omega_0 t$
$\dfrac{z^2 \cos \gamma \omega_0 T - z \cos(1-\gamma)\omega_0 T}{z^2 - 2z \cos \omega_0 T + 1}$	$\cos \omega_0 t$
$\dfrac{\left[z \sin \gamma \omega_0 T + e^{-aT} \sin(1-\gamma)\omega_0 T\right] z e^{-a\gamma T}}{z^2 - 2z e^{-aT} \cos \omega_0 T + e^{-2aT}}$	$e^{-at} \sin \omega_0 t$
$\dfrac{\left[z \cos \gamma \omega_0 T - e^{-aT} \cos(1-\gamma)\omega_0 T\right] z e^{-a\gamma T}}{z^2 - 2z e^{-aT} \cos \omega_0 T + e^{-2aT}}$	$e^{-at} \cos \omega_0 t$

6.2 Übertragungsfunktionen von Abtastsystemen

Im Kap. 6.1.3 waren Rechenregeln für zeitdiskrete Systeme angegeben worden. Grundsätzlich kann ein Signal $x(z)$, das eine gebrochen rationale z–Übertragungsfunktion hat, auch durch eine Regelkreisanordnung mit einem oder mehreren Abtastsystemen hervorgerufen werden (siehe Abb. 6.17).

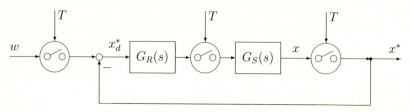

Abb. 6.17: *Standardregelkreis*

Mit $m \leq n$ gilt:

$$x(z) = \frac{G_R(z) \cdot G_S(z)}{1 + G_R(z) \cdot G_S(z)} \cdot w(z) = \frac{d_0 + d_1 z^{-1} + \ldots + d_m z^{-m}}{a_0 + a_1 z^{-1} + \ldots + a_n z^{-n}} \cdot w(z)$$

bzw.

$$x(z)\Big(1 + G_R(z) \cdot G_S(z)\Big) = G_R(z) \cdot G_S(z) \cdot w(z)$$

$$x(z)\Big(a_0 + a_1 z^{-1} + \cdots + a_n z^{-n}\Big) = \Big(d_0 + d_1 z^{-1} + \cdots + d_m z^{-m}\Big) w(z)$$

Dabei beschreiben die Terme mit d_r Vorsteuergrößen und diejenigen mit a_r Rückkopplungsgrößen. Es ergeben sich somit entsprechende Bezeichnungen wie bei kontinuierlichen Systemen. Damit können alle Verfahren der Analyse und Synthese von kontinuierlichen Systemen auf Abtastsysteme übertragen werden.

6.2.1 Stabilität und Pollagen

Aufgrund der obigen Überlegungen bleiben die Verfahren der Stabilitätsanalyse, Wurzelortskurve, Nyquist-Ortskurve und Nichols-Diagramm somit weiter — in entsprechender Übertragung in den z–Bereich — anwendbar.

Als erstes Beispiel soll eine Übertragung der Bedingungen für die Stabilitätsanalyse erfolgen. Generell gilt für die notwendige und hinreichende Stabilität im s–Bereich, daß keine Pole des geschlossenen Regelkreises in der rechten Halbebene vorhanden sind. Die Stabilitätsgrenze ist somit die imaginäre Achse der s–Ebene. Diese Aussage muß nun in den z–Bereich übertragen werden. Mit $s = \sigma + j\omega$ gilt:

$$z = e^{sT} = e^{(\sigma + j\omega)T} = e^{\sigma T} \cdot e^{j\omega T} \tag{6.42}$$

$$|z| = e^{\sigma T} = f(\sigma) \tag{6.43}$$

Ein Pol in der s–Ebene mit wird somit in den z–Bereich in die Koordinaten mit dem Betrag $e^{\sigma T}$ und den Winkel $e^{j\omega T}$ übertragen. Wenn nun die imaginäre Achse als Pollage angenommen wird, dann ist $\sigma = 0$ und es ergibt sich als Stabilitätsgrenze im z–Bereich $z = e^{j\omega T}$, d.h. ein Kreis mit dem Betrag Eins. Die imaginäre Achse im s–Bereich wird somit auf den Einheitskreis abgebildet (siehe Abb. 6.18).

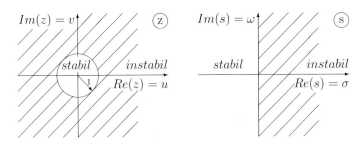

Abb. 6.18: *Analogie zur Stabilitätsbedingung in der s–Ebene: $\sigma < 0$*

Alle Pole in der linken s–Halbebene werden somit in Pole innerhalb des Einheitskreises in der z–Ebene abgebildet. Ein Regelkreis mit Abtastsystemen ist somit stabil, wenn die z–Pole des geschlossenen Regelkreises innerhalb des Einheitskreises liegen; liegen Pole auf dem Kreis, dann befindet sich der Regelkreis an der Stabilitätsgrenze; liegen die Pole außerhalb des Kreises in der z–Ebene, dann ist der Regelkreis instabil.

Wesentlich ist, daß entsprechend Gl. (6.42) die Abtastperiode T gleichzeitig den Winkel und den Betrag der Pole im z–Bereich bestimmt, andererseits σ nur auf den Betrag und ω nur auf die Phasenlage wirkt. Folglich hängt die Stabilität eines Regelkreises im z–Bereich maßgeblich von der Abtastperiode T ab.

In diesem Sinne können nun verschiedene Pollagen der s–Ebene in die z–Ebene abgebildet werden (Abb. 6.19). Geraden in der linken Halbebene, parallel zur imaginären Achse in der s–Ebene, werden somit zu Kreisen mit $r < 1$ in der z–Ebene abgebildet. Analog werden Geraden, parallel zur reellen Achse in der s–Ebene, zu Geraden mit dem Winkel $e^{j\omega T}$ in der z–Ebene abgebildet. In gleicher Weise können die Pollagen dem Zeitverhalten zugeordnet werden (Abb. 6.20 und 6.21).

Abbildung 6.21 zeigt Linien konstanten Dämpfungsgrads für $D = 1/\sqrt{2}$, $D = 0,5$ und $D = 0,35$, sowie Kreise für Werte der natürlichen Frequenz ω_n. Sie sind hier mit der Abtastperiode T normiert und für $0 \leq \omega_n T \leq 90°$ dargestellt. Der größte Kreis mit $\omega_n = 90°$ entspricht einem Viertel der Abtastkreisfrequenz ω_A, da für $\omega_A/4 = 2\pi/(4T) = \omega_n$ auch $\omega_n T = \pi/2$ gilt.

Zur weiteren Vertiefung soll noch der einfache Fall eines Systems 2. Ordnung mit konstantem Dämpfungsgrad $D = const.$ angenommen werden. Im s–Bereich gilt für dieses System:

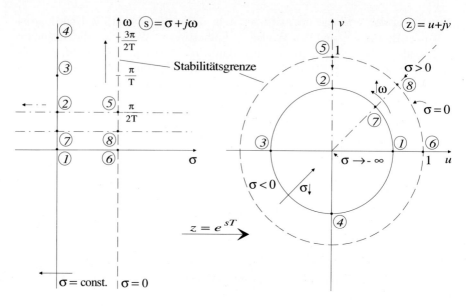

Geraden mit $\sigma = const. \longrightarrow$ Kreise
                $\omega = const. \longrightarrow$ Geraden

Abb. 6.19: *z–Transformation, Stabilität, Pollagen*

$$D = \left|\frac{\sigma}{\omega_0}\right| = \frac{\sigma}{\sqrt{\sigma^2 + \omega_e^2}} = \cos(\alpha) = const \qquad (6.44)$$

Beim Betragsoptimum gilt z.B. $|\sigma| = |\omega_e|$ und damit $D = \cos(\alpha) = 1/\sqrt{2}$. Dies ergibt im z–Bereich mit $\sigma < 0$

$$z = e^{sT} = e^{\sigma T} \cdot e^{j\omega_e T} \qquad (6.45)$$

eine logarithmische Spirale mit dem Betrag $e^{\sigma T}$ und dem Winkel $\omega_e T$. Die Gerade mit $D = const.$ wird somit im z–Bereich in eine logarithmische Spirale abgebildet.

Wenn nun die Wurzelortskurve (WOK) des offenen Regelkreises bekannt ist, dann kann das dynamische Verhalten des geschlossenen Regelkreises festgelegt werden. Allgemein gilt:

$$G_0(z) = K \cdot \frac{Z(z)}{N(z)} = K \cdot \frac{(z - z_{01})(z - z_{02})\dots}{(z - z_{\infty 1})(z - z_{\infty 2})(z - z_{\infty 3})\dots} \qquad (6.46)$$

Das WOK–Verfahren fordert:

$$1 + G_R(z) \cdot G_S(z) \overset{!}{=} 0 \ \Rightarrow \ G_0(z) = -1 \qquad (6.47)$$

$$\text{bzw.} \qquad N(z) + K \cdot Z(z) = 0 \qquad (6.48)$$

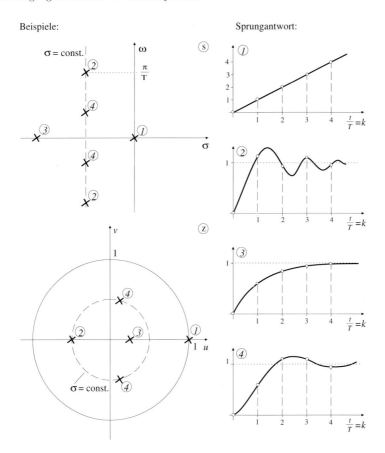

Abb. 6.20: *z–Pollagen und Zeitverhalten*

Die Wurzelortskurve ist somit der geometrische Ort, für den Gl. (6.48) erfüllt ist. Damit kann wie folgt formuliert werden:

$$G_0(z) = K \cdot \frac{|z - z_{01}| \, e^{j\beta_1} \ldots |z - z_{0m}| \, e^{j\beta_m}}{|z - z_{\infty 1}| \, e^{j\alpha_1} \ldots |z - z_{\infty n}| \, e^{j\alpha_n}} \tag{6.49}$$

Wenn $G_0(z) = -1$ sein soll, dann muß mit $c = \pm 1, \pm 2, \ldots$ somit gelten:

$$G_0(z) = -1 = e^{jc\pi} \tag{6.50}$$

$$\beta_1 + \cdots + \beta_m - \alpha_1 - \ldots - \alpha_n = c\pi \quad \text{mit} \quad c = \pm 1, \pm 2, \ldots \tag{6.51}$$

und

$$K \cdot \frac{|z - z_{01}| \cdots |z - z_{0m}|}{|z - z_{\infty 1}| \cdots |z - z_{\infty n}|} = 1 \tag{6.52}$$

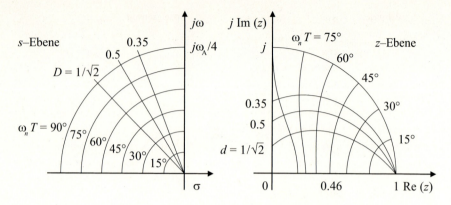

Abb. 6.21: *Linien konstanter Dämpfung und konstanter natürlicher Frequenz*

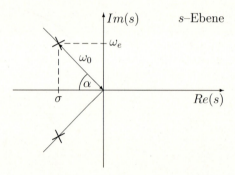

Abb. 6.22: *Pollage und Dämpfung*

wobei z_{0i} und $z_{\infty i}$ bzw. K entsprechend dem oben gewünschten Verhalten gewählt werden können. Entsprechende Konstruktionsverfahren sind in allen Lehrbüchern der Regelungs– bzw. Automatisierungstechnik beschrieben [49, 53]. In entsprechender Weise können die Methoden der Polvorgabe etc. angewandt werden.

Eine Besonderheit bei Abtastsystemen ist die Pollage bei $z = 0$. In diesem Fall spricht man von *Dead–Deat*-Verhalten. Dabei läßt sich bei Abtastsystemen ein Übergangsvorgang mit definierter Einstellzeit erreichen. Dies ist ein Idealfall gegenüber dem kontinuierlichen System, bei denen die Ausregelzeit prinzipiell unendlich ist. Ein System im z–Bereich mit *Dead–Beat*-Verhalten besitzt daher ein charakteristisches Polynom endlicher Ordnung.

Allerdings muß bei der *Dead–Beat*-Regelung beachtet werden, daß die benötigten Stellgliedsignale sehr groß werden können. Dies kann dazu führen, daß — insbesondere bei schwingungsfähigen Systemen, bei denen die Eigenfrequenzen oder deren Harmonische im Bereich der Abtastfrequenzen liegen — der

Dead–Beat-Reglerentwurf nicht genützt werden kann. Der *Dead–Beat*-Entwurf ist somit insbesondere vorteilhaft, wenn Systeme mit reellen Eigenwerten oder mit Totzeiten vorliegen.

Ein weiterer wichtiger Punkt bei Abtastsystemen ist die Wahl der Abtastperiode T. Je höher die Abtastfrequenz bzw. je kürzer die Abtastperiode T gewählt wird, desto mehr nähert sich das Abtastsystem dem kontinuierlichen System an.

Allerdings ist eine sehr hohe Abtastfrequenz aus verschiedenen Gründen nicht immer erwünscht. Eine hohe Abtastfrequenz erhöht nicht nur die Bandbreite der zu verarbeitenden Signale (Shannon–Theorem), sondern auch die Kosten bei der Realisierung des Systems. Weiterhin nehmen im allgemeinen die Stellamplituden mit der Erhöhung der Abtastfrequenz bzw. der Bandbreite zu. Die Wahl der Abtastperiode ist somit immer ein Kompromiß.

6.2.2 Übertragungsverhalten von zeitdiskreten Systemen

In diesem Kapitel soll das Übertragungsverhalten von zeitdiskreten Systemen dargestellt werden. Grundsätzlich muß nun unterschieden werden, ob hinter dem Abtaster ein Halteglied angeordnet ist oder nicht. Im folgenden wird ein einfaches Abtastsystem mit einem Halteglied nullter Ordnung $H_0(s)$ nach Abb. 6.23 betrachtet.

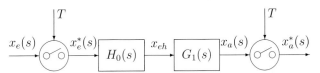

Abb. 6.23: *Diskretes System mit Halteglied H_0*

Wie schon im Kap. 6.1.1 dargestellt, hat das Halteglied nullter Ordnung die Übertragungsfunktion

$$H_0(s) = \frac{1 - e^{-sT}}{s} \tag{6.53}$$

Die Übertragungsfunktion des Systems in Abb. 6.23 im z–Bereich ergibt sich nach den Rechenregeln wie folgt, wobei der Ausdruck für $G_1(s)/s$ der Korrespondenztabelle entnommen werden kann. Man beachte insbesondere, daß hierbei die Übertragungsfunktion des Halteglieds nullter Ordnung mit der Äquivalenz $z = e^{sT}$ in einen Teil $1/s$ im s–Bereich und einen Teil $(z-1)/z$ im z–Bereich aufgespalten wird.

$$\frac{x_a(z)}{x_e(z)} = H_0G_1(z) = \mathcal{Z}\left[\mathcal{L}^{-1}\left\{G_1(s) \cdot \frac{1 - e^{-sT}}{s}\right\}\bigg|_{t=kT}\right] \tag{6.54}$$

$$= \frac{z-1}{z}\,\mathcal{Z}\left[\mathcal{L}^{-1}\left\{\frac{G_1(s)}{s}\right\}\bigg|_{t=kT}\right] \tag{6.55}$$

Ein weiterer zu betrachtender Fall ist eine zusätzlich vorhandene Totzeit, wobei die Totzeit ein Vielfaches der Abtastperiode T sei.

$$G(s) = G_1(s) \cdot e^{-sT_t} \qquad \text{mit} \qquad T_t = d \cdot T \tag{6.56}$$

Da für die Totzeit $e^{-sT_t} = e^{-sdT} = z^{-d}$ gilt, erhält man mit obigem Ansatz:

$$H_0G(z) = \mathcal{Z}\left[\mathcal{L}^{-1}\{H_0 \cdot e^{-sT_t} \cdot G_1(s)\}\Big|_{t=kT}\right] \tag{6.57}$$

$$= \frac{z-1}{z} \cdot z^{-d} \cdot \mathcal{Z}\left[\mathcal{L}^{-1}\left\{\frac{G_1(s)}{s}\right\}\Big|_{t=kT}\right] \tag{6.58}$$

Der vorliegende Fall ist insbesondere bei digitalen Systemen von Bedeutung, bei denen das informationsverarbeitende System (Abb. 6.1) d Abtastperioden zur Berechnung des Ausgangssignals benötigt und unter der Bedingung, daß Berechnung und Abtastung synchronisiert sind. Aus Gl. (6.58) ist zu erkennen, daß durch die Totzeit z^{-d} insgesamt d zusätzliche Pole bei $z = 0$ zu beachten sind.

Ein anderer Fall liegt vor, wenn die Totzeit T_t nicht ein Vielfaches der Abtastperiode T ist, wie z.B. bei gleichzeitiger Verwendung mehrerer unabhängiger digitaler Signalverarbeitungssysteme. In diesem Fall muß mit der modifizierten z–Transformation gearbeitet werden. Allgemein wird nun die Totzeit durch

$$T_t = mT - \gamma T \tag{6.59}$$

dargestellt, mit ganzzahligem m und $0 \leq \gamma < 1$, d.h. $mT > T_t$.

Analog erhält man dann $H_0G_\gamma(z)$ bzw. mit der Schreibweise in der Transformationstabelle (Kap. 6.1.4) $H_0G_\gamma(z, \gamma)$:

$$H_0G_\gamma(z) = \frac{z-1}{z^{m+1}}\mathcal{Z}\left[\mathcal{L}^{-1}\left\{\frac{G_1(s)}{s}\right\}\Big|_{t=kT+\gamma T}\right] \tag{6.60}$$

$$\text{bzw.} \quad H_0G(z, \gamma) = \frac{z-1}{z^{m+1}} \cdot \mathcal{Z}_\gamma \cdot \left\{\frac{G_1(s)}{s}\right\} \tag{6.61}$$

6.2.3   Frequenzkennlinien–Darstellung von Abtastsystemen

In Kap. 2.1.2 waren die Vorzüge der Frequenzkennlinien–Darstellung (Bode–Diagramm) im Laplace–Bereich bei der Kettenschaltung von Übertragungsfunktionen dargestellt worden. Vorteilhaft war insbesondere die approximierte Darstellung im logarithmischen Bereich, da überschlägig grundsätzliche Fragestellungen wie Stabilität, Stabilitätsgrenze sowie Phasenreserve abgeschätzt werden können.

In Kap. 6.2.1 waren die Pollagen im Laplace– und in Relation dazu im z–Bereich diskutiert worden. Eines der Ergebnisse war, daß außer der Pollage im

s–Bereich auch die Abtastzeit T im z–Bereich von Bedeutung ist, d.h. die Abtastzeit T und die Pollage im s–Bereich beeinflussen die resultierende Pollage im z–Bereich.

Um diesen Zusammenhang aus dem mathematischen Gesichtspunkt zu kommentieren, sei erinnert, daß die lineare Übertragungsfunktion $G(s)$ als ein Quotient zweier Polynome in s — rationale Übertragungsfunktion vorausgesetzt — dargestellt werden kann; derartige rationale Übertragungsfunktionen erlauben eine einfache Darstellung durch ihre Frequenzkennlinie für $s = j\omega$.

Wenn wir stattdessen eine rationale Übertragungsfunktion $G(z)$ betrachten, dann ist diese Übertragungsfunktion einerseits rational in z aber andererseits — aufgrund von $z = e^{Ts}$ und $s = j\omega$ — eine transzendente Funktion in ω. Es besteht somit der Wunsch, die rationale Funktion im s–Bereich — mit speziellem Ansatz $s = j\omega$ nach [8] — in eine rationale Funktion von $\mathtt{w}$ im Abtastbereich zu transformieren. Wenn dies gelingt, dann könnten die Vorteile der Frequenzkennlinien–Darstellung in den Abtastbereich übertragen werden. Die Transformationsgleichung ist

$$z = e^{Ts} = \frac{1 + \dfrac{T}{2} \cdot \mathtt{w}}{1 - \dfrac{T}{2} \cdot \mathtt{w}} \tag{6.62}$$

mit der komplexen Größe $\mathtt{w}$

$$\mathtt{w} = \xi + j\,\Omega \tag{6.63}$$

Die obige Transformationsgleichung orientiert sich an der Padé–Approximation 1. Ordnung für eine Totzeit.

Für die Frequenzkennlinien–Darstellung ist insbesondere die Abbildung der jw–Achse in der s–Ebene auf die imaginäre Achse in der $\mathtt{w}$–Ebene interessant. Durch Einsetzen von $s = j\omega$ einerseits und $\mathtt{w} = j\Omega$ andererseits und Einsetzung in die umgeformte Gleichung (6.62) ergibt sich die Gleichung:

$$\frac{T}{2}\,\mathtt{w} = \frac{e^{Ts} - 1}{e^{Ts} + 1} \tag{6.64}$$

Nach dem Einsetzen von $s = j\omega$ und $\mathtt{w} = j\Omega$

$$\frac{T}{2}\,j\Omega = \frac{e^{Tj\omega} - 1}{e^{Tj\omega} + 1} \tag{6.65}$$

und mit $\tanh(x/2) = (1 - e^{-x})/(1 + e^{-x})$ sowie $j\tan(x) = \tanh(jx)$ ergibt sich endgültig:

$$\frac{T}{2}\,\Omega = \tan\left(\frac{T}{2}\,\omega\right) \tag{6.66}$$

Der realen Kreisfrequenz ω wird somit eine transformierte Kreisfrequenz Ω zugeordnet. Wesentlich ist, daß die halbe Abtastzeit $T/2$ als Parameter besteht, der die quantitative Beziehung zwischen ω und Ω bestimmt.

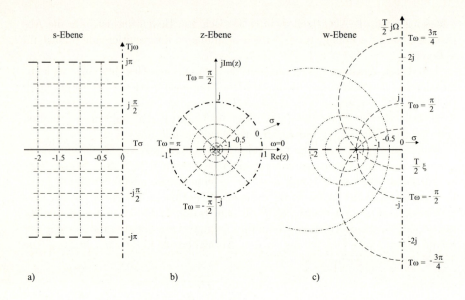

Abb. 6.24: *Abbildung des Grundstreifens der s–Ebene (a) in den Einheitskreis der z–Ebene (b) und die linke Hälfte der w–Ebene (c)*

Eine Verallgemeinerung der obigen Überlegungen führt zu Abb. 6.24, in der die s–, z– und w–Ebenen sowie die wesentlichen Übergänge und Beziehungen dargestellt sind. Wesentlich bei dem Ergebnis der Transformation in Gl. (6.66) ist, daß gilt:

$$\Omega \approx \omega \quad \text{für} \quad \frac{T}{2}\,\Omega \ll 1 \quad \text{und} \quad \frac{T}{2}\,\omega \ll 1$$

Mit zunehmendem $T\omega/2$ gegen $T\omega/2 \Rightarrow \pi/2$ wird allerdings $T\Omega/2 \Rightarrow \infty$ gehen.

Dies bedeutet letztendlich, bei **sehr hohen Abtastfrequenzen** bzw. **sehr kleinen Abtastzeiten** T kann in einem **unteren Kreisfrequenzbereich** die Abtastung vernachlässigt werden bzw. **der Abtastregelkreis wie** ein **kontinuierlich arbeitender Regelkreis** behandelt werden.

Zur Veranschaulichung dieser Abschätzung soll die Übertragungsfunktion im s–Bereich

$$G(s) = \frac{1}{1 + T_1 s}$$

mit der Verzögerungszeit T_1 und mit einer zusätzlichen Abtast–Halteglied H_0–Kombination im w–Bereich dargestellt werden.

Entsprechend Gl. (6.58) und Abb. 6.23 gilt für die Serienschaltung „Abtastung–Halteglied H_0–$G_1(s)$"

$$\frac{x_a(z)}{x_e(z)} = H_0 G_1(z) = \frac{z-1}{z} \mathcal{Z}\left[\mathcal{L}^{-1}\left\{\frac{G_1(s)}{s}\right\}\right] \qquad (6.67)$$

Für den Anteil $G_1(s)/s$ ergibt sich nach der Partialbruchzerlegung

$$\frac{G_1(s)}{s} = \frac{1}{s(1+sT_1)} = \frac{1}{s} - \frac{1}{s + \dfrac{1}{T_1}} \tag{6.68}$$

und somit für $G_1(s)/s$

$$\mathcal{ZL}^{-1}\left\{\frac{G_1(s)}{s}\right\} = \frac{z}{z-1} - \frac{z}{z - e^{-T/T_1}} \tag{6.69}$$

insgesamt mit Halteglied H_0

$$H_0 G_1(z) = \frac{z-1}{z}\mathcal{ZL}^{-1}\left\{\frac{G_1(s)}{s}\right\} = \frac{1 - e^{-T/T_1}}{z - e^{-T/T_1}} \tag{6.70}$$

Die Transformation in den $\mathtt{w}$–Bereich erfolgt, indem Gl. (6.62) in Gl. (6.70) eingesetzt wird; das Ergebnis ist:

$$H_0 G_1(\mathtt{w}) = \frac{1 - \dfrac{T}{2}\mathtt{w}}{1 + \dfrac{1 + e^{-T/T_1}}{1 - e^{-T/T_1}} \cdot \dfrac{T}{2}\mathtt{w}} \tag{6.71}$$

Durch Verwendung der transformierten Verzögerungszeit τ_1 in Gl. (6.71) erhält man:

$$\tau_1 = \frac{T}{2} \cdot \frac{1 + e^{-T/T_1}}{1 - e^{-T/T_1}} \tag{6.72}$$

$$H_0 G_1(\mathtt{w}) = \frac{1 - \dfrac{T}{2}\mathtt{w}}{1 + \tau_1 \mathtt{w}} \tag{6.73}$$

Wird nun $\mathtt{w} = j\Omega$ gesetzt, ergibt sich der Abtast–Frequenzgang:

$$H_0 G_1(j\Omega) = \frac{1 - \dfrac{T}{2}j\Omega}{1 + \tau_1 j\Omega} \tag{6.74}$$

Entsprechend dem Vorgehen beim Bode–Diagramm im Frequenzbereich (kontinuierliches System) wird nun beim Abtast–Frequenzgang (Abtastsystem) vorgegangen. Es ist offensichtlich, daß es einen Pol, d.h. Nullstelle des Nennerpolynoms und damit einen Knick in der asymptotischen Darstellung bei $\Omega_1 = -1/\tau_1$ in der linken $\mathtt{w}$–Halbebene gibt — entsprechend $s = -1/T_1$ im Frequenzbereich des $G_1(s)$-Tiefpasses.

Weiterhin wird es eine Nullstelle des Zählerpolynoms bei $\Omega = 2/\pi$ in der rechten $\mathtt{w}$–Halbebene geben, diese Nullstelle des Zählerpolynoms hat — wie auch im Frequenzbereich der kontinuierlichen Systeme — eine Amplitudenanhebung mit

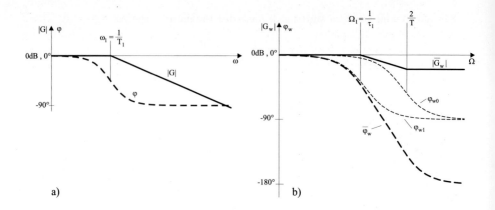

Abb.6.25: *Frequenzkennlinien zum Frequenzgang $G(j\omega)$ (a) und Abtast–Frequenzgang $\overline{G}_{\tt w}(j\Omega)$ (b) eines Verzögerungsgliedes 1. Ordnung ($\varphi_{\tt w0}$, $\varphi_{\tt w1}$: Phasengänge zu den einzelnen Eckfrequenzen im transformierten Bereich)*

20 dB/Dekade und einen — allerdings — weiter verzögernden drehenden Phasenwinkel zur Folge, d.h. der resultierende Phasenwinkel dreht von $0°$ auf $-90°(\tau_1)$ auf $-180°(T/2)$; dies berücksichtigt die zusätzliche Phasendrehung durch den Abtastvorgang (Abb. 6.25)

Wesentlich ist somit, daß sich bei tiefen Kreisfrequenzen ω im Frequenzbereich und bei tiefen Kreisfrequenzen Ω im Abtast–Frequenzbereich ähnliche Verläufe bei der approximierten Darstellung ergeben, d.h. bei sehr hohen Abtastfrequenzen bzw. sehr kleinen Abtastzeiten T nähert sich das Verhalten des Systems „Abtastung–Halteglied H_0–Tiefpaß 1. Ordnung" einem Tiefpaßverhalten alleine mit der transformierten Verzögerungszeit τ_1 in der Abtast–Frequenzdarstellung statt der Zeitkonstante T_1 im Frequenzbereich an. Bei kleinen Abtastfrequenzen bzw. großen Abtastzeiten T nähert sich τ_1 an $T/2$ an, und es dominiert das Abtastverhalten, d.h. es wird der mittlere Wartezeitwert bzw. der Erwartungswert $\overline{T}_{\tt w} = T_E = T/2$ als resultierende Zeitkonstante relevant.

Die hier nur grundsätzlich dargestellten Überlegungen können auf alle rationalen Übertragungsfunktionen im s–Bereich und auf Systeme mit zusätzlichen Totzeiten übertragen werden. In [8, 14, 20] ist dies exemplarisch ausgeführt.

In [24, 33] wird statt der Transformationsgleichung (6.62) die Transformationsgleichung

$$z = \frac{1 + {\tt w}}{1 - {\tt w}} \tag{6.75}$$

vorgeschlagen; allerdings muß dabei beachtet werden, daß bei dieser zweiten Transformationsgleichung der Übergang vom abgetasteten System zu einem kontinuierlichen System bei der Abtastzeit $T \to 0$ verloren geht.

Die vorgestellte Darstellung in der ${\tt w}$–Ebene ist somit recht anschaulich und hat prinzipiell die gleichen Vorteile wie die Darstellung mit dem Bode–Diagramm.

Allerdings muß beachtet werden, daß inzwischen Simulations– und Optimierungs-
programme wie beispielsweise MATLAB/SIMULINK verfügbar sind und diese
Programme einen problemlosen Übergang von kontinuierlich arbeitenden zu Abtastsystemen ermöglichen, so daß für die Darstellung im w–Bereich im wesentlichen die Anschaulichkeit verbleibt.

6.2.4 Systeme mit mehreren nichtsynchronen Abtastern

Bisher wurde angenommen, daß im Regelkreis nur ein Abtastglied oder mehrere
synchron arbeitende Abtastglieder sind. Generell können nun aber Systeme auch
mehrere Abtastglieder besitzen, die nicht synchron arbeiten. Der allereinfachste
Fall betrifft ein System mit mehreren Abtastgliedern mit der gleichen Abtastperiode aber unterschiedlichen Abtastzeitpunkten (Abb. 6.26).

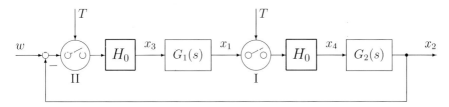

Abtaster I tastet bei $t = kT$
Abtaster II tastet bei $t = kT + \gamma$

Abb. 6.26: *Regelkreis mit zwei nicht synchronen Abtastern*

Die erste Transition findet bei

$$x_4(kT^+) = x_1(kT^-) \tag{6.76}$$

statt. Auf dieses Signal können die bekannten Gleichungen aus der Transformationstabelle (Kap. 6.1.4) angewandt werden, um das System $H_0 \cdot G_2(s)$ im z–
Bereich zu beschreiben. Die zweite Transition findet zum Zeitpunkt $t = kT + \gamma$
statt:

$$x_3(kT + \tau^+) = -x_2(kT + \tau^-) + w(kT + \tau) \tag{6.77}$$

Durch Anwendung der gleichen Gleichung für das System mit $H_0G_1(s)$ erhält
man die z–Transformierte $H_0G_1(z, \gamma)$ (Kap. 6.1.3). Durch Zusammenfassung der
Gleichungen für die Intervalle ergibt sich die Gesamt–Differenzengleichung zum
Zeitpunkt kT^+ bzw. die z–Transformierte des Systems. Eine ausführliche Ableitung ist in [49] zu finden. Ähnlich ist der Fall bei einem Abtastsystem mit
mehreren Eingängen, die zyklisch nacheinander abgefragt werden.

Häufig ist der Fall, daß im Regelkreis Abtastsysteme mit unterschiedlichen
Abtastperioden auftreten. Beispielsweise wird bei einer Kaskadenregelung der

innere Stromregelkreis mit einer kleineren Abtastperiode als der äußere Drehzahlregelkreis betrieben. Vorausgesetzt wird dabei, daß die unterschiedlichen Abtastperioden ein ganzzahliges Vielfaches zueinander sind. Ist dies nicht der Fall,
führt dies zu Schwebungen im System und sollte nicht realisiert werden. Es wird
somit vorausgesetzt, daß die äußere Abtastperiode $T_N = NT$ ist, wobei T die
Abtastperiode des inneren Abtastregelkreises ist.

Das Problem kann für das Gesamtsystem wie folgt gelöst werden: Das innere
System wird mit der Abtastperiode T betrachtet und die Differenzengleichung
zu den Zeitpunkten kT aufgestellt.

$$x^*(kT + T) = A^* x^*(kT) + b^* w(kT) \tag{6.78}$$

Die Signale dieses inneren Systems werden aber nur zu den Zeitpunkten (iT_N)
mit der Abtastperiode $T_N = NT$ übernommen. Mit $m = iN$ und $i = 1, 2 \ldots$ gilt
z.B. für den Sollwert:

$$w(mT) = w(mT + T) = \cdots = w(mT + NT - T) \tag{6.79}$$

Somit gilt:

$$x^*(iNT + T) = A^* x^*(iNT) + b^* w(iNT)$$

$$x^*(iNT + 2T) = (A^*)^2 x^*(iNT) + (A^* b^* + b^*) w(iNT)$$

$$\vdots$$

$$x^*(iNT + NT) = (A^*)^N x^*(iNT) + \left((A^*)^{N-1} b^* + (A^*)^{N-2} b^* + \cdots + b^* \right) w(iNT)$$

Mit $T_N = NT$ gilt dann:

$$x^*(iT_N + T_N) = A_N x^*(iT_N) + b_N w(iT_N) \tag{6.80}$$

Diese Differenzengleichung kann in das übergeordnete System mit der Abtastperiode T eingeordnet werden.

6.3   Einschleifige Abtastregelkreise

In diesem Abschnitt soll ein kurzer Abriß über den Aufbau und das Verhalten
digitaler Regelkreise gegeben werden.

6.3.1   Aufbau von digitalen Abtastregelkreisen

Die typische Struktur eines Abtastregelkreises ist in Abb. 6.27 dargestellt. A/D–
bzw. D/A–Wandler werden als synchron arbeitende Abtastsysteme angesehen.

Beim Abtaster I ist somit der analoge kontinuierliche Regelfehler $x_d(t)$ mittels eines Antialiasing–Filters bandzubegrenzen. Dieses analoge und kontinuierliche Signal wird mit der Abtastperiode T abgetastet und ergibt das analoge

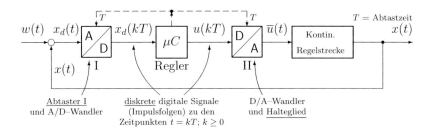

Abb. 6.27: *Abtastregelkreis*

Signal $x_d^*(kT)$. Dieses wird mit einem A/D–Wandler in das diskrete digitale Signal $x_d(kT)$ gewandelt. Der Mikrorechner μC bzw. ein Digitaler Signalprozessor (DSP) verarbeitet als Regler dieses diskrete digitale Signal. Das Eingangssignal $x_d(kT)$ und das Ausgangssignal $u(kT)$ sind beides digitale Zahlenfolgen. Anschließend wird im D/A–Wandler die digitale Zahlenfolge $u(kT)$ in eine analoge, zeitdiskrete Amplitudenfolge gewandelt und in einem Halteglied gehalten. Das endgültige Ausgangssignal ist das analoge Signal $\overline{u}(t)$. Charakteristisch sind somit zwei Effekte:

1. **Zeitdiskretisierung:**   linearer Effekt:
   (Abtastung) $t = kT;\ k = 0, 1, 2, \ldots$

2. **Amplitudendiskretisierung:** nichtlinearer Effekt, bedingt durch
   (A/D– bzw. D/A–Wandlung)   die begrenzte Genauigkeit der
                               Zahlendarstellung

Der in Abb. 6.27 dargestellte digitale Regelkreis kann in verschiedenen Anordnungen realisiert werden. Die Version in Abb. 6.27 ist beispielsweise unüblich, da die Regelabweichung $x_d(t)$ analog gebildet wird. Günstiger verhält sich in dieser Hinsicht die Lösung in Abb. 6.28.a, bei der Soll– und Istwert bereits als digitale Zahlenfolge vorliegen. Falls der Regelkreis in einen überlagerten digitalen Regelkreis integriert ist, ergibt sich Abb. 6.28.b.

Zur Vereinfachung der Zeichnung soll nun angenommen werden, daß die Ein– und Ausgangssignale des Reglers digital, das Eingangssignal der Regelstrecke analog und kontinuierlich, das Ausgangssignal der Strecke aber diskret und digital sei (Abb. 6.28.c).

Diese äquivalenten Regelkreise in Abb. 6.27 und 6.28 können in den Standard–Regelkreis nach Abb. 6.29 überführt werden; dabei soll jetzt die Amplitudendiskretisierung vernachlässigt werden. Bei dem Standard–Regelkreis können die bekannten Regeln der z–Transformation aus Kap. 6.1.3 angewandt werden. Insbesondere ist dabei zu beachten, daß im Fall mehrerer Teilübertragungsfunktionen in $G_S(s)$, die nicht durch Abtaster getrennt sind, die z–Transformation auf das gesamte $G_S(s)$ mit Halteglied angewandt werden muß.

a)

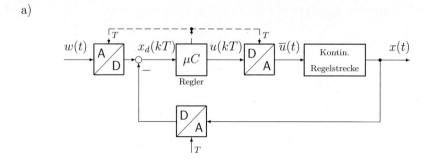

b)

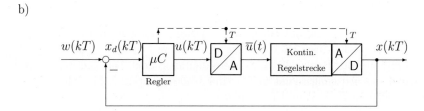

c)

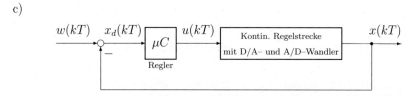

Abb. 6.28: *Äquivalente digitale Regelkreise*

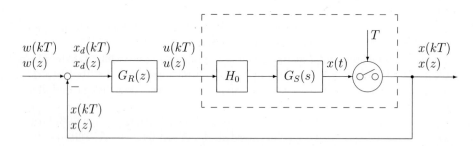

Abb. 6.29: *Standard–Abtastregelkreis*

Es gilt somit:

$$x(z) = x_d(z) \cdot G_R(z) \cdot H_0 G_S(z)$$

$$= (w(z) - x(z)) \cdot G_R(z) \cdot H_0 G_S(z) \tag{6.81}$$

$$G_w(z) = \frac{x(z)}{w(z)} = \frac{G_R(z) \cdot H_0 G_S(z)}{1 + G_R(z) \cdot H_0 G_S(z)} \tag{6.82}$$

Die Pole z_ν von $G_w(z)$ ergeben sich als Lösung der folgenden Gleichung:

$$1 + G_R(z) \cdot H_0 G_S(z) = 0 \tag{6.83}$$

Bei der Anregung des geschlossenen Regelkreises durch einen abgetasteten Einheitssprung

$$w(kT) = 1 \quad \text{für} \quad k = 0, 1, 2, \ldots \tag{6.84}$$

$$w(z) = \frac{1}{1 - z^{-1}} = \frac{z}{z - 1} \tag{6.85}$$

ergeben sich Anfangs– und Endwert zu:

$$x(k = 0) = \lim_{z \to \infty} x(z) = \lim_{z \to \infty} G_w(z) \tag{6.86}$$

$$x(k \to \infty) = \lim_{z \to 1} (z - 1)x(z) = \lim_{z \to 1} G_w(z) \tag{6.87}$$

6.3.2 Elementare zeitdiskrete Regler

Abtastregelungen treten überwiegend in Verbindung mit digitaler Signalverarbeitung auf. Die dabei verwendeten digitalen Regler verarbeiten die Zahlenfolge von $x_d(kT)$ am Eingang und erzeugen das Reglerausgangssignal $u(kT)$ ebenfalls als Zahlenfolge. Dadurch wird die Übertragungsfunktion des Reglers im z–Bereich bestimmt.

$$G_R(z) = \frac{u(z)}{x_d(z)} \tag{6.88}$$

Im folgenden werden einige einfache digitale Regler beschrieben. Das Eingangssignal $x_d(z)$ soll ein Einheitssprung sein.

$$x_d(z) = \frac{z}{z - 1} = \frac{1}{1 - z^{-1}} \tag{6.89}$$

Wie bereits im vorigen Kapitel wird nur die Zeitdiskretisierung, nicht aber die Amplitudendiskretisierung berücksichtigt.

Regler	$G_R(z)$	Sprungantwort
P	b_0	$u(k)$, b_0, -1, 1, 2, 3, 4, 5, $\frac{t}{T} = k$
I	$\dfrac{b_1 z^{-1}}{1 - z^{-1}} = \dfrac{b_1}{z - 1}$	$u(k)$, b_1, -1, 1, 2, 3, 4, 5, $\frac{t}{T} = k$
PI	$\dfrac{b_0 + b_1 z^{-1}}{1 - z^{-1}}$	$u(k)$, b_0, $b_0 + b_1$, -1, 1, 2, 3, 4, 5, $\frac{t}{T} = k$
PD	$b_0 - b_1 z^{-1}$	$u(k)$, b_0, $b_0 - b_1$, -1, 1, 2, 3, 4, 5, $\frac{t}{T} = k$
D	$b_1(1 - z^{-1})$	wie PD mit $b_0 = b_1$
PID	$\dfrac{b_0 + b_1 z^{-1} + b_2 z^{-2}}{1 - z^{-1}}$	$u(k)$, b_0, $b_0 + b_1 + b_2$, $b_0 - b_2$, $2b_0 + b_1$, -1, 1, 2, 3, 4, 5, $\frac{t}{T} = k$

6.3.3   Quasikontinuierlicher Reglerentwurf

In Kap. 6.2.3 wurde die Darstellung von Abtastsystemen in der w–Ebene vorgestellt. Eine der wesentlichen Erkenntnisse war, daß bei kleinen Abtastzeiten T gegenüber den Zeitkonstanten der rationalen kontinuierlichen Übertragungsfunktionen im s–Bereich die Abtastfrequenzkennlinien–Darstellung und die Frequenzkennlinien–Darstellung sehr ähnlich sind.

Aufgrund dieser Erkenntnis wird häufig vereinfachend statt der Analyse, Synthese und Optimierung von Regelkreisen mit diskreter Signalverarbeitung im z– oder w–Bereich eine „quasikontinuierliche" Bearbeitung vorgezogen. Dieser quasikontinuierlicher Ansatz geht von der Überlegung aus, die Differentialgleichung für kontinuierliche Systeme durch Diskretisierungen in eine für die zeitdiskrete Signale geeignete Form zu überführen und somit die Verfahren der kontinuierlichen Signalverarbeitung z.B. beim Reglerentwurf zu nützen. Beispielsweise gilt für einen PID–Regler beim **Stellungsalgorithmus**

$$u(t) = V_R \left[x_d(t) + \frac{1}{T_I} \int_0^t x_d(\tau)d\tau + T_D \frac{dx_d(t)}{dt} \right] \tag{6.90}$$

Bei kleinen Abtastzeiten T kann die Differenzierung durch die Differenzbildung ersetzt werden:

$$\frac{dx_d(t)}{dt} \approx \frac{1}{T} \left[x_d(kT) - x_d((k-1)T) \right] \tag{6.91}$$

Die Integration wird mit der **Rechteckregel** angenähert:

$$\int\limits_{(k-1)T}^{kT} x_d(\tau)d\tau \approx T x_d((k-1)T) \tag{6.92}$$

Somit ergibt sich bei Anwendung der **Rechteckregel** für die Integration:

$$u(kT) = V_R \left[x_d(kT) + \frac{T}{T_I} \sum_{i=0}^{k-1} x_d(iT) + \frac{T_D}{T} \left[x_d(kT) - x_d((k-1)T) \right] \right] \tag{6.93}$$

In gleicher Weise kann der **Geschwindigkeitsalgorithmus** verwendet werden; dies ist immer dann von Vorteil, wenn in der Strecke ein Übertragungsglied mit integrierendem Verhalten enthalten ist. Beim Geschwindigkeitsalgorithmus wird der letzte Wert aus Gl. (6.93) gespeichert

$$u((k-1)T) = V_R \left[x_d((k-1)T) + \frac{T}{T_I} \sum_{i=0}^{k-2} x_d(iT) + \right.$$

$$\left. + \frac{T_D}{T} \left[x_d((k-1)T) - x_d((k-2)T) \right] \right] \tag{6.94}$$

und der neue Zusatzwert $\Delta u(kT)$ entsprechend Gl. (6.93) und (6.94) definiert.

$$\Delta u(kT) \; = \; u(kT) - u((k-1)T) \tag{6.95}$$

Dies bedeutet, es wird beim Geschwindigkeitsalgorithmus nur der Zusatzwert $\Delta u(kT)$

$$\Delta u(kT) \;=\; V_R \left[x_d(kT) \,-\, x_d((k-1)T) \,+\, \frac{T}{T_I} x_d((k-1)T) \,+ \right.$$

$$\left. +\, \frac{T_D}{T} \Big[x_d(kT) \,-\, 2x_d((k-1)T) \,+\, x_d((k-2)T) \Big] \right] \tag{6.96}$$

zum vorhergehenden Wert $u((k-1)T)$ addiert. Diese Art der Berechnung hat den Vorteil des geringeren Aufwands und der Logik bei der zeitdiskreten Signalverarbeitung. Die Gleichungen (6.95) und (6.96) können wie folgt umgeschrieben werden:

$$u(kT) \;=\; V_R \left[\left(1 + \frac{T_D}{T}\right) x_d(kT) + \left(-1 - \frac{2T_D}{T} + \frac{T}{T_I}\right) x_d((k-1)T) \,+ \right.$$

$$\left. +\, \frac{T_D}{T} x_d((k-2)T) \right] + u((k-1)T) \tag{6.97}$$

Die Faktoren dieses Reglers können zusammengefaßt werden:

$$d_0 = V_R \left(1 + \frac{T_D}{T}\right) \qquad d_1 = V_R \left(-1 - \frac{2T_D}{T} + \frac{T}{T_I}\right) \qquad d_2 = V_R \frac{T_D}{T} \tag{6.98}$$

bei einer Reglerform

$$u(kT) \;=\; d_0 x_d(kT) + d_1 x_d((k-1)T) + d_2 x_d((k-2)T) + u((k-1)T) \tag{6.99}$$

Wenn nun ein kontinuierlicher PID–Regler mit

$$G_R(s) = \frac{u(s)}{x_d(s)} = V_R \left(1 + \frac{1}{sT_I} + T_D s\right) = \frac{V_R}{T_I s}\left(1 + T_I s + T_I T_D s^2\right) \tag{6.100}$$

angesetzt wird und die Strecke durch drei Verzögerungsgliedern 1. Ordnung mit V_S, T_1, T_2 und T_3 beschrieben werden kann, können mit den Vorhalten des PID–Reglers die beiden größten Zeitkonstanten kompensiert werden, d.h.

$$1 + T_I s + T_I T_D s^2 \;=\; (1 + T_1 s)(1 + T_2 s)$$

$$=\; 1 + s(T_1 + T_2) + s^2 T_1 T_2 \tag{6.101}$$

Damit ergibt sich für den resultierenden offenen Regelkreis nach der Kompensation von T_1 und T_2:

$$-G_0(s) = \frac{V_R}{T_I s} \cdot \frac{V_S}{1 + T_3 s} \tag{6.102}$$

Dieser offene Regelkreis entspricht dem offenen Regelkreis beim Betragsoptimum. Die Regleroptimierung für V_R, T_I und T_D lautet somit

$$V_R = \frac{T_I}{2T_3 V_S} \qquad T_I = T_1 + T_2 \qquad T_D = \frac{T_1 T_2}{T_I} \tag{6.103}$$

Mit dieser Festlegung können nun die Werte in Gl. (6.98) des quasikontinuierlich arbeitenden Reglers, der nach dem Geschwindigkeitsalgorithmus arbeitet (Gl. (6.97)), berechnet werden.

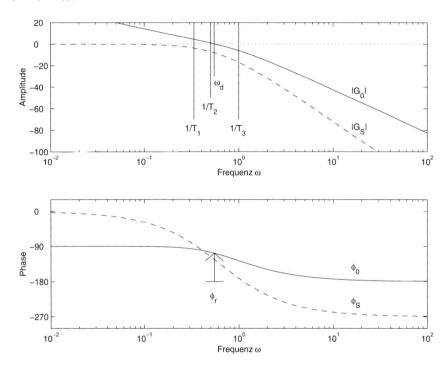

Abb. 6.30: *Frequenzkennlinien zu $G_S(j\omega)$ und $G_0(j\omega)$ für eine PT$_3$–Strecke mit den Verzögerungszeiten $T_1 = 3\,s$, $T_2 = 2\,s$, $T_3 = 1\,s$ und der Streckenverstärkung $V_S = 1$ mit PID–Regelalgorithmus*

Wichtig ist bei dieser Art von Entwurf, daß die Abtastzeit T deutlich kleiner ist als beispielsweise die Summe der Zeitkonstante der Strecke, ein typischer Wert ist $T \leq 0,1 \sum_{i=1}^{n} T_i$. Es gibt in der Literatur weitere Verfeinerungen beispielsweise wie das Halteglied H_0 bei dieser Art von Reglerbetrachtung besser berücksichtigt werden kann oder statt der Rechteckregel bei der Integration die Trapezregel verwendet werden kann oder daß das Abtastsystem bestehend aus Abtaster mit der Abtastzeit T und dem Halteglied H_0 zusätzlich durch ein Totzeitglied mit $T_t = 0,5\,T$ ($T_E = \overline{T}_w = 0,5\,T$!) berücksichtigt werden kann.

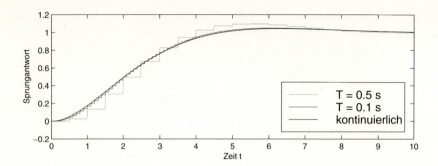

Abb.6.31: *Sprungantwort zu Abb. 6.30 mit PID–Regelalgorithmus nach der Rechteck-regel*

Alle diese Verfeinerungen sollen hier nicht mehr weiter betrachtet werden, da es inzwischen Programmsysteme gibt, mit denen die Analyse, Synthese und Optimierung von diskontinuierlich arbeitenden Regelkreisen möglich ist. Für Integrationsverfahren höherer Ordnung sei auf [2] verwiesen.

6.4 Optimierung des Reglers bei Abtastregelkreisen

6.4.1 Realisierungsverfahren von Abtastreglern

Wie schon im vorigen Kapitel hingewiesen wurde, ist der Entwurf eines Abtastreglers prinzipiell mit den bekannten Methoden im Zeit– und Laplace–Bereich ebenso möglich, wenn diese Verfahren in den z–Bereich übertragen werden.

Im folgenden sind die Gleichungen eines PID–Reglers bei kontinuierlichen Systemen und bei zeitdiskreten Systemen gegenübergestellt

$$u(t) = V_R \left[x_d(t) + \frac{1}{T_I} \int_0^t x_d(\tau)\, d\tau + T_D \frac{dx_d(t)}{dt} \right]$$

$$u(kT) = V_R \left[x_d(kT) + \frac{T}{T_I} \sum_{i=0}^{k-1} x_d(iT) + + \frac{T_D}{T} \left(x_d(kT) - x_d((k-1)T) \right) \right]$$

mit: V_R Verstärkungsfaktor

T_I Integrator–Zeitkonstante

T_D Differenzierer–Zeitkonstante

T Abtastzeit

Diese Gleichung stellt dabei die nichtrekursive Form des Regelalgorithmus dar, bei dem alle Regelabweichungen x_d gespeichert werden müssen (**Stellungsalgorithmus**). Bei der rekursiven Variante des Algorithmus (**Geschwindigkeitsalgorithmus**) dagegen wird $u(kT)$ aus dem letzten Stellwert und einigen wenigen der letzten Regelabweichungen berechnet. Mit

$$u((k-1)T) = V_R\left[x_d((k-1)T) + \frac{T}{T_I}\sum_{i=0}^{k-2} x_d(iT) + \right.$$

$$\left. + \frac{T_D}{T}\left(x_d((k-1)T) - x_d((k-2)T)\right)\right]$$

und $\Delta u(kT) = u(kT) - u((k-1)T)$ ergibt sich

$$\Delta u(kT) = d_0 x_d(kT) + d_1 x_d((k-1)T) + d_2 x_d((k-2)T) \qquad (6.104)$$

mit den Koeffizienten

$$d_0 = V_R\left(1 + \frac{T_D}{T}\right) \qquad d_1 = V_R\left(-1 - \frac{2T_D}{T} + \frac{T}{T_I}\right) \qquad d_2 = V_R\frac{T_D}{T} \quad (6.105)$$

Da nur die Änderung der Stellgröße $\Delta u(kT)$ berechnet wird, wird dieser Algorithmus auch **Geschwindigkeitsalgorithmus** genannt. Sein Vorteil ist, daß stoßfrei zwischen P–, PI– und PID–Algorithmen umgeschaltet werden kann.

Falls die Abtastfrequenz sehr hoch ist, wird sich der Abtastregelkreis ähnlich wie ein kontinuierliches System verhalten. Der Regler kann dann wie bei kontinuierlichen Systemen optimiert werden (siehe auch Kap. 6.2.3 und 6.3.3).

Wenn allerdings die Abtastfrequenz nicht hoch ist gegenüber den Eigenfrequenzen der Strecke, dann kann diese Annahme nicht genützt werden. Der Regler muß dann im z–Bereich entworfen werden. Grundsätzlich gibt es zwei Wege: die Parameteroptimierung des Reglers nach einem Gütekriterium oder Entwurf des Reglers durch Kompensation der Pole und Nullstellen der Strecke.

6.4.2 Parameteroptimierung des Reglers nach einem Gütekriterium

Gegeben sei die allgemeine Strecke nach Abb. 6.23

$$H_0 G_S(z) = G_{S0}(z) = \frac{x(z)}{u(z)} = \frac{B(z)}{A(z)}\cdot z^{-d} = \frac{b_0 + b_1 z^{-1} + \cdots + b_n z^{-n}}{1 + a_1 z^{-1} + \cdots + a_n z^{-n}}\cdot z^{-d} \quad (6.106)$$

und die Übertragungsfunktion des Reglers mit $c_0 \neq 0$

$$G_R(z) = \frac{u(z)}{x_d(z)} = \frac{D(z)}{C(z)} = \frac{d_0 + d_1 z^{-1} + \cdots + d_r z^{-r}}{c_0 + c_1 z^{-1} + \cdots + c_\mu z^{-\mu}} \qquad (6.107)$$

Im allgemeinen wird außerdem $d_0 \neq 0$ (schneller Eingriff) und $c_0 = 1$ angesetzt.

Gewünscht wird häufig, daß keine bleibende Regelabweichung auftritt. Daraus folgt, daß der Regler einen Pol bei $z = 1$ (Integration) haben muß. Zur Optimierung der Parameter des Reglers werden mit $x_d(kT) = w(kT) - x(kT)$ und $\Delta u(kT) = u(kT) - u(\infty)|_{w=\sigma(t)}$ im allgemeinen mittlere quadratische Regelgütekriterien

$$J_e^2 = \overline{x}_d^2(kT) = \frac{1}{M+1} \sum_{k=0}^{M} x_d^2(kT)$$

$$\text{und} \quad J_u^2 = \overline{\Delta u}^2(kT) = \frac{1}{M+1} \sum_{k=0}^{M} \Delta u^2(kT)$$

oder ein quadratisches Kombinations–Gütekriterium verwendet.

Andere Kriterien sind z.B. Betragsbildung oder zeitgewichtete Betragsbildung. Bei diesem Vorgehen können auch Stellgrößenbeschränkungen berücksichtigt werden (siehe auch Kap. 4.5).

Diese Optimierungsverfahren sind sehr allgemein anwendbar, wenn ein eindeutiges Minimum des Regelgütekriteriums existiert. Allerdings kann der Aufwand bei komplexen Strecken hoher Ordnung und mit Totzeit erheblich werden. Man ist deshalb bestrebt, direkt aus dem Streckenmodell und dem Zielmodell der Übertragungsfunktion des Gesamtsystems den Reglertyp und seine Parameter festzulegen.

6.4.3 Entwurf als Kompensationsregler

Mit der Übertragungsfunktion der Strecke nach Gl. (6.106) und des Reglers nach Gl. (6.107) ergibt sich für die Führungsübertragungsfunktion $G_w(z)$ und die Störübertragungsfunktion $G_z(z)$ des Regelkreises nach Abb. 6.29 (wobei die Störung z vor der Strecke angreift)

$$G_w(z) = \frac{x(z)}{w(z)} = \frac{G_R(z) \cdot G_{S0}(z)}{1 + G_R(z) \cdot G_{S0}(z)} = \frac{D(z) \cdot B(z) \cdot z^{-d}}{C(z) \cdot A(z) + D(z) \cdot B(z) \cdot z^{-d}}$$

$$(6.108)$$

$$G_z(z) = \frac{x(z)}{z(z)} = \frac{G_{S0}(z)}{1 + G_R(z) \cdot G_{S0}(z)} = \frac{C(z) \cdot B(z) \cdot z^{-d}}{C(z) \cdot A(z) + D(z) \cdot B(z) \cdot z^{-d}}$$

Daraus ist zu erkennen, daß die Nennerpolynome — wie zu erwarten — gleich, die Zählerpolynome aber unterschiedlich sind.

Es können nun für das Nennerpolynom die gewünschten Pole $z_{\alpha i}$ (siehe Kap. 6.2.1) festgelegt werden; damit ergibt sich das Wunsch–Nennerpolynom $A^*(z)$:

$$A^*(z) = (z - z_{\alpha 1})(z - z_{\alpha 2}) \ldots (z - z_{\alpha l}) \tag{6.109}$$

bzw. die charakteristische Gleichung:

$$1 + \alpha_1 z^{-1} + \alpha_2 z^{-2} + \cdots + \alpha_l z^{-l} = 0 \tag{6.110}$$

Durch Koeffizientenvergleich mit dem gemeinsamen Nennerpolynom $C(z) \cdot A(z) + D(z) \cdot B(z) \cdot z^{-d}$ können somit die Koeffizienten des Reglers in Abhängigkeit von den Wunschpolen bestimmt werden. Beim Entwurf muß beachtet werden, daß

keine bleibende Regelabweichung vorhanden sein soll ($x(\infty) = w(\infty)$). Mit dem
Endwertsatz ergibt sich die Forderung:

$$\lim_{t \to \infty} \frac{x(t)}{w(t)} = \lim_{z \to 1} \frac{x(z)}{w(z)} = \lim_{z \to 1} G_w(z) = G_w(1) = 1 \qquad (6.111)$$

Aus Gl. (6.108) oben ist zu erkennen, daß diese Forderung mit $C(1)\,A(1) = 0$
zu erfüllen ist. Somit stehen $l + 1 = \mu + r + 1$ unabhängige Gleichungen zur
Verfügung. Zwei Fälle sind zu unterscheiden:

1. **Aus**

$$\mu \geq r + d \quad \implies \quad l = n + \mu \qquad (6.112)$$

   folgen die Bedingungen

$$r = n \quad \text{und} \quad \mu \geq n + d \qquad (6.113)$$

2. **Aus**

$$\mu < r + d \quad \implies \quad l = n + d + r \qquad (6.114)$$

   folgen die Bedingungen

$$\mu = n + d \quad \text{und} \quad r \geq n \qquad (6.115)$$

Zur eindeutigen Bestimmung der Reglerparameter werden jeweils die
kleinstmöglichen Ordnungszahlen gewählt, um damit das Gleichungssystem zu
lösen.

$$r = n \quad \text{und} \quad \mu = n + d \qquad (6.116)$$

Im allgemeinen ist die Vorgabe der Pole willkürlich; dies gilt insbesondere im
Hinblick auf das noch vorhandene Zählerpolynom. Zur Auslegung sei auf das
Vorgehen beim erweiterten Dämpfungsoptimum (Kap. 4.4) verwiesen.

Ähnlich wie bei der Optimierung von kontinuierlichen Systemen nach dem
Betrags– und Symmetrischen Optimum können mit der Übertragungsfunktion
des Reglers Pole oder Nullstellen der Strecke kompensiert werden. Dies ist ein
weiterer Weg, solange die Pole und Nullstellen im stabilen Bereich liegen. Höher-
wertige Entwurfsverfahren, die das Zähler– und Nennerpolynom berücksichtigen,
wie das Wurzelortskurvenverfahren, sind ebenso analog anzuwenden.

Kritisch ist der Entwurf, wenn Pole oder Nullstellen der Strecke außerhalb des
Einheitskreises im z–Bereich sind. Da im allgemeinen das Streckenmodell nicht
ganz genau bekannt ist, bestehen zwischen der realen Strecke und dem Modell
der Strecke Unterschiede. Damit werden aber die Pole und die Nullstellen der
Strecke nicht mehr exakt im Regler gekürzt. Dies ist solange nicht allzu kritisch,
solange die Pole und Nullstellen im Einheitskreis liegen und die Abweichungen
von Strecke und Modell gering sind. Falls aber die Pole und Nullstellen außerhalb des Einheitskreises liegen und Abweichungen zwischen Strecke und Modell

vorhanden sind, dann bilden sich Dipole (Pol–Nullstellenkombinationen), die instabil sind.

Zu beachten ist weiterhin, daß Systeme in den Abtastzeitpunkten stabiles Verhalten aufweisen können, daß aber zwischen den Abtastzeitpunkten Schwingungen vorhanden sein können (*hidden oscillation*). Um dies zu erkennen, muß die modifizierte z–Transformation $G(z, \gamma)$ genützt werden.

6.5 Entwurf zeitdiskreter Regelkreise auf endliche Einstellzeit

Der Entwurf eines zeitdiskreten Reglers kann wie im vorigen Kapitel dargestellt, ähnlich wie der eines zeitkontinuierlichen Reglers erfolgen, also z.B. im Frequenzbereich oder nach dem Betrags– oder Symmetrischen Optimum. Der sich ergebende Regler wäre samt Abtaster und Halteglied in den z–Bereich zu transformieren. Diese Vorgehensweise setzt aber voraus, daß die Abtastfrequenz weit über dem Nutzfrequenzbereich liegt. Dies würde bei digitalen Reglern unnötig hohe Rechenleistung im DSP und den A/D– und D/A–Wandlern erfordern. Das Verhalten des geschlossenen Regelkreises wäre aber bestenfalls gleich gut wie die entsprechende Analoglösung, wodurch sich der erhöhte Aufwand nicht rechtfertigen läßt.

Der Entwurf des zeitdiskreten Reglers kann jedoch auch im z–Bereich erfolgen. Die zeitkontinuierliche Strecke wird wie in Kap. 6.1.2 beschrieben transformiert. Zusammen mit einem vorgegebenen Wunschverhalten des geschlossenen Kreises wird dann der Regler bestimmt. Das Vorgehen entspricht etwa der Methode beim Entwurf des Dämpfungsoptimum, jedoch existiert keine so elegante Rechenvorschrift für die Konstruktion des Zielpolynoms im z–Bereich.

Der z–Bereich bietet aber eine andere, sehr vorteilhafte, Möglichkeit für den Reglerentwurf. Erinnert man sich an die ursprüngliche Aufgabenstellung für einen Regler, so besteht diese darin, eine Regelgröße in möglichst kurzer Zeit auf eine definierte Weise (z.B. Überschwingen) in einen Zielzustand zu bringen und dort zu halten. Ideal wäre also ein Regler, der diese Aufgabe nach einer endlichen Zeit vollständig erledigt. Für einen zeitkontinuierlichen Regler ist dieses jedoch prinzipiell unmöglich. Die Impulsantwort eines beliebigen zeitkontinuierlichen Systems besteht aus einer Summe von Zeitfunktionen, die einen Exponentialterm beinhalten. Somit besitzt die Impulsantwort eine unendliche Länge. Die Ausregelzeit für einen derartigen Regelkreis kann deshalb nur zusammen mit der entsprechenden Toleranzbreite (üblicherweise $\pm 2\,\%$) definiert sein.

Für Abtastsysteme ist eine endliche Impulsantwort jedoch möglich. Die Voraussetzung ist, daß alle Pole der Übertragungsfunktion bei $z = 0$ liegen. Anders ausgedrückt, muß die z–Übertragungsfunktion des geschlossenen Regelkreises ein endliches Polynom in z^{-1} sein. Legt man ein solches Polynom für das Wunschverhalten des geschlossenen Regelkreises zugrunde, so kann man im z–Bereich

Regler entwerfen, die tatsächlich eine endliche Ausregelzeit aufweisen. Die Entwurfsmethode wird im folgenden beschrieben.

Die gewünschte *endliche* Einstellzeit t_e bedeutet, daß nach Ablauf dieser Einstellzeit die Regelgröße und der Sollwert *identisch* sein müssen,

$$x(t) \;=\; w(t) \quad \text{für} \quad t \geq t_e \tag{6.117}$$

wobei t_e ein Vielfaches von T ist.

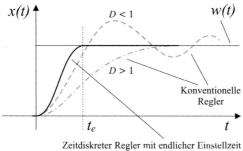

Abb. 6.32: *Ansatz mit konventionellem und zeitdiskretem Regler*

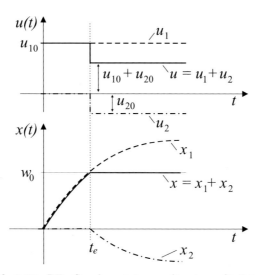

Abb. 6.33: *PT_1–Strecke mit treppenförmigem Stellsignal*

Als Beispiel diene Abb. 6.33; die Strecke sei ein PT_1–Glied. Die Reaktion eines PT_1–Gliedes $G(s) = 1/(1 + sT_1)$ auf ein treppenförmiges Eingangssignal (z.B. das Ausgangssignal des Haltegliedes nach dem zeitdiskreten Regler) kann aus einzelnen zeitverschobenen Sprungantworten zusammengesetzt werden. Im vorliegenden Fall ergibt sich für Abb. 6.33 mit $t_e = kT$ und $k \in \{1, 2, \ldots\}$:

$$u(t) \;=\; u_1(t) + u_2(t) = u_{10}\,\sigma(t) + u_{20}\,\sigma(t - t_e) \tag{6.118}$$

$$x_1(t) \;=\; u_{10} \cdot \left(1 - e^{-t/T_1}\right) \tag{6.119}$$

$$x_2(t) \;=\; u_{20} \cdot \left(1 - e^{-(t-t_e)/T_1}\right) \quad \text{für } t > t_e, \quad \text{sonst } 0 \tag{6.120}$$

Für den Zeitraum $t > t_e$ gilt dann:

$$x(t) = u_{10} + u_{20} - \left(u_{10} + u_{20}\,e^{t_e/T_1}\right) \cdot e^{-t/T_1} \tag{6.121}$$

Wählt man nun u_{10} und u_{20} so, daß $u_{10} + u_{20} = w_0$ und der Klammerausdruck mit der Exponentialfunktion Null wird, so wird $x(t) = w_0$ für alle $t > t_e$. Dieses Ausgangssignal wird durch das treppenförmige Stellsignal möglich.

6.5.1   Reglerentwurf ohne Stellgrößenvorgabe

Im folgenden soll dieser Reglerentwurf für ein System mit endlicher Einstellzeit prinzipiell erläutert werden. Vorausgesetzt wird ein Regelkreis nach Abb. 6.29. Vorausgesetzt werden die bereits bekannten Strecken– und Reglerübertragungsfunktionen nach Gl. (6.106) und (6.107) für die Strecken– bzw. Reglerübertragungsfunktion.

$$H_0 G_S(z) = G_{S0}(z) \;=\; \frac{x(z)}{u(z)} = \frac{B(z)}{A(z)} \cdot z^{-d} = \frac{b_0 + b_1 z^{-1} + \cdots + b_n z^{-n}}{1 + a_1 z^{-1} + \cdots + a_n z^{-n}} \cdot z^{-d}$$

$$G_R(z) \;=\; \frac{u(z)}{x_d(z)} = \frac{D(z)}{C(z)} = \frac{d_0 + d_1 z^{-1} + \cdots + d_r z^{-r}}{c_0 + c_1 z^{-1} + \cdots + c_\mu z^{-\mu}}$$

Der Sollwert $w(kT)$ wird zum Zeitpunkt $k = 0$ sprungförmig verstellt.

$$w(kT) \;=\; \begin{cases} 1 & \text{für} \quad k > 0 \\ 0 & \text{für} \quad k \le 0 \end{cases} \tag{6.122}$$

$$w(z) \;=\; \frac{z}{z - 1} = \frac{1}{1 - z^{-1}} \tag{6.123}$$

Es wird weiter eine nicht sprungfähige Strecke angenommen ($b_0 = 0$). In der Strecke sei generell am Eingang ein Halteglied H_0 vorhanden, so daß ab hier statt $G_{S0}(z)$ vereinfacht $G_S(z)$ geschrieben wird. Damit lautet die Forderung einer minimalen Einstellzeit:

$$x(kT) \;=\; w(kT) = 1 \quad \text{für} \quad k \ge n \tag{6.124}$$

$$u(kT) \;=\; u(nT) \quad \text{für} \quad k \ge n \tag{6.125}$$

d.h. nach n Abtastschritten ist der Regelvorgang beendet, wobei n die Ordnung des Nennerpolynoms der Strecke angibt. Die Führungsübertragungsfunktion ergibt sich zu:

$$G_w(z) = \frac{x(z)}{w(z)} = \frac{G_R(z) \cdot G_S(z)}{1 + G_R(z) \cdot G_S(z)} \tag{6.126}$$

Wenn nun gefordert wird, daß der Regelvorgang nach einer endlichen Zahl von Abtastschritten beendet ist, dann gilt für $x(z)$ bzw. für die Stellgröße $u(z)$

$$x(z) = G_w(z) \cdot w(z) = x(1)z^{-1} + x(2)z^{-2} + \cdots + x(n)\left[z^{-n} + z^{-n-1} + \cdots\right]$$

$$u(z) = u(1)z^{-1} + u(2)z^{-2} + \cdots + u(n)\left[z^{-n} + z^{-n-1} + \cdots\right]$$

d.h. die Polynome $x(z)$ und $u(z)$ haben ab dem n-ten Abtastschritt jeweils konstante Koeffizienten. Bei einer Division von $x(z)/w(z)$ ergibt sich beispielsweise für den ersten Term

$$\frac{x(1)z^{-1}}{w(z)} = x(1)z^{-1} \cdot (1 - z^{-1}) = x(1) \cdot z^{-1} - x(1) \cdot z^{-2} \tag{6.127}$$

ein endliches Polynom in z für $G_w(z)$

$$G_w(z) = p_1 z^{-1} + p_2 z^{-2} + \cdots + p_n z^{-n} = P(z) \tag{6.128}$$

mit $p_1 = x(1)$, $p_2 = x(2) - x(1)$, ..., $p_n = 1 - x(n-1)$, $p_{n+1} \ldots = 0$ bzw. für

$$G_u(z) = q_0 + q_1 z^{-1} + \cdots + q_n z^{-n} = Q(z) \tag{6.129}$$

mit $q_0 = u(0)$, $q_1 = u(1) - u(0)$, ..., $q_n = u(n) - u(n-1)$, $q_{n+1} \ldots = 0$.
Zu beachten ist, daß gelten muß:

$$p_1 + p_2 + \cdots + p_n = 1 \tag{6.130}$$

$$q_0 + q_1 + \cdots + q_n = u(nT) = \frac{1}{G_S(1)} \quad \text{bei} \quad x(nT) = 1 \tag{6.131}$$

Nachdem gezeigt ist, daß bei einem *Dead–Beat*–Verhalten die Führungs– und die Störübertragungsfunktion endliche Polynome in z sind, muß nun die Übertragungsfunktion des Reglers $G_R(z)$ bestimmt werden.

Durch Einsetzen von $P(z)$ in die allgemeine Führungsübertragungsfunktion und nach Auflösen von Gl. (6.126) nach $G_R(z)$ ergibt sich:

$$G_R(z) = \frac{1}{G_S(z)} \cdot \frac{G_w(z)}{1 - G_w(z)} = \frac{1}{G_S(z)} \cdot \frac{P(z)}{1 - P(z)} \tag{6.132}$$

$$= \begin{cases} \dfrac{A(z)}{B(z)} \cdot \dfrac{P(z)}{1 - P(z)} & \text{für} \quad d = 0 \\[3mm] \dfrac{A(z)}{B(z)z^{-d}} \cdot \dfrac{P'(z)}{1 - P'(z)} & \text{für} \quad d \neq 0 \end{cases} \tag{6.133}$$

In der unteren Gleichung (6.133) wird durch z^{-d} im Nenner des Reglers ein Prädiktionsverhalten verlangt. Um Prädiktionsterme zu vermeiden, müssen im Zählerpolynom $P'(z)$ entsprechende Terme zur Kompensation vorhanden sein. Dieser Fall wird später behandelt. Analog gilt für $G_u(z)$:

$$G_u(z) = \frac{u(z)}{w(z)} = \frac{G_R(z)}{1 + G_R(z) \cdot G_S(z)} = Q(z) \qquad (6.134)$$

und außerdem für den Fall $d = 0$ aus $G_w(z)$ und $G_u(z)$:

$$G_S(z) = \frac{B(z)}{A(z)} = \frac{P(z)}{Q(z)} \qquad (6.135)$$

Damit sind nun die Parameter des Reglers aus Gl. (6.133) und (6.135) zu bestimmen:

$$G_R(z) = \frac{Q(z)}{1 - P(z)} = \frac{q_0 + q_1 z^{-1} + \ldots + q_n z^{-n}}{1 - p_1 z^{-1} - \cdots - p_n z^{-n}} \qquad (6.136)$$

Die unbekannten Koeffizienten p_i und q_i lassen sich aber durch Koeffizientenvergleich mit Gl. (6.135) bestimmen:

$$\frac{p_1 z^{-1} + p_2 z^{-2} + \cdots + p_n z^{-n}}{q_0 + q_1 z^{-1} + \cdots + q_n z^{-n}} = \frac{b_1 z^{-1} + b_2 z^{-2} + \cdots + b_n z^{-n}}{1 + a_1 z^{-1} + \cdots + a_n z^{-n}} \qquad (6.137)$$

Es gilt somit:

$$q_1 = a_1 q_0 \qquad \text{und} \qquad p_1 = b_1 q_0$$

$$q_2 = a_2 q_0 \qquad \text{und} \qquad p_2 = b_2 q_0$$

$$\vdots \qquad\qquad\qquad\qquad (6.138)$$

$$q_n = a_n q_0 \qquad \text{und} \qquad p_n = b_n q_0$$

und aus $p_1 + p_2 + \cdots + p_n = 1$ folgt

$$q_0 = \frac{1}{b_1 + b_2 + \cdots + b_n} = \frac{1}{\sum b_i} \qquad (6.139)$$

Damit sind die Parameter des Reglers endgültig bestimmt. Zu beachten ist, daß $q_0 = u(0)$ ist, d.h. die erste Stellamplitude wird durch Gl. (6.139) bestimmt. Je größer also die Summe der b_i, desto kleiner ist die Stellamplitude $u(0)$. Je höher also die Ordnung des Zählerpolynoms von $G_{S0}(z)$ ist, desto kleiner wird — bei günstigen Koeffizienten — die erste Stellamplitude. Wenn folglich ein Dead–Beat–Verhalten mit einer Ausregelzeit größer als nT akzeptiert wird, kann die maximale Stellamplitude reduziert werden. Außerdem wird die Stellamplitude $u(0)$ umso größer, je kleiner die Abtastzeit T ist.

Werden die Gleichungen (6.138) bis (6.139) in Gl. (6.136) eingesetzt, wird ersichtlich, daß der Regler das Nennerpolynom $A(z)$ der Streckenübertragungsfunktion kompensiert.

$$G_R(z) = \frac{u(z)}{x_d(z)} = \frac{q_0 \cdot A(z)}{1 - q_0 \cdot B(z)} \qquad (6.140)$$

Werden die Gleichungen (6.140) und (6.106) in Gl. (6.126) eingesetzt, dann kann für den Fall $d = 0$ gezeigt werden, daß bei einem *Dead–Beat*-Entwurf alle n Pole bei $z = 0$ liegen.

$$G_w(z) = q_0 \cdot B(z) = q_0[b_1 z^{-1} + \cdots + b_n z^{-n}] = q_0[b_1 z^{n-1} + \cdots + b_n] \cdot \frac{1}{z^n}$$

Im allgemeinen Ansatz war nach Gl. (6.106) eine Strecke mit Totzeit ($d \neq 0$), (z.B. bedingt durch ein Stromrichter–Stellglied) angenommen worden, die wie folgt beschrieben werden kann:

$$G_S(z) = \frac{\overline{b_1} z^{-1} + \cdots + \overline{b_r} z^{-r}}{1 + a_1 z^{-1} + \cdots + a_r z^{-r}} \qquad \text{mit} \qquad r = n + d \qquad (6.141)$$

Aus dem Ansatz folgt:

$$\overline{b_1} = \overline{b_2} = \cdots = \overline{b_d} = 0$$

$$\overline{b_{d+1}} = b_1$$

$$\vdots$$

$$\overline{b_r} = b_n$$

$$a_{n+1} = \cdots = a_{n+d} = 0$$

In diesem Fall kann für das Führungsverhalten nur gefordert werden:

$$x(kT) = w(kT) = 1 \quad \text{für} \quad k \geq r = n + d \qquad (6.142)$$

$$u(kT) = u(nT) \quad \text{für} \quad k \geq n \qquad (6.143)$$

Die Berechnung von $G_R(z)$ verläuft analog wie oben mit dem Ergebnis:

$$q_1 = a_1 q_0 \quad \text{und} \quad p_1 = \overline{b_1} q_0 = 0 \qquad (6.144)$$

$$\vdots$$

$$q_n = a_n q_0 \quad \text{und} \quad p_d = \overline{b_d} q_0 = 0 \qquad (6.145)$$

$$q_{n+1} = a_{n+1} q_0 = 0 \quad \text{und} \quad p_{d+1} = \overline{b_{d+1}} q_0 = b_1 q_0$$

$$\vdots$$

$$q_r = a_r q_0 = 0 \quad \text{und} \quad p_r = \overline{b_r} q_0 = b_n q_0$$

Somit gilt:

$$G_R(z) \;=\; \frac{u(z)}{w(z)} = \frac{q_0 + q_1 z^{-1} + \cdots + q_n\, z^{-n}}{1 - p_{d+1} z^{-(d+1)} - \cdots - p_{n+d}\, z^{-(n+d)}} \qquad (6.146)$$

$$G_w(z) \;=\; \frac{q_0 B(z^{-1})}{z^{n+d}} \qquad\qquad\qquad\qquad (6.147)$$

Aus den obigen Gleichungen ist zu erkennen, daß gilt:

$$G_w(z) \;=\; \begin{cases} P(z) = q_0 \cdot B(z) & \text{für} \quad d = 0 \\[2mm] P'(z) = q_0 \cdot B(z) z^{-d} & \text{für} \quad d \neq 0 \end{cases} \qquad (6.148)$$

$$G_R(z) \;=\; \begin{cases} \dfrac{A(z)}{B(z)} \cdot \dfrac{P(z)}{1 - P(z)} & \text{für} \quad d = 0 \\[4mm] \dfrac{A(z)}{B(z) z^{-d}} \cdot \dfrac{P'(z)}{1 - P'(z)} & \text{für} \quad d \neq 0 \end{cases} \qquad (6.149)$$

Da der Regler die Pole der Strecke kompensiert, ist der *Dead–Beat*-Entwurf nur auf asymptotisch stabile Strecken anwendbar. Bei Strecken mit Polen in der Nähe des Einheitskreises, auf oder sogar außerhalb des Einheitskreises im z–Bereich, ist dieses Entwurfsverfahren nicht anzuwenden.

Zu bedenken ist außerdem, daß der *Dead–Beat*-Entwurf nur dann endliche Einstellzeiten garantiert, wenn die reale Strecke und die im Ansatz angenommene Strecke identisch sind.

6.5.2   Reglerentwurf mit Stellgrößenvorgabe

Bisher war bezüglich der Stellgröße keine Beschränkung vorgegeben. Es war nur festgestellt worden, daß $q_0 = u(0)$ ist und damit sehr groß werden kann, wenn schnelle Ausgleichsvorgänge mit endlicher Einstellzeit gefordert werden. Wenn die Stellgröße begrenzt ist, dann soll im folgenden nur der Stellwert $u(0)$ betrachtet werden. Die Anwendung auf die nachfolgenden Stellamplitudden erfolgt analog. Um diese Begrenzung zu berücksichtigen, müssen mehr als n Abtastschritte zugelassen werden. Es wird deshalb mit $d = 0$ und $b_0 = 0$ angesetzt:

$$P(z) \;=\; p_1 z^{-1} + p_2 z^{-2} + \cdots + p_n z^{-n} + p_{n+1} z^{-(n+1)} \qquad (6.150)$$

$$Q(z) \;=\; q_0 + q_1 z^{-1} + \cdots + q_n z^{-n} + q_{n+1} z^{-(n+1)} \qquad (6.151)$$

Der Rechengang verläuft nun wie oben mit den neuen $P(z)$ und $Q(z)$.

$$G_R(z) \;=\; \frac{Q(z)}{1 - P(z)} \quad \text{und} \qquad\qquad (6.152)$$

$$G_S(z) \;=\; \frac{P(z)}{Q(z)} = \frac{B(z)}{A(z)} \qquad\qquad (6.153)$$

Beim Koeffizientenvergleich in Gl. (6.153) ist nun zu beachten, daß $P(z)$ und $Q(z)$ eine höhere Ordnung haben als $B(z)$ und $A(z)$. Gleichung (6.153) kann nur dann gelöst werden, wenn in $P(z)/Q(z)$ eine gleiche Wurzel im Zähler– und Nennerpolynom vorhanden ist.

$$\frac{P(z)}{Q(z)} = \frac{(p_1' z^{-1} + \cdots + p_n' z^{-n})(\alpha - z^{-1})}{(q_0' + \cdots + q_n' z^{-n})(\alpha - z^{-1})} \tag{6.154}$$

Unter dieser Voraussetzung ergibt sich beim Koeffizientenvergleich

$$q_1' = a_1 q_0' \quad \text{und} \quad p_1' = b_1 q_0'$$

$$\vdots \tag{6.155}$$

$$q_n' = a_n q_0' \quad \text{und} \quad p_n' = b_n q_0'$$

beziehungsweise durch Ausmultiplizieren von Gl. (6.153) und (6.154)

$$q_0 = \alpha q_0' \quad \text{und} \quad p_1 = \alpha p_1'$$

$$q_1 = \alpha q_1' - q_0' \quad \text{und} \quad p_2 = \alpha p_2' - p_1'$$

$$\vdots \tag{6.156}$$

$$q_n = \alpha q_n' - q_{n-1}' \quad \text{und} \quad p_n = \alpha p_n' - p_{n-1}'$$

$$q_{n+1} = -q_n' \quad \text{und} \quad p_{n+1} = -p_n'$$

mit

$$q_0 = \alpha q_0' = u(0) \quad \text{und} \quad p_1 + \cdots + p_{n+1} = 1 \tag{6.157}$$

$$\text{bzw.} \quad q_0' = q_0 - \frac{1}{b_1 + b_2 + \cdots + b_n} = q_0 - \frac{1}{\sum b_i} \tag{6.158}$$

Damit ergeben sich die Parameter des Reglers mi der Übertragungsfunktion nach Gl. (6.152) zu:

$$q_0 = u(0)$$

$$q_1 = q_0(a_1 - 1) + \frac{1}{\sum b_i} \quad \text{und} \quad p_1 = q_0 b_1$$

$$q_2 = q_0(a_2 - a_1) + \frac{a_1}{\sum b_i} \quad \text{und} \quad p_2 = q_0(b_2 - b_1) + \frac{b_1}{\sum b_i}$$

$$\vdots \tag{6.159}$$

$$q_n = q_0(a_n - a_{n-1}) = \frac{a_{n-1}}{\sum b_i} \quad \text{und} \quad p_n = q_0(b_n - b_{n-1}) = \frac{b_{n-1}}{\sum b_i}$$

$$q_{n+1} = a_n(-q_0 + \frac{1}{\sum b_i}) \quad \text{und} \quad p_{n+1} = -b_n(q_0 - \frac{1}{\sum b_i})$$

Damit kann allgemein angesetzt werden:

$$G_w(z) = \underbrace{q_0 \cdot B(z) \cdot z^{-d}}_{\text{geg. durch Strecke}} \cdot \underbrace{B_k(z)}_{\substack{\text{bei Stellgrößen-} \\ \text{beschränkung}}} \qquad (6.160)$$

$$B_k(z) = \begin{cases} 1 & \text{ohne Stellgrößenbeschränkung} \\ 1 - 1/\alpha \cdot z^{-1} & \text{mit Begrenzung auf } u(0) \end{cases} \qquad (6.161)$$

mit

$$\alpha = \frac{q_0}{q_0 - 1/\sum b_i} \qquad \text{und} \qquad q_0 = u(0) \qquad (6.162)$$

Im Gegensatz zu den beiden Beispielen im vorigen Kapitel wird nun die Stellgröße zum ersten Abtastzeitpunkt auf $u(0)$ begrenzt. Die Stellgröße im zweiten Abtastzeitpunkt ergibt sich zu:

$$u(1) = q_1 + q_0 = a_1 u(0) + \frac{1}{\sum b_i} \qquad (6.163)$$

Wenn $u(0)$ zu klein gewählt wird, dann kann $u(1)$ unter Umständen größer als $u(0)$ sein, d.h. $u(0)$ sollte groß genug gewählt werden. Damit $u(1) < u(0)$ ist, muß gefordert werden:

$$u(0) = q_0 \geq \frac{1}{(1 - a_1) \sum b_i} \qquad (6.164)$$

Durch $u(1) < u(0)$ gilt aber nicht notwendigerweise, daß $u(2) \leq u(1) \leq u(0)$ ist. Dies kann nur durch iterative Rechnung sichergestellt werden.

6.5.3   Wahl der Abtastzeit bei Dead–Beat–Reglern

Aus den grundsätzlichen Überlegungen der Pol– und Nullstellenlagen im s– und im z–Bereich ist bekannt, daß die Pole des s–Bereichs in Pole des z–Bereichs abgebildet werden. Es ist weiterhin bekannt, daß die Pole im z–Bereich aber auch von der Abtastzeit T bestimmt werden.

Wenn also eine Übertragungsfunktion im s–Bereich mit Polen vorgegeben ist, dann kann somit die endgültige Pollage im z–Bereich auch noch durch die Abtastzeit T beeinflußt werden. Dies bedeutet aber, daß die Pole im z–Bereich sowohl durch die Koeffizienten des Nennerpolynoms im s–Bereich als auch durch die Abtastzeit bestimmt werden. Da aber andererseits nach Gl. (6.139) $q_0 = 1/\sum b_i = u(0)$ ist, kann somit $u(0)$ auch durch die Abtastzeit T verändert werden. Im allgemeinen wird deshalb durch Vergrößern der Abtastzeit (und damit der Zeitdauer des Ausgleichsvorgangs) die Stellamplitude kleiner. Im allgemeinen wird die Abtastzeit in Relation zur Systemzeit T_σ bzw. zur gewünschten Ausregelzeit T_{aus} angesetzt:

$$\frac{T}{T_\sigma} \geq 0,2 \qquad \frac{T}{T_{aus}} \geq 0,1 \qquad (6.165)$$

Wenn dagegen $k \geq n + 1$ gewählt wird, dann ist die Abtastzeit bei einem parameteroptimierten Regleransatz und dem „$k \geq n + 1$"–Ansatz in etwa gleich. Gegenüber dem „$k \geq n$"–Ansatz ist die Abtastzeit doppelt so groß zu wählen.

6.5.4 Beispiel zum Dead–Beat–Regler

Gegebene Strecke:

$$G_S(s) = \frac{1}{1 + sT_1} \cdot e^{-sT_t} \qquad \text{mit} \qquad T_t = 1 \cdot T \tag{6.166}$$

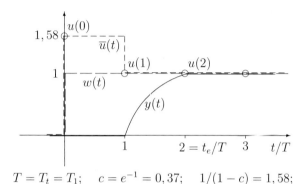

$$T = T_t = T_1; \qquad c = e^{-1} = 0{,}37; \qquad 1/(1 - c) = 1{,}58;$$

Abb. 6.34: *Signalverläufe zum Beispiel*

Berechnung der z–Transformierten der Serienschaltung von $G_S(s)$ mit einem Halteglied nullter Ordnung:

$$H_0 G_S(z) = \left(\frac{z - 1}{z} \cdot \mathcal{Z} \left\{ \mathcal{L}^{-1} \left\{ \frac{1}{s} \cdot \frac{1}{1 + sT_1} \right\} \Big|_{t=kT} \right\} \right) \cdot z^{-1} \tag{6.167}$$

Setzt man aus der Transformationstabelle in Kap. 6.1.4 die Korrespondenz

$$\frac{1}{s(1 + sT_1)} \quad \Longleftrightarrow \quad \frac{(1 - c) \cdot z}{(z - 1)(z - c)} \qquad \text{mit} \quad c = e^{-T/T_1} \tag{6.168}$$

in Gl. (6.167) ein, so ergibt sich die z–Transformierte zu:

$$H_0 G_S(z) = \frac{1 - c}{z - c} \cdot z^{-1} = \frac{1 - c}{1 - cz^{-1}} \cdot z^{-2} = \frac{B(z)}{A(z)} \cdot z^{-d} \tag{6.169}$$

Für $d \neq 0$ gilt nach Gl. (6.142):

$$\overline{b_{d+1}} = b_1 = (1 - c) \qquad \text{und} \qquad a_1 = -c \tag{6.170}$$

Aus Gl. (6.138), (6.139) und (6.145) berechnen sich die Koeffizienten q_0, q_1 und p_{d+1} zu:

$$q_0 = \frac{1}{1-c} \qquad q_1 = a_1 q_0 = \frac{-c}{1-c} \qquad p_{d+1} = \overline{b_{d+1}} q_0 = 1$$

Über Gl. (6.146) ergibt sich dann die Reglerübertragungsfunktion zu:

$$G_R(z) = \frac{1 - cz^{-1}}{(1-c)(1-z^{-2})} \qquad (6.171)$$

Aus Gl. (6.134) läßt sich $G_u(z)$ bestimmen zu:

$$G_u(z) = \frac{1 - cz^{-1}}{1-c} = Q(z) \qquad (6.172)$$

Mit Gl. (6.172) und dem Eingangssignal $w(z) = z/(z-1)$ (Einheitssprung) läßt sich nun $u(k)$ berechnen:

$$
\begin{aligned}
u(z) &= w(z) \cdot \frac{1 - cz^{-1}}{1-c} = \frac{1 - cz^{-1}}{(1-c)\,(1-z^{-1})} \\[2mm]
&= \underbrace{\frac{1}{(1-c)}}_{u(0)} + 1 \cdot z^{-1} + 1 \cdot z^{-2} + \cdots \\[2mm]
u_k &= 1 \quad \text{für} \quad k \geq 1
\end{aligned}
$$

In der folgenden Tabelle sind die Entwurfsregeln für *Dead–Beat*-Regler zusammengefaßt. Wird eine Stecke ohne Totzeit verwendet, ist $d = 0$, also $z^{-d} = 1$, zu setzen. Der Kompensationsterm $B_k(z)$ dient der Reduzierung der Stellamplituden durch geeignete Wahl der Parameter b_{k1}, b_{k2}, etc.; für minimale Einstellzeit entfällt der Kompensationsterm, bzw. es ist $B_k(z) = 1$ einzusetzen.

Weiterführende Literatur:

siehe Literaturverzeichnis [49, 51, 52, 53, 54, 55, 56, 57, 58, 59, 60, 61]

Dead–Beat–Reglerentwurf

Bestimmung der z–Übertragungsfunktion einer kont. Strecke $G(s)$ mit Totzeit $T_t = d \cdot T$ und Halteglied H_0 bei einer Abtastzeit T (siehe Transformationstabelle Kap. 6.1.4):

$$G_S(s) = H_0(s) \cdot G(s) \cdot e^{-sT_t}$$

$$G_S(z) = \frac{z-1}{z} \cdot \mathcal{ZL}^{-1}\left\{\frac{G(s)}{s}\right\}\Bigg|_{t=kT} \cdot z^{-d}$$

Zeitdiskrete Strecke $G(z)$:

$$G_S(z) = \frac{B(z)}{A(z)} \cdot z^{-d} = \frac{b_1 z^{-1} + b_2 z^{-2} + \cdots + b_n z^{-n}}{1 + a_1 z^{-1} + \cdots + a_m z^{-m}} \cdot z^{-d}$$

Wunschpolynom der Führungsübertragungsfunktion G_w mit Kompensationsterm $B_k(z) = 1 + b_{k1} z^{-1} + b_{k2} z^{-2} + \cdots$:

$$G_w(z) = q_0 \cdot B(z) \cdot B_k(z) \cdot z^{-d}$$

$$q_0 = \frac{1}{B(1) \cdot B_k(1)} = \frac{1}{b_1 + b_2 + \cdots} \cdot \frac{1}{1 + b_{k1} + b_{k2} + \cdots}$$

Dead–Beat–Regler:

$$G_R(z) = \frac{A(z) \cdot B_k(z)}{B(1) \cdot B_k(1) - B(z) \cdot B_k(z) \cdot z^{-d}}$$

Stellamplituden bei Einheitssprung des Sollwertes:

$$u(0) = \frac{1}{B(1) \cdot B_k(1)}$$

$$u(1) = \frac{1 + a_1 + b_{k1}}{B(1) \cdot B_k(1)}$$

Stellamplituden allgemein bei Einheitssprung des Sollwertes:

$$G_u(z) = \frac{G_R(z)}{1 + G_R(z) \cdot G_S(z)} = \frac{A(z) \cdot B_k(z)}{B(1) \cdot B_k(1)}$$

$$u(k) = G_u(z)\Bigg|_{\substack{z^{-1} = 1 \\ \vdots \\ z^{-k} = 1}}^{\substack{z^{-k-1} = 0 \\ \vdots}}$$

7 Regelung der Gleichstrommaschine

In diesem Kapitel soll die praktische Anwendung der bisher vorgestellten Optimierungsverfahren (BO, SO, DO) auf Ankerstrom–, Erregerstrom– und Drehzahlregelkreis der Gleichstrommaschine behandelt werden. Alle Betrachtungen beziehen sich dabei auf die heute vorwiegend zum Einsatz kommenden Nebenschlußmotoren mit Fremderregung. Analog zu den Ausführungen im Buch „Elektrische Antriebe — Grundlagen" [35, 36], wird für das mathematische Modell ein ideales Maschinenverhalten angenommen, d.h. Einflüsse wie Sättigungen u.a. sollen vernachlässigt werden.

In Kap. 7.1 wird die Maschine zunächst im Ankerstellbereich betrachtet, d.h. bei konstantem Erregerfeld. Für diesem Fall wird eine Regelung für Ankerstrom und Drehzahl entworfen und unter Anwendung der vorgestellten Standardoptimierungsverfahren optimiert. Darüberhinaus wird eine Alternative zur Drehzahlregelung in Kaskadenstruktur vorgestellt. Eine kurze Diskussion der Probleme bei Lageregelkreisen rundet Kap. 7.1 ab. In Kap. 7.2 werden anschließend die Überlegungen um die Problematik bei Schwächung des Erregerfeldes erweitert. Analog zum Ankerstellbereich wird eine Regelung für den Erregerstrom entworfen und optimiert, und verschiedene Schaltungsvarianten zur bereichsübergreifenden optimalen Regelung vorgestellt.

In [35, 36] werden sowohl Gleichspannungswandler als auch netzgeführte Stromrichterstellglieder zur Ansteuerung der Gleichstromnebenschlußmaschine (GNM) behandelt. In diesem Kapitel wollen wir als Beispiel nur netzgeführte Stromrichterstellglieder für die GNM zulassen. Dadurch wird zusätzlich ein direkter Vergleich mit den experimentellen Ergebnissen aus Kap. 9 ermöglicht. Bei Einsatz von Gleichspannungswandlern ist das Vorgehen jedoch prinzipiell ähnlich, da durch geeignete Steuerverfahren (z.B. Pulsweitensteuerung, Hysterese–Regelung) eine Modellierung wie bei netzgeführten Stromrichterstellgliedern vorgenommen werden kann. Bei Verwendung einer Strom–Hysterese–Regelung muß jedoch beachtet werden, daß die Pulsdauer t_e und die Periodendauer T variabel sind.

7.1 Geregelte Gleichstromnebenschlußmaschine im Ankerstellbereich

Abbildung 7.1 zeigt die Drehzahl–Strom–Regelung der GNM in Kaskadenstruktur bei Verwendung eines netzgeführten Stromrichters als Stellglied. Die Vorteile der Kaskadenregelung sind bereits in Kap. 5.2 erarbeitet worden. Da die Maschine konstant mit Nennerregung betrieben wird, ist der Einfluß des Erregerflusses ψ auf das Motormoment und die induzierte Gegenspannung nur proportional. Die Erfassungen des Ankerstroms i_A und der Drehzahl n sind als Einheitsrückführungen dargestellt und werden damit als verzögerungsfrei angenommen. In der Praxis müssen jedoch häufig Verzögerungen bei der Ankerstrom– und Drehzahlerfassung in den Rückführzweigen beachtet werden. Auf die sich dadurch ergebende Problematik wird in den Abschnitten 7.1.1.5 und 7.1.2.1 eingangen; für die folgenden Betrachtungen werden Einheitsrückführungen angenommen.

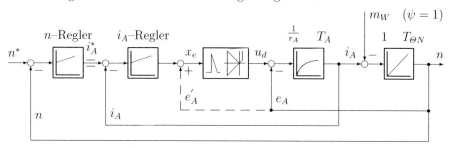

Abb. 7.1: *Drehzahl–Strom–Regelung in Kaskadenstruktur (Ankerstellbereich)*

Eine Ableitung des Signalflußplans der Gleichstromnebenschlußmaschine erfolgte im Buch „Elektrische Antriebe — Grundlagen" [35, 36], so daß der Signalflußplan an dieser Stelle bereits als bekannte Arbeitsgrundlage vorausgesetzt werden soll. In [35, 36] wurde auch die einfachste regelungstechnische Approximation des Stellglieds behandelt. Diese vereinfachte Approximation wird in Kap. 9 dieses Bandes noch einmal ausführlich abgeleitet. Weiter Näherungsmöglichkeiten des Stellgliedverhaltens werden in den Kapiteln 10 bis 12 vorgestellt und diskutiert.

7.1.1 Stromregelkreis

Als innerster Kreis der Kaskade wird der Stromregelkreis zuerst optimiert. Zunächst wollen wir die Stromregelstrecke betrachten, für die anschließend der Stromregler entworfen und optimiert werden soll. Abbildung 7.2 zeigt den Signalflußplan der Stromregelstrecke mit Stellglied. Im Prinzip würde mit

$$G_1(s) = \frac{1}{r_A} \cdot \frac{1}{1 + sT_A} \tag{7.1}$$

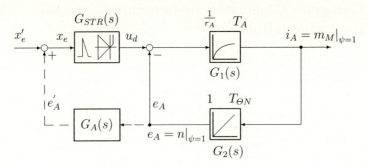

Abb. 7.2: *Stromregelstrecke mit Stellglied*

eine PT_1–Strecke vorliegen, wenn die Rückkopplungsschleife über die induzierte Gegenspannung e_A

$$e_A = G_2(s) \cdot i_A = \frac{1}{sT_{\Theta N}} \cdot i_A \qquad (\psi = 1) \tag{7.2}$$

vernachlässigt werden könnte.

Diese Vernachlässigung ist jedoch nur für große Massenträgheitsmomente $T_{\Theta N} \gg T_A$ zulässig. In diesem Fall kann davon ausgegangen werden, daß der Stromregelvorgang bereits beendet ist, wenn sich die Drehzahl ändert.

Für die allgemein gültige Übertragungsfunktion zwischen Ankerspannung und Ankerstrom mit Rückkopplung der Gegenspannung e_A ergibt sich mit $G_1(s) = G_v(s)$, $G_2(s) = -G_r(s)$:

$$G_{S3}(s) = \frac{i_A(s)}{u_d(s)} = \frac{1}{\dfrac{1}{G_v(s)} - G_r(s)} = \frac{sT_{\Theta N}}{1 + sr_A T_{\Theta N} + s^2 T_A T_{\Theta N} r_A} \tag{7.3}$$

Für den Fall, daß die Annahme $T_{\Theta N} \gg T_A$ nicht mehr zulässig ist, entsteht im Nennerpolynom von $G_{S3}(s)$ aufgrund der verringerten Dämpfung ein konjugiert komplexes Polpaar. Ein Reglerentwurf nach den Verfahren BO und SO wird somit unmöglich.

7.1.1.1   EMK–Kompensation

Die störende Rückwirkung der induzierten Gegenspannung kann jedoch durch eine positive Aufschaltung von e_A, gewichtet mit der Übertragungsfunktion $G_A(s)$, auf das Eingangssignal x_e des Stellgliedes kompensiert werden (siehe Abb. 7.2). Dieses Vorgehen wird als EMK–Aufschaltung bezeichnet. EMK steht dabei für elektromotorische Kraft. Mit EMK–Aufschaltung ergibt sich für die Stromregelstrecke mit Stellglied der Signalflußplan nach Abb. 7.3. Voraussetzung für diese Vereinfachung ist, daß die Verzögerungszeit bzw. die Laufzeit des Stromrichterstellgliedes klein gegenüber allen anderen Zeitkonstanten ist (Kap. 7.1.1.3).

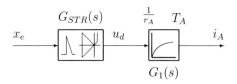

Abb. 7.3: *Stromregelstrecke mit EMK–Aufschaltung*

Wenn die Aufschaltung von e'_A mittels $G_A(s)$ realisiert werden soll, dann muß aus Stabilitätsgründen eine Mitkopplung über diese Aufschaltung vermieden werden.
Es gilt:

$$u_d(s) \;=\; G_{STR}(s) \cdot [x'_e(s) + G_A(s) \cdot e_A(s)] \tag{7.4}$$

$$i_A(s) \;=\; G_1(s) \cdot [G_{STR}(s) \cdot x'_e(s) + G_{STR}(s) \cdot G_A(s) \cdot e_A(s) - e_A(s)] \tag{7.5}$$

Somit ist ersichtlich, daß bei $G_{STR}(s){\cdot}G_A(s) = 1$ sich die beiden letzten Terme in Gl.(7.5) gegenseitig aufheben; es ergibt sich die Stromregelstrecke nach Abb. 7.3:

$$u_d(s) \;=\; G_{STR}(s) \cdot x_e(s) \tag{7.6}$$

$$i_A(s) \;=\; G_1(s) \cdot G_{STR}(s) \cdot x_e(s) \tag{7.7}$$

Um eine Überkompensation von e'_A zu vermeiden, wird allgemein $G_{STR}(s) \cdot G_A(s) \leq 1$ gewählt.
  Die praktische Realisierung der EMK–Aufschaltung wird in Abschnitt 7.1.1.3 besprochen.

7.1.1.2 EMK–Bestimmung
Ein Problem bei der Realisierung der EMK–Aufschaltung stellt die Ermittlung der nicht meßbaren Gegenspannung e_A dar. Bei der Ermittlung von e_A gibt es, abgesehen von Identifikationsverfahren, zwei einfache Möglichkeiten:

1. über Drehzahl und Fluß, nach Maßgabe der Gleichung

$$E_A = C_E \cdot N \cdot \Psi \tag{7.8}$$

mit $\Psi =$ konst. im Ankerstellbereich wird $E_A \sim N$. $\tag{7.9}$

Sollen Feldschwächung und eventuelle Sättigungserscheinungen mitberücksichtigt werden, könnte der Fluß über den Erregerstrom (leicht meßbar) und die nichtlineare Magnetisierungskennlinie ermittelt werden.

2. über eine elektronische Nachbildung der Ankerspannungsdifferentialglei-
chung:

$$E_A(t) = U_d(t) - I_A(t) \cdot R_A - L_A \cdot \frac{dI_A(t)}{dt} \qquad (7.10)$$

Diese Gleichung kann auf zwei verschiedene Arten ausgewertet werden.

(a) Durch Filtermethoden werden die Gleichanteile von $I_A(t)$ bzw. $U_d(t)$
ermittelt (dadurch entfällt der Anteil $L_A \cdot dI_A(t)/dt$).

Die durch den Stromrichter hervorgerufenen Oberschwingungen in
$U_d(t)$ und $I_A(t)$ könnten z.B. durch Notch–Filter (Bandsperre–Filter
mit sehr großer Flankensteilheit und geringer Phasendrehung, siehe
Abb. 7.4) eliminiert werden.

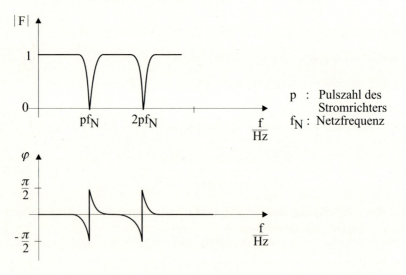

Abb. 7.4: *Notch–Filter zur Ermittlung der Gleichanteile in $U_d(t)$ und $I_A(t)$*

Mit Hilfe der so gebildeten Mittelwerte U_d und I_A läßt sich über die
Mittelwertgleichung

$$E_A = U_d - I_A \cdot R_A \qquad (7.11)$$

die Gegenspannung ermitteln (Abb. 7.5).

(b) bei der Auswertung der Augenblickswerte könnte der Term $L_A \cdot dI_A/dt$
mit Hilfe eines Gyrators nachgebildet werden (siehe Abb. 7.6). Der
Gyrator stellt eine Transformationsschaltung dar, um beliebige Impe-
danzen dual umzuwandeln.

Grundsätzlich könnte der Spannungsabfall über L_A auch über eine
Differentiation (analog oder digital) je nach Ausmaß der Meßstörun-
gen erfolgen.

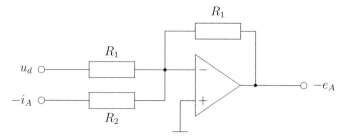

Abb. 7.5: *Analoge Nachbildung von E_A durch $U_d - I_A \cdot R_A$*

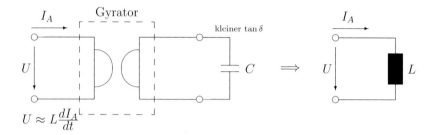

Abb. 7.6: *Nachbildung von Induktivitäten*

7.1.1.3 Ausführung der EMK–Aufschaltung

In Abschnitt 7.1.1.1 war als Voraussetzung für eine EMK–Aufschaltung gefordert worden:

$$G_{STR}(s) \cdot G_A(s) \leq 1 \qquad (7.12)$$

bzw.

$$G_A(s) \leq \frac{1}{G_{STR}(s)} \qquad (7.13)$$

Um eine EMK–Aufschaltung realisieren zu können, muß somit die Übertragungsfunktion des Stromrichterstellgliedes bekannt sein. Wie eingangs bereits erwähnt, wollen wir in diesem Kapitel nur netzgeführte Stromrichterstellglieder zu Ansteuerung der GNM zulassen. Als Näherung für das Verhalten dieser Stellglieder wird in Kap. 9.2 eine vereinfachte Approximation durch ein Totzeitglied mit $T_t = T_N/(2p)$ vorgestellt. Diese Näherung kann auch bei Einsatz von Gleichstromstellern mit geeigneten Steuerverfahren verwendet werden.

Die Approximation des Stellgliedverhaltens durch ein Ersatztotzeitsystem stellt in der Regelungstechnik eine gängige Lösung bei der Modellierung von Antriebssystemen dar. Dennoch soll hier betont werden, daß diese Näherung das reale Stellgliedverhalten nur ansatzweise wiedergibt.

Für die genaue Ableitung der Totzeitnäherung sei auf Kap. 9.2 verwiesen; hier wollen wir die dort erarbeitete Ersatzübertragungsfunktion

$$G_{STR}(s) \;=\; V_{STR} \cdot e^{-sT_t} \tag{7.14}$$

$$\text{mit} \quad T_t \;=\; T_E \;=\; \frac{T_N}{2\,p}$$

bereits als bekannt voraussetzen. Mit Gl. (7.14) würde die Bedingung für $G_A(s)$ lauten

$$G_A(s) \leq \frac{1}{V_{STR}} \cdot e^{+sT_t} \tag{7.15}$$

Eine derartige Kompensationsschaltung ist aufgrund des Terms e^{+sT_t}, der eine Prädiktion beinhaltet, nicht realisierbar. Da aber im allgemeinen $T_t \ll T_A$ ist, wird in der Praxis $G_A(s)$ zu

$$G_A(s) \leq \frac{1}{V_{STR}} \tag{7.16}$$

gewählt.

Für die Optimierung des Ankerstromreglers soll im weiteren jedoch eine vollständige EMK–Kompensation angenommen werden. Unter dieser Voraussetzung ergibt sich der in Abb. 7.7 dargestellte Stromregelkreis. Im Prinzip liegt eine Strecke vor, die mit einem PI–Regler geregelt werden kann.

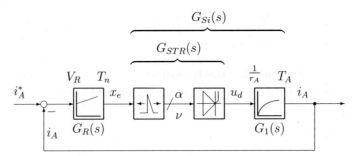

Abb. 7.7: *Stromregelkreis mit vollständiger EMK–Aufschaltung*

7.1.1.4   Optimierung des Stromregelkreises

Unter der Annahme, daß für den Ankerstromregler ein PI–Regler gewählt wird und eine Strecke nach Abb. 7.7 vorliegt, ergeben sich folgende Übertragungsfunktionen:

$$\text{PI–Regler:} \quad G_R(s) = V_R \cdot \frac{1 + sT_n}{sT_n} \tag{7.17}$$

$$\text{Strecke:} \quad G_{Si}(s) = G_{STR}(s) \cdot G_1(s) = V_{STR} \cdot e^{-sT_t} \cdot \frac{1}{r_A} \cdot \frac{1}{1 + sT_A} \tag{7.18}$$

Je nach Anforderungen an den Regelkreis können verschiedene Optimierungsverfahren (siehe Kap. 3 und 4) angewendet werden:

1. bei gutem Führungsverhalten: BO

2. bei gutem Störverhalten: erweitertes SO für Strecken ohne I–Anteil (siehe Kap. 3.2.2)

3. generell Doppelverhältnisse: DO

Um den überlagerten Drehzahlregelkreis nicht unnötig zu verlangsamen, wird der Stromregelkreis im allgemeinen auf gutes Führungsverhalten (BO) optimiert. Darüberhinaus greifen auf die Stromregelstrecke keine nennenswerten Störgrößen ein.

Optimierung nach dem Betragsoptimum (BO)

Mit der ersten Optimierungsbedingung des BO (Kap. 3.1, Kasten auf Seite 50)

$$T_n = T_A \qquad (7.19)$$

ergibt sich die Übertragungsfunktion den offenen Stromregelkreises zu

$$-G_0(s) = G_R(s) \cdot G_{Si}(s) = \frac{V_R}{sT_A} \cdot \frac{1}{r_A} \cdot V_{STR} \cdot e^{-sT_t} = \frac{K_I}{s} \cdot e^{-sT_t} \qquad (7.20)$$

mit K_I als dem Verstärkungsfaktor des offenen Stromregelkreises. Bei vorgegebener Phasenreserve φ_{Rd} bzw. vorgegebenem Phasenwinkel φ_0 (φ_0^* bei approximierter Darstellung des Amplitudengangs) des offenen Kreises läßt sich bei bekannter Totzeit T_t die sich daraus ergebende Amplitudendurchtrittsfrequenz ω_d berechnen (vgl. Gl. (3.27)).

$$\varphi_{Rd}\big|_{BO} = 63,5° \qquad (7.21)$$

bzw.

$$\varphi_0^*\big|_{BO} = \underbrace{-\frac{\pi}{2}}_{\text{I–Anteil}} - \underbrace{T_t \cdot \omega_d}_{\text{Totzeit}} \,\hat{=}\, -90° - 26,5° = -116,5° \qquad (7.22)$$

Durch Vergleich der Koeffizienten kann die Amplitudendurchtrittsfrequenz abhängig von der Totzeit des Stromrichterstellgliedes bestimmt werden:

$$\omega_d = 26,5° \cdot \frac{\pi}{180°} \cdot \frac{1}{T_t} = \frac{0,4625}{T_t} \quad \text{mit} \quad T_t = \frac{T_N}{2\,p} \qquad (7.23)$$

Für einen sechspulsigen Stromrichter am 50 Hz–Drehstromnetz ergibt sich folgendes ω_d:

$$p = 6; \quad f_N = 50\,Hz; \quad T_t = \frac{1}{2 \cdot 50\,Hz \cdot 6} = 1,67\,ms; \qquad (7.24)$$

$$\omega_d = 278\,\frac{rad}{s} \qquad (7.25)$$

Mit der Bedingung $|F_0(\omega_d)| = 1$ läßt sich mit Hilfe von Gl. (7.20) die notwendige Reglerverstärkung V_R berechnen:

$$V_R \;=\; \frac{T_A \cdot r_A \cdot \omega_d}{V_{STR}} \tag{7.26}$$

$$\text{bzw.} \quad K_{I,opt} \;=\; \omega_d \tag{7.27}$$

Mit ω_d nach Gl. (7.23) ist leicht erkennbar, daß

$$V_R = \frac{T_A \cdot r_A}{V_{STR}} \cdot \frac{26,5°}{T_t} \frac{\pi}{180°} \approx \frac{T_A \cdot r_A}{2T_t \cdot V_{STR}} \tag{7.28}$$

Die zweite Optimierungsbedingung des BO (Kasten auf Seite 50) gilt demnach auch für Systeme mit Totzeit, wenn die kleine Zeitkonstante des Systems $T_\sigma = T_t$ gewählt wird.

Somit gilt für das Führungsverhalten des offenen Ankerstromregelkreises:

$$-G_0(s) = \frac{\omega_d}{s} \cdot e^{-sT_t} \approx \frac{\omega_d}{s} \cdot \frac{1}{1 + sT_t} \tag{7.29}$$

Für den geschlossenen Ankerstromregelkreis gilt:

$$G_{wi}(s) = \frac{-G_0(s)}{1 - G_0(s)} \approx \frac{1}{1 + \dfrac{s}{\omega_d} + \dfrac{s^2}{\omega_d} T_t} \tag{7.30}$$

Mit $1/\omega_d = 3,6\,ms$ und $2T_t = 3,34\,ms$ kann angenähert werden (siehe auch Gl. (7.28))

$$\frac{1}{\omega_d} \approx 2T_t \tag{7.31}$$

und

$$G_{wi}(s) \approx \frac{1}{1 + s2T_t + s^2 2T_t^2} \tag{7.32}$$

Mit Einführung der allgemeinen (Summen–) Zeitkonstante $T_{\sigma i}$ ergibt sich für die Übertragungsfunktion $G_{wi}(s)$ des nach BO optimierten geschlossenen Stromregelkreises endgültig (vergl. auch Gl. (7.51))

$$G_{wi}(s) = \frac{i_A(s)}{i_A^*(s)} = \frac{1}{1 + s2T_{\sigma i} + s^2 2T_{\sigma i}^2} \quad \text{mit} \quad T_{\sigma i} = T_t \tag{7.33}$$

Da die Übertragungsfunktion nach Gl. (7.33) bzw. (7.32) bei SO–Auslegung des überlagerten Drehzahlregelkreises schlecht zu handhaben ist, wird statt der betragsoptimierten Übertragungsfunktion für den geschlossenen Ankerstromregelkreis häufig eine Ersatzübertragungsfunktion 1. Ordnung (Ersatzzeitkonstante $T_{ers\,i}$) verwendet.

$$G_{w,ers\,i}(s) \;=\; \frac{1}{1 + sT_{ers\,i}} \quad \text{mit} \quad T_{ers\,i} = 2T_{\sigma i} = 2T_t \tag{7.34}$$

Die Näherung ist aufgrund $2T_t^2 \ll 1$ möglich. Da das angenäherte Regelkreisverhalten jedoch vom realen Verhalten abweicht, sollte bedacht werden, daß die Verwendung der Ersatzfunktion immer nur begrenzt zulässig ist.

An der Stabilitätsgrenze $\varphi_{Rd} = 0°$ bzw. $\varphi_0 = -180°$ gilt für die Amplitudendurchtrittsfrequenz ω_d nach Gl. (7.23)

$$\omega_{d,krit} = \frac{\pi}{2} \cdot \frac{\pi}{180°} \cdot \frac{1}{T_t} = 942 \, \frac{rad}{s} \tag{7.35}$$

Unter Verwendung dieser Reglerparameter wurden an einem Testregelkreis nach Abb. 7.7 verschiedene Sprungantworten untersucht. Dabei wurde die Verstärkung des offenen Regelkreises $K_I = V_R V_{STR}/(T_A r_A)$ variiert. Abbildung 7.9 zeigt die aufgezeichneten Sprungantworten. Es ist erkennbar, daß sogar bei sehr großem K_I (mit $\omega_d > \omega_{d,krit}$) noch Stabilität vorliegt. Außerdem ist ein Unterschied im dynamischen Verhalten bei Aussteuerung in Richtung abnehmendem Steuerwinkel bzw. zunehmendem Steuerwinkel feststellbar. Bemerkenswert ist, daß bei Stromabbau keine Überschwinger bzw. Unterschwinger im Gegensatz zum Stromaufbau auftreten. Dieses unsymmetrische Verhalten ist im Stromrichter begründet und wird im Kap. 9 noch näher untersucht.

Generell muß somit festgestellt werden, daß mit obiger Approximation des dynamischen Stellgliedverhaltens eine sehr konservative Reglereinstellung realisiert wird.

Eine mögliche analoge Realisierung des PI–Reglers zeigt Abb. 7.8. Für die Übertragungsfunktion des Reglers ergibt sich:

$$G_R(s) = \frac{x_e(s)}{i_A^*(s) - i_A(s)} = \frac{Z_r}{Z_e} = \frac{R_2 + \frac{1}{sC}}{R_1} = \frac{R_2}{R_1} \cdot \frac{1 + sR_2C}{sR_2C} = V_R \cdot \frac{1 + sT_n}{sT_n} \tag{7.36}$$

Mit vorgegebenem R_1 lassen sich C und R_2 bestimmen.

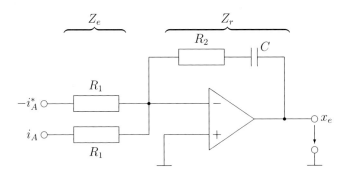

Abb. 7.8: *Analoger PI–Regler*

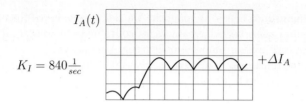

$K_I = 840\frac{1}{sec}$

Primäre Aussteuerung in Richtung *abnehmendem Steuerwinkel*

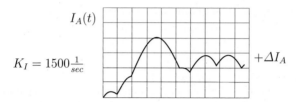

$K_I = 1500\frac{1}{sec}$

Primäre Aussteuerung in Richtung *abnehmendem Steuerwinkel*

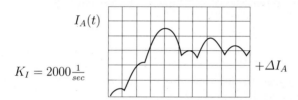

$K_I = 2000\frac{1}{sec}$

Primäre Aussteuerung in Richtung *abnehmendem Steuerwinkel*

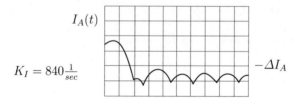

$K_I = 840\frac{1}{sec}$

Primäre Aussteuerung in Richtung *zunehmendem Steuerwinkel*

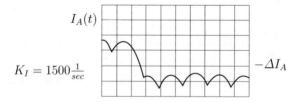

$K_I = 1500\frac{1}{sec}$

Primäre Aussteuerung in Richtung *zunehmendem Steuerwinkel*

Abb. 7.9: *Sprungantworten der Stromregelung ohne Istwertglättung* $\alpha_0 = 90°$, $\Delta I_A = 60A$, $\Delta t = 2\,ms/div$

7.1.1.5   Optimierung des Stromregelkreises mit Meßwertglättung

Bei der praktischen Realisierung einer Ankerstromregelung wird der Meßwert häufig geglättet, um Oberschwingungen im Stromsignal zu eliminieren. Dies ist unter Voraussetzung einer richtigen Schirmung bei der Signalerfassung im Grunde nicht notwendig und sogar eher nachteilig. Durch die zusätzliche Verzögerung ergibt sich ein langsamerer Regelkreis. Dennoch soll der Fall einer Meßwertglättung bei der Optimierung des Stromregelkreises betrachtet werden (siehe auch Kap. 3.1).

Mit Meßwertglättung im Rückführzweig ergibt sich die in Abb. 7.10 dargestellte Regelkreiskonfiguration.

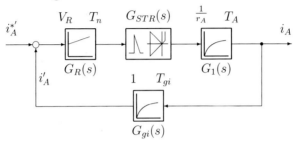

Abb. 7.10: *Stromregelkreis mit PT_1–Meßwertglättung*

Die Übertragungsfunktion des offenen Kreises ergibt sich zu:

$$
\begin{aligned}
-G_0(s) &= G_R(s) \cdot G_{STR}(s) \cdot G_1(s) \cdot G_{gi}(s) \\[2mm]
&= V_R \frac{1 + sT_n}{sT_n} \cdot V_{STR} \cdot e^{-sT_t} \cdot \frac{1}{r_A} \cdot \frac{1}{(1 + sT_A)} \cdot \frac{1}{1 + sT_{gi}}
\end{aligned}
\tag{7.37}
$$

Die Zeitkonstanten T_t und T_{gi} bilden die kleine Zeitkonstante $T_{\sigma i}$, während T_A die große Zeitkonstante darstellt. Bei Anwendung der BO–Optimierung ergeben sich folgende Einstellvorschriften:

1.

$$
T_n = T_A
\tag{7.38}
$$

Damit ergibt sich:

$$
-G_0(s) = \frac{V_R}{sT_A} \cdot \frac{1}{r_A} \cdot V_{STR} \cdot e^{-sT_t} \cdot \frac{1}{1 + sT_{gi}}
\tag{7.39}
$$

mit den Approximationen

$$
e^{-sT_t} \cdot \frac{1}{1 + sT_{gi}} \approx \frac{1}{1 + sT_t} \cdot \frac{1}{1 + sT_{gi}} \approx \frac{1}{1 + s\underbrace{(T_t + T_{gi})}_{T_{\sigma i}}}
\tag{7.40}
$$

2.

$$V_R = \frac{T_A \cdot r_A}{2T_{\sigma i} \cdot V_{STR}} \tag{7.41}$$

Mit dieser Parametrierung des PI–Reglers erhält die Übertragungsfunktion des offenen Regelkreises die bekannte IT$_1$–Form:

$$-G_0(s) = \frac{1}{s2T_{\sigma i}(1 + sT_{\sigma i})} \tag{7.42}$$

Mit der kleinen Summenzeitkonstante $T_{\sigma i} = T_t + T_{gi}$ kann auf die Amplituden-durchtrittsfrequenz ω_d zurückgerechnet werden.

Für den approximierten Phasenwinkel des BO–optimierten Regelkreises beim Amplitudendurchtritt gilt (siehe auch Gl. (3.27))

$$\varphi_0^* \Big|_{|F_0(j\omega_d)|=1} = \underbrace{-90°}_{\text{I–Anteil}} - \underbrace{26,5°}_{\varphi_{PT_1}\big|_{|F_0(j\omega_d)|=1}} = -116,5° \tag{7.43}$$

mit dem Phasenwinkel des PT$_1$

$$\varphi_{PT_1} = \arctan(-\omega\, T_{\sigma i}) \tag{7.44}$$

$$\varphi_{PT_1} \Big|_{|F_0(j\omega_d)|=1} = \arctan(-\omega_d\, T_{\sigma i}) \tag{7.45}$$

Aus Gl. (7.43) und (7.45) ergibt sich ω_d zu:

$$\omega_d = -\frac{\tan(-26,5°)}{T_{\sigma i}} = \frac{0,4986}{T_{\sigma i}} \approx \frac{1}{2\, T_{\sigma i}} \tag{7.46}$$

Mit T_t nach Gl. (7.24) und beispielsweise $T_{gi} = 1/300 Hz$ (Elimination der 300 Hz–Oberschwingung) berechnet sich $T_{\sigma i}$ zu:

$$T_{\sigma i} = T_t + T_{gi} = 1,67\, ms + 3,33\, ms = 5\, ms \tag{7.47}$$

Damit ergibt sich für ω_d:

$$\omega_d \Big|_{T_{\sigma i}=5ms} = 99,7\, \frac{rad}{s} \tag{7.48}$$

Wie in Kap. 7.1.1.4 gezeigt wurde, ist die Ersatzzeit $T_{ers\,i}$ des geschlossenen Regelkreises in etwa umgekehrt proportional der Amplitudendurchtrittsfrequenz ω_d (Gl. (7.34) und (7.31)). Durch die Regelung mit Meßwertglättung wird die Ersatzzeit um ca. 180 % größer ($\omega_d = 99,7\, rad/sec$ im Vergleich zu $\omega_d = 278\, rad/sec$). Dies stellt den Hauptnachteil der eingefügten Meßwertglättung dar.

Außerdem entsteht als weitere Konsequenz ein Vorhalt (Zählerpolynom) in der Übertragungsfunktion zwischen dem nicht geglätteten Istwert i_A und dem Sollwert i_A^*, da auf den geglätteten Istwert i_A' optimiert wurde.

Führungsübertragungsfunktion für den zurückgeführten (geglätteten) Istwert:

$$G'_{wi}(s) = \frac{i'_A(s)}{i^*_A(s)} = \frac{-G_0(s)}{1 - G_0(s)} = \frac{1}{1 + s2T_{\sigma i} + s^2 2T^2_{\sigma i}} \qquad (7.49)$$

Führungsübertragungsfunktion für den realen (ungeglätteten) Istwert:

$$G''_{wi}(s) = \frac{i_A(s)}{i^*_A(s)} = \frac{i_A(s)}{i'_A(s)} \cdot G'_{wi}(s) = \frac{1 + sT_{gi}}{1 + s2T_{\sigma i} + s^2 2T^2_{\sigma i}} \qquad (7.50)$$

Der Vorhalt kann durch eine Glättung der Führungsgröße mit derselben Zeitkonstante wieder kompensiert werden.

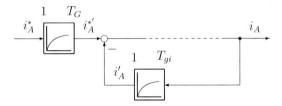

Abb. 7.11: *Regelkreis mit Führungsglättung*

Unter Einsatz einer wie in Abb. 7.11 dargestellten Glättung der Führungsgröße mit $T_G = T_{gi}$ ergibt sich für $G_{wi}(s)$ die BO–Standard–Führungsübertragungsfunktion 2. Ordnung:

$$G_{wi}(s) = \frac{i_A(s)}{i^*_A(s)} = \frac{1}{1 + sT_G} \cdot G''_{wi}(s) = \frac{1}{1 + s2T_{\sigma i} + s^2 2T^2_{\sigma i}} \qquad (7.51)$$

mit $\quad T_{\sigma i} = T_t + T_{gi}$

und $\quad T_G = T_{gi}$

Die Bildung einer Ersatzübertragungsfunktion 1. Ordnung für den geschlossenen Stromregelkreis erfolgt wie im vorangegangenen Abschnitt. Mit $s^2 2T^2_{\sigma i} \ll 1$ wird $G_{wi}(s)$ wiederum angenähert zu:

$$G_{w,ers\,i}(s) = \frac{1}{1 + sT_{ers\,i}} \qquad (7.52)$$

mit $\quad T_{ers\,i} = 2T_{\sigma i}$

Eine Glättung der Führungsgröße kann durch eine einfache Beschaltung des PI–Reglers wie in Abb. 7.12 realisiert werden.

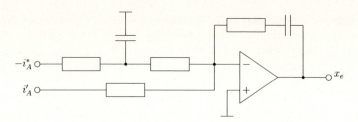

Abb. 7.12: *Analoger PI–Regler mit (passiver) Führungsglättung (vergl. Abb. 7.15)*

7.1.2 Drehzahlregelkreis

Für den Entwurf des überlagerten Drehzahlregelkreises wollen wir die Ersatz-funktion des Stromregelkreises (Gl. (7.34)bzw. (7.52)) verwenden. Durch diese Ordnungsreduktion des inneren Regelkreises vereinfacht sich der Reglerentwurf für die äußere Drehzahlschleife. Damit ergibt sich für den Drehzahlregelkreis die in Abb. 7.13 dargestellte Struktur.

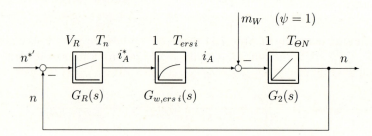

Abb. 7.13: *Drehzahlregelkreis mit Ersatzübertragungsfunktion für den Stromregelkreis*

Die Übertragungsfunktion der Drehzahlregelstrecke lautet:

$$G_{Sn}(s) = \frac{n(s)}{i_A^*(s)} = G_{w,ers\,i}(s) \cdot G_2(s) = \frac{1}{1 + sT_{ers\,i}} \cdot \frac{1}{sT_{\Theta N}} \qquad (7.53)$$

Damit liegt eine IT_1–Strecke vor, die mit einem PI–Regler mit

$$G_R(s) = V_R \cdot \frac{1 + sT_n}{sT_n} \qquad (7.54)$$

der nach SO ausgelegt ist, geregelt werden kann.

Wie bereits in Abschnitt 7.1.1.4 angesprochen, ist die Verwendung einer Ersatzübertragungsfunktion für den inneren Regelkreis beim Entwurf des überlagerten Regelkreises immer nur begrenzt zulässig. Zur Erzielung optimalen Verhaltens der Drehzahlregelung sollte die tatsächlich vorhandene Übertragungsfunktion 2. Ordnung des Stromregelkreises nach Gl. (7.32) bzw. Gl. (7.51) berücksichtigt werden. Ein Drehzahlregler für die sich damit ergebende Strecke 3. Ordnung kann dann z.B. nach dem Dämpfungsoptimum (DO, Kap. 4) entworfen werden.

Optimierung nach dem Symmetrischen Optimum (SO)

Mit den Standard-Einstellregeln des SO (Kap. 3.2, Kasten auf Seite 62) werden die Reglerparameter des Drehzahlregelkreises eingestellt zu:

$$1. \qquad T_n = 4T_{ers\,i} \qquad (7.55)$$

$$2. \qquad V_R = \frac{T_{\Theta N}}{2 \cdot T_{ers\,i}} \qquad (7.56)$$

Nach Einsetzen der Reglerparameter ergibt sich für das Führungsverhalten des offenen Drehzahlregelkreises:

$$-G_0(s) = G_R(s) \cdot G_{Sn}(s) = \frac{1}{2T_{ers\,i}} \frac{1 + s4T_{ers\,i}}{s4T_{ers\,i}} \frac{1}{1 + sT_{ers\,i}} \frac{1}{s} \qquad (7.57)$$

Für den geschlossenen Drehzahlregelkreis ergibt sich eine Führungsübertragungsfunktion 3. Ordnung:

$$G'_{wn}(s) = \frac{n(s)}{n^{*'}(s)} = \frac{-G_0(s)}{1 - G_0(s)} = \frac{1 + s4T_{ers\,i}}{1 + s4T_{ers\,i} + s^2 8T_{ers\,i}^2 + s^3 8T_{ers\,i}^3} \qquad (7.58)$$

Durch den Vorhalt $(1 + s4T_{ers\,i})$ im Zähler von $G'_{wn}(s)$ treten in der Übergangsfunktion des Drehzahlregelkreises hohes Überschwingen und eine große Ausregelzeit auf. Durch Einfügen einer Führungsglättung (Abb. 7.14) in Form eines Verzögerungsglieds 1. Ordnung mit der Zeitkonstanten $T_G = 4T_{ers\,i}$

$$G_G(s) = \frac{n^{*'}(s)}{n^*(s)} = \frac{1}{1 + sT_G} = \frac{1}{1 + s4T_{ers\,i}} \qquad (7.59)$$

kann der Vorhalt in $G'_{wn}(s)$ kompensiert werden. Das Übergangsverhalten wird damit dem gewünschten Verlauf angenähert (siehe auch Gl. (3.65)).

$$G_{wn}(s) = \frac{n(s)}{n^*(s)} = G_G(s) \cdot G'_{wn}(s) = \frac{1}{1 + s4T_{ers\,i} + s^2 8T_{ers\,i}^2 + s^3 8T_{ers\,i}^3} \qquad (7.60)$$

Mit Einführung der allgemeinen (Summen–) Zeitkonstante $T_{\sigma n}$ ergibt sich für die Übertragungsfunktion $G_{wn}(s)$ des nach SO optimierten geschlossenen Drehzahlregelkreises endgültig:

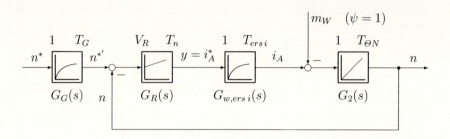

Abb. 7.14: *Drehzahlregelkreis mit Führungsglättung bei SO–Optimierung*

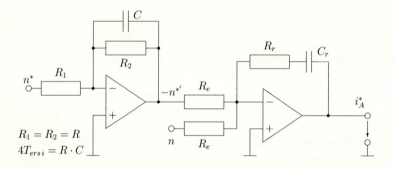

Abb. 7.15: *Analoger PI–Regler mit (aktiver) Führungsglättung (vergl. Abb. 7.12)*

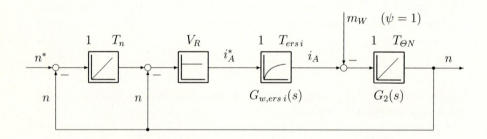

Abb. 7.16: *Integration der Führungsglättung in den PI–Regler*

$$G_{wn}(s) = \frac{n(s)}{n^*(s)} = \frac{1}{1 + s4T_{\sigma n} + s^2 8T_{\sigma n}^2 + s^3 8T_{\sigma n}^3} \quad \text{mit} \quad T_{\sigma n} = T_{ers\,i} \quad (7.61)$$

Die Struktur des Drehzahlregelkreises mit Führungsglättung zeigt Abb. 7.14, eine analoge Realisierung Abb. 7.15.

Eine andere Ausführung eines Drehzahlregelkreises mit Führungsglättung zeigt Abb. 7.16. Dabei wird die PT_1–Führungsglättung in den PI–Regler integriert.

Der Istwert n durchläuft den gesamten PI–Regler, während der Sollwert nur über den Integrator läuft. Dieses Prinzip beruht auf der Kompensation des Reglervorhalts mit der Führungsglättung. Somit ist diese Möglichkeit nur anwendbar, wenn die Zeitkonstante der Führungsglättung identisch mit der Nachstellzeit des PI–Reglers ist ($T_G = T_n = 4T_{ers\,i}$). Anhand Abb. 7.16 kann leicht nachvollzogen werden, daß für den Sollwert des Ankerstroms gilt:

$$i_A^*(s) = V_R \cdot \left(\frac{1}{sT_n}(n^*(s) - n(s)) - n(s) \right) \quad (7.62)$$

$$= \frac{V_R}{sT_n} \cdot n^*(s) - V_R \cdot \frac{1 + sT_n}{sT_n} \cdot n(s) \quad (7.63)$$

Dieses Ergebnis wird auch bei der ursprünglichen Struktur nach Abb. 7.14 erhalten, wenn $T_G = T_n = 4T_{ers\,i}$ gilt.

7.1.2.1 Optimierung des Drehzahlregelkreises mit Meßwertglättung

Wie beim Stromregelkreis (Kap. 7.1.1.5) wird auch häufig im Rückführkanal des Drehzahlregelkreises ein Verzögerungsglied 1. Ordnung (z.B. mit der Zeitkonstante T_{gn}) zur Glättung des erfassten Drehzahlistwertes eingefügt. Entsprechend den Ableitungen in Kap. 7.1.1.5 bedeutet dies, daß die Ersatzzeitkonstante des Stromregelkreises $T_{ers\,i}$ und die Zeitkonstante T_{gn} des PT_1–Gliedes im Rückführzweig zu einer neuen kleinen Summenzeitkonstante $T_{\sigma n} = T_{ers\,i} + T_{gn}$ zusammengefaßt werden können. Für die Parameter des Drehzahlreglers folgt damit:

$$1. \quad T_n = 4T_{\sigma n} \quad (7.64)$$

$$2. \quad V_R = \frac{T_{\Theta N}}{2 \cdot T_{\sigma n}} \quad \text{mit} \quad T_{\sigma n} = T_{ers\,i} + T_{gn} = 2T_{\sigma i} + T_{gn} \quad (7.65)$$

Die Zeitkonstante der Meßwertglättung muß ebenso bei der Berechnung der Führungsglättung berücksichtig werden. Es ergibt sich (siehe Abb. 7.14 und Gl. (7.59)):

$$T_G = 4T_{\sigma n} \quad (7.66)$$

Für die Übertragungsfunktion des nach SO optimierten Drehzahlregelkreises ergibt sich wieder die aus Gl. (7.61) bekannte Standard–SO–Funktion:

$$G_{wn}(s) = \frac{1}{1 + s4T_{\sigma n} + s^2 8T_{\sigma n}^2 + s^3 8T_{\sigma n}^3} \quad \text{mit} \quad T_{\sigma n} = T_{ers\,i} + T_{gn} \quad (7.67)$$

Durch die Meßwertglättung zeigt sich die schon bekannte unerwünschte Absenkung in der Dynamik des Regelkreises. Ein Lösungsansatz muß also darin bestehen, einen Drehzahlsensor zu verwenden, der auf Änderungen des Drehzahlsignals ohne Zeitverzögerung reagiert (z.B. hochauflösender Inkrementalgeber bei digitalen Regelungen), und Störeinflüsse durch entsprechende Schirmung so gering zu halten, daß anschließend keine Glättung des Drehzahlistwerts mehr erforderlich ist.

7.1.2.2 Regelkreise mit Stromsollwertbegrenzung

Bei der praktischen Implementierung einer Drehzahl–Strom–Kaskadenregelung wird der Stromsollwert begrenzt, um den Stromrichter und die Maschine vor Überströmen zu schützen. Abbildung 7.17 zeigt die Regelkreisstruktur bei Einsatz einer Begrenzerschaltung. Eine mögliche analoge Realisierung der Begrenzungsfunktion zeigt Abb. 7.18.

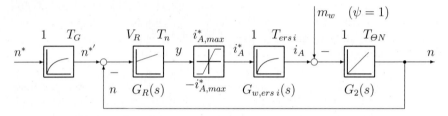

Abb. 7.17: *Drehzahlregelkreis mit Begrenzung des Stromsollwerts*

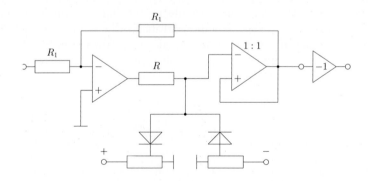

Abb. 7.18: *Analoge Realisierung einer Begrenzerfunktion*

Bei dieser analogen Realisierung sind die Eingangsspannung und die Ausgangsspannung der Begrenzerschaltung so lange gleich, wie die Ausgangsspannung des ersten Operationsverstärkers nicht eine der Schwellen überschreitet.

Wenn eine dieser Schwellen überschritten wird, dann wird die Eingangsspannung des zweiten Operationsverstärkers und somit die Ausgangsspannung der Begrenzerschaltung auf dem betreffenden Schwellenwert gehalten. Die Spannungsdifferenz zwischen der unbegrenzten Ausgangsspannung des ersten Verstärkers und der begrenzten Eingangsspannung des zweiten Verstärkers fällt an R ab.

Wenn der Drehzahl–Sollwertsprung so groß ist, daß die Strombegrenzung anspricht, verändert sich das Einschwingverhalten des geschlossenen Drehzahlregelkreises wesentlich. Diesen Einfluß sollen Abb. 7.19 und 7.20 verdeutlichen. In Abb. 7.19 ist der Verlauf der wichtigsten Größen in einem Regelkreis nach Abb. 7.17 als Reaktion auf einen Sprung der Höhe $\Delta n^* = 0,15$ des normierten Drehzahlsollwerts n^* gezeigt. Dabei ist die Strombegrenzung so hoch eingestellt (im Beispiel $i^*_{A,max} > 2$), daß die Sättigung während des Übergangs nicht erreicht wird. Der Übergangsvorgang bleibt damit linear.

Man erkennt das typische Übergangsverhalten bei SO–optimiertem Drehzahlregler mit Führungsglättung an dem etwa 8 %–igen Überschwingen der Drehzahl n in Abb. 7.19, oben. Die von $n^{*'}$ und n eingeschlossenen Regelflächen (schraffiert in Abb. 7.19) müssen sich aufheben, da der Integralanteil im Regler nach Beendigung des Regelvorganges wieder in dem selben Zustand wie vorher sein muß. Da die $i^*_{A,max} > 2$ gewählt wurde, steigen der Stromsollwert i^*_A und der Stromistwert i_A auf die zur Ausregelung des Drehzahlsprungs nötigen Werte an.

In Abb. 7.20 wurde der Regelkreis nach Abb. 7.17 erneut mit einem normierten Drehzahlsollsprung der Höhe $\Delta n^* = 0,15$ beaufschlagt. In diesem Fall wurde der Sollwert des Ankerstroms jedoch auf $i^*_{A,max} = 1.0$ begrenzt, um die Maschine

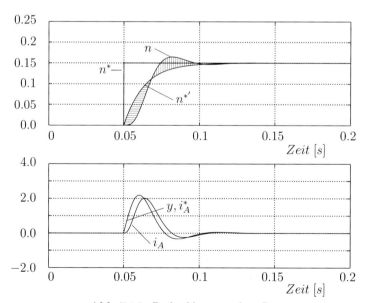

Abb. 7.19: *Drehzahlsprung ohne Begrenzung*

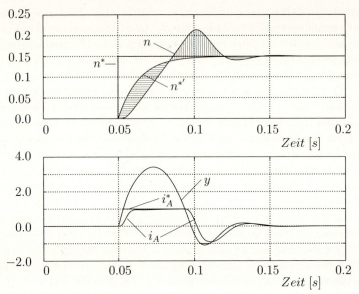

Abb. 7.20: *Drehzahlsprung bei Begrenzung des Ankerstromsollwerts auf $i^*_{A,max} = 1,0$*

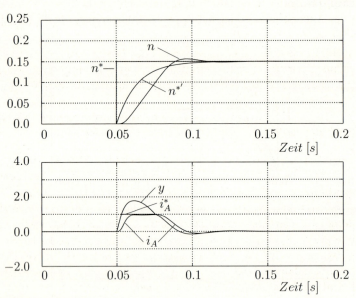

Abb. 7.21: *Drehzahlsprung mit Antiwindup-Drehzahlregler und Begrenzung des Ankerstromsollwerts auf $i^*_{A,max} = 1,0$*

nicht zu überlasten. Wie in Abb. 7.19 entsteht am Ausgang des Drehzahlreglers ein rasch ansteigender Ankerstromsollwert, mit dem die Drehzahldifferenz rasch ausgeregelt werden soll. Dadurch wird die durch den Begrenzerbaustein erzwungene Strombegrenzung nach kurzer Zeit erreicht ($i_A^* = i_{A,max}^* = 1.0$) und der Drehzahlregler hat keinen Einfluß mehr auf die Strecke. Während der Zeit, in der $i_A^* = i_{A,max}^*$ gilt, ist der Drehzahlregelkreis praktisch aufgetrennt. Die Maschine wird nun auf konstanten Strom geregelt und mit dem entsprechenen konstanten Moment beschleunigt.

Während der Zeit, in der die Begrenzung des Ankerstromsollwerts aktiv ist, liegt jedoch weiterhin eine positive Regeldifferenz $n^* - n > 0$ am Eingang des Drehzahlreglers an und wird vom Integralanteil des Reglers bis auf Werte von $y > 3,0$ aufintegriert. Um den Ankerstrom aus der Begrenzung zu führen, muß daher durch eine negative Regeldifferenz $n^* - n < 0$ der Reglerausgang y wieder abintegriert werden. Der oben genannte Regelflächenausgleich erzwingt somit ein übermäßiges Überschwingen der Drehzahl und eine Erhöhung der Ausregelzeit, wodurch sich ein unerwünschtes Übergangsverhalten ergibt.

Mit zunehmender Amplitude der Drehzahlsollwertsprünge bzw. mit sinkenden Stromgrenzwerten $i_{A,max}^*$ wird das Übergangsverhalten bei Begrenzung der Ankerstromsollwerts i_A^* noch unbefriedigender. Die einfache Begrenzerschaltung aus Abb. 7.18 ist also alleine in diesem Fall untauglich.

Anti–Windup–Regler

Um das in Abb. 7.20 gezeigte unerwünschte Übergangsverhalten zu verhindern muß folglich während der Begrenzungsphase $i_A^* = i_{A,max}^*$ ein Aufintegrieren der positiven Regeldifferenz durch den Integralanteil des Drehzahlreglers vermieden werden. Zusammen mit der Strombegrenzung wird diese Funktion meist in den Drehzahlregler integriert. Eine solche Reglerstruktur wird Anti–Windup–Regler genannt.

Ein Aufintegrieren der positiven Regeldifferenz während der Begrenzungszeit durch den Integrator kann auf verschiedene Arten vermieden werden.

- Eine Möglichkeit besteht darin, den Reglerausgang y kontinuierlich abzufragen und bei Überschreiten des Stromgrenzwertes $y > i_{A,max}^*$ den Eingang des Integrators von der Regeldifferenz $n^* - n$ auf Null umzuschalten. Eine solche Reglerstruktur wurde bei dem Regelkreis nach Abb. 7.17 eingesetzt. Abbildung 7.21 zeigt das Übergangsverhalten bei einem Drehzahlsollsprung der Höhe $\Delta n^* = 0,15$. Durch das Anhalten des Integratorausgangs ist der Reglerausgang y während der Begrenzungsphase nur noch eine Funktion des Proportionalanteils und steigt daher nur auf einen sehr viel niedrigeren Wert als in Abb. 7.20 an. Bei einem Vergleich zu Abb. 7.19, unten, ist ersichtlich, daß durch die Begrenzung des Ankerstroms An- und Ausregelzeit ansteigen, jedoch wird das Überschwingen der Istdrehzahl n erheblich reduziert.

- Eine weitere Möglichkeit der Realisierung eines Anti–Windup–Drehzahlreglers vermeidet die bei der obigen Realisierung benötigten Logikbausteine. Hier wird das Integral der Differenz $y - i_A^*$ vom Ausgang des Integralanteils des Reglers subtrahiert. Solange der Sollwert i_A^* des Ankerstroms nicht in die Begrenzung gelangt, gilt $y - i_A^* = 0$ und der Ausgang des des Integralanteils des Reglers bleibt unbeeinflußt. Während der Strombegrenzung wird jedoch das Ansteigen des Integratorausgangs des Reglers verhindert. Gerade bei hohen Solldrehzahlsprüngen wird durch diese Schaltung das Regelkreisverhalten bei Verlassen der Strombegrenzung verbessert.

Eine ausführliche Behandlung von Regelkreisen mit Stellbegrenzungen ist in Kap. 5.6 zu finden.

7.1.2.3   Direkte Drehzahlregelung

In Kap. 5.2 hatte sich bei der Diskussion der Kaskadenregelung ergeben, daß die Dynamik des jeweils überlagerten Regelkreises um den Faktor zwei abnimmt, wenn dieser Regelkreis nach BO ausgelegt (Gl. (5.6)) ist, bzw. um den Faktor vier, wenn eine Optimierung nach SO erfolgte. Es besteht daher die Frage, ob mit einer direkten Drehzahlregelung, d.h. ohne Unterlagerung eines Stromregelkreises, ein verbessertes Ergebnis gegenüber der Kaskadenregelung in Kap. 7.1.1 und 7.1.2 zu erreichen ist. Um die Maschine nicht thermisch zu überlasten, muß in diesem Fall allerdings eine Strombegrenzungsregelung (siehe Kap. 5.1.1, Abb. 5.1) vorgesehen werden.

Um einen Vergleich der direkten Drehzahlregelung mit der Kaskadenregelung vornehmen zu können, wollen wir zunächst noch einmal die mit der Kaskadenregelung erhaltenen Übertragungsfunktionen darstellen. Nach Gl. (7.33) und (7.51) ergab sich für den nach BO optimierten Stromregelkreis

$$G_{wi}(s) = \frac{1}{1 + s2T_{\sigma i} + s^2 2T_{\sigma i}^2} \tag{7.68}$$

und nach Gl. (7.61) und (7.67) für den nach SO optimierten Drehzahlregelkreis mit Führungsglättung

$$G_{wn}(s) = \frac{1}{1 + s4T_{\sigma n} + s^2 8T_{\sigma n}^2 + s^3 8T_{\sigma n}^3} \tag{7.69}$$

Der Signalflußplan bei direkter Drehzahlregelung ist in Abb. 7.22 dargestellt. Wird nun die Streckenübertragungsfunktion bei Verwendung des direkten Drehzahlreglers ermittelt, ergibt sich für $G_{Sn}(s)$ unter Annahme einer vollständigen EMK–Kompensation (siehe Kap. 7.1.1.1)

$$G_{Sn}(s) = G_{STR}(s) \cdot G_1(s) \cdot G_2(s) \tag{7.70}$$

$$= V_{STR} \cdot e^{-sT_t} \cdot \frac{1}{r_A} \cdot \frac{1}{1 + sT_A} \cdot \frac{1}{sT_{\Theta N}} \tag{7.71}$$

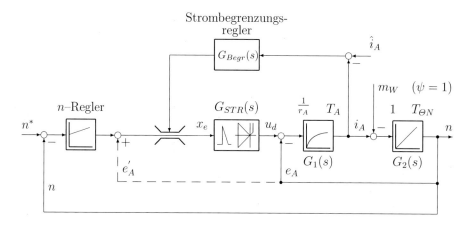

Abb. 7.22: *Direkte Drehzahlregelung im Ankerstellbereich mit Strombegrenzungsregelung*

Da $T_t \ll T_A$ ist, kann angenähert werden:

$$G_{Sn}(s) = V_{STR} \cdot \frac{1}{r_A} \cdot \frac{1}{1 + sT_A} \cdot \frac{1}{sT_{\Theta N}} \qquad (7.72)$$

Aus Gl. (7.72) ist sofort zu erkennen, daß sich für $G_{Sn}(s)$ eine Übertragungsfunktion in Form einer IT_1–Strecke ergibt. Diese Form der Streckenübertragungsfunktion war auch bei der bisher behandelten Drehzahl–Strom–Kaskadenregelung mit BO–Optimierung des Stromregelkreises erhalten worden (siehe Gl. (7.53)).
Damit ergibt sich als Übertragungsfunktion $G_{wn}(s)$ des geschlossenen Regelkreises bei direkter Drehzahlregelung:

$$G_{wn}(s) = \frac{1}{1 + s4T_A + s^2 8T_A^2 + s^3 8T_A^3} \qquad (7.73)$$

Ein Vergleich von Gl. (7.69) und Gl. (7.73) zeigt, daß die Dynamik bei der direkten Drehzahlregelung immer dann schlechter ist als bei der Kaskadenregelung, wenn $T_A > 2T_{\sigma n}$ ist. Dies bedeutet, die Kaskadenregelung hat trotz der Abnahme der Dynamik des überlagerten Drehzahlregelkreises einen Vorteil durch die Kompensation der Ankerzeitkonstanten T_A (BO–Optimierung) und der daraus folgenden Optimierung auf die kleine Summenzeitkonstante des Drehzahlregelkreises aus der Totzeit T_t des Stromrichterstellgliedes und eventuellen Zeitkonstanten von Meßwerterfassungen.

7.1.2.4 Strombegrenzungsregelung

Im vorigen Abschnitt wurde im Zuge der direkten Drehzahlregelung die Notwendigkeit einer Strombegrenzungsregelung [80, 81] angesprochen, welche den Schutz der Maschine vor Überströmen sicherstellen soll. Diese Begrenzungsregelung soll nur dann eingreifen, wenn der vorgegebene Stromgrenzwert überschritten wird. Einerseits muß eine Strombegrenzungsregelung also den Ankerstrom begrenzen um eine thermische Überlastung der Maschine zu vermeiden, andererseits sollen jedoch für schnelle Beschleunigungsvorgänge kurzzeitig hohe Spitzenströme zugelassen werden, die thermische Überlastbarkeit also genutzt werden. Eine weitere Forderung ist eine schnelle Reduzierung des Stroms vom Spitzenwert in den Bereich des zulässigen statischen Nennstroms nach einer vorgegebenen Zeit.

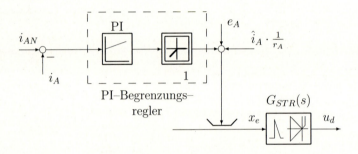

Abb. 7.23: *Detail–Signalflußplan für positive Stromrichtung*

Abb. 7.23 zeigt den Aufbau des bereits in Abb. 7.22 eingetragenen Begrenzungsreglers. Mit i_{AN} ist dabei der thermisch zulässige Nennstrom bezeichnet, $\hat{i}_A$ ist der zulässige dynamische Spitzenwert des Ankerstroms. Zu Beginn eines Beschleunigungsvorgangs, wenn $i_A < i_{AN}$ ist, wird der PI–Regler die positive Regeldifferenz aufintegrieren, und der Reglerausgang wird ebenso positiv ausgesteuert. Aufgrund des in den Begrenzungsregler integrierten nichtlinearen Kennlinienblocks 1 kann dieses Signal an der Summationsstelle aber nicht wirksam werden. Wird jedoch $i_A > i_{AN}$, dann wird die nunmehr negative Regeldifferenz zu einem Abintegrieren des PI–Reglers führen. Sobald der Reglerausgang einen negativen Wert annimmt, wird dieser Wert am Ausgang des Kennlinienblocks 1 wirksam und reduziert — entsprechend der Dynamik des PI–Begrenzungsreglers — den Grenzwert des Drehzahlreglerausgangs auf den thermisch zulässigen Nennstrom i_{AN}.

Der Grenzwert für die Ausgangsspannung des Stromrichterstellgliedes u_d wird so eingestellt, daß

$$\hat{u}_d = e_A + \frac{1}{r_A} \cdot \hat{i}_A \tag{7.74}$$

Der Begrenzungsregler wird in diesem Fall nicht nach dem BO eingestellt, sondern so, daß Regler erst nach der zulässigen Zeitdauer für den Spitzenstromimpuls der Höhe $\hat{i}_A$ eingreift. Zu diesem Zweck kann man sich thermischer Modelle der jeweiligen Maschinen bedienen. Es soll noch angemerkt werden, daß bei Umkehrstromrichter–Stellgliedern sowohl der positive als auch der negative Spitzen– und Nennwert des Ankerstroms begrenzt werden müssen, d.h. der Signalflußplan des Strombegrenzungsreglers nach Abb. 7.23 muß sowohl für positiven — wie dargestellt — als auch für negativen Strom ausgeführt werden.

Grundsätzlich ist festzustellen, daß die Begrenzung auf den zulässigen Spitzenwert des Ankerstroms $\hat{i}_A$ keine Regelung, sondern eine Steuerung nach Gl. (7.74) darstellt. Da aber der Ankerwiderstand r_A temperaturabhängig und im allgemeinen auch sehr klein ist, können bereits sehr kleine Änderungen von r_A zu deutlichen Fehlern in der Begrenzung des Spitzenstroms führen. Um dies zu verhindern kann statt der Steuerung in gleicher Weise eine Begrenzungsregelung für den Spitzenwert $\hat{i}_A$ wie bei der Begrenzungsregelung für i_{AN} realisiert werden. Die Ausgangssignale der nichtlinearen Kennlinienblöcke des Spitzenwertreglers und Nennstromreglers werden wie vorher mit der Spannung e_A addiert. Die Einstellung der beiden Regler erfolgt nach den gleichen Maßregeln wie vorher. Bei Umkehrstromrichtern sind somit vier Begrenzungsregler einzuführen. Mit derartigen Regelkreiskonfigurationen (auch in Verbindung mit der Kaskadenregelung) lassen sich alle Anforderungen an hochdynamische, überlastfähige Antriebe realisieren.

7.1.3 Lageregelung

In den vorherigen Kapiteln wurde die Strom- und Drehzahlregelung eines Gleichstromantriebs im Ankerstellbereich ausführlich diskutiert. Eines der wichtigsten Ergebnisse war, daß mit zunehmender Zahl von kaskadierten Regelkreisen wie Strom– und anschließend Drehzahl– und eventuell wiederum anschließend Lageregelung die Dynamik jeweils um den Faktor 2 (bei Reglerauslegung nach BO) bzw. um den Faktor 4 (bei Reglerauslegung nach SO) bei den Ersatzregelkreisen abnimmt (siehe Kap. 5.2).

Im vorangegangenen Abschnitt war bereits eine Möglichkeit aufgezeigt worden, bei Strom–Drehzahlregelung der GNM durch direkte Drehzahlregelung eine verbesserte Dynamik zu erreichen.

Eine andere Möglichkeit ist, anstelle von netzgeführten Stromrichter-Stellgliedern Gleichspannungswandler (DC-DC-Wandler) einzusetzen. Gleichspannungswandler verwenden statt der Thyristoren je nach Leistungsklasse der Gleichstrommaschine entweder MOS-FET-Transistoren, IGBTs oder IGCTs (siehe [35, 36]). Die Schaltfrequenz dieser ein– und abschaltbaren Leistungshalbleiter ist im allgemeinen wesentlich höher (im kHz–Bereich) als bei den netzgeführten Stromrichter-Stellgliedern bei welchen sich die Periodendauer zu $T = 1/pf_N$ berechnet. Aufgrund der allgemein höheren Schaltfrequenzen von Gleichspannungswandlern können der Stromregelkreis [35, 36] und damit auch alle anderen überlagerten Regelkreise mit höherer Dynamik realisiert werden. Es verbleibt aber ansonsten bei dem oben beschriebenen Vorgehen.

Weiterhin besteht die Möglichkeit keine Kaskadenregelung, sondern eine Zustandsregelung (Kap. 5) zu realisieren. Voraussetzung dafür ist, daß die Zustände Moment (Strom), Drehzahl und Lage bekannt sind und keine Nichtlinearitäten wie Reibung und Lose auftreten. Für den Fall, daß ein starres System angenommen werden kann, kann der Zustandsreglerentwurf nach Kap. 5 erfolgen. Die Zustandsregelung der Drehzahl eines elastischen Zweimassensystems ist in Kap. 18 behandelt.

Vor diesem Hintergrund sollen für die Lageregelung, die in diesem Kapitel behandelt wird, folgende Annahmen gemacht werden:

- Es ist ein Stellglied mit hoher Schaltfrequenz vorhanden, so daß die Amplitudendurchtrittsfrequenz ω_d des Stromregelkreises sehr hoch gegenüber der mechanischen Zeitkonstanten ist. Dann kann in erster Näherung die Dynamik des Stromregelkreises als ideal angesetzt werden ($G_{w,ers\,i} = 1$).

- Die elektrische Maschine (z.B. eine Gleichstromnebenschlußmaschine oder vorteilhafter, eine permanent erregte Synchronmaschine (siehe Kap. 16.6)) und das Stellglied sind überlastbar, so daß keine Strombegrenzung notwendig wird.

- Die Nachteile der Kaskadenregelung (Absenkung der Dynamik bei jedem überlagerten Kreis) sind bekannt.

- Es soll keine Zustandsregelung realisiert werden.

Die Ausführungen zur Lageregelung basieren auf den Überlegungen aus [23]. Dort wird für den Lageregelkreis eine Struktur nach Abb. 7.24 angesetzt. Wie aus Abb. 7.24 zu entnehmen ist, ist keine Drehzahlregelung, sondern nur eine sehr schnelle Stromregelung mit $G_{w,ers\,i} = 1$ und eine Lageregelung des starren mechanischen Systems ausgeführt. Der geschlossene Stromregelkreis einschließlich der

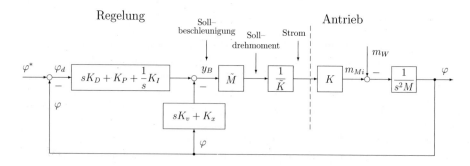

Abb. 7.24: *Verallgemeinerte PID–Lageregelung*

Drehmoment–Umsetzung wird durch die Verstärkung K erfaßt. Da aufgrund der Stromregelkreis–Drehmoment–Umsetzung die Konstante K nicht immer genau bekannt ist, wird dieser Parameter K im Regler mit dem Faktor $1/\widetilde{K}$ in Kombination zu ungefähr 1 angenähert. In gleicher Weise stellt die Größe $M = T_{\Theta N} \cdot 1$ die Umsetzung vom Beschleunigungsmoment zum Winkel φ dar. Im Regler wird diese durch den Faktor $\widetilde{M}$ ebenfalls zu $\widetilde{M}/M = 1$ approximiert. Es soll gelten:

$$k = \frac{K}{\widetilde{K}} \cdot \frac{\widetilde{M}}{M} \tag{7.75}$$

Das Kompensationselement für den Lagefehler besteht aus einem normalen PID–Regler (in Abb. 7.24 in Summenform dargestellt) und der Rückführung der Zustände Lage (Winkel) und Drehzahl, die als gewichtete Summe (Gewichtungsfaktoren K_v für die Drehzahl, K_x für die Lage) vom Reglerausgang subtrahiert werden. Eine Umrechnung von der faktorisierten Form des PID–Reglers, welche in der Optimierungstabelle auf Seite 80 verwendet ist, kann über die Zusammenhänge

$$K_D = V_R \cdot T_v \tag{7.76}$$

$$K_P = \frac{V_R \cdot (T_n + T_v)}{T_n} \tag{7.77}$$

$$K_I = \frac{V_R}{T_n} \tag{7.78}$$

erfolgen.

Ausgangsgröße des Kompensationselements ist die Sollbeschleunigung y_B. Durch diese Struktur des Kompensationselements ergibt sich insgesamt wieder ein PID–Regler bei dem jedoch die Koeffizienten der proportionalen und differenzierenden Anteile für den Soll– und Istwert unterschiedlich hoch sind:

$$y_B(s) = \varphi^*(s) \cdot \left[sK_D + K_P + \frac{1}{s}K_I \right] - \varphi(s) \cdot \left[s(K_D + K_v) + (K_P + K_x) + \frac{1}{s}K_I \right] \tag{7.79}$$

Die Führungsübertragungsfunktion des geschlossenen Lageregelkreises lautet:

$$G_{w\varphi} = \frac{\varphi(s)}{\varphi^*(s)} = \frac{K_I + sK_P + s^2 K_D}{K_I + s(K_p + K_x) + s^2(K_D + K_v) + s^3 \frac{1}{k}} \tag{7.80}$$

Wie schon oben angedeutet, sind die Parameterunsicherheiten im Faktor k zusammengefaßt und beeinflussen nur den Koeffizienten der höchsten Nennerpotenz.

Durch die Wahl der Parameter des Lagereglers soll erreicht werden:

a) möglichst hohe Dynamik und

b) möglichst kein Überschwingen des Istwerts (besonders kritisch bei Werkzeugmaschinen)

Aus diesen Forderungen läßt sich ableiten, daß eine resultierende Führungsübertragungsfunktion in Form einer PT_1–Funktion mit einer sehr kleinen Zeitkonstante am vorteilhaftesten wäre, denn dies ergäbe eine gute Dynamik und kein Überschwingen. Um diese Forderungen zu erfüllen, muß die Übertragungsfunktion des offenen Regelkreises 1. Ordnung sein und möglichst — aufgrund der stationären Genauigkeit — integrales Verhalten aufweisen.
Es gilt:

$$-G_0(s) = \frac{\varphi(s)}{\varphi_d(s)} = \frac{K_I + sK_P + s^2 K_D}{sK_x + s^2 K_v + s^3} = \frac{K_D \left[\dfrac{K_I}{K_D} + s\dfrac{K_P}{K_D} + s^2 \right]}{s\left[K_x + sK_v + s^2 \right]} \qquad (7.81)$$

Wenn $K_P/K_D = K_v$ und $K_I/K_D = K_x$ gewählt wird, dann sind das Zähler- und das Nennerpolynom 2. Ordnung des offenen Regelkreises gleich, und es verbleibt der gewünschte integrale Term des offenen Regelkreises:

$$-G_0(s) = \frac{K_D}{s} \qquad (7.82)$$

Die Führungsübertragungsfunktion des geschlossenen Regelkreises ergibt sich damit zur gewünschten PT_1–Form:

$$G_{w\varphi}(s) = \frac{-G_0(s)}{1 - G_0(s)} = \frac{K_D}{s + K_D} = \frac{1}{1 + s\dfrac{1}{K_D}} \qquad (7.83)$$

Es besteht nun die Aufgabe die Parameter K_i des Reglers zu bestimmen. In [23] wird zur Reglerauslegung der im folgenden dargestellte Ansatz vorgeschlagen. Ausgehend von der Übertragungsfunktion $-G_0(s)$ des offenen Lageregelkreises

$$-G_0(s) = \frac{K_D \left[\dfrac{K_I}{K_D} + s\dfrac{K_P}{K_D} + s^2 \right]}{s\left[K_x + sK_v + s^2 \right]} \qquad (7.84)$$

wird umgeformt zu:

$$-G_0(s) \;=\; \frac{\omega_c}{s} \cdot \frac{\omega_0^2 + s2D\omega_0 + s^2}{\omega_0^2 + s2D\omega_0 + s^2} \quad \text{mit} \quad D = \text{Dämpfungsfaktor} \qquad (7.85)$$

$$\omega_0 = \text{Kennkreisfrequenz}$$

Durch Koeffizientenvergleich ergibt sich:

$$K_D = \omega_c, \qquad K_P = 2D\omega_c\omega_0, \qquad K_I = \omega_c\omega_0^2, \qquad K_v = 2D\omega_0, \qquad K_x = \omega_0^2$$

Die obige Schreibweise bedeutet, daß die Zeitkonstante $T = 1/K_D = 1/\omega_c$ der resultierenden Führungsübertragungsfunktion unabhängig von D und ω_0 festgelegt werden kann. Beispielsweise ist dies eine Frage der Auslegung bzw. der eventuellen Eigenfrequenz des mechanischen/technologischen Systems.

Wie aus Gl. (7.80) abgelesen werden kann, lautet das Nennerpolynom der Führungsübertragungsfunktion $G_{w\varphi}(s)$

$$N(s) = K_I + s(K_P + K_x) + s^2(K_D + K_v) + s^3 \frac{1}{k} \qquad (7.86)$$

Durch Umformung ergibt sich

$$1 + k \cdot \frac{K_I + s(K_P + K_x) + s^2(K_D + K_v)}{s^3} = 0 \qquad (7.87)$$

wenn die Pole von $G_{w\varphi}(s)$ gesucht werden sollen.

Durch Einsetzen der Parameter K_i des Lagereglers in die Gleichung 2. Ordnung erhält man:

$$\omega_0 \cdot \left[s^2(\eta + 2D) + s\omega_0(2D\eta + 1) + \eta\omega_0^2 \right] = 0 \qquad \text{mit} \qquad \eta = \frac{\omega_c}{\omega_0} \qquad (7.88)$$

Diese Gleichung 2. Ordnung wird nun so dimensioniert, daß sie zwei reelle Pole in der linken s–Halbebene hat. Aus dieser Forderung folgt:

$$a) \qquad \eta = \frac{1}{2(D-1)} \qquad \longrightarrow \qquad s_{1,2} = \frac{-\omega_0}{2D-1} \qquad (7.89)$$

$$b) \qquad \eta = \frac{1}{2(D+1)} \qquad \longrightarrow \qquad s_{1,2} = \frac{-\omega_0}{2D+1} \qquad (7.90)$$

Zu beachten ist, daß in der Lösung a) bei $D \to 0,5$ die Polstellen gegen $-\infty$ rücken. Wenn $D \to 1$, dann strebt $\eta = \omega_c/\omega_0 \to +\infty$. In [23] wird angemerkt, daß aufgrund von Meßrauschen und fehlender Steifigkeit des mechanischen Systems $\eta \approx 2$ und $D \approx 1,25$ gewählt werden sollten. Außerdem ist es sinnvoll, eine Sollwerttrajektorie für den Lagesollwert vorzugeben, um Übersteuerungen oder mechanische Überlastungen zu vermeiden.

7.2 Geregelte Gleichstromnebenschlußmaschine im Feldschwächbereich

In diesem Kapitel wollen wir zur vollständig geregelten Gleichstromnebenschlußmaschine übergehen, indem der Fluß ψ bzw. der Erregerstrom i_E als weitere Zustandsgröße geregelt werden soll. Der Fluß bzw. der Erregerstrom tritt somit als weitere Stellgröße z.B. für eine Drehzahlregelung hinzu. Den normierten nichtlinearen Signalflußplan für das Großsignalverhalten bei variablem Feld ψ zeigt Abb. 7.25. Der Erregerkreis zur Bildung des Flusses ψ kann auf verschiedene Arten modelliert werden, je nachdem welche Eigenschaften des Erregerkreises berücksichtigt werden sollen.

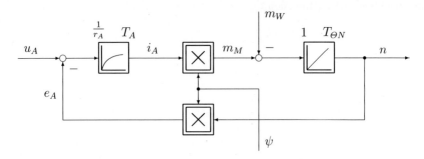

Abb. 7.25: *Gleichstromnebenschlußmaschine bei variablem Feld*

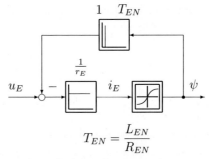

$$T_{EN} = \frac{L_{EN}}{R_{EN}}$$

Abb. 7.26: *Normierter Signalflußplan des Erregerkreises ohne Wirbelstromeinfluß*

An dieser Stelle wollen wir auf die bereits in [35, 36] hergeleiteten Zusammenhänge zurückgreifen. Für den Erregerkreis einer geblechten Maschine (d.h unter der Annahme, daß keine Wirbelstromeffekte auftreten) wird dort der in Abb. 7.26 gezeigte Signalflußplan angegeben. Der nichtlineare Kennlinienblock repräsentiert dabei die mittlere Magnetisierungskennlinie $\psi = f(i_E)$ ohne Hysterese.

Aus Abb. 7.26 können die für den Erregerkreis geltenden Gleichungen abgelesen werden:

$$\psi(s) \;=\; l_E(i_E) \cdot i_E(s) \qquad \text{mit} \quad l_E(i_E) = \frac{L_E}{L_{EN}} \qquad (7.91)$$

$$u_E(s) - sT_{EN} \cdot \psi(s) \;=\; r_E \cdot i_E(s) \qquad\qquad\qquad\quad (7.92)$$

Wird der stationäre Betrieb betrachtet, sind die Änderungen um den aktuellen Arbeitspunkt nur gering. Für den Erregerkreis kann dann der linearisierte Signalflußplan nach Abb. 7.27 verwendet werden.

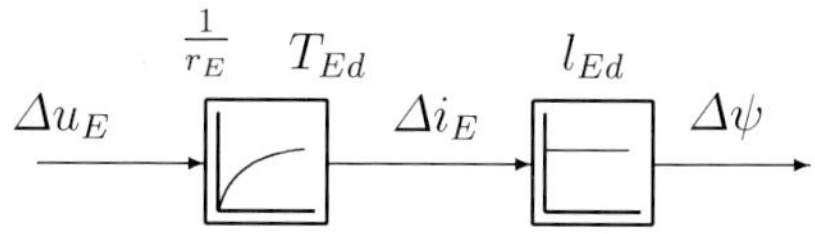

$$T_{Ed} = T_{EN} \cdot \frac{l_{Ed}}{r_E}$$

Abb. 7.27: *Normierter linearisierter Signalflußplan des Erregerkreises ohne Wirbelstromeinfluß*

Nach Abb. 7.27 gelten die Zusammenhänge:

$$\Delta\psi(s) \;=\; l_{Ed}(i_E) \cdot \Delta i_E(s) \qquad \text{mit} \quad l_{Ed}(i_E) = \frac{L_{Ed}}{L_{EN}} \quad (7.93)$$

$$\Delta u_E(s) - sT_{EN} \cdot \Delta\psi(s) \;=\; r_E \cdot \Delta i_E(s) \tag{7.94}$$

Wie die Gleichungen (7.91) und (7.93) deutlich machen, ist die Induktivität $l_E(i_E)$ bzw. $l_{Ed}(i_E)$ durch die nichtlineare Magnetisierungskennlinie erregerstrom– und damit arbeitspunktabhängig. Dies muß beim Reglerentwurf beachtet werden.

Anhand der möglichen Betriebsbereiche des Gleichstromantriebes soll der Sinn der Feldschwächung erläutert werden. Aus Abb. 7.25 kann der Gleichungssssatz der Gleichstromnebenschlußmaschine abgelesen werden. Im Zeitbereich gilt:

Ankerkreis: $\qquad\qquad u_A(t) \;=\; e_A(t) + r_A \cdot i_A(t) + T_A \cdot \dfrac{d\,i_A(t)}{dt} \qquad (7.95)$

Gegenspannung: $\qquad e_A(t) \;=\; n(t) \cdot \psi(t) \qquad\qquad\qquad\qquad (7.96)$

Drehmoment: $\qquad\quad m_M(t) \;=\; i_A(t) \cdot \psi(t) \qquad\qquad\qquad\qquad (7.97)$

Mechanik: $\quad m_M(t) - m_W(t) \;=\; T_{\Theta N} \cdot \dfrac{d\,n(t)}{dt} \qquad\qquad\qquad (7.98)$

Leistung: $\qquad\qquad\quad p(t) \;=\; m_M(t) \cdot n(t) \qquad\qquad\qquad\qquad (7.99)$

Abbildung 7.28 zeigt die Zusammenhänge zwischen den Signalflußplangrößen aufgetragen über der Drehzahl in den beiden Betriebsbereichen der GNM.

1. *Ankerstellbereich*: $\psi = const. = 1$
   Im Ankerstellbereich erfolgt die Steuerung bzw. Regelung der Drehzahl und der Leistung über die Ankerspannung u_A bis schließlich bei Nenndrehzahl die maximale induzierte Gegenspannung erreicht ist. In diesem Punkt gibt die Maschine ihre Nennleistung ab. Ohne eine weitere Erhöhung der Ankerspannung über die Nennspannung hinaus (Überlastung des Stellgliedes)

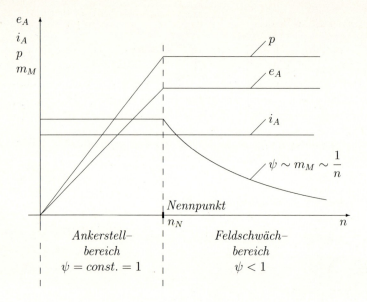

Abb. 7.28: *Betriebsbereiche eines Gleichstromantriebs*

kann die Drehzahl in diesem Betriebsbereich nicht über ihren Nennwert ansteigen.

Mit $\psi = const. = 1$ lassen sich aus den Gleichungen (7.95) bis (7.99) folgende Proportionalitätsbeziehungen für den Ankerstellbereich ableiten:

$$e_A \sim n \tag{7.100}$$

$$m_M \sim i_A \tag{7.101}$$

$$p \sim n \tag{7.102}$$

2. *Feldschwächbereich*: $e_A = const. = 1$

Möchte man die Drehzahl weiter steigern, muß das Feld geschwächt werden, damit die Gegenspannung nicht weiter ansteigt. Dabei muß der Fluß umgekehrt proportional zur Drehzahl gesenkt werden. Dadurch ergibt sich bei vorgegebenem maximalem Ankerstrom aufgrund von Gl. (7.97) eine Reduzierung des ausnutzbaren Drehmoments. Trotzdem kann durch die Feldschwächung ohne eine Überdimensionierung des Antriebes (konstante maximale Leistung) ein erweiterter Drehzahlbereich durchfahren werden.

Mit $e_A = const. = 1$ lassen sich aus den Gleichungen (7.95) bis (7.99) folgende Proportionalitätsbeziehungen für den Feldschwächbereich ableiten:

$$\psi \sim m_M \sim \frac{1}{n} \tag{7.103}$$

$$p \sim i_A \tag{7.104}$$

7.2.1   Erregerstromregelung

Für die weitere Behandlung der vollständig geregelten Gleichstromnebenschlußmaschine soll zunächst die Erregerstromregelung behandelt werden. Das
Streckenverhalten der Erregerwicklung entspricht dem eines R-L–Kreises ohne
Gegenspannung. Somit liegt im Prinzip ein PT_1–Verhalten vor, wobei noch die
nichtlineare Magnetisierungskennlinie zwischen Erregerstrom und Fluß hinzu-
kommt. Als Erregerstromquellen werden im allgemeinen aus Aufwandsgründen
zweipulsige Brückenschaltungen verwendet.
Abbildung 7.29 zeigt den Signalflußplan der Erregerstromregelung.

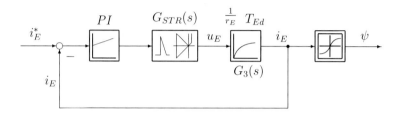

Abb. 7.29: *Erregerstromregelkreis*

Bei der Optimierung des Erregerstromregelkreises muß beachtet werden, daß
die Zeitkonstante T_{Ed} arbeitspunktabhängig ist (aufgrund der nichtlinearen Magnetisierungskennlinie $\psi = l_{Ed}(i_E) \cdot i_E$), und daß der Erregerkreiswiderstand
r_E temperaturabhängig ist. Darüberhinaus muß bei der Erregerstromregelung
beachtet werden, daß die Erregerzeitkonstante T_{Ed} erheblich größer als die Ankerzeitkonstante T_A ist. Bei der Dimensionierung des Stromrichters für den Erregerkreis muß somit eine hohe Spannungsreserve des Stromrichter–Stellglieds vorgesehen werden, um den Erregerstrom ausreichend schnell verstellen zu können.
Beispielsweise würde beim Übergang vom Feldschwächbereich in Richtung Ankerstellbereich der Ankerstrom zwar schnell verstellt werden können, der Erregerstrom — bei kleiner Spannungsreserve — aber nur langsam aufgebaut und
damit die Drehzahländerung nur langsam erfolgen können. Als netzgeführte
Stromrichter–Stellglieder können die zweipulsigen Brückenschaltungen wie beim
Ankerkreis durch ein Totzeitglied mit Verstärkungsfaktor

$$G_{STR}(s) = V_{STR} \cdot e^{-sT_t} \approx \frac{V_{STR}}{1 + sT_t} \qquad \text{mit} \quad T_t = \frac{1}{2pf_N} \qquad (7.105)$$

modelliert werden.
Die Optimierung des i_E–Regelkreises kann unter Anwendung der Standard–
Optimierungsverfahren nach Kap. 3 bzw. nach den vorangegangenen Abschnitten 7.1.1.4 bis 7.1.2.1 erfolgen. Für schnelles Führungsverhalten kann die Reglerauslegung nach BO erfolgen. Hier muß jedoch beachtet werden, daß die

Nachstellzeit des PI–Reglers der sich mit l_{Ed} bzw. i_E ändernden Erregerkreis–Zeitkonstante T_{Ed} nachgeführt werden müßte. Ist dies nicht der Fall, führt die unvollständige Kompensation von T_{Ed} zu einer Erhöhung der Ordnung des Nennerpolynoms der Führungsübertragungsfunktion $G_{wi_E}(s)$ und einem Vorhalt im Zähler von $G_{wi_E}(s)$. Dadurch wird eine Schwingungsneigung begünstigt.

Im Erregerkreis besteht jedoch ein großer Unterschied zwischen großer (T_{Ed}) und kleiner ($T_{\sigma i_E}$) (Summen–)Zeitkonstante. Im allgemeinen ist $T_{Ed} > 200\ ms$, während sich $T_{\sigma i_E}$ je nachdem, ob eine Meßwertglättung (Zeitkonstante T_{gi_E}) verwendet wird, zu $T_{\sigma i_E} = T_t\ (+T_{gi_E}) = 5\ (\ldots 10)\ ms$ berechnet. Im Nutzfrequenzbereich wird sich eher ein IT$_1$–Verhalten der aus zwei PT$_1$–Gliedern aufgebauten Erregerstromstrecke ergeben, da die Eckfrequenz von $G_3(s)$ (siehe Abb. 7.29) bei sehr niedrigen Frequenzen liegt. Damit kommt hauptsächlich der $1:1$–Abfall des Amplitudengangs von $G_3(s)$ zur Auswirkung.

Aufgrund dieser Tatsache (siehe dazu auch Kap. 3.2.2) kann die Einstellung der Reglerparameter auch nach SO erfolgen. Eine Optimierung nach SO hat darüberhinaus den Vorteil, daß die Erregerkreis–Zeitkonstante T_{Ed} nur für die Berechnung der Reglerverstärkung V_R verwendet wird. Eine Variation von T_{Ed} gegenüber des für die Berechnung von V_R verwendeten Wertes hat daher nur Auswirkung auf den Verstärkungsfaktor des offenen Regelkreises. Bei Optimierung nach SO ist eine Führungsglättung (siehe Gl. (3.64) in die Regelkreisstruktur nach Abb. 7.29 einzufügen.

Für die weitere regelungstechnische Behandlung soll die Erregerstromregelung wieder durch eine Ersatzfunktion 1. Ordnung angenähert werden. Nach Gl. (3.82) verbleibt bei Vernachlässigung der Terme mit s^2 und s^3 für die Ersatzzeitkonstante $T_{ers\,i_E}$ des nach SO optimierten Erregerstromregelkreises

$$T_{ers\,i_E} = 4T_{\sigma i_E} + 8\frac{T_{\sigma i_E}^2}{T_{Ed}} \qquad (7.106)$$

Für die Auslegung der gesamten Regelkreisanordnung (siehe Kap. 7.2.5) kann die Ersatzanordnung nach Abb. 7.30 bei Einsatz der nichtlinearen Magnetisierungskennlinie, bzw. im linearisierten Fall die Ersatzanordnung nach Abb. 7.31 verwendet werden.

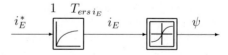

Abb.7.30: *Ersatzfunktion der Erregerstromregelung bei nichtlinearer Magnetisierungskennlinie*

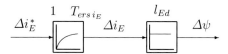

Abb. 7.31: *Ersatzfunktion der Erregerstromregelung bei Linearisierung*

7.2.2 Schaltungsvarianten

Für die Regelung der Drehzahl über das Feld können drei Grundvarianten unterschieden werden:

1. Sammelschienenantrieb,

2. Contiflux-Verfahren,

3. spannungsabhängige Feldschwächung.

Bei *Sammelschienenantrieben* — im allgemeinen Mehrmotorenantriebe — werden alle Motoren mit der gleichen Ankerspannung u_A an der Sammelschiene betrieben. Die individuelle Verstellung der Drehzahl erfolgt über die Verstellung der Erregerströme. Bei dieser Variante können die Motoren nur ab der durch die Sammelschienenspannung u_A und den jeweiligen maximalen Erregerstrom vorgegebenen Grunddrehzahl zu höheren Drehzahlen verstellt werden; ein Ankerstellbereich ist nicht vorhanden. Das prinzipielle Blockschaltbild der Anordnung zeigt Abb. 7.32. Die zweite Variante ist das sogenannte *Contiflux-Verfahren*. Bei dieser Variante wird eine Umkehr des Drehmoments der Antriebsmaschine nicht durch eine Umkehr des Ankerstroms sondern durch eine Umkehr des Feldstroms erzwungen. Wesentlich bei dieser Variante ist, daß dem Drehzahlregelkreis zwei parallele Stromregelkreise unterlagert sind: der Ankerstromregelkreis und der Erregerstromregelkreis.

Beide Stromregelkreise werden über nichtlineare Kennlinien angesteuert, so daß einerseits bei großem geforderten Drehmoment mit konstantem Fluß und variablem Ankerstrom und andererseits bei kleinem geforderten Drehmoment mit konstantem kleinen Ankerstrom und variablem Erregerstrom gefahren wird. Wesentlich ist, daß bei konstantem kleinem Ankerstrom der Erregerstrom linear durch Null variiert wird. Dies bedeutet, daß bei dieser Lösung praktisch nur der Ankerstellbereich vorhanden ist. Die Umkehr des Erregerfeldes und damit auch die Feldschwächung wird nicht zur Erhöhung des Drehzahlbereichs, sondern zur Drehrichtungsumkehr genutzt. Abbildung 7.33 zeigt das Strukturbild dieser Regelung. Diese beiden Grundvarianten haben heute nur noch geringe praktische Bedeutung. Sie werden allerdings der Vollständigkeit halber aufgeführt, um einige grundsätzliche Probleme und Lösungswege aufzuzeigen.

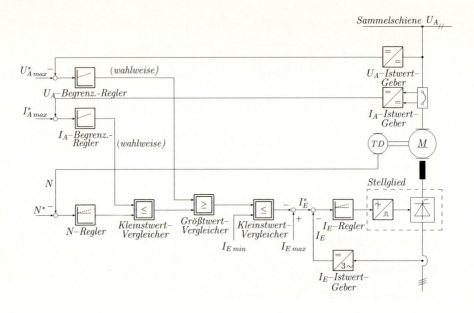

Abb. 7.32: *Sammelschienenantrieb (Geräteschaltplan)*

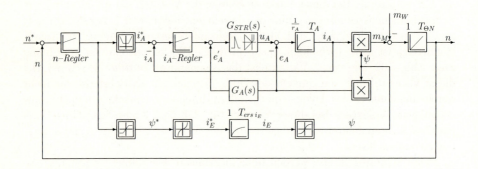

Abb. 7.33: *Signalflußplan der Contiflux-Regelung*

Die dritte Variante *Drehzahlregelung mit spannungsabhängiger Feldschwä-chung* ist von grundsätzlicher Bedeutung, da bei dieser Lösung im Betriebsbereich der Antriebsmaschine sowohl der Ankerstellbereich (Grunddrehzahlbereich) als auch der Feldschwächbereich enthalten sind. Die Maschine kann somit kontinu-ierlich vom einen in den anderen Betriebsbereich übergehend betrieben werden.

7.2.3 Sammelschienenantrieb

Abbildung 7.34 zeigt den Signalflußplan für einen Sammelschienenantrieb. Durch Umzeichnung von Abb. 7.34 erhält man Abb. 7.35, aus der die Struktur des Drehzahlregelkreises deutlicher zu erkennen ist.

Die Optimierung des Drehzahlreglers wird durch die Struktur des Detailplans 1 erschwert. Um das Streckenverhalten zwischen dem Fluß ψ und der Drehzahl n zu analysieren, wird der Detailplan 1 am Arbeitspunkt linearisiert (Abb. 7.36).

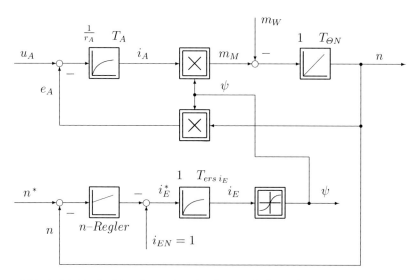

Abb. 7.34: *Drehzahlregelung über den Erregerfluß bei Sammelschienenantrieb*

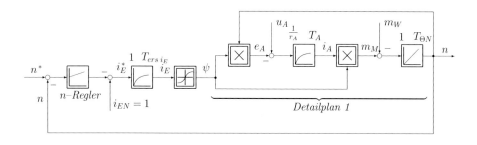

Abb. 7.35: *Signalflußplan der Abb. 7.34 umgezeichnet*

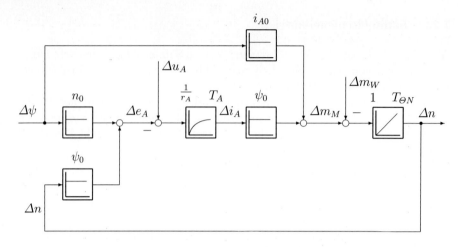

Abb. 7.36: *Linearisierter Detailplan 1*

Aus Abb. 7.36 läßt sich ableiten ($\Delta u_A = 0$):

$$\Delta n(s) = \frac{1}{sT_{\Theta N}} \cdot \left[\Delta\psi(s) \cdot i_{A0} - (\Delta\psi(s) \cdot n_0 + \Delta n(s) \cdot \psi_0) \cdot \frac{\psi_0}{r_A} \cdot \frac{1}{1 + sT_A}\right]$$

(7.107)

Durch elementare Umrechnungen ergibt sich

$$\Delta\psi(s) \cdot \left(i_{A0} - \frac{n_0\psi_0}{r_A} \cdot \frac{1}{1 + sT_A}\right) = \Delta n(s) \cdot \left(sT_{\Theta N} + \frac{\psi_0^2}{r_A} \cdot \frac{1}{1 + sT_A}\right)$$ (7.108)

bzw. mit

$$T_{\Theta St} = T_{\Theta N} \cdot \frac{r_A}{\psi_0^2} = f(\psi_0)$$

(7.109)

erhält man:

$$\frac{\Delta n(s)}{\Delta\psi(s)} = \frac{-n_0\psi_0 + r_A i_{A0} + sT_A r_A i_{A0}}{\psi_0^2\left(1 + sT_{\Theta St} + s^2 T_{\Theta St}T_A\right)}$$

(7.110)

$$= \frac{-n_0\psi_0 + r_A i_{A0}}{\psi_0^2\left(1 + sT_{\Theta St} + s^2 T_{\Theta St}T_A\right)} \cdot \left(1 - \frac{sT_A}{\dfrac{n_0\psi_0}{r_A i_{A0}} - 1}\right)$$

(7.111)

$$= \left[-\frac{n_0}{\psi_0} + \frac{r_A i_{A0}}{\psi_0^2}(1 + sT_A)\right] \cdot \frac{1}{1 + sT_{\Theta St} + s^2 T_{\Theta St}T_A}$$

(7.112)

Aus der Übertragungsfunktion $\Delta n(s)/\Delta\psi(s)$ ist zu erkennen, daß die Vorzeichenumkehr für die Absenkung des Erregerstrom–Sollwerts i_E^* in Abb. 7.35 und die Vorzeichenumkehr des Terms n_0/ψ_0 sich gegenseitig kompensieren.

Wenn jetzt zur Vereinfachung angenommen wird, daß $T_A \ll T_{\Theta St}/4$ ist, dann vereinfacht sich die Übertragungsfunktion zu:

$$\frac{\Delta n(s)}{\Delta \psi(s)} = \left(-\frac{n_0}{\psi_0} + \frac{r_A i_{A0}}{\psi_0^2} \right) \frac{1}{1 + s T_{\Theta St}} \qquad (7.113)$$

Vereinfacht wird die Übertragungsfunktion somit durch die Verstärkung

$$K = -\frac{n_0}{\psi_0} + \frac{r_A i_{A0}}{\psi_0^2} \qquad (7.114)$$

und ein Verzögerungsglied 1. Ordnung angenähert. Dabei ist zu beachten, daß sowohl die Verstärkung K als auch die Zeitkonstante $T_{\Theta St}$ eine Funktion des Flusses ψ_0 sind.

Die genauere Betrachtung zeigt, daß die Übertragungsfunktion eine positive Nullstelle hat und somit ein Allpaßverhalten aufweist. Dieses Allpaßverhalten wirkt sich so aus, daß zu Beginn eines Übergangsvorgangs aufgrund der Flußänderung sofort das Motormoment geändert und damit die Drehzahl beeinflußt wird. Verzögert um T_A erfolgt dann die Gegenreaktion über die Änderung der Spannung e_A.

Der zusammengefaßte Drehzahlregelkreis bei Sammelschienenspeisung ist in Abb. 7.37 dargestellt.

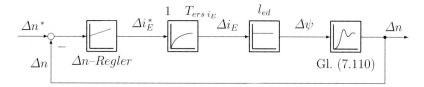

Abb. 7.37: *Linearisierter Drehzahlregelkreis bei Sammelschienenspeisung*

7.2.4 Contiflux–Regelung

Aus dem Signalflußplan der Contiflux–Regelung nach Abb. 7.33 ist zu erkennen, daß die Regler des Ankerstroms und des Erregerstroms, wie oben beschrieben, optimiert werden müssen. Im Flußregelkreis wird zur Kompensation der nichtlinearen Magentisierungskennlinie $\psi = f(i_E)$ eine entsprechende inverse Kennlinie in den Sollwertkanal eingefügt; somit kann zwischen ψ^* und ψ der lineare Zusammenhang der Ersatzfunktion des Erregerstromregelkreises angenommen werden. Unter dieser Voraussetzung ergibt sich die in Abb. 7.38 zusammengefaßte Struktur des Regelkreises. Wenn die Kennlinien der nichtlinearen Blöcke 1 und 2 in den parallelen Signalpfaden so gewählt werden, daß die Knickpunkte beim gleichen Sollwert des Drehmoments m_M^* liegen und die Verstärkungen in den beiden Betriebszuständen

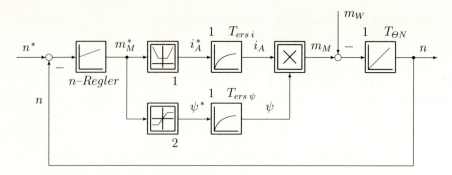

Abb. 7.38: *Zusammengefaßte Struktur des Contiflux-Verfahrens*

- voller Erregerfluß und geregelter Ankerstrom
- kleiner Ankerstrom (Stromboden) und gesteuerter Erregerfluß

gleich sind, dann ergibt sich für den Drehzahlregler eine konstante Verstärkung in beiden Betriebszuständen. Wenn nun zusätzlich die Zeitkonstanten $T_{ers\,i}$ und $T_{ers\,\psi}$ durch angepaßte Dimensionierung und Optimierung gleich werden (d.h. Vergrößerung von $T_{ers\,i} = 2T_{\sigma i}$ auf $T_{ers\,i} = T_{ers\,\psi}$ und damit Verringerung der Dynamik des Ankerstromregelkreises durch Verringerung der Verstärkung V_R des i_A-Reglers), dann gilt die obige Aussage auch dynamisch, und der Drehzahlregler kann wie bei konstantem Fluß $\psi = 1$ optimiert werden.

Beim Contiflux-Verfahren bleiben somit beide Regelungen (Anker- und Erregerstrom) ständig im Eingriff.

Vom Prinzip her könnten sich mit diesem Verfahren bei positiven Drehzahl–Sollwertänderungen kleine Ausregelzeiten ergeben, da der Ankerstrom schnell erhöht werden kann. Allerdings müssen dann bei negativen Sollwertänderungen — insbesondere bei Drehmomentumkehr — große Ausregelzeiten akzeptiert werden, da dieser Regelvorgang im wesentlichen von der Dynamik im Erregerstromregelkreises bestimmt wird. Diese Ausregelzeit kann aber durch eine entsprechende Übererregung im Erregerkreis (bis zu 10–fach) verkürzt werden, so daß die Dynamik im Ankerkreis nicht allzu sehr verringert werden muß.

Contiflux-Regelungen werden in Anwendungsfällen eingesetzt, bei denen ein kontrollierter langsamer Drehmomentwechsel technologisch vorteilhaft ist. Derartige Anwendungsfälle sind Aufzüge (Schachtfördermaschinen), Fördermaschinen oder Auf- und Abwickler bei Kaltbandwalzwerken.

Zu beachten ist, daß der Leistungsbedarf für den Erregerkreis nur 1 bis 2 % des Leistungsbedarfs für Ankerkreises beträgt; die Contiflux-Lösung ist somit wesentlich weniger aufwendig als Systeme mit Anker-Umkehrstromrichtern.

Zur dynamischen Einordnung des Verfahrens ist festzustellen, daß mit Umkehrstromrichtern im Ankerkreis Ausregelzeiten im Strom von $5 - 50\,ms$, mit mechanischen Schaltern von $0,1 - 1,5\,sec$ und beim Contiflux-Verfahren von $0,3 - 1,5\,sec$ erzielt werden.

7.2.5 Spannungsabhängige Feldschwächung

Den Signalflußplan für die spannungsabhängige Feldschwächung zeigt Abb. 7.39. Solange die induzierte Spannung $|e_A|$ kleiner $e_A^* = 1$ ist, entsteht am Eingang des Kennlinienblocks 1 eine positive Regeldifferenz, die durch die Funktion des Kennlinienblocks jedoch ohne Auswirkung auf das nachfolgende PI–Glied und damit auf den resultierenden Erregerstrom–Sollwert i_E^* bleibt. In diesem Betriebszustand wird der Motor somit im Ankerstellbereich betrieben und der Erregerstrom — und damit der Erregerfluß — auf den Nennwert geregelt. Der Drehzahlregelkreis und der Ankerstromregelkreis bilden eine Kaskadenstruktur, die durch den Kennlinienblock 1 vom Erregerstrom–Regelkreis getrennt ist.

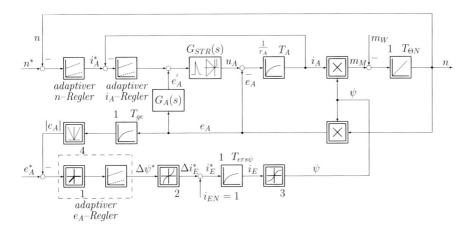

Abb. 7.39: *Signalflußplan für spannungsabhängige Feldschwächung*

Wird nun der Ankerstromrichter über seinen Spitzenwert $\hat{u}_d = \hat{u}_A$ hinausgesteuert, dann wird mit der Drehzahl n auch die induzierte Gegenspannung e_A der Maschine, in Abhängigkeit von der Last, verzögert den Grenzwert $e_A^* = 1$ überschreiten. Da $|e_A|$ nun größer ist als der Grenzwert e_A^*, wird die nunmehr negative Regeldifferenz am Eingang des e_A–Reglers über die Kennlinienblöcke 1 und 2 zu einer Verringerung des Erregerstrom–Sollwerts i_E^* führen. In der Realität werden der Kennlinienblock 1 und der PI–Regler als Einheit den e_A–Regler bilden, da so bei $|e_A| < e_A^*$ ein Aufintegrieren der Regeldifferenz vermieden werden kann. Dies ist durch die Strichelung in Abb. 7.39 angedeutet. Würde diese Aufintegration erfolgen, dann könnten beim Ablösevorgang vom Ankerstellbereich zum Feldschwächbereich unerwünschte Ausgleichsvorgänge auftreten.

Alle drei PI–Regler in Abb. 7.39 sind als adaptive Regler mit variabler Verstärkung gezeichnet. Auf die Notwendigkeit der Verstärkungsadaption beim Drehzahl- und beim e_A–Regler wird im folgenden noch näher eingegangen. Beim

Ankerstromregler soll die variable Verstärkung auf die Adaption des Reglers an die sich im Lückbetrieb ändernde Streckenstruktur hinweisen (siehe Kap. 10.4).

Voraussetzung für die automatische Feldschwächung ist, daß der Ankerstromrichter eine um etwa 20 % über den Nennwert erhöhte Ankerspannung liefern kann. Auch der Erregerstromrichter muß eine ausreichende Spannungsreserve aufweisen, um im Feldschwächbetrieb die gewünschte Dynamik zu erzielen.

Der Kennlinienblock 4 (Betragsbildung) ist notwendig, um den Feldschwächbetrieb in beiden Drehrichtungen des Antriebs zu ermöglichen.

Grundsätzlich wird also der Erregerstrom bzw. der Fluß geändert, wenn die Spannung e_A den Grenzwert e_A^* betragsmäßig überschreitet. Deshalb wird diese Schaltungsvariante „spannungsabhängige Feldschwächung" genannt. Im folgenden sollen nun die einzelnen Regelkreise getrennt voneinander untersucht werden.

Drehzahlregelkreis

Zuerst soll der Drehzahlregelkreis betrachtet werden. Aus Abb. 7.39 ist zu erkennen, daß der Ankerstromregelkreis wie bei $\psi = 1$ optimiert werden kann, da e_A durch die EMK–Aufschaltung keinen Einfluß mehr hat. Der Ankerstromregelkreis kann damit für die Auslegung des überlagerten Drehzahlregelkreises durch die aus Gl. (7.34) bzw. Gl. (7.52) bekannte Ersatzfunktion angenähert werden. Damit ergibt sich der Drehzahlregelkreis nach Abb. 7.40.

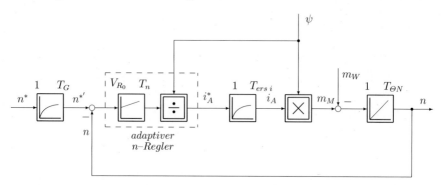

Abb. 7.40: *Adaptive Drehzahlregelung bei variablem Feld*

Die Optimierung des Drehzahlreglers erfolgt nach dem symmetrischen Optimum wie bei $\psi = 1$ (Ankerstellbereich). Allerdings muß beachtet werden, daß bei Feldschwächung auch das Motormoment geschwächt wird. Damit wird regelungstechnisch gesehen die mechanische Zeitkonstante $T_{\Theta N}$ eine Funktion des Flusses ψ:

Ankerstellbereich $\qquad n(s)\Big|_{\psi=1} \;\; = \;\; \dfrac{1}{sT_{\Theta N}} \cdot i_A(s)$ $\qquad\qquad$ (7.115)

Feldschwächbereich $\qquad n(s)\Big|_{\psi<1} \;\; = \;\; \dfrac{1}{sT_{\Theta N}} \cdot \psi(s) * i_A(s)$ $\qquad\qquad$ (7.116)

Am Arbeitspunkt ψ_0 gilt:

$$\text{Ankerstellbereich} \qquad \psi_0 = 1: \quad T_{\Theta N} \tag{7.117}$$

$$\text{Feldschwächbereich} \qquad \psi_0 < 1: \quad T_{\Theta N}^* = \frac{T_{\Theta N}}{\psi_0} > T_{\Theta N} \tag{7.118}$$

Bei der Optimierung nach SO des Drehzahlreglers

$$G_R(s) = V_R \cdot \frac{1 + sT_n}{sT_n} \tag{7.119}$$

muß dies beachtet werden.

$$\text{Reglerparameter} \qquad T_n = 4T_{ers\,i} \tag{7.120}$$

$$V_R = \frac{T_{\Theta N}}{\psi_0 \cdot 2T_{ers\,i}} = V_{R0} \cdot \frac{1}{\psi_0} \tag{7.121}$$

$$\text{Führungsglättung} \qquad T_G = T_n \tag{7.122}$$

Die Verstärkung V_R des Drehzahlreglers muß dem Fluß ψ_0 nachgeführt werden; dies ist in Abb. 7.40 bereits durch die Einfügung des Dividierers erfolgt.

Sollte eine Meßwertglättung T_{gn} der Drehzahl zu berücksichtigen sein, muß analog zu Gl. (7.64), (7.65) in Gl. (7.120) und (7.121) anstelle von $T_{ers\,i}$ die Zeitkonstante $T_{\sigma n} = T_{ers\,i} + T_{gn}$ eingesetzt werden.

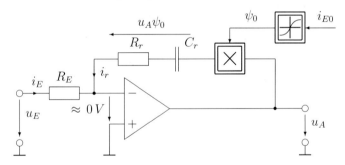

Abb. 7.41: *Adaptiver Drehzahlregler in Analogtechnik*

Eine praktische Realisierung des adaptiven Drehzahlreglers zeigt Abb. 7.41. Hierbei ist zu beachten, daß im allgemeinen das Ausgangssignal des Reglers begrenzt werden muß, um den Stromsollwert zu begrenzen. Diese notwendige Begrenzung ist in Abb. 7.41 noch nicht berücksichtigt. Insbesondere ist bei der Multiplikation bzw. Division der Aussteuerungsbereich zu bedenken und zu verhindern, daß bei Begrenzung der Integralanteil die Regelabweichung weiter aufintegriert (Anti–Windup–Regler, siehe Kap. 7.1.2.2).

Damit ist die Optimierung des Ankerstrom– und des Drehzahlregelkreises bekannt. Es verbleibt die Optimierung des e_A–Regelkreises.

e_A–Regelkreis

Aus Abb. 7.39 ist zu entnehmen, daß die Kennlinienblöcke 1 und 4 bei der Untersuchung entfallen können, da sie die normierte Steigung 1 aufweisen. Unter Annahme des quasi–stationären Betriebs kompensieren sich die Kennlinienblöcke 2 und 3 ebenso gegenseitig. Unter dieser Voraussetzung ergibt sich der in Abb. 7.42 zusammengefaßte Signalflußplan der e_A–Regelung.

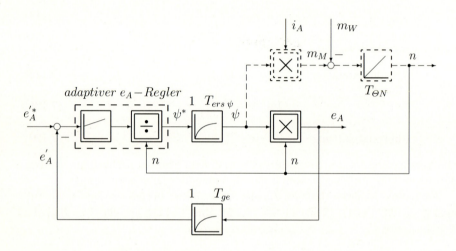

Abb.7.42: *Zusammengefaßter e_A–Regelkreis bei spannungsabhängiger Feldschwächung*

Aus der Struktur dieses Regelkreises ist zu erkennen, daß der wesentliche zeitvariante Parameter bei der Optimierung des e_A–Reglers die Drehzahl n ist. Um einen Regler mit konstanten Parametern zu ermöglichen, ist es deshalb bei großem Feldschwächbereich sinnvoll, einen adaptiven e_A–Regler vorzusehen. Die Adaption erfolgt mit der Drehzahl n, wie in Abb. 7.42 bereits angedeutet.

Die Regelung der induzierten Gegenspannung e_A beinhaltet das Problem, daß diese nicht direkt gemessen werden kann, sondern aus u_A und i_A berechnet werden muß. Dieses Problem ist bereits bei der Bestimmung der EMK in Kap. 7.1.1.2 behandelt worden. Analog Gl. (7.10) ergibt sich aus der Differentialgleichung für den Ankerkreis

$$e_A(t) = u_A(t) - r_A i_A(t) - T_A \cdot \frac{d\,i_A(t)}{d\,t} \tag{7.123}$$

die Möglichkeit, e_A durch Aufschaltung von i_A über ein PD–Glied zur Kompensation der Ankerzeitkonstanten dynamisch richtig nachzubilden:

$$e_A(s) = u_A(s) - i_A(s) \cdot r_A(1 + sT_A) \tag{7.124}$$

Da die Differentiation praktisch nur näherungsweise erfolgen kann, wird damit eine zusätzliche Glättung (Zeitkonstante T_g) benötigt. Auch auf diese Weise läßt sich jedoch e_A nur ungefähr nachbilden, da R_A und L_A nicht immer konstant sind. Eine mögliche elektronische Nachbildung ist in Abb. 7.43 dargestellt.

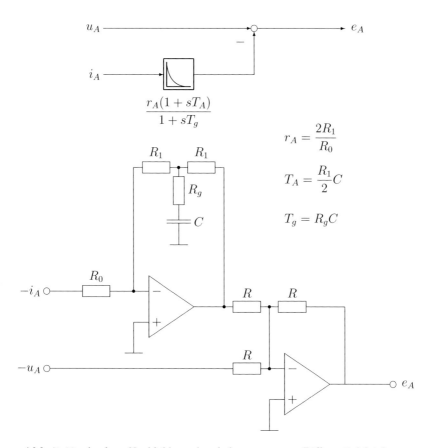

Abb. 7.43: *Analoge Nachbildung der Ankerspannungs–Differentialgleichung*

Durch die Nachbildung der induzierten Gegenspannung aus der im allgemeinen welligen Ankerspannung wird häufig eine Meßwertglättung (Zeitkonstante T_{ge}) notwendig. Damit verbleibt wie in Abb. 7.42 dargestellt, als zu berücksichtigendes Übertragungsverhalten die Ersatzübertragungsfunktion des Flußregelkreises und das Meßwertglättungsglied mit der Zeitkonstante T_{ge}. Da das Störverhalten des Regelkreises im Vordergrund steht und $T_{ers\,\psi}$ als Ersatzzeitkonstante nicht kompensiert werden kann, wird der e_A–Regler nach SO optimiert.

Zum Abschluß der Optimierung soll noch einmal darauf hingewiesen werden, daß die Verstellung der Spannung e_A immer von der Ankerspannung u_A und damit dem Strom i_A ausgelöst wird. Der e_A–Regelkreis muß somit dem Drehzahlregelkreis folgen und wird, wenn die Dimensionierung des Erregerstromrichters nicht ausreichend ist, die Dynamik des Drehzahlregelkreises im Feldschwächbereich bestimmen.

u_A–Regelkreis

Um die Probleme bei der e_A–Nachbildung zu vermeiden, kann man auf eine u_A–Regelung übergehen. Im Feldschwächbetrieb wird jetzt die Ankerspannung u_A konstant gehalten. Unter denselben Voraussetzungen wie bei Abb. 7.42 erhält man nun den zusammengefaßten Signalflußplan nach Abb. 7.44.

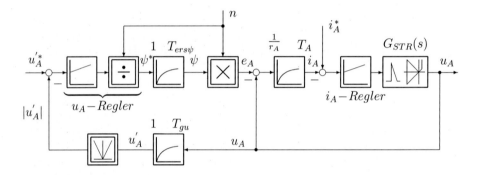

Abb. 7.44: *Zusammengefaßter u_A–Regelkreis bei spannungsabhängiger Feldschwächung*

Dieser Signalflußplan kann aus Abb. 7.39 abgeleitet werden, indem anstelle von e_A die Ankerspannung u_A aus der Regelstrecke des Ankerstroms abgegriffen und e_A^* durch u_A^* ersetzt wird. Der e_A–Regler wird dann zum u_A– Regler. Im Unterschied zu Abb. 7.39 entspricht das Signal am Ausgang des u_A– Reglers nun jedoch direkt dem Flußsollwert ψ^* und nicht mehr einem Differenzsignal $\Delta\psi^*$ bzw. $\Delta i_E^* < 0$, das zum Nennwert $i_{EN} = 1$ addiert wird. Ein Aufintegrieren der im Ankerstellbereich positiven Regeldifferenz $u_A^{'*} - |u_A'| > 0$ über $\psi^* = 1$ hinaus kann in diesem Fall durch eine Begrenzung des Reglerausgangssignals auf $0,1 \leq \psi^* \leq 1$ und eine Anti–Windup–Beschaltung des Integralanteils des PI–Reglers verhindert werden (siehe Kap. 7.1.2.2). Ausgehend vom Maximalwert $\psi^* = 1$ wird im Feldschwächbereich der Reglerausgang dann auf den benötigten Flußsollwert $\psi^* = 1/n^*$ reduziert. Beim Zurückwechseln in den Ankerstellbereich wird der Flußsollwert wieder auf $\psi^* = 1$ angehoben.

Der wesentliche Unterschied zum e_A–Regelkreis besteht darin, daß die u_A–Regelstrecke zwei geschlossene Regelkreise enthält, mit $\psi(s)/\psi^*(s) = G_{w\psi}(s)$ den unterlagerten Flußregelkreis und mit $u_A(s)/e_A(s) = G_{wi}(s)$ den Ankerstromregelkreis. Der Wirkungspfad von ψ auf u_A über die Drehzahl wurde dabei vernachlässigt, da die Trägheitszeitkonstante $T_{\Theta N}$ im allgemeinen groß ist. Ein weiterer Unterschied zur e_A–Regelung besteht in der Wahl der Zeitkonstanten T_{gu} der Meßwertglättung. Diese ist wesentlich größer zu wählen als T_{ge}, da die Oberschwingungen der Stromrichter–Ausgangsspannung u_A nicht wie bei der e_A–Nachbildung nach Abb. 7.43 durch Differenzieren von i_A annähernd kompensiert werden. In Abb. 7.44 ist der u_A–Regler durch die Vorsteuerung mit der Drehzahl (Division des Reglerausgangs durch n) adaptiv ausgeführt. Dies führt zu verbesserten dynamischen Übergängen vor allem bei Drehzahländerungen weit in den Feldschwächbereich hinein, da für eine schnelle Flußänderung der u_A–Regler nur mehr den Abgleichfehler auszuregeln braucht.

Die EMK–Aufschaltung aus Abb. 7.39 ist in Abb. 7.44 nicht explizit dargestellt. Bei dynamischen Übergängen im Feldschwächbereich hat sie jedoch wegen der Begrenzung von u_A auf meist $u_{Amax} = 1,2$ kaum Auswirkung und kann daher im Signalflußplan vernachlässigt werden.

Verwendet man für die in der u_A–Regelstrecke enthaltenen geschlossenen Regelkreise, den Flußregelkreis $G_{w\psi}(s)$ und den Ankerstromregelkreis $G_{wi}(s)$, anstelle der üblichen Ersatzfunktionen 1. Ordnung Übertragungsfunktionen 2. Ordnung, ergibt sich der vereinfachte Signalflußplan nach Abb. 7.45. Für $G_{w\psi}(s)$ kann Gl. (3.82) mit Vernachlässigung des Terms mit s^3 verwendet werden; $G_{wi}(s)$ ergibt sich, je nachdem, ob eine Meßwertglättung von i_A berücksichtigt werden muß, nach Gl. (7.33) bzw. Gl. (7.51). Durch die Verwendung dieser realitätsnaheren Form der Streckenbeschreibung lassen sich die Phasenverhältnisse im Kreis genauer darstellen. Bei einer Regleroptimierung z.B. mit Hilfe des Bode–Diagramms kann so die Stabilität des Regelkreises sichergestellt werden.

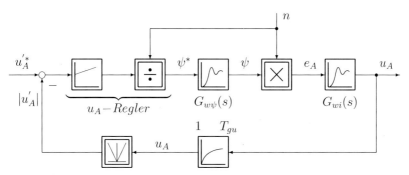

Abb. 7.45: *Vereinfachter u_A–Regelkreis bei Feldschwächung*

Direkte e_A–Regelung mit ablösender Erregerstromregelung

Eine weitere Variante der spannungsabhängigen Feldschwächung ist die direkte e_A–Regelung mit ablösender i_E–Regelung. Anstelle der Struktur nach Abb. 7.39 ergibt sich dann der Signalflußplan nach Abb. 7.46.

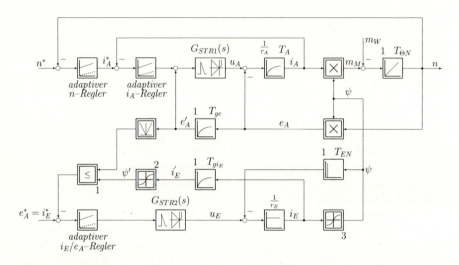

Abb. 7.46: *Signalflußplan der direkten e_A–Regelung mit ablösender i_E–Regelung*

Die bisher getrennt geregelten Regelkreise von e_A und i_E werden nun durch einen Regler geregelt, der zwei Aufgaben hat: im Grunddrehzahlbereich arbeitet er als i_E–Regler und im Feldschwächbereich als e_A–Regler. Die Ablösung der beiden Betriebsarten erfolgt dadurch, daß der Regler stets auf den größeren der beiden Istwerte regelt (Maximum–Auswahl: Block 1 in Abb. 7.46 ersetzt Block 1 in Abb. 7.39).

Wesentlich ist, daß der Regler in beiden Betriebsbereichen mit derselben Reglereinstellung arbeiten kann. Der Kennlinienblock 2 dient wieder zur Kompensation der Magnetisierungskennlinie (Block 3).

Zeichnet man die beiden Regelkreise getrennt nach den Betriebsarten Ankerstellbereich (i_E–Regelung) und Feldschwächbereich (e_A–Regelung), ergeben sich die linearisierten Signalflußpläne nach Abb. 7.47 und 7.48. Wenn die Meßwertglättungen T_{gi_E} und T_{ge} gleich gewählt werden, unterscheiden sich die beiden Regelstrecken nur durch den Proportionalfaktor n_0. In beiden Regelkreisen treten die arbeitspunktabhängigen Parameter l_{Ed} und $T_{Ed} = T_{EN} \cdot l_{Ed}/r_E$ auf, im e_A–Regelkreis zusätzlich noch die Streckenverstärkung n_0. Diese wird wieder durch Adaption des Reglers im Feldschwächbereich kompensiert.

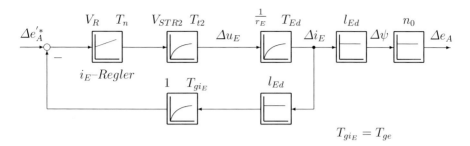

Abb. 7.47: *Linearisierter i_E–Regelkreis (Grunddrehzahlbereich)*

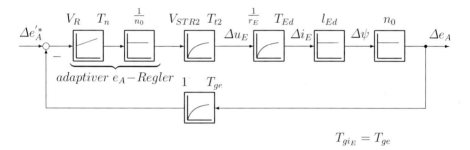

Abb. 7.48: *Linearisierter e_A–Regelkreis (Feldschwächbereich)*

Wird der i_E/e_A–Regler nach SO optimiert, so erhält man folgende Einstellungen:

$$\text{PI–Regler:} \quad G_R(s) \;=\; V_R \cdot \frac{1 + sT_n}{sT_n} \tag{7.125}$$

$$T_n \;=\; 4 \cdot T_\sigma \tag{7.126}$$

$$=\; 4 \cdot (T_{t2} + T_{gi_E}) = 4 \cdot (T_{t2} + T_{ge}) \tag{7.127}$$

$$V_R \;=\; \frac{T_{Ed}}{2T_\sigma V_S} \tag{7.128}$$

$$=\; \frac{T_{EN}}{2(T_{t2} + T_{gi_E})V_{STR2}} = \frac{T_{EN}}{2(T_{t2} + T_{ge})V_{STR2}} \tag{7.129}$$

Damit ergibt sich für beide Regelkreise die gleiche Reglereinstellung und in allen Arbeitspunkten das gleiche dynamische Verhalten.

Abschließend soll das dynamische Verhalten der Regelung anhand von Simulationsergebnissen gezeigt werden. Der zugehörige Signalflußplan ist in Abb. 7.49 dargestellt. Abbildung 7.50 zeigt das Führungsverhalten beim Übergang vom Ankerstellbereich in den Feldschwächbereich, Abb. 7.51.a zeigt das Führungsverhalten im Feldschwächbereich, Abb. 7.51.b zeigt das Störverhalten im Feldschwächbereich.

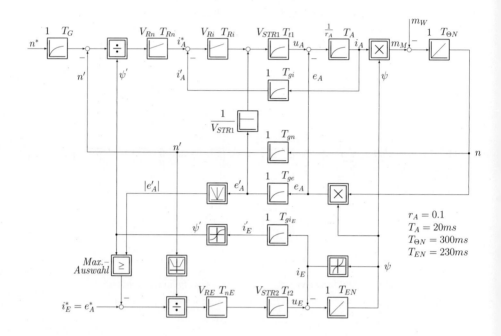

Abb. 7.49: *Signalflußplan für die Simulation (e_A–Regelung mit ablösender i_E–Regelung)*

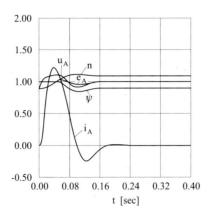

Abb. 7.50: *Führungsverhalten beim Übergang Ankerstellbereich → Feldschwächbereich* ($n_0 = 0,9$; $\Delta n^* = 0,2$)

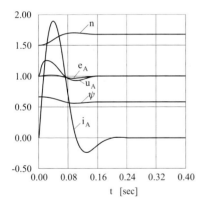

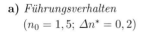

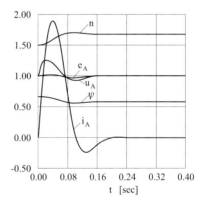

a) *Führungsverhalten*
($n_0 = 1,5$; $\Delta n^* = 0,2$)

b) *Störverhalten*
($n_0 = 1,5$; $\Delta m_W = 1,0$)

Abb. 7.51: *Führungs– und Störverhalten im Feldschwächbereich*

8 Fehlereinflüsse und Genauigkeit bei geregelten Systemen

Die Genauigkeit einer Regelung ist unter anderem durch äußere Einwirkungen von Störgrößen z, ungenauer Kenntnis der Struktur oder der Parameter der Strecke oder durch Fehler in den Sensoren bzw. in der Signalverarbeitung begrenzt. Im Unterschied zur Steuerung können jedoch durch die Regelung einige dieser Einflüsse ausgeregelt werden. Einflüsse, die im allgemeinen zu bleibenden, nicht ausregelbaren Abweichungen führen, werden in erster Linie über die Sensoren und die Signalverarbeitung verursacht.

8.1 Ausregelbare Fehler

Alle äußeren Einwirkungen, wie die Störgrößen z, die zwischen Eingang und Ausgang der Regelstrecke auftreten, ändern unerwünscht die Regelgröße x. Diese Änderung wird aber über die Regelabweichung x_d registriert und führt entsprechend der Reglerstruktur und Reglerdimensionierung zu einer entsprechenden Änderung der Stellgröße u. Unter der Voraussetzung einer richtigen Reglerstruktur und Reglerdimensionierung — siehe Kap. 3 bis 6 — wird am Ende des Regelvorgangs im stationären Betrieb

- die Regelgröße x wieder ihren vorgegebenen Wert erreichen,

- die Regelabweichung x_d wieder gleich Null sein und

- lediglich die Stellgröße u einen neuen, die äußere Einwirkung korrigierenden Wert angenommen haben.

Alle diese äußeren Störgrößen, die zwischen Eingang und Ausgang der Regelstrecke auftreten, werden also durch die Regelung ausgeregelt. Dazu gehören alle technologischen Störgrößen wie bei elektrischen Antrieben das Widerstandsdrehmoment oder Änderungen der versorgenden Netzspannung. Außerdem werden aber durch die Regelung auch ungenaue Kenntnisse der Strecke sowohl in der Struktur als auch insbesondere der Parameter und weiterhin Nichtlinearitäten (innere Einflüsse) in ihren Auswirkungen vermindert bzw. völlig vermieden. Dies ist der entscheidende Vorteil einer Regelung gegenüber der Steuerung.

Im Gegensatz zu den ausregelbaren äußeren und inneren Einflüssen müssen im Regelkreis aber auch nicht ausregelbare Einflüsse bzw. Fehler beachtet werden. Der Unterschied soll an dem folgenden Beispiel (Abb. 8.1 und 8.2) erläutert werden.

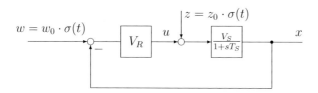

Abb. 8.1: *Regelkreis mit P–Regler*

In Abb. 8.1 wird angenommen, die Strecke sei ein Verzögerungsglied 1. Ordnung, wobei sowohl die Verstärkung V_S als auch die Zeitkonstante T_S ungenau bekannt seien; der Regler sei ein P-Regler mit der Verstärkung V_R. Es ergeben sich die Führungsübertragungsfunktion zu:

$$G_w(s) = \frac{x(s)}{w(s)} = \frac{V_R V_S}{1 + V_R V_S} \cdot \frac{1}{1 + \dfrac{sT_S}{1 + V_R V_S}} \tag{8.1}$$

und die Störübertragungsfunktion zu:

$$G_z(s) = \frac{x(s)}{z(s)} = \frac{V_S}{1 + V_R V_S} \cdot \frac{1}{1 + \dfrac{sT_S}{1 + V_R V_S}} \tag{8.2}$$

Aus Gl. 8.1 ist zu entnehmen, daß im stationären Betrieb $(s \to 0)$

$$x(t \to \infty) = w_0 \cdot \frac{V_R V_S}{1 + V_R V_S} \tag{8.3}$$

d.h. $x(t \to \infty) \neq w_0$ sein wird, da — wie aus Kap. 1 bis 4 bekannt — ein strukturell ungünstiger Regler, nämlich ein P-Regler verwendet wurde.

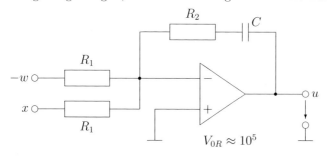

Abb. 8.2: *PI–Regler, aufgebaut mit einem realem Operationsverstärker*

Um $x(t) = w(t)$ im stationären Betrieb sicherzustellen, muß ein Regler mit integralem Anteil eingesetzt werden. Dynamisch vorteilhafter wäre ein PI–Regler, bei dem zusätzlich die Kompensation der Streckenzeitkonstante T_S möglich ist (siehe später). Aus Gl. (8.2) ist zu erkennen, daß im stationären Betrieb

$$x(t \to \infty) = z_0 \frac{V_S}{1 + V_R V_S} \qquad (8.4)$$

sein wird, d.h. die Störgröße z wird einen unerwünschten Einfluß auf die Regelgröße x haben. Auch in diesem Fall wäre ein Regler mit integralem Anteil oder ein PI–Regler vorteilhafter.

Aus den Ergebnissen von Gl. (8.1) bzw. (8.3) ist zu erkennen, daß mit zunehmender Reglerverstärkung V_R die stationäre Regelabweichung

$$x_d(t \to \infty) = (w - x)(t \to \infty) = \frac{1}{1 + V_R V_S} \qquad (8.5)$$

immer geringer wird und die ungenaue Kenntnis von V_S einen immer geringeren Einfluß haben wird. Aus Gl. (8.1) ist weiterhin zu erkennen, daß die resultierende Zeitkonstante T_{res}

$$T_{res} = \frac{T_S}{1 + V_R V_S} \qquad (8.6)$$

mit steigender Verstärkung V_R gegenüber T_S immer kleiner wird und die ungenaue Kenntnis der Streckenverstärkung V_S ebenso einen immer geringeren Einfluß haben wird. In entsprechender Weise wird der unerwünschte Einfluß der Störgröße z mit steigender Reglerverstärkung V_R abnehmen (Gl. (8.4)).

Wenn statt eines P–Reglers jedoch ein PI–Regler — z.B. ein analoger PI–Regler wie in Abb. 8.2 dargestellt — verwendet würde und der Vorhalt T_n des Reglers die Streckenzeitkonstante T_S kompensieren würde, dann gilt allgemein mit $V_{0R} \to \infty$:

$$G_R(s) = V_R \frac{1 + sT_n}{sT_n} = -\frac{1 + sR_2 C}{sR_1 C} \qquad (8.7)$$

Kompensation:

$$T_S = T_n = R_2 C \qquad (8.8)$$

resultierend:

$$-G_0(s) = \frac{V_R V_S}{sT_n} = \frac{K_I}{s} \qquad (8.9)$$

sowie

$$G_w(s) = \frac{1}{1 + \dfrac{s}{K_I}} \qquad (8.10)$$

und

$$G_z(s) = \frac{1}{1 + sT_S} \cdot \frac{s\dfrac{T_S}{V_R}}{1 + s\dfrac{T_S}{V_R V_S}} \qquad (8.11)$$

Aus Gl. (8.10) und (8.11) ist mit dem Grenzwertsatz ($s \to 0$) bei $t \to \infty$ zu errechnen, daß im stationären Betrieb $x(t \to \infty) = w_0$ und somit $z(t)$ keinen Einfluß auf $x(t \to \infty)$ hat.

Diese Aussage für den stationären Betrieb gilt auch, wenn V_S und T_S nur ungenau bekannt sind. Ungenaue Kenntnisse von V_S und insbesondere T_S haben allerdings Einfluß auf das dynamische Verhalten des Regelkreises, da insbesondere im Falle T_S die Kompensation des Regler–Zähler– zu Strecken–Nenner–Polynoms nicht mehr exakt erfolgt. Damit sind die obengenannten Vorteile des geschlossenen Regelkreises nochmals erläutert. Zur vertiefenden Diskussion sei auf Kap. 1 bis 5 dieses Buches verwiesen.

Bei einem idealen PI–Regler werden somit alle auf die Strecke selbst einwirkenden Störgrößen oder auch ungenau bekannte Parameter in ihrer Auswirkung vermindert bzw. völlig unterdrückt. Ein idealer PI–Regler ist streng genommen jedoch nicht realisierbar, da er für Gleichgrößen eine unendlich hohe Verstärkung erfordert (für $t \to \infty$). Ein realisierbarer PI–Regler könnte wie in Abb. 8.2 aufgebaut sein, wenn die innere Differenzverstärkung $V_{0R} \approx 10^5$ ist. Wenn wir eine derartige innere Differenzverstärkung annehmen, ergibt sich die Übertragungsfunktion:

$$\frac{u}{w-x} = \frac{-\left(\dfrac{R_2}{R_1} + \dfrac{1}{s \cdot R_1 C}\right)}{1 + \dfrac{1}{V_{0R}}\left(\dfrac{1}{2} + \dfrac{R_2}{R_1} + \dfrac{1}{s \cdot R_1 C}\right)} \tag{8.12}$$

Die Verstärkung für Gleichgrößen ergibt sich aus Gl. (8.12) als Grenzwert für $s \to 0$ zu:

$$\left.\frac{u}{w-x}\right|_{s \to 0} = -V_{0R} \tag{8.13}$$

Im Gegensatz zum idealen PI–Regler also ein endlicher Wert, der zusätzlich noch durch die Sättigungsspannung des realen Operationsverstärkers begrenzt wird. Wenn wir annehmen, daß $V_{0R} \to \infty$ geht, dann erhalten wir die bereits in Gl. (8.7) benutzte Übertragungsfunktion des idealen PI–Reglers.

Gleichung (8.12) bedeutet, eine endliche innere Differenzverstärkung V_{0R} führt zu einer Änderung der Übertragungsfunktion des Reglers, die sich somit auch auf das Regelergebnis auswirkt, denn eine Störgröße z_0 wird sich aufgrund von Gl. (8.2) sowie (8.12) und Abb. 8.1 auf die Regelgröße x auswirken zu:

$$x(t \to \infty) \approx \frac{1}{V_{0R}} \cdot z_0 \tag{8.14}$$

Damit wird klar, daß innere Parameter der signalverarbeitenden Komponente Regler Auswirkungen auf die Genauigkeit der Regelung haben. In entsprechender Weise werden sich Offset–Spannungen am Differenzeingang oder Offset–Ausgangsspannungen des Reglers als Grund für Abweichungen vom Idealverhalten der Komponente an sich und damit als Ursache für Abweichungen der

Gesamtregelung vom Idealverhalten ergeben. Im vorliegenden Fall ist die innere Differenzverstärkung zu $V_{0R} \approx 10^5$ gewählt, so daß in der Realität die Abweichungen vom Idealverhalten gering sind. Im folgenden Kapitel werden die Fehlereinflüsse genauer besprochen.

8.2   Nicht ausregelbare Fehler

Wie im vorigen Kapitel abgeleitet, hat der innere Parameter V_{0R} der signalverarbeitenden Komponente Regler Auswirkungen auf die stationäre Genauigkeit des Regelkreises. In Abb. 8.3 ist ein Regelkreis mit den möglichen äußeren Einwirkungen wie den Störgrößen z, mit den inneren Parametern, aber auch mit den Einflüssen von Temperatur (ϑ), Alterung (t), Versorgungsspannung (VS) und EMV dargestellt.

Diese Einflüsse können sehr unterschiedlich sein und sollen nur ausschnittsweise hier besprochen werden. In Abb. 8.3 wird die Regelgröße x (Drehzahl) vom Sensor G (Tachogenerator) erfaßt. Bereits hier gibt es eine Vielzahl von möglichen Fehlerquellen, denn:

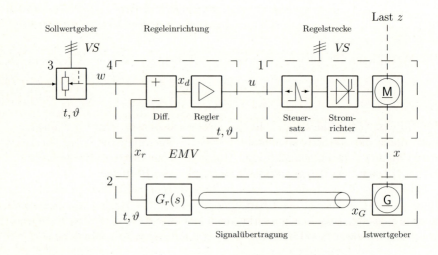

w	Führungsgröße	VS	Versorgungsspannung
x	Regelgröße	ϑ	Temperatur
x_d	Regelabweichung	EMV	Elektromagnetische Einstreuungen
u	Stellgröße	t	Alterungs– und Umgebungseinflüsse
z	Störgröße	x_r	rückgeführte Regelgröße
x_G	Meßwert am Geberausgang		

Abb. 8.3: *Fehlereinflüsse bei einer Regelung*

- die Tachomaschine kann nichtfluchtend mit dem Motor verbunden sein; die Folge ist, daß bei konstanter Drehzahl x dem an sich konstanten Drehzahlsignal ein unerwünschtes harmonisches Signal überlagert ist;

- dieses harmonische Signal muß durch ein Filter im Rückführkanal vermindert werden und verringert somit die erreichbare Dynamik des Regelkreises (siehe Kap. 3.1.2);

- die Tachomaschine kann fluchtend, aber mit Lose an den Motor gekuppelt sein, dies ist bei Drehzahlumkehr unerwünscht;

- das Drehzahlsignal x_G der Tachomaschine kann nichtlinear die Drehzahl x abbilden;

- das unbelastete Drehzahlsignal x_G kann temperatur– und alterungsabhängig sein;

- bei Belastung des Drehzahlsignals x_G mit der Signalübertragung und dem Rückführblock mit der Übertragungsfunktionen $G_r(s)$ wird ein drehzahlabhängiger Spannungsabfall am Innenwiderstand des Tachogenerators G und der Signalleitung entstehen, der das Signal x_r in Abhängigkeit des Spannungsabfalls verfälscht. Dieser Spannungsabfall ist außerdem temperatur– (Umgebungstemperatur und Verluste) sowie alterungsabhängig;

- im Rückführblock mit der Übertragungsfunktion $G_r(s)$ wird im allgemeinen eine Pegelanpassung zwischen dem Tachogenerator G und dem Regler sowie eine eventuelle Filterung erfolgen. Die Pegelanpassung erfolgt durch einen Spannungsteiler, wobei die Widerstandswerte Toleranzen haben, sowie temperaturabhängig (Umgebungstemperatur und Verluste) und alterungsabhängig sind. Falls die Kondensatoren des eventuellen zusätzlichen Filters im Rückführblock relevante Leckströme aufweisen, erfolgt zusätzlich eine Verfälschung des Spannungsteilerverhältnisses im Rückführblock $G_r(s)$, welche außerdem temperatur– und alterungsabhängig ist;

- sowohl das Signal x_G als auch das Signal x_r werden gegen Massepunkt gemessen. Wenn zwischen diesen Massepunkten oder auch den Massepunkten der Sollwertquelle und des Reglers Potentialunterschiede durch falsche Verkabelungen und parasitäre Stromschleifen bestehen, entstehen weitere Verfälschungen der rückgeführten Regelgröße x_r;

- zusätzlich zu den Potentialunterschieden können elektromagnetische Störungen (EMV) in die Leiterschleife Tachogenerator, Signalübertragung, Rückführblock, Regler, Sollwertquelle eingekoppelt werden;

- im Block 3 Sollwertquelle können die gleichen Fehlereinflüsse wie im Rückführblock wirksam werden. Zusätzlich kann bei Änderungen der Versorgungsspannung VS der Sollwert w geändert werden, wenn die Versorgungsspannung VS den Spannungsteiler direkt versorgt;

- weiterhin sind wie beim Teilsystem „Tachogenerator, Geber–Signalübertragung und Rückführblock" die gleichen Fehlerquellen beim Teilsystem „Sollwertquelle, Signalübertragung, Regler" zu beachten;

- wie schon im vorigen Kapitel diskutiert, werden durch die inneren Parameter der Komponente Regler wie innere Differenzverstärkung, Offset-Spannungen, Versorgungsspanungseinfluß weitere Verfälschungen der Signalverarbeitung wirksam. Außerdem werden die beiden Widerstände R_1 in Abb. 8.2 Toleranzen aufweisen, die temperaturabhängig (Umgebungstemperatur und Verluste) und alterungsabhängig sind und somit die Regeldifferenzbildung x_d beeinflussen.

Diese Aufzählung der möglichen Fehlerquellen bei der analogen Signalverarbeitung ist nur ein Ausschnitt aus den möglichen unerwünschten Einflüssen, die zumindestens die stationäre Genauigkeit der Regelung aber auch das Reglerergebnis allgemein unerwünscht beeinflussen können. Bei der digitalen Signalverarbeitung treten gleiche und vergleichbare Fehlerquellen auf. Typische, systembedingte Fehlerquellen bei digitaler Signalverarbeitung sind:

- Amplitudendiskretisierung durch die begrenzte Bitzahl der AD–Wandler,

- zusätzliche Totzeiten durch die gewählte Abtastzeit,

- Aliasing Effekte (Spiegelfrequenzen) durch falsch ausgelegte Vorfilter,

- nicht zeitsysnchrones Einlesen der Analogwerte bei der Verwendung *eines* AD–Wandlers für mehrere Signale (Einsatz von Multiplexern),

- Einbringen zusätzlicher Fehlerquellen durch ungenaue AD– und DA–Wandler,

- Verletzung von Echtzeitbedingungen durch die Verwendung eines ungünstigen Scheduling–Algorithmus im Prozeßrechner.

Die nicht ausregelbaren Fehler beschränken sich somit auf mögliche Ungenauigkeiten und Störgrößen bei *Soll–* und *Istwertgebern, der Signalübertragung* (Leitungsführung) und der *Regeleinrichtung* (Soll–Ist–Vergleich, Regelverstärker) selbst (gestrichelte Blöcke 2, 3 und 4 in Abb. 8.3).

Treten derartige Fehler oder Störungen bei der Meßwerterfassung der Regelgröße wie Temperaturschwankungen am Tacho, im Rückführkanal oder bei der Sollwertvorgabe (Führungsgrößenvorgabe, Temperatur–, Spannungsschwankung) auf, ist eine Regelkreisstruktur entsprechend Abb. 8.4 zugrunde zu legen.

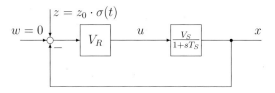

$$\text{stationärer Fehler:} \quad \Delta x = x - w = \frac{V_R V_S}{1 + V_R V_S} z_0 \approx z_0 \quad (\text{mit } V_R V_S \gg 1)$$

Abb. 8.4: *Stationärer Regelkreis mit nicht ausregelbaren Störgrößen*

Die Störgröße z, die jetzt direkt an der Soll–Istwert–Vergleichsstelle eingreift, kann entweder als Verfälschung der Regelgröße x oder des Sollwerts w interpretiert werden und ist daher nicht mehr ausregelbar. Bei einem P–Regler wird die Regelgröße x im stationären Betrieb um die Größe $\Delta x \approx z_0$ verfälscht, bei einem Regler mit integralem Anteil wird im stationären Betrieb $\Delta x = z_0$ sein.

Störungen, die unmittelbar die Regelabweichung verfälschen, können also nicht ausgeregelt werden und treten voll als Fehler der Regelgröße in Erscheinung. Damit bestimmen die nichtausregelbaren Störgrößen (Fehler) die Genauigkeit und Konstanz der Regelung. Die Ursachen dieser Fehler liegen daher entweder in Ungenauigkeiten der verwendeten Geräte selbst (geräteinterne Abbildungsfehler) oder werden durch externe Störgrößen eingekoppelt.

Externe Störgrößen:

- Elektromagnetische Störungen

- Änderung der Versorgungsspannung (incl. Masse–Potential M)

- technologisch–bedingte Störgrößen (Belastungsänderungen)

- Temperaturänderungen

- Änderung durch Alterung

Geräteinterne Ungenauigkeiten (*ohne* externe Störgrößen):

- Abbildungsfehler der Sollwertgeber

- Meßungenauigkeit der Istwertgeber

- Übertragungsfehler der Signalübertragung

- Ungenauigkeiten der Regeleinrichtung

- Systembedingte Ungenauigkeiten

- Amplitudendiskretisierung bei digitaler Signalverarbeitung

Zur genaueren Untersuchung der Fehlergrößen werden diese in statische (bleibende) und dynamische (vorübergehende) Fehler unterteilt.

Statische Fehler:

Die statischen Fehler werden je nach ihrer Bedeutung in der Praxis nochmals unterschieden nach

- Abweichungen der Regelgröße gegenüber dem am Sollwertgeber eingestellten Wert (Genauigkeit) und den

- Änderungen der Regelgröße infolge Änderungen von Störgrößen (Konstanz).

Diese Unterschiede sind in der VDI/VDE–Richtlinie 2185 festgelegt:

Genauigkeit: Die Genauigkeit einer Antriebsregelung wird angegeben durch die maximale bleibende Abweichung der Regelgröße gegenüber dem am Sollwerteinsteller ablesbar eingestellten Betrag unter der Einwirkung der ungünstigsten Kombination der Störgrößen.

Konstanz: Die Konstanz einer Antriebsregelung wird angegeben durch die maximale bleibende Abweichung der Regelgröße gegenüber einem einmal eingestellten Istwert unter der Wirkung der ungünstigsten Kombination der Störgrößen.

Anforderungen an die *Genauigkeit* der Regelung sind in der Mehrzahl der Fälle Anforderungen an ihre *Konstanz*. Im folgenden sollen deshalb nur noch solche Fehler betrachtet werden, die in die Konstanz der Regelung eingehen.

Dynamische Abweichungen:

Dynamische (d.h. vorübergehend auftretende) Abweichungen der Regelgröße von der Führungsgröße entstehen dadurch, daß die Regelgröße x der Führungsgröße w niemals sofort, sondern erst zeitlich verzögert folgen kann.

Maßgebend für diese Abweichungen ist also das Zeitverhalten bzw. die Struktur von Regelstrecke, Istwertgeber und Signalübertragung (Abb. 8.5).

Das Zeitverhalten und die Struktur der Regelstrecke sind durch die Technologie vorgegeben. Im Rahmen der Möglichkeiten des Stellgliedes wird dies durch die Regeleinrichtung jedoch weitgehend kompensiert. Entscheidend für die dynamischen Abweichungen bleibt dann das Zeitverhalten (Verzögerungszeit T_σ) von Istwertgeber und Signalübertragung (siehe auch Kap. 3 bis 5).

Für die Führungs–Ausregelzeit t_{aus} gilt (im vorliegenden Fall mit SO–Optimierung):

$$t_{aus} = (8 \ldots 15) \cdot T_\sigma \qquad (8.15)$$

Dabei sind Regelabweichungen bis zu $\pm 2\,\%$ noch zugelassen (siehe Abb. 8.6). Die Verzögerungszeit T_σ ist dabei die Summe aller kleinen, von der Regeleinrichtung nicht kompensierten Zeitkonstanten.

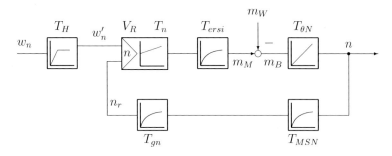

T_H Hochlaufzeit; $\qquad\qquad$ T_{ersi} Ersatzzeitkonstante des Stromregelkreises
T_{gn} Glättungszeitkonstante; $\qquad$ T_{MSN} Verzögerungszeit des Istwertgebers
m_W, m_M, m_B Last–, Motor–, Beschleunigungsmoment

Abb. 8.5: *Struktur einer Drehzahlregelung (bei konstantem Feld)*

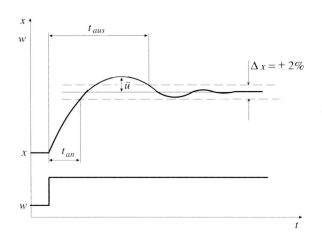

t_{an} Anregelzeit $\qquad$ $ü$ Überschwingweite
t_{aus} Ausregelzeit $\qquad$ Δx vereinbartes Toleranzband

Abb. 8.6: *Übergangsverhalten bei Führungssprung (Zeitverhalten)*

Bei der Verwendung von Analog-Digital-Wandlern, die mit Zählverfahren arbeiten, ist die Verzögerungszeit T_σ von der Verarbeitungsfrequenz f_a und der Zahl der maximal zu verarbeitenden Schritte l_{max} abhängig (siehe auch Kap. 6):

Wenn Δx der kleinste digital meßbare Wert der Regelgröße ist (entspricht 1 Bit) und x_{max} der maximale Wert der Regelgröße, dann gilt für die maximale Verzögerungszeit T_σ des Gerätes:

$$T_\sigma \approx l_{max} \cdot \frac{1}{f_a} = \frac{x_{max}}{\Delta x} \cdot \frac{1}{f_a} \qquad (8.16)$$

Allerdings sind heute Analog–Digital–Wandler mit solch kurzen Wandlungszeiten verfügbar, daß die Zeit für die Umwandlung meist nur einen kleinen Bruchteil der Abtastzeit digitaler Regelungen ausmacht.

Zu beachten sind bei digitaler Signalverarbeitung insbesondere die Signallaufzeit zwischen den einzelnen Komponenten (von Schnittstelle zu Schnittstelle) und die internen Berechnungszeiten in den Komponenten.

8.3 Abschätzung der Auswirkung der Fehler

Um die Bedeutung der verschieden Fehler beurteilen zu können, sollen die Auswirkungen der Fehler abgeschätzt und miteinander verglichen werden. Maßgebend ist die durch die genannten Fehler hervorgerufene Änderung der Regelgröße.

8.3.1 Statische Fehler

Fehler, die nur in die Genauigkeit der Regelung eingehen, nicht aber in die Konstanz, werden dabei nicht berücksichtigt, da sie in der Praxis im allgemeinen nicht von Bedeutung sind. Dazu gehören alle geräteinternen Ungenauigkeiten (siehe Kap. 8.2), die deshalb hier nicht weiter betrachtet werden.

Von den externen Störgrößen (siehe Kap. 8.2) werden die *elektromagnetischen Störungen* (Einstreuungen) zunächst ausgenommen, weil sie schwer abzuschätzen sind. Bei der Beachtung entsprechender Verdrahtungs– und Beschaltungsvorschriften, können diese Fehler jedoch vergleichsweise gering gehalten werden. Entsprechendes gilt für *Signalverfälschungen auf dem Bezugspotential M* (siehe Kap. 8.7.2 und 8.7.3).

Ausgeklammert werden außerdem:

- Frequenzänderungen der Netzspannung z.B. $\pm 3\,\%$ (*VS*),

- die Eigenerwärmung der elektrischen Maschinen und Umgebungstemperatur (ϑ),

- die Alterung von Bauelementen (t).

Die Einflüsse dieser Änderungen sind ebenfalls minimal. Aufgrund der Betrachtung in Kap. 8.2 verbleiben also:

als Fehlerursache: Änderung der Versorgungsspannung, Belastung und Temperatur,

als Fehlerorte: Sollwertgeber, Soll–Ist–Vergleich, Regelverstärker, Istwertgeber.

Um zu einem realistischen Vergleich zu gelangen, werden in der Praxis übliche Änderungen zugrunde gelegt:

Änderung der Versorgungsspannung um 5 % bzw. ±10 %
Belastungsänderung um 50 % bzw. ±20 % ... ± 80 %
Temperaturänderung um 10 °C bzw. ±10 %

Der Einfluß der Differenzbildung x_d des Reglers soll exemplarisch am Beispiel einer Drehzahlregelung mit analogem Operationsverstärker dargestellt werden.

8.3.1.1 Fehler des Operationsverstärkers

Der Drehzahlregler kann ein integrierter Operationsverstärker sein, der als Differenzverstärker geschaltet ist. Gegenüber dem als ideal definierten Operationsverstärker besitzt der reale Operationsverstärker eine Reihe von Fehlern. Für die üblichen Anwendungsfälle können die Auswirkungen dieser Fehler vernachlässigt werden. Die bei höheren Anforderungen zu berücksichtigenden wichtigsten Fehler werden im folgenden betrachtet.

In Tabelle 8.1 sind die wichtigsten Daten eines üblichen Operationsverstärkers angegeben.

Versorgungsspannung	±15	V	
Stromaufnahme	3	mA	max
Nennausgangsspannung	±10	V	
Nennausgangsstrom	5	mA	
Eingangswiderstand	0, 5	$M\Omega$	min
Offsetspannung	7, 5	mV	max
Offsetstrom	50	μA	max
Temperaturdrift Offsetspannung	30	$\frac{\mu V}{\circ C}$	max
Spannungsverstärkung	15000		min
Gleichtaktunterdrückung	70	dB	min

Tabelle 8.1: *Daten eines integrierten Operationsverstärkers (LM 301 A)*

Offset und Drift sind statische Fehler, die durch Ungleichmäßigkeiten der Eingangstransistoren bedingt sind. Die Werte sind auf den Eingang des Verstärkers bezogen. Infolge ihrer Abhängigkeit vom Abschlußwiderstand der Eingänge gegen Null wird nach Spannungs– und Strom–Offset bzw. –Drift unterschieden.

Die Ausgangsspannungen von realen unbeschalteten Verstärkern sind bei 0 V Eingangsspannung nicht Null. Man nennt die Eingangsspannung, die notwendig ist, um die Ausgangsspannung zu Null zu machen, *Offset–Spannung*.

Auch bei einem Eingangssignal Null fließen die *Eingangs–Ruheströme* in die Eingänge des Verstärkers. Sind die Ersatzquellenwiderstände der beiden Eingänge unterschiedlich, kann durch die Ruheströme bereits eine Fehlspannung am Eingang entstehen.

Der Unterschied zwischen den Ruheströmen selbst wird *Offset–Strom* genannt. Er ruft durch einen Spannungsabfall über dem Bewertungswiderstand R_1 (Abb. 8.7) einen Fehler hervor, der sich zu der Offset–Spannung addiert. Dieser Fehler steigt proportional mit dem Bewertungswiderstand. Für hochohmige Schaltungen müssen daher Verstärker mit niedrigem Offset–Strom eingesetzt werden. Offset–Fehler können als konstante Fehler in die Schaltung mit eingeeicht werden oder durch auf den Eingang geschaltete Zusatzwerte kompensiert werden (Offsetkompensation). Nicht kompensiert werden können die durch Änderung der Offsets infolge Temperatur– und Versorgungsspannungsschwankungen bzw. Alterung hervorgerufenen Fehler. Diese Fehler werden als Driftfehler bezeichnet.

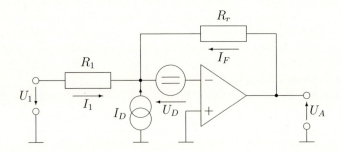

Abb. 8.7: *Ersatzschaltbild eines driftbehafteten Verstärkers*

Für einen realen driftbehafteten Verstärker läßt sich das in Abb. 8.7 dargestellte Ersatzschaltbild angeben [38]. Der Driftstrom wird im Summierungspunkt eingespeist, die Driftspannung addiert sich zur Differenzeingangsspannung. Die Eingangsspannung U_1 wird damit um die Fehlerspannung U_F verfälscht:

$$U_F = U_D \cdot \frac{R_1 + R_2}{R_r} + I_D \cdot R_1 \tag{8.17}$$

Der durch die Stromdrift hervorgerufene Fehleranteil steigt proportional mit dem Eingangswiderstand. Damit ist bei vorgegebenem zulässigem Fehler der maximale Eingangswiderstand begrenzt. Der minimal mögliche Eingangswiderstand wird durch die Leistungsfähigkeit der Eingangsspannungsquelle bzw. des Verstärkerausganges und bei Integratorschaltungen durch die Kondensatorgröße vorgegeben. Einen guten Kompromiß stellt der Wert von R_1 dar, bei dem U_D und $I_D \cdot R_1$ etwa gleich sind. Bei einem Signalpegel von $10\,V$ und den üblichen integrierten Verstärkern liegt dieser Wert zwischen $10\,k\Omega$ und $100\,k\Omega$, womit sich für die zu wählenden Vergleichsströme in Summier– und Reglerschaltungen der Bereich von $i_1 = 1\,mA \dots 0,1\,mA$ ergibt. Bezogen auf das Sollwertniveau $U_{soll} = 10\,V$ beträgt der durch den Temperatureinfluß ($\pm 10°C$) des Operationsverstärkers hervorgerufene Fehler auf die Nenndrehzahl bezogen rund $0,02\,\%$.

Die ebenfalls temperaturabhängigen Eingangswiderstände mit einem Temperaturkoeffizienten $T_K = 25 \cdot 10^{-6}\,1/°C$ bei Metallschichtwiderständen (Soll–

Istwert–Vergleichsstelle) bringen einen weiteren Fehler der Größenordnung $(0,02\ldots0,1\,\%)\,n_N$.

Die bei Netzspannungsänderungen von $\pm10\,\%\,U_N$ im Verstärker entstehenden Fehler sind auf die Nenndrehzahl bezogen vernachlässigbar gering.

8.3.1.2 Laständerungen

Der Einfluß der Laständerung auf die Drehzahl soll am Beispiel von Abb. 8.8 erläutert werden.

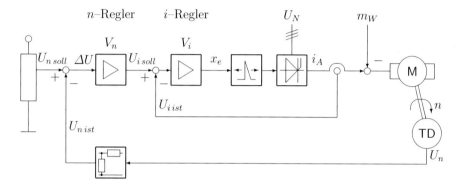

Abb. 8.8: *Einfluß der Laständerung auf die Drehzahl*

Das Drehmoment einer fremderregten Gleichstrommaschine mit konstantem Feld ist proportional zum Ankerstrom:

$$m_M \sim i_A \qquad \text{bei } \psi = \text{const.} \tag{8.18}$$

Bei der Drehzahlregelung mit unterlagertem Stromregelkreis ist der Ankerstrom wiederum proportional der Stromsollwertspannung $U_{i\,soll}$.

Damit läßt sich mit dem Index $_N$ zur Kennzeichnung von Nenngrößen schreiben:

$$U_{i\,soll} = m_M \cdot U_{i\,soll\,N} = M_M \cdot U_{iN} \qquad \text{mit } U_{iN} = \frac{U_{i\,soll\,N}}{M_N} \tag{8.19}$$

Eine Laständerung Δm_M erfordert eine Änderung der Stromsollwertspannung um:

$$\Delta U_{i\,soll} = \Delta m_M \cdot U_{isoll\,N} = \Delta M_M \cdot U_{iN} \tag{8.20}$$

Die Stromsollwertspannung $U_{i\,soll}$ ist die Ausgangsspannung des Drehzahlreglers. Bei einer statischen Verstärkung V_n des Reglers beträgt die n–Regler–Eingangsspannung ΔU:

$$\Delta U = U_{n\,soll} - U_{n\,ist} = \frac{\Delta U_{i\,soll}}{V_n} \tag{8.21}$$

Die schaltungstechnische Realisierung der Differenzbildung soll hier so ausgeführt sein, daß im Nennpunkt $U_{n\,soll\,N} = U_{n\,ist\,N}$ gilt. Für konstante Sollwertspannung $U_{n\,soll}$, und somit $\Delta U = \Delta U_{n\,ist}$, gilt für die Drehzahlabweichung:

$$\Delta N \sim \Delta U_n = \Delta U_{n\,ist} \frac{U_{nN}}{U_{n\,soll\,N}} = \Delta U \frac{U_{nN}}{U_{n\,soll\,N}} \qquad (8.22)$$

Weiter läßt sich schreiben:

$$\Delta n = \frac{\Delta N}{N_N} = \frac{\Delta U_n}{U_{nN}} = \frac{\Delta U_{n\,ist}}{U_{n\,soll\,N}} \qquad (8.23)$$

Durch Einsetzen von Gl. (8.19) bis (8.23) erhält man Gl. (8.24). Diese Gleichung zeigt die relative Drehzahlabweichung Δn bei Einwirkung einer relativen Laständerung Δm_M:

$$\Delta n = \frac{\Delta N}{N_N} = \frac{1}{V_n} \cdot \Delta m_M \cdot \frac{U_{i\,soll\,N}}{U_{n\,soll\,N}} \qquad (8.24)$$

Die Drehzahlabweichung ist umso kleiner, je größer die Verstärkung des Drehzahlverstärkers V_n und je höher die Stromsollwertspannung im Nennpunkt ist. V_n ist dabei die Gleichsignalverstärkung des Reglers, die bei einem PI–Regler von dem verwendeten Operationsverstärker bestimmt wird, bei einem P–Regler von der Reglerverstärkung V_{Rn}. Bei Einsatz eines PI–Reglers mit einem $V_n \approx 10^4$, 50 % Laständerung und 10 V Sollwertniveau liegt der relative Drehzahlfehler bei $\approx 0,005\,\%$.

8.3.1.3 Sollwertgeber

Spannungsänderungen der Sollwertspannungsquelle infolge von Netzspannungseinbrüchen und Temperaturänderungen gehen als nichtausregelbare Fehler in die Genauigkeitsbetrachtung ein.

Je nach elektronischem Aufwand (stabilisiert, geregelt oder temperaturkompensiert) liegen die Genauigkeiten industrieller Spannungsquellen bei:

		Spannungsquelle		
		stabilisiert	geregelt	hochgenau
Netzspannungs-änderung	$\pm 10\,\%\,U_N$	$\pm 0,5\ldots 1,0\,\%$	$0,01\,\%$	$0,001\,\%$
Temperatur-änderung	$\pm 10°C$	$\pm 1,0\ldots 1,5\,\%$	$0,10\,\%$	$0,020\,\%$

8.3.1.4 Tachogenerator

Im stationären Betrieb treten im Tachogenerator nur temperaturbedingte Fehler auf, die nicht ausregelbar sind. Der Temperaturkoeffizient β_K gibt die Änderung der Generatorspannung ΔU_T bei konstanter Drehzahl n in Abhängigkeit der Temperaturänderung $\Delta\vartheta$ an. In Listen wird der Temperaturkoeffizient stets als mittlerer Wert angegeben, wogegen die Kurven $\Delta U_T = f(\Delta\vartheta)$ nichtlinear sind. Abbildung 8.9 zeigt typische temperaturbedingte Fehlerkurven.

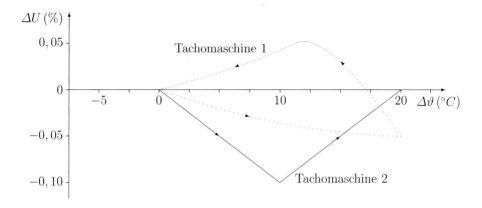

Abb. 8.9: *Fehlerkurven von Tachogeneratoren*

Tachogeneratoren werden temperaturkompensiert (Magnet + Wicklung) oder nichttemperaturkompensiert gefertigt. Im folgenden sind typische Werte der Temperatureinflüsse bei Tachogeneratoren aufgeführt.

	einfache Ausführung	technisch hochwertige Ausführung	
	nichttemp.–kompensiert	nichttemp.–kompensiert	temperatur–kompensiert
Gleichstrom–Tachogenerator	$0,5\,\%$	$0,2\ldots0,3\,\%$	$0,05\,\%$
Drehstrom–Tachogenerator	—	$0,3\,\%$	$0,05\,\%$
Mittelfrequenz–Drehstrom–Tachogenerator	—	—	$0,015\,\%$

Die Angaben gelten für eine Temperaturänderung von $|\Delta\vartheta| = 10°C$ und beziehen sich auf die Generator–Nennspannung.

8.3.1.5   Istwertteiler

Zur Signalverarbeitung in der Regelung muß die hohe Tachogenerator–Spannung auf den Normpegel $10\,V$ heruntergeteilt werden. Dieser Teiler ist in seinem Teilerverhältnis ebenfalls temperaturabhängig. Der Fehler liegt, bezogen auf eine Temperaturänderung von $10°C$, je nach Wahl der Teilerwiderstände zwischen $0,01\%$ $(T_K = 5 \cdot 10^{-6}\,1°C)$ und $0,1\%$ $(T_K = 25 \cdot 10^{-6}\,1°C)$.

8.4   Erreichbare Genauigkeit analog drehzahlgeregelter Antriebe

In Abb. 8.10 sind die wichtigsten Störgrößen und deren Angriffspunkte in einem Drehzahlregelkreis aufgeführt.

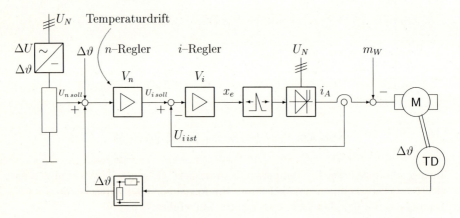

Abb. 8.10: *Störgrößen und deren Angriffspunkte*

Tabelle 8.2 gibt einen Überblick über die, je nach Aufwand zu erreichende analoge Drehzahlgenauigkeit. Als Ergebnis erhält man:

  – einfachste Ausführung: Fehler $\pm 1,3\%$ N_N
  – erhöhter Aufwand: Fehler $\pm 0,09\%$ N_N

Im einzelnen gilt:

- Der Sollwertgeber ist als hochstabilisierter Regelkreis angenommen (Konstantspannungsquelle).

- Beim Soll–Ist–Vergleich ist der mögliche Unterschied im Temperaturgang der Eingangswiderstände (Metallschichtwiderstände) maßgebend für den Fehler.

Störgrößen	Sollwert-geber	Soll–Ist–Vergleich	Regel-verstärker	Tachometer einfach	Tachometer temp. komp.	Istwert-teiler
Laständerung 50%	—	—	$0,01$	—	—	—
Temperaturänderung $10°C$	$0,3\frac{n}{n_{\max}}$	$0,2\frac{n}{n_{\max}}$	$0,11$	$2,0\frac{n}{n_{\max}}$	$0,15\frac{n}{n_{\max}}$	$0,25\frac{n}{n_{\max}}$
Versorgungsspannung 5%	$0,001\frac{n}{n_{\max}}$	—	$0,0003$	—	—	—
Summe	$0,301\frac{n}{n_{\max}}$	$0,2\frac{n}{n_{\max}}$	$0,1203$	$2,0\frac{n}{n_{\max}}$	$0,15\frac{n}{n_{\max}}$	$0,25\frac{n}{n_{\max}}$

Verbleibende Regelabweichung bei gleichzeitiger Einwirkung aller Störgrößen	bezogen auf den Maximalwert $n_{\max}$	bezogen auf den jeweiligen Drehzahlistwert n
Einfache Tachomaschine	$\left(2,75 \cdot \frac{n}{n_{\max}} + 0,12\right)$	$\left(2,75 + 0,12\frac{n}{n_{\max}}\right)$
temperaturkompensierte Tachomaschine	$\left(0,9 \cdot \frac{n}{n_{\max}} + 0,12\right)$	$\left(0,9 + 0,12\frac{n}{n_{\max}}\right)$

Tabelle 8.2: *Statische Änderung der Regelgröße (in Promille vom Maximalwert)*

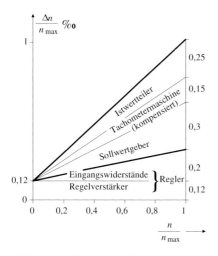

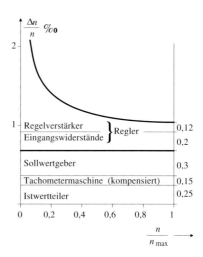

Abb. 8.11: *Regelabweichung Δn, bezogen auf den Maximalwert $n_{\max}$*

Abb. 8.12: *Regelabweichung Δn, bezogen auf die jeweilige Drehzahl n*

- Die einfache Tachomaschine (Wechselspannungstachometer mit nachgeschaltetem Gleichrichter) bewirkt die größte statische Änderung der Regelgröße. Es sind deshalb die Daten bei Verwendung einer temperaturkompensierten Tachomaschine (Gleichstrom) beigefügt.

- Die Ausgangsspannung der Tachomaschine muß noch auf die genormte Reglerspannung $\pm 10\,V$ herunterskaliert (Pegelanpassung) werden. Dazu wird ein Spannungsteiler verwendet. Hier sind ebenfalls nur die Unterschiede in den Temperaturgängen (T_K–Werten) der verwendeten Widerstände maßgebend für den Fehler.

Insgesamt zeigt die Tabelle, daß die größten statisch bleibenden Änderungen der Regelgröße durch Temperaturänderungen entstehen.

Außerdem ändern sich beinahe alle Fehler proportional mit dem Drehzahlistwert (siehe Abb. 8.11). Der prozentuale Fehler bezogen auf den jeweiligen Istwert ist dabei konstant (siehe Abb. 8.12). Lediglich der Fehler des Regelverstärkers ist unabhängig vom Drehzahlistwert. Dieser Fehler macht sich deshalb bei Drehzahlen nahe Null relativ stark bemerkbar, während er bei hohen Drehzahlen eher zu vernachlässigen ist.

8.5 Fehler in Systemen mit digitaler Erfassung von Position und Drehzahl

8.5.1 Digitale Positionsmessung

Die vorangehenden Abschnitte haben gezeigt, daß zur Verringerung von Fehlereinflüssen die Betrachtung der Istwertgeber und Istwertteiler entscheidend ist. Die Genauigkeit der Reglung hängt in erster Linie von der Genauigkeit der Istwerterfassung ab.

Da die meisten der heute aufgebauten Regelsysteme digital arbeiten, werden zur Positions- oder Winkelmessung ebenfalls Geber benutzt, die ein digitales Ausgangssignal zur Verfügung stellen. Bei entsprechender Auslegung der signalverarbeitenden Schaltungen wird die erreichbare Genauigkeit hier durch die Quantisierung der Digitalwerte begrenzt.

Allgemein wird die Genauigkeit dieser Geräte im Prinzip durch die gewählte digitale Auflösung bestimmt. Das heißt, Werte kleiner als 1 Bit werden nicht mehr erfaßt. Bei einer Auflösung von 12 Bit ist der Fehler $\Delta x / x_{\max} < 0,025\,\%$ und bei 16 Bit entsprechend $< 0,0015\,\%$. Die tatsächliche Abweichung ist in der Praxis niedriger, wenn sich durch den ständigen Wechsel des letzten Bits statistisch ein Mittelwert einstellen kann, der dem tatsächlich geforderten Wert mehr entspricht.

Eine hohe digitale Auflösung stößt dort an ihre Grenzen, wo die Verzögerungszeit T_σ des Gerätes zu groß wird (Verarbeitungsfrequenz des Wandlers f_a):

$$T_\sigma = \frac{x_{\max}}{\Delta x} \cdot \frac{1}{f_a} \qquad (8.25)$$

Wird in einem elektrischen Antriebssystem der Drehwinkel einer Welle mittels eines Inkrementalgebers erfaßt, so stellt dieser innerhalb einer Umdrehung maximal Z Inkremente zur Verfügung (z.B. Strichzahl bei einem optischen Geber). Der maximale Fehler bei der Erfassung des Wellenwinkels beträgt somit:

$$\Delta\theta_{max} = \frac{2\pi}{Z} \qquad (8.26)$$

8.5.2 Digitale Drehzahlerfassung

Bei digitalen Systemen wird die Drehzahl häufig nicht direkt gemessen, sondern aus den Signalen eines digitalen Winkelgebers berechnet. Hier bestehen im wesentlichen 2 Möglichkeiten:

1. Zählen der Inkremente, um die sich der gemessene Winkel innerhalb einer *festen Meßzeit* T_{mess} verändert,

2. oder Bestimmung der Zeit, innerhalb derer sich der Winkel um eine *festgelegte Anzahl M* von Inkrementen verändert.

Verfahren 1:

Die wirkliche Drehzahl errechnet sich bei einer Verdrehung um θ innerhalb der Zeit T_{mess} zu:

$$\omega = \frac{\theta}{T_{mess}} \tag{8.27}$$

Der gemessene Winkel θ_{gem} kann aber nur bis auf $\Delta\theta_{max}$ genau bestimmt werden. Für die gemessene Drehzahl gilt also:

$$\omega_{gem} = \frac{\theta_{gem}}{T_{mess}} = \frac{\theta \pm \Delta\theta_{max}}{T_{mess}} = \omega \pm \frac{\Delta\theta_{max}}{T_{mess}} \tag{8.28}$$

Der Drehzahlfehler $\Delta\omega = \pm\Delta\theta_{max}/T_{mess}$ kann also durch einen hochauflösenden Geber (kleines $\Delta\theta_{max}$) oder durch eine *Vergrößerung* der Meßzeit T_{mess} verringert werden. Ein hochauflösender Geber ist kostenaufwendig, eine Vergrößerung der Meßzeit wirkt sich als zusätzliche Totzeit im Rückführkanal aus und verschlechtert das dynamische Verhalten des Regelkreises.

Wird z.B. ein Geber mit 4096 Marken pro Umdrehung eingesetzt, so kann der Drehzahlfehler bei einer Meßzeit von $1\,ms$ bis zu

$$\Delta\omega = \pm\,\frac{2\pi}{4096}\,\frac{1}{ms} \qquad \text{bzw.} \qquad \Delta N = \frac{\Delta\omega}{2\pi} = \pm\,14,65\,\frac{1}{min} \tag{8.29}$$

betragen, was bei niedrigen Drehzahlen erhebliche Probleme bereitet.

Verfahren 2:

Bei der zweiten Möglichkeit wird die Zeit gemessen, die vergeht, bis sich der Winkel um eine festgelegte Anzahl von M Inkrementen verändert hat. Hier entstehen Fehler dadurch, daß in einem digitalen System auch die gemessene Zeit T_{gem} wegen der Quantisierung nur bis auf den Wert Δt_q genau bestimmt werden kann. Während die wirkliche Drehzahl

$$\omega = \frac{\theta}{T_{gem}} = \frac{M \cdot \Delta\theta_{max}}{T_{gem}} \tag{8.30}$$

beträgt, wird die „gemessene" Drehzahl ungünstigstenfalls berechnet zu:

$$\omega_{mess} = \frac{M \cdot \Delta\theta_{max}}{T_{gem} - \Delta t_q} \tag{8.31}$$

Der entstehende Fehler $\Delta\omega$ beträgt dann:

$$\Delta\omega = |\omega - \omega_{mess}| = |\omega|\frac{\Delta t_q}{|T_{gem} - \Delta t_q|} \tag{8.32}$$

Wird die Zeit T_{gem} noch durch ω ausgedrückt, so ergibt sich:

$$\Delta\omega = \frac{|\omega|}{\left|\dfrac{M \cdot \Delta\theta_{max}}{\omega \cdot \Delta t_q} - 1\right|} \tag{8.33}$$

Aus Gl. (8.33) ist ersichtlich, daß dieses Verfahren insbesondere im Bereich kleiner Drehzahlen mit geringen Fehlern behaftet ist.

Beim Einsatz in digitalen Regelsystemen kommt als Anwendungsbedingung allerdings hinzu, daß der Meßwert der Drehzahl bis zum nächsten Abtastschritt zur Verfügung stehen muß. Die Zeit T_{gem} darf also die Abtastzeit T nicht überschreiten, weshalb Drehzahlen unterhalb der Schranke ω_{min}

$$\omega_{min} = \frac{M \cdot \Delta\theta_{max}}{T} \tag{8.34}$$

mit anderen Verfahren verarbeitet werden müssen. Die Verläufe der maximalen Absolutfehler beider Verfahren sind in Abb. 8.13 dargestellt.

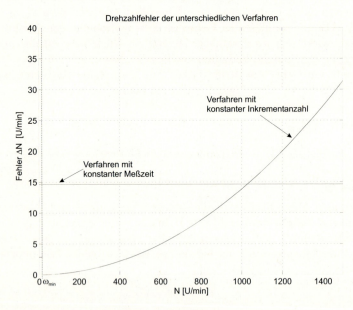

Abb. 8.13: *Vergleich der maximalen Drehzahlfehler bei den zwei vorgestellten Verfahren (Z = 4096 Inkremente/Umdrehung)*

Für Drehzahlen oberhalb des Schnittpunktes der Kurven liefert Verfahren 1 mit konstanter Meßzeit die bessere Genauigkeit, darunter ist Verfahren 2 mit konstanter Anzahl von Inkrementen vorzuziehen. Wegen der beschränkten Meßzeit kann Verfahren 2 allerdings nur bis zur Grenze ω_{min} angewandt werden. Dem gezeigten Beispiel liegt ein Geber mit 4096 Marken pro Umdrehung zugrunde. Die Meßzeit für Verfahren 1 betrage 1 ms, ebenso die maximal in Verfahren 2 erlaubte Zeit. Für Verfahren 2 wurde $M = 1$ angenommen (d.h. die Messung der Zeit für ein Inkrement), die zeitliche Auflösung soll $\Delta t_q = 200\,ns$ betragen.

8.6 Geber

8.6.1 Strommessung

Die potentialgetrennte Erfassung von *Gleich– und Wechselströmen* ist durch Messung ihres Magnetfeldes, z.B. mittels Hall–Sensoren möglich. Nach diesem Prinzip arbeiten auch die sogenannten *Kompensationsstromwandler*, welche inzwischen eine gewisse Verbreitung gefunden haben. Der Aufbau eines solchen Wandlers ist in Abb. 8.14 skizziert.

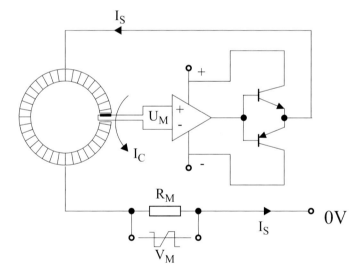

Abb. 8.14: *Prinzipieller Aufbau eines Kompensationsstromwandlers*

Im Luftspalt eines Ferritkerns ist ein Hall–Plättchen eingebaut, welches vom Strom I_H quer zum Magnetfeld durchflossen wird. Der Ferritkern trägt eine Meßwicklung mit hoher Windungszahl w_S. Als Primärwicklung w_P dient der Leiter des zu messenden Stroms, der einmal oder mehrmals durch den Kern geführt ist. Den Strom I_S durch die Meßwicklung liefert ein Operationsverstärker, an dessen Eingang die Hall–Spannung des Sensors liegt. Der Verstärker ist also durch den Sensor und die Meßwicklung in eine Gegenkopplungsschleife eingebettet. Dadurch stellt sich bei idealem Verstärker derjenige Strom I_S ein, für den die Hall–Spannung zu Null wird. Dies ist der Fall, wenn die durch I_P und I_S erzeugten Teildurchflutungen entgegengesetzt gleich groß sind. Abhängig von Windungsverhältnis gilt dann

$$I_S = \frac{w_P}{w_S} I_P \qquad (8.35)$$

Am Bürdenwiderstand R_M kann die entsprechende Meßspannung abgegriffen werden.

Bei der Messung zeitveränderlicher Ströme überlagert sich im Kompensationswandler der transformatorisch erzeugte Strom (Hochpaßcharakter) mit dem Kompensationsstrom (Tiefpaßcharakter). Durch die Abstimmung der beiden Effekte sind Messungen im Frequenzbereich von 0 Hz bis zu ca. 100 kHz möglich. Nenndaten und Genauigkeit eines ausgewählten Typs sind in Tabelle 8.3 dargestellt.

Nennstrom primär	125 A
Maximalstrom primär	200 A
Versorgungsspannung	$\pm 15\,V$
$R_{M,max}$	34 Ω
Übersetzungsverhältnis	1:1000
Frequenzbereich	0 (DC) ... 100 kHz
Genauigkeit bei Nennstrom	0,6 %
Offsetstrom	$\pm 0,4\,mA$
maximale Offsetdrift	$\pm 0,6\,mA$

Tabelle 8.3: *Daten des Wandlers LEM LA-125-SP3.*

Zur Erfassung von *Wechselströmen* werden Wechselstromwandler eingesetzt. Der Wechselstromwandler besteht aus einem Transformator mit nachgeschaltetem Gleichrichter.

Zur Erfassung von *Gleichströmen* gibt es verschiedene Konzepte. Nach dem Prinzip des stromsteuernden *Magnetverstärkers* (Krämer–Wandler) wird einer Hilfswechselspannung der Gleichstrom gegensinnig in Reihe eingekoppelt. Die Wicklungskerne sind dabei so ausgelegt, daß sie die Spannungszeitfläche der Hilfswechselspannung U_H (bei Gleichstrom Null) gerade noch aufnehmen können. Es fließt dann praktisch kein Strom im Hilfskreis.

Eine *vorzeichenrichtige* Abbildung des Gleichstroms erfolgt über einen *Shunt* mit anschließendem Chopperwandler und Meßverstärker. Die Konstanz dieser Meßgeber liegt bei ca. $0,2 \ldots 0,3\,\%$ vom Maximalwert, in Abhängigkeit von Änderungen der Versorgungsspannung um $-15\,\% / +10\,\%$ vom Maximalwert. Die Verzögerungszeit beträgt etwa $0,2\,ms$. Dazu kommt noch eine Istwertglättung von $1 \ldots 2\,ms$ für die Glättung der Oberschwingungen, d.h. $T_\sigma \approx 1 \ldots 2\,ms$.

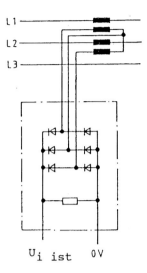

Die üblichen Fehlerklassen bei Wechsel-stromwandlern sind:

$0,1\%, 0,2\%, 0,5\%, 1\%, 3\%, 5\%$

vom Wandlernennstrom (einschließlich Linearitätsfehler).

Der Wandler hat praktisch keine Verzöge-rungszeit. Zur Glättung der Oberschwin-gungen wird jedoch häufig eine Ist-wertglättung von $1 \ldots 2 \, ms$ vorgesehen (bei $50 \, Hz$ und Drehstrombrücke), d.h. $T_\sigma = 1 \ldots 2 \, ms$.

Abb. 8.15: *Wechselstromwandler mit nachgeschalteter Gleichrichtung*

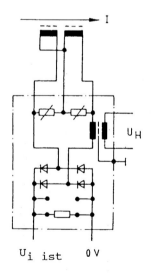

Durch den Gleichstrom werden die Wick-lungskerne so vormagnetisiert, daß die Hilfswechselspannung einen Reststrom er-zeugt. Dieser Reststrom wird gleichge-richtet und steht dann als Meßwert zur Verfügung.

Der Fehler (Konstanz) dieser Meßgeber liegt bei ca. $0,7\%$ vom Maximalwert, in Abhängigkeit von Änderungen der Ver-sorgungsspannung $-15\% / +10\%$ und der Temperatur von $10°C$.

Die Verzögerungszeit dieser Geräte liegt bei $T_\sigma \approx 5 \ldots 10 \, ms$.

Linearitätsfehler: $0,5\%$ vom Maximal-wert.

Abb. 8.16: *Krämer–Wandler (Gleichstromwandler)*

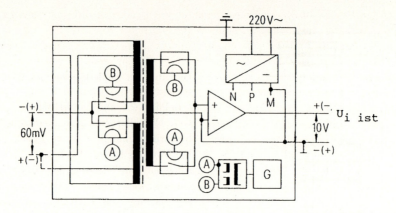

Abb. 8.17: *Shuntwandler (Gleichstromwandler)*

8.6.2   Spannungsmessung

Die Erfassung von Wechselspannungen erfolgt nach dem gleichen Prinzip wie beim Wechselstrom. Die Betrachtungen über Fehler und Verzögerungszeit gelten entsprechend.

Gleichspannungen werden über einen Spannungsteiler mit anschließendem Trennwandler (Chopperwandler) erfaßt.

Die Konstanz dieser Geräte liegt bei ca. $0,2 \ldots 0,3\,\%$ bei Änderung der Temperatur um $10°C$ und den üblichen Änderungen der Versorgungsspannung $(-15\,\% / +10\,\%)$. Der Linearitätsfehler beträgt etwa $0,1\,\%$ vom Maximalwert, die Verzögerungszeit etwa $0,3\,ms$. Maßgebend für das Zeitverhalten ist die

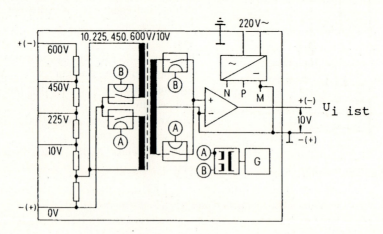

Abb. 8.18: *Gleichspannungswandler*

Glättungszeit für die Oberschwingungen der zu erfassenden Gleichspannung, d.h. $T_\sigma \approx 1 \ldots 2\,ms$ (bei $50\,Hz$ und Drehstrombrücke).

Aufgrund des Preisverfalls bei integrierten Schaltkreisen bietet es sich an, anstelle von Chopperwandler und Meßverstärker einen Spannungsfrequenz–Umsetzer zu verwenden. Zum einen ist diese Lösung kostengünstiger, zum anderen ist die Übertragung von Frequenzen über lange Leitungen weit weniger störanfällig als bei Spannungen. Zur Weiterverarbeitung wird ein Frequenzspannungs–Umsetzer nachgeschaltet. Bei digitalen Regeleinrichtungen kann darauf verzichtet werden. Dort wird die Frequenz selbst als Eingangsgröße verwendet. In beiden Fällen kann die Konstanz und die Linearität der Istwerterfassung verbessert werden. Zu beachten sind allerdings die Fehlereinflüsse, die bei der digitalen Drehzahlerfassung (Kap. 8.5.2) diskutiert wurden.

8.6.3 Gegenüberstellung von Drehzahl– und Positionsgebern
Prof. Dr. R. Kennel

8.6.3.1 Drehzahlregelung

Der Hauptfehler bei den analogen Tachometermaschinen zur Drehzahlerfassung entsteht durch Temperaturschwankungen. Erhöhungen der Temperatur bewirken eine Verminderung des magnetischen Flusses im Eisen und eine Erhöhung des Innenwiderstandes der Wicklung. Durch einen temperaturabhängigen magnetischen Nebenfluß kann der resultierende magnetische Fluß der Tachometermaschine weitgehend konstant gehalten werden. Wird etwas überkompensiert, so ist auch die Veränderung des Wicklungswiderstandes, zumindest für einen Belastungszustand ausgleichbar.

Es scheint zunächst einmal widersinnig zu sein, in bürstenlosen elektrischen Antrieben bürstenbehaftete Tachogeneratoren einzusetzen. Zunächst wurden in diesen Antrieben bürstenlose Tachogeneratoren eingesetzt, die nach dem gleichen Prinzip arbeiten wie Synchronmaschinen mit block– bzw. trapezförmiger induzierter Spannung. Nachdem man sich der Nachteile eines mechanischen Kommutators beim Antriebsmotor entledigt hatte, wollte man nicht die gleichen Nachteile wegen des einen mechanischen Kommutators im Tachogenerator in Kauf nehmen. Dessen Aufgabe übernahm ein elektronischer Gleichrichter, der die induzierte Spannung der jeweils aktiven Phase des bürstenlosen Tachogenerators an den Ausgang schaltete. Die hierfür notwendige Information über die Position des Tachorotors wurde — ähnlich wie beim bürstenlosen Antriebsmotor selbst — von einem magnetischen oder optischen Positionsgeber niedriger Auflösung (= Anzahl der Phasen multipliziert mit der Anzahl der Pole des Tachogenerators) zur Verfügung gestellt (siehe auch Seite 292 sowie Tabelle 8.4). Meist war dieser Positionsgeber in den für die Stromregelung des Synchron–Antriebsmotors ohnehin notwendigen Positionsgeber integriert.

Um die Anzahl der für den Gleichrichter notwendigen Halbleiterschalter niedrig zu halten, wurde die Phasenzahl von bürstenlosen Tachogeneratoren wesentlich niedriger (meist 2 oder 3) gewählt als bei Rotoren von bürstenbehafteten

Tachogeneratoren (meist zwischen 12 und 24). Außerdem erzeugt die Kommutierung durch Halbleiterschalter größere Spannungseinbrüche im Ausgangssignal als die Kommutierung eines mechanischen Kommutators, bei dem die Bürste gleitend von einer Kommutatorlamelle auf die nächste übergeht. Die Welligkeit des Ausgangssignals eines bürstenlosen Tachogenerators weist daher sowohl niedrigere Frequenzen als auch höhere Amplituden auf als bei bürstenbehafteten Tachogeneratoren. Die Kommutierungseigenschaften entstehen regelungstechnisch im Rückkopplungszweig, können daher im geschlossenen Regelkreis nicht kompensiert werden (siehe Kap. 8.2) und müssen deshalb unbedingt minimal gehalten werden. Um zu vermeiden, daß diese Welligkeit sich auf die Regelgüte des Antriebs auswirkt, muß sie mit Filtern kompensiert werden. Diese Filter benötigen bei bürstenlosen Tachogeneratoren eine größere Zeitkonstante und beeinflussen damit die Dynamik des Antriebs negativ.

Die Entwicklung von sogenannten Longlife–Tachogeneratoren, bei denen der Kupfer–Kommutator mit Edelmetallen beschichtet wird (z.B. mit einer Silberspur), führte in Verbindung mit den speziellen Betriebseigenschaften von Tachogeneratoren (relativ niedrige konstante elektrische Belastung) zu Lebensdauern, die im Bereich der Lebensdauer von Kugellagern liegen. Die wesentlichen Nachteile von mechanischen Kommutatoren sind damit weitestgehend reduziert. Da der bürstenbehaftete Tachogenerator geringere Kommutierungseffekte aufweist als ein bürstenloser Tachogenerator (siehe oben) und damit als Drehzahlgeber im geschlossenen Regelkreis besser geeignet ist, werden Longlife–Tachogeneratoren mit mechanischem Kommutator für „bürstenlose" Servo–Antriebe hoher Regelgüte eingesetzt.

Mit Einführung der digitalen Regelungstechnik für elektrische Antriebe entstand der Bedarf für ein fortschrittliches Meßsystem für Drehzahl bzw. Geschwindigkeit. Die Auflösung von Tachospannungen (< 16 Bit) ist deutlich niedriger als die Verarbeitungsbreite von Mikrorechnern und Signalprozessoren, wie sie heute in elektrischen Antrieben üblicherweise eingesetzt werden (> 32 Bit). Herkömmliche Tachogeneratoren müssen über A/D–Wandler an die digitale Regelung eines Antriebs angeschlossen werden. Selbst bei sehr guter Qualität des Tachogenerators führt dies im Ausgangssignal zu verstärkten Offset– und Drifterscheinungen, da diese Effekte bei A/D–Wandlern deutlich stärker ausgeprägt sind als bei den Tachogeneratoren allein. Wenn darüber hinaus in digital geregelten Antrieben noch die in Kap. 8.3.1.4 angegebenen Drehzahlfehler von 0,2 % unterschritten werden sollen, werden zur Drehzahlerfassung magnetische oder optische Gebersysteme eingesetzt.

Mit Ausnahme von interferometrischen Gebern, die derzeit an einigen Forschungsinstituten untersucht, in industriellen Anwendungen allerdings noch nicht eingesetzt werden, basieren diese Gebersysteme jedoch alle auf der Erfassung der Position mit anschließender (digitaler) Differenzierung des Positionssignals. Da es sich eigentlich um Positionsgeber handelt, werden die Eigenschaften und Anforderungen an solche Gebersysteme im nachfolgenden Abschnitt beschrieben.

8.6.3.2 Positionsregelung

Die Bahnsteuerung von Servoantrieben setzt eine genaue Bahn– oder Positions–regelung voraus. Die Qualität der Positionsregelung hängt entscheidend von den Eigenschaften des eingesetzten Positions– oder Lagegebers ab, da sich dieser regelungstechnisch im Rückkopplungszweig befindet und dessen Abweichungen daher im geschlossenen Regelkreis nicht kompensiert werden können (siehe Kap. 8.2).

Hinzu kommt, daß moderne — d.h. digital geregelte — Antriebe das Istwert-signal für die Drehzahlregelung ebenfalls aus dem Positionsgebersignal ableiten (siehe Kap. 8.6.3.1). Dies bedeutet, daß die Eigenschaften dieses Sensors nicht nur für die Qualität der Positionsregelung, sondern ganz entscheidend auch für das Verhalten der Drehzahlregelung maßgebend ist.

Die nachfolgenden Überlegungen beschränken sich auf rotierende Positions– und Lagegeber. Ähnliche Konzepte und Eigenschaften finden sich allerdings auch bei linearen Lagegebern.

Das regelungstechnische Verhalten wird in den meisten Beschreibungen und Datenblättern in Form der sogenannten Auflösung des Gebers angegeben. Mit dieser Angabe allein lassen sich die regelungstechnischen Eigenschaften von Lagegebern allerdings nicht ausreichend beschreiben. Hierzu sind — insbesondere wenn Positionsgeber auch zur Ermittlung eines Drehzahlistwerts eingesetzt werden — weitere Daten notwendig: absolute Genauigkeit und differentielle Genauigkeit.

Die Auflösung eines Gebersystems beschreibt letzten Endes nichts anderes als die Anzahl der verschiedenen Signalwerte, die der Sensor voneinander unterscheiden kann. Die Auflösung eines Positionsgebers gibt demnach an, wie viele unterschiedliche Positionen der Geber voneinander unterscheiden kann, die Auflösung eines Drehzahlsensors gibt an, wie viele unterschiedliche Drehzahlen voneinander unterschieden werden können. Im Falle eines Positionsgebers ohne Interpolation (siehe unten) ist die Auflösung r demnach identisch mit der Anzahl n der Pole, Zähne, Striche oder Segmente des Gebers (siehe Gl. (8.36)).

$$r = n \qquad . \quad (8.36)$$

Die Angabe einer differentiellen Auflösung r' ist sinnlos, da die Anzahl der Pole, Zähne, Striche oder Segmente völlig unabhängig ist von der aktuellen Position des Gebers. Die Ableitung einer Konstanten ist immer gleich 0 und enthält damit keine verwertbare Information (siehe Gl. (8.37)).

$$r' = \frac{dr}{dx} = 0 \qquad (8.37)$$

Die absolute Genauigkeit a eines Lagesensors wird beschrieben durch die Differenz zwischen der tatsächlich angezeigten Position $x_{real,i}$ und der idealerweise anzuzeigenden Position $x_{ref,i}$ des zu regelnden Systems. Sie läßt sich durch Gl. (8.38) beschreiben, in der diese Abweichung auf den idealen gleichmäßigen Abstand zwischen zwei unterscheidbaren Positionen bezogen wird.

$$a = \frac{|x_{ref,i} - x_{real,i}|}{\sum_i x_{real,i}/n} = n \cdot \frac{|x_{ref,i} - x_{real,i}|}{\sum_i x_{real,i}} \tag{8.38}$$

Die differentielle Genauigkeit a' eines Lagesensors wird beschrieben durch die Differenz zwischen dem tatsächlichen Abstand zweier benachbarter Positionen $x_{real,i}$ und $x_{real,i-1}$ und dem idealen Abstand zweier benachbarter Positionen (dieser ist identisch zum vollen Umfang einer Umdrehung dividiert durch die Anzahl der Positionen). Gleichung (8.39) bezieht diesen Wert auf den idealen Abstand zweier benachbarter Positionen.

$$a' = \frac{|x_{real,i} - x_{real,i-1} - \sum_i x_{real,i}/n|}{\sum_i x_{real,i}/n} = \left| n \cdot \frac{x_{real,i} - x_{real,i-1}}{\sum_i x_{real,i}} - 1 \right| \tag{8.39}$$

Die Gleichungen (8.36) bis (8.39) lassen sich durch mathematische Umformungen nicht ineinander überführen — es handelt sich also um Größen, die unabhängig voneinander existieren und die unterschiedliche Eigenschaften eines Gebersystems beschreiben. Eine hohe Auflösung hat nicht automatisch eine hohe absolute oder differentielle Genauigkeit zur Folge — oder umgekehrt. Ein typisches Beispiel für Lagegeber mit sehr niedriger Auflösung (z.B. 18 pro Umdrehung) und hoher absoluter Genauigkeit (z.B. $0,3°$) waren die in sogenannten bürstenlosen Gleichstromantrieben (BLDC) eingesetzten Kommutierungsgeber — deren Auflösung war identisch mit der Anzahl der Kommutierungsvorgänge, während die absolute Genauigkeit sehr groß sein mußte, um Drehmomentstöße zu vermeiden (siehe auch Tabelle 8.4). Analoge Tachogeneratoren weisen im Gegensatz hierzu relativ hohe Auflösungen auf (z.B. 16 Bit), während die absolute Genauigkeit des Ausgangssignals relativ niedrig ist (z.B. 3 %).

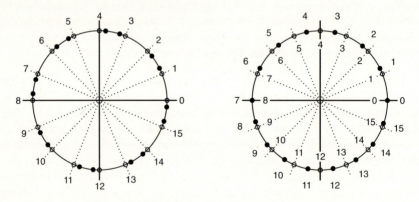

Abb. 8.19: *Absolute und differentielle Genauigkeit*

In Abb. 8.19 ist die Auswirkung von absoluter und differentieller Genauigkeit anschaulich gegenübergestellt. Das Beispiel zeigt einen Positionsgeber der Auflösung 16 — d.h. er kann 16 unterschiedliche Positionen voneinander unterscheiden. Sowohl im linken als auch im rechten Diagramm sind die idealerweise anzuzeigenden Positionen durch weiße Punkte gekennzeichnet, während schwarze Punkte andeuten, wo der jeweilige Geber die aktuelle Position tatsächlich identifiziert.

Im linken Teil von Abb. 8.19 erkennt der Geber die jeweilige Position abwechselnd ein kurzes Stück vor der tatsächlichen Position und dann ein kurzes Stück nach der tatsächlichen Position. Die absolute Genauigkeit des Gebers hält sich hierbei in vertretbarem Rahmen — eine falsche Position wird niemals angezeigt. Die Abstände zwischen den einzelnen Positionen schwanken jedoch sehr stark — was sich verheerend auf die differentielle Genauigkeit des Gebers auswirkt.

Im rechten Teil von Abb. 8.19 sind die Abstände der real identifizierten Positionen in der oberen Hälfte der Umdrehung etwas zu groß, dafür aber Positionen in der unteren Hälfte der Umdrehung etwas zu klein; die Gesamtzahl der realen Positionen stimmt mit der idealen Anzahl überein. Die absolute Genauigkeit dieses Gebers ist schlecht — insbesondere kann nicht garantiert werden, ob überhaupt die richtige Position angezeigt wird. Im Beispiel von Abb. 8.19 wird anstelle der tatsächlichen Position 8 die Position 7 angezeigt. Die differentielle Genauigkeit des Gebers ist jedoch ausgesprochen gut, da die Abstände zwischen den einzelnen Positionen nur minimal schwanken.

Die absolute Genauigkeit eines Positionsgebers ist letzten Endes maßgebend für die absolute Genauigkeit einer Lageregelung, die sich auf Istwerte genau dieses Gebersystems abstützt. Die differentielle Genauigkeit hat im Gegensatz hierzu entscheidenden Einfluß auf die Eigenschaften einer Drehzahlregelung, die ihre Istwerte aus dem betreffenden Positionsgeber differentiell ermittelt.

Leider findet man in Datenblättern regelmäßig nur Angaben über die Auflösung von Drehgebern, sehr selten über deren Genauigkeit (wobei immer die absolute Genauigkeit gemeint ist) und nie über deren differentielle Genauigkeit. Daher werden nachfolgend die grundsätzlichen Eigenschaften von Drehgebern im Hinblick auf die oben beschriebenen Daten betrachtet.

Es existieren mehrere physikalisch völlig unterschiedliche Prinzipien, auf denen Positionsgeber basieren (siehe Abb. 8.20).

Mit Ausnahme der interferometrischen Geber basieren alle in Abb. 8.20 aufgeführten Konzepte auf dem Zählen von Polen oder Zähnen. Jede Bewegung erzeugt im Lagegeber eine bestimmte Anzahl digitaler Impulse, die digital übertragen und von einer Auswerteelektronik weiterverarbeitet werden.

Durch Formgebung der Pole oder Zähne kann dafür gesorgt werden, daß die Zählimpulse ein analoges — meist angenähert sinusförmiges — Signal darstellen, mit dessen Hilfe man die Position innerhalb eines Pols oder Zahns interpolieren kann. Die mit der genannten Interpolation verbundene Vervielfachung der Auflösung wird allerdings nicht in allen Fällen genutzt, da sie die Übertragung von analogen — und damit störanfälligeren — Signalen vom Geber zur Auswerteelektronik voraussetzt.

Magnetische Geber funktionieren grundsätzlich wie Synchronmaschinen. Ein weit verbreitetes Konzept erregt den Rotor einer Synchronmaschine mit einer hohen Frequenz und tastet über mehrere im Stator untergebrachte Phasenwick-

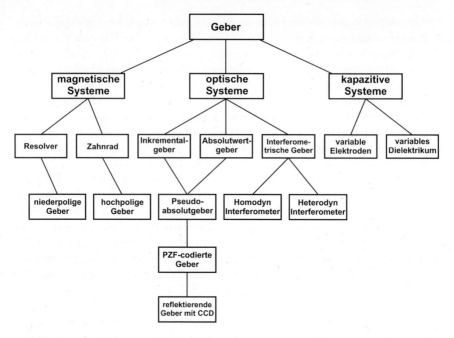

Abb. 8.20: *Physikalische Grundkonzepte für Lagegeber in elektrischen Antrieben*

lungen die induzierten Spannungen ab. Die Anzahl der Signalmaxima und die Phasenverschiebung der Ausgangssignale untereinander ergeben damit ein geeignetes Maß für die Position des Rotors. Wegen der hohen Frequenz des Erregerstroms läßt sich dieser relativ einfach kontaktlos auf den Rotor übertragen. Geber dieser Art mit drei Phasen im Stator werden Synchro genannt. Die wesentlich weiter verbreitete Version mit zwei Phasen im Stator bezeichnet man als Resolver. Da Resolver in der Regel wenige magnetische Pole aufweisen (2 bis 10), kommt man nicht ohne die oben beschriebene Interpolation der Ausgangssignale aus. Diese sind allerdings relativ niederohmig und damit bei der Übertragung vom Geber zur Auswerteelektronik resistent gegen äußere Störungen.

Ein anderes Konzept funktioniert — wie Reluktanzmaschinen — auf positionsabhängigen Veränderungen der Reluktanz (siehe z.B. [71]). Ein Zahnrad ist auf dem Rotor des Antriebs angebracht und verändert je nach Stellung die magnetische Kopplung zweier oder mehrerer Spulen auf dem Stator. Die magnetische Kopplung läßt sich ermitteln und stellt ein Maß für die Position des Gebers dar. Die Anzahl der Zähne wird meistens im Bereich 50 bis 500 gewählt. Ende der 1980er Jahre ist es einem japanischen Hersteller von Werkzeugmaschinen gelungen, auf Basis eines Zahnradgebers mit 512 Zähnen und zusätzlicher Interpolation eine für magnetische Systeme erstaunliche Auflösung von ca. 500.000 pro Umdrehung zu erreichen (also wesentlich mehr als die in [79] genannten 12 – 16 Bit).

Mit magnetischen Gebersystemen lassen sich zwar nur eingeschränkte Auflösungen und Genauigkeiten realisieren, sie verfügen allerdings über eine konkurrenzlose Robustheit gegenüber Umwelteinflüssen wie Temperatur, Staub, Vibration und mechanischen Schock. Elektromagnetische Einflüsse haben ebenfalls nahezu keine Auswirkungen auf den Lage–Meßwert.

Optische Geber tasten eine photographisch hergestellte Codescheibe ab. Bei Bewegung der Codescheibe entstehen Lichtimpulse, die optoelektronisch abgetastet und elektrisch übertragen werden. Sogenannte Absolutwertgeber, die aufgrund einer Vielzahl von Abtastspuren auf der Codescheibe in der Lage sind, die absolute Position ohne vorhergehende Bewegung zu ermitteln, sollen an dieser Stelle nicht im Detail betrachtet werden, da sie sich regelungstechnisch genauso verhalten wie sogenannte Inkrementalgeber, bei denen die Lichtimpulse nur von einer oder — zur Richtungserkennung —– zwei Spuren abgetastet werden. Ein „Null"–Impuls auf einer weiteren Spur zeigt die Referenzlage des Meßsystems an. In den 1980er Jahren lag der Preis für Absolutwertgeber um den Faktor 10 bis 20 höher als für Inkrementalgeber gleicher Auflösung. Im Lauf der 1990er Jahre hat sich dieser Unterschied allerdings auf den Faktor 1,5 bis 3 reduziert, so daß Absolutwertgeber heute zur Standardausrüstung von hochwertigen Servoantrieben gehören.

Der große Vorteil von optischen Gebern liegt in der durch die photographische Herstellung bedingten auch bei großen Stückzahlen erreichbaren hohen Auflösung und Genauigkeit. Oftmals entscheidende Nachteile liegen in der Empfindlichkeit gegen hohe Temperaturen und mechanische Stöße. Ein weiterer Nachteil liegt darin begründet, daß das Abtastsystem meistens nur einen Bruchteil des Umfangs der Codescheibe erfaßt — damit wird die Genauigkeit des Meßsystems von Montagetoleranzen, insbesondere gegen Verschiebungen des Mittelpunkts der Codescheibe, extrem abhängig. Im Gegensatz hierzu erfassen Resolver und kapazitive Systeme in der Regel den gesamten Umfang der Sensorscheibe und sind damit relativ unempfindlich gegenüber Versatz bei der Montage.

Kapazitive Geber messen die Position aufgrund der variablen Kapazität zwischen zwei Plattenelektroden. Beim Konzept variabler Elektroden ist eine der Elektroden auf den rotierenden Teilen eines Antriebs montiert ist, während die andere mit dem Stator des Antriebsmotors fest verbunden ist. Durch Formgebung der Elektroden (z.B. als Sinuswelle) ist der Flächenanteil, in dem sich beiden Elektroden gegenüberstehen, positionsabhängig. Ein anderes Konzept basiert ebenfalls auf der Formgebung der Elektroden, die allerdings beide fest mit dem Stator des Antriebs verbunden sind. Die Variation der Kapazität wird durch ein Dielektrikum mit entsprechender Formgebung (entweder Außenkontur oder Dicke des Dielektrikums) erzeugt, das zwischen den beiden Elektroden drehbar mit dem Rotor des Antriebs verbunden ist.

Während in optischen Gebern fast ausschließlich scheibenförmige Läufer rotieren, können die Läufer von kapazitiven Gebersystemen sowohl scheiben- als auch trommelförmig aufgebaut werden. Außerdem sind sie im Hinblick auf Temperatur und mechanische Stöße deutlich weniger empfindlich als optische

Systeme. Da kapazitive Geber relativ hohe Auflösungen ermöglichen, eröffnen sie dem Antriebskonstrukteur insgesamt größere Freiheitsgrade als optische Systeme. Trotzdem haben sie in der Industrie bisher nur vereinzelt Anwendung gefunden. Daher fehlen noch Erfahrungen, inwieweit kapazitive Gebersysteme die theoretisch hervorragenden Eigenschaften in der Praxis auch tatsächlich realisieren können.

Die Hauptabweichung bei Lagegebern für digital geregelte Antriebe entsteht durch deren digitales Verhalten. Beispielsweise führt die Quantisierung bei niedrigen Auflösungen der Positionsgeber dazu, daß ein Antrieb mit dynamischer Lageregelung quasi von einer Geberposition zur nächsten „springt". Das hätte eine nicht tolerierbare Unruhe im Antrieb zur Folge, die beispielsweise im Ergebnis einer Schleifmaschine deutlich sichtbar wäre [423]. Es muß sichergestellt sein, daß der Drehzahlregelkreis des Antriebs einen möglichst hoch aufgelösten Istwert erhält. Auch bei langsamster Bewegung muß in jedem Zyklus des Regelungsprogramms gewährleistet sein, daß der Lagegeber, aus dessen Signal der Drehzahlistwert abgeleitet wird, mindestens eine Positionsänderung (d.h. einen Geberimpuls) anzeigt. Um dies zu erreichen, werden Drehgeber sehr hoher Auflösung eingesetzt.

Die Auflösung eines Positionsgebers hängt zunächst einmal von der Anzahl der Pole, Zähne, Striche oder Segmente auf seinem Rotor ab. Ist ein Zahnrad oder eine Codescheibe beispielsweise in 360 Segmente unterteilt, liefert der Geber 360 Impulse pro Umdrehung — er hat dann eine Auflösung von 360 pro Umdrehung.

Bezüglich der Auflösung von Lagegebern hat es in den letzten Jahren eine wahre Explosion von Angaben gegeben: während Ende der 1980er Jahre eine Auflösung von 5.000 pro Umdrehung als Standard und eine Auflösung von 100.000 pro Umdrehung als extrem hoch angesehen wurde, gelten seit Mitte der 1990er Jahre Auflösungen im Bereich 2.000.000 bis 8.000.000 als „normal".

Die Tabelle 8.4 und das Diagramm in Abb. 8.21 zeigen den Fortschritt bezüglich Auflösung und Genauigkeit von Drehgebern in den letzten Jahren. Dabei stellt Abb. 8.21 das Verhältnis von Marktpreis zu Auflösung der Gebersysteme dar. Dunkel markierte Kreise bezeichnen optische Gebersysteme, die tatsächlich realisiert worden sind. Handelsübliche optische Gebersysteme sind in diesem Diagramm mit ihrer jeweiligen Typbezeichnung angegeben. Resolver sind zur Orientierung als Referenz eingetragen. Die Markierungen „Intfer I" bis „Intfer III" bezeichnen Entwürfe von interferometrischen Gebersystemen, deren Preisangaben allerdings großzügig geschätzt sind. Das Symbol ☺ wird weiter unten erläutert.

Bereits Anfang der 1990er Jahre wurde untersucht, welche Anforderungen an ein Gebersystem zu stellen sind, das Istwerte sowohl für die Lageregelung als auch für die Drehzahlregelung eines digital geregelten Antriebs zur Verfügung stellt. Hierbei zeigte es sich überraschend, daß der differentiellen Genauigkeit eine größere Bedeutung zukommt als der absoluten Genauigkeit.

Im Werkzeugmaschinenbau werden Bearbeitungsgenauigkeiten gefordert, die einer absoluten Genauigkeit von $0,001°$ entsprechen. Dies bedeutet, daß ein

Regelkreis	Istwertgeber	1980er Jahre		1990er Jahre		2000er Jahre	
		Genau-igkeit	Auf-lösung	Genau-igkeit	Auf-lösung	Genau-igkeit	Auf-lösung
Lageregelung	Lagegeber	mittel	mittel (10.000)	mittel	hoch (100.000)		
Drehzahlregelung	Drehzahlgeber	niedrig	hoch	mittel	hoch	sehr	sehr
Strom–/Drehmoment-regelung	Lagegeber	hoch	niedrig (18)	hoch	mittel (1.000)	hoch ?	hoch ?

Tabelle 8.4: *Fortschritt bezüglich Auflösung und Genauigkeit von Drehgebern bei Einführung der digitalen Antriebstechnik*

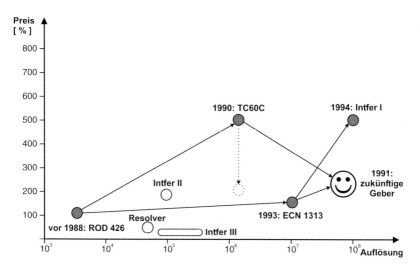

Abb.8.21: *Entwicklung des Preis– Auflösungsverhältnisses von handelsüblichen Drehgebern (100% entsprechen dem Preis für einen Geber vom Typ ROD 426 mit 1000 Strichen im Jahr 1988)*

Geber mit einer Auflösung von 360.000 Positionen pro Umdrehung gewährleisten muß, „auf den Strich genau" zu sein — eine Anforderung, die heute ohne größere Probleme erfüllt werden kann.

Soll ein elektrischer Antrieb einerseits mit Drehzahlen bis 20.000 Upm (Umdrehungen pro Minute) betrieben werden, andererseits jedoch die Bewegung eines Stundenzeigers auf 10 % genau realisieren können, hat dies Auswirkungen auf die Anforderungen an die Auflösung und differentielle Genauigkeit des Gebersystems. Bei einer angenommenen Zykluszeit der Drehzahlregelung von 125 μs beträgt die notwendige Auflösung des Drehgebers 0,03 Winkelsekunden, um sicherzustellen, daß auch bei langsamster Bewegung des Antriebs in jedem Regelungszyklus mindestens eine Positionsänderung (d.h. ein Geberimpuls) angezeigt wird. Dies entspräche einer Auflösung von 48.000.000 Positionen pro Umdrehung (26 Bit). Um die Drehzahlregelung dann noch mit 10%-iger Genauigkeit zu betreiben, muß die differentielle Genauigkeit nochmals um den Faktor 10 höher sein.

Jede Verkürzung der Zykluszeit von Antriebsregelungen verschärft die beschriebene Situation zusätzlich. Drehzahlregelungen laufen in modernen Servoantrieben bereits mit Zykluszeiten von 40 μs und weniger.

Die oben beschriebenen Anforderungen wurden Anfang der 1990er Jahre identifiziert und sind in dem Diagramm in Abb. 8.21 mit dem Symbol ☺ markiert. Die in der nachfolgenden Zeit am Markt eingeführten optischen Geber liegen offensichtlich auf dem richtigen Weg zu diesen Anforderungen, auch wenn sie von heute verfügbaren Gebersystemen noch nicht vollständig erreicht worden sind. Zukünftige Weiterentwicklungen müssen diesen Umstand besonders berücksichtigen — insbesondere die differentielle Genauigkeit von Gebersystemen stellt den derzeitigen „Flaschenhals" bei hochgenauen und dynamischen Antrieben dar. Natürlich sind diese Anforderungen auf die Zukunft bezogen — aber selbst wenn man lediglich den Vergleich mit analog geregelten Antrieben mit Tachogenerator anstellt (Minimaldrehzahlen von 0,01 Upm waren durchaus realisierbar), ergeben sich hieraus folgende Anforderungen an Gebersysteme für digital geregelte Antriebe: Auflösung > 1.500.000 Positionen pro Umdrehung; differentielle Genauigkeit < 1 Winkelsekunde. Diese selbst für optische Gebersystem überraschend hohen Anforderungen stellen allerdings lediglich sicher, daß die Eigenschaften eines Antriebs mit digitaler Regelung gleichwertig sind zu den Eigenschaften, die von analog geregelten Antrieben bereits bekannt sind.

Interferometrische Gebersysteme könnten die beschriebenen Anforderungen problemlos erfüllen (siehe „Intfer I" in Abb. 8.21), deren Preis wäre jedoch selbst bei Annahme sehr großer Stückzahlen so hoch, daß ein flächendeckender Einsatz in elektrischen Antrieben kaum zu erwarten ist.

Optische Inkrementalgeber neigen von ihrem Grundkonzept her zu hoher differentieller Genauigkeit. In Abb. 8.22 ist gegenübergestellt, wie sich absolute und differentielle Genauigkeit auf die Signale eines Inkrementalgebers auswirken würden.

Tatsächlich kann man bei einem Inkrementalgeber hoher Strichzahl — u.a. auch wegen der oben beschriebenen Ungenauigkeiten bei der Montage — nicht unbedingt davon ausgehen, daß ein bestimmter Strich auch wirklich an der idealen Position sitzt. Bei einem Geber der Auflösung 100.000 pro Umdrehung könnte der 50.000. Strich tatsächlich 50 Striche zu früh oder zu spät angezeigt werden — was die absolute Genauigkeit des Gebers negativ beeinflußt. Der Strichabstand eines Inkrementalgebers ist im Gegensatz dazu relativ gleichmäßig; insbesondere ist es prinzipiell unmöglich, daß die einzelnen Striche in der falschen Reihenfolge kommen. Reale Inkrementalgeber zeigen daher regelmäßig das in Abb. 8.22 in der rechten Hälfte wiedergegebene Verhalten. Inkrementalgeber haben deshalb gute Eigenschaften bzgl. der differentiellen Genauigkeit. Allerdings weisen sie oh-

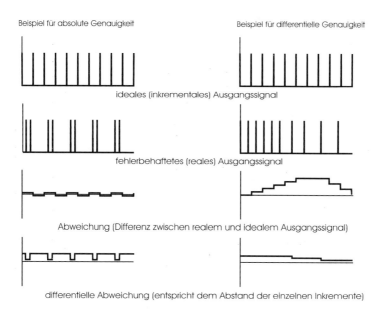

Abb.8.22: *Zeitdiagramme von fiktiven Inkrementalgebern zur Verdeutlichung des Einflusses von absoluter und differentieller Genauigkeit*

ne zusätzliche Interpolation zu geringe Auflösungen auf, die den Anforderungen moderner Antriebe nicht gerecht werden.

Durch entsprechende Gestaltung des optischen Systems ist es möglich, den Ausgangssignalen von optischen Gebern eine der Sinuskurve angenäherte Form aufzuprägen. Durch orthogonale Projektion der beiden Ausgangssignale ergibt sich bei idealen Sinussignalen ein Kreis, der jeweils einen Teilstrich des Gebers repräsentiert (siehe Abb. 8.23). Durch arctan–Bildung läßt sich die relative Position innerhalb eines Teilstrichs mit relativ großer Auflösung bestimmen — um diese zusätzliche Auflösung vervielfacht sich die durch die festgelegte Grundauflösung gegebene Strichzahl des optischen Gebers. Am Markt sind Schaltkreise erhältlich, in denen die Funktion der Interpolation komplett integriert ist (z.B. [65]).

Optische Inkrementalgeber mit sinusförmigen Ausgangssignalen neigen von ihrem Grundkonzept her zu niedriger differentieller Genauigkeit. In Abb. 8.24 ist gegenübergestellt, wie sich absolute und differentielle Genauigkeit auf die Signale eines Inkrementalgebers auswirken würden. Abbildung 8.25 zeigt, wie sich absolute und differentielle Genauigkeit von sinusförmigen Ausgangssignalen nach deren Projektion in die Kreisebene auswirken würden. Die jeweils linke Hälfte zeigt Ausgangssignale (bzw. deren Komponenten) und die zughörige Kreisform bei guter absoluter Genauigkeit, während die jeweils rechte Hälfte Ausgangssignale (bzw. deren Komponenten) und die zughörige Kreisform bei guter differentieller Genauigkeit darstellt.

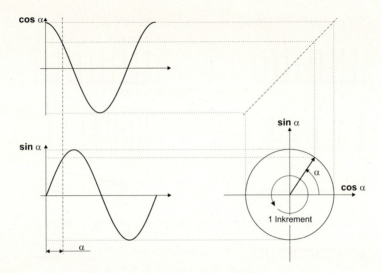

Abb. 8.23: *Prinzip der Auswertung von sinusförmigen Ausgangssignalen (Interpolation)*

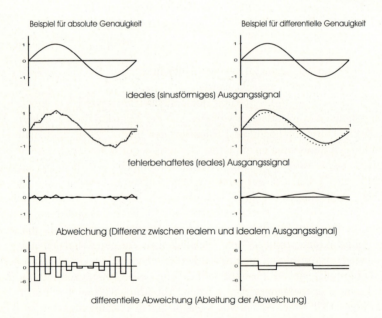

Abb.8.24: *Zeitdiagramme von fiktiven optischen Gebern mit sinusförmigen Ausgangssignalen zur Verdeutlichung des Einflusses von absoluter und differentieller Genauigkeit*

Tatsächlich kann man bei einem optischen Geber mit sinusförmigen Ausgangssignalen — u.a. wegen der Störeinflüsse auf die analog übertragenen Signale —

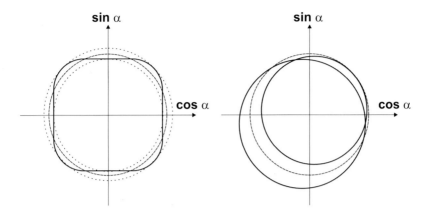

Abb. 8.25: *Orthogonale Darstellung der sinusförmigen Ausgangssignale eines op-tischen Gebers zur Verdeutlichung des Einflusses von absoluter und differentieller Genauigkeit (vergl. mit Abb. 8.23)*

davon ausgehen, daß die Ausgangssignale des Gebers eher von höherfrequentem Rauschen (siehe linke Hälfte von Abb. 8.24) überlagert sind als von niederfrequenten Störspannungen. Außerdem führen Ungenauigkeiten im optischen Aufbau und Abweichungen von der idealen Sinusform zu Kreisprojektionen, die eher der linken Hälfte von Abb. 8.25 entsprechen als der rechten Hälfte. Hochfrequentes Rauschen bzw. „verbogene" Sinuskurven beeinflussen die absolute Genauigkeit eines Gebers nur minimal, während die differentielle Genauigkeit sehr stark negativ beeinflußt wird. Optische Geber mit sinusförmigen Ausgangssignalen haben deshalb gute Eigenschaften bezüglich der in Lageregelkreisen notwendigen absoluten Genauigkeit und weniger gute Eigenschaften im Hinblick auf das Verhalten als Istwertgeber in Drehzahlregelkreisen. Da die Interpolation jedoch die für die Berechnung von Drehzahlistwerten notwendige hohe Auflösung gewährleistet, gehören diese optischen Geber heute trotz ihrer Nachteile im Hinblick auf die Ermittlung der Drehzahlistwerte zum Standard in Servoantrieben.

8.7 EMV, störsichere Signalübertragung und Störschutzmaßnahmen

8.7.1 Oberschwingungen, EMV und Normen

Leistungselektronische Stellglieder verursachen einerseits durch ihre Funktion außer dem gewünschten Signal auch Oberschwingungen in den Spannungen bzw. den Strömen auf beiden Seiten des Stellglieds — teilweise auch Subharmonische — und andererseits aufgrund der schaltenden Funktion auch insbesondere steile Spannungsänderungen und Stromänderungen.

Die zulässigen Grenzen der Oberschwingungen dieser Stellglieder bzw. der Netzrückwirkungen in der Spannung werden in den Normen EN 61000-3-2 bzw. VDE 0838 Teil 2, Netzrückwirkungen: Oberschwingungen und in den Normen EN 61000-3-3 bzw. VDE 0838 Teil 3, Netzrückwirkungen: Spannungsschwankungen und in EN 61000-2-4 für Industrienetze festgelegt.

Diese Netzrückwirkungen können durch technische Maßnahmen wie die Erhöhung der Schaltfrequenz bei selbstgeführten Stellgliedern, PFC–Schaltungen (**P**ower **F**actor **C**orrection), Einbau von Drosselspulen, Aufspaltung der Leistungsversorgung in mehrere Untereinheiten, die phasenversetzt angesteuert werden, etc. verringert werden.

Europa–Norm	Deutsche Norm	Inhalt
EN 55011	VDE 0875, Teil 11	Funkentstörung von industriellen, wissenschaftlichen und medizinischen (ISM) Geräten
EN 61800-3	VDE 0160, Teil 100	Drehzahlveränderliche Antriebe, EMV-Produktnorm
EN 61000-3-2	VDE 0838, Teil 2	Netzrückwirkungen: Oberschwingungen
EN 61000-3-3	VDE 0838, Teil 3	Netzrückwirkungen: Spannungsschwankungen
EN 50081	VDE 0839, Teil 81-2	Elektromagnetische Verträglichkeit. Fachgrundnorm Störaussendung, Teil 2, Industriebereich
EN 50082-2	VDE 0839, Teil 82-2	Störfestigkeit von Geräten im industriellen Bereich

Anmerkung: Diese Normen nehmen Bezug auf die Grundnormen:
EN 61000-4- ... auf VDE 0874, Teil 4- ... , EN 60801-2 auf VDE 0843, Teil 2.

Tabelle 8.5: *EMV-Normen, die für elektrische Antriebe in Betracht kommen*

Eine andere Maßnahme im informationsverarbeitenden Bereich ist beispielsweise die Wahl des geeigneten Modulationsverfahrens (PWM), wobei u.a. gezielt unerwünschte Oberschwingungen (harmonic elimination) ausgeblendet werden können. Subharmonische können ebenso durch ein geeignetes Modulationsverfahren vermieden werden [37].

Die zweite Art der Störungen ist durch die Spannungs– ($\geq 10\ kV/\mu s$) bzw. Stromflanken ($\geq 4\ kA/\mu s$)), d.h. durch die Schaltfunktion der Leistungshalbleiter, bedingt.

Diese steilen Flanken sind Quellen für Störstahlungsemissionen dieser Geräte, die andere Geräte oder das eigene Gerät selbst stören können.

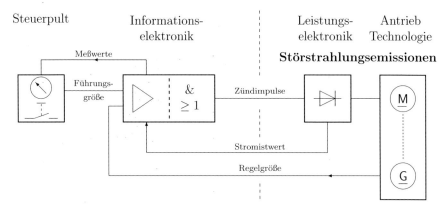

Abb. 8.26: *Signalübertragung (räumliche Aufteilung)*

Die Produkt–Normen für derartige Geräte sind die EN 61800-3 bzw. VDE 0160, Teil 100; zusätzlich sind die Normen EN 55011 bzw. VDE 0875, Teil 11: Funkentstörung zu beachten.

Diese zweite Art der Störung ist durch den hohen Verknüpfungsgrad von einerseits Informationselektronik sowie Leistungselektronik -Last andererseits und somit das Zusammenwirken von Funktionseinheiten mit niedrigem und hohem Leistungsniveau und den damit ständig wachsenden Informationsaustausch zwischen z.t. weit auseinanderliegenden Anlagenteilen besonders kritisch.

Die störsichere Signalübertragung und die Störschutzmaßnahmen gewinnen deshalb zunehmend an Bedeutung.

8.7.2 Störsichere analoge Signalübertragung

Induktive Einkopplungen können durch Verdrillen von Signal– und Bezugsleiter mit ca. 10 bis 27 Schlag/m weitgehend kompensiert werden. Die in den Leitern entstehenden Verschiebungsströme heben sich dann gegenseitig auf.

Gegen *kapazitive Einkopplungen* sind die zu schützenden Leiter mit einem Schirmleiter zu versehen. Dadurch wird die Kapazitätsverteilung so verändert, daß bei guter elektrischer Leitfähigkeit und geringer Längsinduktivität des Schirmes der Störstrom sich im Schirmleiter ausbildet und dort abgeleitet wird. (VDE: „Schirmung ist eine ganz oder teilweise geschlossene, elektrisch oder magnetisch leitende Umwandelung, die Einstreuungen oder Abstrahlung von Störsignalen verhindert.")

Wesentlich ist, daß der Schirm großflächig aufgelegt wird; „Zöpfe" (pig tails) sind zu vermeiden, da sie die Schirmwirkung um bis zu 90 % verringern können. Zweckmäßigerweise wird der Schirm mit einer Metallschelle umfaßt und auf der Montagefläche geerdet.

Signalleitungen können mit Einfach– und Doppelschirm sowie zusätzlich verdrillt ausgeführt werden. Die Dämpfung ist ca. 30 dB beim Einfachschirm und steigt auf 60 dB bei zusätzlichem Verdrillen.

Verbessern läßt sich die Bedämpfung der Störaussendung (Leistungskabel) und der Störeinstrahlung (Signalleitung) durch eine Doppelschirmung; dabei wird der innere Schirm einseitig (Abb. 8.27) und der äußere Schirm zweiseitig aufgelegt.

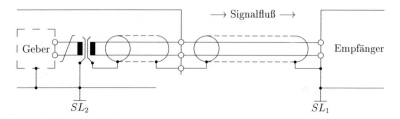

Abb. 8.27: *Potentialtrennung*

Entscheidend für eine genaue Signalverarbeitung ist weiterhin die Verlegung des *Bezugspotentials*. Die Nullschiene der Stromversorgung ist gleichzeitig Bezugsleiter für die Versorgungsströme I_V und die Signalströme I_S. Auf dieses Potential werden alle Signale bezogen, Spannungsabfälle auf den Bezugsleiter erscheinen daher als Signalspannungs–Erhöhungen (Abb. 8.28).

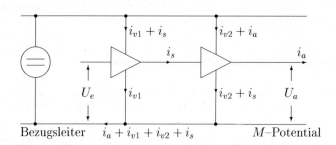

Abb. 8.28: *Störung des Bezugspotentials*

Alle Ströme auf dem Bezugsleiter führen zu Spannungsabfällen und damit zu Signalverfälschungen. Das kann im Prinzip nur dadurch verhindert werden, daß alle Ströme von ihrem Entstehungsort weg direkt zum Erdpotential abgeleitet werden. Leiterschleifen sind zu vermeiden. Entscheidend ist ein niederohmiger und induktivitätsarmer Übergang zum Erdpotential. Der Bezugsleiter sollte einen Querschnitt von mindestens 10 mm^2 aufweisen.

Müssen Anlagenteile räumlich getrennt aufgestellt werden und sind diese einzeln geerdet, liegen somit auf unterschiedlichem Potential, so ist eine galvanische

Trennung der Signalleiter sinnvoll, siehe Abb. 8.27 (SL_2). Statt der galvanischen Trennung durch Transformatoren können auch optoelektronische Trennglieder verwendet werden.

Die Schirme sind einseitig mit dem jeweiligen Bezugspotential zu verbinden. Beim Übergang von Signalleitungen in fremde Verantwortungsbereiche sollte immer Potentialtrennung vorgesehen werden.

8.7.3 Störschutzmaßnahmen

Um eine gegenseitige Störbeeinflussung zu vermeiden, soll die konstruktive Anordnung von Anlageteilen und Geräten eine klare räumliche Trennung zwischen den Betriebsmitteln der Informationselektronik und denen der Energieelektronik zeigen. Dabei schützen die Zwischenwände der Schrank– und Gehäusekonstruktionen meist schon ausreichend gegen Eigen– und Fremdstörungen.

Wie bei der konstruktiven Anordnung, so sind bei der Verdrahtung und Verkabelung energiereiche Speiseleitungen und störempfindliche Signalleitungen sowohl in Schränken als auch in Kabelkanälen räumlich zu trennen, ein Abstand von mindestens $200\,mm$ zwischen Informations– und Leistungskabeln wird gefordert. Einander störende Leiter dürfen nicht über längere Strecken parallel geführt werden, Signaleingangsleiter sollen getrennt von Signalausgangsleitern verlegt werden. Die Bildung von Leiterschleifen ist unzulässig.

Signalleiter sind mit dem Bezugsleiter mit ca. $10 \ldots 30$ Schlag$/m$ zu verdrillen. In Schränken und Anlagen sind die Bezugsleiter möglichst niederohmig auf das Bezugsleitersystem zu führen. Besteht die Gefahr einer kapazitiven Einstreuung, so ist durch zusätzliche Schirmung der Leiterpaare eine wirksame kapazitive Spannungsteilung vorzusehen.

Die Schirme einzelner Signalleiter oder Geräte werden direkt mit dem Bezugspotential verbunden. Schutzleiter, Bezugsleiter und Schirmleiter werden getrennt isoliert gegeneinander verlegt. Die drei Systeme werden miteinander an der Stelle der Gesamtanlage verbunden, die den geringsten Widerstand gegen Massepotential hat.

Spannungsspitzen beim Abschalten von Induktivitäten werden durch Freilaufdioden oder RC–Kombinationen beseitigt (Beschaltung von Schützspulen).

Als Schutz vor hochfrequenten leitungsgebundenen Störgrößen, also zur Sicherstellung der Störfestigkeit, dienen Filter. Sie reduzieren auch die Störgrößen, die von einem Gerät leitungsgebunden über das Netzkabel ausgehen, auf das gesetzlich vorgeschriebene Maß. Grenzwerte für Funkstörungen von industriellen, wissenschaftlichen und medizinischen Hochfrequenzgeräten sind z.B. in EN 55011 zu finden. Seit dem 01.04.1997 ist für Frequenzumrichter die Norm EN 61800-3 anzuwenden.

Filter verursachen Ableitströme, die sich immer dann vergrößern, wenn gerade eine auszufilternde Störung das Filter beansprucht. Sind diese Ableitströme größer als $3,5\,mA$, sind nach VDE 160 bzw. EN 60335 besondere Maßnahmen vorzusehen. So muß entweder der Schutzleiter einen Querschnitt von mindestens

$10\,mm^2$ haben und auf Unterbrechung überwacht werden, oder es muß ein zweiter Schutzleiter vorhanden sein. Auch muß die Erdung niederohmig, großflächig und auf kürzestem Weg zum Erdpotential hergestellt werden.

Die obigen Überlegungen sind auf den Schaltschrankaufbau zu übertragen. Unter dem Gesichtspunkt der EMV ist bei einem Schaltschrank zunächst der zentrale Erdungspunkt eindeutig zu definieren. Üblicherweise ist dies eine PE– oder eine PEN–Sammelschiene. Der Erdungspunkt wird mit einer EMV–gerechten Verbindung auf die gesamte Montageplatte ausgeweitet. Diese wird verzinnt, verzinkt oder kadmiert und nicht mehr lackiert hergestellt, um bessere hochfrequente Verbindungen sicherzustellen. Alle geerdeten Punkte und Komponenten müssen gut leitend auf direktem Weg mit dem Erdungspunkt — beispielsweise der Potentialausgleichsschiene — verbunden sein, so daß ein sternförmiges Erdungssystem entsteht.

Zur Erdung aller Metallteile sind die Verbindungen unter EMV–Gesichtspunkten mit Kupfergeflechtbändern auszuführen. Somit wird eine hochfrequenzleitende und zugleich niederohmige Verbindung auf gleichem Massepotential erreicht. Wegen des Skin–Effektes ist nicht der Querschnitt, sondern die Oberfläche maßgebend, da auf ihr hochfrequente Ströme abfließen. So wird das Ableitvermögen von der Stelle mit der geringsten Leiteroberfläche begrenzt. Wände und Türen werden mit Masseclips oder Massebändern in das Massekonzept eingebunden und damit das Ein– oder Austreten von elektromagnetischen Feldern gedämpft.

Störbehaftete oder störempfindliche Leitungen innerhalb des Schrankes sollten geschirmt sein und mit großen räumlichen Abständen sowie dicht an Massepotential, beispielsweise in Ecken, verlegt werden. Schirme müssen mindestens einseitig aufgelegt werden; bei notwendigen Mehrfachauflegungen können bei weitläufigen Anlagen Potentialausgleichströme fließen. Dann sollten die weiteren Masseverbindungen über Koppelkondensatoren vorgenommen werden; damit ist eine hochfrequente Anbindung möglich, die die $50\,Hz$–Komponente nicht überträgt.

Treten bei sehr langen Steuerkabeln zwischen SPS oder Regler und Frequenzumrichter Brummschleifen auf, kann dem durch Verbinden des einen Schirmendes über ein $100\,nF$–Kondensator (mit kurzer Stiftlänge) abgeholfen werden. Dioden und Varistoren — als Entstörglieder für Schütze, Relais, Magnetventile, geschaltete Induktivitäten und Kapazitäten — bringen im EMV–Bereich nur eine teilweise Bedämpfung. Besser ist die Beschaltung mit RC–Gliedern.

Fenster und Lüfter im Schaltschrank müssen für den HF–Bereich zusätzlich geschirmt werden. Innerhalb des Schrankes können für empfindliche Geräte oder bei zu geringen Abständen Trennbleche zur Schirmung oder abschirmende Baugruppenträger eingesetzt werden.

9 Netzgeführte Stromrichter

Um in einem Regelkreis optimales Verhalten zu erzielen, muß der Regler in Struktur und Parameter bestmöglich an die Strecke angepaßt werden. Dazu muß jedoch ein Modell der Strecke vorliegen, welches das Übertragungsverhalten der einzelnen Streckenglieder vorzugsweise als analytischen Zusammenhang beschreibt. Für einen Reglerentwurf wird also die Kenntnis der statischen und dynamischen Eigenschaften der im Regelkreis verwendeten Komponenten benötigt. Aus regelungstechnischer Sicht stellen Stromrichterstellglieder aufgrund ihres Verhaltens nichtlineare Systemkomponenten dar, die jedoch in nahezu jedem antriebstechnischen System zur Anwendung kommen. In diesem Kapitel sollen daher Möglichkeiten einer geeigneten regelungstechnischen Beschreibung für Stromrichterstellglieder untersucht werden. Grundlage sind dabei die in [229] entwickelten Ansätze.

9.1 Prinzipielle Funktion netzgeführter Stellglieder

Zunächst sollen der Aufbau und die Funktionweise eines Stromrichterstellglieds erläutert werden. Die Geräteanordnung Stromrichterstellglied besteht aus dem Steuergerät 1 und dem Stromrichter 2 (Starkstromteil) (Abb. 9.1). Im allgemeinen wird die Eingangsspannung X_e des Steuergerätes und dadurch der Steuerwinkel α begrenzt, um ein Wechselrichterkippen durch zu hohe Aussteuerung zu vermeiden; Kapitel 9.5 geht darauf noch näher ein.

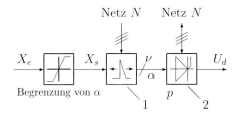

1:	Steuergerät
2:	Stromrichter
p:	Pulszahl des Stromrichters
ν:	Anzahl der steuerbaren Ventile des Stromrichters

Abb. 9.1: *Prinzipschaltbild eines Stromrichterstellglieds*

Das Steuergerät 1 erzeugt in Abhängigkeit von der Spannung X_e und dem Spannungssystem N Schaltbefehle für die insgesamt ν steuerbaren Ventile des Stromrichters 2. Liegt ein Steuersatz mit linearer Charakteristik vor, wird der Wert von X_e (z.B. $-10\,V \leq X_e \leq 10\,V$) mit netzsynchronen Spannungsrampen verglichen. Diese stellen die zeitvarianten Winkel des Spannungssystems N für die ν steuerbaren Ventile des Stromrichters 2 dar, die in linear abfallende Spannungen U_{gi} im Abstand $T = 1/pf_N$ umgesetzt werden. Die Schnittpunkte von X_e mit U_{gi} liefern die Schaltbefehle für die Ventile (Thyristoren) des Stromrichters 2. Durch die Zündung der Ventile in zyklischer Reihenfolge werden die den Ventilen zugeordneten Spannungen des Spannungssystems N zum Ausgang des Stromrichterstellglieds geschaltet. Die Ausgangsspannung $U_d(t)$ besteht also aus Spannungsausschnitten von N. Der beidseitige Pfeil zwischen N und dem Stromrichter 2 soll verdeutlichen, daß der Stromrichter bei geeigneter Schaltung auch Leistung in das Netz zurückspeisen kann.

Abbildung 9.2 zeigt die statischen und dynamischen Verhältnisse am Beispiel einer B6–Brücke (zu Aufbau und Funktionsweise der B6–Brücke siehe [35, 37]). Die Ventile des Stromrichters (Leistungsteil) werden in der Reihenfolge der Numerierung gezündet. Aufgrund seiner Eigenschaften kann das Ventil i nur bei positivem Potential A gegenüber K die Stromführung übernehmen. Daher wird der Zeitpunkt, an dem die Ventilspannung U_{AK} positiv wird, auch als natürlicher Zündzeitpunkt $\alpha_i = 0°$ bezeichnet. Unter der Annahme, daß zum aktuellen Zeitpunkt der Laststrom I_d beispielsweise über die Ventile 5 und 6 fließt (pos. Potential $= U_3$, neg. Potential $= U_2$), liegt am Ventil 1 die Spannung $U_{AK} = U_1 - U_3$ an. Der natürliche Zündzeitpunkt des Ventils 1, $\alpha_1 = 0°$, liegt daher dort, wo $U_1 > U_3$ wird. Durch die Zündung verlieren die Ventile ihre Blockierfähigkeit und eine der drei Strangspannungen wird als positives oder negatives Potential an die jeweilige Ausgangsklemme des Stromrichters durchgeschaltet (Abb. 9.2, Mitte). Die Ausgangsspannung $U_d(t)$ des Stromrichters setzt sich zu jedem Zeitpunkt aus der Differenz dieser Potentiale zusammen.

Dieser Spannungsverlauf kann aber nur beobachtet werden, wenn die durchgeschalteten Ventile stromführend sind. Wichtige Voraussetzungen für die folgenden Untersuchungen sind daher:

- das Drehspannungssystem N ist symmetrisch,

- der Strom im Stellglied lückt nicht.

Damit ergibt sich folgender Zusammenhang zwischen Zündwinkel und Mittelwert der Stromrichterausgangsspannung:

$$U_d = \underbrace{\underbrace{U_{di0}}_{\substack{\text{idealer} \\ \text{Gleichspannungs-} \\ \text{mittelwert} \\ \text{bei } \alpha = 0°}} \cdot \cos\alpha}_{U_{di\alpha}} - \underbrace{D_x}_{\substack{\text{induktiver} \\ \text{Spannungsabfall}}} \tag{9.1}$$

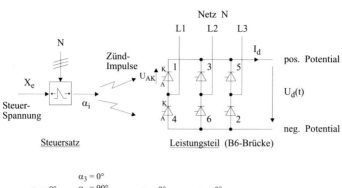

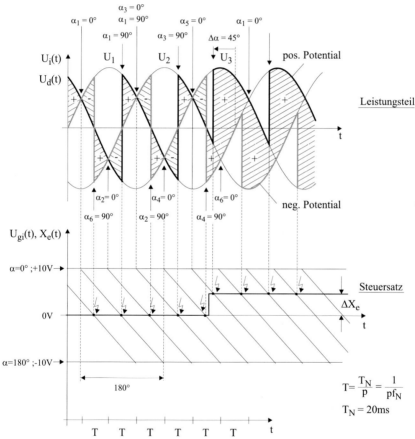

Abb. 9.2: *Statische und dynamische Verhältnisse bei netzgeführten Stromrichtern; Beispiel: Dreiphasen–Brückenschaltung (B6–Brücke) mit linearem Steuersatz (Stellgliedtyp 1)*

Für die Steuerkennlinie $\alpha = f(X_e)$ können zwei Fälle unterschieden werden:

1. *Linearer Steuersatz:*

$$\alpha = \frac{\pi}{2} \cdot \left(1 - \frac{X_{e0}}{\hat{X}_e}\right) \tag{9.2}$$

$$U_d = U_{di0} \cdot \cos\left(\frac{\pi}{2} \cdot \left(1 - \frac{X_{e0}}{\hat{X}_e}\right)\right) - D_x \tag{9.3}$$

mit $\hat{X}_e$:   Maximalwert der Eingangsspannung X_e

Wenn das Eingangssignal X_e konstant angenommen wird, beispielsweise bei der Ermittlung der statischen Kennlinie des Stromrichterstellglieds nach Gl. (9.3), wird X_e zu X_{e0} gesetzt.

Wie aus Gl. (9.3) erkennbar ist, bleibt im Falle eines linearen Steuersatzes das Gesamtsystem Steuersatz—Stromrichter insgesamt *statisch* nichtlinear! Zur vereinfachten Bezugnahme wird ein solches Stellglied mit nichtlinearer statischer Kennlinie im folgenden mit **Stellgliedtyp 1** bezeichnet.

Abbildung 9.3 zeigt eine mögliche analoge Realisierung eines linearen Steuersatzes. Die Spannungsrampen U_{gi} werden dabei durch getaktete Integratoren, gesteuert von einem Phasenregelkreis (PLL), erzeugt. Bei einer digitalen Realisierung eines linearen Steuersatzes können PLL–gesteuerte Zähler verwendet werden.

2. *Nichtlinearer Steuersatz:*

$$\alpha = \arccos\left(\frac{X_{e0}}{\hat{X}_e}\right) \tag{9.4}$$

$$U_d = U_{di0} \cdot \frac{X_{e0}}{\hat{X}_e} - D_x \tag{9.5}$$

Im Falle eines nichtlinearen Steuersatzes kann zumindest die *statische* Nichtlinearität kompensiert werden. Analog zum Vorgehen beim linearen Steuersatz wird das durch Gl. (9.5) beschriebene Stellglied mit linearer statischer Kennlinie im folgenden mit **Stellgliedtyp 2** bezeichnet.

In Abb. 9.4 sind die Kennlinien des Steuersatzes und die Kennlinien des Gesamtsystems Steuersatz—Stromrichter bei Vernachlässigung des induktiven Gleichspannungsabfalls D_x dargestellt (statische Zusammenhänge). Die Bezeichung „Reglerausgang" für X_e wurde in Anlehnung an Abb. 7.7 gewählt und soll verdeutlichen, an welcher Stelle im Regelkreis das Stromrichterstellglied zum Einsatz kommt. U_{RN} steht für die Reglernennspannung, sie stellt den maximalen bzw. minimalen Wert der Steuersatzeingangsspannung X_e dar.

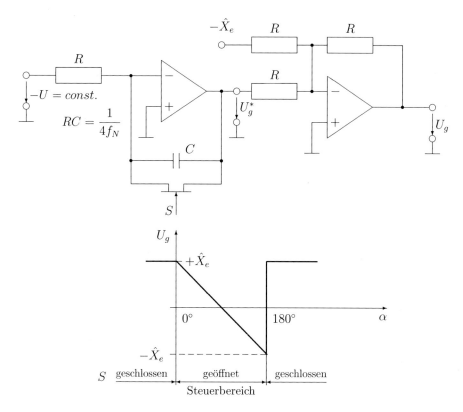

Abb. 9.3: *Analoge Realisierung eines linearen Steuersatzes*

9.2 Vereinfachte Approximation

Um in einem Regelkreis, z.B. nach Abb. 7.7, eine Einstellung der Reglerparameter nach den Standardoptimierungsverfahren vornehmen zu können, muß das Verhalten des Stromrichterstellglieds als mathemathischer Zusammenhang vorliegen.

In der Regelungstechnik stellt die Approximation des Stromrichterstellglieds durch ein Totzeitglied mit $T_t = T_N/(2p)$ eine gängige Lösung dar. In diesem Abschnitt soll diese Möglichkeit der Approximation näher untersucht werden. Dazu sollen einige Voraussetzungen getroffen werden (siehe Abb. 9.2):

1. Die Spannungsrampen U_{gi} (Annahme eines linearen Steuersatzes) liegen parallel im zeitlichen Abstand $T = T_N/p = 1/(pf_N)$ mit p = Pulszahl des Stromrichters. Die maximalen Werte von U_{gi} entsprechen dabei $+\hat{X}_e$ und repräsentieren die Steuerwinkel $\alpha_i = 0°$; analog entsprechen die mi-

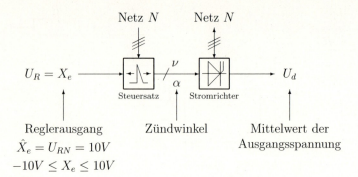

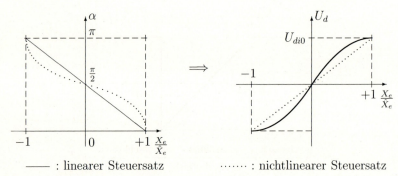

Abb. 9.4: *Statischer Zusammenhang Steuersatz—Stromrichter*

nimalen Werte von U_{gi} den Werten $-\hat{X}_e$ und diese Spannungswerte den Steuerwinkeln $\alpha_i = 180°$ (siehe auch Abb. 9.2, unten).

2. Die Steuerspannung ist konstant ($X_e = X_{e0}$) und erzeugt durch die Schnittpunkte mit den Spannungensrampen U_{gi} Zündimpulse im äquidistanten Abstand T.

3. Darüberhinaus soll die Änderung von X_e um dX_e sehr klein sein, im Grenzfall $dX_e \to 0$ — damit wird auch die zeitliche Verschiebung des Zündimpulses nach der Änderung dX_e klein.

Unter diesen Voraussetzungen verhält sich der Steuersatz somit wie ein Abtaster mit der Abtastperiode $T = T_N/p$ (bei $X_e = X_{e0} =$ konst.). Da der Stromrichter Ausschnitte aus dem Drehspannungssystem N an die Last durchschaltet, kann er als Halteglied höherer Ordnung aufgefaßt werden. Betrachtet man nur den zu X_{e0} bzw. α_0 gehörigen Mittelwert der Stromrichterausgangsspannung U_d, dann kann der Stromrichter als Halteglied nullter Ordnung aufgefaßt werden.

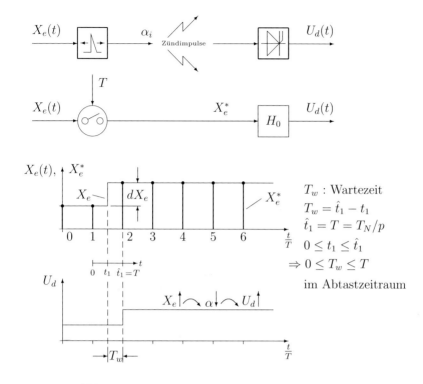

Abb. 9.5: *Ersatzsystem für Steuersatz und Stromrichter*

Abbildung 9.5 zeigt das Ersatzsystem für Steuersatz mit Stromrichter, wenn die Voraussetzungen 1 bis 3 gültig sind. Für die folgenden Überlegungen muß der in Abb. 9.5 neu gesetzte Zeitmaßstab beachtet werden. Die Änderung der Eingangsspannung X_e zum Zeitpunkt t_1 wird aufgrund der konstanten Abtastfrequenz erst zum Zeitpunkt $\hat{t}_1 = T$ als Änderung des Gleichspannungsmittelwertes U_d am Systemausgang sichtbar. Die Wartezeit T_w definiert sich daher zu

$$T_w = \hat{t}_1 - t_1 \tag{9.6}$$

mit t_1:   Zeitpunkt der Steuerspannungsverstellung
      $\hat{t}_1$:   Zeitpunkt, an dem der neue stationäre Zustand erreicht wird

T_w kann abhängig vom Zeitpunkt der X_e–Änderung im Bereich $0 < T_w \leq T$ liegen. Jeder Wert von T_w in diesem Bereich hat die gleiche Wahrscheinlichkeit, da kein statistischer Zusammenhang zwischen dem Zeitpunkt der Änderung von dX_e während $0 < t_1 \leq \hat{t}_1 = T$ und dem Abtastvorgang an sich vorliegt. Somit kann ein Erwartungswert T_E (statistischer Mittelwert von T_w) definiert werden:

$$T_E = \frac{1}{T} \cdot \int_0^T T_w(t)dt = 0,5 \cdot T \qquad (9.7)$$

Die Übertragungsfunktion des Systems Steuersatz—Stromrichter kann damit durch folgende Gleichung approximiert werden:

$$G_{STR}(s) = \underbrace{V_{STR}(\alpha)}_{\text{statische Verstärkung}} \cdot \underbrace{e^{-sT_t}}_{\text{dynamisches Verhalten}} \qquad (9.8)$$

mit $T_t = T_E = T_N/(2p)$

Diese Näherung ist allerdings nach Voraussetzung 3 nur für kleine Änderungen dX_e zulässig. Bei großen Änderungen von X_e kann das Verhalten des Stromrichterstellglieds mit Gl. (9.8) nicht mehr ausreichend beschrieben werden.

In Kap. 7.1.1 wurde bei der Optimierung des Regelkreises aus Abb. 7.7 für das Stromrichterstellglied die mit Gl. (9.8) beschriebene Näherung eingesetzt. Es konnte festgestellt werden, daß die aufgrund der theoretisch bestimmten Regleroptimierung erhaltenen Ergebnisse nicht mit den in Abb. 7.9 dargestellten praktischen Ergebnissen übereinstimmten.

Für das in Kap. 7.1.1 verwendete sechspulsige Stellglied hatte sich bei $f_N = 50\,Hz$ ergeben:

1. Mit der Bedingung $|F_0(j\omega_d)| = 1 = K_I/\omega_d$ konnte $K_{I,opt}$ zu

$$K_{I,opt} = \omega_d = 278\,\frac{rad}{s} \qquad (9.9)$$

   berechnet werden.

2. Die Stabilitätsgrenze wurde durch Einsetzen von $\varphi_{T_t} = 90°$ anstelle von $26,5°$ berechnet. In diesem Fall war

$$K_{I,krit} = \omega_{d,krit} = 942\,\frac{rad}{s} \qquad (9.10)$$

Bei der praktischen Erprobung dieser Regleroptimierung (Abb. 7.9) wurde festgestellt:

1. Bei dem errechneten $K_{I,opt}$ sind die Übergangsvorgänge aperiodisch gedämpft. Erst bei wesentlich höheren Kreisverstärkungen sind Übergangsvorgänge mit $D = 1/\sqrt{2}$ festzustellen.

2. Bei Kreisverstärkungen größer als $K_{I,krit}$ tritt keine Instabilität auf. Es wird allerdings bei positiven Sollwertsprüngen, die eine Spannungserhöhung des Stellglieds erfordern, mit zunehmender Kreisverstärkung zunehmendes Überschwingen des Istwertes feststellt. Dies gilt nicht bei negativen Sollwertsprüngen.

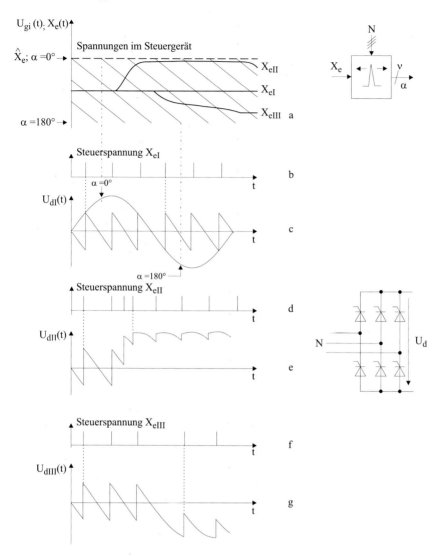

Abb. 9.6: a – g: *Zuordnung von Steuerspannung X_e, Impulslage und Ausgangsspannung $U_d(t)$ bei linearem Steuersatz (Stellgliedtyp 1)*

Anhand von Abb. 9.6 kann dieses unsymmetrische Verhalten des Stromrichterstellglieds nachvollzogen werden. Nehmen wir zunächst einen Steuerspannungsverlauf mit $X_e = X_{e\,II}$ an (Aussteuerung in Richtung abnehmendem Steuerwinkel; $\alpha \to 0°$). Es ergibt sich eine Zündimpulsfolge nach Abb. 9.6.d (dynamische Erhöhung der Zündimpulsfrequenz), die eine schnelle Erhöhung der Ausgangsspannung $U_{d\,II}(t)$ ermöglicht (Abb. 9.6.e).

Bei einem Steuerspannungsverlauf mit $X_e = X_{e\,III}$ (Aussteuerung in Richtung zunehmendem Steuerwinkel; $\alpha \rightarrow 180°$) tritt eine dynamische Absenkung der Zündimpulsfrequenz auf; das zu untersuchende System verhält sich aber trotzdem günstiger als das ursprüngliche Ersatzsystem, da die Ausgangsspannung stetig auf einer verketteten Spannung verringert wird (Abb. 9.6.f und g).

Zu Beginn dieses Kapitels war das Stromrichterstellglied als Abtaster mit nachgeschaltetem Halteglied nullter Ordnung modelliert worden, d.h. es war angenommen worden, daß eine Spannungsverstellung am Eingang mit stationärer Zündimpulsfrequenz übertragen wird. Bei dem vorliegenden System ist die Zündimpulsfrequenz jedoch eine Funktion des Steuerungspannungsverlaufs X_e. Dies zeigt, daß die obige Annahme tatsächlich nur für Steuerspannungsänderungen $dX_e \rightarrow 0$ zulässig ist!

Für eine Modellierung, die das Großsignalverhalten des Stromrichterstellglieds richtig wiedergibt, muß daher zunächst das dynamische Verhalten des Stellglieds genauer untersucht werden.

9.3   Untersuchung des dynamischen Verhaltens netzgeführter Stromrichterstellglieder

Aus den bisherigen Erkenntnissen läßt sich ableiten, daß verbesserte Approximationen für das dynamische Verhalten von netzgeführten Stromrichterstellgliedern gesucht werden müssen. Dabei werden die zu Beginn von Kap. 9.1 getroffenen Voraussetzungen

- das Drehspannungssystem N ist symmetrisch,

- der Strom im Stellglied lückt nicht,

um die Punkte

- die Kommutierung wird vernachlässigt ($D_x = 0$),

- es treten keine Sättigungserscheinungen auf

erweitert.

Um den mathematischen Aufwand gering zu halten und um die Anschaulichkeit zu verbessern, werden die Gleichungen nur für den Stellgliedtyp 1 (nichtlineare statische Kennlinie) ausführlich abgeleitet; die Ergebnisse der Untersuchungen werden jedoch für beide Stellgliedtypen angegeben. Wesentlich gegenüber den bisherigen Untersuchungen ist, daß das Großsignalverhalten untersucht wird.

9.3.1 Analyse des Stromrichterstellglieds bei einer Zündwinkelverstellung in Richtung abnehmendem Steuerwinkel

Stellglied mit nichtlinearer statischer Kennlinie (Stellgliedtyp 1)

Um die dynamischen Eigenschaften des Stellgliedtyps 1 zu verdeutlichen, soll eine sprungförmige Verstellung der Steuerspannung X_e ausgehend vom Arbeitspunkt $X_{e0} = 0V$ bzw. $\alpha_0 = 90°$ um ΔX_e angenommen werden, die einer Zündwinkeländerung $\Delta\alpha < 0$ entspricht (Abb. 9.7.a). Bei der Untersuchung der dynamischen Eigenschaften des Stromrichterstellglieds müssen bei einer Verschiebung des Zündwinkels in Richtung abnehmendem α zwei Zeitbereiche unterschieden werden:

- Im **Bereich I** erfolgt auf eine Verstellung der Eingangsspannung X_e keine sofortige Reaktion am Ausgang des Stromrichters, da die Steuerspannung X_{e1} die nachfolgende Spannungsrampe erst nach Abschluß des Verstellvorgangs schneidet (Abb. 9.7.b).

- Im Gegensatz dazu wird im **Bereich II** die nachfolgende Spannungsrampe von X_{e2} bereits während des Verstellvorganges geschnitten, was eine sofortige Reaktion am Stromrichterausgang zur Folge hat; die gewünschte Winkeländerung wird allerdings nicht sofort vollständig übertragen (Abb. 9.7.d).

Die Abbildungen 9.7.c und e zeigen die resultierenden Ausgangsspannungsverläufe nach einem Spannungszeitflächenausgleich. Aus dem Verlauf $U_{dI}(t)$ bzw. $U_{dII}(t)$ ergeben sich damit die Spannungsverläufe $U_{dI}^*(t)$ und $U_{dII}^*(t)$.

Im stationären Betrieb heben sich die positiven und negativen Spannungszeitflächen der stückweise stetigen Ausgangsspannung $U_d(t)$ auf; dies gilt nicht mehr in den Zeitbereichen, in denen eine Verstellung der Spannung X_e bzw. des Zündwinkels erfolgt.

Die Zeitzählung für die Berechnung der zusätzlich auftretenden Spannungszeitfläche beginnt deshalb immer am Anfang des Intervalls, in dem eine Spannungsänderung ΔX_e auftritt (in Abb. 9.7.a mit $t = 0$ angedeutet), und endet beim Erreichen des neuen resultierenden stationären Zustandes. Die aus der Integration über den Ausgangsspannungsverlauf resultierende Spannungszeitfläche A wird dann in der in Abb. 9.7.c und e gezeigten Weise berücksichtigt.

Im folgenden wollen wir im **Bereich I** die Wartezeit T_{w1} bei $\alpha \to 0°$ berechnen. Die Zeitzählung für die Wartezeit beginnt wie in Abb. 9.5 bei der Änderung von X_e zum Zeitpunkt t_1 und endet beim Erreichen des neuen stationären Zustandes zum Zeitpunkt $\hat{t}_1$, der die obere Grenze des **Bereichs I** festlegt (Abb. 9.7.a und b).

Um die zusätzlich auftretende dynamische Spannungszeitfläche A_1 bei der Berechnung der Wartezeit T_{w1} zu berücksichtigen, wollen wir den Spannungszeitflächenausgleich in der in Abb. 9.7.c gezeigten Weise durchführen. In Gl. (9.11)

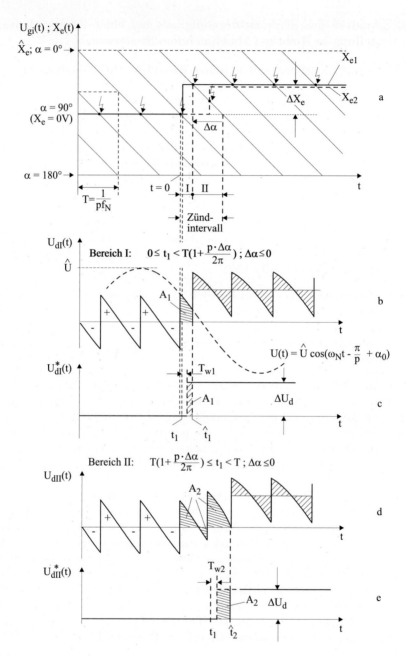

Abb.9.7: a–e: *Signalverläufe bei Aussteuerung in Richtung abnehmendem Steuerwinkel, $\alpha \to 0°$ (Stellgliedtyp 1)*

wird T_{w1} gegenüber Gl. (9.6) infolgedessen um den zusätzlichen Term Δt erweitert, der sich aus der dynamischen Zusatzspannungszeitfläche A_1 ergibt.

Erweiterte Wartezeitformel im **Bereich I**:

$$T_{w1} = \hat{t}_1 - t_1 - \Delta t \tag{9.11}$$

$$\text{mit} \quad \Delta t = \frac{A_1}{\Delta U_d}$$

Wie aus Gl. (9.11) ersichtlich ist, wird zur Berechnung der Wartezeit T_{w1} neben der Bereichsgrenze $\hat{t}_1$ auch die mittlere Ausgangsspannungsänderung ΔU_d benötigt, zu deren Berechnung wiederum der Spannungsverlauf $U(t)$ im Zündintervall bekannt sein muß.

Bei einem p–pulsigen Stromrichter erfährt der Steuerwinkel α aufgrund der Steigung der Spannungsrampen U_{gi} in der Zeit $T = 1/(pf_N)$ eine Änderung um den Winkel $\Delta\alpha^* = 360°/p$, welche der natürlichen Winkeländerung im Spannungssystem N entspricht. Unabhängig von der Verstellhöhe kann sich daher bei einem positiven Steuerspannungssprung ΔX_e der Steuerwinkel von einem Ventil zum nächsten um maximal dieses $\Delta\alpha^*$ ändern; in diesem Fall wird sofort nach der Zündung zum Zeitpunkt $t = 0$ in Abb. 9.7.a das darauffolgende Ventil gezündet. Die Signalverläufe in Abb. 9.7 gelten für ein $p = 6$–pulsiges Stellglied. In Abb. 9.7.a könnte also der Steuerwinkel α ausgehend von der dort angenommenen Grundaussteuerung $\alpha_0 = 90°$ durch einen positiven Steuerspannungssprung ΔX_e zum Zeitpunkt $t = 0 = t_1$ maximal auf den Winkel $\alpha_1 = 30°$ bei $t = 0 = t_1 = \hat{t}_1$ verstellt werden.

Für alle folgenden Ausführungen soll die Definition von $\Delta\alpha$

$$\boxed{\Delta\alpha = \alpha_1 - \alpha_0} \tag{9.12}$$

verwendet werden. Aufgrund der Zuordnung von X_e und α gilt daher bei einer Aussteuerung in Richtung abnehmendem Steuerwinkel ($\alpha \to 0°$) immer:

$$\alpha_1 \leq \alpha_0 \quad \Rightarrow \quad \Delta\alpha \leq 0 \tag{9.13}$$

Aus diesem Grund muß in die nachfolgenden Gleichungen (9.14) bis (9.21) immer ein *negatives* $\Delta\alpha$ eingesetzt werden. Bei einer vorgegebenen Zündwinkeländerung im **Bereich I** gilt:

$$-\Delta\alpha^* = -\frac{2\pi}{p} \leq \Delta\alpha \leq 0 \tag{9.14}$$

$$0 \leq t_1 \leq \hat{t}_1 \tag{9.15}$$

$$\hat{t}_1 = T \left(1 + p \cdot \frac{\Delta\alpha}{2\pi}\right) \tag{9.16}$$

Die Ausgangsspannung $U(t)$ im Zündintervall bezüglich des für die Berechnung der Spannungszeitfläche A_1 neu gesetzten Zeitursprungs ($t = 0$) kann aus Abb. 9.7.b abgelesen werden zu:

$$U(t) = \hat{U} \cos\left(\omega_N t - \frac{\pi}{p} + \alpha_0\right) \tag{9.17}$$

mit α_0:   Zündwinkel bei konstanter Steuerspannung X_{e0},
              auch mit Grundaussteuerung bezeichnet
     ω_N: Netzkreisfrequenz, $\omega_N = 2\pi f_N$

Damit folgt für den arithmetischen Mittelwert der Ausgangsspannung im Zündintervall:

$$U_d = \frac{\hat{U}}{\omega_N T} \cdot 2\sin\frac{\pi}{p} \cdot \cos\alpha_0 = \underbrace{\hat{U} \cdot \frac{p}{\pi} \cdot \sin\frac{\pi}{p}}_{U_{di0}} \cdot \cos\alpha_0 \tag{9.18}$$

Die mittlere Ausgangsspannungsänderung ΔU_d als Funktion von α_0 und $\Delta\alpha$ ist

$$\Delta U_d = \hat{U} \cdot \frac{p}{\pi} \cdot \sin\frac{\pi}{p} \cdot [\cos(\alpha_0 + \Delta\alpha) - \cos\alpha_0] \tag{9.19}$$

Für die Spannungszeitfläche A_1 ergibt sich:

$$A_1 = \hat{U} \cdot T \cdot \frac{p}{2\pi} \left[\sin\left(\alpha_0 + \frac{\pi}{p} + \Delta\alpha\right) - \sin\left(\alpha_0 - \frac{\pi}{p}\right) - 2\left(1 + \frac{p\Delta\alpha}{2\pi}\right)\sin\frac{\pi}{p} \cdot \cos\alpha_0\right] \tag{9.20}$$

Damit gilt:

Wartezeit T_{w1} im **Bereich I** ($\alpha \to 0°$)

$$\begin{aligned}
T_{w1} = {}& T \cdot \left(1 + \frac{p\Delta\alpha}{2\pi}\right) - t_1 \\[1em]
& - T \cdot \frac{\sin\left(\alpha_0 + \frac{\pi}{p} + \Delta\alpha\right) - \sin\left(\alpha_0 - \frac{\pi}{p}\right)}{2\sin\frac{\pi}{p} \cdot [\cos(\alpha_0 + \Delta\alpha) - \cos\alpha_0]} \\[1em]
& + T \cdot \frac{\left(1 + \frac{p\Delta\alpha}{2\pi}\right)\cos\alpha_0}{\cos(\alpha_0 + \Delta\alpha) - \cos\alpha_0}
\end{aligned} \tag{9.21}$$

mit $\Delta\alpha \leq 0$

Die Gleichungen (9.16) bis (9.21) sind Funktionen von α_0 und/oder $\Delta\alpha$ und beinhalten nicht die Stellgliedcharakteristik $\alpha = f(X_e)$. Sie sind damit bei

Aussteuerungen $\alpha \to 0°$ für *beide* Stellgliedtypen gültig. Zur Berechnung der

Wartezeit T_{w1} für den Stellgliedtyp 1 im **Bereich I** ($\alpha \to 0°$)

müssen daher die auf Gl. (9.2) basierenden Zusammenhänge

$$\alpha_0 = \frac{\pi}{2} \cdot \left(1 - \frac{X_{e0}}{\hat{X}_e} \right) \tag{9.22}$$

$$\Delta\alpha = -\frac{\pi}{2} \frac{\Delta X_e}{\hat{X}_e} \tag{9.23}$$

in Gl. (9.21) eingesetzt werden. Dabei muß der für $\Delta X_e / \hat{X}_e$ gültige, aus Gl. (9.14) abgeleitete Verstellbereich nach Gl. (9.24) beachtet werden.

$$\text{Stellgliedtyp 1:} \qquad 0 \leq \frac{\Delta X_e}{\hat{X}_e} \leq \frac{4}{p} \tag{9.24}$$

Für die Steuerspannung gilt unabhängig von Stellgliedtyp und Aussteuerrichtung:

$$\Delta X_e = X_{e1} - X_{e0} \tag{9.25}$$

$$-1 \leq \frac{X_{e0}}{\hat{X}_e} \leq 1 \tag{9.26}$$

Der **Bereich II** soll hier nicht weiter untersucht werden, da die Vorgehensweise im Prinzip dem Vorgehen im **Bereich I** gleicht (siehe [229]). Allgemein soll nur noch auf folgendes hingewiesen werden: Bei einer Steuerwinkeländerung $\Delta\alpha < -\Delta\alpha^* = -360°/p$ ($\Delta X_e / \hat{X}_e > 4/p$) schneidet die Steuerspannung die nachfolgende Spannungsrampe unabhängig vom Zündzeitpunkt immer bereits während des Verstellvorganges. In diesem Fall ist also nur noch der **Bereich II** (Wartezeit T_{w2}) vorhanden.

Stellglied mit linearer statischer Kennlinie (Stellgliedtyp 2)

Der Vorteil des Stellgliedtyps 2 ist in der konstanten, arbeitspunktunabhängigen Verstärkung zu sehen. Nach Gl. (9.5) gilt im Arbeitspunkt bei Vernachlässigung des induktiven Gleichspannungsabfalls D_x:

$$U_d = U_{di0} \cdot \frac{X_{e0}}{\hat{X}_e} = \hat{U} \cdot \frac{p}{\pi} \cdot \sin\frac{\pi}{p} \cdot \frac{X_{e0}}{\hat{X}_e} \tag{9.27}$$

$$\frac{dU_d}{dX_{e0}} = \frac{U_{di0}}{\hat{X}_e} = V_{STR} = const. \tag{9.28}$$

mit X_{e0}:   konstante Eingangsspannung vor der
Spannungsverstellung

Für die dynamischen Eigenschaften des Stellgliedtyps 2 gelten wieder die Gleichungen (9.14) bis (9.21). Zur Berechnung der

Wartezeit T_{w1} für den Stellgliedtyp 2 im **Bereich I** $(\alpha \rightarrow 0°)$

müssen daher die auf Gl. (9.4) basierenden Zusammenhänge

$$\alpha_0 = \arccos \frac{X_{e0}}{\hat{X}_e} \tag{9.29}$$

$$\Delta\alpha = \arccos \frac{X_{e1}}{\hat{X}_e} - \arccos \frac{X_{e0}}{\hat{X}_e} \tag{9.30}$$

in Gl. (9.21) eingesetzt werden. Als gültiger Bereich für $\Delta X_e/\hat{X}_e$ ist dabei die aus Gl. (9.14) abgeleitete Gl. (9.31) zu beachten.

Stellgliedtyp 2: $0 \leq \dfrac{\Delta X_e}{\hat{X}_e} \leq \cos\left(\arccos \dfrac{X_{e0}}{\hat{X}_e} - \dfrac{2\pi}{p}\right) - \dfrac{X_{e0}}{\hat{X}_e}$ \hfill (9.31)

Ebenso wie bei Stellgliedtyp 1 gleicht auch in diesem Fall die Vorgehensweise für den **Bereich II** (Wartezeit T_{w2}) im Prinzip dem gezeigten Vorgehen für den **Bereich I** (siehe [229]). Er soll daher nicht gesondert untersucht werden.

9.3.2 Analyse des Stromrichterstellglieds bei einer Zündwinkelverstellung in Richtung zunehmendem Steuerwinkel

Stellglied mit nichtlinearer statischer Kennlinie (Stellgliedtyp 1)

Im Gegensatz zu einer Zündwinkelverstellung in Richtung abnehmendem Steuerwinkel, bei der eine schnelle Reaktion des Stellglieds auf eine Steuerspannungsänderung festzustellen ist, kann bei einer Verstellung in Richtung zunehmendem Steuerwinkel ($\alpha \rightarrow 180°$) die Spannungsabsenkung nur auf einer der verketteten Spannungen des Spannungssystems N erfolgen (Abb. 9.8). Dieser Vorgang benötigt aber proportional der geforderten Winkeländerung eine gewisse Zeit. Um diese Verhältnisse anschaulich zu erklären, wollen wir die Berechnung der Wartezeit T_{w3} unter Zuhilfenahme von Abb. 9.8 durchführen.

Zur Vereinfachung der Berechnung nehmen wir den stationären Endzustand erst zum Zeitpunkt $\hat{t}_3$ an. Dadurch werden virtuelle Zündimpulse Z_v, die das bereits durchgeschaltete Stromrichterventil beim Übergang in den neuen stationären Endzustand noch einmal durchzuschalten versuchen, berücksichtigt. Der Schnittpunkt von X_e und der Spannungsrampe, welcher zwischen $t = 0$ und dem Zeitpunkt des virtuellen Zündimpulses Z_v liegt, führt dabei nicht zu einem erneuten Durchschalten des Ventils. Im Gegensatz zu einer Aussteuerung $\alpha \rightarrow 0°$ gilt bei einer Spannungsverstellung in Richtung $\alpha \rightarrow 180°$ durch die Definition von $\Delta\alpha$ nach Gl. (9.12) immer:

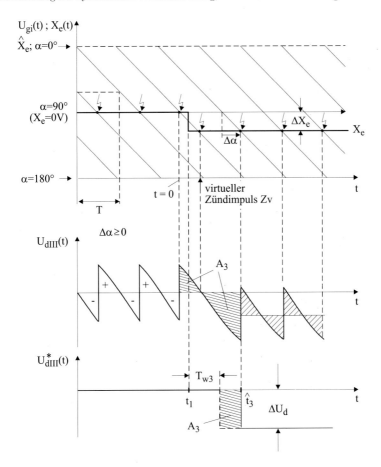

Abb. 9.8: *Signalverläufe bei Aussteuerung in Richtung zunehmendem Steuerwinkel,* $\alpha \to 180°$ *(Stellgliedtyp 1)*

$$\alpha_1 \geq \alpha_0 \quad \Rightarrow \quad \Delta\alpha \geq 0 \tag{9.32}$$

Aus diesem Grund muß in die nachfolgenden Gleichungen (9.33) bis (9.39) immer ein *positives* $\Delta\alpha$ eingesetzt werden.

Bei einer Spannungsverstellung in Richtung $\alpha \to 180°$ ist darüberhinaus die Aussteuerhöhe nicht auf $\Delta\alpha^*$ begrenzt, sondern es gilt:

$$0 \leq \Delta\alpha \leq \pi - \alpha_0 \tag{9.33}$$

Allgemein ergibt sich durch die Anwendung der erweiterten Wartezeitformel nach Gl. (9.11):

$$T_{w3} = \hat{t}_3 - t_1 - \Delta t \tag{9.34}$$

$$\text{mit} \quad \Delta t = \frac{A_3}{\Delta U_d}$$

$$0 \le t_1 < T \tag{9.35}$$

$$\hat{t}_3 = T \left(1 + p \cdot \frac{\Delta \alpha}{2\pi} \right) \tag{9.36}$$

A_3 und ΔU_d können zu

$$A_3 = \hat{U} \cdot T \cdot \frac{p}{2\pi} \left[\sin\left(\alpha_0 + \frac{\pi}{p} + \Delta \alpha \right) - \sin\left(\alpha_0 - \frac{\pi}{p} \right) - 2 \left(1 + \frac{p\Delta \alpha}{2\pi} \right) \sin \frac{\pi}{p} \cdot \cos \alpha_0 \right]$$
$$\tag{9.37}$$

$$\Delta U_d = \hat{U} \cdot \frac{p}{\pi} \cdot \sin \frac{\pi}{p} \cdot [\cos(\alpha_0 + \Delta \alpha) - \cos \alpha_0] \tag{9.38}$$

berechnet werden.
Damit gilt:

$$\text{Wartezeit } T_{w3} \ (\alpha \to 180°)$$

$$
\begin{aligned}
T_{w3} \ = \ & T \cdot \left(1 + \frac{p\Delta \alpha}{2\pi} \right) \ - \ t_1 \\[2mm]
& - T \cdot \frac{\sin\left(\alpha_0 + \frac{\pi}{p} + \Delta \alpha \right) - \sin\left(\alpha_0 - \frac{\pi}{p} \right)}{2 \sin \frac{\pi}{p} \cdot [\cos(\alpha_0 + \Delta \alpha) - \cos \alpha_0]} \\[2mm]
& + T \cdot \frac{\left(1 + \frac{p\Delta \alpha}{2\pi} \right) \cos \alpha_0}{\cos(\alpha_0 + \Delta \alpha) - \cos \alpha_0}
\end{aligned}
\tag{9.39}
$$

$$\text{mit} \quad \Delta \alpha \ge 0$$

Die Gleichungen (9.36) bis (9.39) sind ebenfalls *unabhängig* vom Stellgliedtyp gültig. Zur Berechnung der

Wartezeit T_{w3} für den Stellgliedtyp 1 ($\alpha \to 180°$)

müssen die bereits bekannten Voraussetzungen für den Stellgliedtyp 1, Gl. (9.22) und (9.23) in Gl. (9.39) eingesetzt werden.
Als gültiger Bereich für $\Delta X_e / \hat{X}_e$ ist dabei der aus Gl. (9.33) abgeleitete Bereich nach Gl. (9.40) zu beachten.

$$-1 - \frac{X_{e0}}{\hat{X}_e} \le \frac{\Delta X_e}{\hat{X}_e} \le 0 \tag{9.40}$$

Formal sind die Gleichungen (9.39) und (9.21) identisch, jedoch ergeben sich durch die unterschiedlichen Gültigkeitsbereiche für $\Delta \alpha$ bzw. ΔX_e unterschiedliche Wartezeiten.

Stellglied mit linearer statischer Kennlinie (Stellgliedtyp 2)

Zur Berechnung der

Wartezeit T_{w3} für den Stellgliedtyp 2 ($\alpha \to 180°$)

müssen die Voraussetzungen nach Gl. (9.29) und (9.30) für den Stellgliedtyp 2 in Gl. (9.39) eingesetzt werden. Als Gültigkeitsbereich für $\Delta X_e / \hat{X}_e$ ist ebenfalls Gl. (9.40) zu beachten.

9.4 Diskussion der Ergebnisse

Im vorigen Kapitel 9.3 wurden die Gleichungen für die Wartezeiten T_{wi} für

1. Aussteuerung in Richtung abnehmendem Steuerwinkel $\alpha \to 0°$ (T_{w1}, T_{w2}) und

2. Aussteuerung in Richtung zunehmendem Steuerwinkel $\alpha \to 180°$ (T_{w3})

abgeleitet. Die Gleichungen der Wartezeiten T_{wi} sind unabhängig vom Typ des Stellglieds in beiden Fällen Funktionen

- vom Zeitpunkt t_1 der Spannungsverstellung,

- von der Grundaussteuerung α_0 und der Größe der Zündwinkelverstellung $\Delta\alpha$,

- bzw. von X_{e0} und der Steuerspannungsänderung ΔX_e.

Zur Verdeutlichung der Großsignaleigenschaften des Systems Steuersatz—Stromrichter wird der vierdimensionale Raum mit den Achsen t_1, α_0, $\Delta\alpha$ (bzw. ΔX_e) und T_w durch die Schnitte bei verschiedenen Grundaussteuerungen α_0 auf die Ebene mit den Achsen T_w und $\Delta\alpha$ (bzw. ΔX_e) zurückgeführt. Die Ergebnisse der Analyse einer Systemanordnung mit $p = 6$ zeigen die Abbildungen 9.9 und 9.10. Um die Stellgliedcharakteristik zu berücksichtigen, sind die Wartezeiten in beiden Abbildungen über der Steuerspannungsänderung ΔX_e aufgetragen.

Zu beachten ist, daß bei Zündwinkelverstellungen in Richtung abnehmendem Steuerwinkel ($\alpha \to 0°$, Abb. 9.9) ΔX_e aufgrund von Gl. (9.24) *positiv* ist, während sich für Winkeländerungen in Richtung zunehmendem Steuerwinkel ($\alpha \to 180°$, Abb. 9.10) durch Gl. (9.40) ein *negatives* ΔX_e ergibt.

Da bei Stellgliedtyp 1 zwischen α und X_e ein linearer Zusammenhang besteht, kann in diesem Fall T_{w1} ebenso über $\Delta\alpha$ aufgetragen werden. Hier muß jedoch beachtet werden, daß $\Delta\alpha \leq 0$ ist.

Ein Vergleich beider Abbildungen zeigt deutlich die **dynamische Unsymmetrie** beider Stellglieder. Weiterhin ist in beiden Fällen eine Abhängigkeit von der Grundaussteuerung α_0 zu erkennen.

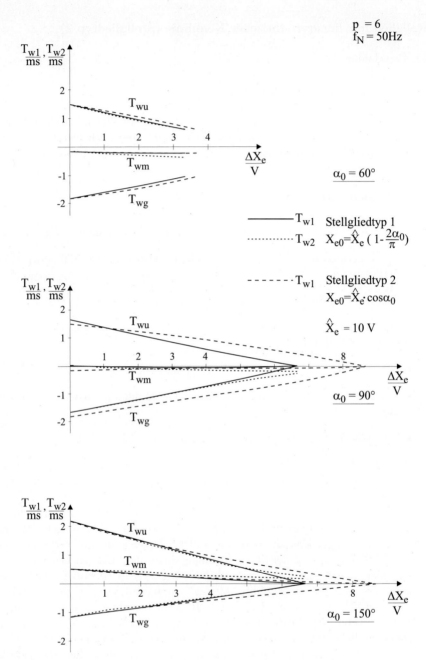

Abb. 9.9: *Wartezeiten T_{w1}, T_{w2} bei einer Zündwinkelverstellung in Richtung abnehmendem Steuerwinkel ($\alpha \to 0°$); Stellgliedtyp 1 und Stellgliedtyp 2*

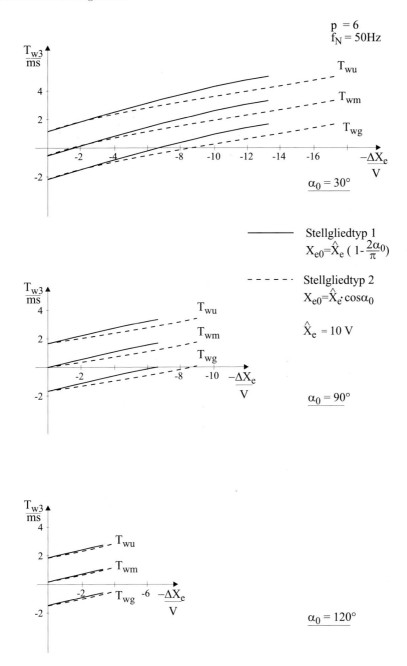

Abb. 9.10: *Wartezeiten T_{w3} bei einer Zündwinkelverstellung in Richtung zunehmendem Steuerwinkel ($\alpha \to 180°$); Stellgliedtyp 1 und Stellgliedtyp 2*

Die in den Abbildungen dargestellten Kurven T_{wu} und T_{wg} ergeben sich in Abhängigkeit vom Zeitpunkt t_1 der Steuerspannungsverstellung.

- Die obere Grenzkurve mit den ungünstigen (maximalen) Wartezeiten T_{wu} wird durch Zündwinkelverstellungen bei $\alpha \to 0°$ zum Zeitpunkt $t_1 = 0$ (**Bereich I**), bzw. $t_1 = T$ (**Bereich II**) festgelegt. Bei $\alpha \to 180°$ kommen die maximalen Wartezeiten durch ein Schalten ebenfalls bei $t_1 = 0$ zustande.

- Zündwinkelverstellungen zum Zeitpunkt $t_1 = \hat{t}_1$ (für $\alpha \to 0°$, **Bereich I** und **II**), bzw. $t_1 = T$ (für $\alpha \to 180°$) bedingen die untere Grenzkurve T_{wg} mit den günstigen (minimalen) Wartezeiten.

Die von diesen beiden Grenzkurven eingeschlossene Fläche wird *Wartezeitbereich* genannt.

Zusätzlich sind in den Abbildungen die Kurven der mittleren Wartezeit T_{wm} eingetragen; diese entspricht jeweils dem Erwartungswert.

Ein überraschendes Ergebnis sind die negativen Wartezeiten. Sie können jedoch durch eine Gegenüberstellung der bisher eingeführten Wartezeitgleichungen Gl. (9.6)

$$T_w = \hat{t}_1 - t_1$$

Gl. (9.11)

$$T_{w1} = \hat{t}_1 - t_1 - \Delta t$$

und Gl. (9.34)

$$T_{w3} = \hat{t}_3 - t_1 - \Delta t$$

erklärt werden. Negative Wartezeiten werden immer dann auftreten, wenn der Term Δt in Gl. (9.11) und (9.34) dominiert, d.h. wenn die Steuerspannungs– bzw. die Winkeländerung an der oberen Grenze des jeweiligen Zeitbereichs stattfindet ($t_1 \to \hat{t}_1$). Eine negative Wartezeit ist somit ein Hinweis auf einen dynamischen Überschuß an Spannungszeitfläche und eine dynamische Überverstellung der Ausgangsspannung des Stellglieds. Würde z.B. im **Bereich I** mit $t_1 \to \hat{t}_1$ extrem spät geschaltet (vgl. Abb. 9.7), so würde der nach dem Spannungszeitflächenausgleich resultierende Spannungsmittelwert $U_{d1}^*(t)$ am Ausgang des Stromrichters schon vor dem Zeitpunkt t_1 der Zündwinkelverstellung anzusteigen beginnen, da das Δt der großen positiven Spannungszeitfläche gegenüber der Zeit $\hat{t}_1 - t_1$ überwiegen würde.

Die obigen Ergebnisse werden in Kap. 11 bei der Approximation des Systems mit der Beschreibungsfunktion bestätigt. In diesem Fall sind die Amplitude und Phase des Ausgangssignals $U_d(t)$ abhängig von der Phasenlage des Eingangssignals X_e bezogen auf das Spannungssystem N, von der Grundaussteuerung α_0 und von der Amplitude des Eingangssignals.

Aussteuerung in Richtung abnehmendem Steuerwinkel ($\alpha \to 0°$)

Als Ergebnisse bei einer Aussteuerung $\alpha \to 0°$ lassen sich folgende Punkte festhalten (Abb. 9.9):

- Bei kleinen Winkeländerungen $\Delta\alpha$ bzw. ΔX_e existiert im Zündintervall nur noch der **Bereich I**. Für T_{wu} und T_{wg} ergeben sich daher maximale Werte.

- Mit zunehmendem Betrag von $\Delta\alpha$ bzw. ΔX_e wird der Wartezeitbereich kleiner. Ursache dafür ist, daß mit zunehmendem Betrag von $\Delta\alpha$ der **Bereich I** geringer wird und der **Bereich II** zunimmt. Dadurch wandert die Obergrenze des **Bereichs I** in Richtung des Zündintervallanfangs ($\hat{t}_1 \to 0$) und die maximal auftretende Wartezeit T_{wu} reduziert sich. Das Stellglied verhält sich somit aufgrund der signalabhängigen Zündimpulsbildung im Steuergerät wesentlich günstiger als ein Abtaster mit äquidistanten Tastzeitpunkten.

- Nach jedem Zündimpuls ist die Ausgangsspannung $U_d(t)$ des Stromrichterstellglieds im interessierenden Zündwinkelbereich größer als der dem Zündimpuls entsprechende Mittelwert U_d. Es wird daher eine Spannungszeitfläche erzeugt, die im stationären Betrieb des Stellglieds erst bei dem nachfolgenden Zündimpuls auf Null abgebaut ist. Infolgedessen verhält sich das Stromrichterstellglied aus der Sicht des Stromrichters günstiger als ein Halteglied nullter Ordnung. Bei einer Zündwinkelverstellung an der oberen Grenze von **Bereich I** ($t_1 \to \hat{t}_1$) kann diese zusätzliche Spannungszeitfläche nicht mehr abgebaut werden und führt aufgrund des zugehörigen $\Delta t > \hat{t}_1 - t_1$ zu negativen Wartezeiten T_{wg}. Mit zunehmendem Betrag von $\Delta\alpha$ verkürzt sich die Zeit $\hat{t}_1$, in der sich eine Spannungszeitfläche aufbauen kann, und der Betrag von T_{wg} sinkt. Dies gilt in gleicher Weise für **Bereich II**.

Aussteuerung in Richtung zunehmendem Steuerwinkel ($\alpha \to 180°$)

Zum Verhalten des Stellglieds bei $\alpha \to 180°$ (Abb. 9.10) können folgende Aussagen gemacht werden:

- Es kann festgestellt werden, daß der charakteristische Verlauf der Wartezeitkennlinien unabhängig vom Stellgliedtyp ist. Aufgrund der insgesamt geringeren Wartezeiten verhält sich der Stellgliedtyp 2 dynamisch etwas günstiger als ein Stellglied vom Typ 1.

- Bei zunehmenderm Betrag der Winkeländerung erhöht sich die Zeit $\hat{t}_3 - t_1$ zwischen dem Zeitpunkt der Steuerspannungsverstellung und der stationären Zündung des nachfolgenden Ventils aufgrund des Verlaufs der Spannungsrampen. Daraus resultiert in Abb. 9.10 für beide Grenzwertkurven

T_{wu} und T_{wg} wie auch für T_{wm} ein ansteigendes Verhalten. Da die Kurven für T_{wu} und T_{wg} etwa parallel ansteigen, bleibt der Wartezeitbereich konstant.

Zusammenfassung

Die aus den bisherigen Untersuchungen gewonnenen Erkenntnisse lassen sich wie folgt zusammenfassen:

- Das Stellglied kann unabhängig vom Typ den Gleichspannungsmittelwert schnell in positiver Richtung erhöhen, aber nur langsam in negativer Richtung absenken. Die Unsymmetrie bei den Übergangsfunktionen (Abb. 7.9) ist somit verständlich, da bei positiven Sollwertsprüngen der Gleichspannungsmittelwert im allgemeinen in positiver Richtung überverstellt wird und nicht schnell genug nach dem Erreichen des Sollwertes zurückgenommen werden kann; ein Überschwingen ist die Folge. In umgekehrter Richtung wird dieser Vorgang bei einem negativen Sollwertsprung durchlaufen, das Überschwingen wird in diesem Fall tendenziell unterdrückt.

- Bei beiden Typen von Stromrichterstellgliedern kann die Ausgangsspannung $U_d(t)$ nur auf einer Phasenspannung des Spannungssystems N abgesenkt werden; die Zeit, die für eine Spannungsabsenkung benötigt wird ist, abhängig von $\Delta\alpha$ (bzw. ΔX_e) und $1/f_N$.

- Durch die Welligkeit der Ausgangsspannung $U_d(t)$ des Stellglieds im stationären Zustand tritt außerdem eine Unsymmetrie im Kleinen auf. Diese zusätzliche Unsymmetrie ist in Abb. 9.7 und 9.8 (grobe Schraffur) zu erkennen und vergrößert die Tendenz zum Überschwingen bei positiven Sollwertsprüngen bzw. verkleinert sie bei negativen Sollwertsprüngen, da nach einer Änderung des Zündwinkels α bei der ersten neuen stationären Zündung eines Stromrichterventils die Ausgangsspannung $U_d(t)$ größer ist als der zugehörige Mittelwert U_d. Diese Unsymmetrie im Kleinen ist wie die Unsymmetrie im Großen von der Grundaussteuerung α_0 abhängig.

9.5   Laufzeitnäherung für das Großsignalverhalten, Symmetrierung

In den vorangegangenen Abschnitten wurden die dynamischen Eigenschaften von Stromrichterstellgliedern beschrieben. Die wesentlichen Ergebnisse waren, daß die netzgeführten Stellglieder die Ausgangsspannung im statistischen Mittel nahezu verzögerungslos erhöhen ($\alpha \to 0°$), aber nur mit begrenzter Geschwindigkeit absenken ($\alpha \to 180°$) können. Diese dynamische Unsymmetrie war Ursache der in Abb. 7.9 erhaltenen praktischen Ergebnisse. Um die unerwünschten Einflüsse der dynamischen Unsymmetrie zu vermeiden, müssen geeignete Maßnahmen auf der Seite der Signalverarbeitung vorgesehen werden.

Es erscheint zunächst naheliegend, die Reglerverstärkung bei einer geforderten Ausgangsspannungserhöhung aufgrund der geringen Wartezeit groß zu wählen, um die dynamischen Möglichkeiten des Regelkreises voll auszunutzen. Wie die Ergebnisse aus Abb. 7.9 aber gezeigt haben, führt eine hohe Verstärkung des Reglers bei einer Ausgangsspannungserhöhung zu einer Überverstellung der Ausgangsspannung. Dies ist aber zunächst nicht in jedem Fall als negatives Reglerverhalten zu werten, wenn die Regelung das Überschwingen ebenso schnell wieder reduzieren kann. Durch die Unsymmetrie des Stellglieds, die sich bei Spannungsabsenkung in einer verlängerten Wartezeit auswirkt, kann das Überschwingen der Spannung jedoch nur sehr langsam abgebaut werden. Ein solches Verhalten ist unerwünscht und kann darüberhinaus die Stabilität des Regelkreises gefährden.

Die dynamische Unsymmetrie muß somit durch eine dynamische Begrenzung der Aussteuerung in Richtung $\alpha \to 0°$ kompensiert werden. Keinesfalls darf die begrenzte Verstellgeschwindigkeit bei $\alpha \to 180°$ noch weiter verlangsamt werden.

Es stellt sich die Frage, auf welchen Wert die Begrenzung der Verstellgeschwindigkeit eingestellt werden muß, um dynamisch gleichwertiges Verhalten zu erzielen und um damit für beide Verstellrichtungen gleiche Reglerparameter zu erhalten.

Durch einen Vergleich von Abb. 9.9 und 9.10 und aus den vorangegangenen Untersuchungen läßt sich erkennen, daß die Verringerung des Wartezeitbereichs von T_{w1} bzw. T_{w2} bei zunehmender Aussteuerung $\Delta\alpha$ bzw. ΔX_e durch die Funktion des Steuersatzes bedingt ist und somit nicht ein identischer Wartezeitbereich und –verlauf zu T_{w3} zu erzielen ist. Es verbleibt daher nur die Möglichkeit im statistischen Mittel die Wartezeitverläufe möglichst gut anzunähern, d.h. der Verlauf der mittleren statistischen Wartezeiten T_{w1m} und T_{w2m} als Funktion von $\Delta\alpha$ bzw. ΔX_e mit dem Parameter α_0 sollen der mittleren statistischen Wartezeit T_{w3m} angenähert werden.

Bei einer Aussteuerung $\alpha \to 180°$ ändert sich der Steuerwinkel beim Stellgliedtyp 1 (nichtlineare statische Kennlinie) synchron mit dem Netzwinkel, die Winkeländerungsgeschwindigkeit beträgt in diesem Fall also 1° Steuerwinkel pro 1° Netzwinkel. Um eine Annäherung der Wartezeiten zu erreichen, muß daher bei einer Aussteuerung $\alpha \to 0°$ eine dynamische Anpassung an diese Winkeländerungsgeschwindigkeit erfolgen. In gleicher Weise wird beim Stellgliedtyp 2 (lineare statische Kennlinie) verfahren. in diesem Fall muß jedoch beachtet werden, daß die maximal zulässige Winkeländerung vom Arbeitspunkt α_0 bzw. X_{e0} abhängig ist.

Die praktische Realisierung der dynamischen Symmetrierung kann entsprechend den gerätetechnischen Komponenten erfolgen. Abbildung 9.11 zeigt eine mögliche analoge Lösung. Bei dieser Lösung wird angenommen, daß $\alpha \to 0°$ eine Erhöhung von X_{eS} erfordert, während $\alpha \to 180°$ eine Spannungsverminderung erfordert.

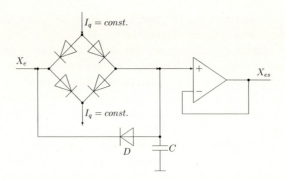

Abb. 9.11: *Analoge Ausführung der dynamischen Symmetrierung für Stellgliedtyp 1*

Im stationären Betrieb ist $X_{eS} = X_e$, wenn die Durchlaßspannungen des Diodenquartetts gleich sind. Wenn die Spannung X_{eS} vergrößert wird, sperren zwei Dioden des Diodenquartetts und der Kondensator C wird durch den konstanten Strom I_q geladen. Der Spannungsanstieg von X_e wird somit begrenzt. Wird dagegen die Spannung verringert, wird über die Diode D der Kondensator C sehr schnell entladen, so daß in diesem Fall keine Verzögerung der Aussteuerung erfolgt.

Der Verlauf der Spannung X_e muß beim Stellgliedtyp 1 so eingestellt werden, daß die maximal zulässige Änderungsgeschwindigkeit 1° Steuerwinkel pro 1° Netzwinkel nicht überschritten wird. Damit darf sich X_e höchstens entsprechend der Steigung der Steuerspannungsrampen U_{gi} ändern.

Die Abbildungen 9.12 und 9.13 zeigen für $p = 6$–pulsige Stellglieder beider Typen die Auswirkung der dynamischen Symmetrierung. Dargestellt sind jeweils die Kurven für T_{w3}, deren Verlauf angenähert werden soll, und beispielhaft für den Gleichrichterbetrieb die mittlere Wartezeit T_{w1s}. Da die Vorzeichen von $\Delta\alpha$ bzw. ΔX_e bei einer Spannungsverstellung in Richtung abnehmendem und zunehmendem Steuerwinkel unterschiedlich sind, ist auf der Abszisse jeweils der Betrag der Steuergröße aufgetragen. Aus den Abbildungen ist zu erkennen, daß eine gute Anpassung von T_{w1s} an T_{w3m} erreicht werden konnte. Beim Stellgliedtyp 2 liegen die Ergebnisse gegenüber dem Stellgliedtyp 1 noch etwas günstiger.

Im Wechselrichterbetrieb muß unbedingt darauf geachtet werden, daß ein Wechselrichterkippen durch zu hohe Aussteuerung vermieden wird. Die maximale Aussteuerung im Wechselrichterbetrieb wird daher auf

$$\alpha_{max} = 180° - \text{Überlappungswinkel } \ddot{u} - \text{Schonzeit der Thyristoren } \gamma = 150° \tag{9.41}$$

gesetzt. Aus Symmetriegründen wird im Gleichrichterbetrieb der kleinste Aussteuerwinkel zu

$$\alpha_{min} = 30° \tag{9.42}$$

gewählt. Diese Funktion wird im allgemeinen durch ein Bauteil mit Begrenzerfunktion übernommen (Abb. 9.1).

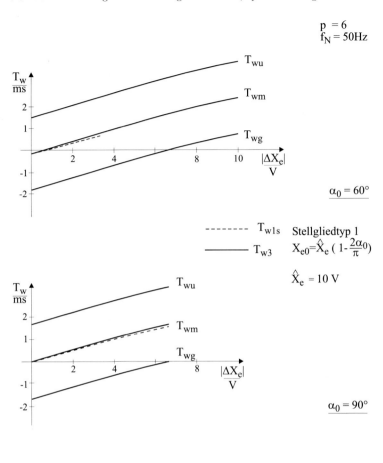

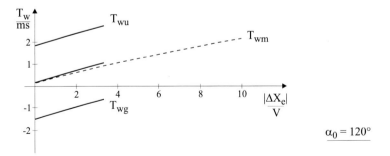

Abb. 9.12: *Wartezeit nach der Symmetrierung T_{w1s} im Vergleich zu T_{w3} (Stellgliedtyp 1)*

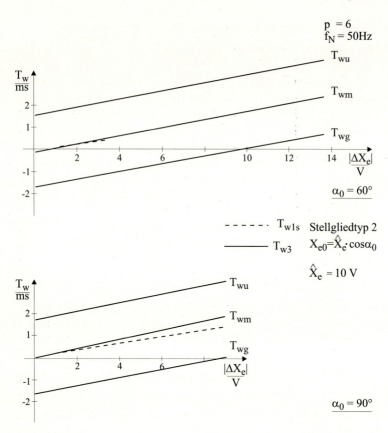

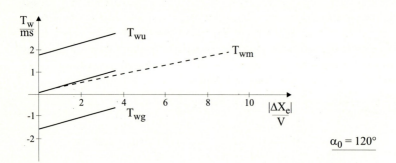

Abb. 9.13: *Wartezeit nach der Symmetrierung T_{w1s} im Vergleich zu T_{w3} (Stellglied-typ 2)*

9.6 Großsignal–Approximationen für netzgeführte Stromrichterstellglieder

In den vorangegangenen Abschnitten wurde eine Laufzeitnäherung für das Groß-signalverhalten erarbeitet. Um die dabei erhaltenen Erkenntnisse bei der Optimierung eines antriebstechnischen Regelsystems nutzen zu können, muß eine einfache Näherung des Stellglieds auf Basis dieser Erkenntnisse gefunden werden. Es ist daher naheliegend, die dynamischen Eigenschaften des Stellglieds durch eine globale Ersatz–Totzeit zu approximieren. Die Berechnung dieser Näherung ist allerdings nur nach der dynamischen Symmetrierung möglich und sinnvoll, da sich das Stellglied nur dann im statistischen Mittel bei einer Aussteuerung in Richtung $\alpha \to 0°$ und in Richtung $\alpha \to 180°$ nahezu gleich verhält.

Aus den vorigen Abschnitten ist bekannt, daß die Wartezeit T_w unabhängig vom Stellgliedtyp eine Funktion des Zeitpunkts t_1, der Zündwinkeländerung $\Delta\alpha$ (bzw. ΔX_e) und der Grundaussteuerung α_0 ist.

$$T_w = f(\alpha_0, \Delta\alpha, t_1) \tag{9.43}$$

Die Ersatzlaufzeit T_E, die im statistischen Sinne als Erwartungswert der Zufallsgröße T_w zu verstehen ist, kann durch eine Integration über die unabhängigen Variablen α_0, $\Delta\alpha$ und t_1 mit anschließender Mittelwertbildung gewonnen werden.

$$T_E = \frac{1}{\alpha_{02} - \alpha_{01}} \int\limits_{\alpha_{01}}^{\alpha_{02}} \frac{1}{\Delta\hat{\alpha}} \int\limits_{0}^{\Delta\hat{\alpha}} \frac{1}{T} \int\limits_{0}^{T} T_w \, dt_1 \, d(\Delta\alpha) \, d\alpha_0 \tag{9.44}$$

Wie aus Abb. 9.12 abgelesen werden kann, sind die Wartezeiten T_{w3} bei einer Zündwinkelveränderung $\alpha \to 180°$ höchstens 8 % größer als der statistische Mittelwert der Wartezeiten T_{w1s} nach der dynamischen Symmetrierung bei einer entsprechenden Zündwinkeländerung in der Richtung $\alpha \to 0°$. Aufgrund dieser Tatsache wollen wir, um eine Abschätzung der Ersatzlaufzeit T_E auf der ungünstigen Seite zu erhalten, die Wartezeit T_{w3} nach Gl. (9.39) bei der Berechnung verwenden. Um außerdem die Ersatzlaufzeit T_E auch bei einer überschlägigen Synthese von Regelkreisen mit Umkehrstromrichtern verwenden zu können, müssen wir wieder eine Begrenzung der Grundaussteuerung α_0 im Bereich $\alpha_{min} = 30° \le \alpha_0 \le \alpha_{max} = 150°$ annehmen.

Unter dieser Voraussetzung gilt für beide Stellgliedtypen:

$$T_E = \frac{1}{\alpha_{02} - \alpha_{01}} \int\limits_{\alpha_{01}}^{\alpha_{02}} \frac{1}{\Delta\hat{\alpha}} \int\limits_{0}^{\Delta\hat{\alpha}} \frac{1}{T} \int\limits_{0}^{T} \left[T(1 + \frac{p\Delta\alpha}{2\pi}) - t_1 \right.$$

$$\left. -T\frac{\sin\left(\alpha_0 + \frac{\pi}{p} + \Delta\alpha\right) - \sin\left(\alpha_0 - \frac{\pi}{p}\right)}{2\sin\frac{\pi}{p} \cdot (\cos(\alpha_0 + \Delta\alpha) - \cos\alpha_0)} + T\frac{\left(1 + \frac{p\Delta\alpha}{2\pi}\right)\cos\alpha_0}{\cos(\alpha_0 + \Delta\alpha) - \cos\alpha_0} \right]$$

$$dt_1 \, d(\Delta\alpha) \, d\alpha_0 \tag{9.45}$$

mit

$$\alpha_{01} = \frac{\pi}{6} \leq \quad \alpha_0 \quad \leq \alpha_{02} = \frac{5\pi}{6} \tag{9.46}$$

$$0 \leq \quad \Delta\alpha \quad \leq \frac{5\pi}{6} - \alpha_0 \tag{9.47}$$

$$0 \leq \quad t_1 \quad \leq T \tag{9.48}$$

Dieses Integral kann entweder analytisch (mit großem Aufwand) oder numerisch ausgewertet werden.

Zur Berechnung der Ersatzlaufzeit T_{E1} des Stellgliedtyps 1 müssen die durch die Gleichungen (9.22) und (9.23) festgelegten Zusammenhänge zwischen α und X_e beachtet werden. Für die Ersatzlaufzeit T_{E2} von Stellgliedtyp 2 gelten die Gleichungen (9.29) und (9.30). Unter diesen Vorraussetzungen und der Annahme $f_N = 50\,Hz$ ergeben sich für T_{E1} und T_{E2} die nachfolgenden Werte. Zum Vergleich ist zusätzlich der Erwartungswert T_E nach Gl. (9.7) eingetragen:

Pulszahl	T_E nach Gl. (9.45) Stellgliedtyp 1	T_E nach Gl. (9.45) Stellgliedtyp 2	$T_E = \dfrac{1}{2pf_N}$
$p = 2$	$T_{E1} = 1,88\,ms$	$T_{E2} = 1,80\,ms$	$T_E = 5\,ms$
$p = 3$	$T_{E1} = 1,23\,ms$	$T_{E2} = 1,18\,ms$	$T_E = 3,3\,ms$
$p = 6$	$T_{E1} = 0,91\,ms$	$T_{E2} = 0,86\,ms$	$T_E = 1,67\,ms$
$p = 12$	$T_{E1} = 0,84\,ms$	$T_{E2} = 0,79\,ms$	$T_E = 0,833\,ms$
$p = 24$	$T_{E1} = 0,82\,ms$	$T_{E2} = 0,77\,ms$	$T_E = 0,42\,ms$

Mit diesen Ergebnissen können die Ersatzsysteme nach Abb. 9.14 und 9.15 für dynamisch symmetrierte Stromrichterstellglieder aufgestellt werden. Die angegebenen Ersatzsysteme eignen sich gut zur Synthese von Regelkreisen mit symmetrierten Stromrichterstellgliedern, da der rechentechnische Aufwand bei der Optimierung gering ist.

Eine Übertragung der Ergebnisse auf Stromrichterstellglieder, die von einem Drehspannungssystem mit der Frequenz f_N statt mit der Frequenz $50\,Hz$ gespeist werden, ist mit folgender Formel möglich:

$$T_E = T_{Ei} \cdot \frac{50\,Hz}{f_N} \tag{9.49}$$

Durch die dynamische Symmetrierung von netzgeführten Stromrichterstellgliedern ergeben sich die folgenden praktischen Auswirkungen:

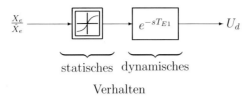

statisches dynamisches

Verhalten

Abb. 9.14: *Ersatzsystem für ein dynamisch symmetrisches Stellglied vom Typ 1 (nicht-lineare statische Kennlinie)*

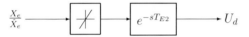

Abb. 9.15: *Ersatzsystem für ein dynamisch symmetrisches Stellglied vom Typ 2 (lineare statische Kennlinie)*

1. Die dynamische Symmetrierung ermöglicht die Berechnung einer einfachen Näherung des Großsignalverhaltens.

2. Die dynamische Symmetrierung ermöglicht eine größere Verstärkung des offenen Regelkreises, d.h. die Verzögerungszeitkonstante des innersten, geschlossenen Regelkreises wird unabhängig vom ansteuernden Signal kleiner und damit die Regelgüte größer.

3. Durch die bessere Dynamik des inneren Regelkreises kann die Dynamik aller überlagerter Regelkreise verbessert werden.

4. Mehrfachimpulse, die ohne dynamische Symmetrierung durch die Oberschwingungen in der Ausgangsspannung des Stellglieds bei einer hohen Kreisverstärkung ausgelöst werden können, werden vermieden (größere Störsicherheit).

5. Die dynamische Symmetrierung ermöglicht bei kreisstrombehafteten Umkehrstromrichtern die Verringerung der Typenleistung der Kreisstromdrosseln, da die dynamische Spannungszeitflächen–Beanspruchung der Kreisstromdrosseln vermindert wird.

Praktische Überprüfung der Großsignalnäherung

Das Ergebnis des vorherigen Abschnittes, die neue Näherung, die das Großsignalverhalten des Stellglieds berücksichtigt, soll an einem Stromregelkreis überprüft

werden. Es wird ein Regelkreis nach Abb. 7.7 vorausgesetzt, das Stromrichterstellglied soll ein sechspulsiges, kreisstromarmes Stellglied vom Typ 2 sein (lineare statische Kennlinie). Die Regleroptimierung erfolgt wie in Kap. 7.1.1. Damit
ergibt sich die Amplitudendurchtrittsfrequenz zu:

$$\omega_d = 26,5° \cdot \frac{\pi}{180° \cdot T_t} = 538 \, \frac{rad}{s} \tag{9.50}$$

mit $T_t = T_{E2} = 0,86 \, ms$; $p = 6$; $f_N = 50 \, Hz$.

Aus der Forderung $|F_0(j\omega_d)| = 1$ ergibt sich für die Reglerverstärkung V_R nach
Gl. (7.26)

$$V_R = \frac{T_A \cdot r_A \cdot \omega_d}{V_{STR}} \tag{9.51}$$

Mit der Annahme $r_A/V_{STR} = 1$ wird V_R/T_A zu:

$$\frac{V_R}{T_A} = K_{I,opt} = \omega_d = 538 \, \frac{rad}{s} \tag{9.52}$$

Die praktischen Ergebnisse zeigt Abb. 9.16. Als Leistungteil wurde dabei ein
dynamisch symmetrierter kreisstromarmer Umkehrstromrichter eingesetzt. Auf
dessen Aufbau und Funktionsweise soll an dieser Stelle nicht näher eingegangen
werden, da dies in [37] ausführlich behandelt wird. Bei der Bezeichnung der
dargestellten Signale wurde die in [37] verwendete Nomenklatur zugrundegelegt.

Die Ergebnisse bestätigen die theoretischen Vorhersagen. In Abb. 9.16.a ist
die eine gute Dynamik des Regelkreises zu erkennen; die An– und Ausregelzeiten
betragen im statistischen Mittel etwa $t_{an} = 6 \, ms$, $t_{aus} = 8 \, ms$. Im Verlauf des
Laststromistwertes tritt trotz der guten Dynamik kein Überschwingen auf.

Durch die Abb. 9.16.b und c soll gezeigt werden, daß Umkehrstromrichter
auch bei Sollwertfrequenzen $> 25 \, Hz$ noch einwandfrei arbeiten und damit in
der Praxis auch in diesem Frequenzbereich eingesetzt werden können. Die gute
Übereinstimmung zwischen Theorie und praktischen Ergebnissen gilt allerdings
nur bei nichtlückendem Strom. Bei lückendem Strom ergeben sich wesentlich
ungünstigere Ergebnisse. Abb. 9.17 zeigt die Stromumkehr bei einem kreisstromfreien Umkehrstromrichter (auch hier sei wieder auf [37] verwiesen).

Bei diesem Stellglied wird im allgemeinen der Gleichstrom nicht per elektronischem Gleichstromwandler vorzeichenrichtig gemessen, sondern es wird mit zwei
Wechselstromwandlern und mit einer Diodenbrücke das Abbild des Gleichstroms
auf der Drehspannungsseite gemessen (siehe Abb. 8.15); eine solche Messung zeigt
daher das Vorzeichen des Gleichstroms nicht mehr. In Abb. 9.17 kann deshalb
nur der Betrag des Gleichstroms dargestellt werden.

Weiterhin ist zu beachten, daß bei einem kreisstromfreien Umkehrstromrichter jeweils nur das für die jeweilige Stromrichtung zuständige Stromrichterstellglied angesteuert werden darf und damit — wegen der Freiwerdezeit der Thyristoren — beim Wechsel der Stromrichtung eine Stromnullpause (Phase c in
Abb. 9.17) eingehalten werden muß. Ferner wird die Ausregelzeit umso langsamer, je kleiner der Stromsollwert ist.

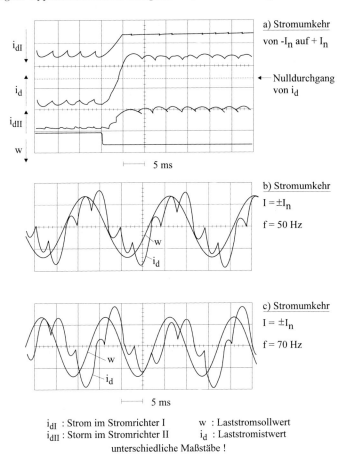

i_dI : Strom im Stromrichter I   w : Laststromsollwert
i_dII : Storm im Stromrichter II   i_d : Laststromistwert
unterschiedliche Maßstäbe !

Abb.9.16: *Ergebnisse bei einem kreisstromarmen symmetrierten Umkehrstromrichter,* $K_I \approx K_{I,opt}$

Eine genauere Untersuchung der Gründe dieser Verschlechterung der Dynamik erfolgt in Kap. 10. Hier sei nur bemerkt, daß im Lückbereich des Stroms das Stellglied eine wesentlich geringere statische Verstärkung aufweist, die außerdem eine Funktion des Stroms ist und mit abnehmendem Strom sinkt. Außerdem ändert sich die Übertragungsfunktion der Strecke, da die Ankerkreis–Zeitkonstante T_A im Lückbereich regelungstechnisch nicht mehr wirksam ist. Eine Untersuchung der Verhältnisse im Lückbereich ist relativ einfach nur im z–Bereich möglich, d.h. wenn eine Linearisierung um einen Arbeitspunkt angenommen wird.

Die Grundkenntnisse der Abtasttheorie und der z–Transformation können nicht allgemein vorausgesetzt werden. Es wird daher das Studium des Kapitels 6 empfohlen, welches die Abtasttheorie und die z–Transformation — einschließlich der digitalen Regelungsverfahren — einführend behandelt.

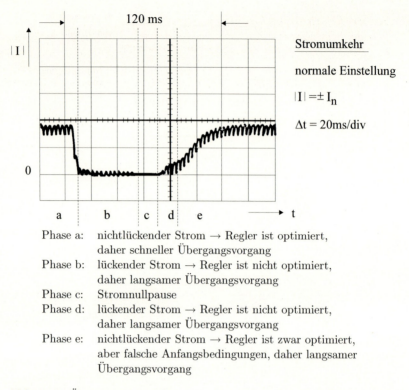

Phase a: nichtlückender Strom → Regler ist optimiert,
           daher schneller Übergangsvorgang
Phase b: lückender Strom → Regler ist nicht optimiert,
           daher langsamer Übergangsvorgang
Phase c: Stromnullpause
Phase d: lückender Strom → Regler ist nicht optimiert,
           daher langsamer Übergangsvorgang
Phase e: nichtlückender Strom → Regler ist zwar optimiert,
           aber falsche Anfangsbedingungen, daher langsamer
           Übergangsvorgang

Abb. 9.17: *Übergangsvorgang bei einem kreisstromfreien Umkehrstromrichter*

9.7   Zusammenfassung

In diesem Kapitel wurden verschiedene Möglichkeiten der regelungstechnischen
Beschreibung von netzgeführten Stromrichterstellgliedern untersucht. Als Ergebnisse lassen sich folgende Punkte festhalten:

1. **Dynamische Unsymmetrie von Stromrichterstellgliedern**
   Stromrichterstellglieder zeigen in der Realiät ein unsymmetrisches Verhalten bei dynamischen Übergängen. Mit der vereinfachten Approximation
   durch ein Totzeitglied mit $T_t = T_N/(2p)$ kann daher das Großsignalverhalten nicht ausreichend nachgebildet werden.

2. **Kompensation des unsymmetrischen Verhaltens**
   Durch eine entsprechende Schaltung ist es jedoch möglich, die dynamische
   Unsymmetrie von Stromrichterstellgliedern nahezu vollständig zu kompensieren. Basierend auf dieser Symmetrierung kann eine neue Näherung für
   das regelungstechnische Modell der netzgeführten Stellglieder entworfen
   werden.

3. **Approximation des Großsignalverhaltens**

Eine Modellierung von Stromrichterstellgliedern durch diese Näherung mit globaler Ersatz–Totzeit nach Abb. 9.14 und 9.15 gibt bei nichtlückendem Strom das reale dynamische Verhalten sehr gut wieder. Sie ist daher zur schnellen und überschlägigen Berechnung der Reglerparameter bei der Synthese von Regelkreisen geeignet.

10 Untersuchung von Regelkreisen mit Stromrichtern mit der Abtasttheorie

Im Rahmen der in Kap. 9 vorgenommenen Untersuchungen wurde bei Betrieb des Stromregelkreises mit lückendem Strom eine erhebliche Verschlechterung der Dynamik festgestellt. In diesem Kapitel soll daher das Verhalten von Steuersatz und Stromrichter (siehe Abb. 9.1) in diesem Betriebsbereich untersucht und Gegenmaßnahmen erarbeitet werden.

Eine solche Untersuchung ist mit vertretbarem Aufwand jedoch nur nach einer Linearisierung des Stromregelkreises am Arbeitspunkt durchführbar. Im folgenden wird daher das Systemverhalten ausschließlich bei differentiellen Änderungen des stationären Zustands betrachtet. Unter diesen Voraussetzungen kann das Stromrichterstellglied auf ein Abtastsystem mit angenähert konstanter Tastperiode zurückgeführt werden, wodurch zusätzlich die Darstellung des Systems im z–Bereich ermöglicht wird.

Analog zu Kap. 9 sollen bei der Ableitung des Modell–Abtastsystems Steuersatz und Stromrichter zunächst getrennt betrachtet werden. Darüberhinaus wollen wir uns bei den Untersuchungen auf einen linearen Steuersatz ohne dynamische Symmetrierung beschränken.

Um das allgemeine Verhalten des Stellgliedes bei differentieller Verstellung der Eingangsspannung zu verdeutlichen und um vergleichbare Ergebnisse mit dem in Kap. 9 entwickelten Laufzeitsystem zu erhalten, werden zunächst Steuersatz und Stromrichter bei nichtlückendem Strom untersucht. Auf diesen Erkenntnissen aufbauend wird anschließend der Lückbetrieb betrachtet. Die Diskussion verschiedener Möglichkeiten der bereichsübergreifenden Regelung schließt das Kapitel ab.

Analog zu Kap. 9 wollen wir auch die Ausführungen in diesem Kapitel, die Wahl der wichtigen Parameter des Stromrichterstellgliedes betreffend, möglichst allgemein halten. Um die Anschaulichkeit jedoch nicht zu beeinträchtigen, werden die Untersuchungen am Beispiel des Stellgliedtyps 1 (nichtlineare statische Kennlinie, siehe Gl. (9.3)) vorgenommen. Diese Beschränkung wurde gewählt, um in Kap. 11 einen Vergleich der unterschiedlichen Verfahren zur Untersuchung von netzgeführten Stromrichterstellgliedern zu ermöglichen; eine Erweiterung des in diesem Kapitel vorgestellten Verfahrens ist aber auf beliebige Stromrichterstellglieder ohne Änderung der Ableitung möglich. Damit ist das Verfahren **generell**

einsetzbar. Die folgenden Änderungen können einzeln oder beliebig kombiniert vorgenommen werden:

1. Änderung der statischen Kennlinie $u_d = f(x_e)$,

2. Änderung der Pulszahl p des Stromrichterstellgliedes,

3. Änderung der Frequenz f_N des Spannungssystems N,

4. Berücksichtigung des Stromlückens,

5. Berücksichtigung der Impedanz des Spannungssystems N (interessant bei HGÜ–Untersuchungen),

6. Berücksichtigung einer vor dem Steuersatz eingebauten Symmetrierschaltung (siehe Abb. 9.11).

Das vorliegende Verfahren ist infolgedessen zur Analyse und Synthese von beliebigen Regelkreisen mit Stromrichterstellgliedern geeignet.

In Kap. 9 war das Stromrichterstellglied durch unnormierte Größen beschrieben worden. Da für die Grundlagen der Gleichstromnebenschlußmaschine, deren Streckenverhalten bei den folgenden Ausführungen als Beispiel herangezogen werden soll, bereits in Kap. 7 die normierte Darstellung verwendet wurde, wollen wir nun auf diese Darstellungsform übergehen. Analog zu [35, 36] werden die normierten Größen wie folgt gebildet:

$$\text{Steuersatzeingangsspannung} \quad x_e = \frac{X_e}{\hat{X}_e} = \frac{X_e}{U_{RN}}$$

$$\text{Stromrichterausgangsspannung} \quad u_d = \frac{U_d}{U_{dN}}$$

$$\text{Ankerstrom} \quad i_A = \frac{I_A}{I_{AN}}$$

$$\text{induzierte Gegenspannung} \quad e_A = \frac{E_A}{U_{AN}}$$

Die diesem Kapitel zugrundeliegenden Verfahren wurden in [229] entwickelt und in [232] und [234] erweitert.

Abbildung 10.1 zeigt den Signalflußplan der Regelkreisanordnung, die unter der Annahme $x_e < 1$ als Beispiel für die Ableitungen in diesem Kapitel herangezogen werden soll. Die Regelkreisanordnung leitet sich aus dem Stromregelkreis der Gleichstromnebenschlußmaschine nach Abb. 7.1 ab, wenn eine EMK–Aufschaltung nach Abb. 7.2 vorausgesetzt wird.

Bei konstantem Sollwert i_A^* ergeben sich für den Regelkreis nach Abb. 10.1 die in derselben Abbildung dargestellten stationären Signalverläufe. Wie zu erkennen ist, sind aufgrund der Form der Ausgangsspannung u_d des Stromrichters (Ausschnitte der Phasenspannungen) alle Signale in der Informationsverarbeitung oberschwingungsbehaftet. Um die Auswirkungen der Signalwelligkeit untersuchen zu können, wollen wir annehmen, daß kein Tiefpaß im Rückführkanal vorhanden sei ($G_r(s) = 1$).

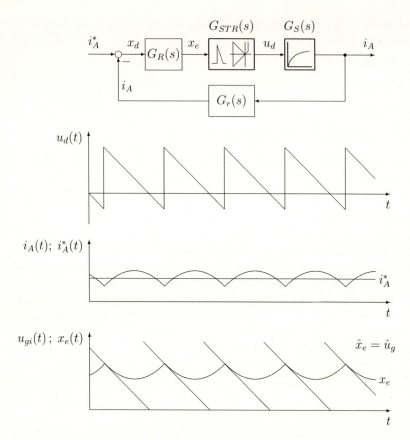

Abb. 10.1: *Regelkreis mit Stromrichterstellglied Typ 1*

10.1   Untersuchung des Steuergerätes ohne dynamische Symmetrierung

Die Ableitung eines Modell–Abtastsystems für Regelkreise mit netzgeführten Stromrichterstellgliedern erfordert das Aufstellen einer linearen Übertragungsfunktion für das Stellglied bei differentiellen Störungen. Dazu soll in diesem Abschnitt das Verhalten des Steuergerätes untersucht werden.

Die Ergebnisse aus Kap. 9.2 hatten gezeigt, daß eine Verstellung der Steuersatzeingangsspannung x_e nicht mit stationärer Zündimpulsfrequenz übertragen werden kann, da die Zündimpulsfrequenz selbst eine Funktion von x_e ist; d.h. der Steuersatz verhält sich prinzipiell wie ein Pulsphasenmodulator. Bei einer konstanten, differentiellen Störung dx_e des Eingangssignals x_e wird somit eine differentielle Phasenverschiebung des Zündimpulses bezogen auf den stationären Zustand auftreten. Zur anschaulichen Klärung der Verhältnisse dient Abb. 10.2.

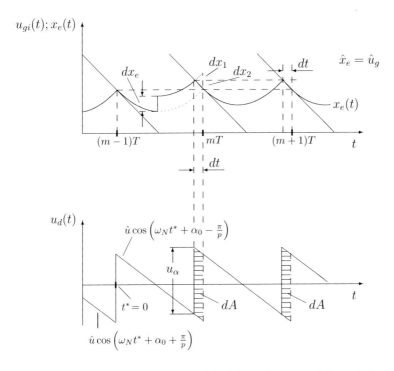

Abb. 10.2: *Netzgeführtes Stromrichterstellglied Typ 1 bei einer differentiellen Störung*

Wir wollen nun die zeitliche Verschiebung dt des Zündimpulses bei einer differentiellen Störung dx_e berechnen.

Es gilt:

$\dot{u}_g$:   Steigung einer Grundspannung u_g am Arbeitspunkt $\alpha_0 \,\hat{=}\, x_{e0}$

$\dot{x}_{e-}$:   Steigung des Eingangssignals x_e im stationären Zustand
           zum Zeitpunkt $t = mT - 0$ (linksseitiger Grenzwert)

u_α: sprungförmige Änderung der Stromrichterausgangsspannung
           $u_d(t)$ im Zündzeitpunkt

Aus Abb. 10.2 ist zu erkennen, daß sich die Änderung der Eingangsspannung dx_e aus zwei Anteilen zusammensetzt

$$dx_e = dx_1 + dx_2 \tag{10.1}$$

die wie folgt berechnet werden können:

$$dx_1 = -\dot{x}_{e-}\, dt \tag{10.2}$$

$$dx_2 = \dot{u}_g\, dt \tag{10.3}$$

Damit ergibt sich dx_e zu

$$dx_e = (\dot{u}_g - \dot{x}_{e-})dt \tag{10.4}$$

mit

$$\dot{x}_{e-} = f(G_{0,lin}, x_{eo}) = \dot{x}_e \, (-0) \tag{10.5}$$

$$\dot{u}_g = f(x_{e0}) \quad \text{(für Stellgliedtyp 2, lin. statische Kennlinie)} \tag{10.6}$$

$G_{0,lin}$ steht dabei für die Übertragungsfunktion des linearen Anteils des offenen Regelkreises *ohne* das Stellglied. Bei Verwendung eines Regelkreises nach Abb. 10.1 erhält man also $G_{0,lin} = -G_R G_S G_r$. Für dt ergibt sich

$$dt = \frac{dx_e}{\dot{u}_g - \dot{x}_{e-}} \tag{10.7}$$

Für $\dot{u}_g$ und $\dot{x}_{e-}$ sind in Gl. (10.7) jeweils die realen Werte unter Berücksichtigung der Vorzeichen einzusetzen. Unter der Annahme von $\dot{u}_g, \dot{x}_{e-} < 0$ wie in Abb. 10.2 bewirkt damit ein positives Inkrement dx_e eine Verschiebung des Zündzeitpunktes um dt in negative Richtung und umgekehrt.

Mit Hilfe von Gl. (10.7) kann nun bei beliebigem zeitlichen Verlauf der Grundspannungen $u_{gi}(t)$ und der Eingangsspannung $x_e(t)$ des Steuersatzes die zeitliche Auslenkung der Zündimpulse aus der stationären Lage bei einer differentiellen Änderung dx_e berechnet werden. Um die Übertragungsfunktion des Stellgliedes aufstellen zu können, müssen wir nun ebenso das Verhalten des Stromrichters bei differentiellen Störungen untersuchen.

10.2 Untersuchung des Stromrichters

Aus Abb. 10.2 ist ablesbar, daß sich bei einer Verstellung der Phasenlage der Zündimpulse im Spannungssystem N die Ausgangsspannung $u_d(t)$ des Stromrichters um den Spannungszeitflächenimpuls dA ändert. Diese Spannungszeitfläche dA ist proportional zur Differenz u_α der in Abb. 10.2 eingetragenen Spannungen zum Zeitpunkt der letzten Zündung vor Änderung der Eingangsspannung ($t^* = 0$) berechnet werden. Die formelmäßige Beschreibung der Spannungen bezieht sich ebenfalls auf diesen Zeitpunkt (analog zu Abb. 9.7). Für differentielle Änderungen dx_e kann die Sprunghöhe u_α annähernd als konstant angesehen werden ($u_\alpha|_{t^*=mT} = u_\alpha|_{t^*=0}$); für dA ergibt sich damit:

$$dA \approx u_\alpha \cdot dt \tag{10.8}$$

$$dA \approx \hat{u} \left\{ cos\left(\alpha_0 - \frac{\pi}{p}\right) - cos\left(\alpha_0 + \frac{\pi}{p}\right) \right\} \cdot dt \tag{10.9}$$

Setzt man voraus, daß sich alle anderen Elemente im Regelkreis hinreichend linear verhalten, können die Wirkungen des stationären Anteils der Ausgangsspannung und des Spannungszeitflächenimpulses überlagert, d.h. unabhängig voneinander berechnet werden. Unter dieser Voraussetzung kann das Stromrichterstellglied als Abtaster mit annähernd konstanter Tastfrequenz aufgefaßt werden, denn

eine konstante Störung dx_e am Eingang des Steuersatzes erzeugt eine äquidistante Impulsfolge der Spannungszeitfläche dA am Ausgang.

Die Grundlagen der Abtasttheorie werden in Kap. 6.1.1 behandelt. Das für die
Entwicklung eines Modell–Abtastsystems für das Stromrichterstellglied benötigte
Wissen reicht jedoch über diese Grundlagen hinaus; wir wollen daher an dieser
Stelle einen weiteren Exkurs in die Abtasttheorie unternehmen.

Die mathematische Beschreibung eines idealen Abtasters lautet (vgl.
Kap. 6.1.1):

idealer
Abtaster $\qquad f(t)$ •————— $f^*(t)$

$$f^*(t) \;=\; \sum_{k=0}^{\infty} f(kT)\cdot\delta(t-kT) \;=\; f(t)\cdot\delta_T(t) \tag{10.10}$$

$$F^*(s) \;=\; F(s)*\delta_T(s) \qquad \text{(komplexe Faltung)} \tag{10.11}$$

Dabei beschreibt Gl. (10.10) die Umsetzung der kontinuierlichen Funktion $f(t)$
in eine unendliche Folge von Dirac–Impulsen mit der Höhe $f(kT)$ im Abstand
T.

Bei diesem Abtastvorgang wird eine unendlich kleine Schließungsdauer des
Abtasters vorausgesetzt. Dies ist in der Praxis aber nie zu erreichen, so daß
schon recht frühzeitig Überlegungen stattfanden, wie Abtastsysteme mit einer
endlichen Schließungsdauer h zu behandeln sind (z.B. [55]).

Um das Ausgangssignal $F_p^*(s)$ des Abtasters mit endlicher Schließungsdauer
h im Laplace–Bereich zu erhalten, müssen wir analog zu Gl. (10.11) die La-
placetransformierte $F(s)$ des Eingangssignals $f(t)$ komplex falten mit der La-
placetransformierten $U_p(s)$ der periodischen Einheitssprungfunktion $u_p(t)$ mit
der zeitlichen Dauer h; die sich ergebende Funktion wird im englischen Schrifttum
mit der Fußnote p (finite pulse duration) gekennzeichnet.

$$F_p^*(s) = F(s)*U_p(s) \tag{10.12}$$

mit

$$U_p(s) = \underbrace{\frac{1-e^{-hs}}{s}}_{\substack{\text{Einheitspuls mit} \\ \text{der Breite } h \\ \text{im } s\text{–Bereich}}} \cdot \underbrace{\frac{1}{1-e^{-Ts}}}_{\substack{\text{periodische} \\ \text{Fortsetzung mit } T \\ \text{im } s\text{–Bereich}}} \tag{10.13}$$

Durch Anwendung des komplexen Faltungssatzes ergibt sich:

$$F_p^*(s) = \frac{1}{2\pi j}\int_{c-j\infty}^{c+j\infty} F(\varepsilon)\cdot\frac{1-e^{-h(s-\varepsilon)}}{(s-\varepsilon)\left(1-e^{-T(s-\varepsilon)}\right)}\,d\varepsilon \tag{10.14}$$

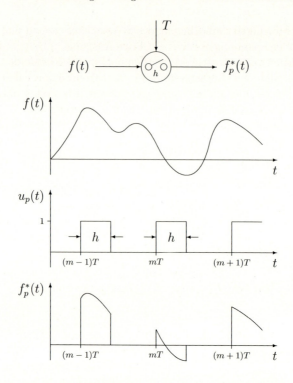

Abb. 10.3: *Abtaster mit endlicher Schließungsdauer h*

Bei einfachen Polen kann wie folgt vereinfacht werden, wenn das Integral in der linken Halbebene ausgewertet wird:

$$F_p^*(s) = \sum_{\text{Pole } \varepsilon} \frac{A(\varepsilon)}{B'(\varepsilon)} \cdot \frac{1 - e^{-h(s-\varepsilon)}}{(s - \varepsilon)\left(1 - e^{-T(s-\varepsilon)}\right)} \tag{10.15}$$

$$\text{mit} \quad F(\varepsilon) = \frac{A(\varepsilon)}{B(\varepsilon)} \qquad B'(\varepsilon) = \frac{dB(\varepsilon)}{d\varepsilon} \tag{10.16}$$

Um die Verhältnisse an ein Stromrichterstellglied anzunähern, wollen wir annehmen, die Ausgangsspannung $u_d(t)$ des Stellgliedes sei während der Zeit h konstant und habe den Wert c; dies gilt beim Stellglied umso eher, je kleiner die Auslenkung der Zündimpulse aus der stationären Lage ist.

Bei dieser Vereinfachung werden am Ausgang äquidistante Rechteckimpulse mit der Fläche $dA = c \cdot h$ vorhanden sein. Im Laplace–Bereich gilt somit:

$$F_p^*(s) = c \cdot \frac{1 - e^{-hs}}{s} \cdot \frac{1}{1 - e^{-Ts}} \tag{10.17}$$

Da das Stromrichterstellglied nur bei differentiellen Störungen dx_e untersucht werden soll, müssen wir in der obigen Formel $h \to 0$ gehen lassen, um das Abtastsystem mit endlicher Pulsbreite auf ein äquivalentes ideales Abtastsystem zurückzuführen. Durch Reihenentwicklung von e^{-hs} ergibt sich:

$$F_p^*(s) = \frac{c}{s}\left\{1 - \left(1 - \frac{hs}{1!} + \frac{(hs)^2}{2!} - \frac{(hs)^3}{3!} + -\ldots\right)\right\}\frac{1}{1 - e^{-Ts}} \qquad (10.18)$$

$$= c \cdot h \cdot \left(1 - \frac{hs}{2!} + \frac{(hs)^2}{3!} - + \ldots\right)\frac{1}{1 - e^{-Ts}} \qquad (10.19)$$

Da $\lim\limits_{h \to 0}\{h^n s^{n-1}\} = 0$ (n, s beliebig), ergibt sich mit $h \ll T \;\hat{=}\; h \to 0$ endgültig:

$$F^*(s) = \lim\limits_{\substack{h \to 0 \\ dA=const.}} F_p^*(s) = \frac{dA}{1 - e^{-Ts}} = \frac{c \cdot h}{1 - e^{-Ts}} \qquad (10.20)$$

Wird Gl. (10.20) auf das Stromrichterstellglied übertragen, so gilt für die durch dx_e hervorgerufene Änderung der Stromrichterausgangsspannung u_d im Zündintervall T:

$$du_d^*(s) = \frac{dA}{T}\cdot\frac{1}{1 - e^{-Ts}} = \frac{u_\alpha}{T}\frac{1}{\dot{u}_g - \dot{x}_{e-}}\cdot\frac{1}{1 - e^{-Ts}}\cdot dx_e(s) \qquad (10.21)$$

Mit

$$\frac{u_\alpha}{T}\frac{1}{\dot{u}_g - \dot{x}_{e-}} = K_\alpha \qquad (K_\alpha \text{ dimensionslos}) \qquad (10.22)$$

ergibt sich die Übertragungsfunktion des Stromrichterstellgliedes für differentielle Änderungen der Eingangsspannung zu

$$G_{STR}(s) = \frac{du_d^*(s)}{dx_e(s)} = \frac{K_\alpha}{1 - e^{-Ts}} \qquad (10.23)$$

Wir können somit das Stromrichterstellglied bei differentiellen Störungen auf ein ideales Abtastsystem mit äquidistanten Tastzeitpunkten und dem Verstärkungsfaktor K_α zurückführen; Abbildung 10.4 zeigt die Beschreibung dieses Systems analog zu Gl.(10.10).

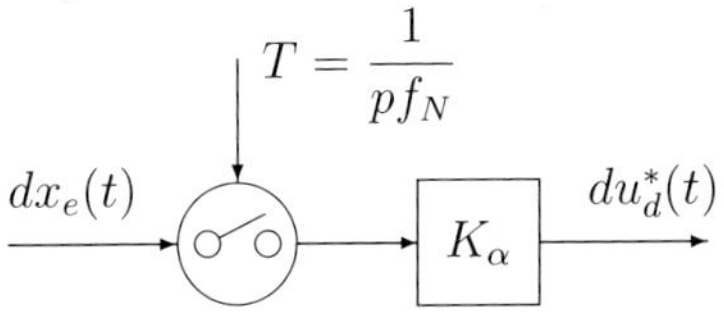

$$du_d^*(t) = K_\alpha \cdot dx_e(t) \cdot \delta_T(t) \qquad (10.24)$$

Abb. 10.4: *Modell–Abtastsystem für das Stromrichterstellglied mit dem Verstärkungsfaktor K_α*

Für den Regelkreis nach Abb. 10.1 können wir damit die Übertragungsfunktion des offenen Regelkreises bei differentiellen Störungen aufstellen. Für Regler und Strecke sollen die folgenden Konfigurationen gelten (mit K_I als dem Verstärkungsfaktor des offenen Regelkreises):

$$\text{Regler:} \quad G_R(s) = \frac{V_R\left(1 + sT_n\right)}{sT_n} \tag{10.25}$$

$$\text{Strecke:} \quad G_S(s) = \frac{V_S}{1 + sT_A} \tag{10.26}$$

$$\text{Rückführung:} \quad G_r(s) = 1 \tag{10.27}$$

$$\Rightarrow \quad K_I = \frac{V_R V_S}{T_n} \tag{10.28}$$

Für die Berechnung des sich im jeweils folgenden Abtastzeitpunkt (z.B. $(m+1)T$) ergebenden Reglersignals genügt es, sich auf dieses Abtastintervall $([mT;(m+1)T])$ zu beschränken. Damit geht Gl. (10.23) über in

$$G_{STR}(s) = \frac{du_d^*(s)}{dx_e(s)} = K_\alpha \tag{10.29}$$

Für den linearen Teil des Regelkreises erhält man für $T_n = T_A$

$$-G_{0,lin}(s) = G_R(s)\, G_S(s)\, G_r(s) = \frac{K_I}{s} \tag{10.30}$$

Die Übertragungsfunktion für den offenen Regelkreis lautet damit

$$-G_0(s) \quad = \quad G_{STR}(s) \cdot G_{0,lin}(s) \tag{10.31}$$

$$= \quad K_\alpha \cdot \frac{K_I}{s} \tag{10.32}$$

Durch die Wahl der Reglernachstellzeit zu $T_n = T_A$ erhält der lineare Teil der Regelkreises $G_{0,lin}(s)$ integrales Verhalten. Damit ist es möglich, daß ein Impuls am Ausgang des Stromrichterstellglieds die Amplitude der Steuersatzeingangsspannung im gleichen Tastzeitpunkt beeinflußt. (Eine ausführliche Diskussion dieser Eigenschaft ist in Kap. 12.1 zu finden.)

Um dies bei der Darstellung des Systems im z–Bereich zu berücksichtigen, wird anstelle der normalen z–Transformation die modifizierte z–Transformation (siehe Kap. 12.1, Kap. 6.1.3 und [56]) verwendet. Für die spezielle Übertragungsfunktion des offenen Regelkreises im nichtlückenden Betrieb ergibt sich damit

$$-G_{0s}(z) = \frac{K_\alpha K_I}{z - 1} \tag{10.33}$$

Mit diesem Modell können Regelkreise mit netzgeführten Stromrichterstellgliedern bei differentiellen Störungen untersucht werden; jedoch bleibt man dabei auf den Betrieb mit nichtlückendem Strom beschränkt.

10.3 Stromrichterstellglied bei lückendem Strom

Die dynamischen Eigenschaften eines Regelkreises mit einem netzgeführten Stromrichterstellglied müssen sich bei unveränderten Parametern des Stromreglers im Bereich „lückender Strom" wesentlich gegenüber den dynamischen Eigenschaften im Bereich „nichtlückender Strom" unterscheiden, da in der Praxis in Abhängigkeit vom Kennzeichen „Strom" eine wesentliche Verschlechterung der Regeldynamik festzustellen ist. Um eine genauere Untersuchung einerseits mit einfachen Mitteln durchzuführen und um andererseits möglichst exakt zu sein, sollen die dynamischen Eigenschaften im Lückbereich des Stroms durch ein Modell approximiert werden, das auf dem Abtastsystem nach Abb. 10.4 aufbaut.

Analog dem Vorgehen in vorangegangenen Abschnitt für nichtlückenden Strom soll zunächst wieder die Übertragungsfunktion des Stromrichterstellgliedes aufgestellt werden. Damit wird dann die Berechnung des Laststromverlaufs im Lückbetrieb möglich.

Für die folgenden Überlegungen wird wieder der einschleifige Regelkreis nach Abb. 10.1 vorausgesetzt; diesmal sollen die Regelkreisglieder die folgenden Übertragungsfunktionen besitzen:

$$\text{Regler:} \quad G_R(s) = \frac{V_R}{sT_n} \tag{10.34}$$

$$\text{Strecke:} \quad G_S(s) = \frac{V_s}{1 + sT_A} \tag{10.35}$$

$$\text{Rückführung:} \quad G_r(s) = 1 \tag{10.36}$$

$$\Rightarrow \quad K_I = \frac{V_R V_S}{T_n} \tag{10.37}$$

Wie im vorangegangenen Abschnitt bereits festgestellt wurde, löst eine differentielle Störung dx_e der Eingangsspannung, beispielsweise zum Zeitpunkt $(m-1)T \le t \le mT$, eine äquidistante Folge von Spannungszeitflächenimpulsen am Ausgang des Stromrichterstellgliedes aus. Diese Aussage gilt prinzipiell auch im Lückbetrieb; um die sich dort ergebenden Verhältnisse zu erkennen, müssen wir jedoch die Strecke bzw. den linearen Teil des Regelkreises in unsere Überlegungen miteinbeziehen.

In Abb. 10.5 entsteht durch die Verstellung der Eingangsspannung im Intervall $(m-1)T \le t \le mT$ um $-dx_e$ zum Zündzeitpunkt mT die Spannungszeitfläche dA_1, die sich analog zu Gl. (10.8) berechnen läßt.

$$dA_1 \approx u_{\alpha l}\, dt_1 = \frac{u_{\alpha l}}{T} \frac{1}{\dot{u}_g - \dot{x}_{e-}} \cdot dx_e(t) \tag{10.38}$$

$$\text{mit} \quad \frac{u_{\alpha l}}{T} \frac{1}{\dot{u}_g - \dot{x}_{e-}} = K_{\alpha l} \tag{10.39}$$

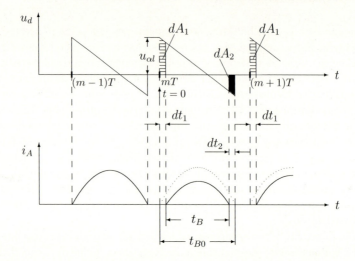

zu beachten: Zu Beginn von Kap. 10.1 war eine vollständige Kompensation der Gegenspannung e_A im Regelkreis durch eine EMK–Aufschaltung vorausgesetzt worden. Kann dies nicht vorausgesetzt werden, muß beachtet werden, daß die für die Berechnung von dA_1 benötigte Größe $u_{\alpha l}$ erst ab der Amplitude der Gegenspannung e_A zu zählen ist; für den Strom gilt jedoch weiterhin: $i_A(t) = 0$ für $t \neq t_B$.

Abb. 10.5: *Dynamische Verhältnisse bei differentieller Störung im Lückbetrieb*

Aufgrund der negativen Verstellung der Eingangsspannung verkürzt sich die Einschaltdauer des Ventils, in der $u_d > 0$ ist und damit die Stromführungsdauer zu Beginn um dt_1. Bedingt dadurch kann sich der Strom an der Last nur auf einen gegenüber der Ausgangssituation geringeren Wert aufbauen. Aufgrund der Spannungszeitflächenbalance kommt es zu einer weiteren Verkürzung der Stromführungsdauer um dt_2. Die gesamte Stromführungsdauer verkürzt sich damit von t_{B0} auf $t_B = t_{B0} - dt_1 - dt_2$; d.h., der mit der Zeitkonstanten der Strecke abklingende Stromzuwachs wird nach der Stromführungsdauer t_B durch eine zweite Spannungszeitfläche dA_2 zu Null erzwungen. Dies muß bei der Anwendung des Superpositionsprinzips beachtet werden.

Solange die Streckenzeitkonstante $T_A \gg dt_1, dt_2$ ist, können bei differentiellen Störungen die Spannungszeitflächen mit endlicher Pulsbreite (Abb. 10.5) in flächengleiche Dirac–Impulse mit den Flächen dA_1 und dA_2 umgewandelt werden; dann gilt

$$du_d^*(t) = \frac{dA_1}{T}\,\delta_T(t) - \frac{dA_2}{T}\,\delta_T(t - t_B) \qquad (10.40)$$

Für Gl. (10.40) und die weiteren Überlegungen gilt der neu gesetzte Zeitursprung $mT \;\hat{=}\; t = 0$ (siehe Abb. 10.5). Darüberhinaus wollen wir uns im folgenden wieder auf ein Abtastintervall beschränken, beispielsweise $mT \hat{=} 0 < t < (m+1)T$. Mit der Beziehung $dA_1/T = K_{\alpha l}dx_e$ und dem Zusammenhang $dA_2 = dA_1\, e^{-\frac{t_B}{T_A}}$, der aufgrund der Anregung der Strecke mit einem δ–Impuls besteht, geht die Stromrichterausgangsspannung über in

$$du_d(t) = K_{\alpha l}\left(\delta(t) - e^{-\frac{t_B}{T_A}}\,\delta(t - t_B)\right) \cdot dx_e(t) \tag{10.41}$$

Für die Übertragungsfunktion des Stellgliedes ergibt sich damit:

$$G_{STR}(s) = \frac{du_d(s)}{dx_e(s)} = K_{\alpha l}\left(1 - e^{-\frac{t_B}{T_A}}\,e^{-st_B}\right) \tag{10.42}$$

Da die Impulse zeitversetzt aufeinander folgen, kann der Laststrom für die Abschnitte $0 < t < t_B$ und $t_B \le t \le T$ getrennt berechnet werden.

Stromverlauf aufgrund dA_1, $0 < t < t_B$:

$$di_A(s) = K_{\alpha l} \cdot G_S(s) \cdot dx_e(s) \tag{10.43}$$

$$\rightarrow \quad di_A(t) = K_{\alpha l} \cdot \frac{V_S}{T_A}\, e^{-\frac{t}{T_A}} \cdot dx_e(t), \qquad 0 < t < t_B \tag{10.44}$$

Unter der Bedingung $i_A(t_B) = 0$, $di_A(t_B) \approx 0$, d.h. $T_A \gg t_B$, läßt sich der Stromverlauf aufgrund von dA_1 und dA_2, $t_B \le t \le T$, berechnen:

$$di_A(s) = G_{STR}(s) \cdot G_S(s) \cdot dx_e(s) \tag{10.45}$$

$$\rightarrow \quad di_A(t) = K_{\alpha l}\left(e^{-\frac{t}{T_A}} - e^{-\frac{t_B}{T_A}}\,e^{-\frac{t-t_B}{T_A}}\right) \cdot \frac{V_S}{T_A} \cdot dx_e(t), \qquad t_B \le t \le T \tag{10.46}$$

Wie aus Gl. (10.46) zu erkennen ist, heben sich die beiden ursprünglich durch dA_1 und dA_2 verursachten Anteile für $t_B \le t \le T$ gegenseitig auf, d.h. eine differentielle Änderung des Stroms besteht auch nur solange Strom geführt wird.

In Abb. 10.6 sind die soeben aufgezeigten Verhältnisse dargestellt. Um die Auswirkung des Stellgliedes auf die Regelkreissignale untersuchen zu können, wurde dieser vor dem Steuersatz aufgeschnitten. Damit können wir nun nicht mehr von einer Eingangsspannungsverstellung dx_e sprechen, sondern müssen zwischen dx_{e0} am Eingang und dx_{e1} am Ausgang des nun offenen Regelkreises unterscheiden. Die Unterteilung in die zeitlichen Abschnitte $0 < t < t_B$ und $t_B \le t \le T$ soll weiter beibehalten werden. Analog zu Gl. (10.43) kann der Verlauf von $dx_{e1}(t)$, $0 < t < t_B$, berechnet werden zu ($G_r(s) = 1$):

$$dx_{e1}(s) = K_{\alpha l} \cdot G_S(s)\, G_R(s) \cdot dx_{e0}(s) \tag{10.47}$$

$$dx_{e1}(s) = K_{\alpha l} \cdot \frac{K_I}{s(1 + sT_A)} \cdot dx_{e0}(s) \tag{10.48}$$

$$\rightarrow \quad dx_{e1}(t) = K_{\alpha l} \cdot K_I\left(1 - e^{-\frac{t}{T_A}}\right) \cdot dx_{e0}(t) \tag{10.49}$$

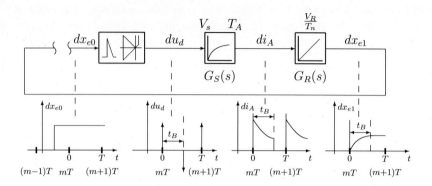

Abb. 10.6: *Verhalten des aufgeschnittenen Regelkreises*

Analog zu Gl. (10.45) ergibt sich der Verlauf von $dx_{e1}(t)$ mit $t_B \leq t \leq T$ zu:

$$dx_{e1}(s) = G_{STR}(s) \cdot G_S(s)\, G_R(s) \cdot dx_{e0}(s) \tag{10.50}$$

$$dx_{e1}(s) = K_{al} \left(1 - e^{-\frac{t_B}{T_A}} e^{-st_B}\right) \cdot \frac{K_I}{s(1 + sT_A)} \cdot dx_{e0}(s) \tag{10.51}$$

$$\rightarrow \quad dx_{e1}(t) = K_{al}\, K_I \left(1 - e^{-\frac{t_B}{T_A}}\right) \cdot dx_{e0}(t) \tag{10.52}$$

Wird nun $t = t_B$ in Gl. (10.49) eingesetzt, stimmt diese mit Gl. (10.52) überein. Dies war aufgrund der Übertragungsfunktion $G_R(s)$ des Reglers: Da das Integratoreingangssignal di_A für $t_B \leq t \leq T$ Null ist, wird ab $t = t_B$ nicht weiter aufintegriert und der Ausgang dx_{e1} bleibt konstant.
Für $t_B \leq t \leq T$ gilt also:

$$dx_{e1}(t) = dx_{e1}(t_B) = dx_{e1}\left((m+1)T\right)$$

Für allgemeine Abtastzeitpunkte und differentielle Änderungen ergibt sich:

$$dx_{e1}((m+1)T) - dx_{e1}(mT) = K_{al}\, K_I \left(1 - e^{\frac{-t_B}{T_A}}\right) \cdot dx_{e0}(mT) \tag{10.53}$$

Nach der Transformation in den z–Bereich folgt

$$dx_{e1}(z) \cdot (z - 1) = K_{al}\, K_I \left(1 - e^{\frac{-t_B}{T_A}}\right) \cdot dx_{e0}(z) \tag{10.54}$$

Aus diesem Zusammenhang kann die spezielle Übertragungsfunktion des offenen Regelkreises im Lückbetrieb berechnet werden zu:

$$-G_{0s}(z) \;=\; \frac{dx_{e1}(z)}{dx_{e0}(z)} = \frac{K_{\alpha lS}\,K_I}{z-1} \qquad (10.55)$$

$$\text{mit} \quad K_{\alpha lS} \;=\; K_{\alpha l}\left(1 - e^{\frac{-t_B}{T_A}}\right) \qquad (10.56)$$

Die wesentlichen Folgen des Lückbetriebes sind somit die Absenkung des Verstärkungsfaktors $K_{\alpha lS}$ in Abhängigkeit von der Brenndauer t_B der Stromrichterventile einerseits und der Fortfall der Pole der Strecke in der Übertragungsfunktion andererseits; die Pole der Strecke verursachen im Lückbetrieb also keine Verzögerung im Regelkreis!

Die Übertragungsfunktion $G_{0s}(z)$ für den Lückbetrieb kann auch auf direktem Weg ermittelt werden, indem nach der Partialbruchzerlegung von $G_{0,lin}$ der durch die Strecke hervorgerufene Partialbruch außer Acht gelassen wird.

$$-G_{0,lin}(s) \;=\; G_R(s)\,G_S(s)\,G_r(s) = \frac{K_I}{s(1 + sT_A)} \qquad (10.57)$$

$$=\; \frac{K_I}{T_A\left[s\left(s + \frac{1}{T_A}\right)\right]} \qquad (10.58)$$

$-G_{0,lin}$ besitzt die Pole $s_1 = 0$ und $s_2 = -\frac{1}{T_A}$. Der Pol s_2 ist ein Pol der Strecke, dieser Pol darf nicht berücksichtigt werden (da $i_A(t_B) = 0$). Mit dieser Einschränkung reduziert sich die Übertragungsfunktion nach der Partialbruchzerlegung auf

$$-G_{0,lin}(s) = \frac{K_I}{s} \qquad (10.59)$$

Beim Übergang in den z–Bereich muß wieder die modifizierte z–Transformation verwendet werden. Damit ergibt sich für die spezielle Übertragungsfunktion des offenen Regelkreises

$$-G_{0s}(z) = K_{\alpha lS} \cdot \frac{K_I}{z-1} \qquad (10.60)$$

Die spezielle Übertragungsfunktion $-G_{0s}(z)$ im Lückbereich entspricht bis auf den unterschiedlichen Verstärkungsfaktor der Übertragungsfunktion im nichtlückenden Bereich (Gl. (10.33)), obwohl im Lückbereich ein I–Regler und im Normalbereich ein PI–Regler vorausgesetzt wurde.

Der Verstärkungsfaktor $K_{\alpha lS}$ ist ebenso direkt mit der Übertragungsfunktion $G_S(s)$ der Strecke zu gewinnen:

$$K_{\alpha lS} = K_{\alpha l}\left[1 - \frac{\left.\mathcal{L}^{-1}\right|_{t=t_B}\{G_S(s)\}}{\left.\mathcal{L}^{-1}\right|_{t=t_B}\{G_S(s)e^{-t_B s}\}}\right] \qquad (10.61)$$

mit $K_{\alpha l}$ nach Gl. (10.39). Bei der Berechnung von $\dot{x}_e$ in Gl. (10.39) ist zu beachten, daß bei Reglern mit integralem Anteil der Sollwert w die Steigung der Steuersatzeingangsspannung x_e beeinflußt.

Damit ist der prinzipielle Weg zur Berechnung von Regelkreisen mit Stromrichterstellgliedern bei differentiellen Störungen sowohl für lückendem Strom als auch für nichtlückendem Strom bekannt.

Die obigen Ergebnisse können auch anschaulich interpretiert werden. Im Lückbetrieb wird der Strom nach der Stromflußdauer t_B Null. Je nach Grundaussteuerung x_{e0} bzw. α_0 und den Lastverhältnissen in der Strecke kann $t_B < T$ variieren. Da $K_{\alpha lS} = f(t_B)$ wird die Verstärkung des Stellgliedes sich ebenso mit t_B verändern. Die ursprüngliche Übertragungsfunktion der Strecke ist aus der Stromkurvenform selbst noch zu erkennen, im Sinne der Abtasttheorie erscheint die Gewichtsfunktion der Strecke in der Übertragungsfunktion des Gesamtsystems jedoch nicht mehr.

Damit können für das Verhalten von Regelkreisen mit Stromrichterstellgliedern im Lückbetrieb vereinfachend folgende Aussagen gemacht werden:

1. Alle Teile der Strecke, die vom Strom des Stellgliedes durchflossen werden, verlieren ihre im nichtlückenden Bereich gültige Übertragungsfunktion und werden zu reinen Proportionalgliedern.

2. Der Verstärkungsfaktor $K_{\alpha lS}$ des offenen Regelkreises verringert sich im Lückbereich schnell mit sinkendem Strommittelwert.

3. Die Verschlechterung der Dynamik ist sowohl durch die wesentlich geringere Verstärkung des Stellgliedes im Lückbereich als auch durch die geänderte Struktur der Strecke bedingt.

10.4 Adaptive Stromregelung

10.4.1 Allgemeine Betrachtung

Die Modellbildungen haben ergeben, daß – wenn beste Dynamik des Stromregelkreises gewünscht ist – im Bereich nichtlückenden Stroms ein PI–Regler und im Bereich lückenden Stroms ein I–Regler verwendet werden muß, um bei einer Strecke mit PT_1–Verhalten die gleiche Übertragungsfunktion des offenen Stromregelkreises zu erhalten. Unterschiedlich sind außerdem die Verstärkungsfaktoren des Stromrichters K_α und $K_{\alpha lS}$, und damit des offenen Regelkreises, wobei $K_{\alpha lS}$ darüberhinaus noch eine Funktion der Stromflußdauer ist. Es haben sich somit Struktur und Verstärkung der Regelstrecke geändert.

Um die Struktur- und Parameteränderung in ihrer Auswirkung zu verringern gibt es zwei Wege. Der erste Weg ist, den Lückbereich des Stroms durch eine bessere Glättung im Starkstromkreis (Glättungsinduktivität) oder eine höhere Schaltfrequenz des Stellglieds zu verringern. Dies sind kostenaufwendigere Lösungen. Der zweite Weg ist der Einsatz eines adaptiven Stromreglers; dies ist die wesentlich kostengünstigere Lösung. Somit müssen die Struktur und die Parameter des Stromreglers je nach Betriebsbereich umgeschaltet werden. Diese Umschaltung sollte möglichst schnell und möglichst exakt an den Bereichsgrenzen erfolgen. Außerdem sollte im Lückbereich die Reglerverstärkung an den Arbeitspunkt angepaßt werden. Der Einsatz eines adaptiven Stromreglers ist also bei einem netzgeführten, kreisstromfreien Umkehrstromrichter unumgänglich, um in allen Betriebspunkten gleichbleibende Dynamik zu gewährleisten. Die gleich Aussage gilt für selbstgeführte Stellglieder mit eingeprägter Spannung.

Ein allgemeines adaptives Regelsystem zeigt Abb. 10.7. Mittels der Identifikation wird zuerst festgestellt, in welchem Arbeitspunkt sich die Strecke befindet. Die Entscheidungsinstanz beurteilt, in welchen der Betriebsbereiche dieser Punkt gehört, woraufhin durch den Block „Modifikation" der Regler in Struktur und Parametern angepaßt wird.

Angewandt auf den Fall der Stromregelung bei Gleichstromnebenschlußmaschinen mit netzgeführten Stromrichterstellgliedern muß die Identifikation

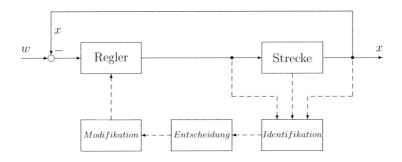

Abb. 10.7: *Adaptives Regelsystem*

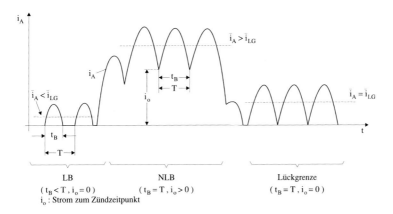

Abb. 10.8: *Betriebszustände Lück-/ Nichtlückbereich, Lückgrenze*

zunächst den Arbeitspunkt, also primär den aktuellen Strommittelwert erkennen, und anschließend entscheiden, ob dieser zum Lückbereich (abgekürzt LB) oder zum Nichtlückbereich (NLB) gehört. Die beiden möglichen Betriebszustände und der Betrieb an der Lückgrenze (LG) sind in Abb. 10.8 veranschaulicht.

Zur Entscheidung LB/NLB können verschiedene Kriterien herangezogen werden, die jedoch im stationären Betrieb dieselbe Aussage liefern. Lediglich im dynamischen Fall ergeben sich Unterschiede, speziell beim Umschaltzeitpunkt vom LB in den NLB und umgekehrt.

Die Kriterien sind:

1. *Brenndauer eines Ventilpaars*
   Im NLB ist die Stromführungsdauer eines Strompfades

$$t_B = T = \frac{1}{p f_N} \qquad (10.62)$$

   während im LB der Strom vorher verlöscht und damit $t_B < T$ wird. Dieses Kriterium ist jedoch kritisch, da sowohl im LB nahe der Lückgrenze $t_B \approx T$ ist, als auch im NLB bei dynamischen Vorgängen t_B kleiner als T werden kann (siehe Abb. 10.17).

2. *Strom im Zündzeitpunkt*
   Im Lückbetrieb ist der Strom im Zündzeitpunkt $i_0 = 0$, d.h., daß vor der Zündung des neuen Thyristors alle Ventile ausgeschaltet sind. Diese Aussage ist gleichbedeutend damit, daß im LB keine Kommutierung stattfindet. Das Kriterium reagiert also auf stromlose Pausen, wobei entweder der Momentanwert des Stroms auf Unterschreiten einer gewissen Schwelle überwacht wird oder die Ventilspannungen auf den Zustand „alle Ventile aus" geprüft werden. Das Verfahren reagiert verzögert, da beispielsweise beim Übergang vom NLB in den LB das Unterschreiten der Identifikationsgrenze erst abgewartet werden muß, obwohl der Strom bereits im LB sein kann. Umgekehrt wird beim Übergang vom LB zum NLB der Umschaltzeitpunkt zu frühzeitig vorgegeben. Die Umschaltzeitpunkte liegen in diesem Fall auf der „sicheren" Seite.

3. *Strommittelwert in der Last*
   Als Kriterium dient hier der Mittelwert des Stromes $\bar{i}_A$ im Vergleich zum Strommittelwert an der Lückgrenze $\bar{i}_{LG}$. Das Verfahren scheint einfach und logisch, führt jedoch zu Schwierigkeiten. Zum einen ist ein Vergleich zweier analoger Größen durch unvermeidliche Ungenauigkeiten und Offsets immer etwas unsicher, was speziell in der Nähe der Lückgrenze zur falschen Reglerauswahl führen kann. Außerdem muß der Laststrom zur Mittelwertermittlung geglättet werden, was zu Verzögerungen oder Einschwingeffekten führt. Weiterhin ist der Lückgrenzstrom von der bei Gleichstromnebenschlußmaschinen vorhandenen Gegenspannung e_A, und damit von der Drehzahl abhängig, was den Aufwand weiter erhöht.

Das Verhalten der Strecke in den beiden Betriebsbereichen und die daraus resultierenden Forderungen an den Regler lassen sich am besten an der Steuerkennlinie diskutieren. Abbildung 10.9 zeigt den stationären Zusammenhang zwischen Zündwinkel und Strommittelwert bei fester Gegenspannung.

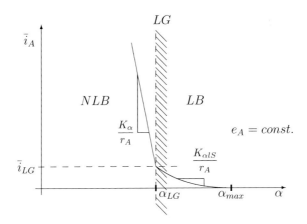

Abb. 10.9: *Steuerkennlinie LB/NLB*

Man erkennt, daß die Streckenverstärkung sich wesentlich ändert:

1. *Nichtlückbereich (NLB)*
   Die Steigung der Kennlinie und damit die Kleinsignalverstärkung sind relativ hoch und praktisch konstant. Dier steile Verlauf ist ein Ausschnitt aus dem Cosinus–Steuergesetz, das für das verrwendete Stellglied vom Typ 1 (nichtlineare statische Kennlinie) in diesem Bereich gilt. Die bestimmenden Faktoren sind K_α und der Ankerwiderstand ($V_S = 1/r_A$).

2. *Lückbereich (LB)*
   Die Verstärkung ist hier wesentlich geringer als im NLB und vor allem nicht konstant. Dies ist durch $K_{\alpha lS}$ bedingt, das eine Funktion der Brenndauer t_B und damit auch des Zündwinkels ist. Vereinfacht kann man feststellen, daß $K_{\alpha lS}$ nichtlinear mit der Brenndauer abnimmt. Die Verstärkung ist an der Lückgrenze am größten, während sie für $\alpha \approx \alpha_{\max}$ gegen Null geht (siehe Gl. 10.56).

3. *Lückgrenze (LG)*
   In der Kennlinie ist an der Lückgrenze ein Knick zu erkennen. Dieser Knick führt zu einem Sprung in der Streckenverstärkung. Je nach Lastdaten kann dieser Sprung bis zum Faktor 20 oder mehr betragen. Vergegenwärtigt man sich zusätzlich die Strukturänderung der Strecke (PT$_1$/P), so ist die Notwendigkeit einer exakten und schnellen Erkennung der LG offensichtlich.

Damit stehen die Forderungen an einen adaptiven Stromregler fest, der im LB das gleiche dynamische Verhalten wie im NLB gewährleisten soll.

1. *Strukturumschaltung*
   Damit in beiden Bereichen die Übertragungsfunktion des offenen Regelkreises die Form $-G_{0s}(z) = K^*/z - 1$ annimmt, muß im NLB ein PI–Regler (Kompensation der Streckenzeitkonstante, $T_n = T_A$), im LB ein I–Regler verwendet werden.

2. *Parameteranpassung*
   Die Reglerverstärkung muß so angepaßt werden, daß in allen Arbeitspunkten gilt: $V_{R,NL} \cdot K_\alpha = V_{R,L} \cdot K_{\alpha lS} = K^*$. Insbesondere sollte die Reglerverstärkung im LB arbeitspunktabhängig sein.

3. *Bereichserkennung*
   Der Betriebsbereich und damit die Auswahl des geeigneten Reglers und seiner Parameter soll möglichst verzögerungsfrei und exakt erkannt werden.

4. *Umschaltverhalten*
   Der Übergang zwischen den Bereichen sollte stoßfrei sein, d.h. die Reglerausgangsspannung darf sich nur insoweit ändern, als dadurch keine zusätzliche Zündung ausgelöst wird. Deshalb dürfen nicht einfach zwei getrennte Regler verwendet werden, sondern es müssen spezielle Reglerschaltungen verwendet werden.

Die Übertragungsfunktionen von Strecke und Regler sind im folgenden noch einmal tabellarisch zusammengefaßt:

	Nichtlückbereich (NLB)	Lückbereich (LB)
Strecke	$G_S(s) = V_S \cdot \frac{1}{1+sT_A}$	$G_S(s) = V_S$
Regler	$G_R(s) = V_{R,NL} \cdot \frac{1+sT_A}{sT_A}$	$G_R(s) = V_{R,L} \cdot \frac{1}{sT_n}$
offener Kreis	$-G_{0s}(z) = K^* \cdot \frac{1}{z-1}$	$-G_{0s}(z) = K^* \cdot \frac{1}{z-1}$

10.4.2 Praktische Realisierung

In diesem Kapitel sollen einige praktisch einsetzbare Schaltungsprinzipien für einen adaptiven Stromregler vorgestellt werden. Aus Gründen der Anschaulichkeit wollen wir uns auf analoge Realisierungen beschränken; es sind selbstverständlich auch digitale Realisierungen möglich.

Es zeigt sich, daß immer ein Kompromiß zwischen Aufwand und Qualität eingegangen werden muß, wobei z.B. eine exakte Verstärkungsanpassung im Lückbereich praktisch nie realisiert wird.

Realisierung 1 (Abb. 10.10)

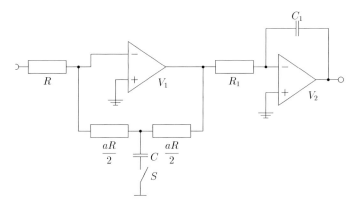

Abb. 10.10: *Adaptiver Stromregler 1*

Der Schaltungsteil mit dem Operationsverstärker V_2 sowie R_1 und C_1 wirkt als Integrator. Bei geöffnetem Schalter S wirkt V_1 als P–Verstärker, und es ergibt sich die Übertragungsfunktion

$$G_R\Big|_{S\ aus} = (-a) \cdot \left(-\frac{1}{sC_1R_1}\right) = \frac{a}{sC_1R_1} \tag{10.63}$$

also I–Verhalten. Bei geschlossenem Schalter S ergibt sich für V_1 eine PD–Charakteristik. Zusammen mit dem Integrator V_2 ergibt sich insgesamt PI–Verhalten. Die Übertragungsfunktion lautet:

$$
\begin{aligned}
G_R\Big|_{S\ ein} &= \left(-a - \frac{sCRa^2}{4}\right) \cdot \left(-\frac{1}{sC_1R_1}\right) \\
&= \frac{a}{sC_1R_1}\left(1 + \frac{saRC}{4}\right)
\end{aligned}
\tag{10.64}
$$

Mit geöffnetem Schalter erhält man also I–Verhalten, geeignet für den Lückbereich; bei geschlossenem Schalter PI–Verhalten, passend für den nichtlückenden Bereich. Da den Reglerausgang ein Integrator bildet, ist das Ausgangssignal nicht sprungfähig. Der I–Anteil im Regler ist schaltungsbedingt in beiden Fällen gleich groß. Im Lückbereich sollte die I–Verstärkung des Reglers jedoch höher sein. Diesen Nachteil vermeidet die folgende leicht abgewandelte Schaltung.

Realisierung 2 (Abb. 10.11)

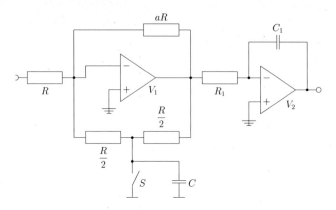

Abb. 10.11: *Adaptiver Stromregler 2*

Der Operationsverstärker V_2 bildet wiederum einen Integrator. Bei geschlossenem Schalter S wird der untere Rückkopplungspfad bei V_1 unwirksam. V_1 wird zum P–Verstärker, und es ergibt sich die Übertragungsfunktion:

$$G_R\Big|_{S\ ein} = (-a) \cdot \left(-\frac{1}{sC_1R_1}\right) = \frac{a}{sC_1R_1} \tag{10.65}$$

also I–Verhalten. Öffnet man S, so ergibt sich für V_1 ein PDT_1–Verhalten. Zusammen mit dem Integrator V_2 ergibt sich insgesamt $PI(T_1)$–Verhalten. Die Übertragungsfunktion lautet:

$$G_R\Big|_{S\ aus} = \left(-\frac{a \cdot \dfrac{1+sCR}{4}}{a+1+\dfrac{sCR}{4}}\right) \cdot \left(-\frac{1}{sC_1R_1}\right) =$$

$$= \frac{1+\dfrac{sCR}{4}}{sC_1R_1} \cdot \frac{1}{1+\dfrac{1}{a}+\dfrac{sCR}{4a}} \tag{10.66}$$

Wird a entsprechend groß gewählt, so liegt der unerwünschte Pol (PT_1) außerhalb des Nutzfrequenzbereichs, und man erhält fast das gewünschte Verhalten: Bei S *ein* das I–Verhalten mit hohem V_R, geeignet für den Lückbereich; bei S *aus* das PI–Verhalten mit kleinerer Verstärkung, passend für den nichtlückenden Bereich.

Lückbereich–Identifikation (Abb. 10.12)

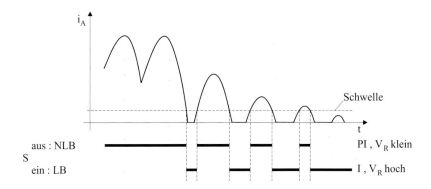

Abb. 10.12: *Einfaches Identifikationsverfahren*

Die Ansteuerung des Schalters S in Abb. 10.10 und 10.11 erfolgt über einen Komparator, der den Iststrom mit einer vorgegebenen Schwelle (vgl. Abb. 10.12) vergleicht. Dadurch wird im nichtlückenden Betrieb immer der PI–Regler aktiviert, während in Teilen des Lückbereichs zwischen PI– und I–Reglerstruktur umgeschaltet wird.

Durch diese Maßnahme wird eine Art Verstärkungsanpassung erreicht, die im LB wünschenswert ist. Je länger die stromlose Pause, d.h. je kürzer die Brenndauer, desto größer ist der Zeitanteil, in dem der hochverstärkende I–Regler in Betrieb ist und desto höher wird die „mittlere" wirksame Reglerverstärkung.

Der Nachteil dieser Methode ist, daß bei ungeglättetem oder schwach geglättetem Iststromsignal der Mittelwert des Stroms und der Sollwert trotz I–Anteil im Regler nicht mehr übereinstimmen. Das rührt daher, daß die Regeldifferenzen während einer Stromführungsdauer mit unterschiedlichen Faktoren verstärkt werden.

Realisierung 3 (Abb. 10.13)

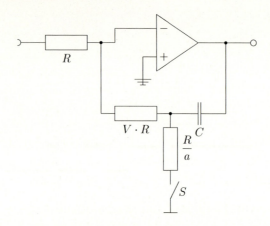

Abb. 10.13: *Adaptiver Stromregler 3*

Bei offenem Schalter S verhält sich diese Schaltung wie ein PI–Regler mit der Übertragungsfunktion

$$G_R\Big|_{S\,aus} = -\left(V + \frac{1}{sCR}\right) \tag{10.67}$$

Bei geschlossenem Schalter fließt Strom nach Masse ab, das vergrößert den Kondensatorladestrom. Die Übertragungsfunktion lautet jetzt:

$$G_R\Big|_{S\,ein} = -\left(V + \frac{1+aV}{sCR}\right) \tag{10.68}$$

Es entsteht also kein reiner I–Regler, da der P–Term unverändert bleibt; lediglich der I–Anteil im Regler wird abhängig von a angehoben. Der Schalter S kann wie bei der Realisierung 2 durch einen Komparator angesteuert werden, was auch hier zur Verstärkungsanpassung im LB verwendet wird, aber auch zu dem oben erwähnten Mittelwertfehler im Strom führt.

Realisierung 4 (Abb. 10.14)

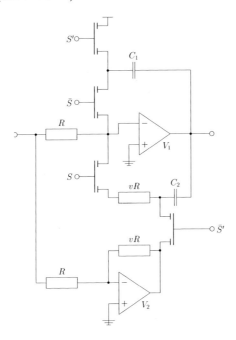

Abb. 10.14: *Adaptiver Stromregler 4*

Diese Lösung ist aufwendiger, aber ohne die kleinen Unzulänglichkeiten der vorigen Schaltungen. Man erkennt, daß für I– bzw. PI–Verhalten getrennte Rückkopplungszweige vorhanden sind, die über insgesamt 4 elektronische Schalter (hier FET's gezeichnet) umgeschaltet werden. Im NLB sind die Schalter S, S' geschlossen, während $\bar{S}$, $\bar{S}'$ geöffnet sind. Dadurch wird V_1 zu einem PI–Regler mit der Übertragungsfunktion:

$$G_R\big|_{S\,ein} = -\left(V + \frac{1}{sC_2R}\right) \qquad (10.69)$$

Gleichzeitig wird über den Schalter S' der Kondensator C_1 auf die Ausgangsspannung des Reglers aufgeladen, damit beim Umschalten in den LB kein Sprung in der Ausgangsspannung auftritt. V_2 ist im NLB wirkungslos.

Im LB sind $\bar{S}$, $\bar{S}'$ geschlossen, sowie S, S' geöffnet. Dadurch ergibt sich ein I–Regler mit:

$$G_R\big|_{\bar{S}\,ein} = -\frac{1}{sC_1R} \qquad (10.70)$$

Die Reglerverstärkung ist über C_1 unabhängig vom NLB wählbar. V_2 sorgt nun dafür, daß C_2 so nachgeladen wird, daß bei der Bereichsumschaltung wiederum kein Unterschied in der Ausgangsspannung auftritt. Dazu bildet V_2 den P–Anteil des (jetzt abgeschalteten) PI–Reglers nach. Die Ansteuerung der Schalter kann entweder von einem Komparator erfolgen oder (besser) durch eine Gebietsidentifikation, wie im folgenden beschrieben.

Gebietsidentifikation:

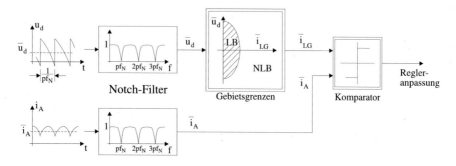

Abb. 10.15: *Gebietsidentifikation*

Die Entscheidung, ob der Stromregelkreis sich im Lück– oder Nichtlückbereich befindet, wurde bisher aufgrund der stromlosen Pausen im Strom gefällt, wobei die Reglerstruktur jedesmal umgeschaltet wurde. Das ergab Probleme mit der Regelgenauigkeit. Besser ist eine echte Gebietsidentifikation, die anhand von Spannungs– und Strommittelwerten den zugehörigen Bereich ermittelt und den Regler anpaßt. Dabei muß berücksichtigt werden, daß der Lückgrenzstrom von der Spannung abhängt, also $\bar{i}_{LG} = f(\bar{u}_d)$. Diese nichtlineare Abhängigkeit, deren Kennlinie etwa ellipsenförmig aussieht, wird von dem mit „Gebietsgrenzen" bezeichneten Kennliniengliedin Abb. 10.15 nachgebildet [37, 873].

Für die Entscheidung werden die Gleichanteile von Strom und Spannung benötigt. Die entsprechenden Istwertverläufe enthalten jedoch prinzipbedingt periodische Komponenten, deren Grundschwingung das p–fache der Netzfrequenz hat. Beim sechspulsigen Stromrichter sind das Frequenzen von 300 Hz und Vielfache davon. Versucht man nun den Mittelwert durch einfache Glättung mittels eines Tiefpaßfilters zu ermitteln, so ergibt sich eine Zeitverzögerung, die nicht akzeptabel ist. Man verwendet stattdessen zur Glättung ein aktives Filter, das speziell die störenden Komponenten dämpft, aber ansonsten die Übertragungsfunktion 1 hat (sogenanntes Notch–Filter). Der Frequenzgang eines solchen Filters ist schematisch in Abb. 10.15 eingezeichnet. Mit Hilfe dieses Prinzips der Gebietsidentifikation erhält man genaue und relativ verzögerungsarme Aussagen für die Regler–Strukturumschaltung.

Zusammenfassend läßt sich feststellen, daß beim kreisstromfreien Stromrichterstellglied ein adaptiver Stromregler unbedingt notwendig ist. In der Praxis zeigt sich, daß die erreichbare Dynamik mit adaptivem Regler und Gebietsidentifikation (z.B. Realisierung 4 + Gebietsidentifikation) mindestens gleichwertig oder besser im Vergleich mit einem kreisstrombehafteten Stromrichter ist. Die größten Schwierigkeiten macht offenbar die Parameteranpassung im LB, die daher selten (bzw. unvollkommen) realisiert wird. Dies wird verständlich, wenn man bedenkt, daß die Streckenverstärkung für sehr kleine Stromsollwerte ($\bar{i}_A^* \ll \bar{i}_{LG}$) fast Null wird und eine entsprechend große Reglerverstärkung schon aus Gründen der Störempfindlichkeit nicht realisierbar ist.

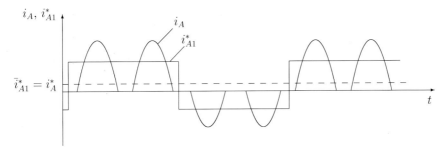

Abb. 10.16: *Vermeidung des extremen LB*

Abbildung 10.16 zeigt, wie dieser Bereich des extremen LB vermieden werden kann: Bei Stromsollwerten $\bar{i}_A^*$, die eine gewisse Schwelle ($10 \ldots 20\,\%\ \bar{i}_{LG}$) unterschreiten, wird der Regelkreis anstelle des ursprünglichen Sollwertes $\bar{i}_A^*$ mit einem modifizierten Stromsollwert i_{A1}^* beaufschlagt, dem ein Wechselanteil überlagert ist. Amplitude und Frequenz des Wechselanteils müssen dabei so gewählt werden, daß der daraus resultierende Mittelwert $\bar{i}_{A1}^*$ dem ursprünglichen Sollwert $\bar{i}_A^*$ entspricht. Aufgrund des Wechselanteils liegt der modifizierte Stromsollwert i_{A1}^* immer im unkritischeren Teil des Lückbereichs und die Dynamik des Regelkreises bleibt erhalten.

Abbildung 10.17 und 10.18 zeigen typische Übergangsvorgänge bei einer Stromregelung mit einem adaptiven Stromregler nach Abb. 10.14 und der Identifikation nach Abb. 10.15. Als zusätzliche Maßnahme wird eine schnelle Stromnullerkennung verwendet, die die Thyristorspannungen auswertet und somit bereits nach ca. $10\,\mu s$ den Stromnullzustand erkennt. Die Stromnullzeit wurde auf $400\,\mu s$ gesetzt, da die Freiwerdezeit der verwendeten Thyristoren $200\,\mu s$ betrug.

Aus den Abbildungen ist das vorzügliche Verhalten sowohl im nichtlückenden und im lückenden Strombereich als auch bei Übergang in beiden Richtungen zu erkennen. Mit i_1, i_2 und i_3 sind dabei die Werte von $\bar{i}_A$ bzw. $\bar{i}_A^*$ vor der sprungförmigen Verstellung des Sollwertes, nach der Verstellung und nach dem Sollwertrücksprung bezeichnet. Der in Abb. 10.18 erkennbare Offset zur Null–Linie ist durch den zur Erfassung der Stromsignale verwendeten Meßaufbau bedingt.

Stromregler: adaptiver Stromregler 4
Identifikation: Gebietsidentifikation
Stromnullzeit: $400\,\mu s$
Lückbereich: $-0,45\,I_N \leq i \leq +0,45\,I_N$

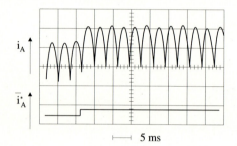

$i_1 = 0,5\,I_N$
$i_2 = 1,25\,I_N$
$\Delta t = 5\frac{ms}{div}$

├── 5 ms

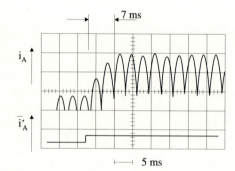

$i_1 = 0,1\,I_N$
$i_2 = 1,25\,I_N$
$\Delta t = 5\frac{ms}{div}$

├── 5 ms

Abb. 10.17: *Ergebnisse bei einem kreisstromfreien, dynamisch symmetrierten Um-kehrstromrichter mit schneller Stromnullerfassung*

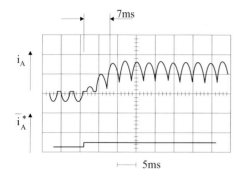

$$i_1 = -0,2\,I_N$$
$$i_2 = +I_N$$
$$\Delta t = 5\tfrac{ms}{div}$$

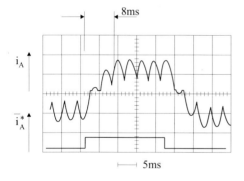

$$i_1 = -I_N$$
$$i_2 = +I_N$$
$$i_3 = -I_N$$
$$\Delta t = 5\tfrac{ms}{div}$$

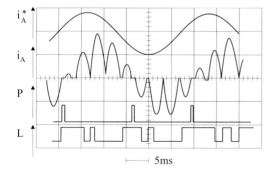

$$\hat{i}_A^* = \pm I_N$$
$$\Delta t = 5\tfrac{ms}{div}$$
$$f = 40\,Hz$$

Signal P: Stromnullpause
Signal L: Lückbereich

Abb. 10.18: *Wie Abb. 10.17: Ergebnisse bei Stromumkehr*

10.4.3   Prädiktive Stromführung

Mit den bisher vorgestellten adaptiven Stromreglern erhält man bei gemäßigten Anforderungen an die Regelgüte zufriedenstellendes Verhalten. Fordert man jedoch das bestmögliche Verhalten, so kann kein „normales" Regelverfahren mehr eingesetzt werden. Untersucht man die Sprungantwort eines solchen Stromregelkreises, so erhält man ein ungewohntes Ergebnis: das Einschwingverhalten ist abhängig vom Zeitpunkt des Sollwertsprungs. Das rührt daher, daß auf die Strecke nur zu diskreten Zeitpunkten durch Zündung eines neuen Ventils Einfluß genommen werden kann (Abtastsystem), und ein statistischer Zusammenhang zwischen der von außen vorgegebenen Sollwertverstellung und der Abtastung des Stellgliedes vorliegt (siehe Abb. 9.6). Daher wird die Dynamik (An–, Ausregelzeit) und die Dämpfung (Überschwingen) des geschlossenen Stromregelkreises variabel. Man darf daher überlagerte Regelkreise nur auf den schlechtesten Fall hin optimieren.

Wegen dieser Geschwindigkeitseinbuße des überlagerten Systems wird nun versucht, die Dynamik der Stromführung unter Voraussetzung gleichbleibender Stabilität zu optimieren. Die folgenden Erläuterungen verwenden die Darstellung nach [216, 238]. In dem dort vorgestellten Verfahren (Abb. 10.19 und 10.20) wird nun statt auf den Mittelwert auf die Kurvenform des Stroms geregelt. Dazu wird aus dem gewünschten Soll–Mittelwert $\bar{i}_A^*$ die zugehörige Zeitfunktion des ungeglätteten Stroms i_A^* ermittelt. Berechnet man die Stromkurve nun für die nächste Phase, so ist daraus direkt ein Zündkriterium abzuleiten: die nächste Phase wird gezündet, wenn Iststrom (Momentanwert) und vorausberechneter Stromverlauf übereinstimmen.

Dadurch wird erzwungen, daß nach dieser Zündung der Stromverlauf dem stationären Verlauf entspricht, der zu dem vorgegebenen Mittelwert gehört. Mit diesem Verfahren erhält man im dynamischen Fall optimale Regelgüte: kürzestmögliche Anregelzeit, kein Überschwingen und Erreichen des stationären Zustandes nach nur einer Zündung. Außerdem können durch dieses Verfahren Lück– und Nichtlückbereich gleich behandelt werden, da der Stromrichter hier nicht linearisiert betrachtet wird, sondern seine zeitabhängige Nichtlinearität von

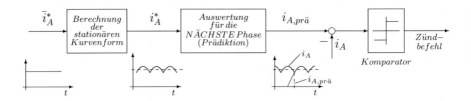

Abb. 10.19: *Vorausrechnendes Führungsprinzip*

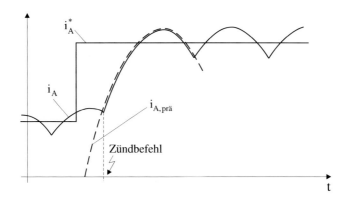

Abb. 10.20: *Sollwertsprung mit prädiktiver Stromführung*

der Führungsinstanz berücksichtigt und kompensiert wird. Es handelt sich dabei jedoch eigentlich um keine Regelung, da die Regelgröße, der Mittelwert des Stroms, nicht zurückgeführt wird. Solch komplexe Führungsstrategien sind am einfachsten in Digitaltechnik zu realisieren, die heute allgemein verwendet wird. Das Softwareprogramm, welches den Regel- bzw. Steueralgorithmus enthält, wird vom jeweils eingesetzten Prozessor zu jedem Abtastschritt abgearbeitet. Der Prozessor ist mit Stromrichter und Umwelt über Analog–Eingabe–Baugruppen und Digital–Ausgänge verbunden, so daß die benötigten Signale aus dem System dem Prozessor zugeführt (Stromsollwert), bzw. an das System ausgegeben werden können (Zündbefehle). Durch die flexible Programmierbarkeit des Prozessors kann ein solches digitales Steuer- und Regelkonzept auch noch weitere Aufgaben übernehmen, wie die Verwaltung des Stromrichterzustandes (Steuersatzfunktionen) oder die Überwachung der Stromumkehr, die beim kreisstromfreien Umkehrstromrichter kritisch ist (möglichst kurze stromlose Pause, jedoch Freiwerdezeit der Thyristoren abwarten!).

Bei Einsatz derartiger Steuer- und Regelsysteme ist besonders darauf zu achten, daß die für einen Rechenzyklus benötigte Zeit durch entsprechende Wahl der Prozessorleistung niedrig gehalten wird, da sich die Systemstabilität durch Totzeiten extrem reduzieren kann.

Es sind verschiedene Ausführungsformen der Methode der prädiktiven Stromführung möglich; diese sind in [216] und [238] ausführlich beschrieben. Das Verfahren kann in abgewandelter Form auch für selbstgeführte Umrichter mit eingeprägter Spannung und eingeprägtem Strom verwendet werden. In [415, 416, 418] werden hybride Lösungsmethoden, in [419, 420, 421] rein softwarebezogene Methoden jeweils für den U–Umrichter, in [330, 331, 332] Lösungen für den I–Umrichter vorgestellt.

10.5　Zusammenfassung

In diesem Kapitel wurde das Verhalten von Stromrichterstellgliedern bei differentiellen Störungen im Nichtlück– und Lückbereich untersucht. Ausgehend von den erhaltenen Ergebnissen wurden verschiedene Möglichkeiten für adaptive Stromregler vorgestellt und verglichen.

Zusammenfassend lassen sich folgende Punkte festhalten:

1. **Modellierung von Stromrichterstellgliedern als Abtaster**
   Eine konstante differentielle Störung am Steuersatzeingang bewirkt am Stromrichter im Nichtlückbereich eine ebenso konstante Verschiebung der Zündzeitpunkte in positive bzw. negative Richtung. Da hierdurch eine äquidistante Folge von Spannungszeitflächenimpulsen am Ausgang des Stromrichters ausgelöst wird, kann das Stellglied als Abtaster mit der Tastperiode $T = 1/(p f_N)$ aufgefaßt werden.

2. **Verändertes Streckenverhalten im Lückbetrieb**
   Bei Übergang in den Lückbereich ensteht zusätzlich zu der im Nichtlückbereich erzeugten Folge von Spannungszeitflächenimpulsen eine um die Stromführungsdauer der Ventile versetzte, ebenfalls äquidistante Impulsfolge von Spannungszeitflächen entgegengesetzter Polarität. Aus der sich daraus ergebenden Übertragungsfunktion des Gesamtsystems kann abgeleitet werden, daß im Lückbetrieb das dynamische Verhalten der Strecke keinerlei Einfluß mehr auf das Gesamtverhalten des offenen Regelkreises hat. Darüberhinaus wird im Lückbetrieb der Verstärkungsfaktor des offenen Regelkreises variabel und verringert sich rasch mit sinkendem Strommittelwert.

3. **Lösungsmöglichkeit: adaptive Stromregelung**
   Durch Einsatz eines adaptiven Stromreglers läßt sich in beiden Bereichen sehr gute Dynamik des Regelkreises erzielen. Die Qualität eines solchen Reglers hängt davon ab, wie schnell und exakt bei einem Übergang der jeweilige Betriebsbereich identifiziert und die Struktur und Parameter des Reglers umgeschaltet werden können.

4. **Prädiktive Stromführung**
   Optimale Regelgüte auch im dynamischen Fall kann durch Einsatz einer prädiktiven Stromführung erreicht werden, bei der abhängig vom Soll-Mittelwert des Stromes die Kurvenform des Iststromes für die nächste Phase bereits im vorraus errechnet wird. Bei diesem Verfahren kann jedoch nicht mehr von Regelung im eigentlichen Sinne gesprochen werden.

11 Beschreibungsfunktion des Stromrichters mit natürlicher Kommutierung

Zu Beginn von Kap. 9 war hervorgehoben worden, daß es sich bei Stromrichterstellgliedern um nichtlineare Komponenten handelt, welche den Entwurf von Stromreglern bei Antrieben erschweren. Um dennoch eine Modellierung und damit eine Berücksichtigung beim Reglerentwurf zu ermöglichen, wurde in Kap. 9 das Großsignalverhalten von Stromrichterstellgliedern mit Hilfe einer Laufzeitnäherung nachgebildet.

Anschließend wurde in Kap. 10 das dynamische Verhalten von Stromrichterstellgliedern bei differentiellen Störungen mit Methoden der z–Transformation untersucht.

In diesem Kapitel soll nun die Beschreibungsfunktion des Stromrichterstellgliedes bestimmt werden. Es handelt sich dabei um ein Verfahren, mit dem schnell Einblicke in das Verhalten und in die Eigenschaften des behandelten Systems zu erlangen sind. Die Darstellungen verwenden die Überlegungen und Ergebnisse aus [229]. Von besonderer Bedeutung ist dabei die Beschreibungsfunktion von leistungselektronischen Stellgliedern bei der Untersuchung der „ripple instability", d.h. bei Grenzzyklus–Untersuchungen (Abb. 12.7 bis 12.9 und Kap. 11.3).

11.1 Allgemeine Einführung

Bei Regelkreisen, die nichtlineare Komponenten enthalten, wird das Übertragungsverhalten und insbesondere die Stabilitätsgrenze des Regelkreises von der Amplitude des Regelsignals am Eingang der Nichtlinearität abhängen. Zur Untersuchung dieser Regelkreise wurde das Verfahren der Beschreibungsfunktion von L.C. Goldfarb, A. Kochenburger, W. Oppelt und A. Tustin [212, 220, 249] entwickelt.

Das Verfahren beruht auf folgendem Gedankengang: Wenn im Regelkreis eine Dauerschwingung vorhanden ist, dann werden alle Regelsignale diese Dauerschwingung aufweisen und somit werden alle Signale die gleiche Periodendauer haben. Das Regelsignal am Ausgang der Nichtlinearität kann daher in eine Fourier–Reihe mit der Dauerschwingung als Grundschwingung und weiteren Oberschwingungen entwickelt werden. Falls der lineare Teil des Regelkreises Tiefpaßcharakter für die Oberschwingungen hat, wird am Eingang der Nichtlinearität im wesentlichen nur noch die Grundschwingung des Ausgangssignals der Nichtlinearität vorhanden sein.

Mit der Voraussetzung des Tiefpaßcharakters der linearen Regelkreisglieder lassen sich mit dem „Frequenzgang", der sich aus dem Verhältnis der Amplitude der Grundschwingungen des Ausgangssignals der Nichtlinearität (bei vorgegebenem Arbeitspunkt) und der Amplitude des sinusförmigen Eingangssignals ergibt, Aussagen über das Regelkreisverhalten machen (Abb. 11.1).

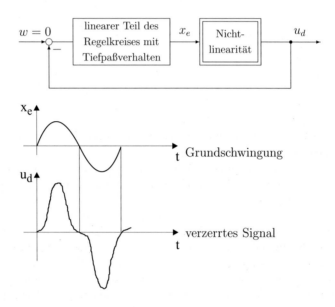

Abb. 11.1: *Struktur und Signalverlauf (Beispiel) bei Untersuchung von Regelkreisen mit der Beschreibungsfunktion*

Da der so ermittelte „Frequenzgang" vom Arbeitspunkt und/oder von der Amplitude des Eingangssignals abhängig ist und somit das Übertragungsverhalten von der Nichtlinearität wesentlich beeinflußt wird, wird dieser so ermittelte „Frequenzgang" Beschreibungsfunktion genannt.

Dieses Verfahren wurde anschließend auch auf frequenzabhängige Nichtlinearitäten und auf lineare Abtastsysteme erweitert.

Die Berechnung der Beschreibungsfunktion erfolgt aufgrund der Komplexität mit rechnergestützten Methoden. Es werden zwei Fälle untersucht:

1. Steuergerät, sechspulsiger Stromrichter;

2. Unsymmetrischer Steilheitsbegrenzer (DSS), Steuergerät, sechspulsiger Stromrichter (Kap. 9.5).

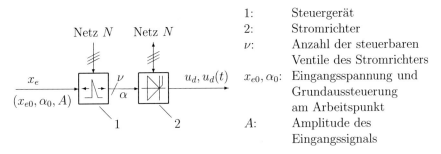

Abb. 11.2: *Fall 1: Steuergerät und sechspulsiger Stromrichter*

Im Fall 1 besteht das zu untersuchende System nur aus einem Steuergerät und einem Stromrichter (Abb. 11.2). Die Besonderheit bei der Fourier–Analyse des Ausgangssignals $u_d(t)$ entsteht durch die Transformation des sinusförmigen Eingangssignals x_e zu einer zeitlich nicht äquidistanten Folge von Zündimpulsen für die Ventile des Stromrichters (Abb. 9.6); das Ausgangssignal $u_d(t)$ des Stromrichters hat deswegen Sprungstellen, die nichtäquidistant sind. Infolgedessen ist das herkömmliche Schemaverfahren der Fourier–Analyse für das Ausgangssignals $u_d(t)$ praktisch nicht mehr anwendbar, da bei der Fourier–Analyse nach dem Schemaverfahren eine äquidistante Abtastung des Ausgangssignals $u_d(t)$ vorausgesetzt wird und darüberhinaus jeweils alle Sprungstellen des Ausgangssignals $u_d(t)$ gleichzeitig in den äquidistanten Abtastzeitpunkten auftreten müssen. Diese beiden Bedingungen sind aber bei signalabhängigen Zündimpulslagen nicht zu erfüllen, so daß ein anderes Verfahren der Fourier–Analyse, das Sprungstellenverfahren, angewendet wird. Dieses Verfahren ist für die Untersuchung des Falls 1 geeignet, da die Fourier–Integrale angenähert von Sprungstelle zu Sprungstelle des Ausgangssignals ausgewertet werden. Ein weiterer Vorzug bei diesem Verfahren liegt vor allem in der Tatsache begründet, daß das Ausgangssignal $u_d(t)$ aus Ausschnitten von Sinus–Funktionen besteht. Es gelingt daher, geschlossene Formeln für die Berechnung der Fourier–Koeffizienten anzugeben, d.h. die gesuchten Fourier–Koeffizienten können exakt bestimmt werden. Eine Erweiterung des Berechnungsalgorithmus muß bei Fall 2 (DSS) vorgesehen werden, da das Eingangssignal x_{eS} des Steilheitsbegrenzers in Abhängigkeit von der Frequenz und der Amplitude des Eingangssignals deformiert wird.

Da die Beschreibungsfunktion abhängig ist von

- der Frequenz f_s des Eingangssignals,

- der Amplitude A des Eingangssignals,

- der Phasenlage des Eingangssignals bezogen auf das Spannungssystem N,

- der Grundaussteuerung α_0 des Stromrichters, d.h. von der Aussteuerung, die bei der Amplitude Null des Eingangssignals vorhanden ist,

ist eine graphische Ausgabe der Ergebnisse notwendig.

Bei den in Abb. 11.4 bis 11.7 dargestellten den Ergebnissen sind folgende Voraussetzungen zu beachten:

1. Der verwendete Steuersatz hat eine lineare Steuerkennlinie $\alpha = f(x_{e0})$. Damit ist beim Stellglied eine nichtlineare statische Kennlinie $u_d = f(x_{e0})$ zu beachten (vgl. Gl. (9.2) und (9.3)).

2. Die maximale stationäre Verstärkung des Stromrichterstellgliedes ist auf $V_{STR} = 1$ normiert.

3. Aufgrund der vier Parameter ist eine geschlossene Darstellung der Beschreibungsfunktion nicht mehr möglich. Es werden deshalb nur die Teile der Beschreibungsfunktion angegeben, die sich jeweils bei konstanter Frequenz f_s des Eingangssignals x_e und konstanter Grundaussteuerung α_0 ergeben. Bei dieser Beschränkung treten in Abhängigkeit von der Amplitude A des sinusförmigen Eingangssignals unterschiedliche Amplituden– und Phasenspielräume auf, die durch die Abhängigkeit der Grundschwingung des Ausgangssignals von der Phasenlage des Eingangssignals bezogen auf das Spannungssystem N bedingt sind. Es müssen daher die Ortskurvenscharen bzw. die Amplituden– und Phasenspielräume in Abhängigkeit von der Amplitude A des Eingangssignals bei jeder Frequenz f_s des sinusförmigen Eingangssignals und jeder Grundaussteuerung α_0 getrennt dargestellt werden.

4. Bei der Analyse des Stromrichterstellgliedes werden keine Sättigungserscheinungen untersucht.

5. Die Amplitude A des Eingangssignals wird bei den Ortskurvenscharen im Verhältnis zum Maximalwert des Eingangssignals, $\hat{x}_e$, angegeben.

11.2　Diskussion der Ergebnisse

In der Beschreibungsfunktion eines Abtastsystems, das aus einem Abtaster mit konstanter Abtastfrequenz und einem Halteglied nullter Ordnung besteht, ist ein Amplituden– und Phasenspielraum bei der Signalfrequenz $f_s = (1/\eta)f = 0,5f$ ($f = 1/T$ Abtastfrequenz, $\eta = 2$) vorhanden (Abb. 11.3).

Dieses System wurde von J. Ackermann [50] um eine zeitinvariante Nichtlinearität erweitert. Bedingt durch diese Nichtlinearität und den Abtastvorgang entsteht eine endliche Anzahl zusätzlicher Amplituden– und Phasenspielräume bei Frequenzverhältnissen $\eta = f/f_s \neq 2$, ganzzahlig.

Bei der Untersuchung des Stromrichterstellgliedes liegt ein ungleich komplizierterer Fall vor, da die Zündimpulsfolge eine Funktion des Eingangssignals $x_e(t)$ und der Ausgangsspannungsverlauf $u_d(t)$ eine Funktion des Arbeitspunktes (x_{e0}, α_0) ist. Bei der Analyse der drei zu Beginn von Kap. 11.1 genannten Fälle ergeben sich aber folgende Gemeinsamkeiten:

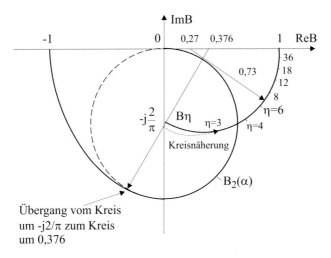

Abb. 11.3: *Ortskurve der Beschreibungsfunktion für den Abtaster mit Halteglied null-ter Ordnung nach J. Ackermann [50]*

1. Eine Analyse des Stellglieds ist nur bei den ausgezeichneten Frequenzen $f_s = (1/n)pf_N$, $n = 2, 3, \ldots$ möglich, da nur bei diesen speziellen Frequenzen keine Signalanteile mit Frequenzen niedriger als der Frequenz f_s entstehen.

2. Bei jeder dieser ausgezeichneten Frequenzen f_s und abhängig von der Amplitude A des sinusförmigen Eingangssignals $x_e(t)$ des Steuersatzes bzw. $x_{eS}(t)$ des Steilheitsbegrenzers (siehe Abb. 9.11) treten Amplituden– und Phasenspielräume in der Beschreibungsfunktion des Stromrichterstellglie-des auf; mit abnehmender Frequenz f_s des Eingangssignals nehmen diese Amplituden– und Phasenspielräume ab. Zur weiteren Differenzierung der Aussage müssen wir zwischen der Frequenz $f_2 = 0,5\,pf_N$ und allen anderen Frequenzen des ansteuernden Signals unterscheiden. Allgemein kann bei allen Frequenzen f_s außer bei der Frequenz f_2 bei von Null zunehmender Amplitude des Eingangssignals ein zunehmender Amplituden– und Phasenspielraum in der Beschreibungsfunktion der jeweiligen Frequenz beobachtet werden; nur bei f_2 nimmt der Amplituden– und Phasenspielraum mit zunehmender Amplitude A des Eingangssignals ab.

3. Bei den ausgezeichneten Frequenzen $f_s = (1/n)pf_N$, $n = 2, 3, \ldots$ lautet die Periodizitätsbedingung $1/f_s = nT$. Dies bedeutet, daß am Ausgang des Stromrichterstellgliedes nur die ansteuernde Signalfrequenz und deren Harmonische auftreten werden. Bei allen anderen ansteuernden Frequenzen f_s werden zusätzlich niederfrequentere Signale erzeugt, da die Periodizitäts-bedingung zu $m/f_s = nT$ (m, n ganzzahlig) abgewandelt werden muß. Die Frequenz des ansteuernden Signals ist somit eine Oberschwingung der

erzeugten Grundfrequenz $f_{Grund} = f_s/a$, mit $f_s = (a/b)pf_N$ (a, b ganzzahlig). Aufgrund dieser Tatsache ergeben sich bei den nicht ausgezeichneten Frequenzen wesentlich kleinere Amplituden– und Phasenspielräume, da die Fourier–Analyse auf der Periodendauer der Grundfrequenz f_{Grund} basiert.

4. Bei einer Grundaussteuerung $\alpha_0 = 90°$ ist die Beschreibungsfunktion bei kleinen Amplituden des Eingangssignals symmetrisch zur reellen Achse, bei $\alpha_0 \neq 90°$ ist diese Symmetrie nicht mehr vorhanden.

Die Beschreibungsfunktion von Stromrichterstellgliedern mit linearer statischer Kennlinie $u_d = f(x_{e0})$ hat nahezu die gleichen Ortskurvenscharen, wie Untersuchungen von F. Fallside und A. R. Farmer [209] gezeigt haben. Die Unterschiede zu Stromrichterstellgliedern mit nichtlinearer statischer Kennlinie sind nur geringfügig und erst bei großen ansteuernden Signalen festzustellen.

An dieser Stelle ist der Vergleich der Ergebnisse dieses Kapitels mit den in Kap. 9 durch Laufzeitnäherung erhaltenen interessant.

Ein Ergebnis von Kap. 9.3 bis 9.5 war die Abhängigkeit der Wartezeit T_w vom Zeitpunkt t_1 der Zündwinkeländerung, von der Größe der Zündwinkeländerung $\Delta\alpha$ und von der Grundaussteuerung α_0 (vgl. Gl. (9.21)). Die Beschreibungsfunktion ist dementsprechend abhängig von der Phasenlage des Eingangssignals bezogen auf das Spannungssystem N, von der Amplitude A des Eingangssignals und von der Grundaussteuerung α_0.

Außer diesen mehr allgemeinen Übereinstimmungen ergeben sich zusätzliche Gemeinsamkeiten:

1. Den Amplituden– und Phasenspielräumen entsprechen die Wartezeitbereiche (siehe u.a. Abb. 9.9 und 9.10), da bei beiden Approximationen das Ergebnis von der Lage des Eingangssignals im Spannungssystem N abhängig ist.

2. Aufgrund der Symmetrie der Ortskurvenscharen zur reellen Achse und der Symmetrie des Wartezeitbereiches zu $T_{wm} = 0 \, sec$. Bei $\alpha_0 = 90°$ kann die Aussage getroffen werden, daß im Mittel bei der Grundaussteuerung $\alpha_0 = 90°$ und bei kleinen Amplituden des Eingangssignals keine Phasenverschiebung zwischen dem Ausgangs– und Eingangssignal vorhanden ist.

3. Bei Grundaussteuerungen $\alpha_0 < 90°$ ($\alpha_0 > 90°$) ist im Mittel eine Voreilung (Nacheilung) des Ausgangssignals bezogen auf das Eingangssignal bei beiden Approximationen festzustellen.

Bisher wurde der unsymmetrische Steilheitsbegrenzer (DSS) (Fall 2) nicht bei der Untersuchung berücksichtigt. Die Ergebnisse unterscheiden sich jedoch nicht wesentlich von den oben genannten Ergebnissen, da im allgemeinen nur bei großen Amplituden des Eingangssignals eine größere Phasenverschiebung festzustellen ist.

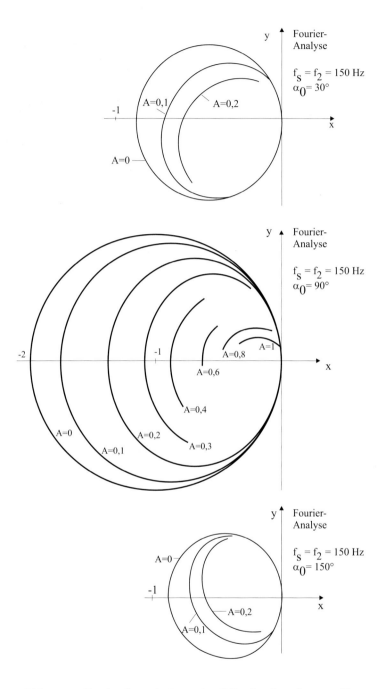

Abb. 11.4: *Beschreibungsfunktion für Fall 1 bei $f_s = f_2 = 150$ Hz*

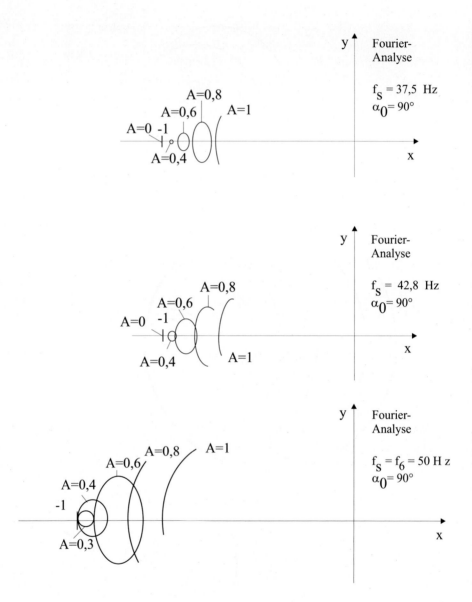

Abb. 11.5: *Beschreibungsfunktion für Fall 1 bei $\alpha_0 = const. = 90°$, $f_s = 37,5\ Hz$, $42,8\ Hz$, f_6*

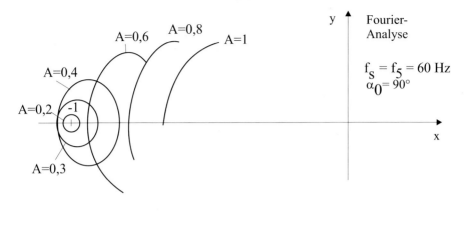

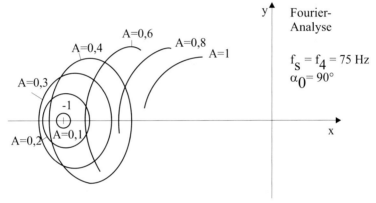

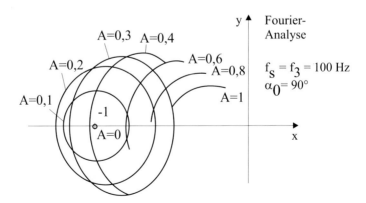

Abb. 11.6: *Beschreibungsfunktion für Fall 1 bei $\alpha_0 = const. = 90°$, $f_s = f_5$, f_4, f_3*

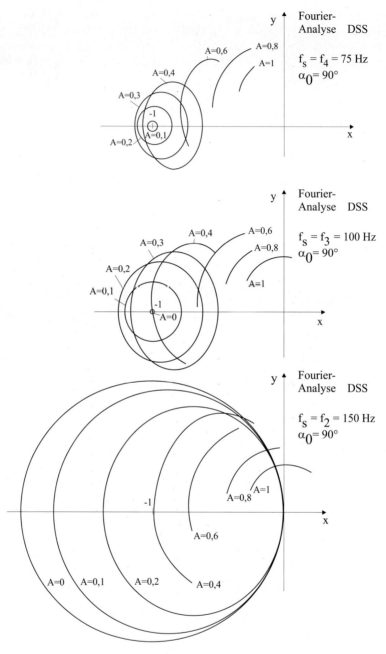

Abb. 11.7: *Beschreibungsfunktion für Fall 2 bei $\alpha_0 = const. = 90°$, $f_s = f_4$, f_3, f_2*

Die Ergebnisse der rechnergestützten Untersuchung der Anordnung Steuergerät—sechspulsiger Stromrichter (Fall 1) zeigen die Abbildungen 11.4 bis 11.6. In Abb. 11.7 sind die Ergebnisse für die Anordnung Steilheitsbegrenzer—Steuergerät—sechspulsiger Stromrichter zu sehen; die Fourier–Analysen sind zusätzlich mit DSS gekennzeichnet.

11.3 Untersuchung von Regelkreisen mit der Beschreibungsfunktion

Aus Abb. 11.4 bis 11.7 ist ersichtlich, daß durch die Variation der Amplitude A des Eingangssignals x_e bzw. x_{eS} und der Grundaussteuerung α_0 unterschiedliche Ortskurvenscharen zustandekommen. Aus diesem Grund ist eine allgemeine Analyse von Regelkreisen mit der Beschreibungsfunktion sehr zeitaufwendig und kompliziert.

Trotz der zu erwartenden Schwierigkeiten soll aber für die ausgezeichneten Frequenzen $f_2 = (1/2)pf_N = 150\,Hz$ und $f_3 = (1/3)pf_N = 100\,Hz$ eine Grenzzyklusuntersuchung (harmonic instability) durchgeführt werden, um die Anwendungsgrenzen der Beschreibungsfunktion aufzuzeigen.

Die Untersuchung bei den ausgezeichneten Frequenzen liegt nahe, da die Amplituden– und Phasenspielräume bei diesen Frequenzen am umfangreichsten sind, d.h. diese Frequenzen werden bevorzugte Grenzzyklusfrequenzen sein. Bei den Untersuchungen wird der in Abb. 11.8 gezeigte Regelkreis mit einem sechspulsigen $(p = 6)$ Stromrichterstellglied ohne Steilheitsbegrenzer vorausgesetzt.

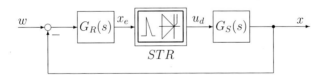

Abb. 11.8: *Testregelkreis zur Stabilitätsuntersuchung*

$$\text{Regler:} \quad G_R(s) = \frac{V_R\,(1 + sT_n)}{sT_n} \tag{11.1}$$

$$= \frac{K_R(1 + sT_R)}{s} \tag{11.2}$$

$$\text{Strecke:} \quad G_S(s) = \frac{V_S}{(1 + sT_1)(1 + sT_2)} \tag{11.3}$$

STR: Stromrichterstellglied mit $V_{STR} = 1$ $(\alpha_0 = 90°)$ $\qquad$ (11.4)

Unter der Annahme $V_S = 1$ und der Kompensation der Zeitkonstante T_1 der Strecke durch den Vorhalt des Reglers ($T_n = T_1$), ergibt sich für den linearen Teil des Regelkreises

$$-G_{0,lin}(s) = G_R(s)\,G_S(s) = \frac{V_R}{sT_n(1 + sT_2)} = \frac{K_R}{s(1 + sT_2)} \quad (11.5)$$

Für die allgemeine Darstellung eines PI–Reglers wurde bisher immer die Form mit der dimensionslosen Verstärkung V_R und der Nachstellzeit T_n nach Gl. (11.1) gewählt. Die Berechnungen und Ergebnisse in [229] beruhen jedoch auf der in Gl. (11.2) angegebenen Darstellungsform mit der dimensionsbehafteten Verstärkung K_R mit $K_R = V_R/T_R$.

Für die weiteren Betrachtungen in in diesem Kapitel soll daher diese etwas ältere Darstellungsform verwendet werden. Mit $s \to j\omega$ kann der Frequenzgang des linearen Teils des Regelkreises formuliert werden:

$$F_{0,lin}(j\omega) = -G_{0,lin}(s \to j\omega) = \frac{K_R}{j\omega(1 + j\omega T_2)} \quad (11.6)$$

Zunächst sei die Untersuchung auf die Grenzzyklusfrequenz f_2 beschränkt. Zur weiteren Vereinfachung setzen wir die Führungsgröße $w = 0$, um die Symmetrie der Ortskurvenscharen zur reellen Achse bei $\alpha_0 = 90°$ auszunutzen, die Analyse bei Führungsgrößen $w \neq 0$ ist aber ebenso möglich.

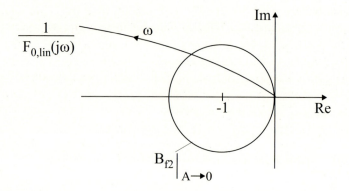

Abb. 11.9:   *Stabilitätsuntersuchung   mit   dem   Zwei–Ortskurven–Verfahren;* $f_s = f_2 = 150\,Hz$, $\alpha_0 = 90°$

Zur Veranschaulichung des Zwei–Ortskurven–Verfahrens dient Abb. 11.9, in der der Teil der Ortskurve B für die ausgezeichnete Frequenz f_2 bei differentieller Amplitude des Eingangssignals sowie die inverse Ortskurve des linearen Teils des Regelkreises, $1/F_{0,lin}(j\omega)$, aufgetragen sind. Da die Ortskurve B_{f2} bei differentieller Amplitude des Eingangssignals ein Kreis um den Punkt $(-1/0)$ mit dem Radius $r = 1$ ist (siehe Abb. 11.4, Mitte), kann die Stabilitätsgrenze wie folgt berechnet werden:

Kreisgleichung am Stabilitätsrand:

$$\left[1 + \mathrm{Re}\left(\frac{1}{F_{0,lin}(j\omega)}\right)\right]^2 + \left[\mathrm{Im}\left(\frac{1}{F_{0,lin}(j\omega)}\right)\right]^2 = 1 \qquad (11.7)$$

Gleichung des inversen linearen Frequenzgangs $F_{0,lin}(j\omega)$:

$$\frac{1}{F_{0,lin}(j\omega)} = \frac{j\omega(1 + j\omega T_2)}{K_R} = -\frac{\omega^2 T_2}{K_R} + j\frac{\omega}{K_R} \qquad (11.8)$$

Durch Einsetzen von Gl. (11.8) in Gl. (11.7) kann die kritische Reglerverstärkung $K_{R\,krit1}$ berechnet werden, bei dem bei differentieller Amplitude ($A \to 0$) ein Grenzzyklus mit der Frequenz f_2 auftritt.

$$K_{R\,krit1}\big|_{A\to 0} = \frac{\omega_2^2\, T_2^2 + 1}{2T_2} \qquad (11.9)$$

$$\text{mit} \quad \omega_2 = 2\pi\, f_2$$

Dieser Grenzzyklus ist im vorliegenden Fall stabil, da die Verstärkung des Stromrichterstellgliedes mit zunehmender Amplitude des Eingangssignals abnimmt.

Die Aussage der Stabilität des Grenzzyklus' kann mit folgender Rechnung überprüft werden; es wird geprüft, welches $K_{R\,krit1}$ bei größeren Amplituden des Grenzzyklus notwendig ist.

Wie aus den Ortskurvenscharen in Abb. 11.4 zu erkennen ist, nehmen die die Amplituden– und Phasenspielräume bei $f_2 = 150\,Hz$ mit zunehmender Amplitude A ab. Bei kleinen Amplituden kann mit guter Näherung angenommen werden, daß die Amplituden– und Phasenspielräume innerhalb eines Kreises mit Radius $r = a$ und dem Mittelpunkt $(-a/0)$ liegen. Dies gilt bis $A \approx 0,2$. Damit kann die allgemeine Kreisgleichung aufgestellt werden zu:

$$\left[a + \mathrm{Re}\left(\frac{1}{F_{0,lin}(j\omega)}\right)\right]^2 + \left[\mathrm{Im}\left(\frac{1}{F_{0,lin}(j\omega)}\right)\right]^2 = a^2 \qquad (11.10)$$

mit $1/F_{0,lin}(j\omega)$ aus Gl. (11.8).

Um die Reglerverstärkung in Abhängigkeit vom Kreisradius zu bestimmen, wird Gl. (11.8) in Gl. (11.10) eingesetzt und nach K_R aufgelöst.

$$a^2 - 2a\frac{\omega^2 T_2}{K_R} + \frac{\omega^4 T_2^2}{K_R^2} + \frac{\omega^2}{K_R^2} = a^2 \qquad (11.11)$$

$$-2aT_2 + \frac{1}{K_R}(w^2 T_2^2 + 1) = 0 \qquad (11.12)$$

$$K_{R\,krit1}(a) = \frac{\omega_2^2\, T_2^2 + 1}{2aT_2} \qquad (11.13)$$

Wie bereits erwähnt, nimmt die Verstärkung des Stellgliedes bei f_2 mit zunehmender Amplitude A des Eingangssignals ab. Die Reglerverstärkung $K_{R\,krit1}(a)$ muß deshalb zunehmen. Dies bedeutet, daß erst mit höheren $K_{R\,krit1}(a)$ größere Amplituden der oszillatorischen Instabilität mit der ausgezeichneten Frequenz f_2 zu erreichen sind. Die oszillatorische Instabilität mit $K_{R\,krit1}(a \to 1)$ ist somit stabil, ebenso alle anderen Punkte der oszillatorischen Instabilität mit $K_{R\,krit1}(a)$.

Praktische Messungen bestätigen die theoretische Untersuchung mit großer Genauigkeit in dem Zeitkonstantenbereich $2\,ms < T_2 < 6\,ms$ (Abb. 11.10).

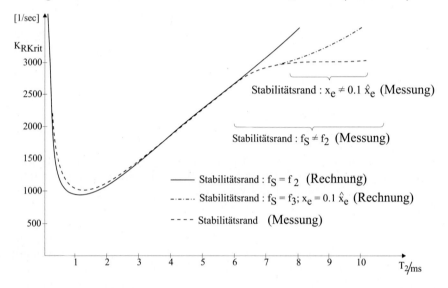

Abb. 11.10: *Stabilitätsuntersuchung mit der Beschreibungsfunktion (Vergleich von Rechnung und Messung)*

Wie aus Abb. 11.10 zu erkennen ist, treten unterhalb und oberhalb dieses Bereiches Abweichungen zwischen Rechnung und Messung auf. Ein Grund für die Abweichung unterhalb des Bereiches liegt darin, daß bei Zeitkonstanten $T_2 < 2\,ms$ die nichtidealen Eigenschaften der verwendeten Bauelemente, die parasitäre Zeitkonstanten erzeugen, zunehmende Bedeutung gewinnen. Für die abschließende Diskussion wollen wir hier nur feststellen, daß bei $T_2 \to 0\,ms$ die kritische Reglerverstärkung gegen

$$K_{R\,krit2}(T_2 \to 0) = \lim_{T_2 \to 0} \frac{\omega_2^2\,T_2^2 + 1}{2T_2} \to \infty \tag{11.14}$$

gehen muß.

Nun sollen die Verhältnisse bei der Frequenz $f_3 = (1/3)pf_N = 100\,Hz$ diskutiert werden. Wie bei den Untersuchungen für $f_s = f_2$ wird die Führungsgröße $w = 0$ gesetzt, um die Symmetrie der Ortskurvenscharen bei der Analyse auszunutzen. Bei der Frequenz f_3 und bei allen anderen ausgezeichneten Frequenzen nehmen — mit von Null zunehmender Amplitude A des Eingangssignals x_e — die Amplituden– und Phasenspielräume zu. Dies bedingt einen harten Schwingungseinsatz bei allen Frequenzen außer bei f_2, d.h. der Regelkreis muß bei allen diesen Frequenzen — außer bei der Frequenz f_2 — erst durch eine Störung angeregt werden, um den Grenzzyklus zu erreichen.

Die Analyse bei den Frequenzen $f_s \neq f_2$ ist somit umfangreich, da für jede Grenzzyklusamplitude eine getrennte Untersuchung durchgeführt werden muß. Einen Ausweg aus diesem Dilemma bietet der Vorschlag, nur die Einhüllende aller Amplituden– und Phasenspielräume bei der interessierenden Frequenz zu berücksichtigen. Dieser Vorschlag ist bei allen Frequenzen außer der Frequenz f_2 insofern sinnvoll, weil alle Grenzzyklusfrequenzen vorkommen können, ihr Auftreten aber nicht sicher vorherzusagen ist. Die Feststellung von Kalman, derartige Grenzzyklen könnten nur mit einer gewissen Wahrscheinlichkeit vorhergesagt werden, bestätigt sich im vorliegenden Fall im Experiment.

Es soll nun die kritische Reglerverstärkung $K_{R\,krit3}$ in Abhängigkeit von der unkompensierten Zeitkonstanten T_2 berechnet werden, wenn die Grenzzyklusfrequenz $f_3 = 100\,Hz$ und die Amplitude A des Eingangssignals $x_e = 1/10$ der Maximalamplitude $\hat{x}_e$ ist ($A = 0, 1$).

Wie aus der in Abb. 11.6 unten dargestellten Ortskurvenschar für f_3 zu ersehen ist, kann der Amplituden– und Phasenspielraum bei $100\,Hz$ und bei $A = 0, 1$ durch einen Kreis um $(-1, 0)$ mit dem Radius $r = 2/9$ angenähert werden. Wir müssen daher die Formel für f_2 (vgl. Gl. (11.10)) abwandeln zu:

$$\left(1 - \frac{\omega_3^2\, T_2}{K_{R\,krit3}}\right)^2 + \left(\frac{\omega_3}{K_{R\,krit3}}\right)^2 = r^2 = \left(\frac{2}{9}\right)^2 \qquad (11.15)$$

$$\text{mit} \quad \omega_3 = 2\pi\, f_3$$

Nach dem Auflösen erhalten wir eine quadratische Gleichung für die kritische Reglerverstärkung $K_{R\,krit3}$:

$$K_{R\,krit3}^2 - 2K_{R\,krit3}\frac{\omega_3^2\, T_2}{1 - r^2} + \frac{\omega_3^2(1 + \omega_3^2 T_2^2)}{1 - r^2} = 0 \qquad (11.16)$$

Die Lösung lautet:

$$K_{R\,krit3} = \frac{\omega_3^2\, T_2}{1 - r^2} \pm \frac{\omega_3}{1 - r^2}\sqrt{\omega_3^2\, T_2^2\, r^2 + r^2 - 1} \qquad (11.17)$$

Das vorliegende Problem ist nur dann sinnvoll zu lösen, wenn der Ausdruck unter dem Wurzelzeichen gleich bzw. größer als Null ist. Dies deutet darauf hin, daß nicht immer ein Grenzzyklus mit den obigen Voraussetzungen möglich ist. Durch Nullsetzen des Wurzelausdrucks erhalten wir:

$$T_{2grenz} = \sqrt{\frac{1 - r^2}{\omega_3^2 r^2}} = 6, 97\,ms \qquad \text{mit} \quad \omega_3 = 2\pi f_3, \quad r = \frac{2}{9} \qquad (11.18)$$

Ein Grenzzyklus mit $f_3 = 100\,Hz$ und $A = 0,1$ ist somit erst bei einer unkompensierten Zeitkonstanten $T_{2grenz} = 6,97\,ms$ möglich, wenn die Reglerverstärkung richtig gewählt wird. Die Auswertung der obigen Formel wurde in Abb. 11.10 vorgenommen; die Übereinstimmung mit den praktischen Ergebnissen ist im angegebenen Zeitkonstantenbereich $T_{2grenz} \approx 7\,ms$ sehr gut.

11.4 Grenzen des Verfahrens

Im vorigen Kapitel konnte eine sehr gute Übereinstimmung zwischen den theoretischen und den experimentell ermittelten Ergebnissen festgestellt werden. Die Überprüfung des Stabilitätsrandes gelingt aber aufgrund des harten Schwingungseinsatzes bei allen Grenzzyklusfrequenzen $f_s \neq f_2$ nicht immer. Zur weiteren Relativierung der obigen Ergebnisse müssen wir noch einmal auf den Bereich der nichtkompensierten Zeitkonstanten $T_2 < 2\,ms$ zurückkommen. In diesem Bereich war bei der Grenzyklusfrequenz f_2 eine merkliche Abweichung zwischen den theoretisch errechneten kritischen Reglerverstärkungen und den experimentell ermittelten Werten festgestellt worden. Diese Tatsache ist nur teilweise mit den Unzulänglichkeiten der verwendeten Bauteile allein zu begründen; die Einschränkung ist aufgrund folgender Tatsache notwendig: Die Amplituden und Phasenspielräume ändern sich bei einem zusätzlich vorhandenen Steilheitsbegrenzer vor dem Steuergerät nicht, wenn der Steilheitsbegrenzer nicht anspricht. Dies ist insbesondere immer bei kleinen Amplituden A des sinusförmigen Eingangssignals x_{eS} des Steilheitsbegrenzers der Fall. Die Stabilitätsgrenze kann daher theoretisch keine Funktion der Steilheit $\hat{x}_e$ des Steilheitsbegrenzers sein; in der Praxis ist aber das Gegenteil festzustellen.

Der Widerspruch ist durch die Verletzung der Tiefpaßbedingung bedingt, da die Welligkeit der Stromrichterausgangsspannung trotz der Dämpfung durch den linearen Teil des Regelkreises den Steilheitsbegrenzer ansprechen läßt. Eine Stabilitätsuntersuchung erfordert in diesem Fall die Berücksichtigung aller wesentlichen Oberschwingungen der Stromrichterausgangsspannung. Diese Erweiterung des ursprünglichen Verfahrens (Berücksichtigung mehrerer Eingangssignale) wurde für andere Systeme in [213, 252] vorgeschlagen und ermöglicht in gewissen Fällen die Berechnung der Stabilitätsgrenze, der Aufwand steigt allerdings wesentlich an.

12 Vergleich verschiedener Approximationen für netzgeführte Stromrichter

In Kap. 9.3 wurde eine Approximation des dynamischen Verhaltens von Stromrichterstellgliedern für das Großsignalverhalten mit Hilfe einer Laufzeitnäherung entwickelt. Kapitel 10 behandelte die Untersuchung des Kleinsignalverhaltens von Stromrichterstellgliedern mit der Abtasttheorie, und im vorangegangenen Kapitel 11 wurde schließlich die Beschreibungsfunktion von Stromrichterstellgliedern entwickelt und die Einsatzmöglichkeiten sowie die Grenzen des Verfahrens diskutiert.

Interessant ist daher eine Gegenüberstellung der verschiedenen Approximationen. Um dies zu ermöglichen, sollen in den beiden folgenden Abschnitten zunächst zwei spezielle Probleme bei Regelkreisen mit Stromrichterstellgliedern näher betrachtet werden.

Das erste Problem ist die Berücksichtigung der Eigenschaften der Thyristoren, die nach einem Zündsignal durchschalten. Regelkreise mit Stromrichterstellgliedern können dadurch keine sprungfähige Übertragungsfunktion aufweisen.

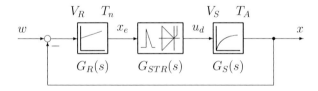

Abb. 12.1: *Regelkreis*

Das zweite Problem ist die allgemeine Bestimmung der Steigung der Steuersatzeingangsspannung im Zündzeitpunkt, $\dot{x}_{e-}$, welche für die Berechnung Verstärkungsfaktors K_α des Stromrichterstellgliedes bei differentiellen Störungen benötigt wird (siehe Gl. (10.22)).

Wenn die beiden Probleme bekannt und gelöst sind, dann können die Regelkreise mit Stromrichterstellgliedern auch im z–Bereich behandelt werden.

In Kap. 12.3 werden die bisherigen Approximationen für Stromrichterstellglieder miteinander verglichen.

Bei den folgenden Untersuchungen wird stets der Regelkreis nach Abb. 12.1 vorausgesetzt.

Für Regler und Strecke sollen, wie in Kap. 10, die folgenden Konfigurationen gelten (mit K_I als dem Verstärkungsfaktor des offenen Regelkreises):

$$\text{Regler:} \quad G_R(s) = \frac{V_R\,(1 + sT_n)}{sT_n} \tag{12.1}$$

$$\text{Strecke:} \quad G_S(s) = \frac{V_S}{1 + sT_A} \tag{12.2}$$

STR: Approximationen für Stromrichterstellglied

mit $p = 6, f_N = 50\,Hz$

$$\Rightarrow \quad K_I = \frac{V_R V_S}{T_n} \tag{12.3}$$

Für den linearen Teil des Regelkreises erhält man mit $T_n = T_A$

$$-G_{0,lin}(s) = G_R(s)\,G_S(s) = \frac{K_I}{s} \tag{12.4}$$

Die Übertragungsfunktion für den offenen Regelkreis lautet damit

$$-G_0(s) \;=\; G_{STR}(s) \cdot G_{0,lin}(s) \tag{12.5}$$

$$=\; \frac{K_I}{s} \cdot G_{STR}(s) \tag{12.6}$$

12.1   Ermittlung von $G_l(z, m)$, Sprungfähigkeit

Nachdem in Kap. 10 ein Abtastmodell entwickelt wurde, welches das Stromrichterstellglied bei differentiellen Störungen exakt erfaßt, muß noch eine spezielle Eigenschaft des Stellgliedes erläutert werden.

Bei Regelkreisen mit einem Abtaster (Annahme: kein Halteglied im Regelkreis) wird das Ausgangssignal des Abtasters immer dann die Amplitude des Eingangssignals des Abtastsystems im gleichen Tastzeitpunkt beeinflussen, wenn es sich um ein sprungfähiges System handelt.

Allgemein wird der Begriff *sprungfähig* in der Regelungstechnik für lineare Systeme verwendet, welche in Zustandsdarstellung eine Durchschaltmatrix $\mathbf{D} \neq 0$ besitzen und damit auf einen Sprung am Eingang mit einem (skalierten) Sprung am Systemausgang antworten können. Zwischen dem Grad n des Nennerpolynoms und dem Grad m des Zählerpolynoms der Übertragungsfunktion eines solchen Systems muß damit die Beziehung $n = m$ herrschen.

Bei Regelkreisen mit einem Abtaster wird an dessen Ausgang ein Signal entstehen, das als Folge von δ–Impulsen beschrieben werden kann. In einem solchen

Fall kann die Amplitude des Eingangssignals des Abtastsystems im gleichen Tastzeitpunkt bereits beeinflußt werden (System ist sprungfähig), wenn zwischen dem
Grad n des Nennerpolynoms und dem Grad m des Zählerpolynoms der Übertragungsfunktion des linearen Teils des Regelkreises $-G_{0,lin}(s)$ die Beziehung

$$n = m + 1 \tag{12.7}$$

herrscht. Zwischen dem Begriff der *Sprungfähigkeit* wie er in Bezug auf Abtastsysteme verwendet wird und der allgemeinen Definition muß also klar unterschieden
werden.

Diese bei Abtastsystemen beschreibende Erscheinung kann aber bei Regelkreisen mit Stromrichterstellgliedern nicht auftreten, da einerseits nach der
Zündung eines Ventils der Zündzeitpunkt nicht mehr geändert werden kann und
andererseits das Potential des gezündeten Ventils im Zündzeitpunkt vom Spannungssystem N vorgegeben wird.

Bereits in Kap. 10 war diese Eigenschaft angesprochen worden. Um diese
spezielle Eigenschaft der Stromrichterstellglieder bei der Analyse und Synthese
zu berücksichtigen, müssen wir eine spezielle z–Transformierte $-G_{ls}(z)$ für den
linearen sprungfähigen Teil des Regelkreises $-G_{0,lin}(s)$ erarbeiten. Ein geeignetes
Hilfsmittel bei dieser Aufgabe stellt die modifizierte z–Transformation dar, deren
theoretische Grundlagen im folgenden kurz abgeleitet werden.

Mit der modifizierten z–Transformation können im Gegensatz zur normalen
z–Transformation auch die Werte des Ausgangssignals zwischen den Abtastzeitpunkten bestimmt werden. Das Verfahren beruht auf folgendem Gedankengang
(siehe auch Kap. 6.1.3).
Zur Veranschaulichung dient Abb. 12.2.

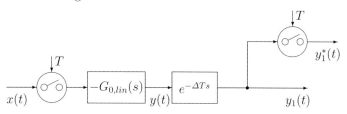

Abb. 12.2: *System mit modifizierter Abtastung*

Das Signal $y(t)$ am Ausgang des linearen Anteils des Regelkreises wird
um ΔT verzögert und anschließend synchron mit dem Abtaster am Eingang
abgetastet.
Es gilt:

$$y(s) = \mathcal{L}\left\{x(t) \cdot \delta_T(t)\right\} \cdot (-G_{0,lin}(s)) \tag{12.8}$$

bzw.

$$y_1^*(s, \Delta) = \mathcal{L}\left\{y(t - \Delta T) \cdot \delta_T(t)\right\} \tag{12.9}$$

Die Berechnung von $y_1^*(s, \Delta)$ erfolgt mit der komplexen Faltung:

$$y_1^*(s, \Delta) = \frac{1}{2\pi j} \int\limits_{c-j\infty}^{c+j\infty} y(\varepsilon)\, e^{-\Delta T \varepsilon} \frac{1}{1 - e^{-T(s-\varepsilon)}}\, d\varepsilon \tag{12.10}$$

Um die Konvergenz des Integrals zu sichern, wird $\Delta = 1 - m$ gesetzt:

$$y_1^*(s, m) = \frac{e^{-sT}}{2\pi j} \int\limits_{c-j\infty}^{c+j\infty} y(\varepsilon)\, e^{m\varepsilon T} \frac{1}{1 - e^{-T(s-\varepsilon)}}\, d\varepsilon \tag{12.11}$$

Dieses Integral kann mit dem Cauchyschen Residuensatz berechnet werden. Das Ergebnis $y_1^*(s, m)$ ist eine Funktion von s und m, bzw. die modifizierte z–Transformierte der Übertragungsfunktion $-G_{0,lin}(s)$ ist eine Funktion von z und m. Durch Variation von $m = 1 - \Delta$ im Bereich $0 \leq m \leq 1$ ist das gesuchte Ausgangssignal $y(t)$ in jedem beliebigen Zeitpunkt zu bestimmen. Die Theorie der modifizierten z–Transformation kann in [56] nachgelesen werden.

Diese Grundkenntnis der modifizierten z–Transformation genügt, um die spezielle z–Transformierte für den linearen Anteil des Regelkreises nach Abb. 12.1 zu entwickeln.

Bei sprungfähigen linearen Regelkreisgliedern muß eine sofortige Beeinflussung der Amplitude des Steuersatzeingangssignals durch das Ausgangssignal des Stromrichters, welches ein Folge von δ–Impulsen ist, im Zündzeitpunkt verhindert werden. Um dieses Ziel zu erreichen, genügt es, die **modifizierte Transformierte** $y_1^*(s, m)$ bei $\Delta T \to 0$ zu verwenden. Die gesuchte z–Transformierte $-G_{ls}(z)$ der linearen Regelkreisglieder $-G_{0,lin}(s)$ wird durch folgende mathematische Operation gewonnen.

$$-G_{ls}(z) = \lim_{m \to 1} -G_l(z, m) \tag{12.12}$$

mit

$$-G_l(z, m) = \mathcal{Z}_{mod}\left\{-G_{0,lin}(s)\right\} \tag{12.13}$$

Zur Veranschaulichung dieser Definition soll noch einmal Abb. 12.2 betrachtet werden. Bei einer Nacheilung des Signals $y_1(t)$ um $\Delta T \to 0$ bezogen auf das Signal $y(t)$ ergibt sich praktisch der gleiche Kurvenverlauf für die beiden Signale. Da aber ein idealer Abtaster mit der Schließungsdauer Null vorausgesetzt wird, können in den Tastzeitpunkten die Signale $y(t)$ und $y_1(t)$ nicht übereinstimmen, weil das Signal $y_1(t)$ um ΔT gegenüber dem Signal $y(t)$ verzögert ist. Unsere Aufgabe ist somit gelöst.

Der in diesem Kapitel betrachtete Regelkreis nach Abb. 12.1 mit $-G_{0,lin}(s)$ nach Gl.(12.4) ist nach Definition Gl.(12.7) sprungfähig, da der Grad des Nennerpolynoms ein Grad höher ist als der Grad des Zählerpolynoms. Mit der abgeleiteten Gleichung (12.12) ergibt sich für die spezielle Übertragungsfunktion des linearen Anteils des Regelkreises durch Nachschlagen in den Tabellen für die modifizierte z-Transformation:

$$-G_{ls}(z) = \frac{K_I}{z-1} \qquad (12.14)$$

Zur Gegenüberstellung das Ergebnis der normalen z-Transformation:

$$-G_l(z) = K_I \frac{z}{z-1} \qquad (12.15)$$

Gleichung (12.12) muß bei allen nach Definition Gl. (12.7) sprungfähigen Regelkreisen mit $-G_{0,lin}(s)$ angewendet werden, um die speziellen Eigenschaften, die ein Stromrichterstellglied im Gegensatz zu einem Abtaster hat, zu berücksichtigen. Da sich bei nicht sprungfähigen Systemen bei der normalen z-Transformation und bei der speziellen Transformation nach der obigen Formel dasselbe Ergebnis ergibt, ist die Definition der speziellen Transformation $-G_l(z,m)$ universal.

12.2 Berechnung der ersten Ableitung der Steuersatzeingangsspannung

Zur endgültigen Berechnung des Verstärkungsfaktors K_α z.B. nach Gl. (10.22) fehlt noch die erste Ableitung der Steuersatzeingangsspannung $\dot{x}_{e-}$ zu den Zeitpunkten $t = nT_-$ im stationären Betrieb. Aufgrund der Definition der Übertragungsfunktion des linearen Regelkreises nach Abb. 12.1

$$-G_{0,lin}(s) = \frac{x_e(s)}{u_d(s)} \qquad (12.16)$$

ist die Eingangsspannung $x_e(t)$ des Steuersatzes abhängig von der Übertragungsfunktion $-G_{0,lin}(s)$ und der Ausgangsspannung $u_d(t)$ des Stromrichterstellgliedes im stationären Betrieb:

$$x_e(s) = -G_{0,lin}(s) \cdot u_d(s) \qquad (12.17)$$

Die Schwierigkeit bei der Berechnung von $x_e(t)$ bzw. von $\dot{x}_{e-}$ ist im allgemeinen in der nur stückweise stetigen Spannung $u_d(t)$ begründet, so daß eine Berechnung im Zeitbereich kompliziert ist; eine weitere Erschwerung tritt bei sprungfähigen linearen Regelkreisen auf, bei denen der linksseitige Grenzwert zu den Zeitpunkten $t = nT_-$ bestimmt werden muß. Da der stationäre Spannungsverlauf $u_d(t)$ aufgrund der konstanten Zündimpulsfrequenz periodisch ist (Abb. 9.6), liegt es nahe, $\dot{x}_{e-}$ im z-Bereich mit dem Grenzwertsatz für den stationären Endzustand zu bestimmen. Bei der Anwendung dieses Grenzwertsatzes der normalen z-Transformation muß aber vorher untersucht werden, ob der lineare Teil des Regelkreises $-G_{0,lin}(s)$ nach Definition Gl. (12.7) sprungfähig ist, da im allgemeinen die stationäre Ausgangsspannung des Stromrichters nicht stetig ist und somit in diesem Fall auch $x_e(t)$ im interessierenden Zeitpunkt nT nicht stetig ist. Diese Schwierigkeit können wir aber wiederum durch die Anwendung der modifizierten z–Transformation beheben, da es mit dieser Transformation möglich ist, die Eingangsspannung $x_e(t)$ des Steuergerätes und damit ihre Ableitung in jedem Zeitpunkt zu berechnen.

Wir haben somit die Möglichkeit, durch schematische Anwendung des Grenzwertsatzes der modifizierten z–Transformation $\dot{x}_{e-}$ zu bestimmen.

In Kap. 10.1 und 10.2 war zur Ableitung eines Modell–Abtastsystems bereits das Verhalten des Steuergerätes und des Stromrichters bei differentiellen Störungen untersucht worden. Die Berechnung von $\dot{x}_{e-}$ soll als Erweiterung der dortigen Untersuchungen erfolgen. Als Beispiel wird daher in dieser Stelle der Regelkreises mit einem sechspulsigen ($p = 6$) Stromrichterstellglied vom Typ 1 (nichtlineare statische Kennlinie) in Brückenschaltung nach Abb. 10.1 herangezogen. Die Übertragungsfunktionen von Regler und Strecke sind den Gleichungen (10.25) bis (10.28) zu entnehmen.

Für die Berechnung von $\dot{x}_{e-}$ benötigen wir die Stromrichterausgangsspannung $u_d(t)$ im Zündintervall (Abb. 9.7.b und 10.2).

Im Bereich $0 \leq t < T$ entspricht die Ausgangsspannung $u_d(t)$ der Spannung $u_1(t)$ (normiert auf $U_{dN} = U_{di0}$):

$$u_1(t) \;=\; \frac{\hat{U}}{U_{di0}} \cdot \cos\left(\omega_N t + \alpha_0 - \frac{\pi}{6}\right) \tag{12.18}$$

$$=\; \frac{\pi}{3} \cdot \cos\left(\omega_N t + \alpha_0 - \frac{\pi}{6}\right) \qquad \text{mit} \quad \omega_N = 2\pi f_N \tag{12.19}$$

Im Laplace–Bereich ergibt sich für $u_1(s) = \mathcal{L}(u_1(t))$:

$$u_1(s) = \frac{\pi}{3}\left\{\cos\left(\alpha_0 - \frac{\pi}{6}\right) \cdot \frac{s}{s^2 + \omega_N^2} - \sin\left(\alpha_0 - \frac{\pi}{6}\right) \cdot \frac{\omega_N}{s^2 + \omega_N^2}\right\} \tag{12.20}$$

Dieser Spannungsverlauf wird aufgrund der konstanten Zündimpulsfrequenz im stationären Betrieb periodisch mit T sein, so daß wir die im Frequenzbereich gültige Formel einer mit T periodisch fortgesetzten Funktion $G_T(s)$ einer Funktion $G(s)$ anwenden können.

$$G_T(s) = G(s) \cdot \frac{1}{1 - e^{-Ts}} \tag{12.21}$$

Die Voraussetzung bei der Benutzung von Gl. (12.21) ist, daß $G(s)$ außerhalb des Bereichs $0 \leq t \leq T$ identisch null ist; der Spannungsverlauf, der dies erzwingt, ist:

$$u_2(t) = \frac{\pi}{3} \cdot \cos\left(\omega_N(t - T) + \alpha_0 + \frac{\pi}{6}\right) \tag{12.22}$$

bzw.

$$u_2(s) = \frac{\pi}{3} \cdot e^{-Ts} \left\{ \cos\left(\alpha_0 + \frac{\pi}{6}\right) \cdot \frac{s}{s^2 + \omega_N^2} - \sin\left(\alpha_0 + \frac{\pi}{6}\right) \cdot \frac{\omega_N}{s^2 + \omega_N^2} \right\} \quad (12.23)$$

Somit gilt im Zündintervall $0 \leq t \leq T$:

$$u(s) = u_1(s) - u_2(s) \quad (12.24)$$

Für die periodische Fortsetzung von $u(s)$, die der Stromrichterausgangsspannung $u_d(s)$ entspricht, ergibt sich damit:

$$u_T(s) = u_d(s) = \frac{u_1(s) - u_2(s)}{1 - e^{-Ts}} \quad (12.25)$$

Da erstens der stationäre Zustand vorausgesetzt wird und zweitens nur der Wechselanteil des Signals x_e interessiert, wird der Mittelwert der normierten Ausgangsspannung $u_{di\alpha}$ (Vernachlässigung des induktiven Gleichspannungsabfalls) gleich dem normierten Spannungsabfall $i_{A0}^* \cdot r_A$ plus der eventuellen Gegenspannung e_A sein.

$$u_{di\alpha} = \frac{U_{di\alpha}}{U_{di0}} = \cos\alpha_0 \quad (12.26)$$

Für das Eingangssignal der Steuersatzeingangsspannung gilt damit

$$x_e(s) = -\frac{K_I}{s} \cdot \left(u_T(s) - \frac{\cos\alpha_0}{s} \right) \quad (12.27)$$

und für dessen gesuchte Ableitung

$$\dot{x}_e(s) = -K_I \left(u_T(s) - \frac{\cos\alpha_0}{s} \right) \quad (12.28)$$

Um $\dot{x}_{e-}$ berechnen zu können, müssen wir die Gleichung für $x_e(s)$ in den modifizierten z–Bereich transformieren und anschließend den Grenzwertsatz für den stationären Endzustand anwenden. Durch Einsetzen von $u_T(s)$ und anschließender Transformation in den modifizierten z–Bereich ergibt sich:

$$
\begin{aligned}
\dot{x}_e(z,m) = {}& -\frac{\pi}{3} \cdot \frac{K_I z}{z-1} \left\{ a\cos\left(\alpha_0 - \frac{\pi}{6}\right) - b\sin\left(\alpha_0 - \frac{\pi}{6}\right) \right. \\
& \left. -z^{-1}\left[a\cos\left(\alpha_0 + \frac{\pi}{6}\right) - b\sin\left(\alpha_0 + \frac{\pi}{6}\right) \right] \right\} + \frac{K_I \cos\alpha_0}{z-1}
\end{aligned} \quad (12.29)
$$

mit

$$a = \frac{z\cos(m\omega_N T) - \cos(1-m)\omega_N T}{z^2 - 2z\cos\omega_N T + 1}$$

$$b = \frac{z\sin(m\omega_N T) + \sin(1-m)\omega_N T}{z^2 - 2z\cos\omega_N T + 1}$$

Der Grenzwertsatz der modifizierten z–Transformation lautet:

$$\lim_{k \to \infty} f(k, m)T = \lim_{z \to 1}(z - 1) \cdot F(z, m) \tag{12.30}$$

Durch die Anwendung des Grenzwertsatzes (12.30) auf $\dot{x}_e(z, m)$ (12.29) ergibt sich:

$$\lim_{k \to \infty} \dot{x}_e(k, m)T = -\frac{\pi}{3} K_I \left\{ a_1 \cos\left(\alpha_0 - \frac{\pi}{6}\right) - b_1 \sin\left(\alpha_0 - \frac{\pi}{6}\right) \right. \tag{12.31}$$

$$\left. -a_1 \cos\left(\alpha_0 + \frac{\pi}{6}\right) - b_1 \sin\left(\alpha_0 + \frac{\pi}{6}\right) \right\} + K_I \cos\alpha_0$$

mit

$$a_1 = \cos(m\omega_N T) - \cos(1 - m)\omega_N T$$

$$b_1 = \sin(m\omega_N T) + \sin(1 - m)\omega_N T$$

Das Ergebnis Gl. (12.31) ist eine Funktion von m; wir können infolgedessen die Ableitung $\dot{x}_e$ zu beliebigen Zeitpunkten in dem Zeitbereich $0 \leq t \leq T$ im stationären Endzustand bestimmen.

Da im allgemeinen keine Untersuchung erfolgt, ob der lineare Teil des Regelkreises sprungfähig ist oder nicht und um den hier aufgezeigten Formalismus so allgemeingültig wie möglich zu entwickeln, wählen wir den linksseitigen Grenzwert $\dot{x}_{e-}$ zum Zeitpunkt nT_- im stationären Zustand aus, um immer die Ableitung $\dot{x}_e$ vor der Zündung des Ventils zu erhalten.

Wie im vorigen Abschnitt müssen wir somit $m \to 1$ gehen lassen:

$$\dot{x}_{e-} = \lim_{m \to 1} \dot{x}_e(k, m)T \Big|_{k \to \infty} \tag{12.32}$$

Mit dieser Zusatzbedingung ergibt sich endgültig:

$$\dot{x}_{e-} = \frac{\pi}{6} K_I \left[\sin\alpha_0 + \cos\alpha_0 \left(\frac{6}{\pi} - \sqrt{3}\right) \right] \tag{12.33}$$

Zur Veranschaulichung des Ergebnisses wollen wir die Steigung $\dot{x}_{e-}$ bei $\alpha_0 = 90°$ berechnen.

$$\dot{x}_{e-} = \frac{\pi}{6} K_I \quad \text{bei} \quad \alpha_0 = 90° \tag{12.34}$$

Dieses Ergebnis, das aus Gl. (12.33) abgeleitet werden kann, ist sofort verständlich, denn die Steigung $\dot{x}_{e-}$ im Zündzeitpunkt muß gleich dem Produkt aus der normierten Spannungsdifferenz $u_d - i_A^*$ vor dem Zündzeitpunkt und dem Verstärkungsfaktor K_I sein, wenn der lineare Regelkreis nur aus einem Integrator besteht.

12.3 Überprüfung der Stromrichterstellglied– Approximationen (Untersuchung des Stabilitätsrandes)

In diesem Kapitel soll die Aussagekraft der verschiedenen Approximationen für das Stromrichterstellglied bei der Untersuchung des Stabilitätsrandes überprüft werden. Zur Veranschaulichung wird wieder der Regelkreis nach Abb. 12.1 (ohne Steilheitsbegrenzer) ausgewählt.

Wenn wir bei diesem Regelkreis mit der Übertragungsfunktion $-G_{0,lin}(s) = K_I/s$ des linearen Teils eine Stabilitätsuntersuchung mit der Beschreibungsfunktion bei der Frequenz $f_2 = 150\,Hz$, der Grundaussteuerung $\alpha_0 = 90°$ und bei differentiellen Amplituden des Eingangssignals durchführen, so ergibt sich Stabilität im Bereich $K_I \leq \infty$ (siehe Kap. 11). Diese Aussage läßt sich auf alle anderen Frequenzen und alle anderen Grundaussteuerungen erweitern, da nur der Amplituden– und Phasenspielraum B_{f2} bei differentiellen Amplituden des Eingangssignals die Ortskurve $1/(F_{0,lin}(j\omega))$ im Nullpunkt des Koordinatensystems berührt (siehe Abb. 11.9).

Da wir bisher den obigen Regelkreis nur bei differentiellen Amplituden untersucht haben, können wir nicht die globale Ersatzlaufzeit T_E, die den gesamten Bereich der Steuerwinkeländerung $\Delta\alpha$ bei jeder Grundaussteuerung α_0 umfaßt, verwenden, sondern müssen die Einschränkung $\Delta\alpha \to 0$ bei der Stabilitätsuntersuchung einführen, um vergleichbare Ergebnisse zu erhalten. Zur Berechnung der Wartezeit $T_{w0} = T_w(\Delta\alpha \to 0)$ können die Gleichungen für T_{w1} oder T_{w3} verwendet werden.

Für ein sechspulsiges Stellglied mit nichtlinearer statischer Kennlinie gilt:

$$T_{w0} = \lim_{\Delta\alpha \to 0} T_w(\Delta\alpha) \tag{12.35}$$

mit T_w analog zu Gl. (9.39) $(p = 6)$:

$$T_w = T\left(1 - \frac{3\Delta\alpha}{\pi}\right) - t - T\frac{\sin\left(\alpha_0 - \Delta\alpha + \frac{\pi}{6}\right) - \sin\left(\alpha_0 - \frac{\pi}{6}\right) - \left(1 - \frac{3\Delta\alpha}{\pi}\right)\cos\alpha_0}{\cos(\alpha_0 - \Delta\alpha) - \cos\alpha_0} \tag{12.36}$$

Die Wartezeit T_w besteht aus einer Summe bzw. Differenz von Funktionen mit $\Delta\alpha$; wir müssen deshalb den 2. Hauptsatz über den Grenzwert von Funktionen anwenden:

$$T_{w0} = \lim_{\Delta\alpha \to 0}\left[T\left(1 - \frac{3\Delta\alpha}{\pi}\right)\right] - t \tag{12.37}$$

$$-T\lim_{\Delta\alpha \to 0}\left[\frac{\sin\left(\alpha_0 - \Delta\alpha + \frac{\pi}{6}\right) - \sin\left(\alpha_0 - \frac{\pi}{6}\right) - \left(1 - \frac{3\Delta\alpha}{\pi}\right)\cos\alpha_0}{\cos(\alpha_0 - \Delta\alpha) - \cos\alpha_0}\right]$$

Da $\lim\limits_{\Delta\alpha\to 0}\cos\Delta\alpha = 1$ und $\lim\limits_{\Delta\alpha\to 0}\sin\Delta\alpha = \Delta\alpha$ ist, kann wie folgt vereinfacht werden:

$$T_{w0} = T\left(1 - \frac{3\cos\alpha_0 - \pi\cos\left(\alpha_0 + \frac{\pi}{6}\right)}{\pi\sin\alpha_0}\right) - t \qquad (12.38)$$

Um den Erwartungswert zu erhalten, bilden wir den Mittelwert T_{w0m}:

$$T_{w0m} = \frac{1}{T}\int\limits_0^T T_{w0}(t)\,dt = T\frac{6 - \pi\sqrt{3}}{2\pi}\cot\alpha_0 \qquad (12.39)$$

Die Auswertung von Gl. (12.39) zeigt Abb. 12.3. Ein Ergebnis, das an sich auch aus Abb. 9.9 und 9.10 für diskrete Werte von α_0 zu entnehmen ist, lautet:

- Bei der Grundaussteuerung $\alpha_0 < 90°$ ist die mittlere Wartezeit $T_{w0m} < 0$,

- bei der Grundaussteuerung $\alpha_0 = 90°$ ist die mittlere Wartezeit $T_{w0m} = 0$,

- bei der Grundaussteuerung $\alpha_0 > 90°$ ist die mittlere Wartezeit $T_{w0m} > 0$.

Die mittlere Laufzeit T_{w0m} ist bei Grundaussteuerungen $\alpha_0 > 90°$ positiv und größer als Null, infolgedessen ist bei entsprechend gewähltem Verstärkungsfaktor K_I Instabilität zu erwarten. Diese Aussage steht aber im Gegensatz zu dem Ergebnis, das wir bei der Approximation des Stromrichterstellgliedes mit der Beschreibungsfunktion in Kap. 11 erhalten haben, wir wollen daher diese gegensätzlichen Aussagen mit dem im Kap. 10 entwickelten exakten Verfahren

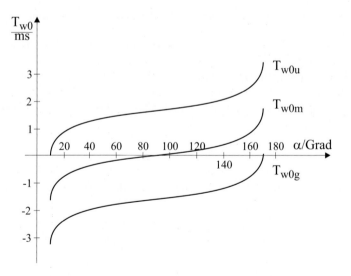

Abb. 12.3: *Wartezeit T_{w0} für sechspulsige Stellglieder*

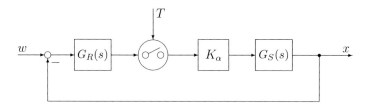

Abb. 12.4: *Ersatzsystem für den Regelkreis nach Abb. 12.1*

überprüfen. Bei der Untersuchung wollen wir in Anlehnung an Kap. 10.2 ein Ersatzsystem (Abb. 12.4) für den Regelkreis von Abb. 12.1 verwenden. Für den Regler, die Strecke und damit den linearen Teil des Regelkreises gelten wieder die Gleichungen (12.1) bis (12.4).

Die Berechnung des Stabilitätsrandes in Abhängigkeit vom Arbeitspunkt α_0 kann z.B. mit dem Verfahren der Wurzelortskurve im z–Bereich erfolgen.

Um die Stabilitätsanalyse durchführen zu können, benötigen wir die spezielle z–Transformierte $-G_{ls}(z)$ des linearen Teils $-G_{0,lin}(s) = K_I/s$ des offenen Regelkreises, die in Kap. 12.1 definiert wurde. Im vorliegenden Beispiel gilt nach Gl. (12.14)

$$-G_{ls}(z) = \frac{K_I}{z - 1} \tag{12.40}$$

Wie in Kap. 10.2 kann die spezielle z–Transformierte des offenen Regelkreises für Abb. 12.4 mit Hilfe der modifizierten z–Transformation (siehe auch Gl. (10.33)) zu

$$-G_{0s}(z) = \frac{K_\alpha K_I}{z - 1} = \frac{c}{z - 1} \tag{12.41}$$

aufgestellt werden. Mit diesem Ergebnis können wir nun die Wurzelortskurve des geschlossenen Regelkreises bei $-G_{0s}(z)$ zeichnen (Abb. 12.5).

Das System ist immer dann stabil, wenn die Wurzelortskurve des geschlossenen Regelkreises keine Polstellen außerhalb des Einheitskreises hat; die Stabilitätsgrenze wird infolgedessen bei $z = -1$ erreicht, wenn die triviale Lösung für

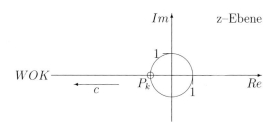

Abb. 12.5: *Wurzelortskurve des geschlossenen Regelkreises bei $-G_{0s}(z) = c/z - 1$*

$c = 0$ bei $z = 1$ ausscheidet. Die Teilung der Wurzelortskurve in Abhängigkeit vom Parameter c erhalten wir durch die Amplitudenbedingung:

$$1 - |-G_{0s}(z)| = 0; \qquad 1 - \left|\frac{c}{z-1}\right| = 0; \qquad (12.42)$$

$$|z - 1| - c = 0; \qquad z = 1 - c$$

Wir können somit die kritische Verstärkung des linearen Teils des Regelkreises K_I in Abhängigkeit von K_α bzw. von der Grundaussteuerung α_0 berechnen. Es gilt:

$$-\frac{K_\alpha K_{I\,krit}}{z-1} = 1 \qquad (12.43)$$

Mit $z = -1$ ergibt sich:

$$K_{I\,krit} = \frac{2}{K_\alpha} \qquad (12.44)$$

Mit K_α nach Gl. (10.22) ergibt sich:

$$K_{I\,krit} = 2 \cdot \frac{T}{u_\alpha} \cdot (\dot{u}_g - \dot{x}_{e-}) \qquad (12.45)$$

Die Größen $\dot{u}_g$, u_α und $\dot{x}_{e-}$ sind im vorliegenden Fall für $-G_{0,lin}(s) = K_I/s$ bereits aus Kap. 10.1, 10.2 bzw. 12.2 bekannt.

Um $K_{I\,krit}$ unabhängig von der stationären Verstärkung des jeweiligen Stromrichterstellgliedes angeben zu können, normieren wir die maximale Verstärkung des Stellgliedes auf 1 und erhalten mit dieser Nebenbedingung:

$$K_{I\,krit} = \frac{3350}{\cos\alpha_0}\,\frac{1}{s} \qquad (12.46)$$

Das theoretische Ergebnis Gl. (12.46) bestätigt die Aussage, die wir mit der Wartezeitnäherung erhalten haben, denn der Regelkreis nach Abb. 12.4 kann bei Grundaussteuerungen $\alpha_0 < 90°$ nie, bei Grundaussteuerungen $\alpha_0 > 90°$ aber bei entsprechend gewählter Verstärkung K_I instabil werden, d.h. die Wartezeitnäherung T_{w0m} ist zur Stabilitätsuntersuchung im vorliegenden Fall besser geeignet als die Approximation mit der Beschreibungsfunktion.

Eine praktische Nachprüfung scheidet wegen der sehr großen Verstärkung an der Stabilitätsgrenze aus, da das Ergebnis aufgrund der begrenzten Güte der Bauelemente stark fehlerbehaftet sein würde. Um dennoch Aussagen über das Regelkreisverhalten zu gewinnen, wurde das System simulativ bei verschiedenen Grundaussteuerungen α_0 und Verstärkungen K_I untersucht.

Die charakteristischen Erscheinungen zeigen die Abbildungen 12.6 bis 12.9, die die Stromrichterausgangsspannungen $U_d(t)$ (Soll– und Istwert) und die Regelgröße $I_A(t)$ (Soll– und Istwert) enthalten.

- **Fall 1**
  Bei Grundaussteuerungen $\alpha_0 < 90°$, z.B. $\alpha_0 = 50°$, und bei Verstärkungen, die bei zu $\alpha_0 = 90°$ symmetrischer Verstärkung theoretisch schon Instabilität hervorrufen würden, wird die Störung schnell ausgeregelt und das System kehrt in den stationären Ruhezustand zurück (Abb. 12.6).

- **Fall 2**
  Bei Grundaussteuerungen $\alpha_0 > 90°$, z.B. $\alpha_0 = 130°$, und $K_I < K_{I\,krit}$ wird das System nach einer geringen Störung des stationären Zustandes aufgrund der Verstärkung, die nahe an der Stabilitätsgrenze liegt, mit einem schlecht gedämpften Übergangsvorgang in den Ruhezustand zurückkehren (Abb. 12.7).

- **Fall 3**
  Um vergleichbare Ergebnisse zu erhalten, wollen wir uns im folgenden auf die Grundaussteuerung $\alpha_0 = 130°$ beschränken. Falls bei dieser Grundaussteuerung die Verstärkung $K_I = K_{I\,krit}$ gesetzt wird, kann ein stabiler Grenzzyklus (im englischen Schriftum „ripple instability" genannt) beobachtet werden (Abb. 12.8).

- **Fall 4**
  Wenn eine Verstärkung $K_I > K_{I\,krit}$ vorausgesetzt wird, ist nach einer Störung des stationären Zustandes ein langsam aufklingender Übergangsvorgang zu beobachten, das System ist instabil (Abb. 12.9).

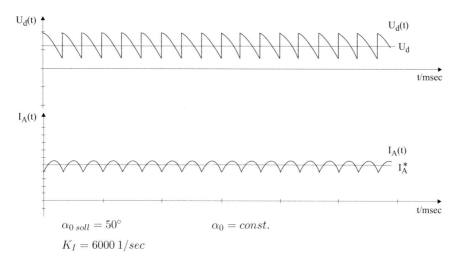

Abb. 12.6: *Fall 1: Stromrichterausgangsspannung $U_d(t)$, Stromsollwert I_A^* und Stromistwert $I_A(t)$*

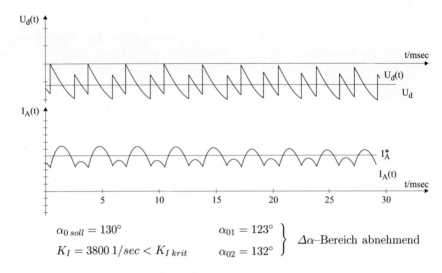

$$\alpha_{0\,soll} = 130°$$

$$K_I = 3800\ 1/sec < K_{I\,krit}$$

$$\left.\begin{array}{l}\alpha_{01} = 123° \\ \alpha_{02} = 132°\end{array}\right\} \quad \Delta\alpha\text{–Bereich abnehmend}$$

Abb. 12.7: *Fall 2: Stromrichterausgangsspannung $U_d(t)$, Stromsollwert I_A^* und Strom-istwert $I_A(t)$*

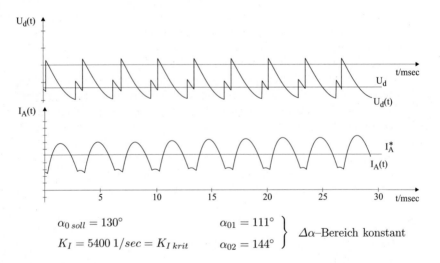

$$\alpha_{0\,soll} = 130°$$

$$K_I = 5400\ 1/sec = K_{I\,krit}$$

$$\left.\begin{array}{l}\alpha_{01} = 111° \\ \alpha_{02} = 144°\end{array}\right\} \quad \Delta\alpha\text{–Bereich konstant}$$

Abb. 12.8: *Fall 3: Stromrichterausgangsspannung $U_d(t)$, Stromsollwert I_A^* und Strom-istwert $I_A(t)$*

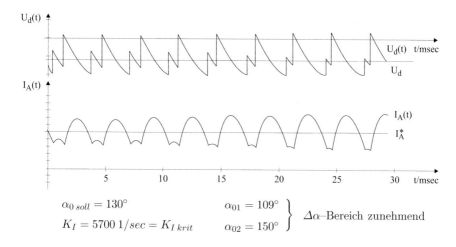

$\alpha_{0\,soll} = 130°$

$K_I = 5700\ 1/sec = K_{I\,krit}$

$\alpha_{01} = 109°$

$\alpha_{02} = 150°$

$\left.\right\}$ $\Delta\alpha$–Bereich zunehmend

Abb. 12.9: *Fall 4: Stromrichterausgangsspannung $U_d(t)$, Stromsollwert I_A^* und Stromistwert $I_A(t)$*

Die theoretischen Vorhersagen nach Gl. (12.46) sind somit auch durch Simulation an einem Beispiel nachgewiesen worden, die praktische Bestätigung bei anderen Grundaussteuerungen α_0 ist ebenso möglich.

Bei der Überprüfung der theoretischen Ergebnisse besteht allerdings eine gewisse Schwierigkeit, da die kritische Verstärkung $K_{I\,krit}$ eine Funktion der Grundaussteuerung α_0 ist. Das System wird infolgedessen in der Umgebung der Stabilitätsgrenze abwechselnd im stabilen und im instabilen Bereich arbeiten, wenn eine Regelbewegung vorhanden ist; die Stabilitätsgrenze ist daher nur bei differentiellen Regelbewegungen exakt festzustellen.

Die Berechnung des Stabilitätsrandes bei Stellgliedern mit linearer statischer Kennlinie oder bei dynamisch symmetrierten Stellgliedern erfolgt in der gleichen Weise; die quantitativen Abweichungen von den obigen Ergebnissen sind gering.

Bei dynamisch symmetrierten Stellgliedern muß nach der Berechnung der Stabilitätsgrenze nur geprüft werden, ob die Begrenzungswirkung des dynamischen Symmetrierglieds wirksam ist — eine Korrektur der kritischen Verstärkung $K_{I\,krit}$ und nochmalige Überprüfung der Ansprechbedingungen des dynamischen Symmetrierglieds ist beim Eingreifen des Symmetrierglieds erforderlich.

12.4 Synthese von Regelkreisen mit Stromrichter–Stellgliedern

Im vorigen Abschnitt wurden die Stabilitätsgrenzen für ein netzgeführtes Stromrichterstellglied mit den verschiedenen Approximationen berechnet. Dabei wurde stets ein Regelkreis nach Abb. 12.1 angenommen.

Mit den aus Kap. 9, 10 und 11 vorliegenden Approximationen sollen nun die Reglerparameter für optimales Führungsverhalten (wie beim Betragsoptimum) bestimmt werden.

Folgende Approximationen werden berücksichtigt:

1. Näherung durch die Ersatzlaufzeit mit $T_E = \dfrac{1}{2pf_N} = 1,67\,ms$
   (Gl. (9.8) und Kap. 9.6),

2. Wartezeitnäherung mit $T_E = 0,86\,ms$ (Kap. 9.6),

3. Ersatz–Abtastsystem   (Kap. 10.2 und Abb. 10.4).

Bei den Untersuchungen wird, wie für Abb. 12.1 angenommen, ein sechspulsiges Stellglied ($p = 6$) und eine Netzfrequenz von $f_N = 50\,Hz$ vorausgesetzt.

Die notwendigen speziellen Ableitungen für die Näherung 3 sind in den vorangegangenen Kapiteln 12.2 und 12.3 zu finden.

Aus Kap. 9.2, Gl. (9.9) ist bereits die optimale Verstärkung $K_{I\,opt1}$ ($T_E = 1,67\,ms$) bekannt.

$$K_{I\,opt1}(T_E = 1,67\,ms) = 278\,\frac{1}{sec} \tag{12.47}$$

Für die zweite Approximation ergibt sich:

$$K_{I\,opt2}(T_E = 0,86\,ms) = 534\,\frac{1}{sec} \tag{12.48}$$

Beim dritten Ersatzsystem für das Stellglied ist die mathematische Behandlung wesentlich aufwendiger, da

1. die spezielle z–Transformierte $-G_{ls}(z)$ des linearen Teils $-G_{0,lin}(s)$ des offenen Regelkreises berechnet werden muß,

2. die Steigung $\dot{x}_{e-}$ der Steuersatzeingangsspannung im stationären Zustand zu bestimmen ist, um den Verstärkungsfaktor K_α des Stromrichterstellgliedes im Arbeitspunkt α_0 zu erhalten,

3. die Wurzelortskurve in Abhängigkeit von $-G_{ls}(z)$ und K_α zu zeichnen ist und

4. die Pole des geschlossenen Regelkreises im z–Bereich festgelegt werden müssen.

Die Punkte 1, 2 und 3 sind bereits in Kap. 12.2 und 12.3 bearbeitet worden; die Ergebnisse können hier genutzt werden.

Um den prinzipiellen Rechnungsgang bei der Verwendung des Ersatzabtast-systems darzustellen, werden wir den freien Regelkreisparameter K_I für den Regelkreis nach Abb. 12.1 unter folgender Voraussetzung berechnen:
Das Sprungverhalten des Gesamtsystems entspricht:

- dem Sprungverhalten eines Systems 2. Ordnung mit dem Dämpfungsgrad $D = 1/\sqrt{2}$

- oder dem Übergangsverhalten eines Abtastsystems, das eine Störung im zweiten Abtastintervall ausregelt (Dead–Beat Response).

Im vorliegenden Fall kann der Regelkreis nach Abb. 12.1 unter Verwendung des Ersatzabtastsystems für das Stromrichterstellglied bei differentiellen Störungen in den Regelkreis nach Abb. 12.4 überführt werden, wie dies bereits bei der Stabilitätsuntersuchung in Kap. 12.3 erfolgte.
Es galt:

$$-G_{0s}(z) = \frac{K_\alpha \, K_I}{z - 1} = \frac{c}{z - 1} \tag{12.49}$$

Wie aus den Ableitungen in Kap. 4.1.2 bekannt ist, liegen die Pole von Systemen mit konstantem Dämpfungsgrad D auf Geraden im 2. und 3. Quadranten der komplexen Ebene, die durch den Ursprung laufen und mit der negativen reellen Achse den Winkel φ einschließen. Mit $s = \sigma + j\omega$ und $\omega_0^2 = \sigma_e^2 + \omega_e^2$ gilt für den Dämpfungsgrad D

$$D = \frac{\sigma_e}{\omega_0} = \cos\varphi \tag{12.50}$$

Wird dieser Zusammenhang in den z–Bereich übertragen, dann ergibt sich:

$$z = e^{sT} = e^{-\sigma T} \cdot e^{j\omega T} \tag{12.51}$$

$$D = \frac{\sigma_e}{\omega_0} = \frac{\sigma_e}{\sqrt{\sigma_e^2 + \omega_e^2}} = \frac{1}{\sqrt{2}} \quad \longrightarrow \quad \sigma_e = \omega_e \tag{12.52}$$

also

$$z = e^{-\omega_e T} \cdot e^{j\omega_e T} \tag{12.53}$$

d.h. Linien konstanten Dämpfungsgrades im s–Bereich werden in logarithmische Spiralen im z–Bereich überführt.

Für die Optimierung des Regelkreises ist nun der erste Schnittpunkt dieser logarithmischen Spirale mit der Wurzelortskurve $-G_{ls}(z)$ wichtig. Dieser ergibt sich bei:

$$j\omega T = j\pi \tag{12.54}$$

Also ist der Schnittpunkt bei:

$$z = e^{-\pi} \cdot e^{j\pi} = -0{,}0435 \tag{12.55}$$

Mit dieser Kenntnis und der Gleichung

$$-\frac{c}{z-1} = 1 \qquad (12.56)$$

$$z = -0,0435 \qquad (BO)$$

$$z = 0 \qquad (Dead–Beat–Verhalten)$$

ergeben sich:

$$K_{I\,opt31} = 626\,\frac{1}{sec}; \qquad \alpha_0 < 90° \qquad (BO) \qquad (12.57)$$

$$K_{I\,opt32} = 599\,\frac{1}{sec}; \qquad \alpha_0 < 90° \qquad (Dead–Beat) \qquad (12.58)$$

Aus den Ergebnissen ist zu entnehmen, daß $K_{I\,opt1}$ nur ca. 45 % der Verstärkung und $K_{I\,opt2}$ etwa 86 % der Verstärkung gegenüber $K_{I\,opt31}$ aufweisen.

Bei der Gegenüberstellung ist aber zu bedenken, daß das Ersatz–Abtastsystem nur für differentielle Störungen gilt. Bei dynamischen Übergangsvorgängen wird aber das Stellglied im allgemeinen wesentlich mehr als nur differentiell ausgesteuert.

Die Ergebnisse wurden praktisch überprüft (Abb. 12.10 bis 12.15). Aus den praktischen Ergebnissen ist klar zu entnehmen, daß bei $K_{I\,opt31} = 626\ 1/sec$ selbst bei den typischen Übergangsvorgängen noch ein deutliches Überschwingen festzustellen ist.

Dagegen ist bei $K_{I\,opt2}$ der typische Übergangsvorgang entsprechend den Erwartungen. Die Großsignalnäherung ist somit nicht nur einfacher anzuwenden, sondern sie liefert auch die erwünschten Ergebnisse.

Allerdings ist die dynamische Unsymmetrie bei einerseits positiven und anderseits negativen Sollwertsprüngen noch zu bemerken.

Allgemein muß festgestellt werden, daß die Übergangsvorgänge wesentlich dadurch bestimmt werden, wann im Zeitraster T der Sollwertsprung erfolgt. Damit muß von der engen Definition eines Dämpfungsgrades D wie bei einem linearen System Abstand genommen werden.

Stattdessen muß bei derartigen pulsweitenmodulierten Systemen und linearen Reglern immer ein zulässiges Band des Über– und Unterschwingens akzeptiert werden (siehe auch Kap. 10.4.3).

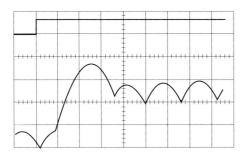

Grundaussteuerung

$\alpha_0 \approx 90°$

$K_{I\,opt31} = 626 \frac{1}{sec}$

$\Delta I = 60 A$

$t \mathrel{\hat{=}} 2 \frac{ms}{div}$

Abb. 12.10: *Positiver Sollwertsprung; maximales Überschwingen*

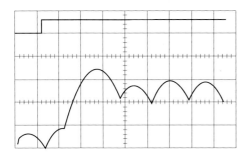

Grundaussteuerung

$\alpha_0 \approx 90°$

$K_{I\,opt31} = 626 \frac{1}{sec}$

$\Delta I = 60 A$

$t \mathrel{\hat{=}} 2 \frac{ms}{div}$

Abb. 12.11: *Positiver Sollwertsprung; typischer Übergangsvorgang*

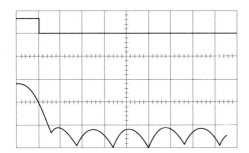

Grundaussteuerung

$\alpha_0 \approx 90°$

$K_{I\,opt31} = 626 \frac{1}{sec}$

$\Delta I = 60 A$

$t \mathrel{\hat{=}} 2 \frac{ms}{div}$

Abb. 12.12: *Negativer Sollwertsprung; typischer Übergangsvorgang*

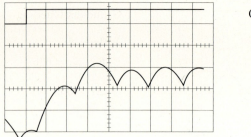

Grundaussteuerung

$$\alpha_0 \approx 90°$$

$$K_I = 550\frac{1}{sec}$$

$$\Delta I = 60A$$

$$t \,\hat{=}\, 2\frac{ms}{div}$$

Abb. 12.13: *Positiver Sollwertsprung; maximales Überschwingen*

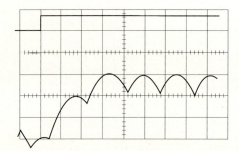

Grundaussteuerung

$$\alpha_0 \approx 90°$$

$$K_I = 550\frac{1}{sec}$$

$$\Delta I = 60A$$

$$t \,\hat{=}\, 2\frac{ms}{div}$$

Abb. 12.14: *Positiver Sollwertsprung; typischer Übergangsvorgang*

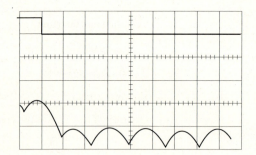

Grundaussteuerung

$$\alpha_0 \approx 90°$$

$$K_I = 550\frac{1}{sec}$$

$$\Delta I = 60A$$

$$t \,\hat{=}\, 2\frac{ms}{div}$$

Abb. 12.15: *Negativer Sollwertsprung; typischer Übergangsvorgang*

13 Asynchronmaschine

13.1 Grundlagen

Die Asynchronmaschine ist aufgrund ihres robusten Aufbaus eine wichtige Alternative zur Gleichstrommaschine in elektrischen Antriebssystemen geworden. Die Fortschritte in der Leistungselektronik durch abschaltbare Leistungshalbleiter und in der signalverarbeitenden Elektronik durch digitale Signalprozessoren ermöglichen heute den Einsatz von in Moment und Drehzahl exakt regelbarer Asynchronmotoren. Der stetig wachsenden Bedeutung dieses Maschinentyps in modernen Antrieben wurde bereits in „Elektrische Antriebe — Grundlagen" [35, 36] durch die ausführliche Herleitung der Signalflußpläne und die Betrachtung des stationären Verhaltens der Maschine Rechnung getragen. Um dem Leser den Einstieg in die verschiedenen Regelungsverfahren zu erleichtern, werden die wesentlichen Ergebnisse zu Beginn kurz wiederholt.

Ausgehend vom allgemeinen Signalflußplan der Asynchronmaschine erfolgt die schrittweise Ableitung von Verfahren zur Drehmoment- und Drehzahlregelung. Unterschiedlich aufwendige Maschinenmodelle zur Bestimmung meßtechnisch nicht zugänglicher interner Größen der Maschine werden in einem eigenem Abschnitt ausführlich behandelt. Die Beschreibung aktueller Steuerungsverfahren der Umrichterstellglieder zur Regelung des Statorstroms der Asychronmaschine schließt dieses Kapitel ab.

Bei der weiteren Betrachtung der Asynchronmaschine wird angenommen, daß sie sowohl im Stator als auch im Rotor ein dreiphasiges Wicklungssystem besitzt. Die Speisung der Maschine erfolgt durch symmetrische und unabhängige Dreiphasen–Spannungssysteme. Mit den folgenden Vereinfachungen erfolgt die Ableitung der Ersatzbilder des dynamischen Maschinenverhaltens:

- Es wird ausschließlich das Grundwellenverhalten der Maschine betrachtet.

- Die Maschinenparameter sind lineare und zeitinvariante Größen (lineare Magnetisierungskennlinie, konstante Wicklungswiderstände). Eisenverluste und Stromverdrängungen werden vernachlässigt, ebenso Reibungs- und Lüftermomente.

- Die räumlich verteilten Wicklungen werden als konzentriert gedachte Wicklungen ersetzt und erzeugen ein räumlich sinusförmiges magnetisches Feld im Luftspalt.

- Die Maschinenparameter sind Strangwerte und liegen auf die Statorseite der Maschine transformiert vor.

13.1.1   Funktionsprinzip der Drehfeld–Asynchronmaschine

Abb. 13.1 zeigt den prinzipiellen Aufbau einer allgemeinen Drehfeldmaschine. Im Stator der Maschine befinden sich drei jeweils um 120° räumlich versetzt angeordnete Wicklungen. Werden diese durch drei um 120° elektrisch phasenverschobene Ströme durchflossen, so entsteht im Luftspalt der Maschine ein umlaufender magnetischer Fluß, das sogenannte Drehfeld.

Wenn eine Relativbewegung (Schlupf) zwischen der Bewegung des Stator–Drehfeldes und des Rotors besteht, wird durch Induktion ein Rotor–Spannungs - system und daraus folgend ein Rotor–Stromsystem bewirkt. Die induzierten Ro-

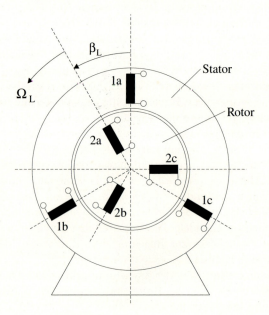

Abb. 13.1: *Prinzipbild der allgemeinen Drehfeldmaschine*

torströme bewirken gemäß der Lenz'schen Regel eine Kraftwirkung auf den Rotor, so daß dieser in Richtung des umlaufenden Magnetfeldes beschleunigt. Dreht sich der Rotor synchron mit dem umlaufenden Magnetfeld, so wird die Induktion im Rotor zu Null, und es entsteht folglich auch kein Drehmoment. Damit die Drehfeldasynchronmaschine ein Drehmoment entwickelt, ist, im Gegensatz zur Synchronmaschine, ein **asynchroner** Umlauf von Magnetfeld und Rotor der Maschine notwendig. Diese Differenzgeschwindigkeit wird als Schlupf bezeichnet.

Zur Beschreibung der Dreiphasen–Größen der Asynchronmaschine wird die Raumzeigertheorie nach [397] angewandt, die bereits in [35, 36] ausführlich dargestellt wurde und im folgenden Abschnitt nochmals kurz erläutert wird.

13.1.2 Raumzeigerdarstellung

Bei Dreiphasen–Systemen wird heute im allgemeinen die Raumzeigerdarstellung verwendet. Diese Darstellung beruht auf dem Grundgedanken, daß bei einem Dreiphasen–System *ohne Nulleiter* die geometrische Summe der drei Signale einer Größe wie der Statorspannung oder der Statorströme etc. sich zu Null ergibt. Dies bedeutet, bei Kenntnis zweier der drei Signale einer Größe kann das dritte Signal aufgrund der Nullbedingung berechnet werden, d.h. zur Beschreibung der Dreiphasen–Größen genügen jeweils zwei der Signale. Bei der Einführung der Raumzeigerdarstellung wollen wir zur besonderen Vereinfachung diesen Sachverhalt annehmen. Wesentlich bei der folgenden Darstellung wird die Berücksichtigung der *zeitlichen* **und** *der räumlichen Zuordnung* der Signale. Im folgenden sollen als Einführung die grundsätzlichen Gedanken der Raumzeigerdarstellung [35, 36] erläutert werden. Bei dieser Einführung wird angenommen, das Dreiphasen–System sei symmetrisch, d.h. alle Größen haben die gleiche Amplitude und sind zueinander um 120° elektrisch phasenverschoben. Außerdem seien nur Signale mit der Grundschwingungsfrequenz vorhanden. Eine allgemeine Darstellung der Raumzeiger ist in Kovács/Rácz [397] zu finden.

13.1.2.1 Definition eines Raumzeigers

Für das Magnetfeld B einer Drehfeldmaschine mit dreisträngiger Wicklung (a, b, c) sollen beispielsweise folgende Aussagen gelten:

1. Es ist kein Nullstrom vorhanden, d.h. $\underline{I}_a(t) + \underline{I}_b(t) + \underline{I}_c(t) = 0$.

2. Jeder stromdurchflossene Wicklungsstrang erzeugt eine um den räumlichen Umfang sinusförmige B–Feldverteilung im Luftspalt.

3. Die Überlagerung der Anteile aus allen drei Phasen führt zu einem wiederum sinusförmigen Gesamtfeld B_{ges}.

Die Amplitude und die Phasenlage dieser räumlichen Welle am Umfang stellt man sich als komplexen Raumzeiger $\vec{B}$ vor.

Die dritte Aussage gilt es nun nachzuweisen.

Abbildung 13.2 zeigt eine Momentaufnahme der räumlichen Verteilung der magnetischen Felder der drei stromdurchflossenen verteilten Wicklungsstränge. Aus der Momentaufnahme ist zu erkennen, daß außer der räumlichen Verteilung auch die Zeit ein Parameter ist, der beachtet werden muß. Für die Wicklungsachsen a, b und c gilt jeweils:

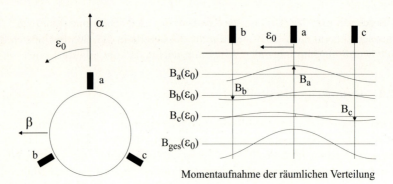

Momentaufnahme der räumlichen Verteilung

α,β: Achsen des statorfesten Koordinatensystems S

Abb. 13.2: *Verteilung des B–Feldes*

$$\underline{B}_a(t) \;=\; \hat{B} \cdot \cos(\Omega t) \tag{13.1}$$

$$\underline{B}_b(t) \;=\; \hat{B} \cdot \cos(\Omega t - 120°) \tag{13.2}$$

$$\underline{B}_c(t) \;=\; \hat{B} \cdot \cos(\Omega t - 240°) \tag{13.3}$$

d.h. in den Wicklungsachsen ist der zeitlich sinusförmige Verlauf zu erkennen. Weiterhin gilt:

$$\underline{B}_a(t) + \underline{B}_b(t) + \underline{B}_c(t) \;=\; 0 \tag{13.4}$$

d.h. die geometrische Summe der zeitlichen Größen in den drei Wicklungsachsen ergibt sich zu Null.

In Abb. 13.2 wurden die Zeitpunkte $t = nT$ (mit $n = 0, 1, 2, 3, \ldots$) gewählt. Für diese Zeitpunkte ergibt sich mit $\hat{B} = 1$:

$$\underline{B}_a(t = nT) = 1\,; \quad \underline{B}_b(t = nT) = -0{,}5\,; \quad \underline{B}_c(t = nT) = -0{,}5 \tag{13.5}$$

Wenn nun die magnetischen Felder in der räumlichen Verteilung betrachtet werden, dann gilt:

$$B_a(t, \varepsilon_0) \;=\; \underline{B}_a(t) \cdot \cos(\varepsilon_0) \qquad\quad = \operatorname{Re}\left\{ \underline{B}_a(t) \cdot e^{j\varepsilon_0} \right\} \tag{13.6}$$

$$B_b(t, \varepsilon_0) \;=\; \underline{B}_b(t) \cdot \cos(\varepsilon_0 - 120°) = \operatorname{Re}\left\{ \underline{B}_b(t) \cdot e^{j\varepsilon_0} \cdot e^{-j120°} \right\} \tag{13.7}$$

$$B_c(t, \varepsilon_0) \;=\; \underline{B}_c(t) \cdot \cos(\varepsilon_0 - 240°) = \operatorname{Re}\left\{ \underline{B}_c(t) \cdot e^{j\varepsilon_0} \cdot e^{-j240°} \right\} \tag{13.8}$$

Wenn wiederum das jeweilige magnetische Feld in seiner Wicklungsachse betrachtet wird, dann ergeben sich die bereits ermittelten Amplituden:

$$B_a(\varepsilon_0 = 0) = 1\,; \quad B_b(\varepsilon_0 = 120°) = -0{,}5\,; \quad B_c(\varepsilon_0 = 240°) = -0{,}5$$

Aus Abb. 13.2 ist weiterhin zu erkennen, daß die räumliche Verteilung mit den für die jeweilige Wicklungsachse oben errechneten zeitlichen Amplituden zu einer resultierenden räumlichen Verteilung des magnetischen Feldes mit B_{ges} als resultierende Größe führt. Zur Errechnung dieser räumlichen Verteilung bzw. des komplexen Raumzeigers $\vec{B}$ wird folgende Rechenoperation nach Kovács/Rácz [397] vorgeschlagen:

$$\vec{B} = \frac{2}{3} \cdot \left(\underline{B}_a(t) + \underline{a} \cdot \underline{B}_b(t) + \underline{a}^2 \cdot \underline{B}_c(t) \right) \tag{13.9}$$

Die Größen $\underline{a}$ und $\underline{a}^2$ sind komplexe Drehoperatoren mit

$$\underline{a} = e^{j120°} = -\frac{1}{2} + j\frac{\sqrt{3}}{2} \tag{13.10}$$

$$\underline{a}^2 = e^{j240°} = e^{-j120°} = -\frac{1}{2} - j\frac{\sqrt{3}}{2} \tag{13.11}$$

Die Rechenvorschrift in [397] für den Raumzeiger fordert somit, die a–, b–, c–Komponenten von $\vec{B}$ in der Wicklungsachse a (d.h. $\varepsilon_0 = 0$) zu addieren (siehe Abb. 13.2) und damit die räumliche Anordnung der Wicklungen zu berücksichtigen. Wenn wir also in Abb. 13.2 beispielsweise die bei $\varepsilon_0 = 0$ resultierende Amplitude von $B_{ges}(\varepsilon_0 = 0)$ errechnen und Gl. (13.9) anwenden, dann ergibt sich:

$$\vec{B}(t, \varepsilon_0 = 0) = \frac{2}{3} \cdot \hat{B} \cdot \left[\cos(\Omega t) + \cos(\Omega t - 120°) \cdot \underline{a} + \cos(\Omega t - 240°) \cdot \underline{a}^2 \right] \tag{13.12}$$

Die jeweiligen Terme können wie folgt umgeformt werden:

$$\cos(\Omega t - 120°) \cdot \underline{a} = \cos(\Omega t - 120°) \cdot (\cos 120° + j \sin 120°) \tag{13.13}$$

$$= \cos(\Omega t - 120°) \cdot \left(-\frac{1}{2} + j\frac{\sqrt{3}}{2} \right)$$

$$\cos(\Omega t - 240°) \cdot \underline{a}^2 = \cos(\Omega t - 240°) \cdot (\cos 240° + j \sin 240°) \tag{13.14}$$

$$= \cos(\Omega t - 240°) \cdot \left(-\frac{1}{2} - j\frac{\sqrt{3}}{2} \right)$$

Nach kurzer Rechnung ergibt sich:

$$\vec{B}(t, \varepsilon_0 = 0) = \frac{2}{3} \cdot \hat{B} \cdot \left[\frac{3}{2} \cdot \cos(\Omega t) + j\frac{3}{2} \cdot \sin(\Omega t) \right] = \hat{B} \cdot e^{j\Omega t} \tag{13.15}$$

bzw. $$\vec{B}(t, \varepsilon_0) = \hat{B} \cdot e^{j\Omega t} \cdot e^{j\varepsilon_0} \tag{13.16}$$

Die obige Berechnungsvorschrift des Raumzeigers $\vec{B}$ bedeutet somit, daß ausgehend von dem zeitlichen Amplitudenwert der jeweiligen Wicklung als erstem Schritt, in einem zweiten Schritt die sich daraus ergebenden Amplitudenwerte in der gewählten räumlichen Lage addiert werden.

Dies bedeutet, daß sich durch die Definition des Raumzeigers entsprechend Gl. (13.9) am Ort $\varepsilon_0 = 0$ ein sinusförmiges Signal mit der Amplitude entsprechend dem Spitzenwert des magnetischen Feldes der Phasen a, b und c ergibt. Der Raumzeiger $\vec{B}$ hat somit dieselbe Amplitude wie die Phasengrößen und stimmt in der Phasenlage mit Phase a überein (siehe auch Kap. 13.1.2.3: Koordinatensysteme).

Die verwendete Definition des Raumzeigers $\vec{B}$ nach Gl. (13.9) kann anhand von Abb. 13.2 und Gl. (13.6) bis (13.8) überprüft werden. Wenn in diesen Gleichungen beispielsweise der Zeitpunkt $t = nT$ ($n = 0, 1, 2, \ldots$) und $\varepsilon_0 = 0$ gesetzt wird, dann ergeben sich die folgenden Werte:

$$B_a(t = nT, \varepsilon_0 = 0) = 1 \tag{13.17}$$

$$B_b(t = nT, \varepsilon_0 = 0) = -0,5 \cdot (-0,5) = 0,25 \tag{13.18}$$

$$B_c(t = nT, \varepsilon_0 = 0) = -0,5 \cdot (-0,5) = 0,25 \tag{13.19}$$

Dies sind die Werte von B_i bei $\varepsilon_0 = 0$ zum Zeitpunkt $t = nT$ in Abb. 13.2. Die Überlegung ergibt $B_{ges}(t = nT, \varepsilon_0 = 0) = 1,5$ in Abb. 13.2. In gleicher Vorgehensweise kann an jedem anderen Ort der resultierende Wert von B_{ges} berechnet werden. Wenn nun zusätzlich die Definition des Raumzeigers und die hier verwendeten Spitzenwerte beachtet werden, dann gilt:

$$\vec{B} = \frac{2}{3} \cdot \frac{3}{2} \cdot \hat{B}(t, \varepsilon_0) \tag{13.20}$$

Analog zum Magnetfeld definiert man für alle elektrischen Größen wie die Spannung des Stators U_1, die Spannung des Rotors U_2, die Ströme I_1 und I_2, die Flüsse Ψ_1 und Ψ_2 der dreiphasigen Systeme entsprechende Raumzeiger $\vec{U}_1$, $\vec{U}_2$, $\vec{I}_1$, $\vec{I}_2$, $\vec{\Psi}_1$ und $\vec{\Psi}_2$. Diese Raumzeiger sind komplexe Rechengrößen und stellen das dreiphasige System in einem kartesischen System dar. **Die realen dreiphasigen Wicklungssysteme werden damit durch zweiphasige Wicklungssysteme, die aus zwei senkrecht zueinander stehenden Wicklungen bestehen, ersetzt**.

Damit ist die Berechnung des Raumzeigers bekannt. Zur Bestimmung des Real– und Imaginärteils gilt:

$$\vec{B} = B_\alpha + j\,B_\beta \tag{13.21}$$

$$B_\alpha = \mathrm{Re}\{\vec{B}\} \tag{13.22}$$

$$B_\beta = \mathrm{Im}\{\vec{B}\} \tag{13.23}$$

Entsprechend den Signalen mit der Grundfrequenz können auch die Harmonischen berücksichtigt werden; allerdings ist die Umlaufgeschwindigkeit entsprechend der Ordnungszahl der Harmonischen erhöht [397].

Dies bedeutet, es sind ein Raumzeigersystem mit der Grundfrequenz und jeweils weitere Raumzeigersysteme mit der jeweiligen Ordnungszahl der Harmonischen vorhanden; dies kann beispielsweise bei umrichterbetriebenen Asynchronmaschinen von Bedeutung sein.

Bei den bisherigen Überlegungen war immer vorausgesetzt worden, daß $\underline{B}_a(t) + \underline{B}_b(t) + \underline{B}_c(t) = 0$ ist, d.h. daß das Wicklungssystem im Stern geschaltet ist und kein Nulleiter vorhanden ist. Zu beachten ist jedoch, daß bei Dreieckschaltung der Wicklungen sich Nullkomponenten und $3n$-fach Harmonische (beispielsweise aufgrund der nichtlinearen Magnetisierungskennlinie) ausbilden können, die zu berücksichtigen sind [397].

In prinzipiell gleicher Weise können auch unsymmetrische Dreiphasen–Systeme oder Dreiphasen–Systeme mit Nullkomponenten behandelt werden.

13.1.2.2 Rücktransformation auf Momentanwerte

Will man umgekehrt die Momentanwerte der Phasengrößen aus der Raumzeigerdarstellung gewinnen, so ist dies für die Phase a besonders einfach.

Wenn mit dem Index α der Real– und mit dem Index β der Imaginärteil bezeichnet wird, dann sieht man aus

$$\vec{B} = \hat{B} \cdot e^{j\Omega t} = B_\alpha + j \cdot B_\beta \tag{13.24}$$

und

$$\underline{B}_a = \hat{B} \cdot \cos \Omega t = \mathrm{Re} \left\{ \hat{B} \cdot e^{j\Omega t} \right\} \tag{13.25}$$

daß

$$\underline{B}_a = \mathrm{Re} \left\{ \vec{B} \right\} = B_\alpha \tag{13.26}$$

ist. Für die beiden anderen Phasen gilt mit $\underline{B}_a(t) + \underline{B}_b(t) + \underline{B}_c(t) = 0$

$$\underline{B}_b = \mathrm{Re}\{\vec{B} \cdot \underline{a}^{-1}\} = \frac{1}{2} \cdot \left(\sqrt{3} \cdot B_\beta - B_\alpha \right) \tag{13.27}$$

$$\underline{B}_c = \mathrm{Re}\{\vec{B} \cdot \underline{a}^{-2}\} = \frac{1}{2} \cdot \left(-\sqrt{3} \cdot B_\beta - B_\alpha \right) = -\underline{B}_a - \underline{B}_b \tag{13.28}$$

13.1.2.3 Koordinatensysteme

Bei den bisherigen Betrachtungen war das α–β–Koordinatensystem fest mit dem Stator–Wicklungssystem der Drehfeldmaschine verbunden, wobei die α–Achse des Raumzeigersystems mit der a–Achse des dreiphasigen Stator–Wicklungssystems zusammenfiel. Da dieses dreiphasige Wicklungssystem raumfest ist, ist das α–β–Koordinatensystem ebenso raumfest und wird das raumfeste Stator–Koordinatensystem S (α–β–Komponenten, S–System) genannt. Der B–Raumzeiger in diesem Koordinatensystem wird mit $\vec{B}^S$ gekennzeichnet.

In prinzipiell gleicher Weise ist es möglich, ein Koordinatensystem L fest mit dem dreiphasigen Wicklungssystem des Rotors L zu verbinden, d.h. das rotorfeste Koordinatensystem L mit den Komponenten k und l ist am dreiphasigen Rotor–Wicklungssystem zu orientieren, wobei die k–Achse wiederum mit der a–Achse des dreiphasigen Rotor–Wicklungssystem zusammenfällt. Der B–Raumzeiger in diesem Koordinatensystem wird mit $\vec{B}^L$ gekennzeichnet (Abb. 13.3).

Zu beachten ist in diesem Fall, daß der Rotor L im allgemeinen eine mechanische Winkelgeschwindigkeit Ω_m und somit eine elektrische Winkelgeschwindigkeit $\Omega_L = Z_p \, \Omega_m$ (Z_p = Polpaarzahl der elektrischen Maschine) hat. Dies bedeutet, das rotorfeste Koordinatensystem L ist nicht raumfest, sondern rotorfest und hat damit eine zeitvariante Orientierung zum statorfesten Koordinatensystem S.

Ein weiteres Koordinatensystem ist das Koordinatensystem K (A–B–Komponenten), welches an beliebig auszuwählenden Größen wie beispielsweise dem Statorfluß, dem Luftspaltfluß oder dem Rotorfluß orientiert werden kann. Der B–Raumzeiger in diesem Koordinatensystem ist mit $\vec{B}^K$ gekennzeichnet.

Abbildung 13.3 zeigt die Beziehungen zwischen verschiedenen Koordinatensystemen und dem Raumzeiger des Statorstroms $\vec{I}_1$.

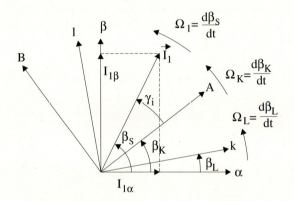

α, β :   statorfestes Koordinatensystem (Index S)

k, l :   rotorfestes Koordinatensystem (Index L)

A, B :   allgemeines Koordinatensystem (Index K)

Abb. 13.3: *Koordinatensysteme und Raumzeiger*

In den folgenden Ableitungen und Darstellungen sollen alle Statorgrößen mit der Fußnote 1, z.B. der Statorstrom–Raumzeiger $\vec{I}_1^S$ im statorfesten Koordinatensystem S und alle Rotorgrößen mit der Fußnote 2, z.B. der Rotorstrom–Raumzeiger $\vec{I}_2^L$ im rotorfesten Koordinatensystem L gekennzeichnet werden.

Aus Abb. 13.3 ist zu erkennen, daß der Raumzeiger $\vec{I}_1$ den Winkel β_S zur reellen Achse des Koordinatensystems S hat. Es gilt somit:

$$\vec{I}_1^S = \vec{I}_1 \cdot e^{j\beta_S} \qquad \text{mit} \quad I_{1\alpha} = \hat{I}_1 \cdot \cos\beta_S; \;\; I_{1\beta} = \hat{I}_1 \cdot \sin\beta_S \qquad (13.29)$$

d.h. die Position bzw. der Winkel β_S des Raumzeigers $\vec{I}_1$ ist zeitvariant und die Amplitude kann zeitvariant sein, da

$$\Omega_1 = \frac{d\beta_S}{dt} \qquad \text{bzw.} \qquad \beta_S = \int \Omega_1 \, dt \qquad (13.30)$$

In gleicher Weise gilt:

$$\vec{I}_1^L = \vec{I}_1 \cdot e^{j(\beta_S - \beta_L)} \tag{13.31}$$

Aus Abb. 13.3 geht weiter hervor, daß zwischen dem S–System und dem L–System der Winkel β_L und zwischen dem S–System und dem K–System der Winkel β_K besteht. Die Umrechnung der Raumzeiger in die verschiedenen Koordinatensysteme erfolgt beispielsweise durch Einsetzen von Gl. (13.29) in Gl. (13.31):

$$\vec{I}_1^L = \vec{I}_1 \cdot e^{j(\beta_S - \beta_L)} = \vec{I}_1 \cdot e^{j\beta_S} \cdot e^{-j\beta_L} = \vec{I}_1^S \cdot e^{-j\beta_L} \tag{13.32}$$

$$\text{bzw.} \quad \vec{I}_1^S = \vec{I}_1^L \cdot e^{j\beta_L} \tag{13.33}$$

$$\text{oder} \quad \vec{I}_1^K = \vec{I}_1^S \cdot e^{-j\beta_K} \quad \text{bzw.} \quad \vec{I}_1^S = \vec{I}_1^K \cdot e^{j\beta_K} \tag{13.34}$$

Entsprechend erfolgt die Umrechnung zwischen dem K– und dem L–System mit dem Differenzwinkel $(\beta_K - \beta_L)$, zwischen dem S– und dem L–System mit dem Winkel β_L oder zwischen dem S– und dem K–System mit dem Winkel β_K.

$$
\begin{aligned}
\text{S–System} \rightarrow \text{K–System:} \quad & \vec{I}_1^K = I_{1A} + jI_{1B} = \vec{I}_1^S \, e^{-j\beta_K} \\[2mm]
\text{L–System} \rightarrow \text{K–System:} \quad & \vec{I}_1^K = I_{1A} + jI_{1B} = \vec{I}_1^L \, e^{-j\beta_K + j\beta_L} \\[2mm]
\text{K–System} \rightarrow \text{S–System:} \quad & \vec{I}_1^S = I_{1\alpha} + jI_{1\beta} = \vec{I}_1^K \, e^{j\beta_K} \\[2mm]
\text{K–System} \rightarrow \text{L–System:} \quad & \vec{I}_1^L = I_{1k} + jI_{1l} = \vec{I}_1^K \, e^{j\beta_K - j\beta_L}
\end{aligned}
\tag{13.35}
$$

Die geeignete Wahl des Koordinatensystems wird bei der Ableitung der Signalflußpläne einen wesentlichen Einfluß auf die Komplexität der Signalflußpläne haben.

In Abb. 13.3 und in Gl. (13.30) wurde der Zusammenhang zwischen den Winkeln β und den zugehörigen Kreisfrequenzen Ω angegeben. Beispielsweise sei die Kreisfrequenz von $\vec{I}_1^S$ gleich Ω_1 und die elektrische Kreisfrequenz von $\vec{I}_1^L$ gleich $\Omega_L = Z_p \, \Omega_m$ ($\Omega_m = $ mechanische Kreisfrequenz).

Wie später noch ausführlich abgeleitet wird und wie bereits am Anfang dieses Kapitels hingewiesen wurde, ist die Asynchronmaschine eine Induktionsmaschine. Das bedeutet, daß zwischen der stationären Statorfrequenz Ω_1 und der elektrischen Rotor–Kreisfrequenz Ω_L eine Differenz–Kreisfrequenz Ω_2 besteht.

Aufgrund dieser Differenz–Kreisfrequenz Ω_2 (auch Schlupffrequenz genannt) erfolgt eine Änderung der Flußverkettung von Stator– und Rotor—Induktion, d.h. die Spannungen und Ströme im Rotor haben diese Differenz–Kreisfrequenz Ω_2.

Dies bedeutet letztendlich, daß es bei der Asynchronmaschine eine Stator–Kreisfrequenz Ω_1, eine elektrische Rotor–Kreisfrequenz Ω_L, eine Kreisfrequenz Ω_2 der Rotorsignale gibt, und es gilt:

$$\Omega_1 = \Omega_L + \Omega_2 = Z_p \cdot \Omega_m + \Omega_2 \tag{13.36}$$

Damit ergibt sich als insgesamt elektrisch wirksam werdende Kreisfrequenz des Rotors die Summe von $\Omega_L + \Omega_2$, die der Stator–Kreisfrequenz Ω_1 entspricht. Die gleichen Überlegungen gelten für das Koordinatensystem K. Aufgrund des Zusammenwirkens der mechanischen Bewegung und der Kreisfrequenz der elektrischen Signale läßt sich somit ein gemeinsames Gleichungssystem und ein Signalflußplan des Gesamtsystems entwickeln.

13.1.2.4 Differentiation im umlaufenden Koordinatensystem

Die Statorspannungsgleichung für die Phase a einer Drehfeldmaschine hat die Form:

$$\underline{U}_{1a} = R_1 \cdot \underline{I}_{1a} + \frac{d\underline{\Psi}_{1a}}{dt} \tag{13.37}$$

In Raumzeigerdarstellung gilt analog:

$$\vec{U}_1^S = R_1 \cdot \vec{I}_1^S + \frac{d\vec{\Psi}_1^S}{dt} \tag{13.38}$$

Bei der Transformation in ein umlaufendes Koordinatensystem K muß die Zeitabhängigkeit des Raumzeigers berücksichtigt werden, d.h. die Amplitude kann zeitvariant sein und die Zeigerposition ist immer zeitvariant:

$$\vec{U}_1^S \cdot e^{-j\beta_K} = R_1 \cdot \vec{I}_1^S \cdot e^{-j\beta_K} + \frac{d\left(\overbrace{\left(\vec{\Psi}_1^S \cdot e^{-j\beta_K} \right)}^{\vec{\Psi}_1^K} \cdot e^{+j\beta_K} \right)}{dt} \cdot e^{-j\beta_K} \tag{13.39}$$

$$\vec{U}_1^K = R_1 \cdot \vec{I}_1^K + \frac{d\vec{\Psi}_1^K}{dt} \cdot e^{+j\beta_K} \cdot e^{-j\beta_K}$$

$$+ \; j \cdot \vec{\Psi}_1^K \cdot \frac{d\beta_K}{dt} \cdot e^{+j\beta_K} \cdot e^{-j\beta_K} \tag{13.40}$$

somit aufgrund der Produktregel:

$$\vec{U}_1^K = R_1 \cdot \vec{I}_1^K + \frac{d\vec{\Psi}_1^K}{dt} + j \cdot \vec{\Psi}_1^K \cdot \Omega_K \tag{13.41}$$

$$\text{mit} \quad \Omega_K = \frac{d\beta_K}{dt} \tag{13.42}$$

Bei der Differentiation von Raumzeigern muß somit sowohl die im allgemeinen zeitvariante Amplitude als auch die zeitvariante Orientierung berücksichtigt werden.

13.1.2.5 Bestimmung der Raumzeiger aus Motordaten

Bei handelsüblichen Asynchronmaschinen sind die Nennströme und –spannungen in der Regel als Effektivwerte und jeweils getrennt für Stern– und Dreieckschaltung angegeben. In den vorliegenden Ausführungen werden dagegen stets Raumzeiger verwendet, deren Amplitude dem zugehörigen Spitzenwert entspricht. Die notwendige Umrechnung in Raumzeiger wird im folgenden zunächst formelmäßig und abschließend an einem Beispiel dargestellt.

Die Umrechnung von einer gegebenen Spannung U_1 als Effektivwert in die zugehörige Amplitude $\hat{U}_1$ erfolgt mit dem Faktor $\sqrt{2}$. Gleiches gilt für die Ströme.

$$\hat{U}_1 = \sqrt{2}\,U_1 \quad \text{und} \quad \hat{I}_1 = \sqrt{2}\,I_1 \tag{13.43}$$

Für Stern– und Dreieckschaltung sind die angegebenen Nennwerte stets auf die Anschlüsse der Asynchronmaschine bezogen, d.h. der Nennstrom entspricht dem Strom an einer Anschlußklemme und die Nennspannung der verketteten Spannung zwischen zwei Anschlußklemmen (und damit zwischen zwei Phasen des Netzes), unabhängig von der inneren Zusammenschaltung der einzelnen Wicklungen.

In beiden Schaltungsvarianten ist die Nennspannung so gewählt, daß sich die gleichen Spannungen U_1 und Ströme I_1 an den einzelnen Wicklungen einstellen. $U_{N\Delta}$ und $I_{N\Delta}$ seien die gegebenen Nennwerte in Dreieckschaltung, U_{NY} und I_{NY} die entsprechenden Werte in Sternschaltung. Damit ergibt sich für die Spannungs– und Stromamplituden an den einzelnen Wicklungen

$$\hat{U}_1 = \sqrt{2}\,U_1 = \frac{\sqrt{2}}{\sqrt{3}}\,U_{NY} = \sqrt{2}\,U_{N\Delta} \tag{13.44}$$

$$\hat{I}_1 = \sqrt{2}\,I_1 = \sqrt{2}\,I_{NY} = \frac{\sqrt{2}}{\sqrt{3}}\,I_{N\Delta} \tag{13.45}$$

Die Scheinleistung P_S der Maschine ergibt sich damit zu

$$P_S = \frac{3}{2}\,\hat{U}_1\hat{I}_1 = \sqrt{3}\,U_{NY}I_{NY} = \sqrt{3}\,U_{N\Delta}I_{N\Delta} \tag{13.46}$$

Der Winkel $\cos\varphi_N$ beschreibt den Winkel, um den der Strom der Spannung im Nennbetrieb nacheilt. Damit können aus den Maschinendaten die Raumzeiger für Strom und Spannung an einer Wicklung dargestellt werden.

Das folgende Beispiel soll die Beziehung zwischen Amplitude und Effektivwert der Raumzeiger sowie die in der Anwendung häufig auftretende Problematik der Stern- bzw. Dreieckschaltung von Drehfeldmaschinen verdeutlichen.

Beispiel:

Auf dem Typenschild einer Drehstromasynchronmaschine sind die Nenndaten $U_{NY} = 400\,V$ und $I_{NY} = 46\,A$ für Sternschaltung sowie $U_{N\Delta} = 230\,V$ und $I_{N\Delta} = 80\,A$ für Dreieckschaltung gegeben. Die Nennfrequenz sei $F_N = 50\,Hz$ und der Leistungsfaktor $\cos \varphi_N = 0,8$. Es sind die Raumzeiger für die Statorspannung und den Statorstrom einer Wicklung im Nennbetrieb zu berechnen.

Die Amplituden von Spannung und Strom durch eine Wicklung der Maschine errechnen sich im Falle der Sternschaltung bzw. der Dreieckschaltung (gerundet) zu:

$$\hat{U}_1 = \frac{\sqrt{2}}{\sqrt{3}} \cdot 400\,V = \sqrt{2} \cdot 230\,V = 327\,V$$

$$\hat{I}_1 = \sqrt{2} \cdot 46\,A = \frac{\sqrt{2}}{\sqrt{3}} \cdot 80\,A = 65\,A$$

Damit lassen sich mit der Drehfrequenz Ω_N und dem Phasenwinkel φ

$$\Omega_N = 2\pi F_N = 314\,s^{-1}$$

$$\varphi_N = \arccos\left(\cos\varphi_N\right) = 37°$$

die gesuchten Raumzeiger im statorfesten Koordinatensystem berechnen:

$$\vec{U}_1^S = 327\,V\,e^{j\,314s^{-1}\,t}$$

$$\vec{I}_1^S = 65\,A\,e^{j\,314s^{-1}\,t}\,e^{-j\,37°}$$

Zur Vereinfachung der Schreibweise wird im weiteren Verlauf ausschließlich mit Spitzenwerten (Amplituden der Raumzeiger) gearbeitet und auf die explizite Kennzeichnung des Spitzenwertes verzichtet.

13.2   Signalflußpläne der Asynchronmaschine im Koordinatensystem K

Ausgehend von den beschreibenden Gleichungen werden im folgenden Abschnitt das Gleichungssystem und die zugehörigen Signalflußpläne im Koordinatensystem K abgeleitet. Diese bilden die Grundlage der verschiedenen Regelverfahren. Die Umrechnung der Zeigergrößen in Dreiphasen–Größen und die Ableitung eines Ersatzschaltbildes für den stationären Betrieb runden das Kapitel ab.

13.2.1   Beschreibendes Gleichungssystem

Die folgenden Ableitungen sind in überarbeiteter Form der Arbeit [385] entnommen und wurden bereits in „Elektrische Antriebe — Grundlagen" [35, 36] ausführlich behandelt. Die weiteren Überlegungen zur Erstellung eines Signalflußplans gehen von den allgemeinen Systemgleichungen mit den folgenden Parametern der Drehfeld–Asynchronmaschine aus:

L_1 Eigeninduktivität der Statorwicklung
L_2 Eigeninduktivität der Rotorwicklung
R_1 Widerstand der Statorwicklung
R_2 Widerstand der Rotorwicklung
M Gegeninduktivität von Stator– zu Rotorwicklung
Z_p Polpaarzahl der Maschine
Θ Trägheitsmoment der Maschine

Die Systemgleichungen der Asynchronmaschine stellen das elektrische und das mechanische Verhalten in Form von Differentialgleichungen dar. Auf eine detaillierte Herleitung der einzelnen Beziehungen wird hier verzichtet (siehe [35, 36]).

Spannungsgleichung für den Statorkreis

$$\vec{U}_1^S = R_1 \vec{I}_1^S + \frac{d\vec{\Psi}_1^S}{dt}$$

Spannungsgleichung für den Rotorkreis

$$\vec{U}_2^L = R_2 \vec{I}_2^L + \frac{d\vec{\Psi}_2^L}{dt}$$

Flußverkettungsgleichungen

$$\vec{\Psi}_1^S = L_1 \vec{I}_1^S + M \vec{I}_2^L \, e^{j\beta_L}$$

$$\vec{\Psi}_2^L = M \vec{I}_1^S \, e^{-j\beta_L} + L_2 \vec{I}_2^L$$

(13.47)

Drehmomentbildung

$$M_{Mi} = \frac{3}{2} Z_p \mathrm{Im} \left\{ \vec{\Psi}_1^{*S} \vec{I}_1^S \right\} = -\frac{3}{2} Z_p \mathrm{Im} \left\{ \vec{\Psi}_2^{*L} \vec{I}_2^L \right\}$$

Mechanik

$$\frac{d\Omega_m}{dt} = \frac{1}{\Theta} \left(M_{Mi} - M_W \right)$$

Die beiden Spannungsdifferentialgleichungen beschreiben das Verhalten von Strömen und Spannungen im Stator sowie im Rotor in Abhängigkeit der jeweiligen Flußänderungen (Induktionsgesetz). Die magnetische Kopplung zwischen Stator und Rotor über den Luftspalt der Maschine wird durch die Flußverkettungsgleichungen dargestellt, wobei eine möglichst gute magnetische Kopplung, d.h. geringe Streuung $L_1 \approx M \approx L_2$, in der Maschine angestrebt wird. Das entwickelte Drehmoment wirkt gemäß actio = reactio sowohl auf den Rotor, als auch auf den Stator der Maschine. Die Beschleunigung des Rotors erfolgt in Abhängigkeit vom Widerstandsmoment M_W und dem entwickelten inneren Moment M_{Mi} der Asynchronmaschine.

Die elektrische Betrachtung der Asynchronmaschine in den Systemgleichungen erfolgt „statorseitig", d.h. elektrische Größen und Parameter des Rotorkreises werden in ihrer elektrischen Wirkung auf den Statorkreis betrachtet. Die Rotorparameter sind daher mit dem Übersetzungsverhältnis

$$\ddot{u} = \frac{w_1}{w_2}$$

w_1 Windungszahl (Strang) der Statorwicklung

w_2 Windungszahl (Strang) der Rotorwicklung

auf den Statorkreis der Maschine transformiert und bestimmen sich aus den physikalischen Rotorparametern R_{2p}, L_{2p} zu

$$R_2 = \ddot{u}^2 R_{2p} \qquad \text{und} \qquad L_2 = \ddot{u}^2 L_{2p} \tag{13.48}$$

Analog dazu sind demnach auch die Beträge der elektrischen Rotorgrößen durch

$$|\vec{U}_2^L| = \ddot{u}\,|\vec{U}_{2p}^L| \qquad \text{und} \qquad |\vec{I}_2^L| = \frac{1}{\ddot{u}}\,|\vec{I}_{2p}^L| \tag{13.49}$$

mit ihren physikalisch korrekten Werten $|\vec{U}_{2p}^L|$ und $|\vec{I}_{2p}^L|$ verknüpft.

Die Lagen, d.h. die absoluten Winkel nach Abb. 13.3, der Spannungs– ($\vec{U}$), Strom– ($\vec{I}$) und Flußraumzeiger ($\vec{\Psi}$) werden in den allgemeinen Systemgleichungen (13.47) der Drehfeldmaschine jeweils in ihren eigenen, daher verschiedenen Koordinatensystemen betrachtet. So sind Statorgrößen (*Index* 1) im statorfesten Koordinatensystem (*Index* S) und entsprechend Rotorgrößen (*Index* 2) im rotorfesten Koordinatensystem (*Index* L) dargestellt. Die Drehoperatoren $e^{j\beta_L}$ und $e^{-j\beta_L}$ in den Flußverkettungsgleichungen bewirken die Umrechnung zwischen dem statorfesten und rotorfesten Koordinatensytem. β_L, siehe auch Abb. 13.1 und Abb. 13.3, stellt dabei den elektrischen Winkel zwischen den konzentrierten Stator– und Rotorwicklungen der Maschine dar und ist über die Beziehung

$$\frac{d\beta_L}{dt} = \Omega_L = Z_p \Omega_m \tag{13.50}$$

mit der mechanischen Drehzahl Ω_m verknüpft.

Für die Darstellung der Maschine in einem Signalflußplan müssen alle Größen in einem Koordinatensystem vorliegen, wofür sich mehrere Möglichkeiten anbieten. Betrachtet man die Maschine von außen, so ist das statorfeste S–System naheliegend. Um jedoch eine möglichst einfache Darstellung der Drehfeldasynchronmaschine zu erhalten ist die Verwendung anderer, wie z.B. am Fluß orientierter, Koordinatensysteme von Vorteil. Daher ist es sinnvoll, bei späteren Überlegungen von den verschiedenen Koordinatensystemen unabhängig zu sein, und so für die Entwicklung des allgemeinen Signalflußplans der Asynchronmaschine das mit beliebiger Geschwindigkeit

$$\Omega_K = \frac{d\beta_K}{dt} \qquad (13.51)$$

umlaufende K–System zu verwenden. Der zusätzliche Freiheitsgrad Ω_K kann danach genutzt werden, den Signalflußplan zu vereinfachen und Analogien der Asynchronmaschine zur bereits bekannten Gleichstromnebenschlußmaschine herzustellen.

Die Systemgleichungen (13.47) müssen dazu in das K–System transformiert werden, wozu man die bekannten Transformationsbeziehungen

$$\begin{array}{ccccccc}
\vec{U}_1^S & = & \vec{U}_1^K\, e^{j\beta_K} & \vec{I}_1^S & = & \vec{I}_1^K e^{j\beta_K} & \vec{\Psi}_1^S & = & \vec{\Psi}_1^K\, e^{j\beta_K} \\[2mm]
\vec{U}_2^L & = & \vec{U}_2^K\, e^{j(\beta_K-\beta_L)} & \vec{I}_2^L & = & \vec{I}_2^K e^{j(\beta_K-\beta_L)} & \vec{\Psi}_2^L & = & \vec{\Psi}_2^K e^{j(\beta_K-\beta_L)}
\end{array} \qquad (13.52)$$

einsetzt. Die Beziehung für den Statorspannungsraumzeiger

$$\vec{U}_1^K\, e^{j\beta_K} = \vec{I}_1^K\, e^{j\beta_K} R_1 + \frac{d}{dt}\left(\vec{\Psi}_1^K\, e^{j\beta_K} \right) \qquad (13.53)$$

läßt sich durch einfache Umformung unter Anwendung der Produktregel

$$\frac{d}{dt}(\vec{\Psi}_1^K\, e^{j\beta_K}) = \left(\frac{d\vec{\Psi}_1^K}{dt} + j\Omega_K\vec{\Psi}_1^K \right) e^{j\beta_K} \qquad (13.54)$$

zu

$$\vec{U}_1^K = \vec{I}_1^K R_1 + \frac{d\vec{\Psi}_1^K}{dt} + j\Omega_K\vec{\Psi}_1^K \qquad (13.55)$$

vereinfachen. In der selben Art und Weise erhält man den Rotorspannungsraumzeiger

$$\vec{U}_2^K = \vec{I}_2^K R_2 + \frac{d\vec{\Psi}_2^K}{dt} + j(\Omega_K - \Omega_L)\vec{\Psi}_2^K \qquad (13.56)$$

im K–System. Mit den beiden Flußverkettungsgleichungen,

$$\vec{\Psi}_1^K = L_1\vec{I}_1^K + M\vec{I}_2^K \qquad (13.57)$$

$$\vec{\Psi}_2^K = M\vec{I}_1^K + L_2\vec{I}_2^K \qquad (13.58)$$

der Beziehung für das Luftspaltmoment,

$$M_{Mi} = \frac{3}{2}Z_p\,\mathrm{Im}\left\{ \vec{\Psi}_1^{*K}\vec{I}_1^K \right\} = -\frac{3}{2}Z_p\,\mathrm{Im}\left\{ \vec{\Psi}_2^{*K}\vec{I}_2^K \right\} \qquad (13.59)$$

welche sich mit Hilfe der Flußverkettungsgleichungen und den Regeln der komplexen Rechnung zu

$$M_{Mi} = -\frac{3}{2}\frac{M}{L_1}Z_p\,\mathrm{Im}\left\{ \vec{\Psi}_1^{*K}\vec{I}_2^K \right\} \qquad (13.60)$$

umformen läßt, und der vom Koordinatensystem unabhängigen mechanischen Bewegungsgleichung

$$\frac{d\Omega_m}{dt} = \frac{1}{\Theta} \left(M_{Mi} - M_W \right) \tag{13.61}$$

liegen die Systemgleichungen der Ayncronmaschine im K–System vor. Zur endgültigen Darstellung in einem Signalflußplan werden diese in die Zustandsform übergeführt. Mit der Definition des Blondelschen Streukoeffizienten

$$\sigma = 1 - \frac{M^2}{L_1 L_2} \tag{13.62}$$

und der Relativdrehgeschwindigkeit

$$\Omega_2 = \Omega_K - \Omega_L = \Omega_K - Z_p \Omega_m \tag{13.63}$$

zwischen dem K–System und der elektrischen Rotorgeschwindigkeit ergeben sich letztlich die Systemgleichungen der Asynchronmaschine im K–System.

Komplexe Systemgleichungen der Asynchronmaschine

$$\frac{d\vec{\Psi}_1^K}{dt} = -\frac{R_1}{\sigma L_1} \left(\vec{\Psi}_1^K - \frac{M}{L_2} \vec{\Psi}_2^K \right) - j\Omega_K \vec{\Psi}_1^K + \vec{U}_1^K$$

$$\frac{d\vec{\Psi}_2^K}{dt} = -\frac{R_2}{\sigma L_2} \left(\vec{\Psi}_2^K - \frac{M}{L_1} \vec{\Psi}_1^K \right) - j\Omega_2 \vec{\Psi}_2^K + \vec{U}_2^K$$

$$\vec{I}_1^K = \vec{\Psi}_1^K \frac{1}{\sigma L_1} - \vec{\Psi}_2^K \frac{M}{\sigma L_1 L_2}$$

$$\vec{I}_2^K = \vec{\Psi}_2^K \frac{1}{\sigma L_2} - \vec{\Psi}_1^K \frac{M}{\sigma L_1 L_2}$$

$$\vec{\Psi}_1^K = L_1 \vec{I}_1^K + M \vec{I}_2^K$$

$$\vec{\Psi}_2^K = M \vec{I}_1^K + L_2 \vec{I}_2^K$$

$$M_{Mi} = -\frac{3}{2} Z_p \frac{M}{L_1} \text{Im} \left\{ \vec{\Psi}_1^{*K} \cdot \vec{I}_2^K \right\} = \frac{3}{2} Z_p \frac{M}{L_2} \text{Im} \left\{ \vec{\Psi}_2^{*K} \cdot \vec{I}_1^K \right\}$$

$$\frac{d\Omega_m}{dt} = \frac{1}{\Theta} \left(M_{Mi} - M_W \right)$$

$$\Omega_2 = \Omega_K - Z_p \Omega_m$$

$$\tag{13.64}$$

Die Gleichungen (13.64) können auch in die Zustandsdarstellung

$$\frac{d}{dt} \vec{x} = \mathbf{A} \cdot \vec{x} + \mathbf{B} \cdot \vec{u} \tag{13.65}$$

gebracht werden. Dabei ergeben sich abhängig von der Wahl des Zustandsvektors verschiedene Darstellungsformen.

$$\frac{d}{dt}\begin{bmatrix} \vec{\Psi}_1^K \\ \vec{\Psi}_2^K \end{bmatrix} = \begin{bmatrix} A_{11} & A_{12} \\ A_{21} & A_{22} \end{bmatrix} \begin{bmatrix} \vec{\Psi}_1^K \\ \vec{\Psi}_2^K \end{bmatrix} + \begin{bmatrix} 1 & 0 \\ 0 & 1 \end{bmatrix} \begin{bmatrix} \vec{U}_1^K \\ \vec{U}_2^K \end{bmatrix} \tag{13.66}$$

$$A_{11} = -\frac{R_1}{\sigma L_1} - j\Omega_K$$

$$A_{12} = \frac{R_1 M}{\sigma L_1 L_2}$$

$$A_{21} = \frac{R_2 M}{\sigma L_1 L_2}$$

$$A_{22} = -\frac{R_2}{\sigma L_2} - j\Omega_2$$

$$\text{mit} \qquad \vec{x} = \begin{bmatrix} \vec{\Psi}_1^K & \vec{\Psi}_2^K \end{bmatrix}^T \qquad \vec{u} = \begin{bmatrix} \vec{U}_1^K & \vec{U}_2^K \end{bmatrix}^T$$

oder

$$\frac{d}{dt}\begin{bmatrix} \vec{I}_1^K \\ \vec{I}_2^K \end{bmatrix} = \begin{bmatrix} A_{11} & A_{12} \\ A_{21} & A_{22} \end{bmatrix} \begin{bmatrix} \vec{I}_1^K \\ \vec{I}_2^K \end{bmatrix} + \begin{bmatrix} \frac{1}{\sigma L_1} & -\frac{M}{\sigma L_1 L_2} \\ -\frac{M}{\sigma L_1 L_2} & \frac{1}{\sigma L_2} \end{bmatrix} \begin{bmatrix} \vec{U}_1^K \\ \vec{U}_2^K \end{bmatrix} \tag{13.67}$$

$$A_{11} = -\frac{R_1}{\sigma L_1} - j\frac{\Omega_K}{\sigma} + j\frac{\Omega_2 M^2}{\sigma L_1 L_2}$$

$$A_{12} = \frac{R_2 M}{\sigma L_1 L_2} - j(\Omega_K - \Omega_2)\frac{M}{\sigma L_1}$$

$$A_{21} = \frac{R_1 M}{\sigma L_1 L_2} + j(\Omega_K - \Omega_2)\frac{M}{\sigma L_2}$$

$$A_{22} = -\frac{R_2}{\sigma L_2} - j\frac{\Omega_2}{\sigma} + j\frac{\Omega_K M^2}{\sigma L_1 L_2}$$

$$\text{mit} \qquad \vec{x} = \begin{bmatrix} \vec{I}_1^K & \vec{I}_2^K \end{bmatrix}^T \qquad \vec{u} = \begin{bmatrix} \vec{U}_1^K & \vec{U}_2^K \end{bmatrix}^T$$

Wenn die beiden ersten Gleichungen des Gleichungssystems (13.64) nach $\vec{\Psi}_1^K$ bzw. $\vec{\Psi}_2^K$ aufgelöst und alle Gleichungen in den Laplace–Bereich transformiert werden, dann gilt beispielsweise für die erste Gleichung:

$$\vec{\Psi}_1^K(s) = \frac{\sigma L_1}{R_1}\left[\vec{U}_1^K(s) - s\cdot\vec{\Psi}_1^K(s) - j\Omega_K\vec{\Psi}_1^K(s)\right] + \frac{M}{L_2}\vec{\Psi}_2^K(s) \qquad (13.68)$$

Damit ergibt sich der komplexe Teil–Signalflußplan des Stators (Abb. 13.4) zu:

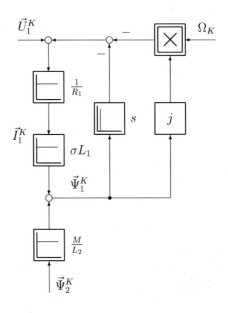

Abb. 13.4: *Komplexer Teil–Signalflußplan der ASM*

In gleicher Weise können die Gleichungen für den Rotor, die Ströme, das Drehmoment und die mechanische Bewegungsgleichung in den Signalflußplan übertragen werden, und es ergeben sich die Signalflußpläne der allgemeinen Drehfeldmaschine bei Spannungseinprägung (Abb. 13.5) sowie der Teil–Signalflußplan des Stators bei Stromeinprägung (Abb. 13.6).

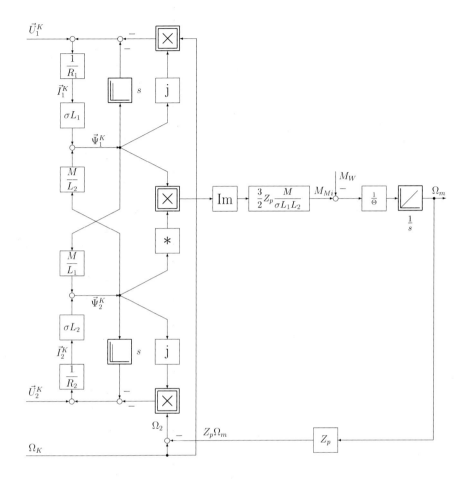

Abb. 13.5: *Komplexer Signalflußplan bei Spannungseinprägung in Stator und Rotor*

Den Übertragungsgliedern „j" und „∗" entsprechen Rechenoperationen „Multiplikation mit der imaginären Einheit" (Drehung des betreffenden Raumzeigers um $\pi/2$) und „Konjugation" (Spiegelung an der reellen Achse). Die Aussage „Im" bedeutet, daß der Imaginärteil ausgewählt werden muß.

Diese Darstellung ist sehr komprimiert und wird später im Kapitel „Entkopplung" genutzt werden. Die komplexen Systemgleichungen der Asynchronmaschine können beispielsweise in den Laplace–Bereich transformiert und in die Zustandsform aufgelöst werden. Es ergibt sich:

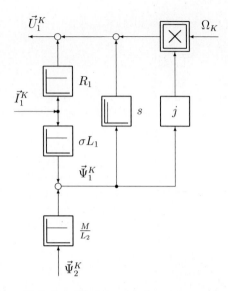

Abb. 13.6: *Komplexer Teil–Signalflußplan bei Stromeinprägung auf der Statorseite*

Komplexe Systemgleichungen im Laplace–Bereich

$$s \cdot \vec{\Psi}_1^K = -\frac{R_1}{\sigma L_1}\left(\vec{\Psi}_1^K - \frac{M}{L_2}\vec{\Psi}_2^K\right) - j\Omega_K\vec{\Psi}_1^K + \vec{U}_1^K$$

$$s \cdot \vec{\Psi}_2^K = -\frac{R_2}{\sigma L_2}\left(\vec{\Psi}_2^K - \frac{M}{L_1}\vec{\Psi}_1^K\right) - j\Omega_2\vec{\Psi}_2^K + \vec{U}_2^K$$

$$\vec{I}_1^K = \vec{\Psi}_1^K\frac{1}{\sigma L_1} - \vec{\Psi}_2^K\frac{M}{\sigma L_1 L_2}$$

$$\vec{I}_2^K = \vec{\Psi}_2^K\frac{1}{\sigma L_2} - \vec{\Psi}_1^K\frac{M}{\sigma L_1 L_2}$$

$$\vec{\Psi}_1^K = L_1\vec{I}_1^K + M\vec{I}_2^K$$

$$\vec{\Psi}_2^K = M\vec{I}_1^K + L_2\vec{I}_2^K$$

$$M_{Mi} = -\frac{3}{2}Z_p\frac{M}{L_1}\mathrm{Im}\left\{\vec{\Psi}_1^{*K}\cdot\vec{I}_2^K\right\} = \frac{3}{2}Z_p\frac{M}{L_2}\mathrm{Im}\left\{\vec{\Psi}_2^{*K}\cdot\vec{I}_1^K\right\}$$

$$s \cdot \Omega_m = \frac{1}{\Theta}\left(M_{Mi} - M_W\right)$$

$$\Omega_2 = \Omega_K - Z_p\Omega_m$$

(13.69)

Analog zu den Gleichungen (13.66) und (13.67) können auch die Systemgleichungen (13.69) der Asynchronmaschine im Laplace–Bereich abhängig von der Wahl des Zustandsvektors in unterschiedliche Zustandsformen gebracht werden.

$$
s \cdot \begin{bmatrix} \vec{\Psi}_1^K \\[1em] \vec{\Psi}_2^K \end{bmatrix} = \begin{bmatrix} A_{11} & A_{12} \\[1em] A_{21} & A_{22} \end{bmatrix} \begin{bmatrix} \vec{\Psi}_1^K \\[1em] \vec{\Psi}_2^K \end{bmatrix} + \begin{bmatrix} 1 & 0 \\[1em] 0 & 1 \end{bmatrix} \begin{bmatrix} \vec{U}_1^K \\[1em] \vec{U}_2^K \end{bmatrix} \tag{13.70}
$$

$$
A_{11} = -\frac{R_1}{\sigma L_1} - j\Omega_K
$$

$$
A_{12} = \frac{R_1 M}{\sigma L_1 L_2}
$$

$$
A_{21} = \frac{R_2 M}{\sigma L_1 L_2}
$$

$$
A_{22} = -\frac{R_2}{\sigma L_2} - j\Omega_2
$$

$$
\text{mit} \qquad \vec{x} = \begin{bmatrix} \vec{\Psi}_1^K & \vec{\Psi}_2^K \end{bmatrix}^T \qquad\qquad \vec{u} = \begin{bmatrix} \vec{U}_1^K & \vec{U}_2^K \end{bmatrix}^T
$$

oder

$$
s \cdot \begin{bmatrix} \vec{I}_1^K \\[1em] \vec{I}_2^K \end{bmatrix} = \begin{bmatrix} A_{11} & A_{12} \\[1em] A_{21} & A_{22} \end{bmatrix} \begin{bmatrix} \vec{I}_1^K \\[1em] \vec{I}_2^K \end{bmatrix} + \begin{bmatrix} \frac{1}{\sigma L_1} & -\frac{M}{\sigma L_1 L_2} \\[1em] -\frac{M}{\sigma L_1 L_2} & \frac{1}{\sigma L_2} \end{bmatrix} \begin{bmatrix} \vec{U}_1^K \\[1em] \vec{U}_2^K \end{bmatrix} \tag{13.71}
$$

$$
A_{11} = -\frac{R_1}{\sigma L_1} - j\frac{\Omega_K}{\sigma} + j\frac{\Omega_2 M^2}{\sigma L_1 L_2}
$$

$$
A_{12} = \frac{R_2 M}{\sigma L_1 L_2} - j(\Omega_K - \Omega_2)\frac{M}{\sigma L_1}
$$

$$
A_{21} = \frac{R_1 M}{\sigma L_1 L_2} + j(\Omega_K - \Omega_2)\frac{M}{\sigma L_2}
$$

$$
A_{22} = -\frac{R_2}{\sigma L_2} - j\frac{\Omega_2}{\sigma} + j\frac{\Omega_K M^2}{\sigma L_1 L_2}
$$

$$
\text{mit} \qquad \vec{x} = \begin{bmatrix} \vec{I}_1^K & \vec{I}_2^K \end{bmatrix}^T \qquad\qquad \vec{u} = \begin{bmatrix} \vec{U}_1^K & \vec{U}_2^K \end{bmatrix}^T
$$

Um die Anschaulichkeit des komplexen Gleichungssystems zu erhöhen, werden anschließend die Gleichungen in den Real– und Imaginärteil aufgespalten (Gleichungssystem (13.72)), und es ergibt sich der Signalflußplan in Abb. 13.7.

Reelle Systemgleichungen der Asynchronmaschine

$$\frac{d\Psi_{1A}}{dt} = -\frac{R_1}{\sigma L_1}\left(\Psi_{1A} - \frac{M}{L_2}\Psi_{2A}\right) + \Omega_K\Psi_{1B} + U_{1A}$$

$$\frac{d\Psi_{1B}}{dt} = -\frac{R_1}{\sigma L_1}\left(\Psi_{1B} - \frac{M}{L_2}\Psi_{2B}\right) - \Omega_K\Psi_{1A} + U_{1B}$$

$$\frac{d\Psi_{2A}}{dt} = -\frac{R_2}{\sigma L_2}\left(\Psi_{2A} - \frac{M}{L_1}\Psi_{1A}\right) + \Omega_2\Psi_{2B} + U_{2A}$$

$$\frac{d\Psi_{2B}}{dt} = -\frac{R_2}{\sigma L_2}\left(\Psi_{2B} - \frac{M}{L_1}\Psi_{1B}\right) - \Omega_2\Psi_{2A} + U_{2B}$$

$$I_{1A} = \Psi_{1A}\frac{1}{\sigma L_1} - \Psi_{2A}\frac{M}{\sigma L_1 L_2}$$

$$I_{1B} = \Psi_{1B}\frac{1}{\sigma L_1} - \Psi_{2B}\frac{M}{\sigma L_1 L_2}$$

$$I_{2A} = \Psi_{2A}\frac{1}{\sigma L_2} - \Psi_{1A}\frac{M}{\sigma L_1 L_2}$$

$$I_{2B} = \Psi_{2B}\frac{1}{\sigma L_2} - \Psi_{1B}\frac{M}{\sigma L_1 L_2}$$

$$M_{Mi} = \frac{3}{2}Z_p\frac{M}{L_1}\left(\Psi_{1B}I_{2A} - \Psi_{1A}I_{2B}\right)$$

$$\frac{d\Omega_m}{dt} = \frac{1}{\Theta}\left(M_{Mi} - M_W\right)$$

$$\Omega_2 = \Omega_K - Z_p\Omega_m$$

(13.72)

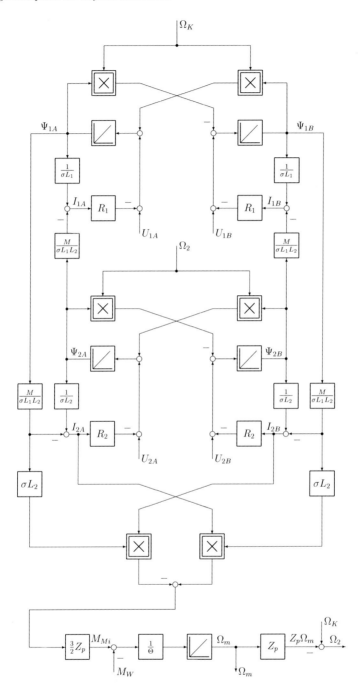

Abb. 13.7: *Signalflußplan der Asynchronmaschine bei Verwendung des mit Ω_K rotierenden Koordinatensystems K*

Die reellen Systemgleichungen der Asynchronmaschine können wieder abhängig von der Wahl der Zustandsgrößen in unterschiedliche Zustandsformen gebracht werden. Es gilt:

$$
\frac{d}{dt}
\begin{bmatrix} \Psi_{1A} \\ \Psi_{1B} \\ \Psi_{2A} \\ \Psi_{2B} \end{bmatrix}
=
\begin{bmatrix}
A_{11} & A_{12} & A_{13} & A_{14} \\
A_{21} & A_{22} & A_{23} & A_{24} \\
A_{31} & A_{32} & A_{33} & A_{34} \\
A_{41} & A_{42} & A_{43} & A_{44}
\end{bmatrix}
\begin{bmatrix} \Psi_{1A} \\ \Psi_{1B} \\ \Psi_{2A} \\ \Psi_{2A} \end{bmatrix}
+
\begin{bmatrix}
1 & 0 & 0 & 0 \\
0 & 1 & 0 & 0 \\
0 & 0 & 1 & 0 \\
0 & 0 & 0 & 1
\end{bmatrix}
\begin{bmatrix} U_{1A} \\ U_{1B} \\ U_{2A} \\ U_{2B} \end{bmatrix}
\tag{13.73}
$$

$$A_{11} = -\frac{R_1}{\sigma L_1} \qquad A_{12} = \Omega_K$$

$$A_{13} = \frac{R_1 M}{\sigma L_1 L_2} \qquad A_{14} = 0$$

$$A_{21} = -\Omega_K \qquad A_{22} = -\frac{R_1}{\sigma L_1}$$

$$A_{23} = 0 \qquad A_{24} = \frac{R_1 M}{\sigma L_1 L_2}$$

$$A_{31} = \frac{R_2 M}{\sigma L_1 L_2} \qquad A_{32} = 0$$

$$A_{33} = -\frac{R_2}{\sigma L_2} \qquad A_{34} = \Omega_2$$

$$A_{41} = 0 \qquad A_{42} = \frac{R_2 M}{\sigma L_1 L_2}$$

$$A_{43} = -\Omega_2 \qquad A_{44} = -\frac{R_2}{\sigma L_2}$$

mit $\quad \vec{x} = [\Psi_{1A} \ \ \Psi_{1B} \ \ \Psi_{2A} \ \ \Psi_{2B}]^T \qquad\qquad \vec{u} = [U_{1A} \ \ U_{1B} \ \ U_{2A} \ \ U_{2B}]^T$

oder bei Verwendung der Stator– und Rotorströme als Zustandsgrößen:

$$
\frac{d}{dt}
\begin{bmatrix} I_{1A} \\ I_{1B} \\ I_{2A} \\ I_{2B} \end{bmatrix}
=
\begin{bmatrix}
A_{11} & A_{12} & A_{13} & A_{14} \\
A_{21} & A_{22} & A_{23} & A_{24} \\
A_{31} & A_{32} & A_{33} & A_{34} \\
A_{41} & A_{42} & A_{43} & A_{44}
\end{bmatrix}
\begin{bmatrix} I_{1A} \\ I_{1B} \\ I_{2A} \\ I_{2A} \end{bmatrix}
+
\begin{bmatrix}
\frac{1}{\sigma L_1} & 0 & \frac{-M}{\sigma L_1 L_2} & 0 \\
0 & \frac{1}{\sigma L_1} & 0 & \frac{-M}{\sigma L_1 L_2} \\
\frac{-M}{\sigma L_1 L_2} & 0 & \frac{1}{\sigma L_2} & 0 \\
0 & \frac{-M}{\sigma L_1 L_2} & 0 & \frac{1}{\sigma L_2}
\end{bmatrix}
\begin{bmatrix} U_{1A} \\ U_{1B} \\ U_{2A} \\ U_{2B} \end{bmatrix}
\tag{13.74}
$$

$$A_{11} = -\frac{R_1}{\sigma L_1} \qquad\qquad A_{12} = \frac{\Omega_K}{\sigma} - \frac{\Omega_2 M^2}{\sigma L_1 L_2}$$

$$A_{13} = \frac{R_2 M}{\sigma L_1 L_2} \qquad\qquad A_{14} = (\Omega_K - \Omega_2)\frac{M}{\sigma L_1}$$

$$A_{21} = -\frac{\Omega_K}{\sigma} + \frac{\Omega_2 M^2}{\sigma L_1 L_2} \qquad\qquad A_{22} = -\frac{R_1}{\sigma L_1}$$

$$A_{23} = -(\Omega_K - \Omega_2)\frac{M}{\sigma L_1} \qquad\qquad A_{24} = \frac{R_2 M}{\sigma L_1 L_2}$$

$$A_{31} = \frac{R_1 M}{\sigma L_1 L_2} \qquad\qquad A_{32} = -(\Omega_K - \Omega_2)\frac{M}{\sigma L_2}$$

$$A_{33} = -\frac{R_2}{\sigma L_2} \qquad\qquad A_{34} = \frac{\Omega_2}{\sigma} - \frac{\Omega_K M^2}{\sigma L_1 L_2}$$

$$A_{41} = (\Omega_K - \Omega_2)\frac{M}{\sigma L_2} \qquad\qquad A_{42} = \frac{R_1 M}{\sigma L_1 L_2}$$

$$A_{43} = -\frac{\Omega_2}{\sigma} + \frac{\Omega_K M^2}{\sigma L_1 L_2} \qquad\qquad A_{44} = -\frac{R_2}{\sigma L_2}$$

mit $\quad \vec{x} = [\, I_{1A} \;\; I_{1B} \;\; I_{2A} \;\; I_{2B} \,]^T \qquad\qquad \vec{u} = [\, U_{1A} \;\; U_{1B} \;\; U_{2A} \;\; U_{2B} \,]^T$

13.2.2   Verallgemeinerter Signalflußplan der spannungsgesteuerten Asynchronmaschine

Im Gleichungssystem (13.64) wurden die komplexen Systemgleichungen der Asynchronmaschine sowie in Abb. 13.5 der komplexe Signalflußplan bei Spannungseinprägung vorgestellt.

In gleicher Weise werden im Gleichungssystem (13.72) die reellen Systemgleichungen sowie in Abb. 13.7 der reelle Signalflußplan dargestellt.

Wesentlich bei diesen Darstellungen ist, daß das Koordinatensystem K verwendet wird. Eine ausführliche Diskussion, an welchen Größen sich dieses Koordinatensystem K orientieren soll, beispielsweise Statorfluß oder Luftspaltfluß oder Rotorfluß, erfolgt ab Kap. 13.3.1.

In diesem Kapitel soll auf die Verbindungen der obigen Gleichungssysteme und damit Signalflußpläne zur reellen Umwelt der Asynchronmaschine speziell eingegangen werden.

Wichtig ist, daß statt der Statorkreisfrequenz Ω_1 die Kreisfrequenz Ω_K in den Darstellungen verwendet wird. Dies soll am folgenden Beispiel erklärt werden.

Wir wollen annehmen, daß — wie später dargestellt — die A–Achse des Koordinatensystems K sich beispielsweise am Statorfluß $\vec{\Psi}_1^K = \Psi_{1A}$ orientiert (d.h. $\Psi_{1B} = 0$!). Das Koordinatensystem K wird daher mit der Kreisfrequenz Ω_K des Statorflusses $\vec{\Psi}_1^K = \Psi_{1A}$ umlaufen.

Wenn nun weiterhin aufgrund von Steuereinflüssen des die Statorwicklungen versorgenden leistungselektronischen Stellglieds der Statorspannungswert U_{1A} oder U_{1B} sprungförmig verstellt wird, dann wird sich sowohl die Amplitude $|\vec{U}_1^K| = \sqrt{U_{1A}^2 + U_{1B}^2}$ als auch die Phasenlage $\tan\gamma = U_{1B}/U_{1A}$ ändern. Damit ändert sich der resultierende Spannungsraumzeiger sprungförmig, der Flußraumzeiger bleibt aber zum Zeitpunkt der Spannungsänderung noch nach Amplitude und Kreisfrequenz erhalten.

Aus diesem Beispiel ist zu erkennen, daß bei dynamischen Zuständen $\Omega_K \neq \Omega_1$ sein kann und daher zwischen diesen beiden Kreisfrequenzen unterschieden werden muß. Aus Abb. 13.3 ist zu entnehmen, daß einer Kreisfrequenzänderung die Ableitung des Winkels entspricht, bzw. eine wie oben diskutierte begrenzte Winkeländerung eine kurzzeitige Kreisfrequenzänderung — d.h. Integration — benötigt.

Wesentlich ist, daß die Signalflußpläne der Asynchronmaschine in Abb. 13.5 und Abb. 13.7 regelungstechnische Modelle sind, die reale Asynchronmaschine aber mit den dreiphasigen Spannungen und Strömen für den Stator und den Rotor versorgt werden muß.

Wie schon am Anfang dieses Kapitels hingewiesen, liegen die Eingangs– und Ausgangsgrößen der realen Maschine (Spannungen und Ströme an den Klemmen) als Dreiphasen–Größen im bezüglich der jeweiligen Wicklung ruhenden System vor, d.h. Statorgrößen bezogen auf die Statorwicklung und Rotorgrößen bezogen auf die Rotorwicklung. Um das Klemmenverhalten der Maschine zu beschreiben, muß man sich den Signalflußplan nach Abb. 13.7 in die Transformationen nach

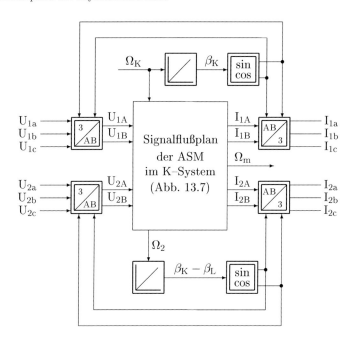

Abb. 13.8: *Blockschaltbild der Asynchronmaschine mit realen Dreiphasen–Größen*

Abb. 13.8 eingebunden denken. Die Modelleingangsgrößen Stator– und Rotor-spannungen werden durch die Beziehungen

$$\vec{U}_1^K \;=\; U_{1A} + jU_{1B} \;=\; (U_{1\alpha} + jU_{1\beta})(\cos\beta_K - j\sin\beta_K) \tag{13.75}$$

$$\vec{U}_2^K \;=\; U_{2A} + jU_{2B} \;=\; (U_{2k} + jU_{2l})(\cos(\beta_K - \beta_L) - j\sin(\beta_K - \beta_L))$$

vom S–System beziehungsweise L–System in das K–System tranformiert, wobei sich der statorfeste $(U_{1\alpha} + jU_{1\beta})$ und der rotorfeste Spannungszeiger $(U_{2k} + jU_{2l})$ durch

$$
\begin{aligned}
U_{1\alpha} &= U_{1a} &\text{und}\quad U_{1\beta} &= \frac{1}{\sqrt{3}}(U_{1b} - U_{1c}) \\
U_{2k} &= U_{2a} &\text{und}\quad U_{2l} &= \frac{1}{\sqrt{3}}(U_{2b} - U_{2c})
\end{aligned}
\tag{13.76}
$$

aus den jeweiligen Dreiphasen–Spannungen von Stator und Rotor der Maschine bestimmen. Bei den Modellausgangsgrößen der Stator– und Rotorströme erfolgt die Transformation durch

$$
\begin{aligned}
\vec{I}_1^S &= I_{1\alpha} + jI_{1\beta} &= (I_{1A} + jI_{1B})(\cos\beta_K + j\sin\beta_K) \\
\vec{I}_2^L &= I_{2k} + jI_{2l} &= (I_{2A} + jI_{2B})(\cos(\beta_K - \beta_L) + j\sin(\beta_K - \beta_L))
\end{aligned}
\tag{13.77}
$$

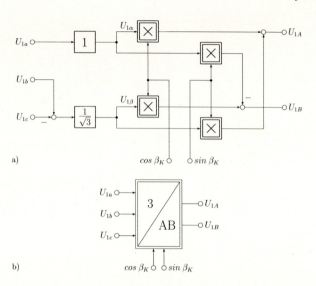

Abb. 13.9: *Umwandlung der Dreiphasen–Spannungen in das K–System: a) Signalfluß-plan, b) Blockdarstellung*

entsprechend in umgekehrter Richtung. Die meßtechnisch zugänglichen Dreiphasen–Ströme von Stator und Rotor ergeben sich durch Anwendung der Transformationsbeziehungen in den folgenden Gleichungen:

$$I_{1a}(t) \;=\; I_{1\alpha}$$

$$I_{1b}(t) \;=\; \frac{1}{2}\left(-I_{1\alpha} + \sqrt{3}I_{1\beta}\right) \tag{13.78}$$

$$I_{1c}(t) \;=\; \frac{1}{2}\left(-I_{1\alpha} - \sqrt{3}I_{1\beta}\right) = -I_{1a} - I_{1b}$$

Die Rotorgrößen (Index 2) sind über das Übersetzungsverhältnis $\ddot{u}$ der Asynchronmaschine mit den physikalisch realen Werten verknüpft. Wichtig zu erwähnen bleibt auch die Tatsache, daß diese Tranformationsbeziehungen nur im Falle des symmetrischen Betriebs der Asynchronmaschine, d.h.

$$U_{1a} + U_{1b} + U_{1c} \;=\; 0 \qquad \text{und} \quad I_{1a} + I_{1b} + I_{1c} \;=\; 0$$

$$U_{2a} + U_{2b} + U_{2c} \;=\; 0 \qquad \text{und} \quad I_{2a} + I_{2b} + I_{2c} \;=\; 0 \tag{13.79}$$

gültig sind. Sie sind in Abb. 13.9 und 13.10 — aufgespalten in Real– und Imaginärteil — als Signalflußplan dargestellt.

Sind die Klemmenspannungen dagegen nicht mittelwertfrei, d.h der Sternpunkt liegt nicht auf $0\,V$, ist die folgende erweiterte Transformationsvorschrift

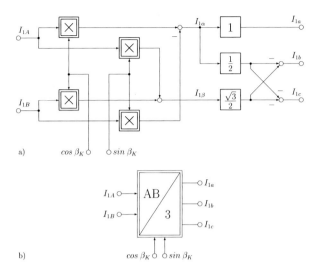

Abb. 13.10: *Umwandlung der Raumzeigergrößen im K–System in Dreipha-sen–Größen: a) Signalflußplan, b) Blockdarstellung*

zur Umrechnung der Statorspannungen in das K–System anstelle von Gl. 13.76 zu verwenden. Dies ist insbesondere der Fall, wenn das Bezugspotential zur Messung bzw. Berechnung einer Schaltung nicht mit dem Potential des (gedachten) Sternpunktes übereinstimmt.

$$
\begin{aligned}
U_{1\alpha} &= \frac{1}{3}\left(2U_{1a} - U_{1b} - U_{1c}\right) \\
U_{1\beta} &= \frac{1}{\sqrt{3}}\left(U_{1b} - U_{1c}\right)
\end{aligned}
\tag{13.80}
$$

Durch diese Umrechnung hebt sich der Gleichanteil heraus.

13.2.3 Signalflußplan der stromgesteuerten Asynchronmaschine

In den meisten Antriebsanordnungen wird, aufgrund ihrer Robustheit, eine Asynchronmaschine mit einem Kurzschlußläufer, d.h. $U_{2A} = U_{2B} = 0$, eingesetzt. Der verwendete Umrichter ist zumeist mit einer Statorstromregelung ausgestattet, so daß als Modelleingangsgrößen die Statorströme und nicht mehr die Statorspannungen der Maschine von Interesse sind. Unter diesen Voraussetzungen vereinfacht sich der allgemeine Signalflußplan nach Abb. 13.7. Der Statorfluß $\vec{\Psi}_1$ bestimmt sich nach den Gleichungen (13.72) aus den Statorströmen zu

$$
\Psi_{1A} = \sigma L_1 I_{1A} + \frac{M}{L_2}\Psi_{2A}
\tag{13.81}
$$

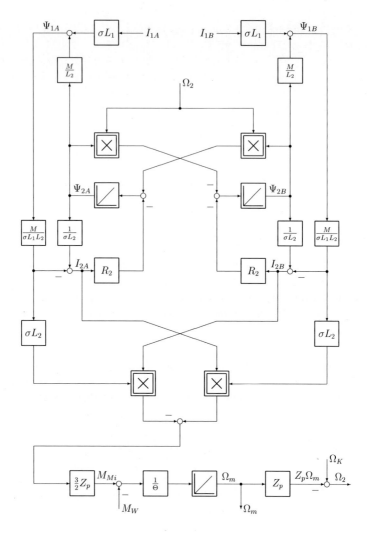

Abb. 13.11: *Signalflußplan der Asynchronmaschine mit eingeprägten Statorströmen und Kurzschlußläufer bei Verwendung des Koordinatensystems K*

$$\Psi_{1B} = \sigma L_1 I_{1B} + \frac{M}{L_2}\Psi_{2B} \qquad (13.82)$$

womit sich der Signalflußplan nach Abb. 13.11 zeichnen läßt.

Die Eingangsgrößen I_{1A} und I_{1B} in das Modell der Asynchronmaschine nach Abb. 13.11 ergeben sich wie bereits im Fall der spannungsgesteuerten Asynchronmaschine aus den Dreiphasen–Größen durch eine Koordinatentransformation gemäß Abb. 13.9 mit den Eingangsgrößen I_{1a}, I_{1b} und I_{1c}. Die Ausführungen bezüglich der verschiedenen Schaltungsvarianten von Drehfeldmaschinen sind hier ebenfalls zu beachten.

Gegenüber der spannungsgesteuerten Asynchronmaschine vereinfacht sich der Signalflußplan bei stromgesteuerter Betrachtungsweise erheblich. Das Verhalten der Asynchronmaschine hat sich dadurch jedoch nicht verändert. Es ist jetzt lediglich Aufgabe der unterlagerten Statorstromregelung, daß der Umrichter die erforderliche Statorspannung an die Maschinenklemmen zur Verfügung stellt, so daß sich die entsprechenden Stator–Istströme einstellen. Zu beachten ist, daß bei begrenzter Statorspannung nur mit begrenzter Dynamik Statorstromänderungen möglich sind. Die Einprägung der Statorströme stellt an den Umrichter höhere Anforderungen als an die Einprägung der Statorspannungen, da — im Grenzfall — nahezu sprungförmige Stromänderungen erhebliche Statorspannungsamplituden erfordern würden. Für den Entwurf einer Drehzahl– und Drehmomentregelung wird das Verhalten der Stromregelung meist durch ein vereinfachtes dynamisches Übertragungsverhalten (PT$_1$) approximiert. Die Ströme I_{1A} und I_{1B}, die die Eingangsgrößen des Signalflußplans nach Abb. 13.11 darstellen, können also nicht sprungförmig verändert werden. Bei den folgenden Untersuchungen des dynamischen Verhaltens von Asynchronmaschinen in einem am Stator–, am Rotor– bzw. am Luftspaltfluß orientierten Koordinatensystem dient der Signalflußplan nach Abb. 13.11 als Grundlage, anhand der die weiteren Ableitungen erfolgen.

13.2.4 Stationärer Betrieb der Asynchronmaschine

Bei der Drehfeldasynchronmaschine spricht man vom stationären Betrieb, sofern die Asynchronmaschine durch ein symmetrisches Drehspannungssystem, d.h.

$$U_{1a} = \hat{U}\cos\left(\Omega_1 t\right)$$
$$U_{1b} = \hat{U}\cos\left(\Omega_1 t - 120°\right)$$
$$U_{1c} = \hat{U}\cos\left(\Omega_1 t - 240°\right)$$

gespeist und mit konstanter mechanischer Drehzahl

$$\frac{d\Omega_m}{dt} = 0$$

betrieben wird. Die Herleitung des elektrischen Ersatzschaltbildes der Asynchromaschine erfolgt in den meisten Fällen im statorfesten Koordinatensystem (Index S oder mit $\Omega_K = 0$ im K–System), worin sich der Statorspannungsraumzeiger durch

$$\vec{U}_1^S = \hat{U}\,e^{j\Omega_1 t}$$

darstellen läßt. Ausgehend von den Flußdifferentialgleichungen im S–System

$$\frac{d\vec{\Psi}_1^S}{dt} = -\frac{R_1}{\sigma L_1}\left(\vec{\Psi}_1^S - \frac{M}{L_2}\vec{\Psi}_2^S\right) + \vec{U}_1^S \tag{13.83}$$

$$\frac{d\vec{\Psi}_2^S}{dt} = -\frac{R_2}{\sigma L_2}\left(\vec{\Psi}_2^S - \frac{M}{L_1}\vec{\Psi}_1^S\right) + j\Omega_m Z_p\vec{\Psi}_2^S + \vec{U}_2^S \tag{13.84}$$

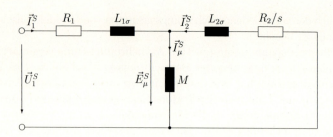

Abb. 13.12: *Stationäres elektrisches Ersatzschaltbild der Asynchronmaschine mit Kurzschlußläufer*

werden zu deren Lösung für den stationären Betriebsfall die Flüsse zu

$$\vec{\Psi}_1^S = |\vec{\Psi}_1| e^{j\Omega_1 t} e^{j\varphi_1} \tag{13.85}$$

$$\vec{\Psi}_2^S = |\vec{\Psi}_2| e^{j\Omega_1 t} e^{j\varphi_2} \tag{13.86}$$

angesetzt. Die zeitlichen Ableitungen der beiden Flüsse bestimmen sich damit zu

$$\frac{d\vec{\Psi}_1^S}{dt} = j\Omega_1 \vec{\Psi}_1^S \quad \text{und} \quad \frac{d\vec{\Psi}_2^S}{dt} = j\Omega_1 \vec{\Psi}_2^S \tag{13.87}$$

womit man durch Umformung die Maschengleichungen für den Stator– und den Rotorkreis der Maschine erhält:

Stationäres elektrisches Ersatzschaltbild

$$\vec{U}_1^S = R_1 \vec{I}_1^S + j\Omega_1 L_1 \vec{I}_1^S + j\Omega_1 M \vec{I}_2^S$$

$$\frac{\vec{U}_2^S}{s} = \frac{R_2}{s} \vec{I}_2^S + j\Omega_1 L_2 \vec{I}_2^S + j\Omega_1 M \vec{I}_1^S \tag{13.88}$$

Daraus ergibt sich für den stationären Betriebsfall ein elektrisches Ersatzschaltbild der Asynchronmaschine mit Kurzschlußläufer, d.h. $\vec{U}_2 = 0$, gemäß Abb. 13.12. Die Variable s bezeichnet den sogenannten **Schlupf** der Asynchronmaschine, welcher durch

$$s = \frac{\Omega_1 - Z_p \Omega_m}{\Omega_1} \tag{13.89}$$

als bezogene Differenzdrehzahl zwischen Stator– und elektrischer Rotordrehfrequenz definiert ist. Die Eigeninduktivitäten

$$L_1 \;=\; M + L_{\sigma 1} \qquad (13.90)$$

$$L_2 \;=\; M + L_{\sigma 2} \qquad (13.91)$$

von Stator und Rotor der Maschine werden in eine jeweilige Streuinduktivität und die Koppelinduktivität M aufgeteilt, wodurch die magnetische Kopplung zwischen Stator und Rotor in der Maschine im stationären Ersatzschaltbild durch eine elektrische Kopplung ($\vec{I}_\mu^S = \vec{I}_1^S + \vec{I}_2^S$) ersetzt wird.

13.2.5 Umrechnung für Stern– und Dreieckschaltung

In der Anwendung der oben hergeleiteten Raumzeigergrößen und Signalflußpläne der Asynchronmaschine stellt sich vielfach das Problem der unterschiedlichen Schaltungsvarianten von Drehfeldmaschinen. Diese können sowohl im Stator, als auch bei ausgeführten Wicklungen im Rotor z.B. bei Großantrieben mit untersynchroner Stromrichterkaskade (USK) in Stern– oder Dreieckschaltung betrieben werden. Wir beschränken uns bei der folgenden Betrachtung auf den Fall der Kurzschlußläufermaschine, d.h $\vec{U}_2 = 0$ und nicht meßbare Rotorströme I_{2a}, I_{2b} und I_{2c}.

Zu Beginn dieses Kapitels wurde vorausgesetzt, daß die Maschinenparameter als Strangwerte bekannt sind. Es sind daher auch die elektrischen Eingangs– und Ausgangsgrößen in das Modell nach Abb. 13.7 und 13.8 als Stranggrößen anzusehen. Um eine Asynchronmaschine physikalisch äquivalent in einem der obigen Signalflußpläne darzustellen, müssen die meßbaren Eingangs– und Ausgangsgrößen in die zugehörigen Raumzeiger transformiert werden. In Ausnahmen müssen außerdem die Parameter der Maschine und der Phasenwinkel der Raumzeiger angepaßt werden.

Alle verwendeten Größen seien bereits Amplituden, also Spitzenwerte, und keine Effektivwerte. Zur Umrechnung siehe Kap. 13.1.2.5.

Dreieckschaltung

Bei einer Asynchronmaschine in Dreieckschaltung werden die Klemmenspannungen und –ströme auf die Strangspannungen und –ströme umgerechnet. Mit diesen Größen wird dann ein Modell in Sternschaltung modelliert, an dessen Wicklungen die identischen Spannungen und Ströme anliegen wie am realen Motor. Damit können die auf Stranggrößen bezogenen Maschinenparameter verwendet werden.

Bei der Dreieckschaltung nach Abb. 13.13 erhält man die Strangspannungen, sofern diese nicht bereits vorliegen, als verkettete Spannungen zwischen den Leiterspannungen U_1, U_2 und U_3 zu

$$
\begin{aligned}
U_{1a} &= U_1 - U_2 \\
U_{1b} &= U_2 - U_3 \\
U_{1c} &= U_3 - U_1
\end{aligned}
\qquad (13.92)
$$

Die Spannungen U_{1a}, U_{1b} und U_{1c} bilden nun die Eingangsgrößen der Transformation nach Abb. 13.9 zur weiteren Umrechnung in einen Spannungsraumzeiger.

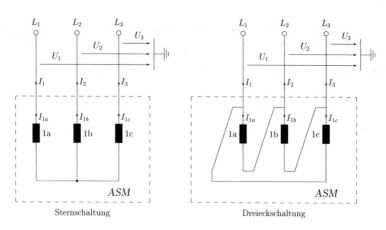

Abb. 13.13: *Schaltungsvarianten von Drehfeldmaschinen*

Auch die in den Zuleitungen gemessenen Leiterströme I_1, I_2 und I_3 bei einer Dreieckschaltung entsprechen nicht den Strömen in den Strängen 1a, 1b und 1c der Maschine. Falls eine stromgesteuerte und symmetrisch gespeiste Asynchronmaschine betrachtet wird, sind die Strangströme als Eingangsgrößen des Modells zu verwenden. Sie lassen sich durch Anwendung der Kirchhoff'schen Regeln aus den meßbaren Leiterströmen bestimmen zu:

$$I_{1a} \;=\; \frac{1}{3}\,(I_1 - I_2)$$
$$I_{1b} \;=\; \frac{1}{3}\,(I_2 - I_3) \tag{13.93}$$
$$I_{1c} \;=\; \frac{1}{3}\,(I_3 - I_1)$$

Ebenso wie die Eingangsgrößen der Asynchronmaschine müssen auch die Ausgangsgrößen wieder in ihre physikalisch korrespondierenden Größen zurücktransformiert werden. Da eine symmetrisch betriebene Maschine betrachtet wird, ergeben sich die Ströme an den Anschlußklemmen in Umkehrung von Gl. (13.93) zu:

$$\begin{aligned} I_1 &= I_{1a} - I_{1c} \\ I_2 &= I_{1b} - I_{1a} \\ I_3 &= I_{1c} - I_{1b} \end{aligned} \tag{13.94}$$

Die Ausgangsspannungen einer stromgesteuerten Asynchronmaschine ergeben sich analog; allerdings ist diese Rücktransformation nicht eindeutig, da hierbei ein eventueller Gleichspannungsanteil verloren geht.

Sollen nicht nur das Klemmenverhalten sondern auch die inneren Vorgänge der Maschine phasenrichtig dargestellt werden, ist außerdem der Winkelversatz zwischen den Spannungsraumzeigern einer Stern– und einer Dreieckschaltung von 30° zu beachten.

Sternschaltung

Im Falle der Sternschaltung sind die Leiterströme gleich den Strangströmen und die Leiterspannungen gleich den Strangspannungen der Maschine. Eine zusätzliche Transformation wie bei der Dreieckschaltung ist daher nur dann notwendig, wenn das speisende Spannungssystem durch verkettete Spannungen U_{12}, U_{23} und U_{31} anstelle von Leiterspannungen beschrieben ist. Die entsprechende Umrechnung erfolgt nach

$$U_{1a} = \frac{1}{3}(U_{12} - U_{31})$$

$$U_{1b} = \frac{1}{3}(U_{23} - U_{12}) \tag{13.95}$$

$$U_{1c} = \frac{1}{3}(U_{31} - U_{23})$$

Umrechnung der Maschinenparameter

In vielen Fällen sind die Parameter der Asynchronmaschine bereits für eine Sternschaltung angegeben. Dann können diese **unverändert** in die hier beschriebenen Modelle eingesetzt werden.

Sind dagegen die Maschinenparameter für eine Dreieckschaltung (Index Δ) gegeben, müssen die Induktivitäten und Widerstände für die im Signalflußplan vorausgesetzte Sternschaltung ermittelt werden.

$$
\begin{aligned}
L_1 &= \frac{1}{3}L_{1\Delta} \quad &&\text{und} \quad R_1 = \frac{1}{3}R_{1\Delta} \\
L_2 &= \frac{1}{3}L_{2\Delta} \quad &&\text{und} \quad R_2 = \frac{1}{3}R_{2\Delta}
\end{aligned}
\tag{13.96}
$$

Beispiel

Als Fortsetzung des Beispiels in Kap. 13.1.2.5 soll die darin angenommene Asynchronmaschine in Dreieckschaltung mit Spannungssteuerung modelliert werden. Dabei werden die notwendigen Umrechnungen für eine Phase gezeigt.

Die verkettete Eingangsspannung an Wicklung 1a ist durch die Spannung des Netzes bereits gegeben und beträgt

$$U_{1a} = |\vec{U}_1^S| = 327\,V$$

Die Statorspannungen U_{1a}, U_{1b} und U_{1c} werden über die Transformation in Abb. 13.9 in einen Spannungsraumzeiger (U_{1A}, U_{1B}) umgerechnet, der die Eingangsgröße des Modells in Abb. 13.7 bildet.

Der Statorstromzeiger (I_{1A}, I_{1B}) wird über eine Transformation nach Abb. 13.10 wieder in Stranggrößen I_{1a}, I_{1b} und I_{1c} zurückgewandelt. Die Ströme

I_1, I_2 und I_3 an den Anschlußklemmen des Motors erhält man schließlich über die Umrechnung in Gl. (13.94).

$$I_1 = I_{1a} - I_{1c}$$

Die übrigen Ströme errechnen sich analog.

13.3 Steuerverfahren der Asynchronmaschine

Wie bereits in [35, 36] beschrieben, gibt es für die drehzahlvariable Asynchronmaschine drei grundlegende Steuerverfahren. Diese sind durch die Orientierung des allgemeinen Koordinatensystems (Index K)

- am Statorfluß, d.h. $\Psi_{1A} = |\vec{\Psi}_1|$ und $\Psi_{1B} = 0$

- am Rotorfluß, d.h. $\Psi_{2A} = |\vec{\Psi}_2|$ und $\Psi_{2B} = 0$

- am Luftspaltfluß, d.h. $\Psi_{\mu A} = |\vec{\Psi}_\mu|$ und $\Psi_{\mu R} = 0$

gekennzeichnet und werden in den nachfolgenden Abschnitten eingehend beschrieben, wobei stets von einer Maschine mit Kurzschlußläufer ($U_{2A} = U_{2B} = 0$) ausgegangen wird.

Bevor die einzelnen Steuerverfahren genauer betrachtet werden, ist es sinnvoll, sich in diesem Zusammenhang die Verkettung der verschiedenen Maschinenflüsse anzusehen. Der Stator– und der Rotorfluß der Maschine stellen die wesentlichen Bezugsgrößen bei der Orientierung des Koordinatensystems K dar. Abbildung 13.14 veranschaulicht die Bedeutung dieser Flüsse. Wie daraus leicht zu erkennen ist, erzeugt der Statorstrom zusammen mit dem Rotorstrom den Statorfluß Ψ_1, der sich wiederum in einen Luftspaltfluß Ψ_μ und einen Statorstreufluß aufteilt. Ebenso kann der Rotorfluß Ψ_2 in den Luftspaltfluß und den Rotorstreufluß aufgeteilt werden. Der Luftspaltfluß, d.h. die magnetische Kopplung von Stator– und Rotorkreis, ist für die Drehmomenterzeugung von entscheidender Bedeutung.

Diese anschauliche Darstellung hat im Signalflußplan und natürlich auch im stationären Ersatzschaltbild der Asynchronmaschine, siehe Abb. 13.12, ihre Entsprechung. Die Stator– und die Rotorinduktivität können, wie bereits erläutert wurde, in eine Hauptinduktivität M und eine jeweilige Streuinduktivität aufgeteilt werden. Die Spannungsabfälle an den Streuinduktivitäten verringern die an der Hauptinduktivität anstehende Spannung und damit den verfügbaren Luftspaltfluß. In [35, 36] wurden ausführlich die Steuerverfahren und Signalflußpläne bei eingeprägter Spannung bzw. bei eingeprägtem Strom vorgestellt, wobei das Koordinatensystem K am Stator– oder am Rotorfluß orientiert ist. Aufgrund dieser ausführlichen Darstellung in [35, 36] soll hier nur noch der Signalflußplan bei eingeprägter Statorspannung und Statorflußorientierung (Kap. 13.3.1) und der Signalflußplan bei eingeprägten Statorströmen und Rotorflußorientierung (Kap. 13.3.2) dargestellt werden.

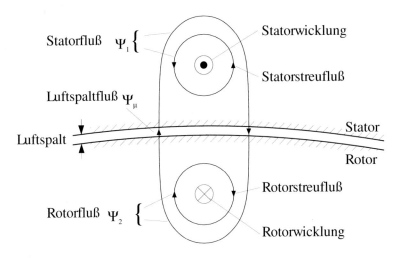

Abb. 13.14: *Schematische Darstellung der Flußverkettungen*

13.3.1 Signalflußplan bei Statorflußorientierung

Bei dem ersten Steuerverfahren dient der Statorfluß zur Orientierung des freien Koordinatensystems K, d.h. die A–Achse des Koordinatensystems K und der Flußraumzeiger $\vec{\Psi}_1$ fallen zusammen.

$$\Psi_{1A} = |\vec{\Psi}_1| \tag{13.97}$$

$$\Psi_{1B} = 0 \tag{13.98}$$

$$\frac{d\Psi_{1B}}{dt} = 0 \tag{13.99}$$

Nachdem nun die Lage des Koordinatensystems K festgelegt ist, kann der Signalflußplan für dieses Steuerverfahren abgeleitet werden. Hierzu setzt man obige Bedingungen in die beschreibenden Gleichungen (13.72) der Asynchronmaschine ein. Aus der allgemeinen Beziehung für die zeitliche Ableitung von Ψ_{1B} folgt unmittelbar die Steuerbedingung

$$U_{1B} = \underbrace{\Omega_K \Psi_{1A}}_{\text{Leerlaufeinfluß}} - \underbrace{\frac{R_1 M}{\sigma L_1 L_2} \Psi_{2B}}_{\text{Momenteinfluß}} \tag{13.100}$$

$$\Omega_K = \frac{1}{\Psi_{1A}} \left(\frac{R_1 M}{\sigma L_1 L_2} \Psi_{2B} + U_{1B} \right)$$

Diese legt die Umlaufgeschwindigkeit Ω_K des Koordinatensystems K und damit die Spannung U_{1B} so fest, daß $\Psi_{1B} = 0$ dynamisch gewährleistet ist. Wie

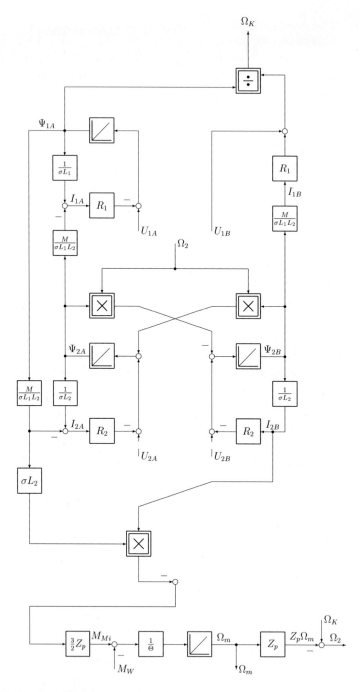

Abb. 13.15: *Signalflußplan der Asynchronmaschine bei Orientierung des Koordinatensystems K am Statorfluß $\vec{\Psi}_1$*

man dem Signalflußplan in Abb. 13.15 entnimmt und wie in [9] ausführlich abgeleitet, ist U_{1A} die Spannung, die den Fluß Ψ_{1A} steuert (z.B. Feldschwächung) und die Spannung U_{1B} folgt aus der Steuerbedingung in Gl. (13.100). Der Rotorfluß Ψ_{2A} bzw. Ψ_{2B} baut sich mit der Zeitkonstanten $T_{2K} = \sigma L_2/R_2$ auf. Das innere Moment M_{Mi} der Maschine kann somit über Ω_2 mit der Zeitkonstanten T_{2K} für die Veränderung von Ψ_{2B} eingestellt werden. Allerdings müssen bei eingeprägten Spannungen U_{1A} und U_{1B} die Rückkopplungen des Rotorkreises auf den Statorkreis beachtet werden. Zudem sind an die statische und insbesondere an die dynamische Verstellbarkeit insbesondere von U_{1B} hohe Anforderungen zu stellen, um $\vec{\Psi}_1 = \Psi_{1A}$ und damit $\Psi_{1B} = 0$, d.h. die Bedingung für Statorflußorientierung, einzuhalten. Dies gilt insbesondere dann, wenn die Zeitkonstante T_{2K} klein ist und aufgrund der Darstellung von Ω_2 sich Ψ_{2B} schnell ändert.

13.3.2 Signalflußplan bei Rotorflußorientierung

Als Basis für weitere Überlegungen und aufgrund der großen Bedeutung der Rotorfluß–Orientierung sollen die entscheidenden Gleichungen schrittweise hergeleitet werden. Hierzu setzt man die Voraussetzungen

$$\Psi_{2A} = |\vec{\Psi}_2| \qquad (13.101)$$

$$\Psi_{2B} = 0 \qquad (13.102)$$

$$\frac{\Psi_{2B}}{dt} = 0 \qquad (13.103)$$

welche die Orientierung des Koordinatensystems K am Rotorfluß $\vec{\Psi}_2$ beschreiben (siehe auch Abb. 13.16), in die allgemeinen Systemgleichungen (13.72) der Asynchronmaschine ein.

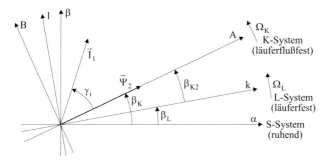

Abb. 13.16: *Koordinatensysteme bei Rotorflußorientierung*

Die Betrachtungen erfolgen rein mathematisch abstrakt anhand der allgemeinen Systemgleichungen. Später werden die daraus erhaltenen Erkenntnisse anschaulich dargestellt.

Als Maschineneingangsgrößen werden die Statorstromkomponenten I_{1A} und I_{1B} betrachtet. Die Maschine besitze einen Kurzschlußläufer, d.h. $\vec{U}_2 = 0$. Den Ausgangspunkt der Überlegungen bilden die sich unmittelbar ergebenden Beziehungen für die Maschinenströme im K–System.

$$I_{1A} = \Psi_{1A}\frac{1}{\sigma L_1} - \Psi_{2A}\frac{M}{\sigma L_1 L_2}$$

$$I_{1B} = \Psi_{1B}\frac{1}{\sigma L_1}$$

$$I_{2A} = \Psi_{2A}\frac{1}{\sigma L_2} - \Psi_{1A}\frac{M}{\sigma L_1 L_2}$$

$$I_{2B} = -\Psi_{1B}\frac{M}{\sigma L_1 L_2}$$

Aus der Gleichung für die Ableitung der imaginären Komponente $\Psi_{2B}/dt = 0$ des Rotorflusses

$$0 = \frac{R_2 M}{\sigma L_1 L_2}\Psi_{1B} - \Omega_2\Psi_{2A} \tag{13.104}$$

folgt durch einfache Umformung mit

$$\Psi_{1B} = \sigma L_1 I_{1B} \tag{13.105}$$

die Steuerbedingung

$$\Omega_2 = \frac{R_2 M}{L_2} \cdot \frac{I_{1B}}{\Psi_{2A}} \tag{13.106}$$

$$\Omega_K = \Omega_2 + Z_p\Omega_m \tag{13.107}$$

welche die aktuelle Umlaufgeschwindigkeit Ω_K des K–Systems festlegt, so daß die Annahme $\Psi_{2B} = 0$ dynamisch gewährleistet ist. Im nächsten Schritt wird das Verhalten des Rotorflusses $\vec{\Psi}_2^K = \Psi_{2A}$ betrachtet. Hierzu setzen wir in die bereits bekannte Beziehung

$$\frac{d\Psi_{2A}}{dt} = -\frac{R_2}{\sigma L_2}\left(\Psi_{2A} - \frac{M}{L_1}\Psi_{1A}\right) + \Omega_2\Psi_{2B} \tag{13.108}$$

die im Falle der Rotorflußorientierung gültigen Vereinfachungen ein.

$$\Psi_{2B} = 0 \tag{13.109}$$

$$\Psi_{1A} = \sigma L_1 I_{1A} + \frac{M}{L_2}\Psi_{2A} \tag{13.110}$$

Als Ergebnis erhalten wir für den Rotorfluß

$$T_2\frac{d\Psi_{2A}}{dt} + \Psi_{2A} = M I_{1A} \tag{13.111}$$

mit der Rotorzeitkonstante der Asynchronmaschine

$$T_2 = \frac{L_2}{R_2} \qquad (13.112)$$

Es muß nun noch das innere Moment der Maschine im am Rotorfluß orientierten Koordinatensystem bestimmt werden. Dies kann aus der Beziehung

$$M_{Mi} = -\frac{3}{2}\frac{M}{L_2}Z_p \operatorname{Im}\left\{\vec{\Psi}_2^{*K} \vec{I}_1^K\right\} \qquad (13.113)$$

durch Einsetzen von $\vec{\Psi}_2^{*K} = \Psi_{2A}$ und $\vec{I}_1^K = I_{1A} + jI_{1B}$ zu

$$M_{Mi} = \frac{3}{2}Z_p \frac{M}{L_2}\Psi_{2A}I_{1B} \qquad (13.114)$$

bestimmt werden. Bei Orientierung des Koordinatensystems K am Rotorfluß und bei Verwendung der Statorströme als Eingangsgrößen lassen sich somit die beschreibenden Gleichungen der Asynchronmaschine bei Stromsteuerung wie folgt zusammenfassen.

Asynchronmaschine bei Rotorfluß–Orientierung

$$\frac{d\Psi_{2A}}{dt} = \frac{R_2}{L_2}\left(MI_{1A} - \Psi_{2A}\right)$$

$$\Omega_2 = \frac{R_2 M}{L_2} \cdot \frac{I_{1B}}{\Psi_{2A}} \qquad (13.115)$$

$$M_{Mi} = \frac{3}{2}Z_p \frac{M}{L_2}\Psi_{2A}I_{1B}$$

$$\frac{d\Omega_m}{dt} = \frac{1}{\Theta}\left(M_{Mi} - M_W\right)$$

Die erste Gleichung besagt, daß der Rotorfluß (d.h. seine Amplitude) über eine Verzögerung 1. Ordnung (rückgekoppelter Integrierer) durch die Stromkomponente I_{1A} eingestellt werden kann. Die dritte Gleichung zeigt, daß bei konstantem Fluß das Drehmoment **verzögerungsfrei** über die Stromkomponente I_{1B} steuerbar ist.

Diese Zusammenhänge sind im Signalflußplan nach Abb. 13.17 dargestellt, welcher das dynamische Verhalten der Asynchronmaschine im rotorflußfesten Koordinatensystem K beschreibt. Die Einprägung der Statorstromkomponenten I_{1A} und I_{1B} wird z.B. durch einen Wechselrichter mit eingeprägtem Strom oder einen Wechselrichter mit eingeprägter Spannung und einer zusätzlichen Stromregelung (siehe auch Kap. 15) realisiert.

Bei der Betrachtung des Signalflußplans treten Analogien zur Gleichstromnebenschlußmaschine auf, sofern man sich die Stromkomponente I_{1A} als Erregerstrom I_E und die Stromkomponente I_{1B} als Ankerstrom I_A denkt. Wie bei der

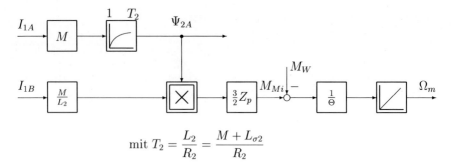

$$\text{mit } T_2 = \frac{L_2}{R_2} = \frac{M + L_{\sigma 2}}{R_2}$$

Abb. 13.17: *Signalflußplan der Asynchronmaschine bei rotorflußfestem Koordinatensystem K und eingeprägten Statorströmen als Eingangsgrößen*

Gleichstromnebenschlußmaschine kann mit I_{1B} ($\hat{=}I_A$) — bei konstantem Fluß Ψ_{2A} — ohne Verzögerung das Drehmoment M_{Mi} gesteuert werden. Die Vereinfachung im Signalflußplan ist auch im stationären Fall beim T Ersatzschaltbild der Asynchronmaschine nach Abb. 13.12 (siehe auch [35, 36]) erkennbar.

Nachdem nun der Signalflußplan der Asynchronmaschine im rotorflußorientierten Koordinatensystem vorliegt, müssen dessen Eingangsgrößen I_{1A} und I_{1B} in die Statorströme $I_{1\alpha}$ und $I_{1\beta}$ der Maschine, d.h. in das statorfeste Koordinatensystem transformiert werden. Hierzu benutzt man die Steuerbedingung aus der zweiten Gleichung von (13.115), welche die Relativgeschwindigkeit zwischen der elektrischen Rotorgeschwindigkeit ($\Omega_L = Z_p\Omega_m$) und der Drehfrequenz des Koordinatensystems K festlegt.

Mit Hilfe der bereits bekannten und in Abb. 13.16 dargestellten Beziehungen

$$\Omega_L = \frac{d\beta_L}{dt} \quad \text{und} \quad \Omega_2 = \frac{d\beta_{K2}}{dt}$$

sowie mit

$$\vec{I}_1^K = \vec{I}_1^S\, e^{-j\beta_K}$$

erfolgt in Block $\boxed{3/AB}$ die komponentenweise Transformation der Eingangsströme I_{1a}, I_{1b} und I_{1c} der Maschine gemäß Abb. 13.9 in das rotorflußfeste Koordinatensystem. Damit läßt sich der vollständige Signalflußplan der Asynchronmaschine im betrachteten Koordinatensystem K nach Abb. 13.18 zeichnen.

Der so erhaltene Signalflußplan ist äquivalent zu der bekannten von Blaschke [359, 360] verwendeten Darstellung. Die Darstellungen von Hasse [385] und Blaschke lassen sich direkt ineinander überführen. Wesentlich ist, wie bereits erwähnt, daß die beiden Maschinengrößen Fluß und Drehmoment **voneinander unabhängig** durch die flußparallele bzw. die flußsenkrechte Komponente des Statorstromes I_{1A} bzw. I_{1B} eingestellt werden können.

Die bisherigen Aussagen wurden abstrakt aus mathematischen Umformungen des Gleichungssystems (13.72) gewonnen. Im folgenden sollen diese Erkenntnisse unter der Annahme, daß keine Streuflüsse entstehen, veranschaulicht werden.

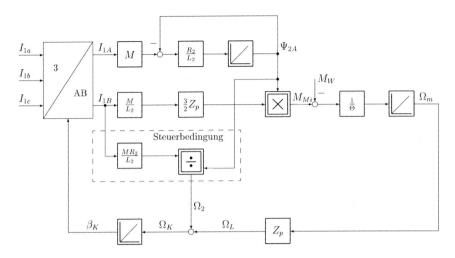

Abb. 13.18: *Signalflußplan der Asynchronmaschine bei rotorflußorientiertem Koordinatensystem K und den Statorströmen als Eingangsgrößen*

Dies bedeutet, daß in diesem idealisierten Fall Stator–, Rotor– und Luftspaltfluß gleich sind, d.h. $\vec{\Psi} = \vec{\Psi}_1 = \vec{\Psi}_2 = \vec{\Psi}_\mu$. Betrachet man des weiteren nur stationäre Zustände, so bietet sich als eine Möglichkeit zur Veranschaulichung der feldorientierten Darstellung der Asynchronmaschine der Vergleich mit einer idealisierten Gleichstromnebenschlußmaschine nach Abb. 13.19.a an.

Im Stator sind zwei aufeinander senkrecht stehende Wicklungen **I** und **II** angeordnet. Wicklung **I** erzeugt den Fluß Ψ in der Maschine, der aus den hier waagerecht verlaufenden Feldlinien besteht. Der Fluß Ψ und der zugehörige Strom I_I sind in Teilbild b) durch Raumzeiger in der entsprechenden Richtung (auf der Wicklungsebene senkrecht stehend) dargestellt. Die rotierende Rotorwicklung **III**, die vom Ankerstrom I_III durchflossen wird, wirkt wegen des Kommutators ebenfalls wie eine feststehende Wicklung, die in einer waagerechten Ebene (parallel zu den Feldlinien von Ψ) liegt. Der Raumzeiger $\vec{I}_\mathrm{III}$ weist mit den angenommenen Stromrichtungen senkrecht nach unten. Wicklung **II** ist eine Kompensationswicklung, die vom Strom $I_\mathrm{II} = -I_\mathrm{III}$ durchflossen wird. Sie kompensiert damit die Feldänderung, die vom Ankerstrom I_III erzeugt würde. Die beiden Stromraumzeiger $\vec{I}_\mathrm{I}$ und $\vec{I}_\mathrm{II}$ kann man sich zu einem Statorstromraumzeiger $\vec{I}_1$ zusammengefaßt denken.

Ein Strom durch die Ankerwicklung (Rotorwicklung) bewirkt zusammen mit dem Feld Ψ eine Lorenz–Kraft (Rechte–Hand–Regel) auf den Leiter in der angegebenen Pfeilrichtung. Die Summe der Kräfte bewirkt ein Drehmoment auf die Wicklung und damit auf den Rotor. Eine entgegengesetzte Kraftwirkung (actio = reactio) entsteht auf die mit dem Stator fest verbundene Wicklung **II**. Aufgrund der Eigenschaften der Lorenz–Kraft bewirkt also die flußsenkrechte Komponen-

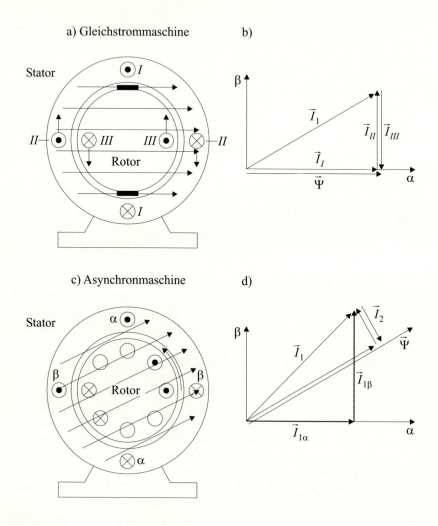

Abb. 13.19: *Vergleichende Betrachtung von Gleichstrommaschine und Asynchron-maschine: a) Aufbau der Gleichstrommaschine, b) Zeigerdiagramm, c) Aufbau der Asynchronmaschine, d) Zeigerdiagramm*

te I_{II} des Statorstromraumzeigers $\vec{I}_1$ direkt das Drehmoment. Die flußparallele Komponente I_{I} erzeugt den Fluß. Die beiden Stromkomponenten sind bei der Gleichstrommaschine von außen getrennt vorgebbar. Bei der Asynchronmaschine mit Käfigrotor liegen die Verhältnisse etwas anders. Die Rotorwicklungen sind von außen nicht zugänglich. Rotorströme werden lediglich durch Induktion, das heißt hier durch die Bewegung des Feldes relativ zum Rotor verursacht — es ist also ein *Schlupf* notwendig. Die Bewegung des Feldes (Drehfeld) entsteht durch Speisung der Statorwicklungen α, β (der orthogonal gedachte Ersatz einer dreisträngigen Wicklung) mit sinusförmigen, um 90° phasenverschobenen Strömen. Das rotierende Gesamtfeld resultiert aus der Wirkung von Stator- und Rotorströmen. Abbildung 13.19.c zeigt eine Momentaufnahme der möglichen Feldlinienrichtung bei der angenommenen Stromverteilung, die zum Flußraumzeiger $\vec{\Psi}$ in Teilbild d) führt. Die induzierten Rotorströme werden sich in den einzelnen Leitern des Rotorkäfigs um so stärker ausbilden, je größer die Relativbewegung des jeweiligen Leiters zum Feld ist. Es ergibt sich die in Teilbild c) gezeigte Stromverteilung. Der resultierende Rotorstromzeiger $\vec{I}_2$ steht auf dem momentanen Feldvektor senkrecht (Die Flußamplitude ist dabei als konstant angenommen, d.h. keine Feldänderung in flußparalleler Richtung; siehe auch Abb. 13.18), und erzeugt damit das Drehmoment. Die Verhältnisse sind somit gleich wie oben bei der Gleichstrommaschine. Die flußparallele Komponente des Statorstromes bestimmt die Flußamplitude. Die flußsenkrechte Komponente kompensiert die Wirkung des Rotorstromes auf das Feld und hängt damit direkt mit dem Drehmoment zusammen. Damit ergeben sich also auf anschaulichem Wege die selben Aussagen, die oben theoretisch hergeleitet wurden.

13.3.3 Signalflußplan bei Luftspaltflußorientierung

Die Überlegungen im vorherigen Kapitel bezogen sich auf eine Darstellung der Asynchronmaschine in einem am Rotorfluß $\vec{\Psi}_2$ orientierten Koordinatensystem. Um diese Methodik zur Regelung der Maschine auszunutzen — siehe auch Kap. 13.4.4 — ist die Kenntnis des Rotorflusses notwendig. Meßtechnisch läßt sich jedoch lediglich der Luftspaltfluß $\vec{\Psi}_\mu$ erfassen, daher ist eine Schätzung des Rotorflusses durch Modelle wie z.B. Parallelmodelle, siehe auch Kap. 13.5, erforderlich. In der Literatur gibt es daher auch Ansätze für Regelverfahren, die auf der Orientierung des Koordinatensystems K am Luftspaltfluß beruhen.

Bevor das Verhalten der Asynchronmaschine bei Orientierung des Koordinatensystems K am Luftspaltfluß aus den Grundgleichungen (13.72) abgeleitet wird, soll hier als Einführung in die Problematik der Luftspaltflußorientierung eine weitere anschauliche Betrachtungsweise der Asynchronmaschine erläutert werden.

Zu diesem Zweck betrachtet man das stationäre Ersatzschaltbild der Asynchronmaschine nach Abb. 13.12. Bei Vernachlässigung der Streuung im Stator $(L_{\sigma 1})$ und im Rotor $(L_{\sigma 2})$ der Maschine und Stromeinprägung im Stator vereinfacht sich das Ersatzschaltbild zu Abb. 13.20. Die Variable s beschreibt darin

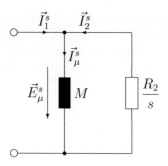

Abb.13.20: *Stationäres Ersatzschaltbild der Asynchronmaschine bei Stromeinprägung und vernachlässigter Rotorstreuung im statorfesten Koordinatensystem S*

den Schlupf der Maschine nach Gl. (13.89). Ausgehend von dem eingeprägten Statorstromraumzeiger $\vec{I}_1^S$ wird im idealen Leerlauf, d.h. $s = 0$, der Statorstrom gleich dem Magnetisierungsstrom $\vec{I}_\mu^S$. Der Flußraumzeiger $\vec{\Psi}_\mu^S$ des Luftspaltflusses liegt in diesem Fall in Richtung des Statorstromraumzeigers $\vec{I}_1^S$. Wird ein Lastmoment abgegeben, d.h. $s \neq 0$, so ist hierzu ein Rotorstrom $\vec{I}_2^S$ erforderlich, welcher bei Vernachlässigung der Rotorstreuung ($L_{\sigma 2} = 0$) bezüglich der inneren Maschinenspannung $\vec{E}_\mu^S$ ein reiner Wirkstrom ist. Der Rotorstromzeiger $\vec{I}_2^S$ steht senkrecht zum Flußstromzeiger $\vec{I}_\mu^S$ und ist für die Drehmomenterzeugung ausschlaggebend. Der Statorstromraumzeiger $\vec{I}_1^S = \vec{I}_\mu^S - \vec{I}_2^S$ teilt sich somit in einen flußbildenden Stromanteil $\vec{I}_\mu^S$ und einen drehmomentbildenden Stromanteil $-\vec{I}_2^S$ auf .

Die beiden Raumzeiger $\vec{I}_\mu^S$ und $\vec{I}_2^S$ bilden, siehe auch in Abb. 13.21, ein rechtwinkliges Dreieck. Die Stromaufteilung hängt vom aktuellen Schlupf s ab. Bei idealem Leerlauf P_0 ist $\gamma_i = 0$, bei Nennleistung P_N ergibt sich $\gamma_i = \gamma_{iN}$. Der Zusammenhang zwischen dem Schlupf s und dem Winkel γ_i ist im stationären Betriebsfall durch Umformung aus der Spannungsmaschengleichung

$$\vec{I}_2^S \frac{R_2}{s} = -\vec{E}_\mu^S = -j\Omega_1 M \vec{I}_\mu^S \tag{13.116}$$

zu bestimmen. Mit der Beziehung

$$\Omega_2 = s\Omega_1 \tag{13.117}$$

ergibt sich unmittelbar $\tan \gamma_i$ zu

$$\tan \gamma_i = \frac{|\vec{I}_2^S|}{|\vec{I}_\mu^S|} = \frac{M}{R_2} \Omega_2 \tag{13.118}$$

An dieser Stelle soll auch darauf hingewiesen werden, daß sich der Rotorwiderstand R_2 und damit auch der Winkel γ_i bei Erwärmung im Betrieb der Maschine temperaturabhängig verändern.

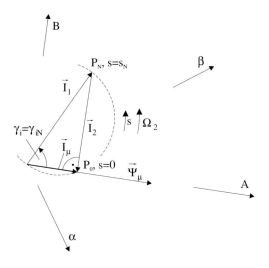

Abb. 13.21: *Stromortskurven der Stromraumzeiger bei Statorstromeinprägung und vernachlässigter Rotorstreuung*

Als nächstes wird das Drehmoment der Maschine in Abhängigkeit von γ_i bestimmt. Ausgehend von der allgemeinen Beziehung

$$M_{Mi} = -\frac{3}{2} Z_p \operatorname{Im} \left\{ \vec{\Psi}_2^* \vec{I}_2 \right\}$$

sowie der Voraussetzung

$$L_{\sigma 2} = 0 \quad \Rightarrow \quad \vec{\Psi}_2 = \vec{\Psi}_\mu = M \vec{I}_\mu \tag{13.119}$$

ergibt sich umittelbar

$$M_{Mi} = -\frac{3}{2} Z_p M \operatorname{Im} \left\{ \vec{I}_\mu^* \vec{I}_2 \right\} \tag{13.120}$$

und mit $\vec{I}_2 = -j\vec{I}_\mu \tan\gamma_i$ sowie den geometrischen Beziehungen in Abb. 13.21 vereinfacht zu

$$M_{Mi} = -\frac{3}{2} Z_p M |\vec{I}_1|^2 \frac{\sin(2\gamma_i)}{2} \tag{13.121}$$

Das Drehmoment wird bei vorgegebener Statorstromamplitude bei einem Winkel von $\gamma_i = 45°$ zwischen Magnetisierungs- und Rotorstromzeiger maximal. Die Auslegung der Asynchronmaschine erfolgt im allgemeinen auf einen kleinen Magnetisierungsstrom (30 % des Nennstroms) hin, so daß im Nennbetrieb $\gamma_{iN} > 45°$ ist. Bei Feldschwächbetrieb ergeben sich noch größere Winkel γ_i. Aus diesen Überlegungen ergibt sich, daß bei normal ausgelegten Maschinen ($\gamma_{iN} > 45°$) und lediglich Einprägung der Statorstromamplitude der Motor im abfallenden

Bereich der Drehmomentkennlinie für steigendes γ_i betrieben wird, d.h. im instabilen Bereich. Um einen stabilen Arbeitspunkt zu erhalten, muß damit neben der Statorstromamplitude z.B. die Schlupffrequenz eingeprägt werden.

Nach anschaulichen Betrachtungen des stationären Verhaltens der Asynchronmaschine wird im folgenden das dynamische Verhalten in einem am Luftspaltfluß orientierten Koordinatensystem untersucht und wie bereits bei der Orientierung am Rotorfluß ein Signalflußplan abgeleitet. Wie aus vorigen Abschnitten bekannt ist, bestimmt sich der Luftspaltfluß in der Asynchronmaschine allgemein zu:

$$\vec{\Psi}_\mu = M(\vec{I}_1 + \vec{I}_2).$$
(13.122)

Diese Grundbeziehung und die Voraussetzungen

$$\Psi_{\mu A} = |\vec{\Psi}_\mu|$$
(13.123)

$$\frac{d\Psi_{\mu B}}{dt} = 0$$
(13.124)

$$\Psi_{\mu B} = 0$$
(13.125)

für die Orientierung des Koordinatensystems K am Luftspaltfluß werden in Gl. (13.64) bzw. (13.72) eingesetzt. Daraus ergibt sich durch Umformung die komplexe Differentialgleichung für den Luftspaltfluß $\vec{\Psi}_\mu$:

$$\frac{L_2}{R_2}\frac{d\vec{\Psi}_\mu^K}{dt} + \vec{\Psi}_\mu^K = M\vec{I}_1^K - j\Omega_2\frac{L_2}{R_2}\vec{\Psi}_\mu^K + L_{\sigma 2}\frac{M}{R_2}\left(\frac{d\vec{I}_1^K}{dt} + j\Omega_2\vec{I}_1^K\right)$$
(13.126)

Durch Aufspaltung der obigen Gleichungen in Real– und Imaginärteil ergeben sich die gültigen Beziehungen für die Darstellung der Asynchronmaschine im luftspaltflußorientierten Koordinatensystem:

Asynchronmaschine bei Luftspaltfluß–Orientierung

$$\frac{d\Psi_{\mu A}}{dt} = \frac{R_2}{L_2}\left(MI_{1A} - \Psi_{\mu A} + L_{\sigma 2}\frac{M}{R_2}\left(\frac{dI_{1A}}{dt} - \Omega_2 I_{1B}\right)\right)$$

$$\Omega_2 = \frac{M}{L_2}\cdot\frac{R_2 I_{1B} + L_{\sigma 2}\dfrac{dI_{1B}}{dt}}{\Psi_{\mu A} - L_{\sigma 2}\dfrac{M}{L_2}I_{1A}}$$

$$M_{Mi} = \frac{3}{2}Z_p\Psi_{\mu A}I_{1B}$$

(13.127)

Die zweite Gleichung beschreibt dabei — analog zu den Überlegungen bei der Rotorflußorientierung — die Steuerbedingung und legt durch

$$\Omega_K = \Omega_2 + Z_p \Omega_m \tag{13.128}$$

wiederum die Umlaufgeschwindigkeit des K–Systems fest, so daß $\Psi_{\mu B} = 0$ dynamisch gewährleistet ist. Die Beziehung für das innere Moment M_{Mi} der Maschine bestimmt sich durch elementare Umformung aus:

$$\begin{aligned}
M_{Mi} &= \frac{3}{2} Z_p \operatorname{Im} \left\{ \vec{\Psi}_1^* \vec{I}_1 \right\} \\
&= \frac{3}{2} Z_p \operatorname{Im} \left\{ (L_{\sigma 1} \vec{I}_1 + \vec{\Psi}_\mu)^* \vec{I}_1 \right\} \\
&= \frac{3}{2} Z_p \Psi_{\mu A} I_{1B}
\end{aligned} \tag{13.129}$$

Ein Vergleich mit den entsprechenden Gleichungen bei der Orientierung des Koordinatensystems K am Rotorfluß ergibt, daß auch bei Luftspaltflußorientierung und konstantem Fluß $\Psi_{\mu A}$ das Drehmoment M_{Mi} der Maschine verzögerungsfrei durch die flußsenkrechte Statorstromkomponente I_{1B} eingestellt werden

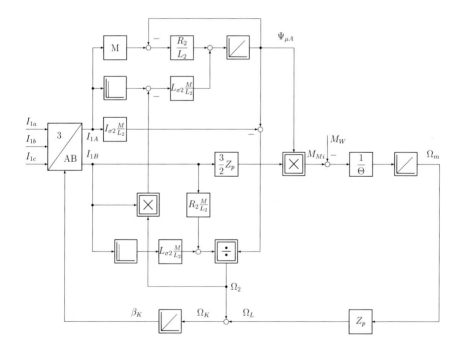

Abb. 13.22: *Signalflußplan der Asynchronmaschine bei Orientierung des Koordinatensystems K am Luftspaltfluß $\vec{\Psi}_\mu$ und Stromeinprägung*

kann. Die Flußdifferentialgleichung zeigt allerdings, daß der Luftspaltfluß nicht nur von der flußparallelen Statorstromkomponente I_{1A}, sondern auch von der flußsenkrechten Komponente I_{1B} abhängig ist. Die Entkopplung, d.h. die unabhängige Einstellbarkeit, von Fluß und Drehmoment ist daher im Falle der Orientierung des K–Systems an $\vec{\Psi}_{\mu}$ nicht mehr gegeben. Auch die Steuerbedingung, d.h. Ω_2, errechnet sich vergleichsweise aufwendiger gegenüber der Rotorflußorientierung.

Aus den abgeleiteten Gleichungen läßt sich wiederum ein Signalflußplan zeichnen, welcher in Abb. 13.22 dargestellt ist. Daraus ist zu erkennen, daß im Falle vernachlässigter Rotorstreuung, d.h. $L_{\sigma2} = 0$, der Luftspaltfluß gleich dem Rotorfluß wird, d.h. $\Psi_2 = \vec{\Psi}_{\mu}$, und somit die Darstellung nach Abb. 13.22 in die Darstellung nach Abb. 13.18 übergeht. Wesentlich ist, daß im Gegensatz zur Rotorflußorientierung bei Luftspaltflußorientierung die Größen Drehmoment und Fluß nicht voneinander unabhängig beeinflußbar sind.

Zusammenfassung

Nachdem die Signalflußpläne für die drei Steuerverfahren

- Orientierung des Koordinatensystems K am Statorfluß

- Orientierung des Koordinatensystems K am Rotorfluß

- Orientierung des Koordinatensystems K am Luftspaltfluß

mathematisch abgeleitet und durch Vergleiche mit einer Gleichstromnebenschlußmaschine anschaulich gemacht wurden, sollen die wesentlichen Ergebnisse nochmals kurz zusammengefaßt werden.

Generell läßt sich festhalten, daß der Signalflußplan der Asynchronmaschine bei der Orientierung des Koordinatensystems K am Rotorfluß $\vec{\Psi}_2$ und Statorstromeinprägung am einfachsten ist. Im Vergleich dazu ist der Signalflußplan bei der Orientierung am Statorfluß $\vec{\Psi}_1$ und Statorspannungseinprägung wesentlich komplexer. Die anderen Varianten liegen bezüglich der Komplexität zwischen diesen beiden Extremen. Es erhebt sich daher durchaus die Frage, warum nicht ausschließlich die einfachste Struktur zur Regelung der Maschine verwendet wird. Die Antwort ist in erster Linie in zusätzlichen Randbedingungen zu sehen, die aus dem praktischen Einsatz resultieren. So läßt sich prinzipiell feststellen, daß je einfacher ein Signalflußplan ist, d.h. je weniger Elemente er enthält, desto größer wird im allgemeinen der Einfluß einzelner Elemente auf das Gesamtverhalten. Bei der Umsetzung der Signalflußpläne in Regelverfahren (siehe Entkopplung bzw. feldorientierte Regelung) ist jedoch häufig ein geringer Einfluß einzelner Elemente, d.h. einzelner Maschinenparameter, gewünscht, da manche Parameter veränderlich oder unzureichend genau bekannt sind. Welche der Konfigurationen daher insgesamt am günstigsten ist, hängt sehr stark vom jeweiligen Anwendungsfall ab.

13.4 Regelungsverfahren der Asynchronmaschine

In diesem Kapitel werden verschiedene Möglichkeiten zur Regelung der Asynchronmaschine dargestellt. Aufbauend auf den Überlegungen in den vorigen Kapiteln erfolgt die schrittweise Ableitung von unterschiedlichen Regelungsverfahren. Am Anfang wird die Regelung der Asynchronmaschine mittels Entkopplungsverfahren betrachtet. Wesentlicher Ausgangspunkt bei diesem Vorgehen ist, den Fluß nur zu steuern, das Drehmoment aber zu regeln. Durch die Vorgabe, den Fluß nur zu steuern, wird die aufwendige Schätzung der Orientierung des Flusses vermieden. Die Regelung mittels Entkopplungsverfahren ist deshalb besonders einfach auszuführen.

Bei der Feldorientierung wird dagegen vorausgesetzt, daß die Orientierung und die Amplitude des betreffenden Flusses bekannt ist (Messung oder Schätzung).

Für beide Regelungsarten sind Modelle der Asynchronmaschine unterschiedlicher Komplexität nötig, um meßtechnisch nicht zugängliche innere Signale zu schätzen, bzw. die Orientierung des Koordinatensystems im Regler am jeweiligen Fluß (Feldorientierung) zu gewährleisten. Weitere neuartige Verfahren, wie z.B. die Direkte Selbstregelung, zur Regelung von Drehfeldmaschinen werden in einem eigenen Abschnitt am Ende ausführlich behandelt. Hier beschränken wir uns zunächst auf die Verfahren der Entkopplungsregelung und der feldorientierten Regelung von Drehfeldasynchronmaschinen.

13.4.1 Entkopplungsregelung der Asynchronmaschine

Die folgenden Überlegungen wurden den Arbeiten von Flügel [375, 376, 377, 378] und Weninger [436] entnommen. Aus Kap. 13.2 sind das komplexe Gleichungssystem (13.64) und die komplexen Signalflußpläne entsprechend Abb. 13.5 und 13.6 bekannt. Diese komplexen Signalflußpläne sind die Ausgangsbasis für die Ableitung der Entkopplungsregelungen.

Wie aus den vorherigen Kapiteln bekannt ist, sind die Stator– und Rotorgrößen verkoppelt und der Signalflußplan daher entsprechend komplex. Ziel der Regelungsverfahren für die Asynchronmaschine und damit auch der Entkopplungsregelung ist, eine entkoppelte Regelung von Fluß und Drehmoment zu erhalten, d.h. ein resultierendes Verhalten wie bei einer Gleichstromnebenschlußmaschine.

Wie bereits in den obigen Kapiteln mehrfach diskutiert, gibt es den Stator–, den Luftspalt– und den Rotorfluß. Weiterhin kann die Asynchronmaschine mit eingeprägten Statorspannungen oder eingeprägten Statorströmen betrieben werden. Im einfachsten Fall wird von Rotorflußorientierung und eingeprägten Statorströmen ausgegangen. In diesem Fall lautet das Steuergesetz zur Einhaltung der Bedingung $\Psi_{2B} = d\Psi_{2B}/dt = 0$:

$$\Omega_2 = \frac{I_{1B}}{\Psi_{2A}} \frac{M \cdot R_2}{L_2} \tag{13.130}$$

Die Rotorkreisfrequenz Ω_2 und die Stromkomponente I_{1B} müssen somit die obige Gleichung einhalten. Aus den Ableitungen ist weiterhin bekannt, daß I_{1B} — und damit Ω_2 — das Drehmoment M_{Mi} direkt steuern. In komplexerer Weise war die Rotorkreisfrequenz Ω_2 auch bei Statorflußorientierung die Steuergröße für das Drehmoment M_{Mi}. Das Entkopplungsnetzwerk EK soll nun diese Erkenntnisse nutzen, um das gewünschte Ziel mit geringstem Aufwand zu erreichen. Abbildung 13.23 zeigt die Grundstruktur der Anordnung. Die Eingangsgrößen des Entkopplungsnetzwerks EK sind der gewählte Fluß und die Rotorkreisfrequenz Ω_2. Wie schon oben hingewiesen, wird der Fluß Ψ nur gesteuert; die Rotorkreisfrequenz Ω_2 ist aber im Drehzahlregelkreis eingebunden. Das Entkopplungsnetzwerk erhält diese beiden Größen Ψ' und Ω_2^* als Eingangswerte des EK, und es ist gewünscht, daß die Maschinengrößen direkt und entkoppelt voneinander vorgegeben werden können. Ω_2^* bezeichnet den Sollwert des Drehzahlregelkreises und Ψ' die Steuergröße für den Fluß.

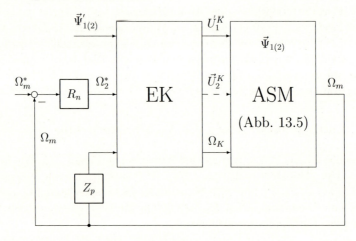

Abb. 13.23: *Prinzipielle Struktur der Entkopplung*

Die vollständige Entkopplung der Asynchronmaschine läßt sich am einfachsten realisieren, wenn das EK ein zur Asynchronmaschine inverses Übertragungsverhalten aufweist. Zu beachten ist allerdings, daß das in Abb. 13.23 nicht dargestellte Stellglied (Umrichter) zwischen dem Entkopplungsnetzwerk und dem elektrischen Teil der Asynchronmaschine den Statorspannungsraumzeiger $\vec{U}_1^{*\prime K}$ fehlerfrei erzeugen muß, um die Gleichheit von Soll– und Istwert des Statorflusses sicherzustellen.

Wesentlich bei der Entkopplung ist somit, daß die Drehzahl über den Sollwert Ω_2^* mittels geschlossenem Regelkreis (Drehzahlregelkreis) geregelt wird, der Fluß dagegen (in obigem Beispiel der Statorfluß $\vec{\Psi}_1$) aber nur gesteuert wird. Diese

Tatsache hat die folgenden Auswirkungen auf die Eigenschaften der Entkopplungsregelung von Asynchronmaschinen.

- Jeder Fehler in der Steuerung des Flusses führt zu Abweichungen des realen Flusses in der Asynchronmaschine.

- In den Ableitungen wird zwar mit dem am Stator– oder Rotorfluß orientierten Koordinatensystem K gearbeitet; dies erfolgt aus Gründen des einfachen Verständnisses. Allerdings wird weder die genaue Orientierung noch die Amplitude des jeweiligen Fluß–Istwerts benötigt. Dies ist der entscheidende Unterschied zur Feldorientierung (Kap. 13.4.4), die diese Informationen benötigt, da sowohl Fluß als auch Drehzahl geregelt werden.

Nachdem das Grundprinzip der Entkopplung am Beispiel der Statorflußsteuerung kurz erläutert wurde, wird in den folgenden Abschnitten die Realisierung der Entkopplungsnetzwerke für verschiedene Steuerverfahren und Stellglieder mit eingeprägter Spannung und eingeprägtem Strom ausgeführt. Diese Überlegungen bilden eine gute Basis für das Verständnis der feldorientierten Regelung von Asynchronmaschinen.

13.4.2 Entkopplung bei Umrichtern mit eingeprägter Spannung

Aus den Systemgleichungen (13.64) läßt sich durch Umformung die Beziehung

$$\vec{U}_1^K = j\Omega_K \vec{\Psi}_1^K + \frac{d\vec{\Psi}_1^K}{dt} + \frac{R_1}{\sigma L_1}\left(\vec{\Psi}_1^K - \frac{M}{L_2}\vec{\Psi}_2^K\right) \qquad (13.131)$$

für den Statorspannungsraumzeiger der Asynchronmaschine ableiten. Nehmen wir nun an, das Entkopplungsnetzwerk soll den Statorfluß $\vec{\Psi}_1$ steuern, d.h. $\vec{\Psi}_1 = \vec{\Psi}_1'$ und hierfür als Ausgang den geeigneten Statorspannungsraumzeiger generieren, so muß die Entkopplung das folgende Verhalten besitzen:

$$\vec{U}_1^{*\prime K} = j\Omega_K' \vec{\Psi}_1'^K + \frac{d\vec{\Psi}_1'^K}{dt} + \frac{R_1'}{\sigma' L_1'}\left(\vec{\Psi}_1'^K - \frac{M'}{L_2'}\vec{\Psi}_2'^K\right) \qquad (13.132)$$

Die vom Modell geschätzten Größen und Steuergrößen werden dabei durch einen Strich, Sollwerte durch einen Stern gekennzeichnet. Da im Falle eines idealen Stellgliedes die Sollstatorspannung immer gleich der Iststatorspannung ist, d.h. $\vec{U}_1^{*\prime K} = \vec{U}_1^K$, kann man die Gleichungen (13.131) und (13.132) gleichsetzen. Wenn zusätzlich alle Parameter der Asynchronmaschine und des Modells exakt gleich und die Anfangsbedingungen ebenso gleich — z.B. Null — sind, dann müssen **statisch und dynamisch** $\vec{\Psi}_1'^K = \vec{\Psi}_1^K$ und $\vec{\Psi}_2'^K = \vec{\Psi}_2^K$ sein. Der Statorfluß $\vec{\Psi}_1^K$ kann somit direkt gesteuert werden. Mit dem komplexen Signalflußplan der Asynchronmaschine nach Abb. 13.5 ergibt sich der komplexe Signalflußplan für die Asynchronmaschine mit vorgeschaltetem Entkopplungsnetzwerk bei gesteuertem Statorfluß und eingeprägter Statorspannung entsprechend Abb. 13.24.

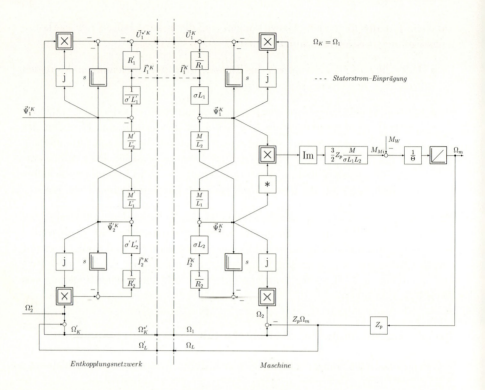

Abb. 13.24: *Asynchronmaschine mit vorgeschaltetem Entkopplungsnetzwerk für gesteuerten Statorfluß Ψ_1 und eingeprägter Statorspannung*

Analog zu Abb. 13.24 zeigt Abb. 13.25 den Signalflußplan, wenn anstelle des Statorflusses $\vec{\Psi}_1^{\,K}$ der Rotorfluß $\vec{\Psi}_2^{\,K}$ vorgegeben wird.

Von der prinzipiellen, komplexen Darstellung der Entkopplungsnetzwerke für konstanten Stator– und Rotorfluß ausgehend, soll nun die Realisierung des Entkopplungsnetzwerkes abgeleitet werden. Um diese Realisierung verständlich werden zu lassen, muß von der komplexen Darstellung abgegangen und zur Aufspaltung in Real– und Imaginäranteil übergegangen werden. Es gilt für das Entkopplungsnetzwerk beispielsweise:

$$\vec{U}_1^{*\prime K} = j\Omega_K' \vec{\Psi}_1^{\prime K} + \frac{d\vec{\Psi}_1^{\prime K}}{dt} + \frac{R_1'}{\sigma' L_1'}\left(\vec{\Psi}_1^{\prime K} - \frac{M'}{L_2'}\vec{\Psi}_2^{\prime K}\right) \tag{13.133}$$

Diese Gleichung kann nun aufgespalten werden in die Gleichungen des Real– (A) und des Imaginärteils (B) (Gleichungen im Zeitbereich):

$$U_{1A}^{*\prime} = \frac{R_1'}{\sigma' L_1'}\left(\Psi_{1A}' - \frac{M'}{L_2'}\,\Psi_{2A}'\right) + \frac{d\Psi_{1A}'}{dt} - \Omega_K'\Psi_{1B}' \tag{13.134}$$

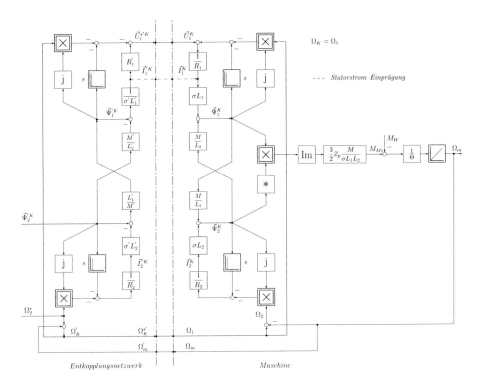

Abb. 13.25: *Asynchronmaschine mit vorgeschaltetem Entkopplungsnetzwerk für gesteuerten Rotorfluß Ψ_2 und eingeprägter Statorspannung*

$$U_{1B}^{*'} = \frac{R_1'}{\sigma' L_1'}\left(\Psi_{1B}' - \frac{M'}{L_2'}\Psi_{2B}'\right) + \frac{d\Psi_{1B}'}{dt} + \Omega_K' \Psi_{1A}' \qquad (13.135)$$

Der Betrag $|\vec{U}_1^{*'}| = \sqrt{U_{1A}^{*'2} + U_{1B}^{*'2}}$ des Sollwerts des Statorspannungsraumzeigers entspricht der erforderlichen Amplitude der Statorspannung.
Weiterhin gilt:

$$I_{1A}' = \frac{1}{\sigma' L_1'}\left[\Psi_{1A}' - \frac{M'}{L_2'}\Psi_{2A}'\right] \qquad (13.136)$$

$$I_{1B}' = \frac{1}{\sigma' L_1'}\left[\Psi_{1B}' - \frac{M'}{L_2'}\Psi_{2B}'\right] \qquad (13.137)$$

Die fehlenden Größen Ψ_{2A}' und Ψ_{2B}' können aus den Systemgleichungen (13.72) mit den bekannten Gleichungen der Rotorseite bestimmt werden. Damit ergibt sich in Abb. 13.26 der Signalflußplan des Entkopplungsnetzwerks bei eingeprägter Spannung ($\vec{U}_1 = \vec{U}_1^{*'}$) und bei Steuerung des Statorflusses $\vec{\Psi}_1$.

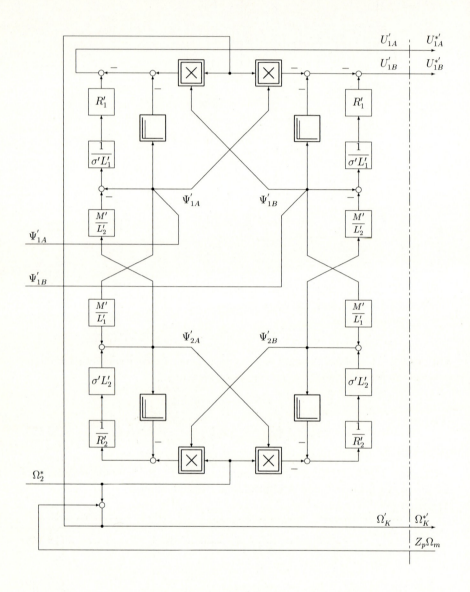

Abb.13.26: *Signalflußplan des Entkopplungsnetzwerks bei Steuerung des Statorflusses* $\vec{\Psi}_1$

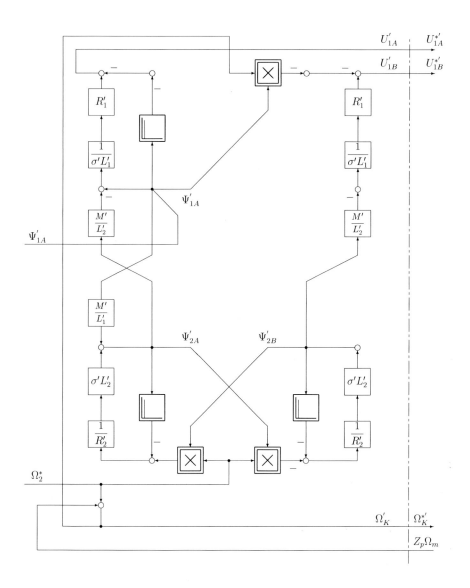

Abb.13.27: *Signalflußplan des Entkopplungsnetzwerks bei Orientierung am Statorfluß*
$|\vec{\Psi}_1| = \Psi_{1A}, \ \Psi_{1B} = 0$

Im vorliegenden Fall wurden Differenzierglieder im Signalflußplan des Entkopplungsnetzwerks eingezeichnet. Diese können als DT_1–Glieder bzw. als numerische Differentiation realisiert werden. Wie im allgemeinen Signalflußplan der Asynchronmaschine können auch rückgekoppelte Integrierer verwendet werden. Das Gesamtübertragungsverhalten ist immer ein Verzögerungsglied 1. Ordnung. Je nach Realisierungart des Entkopplungsnetzwerks — analog oder digital — kann die eine oder andere Variante günstiger sein.

Der Signalflußplan des Entkopplungsnetzwerks vereinfacht sich, sofern das Koordinatensystem K am Statorfluß orientiert wird. In diesem Fall wird $|\vec{\Psi}_1| = \Psi_{1A}$ und $\Psi_{1B} = 0$, womit sich der Signalflußplan nach Abb. 13.27 zeichnen läßt.

Aufgrund des verzögerungsfreien Durchgriffs zum inneren Moment M_{Mi} der Maschine ist eine Entkopplung, die den Rotorfluß $\vec{\Psi}_2$ der Asynchronmaschine konstant hält, günstiger als die bereits eingeführte Variante mit Steuerung des Statorflusses. Mit den gleichen Überlegungen kann nun ausgehend von Abb. 13.25 das Entkopplungnetzwerk für die Steuerung des Rotorflusses abgeleitet werden. Dieses ist in Abb. 13.28 als Signalflußplan dargestellt. Analog zur Steuerung des Statorflusses kann auch eine Orientierung am Rotorfluß, d.h. $|\vec{\Psi}_2| = \Psi_{2A}$ und $\Psi_{2B} = 0$, vorgenommen werden, wodurch sich das Entkopplungsnetzwerk zu Abb. 13.29 vereinfacht.

Die Entkopplungsnetzwerke nutzen die Vorteile des Koordinatensystems K aus. Das reale Stellglied Umrichter und die Asynchronmaschine setzen dagegen das Koordinatensystem S voraus, d.h. aus den Raumzeigersollgrößen $U_{1A}^{*'}$, $U_{1B}^{*'}$ und $\Omega_K^{*'} = \Omega_K'$ müssen die Umrichteransteuersignale Amplitude $|\vec{U}_1^{*'}|$ und Frequenz $\Omega_u^{*'}$ ermittelt werden. Die Amplitude bestimmt sich, wie bereits ausgeführt, zu

$$|\vec{U}_1^{*'}| = \sqrt{U_{1A}^{*'2} + U_{1B}^{*'2}} \tag{13.138}$$

Der Winkel $\gamma_u^{*'}$

$$\gamma_u^{*'} = \arctan \frac{U_{1B}^{*'}}{U_{1A}^{*'}} \tag{13.139}$$

beschreibt den Winkel zwischen den Raumzeigern $\vec{U}_1^{*'K}$ und $\vec{\Psi}_{1(2)}^{'K}$, sofern das Koordinatensystem K am jeweiligen Fluß orientiert ist. Wie aus dem Signalflußplan leicht zu erkennen ist, wird sich dieser Winkel arbeitspunktabhängig — insbesondere dynamisch — ändern, um die Verzögerungen in der Asynchronmaschine zu kompensieren. Der Umrichter und die Maschine sind allerdings von der Signalverarbeitung aus gesehen in einem statorfesten Koordinatensystem zu betrachten. In diesem läuft die Spannung $\vec{U}_1^{*'}$ mit der Kreisfrequenz $\Omega_u^{*'}$ und der Fluß $\vec{\Psi}_{1(2)}'$ mit der Kreisfrequenz Ω_K' um. Damit besteht die folgende Beziehung

$$\Omega_u^{*'} - \Omega_K^{*'} = \frac{d\gamma_u^{*'}}{dt} \tag{13.140}$$

zwischen der erforderlichen Umrichterfrequenz $\Omega_u^{*'}$ und der Umlauffrequenz Ω_K' des Koordinatensystems K. Dies bedeutet, daß im stationären Betrieb die Kreisfrequenzen der Spannungs– und Flußraumzeiger gleich sind. Andererseits muß

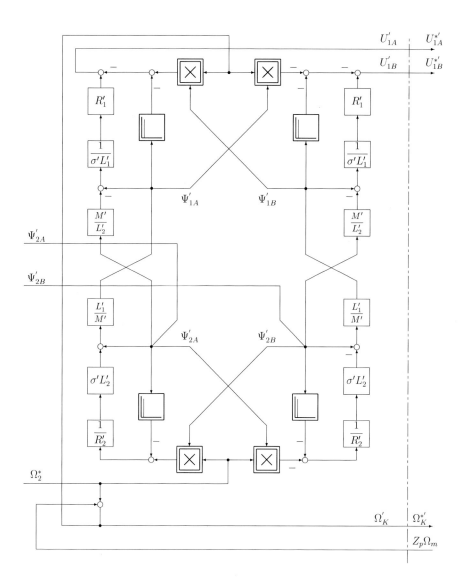

Abb.13.28: *Signalflußplan des Entkopplungsnetzwerks bei Steuerung des Rotorflusses* $\vec{\Psi}_2$

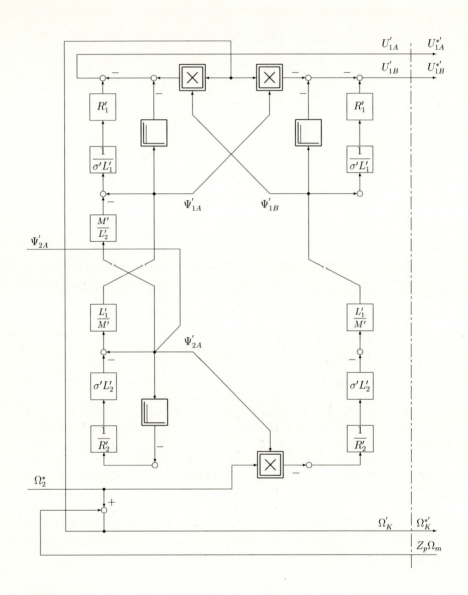

Abb.13.29: *Signalflußplan des Entkopplungsnetzwerks bei Orientierung am Rotorfluß* $|\vec{\Psi_2}| = \Psi_{2A}$, $\Psi_{2B} = 0$

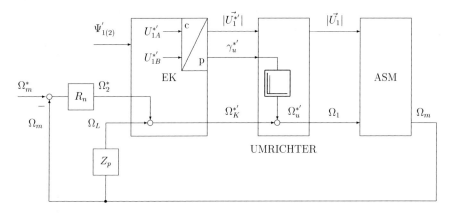

Abb. 13.30: *Prinzipielle Struktur der drehzahlgeregelten Asynchronmaschine bei Umrichtern mit eingeprägter Spannung*

sich in dynamischen Betriebszuständen die Kreisfrequenz $\Omega_u^{*'}$ des Spannungsraumzeigers gegenüber dem Flußraumzeiger ändern, um bei gleichbleibender Kreisfrequenz des Flußraumzeigers eine Stromänderung zu erzielen. Dies bedeutet, daß der Umrichter die folgenden dynamischen Ansteuersignale erhält.

$$\Omega_u^{*'} = \Omega_K^{*'} + \frac{d\gamma_u^{*'}}{dt} \qquad \text{und} \qquad |\vec{U}_1^{*'}| \tag{13.141}$$

Diese Überlegungen liefern die Strukur einer drehzahlgeregelten Asynchronmaschine mittels Entkopplungsnetzwerk gemäß Abb. 13.30.

Wenn wir die **Reglerauslegung** in Abb. 13.30 überlegen, dann ist — wie schon mehrfach betont — nur der **Drehzahlregelkreis** zu optimieren. Das Ausgangssignal des Drehzahlregelkreises ist die Kreisfrequenz Ω_2^*; es ist somit die Strecke — ausgehend von dem Sollwert Ω_2^* als Eingangsgröße und der Kreisfrequenz Ω_m als Istwert — zu ermitteln. Diese Fragestellung kann aus Abb. 13.24 bzw. 13.27 bei $|\vec{\Psi}_1| = \Psi_{1A}$ und Abb. 13.25 bzw. 13.29 bei $|\vec{\Psi}_2| = \Psi_{2A}$ beantwortet werden. In Abb. 13.24 ist zu erkennen, daß der Sollwert Ω_2^* als identischer Istwert Ω_2 im Maschinenbereich ohne Verzögerung erscheint (Vernachlässigung der Totzeit des selbstgeführten Wechselrichters). Der Istwert Ω_2 wirkt auf ein PT$_1$–Glied mit der Übertragungsfunktion ($\Psi_{1B} = 0$)

$$G_{\Psi_{2B}}(s) = \frac{\Psi_{2B}(s)}{\Omega_2(s) * \Psi_{2A}(s)} = \frac{\sigma L_2}{R_2} \frac{1}{1 + s\,\sigma L_2/R_2} \tag{13.142}$$

d.h. es gilt

$$\Psi_{2B}(s) = \frac{\sigma L_2}{R_2} \frac{1}{1 + s\,\sigma L_2/R_2} \; \Omega_2(s) * \Psi_{2A}(s) \tag{13.143}$$

wenn die Rückkopplung von Ψ_{2B} auf Ψ_{2A} in der Faltung berücksichtigt wird. Der Fluß Ψ_{2B} wirkt dann verzögerungsfrei zur Drehmomentbildung $M_{Mi}(s)$. Es

verbleibt die **Übertragungsfunktion** des **mechanischen Bereichs der ASM**.
Die Strecke von Ω_2 zu Ω_m ist somit wiederum die **Serienschaltung einer PT$_1$**–
und **einer I–Übertragungsfunkion**, es gelten somit die Überlegungen wie bei
der Auslegung des Drehzahlreglers bei der Gleichstrom–Nebenschlußmaschine,
d.h. es wird vorzugsweise das SO (siehe Kap. 3) verwendet.

Wie bereits in [35, 36] abgeleitet und aus Abb. 13.25 zu erkennen, wird bei
$|\vec{\Psi}_2| = \Psi_{2A}$ und somit $\Psi_{2B} = 0$ die Momentbildung M_{Mi} über U_{1B} und Ψ_{1B}
erfolgen; die Übertragungsfunktion ist wiederum eine PT$_1$–Übertragungsfunktion

$$G_{\Psi_{1B}}(s) = \frac{\Psi_{1B}(s)}{U_{1B}(s)} = \Omega_{1K}^{-1} \frac{1}{1 + T_{1K}s} \qquad \text{mit} \quad \Omega_{1K}^{-1} = T_{1K} = \frac{\sigma L_1}{R_1} \quad (13.144)$$

mit der mechanischen Übertragungsfunktion in Serie. Es verbleibt wiederum die
SO–Auslegung des Drehzahlreglers.

Wesentlich bei der Entkopplungsregelung ist, daß der Fluß (Stator oder Rotor) nur gesteuert wird, d.h. es wird angenommen, daß der Eingangswert $\vec{\Psi}'_{1(2)}$
des Entkopplungsnetzwerks und der Istwert $\vec{\Psi}_{1(2)}$ übereinstimmen. In gleicher
Weise wird vorausgesetzt, daß die reale Rotorkreisfrequenz Ω_2 und ihr Sollwert
Ω_2^* gleich sind. Diese Voraussetzungen gelten, solange die Parameter von Maschine und Modell (Entkopplungsnetzwerk) übereinstimmen und durch die Signalverarbeitung keine zusätzlichen Einschränkungen hervorgerufen werden. Im
allgemeinen werden aber die Parameter nicht exakt gleich sein, was insbesondere für den Rotorwiderstand R_2 (thermische Erwärmung) und die magnetische
Kopplung M (Entsättigung bei Feldschwächbetrieb) der Fall ist. Die Parameterempfindlichkeit und deren Nachführung ist ein eigenes weites Gebiet und soll zu
einem späteren Zeitpunkt vertieft werden.

13.4.3   Entkopplung bei Umrichtern mit eingeprägtem Strom

Wie schon in Abb. 13.24 und 13.25 angedeutet, kann die Entkopplung auch bei
Umrichtern mit eingeprägtem Strom eingesetzt werden. Die Abbildungen 13.31
und 13.32 zeigen sowohl für Stator– als auch für Rotorflußvorgabe die prinzipielle
Gesamtstruktur in komplexer Darstellung.

Wie aus den komplexen Signalflußplänen zu erkennen ist, ist durch die Stromeinprägung die Struktur des Entkopplungsnetzwerks und der ASM gegenüber der
Spannungseinprägung vereinfacht. Besonders einfach wird die Entkopplung bei
der Steuerung des Statorflusses mit $\Psi_1 = \Psi_{1A}$, beziehungsweise des Rotorflusses
mit $\Psi_2 = \Psi_{2A}$.

Da die Struktur der Maschine — wie schon in Kap. 13.3 kurz dargestellt —
bei der Rotorflußvorgabe einfacher ist als bei Statorflußvorgabe, soll ab hier nur
noch die Rotorflußvorgabe behandelt werden.

Aus Abb. 13.32 ist zu entnehmen, daß $\vec{\Psi}'^K_1$ bei der Rotorflußvorgabe nur
noch eine Zwischengröße ist. Der Signalflußplan kann daher wie folgt vereinfacht
werden:

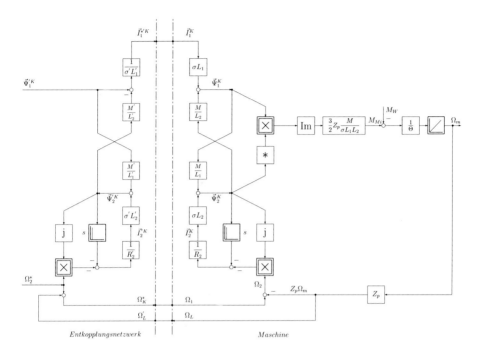

Abb.13.31: *Prinzip der Flußsteuerung (Statorfluß Ψ_1) mit Entkopplungsnetzwerk und eingeprägten Statorstrom*

$$\vec{I}_1^{*'K} = \frac{1}{\sigma' L_1'}\left[\vec{\Psi}_1^{'K} - \frac{M'}{L_2'}\vec{\Psi}_2^{'K}\right] \tag{13.145}$$

und

$$\vec{\Psi}_1^{'K} = \frac{L_1'}{M'}\left[\vec{\Psi}_2^{'K} - \sigma L_2'\vec{I}_2^{'K}\right] \tag{13.146}$$

somit

$$\vec{I}_1^{*'K} = \frac{1}{M'}\vec{\Psi}_2^{'K} - \frac{L_2'}{M'}\vec{I}_2^{'K} \tag{13.147}$$

In gleicher Weise können die Asynchronmaschinen–Gleichungen umgeformt werden, und es ergibt sich der komplexe Signalflußplan nach Abb. 13.33.

Wie vorher muß nun von der komplexen Darstellung zur Aufspaltung in Real– und Imaginärteil übergegangen werden, um die Realisierung durchführen zu können. Außerdem ist zu beachten, daß $\Psi_{2B} = 0$ gesetzt werden soll (Steuerbedingung $\Psi_{2A}\Omega_2 = I_{1B}\frac{MR_2}{L_2}$).

Damit ergibt sich der Signalflußplan in Komponentendarstellung nach Abb. 13.34. Beispielsweise gelten folgende Gleichungen für das Entkopplungsnetzwerk:

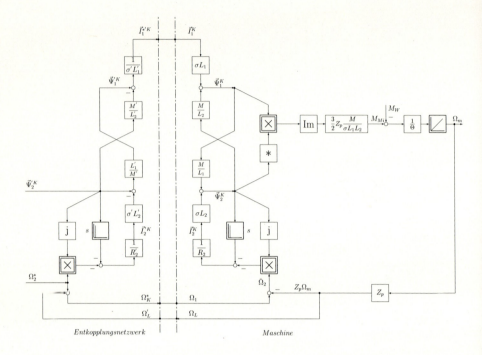

Abb. 13.32: *Prinzip der Flußsteuerung (Rotorfluß Ψ_2) mit Entkopplungsnetzwerk und eingeprägten Statorstrom*

$$\Psi'_{2A}\frac{1}{M'}\left[1 + sT'_2\right] - \frac{T'_2}{M'}\Omega^*_2\Psi'_{2B} = I'^*_{1A} \tag{13.148}$$

$$\text{mit } T'_2 = \frac{L'_2}{R'_2}$$

$$\Psi'_{2B}\frac{1}{M'}\left[1 + sT'_2\right] + \frac{T'_2}{M'}\Omega^*_2\Psi'_{2A} = I'^*_{1B} \tag{13.149}$$

Auch aus der zweiten Gleichung läßt sich die Steuerbedingung für $\Psi'_{2B} = 0$ erkennen:

$$I'^*_{1B} = \Omega^*_2\Psi'_{2A}\frac{T'_2}{M'} \tag{13.150}$$

In Abb. 13.34 ist der Vollständigkeit halber noch der ausführliche Signalflußplan dargestellt. Wenn $\Psi'_{2B} = 0$ gesetzt wird, dann entfallen die gestrichelten Linien; wenn zusätzlich auch noch $\Psi'_{2A} = $ const. ist, dann entfällt auch das Differenzierglied sT'_2 und es bleibt ein Proportionalglied mit der Verstärkung 1 übrig.

Auf der Asynchronmaschinenseite ist noch einmal der Signalflußplan der gesamten Rotorseite gezeichnet. Auch dieser Signalflußplan vereinfacht sich wie bereits im Band „Grundlagen" dieser Reihe [35, 36] besprochen.

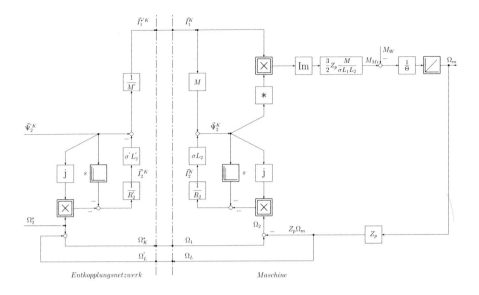

Abb. 13.33: *Komplexer Signalflußplan für Entkopplungsnetzwerk und ASM bei Rotor-flußsteuerung*

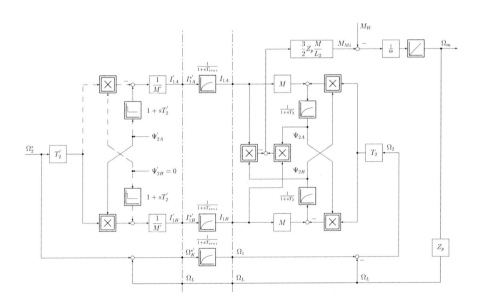

Abb. 13.34: *Signalflußplan von Entkopplungsnetzwerk und ASM bei Rotorflußsteuerung*

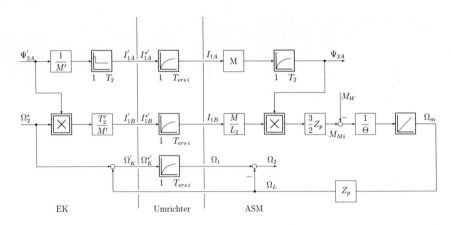

EK   Umrichter   ASM

Abb. 13.35: *Signalflußplan von Entkopplungsnetzwerk und Asynchronmaschine bei Rotorflußorientierung und eingeprägten Statorströmen*

Zusätzlich ist in Abb. 13.34 noch der Einfluß des Stromregelkreises mit dem Verzögerungsglied 1. Ordnung und der Zeitkonstanten $T_{ers\,i}$ berücksichtigt.

Wenn $\Psi_{2B} = 0$ erzwungen wird, dann gilt der Signalflußplan wie in Abb. 13.35 dargestellt. Daraus ist die Entkopplung sehr leicht zu erkennen. Aus Abb. 13.35 ist die Streckenstruktur für den Drehzahlregler zu entnehmen, es ist angenähert die PT$_1$–Übertragungsfunktion

$$G_{wi}(s) = \frac{1}{1 + T_{ers\,i}s} \qquad (13.151)$$

und in Serie die Übertragungsfunktion der Momentbildung und des mechanischen Teils der ASM

$$G_{S1}(s) = \frac{3}{2}Z_p\frac{M}{L_2}\frac{1}{\Theta s}\bigg|_{\Psi_{2A}=const.} \qquad (13.152)$$

Es verbleibt somit die SO–Optimierung des Drehzahlreglers.

Nun kann — wie im Kap. 13.4.2 mit der Realisierung der Entkopplung für Umrichter mit eingeprägter Spannung — für die Umrichter mit eingeprägtem Strom nur der Betrag des Stroms $|\vec{I}_1^{*'}|$, die Kreisfrequenz $\Omega_K^{*'}$ und ein dynamischer Verstellwinkel $\gamma_i^{*'}$ vorgegeben werden. Wiederum muß realisiert werden:

$$|\vec{I}_1^{*'}| = \sqrt{I_{1A}^{*'2} + I_{1B}^{*'2}} \qquad (13.153)$$

$$\gamma_i^{*'} = \arctan\frac{I_{1B}^{*'}}{I_{1A}^{*'}} \qquad (13.154)$$

Das heißt, es muß in gleicher Weise von kartesischen in Polar–Koordinaten umgewandelt werden. Damit ergibt sich endgültig der Signalflußplan in Abb. 13.36.

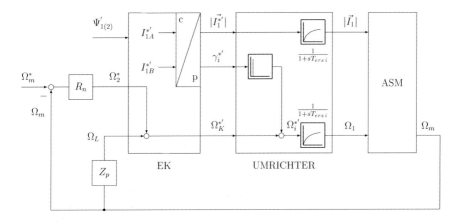

Abb.13.36: *Steuerung des Statorstroms nach Betrag und Phasenlage beim Umrichter mit eingeprägtem Strom*

Wie bei der Steuerung des Stator– bzw. des Rotorflusses bei Umrichtern mit eingeprägter Spannung, wird ebenso beim Umrichter mit eingeprägtem Strom der Winkel $\gamma_i^{*'}$ bzw. die Ableitung des Winkels $d\gamma_i^{*'}/dt$ verwendet, um eine dynamische Vorsteuerung des Statorstroms zu erzielen. Der Winkel γ_i ist definiert als Winkel zwischen den Raumzeigern $\vec{I}_1^K$ und $\vec{\Psi}_2^K$ im mit Ω_K rotierenden Koordinatensystem. Der Flußraumzeiger $\vec{\Psi}_2 = \Psi_{2A}$ ist in die reelle Achse gelegt. Im statorfesten Koordinatensystem des Umrichters bzw. der Maschine läuft aber der Raumzeiger $\vec{I}_1^*$ mit der Kreisfrequenz $\Omega_i^{*'}$, der Raumzeiger $\vec{\Psi}_2$ mit der Kreisfrequenz Ω_K um. Damit gilt die Beziehung:

$$(\Omega_i^{*'} - \Omega_K^{*'}) = \frac{d\gamma_i^{*'}}{dt} \qquad (13.155)$$

Es verbleiben somit die Ansteuergrößen $|\vec{I}_1^{*'}|$ und $\Omega_i^{*'} = \Omega_K^{*'} + d\gamma_i^{*'}/dt$.

Da zwischen Soll– und Istwert des Stromes eine Zeitverzögerung $T_{ers\,i}$ durch die Stromregelung nicht zu vermeiden ist, muß in den Vorsteuerkanal ebenso eine Zeitverzögerung $T_{ers\,i}$ eingefügt werden.

Die Regelung kann auch um den Feldschwächbereich erweitert werden. Eine der möglichen Lösungen zeigt Abb. 13.37. In dieser Abbildung wird der Fluß gesteuert im Feldschwächbereich reduziert. Diese Lösung ist immer dann unkritisch, wenn die Statornennspannung um einige Prozent überschritten werden kann und der Umrichter diese geringfügige Spannung liefern kann. Eine Adaption der Kreisverstärkung des Drehzahlreglers ist — wie bei der Gleichstrommaschine — notwendig.

Zu beachten ist, daß bei dem hier vorgestellten Verfahren der Entkopplung bei Umrichtern mit eingeprägtem Strom die Parameterempfindlichkeit relativ groß

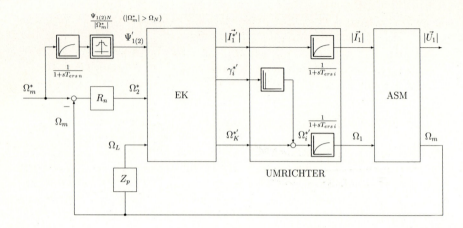

Abb. 13.37: *Feldschwächung mit Flußvorgabe in Abhängigkeit vom Drehzahlsollwert*

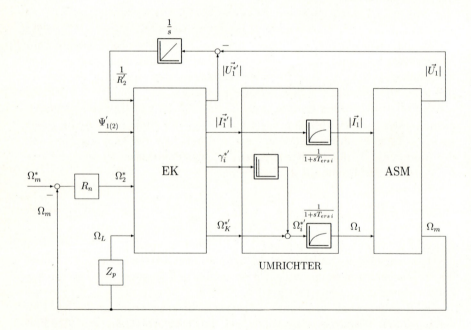

Abb. 13.38: *Drehzahlregelkreis mit Anpaßschaltung für den Rotorwiderstandswert R_2^**

ist gegenüber Änderungen des Rotorwiderstandes R_2 und einer fehlerbehafteten Drehzahlmessung.

Es ist somit bei diesem Verfahren eine on-line Identifikation des Parameters R_2 notwendig oder es müssen Lösungen gefunden werden, die weniger parameterempfindlich sind. Dies soll in einem späteren Kapitel ausführlich dargestellt werden. Eine einfache Lösung zeigt Abb. 13.38.

Zusammenfassend läßt sich feststellen, daß die Entkopplungsverfahren einfache und preisgünstige Verfahren sind, um der ASM ein Regelverhalten wie bei der Gleichstromnebenschlußmaschine zu geben.

13.4.4 Feldorientierte Regelung der Asynchronmaschine

Wie bereits in Kap. 13.4.1 erläutert, soll durch die Regelung der Asynchronmaschine der Fluß und das Drehmoment unabhängig voneinander einstellbar sein. Im Gegensatz zur Entkopplung, die in den vorherigen Kapiteln dargestellt wurde, werden bei der feldorientierten Regelung sowohl der Fluß als auch das Drehmoment geregelt. Dies bedeutet, daß einerseits die Amplitude und die Orientierung der Flusses sowie andererseits die bestimmende Größe für das Drehmoment als Istwerte verfügbar sein müssen. Wenn damit insbesondere der Fluß (Stator–, Rotor– oder Luftspaltfluß) als Istwert vorliegt, dann können die Überlegungen von Kap. 13.4.2 genutzt werden, um gezielt Vereinfachungen des Signalflußplans der Asynchronmaschine zu erreichen und damit auch eine entsprechende Vereinfachung der Regelung.

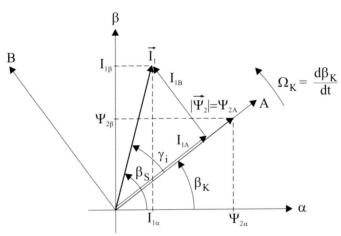

Abb. 13.39: *Statorstromzeiger $\vec{I}_1$ und Rotorflußzeiger $\vec{\Psi}_2$ im statorfesten α–β–Koordinatensystem und im rotorflußfesten A–B–Koordinatensystem*

Wie bereits in Kap. 13.4.2 und in [35, 36] ausführlich dargestellt, wird durch die Orientierung des Koordinatensystems K an einem der Flüsse, z.B. $\vec{\Psi}_2^K$, der Realteil $\Psi_{2A} \hat{=} \vec{\Psi}_2^K$ und damit $\Psi_{2B} = 0$ (siehe Abb. 13.39). Somit ergibt sich eine erste Vereinfachung des Signalflußplans, da der Teil des Signalflußplans, der mit Ψ_{2B} verknüpft ist, entfällt. Wenn zusätzlich außerdem Statorstrom–Einprägung gewählt wird, dann vereinfacht sich der Signalflußplan des Statorkreises in beschriebener Art. Die Kombination beider Bedingungen führte zu dem besonders einfachen Signalflußplan in Abb. 13.17 (Kap. 13.3.2), bei der die Statorstrom-Komponente I_{1A} den Fluß Ψ_{2A} und die Statorstrom-Komponente I_{1B} das Drehmoment M_{Mi} bestimmte. Dieser besonders einfache Signalflußplan soll in den folgenden Darstellungen aus didaktischen Gründen verwendet werden. Selbstverständlich sind in analoger Weise die Verfahren bei Speisung mit eingeprägter Spannung oder Stator– bzw. Luftspaltfluß–Orientierung anwendbar.

In Abb. 13.39 werden die für die praktische Realisierung der feldorientierten Regelung notwendigen Zusammenhänge des Statorstroms im K– und S–System im Zeigerdiagramm dargestellt. Es ist zu erkennen, daß einerseits

$$|\vec{I}_1^K| \;=\; \sqrt{I_{1A}^2 + I_{1B}^2} \tag{13.156}$$

$$\tan\gamma_i \;=\; \frac{I_{1B}}{I_{1A}} \tag{13.157}$$

und andererseits

$$|\vec{I}_1^S| \;=\; \sqrt{I_{1\alpha}^2 + I_{1\beta}^2} = |\vec{I}_1^K| \tag{13.158}$$

$$\beta_S \;=\; \gamma_i + \beta_K \qquad \beta_S : \angle(\vec{I}_1,\alpha),\ \beta_K : \angle(A,\alpha) \tag{13.159}$$

sind.

Diese Aussagen bedeuten, daß in den realen dreiphasigen Statorwicklungen die Statorströme I_{1a}, I_{1b} und I_{1c} fließen, diese drei Ströme im statorfesten Koordinatensystem S durch die Ströme $I_{1\alpha}$ und $I_{1\beta}$ ersetzt werden können und sich somit die Gleichungen (13.158) und (13.159) ergeben. Die drei Statorströme I_{1a}, I_{1b} und I_{1c} können aber auch in das Koordinatensystem K transformiert werden und ergeben die Gleichungen (13.156) und (13.157). Diese Grundsatzüberlegungen wurden bereits auch im Kapitel „Entkopplung" diskutiert, nur liegt jetzt die besondere Situation vor, daß die Orientierung des Flusses — hier von $\Psi_2 \hat{=} \Psi_{2A}$ — bekannt ist. Damit ist auch der Winkel β_K bekannt und die Umrechnung der Stromkomponenten — und aller anderen Signale — möglich. Dies hatte in Kap. 13.3.2 bereits zu Abb. 13.18 geführt.

Wesentlich war bei dieser Ableitung, daß in der Realität nur die drei realen Statorwicklungen vorhanden sind, die mit den drei Stellgliedströmen I_{1a}, I_{1b} und I_{1c} gespeist werden. Dies bedeutet, das leistungselektronische Stellglied und die zugehörige Statorstromregelung des Stellglieds müssen die Istwerte I_{1a}, I_{1b} und I_{1c} zur Verfügung stellen. Das bedeutet letztendlich, sowohl das Stellglied als auch die Asynchronmaschine sind in der Realität als Dreiphasen–Systeme aufgebaut und müssen deshalb eine entsprechende Signalverarbeitung aufweisen. Dies führt zu Abb. 13.40, in der diese Überlegungen dargestellt sind.

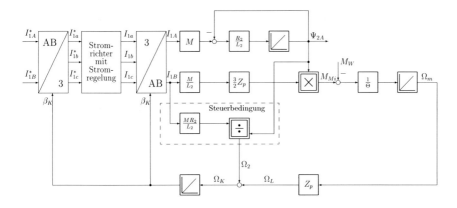

Abb. 13.40: *Kernstück der feldorientierten Regelung bei Rotorflußorientierung*

Wenn wir annehmen, daß das Teilsystem „leistungselektronisches Stellglied und Dreiphasen–Statorwicklungen" eine ideale Stromregelung hat, dann sind die Sollwerte gleich den Istwerten, d.h. $I_{1a}^* = I_{1a}$, $I_{1b}^* = I_{1b}$, $I_{1c}^* = I_{1c}$.

Wenn — wie oben vorausgesetzt — der Winkel β_K zwischen den Koordinatensystemen S und K bekannt ist, dann kann eine fehlerfreie Koordinatentransformation vom K–System zum S–System und umgekehrt erfolgen; damit sind die Sollwerte und die Istwerte im K–System ebenso gleich, d.h. $I_{1A}^* = I_{1A}$ und $I_{1B}^* = I_{1B}$.

Mit diesen Überlegungen ist die prinzipielle Schwierigkeit bei der feldorientierten Regelung der Asynchronmaschine herausgearbeitet. Einerseits werden wir im flußorientierten Koordinatensystem K regelungstechnische Überlegungen zum Verständnis der Asynchronmaschine durchführen (Kap. 13.3.2) und darauf aufbauend in diesem Kapitel die entsprechenden Steuer– bzw. Regelverfahren entwickeln. Andererseits muß die reale Spannungs– oder Stromeinprägung im Dreiphasen–System erfolgen. Dies führt zur Grundstuktur von Abb. 13.40 und Abb. 13.41.

Der prinzipielle Grundgedanke der entkoppelten Regelung von Fluß und Ankerstrom (Drehmoment) für die Gleichstromnebenschlußmaschine ist damit auf die Asynchronmaschine übertragen.

In den obigen Ausführungen waren ideale Stromregelungen angenommen worden, dies ist in der Realität nicht immer gegeben. Um diesem idealen Verhalten soweit wie möglich nahe zu kommen, sind prinzipiell die gleichen Überlegungen wie bei der Regelung der Gleichstromnebenschlußmaschine notwendig. Wie die EMK bei der Gleichstromnebenschlußmaschine wirkt erstens die induzierte Spannung an der Gegeninduktivität M sowie die Rückkopplungen des Rotorkreises als Störgrößen und die zusätzlichen Signalpfade erhöhen die Streckenordnung. Eine entsprechende Störgrößen–Aufschaltung zur Kompensation ist daher sinnvoll (siehe Kap. 15).

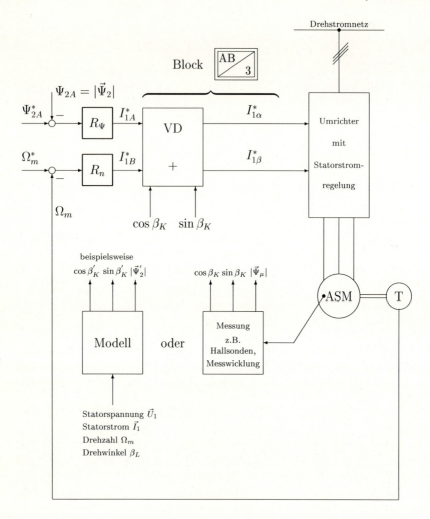

Abb. 13.41: *Vereinfachte Struktur einer feldorientierten Drehzahl– und Flußregelung mit Umrichter mit unterlagerter Statorstromregelung (gestrichene Größen können fehlerbehaftet sein)*

Ebenso wie bei der Gleichstrom–Nebenschlußmaschine gibt es die Unterschiede zwischen nichtlückendem und lückendem Strom; auch in diesem Fall müssen entsprechende Gegenmaßnahmen unternommen werden.

Wenn die obigen Anmerkungen für die Stromregelungen in Abb. 13.40 berücksichtigt werden, dann können die geschlossenen Stromregelkreise für I_{1A} und I_{1B} als PT_1–Übertragungsfunktion

$$G_{wi}(s) = \frac{1}{1 + T_{ers\,i}s} \qquad (13.160)$$

approximiert werden (siehe auch Kap. 13.4.3). Im flußbildenden Kanal folgt in Serie die Übertragungsfunktion

$$G_{\Psi_{2A}}(s) = \frac{M}{1 + T_2 s} \qquad \text{mit} \quad T_2 = \frac{L_2}{R_2} \qquad (13.161)$$

d.h. der Flußregler in Abb. 13.41 hat als Strecke zwei PT_1–Übertragungsfunktionen, und es kann somit das BO (Kap. 3) verwendet werden. Im momentbildenden Kanal folgt die proportionale Momentbildung $V_S = \frac{3}{2}Z_p\frac{M}{L_2}$ und die Integration mit $\frac{1}{\Theta_s}$ des mechanischen Teils der ASM (Annahme: $\Psi_{2A} = \text{const.}$), d.h. der Drehzahlregler in Abb. 13.41 kann mittels des SO (Kap. 3) ausgelegt werden.

In Abb. 13.40 wurde vorausgesetzt, daß der Flußwinkel β_K des Rotorflusses $\vec{\Psi}_{2A}$ mittels der bekannten Steuerbedingung in Abb. 13.40 und der Drehzahlmessung fehlerfrei zu ermitteln ist. Das ist aber im allgemeinen nicht gegeben, da beispielsweise der Parameter R_2 temperaturabhängig ist und somit eventuell nicht genau bekannt ist. In gleicher Weise ist das Verhältnis $\frac{M}{L_2}$ bei Feldschwächung nicht konstant. Aufgrund dieser Problematik werden im allgemeinen komplexe Maschinenmodelle (siehe Kap. 13.5 — Modellbildung der Asynchronmaschine) oder Identifikationsmethoden (siehe Kap. 13.6 — Modellnachführung) eingesetzt. Eine andere Variante ist, den Luftspaltfluß Ψ_μ zu messen.

Beide Varianten sind in Abb. 13.41 dargestellt. Abbildung 13.41 zeigt, wie aufbauend auf den Überlegungen zu Abb. 13.40, die Realisierung der Vorgabe der dreiphasigen Statorstrom–Sollwerte erfolgt. Wie bereits mehrfach dargestellt, ist der flußbildende Sollwert I_{1A}^* das Ausgangssignal des Flußreglers R_Ψ mit den Eingangsgrößen, beispielsweise dem Flußsollwert Ψ_{2A}^* und dem Flußistwert Ψ_{2A}. In gleicher Weise ist der momentbildende Sollwert I_{1B}^* das Ausgangssignal des Drehzahlreglers R_n. Die beiden Sollwerte I_{1A}^* und I_{1B}^* können nun mit dem Vektordreher $\boxed{\text{VD}\,+}$ (Abb. 13.42) vom Koordinatensystem K in das Koordinatensystem S mit den Sollwerten $I_{1\alpha}^*$ und $I_{1\beta}^*$ transformiert und anschließend in die dreiphasigen Sollwerte I_{1a}^*, I_{1b}^* und I_{1c}^* gewandelt werden.

Diese Sollwerte werden dann mittels der Umrichter–Stromregelung in die entsprechenden Statorstrom–Istwerte umgesetzt. Damit hat sich der Kreis von Abb. 13.40 zu Abb. 13.41 geschlossen. (Zu beachten ist, daß eine dreiphasige Stromregelung, wie in Abb. 13.40 und Abb. 13.41 dargestellt, in der Realität im allgemeinen nicht erfolgen sollte — siehe Kap. 15 — dies erfolgte hier nur aus didaktischen Gründen.)

In Abb. 13.40 war angenommen worden, daß der Winkel β_K aus der Steuerbedingung bestimmbar ist. In Abb. 13.41 sind — wie schon oben besprochen — die zwei Varianten zur Bestimmung der beiden Größen β_K und Ψ dargestellt. Die erste und heute allgemein verwendete Variante ist die Ermittlung der beiden Größen aus leicht meßbaren Größen, wie den Statorspannungen und/oder den Statorströmen.

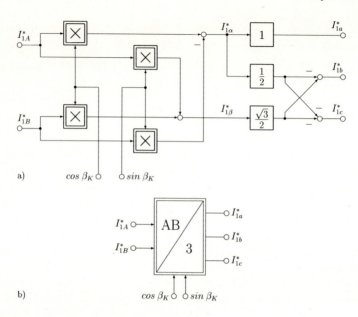

Abb. 13.42: *Koordinatentransformation der Stromsollwerte vom Koordinatensystem K in die realen Dreiphasen–Sollwerte*

Die Ausgangsgrößen sind dann die aus dem Modell ermittelten Größen β_K' und beispielsweise $|\Psi'|$. Die Ausgangsgrößen sind mit einem Strich versehen, da sie geschätzt sind und damit fehlerbehaftet sein können. Diese Variante der feldorientierten Regelung wird **indirekte Regelung** genannt.

Wenn stattdessen die Orientierung β_K und der Betrag des Luftspaltflusses $|\vec{\Psi}_\mu|$ gemessen wird, dann wird diese Variante **direkte Regelung** genannt. In Abb. 13.41 wurde angenommen, daß die Messung fehlerfrei sei. Damit sind die für die feldorientierte Regelung notwendigen Größen Orientierung β_K und der jeweilige Fluß — hier aus didaktischen Gründen vorzugsweise Ψ_{2A} — bekannt und die vorhergehenden Überlegungen zu Abb. 13.40 und Abb. 13.41 sind damit durchführbar.

Zu beachten ist, daß sich der Statorstrom der Asynchronmaschine bestimmt zu $I_1 = \sqrt{I_{1\alpha}^2 + I_{1\beta}^2}$ und damit dem Umrichterstrom äquivalent ist. Dieser ist nicht beliebig einstellbar, so daß bei der Vorgabe der Ströme I_{1A}^* und I_{1B}^* Begrenzungen vorzusehen sind, welche in Abb. 13.40 und Abb. 13.41 nicht gezeichnet wurden. Die Stromkomponente I_{1A}^* muß so begrenzt werden, daß der Maximalwert dem fiktiven Nenn–Erregerstrom, d.h. dem Nennfluß $\vec{\Psi}_2 = \vec{\Psi}_{2N}$, der Asynchronmaschine entspricht. Für I_{1B}^* verbleibt die Differenz zwischen dem Maximalwert und dem Nenn–Erregerstrom, sofern die Maschine im Ankerstellbereich, d.h. mit Nennfluß betrieben wird.

Es besteht nun noch die Frage, wie ein Feldschwächbetrieb zu erzielen ist. Wie bereits mehrfach ausgeführt wurde, ist in diesem Fall in Abb. 13.41 der Fluß–Sollwert Ψ_{2A}^* abzusenken, eine prinzipielle Lösung zeigt Abb. 13.43, für genauere Informationen wird auf Kap. 13.8 verwiesen.

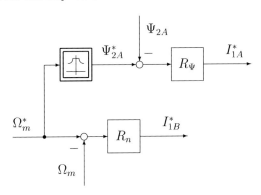

Abb. 13.43: *Feldschwächung*

Es besteht auch die Möglichkeit dem Umrichter die Sollwerte in Polarkoordinaten, d.h. als Amplitude $|\vec{I}_1^*|$ und aktuelle Winkelgeschwindigkeit Ω_i^*, vorzugeben. Der Betrag des Sollstromes errechnet sich dann zu

$$|\vec{I}_1^*| = \sqrt{I_{1A}^{*2} + I_{1B}^{*2}} \tag{13.162}$$

Die erforderliche Ansteuerfrequenz

$$\Omega_i^* = \Omega_1 + \frac{d\gamma_i^*}{dt} = \Omega_2 + \Omega_L + \frac{d\gamma_i^*}{dt} \tag{13.163}$$

mit

$$\gamma_i^* = \arctan \frac{I_{1B}^*}{I_{1A}^*} \tag{13.164}$$

erhält man analog zu den Überlegungen zu den Entkopplungsverfahren. An dieser Stelle soll nochmals auf die Unterschiede im stationären und dynamischen Betriebszustand hingewiesen werden. Im stationären Betriebszustand ist die Umrichter–Sollfrequenz Ω_i^* gleich der aktuellen Umlaufgeschwindigkeit des K–Systems Ω_1, d.h. $\Omega_i^* = \Omega_1$ oder mit anderen Worten, die Statorfrequenz Ω_i^* ist gleich der aktuellen Umlaufgeschwindigkeit des K–Systems. Durch den Term $d\gamma_i^*/dt$ wird im dynamischen Betriebszustand eine Frequenzänderung und damit eine Änderung der Phasenlage des Stromsollwerts gegenüber dem Fluß (der mit Ω_K rotiert) in der Art erzwungen, daß kein transienter Ausgleichsvorgang durch eine falsche Phasenlage auftritt. Das bedeutet, daß der Term $d\gamma_i^*/dt$ eine dynamisch richtige Vorsteuerung des Stromsollwerts gegenüber dem aktuellen Fluß in der Maschine bewirkt (siehe auch Diskussion in Kap. 13.2.2).

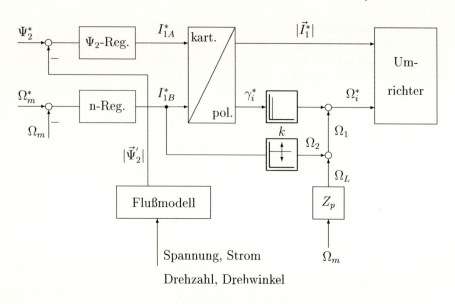

Abb. 13.44: *Prinzipielles Regelschema bei einem Umrichter mit Ansteuerung in Polarkoordinaten*

In Abb. 13.44 wird Ω_2 nach dem Steuergesetz bei Rotorflußorientierung aus Kap. 13.3.2 berechnet.

$$\Omega_2 = I_{1B}^* \frac{M R_2}{\Psi_{2A} L_2} = I_{1B}^* \cdot k \qquad (13.165)$$

Hierbei wird vorausgesetzt, daß der Strom I_{1B} durch die Stromregelung und das Stellglied stationär und dynamisch exakt erzeugt wird. Diese Vorgehensweise ist damit ein Kompromiß zwischen feldorientierter Regelung und Entkopplung.

Die Maschinendrehzahl $\Omega_L = Z_p \Omega_m$ steht als Meßgröße zur Verfügung. Bei der Verwendung von Impulsgebern ist insbesondere die Messung kleiner Drehzahlen sehr schwierig, da der Impulsgeber in diesem Fall nur eine niedrige Zahl von Impulsen pro Zeiteinheit liefern kann. Dies bedeutet, daß einerseits eine erste Impulsfolge vom Impulsgeber und eine zweite Impulsfolge von Ω_2 (Regelung) geliefert wird. Bei der Addition beider Pulsfolgen entsteht eine ungleichmäßige Pulsfolge, d.h. die Abstände der Impulse sind nicht äquidistant. Dies ist besonders bei kleinen Drehzahlen signifikant und kann zu unerwünschten Frequenzänderungen des Umrichters führen. Diesem Effekt kann man durch eine ausreichend hohe Pulsfrequenz der Impulsgeber, z.B. sin/cos-Geber, entgegenwirken.

Zusammenfassung

Die feldorientierte Regelung von Asynchronmaschinen besitzt zusammenfassend folgende Eigenschaften:

- Es gibt sowohl für die Drehzahl als auch für den Rotorfluß einen geschlossenen Regelkreis.

- Es ist eine Messung von $|\vec{\Psi}_\mu|$ und β_μ oder eine Schätzung von $|\vec{\Psi}'|$, β'_K erforderlich.

Im allgemeinen werden Modelle oder Beobachterstrukturen verwendet, um aufwendige konstruktive Eingriffe in der Asynchronmaschine zu vermeiden. Für die Modellbildung bzw. die Beobachter ergeben sich — je nach Auflösung der Spannungs- und Verkettungsgleichung — eine große Zahl von Variationen zur Ermittlung der notwendigen Größen. Wesentlich bei den Modellen bzw. Beobachtern ist, daß die Parameter der Modelle bzw. Beobachter sich von den realen Parametern unterscheiden können, so daß die Schätzwerte zum Teil fehlerbehaftet sind. Verschiedene Arten von Modellen und ihre wesentlichen Eigenschaften werden in dem folgenden Kapitel ausführlich vorgestellt.

13.5 Modellbildung der Asynchronmaschine

Die Realisierung der feldorientierten Regelung von Asynchronmaschinen in Kap. 13.4.4 erforderte eine genaue Kenntnis der Lage und Amplitude des Flusses, in diesem speziellen Fall des Rotorflusses $\vec{\Psi}_2$, an dem sich die Regelung, d.h. das Koordinatensystem K, orientieren soll. Da sich der Fluß im allgemeinen meßtechnisch nicht oder nur mit erheblichen Aufwand bestimmen läßt, werden im folgenden Modelle vorgestellt, die eine Rekonstruktion von Flußamplitude und Flußwinkel aus meßtechnisch zugänglichen Größen erlauben. Diese Modelle zur Bestimmung der Amplitude $|\vec{\Psi}_2| = \Psi_{2A}$ und der aktuellen Lage β_K des Rotorflusses in der Maschine unterscheiden sich bezüglich Aufwand, Genauigkeit und Parameterempfindlichkeit zum Teil erheblich. Die gezeigten Untersuchungen zur Parameterempfindlichkeit basieren auf der Arbeit [439].

13.5.1 I_1–Modell (Strommodell)

Zu Beginn steht ein sehr einfaches Modell zur Flußschätzung, das so bezeichnete Strommodell. In Abb. 13.45 ist der Einbau des Strommodells in die feldorientierte Regelung dargestellt. Dieses hat die Aufgabe, aus den Statorströmen der Asynchronmaschine den aktuellen Rotorfluß Ψ'_{2A} und die aktuelle Rotorfrequenz Ω'_2 zu bestimmen. Dadurch steht dem Flußregler R_Ψ der aktuelle Istfluß zur Verfügung, und es kann über die bekannte Beziehung

$$\Omega'_K = \Omega'_2 + Z_p \Omega_m$$

mit Hilfe der mechanischen Drehzahl die aktuelle Umlaufgeschwindigkeit des am Rotorfluß orientierten Koordinatensystems bestimmt werden. Durch Integration ergibt sich die aktuelle Lage des Flußraumzeigers, welche sowohl für die Koordinatentransformation vom flußfesten in das statorfeste System $\boxed{\text{VD} +}$ (Sollwertkanal) und vom statorfesten in das flußfeste System $\boxed{\text{VD} -}$ (Istwertkanal) benötigt wird.

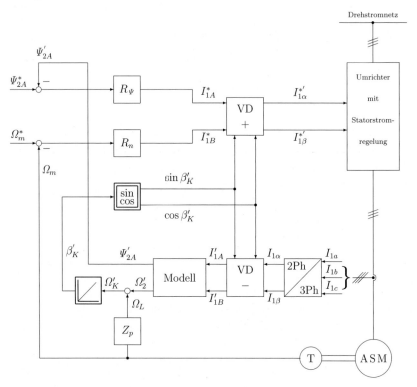

Abb. 13.45: *Prinzipdarstellung der feldorientierten Regelung der Asynchronmaschine mit Strommodell (gestrichene Größen können fehlerbehaftet sein)*

Je nach eingesetztem Umrichtertyp können die beiden Stromsollwertkomponenten $I_{1\alpha}^{*'}$ und $I_{1\beta}^{*'}$ im statorfesten Koordinatensystem S in ein Polarkoordinatensystem (Ansteuersignale $|\vec{I}_1^*|$ und Ω_i^*), wie es bei den Entkopplungsverfahren dargestellt wurde, oder in ein Dreiphasen–System (Ansteuersignale I_{1a}^*, I_{1b}^* und I_{1c}^*) transformiert werden, wie es im vorliegenden Fall nach Abb. 13.45 geschicht. Die Koordinatentransformation vom rotorflußfesten Koordinatensystem in das Dreiphasen–System ist in Abb. 13.42 für den Sollwertkanal dargestellt. Hierin sind auch die Zwischengrößen $I_{1\alpha}^{*'}$ und $I_{1\beta}^{*'}$ im statorfesten Koordinatensystem zu erkennen. Die Umkehrung dieser Transformation für die Umwandlung der Dreiphasen–Ströme I_{1a}, I_{1b} und I_{1c} in das rotorflußfeste K–System I'_{1A} und I'_{1B} geschieht analog zu Abb. 13.9. Mit diesen beiden Strom–Istwertkomponenten werden nun mit dem Strommodell nach Abb. 13.46 der Fluß Ψ'_{2A} und die Rotorkreisfrequenz Ω'_2 der Asynchronmaschine geschätzt.

Der Aufbau des Strommodells ist sehr einfach, wenn man die im Falle der Rotorflußorientierung gültigen Beziehungen (13.115) anwendet. Daraus ergeben sich unmittelbar die Zusammenhänge

$$\Omega'_2 = \frac{M' R'_2}{L'_2} \cdot \frac{I'_{1B}}{\Psi'_{2A}} \tag{13.166}$$

$$\frac{d\Psi'_{2A}}{dt} = \frac{R'_2}{L'_2} \left(M' I'_{1A} - \Psi'_{2A} \right) \tag{13.167}$$

welche in Abb. 13.46 als Signalflußplan dargestellt sind. Falls $\Psi_{2A} = \Psi_{2N} = $ const. (Ankerstellbereich), kann der Dividierer durch einen Proportionalfaktor ersetzt werden.

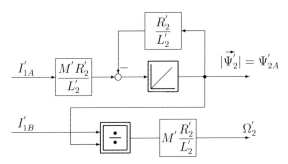

Abb. 13.46: *Das Strommodell zur Bestimmung von Ψ'_{2A} und Ω'_2 im Flußkoordinatensystem*

Durch Addition von $\Omega_L + \Omega'_2$ in Abb. 13.45 ergibt sich die geschätzte aktuelle Umlaufgeschwindigkeit Ω'_K des am Rotorfluß orientierten Koordinatensystems und als Ausgangssignal des Integrators der gesuchte Feldwinkel β'_K. Damit ist die Grundstruktur der Feldorientierung vollständig bekannt.

Wesentlich beim vorliegenden Ansatz ist, daß die überlagerte Regelung für die Drehzahl und den Rotorfluß Ψ_{2A} als Ausgangsgrößen die Sollwerte der fluß– und momentbildenden Ströme I^*_{1A} und I^*_{1B} in dem am Rotorfluß Ψ_{2A} orientierten Koordinatensystem vorgibt. Das Modell muß daher die Istsignale im selben Koordinatensystem liefern [423]. Wenn die Eingangssignale mit den Ausgangssignalen im Modell vertauscht werden, dann ergibt sich die bereits aus dem Kapitel „Entkopplung" bekannte Regelungsstruktur, die in Abb. 13.47 und 13.48 dargestellt ist [435].

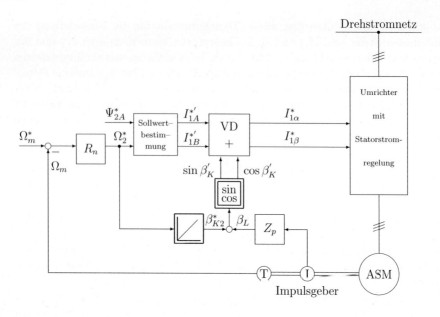

Abb. 13.47: *Prinzipdarstellung einer feldorientierten Regelung mit Rotorstellungs-messung und gesteuerter Vorgabe des Flusses (ähnlich Entkopplung)*

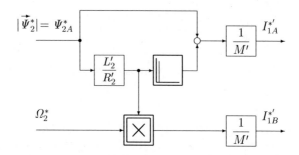

Abb. 13.48: *Stromsollwertbestimmung in Flußkoordinaten*

Bei der vorliegenden Lösung werden — wie bereits bei der Entkopplung dar-gestellt — über die Struktur in Abb. 13.48 die Ströme I_{1A} und I_{1B} vorgegeben. Die Ermittlung des Winkels β'_K erfolgt durch

$$\beta'_K = \int \Omega_2^* dt + \beta_L = \beta_{K2}^* + \beta_L$$

Schwierig bei diesen Lösungen ist die Bildung des Winkels β'_K bei kleinen Drehzahlen Ω_m, da die Impulse eines Drehwinkelgebers bei niedrigen Drehzahlen nur
noch vereinzelt erzeugt werden und sich mit Ω_2^* nicht äquidistante Pulsfolgen
für Ω'_1 bilden. Das Ausgangssignal des Impulsaddierers muß deshalb geglättet
werden, was, da die Glättungszeitkonstante mit abnehmender Drehzahl größer
werden muß, die Dynamik des Antriebssystems verschlechtert. Günstiger ist eine Lösung, wie sie bereits im Abschnitt der Entkopplungsregelung beschrieben
wurde.

Parameterempfindlichkeit des Strommodells

Eine besondere Schwierigkeit besteht darin, daß einerseits die Maschinenparameter zeitvariant sind (z.B. die Temperaturabhängigkeit von R_1 und R_2) und
die Maschineninduktivitäten durch die Hysteresekennlinie kein lineares Verhalten aufweisen. Andererseits sind die Modellparameter R'_1, R'_2, M', L'_1 und L'_2 im
allgemeinen fest, d.h. auf konstante Werte eingestellt. Daher sind Abweichungen
zwischen den tatsächlichen Maschinensignalen und den Modellsignalen unver-
meidbar.

Am Beispiel der für die Regelung besonders relevanten Abweichung des
geschätzten Rotorflusses Ψ'_{2A} vom realen Fluß Ψ_{2A} nach Betrag und Phase wird
die Parameterempfindlichkeit des Strommodells eingehend untersucht. Es ergibt
sich ein Differenz–Raumzeiger $\Delta\vec{\Psi}^K$ der Form

$$\Delta\vec{\Psi}^K = \vec{\Psi}_2^K - \vec{\Psi}_2'^K \tag{13.168}$$

welcher die Abweichung des Modells beschreibt (vgl. Abb. 13.49).

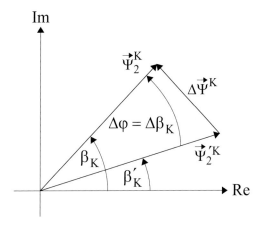

Abb. 13.49: *Definition des Fehlerraumzeigers $\Delta\vec{\Psi}^K$*

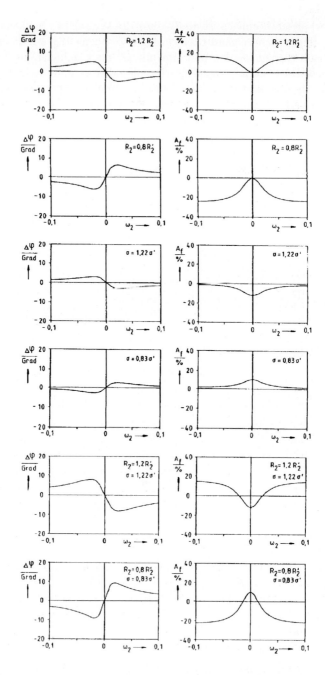

Abb. 13.50: *Stationärer Phasen– und Amplitudenfehler der Rotorflußnachbildung des Strommodells bei Fehlanpassung des Rotorwiderstandes bzw. der Maschinenreaktanzen*

Bei der Untersuchung der stationären Empfindlichkeit des Strommodells entsprechend [439] gehen wir von einer fehlerfreien Messung der Statorströme (bzw. der Statorspannungen) der Maschine aus. Im vorliegenden Fall haben daher fehlerhafte Schätzwerte der Maschinenparameter R_2, M und L einen Einfluß auf das Modellverhalten. Aus der Vielzahl der Kombinationsmöglichkeiten sind in den folgenden Bildern einige typische Fälle gezeigt. Der Fehlerraumzeiger wird darin gemäß

$$A_F = \frac{|\vec{\Psi}_2^K| - |\vec{\Psi}_2'^K|}{|\vec{\Psi}_2^K|} \qquad (13.169)$$

$$\Delta\varphi = \Delta\beta_K = \beta_K - \beta_K' \qquad (13.170)$$

$$\omega_2 = \frac{\Omega_2}{\Omega_{1N}} \qquad \text{mit } \Omega_{1N}\text{: Statornennkreisfrequenz} \qquad (13.171)$$

durch den bezogenen Amplitudenfehler A_F und den Winkelfehler $\Delta\varphi = \Delta\beta_K$ über der bezogenen Rotorkreisfrequenz ω_2 dargestellt. Wesentlich ist, wie in Abb. 13.50 dargestellt, daß auch Kombinationen von Parameterabweichungen — z.B. beim Feldschwächbetrieb — auftreten können. Des weiteren ist zu beachten, daß aufgrund der Notwendigkeit der Benutzung des Drehzahlistwerts Ω_m (Abb. 13.45) zur Bestimmung von β_K' ein Fehler bei der Drehzahlerfassung ebenfalls Auswirkungen auf das Gesamtverhalten hat.

13.5.2 $I_1\beta_L$–Modelle und $I_1\Omega_L$–Modelle

Die Parameterempfindlichkeit des Strommodells aus Kap. 13.5.1 wird dadurch verstärkt, daß auch die Modelleingangsgrößen I_{1A}' und I_{1B}' ihrerseits geschätzte und damit fehlerbehaftete Größen sind. Sie werden durch den Vektordreher $\boxed{\text{VD} -}$ (Abb. 13.45) aus dem am statorfesten Koordinatensystem orientierten Raumzeiger $\vec{I}_1^S$ des Statorstroms durch Transformation in das rotorflußfeste Koordinatensystem errechnet. Da diese mit dem vom Modell geschätzten Flußwinkel β_K' arbeitet, wirkt sich ein Fehler im Feldwinkel zusätzlich auf den transformierten Stromraumzeiger aus, der wiederum als Eingangsgröße in das Strommodell dient.

Um diese Fehlerrückkopplung zu vermeiden, wählt man Modelle, die entweder im rotorfesten ($\Omega_K = \Omega_L = Z_p\Omega_m$) oder im statorfesten Koordinatensystem ($\Omega_K = 0$) arbeiten. In diesem Fall entsprechen gemessene Größen direkt den Eingangsgrößen der Modelle. Aus den Rotorflußkomponenten $\Psi_{2\alpha}'$ und $\Psi_{2\beta}'$ im statorfesten Koordinatensystem lassen sich die für die Feldorientierung benötigten Größen Ψ_{2A}' und β_K' leicht berechnen.

$I_1\beta_L$–Modell

Im Falle der Orientierung am Rotorfluß gilt bekanntermaßen

$$\Psi'_{2A} = |\vec{\Psi}'_2| \tag{13.172}$$

und damit auch

$$\Psi'_{2A} = \sqrt{\Psi'^2_{2\alpha} + \Psi'^2_{2\beta}} \tag{13.173}$$

womit die aktuelle Amplitude des Rotorflusses bestimmt ist. Es bleiben die Beziehungen für den geschätzten Feldwinkel β'_K, welche sich mit

$$\Psi'_{2\alpha} = \Psi'_2 \cos\beta'_K$$

$$\Psi'_{2\beta} = \Psi'_2 \sin\beta'_K$$

einfach durch

$$\cos\beta'_K = \frac{\Psi'_{2\alpha}}{|\vec{\Psi}'_2|} \tag{13.174}$$

$$\sin\beta'_K = \frac{\Psi'_{2\beta}}{|\vec{\Psi}'_2|} \tag{13.175}$$

darstellen lassen. Das zu entwerfende Flußmodell der Asynchronmaschine muß somit den Schätzwert für den Rotorfluß $\vec{\Psi}'^S_2$ im statorfesten Koordinatensystem als Ausgangsgröße zur Verfügung stellen. Dieser kann anschließend mit den obenstehenden Beziehungen in die interessierenden Größen Ψ'_{2A} und β'_K umgerechnet werden. Bei der Modellbeschreibung gehen wir wiederum von einer Asynchronmaschine mit Kurzschlußläufer, d.h. $\vec{U}_2 = 0$, aus. Als Eingangsgrößen in das Modell stehen der Statorstromraumzeiger $\vec{I}^S_1$ und die aktuelle elektrische Lage des Rotors der Asynchronmaschine zur Verfügung:

$$\beta_L = \int \Omega_L dt = Z_p \int \Omega_m dt \tag{13.176}$$

Bei der Betrachtung der Asynchronmaschine im rotorfesten Koordinatensystem, d.h. $\Omega_K = \Omega_L$ lassen sich aus den allgemeinen Systemgleichungen (13.72) die Gleichungen

$$\frac{d\Psi'_{2k}}{dt} = -\Psi'_{2k}\frac{R'_2}{L'_2} + \frac{M'R'_2}{L'_2}I_{1k} \tag{13.177}$$

$$\frac{d\Psi'_{2l}}{dt} = -\Psi'_{2l}\frac{R'_2}{L'_2} + \frac{M'R'_2}{L'_2}I_{1l} \tag{13.178}$$

für den Rotorfluß der Maschine ableiten. Damit läßt sich der Signalflußplan nach Abb. 13.51 für das $I_1\beta_L$–Modell zeichnen, wobei mit $T'_2 = L'_2/R'_2$ die Rotorzeitkonstante der Maschine bezeichnet wird.

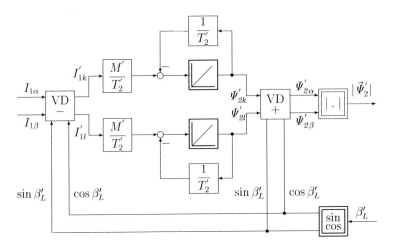

Abb. 13.51: *Nachbildung der Rotorflußkomponenten Ψ_{2k}, Ψ_{2l} durch Verwendung des Strommodells im rotorfesten Koordinatensystem*

Im Gegensatz zum Strommodell nach Kap. 13.5.1 werden hier die Flußkomponenten Ψ'_{2k} und Ψ'_{2l} nicht in einem mit der Kreisfrequenz $\Omega'_K = \Omega'_1$ rotierenden, rotorflußorientierten Koordinatensystem, sondern in einem mit der mechanischen Kreisfrequenz $\Omega_L = Z_p\Omega_m = d\beta_L/dt$ rotierenden Koordinatensystem betrachtet. Dies bedeutet, daß die Rotorsignale sich relativ zum Rotor mit einer Kreisfrequenz von $\Omega'_2 = \Omega'_1 - \Omega_L$ bewegen, was in Abb. 13.52 zu sehen ist.

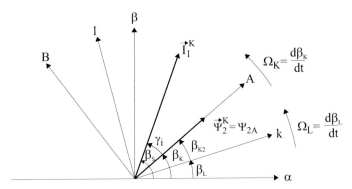

Abb. 13.52: *Statorstrom–Raumzeiger $\vec{I}_1^K$ und Fluß $\vec{\Psi}_2^K$ zu einem Zeitpunkt t im statorfesten α–β–Koordinatensystem, im rotorfesten k–l–Koordinatensystem und im rotorflußfesten A–B–Koordinatensystem*

Da der Statorstrom der Asynchronmaschine $\vec{I}_1^L = I'_{1k} + jI'_{1l}$ nicht direkt im rotorfesten Koordinatensystem vorliegt, muß dieser aus den meßbaren Strömen $I_{1\alpha}$ und $I_{1\beta}$ im statorfesten Koordinatensystem berechnet werden. Dies erfordert zwei Vektordreher $\boxed{\text{VD}+}$ und $\boxed{\text{VD}-}$, welche in Abb. 13.51 dargestellt sind. Diese Vektordreher bewirken zwar eine Entkopplung des restlichen Modells auf zwei unabhängige Systeme 1. Ordnung (PT_1–Glieder), jedoch muß zur Bildung der erforderlichen Modellausgangsgrößen gerade diese Entkopplung mit $\boxed{\text{VD}+}$ wieder aufgehoben werden. Aus den so ermittelten statorfesten Komponenten werden, wie zu Beginn des Abschnitts erläutert, Betrag und Winkel des Rotorflusses gebildet und der feldorientierten Regelung zugeführt.

$I_1\Omega_L$–Modell

Werden die Rotorflußkomponenten stattdessen direkt im statorfesten Koordinatensystem rekonstruiert, so erhält man aus den Systemgleichungen der Asynchronmaschine das $I_1\Omega_L$–Modell. Die Rotorflußkomponenten ergeben sich somit im statorfesten Koordinatensystem zu

$$\frac{d\Psi'_{2\alpha}}{dt} = \frac{M'R'_2}{L'_2}I_{1\alpha} - \frac{R'_2}{L'_2}\Psi'_{2\alpha} - \Omega_L\Psi'_{2\beta} \qquad (13.179)$$

$$\frac{d\Psi'_{2\beta}}{dt} = \frac{M'R'_2}{L'_2}I_{1\beta} - \frac{R'_2}{L'_2}\Psi'_{2\beta} + \Omega_L\Psi'_{2\alpha} \qquad (13.180)$$

womit der Signalflußplan des Strom–Drehzahl–Modells nach Abb. 13.53 gezeichnet werden kann.

Der Vorteil dieses Modells ist, daß die Raumzeigerkomponenten $I_{1\alpha}$ und $I_{1\beta}$ direkt verwendet werden und so die Raumzeigerkomponenten $\Psi'_{2\alpha}$ und $\Psi'_{2\beta}$ ebenfalls im statorfesten Koordinatensystem berechnet werden können. Als Nachteil ist der hohe Aufwand im Modell zu sehen. Wie beim vorgestellten $I_1\beta_L$–Modell muß zusätzlich noch der Betrag $|\vec{\Psi}'_2|$ und die aktuelle Lage bzw. der aktuelle Winkel β'_K des geschätzten Rotorflusses berechnet werden.

Die Gegenüberstellung des Aufwands und der Parameterempfindlichkeit der unterschiedlichen Strommodelle bringt folgende Ergebnisse. Im rotorflußorientierten I_1–Modell (Abb. 13.46) war die Struktur des Modells selbst am einfachsten, und es waren nur die Maschinenparameter M' und T'_2 zur Schätzung des Rotorflusses notwendig. Beim $I_1\beta_L$–Modell (Abb. 13.51) bestehen im Signalteil im wesentlichen zwei Signalpfade ähnlich dem I_1–Modell (Abb. 13.46) mit den Parametern M' und T'_2. Zusätzlich sind die relativ aufwendige β_L–Erfassung (Rotorlage) und die zwei Vektordreher erforderlich. Ein ähnlicher Aufwand ist beim $I_1\Omega_L$–Modell (Abb. 13.53) notwendig.

Sollen die Strommodelle hinsichtlich ihrer Parameterempfindlichkeit gegenübergestellt werden, so muß der Bereich der Parameterschwankungen definiert werden. In [439] wird angenommen, daß die Widerstände in Stator und Rotor sich um $\pm\,20\,\%$, die Induktivitäten L_1, L_2 und M um jeweils $\pm\,10\,\%$ ändern.

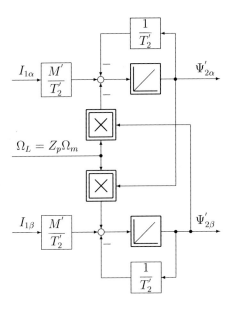

Abb. 13.53: *Signalflußplan des $I_1 \Omega_L$-Modells im statorfesten Koordinatensystem*

Weiterhin wird ein Fehler von $\pm 2\%$ bei der Drehzahlerfassung $\Omega_L = Z_p \Omega_m$ angesetzt. Die Ergebnisse bei fehlerhaftem Rotorwiderstand und Reaktanzen entsprechen den Ergebnissen beim Strommodell (Abb. 13.50). Zusätzlich wird beim $I_1 \Omega_L$-Modell nun noch der Einfluß des Fehlers bei der Drehzahlerfassung auf die Schätzung des Flusses Ψ'_{2A} untersucht. Abbildung 13.54 zeigt den Fehlerfluß-raumzeiger $\Delta \vec{\Psi}_2$ als Amplituden– und Phasenfehler über der bezogenen Drehzahl. n' ist dann der fehlerbehaftete Meßwert der bezogenen Drehzahl.

$$n = \frac{\Omega_L}{\Omega_{1N}} = \frac{Z_p \Omega_m}{\Omega_{1N}} \qquad (13.181)$$

Aus den Grafiken auf der rechten Seite ist zu erkennen, daß bei fehlerhafter Drehzahlerfassung mit einer Tachomaschine von 2% bei einer Drehzahl $n = 0,3$ ein Amplitudenfehler von 12% entsteht. Die Zusammenhänge in Abb. 13.54 weisen deshalb darauf hin, daß die Erfassung des Winkels β_L mit einem Impulsgeber hoher Pulszahl der Drehzahlerfassung mit Tachomaschine überlegen ist, solange keine sehr gute Drehzahlerfassung vorhanden ist. Prinzipiell sind somit die Strommodelle bis zu kleinen Drehzahlen einsetzbar, sofern die Parametervariation relativ gering bleibt.

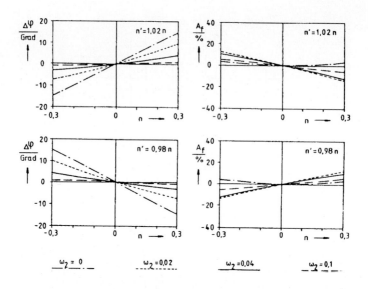

Abb. 13.54: *Stationärer Phasen– und Amplitudenfehler der Rotorflußnachbildung des $I_1\Omega_L$–Modells aufgrund eines Drehzahlmeßfehlers bei unterschiedlichen Belastungen*

13.5.3 $U_1 I_1$–Modell

Anstatt der verschiedenen Strommodelle mit den Eingangsgrößen Statorstrom und Drehzahl $\Omega_L = Z_p\Omega_m$ bzw. der aktuellen Rotorlage β_L kann ein um die Statorspannungskomponenten erweitertes Modell verwendet werden. Die Motivation für dieses Vorgehen ist, daß bei den Strommodellen zur Flußkomponentenschätzung die stark veränderlichen Maschinenparameter T_2' und M' verwendet werden. Damit treten bei Unterschieden zwischen den Modellparametern und den realen Parametern der Asynchronmaschine Schätzfehler auf, die die Regelgüte erheblich beeinflussen. Werden stattdessen zusätzliche Informationen, wie die Statorspannung, genutzt, so kann der Fehlereinfluß unter Umständen verringert werden. Ausgehend von den beiden Systemgleichungen

$$\vec{U}_1^K = \frac{R_1}{\sigma L_1}\vec{\Psi}_1^K - \frac{MR_1}{\sigma L_1 L_2}\vec{\Psi}_2^K + \frac{d\vec{\Psi}_1^K}{dt} + j\Omega_K\vec{\Psi}_1^K \qquad (13.182)$$

und

$$\vec{I}_1^K = \frac{1}{\sigma L_1}\vec{\Psi}_1^K - \frac{M}{\sigma L_1 L_2}\vec{\Psi}_2^K \qquad (13.183)$$

der Asynchronmaschine werden diese so umgeformt, daß sich der Rotorfluß $\vec{\Psi}_2^K$ aus den Eingangsgrößen $\vec{U}_1^K$ und $\vec{I}_1^K$ errechnet.

Nach kurzer Unformung ergibt sich

$$\vec{U}_1^K = R_1\vec{I}_1^K + \sigma L_1\frac{d\vec{I}_1^K}{dt} + \frac{M}{L_2}\frac{d\vec{\Psi}_2^K}{dt} + j\Omega_K\vec{\Psi}_1^K \qquad (13.184)$$

was sich bei Betrachtung im statorfesten Koordinatensystem, d.h. $\Omega_K = 0$, zu

$$\frac{d\vec{\Psi}_2^S}{dt} = \frac{L_2}{M}\left(\vec{U}_1^S - R_1\vec{I}_1^S - \sigma L_1\frac{d\vec{I}_1^S}{dt}\right) \qquad (13.185)$$

vereinfacht und im Modell in die Komponenten Real– und Imaginärteil aufge-spalten werden kann.

$$\frac{d\Psi_{2\alpha}'}{dt} = \frac{L_2'}{M'}\left(U_{1\alpha} - R_1'I_{1\alpha} - \sigma'L_1'\frac{dI_{1\alpha}}{dt}\right) \qquad (13.186)$$

$$\frac{d\Psi_{2\beta}'}{dt} = \frac{L_2'}{M'}\left(U_{1\beta} - R_1'I_{1\beta} - \sigma'L_1'\frac{dI_{1\beta}}{dt}\right) \qquad (13.187)$$

Somit sind die Modellgleichungen gegeben, welche in Abb. 13.55 als Signalfluß-plan dargestellt sind.

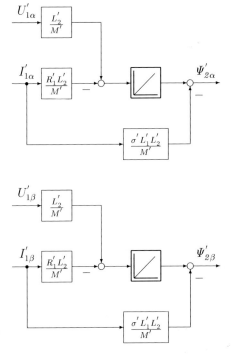

Abb. 13.55: *Signalflußplan des U_1I_1–Modells im statorfesten Koordinatensystem*

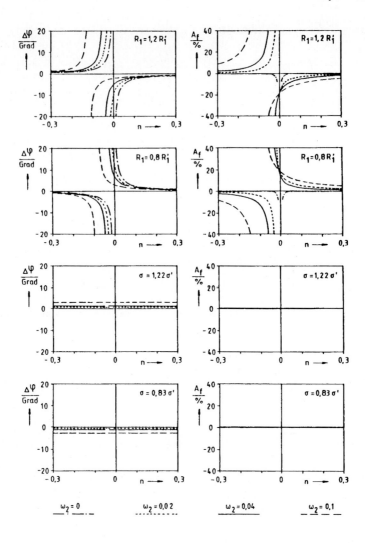

Abb. 13.56: *Stationärer Phasen- und Amplitudenfehler der Rotorflußnachbildung des $U_1 I_1$-Modells bei Fehlanpassung des Statorwiderstands bzw. der Maschinenreaktanzen*

Der wesentliche Vorteil dieses Modells liegt darin, daß es unabhängig vom stark temperaturabhängigen Rotorwiderstand R_2 ist. Der Statorwiderstand R_1 ist zwar ebenso temperaturabhängig, jedoch durch die bessere Wärmeabfuhr der Kupferwicklungen bleiben dessen Schwankungen in einem geringeren Bereich. Es verbleibt letztlich der Einfluß der Gegeninduktivität M der Maschine. Aus den Modellgleichungen und dem zugehörigen Signalflußplan nach Abb. 13.55 ist der entscheidende Nachteil des $U_1 I_1$-Modells unmittelbar zu erkennen. Die beiden geschätzen Flußkomponenten $\Psi'_{2\alpha}$ und $\Psi'_{2\beta}$ werden durch eine offene Integration bestimmt. Obwohl das Verhalten dieser Art von Modellen häufig untersucht und gleichzeitig versucht wurde, die offene Integration zu umgehen, kann das Modell im Drehzahlbereich um Null (ca. $|n| = 0, 1 \ldots 0, 2$) nicht eingesetzt werden. Da insbesondere die Änderungen des Widerstandes R_1 bei der Drehzahl Null zu unendlich großen Phasen– und Amplitudenfehlern führen, ist der Drehzahlbereich um Null somit ausgeschlossen. Wesentlich günstiger verhält sich dieses Modell gegenüber Variationen der Maschineninduktivitäten, was besonders im Feldschwächbetrieb (Entsättigung) von Vorteil ist. Analog zu den bisher betrachteten Strommodellen wird in Abb. 13.56 die stationäre Paramterempfindlichkeit des $U_1 I_1$–Modells dargestellt.

Bei den beiden Strommodellen aus dem vorigen Abschnitt — $I_1\beta_L$–Modell und $I_1\Omega_L$–Modell — waren in Abhängigkeit von Ω_2 die stationären Phasenfehler punktsymmetrisch zum Ursprung und die stationären Amplitudenfehler achsensymmetrisch zur Ordinate. Da dies bei allen weiteren Modellen ebenfalls der Fall ist, wird die Empfindlichkeit nur noch für positive Ω_2 untersucht.

13.5.4 $U_1 I_1 \Omega_L$–Modell

Um den Nachteil der offenen Integration des $U_1 I_1$–Modells aus dem vorherigen Abschnitt zu vermeiden, wird das $U_1 I_1 \Omega_L$–Modell eingesetzt. Es bietet zudem den Vorteil, daß alle leicht verfügbaren Informationen (Meßwerte) verwendet werden, um die Parameterempfindlichkeit zu vermindern. Für das $U_1 I_1$–Modell ergab sich die Beziehung

$$\frac{d\vec{\Psi}'^S_2}{dt} = \frac{L'_2}{M'} \left(\vec{U}^S_1 - R'_1 \vec{I}^S_1 - \sigma' L'_1 \frac{d\vec{I}^S_1}{dt} \right) \qquad (13.188)$$

für den Rotorfluß der Asynchronmaschine im statorfesten Koordinatensystem S. Mit Hilfe der allgemeinen Systemgleichungen für den Rotorfluß (Kurzschlußläufer, d.h. $\vec{U}_2 = 0$) und den Statorstrom der Maschine

$$\frac{d\vec{\Psi}^S_2}{dt} = -\frac{R_2}{\sigma L_2} \vec{\Psi}^S_2 + \frac{M R_2}{\sigma L_1 L_2} \vec{\Psi}^S_1 + j\Omega_L \vec{\Psi}^S_2 \qquad (13.189)$$

$$\vec{I}^S_1 = \frac{1}{\sigma L_1} \vec{\Psi}^S_1 - \frac{M}{\sigma L_1 L_2} \vec{\Psi}^S_2 \qquad (13.190)$$

kann man die Gleichung des $U_1 I_1$–Modells zu

$$\vec{\Psi}'^S_2 \frac{R'_2}{L'_2} = j\Omega_L \vec{\Psi}'^S_2 + \frac{L'_2}{M'} \left(-\vec{U}^S_1 + \vec{I}^S_1 \left(R'_1 + \frac{M'^2}{L'^2_2} R'_2 \right) + \sigma' L'_1 \frac{d\vec{I}^S_1}{dt} \right) \qquad (13.191)$$

umformen. Deren Aufspaltung in die Komponenten Real– und Imaginärteil ergibt die beschreibenden Gleichungen des $U_1 I_1 \Omega_L$–Modells:

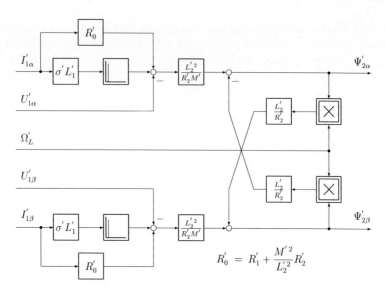

Abb. 13.57: *Signalflußplan des $U_1 I_1 \Omega_L$–Modells im statorfesten Koordinatensystem*

$$\Psi'_{2\alpha} = -\frac{L'_2}{R'_2}\Omega_L\Psi'_{2\beta} + \frac{L'^2_2}{R'_2 M'}\left(-U_{1\alpha} + I_{1\alpha}\left(R'_1 + \frac{M'^2}{L'^2_2}R'_2\right) + \sigma' L'_1\frac{dI_{1\alpha}}{dt}\right) \quad (13.192)$$

$$\Psi'_{2\beta} = \frac{L'_2}{R'_2}\Omega_L\Psi'_{2\alpha} + \frac{L'^2_2}{R'_2 M'}\left(-U_{1\beta} + I_{1\beta}\left(R'_1 + \frac{M'^2}{L'^2_2}R'_2\right) + \sigma' L'_1\frac{dI_{1\beta}}{dt}\right) \quad (13.193)$$

Der zugehörige Signalflußplan ist in Abb. 13.57 dargestellt. Durch diesen Modellansatz wird die offene Integration im Modell vermieden. Nachteilig sind jedoch die notwendigen Differenzierglieder, welche insbesondere bei oberschwingungsbehafteten Strömen störend wirken. In Abb. 13.57 wird die Wirkung des Stator- und Rotorwiderstands zu einem Widerstand R'_0 zusammengefaßt.

$$R'_0 = R'_1 + \frac{M'^2}{L'^2_2}R'_2$$

Beim $U_1 I_1 \Omega_L$–Modell zur Rotorflußschätzung treten als Parameter der Stator- und der Rotorwiderstand sowie alle Induktivitäten auf. Die Untersuchungen der Parameterempfindlichkeit unter der Annahme gleichsinniger Verstimmung der Widerstände (Erwärmung) zeigen, daß die Phasen- und Amplitudenfehler insbesondere im Bereich $|n| \leq 0,2\dots0,3$ bereits sehr große Werte annehmen, die bei $n = 0$ gegen unendlich gehen. Somit ist auch dieses Modell bei kleinen Drehzahlen nicht nutzbar (Abb. 13.58 bis 13.60).

Die Empfindlichkeit gegenüber Änderungen der Induktivitäten ist — ebenso bei der Drehzahl Null — größer als beim Strommodell und wesentlich größer als beim $U_1 I_1$–Modell.

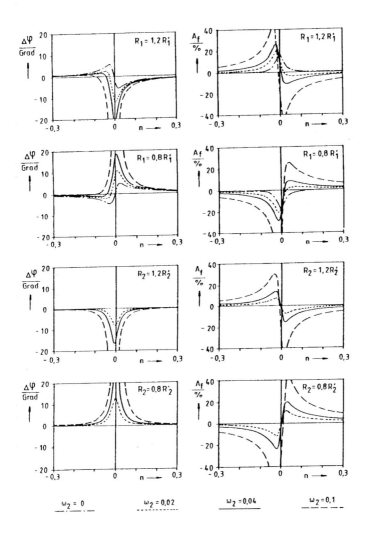

Abb. 13.58: *Stationärer Phasen– und Amplitudenfehler der Rotorflußnachbildung des $U_1 I_1 \Omega_L$–Modells bei Fehlanpassung des Stator– bzw. Rotorwiderstandes*

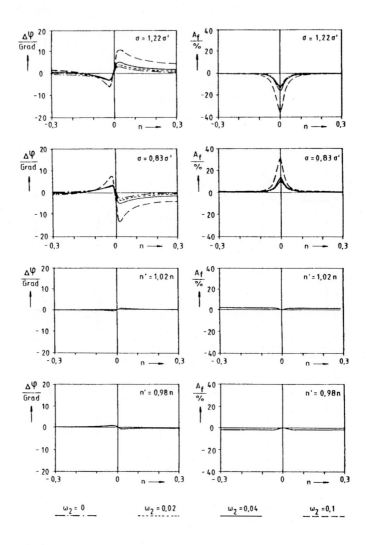

Abb. 13.59: *Stationärer Phasen– und Amplitudenfehler der Rotorflußnachbildung des $U_1 I_1 \Omega_L$–Modells bei Fehlanpassung der Reaktanzen bzw. einem Drehzahlmeßfehler*

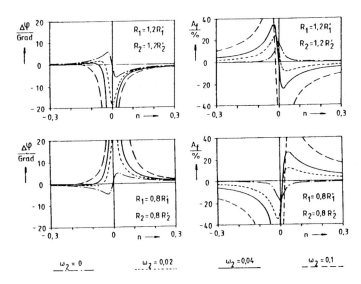

Abb. 13.60: *Stationärer Phasen– und Amplitudenfehler der Rotorflußnachbildung des $U_1 I_1 \Omega_L$–Modells bei gleichzeitiger Fehlanpassung des Stator– und Rotorwiderstandes*

13.5.5 $U_1\Omega_L$–Modell

Aus dem Abschnitt der Entkopplungsregelung von Asynchronmaschinen ist prin-
zipiell das $U_1\Omega_L$–Modell bereits bekannt, das den gesamten Statorkreis der
Asynchronmaschine nachbildet. Ohne auf die Ableitung näher einzugehen (siehe
Kap. 13.4.2, Auflösung der Systemgleichungen nach $\vec{\Psi}_2^K$), wird in Abb. 13.61 der
Signalflußplan für das Modell im statorfesten Koordinatensystem dargestellt.

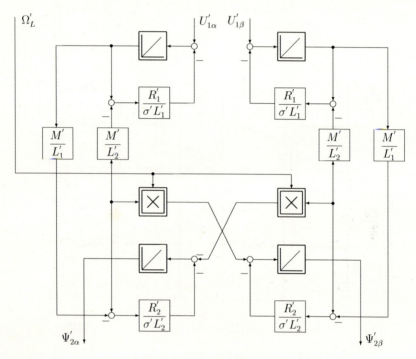

Abb. 13.61: *Signalflußplan des $U_1\Omega_L$-Modells im statorfesten Koordinatensystem*

Dieses Modell beschreibt den gesamten elektrischen Teil der Asynchronmaschine und ist prinzipiell bis zur Drehzahl Null einsetzbar. Statt im statorfesten
Koordinatensystem mit $\Omega_K = 0$ kann auch im rotorflußfesten Koordinatensystem mit $\Omega_K = \Omega_1$ und $\Psi_{2B} = 0$ ein Modell gebildet werden. Die Annahme
$\Psi_{2B} = 0$ hatte bekanntlich zu dem besonders einfachen Signalflußplan der Asynchronmaschine geführt.

Am $U_1\Omega_L$–Modell können wiederum Untersuchungen der stationären Phasen-
und Amplitudenfehler in Abhängigkeit von abweichenden Modellparametern
durchgeführt werden. Deren Ergebnisse sind in Abb. 13.62 und 13.63 dargestellt.

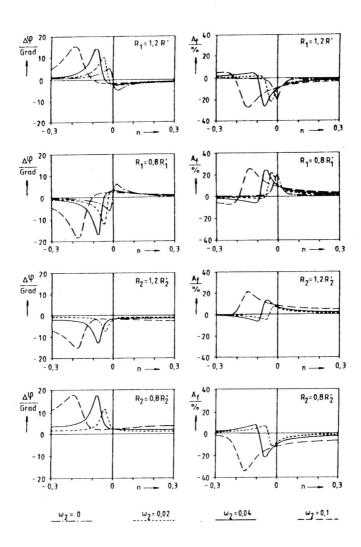

Abb.13.62: *Stationärer Phasen– und Amplitudenfehler der Rotorflußnachbildung des $U_1\Omega_L$–Modells bei Fehlanpassung des Stator– bzw. Rotorwiderstandes*

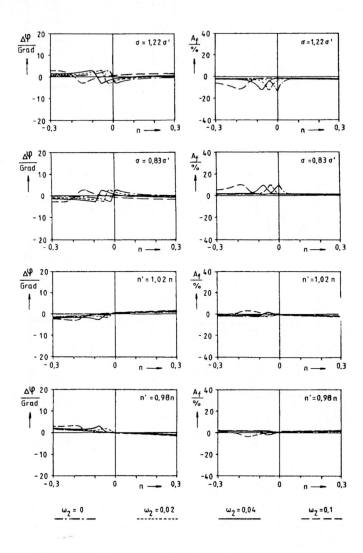

Abb. 13.63: *Stationärer Phasen– und Amplitudenfehler der Rotorflußnachbildung des $U_1\Omega_L$–Modells bei Fehlanpassung der Reaktanzen bzw. bei fehlerhafter Drehzahlerfassung*

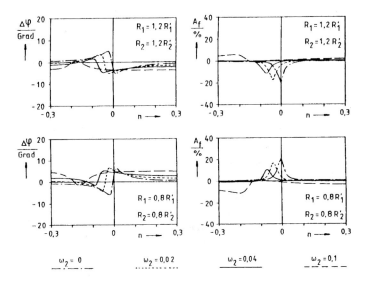

Abb. 13.64: *Stationärer Phasen– und Amplitudenfehler der Rotorflußnachbildung des $U_1 \Omega_L$–Modells bei gleichzeitiger Fehlanpassung des Stator– und des Rotorwiderstandes*

Bemerkenswert ist, daß die Fehlerkurven bei Stator– und Rotorwiderstandsänderung zueinander gegenläufig sind, d.h. bei gleichartiger Verstimmung (Erwärmung der Maschine) ergibt sich ein geringerer resultierender stationärer Fehler (Abb. 13.64). Ebenso verhält sich das Modell günstig gegenüber fehlerbehafteten Drehzahlmeßwerten.

13.5.6 Zusammenfassung der Modelle

Wesentlich bei der Betrachtung der Eigenschaften verschiedener Modelle zur Rotorflußschätzung ist, wie sich Abweichungen zwischen den realen Parametern in der Maschine und den verwendeten Parametern in dem Modell auswirken. Grundsätzlich wird sich bei Abweichungen zwischen Modell und realer Maschine ein Schätzfehler sowohl in Amplitude als auch Phasenwinkel einstellen. Folgende Fehler sind dabei in beliebiger Kombination möglich:

- unterschiedliche Widerstände R

- unterschiedliche Induktivitäten L

- Fehler bei der Drehzahlerfassung Ω_m

Der Realisierungsaufwand der einzelnen Modelle steigt beginnend beim $U_1 I_1$–Modell über das $I_1 \Omega_L$–, das $U_1 I_1 \Omega_L$– und das $U_1 \Omega_L$–Modell.

Das $I_1 \beta_L$–Modell ist für sich betrachtet sehr einfach, benötigt aber eine Erfassung der Drehzahl über Impulsgeber und Vektordreher für die Transformation der Größen in das rotorfeste Koordinatensystem L.

Das ebenso sehr einfache $U_1 I_1$–Modell besitzt den entscheidenden Nachteil, daß es bei kleinen Drehzahlen aufgrund der offenen Integration im Modell nicht eingesetzt werden kann.

Beim $U_1 I_1 \Omega_L$–Modell sind dagegen algebraische Schleifen vorhanden, die bei der Realisierung Schwierigkeiten bereiten können.

Zusammenfassend kann gesagt werden, daß alle Modelle, bei denen die Statorspannung als Eingangsgröße auftritt, mit zunehmender Drehzahl eine kleinere Parameterempfindlichkeit aufweisen. Das Maximum des Nachbildungsfehlers ist stets in der Umgebung kleiner Drehzahlen, bzw. kleiner Statorfrequenzen zu finden. Ein relativ ausgeglichenes Verhalten über den gesamten Betriebsbereich bezüglich des stationären Fehlers zeigt das $U_1 \Omega_L$–Modell. Das „Strommodell" hat die Eigenschaft, daß das Fehlermaximum zwar meist kleiner als bei den anderen Modellvarianten ist, jedoch aber für alle Drehzahlen gleich bleibt. Für den Fall eines Drehzahlmeßfehlers kommt sogar noch eine Vergrößerung des Modellfehlers mit wachsender Drehzahl hinzu.

Eine Beurteilung der Modelle auf der Grundlage des stationären Nachbildungsfehlers scheint auf den ersten Blick schwierig, weil dieser in erheblichem Maße vom jeweiligen Arbeitspunkt abhängt. Es existieren z.B. Betriebsbereiche, bei denen sich eine Modellvariante als günstig erweist, während in anderen Betriebspunkten eine andere Modellvariante vorteilhafte Ergebnisse liefert. Es wurde deshalb versucht, ein allgemeines Gütekriterium zu entwickeln, das einen Vergleich der verschiedenen Modellstrukturen ermöglicht. Die hier durchgeführten Untersuchungen gelten auch für die Modellformen, bei denen der gewünschte Fluß (Modellfluß) und die geforderte Belastung als Sollwerte auftreten (Abb. 13.47). Ein bezüglich der Parameter fehlangepaßtes Modell berechnet daraus fehlerhafte Werte für die erforderlichen Statorstrom– bzw. Statorspannungskomponenten. Dies bewirkt wiederum, daß der Maschinenfluß vom vorgegebenen Modellfluß abweicht.

Eine vertiefte Darstellung alle dieser Fragestellungen wird in Kap. 14 erfolgen. In Kap. 14 wird ausgehend von der Schätzung der Drehzahl ebenso die Schätzung der Orientierung des Koordinatensystems und die Fehlerkorrektur ausführlichst dargestellt. Allerdings ist dieses Gebiet teilweise noch ein Gebiet von Forschungsvorhaben, so daß eine endgültige und allgemeine Darstellung noch nicht gegeben werden kann.

Hingewiesen werden soll an dieser Stelle auch auf Kap. 13.9, in dem Fehlereinflüsse aufgrund der Art der Signalverarbeitung dargestellt werden.

13.6 Modellnachführung

Die im letzten Abschnitt erläuterten Modelle zur Rotorflußschätzung arbeiten exakt, solange die angenommenen Maschinenparameter mit den realen Parametern übereinstimmen. Andernfalls treten die bereits dargestellten Schätzfehler auf. Die in der Praxis relevanten Fehler werden zum einen durch Temperaturschwankungen ausgelöst, die sich auf den Stator– (R_1) und den Rotorwiderstand (R_2) auswirken, und zum anderen durch die unterschiedliche Sättigung der Eisenkreise, die sich je nach Größe des eingestellten Maschinenflusses ergibt. Dadurch wird in erster Linie die Hauptinduktivität M beeinflußt und somit auch die Stator– (L_1) und die Rotorinduktivität (L_2) der Maschine. Die Induktivitäten, die die Streuungen beschreiben, ($L_{1\sigma}$ und $L_{2\sigma}$) bleiben im wesentlichen konstant. Die sättigungsbedingten Änderungen können innerhalb kurzer Zeit ablaufen, wie z.b. bei einem Servoantrieb, sofern die Maschine sehr schnell in den Feldschwächbereich gefahren wird und der Fluß entsprechend der momentanen Drehzahl verstellt werden muß. Die temperaturbedingten Änderungen laufen dagegen sehr langsam ab.

13.6.1 Ansätze zur Parameternachführung

Um die so entstehenden Fehler der Flußschätzung zu vermeiden, gibt es verschiedene Alternative. Eine Möglichkeit ist die Verwendung eines Beobachters statt eines Modells, um durch die entstehende Mehrinformation eine geringere Empfindlichkeit gegenüber den Parameterschwankungen zu erreichen. Diese Vorgehensweise ist z.B. in [439, 395, 318] beschrieben. Ein anderer Ansatz ist, entstandene Abweichungen durch Nachführen der Modellparameter zu korrigieren. Hier lassen sich zwei grundsätzliche Vorgehensweisen unterscheiden. Eine Möglichkeit besteht darin, einen Parameter „gesteuert" nachzuführen, wenn dieser entweder selbst gemessen werden kann oder seine Abhängigkeit direkt von einer verfügbaren Größe bekannt ist. Beispiele dazu sind die Messung der Statortemperatur, um daraus den Statorwiderstand gemäß dem Temperaturkoeffizient zu ermitteln, oder die Nachführung der Hauptinduktivität M gemäß einer bekannten Sättigungskennlinie entsprechend des gerade eingestellten Flusses. In Kap. 13.6.2 wird ein Verfahren dieser Art näher beschrieben. Ein Vorteil der gesteuerten Methode ist, daß auf Veränderungen sehr schnell reagiert werden kann.

Bei der zweiten Methode wird die Information zur Nachführung aus einem Parameteridentifikationsverfahren gewonnen. Dazu gibt es eine Vielzahl von Verfahren, die an das jeweilige Problem angepaßt sind, abhängig vom verwendeten Modell, Reglerstruktur, Umrichtertyp, Verfügbarkeit von Meßwerten usw. Diese Verfahren sind zumeist wesentlich aufwendiger als die gesteuerte Methode und vor allem, wenn eine hohe Geschwindigkeit der Nachführung gefordert ist, mit relativ großer Unsicherheit behaftet. Dies liegt daran, daß meist als Kriterium für die Identifikation die Abweichungen eines mitlaufenden Modelles von realen Meßwerten verwendet wird (siehe auch Kap. 13.6.2). Diese Abweichungen sind aber im allgemeinen von allen Parametern und damit von allen Parameterfehlern und zudem von der Meßgenauigkeit beeinflußt, so daß eine eindeutige Zuordnung oft Probleme bereitet. Identifikationsverfahren werden daher bevorzugt bei langsam veränderlichen Parametern verwendet. Aus der Palette der bekannten Verfahren sollen hier einige genannt werden. Bei der von Garces [381] vorgeschlagenen Methode wird eine Hilfsfunktion

$$F_0 = -\mathrm{Im}\{\vec{U}_1 \vec{I}_1^*\} = U_{1\alpha} I_{1\beta} - U_{1\beta} I_{1\alpha} \qquad (13.194)$$

gebildet, die der vom Statorkreis aufgenommenen Blindleistung entspricht. Diese läßt sich sowohl direkt aus den realen Meßwerten als auch aus den geschätzten Größen eines Maschinenmodells berechnen und ist vom Rotorwiderstand, jedoch nicht vom Statorwiderstand der Maschine abhängig. Eine Abweichung zwischen den Ergebnissen ermöglicht daher einen direkten Rückschluß auf den Fehler des Modell–Rotorwiderstands. Eine weitere Eigenschaft dieser Funktion ist, daß sie nur während Übergangsvorgängen einen von Null verschiedenen Wert liefert. Im stationären Zustand läßt sich dieses Verfahren daher nicht anwenden. Ein weiterer Nachteil liegt darin, daß das Verfahren erst oberhalb einer gewissen Mindestdrehzahl verläßliche Ergebnisse liefert und daher in der Nähe des Stillstandes nicht benutzt werden kann.

Einen ganz anderen Weg verfolgen Verfahren, in denen zusätzlich zu den Sollwerten der Regelung im Normalbetrieb Pseudo–Rausch–Binär–Signale (PRBS) als Testsignale aufgeschaltet werden. Die Autokorrelationsfunktion dieser Testsignale hat ähnlich dem „weißen Rauschen" einen impulsförmigen Verlauf. Bei dem in [379] dargestellten Verfahren wird dieses Rauschsignal dem Stromsollwert im flußbildenden Zweig I_{1A}^* einer feldorientierten Regelung aufgeschaltet. Wenn der im Modell geschätzte Feldwinkel mit dem realen Winkel übereinstimmt, sind Fluß und Drehmoment vollständig entkoppelt, so daß im drehmomentbildenden Zweig, also bei I_{1B}, keine Reaktion auf das Testsignal feststellbar ist. Anderenfalls zeigt sich eine Reaktion, die Rückschlüsse auf den Winkelfehler und damit auf den Fehler im Rotorwiderstand erlaubt. Zur Auswertung wird die Kreuzkorrelationsfunktion zwischen dem Testsignal und dem Strom I_{1B} gebildet, die ein Maß für den Fehler gibt. Mit dieser Fehlerinformation lassen sich die Modellparameter nachführen. Nachteil bei diesem Verfahren ist, daß das Testsignal eine gewisse Mindestamplitude aufweisen muß, um eine verläßliche Auswertung zu ermöglichen. Die daraus entstehenden Störungen sind jedoch bei hochgenauen Stellantrieben im allgemeinen nicht erwünscht.

Andere Verfahren vergleichen die Ergebnisse von zwei parallel laufenden Modellen, um zusätzliche Information über die Maschinenparameter zu erhalten. In den Arbeiten [424, 358] werden z.B. zwei verschiedene Modelle verwendet, deren unterschiedliches Verhalten bei verschiedenen Betriebspunkten bekannt ist und daher zur Fehlerdetektion ausgewertet werden kann.

In [406] werden zwei gleiche Modelle mit verschiedenen Rotorwiderständen R_2' verwendet. Die Modellschätzwerte werden mit den realen Meßwerten verglichen.

So kann das gerade „bessere" Modell ermittelt und der Parameter entsprechend
nachgestellt werden.

Weitere Ausführungen zu den Themen Parameteridentifikation und Parameternachführung bzw. Modelladaption sind in [383, 382] festgehalten.

Im folgenden Abschnitt wird nun ein Verfahren zur Parameternachführung
bzw. zur Modelladaption näher erläutert.

13.6.2 Parameteradaption

Das Verfahren geht prinzipiell von der in Abb. 13.45 und 13.46 gezeigten Regler–
bzw. Modellstruktur aus. Es handelt sich also um das Strommodell im rotorflußfesten Koordinatensystem. Dem Modell liegen die bekannten Gleichungen

$$\frac{d\Psi_{2A}'}{dt} = M'\frac{R_2'}{L_2'}I_{1A}' - \frac{R_2'}{L_2'}\Psi_{2A}' \qquad (13.195)$$

$$\Omega_2' = M'\frac{R_2'}{L_2'}\frac{I_{1B}'}{\Psi_{2A}'} \qquad (13.196)$$

zugrunde, wobei die Schätzwerte der Maschinenparameter wiederum als gestrichene Größen dargestellt werden.

Wir wollen zunächst das Problem der Sättigung der Hauptinduktivität betrachten. Die Hauptinduktivität M' läßt sich als Verstärkung zwischen dem ro-
torflußbezogenen Magnetisierungsstrom I_μ' und dem Rotorfluß Ψ_{2A}' beschreiben:

$$\Psi_{2A}' = M'I_\mu' \qquad (13.197)$$

Tritt Sättigung auf, ergeben sich die in Abb. 13.65 und 13.66 dargestellten Zusammenhänge.

Die Hauptinduktivität M' und entsprechend auch die Rotorinduktivität

$$L_2' = M' + L_{\sigma 2}' \qquad (13.198)$$

sind somit abhängig von der Höhe der Magnetisierung, d.h. von I_μ'. Das bedeutet,
daß die drei Proportionalglieder im Strommodell nach Abb. 13.46 im Rechner
eine variable Verstärkung — entsprechend einer nichtlinearen Kennlinie — haben
müssen. Um den daraus entstehenden Mehraufwand zu verringern, werden die
Modellgleichungen umgeformt. Mit

$$M' = M_o'\lambda = M_o'\lambda(I_\mu'), \qquad (13.199)$$

(siehe auch Abb. 13.66) und der Einführung des fiktiven Magnetisierungsstromes
für den Rotorfluß

$$I_{\mu o}' = \frac{\Psi_{2A}'}{M_o'} \qquad (13.200)$$

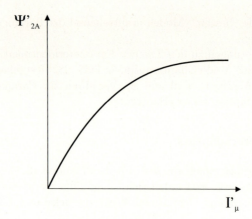

Abb. 13.65: *Sättigungskennlinie*

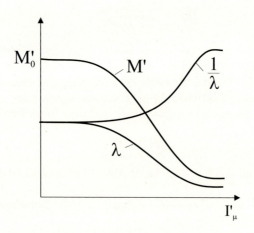

Abb. 13.66: *Sättigung der Hauptinduktivität M'*

folgt

$$\frac{d(M_o' I_{\mu o}')}{dt} = \lambda M_o' \frac{R_2'}{L_2'} I_{1A}' - M_o' \frac{R_2'}{L_2'} I_{\mu o}' \qquad (13.201)$$

$$\Omega_2' = \lambda M_o' \frac{R_2'}{L_2'} \frac{I_{1B}'}{M_o' I_{\mu o}'} \qquad (13.202)$$

und daraus:

$$\frac{dI_{\mu o}'}{dt} = \lambda \frac{R_2'}{L_2'} I_{1A}' - \frac{R_2'}{L_2'} I_{\mu o}' \qquad (13.203)$$

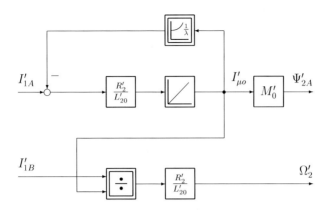

Abb. 13.67: *Flußmodell mit Sättigung*

$$\Omega_2' = \lambda \frac{R_2'}{L_2'} \frac{I_{1B}'}{I_{\mu o}'} \tag{13.204}$$

Durch die Näherung der veränderlichen Rotorinduktivität

$$L_2' = M_o' \lambda + L_{\sigma 2}' \approx (M_o' + L_{\sigma 2}')\lambda = L_{2o}'\lambda \tag{13.205}$$

erhält man schließlich:

$$\frac{dI_{\mu o}'}{dt} = \frac{R_2'}{L_{2o}'}\left(I_{1A}' - \frac{1}{\lambda}I_{\mu o}'\right) \tag{13.206}$$

$$\Omega_2' = \frac{R_2'}{L_{2o}'}\frac{I_{1B}'}{I_{\mu o}'} \tag{13.207}$$

$$\Psi_{2A}' = M_o' I_{\mu o}' \tag{13.208}$$

Der zugehörige Signalflußplan nach Abb. 13.67 zeigt, daß nun nur eine zusätzliche Nichtlinearität enthalten ist. Die Abhängigkeit von $1/\lambda$ von der Größe $I_{\mu o}'$ läßt sich aus Abb. 13.65 direkt bestimmen. In diesem Flußmodell werden damit die Parameter L_2' und M' gesteuert nachgeführt.

Zur Nachführung des Rotorwiderstands R_2' wird ein Identifikationsverfahren angewandt. Aus der bekannten Beziehung für den Rotorfluß der Asynchronmaschine

$$\vec{\Psi}_2^S = M\vec{I}_1^S + L_2\vec{I}_2^S \tag{13.209}$$

bestimmt sich der Rotorstrom zu:

$$\vec{I}_2^S = \frac{\vec{\Psi}_2^S}{L_2} - \frac{M}{L_2}\vec{I}_1^S \tag{13.210}$$

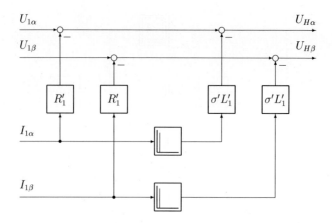

Abb. 13.68: *Statormodell zur Bestimmung der Hauptfeldspannung* $\vec{U}_H^S$

Eingesetzt in die Statorspannungsgleichung

$$
\begin{aligned}
\vec{U}_1^S &= R_1 \vec{I}_1^S + L_1 \frac{d\vec{I}_1^S}{dt} + M \frac{d\vec{I}_2^S}{dt} \\
&= R_1 \vec{I}_1^S + L_1 \frac{d\vec{I}_1^S}{dt} + \frac{M}{L_2} \frac{d\vec{\Psi}_2^S}{dt} - \frac{M^2}{L_2} \frac{d\vec{I}_1^S}{dt} \\
&= R_1 \vec{I}_1^S + L_1 \left(1 - \frac{M^2}{L_1 L_2}\right) \frac{d\vec{I}_1^S}{dt} + \frac{M}{L_2} \frac{d\vec{\Psi}_2^S}{dt}
\end{aligned} \tag{13.211}
$$

kann diese umgeformt werden zu:

$$
\vec{U}_1^S = R_1 \vec{I}_1^S + \sigma L_1 \frac{d\vec{I}_1^S}{dt} + \frac{M}{L_2} \frac{d\vec{\Psi}_2^S}{dt} \tag{13.212}
$$

Der darin enthaltene Term

$$
\frac{M}{L_2} \frac{d\vec{\Psi}_2^S}{dt} = \vec{U}_H^S \tag{13.213}
$$

wird als Hauptfeldspannung bezeichnet, welche sich gemäß

$$
\vec{U}_H^S = \vec{U}_1^S - R_1' \vec{I}_1^S - \sigma' L_1' \frac{d\vec{I}_1^S}{dt} \tag{13.214}
$$

aus den realen Meßwerten von Statorstrom und Statorspannung der Maschine berechnen läßt. In Abb. 13.68 ist das Modell des Statorkreises mit den Parametern R_1' und $\sigma' L_1'$, die als bekannt vorausgesetzt werden, dargestellt.

Aus dem Rotorfluß $\vec{\Psi}_2'^K$, der im Abschnitt des Strommodells berechnet wurde, bestimmt sich die **Modell**–Hauptfeldspannung $\vec{U}_H'^S$ zu:

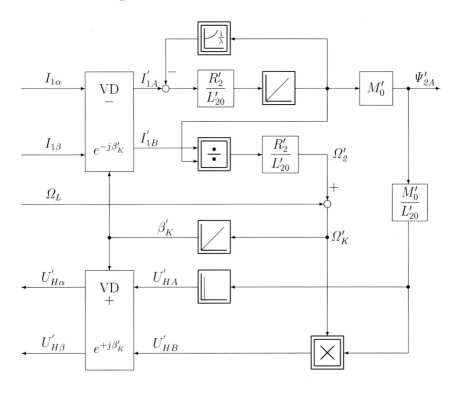

Abb. 13.69: *Berechnung der Hauptfeldspannung mit dem Flußmodell*

$$\vec{U}_H'^S = \frac{M'}{L_2'}\frac{d}{dt}\left(\vec{\Psi}_2'^K e^{j\beta_K'}\right) = \frac{M'}{L_2'}\frac{d}{dt}\left(\Psi_{2A}' e^{j\beta_K'}\right) \tag{13.215}$$

$$= \frac{M_o'\lambda}{L_{2o}'\lambda}\left(\frac{d\Psi_{2A}'}{dt} + j\Omega_K'\Psi_{2A}'\right)e^{j\beta_K'} \tag{13.216}$$

$$\vec{U}_H'^S = \frac{M_o'}{L_{2o}'}\left(\frac{d\Psi_{2A}'}{dt} + j\Omega_K'\Psi_{2A}'\right)e^{j\beta_K'} \tag{13.217}$$

Das bekannte Flußmodell und die Berechnung der geschätzten Hauptfeldspannung sind in Abb. 13.69 als Signalflußplan dargestellt.

Vergleicht man nun die mit Hilfe des Flußmodells geschätzte Hauptfeldspannung $\vec{U}_H'^S$ mit der aus den Meßwerten gewonnenen Spannung $\vec{U}_H^S$, so lassen sich aus den Abweichungen Rückschlüsse auf den Flußmodellfehler, insbesondere auf den Fehler in R_2' ziehen. Hierbei wird davon ausgegangen, daß durch die Sättigung keine relevanten Fehler mehr entstehen, und daß zugleich der Fehler, der durch die endlich genaue Kenntnis der Statorparameter R_1' und $\sigma' L_1'$ entsteht, vernachlässigbar ist.

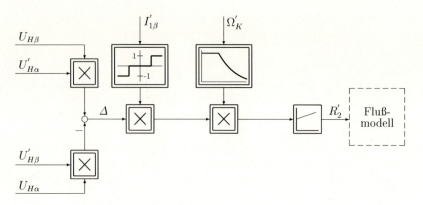

Abb. 13.70: *Nachführung des Rotorwiderstands R_2'*

Zur Auswertung des momentanen R_2'-Fehlers wird die Phasendifferenz zwischen $\vec{U}_H'$ und $\vec{U}_H$ durch den Ausdruck

$$\Delta = \operatorname{Im}\left\{\vec{U}_H \vec{U}_H'^*\right\}$$

$$= U_{H\alpha}' \cdot U_{H\beta} - U_{H\alpha} \cdot U_{H\beta}' \qquad (13.218)$$

angenähert. Diese Größe ist ein Maß für den Fehler in R_2', welcher nur gering von anderen Maschinenparametern abhängt. Das Vorzeichen des Fehlers ist dabei durch das Vorzeichen des Drehmoments bzw. durch das Vorzeichen von I_{1B}' zu korrigieren. Unterhalb eines bestimmten Schwellwerts des Drehmoments bzw. von I_{1B}' wird die Parameternachführung abgeschaltet, da ohne Moment der Rotorstrom zu Null wird und somit auch der Rotorwiderstand nicht identifiziert werden kann. Diese Begrenzung der Adaption wird durch den nichtlinearen Block mit toter Zone in Abb. 13.70 realisiert. Der zweite nichtlineare Block kompensiert die Abhängigkeit der Fehlerberechnung von der momentanen Umlauffrequenz Ω_K' des am Rotorfluß orientierten Koordinatensystems.

Die so gewonnene Fehlerinformation wird einem PI–Regler zugeführt, dessen I–Anteil den Modell–Rotorwiderstand R_2' so lange nachführt, bis dessen Fehler zu Null wird.

Auch an dieser Stelle sei nochmals auf Kap. 14 und insbesondere die Literaturstellen hingewiesen, in denen die Problematik der Fehleradaption ausführlich dargestellt wird. In der Literaturaufstellung sind insbesondere folgende neuere Veröffentlichungen [355, 372, 392, 393, 394, 409, 413, 414, 429, 438] angegeben. Außerdem sei Kap. 13.9 genannt, in dem auf Rückwirkungen ungünstiger Lösungen bei der Signalverarbeitung und Abhilfemaßnahmen hingewiesen wird.

13.7   Asynchronmaschine in normierter Darstellung

Die Normierung von Maschinengleichungen bietet den Vorteil, daß die Behandlung von Systemen in Rechenprogrammen vereinfacht wird und alle Größen ihre Einheiten verlieren. Außerdem ergeben sich in etwa gleiche Zahlenwerte für Maschinen verschiedener Größe und damit eine bessere Vergleichbarkeit.

Im folgenden werden für normierte Größen Kleinbuchstaben und für nicht normierte Größen wie bisher Großbuchstaben verwendet.

Bei der hier gezeigten Normierung der Asynchronmaschine wird als Basis für das Normierungssystem die Normierung von Spannung, Strom, Frequenz und Drehmoment entsprechend den Nennwerten der jeweiligen Maschine zugrunde gelegt. Die Zeit wird bei diesem Normierungssystem nicht normiert. Demnach gilt:

$$U_{Norm} \; = \; U_{1N} \cdot \sqrt{2} \tag{13.219}$$

$$I_{Norm} \; = \; I_{1N} \cdot \sqrt{2} \tag{13.220}$$

$$F_{Norm} \; = \; F_{1N} \; ; \qquad \Omega_{Norm} \; = \; \Omega_{1N} \; = \; 2\pi F_{1N} \tag{13.221}$$

$$M_{Norm} \; = \; \frac{P_N}{2\pi N_N} \tag{13.222}$$

Die Spannung wird also mit dem Scheitelwert der Strangspannung im Nennpunkt normiert, der Strom in analoger Weise. Frequenzen werden mit der Statornennfrequenz, Momente mit dem Nennmoment normiert. Dabei ist P_N die mechanische Leistung und N_N die Drehzahl im Nennpunkt der Maschine (Nenndrehzahl $N_N \neq$ Leerlaufnenndrehzahl N_{0N}). Entsprechend ergeben sich die Normierungsgleichungen:

$$\vec{i}_1 \; = \; \frac{\vec{I}_1}{I_{Norm}} \; ; \qquad \vec{i}_2 \; = \; \frac{\vec{I}_2}{I_{Norm}} \tag{13.223}$$

$$\vec{u}_1 \; = \; \frac{\vec{U}_1}{U_{Norm}} \; ; \qquad \vec{u}_2 \; = \; \frac{\vec{U}_2}{U_{Norm}} \tag{13.224}$$

$$f_1 \; = \; \frac{\Omega_1}{\Omega_{Norm}} \; = \; \frac{\Omega_1}{2\pi F_{1N}} \; = \; \frac{F_1}{F_{1N}} \tag{13.225}$$

$$m_{Mi} \; = \; \frac{2\pi N_N}{P_N} M_{Mi} \tag{13.226}$$

Die Normierung aller übrigen Größen wird von diesen Normierungen abgeleitet.

Die Drehzahl wird mit der Leerlaufnenndrehzahl normiert:

$$N_{Norm} \; = \; N_{0N} \; = \; \frac{F_{1N}}{Z_p} \tag{13.227}$$

$$n \; = \; \frac{N}{F_{1N}/Z_p} \; = \; \frac{\Omega_m}{2\pi F_{1N}/Z_p} \; = \; \frac{\Omega_m}{\Omega_{1N}/Z_p} \; = \; \frac{\Omega_L}{\Omega_{1N}} \tag{13.228}$$

Für Widerstände ergibt sich allgemein:

$$Z_{Norm} \; = \; \frac{U_{Norm}}{I_{Norm}} \qquad \longrightarrow \qquad z \; = \; \frac{Z}{Z_{Norm}} \; = \; Z \cdot \frac{I_{Norm}}{U_{Norm}} \tag{13.229}$$

z.B.

$$r_1 \; = \; R_1 \cdot \frac{I_{Norm}}{U_{Norm}} \; = \; R_1 \cdot \frac{I_{1N}}{U_{1N}} \tag{13.230}$$

Zur Normierung der Induktivitäten und Gegeninduktivitäten werden zunächst Reaktanzen gebildet gemäß:

$$X_{\sigma1} \; = \; \Omega_{1N} \cdot L_{\sigma1} \; ; \qquad X_1 \; - \; \Omega_{1N} \; L_1 \; ; \qquad \ldots \tag{13.231}$$

Die zur Gegeninduktivität M gehörige Reaktanz wird allgemein als Hauptreaktanz bezeichnet:

$$X_H \; = \; \Omega_{1N} \cdot M \tag{13.232}$$

Das weitere Vorgehen ist wie bei den Widerständen, z.B.

$$x_{\sigma1} \; = \; X_{\sigma1} \cdot \frac{I_{Norm}}{U_{Norm}} \; = \; L_{\sigma1} \cdot \Omega_{1N} \cdot \frac{I_{Norm}}{U_{Norm}} \tag{13.233}$$

Die übrigen Maschinengrößen werden in folgender Weise normiert:

$$\Psi_{Norm} \; = \; \frac{U_{1N} \cdot \sqrt{2}}{2\pi F_{1N}} \; = \; \frac{U_{Norm}}{\Omega_{Norm}} \qquad \longrightarrow \qquad \vec{\psi}_1 \; = \; \frac{\vec{\Psi}_1}{\Psi_{Norm}} \; = \; \frac{\Omega_{Norm}}{U_{Norm}} \cdot \vec{\Psi}_1 \tag{13.234}$$

$$P_{Norm} \; = \; 3 \cdot U_{1N} I_{1N} \qquad \longrightarrow \qquad p \; = \; \frac{P}{P_{Norm}} \; = \; \frac{P}{3 \cdot U_{1N} I_{1N}} \tag{13.235}$$

Dieses Normierungssystem soll nun auf die grundlegenden Maschinengleichungen im allgemeinen bewegten K–Koordinatensystem aus Kap. 13.1 angewendet werden:

$$\vec{U}_1^K \; = \; R_1 \, \vec{I}_1^K \; + \; \frac{d\vec{\Psi}_1^K}{dt} \; + \; j\,\Omega_K \, \vec{\Psi}_1^K \tag{13.236}$$

$$\vec{U}_2^K \; = \; R_2 \, \vec{I}_2^K \; + \; \frac{d\vec{\Psi}_2^K}{dt} \; + \; j\,\Omega_2 \, \vec{\Psi}_2^K \tag{13.237}$$

mit: $\qquad \Omega_2 \; = \; \Omega_K \; - \; \Omega_L$

$$\vec{\Psi}_1^K = L_1 \vec{I}_1^K + L_H \vec{I}_2^K \tag{13.238}$$

$$\vec{\Psi}_2^K = L_H \vec{I}_1^K + L_2 \vec{I}_2^K \tag{13.239}$$

$$M_{Mi} = \frac{3}{2} Z_p \, \mathrm{Im} \left\{ \vec{\Psi}_1^{*K} \cdot \vec{I}_1^K \right\} \tag{13.240}$$

$$\Theta \frac{d\Omega_m}{dt} = M_{Mi} - M_W \tag{13.241}$$

Aus der Statorspannungsgleichung ergibt sich durch Einsetzen der Normierungsgleichungen:

$$\vec{u}_1^K \, U_{Norm} = r_1 \frac{U_{Norm}}{I_{Norm}} \cdot \vec{i}_1^K I_{Norm} + \frac{d\psi_1^K}{dt} \cdot \frac{U_{Norm}}{2\pi F_{1N}} + j \, 2\pi F_{1N} \cdot f_K \cdot \vec{\psi}_1^K \frac{U_{Norm}}{2\pi F_{1N}} \tag{13.242}$$

Mit $T_N = \dfrac{1}{2\pi F_{1N}}$ entsteht:

$$\vec{u}_1^K = r_1 \vec{i}_1^K + T_N \frac{d\vec{\psi}_1^K}{dt} + j \, f_K \vec{\psi}_1^K \tag{13.243}$$

Für die Rotorspannungsgleichung ergibt sich entsprechend:

$$\vec{u}_2^K = r_2 \vec{i}_2^K + T_N \frac{d\vec{\psi}_2^K}{dt} + j \, f_2 \vec{\psi}_2^K \tag{13.244}$$

Zur Normierung der Statorflußgleichung werden zunächst Reaktanzen eingeführt:

$$\vec{\psi}_1^K = \frac{X_1}{\Omega_{Norm}} \vec{I}_1^K + \frac{X_H}{\Omega_{Norm}} \vec{I}_2^K \tag{13.245}$$

Mit

$$\vec{\psi}_1^K \frac{U_{Norm}}{\Omega_{Norm}} = x_1 \frac{U_{Norm}}{\Omega_{Norm} I_{Norm}} \cdot \vec{I}_1^K I_{Norm} + x_H \frac{U_{Norm}}{\Omega_{Norm} I_{Norm}} \cdot \vec{I}_2^K I_{Norm} \tag{13.246}$$

errechnet sich die normierte Gleichung für den Statorfluß:

$$\vec{\psi}_1^K = x_1 \vec{i}_1^K + x_H \vec{i}_2^K \tag{13.247}$$

und analog für den Rotorfluß:

$$\vec{\psi}_2^K = x_H \vec{i}_1^K + x_2 \vec{i}_2^K \tag{13.248}$$

Die Anwendung der Normierung auf die Drehmomentgleichung ergibt:

$$\frac{P_N}{2\pi N_N} m_{Mi} = \frac{3}{2} Z_p \, \mathrm{Im} \left\{ \vec{\psi}_1^{*K} \frac{U_{Norm}}{2\pi F_{1N}} \cdot \vec{i}_1^K I_{Norm} \right\} \tag{13.249}$$

$$
\begin{aligned}
m_{Mi} &= \frac{2\pi N_N Z_p}{P_N} \cdot \frac{3\sqrt{2}\,U_{1N}\,\sqrt{2}\,I_{1N}}{2 \cdot 2\pi F_{1N}} \operatorname{Im}\left\{ \vec{\psi}_1^{*K} \cdot \vec{i}_1^{K} \right\} \\
&= \frac{n_N}{p_N} \operatorname{Im}\left\{ \vec{\psi}_1^{*K} \cdot \vec{i}_1^{K} \right\} \\
&= \frac{1 - f_{2N}}{p_N} \operatorname{Im}\left\{ \vec{\psi}_1^{*K} \cdot \vec{i}_1^{K} \right\}
\end{aligned}
\tag{13.250}
$$

Dabei ist $f_{2N} = s_N$ die normierte Rotorfrequenz bzw. der Schlupf im Nennpunkt der Maschine und p_N die normierte Nennleistung.

Für die Bewegungsgleichung ergibt sich:

$$
\Theta \frac{dn}{dt} \cdot \frac{2\pi F_{1N}}{Z_p} = (m_{Mi} - m_W) \cdot M_{Norm}
\tag{13.251}
$$

$$
T_{\Theta N} \frac{dn}{dt} = m_{Mi} - m_W
\tag{13.252}
$$

Die Zeitkonstante $T_{\Theta N}$ wird als Trägheitsnennzeitkonstante bezeichnet.

$$
T_{\Theta N} = \frac{\Theta\, 2\pi F_{1N}}{Z_p\, M_N}
\tag{13.253}
$$

Damit sind alle grundlegenden Gleichungen in normierter Darstellung angegeben. Alle abgeleiteten Gleichungen lassen sich analog zur unnormierten Darstellung herleiten.

Beispielsweise ergibt sich aus den Spannungsgleichungen durch Elimination der Ströme:

$$
T_N \frac{d\vec{\psi}_1^{K}}{dt} = \vec{u}_1^{K} - \frac{r_1}{\sigma x_1} \vec{\psi}_1^{K} + \frac{r_1 x_H}{\sigma x_1 x_2} \vec{\psi}_2^{K} - j\, f_K\, \vec{\psi}_1^{K}
\tag{13.254}
$$

$$
T_N \frac{d\vec{\psi}_2^{K}}{dt} = \vec{u}_2^{K} - \frac{r_2}{\sigma x_2} \vec{\psi}_2^{K} + \frac{r_2 x_H}{\sigma x_1 x_2} \vec{\psi}_1^{K} - j\, f_2\, \vec{\psi}_2^{K}
\tag{13.255}
$$

wobei: $f_2 = f_K - n$

Die Drehmomentgleichung kann abhängig vom Statorfluß und vom Rotorstrom geschrieben werden:

$$
m_{Mi} = k_m \cdot \frac{x_H}{x_1} \left(\psi_{1B}\, i_{2A} - \psi_{1A}\, i_{2B} \right)
\tag{13.256}
$$

mit: $k_m = \dfrac{1 - f_{2N}}{p_N}$

Aus diesen Gleichungen läßt sich analog zu Abb. 13.7 der normierte Signalfluß-plan nach Abb. 13.71 zeichnen.

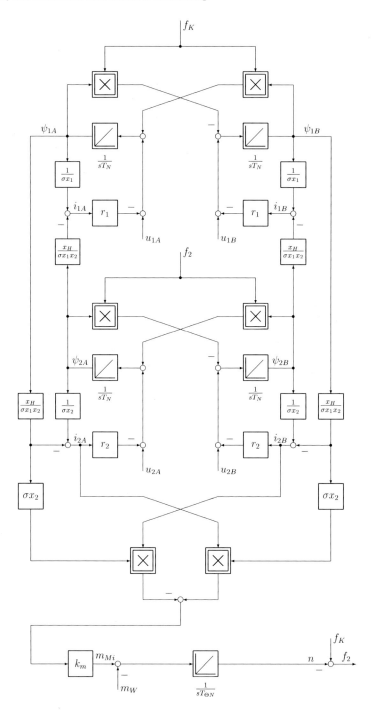

Abb. 13.71: *Signalflußplan der normierten Asynchronmaschine*

13.8   Feldschwächbetrieb der Asynchronmaschine

In Kap. 13.4.4 war die feldorientierte Regelung der Asynchronmaschine im Ankerstellbereich und in Kap. 13.5 die Modellbildung zur Ermittlung der Orientierung
und der Amplitude des Flusses Ψ sowie der Rotorfrequenz Ω_2 dargestellt worden.
In Abb. 13.43 war die Feldschwächung prinzipiell dargestellt worden, indem der
Drehzahlsollwert Ω_m^* über eine nichtlineare Kennlinie den Flußsollwert Ψ_{2A}^* vorgibt. Wie bereits bei der Gleichstrom–Nebenschlußmaschine (GNM) ausführlich
diskutiert wurde, ist das Drehmoment M_{Mi} aber eine Funktion vom Ankerstrom
I_A und dem Erregerfluß Ψ_E:

$$m_{Mi} = i_A \cdot \psi_E \tag{13.257}$$

In gleicher Weise ist aus Gl. (13.115) und Abb. 13.17 zu entnehmen, daß bei der
Asynchronmaschine mit eingeprägten Statorströmen und Rotorfluß–Orientierung
gilt:

$$M_{Mi} = \frac{3}{2} Z_p \frac{M}{L_2} \Psi_{2A} \cdot I_{1B} \tag{13.258}$$

Dies bedeutet, daß wie bei der GNM gilt:

$$\text{Ankerstellbereich:} \quad \Psi_0 \;=\; \Psi_{2AN} \;:\; \quad T_{\Theta N}^* \;=\; T_{\Theta N}$$

$$\text{Feldschwächbereich:} \quad \Psi_0 \;<\; \Psi_{2AN} \;:\; \quad T_{\Theta N}^* \;=\; \frac{T_{\Theta N}}{\Psi_0} \;>\; T_{\Theta N}$$

Mit zunehmender Feldschwächung ergibt sich somit eine regelungstechnisch ver-
ringerte Verstärkung des integrierenden mechanischen Systemteils, d.h. die Multiplikation mit Ψ_{2A} in Gl. (13.258) muß mit einer Division durch Ψ_{2A} beim Drehzahlregler kompensiert werden, damit gilt:

$$I_{1B}^* \;=\; \frac{2}{3Z_p} \frac{L_2}{M} \cdot \frac{1}{\Psi_{2A}} \cdot M_{Mi}^* \tag{13.259}$$

$$I_{1B}^* \;=\; K_1 \cdot \frac{1}{\Psi_{2A}} \cdot M_{Mi}^* \tag{13.260}$$

Aus der Gleichung

$$M I_{1B}^* = \Omega_2 \, T_2 \, \Psi_{2A} \tag{13.261}$$

zur Einhaltung der Bedingung $\Psi_{2B} = \dfrac{d\Psi_{2B}}{dt} = 0$ ergibt sich außerdem:

$$\Omega_2 = \frac{M}{T_2} \cdot \frac{1}{\Psi_{2A}} \cdot I_{1B}^* = K_2 \cdot \frac{1}{\Psi_{2A}} \cdot I_{1B}^* \tag{13.262}$$

d.h. auch im Strommodell muß wie in Abb. 13.46 die Division durch Ψ_{2A} berücksichtigt werden. Im Ankerstellbereich kann die Division in der normierten Darstellung aufgrund $\psi_{2A} = 1$ entfallen. Damit ergibt sich eine Abänderung des Signalflußplans entsprechend Abb. 13.72.

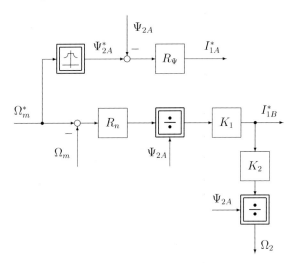

Abb. 13.72: *Signalflußplan des adaptiven Drehzahlreglers bei Feldschwächung*

In gleicher Weise kann der Feldschwächbereich bei Orientierung des Koordinatensystems K am Stator– oder Luftspaltfluß berücksichtigt werden.

In Kap. 13.4.4, Abb. 13.43 war eine prinzipielle Darstellung für den Signalflußplan zur Feldschwächung vorgestellt worden. In diesem Kapitel wurde diese Darstellung erweitert. Eine sehr allgemeine und umfassende Darstellung der Steuerverfahren erfolgt in Kap. 16.7. Darin werden wie bei der Gleichstrommaschine (siehe Abb. 3.44 in [36]) drei Bereiche unterschieden. Außerdem sei auf Kap. 7.2 verwiesen.

Im allgemeinen sind die Stromsollwerte I_{1A}^* und I_{1B}^* in der Amplitude begrenzt. In diesem Fall muß, wie bereits in Kap. 7.1.2.2 (GNM) diskutiert, der Integratoranteil des Drehzahlreglers während der Begrenzungsdauer festgehalten werden. Weitergehende Erläuterungen finden sich in Kap. 5.6 (Windup).

13.9 Einschränkungen bei der Realisierung der Regelung von Drehfeldantrieben

In den obigen Beispielen wurde überwiegend eine idealisierte Darstellung des Systems „geregelte Drehfeldmaschine" angenommen. Bei der Realisierung der feldorientierten Regelung oder der Entkopplungsregelung können Unterschiede zwischen der Idealisierung und der Realität auftreten, von denen nun einige diskutiert werden. Folgende Ursachen sind von wesentlicher Bedeutung:

- Wird die Regelung mittels eines Mikroprozessors oder DSP[1] realisiert, dann werden die Stell– und Meßgrößen abgetastet. Ebenso ist eine Tiefpaßfilterung der Meßwerte notwendig (Anti–Aliasing–Filter). Dies führt zu Verzögerungen bzw. Totzeiten im Regelkreis. Eine ähnliche Abweichung vom idealisierten Zustand tritt ein, wenn entsprechend Abb. 13.40 eine Stromregelung realisiert wird und damit das dynamische Verhalten des Stromregelkreises zwischen dem Soll– und dem Istwert zu beachten ist.

- In realen Maschinen treten Sättigungseffekte und die Hysterese des Eisens auf. Dadurch weicht das Verhalten von dem idealisierter Maschinenmodelle ab.

- Wird die ASM mit Spannungseinprägung betrieben, die feldorientierte Regelung (bzw. Sollwertvorgabe) aber auf Stromeinprägung ausgelegt, ist eine Entkopplungsstruktur notwendig, die differenzierende Anteile enthält. Um die auftretenden Stellgrößen zu begrenzen, ist eine nicht–ideale Realisierung der Ableitungen nach der Zeit als DT_1–Glieder erforderlich.

Die angesprochenen Punkte gelten allgemein für Drehfeldantriebe und werden beispielhaft an ASM–Regelungen veranschaulicht.

13.9.1 Abtastender Regler

Diskrete Regler tasten Eingangs– und Ausgangssignale mit Haltegliedern nullter Ordnung ab. Zusammen mit der Verarbeitungszeit des Reglers bewirkt dies eine mittlere Totzeit im Regelkreis von mindestens einer halben Zykluszeit. Diese führt zu einer Phasenverschiebung zwischen Soll– und Ist–Raumzeigern, wie im Vergleich von Abb. 13.73 mit 13.74 bei einer Entkopplungsregelung erkennbar ist.[2]

Die genannte Phasendrehung entspricht in etwa dem durch $\Delta\varphi = \Omega_1 T_v$ festgelegten Winkel. Mit der Verzögerungszeit $T_v \approx T = 110\,\mu s$ und der Speisefrequenz $\Omega_1 \approx 840\,rad/s$ ergibt sich so ein zusätzlicher Winkel $\Delta\varphi = 5,3°$ in Abb. 13 74

---

[1] Digital Signal Processor
[2] Daten der ASM: $R_1 = 12\,m\Omega$, $R_2 = 4,6\,m\Omega$, $L_1 = 759\,\mu H$, $L_2 = 830\,\mu H$, $M = 751\,\mu H$, $\Psi = 27,3\,mVs$, $Z_p = 8$, $\Omega_m = 105\,rad/s = const$. Die Differenzierer werden mit einer Zeitkonstante von $\tau = 20\,\mu s$ geglättet, sofern nichts anderes angegeben ist.

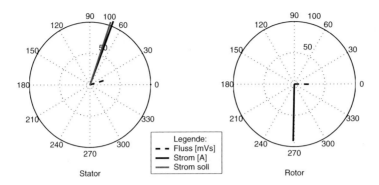

Abb. 13.73: *Raumzeiger einiger Stator– und Rotorgrößen bei nahezu idealem System*

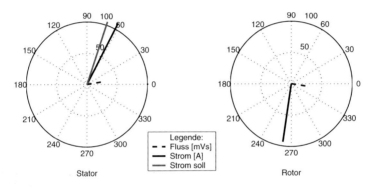

Abb. 13.74: *Raumzeiger einiger Stator– und Rotorgrößen bei abgetastetem System mit $T_a = 110\,\mu s$*

zwischen Soll– und Istwert des Stator–Stromraumzeigers. Zu der Verzögerungszeit T_v tragen alle Abtastvorgänge, Totzeiten sowie Meßwertglättungen, Filterlaufzeiten und der selbstgeführte Stromrichter anteilig bei.

Die Phasendrehung wiederum führt zu einem gegenseitigen Übersprechen der Real– und Imaginärkomponenten (siehe auch Abb. 13.75). Aus Sicht des Sollwert–Koordinatensystems erscheinen die Maschinengrößen deshalb um den entsprechenden Winkel verzögert. Bei einer reinen Entkopplungsregelung bedeutet dies keine Schwierigkeit, solange gleichartig wirkende Größen (z.B. Real– und Imaginärkomponente des Soll–Spannungsraumzeigers) synchron abgetastet werden, da die relative Phasenlage der Raumzeiger zueinander gesteuert und nicht geregelt wird.

Bei einer feldorientierten Regelung dagegen besteht eine Rückkopplung über den gemessenen Stator–Stromraumzeiger und gegebenenfalls Maschinenmodelle, wodurch sich, je nach Ausmaß der Verzögerung bzw. Abtast–Totzeit für die Soll-

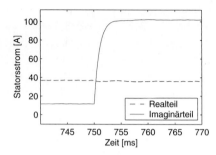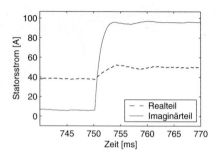

Abb. 13.75: *Übersprechen der Real– und Imaginärkomponenten des Stator–Strom–raumzeigers bei einer Abtastzeit von $T_a = 110\,\mu s$ (rechts) zum Idealfall ohne Abtastung (links)*

werte (Vorwärtszweig), eine verschlechterte Regelgüte bis hin zur Instabilität des Systems einstellen kann.

In gleicher Weise wirken sich bei feldorientierter Regelung auch Abtast–vorgänge im Meßzweig (Rückwärtszweig, z.B. Einlesen der Strom–Meßwerte) aus.

Die Schwierigkeit der Verkopplung durch die Verzögerungszeit im Vorwärts–zweig kann durch eine geeignete Ausführung der Stromregelung in Abb. 13.40 vermieden werden. Eine Lösung sind Stromregelungen nach dem Hystereseverfahren. Bei einer Regelung der kartesischen Komponenten I_{1A} und I_{1B} bzw. $I_{1\alpha}$ und $I_{1\beta}$ wird die Spitze des Sollraumzeigers $\vec{I}_1^K$ bzw. $\vec{I}_1^S$ vom Hexagon der drei Hysteresebänder der drei realen Statorströme I_{1a}, I_{1b}, I_{1c} umgeben. Die Spitze des Istraumzeigers umfaßt alle Punkte innerhalb dieses Hysterese–Hexagons, d.h. der Istraumzeiger kann sowohl vor– oder nacheilend als auch kleiner oder größer als der Sollraumzeiger sein. Dies bedeutet, im statistischen Mittel stimmen Soll– und Istraumzeiger in Betrag und Phase überein. Die diesbezüglichen Verfahren sind in Kap. 15 dargestellt. Besonders vorteilhaft sind prädiktive Stromregelver–fahren (online erzeugte Pulsmuster), da außerdem noch die Schaltfrequenz des selbstgeführten Wechselrichters minimiert wird.

Eine andere Möglichkeit besteht in der Berücksichtigung der zeitdiskreten Ar–beitsweise der Signalverarbeitung und des selbstgeführten Wechselrichters [399].

13.9.2 Sättigungseffekte

Es treten in einer realen Drehfeldmaschine Sättigungseffekte auf, die dazu führen, daß der Fluß der Drehfeldmaschine bei hohem Magnetisierungsstrom nicht mehr linear mit diesen zunimmt. Wird dieser Effekt nicht im Maschinenmodell bzw. in der Steuerbedingung berücksichtigt, führt dies, bedingt durch die Nichtlinearität der Sättigung generell zu einer Abweichung des tatsächlichen Flusses von seinem Sollwert.

Bei der feldorientierten Regelung wird beim Strommodell nach Abb. 13.46 mit dem Strom I_{1A} der Rotorfluß Ψ_{2A} festgelegt. Bei Sättigungseinfluß muß somit die nichtlineare Hysteresekennlinie berücksichtigt werden, um diesen Fehler zu verhindern. Außerdem wird aber mit dem momentbildenden Strom I_{1B} die Rotorkreisfrequenz Ω_2 gebildet, so daß außer der fehlerhaften Bestimmung des Flusses Ψ_{2A} auch noch eine fehlerhafte Bestimmung von Ω_2 infolge des geschätzten Flusses Ψ_{2A} auftreten kann.

Dieser Effekt ist in Abb. 13.76 für den oben gezeigten Fall eines positiven Lastsprungs bei konstanter Drehzahl einer ASM gezeigt. Die auftretende Zeitkonstante, mit der der Fluß einschwingt, entspricht der Rotorzeitkonstante $T_2 = L_2/R_2$, welche im vorliegenden Fall $180\,ms$ beträgt. Das dynamische Verhalten ist sowohl beim Aufbau des Flusses zu Beginn wie auch bei der Änderung des Flusses nach einem Lastwechsel bei $0,75\,s$ zu erkennen. Der Einfluß des geschätzten Flusses auf Ω_2 und die entsprechende Winkeländerung des Flußraumzeigers führt zu dem deutlich erkennbaren Übersprechen. Um diese unerwünschten Einflüsse zu vermindern, ist in beiden Signalpfaden des Strommodells — entsprechend bei allen anderen Modellen in Kap. 13.5 — die Berücksichtigung des Sättigungeinflusses notwendig. Beispielhaft ist dies für die Flußermittlung in Abb. 13.67 durchgeführt. Weitere Informationen zur Berücksichtigung der Sättigung sind in [36], Kap. 3.1, dargestellt.

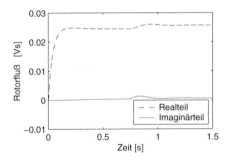

Abb.13.76: *Auswirkung der Sättigungseffekte bei feldorientierter Regelung der ASM, positiver Lastsprung von 3 auf 28 Nm bei 0,75 s*

13.9.3 Realisierbare Entkopplungsstruktur

In der Entkopplungsstruktur für eingeprägte Statorspannungen gemäß Abb. 13.25 sind Differenzierer eingesetzt. Diese lassen sich teilweise durch Umformen des Signalflußplans in Strukturen mit Integrierern umwandeln. Die verbleibenden Differenzierer müssen dagegen — der besseren Realisierbarkeit wegen — durch DT$_1$–Glieder ersetzt werden. Dabei ist die Zeitkonstante zur Glättung möglichst klein zu wählen, um die dadurch verursachte Verzögerung zu minimieren. Diese wirkt sich als eine zusätzliche Phasendrehung bzw. Verzerrung zwischen Soll- und Istgrößen aus.

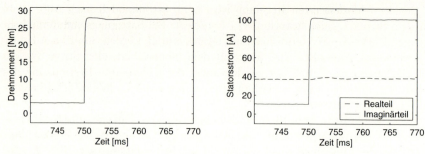

Abb. 13.77: *Drehmoment und Statorströme bei minimaler Glättung ($\tau = 20\,\mu s$)* *innerhalb der Entkopplungsstruktur*

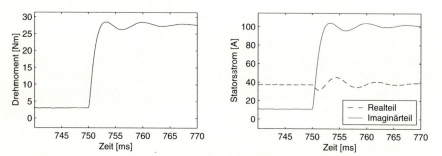

Abb. 13.78: *Drehmoment und Statorströme bei einer Glättungszeitkonstante von* $200\,\mu s$ *der DT_1–Glieder in der Entkopplungsstruktur*

Ein weiterer Effekt dieser Glättung ist ein verstärktes Einschwingen bei Änderungen des Betriebspunkts der ASM, wie im Vergleich von Abb. 13.77 (mit minimaler Glättung) und Abb. 13.78 (Glättung mit $200\,\mu s$) für einen Drehmomentsprung bei konstanter Drehzahl der ASM gezeigt wird. Die Problematik der Glättung und insbesondere der Abtastzeiten kann durch eine analog implementierte Stromregelung abgeschwächt werden. Theoretisch kann dafür eine Hystereseregelung jeweils für den Real– und Imaginärteil des Stator–Stromraumzeigers eingesetzt werden, wobei Fragen des Meßrauschens sowie der maximal zulässigen Schaltgrenzen der verwendeten Halbleiter zu berücksichtigen sind.

Wie oben bereits diskutiert, stimmt bei Hysterese–Stromreglern die Phasenlage und die Amplitude des Ist–Stromraumzeigers im Mittel mit dem Soll–Stromraumzeiger überein. Daher ist keine Entkopplungsstruktur mehr notwendig und somit auch keine DT_1–Glieder mit der Zeitkonstante τ. Als Fehler bleiben lediglich die augenblicklichen Abweichungen des Stromraumzeigers infolge des Hysteresebands bestehen.

Entsprechende Strom– und Drehmomentverläufe wurden in Abb. 13.79 simuliert. Idealisierend wurden keine Verzögerungszeiten durch Messung oder Totzeiten bzw. Abtastglieder implementiert. Hochfrequente Störungen der Signale müssen jedoch durch geeignete Signalfilterung unterdrückt und die damit verbun-

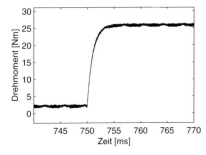 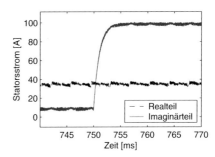

Abb. 13.79: *Drehmoment und Statorströme bei Hystereseregelung des Stator–Stromraumzeigers*

dene Verzögerungszeitkonstante bei der Auslegung der Hystereseregelung berücksichtigt werden.

Bei einer softwaregesteuerten Hystereseregelung sind zusätzlich Abtastzeiten und Rechentotzeiten zu berücksichtigen. Diese wirken sich entsprechend ihrer Lage unterschiedlich aus:

- Verzögerungen im Sollwertzweig (I_1^*) verzögern das Ansprechverhalten (z.B. einer Drehzahlregelung). Geringe Verzögerungen wirken sich aber kaum aus, sofern sie nicht die Charakteristik oder Stabilität der Flussregelung beeinflussen.

- Geringe Verzögerungen im Frequenzzweig (Ω_1^* bzw. Ω_2^*) bewirken eine allmähliche Drift (Drehung) des (gedachten) Maschinen–Koordinatensystems, haben auf das Regelverhalten jedoch geringe Auswirkung.

- Verzögerungen im Zweig der Spannungsgenerierung (U_1, Vorwärtszweig) bzw. der Strommessung (I_1, Rückwärtszweig) beeinflussen in jedem Fall das Schaltverhalten (Bereich der Schaltfrequenz, Toleranzband) der Hystereseregelung. Verzögerungen im Vorwärtszweig wirken sich auf das Ansprechverhalten bezüglich Änderungen im Strom–Sollwert aus.

13.9.4 Zusammenfassung

Abschließend bleibt festzuhalten, daß bei der Realisierung geregelter Drehfeldantriebe insbesondere Verzögerungen (z.B. durch Sensoren, Filterung, Abtastung, Totzeiten) der Signale beachtet werden müssen. Wird dadurch die Stabilität feldorientierter Regelungen beeinträchtigt, müssen diese Verzögerungen minimiert werden. Als Abhilfe kann auch eine entsprechende Phasenkorrektur vorgesehen oder z.B. eine Hysterese–Stromregelung eingesetzt werden.

Des weiteren sind Abweichungen des realen Maschinenverhaltens von den zur Regelung verwendeten Maschinenmodellen zu berücksichtigen, wie sie z.B. durch Sättigungseffekte und nicht–ideale Differenzierer der Entkopplungsstruktur bei Spannungeinprägung entstehen.

14 Regelung von Drehfeldmaschinen ohne Drehzahlsensor

14.1 Einführung

In den bisherigen Kapiteln wird beispielsweise bei der Regelung von Drehfeldmaschinen mittels Entkopplung oder der feldorientierten Regelung ein Drehzahlsensor bei der Asynchronmaschine oder ein Lagegeber bei der Synchronmaschine vorausgesetzt. Es besteht nun der Wunsch, diese Sensoren zu vermeiden und vorzugsweise nur die leicht zugänglichen Signale wie Statorstrom und Statorspannung zu verwenden. Diese Signale werden u.a. auch zur Stromeinprägung benötigt und sind somit bereits vorhanden. Damit entfällt die Montage und Verkabelung des Drehzahl– oder Lagesensors, es verringert sich somit die Zahl der Komponenten, es erhöht sich damit die Zuverlässigkeit, und es verringern sich die Kosten.

Im Gegensatz dazu erhöht sich allerdings die Komplexität der Signalverarbeitung, da nun aus beispielsweise den Größen Statorstrom und Statorspannung bei der Entkopplungsregelung die Drehzahl des Rotors alleine und bei der feldorientierten Regelung sowohl die Drehzahl des Rotors als auch die Orientierung und die Amplitude des jeweiligen Flusses ermittelt werden müssen.

Ganz grundsätzlich sei daran erinnert, daß bereits in [35, 36] Regelungen von Drehfeldmaschinen ohne Drehzahlsensor vorgestellt wurden. Ein typisches Beispiel sind Drehfeldantriebe mit I–Umrichtern ([35, 36], Umrichterantriebe). In diesem Fall wird die sich aus der Dimensionierung des I–Umrichters ergebende Forderung einer geringen Statorstreuung und damit einer geringen Drehzahländerung bei Drehmomentanforderung (hartes Nebenschlußverhalten) genutzt. Dies führt dazu, daß der Drehzahlsollwert als steuernde Größe für die Statorfrequenz genutzt wird und somit bei Drehmomentanforderung eine dem Schlupf proportionale Drehzahlabweichung zu akzeptieren ist. Dies gilt in gleicher Weise für die quasistationäre U/f–Steuerung.

Wenn derartige Abweichungen nicht zulässig sind, dann müssen — wie bereits oben angemerkt — Methoden gefunden werden, um die notwendige Größen aus den leicht zugänglichen Größen zu ermitteln.

Die Ermittlung der Orientierung und der Amplitude des jeweiligen Flusses wurde bereits ausführlich in Kap. 13.5 für die Asynchronmaschine dargestellt.

Aus diesem Kapitel ist zu entnehmen, daß die in Kap. 13.2.1 dargestellten Gleichungen der Drehfeldmaschine genutzt werden, um die benötigten Informationen zu erhalten. Beim Strommodell waren die Eingangsgrößen die Ströme $\hat{I}_{1A}$ und $\hat{I}_{1B}$ (siehe Abb. 13.45), die Ausgangssignale des Strommodells sind $\hat{\Psi}_{2A}$ und $\hat{\Omega}_2$

$$\hat{\Psi}_{2A}(s) = M\frac{1}{1+sT_2}\hat{I}_{1A}(s); \qquad T_2 = \frac{L_2}{R_2} \qquad (14.1)$$

$$\hat{\Omega}_2(s) = \frac{MR_2}{L_2\hat{\Psi}_{2A}}\hat{I}_{1B}(s) \qquad (14.2)$$

Durch Addition von Ω_L ergibt sich $\hat{\Omega}_1$:

$$\hat{\Omega}_1 = \Omega_L + \hat{\Omega}_2 = Z_p\Omega_m + \hat{\Omega}_L \qquad (14.3)$$

In der nachfolgenden Integration wird $\hat{\beta}_K$ ermittelt

$$\hat{\beta}_K(t) = \int_t^0 \hat{\Omega}_1(\tau)d\tau \qquad (14.4)$$

und damit können mit dem Vektordreher VD aus den statorfest orientierten Strömen $I_{1\alpha}$ und $I_{1\beta}$ die flußfesten Ströme $\hat{I}_{1A}$ und $\hat{I}_{1B}$ ermittelt werden. Es besteht somit bei dieser Lösung zusätzlich die Aufgabe, aus den leicht zugänglichen Größen das Signal Ω_m bzw. Ω_L zu bestimmen, wenn eine Lösung ohne Drehzahlgeber gefordert ist.

Ganz grundsätzlich soll angemerkt werden, daß es inzwischen eine Vielzahl von Vorschlägen gibt, die mit weniger oder mehr Aufwand versuchen, dieses Ziel zu erreichen. Dabei muß festgestellt werden, daß der Aufwand immer mehr steigt, je mehr der Bereich um den Drehzahlbereich Null stationär und dynamisch genutzt werden soll.

Abbildung 14.1 gibt eine Übersicht über die zur Zeit vorgeschlagenen Schätzverfahren.

Um eine kompakte Schreibweise für die folgenden Darstellungen zu erhalten, soll die bereits aus Kap. 13.2.1 (Gl. (13.55) bis (13.58)) bekannte komplexe Schreibweise genutzt werden. Es galt:

$$\vec{U}_1^K = R_1\vec{I}_1^K + \frac{d\vec{\Psi}_1^K}{dt} + j\Omega_K\vec{\Psi}_1^K \qquad (14.5)$$

$$\vec{U}_2^K = R_2\vec{I}_2^K + \frac{d\vec{\Psi}_2^K}{dt} + j(\Omega_K - \Omega_L)\vec{\Psi}_2^K = 0 \qquad (14.6)$$

sowie:

$$\vec{\Psi}_1^K = L_1\vec{I}_1^K + M\vec{I}_2^K \qquad (14.7)$$

$$\vec{\Psi}_2^K = M\vec{I}_1^K + L_2\vec{I}_2^K \qquad (14.8)$$

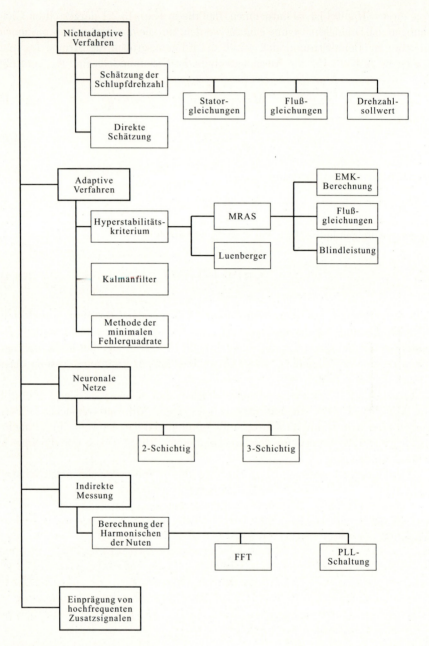

Abb. 14.1: *Graphisches Schaubild zur Übersicht und Einteilung der vorgestellten Schätzverfahren*

Aus Gl. (14.8) ergibt sich:

$$\vec{I}_2^K = \frac{\vec{\Psi}_2^K - M\vec{I}_1^K}{L_2} \tag{14.9}$$

und damit:

$$\vec{\Psi}_1^K = L_1\vec{I}_1^K + M\frac{\vec{\Psi}_2^K - M\vec{I}_1^K}{L_2} = \sigma L_1\vec{I}_1^K + \frac{M}{L_2}\vec{\Psi}_2^K \tag{14.10}$$

Gleichung (14.10) eingesetzt in Gl. (14.5) ergibt:

$$\vec{U}_1^K = R_1\vec{I}_1^K + \sigma L_1\frac{d\vec{I}_1^K}{dt} - R_2\frac{M}{L_2}\vec{I}_2^K + j\Omega_L\frac{M}{L_2}\vec{\Psi}_2^K + j\Omega_K\sigma L_1\vec{I}_1^K \tag{14.11}$$

oder mit Gl. (14.9)

$$\vec{U}_1^K = R_1\vec{I}_1^K + \sigma L_1\frac{d\vec{I}_1^K}{dt} + R_2\frac{M^2}{L_2^2}\vec{I}_1^K + j\Omega_K\sigma L_1\vec{I}_1^K - \frac{M}{L_2}\vec{\Psi}_2^K(T_2 - j\Omega_L) \tag{14.12}$$

bzw.

$$(R_1 + R_2\frac{M^2}{L_2^2})\vec{I}_1^K + \sigma L_1\frac{d\vec{I}_1^K}{dt} = -j\Omega_K\sigma L_1\vec{I}_1^K + \frac{M}{L_2T_2}\vec{\Psi}_2^K(1 - j\Omega_2T_2) + \vec{U}_1^K \tag{14.13}$$

Mit $R_1' = R_1 + R_2\dfrac{M^2}{L_2^2}$ und $T_1' = \dfrac{\sigma L_1}{R_1'}$ ergibt sich die Stator–Differentialgleichung:

$$T_1'\frac{d\vec{I}_1^K}{dt} + \vec{I}_1^K = -j\Omega_KT_1'\vec{I}_1^K + \frac{M}{L_2T_2R_1'}(1 - j\Omega_LT_2)\vec{\Psi}_2^K + \frac{1}{R_1'}\vec{U}_1^K \tag{14.14}$$

und die Rotor–Differentialgleichung:

$$T_2\frac{d\vec{\Psi}_2^K}{dt} + \vec{\Psi}_2^K = -j(\Omega_K - \Omega_L)T_2\vec{\Psi}_2^K + M\vec{I}_1^K \tag{14.15}$$

Dies ist eine andere Formulierung der bekannten Gleichungen (13.55) bis (13.58), bei denen nun als Ausgangsgrößen der Strom $\vec{I}_1^K$ und der Fluß $\vec{\Psi}_2^K$ gewählt werden und außerdem die Größen in Gl. (14.14) auf der Statorseite umgerechnet werden; diese Darstellung wird auch in [35, 36] als vorteilhaft angesehen. Die Gleichungen können in einem Signalflußplan dargestellt werden, dies ist ebenso nur eine andere der vielen möglichen Darstellungsformen des physikalischen Systems Asynchronmaschine. Eine Transformation der obigen Gleichungen vom K– zum S–Koordinatensystem erfolgt durch $\Omega_K = 0$.

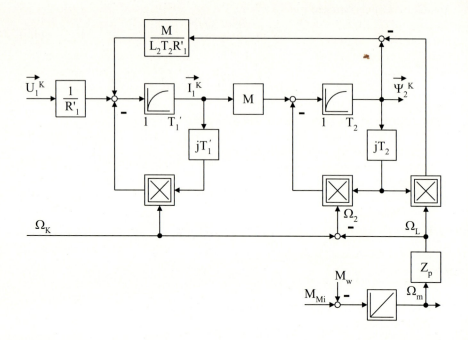

Abb. 14.2: *Komplexer Signalflußplan; Ausgangsgrößen $\vec{I}_1^K$ und $\vec{\Psi}_2^K$, Eingangsgrößen $\vec{U}_1^K$ und Ω_K*

Aus dem komplexen Signalflußplan sind die bekannten gegenseitigen Verkopplungen innerhalb der Stator– und der Rotorseite sowie die Verkopplung von Stator zum Rotor mittels M und vom Rotor zum Stator mittels $M/(L_2 T_2 R_1')$ zu erkennen. Im Signalflußplan sind die mehrfach diskutierten Gleichungen der Drehmomenterzeugung und der Mechanik nur angedeutet.

Aus Abb. 14.2 ist zu erkennen, daß — bei der hier angenommenen Rotorfluß–Orientierung — die Drehzahl Ω_m bzw. $\Omega_L = Z_p \cdot \Omega_m$ nur über den Signalpfad $(1 - jT_2\Omega_L)\vec{\Psi}_2^K \cdot M/L_2 T_2 R_1'$ eine Rückwirkung des Rotorkreises auf den Statorkreis hat. Dies bedeutet letztendlich, daß im Signalflußplan für die Grundschwingung bei $\Omega_L \to 0$ eine abnehmende und bei $\Omega_L = 0$ keine Rückwirkung von Ω_L auf den Statorkreis mehr besteht. Somit ist einsichtig, daß der Drehzahlbereich um Null bei der Grundwellenbetrachtung nur bedingt bzw. bei $\Omega_L = 0$ gar nicht mehr bei einer geberlosen Drehzahlregelung enthalten sein wird. Nur wenn zusätzliche Informationen genutzt werden, kann der Bereich um Null beherrscht werden.

Eine andere Situation besteht, wenn Statorfluß–Orientierung angenommen wird. In diesem Fall ist die kritische Bedingung $\Omega_k = 0$, d.h. der Statorstrom $\vec{I}_1^S$ ist ein Gleichstrom, es entsteht kein Spannungsabfall an L_1 mehr. Dieser Betriebszustand gilt auch dann, wenn $\Omega_L - \Omega_2 = 0$ ist.

Mit zunehmendem Ω_L werden aber — je nach Festlegung der Regelungsmethode und damit der Komponenten des Flusses Ψ_{1A}, $\Psi_{\mu A}$ oder Ψ_{2A} bzw. Ψ_{2B} ungleich Null und damit beispielsweise bei $\Psi_{2A} \neq 0$, $\Psi_{2B} = d\Psi_{2B}/dt = 0$ — die reale Komponente von Ψ_{2A} oder beide Komponenten Signalanteile erzeugen, die in den Statorstömen Rückwirkungen erzeugen und somit zur Identifikation von Ω_L genutzt werden können. Dabei muß allerdings zusätzlich beachtet werden, daß aufgrund von Parameterunsicherheiten, Sensorfehlern und Rauschen weitere Fehlerquellen bei der Bestimmung der Drehzahl Ω_L bestehen.

Grundsätzlich werden aufgrund der oben diskutierten Einschränkungen bei der Drehzahl Null entweder Verfahren eingesetzt, die diese Einschränkung hinnehmen, oder es werden Zusatzinformationen genutzt. Aus der Literatur sind die folgenden Ansätze bekannt (Abb. 14.1):

- Modelle der Drehfeldmaschine, die nur die leicht zugänglichen Größen wie Statorspannung und Statorströme nutzen

- Model Reference Adaptive Systems (MRAS),

- Nutzung von geometrischen Rückwirkungen,

- Nutzung nichtlinearer Strategien zur Identifikation,

- Einprägung von „hochfrequenten" Zusatz–Signalen.

Die folgenden Ausführungen nutzen u.a. eine Diplomarbeit „Antriebe mit Drehfeldmaschinen ohne Drehzahlsensor", die an der Universität Turin bei Prof. Dr. Profumo angefertigt wurde. Aus Abb. 14.1 ist zu entnehmen, daß die erste Gruppe der Lösungen die nichtadaptiven Verfahren bildet, dies sind nichtrückgekoppelte Ansätze. In dieser Gruppe wird über die Schätzung der Schlupfdrehzahl $\widehat{\Omega}_2$ und den bekannten Sollwert Ω_1^* oder die geschätzte Synchrondrehzahl $\widehat{\Omega}_1$ die Drehzahl $\widehat{\Omega}_m$ oder $\widehat{\Omega}_L$ geschätzt.

$$\widehat{\Omega}_L = Z_p \widehat{\Omega}_m = \widehat{\Omega}_1 - \widehat{\Omega}_2 \qquad (14.16)$$

Dabei werden u.a. auch die bereits aus Kap. 13.5 bekannten Modelle genutzt.

Die zweite Gruppe beinhaltet die adaptiven Verfahren. Bei diesen adaptiven Verfahren werden zur Schätzung rückgekoppelte Systeme zur Verbesserung der Schätzung verwendet, d.h. es wird beispielsweise der Fehler zwischen den gemessenen und den geschätzten Größen genutzt. Bei den adaptiven Verfahren werden vorwiegend drei Ansätze verwendet:

- Hyperstabilitätskriterium (Popov–Verfahren),

- Kalman–Filter,

- Methode der kleinsten Fehlerquadrate.

In der dritten Gruppe werden aufgrund von konstruktiven Eigenschaften der Drehfeldmaschine wie der Nutung bzw. der nichtlinearen Eigenschaften des Eisens die gewünschten Informationen ermittelt.

In der vierten Gruppe werden nichtlineare Verfahren wie neuronale Oberflächenapproximatoren eingesetzt.

In der letzten Gruppe werden „hochfrequente" Zusatz–Signale eingeprägt.

Zu den oben angegebenen Verfahren wird im Anhang eine ausführliche Literaturliste angefügt. In der Literaturliste sind zur Ergänzung und zur weiteren Information auch die Literatur für die Gebiete „geberlose Regelung von PM–Maschinen", „Optimierung des Moment zu Ampere–Verhältnisses bei geschalteten Reluktanzmaschinen", „geberlose Regelung von geschalteten Reluktanzmaschinen" sowie „Synchronmaschinen" enthalten.

14.1.1   Prinzipielle Grundgleichungen

In Abb. 14.2 ist ein häufig benutzter Signalflußplan mit dem Eingangssignal $\vec{U}_1^S$ und dem Ausgangssignal $\vec{I}_1^S$ sowie dem Rotorfluß–Raumzeiger $\vec{\Psi}_2^S$ dargestellt. Wenn wir von diesem Signalflußplan ausgehen, dann können aus den Gleichungen (14.14) und (14.15) die Gleichungen zur Schätzung der gewünschten Größen abgeleitet werden. Grundsätzlich wird dabei vom Gleichungssatz (13.35) ausgegangen. Es gilt nach Gl. (13.35) beispielsweise

$$\vec{I}_1^S = \vec{I}_1^K e^{j\beta_K} \qquad\qquad (14.17)$$

d.h. der Amplitude des Raumzeigers $|\vec{I}_1^K|$ wird mit $e^{j\beta_K}$ die Orientierung hinsichtlich des K–Systems in Relation zum S–System vorgegeben. Wenn aber die Rotorgrößen, wie der Rotorfluß–Raumzeiger, auf das S–System umgerechnet werden, ist somit eine Information über die Orientierung des K–Systems zu erhalten. Um dies zu erreichen, wird die Statorgleichung (14.14) nach $\vec{E}_\mu'^S$ aufgelöst:

$$\vec{E}_\mu'^S = \vec{U}_1^S - R_1'\vec{I}_1^S - \sigma L_1 \frac{d\vec{I}_1^S}{dt} = \frac{M R_2}{L_2^2}\left(1 - j\Omega_2 T_2\right)\vec{\Psi}_2^S \qquad (14.18)$$

Der Ausdruck auf der rechten Seite von Gl. (14.18) kann mit der Rotorgleichung (14.15) substituiert werden zu

$$\vec{\Psi}_2^S\left(1 - j\Omega_2 T_2\right) = M\vec{I}_1^S - T_2\frac{d\vec{\Psi}_2^S}{dt} \qquad\qquad (14.19)$$

und man erhält

$$\vec{E}_\mu^S = \vec{U}_1^S - R_1\vec{I}_1^S - \sigma L_1 \frac{d\vec{I}_1^S}{dt} = \frac{M}{L_2}\frac{d\vec{\Psi}_2^S}{dt} \qquad\qquad (14.20)$$

Gleichung (14.20) ist im weiteren eine sehr häufig benutzte Gleichung, denn durch eine Integration kann der Rotorfluß–Raumzeiger $\vec{\Psi}_2^S$ ermittelt werden:

$$\widehat{\vec{\Psi}}_2^S = \frac{L_2}{M} \int \vec{E}_\mu^S d\tau \tag{14.21}$$

Gleichung (14.21) verwendet eine „offene" Integration, und es ergeben sich deshalb im allgemeinen gewisse Realisierungsschwierigkeiten bei tiefen Frequenzen aufgrund von Drift und Rauschen sowie bei Parameterfehlern der Modellgleichung (14.20).

Der Rotorfluß–Raumzeiger $\vec{\Psi}_2^S$ hat die Komponenten

$$\vec{\Psi}_2^S = \widehat{\Psi}_{2\alpha} + j\widehat{\Psi}_{2\beta} \tag{14.22}$$

und eine einfache Überlegung läßt erkennen, daß gilt:

$$\widehat{\beta}_K = \arctan \frac{\widehat{\Psi}_{2\beta}}{\widehat{\Psi}_{2\alpha}} \tag{14.23}$$

Wie bereits ebenso mehrfach diskutiert (siehe auch Abb. 13.3), gilt:

$$\widehat{\Omega}_K = \frac{d\beta_K}{dt} \tag{14.24}$$

bzw. auf Umrichter–Ebene

$$\widehat{\Omega}_1 = \frac{d}{dt} \left(\arctan \frac{\widehat{\Psi}_{2\beta}}{\Psi_{2\alpha}} \right) \tag{14.25}$$

und damit

$$\widehat{\Omega}_1 = \frac{\widehat{\Psi}_{2\alpha}\dot{\widehat{\Psi}}_{2\beta} - \widehat{\Psi}_{2\beta}\dot{\widehat{\Psi}}_{2\alpha}}{\widehat{\Psi}_{2\alpha}^2 + \Psi_{2\beta}^2} \tag{14.26}$$

Gleichung (14.26) und Abwandlungen davon werden uns in den folgenden Darstellungen immer wieder begegnen. Eine der möglichen Abwandlungen ist, mit der Rotorgleichung (14.15) die Ableitung der Rotorflüsse in Gl. (14.26) zu substituieren:

$$\left. \begin{aligned} \dot{\widehat{\Psi}}_{2\alpha} &= -\Omega_L \Psi_{2\beta} - \frac{M}{T_2} I_{1\alpha} - \frac{1}{T_2} \Psi_{2\alpha} \\ \dot{\widehat{\Psi}}_{2\beta} &= -\Omega_L \Psi_{2\alpha} + \frac{M}{T_2} I_{1\beta} - \frac{1}{T_2} \Psi_{2\beta} \end{aligned} \right\} \tag{14.27}$$

Werden die beiden Gleichungen (14.27) in Gl. (14.26) eingesetzt, ergibt sich:

$$\widehat{\Omega}_L = \widehat{\Omega}_1 - \frac{M}{T_2} \frac{\widehat{\Psi}_{2\alpha} I_{1\beta} - \widehat{\Psi}_{2\beta} I_{1\alpha}}{\widehat{\Psi}_{2\alpha}^2 + \widehat{\Psi}_{2\beta}^2} \tag{14.28}$$

Mit Gl. (14.28) erhält man aufgrund $\Omega_1 = \Omega_L + \Omega_2$ die Rotorfrequenz $\widehat{\Omega}_2$

$$\widehat{\Omega}_2 = \frac{M}{T_2} \frac{\widehat{\Psi}_{2\alpha} I_{1\beta} - \widehat{\Psi}_{2\beta} I_{1\alpha}}{\widehat{\Psi}_{2\alpha}^2 + \widehat{\Psi}_{2\beta}^2} \tag{14.29}$$

Ein Vergleich von Gl. (14.29) mit der allgemeinen Drehmomentgleichung (13.59) bzw. (13.60) läßt erkennen, daß

$$M_{Mi} \approx \Omega_2 \approx \frac{\Psi_{2\alpha} I_{1\beta} - \Psi_{2\beta} I_{1\alpha}}{\widehat{\Psi}_{2\alpha}^2 + \widehat{\Psi}_{2\beta}^2} \tag{14.30}$$

ist, d.h. aus Gl. (14.29) kann der drehmomentbildende Strom $I_{1\beta}$ geschätzt werden.

$$\widehat{I}_{1\beta} = \frac{1}{\widehat{\Psi}_{2\alpha}} \cdot \left[\frac{T_2}{n} \left(\widehat{\Psi}_{2\alpha}^2 + \widehat{\Psi}_{2\beta}^2 \right) \cdot \widehat{\Omega}_2 + \widehat{\Psi}_{2\beta} \cdot I_{1\alpha} \right] \tag{14.31}$$

Damit liegt eine Kontrollgleichung vor, denn $I_{1\alpha}$ und $I_{1\beta}$ können fehlerfrei gemessen werden und mittels Gl. (14.31) $I_{1\beta}$ geschätzt werden; eine wichtige Möglichkeit, die Auswirkungen der Fehler bei den Schätzungen der Größen zu verringern. Bei den bisherigen Überlegungen wurde allerdings vorausgesetzt, daß $\Psi_{2\beta}$ ungleich Null ist, dies hat mehrere Auswirkungen. Grundsätzlich galt:

$$\vec{\Psi}_2^S = \Psi_{2\alpha} + j\Psi_{2\beta} \tag{14.32}$$

d.h. durch die $\Psi_{2\beta}$–Komponente des Rotorflusses erfolgt eine zusätzliche Drehung, die auch aus der Rotorgleichung im S–System ($\Omega_K = 0$) zu erkennen ist:

$$T_2 \frac{d\vec{\Psi}_2^S}{dt} + \vec{\Psi}_2^S = j\Omega_L T_2 \vec{\Psi}_2^S + M\vec{I}_1^S \tag{14.33}$$

Die entsprechende Gleichung (14.15) im K–System lautet:

$$T_2 \frac{d\vec{\Psi}_2^K}{dt} + \vec{\Psi}_2^K = -j(\Omega_K - \Omega_L)T_2 \vec{\Psi}_2^K + M\vec{I}_1^K \tag{14.34}$$

Wenn die letzte Gleichung in die A– bzw. B–Komponenten aufgespalten wird, gilt:

$$T_2 \frac{d\Psi_{2A}}{dt} + \Psi_{2A} = MI_{1A} + \Omega_2 T_2 \Psi_{2B} \tag{14.35}$$

$$T_2 \frac{d\Psi_{2B}}{dt} + \Psi_{2B} = MI_{1B} - \Omega_2 T_2 \Psi_{2A} \tag{14.36}$$

Wenn — wie in Kap. 13.3.2 angenommen — bei der Rotorflußorientierung $\Psi_{2B} = d\Psi_{2B}/dt = 0$ gesetzt wird, dann erhält man:

$$T_2 \frac{d\Psi_{2A}}{dt} + \Psi_{2A} = MI_{1A} \tag{14.37}$$

und die bekannte Steuerbedingung für $\Psi_{2B} = 0$:

$$I_{1B} = \Omega_2 T_2 \frac{\Psi_{2A}}{M} \tag{14.38}$$

Im vorliegenden Fall sind daher — entsprechend Gl. (14.37) — $\Psi_2 = \Psi_{2A}$ und I_{2A} phasengleich.

Wenn allerdings Gl. (14.33) ausgewertet wird, dann ist beispielsweise aufgrund von

$$T_2 \frac{d\vec{\Psi}_2^S}{dt} + \vec{\Psi}_2^S = j\Omega_L T_2 \vec{\Psi}_2^S + M\vec{I}_1^S \tag{14.39}$$

sowohl eine $\Psi_{2\alpha}$– als auch eine $\Psi_{2\beta}$–Komponente vorhanden, und somit die resultierende Flußorientierung $\vec{\Psi}_2^K$ für die A–Achse

$$\beta_K = \arctan \frac{\Psi_{2\beta}}{\Psi_{2\alpha}} \tag{14.40}$$

und die Drehung des Gesamtflusses gegenüber der A–Achse

$$\gamma = \Omega_L T_2 \tag{14.41}$$

Ein weiterer Punkt dieses Vorgehens ist, daß die einfache Struktur des Signalflußplans entsprechend Abb. 13.17 nicht mehr erreicht wird.

Als allgemeines Ergebnis sei angemerkt, daß mit einer derartigen geberlosen Signalverarbeitung eine Regelung im Drehzahlbereich ab $0, 1\, n_N$ realisiert werden kann.

14.2 Grundlegendes nichtadaptives Verfahren

Das erste grundlegende Verfahren über die geberlose Drehzahlregelung wird von Maeder und Jötten [523] vorgestellt. Zur Einführung soll dieses Verfahren relativ detailliert dargestellt werden. Ausgehend von den Gleichungen (14.14) und (14.15) sowie der Abb. 14.2, die die Betrachtung im K–Koordinatensystem verwendet, muß von den bisherigen Betrachtungsweise im K–Koordinatensystem abgegangen und in das S–Koordinatensystem übergegangen werden. Der Übergang vom K–Koordinatensystem zum S–Koordinatensystem bedeutet eine Transformation der Gleichungen, indem $\Omega_K = 0$ gesetzt wird. Um daher diese Transformation der obigen Gleichungen durchzuführen, muß somit als erster Weg in den Gleichungen $\Omega_K = 0$ gesetzt werden. Es gilt dann anstatt der Gleichungen (14.5) und (14.6):

$$\vec{U}_1^S = R_1 \vec{I}_1^S + \frac{d\vec{\Psi}_1^S}{dt} \tag{14.42}$$

$$\vec{U}_2^S = R_2 \vec{I}_2^S + \frac{d\vec{\Psi}_2^S}{dt} - j\Omega_L \vec{\Psi}_2^S = 0 \tag{14.43}$$

Die übrigen Gleichungen ergeben sich analog.

Anstatt des Transformationsansatzes $\Omega_K = 0$ können die Gleichungen (14.5) und (14.6) auch mit dem Ansatz $\vec{U}_1^K = \vec{U}_1^S e^{-j\beta_K}$ vom K– in das S–System umgerechnet werden (Produktregel beachten), und es ergeben sich wiederum die Gleichungen (14.42) und (14.43).

Im Artikel von Maeder und Jötten werden die obigen Gleichungen im S–System nun verwendet, um die Kreisfrequenz $\widehat{\Omega}_2$ zu schätzen.

Ausgehend von der Drehmomentgleichung

$$M_{Mi} = -\frac{3}{2} Z_p \Im \left\{ \vec{\Psi}_2^{*S} \vec{I}_2^S \right\} \tag{14.44}$$

oder

$$M_{Mi} = +\frac{3}{2} Z_p \left(\Psi_{2\beta} I_{2\alpha} - \Psi_{2\alpha} I_{2\beta} \right) \tag{14.45}$$

und der Rotorgleichung im S–System

$$0 = R_2 \vec{I}_2^S + \frac{d\vec{\Psi}_2^S}{dt} - j\Omega_L \vec{\Psi}_2^S \tag{14.46}$$

oder

$$\left. \begin{aligned} 0 &= R_2 I_{2\alpha} + \frac{d\Psi_{2\alpha}}{dt} + \Omega_L \Psi_{2\beta} \\[2mm] 0 &= R_2 I_{2\beta} + \frac{d\Psi_{2\beta}}{dt} - \Omega_L \Psi_{2\alpha} \end{aligned} \right\} \tag{14.47}$$

ergibt sich der Strom $\vec{I}_2^S$:

$$\vec{I}_2^S = \frac{1}{R_2} \left(-\frac{d\vec{\Psi}_2^S}{dt} + j\Omega_L \vec{\Psi}_2^S \right) \tag{14.48}$$

oder

$$\left. \begin{aligned} I_{2\alpha} &= \frac{1}{R_2} \left(-\frac{d\Psi_{2\alpha}}{dt} - \Omega_L \Psi_{2\beta} \right) \\[2mm] I_{2\beta} &= \frac{1}{R_2} \left(-\frac{d\Psi_{2\beta}}{dt} + \Omega_L \Psi_{2\alpha} \right) \end{aligned} \right\} \tag{14.49}$$

Werden die Stromgleichungen (14.48) bzw. (14.49) in die Drehmomentgleichung (14.44) bzw. (14.45) eingesetzt, dann erhält man:

$$M_{Mi} = +\frac{3}{2} Z_p \left\{ \frac{1}{R_2} \left(-\frac{d\vec{\Psi}_2^S}{dt} + j\Omega_L \vec{\Psi}_2^S \right) \vec{\Psi}_2^{*S} \right\} \tag{14.50}$$

oder

$$M_{Mi} = \frac{3}{2} Z_p \frac{1}{R_2} \left[-\Omega_L (\Psi_{2\alpha}^2 + \Psi_{2\beta}^2) - \frac{d\Psi_{2\alpha}}{dt}\Psi_{2\beta} + \frac{d\Psi_{2\beta}}{dt}\Psi_{2\alpha} \right] \tag{14.51}$$

Es gilt nun, die Ausdrücke $\dfrac{d\vec{\Psi}_2^S}{dt}$ bzw. $\dfrac{d\Psi_{2\alpha}}{dt}$ und $\dfrac{d\Psi_{2\beta}}{dt}$ zu ersetzen.

Prinzipiell kann nun auf die Rotorgleichung (14.46) zurückgegangen werden, und es ergibt sich eine gewisse Breite der Ansätze und damit der Ergebnisse. Die Rotorgleichung (14.46) lautet:

$$R_2 \vec{I}_2^S + \frac{d\vec{\Psi}_2^S}{dt} - j\Omega_L \vec{\Psi}_2^S = 0 \tag{14.52}$$

Wenn diese Gleichung im Ersatzschaltbild ausgewertet wird, dann entspricht

$$\frac{d\vec{\Psi}_2^S}{dt} = +j\Omega_L \vec{\Psi}_2^S - R_2 \vec{I}_2^S \tag{14.53}$$

d.h. die induzierte Spannung $j\Omega_L \vec{\Psi}_2^S$ aufgrund der mechanischen Bewegung und der Spannungsabfall an R_2/s mit der Rotorfrequenz Ω_2 ergeben ein Signal mit der Kreisfrequenz Ω_1 von $\dfrac{d\vec{\Psi}_2^S}{dt}$.

Es wird von Maeder und Jötten gesetzt:

$$\frac{d\vec{\Psi}_2^S}{dt} = j\Omega_1 \vec{\Psi}_2^S \tag{14.54}$$

bzw.

$$\left.\begin{aligned} \frac{d\vec{\Psi}_{2\alpha}}{dt} &= -\Omega_1 \Psi_{2\beta} \\[2mm] \frac{d\vec{\Psi}_{2\beta}}{dt} &= \Omega_1 \Psi_{2\alpha} \end{aligned}\right\} \tag{14.55}$$

sowie

$$-\Omega_L = \Omega_2 - \Omega_1 \tag{14.56}$$

und es ergibt sich

$$\widehat{\Omega}_2 = \frac{2}{3}\frac{R_2}{Z_p}\frac{M_{Mi}}{\Psi_{2\alpha}^2 + \Psi_{2\beta}^2} \tag{14.57}$$

Zur weiteren Berechnung von $\widehat{\Omega}_2$ wird jetzt die innere Spannung $\vec{E}_\mu^S$ eingeführt, wobei aus Gl. (14.54) der Gesamtfluß Ψ_2 mit dem Faktor M/L_2 auf den Haupt– bzw. Luftspaltfluß Ψ_μ umgerechnet wird:

$$\vec{E}_\mu^S = \frac{M}{L_2}\frac{d\vec{\Psi}_2^S}{dt} = j\Omega_1 \frac{M}{L_2}\vec{\Psi}_2^S \tag{14.58}$$

bzw.

$$E_{\mu\alpha} = -\frac{M}{L_2}\Omega_1\Psi_{2\beta} \left.\vphantom{\begin{array}{c}1\\1\end{array}}\right\}$$

$$E_{\mu\beta} = \frac{M}{L_2}\Omega_1\Psi_{2\alpha} \tag{14.59}$$

Damit erhält man endgültig

$$\widehat{\Omega}_2 = \frac{3}{2}\frac{R_2}{Z_p}\frac{M^2}{L_2^2}\Omega_1^2\frac{M_{Mi}}{E_{\mu\alpha}^2 + E_{\mu\beta}^2} \tag{14.60}$$

oder

$$\widehat{\Omega}_2 = R_2\Omega_1\frac{M}{L_2}\frac{E_{\mu\beta}I_{1\beta} + E_{\mu\alpha}I_{1\alpha}}{E_{\mu\alpha}^2 + E_{\mu\beta}^2} \tag{14.61}$$

Die Größen $\vec{E}_\mu^S$ bzw. $E_{\mu\alpha}$ und $E_{\mu\beta}$ können wie folgt berechnet werden:

$$\vec{E}_\mu^S = \vec{U}_1^S - R_1\vec{I}_1^S - \sigma L_1\frac{d\vec{I}_1^S}{dt} \tag{14.62}$$

Damit ergibt sich der Signalflußplan des $\widehat{\Omega}_2$–Schätzers entsprechend Abb. 14.3.

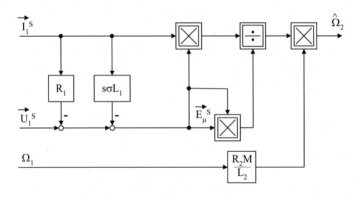

Abb. 14.3: *Ω_2–Schätzverfahren nach Maeder und Jötten*

Mit Gl. (14.59) können $\Psi_2 = \sqrt{\Psi_{2\alpha}^2 + \Psi_{2\beta}^2}$ und der Winkel β_K bestimmt werden, so daß alle notwendigen Informationen vorliegen:

$$\beta_K = \arctan\frac{E_{\mu\beta}}{E_{\mu\alpha}} \tag{14.63}$$

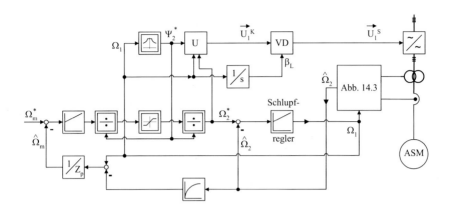

Abb. 14.4: *Geberlose Regelung nach Maeder und Jötten*

Im vorliegenden Fall wird mit der Information $\widehat{\Omega}_2$ ein Schlupfregelkreis realisiert, dessen Ausgangssignal die Kreisfrequenz Ω_1 ist. Den resultierende Signalflußplan zeigt Abb. 14.4. Der Block U bildet aus der Information Spannungs–Frequenz–Zusammenhang und der Drehmomentanforderung den Vorgabewert für die zu erzeugende Statorspannung des Umrichters.

Wie aus Abb. 14.4 zu entnehmen ist, wird ein Verzögerungsglied im Rückführkanal zur Bestimmung von Ω_L bzw. Ω_m benötigt. Dadurch bedingt und durch den Ansatz in Gl. (14.54) bzw. (14.55) ist die Dynamik dieser Lösung beschränkt.

14.3 Nichtadaptive Verfahren: Statorspannungsgleichungen

Ausgehend von dem im Kap. 14.2 dargestellten grundlegenden Verfahren ergibt sich ein Zugang zu den anderen nichtadaptiven Verfahren.
Wir hatten in Gl. (14.58) bzw. (14.59) definiert:

$$\vec{E}_\mu^S = \frac{M}{L_2}\frac{d\vec{\Psi}_2^S}{dt} = j\Omega_1\frac{M}{L_2}\vec{\Psi}_2^S \tag{14.64}$$

bzw.

$$\begin{aligned}
E_{\mu\alpha} &= \frac{M}{L_2}\frac{d\Psi_{2\alpha}}{dt} = -\frac{M}{L_2}\Omega_1\Psi_{2\beta}\\[2mm]
E_{\mu\beta} &= \frac{M}{L_2}\frac{d\Psi_{2\beta}}{dt} = \frac{M}{L_2}\Omega_1\Psi_{2\alpha}
\end{aligned} \tag{14.65}$$

oder in den K–Koordinaten:

$$E_{1A} = -\Omega_1 \Psi_{1B}; \quad E_{2A} = -\frac{M}{L_2}\Omega_1 \Psi_{1B} \left.\begin{array}{c} \\ \\ \\ \\ \end{array}\right\}$$

$$E_{1B} = \Omega_1 \Psi_{1A}; \quad E_{2B} = \frac{M}{L_2}\Omega_1 \Psi_{1A} \qquad (14.66)$$

Iwata et al [518] schlagen ein ebenso nichtadaptives Schätzverfahren aus den Statorspannungsgleichungen bei rotorflußfester Orientierung vor. Diese Gleichungen lassen sich aus Abb. 14.2 und den dazugehörigen Gleichungen ableiten.

Um die von Iwata et al angegebenen Gleichungen zu erhalten, setzt man in Gl. (14.5) die Gleichung (14.7) ein; damit ist diese neue Spannungsgleichung eine Funktion der Ströme:

$$\vec{U}_1^K = R_1 \vec{I}_1^K + \frac{d}{dt}\left(L_1 \vec{I}_1^K + M \vec{I}_2^K\right) + j\Omega_K \left(L_1 \vec{I}_1^K + M \vec{I}_1^K\right) \qquad (14.67)$$

Gleichung (14.8) wird nach $\vec{I}_2^K$ aufgelöst und in Gl. (14.67) eingesetzt. Man erhält eine Spannungsgleichung mit den Eingangsgrößen $\vec{\Psi}_2^K$ und $\vec{I}_1^K$:

$$\vec{U}_1^K = R_1 \vec{I}_1^K + \frac{d}{dt}\left(L_1 \vec{I}_1^K + \frac{M}{L_2}\vec{\Psi}_2^K - \frac{M^2}{L_2}\vec{I}_1^K\right) + j\Omega_K \left(L_1 \vec{I}_1^K - \frac{M^2}{L_2}\vec{I}_1^K + \frac{M}{L_2}\vec{\Psi}_2^K\right)$$
$$(14.68)$$

bzw.

$$\vec{U}_1^K = R_1 \vec{I}_1^K + \frac{d}{dt}\sigma L_1 \vec{I}_1^K + j\Omega_K \sigma L_1 \vec{I}_1^K + \frac{d}{dt}\frac{M}{L_2}\vec{\Psi}_2^K + j\Omega_K \frac{M}{L_2}\vec{\Psi}_2^K \qquad (14.69)$$

Durch Auflösung in die Komponenten A und B ergeben sich die beiden folgenden Gleichungen:

$$U_{1A} = R_1 I_{1A} + \sigma L_1 \frac{d}{dt}I_{1A} - \sigma L_1 I_{1B}\Omega_1 + \overbrace{\frac{M}{L_2}\frac{d}{dt}\Psi_{2A} - \frac{M}{L_2}\Omega_1 \Psi_{2B}}^{E_{2A}} \qquad (14.70)$$

$$U_{1B} = R_1 I_{1B} + \sigma L_1 \frac{d}{dt}I_{1B} + \sigma L_1 I_{1A}\Omega_1 + \underbrace{\frac{M}{L_2}\frac{d}{dt}\Psi_{2B} + \frac{M}{L_2}\Omega_1 \Psi_{2A}}_{E_{2B}} \qquad (14.71)$$

d.h. sie verwenden die rotorflußfeste Darstellung statt der statorfesten Darstellung in Kap. 14.2, wobei E_{2A} und E_{2B} die statorseitigen bezogenen Gegenspannungen sind.
Mit $\Psi_{2B} = 0$ ergibt sich:

$$U_{1B} = R_1 I_{1B} + \sigma L_1 \frac{dI_{1B}}{dt} + \sigma L_1 I_{1A}\Omega_1 + \frac{M}{L_2}\Omega_1 \Psi_{2A} \qquad (14.72)$$

bzw.

$$U_{1B} - R_1 I_{1B} - \sigma L_1 \frac{dI_{1B}}{dt} = E_{\mu B} = \Omega_1 \Psi_{1A} = \sigma L_1 I_{1A} \Omega_1 + \frac{M}{L_2} \Omega_1 \Psi_{2A} \qquad (14.73)$$

Daraus ergibt sich:

$$\widehat{\Omega}_1 = \frac{E_{\mu B}}{\Psi_{1A}} = \frac{M}{L_2} \frac{E_{\mu B}}{\Psi_{2A}} \qquad (14.74)$$

sowie mit der bekannten Steuerbedingung für $\Psi_{2B} = \dfrac{d\Psi_{2B}}{dt} = 0$

$$\widehat{\Omega}_2 = \frac{R_2 M}{L_2} \frac{I_{1B}}{\Psi_{2A}} = \frac{R_2 M}{\sigma L_1 L_2} \frac{\Psi_{1B}}{\Psi_{2A}} = R_2 \frac{I_{1B}}{\Psi_{1A}} \qquad (14.75)$$

wobei der letzte Term in Gl. (14.75) nur im quasistationären Betrieb gilt.

Da bei dieser Vorgehensweise Ψ_{2A} ein Steuerwert ist, wird Übereinstimmung zwischen Soll– und Istwert vorausgesetzt. Weiterhin ist ansonsten eine Signalverarbeitung wie in Abb. 13.45 zu realisieren.

Iwata et al. [518] weisen auf die Parameter-Empfindlichkeit der obigen Gleichungen hin. Um diesen unerwünschten Einfluß zu verringern, wird die folgende Fehlerkompensation vorgeschlagen:

$$E_{2A}(s) = U_{1A} - (R_1 + s\sigma L_1)I_{1A} + \Delta U_{1A} \qquad (14.76)$$

mit $\Delta U_{1A} = \sigma L_1 \widehat{\Omega}_1 I_{1B}$ und der Näherung:

$$\widehat{E}_{2A} = (U_{1A}^* + \Delta U_{1A}) - (s\sigma L_1 + R_1) I_{1A} \qquad (14.77)$$

Bei fehlerfreier Funktion der feldorientierten Regelung müßte $E_{2A} \approx 0$ sein, wenn $\Psi_{2B} = 0$ und $d\Psi_{2A}/dt = 0$ angenommen wird, d.h. $\widehat{E}_{2A}$ wird zur Fehlerkorrektur mit

$$\widehat{\Omega}_1' = \widehat{\Omega}_1 - \mathrm{sign}(\widehat{\Omega}_1)K_d \cdot \widehat{E}_{2A} \qquad (14.78)$$

verwendet. Abbildung 14.5 zeigt die Struktur des Signalflußplanes.

Talbot et al. [584] verwenden praktisch dieselben Gleichungen wie Iwata et al.: Gl. (14.63), (14.73), (14.74) und (14.75).

$$\widehat{\Omega}_1(s) = \frac{E_{\mu B}}{\Psi_{1A}} = \frac{U_{1B} - (s\sigma L_1 + R_1)I_{1B}}{\Psi_{1A}} \qquad (14.79)$$

und

$$\widehat{\Omega}_2 = \frac{M}{T_2} \frac{I_{1B}}{\Psi_{2A}} \qquad (14.80)$$

Das Strukturbild des Signalflußplans zeigt Abb. 14.6.

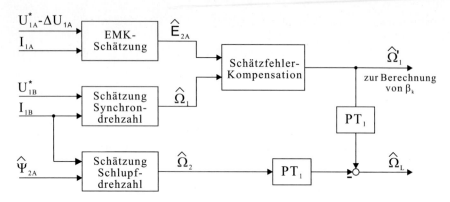

Abb. 14.5: *Blockschaltbild des von Iwata et al. [518] vorgeschlagenen Schätzers*

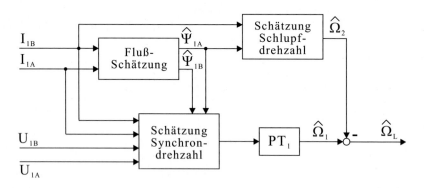

Abb. 14.6: *Blockschaltbild des von Talbot et al. [584] vorgeschlagenen Schätzers*

Auch hier wird auf die Empfindlichkeit gegenüber Parameterunterschieden im Modell und in der realen Maschine sowie die Empfindlichkeit gegenüber Rauschen hingewiesen; letztere wird durch das Verzögerungsglied erster Ordnung gemindert. Dadurch bedingt tritt aber insbesondere dynamisch ein Fehler bei der Ermittlung der Orientierung der A–Achse des Koordinatensystems K (Integration von $\widehat{\Omega}_1$) auf, die zur Instabilität führen kann. Aufgrund dieser Schwierigkeiten wird auf Gl. (14.65)

$$\beta_k = \arctan\left(\frac{E_{\mu\beta}}{F_{\mu\alpha}}\right) \tag{14.81}$$

sowie die aus Kap. 14.2 dazugehörigen Gleichungen zurückgegangen (Abb. 14.7).

Zur Kontrolle der Schlupfdrehzahl $\widehat{\Omega}_2$ in Gl. (14.80) wird auf Gl. (14.6) und (14.7) zurückgegangen und aus

$$U_{2A} = 0 = R_2 I_{2A} + \frac{d\Psi_{2A}}{dt} - (\Omega_1 - \Omega_L)\Psi_{2B} \qquad (14.82)$$

sowie

$$I_{2A} = -\frac{M}{L_2}I_{1A} + \frac{1}{L_2}\Psi_{2A} \qquad (14.83)$$

die Kontrollgleichung für Ψ_{2A} gebildet:

$$\widehat{\Psi}_{2A}\Big|_{\Psi_{2B}=0} = \frac{1}{T_2}\int (MI_{1A} - \Psi_{2A\,alt})dt \qquad (14.84)$$

Analog zur Kontrolle mit Ψ_{2B} — die Größe sollte bei perfekt feldorientierter Regelung und Rotorfluß–Orientierung Null sein — kann die Kontrollgleichung entsprechend Gl. (14.82) und (14.84) bei nicht perfekter Regelung gebildet werden:

$$\widetilde{\Psi}_{2A} = \frac{1}{T_2}\int (MI_{1A} - \Psi_{2A\,alt})dt + \Omega_2\Psi_{2B} \qquad (14.85)$$

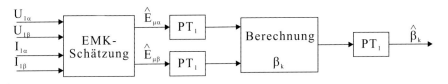

Abb. 14.7: *Blockschaltbild zur Berechnung des Winkel β_k*

14.4 Nichtadaptive Verfahren: Flußgleichungen

In Kap. 14.1 war der Signalflußplan der Asynchronmaschine unter Berücksichtigung der statorseitigen Einspeisung der Spannung $\vec{U}_1^S$ und des Stroms $\vec{I}_1^S$ und damit der Verfügbarkeit beider Größen dargestellt (Ansatz $\Omega_K = 0$).

In Kap. 14.1.1 waren danach ausgehend von diesem Signalflußplan die Bestimmungsgleichungen für $\widehat{\Omega}_1$, $\widehat{\Omega}_L$ und $\widehat{\Omega}_2$ ausgehend von $\vec{U}_1^S$ und $\vec{I}_1^S$ und unter Berücksichtigung des Flusses $\vec{\Psi}_2^S$ abgeleitet worden. Dieses Vorgehen hatte einige Parallelen zu [523].

Beispielsweise in [462] und [466] wird von diesen Überlegungen mit dem Fluß $\vec{\Psi}_2^S$ abgegangen und stattdessen der Statorfluß $\vec{\Psi}_1^S$ verwendet. Das Verfahren aus [462] wird beim Verfahren DSR (DVC) eingesetzt (siehe auch [531]). Die Ableitungen sind entsprechend für die Berechnung der Orientierung des Statorflusses $\vec{\Psi}_1^S$:

$$\widehat{\vec{\Psi}}_1^S = \int \left(\vec{U}_1^S - R_1 \vec{I}_1^S \right) dt \qquad (14.86)$$

$$\beta_{K1} = \arctan \frac{\Psi_{1\beta}}{\Psi_{1\alpha}} \qquad (14.87)$$

statt vorher mit der Orientierung von $\vec{\Psi}_2^S$:

$$\widehat{\beta}_K = \widehat{\beta}_{K2} = \arctan \frac{\Psi_{2\beta}}{\Psi_{2\alpha}} \qquad (14.88)$$

Es soll im folgenden allgemein β_K verwendet werden, da aus den Erläuterungen ersichtlich ist, ob es sich um β_{K1} oder β_{K2} handelt.
Die Ableitung von Gl. (14.87) nach der Zeit ergibt:

$$\widehat{\Omega}_1 = \frac{\widehat{\Psi}_{1\alpha}\dot{\widehat{\Psi}}_{1\beta} - \widehat{\Psi}_{1\beta}\dot{\widehat{\Psi}}_{1\alpha}}{\left|\vec{\Psi}_1^S\right|^2} \qquad (14.89)$$

Aufgrund der digitalen Signalverarbeitung wird $\widehat{\Omega}_1$ im z–Bereich wie folgt berechnet (mit $T = $ Abtastperiode):

$$\widehat{\Omega}_1 = \frac{\widehat{\Psi}_{1\alpha}(k-1)\Psi_{1\beta}(k) - \Psi_{1\beta}(k-1)\Psi_{2\alpha}(k)}{T\left[\Psi_{1\alpha}^2(k) + \Psi_{1\beta}^2(k)\right]} \qquad (14.90)$$

Dieser Ansatz ist allerdings dynamisch fehlerbehaftet, wobei der dynamische Fehler durch ein Tiefpaßfilter verringert werden kann.
Die Rotorfrequenz Ω_2 wird mit den Sollwerten geschätzt zu:

$$\widehat{\Omega}_2 = \frac{2}{3} \frac{P_2}{Z_p} \frac{M_{Mi}^*}{|\Psi_2^*|^2} \qquad (14.91)$$

Damit kann die Rotorgeschwindigkeit Ω_L berechnet werden:

$$\widehat{\Omega}_L = Z_p\widehat{\Omega}_m = \widehat{\Omega}_1 - \widehat{\Omega}_2 \qquad (14.92)$$

Mit diesem Ansatz ist die Empfindlichkeit gegenüber σL_1 und M/L_2 vermieden, es verbleibt die Empfindlichkeit gegenüber R_1. In [466] wird angemerkt, daß mit einer derartigen Regelung ein Drehzahlbereich ab 6 % und schnelle Drehzahl–Nulldurchgänge sehr gut beherrschbar sind.

In [469] und [470] wird die Steuerbedingung nach Gl. (14.75) mit dem Ansatz $M/L_2 = 1$ genutzt, d.h. die rotorseitige Streuung wurde auf die Statorseite umgerechnet; dies erfolgte auch in [462] und [463].

$$\widehat{\Omega}_2 = \frac{R_2 I_{1B}}{\Psi_{2A}} \qquad (14.93)$$

Alle anderen Gleichungen ändern sich entsprechend, wobei die bisher notwendigen Integrationen durch Tiefpaßfilter approximiert werden. Auf die daraus resultierenden Unterschiede wird in Kap. 14.5 eingegangen.

Weitere Ansätze sind in [586] und [526] sowie insbesondere in [462] zu finden, wobei teilweise eine kontinuierliche und teilweise eine zeitdiskrete Signalverarbeitung vorausgesetzt wird; dementsprechend ändern sich auch die Gleichungen. In [462] und in [490] werden die aus [523] entsprechenden Gleichungen nun allerdings für den Statorfluß wie in [466] genutzt, so beispielsweise

$$\beta_K = \arctan \frac{E_{1\beta}}{E_{1\alpha}} \tag{14.94}$$

da das Regelverfahren die direkte Selbstregelung ist, die am Statorfluß orientiert ist (siehe auch Kap. 15.2).

14.5   Nichtadaptive Verfahren: Sollgrößenansatz

Die Verfahren in [553, 554, 555] von Ohtani und andere [524] nehmen an, daß der Soll– und der Istwert der Statorfrequenz übereinstimmen, wobei in [524] speziell auf die Fehlerproblematik bezüglich R_2 eingegangen wird.

$$\Omega_1 = \Omega_1^* \tag{14.95}$$

Weiterhin gilt für Ω_2^* aufgrund der Steuerbedingungen für $\Psi_{2B} = 0$:

$$\widehat{\Omega}_2 = \frac{MR_2}{L_2} \frac{I_{1B}}{\Psi_{2A}} \tag{14.96}$$

Damit ergibt sich:

$$\widehat{\Omega}_L = \Omega_1^* - \widehat{\Omega}_2 \tag{14.97}$$

Eine Variante ist:

$$\widehat{\Omega}_2 = \frac{MR_2}{L_2} \frac{I_{1B}^*}{\Psi_{2A}^*} \tag{14.98}$$

Das Verfahren von Ohtani soll etwas ausführlicher diskutiert werden, da es interessante Ergebnisse ermöglicht. Dies erfolgt im Vorgriff auf Kap. 14.7, in dem speziell auf die Gleichungen zur Fehlerkorrektur eingegangen wird. Ohtani geht von einer Grundstruktur wie in Abb. 13.41 bzw. Abb. 13.45, 13.46 aus, wenn in Abb. 13.45 nicht die Modellbildung nach Abb. 13.46 berücksichtigt wird.

Wenn wir in Gl. (14.5) den Statorfluß $\vec{\Psi}_1^K$ entsprechend Gl. (14.7) ersetzen und den Rotorstrom $\vec{I}_2^K$ in Gl. (14.7) durch Gl. (14.8) eliminieren sowie $\Omega_K = 0$ setzen, d.h. die Gleichung in das statorfeste Koordinatensystem S transformieren, dann ergibt sich die bekannte Gleichung (14.58):

$$\vec{E}_\mu^S = \frac{M}{L_2} \frac{d\vec{\Psi}_2^S}{dt} = j\Omega_1 \frac{M}{L_2} \vec{\Psi}_2^S \tag{14.99}$$

Der innere Spannungs-Raumzeiger $\vec{E}_\mu^S$ wird nach Gl. (14.62) berechnet (Abb. 14.9).

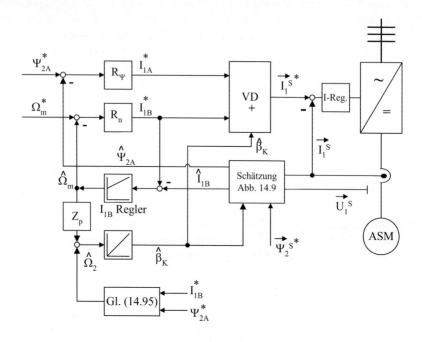

Abb. 14.8: *Feldorientierte Signalverarbeitung nach Ohtani et al.*

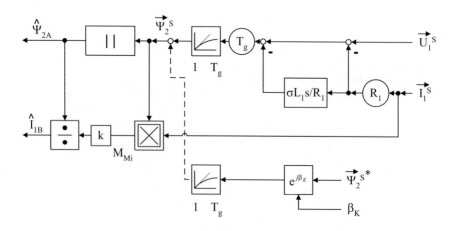

Abb. 14.9: *Fluß– und I_{1B}–Schätzung nach Ohtani*

Bei dieser Gleichung kann der Rotorfluß–Raumzeiger $\vec{\Psi}_2^S$ nur durch eine offene Integration ermittelt werden, dies ist unerwünscht. Um dies zu vermeiden, wird die offene Integration durch ein Verzögerungsglied erster Ordnung mit der Zeitkonstanten T_g ersetzt. Die Approximation der Integration durch ein Verzögerungsglied 1. Ordnung ist allerdings bei Kreisfrequenzen kleiner $1/T_g$ nicht mehr gegeben. Um unterhalb dieser Kreisfrequenzen $1/T_g$ noch ein Ergebnis zur Verfügung zu haben, wird die approximierte Signalverarbeitung entsprechend Gleichung (14.58) deaktiviert (oberer Teil in Abb. 14.9) und stattdessen der letzte Ψ_{2A}^*–Wert weiter verwendet (unterer Teil von Abb. 14.9).

Die Rotorkreisfrequenz Ω_2 wird entsprechend Gl. (14.98) mit den Sollwerten geschätzt. Um Fehler bei der Koordinatenorientierung zu vermeiden, wird im Flußschätzer nach der approximierten Gleichung (14.58) außer $\vec{\Psi}_2^S$ auch noch der Istwert des Stroms $\hat{I}_{1B}$ nach Gl. (14.31) in Kap. 14.1.1 geschätzt. Aus dem Vergleich wird mittels des $I_{1\beta}$–Reglers die Kreisfrequenz $\hat{\Omega}_m$ geschätzt (Fehlerkorrektur–Ansatz siehe Kap. 18). Die Struktur der Signalverarbeitung ist in Abb. 14.8 dargestellt.

Ohtani gibt als erreichbare Ergebnisse an, daß der Drehmomentfehler ca. $\pm 3\,\%$ bei der unteren Drehzahl von $\pm 3\,\%$ nach Gl. (14.31) in Kap. 14.1.1 ist; die Genauigkeit steigt mit steigender Drehzahl und steigendem Moment.

14.6 Direkte Schätzung der Rotordrehzahl

In den bisherigen Ableitungen wurden sowohl die Rotorkreisfrequenz $\hat{\Omega}_2$ als auch die Statorkreisfrequenz $\hat{\Omega}_1$ oder die Kreisfrequenz Ω_L und der Winkel β_K des Koordinatensystems K geschätzt. Es liegt nun nahe, Verfahren zu suchen, bei denen die Signalverarbeitung beispielsweise entsprechend Abb. 13.45 erhalten bleibt und nur die mechanische Kreisfrequenz $\hat{\Omega}_m$ bzw. $\hat{\Omega}_L = Z_p\hat{\Omega}_m$ geschätzt werden.

Diese Verfahren setzen die Kenntnis der Motorparameter voraus. Zu beachten sind — wie schon mehrfach betont – bei der Schätzung der Rotordrehzahl die Parameterschwankungen aufgrund thermischer oder magnetischer Ursachen. In Abb. 14.10 ist ein generelles Blockschaltbild dargestellt.

Abb. 14.10: *Generelles Blockschaltbild der Verfahren zur direkten Drehzahlschätzung*

Kanmachi et al. schlagen in ihrer Veröffentlichung [525] ein Verfahren zur direkten Berechnung der Drehzahl vor. Zur Berechnung von Ω_L wird das Gleichungssystem (13.72) bzw. das Gleichungssystem (13.76) von der $K-$ in die $S-$ Orientierung überführt; es ergibt die folgende Darstellung in Matrizenform. In dieser Schreibweise lautet das Asynchronmaschinenmodell:

$$
\begin{bmatrix} U_{1\alpha} \\ U_{1\beta} \\ 0 \\ 0 \end{bmatrix} = \begin{bmatrix} R_1 + sL_1 & 0 & sM & 0 \\ 0 & R_1 + sL_1 & 0 & sM \\ sM & \Omega_L M & R_2 + sL_2 & \Omega_L L_2 \\ -\Omega_L M & sM & -\Omega_L L_2 & R_2 + sL_2 \end{bmatrix} \begin{bmatrix} I_{1\alpha} \\ I_{1\beta} \\ I_{2\alpha} \\ I_{2\beta} \end{bmatrix} \tag{14.100}
$$

Durch Auflösen der ersten beiden Gleichungen der Matrix nach dem Statorstrom und Einsetzen in die zwei anderen Gleichungen erhält man eine explizite Gleichung für die Rotordrehzahl als Funktion von $\vec{I}_1$, $\vec{\Psi}_1$ und $\vec{\Psi}_2$:

$$
\widehat{\Omega}_L = \frac{\left(\Psi_{1\alpha} - L_1 I_{1\alpha}\right)\frac{d}{dt}\Psi_{2\beta} - \left(\Psi_{1\beta} - L_1 I_{1\beta}\right)\frac{d}{dt}\Psi_{2\alpha}}{\left(\Psi_{1\alpha} - L_1 I_{1\alpha}\right)\Psi_{2\alpha} + \left(\Psi_{1\beta} - L_1 I_{1\beta}\right)\Psi_{2\beta}} \tag{14.101}
$$

in der die Flüsse über geschätzt werden über:

$$
\widehat{\Psi}_{1\alpha} = \int (U_{1\alpha} - R_1 I_{1\alpha})dt \tag{14.102}
$$

$$
\widehat{\Psi}_{1\beta} = \int (U_{1\beta} - R_1 I_{1\beta})dt \tag{14.103}
$$

$$
\widehat{\Psi}_{2\alpha} = \frac{L_2}{M}\Psi_{1\alpha} - \frac{\sigma L_1 L_2}{M}I_{1\alpha} \tag{14.104}
$$

$$
\widehat{\Psi}_{2\beta} = \frac{L_2}{M}\Psi_{1\beta} - \frac{\sigma L_1 L_2}{M}I_{1\beta} \tag{14.105}
$$

Ein Blockschaltbild zu diesem Verfahren ist in Abb. 14.11 angegeben.

Fehlerhafte Parameter zur Berechnung der Flüsse würden sich auch auf die Berechnung der Drehzahl und des Widerstandes auswirken. Der Statorwiderstand ändert sich mit der Temperatur und die Induktivität mit der magnetischen Sättigung. Die Autoren diskutieren die Einflüsse und kommen dabei zu folgenden Schlußfolgerungen:

- der Fehler in der Rotordrehzahl nimmt mit zunehmenden Lastmoment zu, da der Statorstrom ansteigt;

- der Fehler beim Rotorwiderstand steigt langsam mit der Zunahme der Last;

- die Rotor– und Statorinduktivitäten ändern sich mit dem Magnetisierungszustand, die Streuinduktivitäten bleiben konstant.

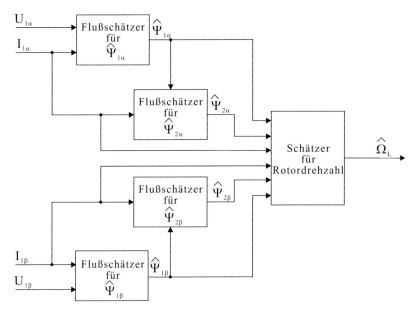

Abb. 14.11: *Blockschaltbild des von Kanmachi et al. [525] vorgestellten Verfahrens*

Shirsavar et al. [575] schlagen ein Schätzverfahren im Referenzsystem S ohne differenzierende Terme im Motormodell vor. In diesem Fall kann eine explizite Gleichung zur direkten Berechnung der Rotordrehzahl angegeben werden.

Aus den Motorgleichungen (14.100) im Koordinatensystem S können die folgenden Stator– und Rotorgleichungen abgeleitet werden:

$$U_{1\alpha} = I_{1\alpha}R_1 + L_1\frac{dI_{1\alpha}}{dt} + M\frac{dI_{2\alpha}}{dt} \tag{14.106}$$

$$U_{1\beta} = I_{1\beta}R_1 + L_1\frac{dI_{1\beta}}{dt} + M\frac{dI_{2\beta}}{dt} \tag{14.107}$$

$$0 = R_2I_{2\alpha} + L_2\frac{dI_{2\alpha}}{dt} + M\frac{dI_{1\alpha}}{dt} + I_{2\beta}L_2\Omega_L + I_{1\beta}M\Omega_L \tag{14.108}$$

$$0 = R_2I_{2\beta} + L_2\frac{dI_{2\beta}}{dt} + M\frac{dI_{1\beta}}{dt} - I_{2\alpha}L_2\Omega_L - I_{1\alpha}M\Omega_L \tag{14.109}$$

Bei Vektorregelung kann angenommen werden, daß der Motorstrom quasi sinusförmig ist (d.h. im wesentlichen stationäre Verhältnisse) und somit die Ableitungen für Rotor– und Statorströme wie folgt angenähert werden können:

$$\frac{dI_{1\alpha}}{dt} = -\left(\Omega_2^* + \Omega_L\right)I_{1\beta} \tag{14.110}$$

$$\frac{dI_{1\beta}}{dt} = \left(\Omega_2^* + \Omega_L\right)I_{1\alpha} \tag{14.111}$$

$$\frac{dI_{2\alpha}}{dt} = -\left(\Omega_2^* + \Omega_L\right) I_{2\beta} \qquad (14.112)$$

$$\frac{dI_{2\beta}}{dt} = \left(\Omega_2^* + \Omega_L\right) I_{2\alpha} \qquad (14.113)$$

Durch Auflösen und anschließende Substitution der Statorgleichungen (14.106) und (14.107) nach dem Rotorstrom und Näherung der differenzierenden Anteile durch Gl. (14.110) bis (14.113) erhält man:

$$I_{2\alpha} = \frac{U_{1\beta} - I_{1\beta}R_1 - L_1 I_{1\alpha}\left(\Omega_2^* + \Omega_L\right)}{M\left(\Omega_2^* + \Omega_L\right)} \qquad (14.114)$$

$$I_{2\beta} = \frac{U_{1\alpha} - I_{1\alpha}R_1 - L_1 I_{1\beta}\left(\Omega_2^* + \Omega_L\right)}{-M\left(\Omega_2^* + \Omega_L\right)} \qquad (14.115)$$

Führt man die gleichen Rechenschritte wie bei den Statorgleichungen auch bei den Rotorgleichungen (14.108) und (14.109) durch, so ergibt sich:

$$I_{2\alpha} = \frac{\left(L_2 I_{2\beta} + M I_{1\beta}\right) \Omega_2^*}{R_2} \qquad (14.116)$$

$$I_{2\beta} = \frac{\left(L_2 I_{2\alpha} + M I_{1\alpha}\right) \Omega_2^*}{-R_2} \qquad (14.117)$$

Durch Substitution von Gl. (14.115) in (14.116) und von Gl. (14.114) in (14.117) können die Rotorströme eliminiert werden und man erhält zwei Gleichungen, die nur von den Statorströmen abhängen.

Für die Rotordrehzahl ergibt sich letztlich eine quadratische Gleichung

$$\Omega_L = \frac{-b \pm \sqrt{b^2 - 4ac}}{2a} \qquad (14.118)$$

mit den folgenden Koeffizienten:

$$a = -Z Z_2 L_1$$

$$b = -Z_p Z_1 - Z Z_2 Z_3$$

$$c = L_2 \left[\left(U_{1\alpha} - I_{1\alpha}R_1\right)^2 + \left(U_{1\beta} - I_{1\beta}R_1\right)^2\right] - Z_p \Omega_2^* Z_1 - L_1 (\Omega_2^*)^2 Z Z_2$$

$$Z_p = U_{1\beta} I_{1\alpha} - U_{1\alpha} I_{1\beta}$$

$$Z = I_{1\alpha}^2 + I_{1\beta}^2$$

$$Z_1 = -M^2 + 2L_2 L_1$$

$$Z_2 = M^2 - L_2 L_1$$

$$Z_3 = 2L_1 \Omega_2^*$$

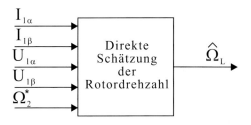

Abb. 14.12: *Blockschaltbild des von Shirsavar [575] vorgestellten Verfahrens*

Die Lösung mit dem negativen Vorzeichen der Wurzel gilt bei positiver Drehzahl, die Lösung mit positiven Vorzeichen gilt bei negativer Drehzahl.
Ein Blockschaltbild dieses Verfahrens ist in Abb. 14.12 angegeben.

Die Autoren schlagen neben dem Verfahren zur Geschwindigkeitsschätzung auch eine auf den gleichen Ansatz basierende Methode zur Berechnung des Rotorwiderstandes vor.

Hyung–Soo Mok et al. [549] beschreiben ein Verfahren zur Berechnung der Drehzahl bei Feldorientierung auf den Statorfluß.

Wenn die Spannungen und Ströme des Motors in den α, β–Achsen gemessen werden, ist es möglich, die Rotorgleichungen in Abhängigkeit von den Statorgrößen zu schreiben als:

$$0 = R_2\Psi_{1\alpha} + L_2 s\Psi_{1\alpha} - \sigma L_2 L_1 s\, I_{1\alpha} - \Omega_2\left(L_2\Psi_{1\beta} - \sigma L_2 L_1 I_{1\beta}\right) \tag{14.119}$$

$$0 = R_2\Psi_{1\beta} + L_2 s\Psi_{1\beta} - \sigma L_2 L_1 s\, I_{1\beta} + \Omega_2\left(L_2\Psi_{1\alpha} - \sigma L_2 L_1 I_{1\alpha}\right) \tag{14.120}$$

Der Statorfluß wird über Gl. (14.86) in Kap. 14.4 berechnet zu:

$$\widehat{\Psi}_{1\alpha} = \int (U_{1\alpha} - R_1 I_{1\alpha})dt$$

$$\widehat{\Psi}_{1\beta} = \int (U_{1\beta} - R_1 I_{1\beta})dt$$

Unter der Voraussetzung der Kenntnis aller Parameter können die Orientierung und die elektrische Drehzahl des Flußvektors sowie die mechanische Drehzahl des Rotors berechnet werden. Entsprechend zu Gl. (14.86) und (14.94) in Kap. 14.4 erhält man die Gleichungen

$$\widehat{\beta}_K = \arctan\left(\frac{\widehat{\Psi}_{1\beta}}{\widehat{\Psi}_{1\alpha}}\right) \tag{14.121}$$

$$\widehat{\Omega}_1 = \frac{\dfrac{d\widehat{\Psi}_{1\beta}}{dt}\widehat{\Psi}_{1\alpha} - \dfrac{d\widehat{\Psi}_{1\alpha}}{dt}\widehat{\Psi}_{1\beta}}{\left(\widehat{\Psi}_{1\alpha}\right)^2 + \left(\widehat{\Psi}_{1\beta}\right)^2} \tag{14.122}$$

die zur Schätzung der Rotordrehzahl verwendet werden:

$$\widehat{\Omega}_L = \frac{\Omega_1 \left(\widehat{\Psi}_{1\alpha}^2 + \widehat{\Psi}_{1\beta}^2 \right) - \sigma L_1 s T_2 L_1 L_2}{\widehat{\Psi}_{1\alpha}^2 + \widehat{\Psi}_{1\beta}^2 + \sigma L_1 \left(\widehat{\Psi}_{1\alpha}^2 I_{1\alpha} + \widehat{\Psi}_{1\beta}^2 I_{1\beta} \right)} \qquad (14.123)$$

Dieses Verfahren ist stabil bei Parameterschwankungen. Aber im Fall falscher Werte der Parameter stellen sich stationäre Fehler ein. Fehler im Betrag der Rotorzeitkonstante pflanzen sich auch über die Drehzahlberechnung fort. Deshalb schlagen die Autoren einen Ansatz vor, bei dem neben dem Drehzahlschätzer auch ein Schätzer für den Rotorwiderstand eingesetzt wird, wie in Abb. 14.13 dargestellt.

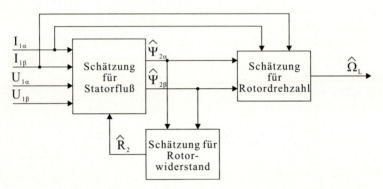

Abb. 14.13: *Blockschaltbild des von Hyung–Soo Mok et al. [549] vorgestellten Verfahrens*

14.7   Adaptive Verfahren

Wie in den obigen Kapiteln dargestellt wurde, ist bei den nichtadaptiven Verfahren keine Korrektur der Schätzwerte vorgesehen. Das prinzipielle Vorgehen bei den im folgenden beschriebenen adaptiven Verfahren ist der Fehlervergleich von realen Daten des betrachteten Systems und Modelldaten, wobei das Modell dem realem System angepaßt wird, d.h. das Modell ist adaptiv. Das adaptive Modell kann auch ein Beobachter sein. Ein vergleichbares Vorgehen ist der Vergleich von zwei unterschiedlichen Modellen, dem Referenzmodell und dem adaptiven Modell (*MRAS*–Ansatz).

Charakteristisch bei diesen Verfahren ist, daß nicht nur die Rotordrehzahl Ω_L geschätzt wird, sondern daß auch Parameter des adaptiven Modells nachgeführt werden können.

Eine prinzipielle Anordnung eines solchen adaptiven Regelverfahrens ist in Abb. 14.14 angegeben, wo die beiden Blöcke *Adaptives Modell* und *Referenzmodell* typischerweise vorhanden sind, die im folgenden näher untersucht werden.

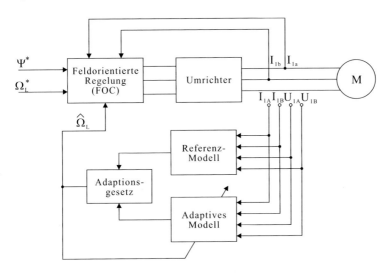

Abb. 14.14: *Prinzipielles Blockschaltbild einer adaptiven Regelung (MRAS)*

Wie bereits in Kap. 14.1 dargestellt, muß der Adaptionsvorgang stabil erfolgen, und es ist erwünscht, daß die Modellparameter bzw. die gewünschten Signale der Systemzustände auf die Parameter der realen Strecke bzw. die realen Streckensignale konvergieren.

Die Adaptionsgesetze basieren jeweils auf einem der drei folgenden Verfahren:

1. *Hyperstabilitätskriterium:* Die Funktionsgleichung ergibt sich aus dem Vergleich der Schätzgrößen aus den Referenzmodell mit der Schätzgröße aus dem adaptiven Modell. Auf das Fehlersignal (Differenzsignal $\underline{\epsilon}_y$) der beiden Schätzwerte wird das Hyperstabilitätskriterium nach Popov angewandt, welches zwar die Fehlerkonvergenz ($\underline{\epsilon}_y = 0$) sicherstellt, jedoch nicht die Konvergenz der Parameter auf die wahren Werte garantiert [12].

2. *Erweitertes Kalman–Filter (EKF):* Der Schätzwert kann dem Zustandsvektor entnommen werden, welcher auch die Rotordrehzahl enthält. Das erweiterte Kalman–Filter basiert auf der Theorie der Kalman–Filter und ermöglicht die Schätzung von Parametern insbesondere bei verrauschten Meßsignalen [30].

3. *Methode der kleinsten Fehlerquadrate:* Bei der Methode der minimalen Fehlerquadrate wird die Differenz zwischen dem Schätzwert und dem wahren Wert im Arbeitspunkt berechnet. Auf dieses Differenzsignal wird dann die Methode der minimalen Fehlerquadrate angewandt [30].

Die auf einem Hyperstabilitätsentwurf basierenden Verfahren können in zwei Untergruppen aufgeteilt werden, je nach Topologie der adaptiven Modelle und der Referenzmodelle:

- *MRAS (Model Referenz Adaptive System):* Dieses Verfahren verwendet ein „Referenzmodell" (RM), welches das gewünschte Verhalten als Referenz vorgibt und ein sog. „Adaptives Modell" (AM), welches sich an das Referenzmodell adaptiert. Die Differenz zwischen dem berechneten Wert des Referenzmodells und dem Wert des adaptiven Modells liefert einen Fehlervektor, der zur Adaption der Parameter des adaptiven Modells verwendet wird.

- *Luenberger–Beobachter:* Bei diesem Verfahren wird als Referenzmodell der reale Motor verwendet und als adaptives Modell ein Beobachter, der mit einer Verstärkungsmatrix nachgeführt wird. Bei der Auslegung der Beobachtermatrizen nach Luenberger können die Pole des Beobachters so gewählt werden, daß dieser schneller einschwingt als das zu beobachtende System. Der Beobachter erhält als Eingangsgrößen die gemessenen Größen und liefert als Ausgang die geschätzten Zustandsgrößen.

Griva et al. weisen in [499] auf die Möglichkeit hin, alle auf Hyperstabilität basierenden Methoden von einem gemeinsamen Gesichtspunkt aus zu betrachten. Sie präsentieren einen auf dem Hyperstalitätskriterium von Popov [560] basierenden Ansatz, der für viele Formen der adaptiven Regelung gültig ist und beweisen ihre These über das Stabilitätskriterium nach Lyapunov.

In allgemeiner Schreibweise können die beiden Modelle über die Gleichungen

$$\text{RM} \quad \begin{cases} \dot{\underline{x}} = \mathbf{A}\underline{x} + \mathbf{B}\underline{u} \\[2mm] \underline{y} = \mathbf{C}\underline{x} \end{cases} \tag{14.124}$$

$$\text{AM} \quad \begin{cases} \dot{\hat{\underline{x}}} = \hat{\mathbf{A}}\hat{\underline{x}} + \mathbf{B}\underline{u} + \mathbf{K}(\hat{\underline{y}} - \underline{y}) \\[2mm] \hat{\underline{y}} = \mathbf{C}\hat{\underline{x}} \end{cases} \tag{14.125}$$

beschrieben werden, in denen die Matrizen $\mathbf{A}$, $\mathbf{B}$ und $\mathbf{C}$ die Parameter des Asynchronmaschinenmodells und die Matrix $\mathbf{K}$ die Luenberger–Koeffizienten enthalten. Die mit ˆ gekennzeichneten Elemente sind die geschätzten Vektoren und Matrizen im adaptiven Modell (AM).

Der Fehler zwischen Referenzmodell und adaptiven Modell bzw. zwischen realer Größe und geschätzter Größe kann über die dynamische Fehlergleichung berechnet werden:

$$\dot{\underline{\varepsilon}}_x = \dot{\underline{x}} - \dot{\hat{\underline{x}}} = \mathbf{A}\underline{x} - \hat{\mathbf{A}}\hat{\underline{x}} + \mathbf{K}(\mathbf{C}\underline{x} - \mathbf{C}\hat{\underline{x}}) = (\mathbf{A} + \mathbf{K}\mathbf{C})\underline{\varepsilon}_x + (\mathbf{A} - \hat{\mathbf{A}})\hat{\underline{x}} \tag{14.126}$$

Diese Anordnung wird als ein lineares System mit nichtlinearer Rückkopplungsfunktion $\Phi(\underline{\varepsilon}_y)$ dargestellt, um die Anwendung des Hyperstabilitätskriteriums zu

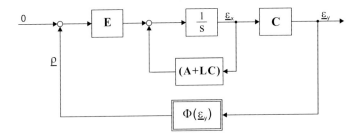

Abb. 14.15: *Blockschaltbild der dynamischen Fehlerberechnung*

ermöglichen. Diese nichtlineare Funktion $\Phi(\underline{\varepsilon}_y)$ hat als Eingang den Ausgangsfehler $\underline{\varepsilon}_y = \mathbf{C}\underline{\varepsilon}_x$ und als Ausgang den Vektor $\underline{\rho}$ und kann allgemein nicht explizit angegeben werden.

$$\underline{\rho} = (\mathbf{A} - \hat{\mathbf{A}})\underline{\hat{x}} \tag{14.127}$$

In Abb. 14.15 ist ein Blockschaltbild der genannten Struktur angegeben.

Gemäß [499] garantiert der Hyperstabilitätsentwurf zwar die Stabilität der Schätzung, aber nicht die Parameterkonvergenz. Um diese Konvergenz zu erreichen, muß das System genügend angeregt werden (*persistent excitation*).

Unter Anwendung des Popov–Kriteriums können die Anforderungen an den nichtlinearen Block des Blockschaltbildes nach Abb. 14.15 definiert werden. Das assoziative Integral berechnet sich über

$$\eta(t_0, t_1) = \Re \int_{t_0}^{t_1} \underline{\varepsilon}_y^T(t) \, \underline{\rho}(t) \, dt \tag{14.128}$$

wobei $\underline{\varepsilon}_y^T$ zu $[\underline{\varepsilon}_y^T \;\; \underline{0}]$ erweitert wird, um die Dimensionen von $\underline{\varepsilon}_y^T$ an die Dimension von ρ anzugleichen.

Die Bedingung für die Hyperstabilität des nichtlinearen Blockes lautet

$$\eta(0, t_1) = \int_0^{t_1} \underline{\varepsilon}_y^T(t) \, \underline{\rho}(t) \, dt \geq -\gamma_0^2 \tag{14.129}$$

für jede Ein–Ausgangskonfiguration und jedes positives γ_0.

Substituiert man in Gl. (14.129) den Faktor ρ nach Gl. (14.127) und nimmt an, daß der Fehler zwischen den beiden Matrizen ausschließlich aufgrund des Fehlers zwischen realer und geschätzter Drehzahl auftritt, erhält man die Gleichung

$$\eta(0, t_1) = \int_0^{t_1} \underline{\varepsilon}_y^T(t) \, \mathbf{A}_{er} \, \underline{\hat{x}}(\Omega_L - \hat{\Omega}_L) \, dt \geq -\gamma_0^2 \tag{14.130}$$

aus der man dann die Hyperstabilitätsbedingung

$$\hat{\Omega}_L = K_I \int \underline{\varepsilon}_y^T(t) \, \mathbf{A}_{er} \, \underline{\hat{x}} \, dt \tag{14.131}$$

für die Drehzahl ableiten kann, in der K_I eine beliebige positive Integrationskonstante ist und $\mathbf{A}_{er}$ wie folgt definiert ist:

$$\mathbf{A}_{er} = \frac{1}{\Omega_L - \hat{\Omega}_L}\left(\mathbf{A} - \hat{\mathbf{A}}\right) \tag{14.132}$$

Die Stabilität dieses adaptiven Ansatzes kann über das Stabilitätskriterium von Lyapunov unter Verwendung der Lyapunov–Funktion

$$V = \underline{\varepsilon}_y^T \underline{\varepsilon}_y + c\left(\Omega_L - \hat{\Omega}_L\right)^2 \tag{14.133}$$

nachgewiesen werden [499].

Wendet man diese allgemeine Theorie auf spezielle Fälle an, so kann man die folgenden adaptiven Verfahren herleiten:

- Man erhält einen Luenberger–Beobachter mit den folgenden Annahmen:

$$\underline{\varepsilon}_y = \begin{bmatrix} I_{1B} - \hat{I}_{1B} \\ I_{1A} - \hat{I}_{1A} \\ 0 \\ 0 \end{bmatrix} = \begin{bmatrix} \varepsilon_{I_{1B}} \\ \varepsilon_{I_{1A}} \\ 0 \\ 0 \end{bmatrix} \quad \text{und} \quad \underline{\hat{x}} = \begin{bmatrix} \hat{I}_{1B} \\ \hat{I}_{1A} \\ \hat{\Psi}_{2B} \\ \hat{\Psi}_{2A} \end{bmatrix}$$

$$\mathbf{A}_{er} = \frac{1}{\Omega_L - \hat{\Omega}_L}\left(\mathbf{A} - \hat{\mathbf{A}}\right) = \begin{bmatrix} 0 & 0 & 0 & -\frac{M}{L_2\sigma L_1} \\ 0 & 0 & \frac{M}{L_2\sigma L_1} & 0 \\ 0 & 0 & 0 & 1 \\ 0 & 0 & -1 & 0 \end{bmatrix}$$

aus denen man dann die Rotordrehzahl über

$$\hat{\Omega}_L = K_I \int \begin{bmatrix} \varepsilon_{I_{1B}} & \varepsilon_{I_{1A}} & 0 & 0 \end{bmatrix} \begin{bmatrix} -\frac{M}{L_2\sigma L_1}\hat{\Psi}_{2A} \\ \frac{M}{L_2\sigma L_1}\hat{\Psi}_{2B} \\ \hat{\Psi}_{2A} \\ -\hat{\Psi}_{2B} \end{bmatrix} dt$$

$$= -K_I' \int \left[\varepsilon_{I_{1B}}\hat{\Psi}_{2A} - \varepsilon_{I_{1A}}\hat{\Psi}_{2B}\right] dt \tag{14.134}$$

berechnen kann.

- Man erhält ein MRAS–System mit den folgenden Annahmen:

$$\underline{\varepsilon}_y = \begin{bmatrix} \Psi_{2B} - \hat{\Psi}_{2B} \\ \Psi_{2A} - \hat{\Psi}_{2A} \end{bmatrix} \quad \text{und} \quad \underline{\hat{x}} = \begin{bmatrix} \hat{\Psi}_{2B} \\ \hat{\Psi}_{2A} \end{bmatrix}$$

Ψ_{2B} und Ψ_{2A} sind die Ausgänge des Referenzmodells (RM) und $\hat{\Psi}_{2B}$ und $\hat{\Psi}_{2A}$ die Ausgänge des adaptiven Modells (AM).

$$\mathbf{A}_{er} = \frac{1}{\Omega_L - \hat{\Omega}_L}\left(\mathbf{A} - \hat{\mathbf{A}}\right) = \begin{bmatrix} 0 & 1 \\ -1 & 0 \end{bmatrix}$$

Daraus läßt sich die Gleichung für den Rotordrehzahlsschätzwert ableiten:

$$\hat{\Omega}_L = K_I \int \underline{\varepsilon}_y^T \mathbf{A}_{er} \, \hat{\underline{x}} \, dt = \qquad (14.135)$$

$$= K_I \int \left[\, \varepsilon_{\Psi_{2B}} \quad \varepsilon_{\Psi_{2A}} \, \right] \left[\begin{array}{c} \hat{\Psi}_{2A} \\ -\hat{\Psi}_{2B} \end{array} \right] dt \qquad (14.136)$$

$$= K_I \int \left[\varepsilon_{\Psi_{2B}} \hat{\Psi}_{2A} - \varepsilon_{\Psi_{2A}} \hat{\Psi}_{2B} \right] dt$$

Die Ergebnisse der simulativen und experimentellen Untersuchungen in [499] zeigen, daß die Systeme mit Luenberger–Beobachter generell besser sind als die MRAS–Verfahren, da letztere in allen Arbeitspunkten einen höheren Fehler im Schätzwert aufweisen. Insbesondere zeigt der Luenberger–Ansatz ein besseres Verhalten bei kleineren Drehzahlen und neigt in diesem Bereich auch weniger zu Schwingungen.

Diese Unterschiede können damit erklärt werden, daß der Luenberger–Beobachter einen Vergleich zwischen physikalisch gemessener und geschätzter Größe durchführt, während beim MRAS–Verfahren der geschätzte Wert aus einem Vergleich zwischen Referenzmodell und adaptivem Modell gewonnen wird.

Die in [499] dargestellten Verfahren zeigen zwar in der Praxis zufriedenstellendes Verhalten, der mathematische Stabilitätsbeweis ist jedoch kritisch zu betrachten, da für die Anwendung des Hyperstabilitätskriteriums konstante Systemmatrizen vorausgesetzt werden. Im vorliegenden Fall sind die Systemmatrizen jedoch abhängig von der zu schätzenden Größe $\hat{\Omega}_L$ und somit zeitvariant und nicht konstant (siehe Kap. 14.1 und 14.7.6).

14.7.1 MRAS–Verfahren

Das Charakteristische bei den MRAS–Verfahren — wie schon in Kap. 14.7 prinzipiell dargestellt — ist, daß ein Vergleich zwischen den von zwei Schätzern berechneten Werten vorgenommen wird. Das erste dieser Modelle, auch „*Referenzmodell*" oder „*Reference Model*" (RM) genannt, wird aus Gleichungen hergeleitet, die nicht den gesuchten Schätzwert — in diesem Fall die Rotordrehzahl — enthalten; das zweite Modell hingegen, auch als „*Adaptives Modell*" oder „*Adjustable Model*" (AM) bezeichnet, wird aus Gleichungen abgeleitet, in denen die gesuchte Größe enthalten ist.

Ein funktionelles Schema dieses Verfahrens zeigt Abb. 14.16, wobei die Ausgangsgrößen $x_{d,q}$ die geschätzten physikalischen Größen darstellen. Der Fehler zwischen den beiden unterschiedlichen Modellen stellt den Eingang für den Adaptionsalgorithmus dar, der die Drehzahlschätzung vornimmt.

Die Modelle RM und AM werden aus den Stator– und Rotorgleichungen hergeleitet und auf die A, B–Achsen des rotierenden Referenzsystems K bezogen.

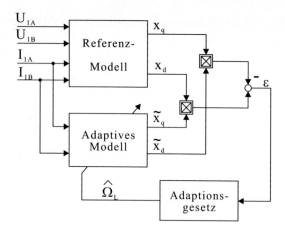

Abb. 14.16: *Blockschaltbild eines MRAS Schätzers*

$$\text{RM} \quad \begin{cases} U_{1A} = R_1 I_{1A} + \dfrac{d\Psi_{1A}}{dt} - \Omega_1 \Psi_{1B} \\[4mm] U_{1B} = R_1 I_{1B} + \dfrac{d\Psi_{1B}}{dt} + \Omega_1 \Psi_{1A} \end{cases} \qquad (14.137)$$

$$\text{RM} \quad \begin{cases} \Psi_{1A} = L_1 I_{1A} + M I_{2A} \\[3mm] \Psi_{1B} = L_1 I_{1B} + M I_{2B} \end{cases} \qquad (14.138)$$

$$\text{AM} \quad \begin{cases} 0 = R_2 I_{2A} + \dfrac{d\tilde{\Psi}_{2A}}{dt} - (\Omega_1 - \hat{\Omega}_L)\tilde{\Psi}_{2B} \\[4mm] 0 = R_2 I_{2B} + \dfrac{d\tilde{\Psi}_{2B}}{dt} + (\Omega_1 - \hat{\Omega}_L)\tilde{\Psi}_{2A} \end{cases} \qquad (14.139)$$

$$\text{AM} \quad \begin{cases} \tilde{\Psi}_{2A} = L_2 I_{2A} + M I_{1A} \\[3mm] \tilde{\Psi}_{2B} = L_2 I_{2B} + M I_{1B} \end{cases} \qquad (14.140)$$

Aus diesen Gleichungen können unterschiedliche Größen abgeleitet werden, wie etwa die EMK, die Flüsse oder die Blindleistung. Je nachdem auf welcher Grundlage nun die Drehzahlschätzung vorgenommen wird, unterscheidet man die drei Methoden:

1. *EMK–Gleichungen:* es werden die geschätzten EMKs verglichen;

2. *Flußgleichungen:* es werden die geschätzten Flüsse verglichen;

3. *Blindleistungsgleichungen:* es werden die geschätzten Blindleistungen verglichen.

Bei allen genannten Methoden ist die Berechnung der Rotordrehzahl über das Adaptionsgesetz gleich:

$$\hat{\Omega}_L = K_P \left(x_q \tilde{x}_d - x_d \tilde{x}_q \right) + K_I \int\limits_0^T \left(x_q \tilde{x}_d - x_d \tilde{x}_q \right) dt \qquad (14.141)$$

wobei die Variable x für die Ausgänge aus dem Referenzmodell (RM) steht und die Variable $\tilde{x}$ für die Ausgänge aus dem adaptiven Modell steht, K_P und K_I sind Hilfskonstanten des Fehlerreglers. Gleichung (14.141) kann aus Gl. (14.135) unter Berücksichtigung folgender Gleichheit

$$\varepsilon_{x_q} \tilde{x}_d - \varepsilon_{x_d} \tilde{x}_q = \left(x_q - \tilde{x}_q \right) \tilde{x}_d - \left(x_d - \tilde{x}_d \right) \tilde{x}_q = x_q \tilde{x}_d - x_d \tilde{x}_q$$

abgeleitet werden. Wird die geschätzte Drehzahl im adaptiven Modell so verändert, daß der ermittelte Fehler gleich Null ist, ist diese geschätzte Drehzahl die Drehzahl des Rotors. Die Geschwindigkeit und die Stabilität, mit der das Adaptionsgesetz die gesuchte Drehzahl ermittelt, hängt von der Wahl der Konstanten K_P und K_I ab, die den proportionalen und den integralen Anteil des Adaptionsalgorithmus repräsentieren.

14.7.2 Problematik bei tiefen Frequenzen

Um die zu behandelnde Problematik bei tiefen Statorfrequenzen und damit kleineren Drehzahlen sowie um einige grundsätzliche Lösungswege aufzuzeigen, sollen die zwei wesentlichen Grundgleichungen noch einmal wiederholt werden. Um den Statorfluß $\vec{\Psi}_1^S$ zu schätzen, wird die folgende Gleichung verwendet:

$$\vec{\Psi}_1^S = \int \left(\vec{U}_1^S - R_1 \vec{I}_1^S \right) d\tau \qquad \text{(RM)} \qquad (14.142)$$

Diese Gleichung gilt grundsätzlich für alle Ersatzschaltbilder der Drehfeldmaschinen. Wie aber bereits in [35] ausgeführt, kann die statorseitige Streuung σL_1 auf die Rotorseite umgerechnet werden, und es gilt dann $L_1 = M = L_h = L_\mu$. Damit gilt für dieses kanonische Ersatzschaltbild:

$$\vec{\Psi}_\mu^S = \vec{\Psi}_1^S \Big|_{M=L_1} \qquad (14.143)$$

Es ändert sich allerdings das Rotorgleichungssystem. Grundsätzlich ist daher bei den Veröffentlichungen genau zu überprüfen, welches Modell der Drehfeldmaschine verwendet wurde. Im vorliegenden Fall soll der Ansatz aus Kap. 13 und damit Kap. 14.1 (komplexe Darstellung, Gleichungssatz (14.5) bis (14.15) bzw. Abb. 14.2) weiter verwendet werden. In diesem Fall gilt:

$$\vec{\Psi}_2^S = \frac{L_2}{M} \int \left(\vec{U}_1^S - R_1 \vec{I}_1^S - \sigma L_1 \frac{d\vec{I}_1^S}{dt} \right) d\tau \qquad \text{(RM)} \qquad (14.144)$$

Diese Gleichung wird von vielen Autoren als grundlegende Ausgangsbasis benutzt und ergibt insbesondere bei höheren Drehzahlen befriedigende Schätzergebnisse. Bei niedrigen Drehzahlen beeinträchtigt die Drift der offenen Integration und das Rauschen das Schätzergebnis, dies ist inzwischen allgemeine Erkenntnis.

Um diese Schwierigkeiten zu verringern, wird das Strommodell des Rotors (Gl. (14.15) mit $\Omega_K = 0$ bzw. Abb. 14.2) zusätzlich genutzt (Abb. 14.17). Diese Ableitung erfolgte erstmals 1989 [566]

$$T_2 \frac{d\vec{\Psi}_2^K}{dt} + \vec{\Psi}_2^K = -j(\Omega_K - \Omega_L)T_2\vec{\Psi}_2^K + M\vec{I}_1^K \qquad \text{(AM)} \qquad (14.145)$$

mit $\Omega_K = 0$ für die Transformation in das S–System

$$T_2 \frac{d\vec{\Psi}_2^S}{dt} + \vec{\Psi}_2^S = -j\Omega_L T_2\vec{\Psi}_2^S + M\vec{I}_1^S \qquad \text{(AM)} \qquad (14.146)$$

und ergibt im Laplace–Bereich (siehe Abb. 14.2):

$$\overset{\sim}{\vec{\Psi}}_2^S(s) = \frac{M}{1 + T_2 s - j\Omega_L T_2}\vec{I}_1^S(s) \qquad \text{(AM)} \qquad (14.147)$$

oder

$$\overset{\sim}{\vec{\Psi}}_2^S(s) = \frac{M}{1 + \widehat{T}_2 s + j\Omega_L \widehat{T}_2}\vec{I}_1^S(s) \qquad \text{(AM)} \qquad (14.148)$$

Die obige Gleichung des Rotorflusses wird von den verschiedenen Autoren in unterschiedlicher Form dargestellt [548, 593].

Ein wesentlicher Ansatzpunkt bei der Verbesserung der Flußschätzung ist, bei tiefen Drehzahlen die kritische Flußschätzung nach Gl. (14.142) bis (14.144) zu ergänzen durch einen Vergleich mit der Flußschätzung nach Gl. (14.146) (Abb. 14.17). Durch diesen Vergleich erfolgt eine Fehlerrückführung und damit eine Stabilisierung der Schätzung. Im allereinfachsten Fall kann der abgetastete Flußwert zum Zeitpunkt $(k-1)$ in Gl. (14.146) bzw. (14.147) mit dem k–ten Flußwert aus Gl. (14.142) bis (14.144) verglichen und somit der Flußwert zum Zeitpunkt k aus Gl. (14.142) bzw. (14.144) korrigiert werden [519]. In gleicher Weise kann dieses Vorgehen auch für die Schätzung von $\widehat{\Omega}_L$ genutzt werden.

Ausgehend von Gl. (14.15) sowie bei $\Omega_K = 0$ und nach Auflösung in die α–, β–Komponenten ergibt sich für das adaptive Modell AM:

$$\text{AM} \quad \begin{cases} \tilde{\Psi}_{2\alpha} = \int \left[-\frac{1}{T_2}\tilde{\Psi}_{2\alpha} - \Omega_L\tilde{\Psi}_{2\beta} + \frac{1}{T_2}MI_{1\alpha} \right] dt \\[3mm] \tilde{\Psi}_{2\beta} = \int \left[-\frac{1}{T_2}\tilde{\Psi}_{2\beta} + \Omega_L\tilde{\Psi}_{2\alpha} + \frac{1}{T_2}MI_{1\beta} \right] dt \end{cases} \qquad (14.149)$$

Für das Adaptionsgesetz gilt unter Berücksichtigung des Popov–Kriteriums die folgende Gleichung, wenn die Flüsse als Vergleichskriterium genutzt werden:

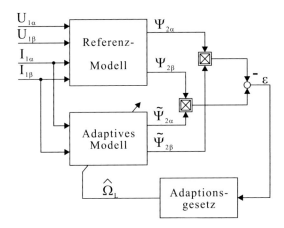

Abb. 14.17: *Blockschaltbild des rotorflußbasierten MRAS–Schätzers*

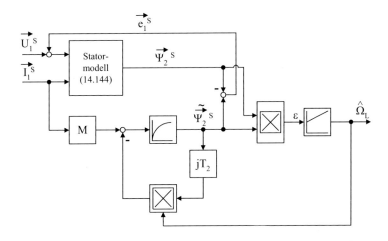

Abb. 14.18: *Grundstruktur des MRAC–Ansatzes*

$$\widehat{\Omega}_L = \left(K_P + \frac{K_I}{s} \right) \left(\tilde{\Psi}_{2\beta} \Psi_{2\alpha} - \Psi_{2\beta} \tilde{\Psi}_{2\alpha} \right) \qquad (14.150)$$

Unterschiedliche Ausführungen dieses Vorgehens zeigen die folgenden beiden Abbildungen. In Abb. 14.18 wird das Statormodell zur Flußbestimmung nach Gl. (14.144) und parallel dazu das Rotormodell nach Gl. (14.148) mit $\Omega_K = 0$ verwendet. Das Differenzsignal $\vec{e}_1^S$ wird zum Eingang des Statormodells zurückgeführt und stabilisiert so die an sich offene Integration nach Gl. (14.144). Weiterhin wird mit dem Fehlerregelkreis die Drehzahl $\widehat{\Omega}_L$ geschätzt.

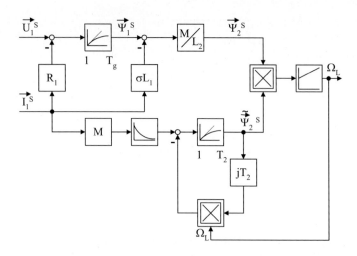

Abb. 14.19: *Abgeänderte Version von Abb. 14.18* [472, 473]

Eine etwas andere Ausführung zeigt Abb. 14.19. Im vorliegenden Fall ist die offene Integration beim Statormodell durch einen Tiefpaß mit der Zeitkonstanten T_g ersetzt worden; außerdem wurde die Differentation des Stroms $\vec{I}_1^S$ vermieden. Die Zeitkonstante T_g wird in etwa zu $T_g \approx 1\ sec$ gesetzt.

Dies bedeutet, daß unterhalb der Frequenz von ca. 1 Hz die Integration im Statormodell beginnt, nicht mehr wirksam zu sein. Um Fehler bei der Schätzung von $\vec{\tilde{\Psi}}_2^S$ vom Rotormodell zu vermeiden, muß deshalb in diesem Signalpfad ebenso eine Frequenzbeschränkung eingefügt werden. Ansonsten sind beide Ausführungen praktisch identisch.

In Gl. (14.148) ist der Zusammenhang zwischen dem Fluß Ψ_2 und dem Statorstrom I_1 dargestellt. Im stationären Betrieb $(s = 0)$ gilt:

$$\vec{\Psi}_2^S = \frac{M \vec{I}_1^S}{1 + j\Omega_2 T_2} \qquad (14.151)$$

Bei Stromeinprägung ist daher zu beachten, daß die Orientierung des K–Systems der Ströme unterschiedlich zum K–System der Rotorflüsse ist.

$$\beta_I = \int \Omega_1 d\tau + \arctan(\Omega_2 T_2) \qquad (14.152)$$

Ausgehend von dieser Idee werden die unterschiedlichsten Vorschläge erarbeitet, um die Drehzahl Ω_m und den Fluß Ψ_2 gleichzeitig zu schätzen. Wie in [566] gezeigt wird, ist der Gleichungssatz (14.146) bis (14.148) gut geeignet, um die Drehzahl Ω_L bzw. Ω_2 zu schätzen. Die Schwierigkeit ist aber, mit dieser Gleichung sowohl die Drehzahl als auch den Fluß zu schätzen. In [464] wird Gl. (14.146) in das rotorflußfeste Koordinatensystem transformiert. Andere Autoren verwenden komplexere Ansätze wie nichtlineare Beobachter [531], nichtlineare Beobachter mit reduzierter Ordnung [582], Sliding Mode Beobachter [489] oder Extended Kalman Filter [503]. Dies wird in den folgenden Kapiteln abgehandelt.

14.7.3 MRAS–Verfahren: EMK–Berechnung

Abwandlungen des MRAS–Verfahrens werden beispielsweise in [595, 596, 599] dargestellt, wobei die offene Integration nach Gl. (14.144) umgangen wird. Ausgangspunkt der Überlegungen sind Gl. (14.62) als Referenzmodell

$$\vec{E}_\mu^S = \vec{U}_1^S - R_1\vec{I}_1^S - \sigma L_1 \frac{d\vec{I}_1^S}{dt} \tag{14.153}$$

und Gl. (14.139), (14.140) sowie Gl. (14.58) zur Elimination der Ableitung der Rotorflüsse als adaptives Modell:

$$E_{\mu\alpha} = \frac{M}{L_2}\left[-R_2 I_{2\alpha} - \widehat{\Omega}_L L_2 I_{2\beta} - \widehat{\Omega}_L M I_{1\beta}\right] \tag{14.154}$$

$$E_{\mu\beta} = \frac{M}{L_2}\left[-R_2 I_{2\beta} + \widehat{\Omega}_L L_2 I_{2\alpha} + \widehat{\Omega}_L M I_{1\alpha}\right] \tag{14.155}$$

Die Ströme $I_{2\alpha}$ und $I_{2\beta}$ können beispielsweise mittels Gl. (14.116) und (14.117) berechnet werden.

Wiederum wird eine Fehlerfunktion ϵ aus den beiden Schätzungen der inneren Spannungen gebildet, d.h. statt der Flüsse werden nun die inneren Spannungen genutzt. Abbildung 14.18 bleibt in der Grundstruktur somit erhalten.

Eine generelle Schwierigkeit ist die Auslegung des Fehlerreglers mit dem Ausgangssignal $\widehat{\Omega}_L$. Diese Fragestellung wird in [596] diskutiert.

14.7.4 MRAS–Verfahren: Flußberechnung

Tajima et al. [582] beziehen sich in ihrer Arbeit im wesentlichen auf die Arbeit von Schauder [566] und erhalten für die Drehzahlschätzung auch die selben Resultate. Sie zeigen aber eine Möglichkeit auf, wie die Dynamik des Drehzahlschätzers gesteigert werden kann. Zudem liefern sie auch Einstellregeln zur Bestimmung der Parameter in der Adaptionsformel.

Durch Linearisierung im Bereich des Arbeitspunktes und über die Formel

$$\varepsilon = \tilde{\Psi}_{2\beta}\Psi_{2\alpha} - \Psi_{2\beta}\tilde{\Psi}_{2\alpha} \tag{14.156}$$

erhält man die Übertragungsfunktion zu

$$G(s) = \frac{\Delta\varepsilon}{\Delta\Omega_L - \Delta\widehat{\Omega}_L} = \frac{\left(s + \frac{1}{T_2}\right)\Psi_2^2}{\left(s + \frac{1}{T_2}\right)^2 + \Omega_2^2} \tag{14.157}$$

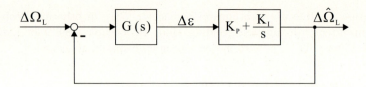

Abb. 14.20: *Blockschaltbild des Drehzahlschätzers*

in der die mit Δ gekennzeichneten Größen die Änderungen um den Linearisierungspunkt angeben. In Abb. 14.20 ist das Blockschaltbild dieser Methode angeführt.

Nimmt man an, daß die Schlupfdrehzahl gleich Null ist, können die Konstanten im Adaptionsgesetz berechnet werden zu:

$$\begin{cases} K_P = \dfrac{\xi\Omega_1 - \frac{1}{T_2}}{\Psi_2^2} \\[4mm] K_I = \dfrac{\Omega_1^2}{\Psi_2^2} \end{cases} \tag{14.158}$$

Daraus folgt dann die Übertragungsfunktion

$$\frac{\Delta\hat{\Omega}_L}{\Delta\Omega_L} = \frac{\left(2\xi\Omega_1 - \frac{1}{T_2}\right)s + \Omega_1^2}{p^2 + 2\xi\Omega_1 s + \Omega_1^2} \tag{14.159}$$

mit der Laplace–Variable s und der Dämpfung ξ.

Aus Gl. (14.159) können die die Dynamik bestimmenden Pole und Nullstellen des Drehzahlschätzers bestimmt werden:

$$\begin{cases} \text{Nullstelle:} \quad s_n = -\dfrac{\Omega_1^2}{2\xi\Omega_1 - \frac{1}{T_2}} \\[6mm] \text{Polstelle:} \quad s_p = -\xi\Omega_1 \pm j\Omega_1\sqrt{1 - \xi^2} \end{cases} \tag{14.160}$$

Diese Vorgangsweise ermöglicht es, die Pole des Schätzers zu optimieren, um damit bessere Ergebnisse als mit dem von Schauder [566] vorgestellten proportional–integralen Adaptionsverfahren zu erreichen.

Jansen et al. [519] schlagen ein MRAS–Verfahren vor, bei dem sie den Ansatz von Schauder [566] verwenden, aber ein anderes Adaptionsgesetz einsetzen.

Sie gehen von der Überlegung aus, daß es die Aufgabe des Adaptionsverfahren sein muß, die Winkeldifferenz zwischen den Flußvektoren aus dem Referenzmodell und dem adaptiven Modell zu Null zu bringen.

Die Genauigkeit, mit der die Drehzahlschätzung erfolgen kann, hängt mit der Genauigkeit der beiden Flußschätzungen zusammen. Man berechnet das Verhältnis der beiden Schätzwerte über:

$$\frac{\Psi_2}{\widetilde{\Psi}_2} = \frac{L_2'}{M'}\left[\frac{M^2}{L_2}\left(\frac{1+jT_2'\Omega_2'}{1+jT_2\Omega_2}\right) + (1+jT_2'\Omega_2')\left(\sigma L_1 - \sigma'L_s' - j\frac{R_1 - R_1'}{\Omega_1}\right)\right]$$
(14.161)

Diese Funktion ist die Übertragungsfunktion, in der die mit $'$ gekennzeichneten Größen die geschätzten Werte sind.

Für den Fall, daß die Parameter genau geschätzt worden sind und das Adaptionsgesetz den Phasenfehler zu Null ausregelt, erhält man aus Gl. (14.161) die Übertragungsfunktion

$$\frac{\Psi_2}{\widetilde{\Psi}_2} = 1$$

und somit die Konvergenz der Rotordrehzahlschätzung. Die Schlupfdrehzahl berechnet sich somit zu:

$$\widehat{\Omega}_2 = \frac{T_2}{\widehat{T}_2}\Omega_2$$
(14.162)

Alle linearen Modelle, die auf dem Phasenfehler basieren, können nicht unterscheiden, ob ein Fehler aufgrund einer ungenauen Schlupfdrehzahlschätzung oder einer fehlerhaften Schätzung der Rotorzeitkonstante auftritt.

Für den Fall, daß das Adaptionsgesetz auf die Minimierung des Fehlers in den Amplituden der Flußvektoren ausgelegt ist, kann die Gleichung für den Drehzahlschätzwert wie folgt formuliert werden:

$$\widehat{\Omega}_2 = \frac{1}{T_2'}\frac{M'}{M}\sqrt{T_2^2\Omega_2^2\left(1 - \frac{M}{\widehat{M}}\right)}$$
(14.163)

In diesem Fall ist die Sensibilität des Systems auf Änderungen von M' geringer.

Eine weitere Variante des von Jansen [519] beschriebenen Verfahrens ist der von Blasco–Gimenez et al. [467] vorgestellte Ansatz für den Ankerstell– und Feldschwächbereich.

Das Verfahren beruht auf dem Ansatz, daß sobald die Drehzahl eine untere Schwelle unterschreitet, der Motor immer bei einem definierten Schlupfwert betrieben werden soll. Eine konstante Schlupfdrehzahl setzt eine kleine Synchrondrehzahl im Stator voraus, somit wird auch eine korrekte Schätzung des Flusses und der Rotorposition garantiert und damit eine zufriedenstellende Feldorientierung ermöglicht.

14.7.5 MRAS–Verfahren, basierend auf Blindleistungsberechnung

Definiert man die induktive Blindleistung zu

$$Q = M\left(I_{1\alpha}I_{2\beta} - I_{1\beta}I_{2\alpha}\right)$$
(14.164)

so kann man durch Substitution der Ströme aus Gl. (14.137), (14.138), (14.139) und (14.140) die Gleichungen für die Modelle herleiten:

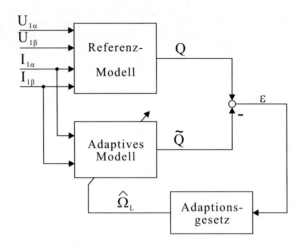

Abb.14.21: *Blockschaltbild eines MRAS–Schätzers auf Basis der Blindleistungsberechnung*

$$Q = I_{1\alpha}U_{1\beta} - I_{1\alpha}\sigma L_1 \frac{d}{dt}I_{1\beta} - I_{1\beta}U_{1\alpha} + I_{1\beta}\sigma L_1 \frac{d}{dt}I_{1\alpha} \qquad \text{(RM)} \qquad (14.165)$$

$$\tilde{Q} = \frac{M^2}{L_2}\left[\hat{\Omega}_L\left(I_{1\alpha}{}^2 + \frac{L_2}{M}I_{1\alpha}I_{2\alpha} + I_{1\beta}{}^2 + \frac{L_2}{M}I_{1\beta}I_{2\beta}\right) + \frac{1}{T_2}\frac{L_2}{M}\left(I_{1\alpha}I_{2\beta} - I_{1\beta}I_{2\alpha}\right)\right]$$

$$\text{(AM)} \qquad (14.166)$$

Die Ströme $I_{2\alpha}$ und $I_{2\beta}$ können beispielsweise entsprechend den Rechenvorschlägen in Gl. (14.116) und (14.117) berechnet werden. Das Verfahren entspricht im Prinzip der Schätzung der Rotorstreuzeitkonstanten bei bekannter Drehzahl aus dem Vergleich der in AM und RM (oder gemäß *u–i*–Modell und *i–n*–Modell) berechneten Blindleistungen, die in [459, 497] vorgeschlagen wurden.

In Abb. 14.21 ist das Blockschaltbild für dieses blindleistungsbasierte MRAS–Verfahren angegeben.

Fang–Zheng Peng et al. [596, 597] schlagen neben dem schon erwähnten Ansatz über die EMK–Gleichung auch ein Verfahren über die Blindleistungsgleichung vor. Durch Umformungen der einzelnen Komponenten der Vektoren kann das Referenzmodell und das adaptive Modell, wie aus Gl. (14.165) und (14.166) bekannt, hergeleitet werden.

Der Adaptionsalgorithmus unterscheidet sich dabei nicht vom bisher verwendeten und wird über die Gleichung

$$\hat{\Omega}_L = \left(K_P + \frac{K_I}{s}\right)\left(Q - \tilde{Q}\right) \qquad (14.167)$$

berechnet. Es bleibt anzumerken, daß bei diesem Ansatz weder der Statorwiderstand noch irgendwelche Integratoren benötigt werden. Da keine Abhängigkeit von temperaturbedingten Änderungen der Statorparameter besteht, garantiert dieses Verfahren einen größeren Drehzahlregelbereich. Es verbleibt aber die Abhängigkeit von $T_2 = f(\vartheta)$.

14.7.6 Verfahren mittels Zustandsschätzung

Um eine Zustandsregelung für zeitinvariante Systeme gemäß Gleichung (14.168) zu realisieren

$$\dot{\underline{x}}(t) = \mathbf{A}\underline{x}(t) + \mathbf{B}\underline{u}(t) \tag{14.168}$$

ist es notwendig, den inneren Zustandsvektor zu kennen. Da es nicht immer möglich ist, alle Zustände zu messen, werden die nicht meßbaren Zustände mittels eines Luenberger–Beobachters [543, 544, 545, 589] oder eines Kalman–Filters [19, 30] geschätzt. Aus diesem Grund besteht eine Zustandsregelung für Systeme mit nicht meßbaren Zuständen aus zwei getrennt zu entwerfenden Einheiten:

1. Luenberger–Beobachter / Kalman–Filter zur Zustandsschätzung.

2. Zustandsregler, der alle meßbaren und geschätzten Zustände verwendet.

Luenberger–Beobachter und Kalman–Filter besitzen prinzipiell den gleichen Aufbau. Bei einem Luenberger–Beobachter können die Beobachterpole frei gewählt werden, sie sollten jedoch im Hinblick auf die Zustandsregelung links von den Polen des zu beobachtenden Systems in der komplexen Laplace–Ebene liegen, um ein schnelles Einschwingen des Beobachters zu garantieren. Genaueres zum Luenberger–Beobachter kann in Kap. 5.5.6.2 nachgelesen werden.

Das Kalman–Filter unterscheidet sich vom Luenberger–Beobachter nur in der Berechnung der Fehlerrückführmatrix, sie ist darauf hin optimiert, Meß– und Systemrauschen zu unterdrücken. Die Pole des Kalman–Filters sind nicht frei wählbar, sondern hängen von den Erwartungswerten und Varianzen der Rauschsignale ab. Das Kalman–Filter hat im allgemeinen Tiefpaßcharakteristik. Die Berechnung der Fehlerrückführmatrix für das Kalman–Filter wird in Kap. 14.7.6.2 behandelt.

14.7.6.1 Verfahren auf Basis eines Luenberger–Beobachters

Die Zustandsdarstellung der Asynchronmaschine mit den Zustandsgrößen Statorstrom (meßbar) und Rotorfluß (nicht meßbar) ist in folgender Gleichung dargestellt:

$$\frac{d}{dt}\begin{bmatrix} \vec{I}_1 \\ \vec{\Psi}_2 \end{bmatrix} = \begin{bmatrix} \mathbf{A}_{11} & \mathbf{A}_{12} \\ \mathbf{A}_{21} & \mathbf{A}_{22} \end{bmatrix} \begin{bmatrix} \vec{I}_1 \\ \vec{\Psi}_2 \end{bmatrix} + \begin{bmatrix} \mathbf{B}_1 \\ 0 \end{bmatrix} \vec{U}_1 = \mathbf{A}\begin{bmatrix} \vec{I}_1 \\ \vec{\Psi}_2 \end{bmatrix} + \mathbf{B}\vec{U}_1 \tag{14.169}$$

$$\vec{I}_1 = \mathbf{C}\begin{bmatrix} \vec{I}_1 \\ \vec{\Psi}_2 \end{bmatrix} \tag{14.170}$$

Hierbei ist $\mathbf{A}$ die Systemmatrix, $\mathbf{B}$ die Steuermatrix und $\mathbf{C}$ die Beobachtermatrix. Für die einzelnen Elemente gilt:

$$\begin{bmatrix} \vec{I}_1 \\ \vec{\Psi}_2 \end{bmatrix} = \begin{bmatrix} I_{1A} \\ I_{1B} \\ \Psi_{2A} \\ \Psi_{2B} \end{bmatrix} \tag{14.171}$$

$$\mathbf{I} = \begin{bmatrix} 1 & 0 \\ 0 & 1 \end{bmatrix} \qquad\qquad \mathbf{J} = \begin{bmatrix} 0 & -1 \\ 1 & 0 \end{bmatrix} \tag{14.172}$$

$$\mathbf{A}_{11} = -\left[\frac{R_1}{\sigma L_1} + \frac{1-\sigma}{\sigma T_2}\right]\mathbf{I} = a_{r11}\mathbf{I}$$

$$\mathbf{A}_{12} = \frac{M}{\sigma L_1 L_2}\left[\frac{1}{T_2}\mathbf{I} - \Omega_L\mathbf{J}\right] = a_{r12}\mathbf{I} + a_{i12}\mathbf{J} \tag{14.173}$$

$$\mathbf{A}_{21} = \frac{M}{T_2}\mathbf{I} = a_{r21}\mathbf{I}$$

$$\mathbf{A}_{22} = -\frac{1}{T_2}\mathbf{I} + \Omega_L\mathbf{J} = a_{r22}\mathbf{I} + a_{i22}\mathbf{J}$$

$$\mathbf{B} = \left[\begin{matrix} \frac{1}{\sigma L_1}\cdot\mathbf{I} & \begin{matrix} 0 & 0 \\ 0 & 0 \end{matrix} \end{matrix}\right]^T \tag{14.174}$$

$$\mathbf{C} = \begin{bmatrix} \mathbf{I} & \mathbf{0} \end{bmatrix} \tag{14.175}$$

Die Herleitung von Gl. (14.169) bis (14.175) ist in Kap. 14.1 ausgeführt. Die Matrizen $\mathbf{A}$ und $\mathbf{B}$ enthalten die Motorparameter, wobei $\mathbf{A}_{12}$ und $\mathbf{A}_{22}$ zusätzlich die Rotordrehzahl Ω_L enthalten und damit zeitvariant sind.

Ziel des Beobachterentwurfs ist zunächst die Schätzung des Rotorflusses $\vec{\Psi}_2$. Da die Systemmatrix $\mathbf{A}$ auch von der nicht meßbaren Rotordrehzahl Ω_L abhängt, muß diese ebenfalls geschätzt werden.

Ω_L ist in der angegebenen Zustandsdarstellung keine Zustandsgröße und muß deshalb mit einem separaten "Ω_L–Schätzer" kontinuierlich neu bestimmt werden. Das Blockschaltbild in Abb. 14.22 gibt die generelle Struktur des Beobachters einschließlich des "Ω_L–Schätzers" an. Zu erwähnen bleibt die strukturelle Ähnlichkeit dieses Verfahrens mit einem MRAS–Verfahren mit dem Unterschied, daß der reale Motor anstelle des Referenzmodells (RM) verwendet wird.

Der Statorstrom und der Rotorfluß werden über den Luenberger–Beobachter geschätzt, wobei der Statorstrom für den Fehlervergleich verwendet wird. Die Beobachterzustandsgleichungen können wie folgt geschrieben werden [531]:

$$\frac{d}{dt}\begin{bmatrix} \hat{\vec{I}}_1 \\ \hat{\vec{\Psi}}_2 \end{bmatrix} = \hat{\mathbf{A}}\begin{bmatrix} \hat{\vec{I}}_1 \\ \hat{\vec{\Psi}}_2 \end{bmatrix} + \mathbf{B}\vec{U}_1 + \mathbf{K}\left(\hat{\vec{I}}_1 - \vec{I}_1\right) \tag{14.176}$$

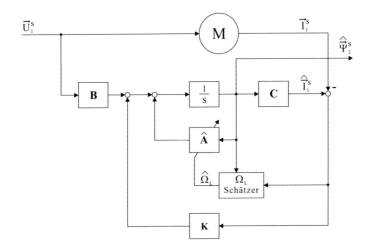

Abb. 14.22: *Blockschaltbild der Verfahren auf Basis eines Luenberger–Beobachters*

Die Rückführmatrix $\mathbf{K}$, welche die Luenberger–Koeffizienten enthält, kann gemäß Kap. 5.5.6.2 berechnet werden. Während in Kap. 5.5.6.2 von einer bekannten und zeitinvarianten Systemmatrix $\mathbf{A}$ ausgegangen wurde, ist dies hier nicht möglich. Da die Systemmatrix von der Rotordrehzahl Ω_L abhängt und diese nicht meßbar ist, wird von einer geschätzten Systemmatrix $\hat{\mathbf{A}}$ für den Beobachter ausgegangen. Diese hängt von der geschätzten Rotordrehzahl $\hat{\Omega}_L$ ab.

Ilas et al. [514, 515] untersuchen die Stabilität des Luenberger–Beobachters durch Anwendung des Hyperstabilitätskriterium von Popov analog zu Gl. (14.128) und (14.129).

Kubota [531] verwendet das Kriterium von Lyapunov für den Stabilitätsnachweis sowie zur Bestimmung eines Schätzverfahrens für $\hat{\Omega}_L$. Hierbei kommt folgende Lyapunov–Funktion zum Einsatz:

$$V = \varepsilon_{\vec{I}_1}^T \varepsilon_{\vec{I}_1} + \frac{1}{\lambda}\left(\Omega_L - \hat{\Omega}_L\right)^2 \tag{14.177}$$

λ ist eine beliebige positive Konstante. Aus Gl. (14.177) erhält man die zeitliche Ableitung von V zu:

$$\begin{aligned}
\frac{dV}{dt} &= \varepsilon_{\vec{I}_1}^T \left\{(\mathbf{A} + \mathbf{KC})^T + (\mathbf{A} + \mathbf{KC})\right\} \varepsilon_{\vec{I}_1} \\
&\quad - 2\Delta\Omega_L \left(\varepsilon_{I_{1A}}\hat{\Psi}_{2B} - \varepsilon_{I_{1B}}\hat{\Psi}_{2A}\right)\frac{1}{c} \\
&\quad + 2\Delta\Omega_L \frac{d\hat{\Omega}_L}{dt}\frac{1}{\lambda}
\end{aligned} \tag{14.178}$$

mit $\Delta\Omega_L = \hat{\Omega}_L - \Omega_L$ sowie $c = (\sigma L_1 L_2)/M$ und $\varepsilon_{\vec{I}_1} = \hat{\vec{I}}_1 - \vec{I}_1$.

Da die Eigenwerte der Beobachtermatrix $(\mathbf{A} + \mathbf{KC})$ immer negativ sind, folgt aus Gl. (14.178) das folgende Adaptionsgesetz für $\hat{\Omega}_L$ durch Gleichsetzung des zweiten und dritten Terms [531]:

$$\frac{d\hat{\Omega}_L}{dt} = \frac{\lambda}{c} \left(\varepsilon_{I_{1A}} \hat{\Psi}_{2B} - \varepsilon_{I_{1B}} \hat{\Psi}_{2A} \right) \tag{14.179}$$

Daraus kann $\hat{\Omega}_L$ gemäß Gl. (14.180) berechnet werden:

$$\hat{\Omega}_L = \frac{\lambda}{c} \int \left(\varepsilon_{I_{1A}} \hat{\Psi}_{2B} - \varepsilon_{I_{1B}} \hat{\Psi}_{2A} \right) dt \tag{14.180}$$

Da sich die Motordrehzahl schnell ändern kann, wird in [531] ein verbessertes Schätzverfahren mit zusätzlichem Proportionalanteil vorgeschlagen:

$$\hat{\Omega}_L = K_P \left(\varepsilon_{I_{1A}} \hat{\Psi}_{2B} - \varepsilon_{I_{1B}} \hat{\Psi}_{2A} \right) + K_I \int \left(\varepsilon_{I_{1A}} \hat{\Psi}_{2B} - \varepsilon_{I_{1B}} \hat{\Psi}_{2A} \right) dt \tag{14.181}$$

K_P und K_I sind frei wählbare positive Konstanten. Der Vorteil von Gl. (14.181) gegenüber dem ursprünglichen Adaptionsgesetz nach Gl. (14.180) ist die schnellere Adaption der geschätzten Drehzahl.

In weiteren Veröffentlichungen analysieren Kubota et al. [531]—[537] verschiedene Teilaspekte genauer. Gemäß [531] muß bezüglich der Auslegung der Beobachterpole folgendes beachtet werden: Ändern sich die Systempole in $\mathbf{A}$ aufgrund einer Variation von Ω_L, so sollten sich die Beobachterpole in $\mathbf{A} + \mathbf{KC}$ proportional dazu ändern.

In [531] wird dafür folgende Berechnungsvorschrift für $\mathbf{K}$ unter der Berücksichtigung von Gl. (14.169) angegeben:

$$\mathbf{K} = \begin{bmatrix} k_1 & -k_2 \\ k_2 & k_1 \\ k_3 & -k_4 \\ k_4 & k_3 \end{bmatrix} \tag{14.182}$$

$$k_1 = (k-1)(a_{r11} + a_{r22}) \tag{14.183}$$

$$k_2 = (k-1)a_{i22} \tag{14.184}$$

$$k_3 = (k^2-1)(ca_{r11} + a_{r21}) - c(k-1)(ca_{r11} + a_{r22}) \tag{14.185}$$

$$k_4 = -c(k-1)a_{i22} \tag{14.186}$$

Hierbei ist k eine frei wählbare positive Proportionalitätskonstante.

Bei allen bisher dargestellten adaptiven Verfahren in diesem Kapitel erfolgte eine Schätzung der Drehzahl $\hat{\Omega}_L$ entweder durch eine rein integrale Auswertung — wie in Gl. (14.180) — oder durch eine proportional–integrale Auswertung — wie in Gl. (14.181). Bei der Anwendung dieser Rechenvorschrift stellt sich

allerdings heraus, daß — wie schon in Kap. 14.1 hingewiesen — bei kleinen Statorfrequenzen und damit insbesondere bei der Statorfrequenz Null und damit
außerdem im generatorischen Betrieb bei $\Omega_L - \Omega_2 = 0$ diese Schätzverfahren
nicht mehr stabil arbeiten. Der physikalische Grund ist, daß in diesen Betriebsbereichen der Statorstrom und der Magnetisierungsstrom bei $M_{Mi} = 0$ identisch
und bei generatorischem Betrieb und $\Omega_1 = 0$ nahezu identisch sind. Das Fehlersignal erkennt deshalb vorwiegend den Fehler in der A–Achse. Der Fehleranteil
in der B–Achse, der das Moment betrifft, ist bei dieser Art der Auswertung
praktisch nicht erkennbar. Um auch bei dieser Situation eine verbesserte Schätz-
basis zu erhalten, wird in [583] das folgende erarbeitete Drehzahlschätzverfahren
vorgeschlagen:

$$\hat{\Omega}_L = \frac{\lambda}{c} \int \left[\left(\varepsilon_{I_{1A}} \hat{\Psi}_{2B} - \varepsilon_{I_{1B}} \hat{\Psi}_{2A} \right) + K_p \cdot \text{sign } (\Omega_1) \, \varepsilon_{I_{1A}} \left| \hat{I}_{1B} \right| \right] dt \qquad (14.187)$$

Es sei aber an dieser Stelle nochmals darauf hingewiesen, daß auch mit diesem
Schätzverfahren der Drehzahlbereich um Null nicht mit eingeschlossen ist.

Bei den bisherigen Betrachtungen wurden die Motorparameter als konstant
und bekannt angenommen. Ändern sich diese etwa aufgrund von Temperaturein-
flüssen, so beeinflußt dies die Fluß– und Drehzahlschätzung. Eine Statorwider-
standsänderung hat großen Einfluß auf die Drehzahlschätzung vor allem bei niedriger Drehzahl. Rotorwiderstandsänderungen beeinflussen die Drehzahlschätzung
über den gesamten Drehzahlbereich in gleichem Maße. Um eine korrekte Drehzahlschätzung zu erreichen, müssen diese Widerstandsänderungen mit erfaßt werden. In [535] und [536] wird ein adaptives Verfahren zur Parameterschätzung für
den Statorwiderstand und die Rotorzeitkonstante vorgeschlagen. Die Ableitung
der Parameteradaptionsgleichungen erfolgt analog zu Gl. (14.178) bis (14.180).
Es ergeben sich folgende Adaptionsgleichungen:

$$\frac{d}{dt} \hat{R}_1 \;=\; -\lambda_1 \left(\varepsilon_{I_{1A}} \hat{I}_{1A} + \varepsilon_{I_{1B}} \hat{I}_{1B} \right) \qquad (14.188)$$

$$\frac{d}{dt} \left(\frac{1}{\hat{T}_2} \right) \;=\; \frac{\lambda_2}{L_2} \left[\varepsilon_{I_{1A}} \left(\hat{\Psi}_{2A} - M \hat{I}_{1A} \right) + \varepsilon_{I_{1B}} \left(\hat{\Psi}_{2B} - M \hat{I}_{1B} \right) \right] \qquad (14.189)$$

in denen λ_1 und λ_2 wählbare positive Konstanten sind. Das zugehörige Blockschaltbild ist in Abb.+14.23 dargestellt.

Du et al. [490] stellen fest, daß ein Luenberger–Beobachter nur bei Anwendung
auf lineare Systeme gute Ergebnisse liefert. Sie schlagen deshalb einen erweiterten
Beobachter *(Extended Luenberger Observer, ELO)* durch Hinzufügen von weiteren Zustandsvariablen vor, durch die die Dimension des Zustandsvektors von vier
auf sechs erhöht wird. Der neue Zustandsvektor setzt sich aus

$$x = \left[\begin{array}{cccccc} I_{1A} & I_{1B} & \Psi_{1A} & \Psi_{1B} & \Omega_L & M_w \end{array} \right]^T \qquad (14.190)$$

zusammen, in dem die hinzugefügten Größen die Rotordrehzahl Ω_L und das
Lastmoment M_w sind. An dieser Stelle soll darauf hingewiesen werden, daß die

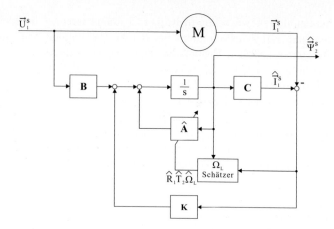

Abb. 14.23: *Blockschaltbild des Verfahrens mit Luenberger–Beobachter und Parameterschätzung*

Rotordrehzahl als Zustandsvariable betrachtet wird und deshalb, wie die Ströme und Flüsse, geschätzt wird.

Tsuji et al. [585] erweitern die bisherigen Verfahren um eine Berücksichtigung von Meßfehlern der Motorklemmenspannung. Dieser Meßfehler wird als zusätzliche Zustandsgröße im Beobachter berücksichtigt und verbessert somit die Schätzung von $\vec{\Psi}_2$ und Ω_L. Hierbei werden zwei Fälle unterschieden: Im ersten Fall wird von einem konstanten Spannungsoffset ausgegangen, im zweiten Fall wird ein zusätzlicher zur Referenzspannung proportionaler Meßfehler berücksichtigt.

Unter der Annahme, daß nur eine Gleichspannungskomponente als Fehler existiert, erhält man folgende Gleichungen für die gemessene Spannung: $\vec{U}_1^*$:

$$\vec{U}_1^* = \vec{U}_1 + \vec{U}_{d0} \tag{14.191}$$

Hierbei ist $\vec{U}_1$ die an der Maschine anliegende Klemmenspannung und $\vec{U}_{d0}$ der Gleichspannungsoffset der Messung. Der Gleichspannungsoffset wird als zusätzliche Zustandsgröße interpretiert.

Der erweiterte Luenberger–Beobachter ergibt sich dann mit Gl. (14.169) bis (14.175) zu:

$$\frac{d}{dt}\begin{bmatrix} \hat{\vec{I}}_1 \\ \hat{\vec{\Psi}}_2 \\ \hat{\vec{U}}_{d0} \end{bmatrix} = \begin{bmatrix} a_{r11} & a_{r12} - j\rho\hat{\Omega}_L & -b_s \\ a_{r21} & a_{r22} + j\hat{\Omega}_L & 0 \\ 0 & 0 & 0 \end{bmatrix} \begin{bmatrix} \hat{\vec{I}}_1 \\ \hat{\vec{\Psi}}_2 \\ \hat{\vec{U}}_{d0} \end{bmatrix}$$

$$+ \begin{bmatrix} b_s \\ 0 \\ 0 \end{bmatrix} \vec{U}_1^* + \underline{k}\left(\vec{I}_1 - \underline{c}^T \begin{bmatrix} \hat{\vec{I}}_1 \\ \hat{\vec{\Psi}}_2 \\ \hat{\vec{U}}_{d0} \end{bmatrix} \right) \tag{14.192}$$

Die Matrixkomponenten a_{rij} ergeben sich zu:

$$a_{r11} = -\frac{R_1}{\sigma L_1} - \frac{1-\sigma}{\sigma T_2} \qquad a_{r12} = \frac{M}{\sigma L_1 L_2}\frac{1}{T_2}$$

$$a_{r21} = \frac{M}{T_2} \qquad\qquad a_{r22} = -\frac{1}{T_2} \qquad \underline{c}^T = \begin{bmatrix} 1 & 0 & 0 \end{bmatrix}$$

$$b_s = \frac{1}{\sigma L_1} \qquad\qquad \rho = \frac{M}{\sigma L_1 L_2}$$

Der $\underline{k}$–Vektor wird angenommen zu:

$$\underline{k} = \begin{bmatrix} k_1 \\ k_2 \\ k_3 \end{bmatrix} = \begin{bmatrix} k_{11} + jk_{12} \\ k_{21} + jk_{22} \\ k_{31} + jk_{32} \end{bmatrix} \tag{14.193}$$

Mit dem Fehlervektor

$$\underline{\varepsilon} = \begin{bmatrix} \vec{I}_1 - \hat{\vec{I}}_1 \\ \vec{\Psi}_2 - \hat{\vec{\Psi}}_2 \\ \vec{U}_{d0} - \hat{\vec{U}}_{do} \end{bmatrix} \tag{14.194}$$

erhält man die Fehlerdifferentialgleichung

$$\frac{d}{dt}\underline{\varepsilon} = \mathbf{A}_\varepsilon \underline{\varepsilon} = \begin{bmatrix} a_{r11} - k_1 & a_{r12} - j\rho\hat{\Omega}_L & -b_s \\ a_{r21} - k_2 & a_{r22} + j\hat{\Omega}_L & 0 \\ -k_3 & 0 & 0 \end{bmatrix}\underline{\varepsilon} \tag{14.195}$$

Da die Komponenten von $\underline{\varepsilon}$ komplexe Zeigergrößen sind, kann nun auch der $\underline{k}$–Vektor komplexe Werte enthalten. Durch Koeffizientenvergleich der Eigenwerte von $\mathbf{A}_\varepsilon$ mit einem Wunschpolynom dritten Grades können die Elemente von $\underline{k}$ bestimmt werden.

Nimmt man an, daß im Fehlersignal neben einer gleichbleibender Komponente auch eine veränderliche Komponente existiert, die proportional zur gemessenen Spannung $\vec{U}_1^*$ ist, dann ergibt sich mit

$$\vec{U}_d = \vec{U}_{d0} + \vec{U}_{dh} = \vec{U}_{d0} + \alpha\vec{U}_1^* \tag{14.196}$$

die gemessene Spannung $\vec{U}_1^*$ zu:

$$\vec{U}_1^* = \vec{U}_1 + \vec{U}_d \tag{14.197}$$

Der erweiterte Beobachter hat nun folgende Struktur:

$$\frac{d}{dt}\begin{bmatrix} \hat{\vec{I}}_1 \\ \hat{\vec{\Psi}}_2 \\ \hat{\vec{U}}_{d0} + \hat{\vec{U}}_{dh} \end{bmatrix} = \begin{bmatrix} a_{r11} & a_{r12} - j\rho\hat{\Omega}_L & -b_s \\ a_{r21} & a_{r22} + j\hat{\Omega}_L & 0 \\ 0 & 0 & 0 \end{bmatrix}\begin{bmatrix} \hat{\vec{I}}_1 \\ \hat{\vec{\Psi}}_2 \\ \hat{\vec{U}}_{d0} + \hat{\vec{U}}_{dh} \end{bmatrix}$$

$$+ \begin{bmatrix} b_s \\ 0 \\ 0 \end{bmatrix}\vec{U}_1^* + \underline{k}\left(\vec{I}_1 - \underline{c}^T\begin{bmatrix} \hat{\vec{I}}_1 \\ \hat{\vec{\Psi}}_2 \\ \hat{\vec{U}}_{d0} + \hat{\vec{U}}_{dh} \end{bmatrix}\right) \tag{14.198}$$

Die Schätzung der Drehzahl erfolgt über die Fehlergleichung

$$\dot{\underline{\varepsilon}} = \left(\mathbf{A} + \underline{k}\underline{c}^T\right)\underline{\varepsilon} + \mathbf{W}\underline{\hat{x}}\varepsilon_\Omega \qquad (14.199)$$

mit

$$\varepsilon_\Omega = \Omega_L - \hat{\Omega}_L$$

$$\mathbf{A} = \begin{bmatrix} a_{r11} & a_{r12} & b_s \\ a_{r21} & a_{r22} & 0 \\ 0 & 0 & 0 \end{bmatrix} \qquad \mathbf{W} = \begin{bmatrix} 0 & -j\rho & 0 \\ 0 & j & 0 \\ 0 & 0 & 0 \end{bmatrix}$$

und führt zum Ergebnis (siehe auch Gl. (14.179)):

$$\frac{d}{dt}\hat{\Omega}_L = \lambda \cdot \rho \left(\varepsilon_{I_{1A}}\hat{\Psi}_{2B} - \varepsilon_{I_{1B}}\hat{\Psi}_{2A}\right) \qquad (14.200)$$

In Abb. 14.24 ist das Blockschaltbild dieses Verfahrens angegeben, wobei gilt:

$$\hat{\mathbf{A}} = \mathbf{A} + \mathbf{W} \cdot \hat{\Omega}_L \qquad (14.201)$$

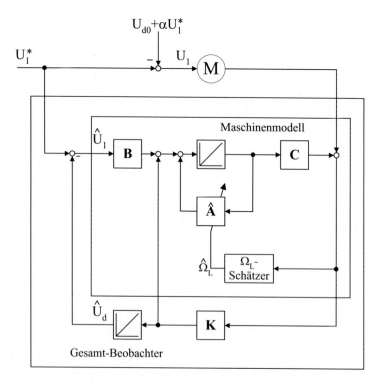

Abb. 14.24: *Blockschaltbild des Beobachters unter Berücksichtigung von Meßfehlern*

Weitere Verfahren auf Basis des Luenberger–Beobachters, die spezielle anwendungsspezifische Eigenschaften ausnutzen, sind in [461, 515, 530, 557, 558, 583] zu finden.

Einen Kubota/Matsuse [531] vergleichbaren Ansatz für das statorflußorientierte Regelungssystem (vgl. Kap. 15.5.1 bis 15.5.3) beschreiben [445, 487, 495, 496, 507, 529, 591].

Das Verfahren der Indirekten Statorgrößenregelung (Kap. 15.5.2) beinhaltet ohnehin schon ein vollständiges lineares Grundwellenmodell der Asynchronmaschine. Durch Vergleich der in diesem Modell berechneten Statorstromkomponenten mit den Statorstromkomponenten der wirklichen Maschine kann die Drehzahl geschätzt werden. Um keine zusätzlichen Statorspannungswandler einführen zu müssen, sondern die aufwandsarme Berechnung der Statorspannungen aus der gemessenen Zwischenkreisspannung und den Schaltsignalen beibehalten zu können, müssen die Wechselrichter–Spannungsfehler (durch Schalt– und Verriegelungszeiten sowie Verzögerungszeiten im Ansteuerkreis) sehr viel genauer als bisher korrigiert werden [495, 529]. Dann kann der in Abb. 15.62 gestrichelt dargestellte Luenberger–Beobachter zur Korrektur des Nachbildungsfehlers der Statorspannung entfallen, und die in der Differenz der Statorströme enthaltene Information wird zur gleichzeitigen Schätzung von Drehzahl und z.B. des Statorwiderstands frei.

Für die Differenz der Raumzeiger von Modell– und Maschinen–Statorstrom kann eine Differenzgleichung 2. Ordnung mit der zeitlichen Änderung des Produkts aus der Differenz Δn_L der Modell- und der Maschinendrehzahl mit dem Rotorfluß–Raumzeiger als Anregung aufgestellt werden, die für eingeschwungene sinusförmige Ströme (bei ausreichend hoher Schaltfrequenz erfüllt) und kleiner Drehzahlabweichung folgende Lösung ergibt:

$$\Delta \vec{I_s} = \frac{1}{L_\sigma} \cdot \frac{n_s}{(\rho \cdot \sigma - (n_2 + \Delta n_L) \cdot n_1) + (j \cdot (n_2 + \Delta n_L) + n_1)} \cdot \Delta n_L \cdot \vec{\Psi_2} \quad (14.202)$$

mit den auf die Rotorkippkreisfrequenz normierten Kreisfrequenzen $n_{1,2}$, dem Streufaktor σ (L_σ, L_μ vgl. Ersatzschaltbild nach Abb. 15.52) und der Zeitkonstantenziffer ρ:

$$n_{1,2} = \frac{\Omega_{1,2}}{(R_2/L_\sigma)} \; ; \qquad \sigma = \frac{L_\sigma}{L_\sigma + L_\mu} \; ; \qquad \rho = \frac{L_\sigma + L_\mu}{L_\mu} \cdot \frac{R_s}{R_r}$$

Diese mit Statorfrequenz Ω_1 schwingende Größe wird in bekannter Weise durch Multiplikation mit dem konjugiert–komplexen Raumzeiger des Rotorflusses $|\Psi_2| \cdot e^{-j\beta_s}$ in eine im eingeschwungenen Zustand konstante komplexe Größe transformiert. Nach Normierung auf den Betrag des Quadrats des Rotorflusses und Multiplikation mit einem weiteren komplexen Faktor $\underline{K}$ wird der Imaginärteil als Indikatorgröße für die Drehzahldifferenz genommen. Sie wird einem PI–Regler als Eingangsgröße zugeführt, dessen Ausgang die geschätzte Drehzahl ist.

Im überwiegendenden Statorfrequenz– und Drehmomentbereich ist die Indikatorgröße von negativem Vorzeichen; dort wird

$$\underline{K} = (1 + j \cdot n_2) \cdot \frac{1}{\sqrt{1 + n_2^2}}$$

gesetzt. Nur im Bereich kleiner Statorfrequenzen bei entgegengesetztem Vorzeichen des Drehmoments wechselt der Indikator sein Vorzeichen [445]. Dann muß, wie in [487, 529, 591] gezeigt, durch lastabhängige Rotation des Strom–Differenz–Raumzeigers der Faktor $\underline{K}$ zu

$$\underline{K} = \frac{1 + j \cdot (n_2/\sigma)}{\sqrt{1 + (n_2/\sigma)^2}}$$

gewählt werden. Die Anregelzeit des PI–Reglers wird zu einem Drittel der Streuzeitkonstante gewählt.

Durch die oben erwähnte Imaginärteilbildung wird praktisch die auf dem Rotorflußraumzeiger senkrecht stehende Komponente ausgewertet. Die parallele Komponente kann in analoger Weise zur Schätzung des Statorwiderstands verwendet werden [487]. [591] beschreibt, wie im Stillstand der Maschine ohne Drehmoment auch der Rotorwiderstand bestimmt werden kann, denn nur im Stillstand kann man zwischen Drehzahl– und Rotorwiderstandsfehler unterscheiden. [495] schlägt ein neues Verfahren zur schnellen Unterdrückung parasitärer Gleichanteile in der WR–Ausgangsspannung vor.

Mit der in [487, 495, 591] beschriebenen Signalverarbeitung — vor allem durch die sehr präzise Fehlerkorrektur und die Unterdrückung der parasitären Gleichspannungsanteile — kann der Antrieb bis herab zu einem Betrag der Statorfrequenz von 1 % der Nennfrequenz des Antriebs sicher betrieben werden, und es werden Drehzahlnulldurchgänge mit Änderungsgeschwindigkeiten von Rotorkippfrequenz in 3 s beherrscht. Grundsätzlich wird aber, wie schon erwähnt, jeder auf dem linearen Grundwellenersatzschaltbild basierende Drehzahlschätzer bei Statorfrequenz Null versagen.

Infolge des sehr kleinen, so nicht beherrschbaren Statorfrequenzbereichs schlagen [487, 495, 529] vor, in diesem Bereich bei angefordertem Drehmoment durch Absenken des Rotorflußbetrags die Schlupffrequenz so zu erhöhen, daß der unzulässige Bereich „übersprungen" wird. Bei Leerlauf muß dabei ein kleines Zusatzdrehmoment zugelassen werden [495]. Wie z.B. in [496] durch Messungen auf einer Straßenbahn gezeigt wird, kann damit der in der Traktion sehr kritische Bereich des Abfangens und Wiederbeschleunigens eines langsam ein Gefälle herabrollendes Triebfahrzeugs beherrscht werden. Dies entspricht dem Absenken und Wiederanheben der Last eines Hebezeugs mit sehr kleinen Drehzahlen.

[591] beschreibt verschiedene Verfahren (und weist die Funktion durch Messungen an einem 120–kW–Antrieb nach), wie eine drehzahlgeberlose Asynchronmaschine nach Taktsperrung des Umrichters bei entregtem sowie bei resterregtem Zustand und unbekannter, beliebiger Drehzahl wieder gezielt (ohne Überströme)

in weniger als einer Sekunde erregt werden kann. Dies ist von Bedeutung für die Traktion, wo die Taktung zur Energieeinsparung im Leerlauf gesperrt wird.

Die vorgestellten Verfahren auf Basis des Luenberger–Beobachters sind durch Simulationen und teilweise durch Messungen validiert worden. Kritisch ist jedoch die Herleitung des Adaptionsgesetzes in Gl. (14.180) zu betrachten. Diese basiert auf einem Lyapunov–Ansatz, der jedoch von einer konstanten Systemmatrix $\mathbf{A}$ ausgeht. Wie aus Gl. (14.173) ersichtlich ist, hängt diese jedoch von der Rotordrehzahl Ω_L ab, so daß die Bezeichnung Eigenwerte nicht mehr zutreffend ist, da es sich um ein zeitvariantes System handelt.

14.7.6.2 Verfahren auf Basis eines Kalman–Filters

Die hier vorgestellten Verfahren basieren auf dem Einsatz eines *Kalman*–Filters der im wesentlichen ein Zustandsbeobachter für lineare Systeme ist, bei dem die Werte der Rückführmatrix so berechnet werden, daß bei verrauschten Signalen eine optimale Zustandsschätzung erreicht wird. Ziel ist es den Zustandvektor so zu rekonstruieren, daß der quadratische Mittelwert (die Kovarianz) des Rekonstruktionsfehlers minimal wird [26].

Das betrachtete System hat die folgende Beschreibung

$$\dot{\underline{x}}(t) = \mathbf{A}\underline{x}(t) + \mathbf{B}\underline{u}(t) + \underline{v}(t) \tag{14.203}$$

$$\underline{y} = \mathbf{C}\underline{x} + \underline{n}(t) \tag{14.204}$$

mit der Systemstörung $\underline{v}(t)$ und der Meßstörung $\underline{n}(t)$. Die Störungen werden als weißes Rauschen mit den Erwartungswerten

$$E\{\underline{v}(t)\} = \underline{0} \qquad E\{\underline{n}(t)\} = \underline{0} \tag{14.205}$$

und den Varianzen

$$E\{\underline{v}(t)\underline{v}^T(\tau)\} = \mathbf{Q}\delta(t - \tau) \qquad (\mathbf{Q} \text{ positiv semidefinit}) \tag{14.206}$$

$$E\{\underline{n}(t)\underline{n}^T(\tau)\} = \mathbf{R}\delta(t - \tau) \qquad (\mathbf{R} \text{ positiv definit}) \tag{14.207}$$

angenommen. Für das Kalman–Filter wird die gleiche Struktur wie für einen Zustandsbeobachter angesetzt:

$$\dot{\hat{\underline{x}}} = \mathbf{A}\hat{\underline{x}} + \mathbf{B}\underline{u} + \mathbf{K}(\underline{y} - \mathbf{C}\hat{\underline{x}}) \tag{14.208}$$

Das dynamische Verhalten des Schätzfehlers $\underline{\varepsilon}_x = \underline{x} - \hat{\underline{x}}$ wird dann durch die Gleichung

$$\dot{\underline{\varepsilon}} = (\mathbf{A} - \mathbf{K}\mathbf{C})\underline{\varepsilon} + \underline{v} - \mathbf{K}\underline{n} \tag{14.209}$$

beschrieben. Die optimale Zustandsschätzung ergibt sich gemäß [26, 30] wenn man die Rückführmatrix $\mathbf{K}$ folgendermaßen wählt:

$$\mathbf{K}(t) = \mathbf{P}(t)\mathbf{C}^T\mathbf{R}^{-1} \tag{14.210}$$

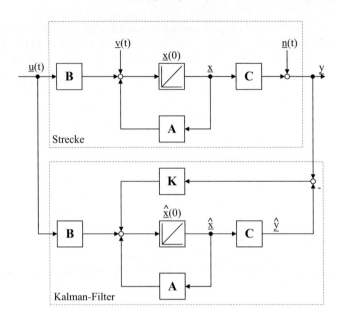

Abb. 14.25: *Kalman–Filter*

Hierbei ist $\mathbf{P}(t)$ die Lösung der Matrix–Riccati–Differentialgleichung

$$\dot{\mathbf{P}} = \mathbf{AP} + \mathbf{PA}^T + \mathbf{Q} - \mathbf{PC}^T\mathbf{R}^{-1}\mathbf{CP} \qquad (14.211)$$

die man für den Anfangswert $\mathbf{P}(0) = E\{\underline{\varepsilon}_x(0)\underline{\varepsilon}_x^T(0)\}$ lösen muß. Die Gesamt-struktur des Kalman–Filters ist Abb. 14.25 zu entnehmen.

Das Kalman–Filter kann auch zur Zustandsschätzung nichtlinearer Systeme bzw. linearer Systeme mit unbekannten Streckenparametern benutzt werden. Dies wird als erweitertes Kalman–Filter (EKF) bezeichnet [1, 4, 30]. Ausgegangen wird von folgender Systembeschreibung:

$$\dot{\underline{x}}(t) = \underline{f}(\underline{x}(t), \underline{w}, \underline{u}(t), \underline{v}(t)) \qquad (14.212)$$

$$\underline{y}(t) = \underline{g}(\underline{x}(t), \underline{w}, \underline{n}(t))$$

Die Elemente des unbekannten Parametervektors $\underline{w}$ werden als zusätzliche Zu-standsgrößen aufgefaßt. Man erhält nun einen erweiterten Zustandsvektor

$$\tilde{\underline{x}} = \begin{bmatrix} \underline{x}^T & \underline{w}^T \end{bmatrix}^T \qquad (14.213)$$

Die resultierende Systembeschreibung stellt nun ein nichtlineares Differentialglei-chungssystem der Form

$$\dot{\tilde{\underline{x}}}(t) = \underline{\tilde{f}}(\tilde{\underline{x}}(t), \underline{u}(t), \underline{v}(t)) \qquad (14.214)$$

$$\underline{y}(t) = \underline{g}(\tilde{\underline{x}}(t), \underline{n}(t))$$

mit

$$\tilde{\underline{f}} = \left[\begin{array}{c} f \\ \underline{0} \end{array} \right] \tag{14.215}$$

dar. Die Dimension von $\underline{0}$ ist gleich der Anzahl der zu schätzenden Parameter. Da sich die Berechnungsweise des linearen Falls nach Gl. (14.210) und (14.211) auf die Systemmatrizen $\mathbf{A}$ und $\mathbf{C}$ stützt, liegt es nahe, diese Matrizen im nichtlinearen Fall (EKF) durch Linearisierung zu erzeugen. Die linearisierten Systemmatrizen sind wie folgt zu berechnen:

$$\mathbf{A}(t) = \frac{\partial \tilde{\underline{f}}}{\partial \tilde{\underline{x}}} \qquad \mathbf{C}(t) = \frac{\partial \underline{g}}{\partial \tilde{\underline{x}}} \tag{14.216}$$

Diese Linearisierung muß online in jedem Arbeitspunkt neu berechnet werden. Mit Gl. (14.216) können $\mathbf{P}$ und $\mathbf{K}$ für jeden Zeitpunkt bestimmt werden.

Das Verfahren des erweiterten Kalman–Filters wird nun zur Schätzung des Rotorflusses $\vec{\Psi}_2$ und der Rotordrehzahl Ω_L benutzt. Als Zustandsvektor der Asynchronmaschine wird

$$\underline{x} = \left[\begin{array}{cccc} I_{1A} & I_{1B} & I_{2A} & I_{2B} \end{array} \right]^T \tag{14.217}$$

verwendet. Die zu schätzenden Komponenten des Rotorflusses berechnen sich aus diesen Zuständen gemäß Gl. (13.64) zu:

$$\Psi_{2A} = M I_{1A} + L_2 I_{2A} \tag{14.218}$$

$$\Psi_{2B} = M I_{1B} + L_2 I_{2B} \tag{14.219}$$

Die nichtlineare Zustandsbeschreibung der Asynchronmaschine ergibt sich gemäß Kap. 14.1 und [513] zu:

$$\dot{I}_{1A} = -\frac{R_1}{\sigma L_1} I_{1A} + \frac{M^2 \Omega_L}{\sigma L_1 L_2} I_{1B} + \frac{M}{\sigma L_1 T_2} I_{2A} - \frac{M \Omega_L}{\sigma L_1} I_{2B} + \frac{1}{\sigma L_1} U_{1A} + v_{1A}$$

$$\dot{I}_{1B} = -\frac{M^2 \Omega_L}{\sigma L_1 L_2} I_{1A} - \frac{R_1}{\sigma L_1} I_{1B} - \frac{M \Omega_L}{\sigma L_1} I_{2A} + \frac{M}{\sigma L_1 T_2} I_{2B} + \frac{1}{\sigma L_1} U_{1B} + v_{1B}$$

$$\dot{I}_{2A} = \frac{M R_1}{\sigma L_1 L_2} I_{1A} - \frac{M \Omega_L}{\sigma L_2} I_{1B} - \frac{1}{\sigma T_2} I_{2A} - \frac{\Omega_L}{\sigma} I_{2B} - \frac{M}{\sigma L_1 L_2} U_{1A} - v_{2A} \tag{14.220}$$

$$\dot{I}_{2B} = \frac{M \Omega_L}{\sigma L_2} I_{1A} + \frac{M R_1}{\sigma L_1 L_2} I_{1B} + \frac{\Omega_L}{\sigma} I_{2A} - \frac{1}{\sigma T_2} I_{2B} - \frac{M}{\sigma L_1 L_2} U_{1B} - v_{2B}$$

$$y_A = I_{1A} + n_A \tag{14.221}$$

$$y_B = I_{1B} + n_B$$

Hierbei ist $\vec{U}_1$ das Eingangssignal, sowie $\vec{v}_1, \vec{v}_2$ und $\vec{n}$ die Rauschsignale gemäß Gl. (14.205) und (14.206). Die Meßgröße ist $\vec{y} = [y_A \; y_B]$.

In der nichtlinearen Zustandsbeschreibung in Gl. (14.220) ist neben den nicht meßbaren Zustandsgrößen I_{2A} und I_{2B} auch die Rotordrehzahl Ω_L unbekannt.

Diese wird im Sinne eines erweiterteln Kalman–Filters als zusätzliche Zustandsgröße aufgefaßt. Der neue Zustandsvektor ergibt sich demnach zu

$$\tilde{x} = \begin{bmatrix} I_{1A} & I_{1B} & I_{2A} & I_{2B} & \Omega_L \end{bmatrix}^T \tag{14.222}$$

Somit ergeben sich die nichtlinearen Zustandsgleichungen des erweiterten
Kalman–Filters zu:

$$\dot{\hat{\tilde{x}}} = \begin{bmatrix} \underline{f}(\hat{\tilde{x}}, U_{1A}, U_{1B}) \\ 0 \end{bmatrix} + \mathbf{K} \begin{bmatrix} I_{1A} - \hat{I}_{1A} \\ I_{1B} - \hat{I}_{1B} \end{bmatrix} \tag{14.223}$$

Um die Rückführmatrix $\mathbf{K}$ analog zu Gl. (14.210) bestimmen zu können, muß
eine Linearisierung am Arbeitspunkt gemäß Gl. (14.216) durchgeführt werden.

Das globale Verhalten des vorgeschlagenen Systems ist in all jenen Fällen
vorteilhaft, in denen starkes Rauschen in den Meßwerten auftreten kann und
ein gutes Betriebsverhalten über einen großen Drehzahlbereich gefordert wird.
Das vorgeschlagene Verfahren ist im Zusammenhang mit einer feldorientierten
Regelung in Abb. 14.26 dargestellt.

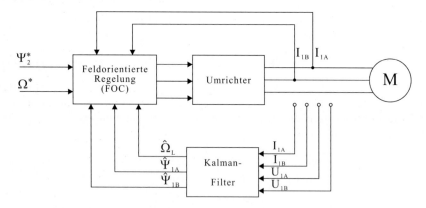

Abb. 14.26: *Blockschaltbild eines Systems auf Basis eines Kalman–Filters*

In [513] wird das vorgestellte Verfahren zeitdiskret realisiert. Harnefors [502],
Young–Real Kim et al. [527] und Sang–uk Kim et al. [528] stellen jeweils Abwandlungen des Verfahrens mittels erweitertem Kalman–Filter vor. Die Unterschiede
beziehen sich jedoch nur auf die Zusammensetzung des Zustandsvektors.

14.8   Schätzverfahren mit neuronalen Netzen

Neuronale Netze können in der einfachsten Ausführung als Funktions– bzw.
Oberflächenapproximatoren verwendet werden. In der Literatur wie [873] sind
verschiedene Verfahren und Einsatzgebiete dargestellt. Deshalb soll hier auf eine
Wiederholung der Grundlagen nichtlinearer Approximatoren verzichtet werden.

Aufgrund der Fähigkeit derartiger Approximatoren, sich zu adaptieren, d.h. der Lernfähigkeit, wurde von verschiedenen Autoren wie in [465, 493, 494] vorgeschlagen, derartige lernfähige Systeme auch zur Drehzahl– bzw. Schlupfschätzung zu verwenden. In den obigen Veröffentlichungen werden zweischichtige neuronale Netze eingesetzt. Dies bedeutet, die eigentliche besondere Eigenschaft drei– und mehrlagiger neuronaler Netze oder der Fuzzy–Logik, nichtlinearer Zusammenhänge zu erlernen, wird nicht genutzt. Es verbleibt somit ein linearer Funktionsapproximator. Dies ist ausreichend, da nur eine Grundwellen–Betrachtung der Asynchronmaschine stattfindet, und somit nur die Lernregeln genutzt werden.

Als Ausgangsmodell der Asynchronmaschine wird das statorfeste Gleichungssystem verwendet. Als Ausgangsbasis verwenden sie dabei das Motormodell im α, β–System mit den bekannten Gleichungen (13.55) und (13.56):

$$\left. \begin{aligned} U_{1\alpha} &= R_1 I_{1\alpha} + \frac{d\Psi_{1\alpha}}{dt} \\ U_{1\beta} &= R_1 I_{1\beta} + \frac{d\Psi_{1\beta}}{dt} \end{aligned} \right\} \tag{14.224}$$

$$\left. \begin{aligned} 0 &= R_2 I_{2\alpha} + \frac{d\Psi_{2\alpha}}{dt} + \Omega_L \Psi_{2\beta} \\ 0 &= R_2 I_{2\beta} + \frac{d\Psi_{2\beta}}{dt} - \Omega_L \Psi_{2\alpha} \end{aligned} \right\} \tag{14.225}$$

Aus Gl. (14.58) und (14.89) können zwei unabhängige Schätzer für den Rotorfluß abgeleitet werden:

$$\left. \begin{aligned} \frac{d\Psi_{2\alpha}}{dt} &= \frac{L_2}{M}\left(U_{1\alpha} - R_1 I_{1\alpha} - \sigma L_1 \frac{dI_{1\alpha}}{dt}\right) \\ \frac{d\Psi_{2\beta}}{dt} &= \frac{L_2}{M}\left(U_{1\beta} - R_1 I_{1\beta} - \sigma L_1 \frac{dI_{1\beta}}{dt}\right) \end{aligned} \right\} \tag{14.226}$$

$$\left. \begin{aligned} \frac{d\Psi_{2\alpha}}{dt} &= -\frac{1}{T_2}\Psi_{2\alpha} - \Omega_L \Psi_{2\beta} + \frac{M}{T_2}I_{1\alpha} \\ \frac{d\Psi_{2\beta}}{dt} &= -\frac{1}{T_2}\Psi_{2\beta} + \Omega_L \Psi_{2\alpha} + \frac{M}{T_2}I_{1\beta} \end{aligned} \right\} \tag{14.227}$$

Die Ableitung des Flusses ergibt sich zu:

$$\frac{d\Psi_2}{dt} = \frac{\Psi_2[k] - \Psi_2[k-1]}{T} \tag{14.228}$$

mit der Abtastzeit $T = T_{Abtast}$.

Werden die Motorgrößen (Statorstrom und –spannung) in Gl. (14.227) mit der Abtastzeit T gemessen, so ergeben sich die Rotorflüsse zu:

$$\left.\begin{array}{l} \Psi_{2\alpha}[k] \approx W_1\Psi_{2\alpha}[k-1] - W_2\Psi_{2\beta}[k-1] + W_3\Psi_{1\alpha}[k-1] \\[2mm] \Psi_{2\beta}[k] \approx W_1\Psi_{2\beta}[k-1] + W_2\Psi_{2\alpha}[k-1] + W_3\Psi_{1\beta}[k-1] \end{array}\right\} \qquad (14.229)$$

mit:

$$W_1 = 1 - \frac{T}{T_2} \qquad (14.230)$$

$$W_2 = \Omega_L \, T \qquad (14.231)$$

$$W_3 = \frac{M \, T}{T_2} \qquad (14.232)$$

Gleichung (14.229) kann auch geschrieben werden als:

$$\left.\begin{array}{l} \Psi_{2\alpha}[k] = W_1 X_1 - W_2 X_2 + W_3 X_3 \\[2mm] \Psi_{2\beta}[k] = W_1 X_2 + W_2 X_1 + W_4 X_4 \end{array}\right\} \qquad (14.233)$$

Dies entspricht einem neuronalen Netz mit einer zweischichtigen Struktur, bei dem X_1, X_2, X_3 und X_4 die Eingänge sowie W_1, W_2, W_3 und W_4 die Gewichte sind und der geschätzte Flußvektor $\vec{\Psi}_2$ der Ausgang ist. Durch Vergleich der vorher geschätzten Flüsse mit den berechneten Flüssen aus Gl. (14.226) können die Gewichte W_1, W_2 und W_3 des neuronalen Netzes adaptiert werden.

Dank des proportionalen Verhaltens zwischen W_2 und Ω_L ist eine Rotordrehzahlschätzung möglich. Die Gewichte W_1 und W_3 werden konstant gehalten und W_2 „on–line" meist mit der Deltaregel nachgestellt. Aus der Definition des Fehlers $\varepsilon[k]$ zwischen dem geschätzten Fluß aus Gl. (14.227) und (14.228) erhält man die Energiefunktion:

$$E = \frac{1}{2}\varepsilon[k] \qquad (14.234)$$

die minimiert werden muß. Die Änderung des Gewichtes W_2 berechnet sich zu:

$$\Delta W_2 = -\frac{\partial E}{\partial W_2} = -\frac{\partial E}{\partial \Psi_2[k]} \frac{\partial \Psi_2[k]}{\partial W_2} = \varepsilon[k] X_2 \qquad (14.235)$$

Die Vorteile dieses Ansatzes liegen in der einfachen Realisierbarkeit. Das Prinzip ist sehr einfach, und es ist kein „off–line"–Lernen erforderlich.

Die Nachteile hängen mit der intern verwendeten Struktur zusammen. Das Verfahren versucht, die Fehler des Flusses durch Adaption von nur einem Gewicht auf Null abzugleichen. Dies ist nahezu unmöglich, da außer dem Flußabgleich auch noch Fehlereinflüsse aufgrund der Änderungen der Widerstände und der Induktivitäten auftreten.

Weiterhin soll wiederum darauf hingewiesen werden, daß die Drehzahlschätzung indirekt über die Rotorflüsse erfolgt. Schätzungen der Rotorflüsse sind bei kleinen Drehzahlen immer mit relativ großen Fehlern verbunden, dies gilt insbesondere bei Rauschen.

Es wurde von verschiedenen Autoren auch der Einsatz dreischichtiger neuronaler Netze vorgeschlagen [493], wobei auch rekurrente Netze verwendet wurden. Wie bereits oben angemerkt, sind dreischichtige Netze nichtlineare Funktions– bzw. Oberflächenapproximatoren, so daß der Stabilitätsnachweis des Lernvorgangs eine allgemeine Schwierigkeit darstellt, die in [873] ausführlich abgehandelt wird.

Bei rekurrenten Netzen werden die Ausgangssignale des Netzes als Eingangssignale rückgekoppelt; aufgrund dieser Struktur ist die Stabilität des Lernvorgangs noch problematischer.

14.9 Auswertung von Harmonischen

Wie schon in der Einleitung in Kap. 14.1 dargestellt, bestehen bei der Rotorfluß–orientierung aufgrund der abnehmenden Rückwirkung des Rotorsystems mit abnehmender Rotordrehzahl im Bereich um die Drehzahl Null Schwierigkeiten bei der Schätzung der Rotordrehzahl bzw. der Orientierung des Flusses und dessen Amplitude. Wie weiterhin ausgeführt wurde, kann bei der Statorflußorientierung dies zwar zum Teil umgangen werden, es verbleiben aber die Schwierigkeiten bei $\Omega_K = 0$ und insbesondere im generatorischen Betrieb $\Omega_L - \Omega_2 = 0$. Diese Einschränkung führte dazu sekundäre Effekte, als einem ersten Ansatz zu nutzen.

Grundsätzlich wurde in den Ableitungen der Ersatzschaltbilder der Asynchronmaschine in Kap. 13.9 auf die Auswirkung der Eisensättigung hingewiesen, dies ist ein erster sekundärer Effekt. In Kap. 16, in dem die Varianten der Synchronmaschine und deren Signalflußpläne dargestellt werden, wird ein zweiter sekundärer Effekt, die magnetische Unsymmetrie aufgrund konstruktiver Ausprägungen wie bei den Synchron–Schenkelpolmaschinen, den permanenterregten Synchronmaschinen mit Oberflächenmagneten, den Transversalflußmaschinen oder den Reluktanzmaschinen dargestellt.

Asynchronmaschinen sind im allgemeinen magnetisch symmetrisch aufgebaut, so daß hier durch Zusatzmaßnahmen wie das gezielte geometrische Öffnen von Rotornuten eine magnetische Unsymmetrie hervorgerufen wird. Diese sekundären Effekte führen zu Zusatzsignalen, die eine andere Frequenz — im allgemeinen wird die dritte Harmonische ausgenutzt — als die Grundschwingung haben.

Ein zweiter Ansatz ist die Einprägung von „hochfrequenten" Stator–Zusatzsignalen und die Auswertung der resultierenden „hochfrequenten" Antwortsignale.

In diesem Kapitel soll die Auswertung der Harmonischen bei Grundwellenerregung dargestellt werden. Wie schon oben dargestellt, gibt es unterschiedliche Gründe für die Entstehung von Oberschwingungen:

• Oberschwingungen aufgrund der Änderung der Permeabilität zwischen den Stator– und Rotornuten,

- Oberschwingungen aufgrund von Exzentrizitäten,

- Oberschwingungen aufgrund von Sättigungseffekten,

- Oberschwingungen aufgrund der magnetomotorischen Kraft,

- Oberschwingungen aufgrund von Defekten.

Die Auswertung der Oberschwingungen erfolgt vorzugsweise mit zwei Verfahren:

- FFT (Fast Fourier Transformation),

- PLL–Systeme (Phase Locked Loop) aufgebaut aus PLL–Schaltkreisen, Filter mit variabler Kapazität (Switched Capacitor Filter), FVC (Frequency–Voltage–Converter).

Grundsätzlich soll an dieser Stelle bereits darauf hingewiesen werden, daß die vorgeschlagenen Lösungen ebenso bei kleinen Drehzahlen und somit der Drehzahl Null ausfallen, da die Anregung bei kleinen Drehzahlen gering ist, damit das Signal–zu–Rausch–Verhältnis ebenso gering ist und außerdem die Signaltrennung aufgrund der beispielsweise geringen Rotornutenzahl schwierig wird [481, 491, 492, 509, 510, 511, 516, 517, 522, 598, 599].

Der Grundansatz der Verfahren ist, daß bedingt durch die Konstruktion der elektrischen Maschine an sich Änderungen des magnetischen Leitwertes auftreten beispielsweise auch durch die Stator– und die Rotornuten. Es besteht somit ein magnetisches Leitwert–Abbild sowohl des Stators als auch des Rotors. Beide Abbilder überlagern sich, d.h. bei einer Änderung der Rotorposition ändert sich auch das resultierende Abbild. Es ist einsichtig, daß nach einer Drehung des Rotors um eine Rotornutung das gleiche Abbild wieder entsteht. Aus dieser Überlegung ergibt sich, daß das durch die Rotornutung hervorgerufene Signal — bzw. Abbild — eine Funktion der Rotornutenzahl R ist. In gleicher Weise wirkt die Zahl S der Statornuten.

Dies bedeutet letztendlich, die Änderung des resultierenden magnetischen Leitwertes, d.h. die Änderung der magnetischen Widerstandes des Luftspalts bzw. die Änderung des Luftspaltflusses, ist eine Funktion der Differenz der Nutenzahlen $R-S$. Damit ist die hochfrequente Kreisfrequenz Ω_h des magnetischen Luftspalt–Leitwertes die in Gl. (14.236) dargestellte Funktion

$$\Omega_h = \frac{R}{R-S}\Omega_m \qquad (14.236)$$

in Abhängigkeit von der mechanischen Kreisfrequenz Ω_m des Rotors.

Aus Gl. (14.236) ist zu entnehmen, daß die Drehrichtungen von Ω_m und Ω_h bei $R > S$ übereinstimmen und bei $R < S$ gegensinnig sind.

Die Änderungen des magnetischen Luftspalt–Leitwertes führen zu entsprechenden Änderungen der resultierenden Induktivität und damit zu entsprechenden Spannungs– bzw. Stromänderungen, d.h. die Rotornutung bildet sich letztlich sowohl in der Amplitude der Statorspannung als auch in der Frequenz ab.

Den Vorschlag, statt der Spannung besser die Frequenz auszuwerten, ist aufgrund des problematischen Signal–zu–Rausch–Verhältnisses naheliegend. Die Auswertung kann mittels der „Fast Fourier Transformation" (FFT) oder mittels „Phase–Locked Loop" (PLL) erfolgen. Zu beachten ist allerdings, daß durch die Auswertemethoden eine zeitliche Verzögerung und damit ein Fehlerwinkel zu berücksichtigen ist (siehe auch Kap. 13.9).

Wie schon oben angemerkt, sind beispielsweise Schenkelpol–Synchronmaschinen besonders für die obigen Verfahren geeignet, da sie ausgeprägte magnetische Unsymmetrien aufweisen. Elektrische Maschinen wie die Asynchronmaschine oder die Synchron–Vollpolmaschine und entsprechende symmetrisch aufgebaute permanenterregte Synchronmotoren haben dagegen geringere magnetische Unsymmetrien.

Bei derartigen elektrischen Maschinen müssen eventuelle weitere sekundäre Effekte wie z.B die statische oder dynamische Exzentrizitäten des Rotors zum Stator oder sonstige Defekte ausgenützt werden. Eine weitere Möglichkeit ist in [561] dargestellt, in dem die durch die Sättigungskennlinie des Eisens erzeugten dritten Harmonischen ausgewertet werden. Es verbleibt damit allerdings, daß für die zuletzt genannten Maschinen die Auswertung deutlich erschwert ist.

Eine verbesserte Ausgangssituation im Drehzahlbereich um Null ergibt sich bei der Einprägung von „hochfrequenten" Signalen, die im nächsten Kapitel beschrieben wird.

14.10 Auswertung von hochfrequenten Zusatzsignalen

In den bisher dargestellten Verfahren wurden entweder nur das Grundwellenverhalten der Induktionsmaschine an sich oder die Zusatzsignale, die sich bei Grundwellenerregung aufgrund von beispielsweise nichtlinearen Effekten wie der Eisensättigung oder aufgrund von magnetischen Unsymmetrien ergeben, berücksichtigt. Magnetische Unsymmetrien sind wie erwähnt sehr deutlich bei Synchron–Schenkelpolmaschinen, Transversalflußmaschinen oder Reluktanzmaschinen festzustellen. Wie bereits in Kap. 14.9 dargestellt, werden aber auch durch offene bzw. geschlossene Nuten magnetische Unsymmetrien verursacht. Für die Bestimmung der mechanischen Drehzahl sind demnach die von der Rotornutung verursachten Rückwirkungen bei den Statorspannungen nutzbar.

Wie aber bereits ebenso dargestellt, ist erstens die Zahl der Rotornuten gering, so daß bereits aus dieser Beschränkung der Drehzahlbereich um Null schwierig zu beherrschen ist. Weiterhin ist das nutzbare Signal sowohl in der Amplitude als auch in der Frequenz eine Funktion der Drehzahl und damit wird außerdem das Signal–zu–Rausch–Verhältnis mit abnehmender Drehzahl immer ungünstiger, so daß letztendlich der Drehzahlbereich um Null und insbesondere die kontinuierliche Drehmomenterzeugung bei der Drehzahl Null ausgeschlossen sind.

Um den Drehzahlbereich um Null abzudecken, müssen somit mittels Einprägung von „hochfrequenten" Zusatzsignalen die Orientierung und die Drehzahl ermittelt werden. Grundsätzlich müssen

- magnetische Unsymmetrien vorhanden sein, oder es muß die Eisensättigung genutzt werden,

- eine kontinuierliche „hochfrequente" Erregung erfolgen,

- und eine geeignete Signalverarbeitung für die hochfrequenten Signale und eine nachfolgend angepaßte Filterung bereitgestellt werden.

Der Begriff „hochfrequente" Erregung wird nachfolgend noch genauer erläutert. Die Idee der Einprägung von hochfrequenten Signalen wurde zuerst von Schroedl unter dem Namen „Inform" vorgeschlagen [567, 568, 574]. Die Idee der periodischen Einprägung von Zusatzsignalen wird in [576] wiederaufgenommen.

Eine Übersicht über die verschiedenen Ansätze der Einprägung von hochfrequenten Zusatzsignalen wird von [476, 542] gegeben.

Um die Einführung in dieses Gebiet zu erleichtern, soll zuerst angenommen werden, daß der Rotor der Drehfeldmaschine magnetisch unsymmetrisch sei (z.B. Synchron–Schenkelpolmaschine). Prinzipiell gibt es nun mehrere Möglichkeiten der Einprägung der hochfrequenten Signale. Das hochfrequente Signal kann periodisch [567, 568, 569, 570, 571, 572, 573, 574, 576] oder kontinuierlich [468, 483, 484, 500, 520, 521, 552] eingeprägt werden.

Eine weitere Unterscheidung ist, ob die hochfrequenten Signale als dreiphasiges symmetrisches Trägersignal (carrier) — d.h. als hochfrequenter Raumzeiger mit der α– und β–Komponente — oder als stationärer Vektor [500, 569, 574] — dies bedeutet die Einprägung nur einer Komponente im S–System — oder als Gleichtaktsignal (Common Mode) [477, 478, 508] eingeprägt werden.

Im folgenden wollen wir eine Einprägung eines hochfrequenten Spannungsraumzeigers $\vec{U}_c$ annehmen; eine Realisierung zeigt Abb. 14.27. Wie dort dargestellt, wird der hochfrequente Spannungsraumzeiger $\vec{U}_c$ als Zusatzsignal beispielsweise vor dem PWM–Modulator eingespeist. Die resultierenden dreiphasigen hochfrequenten Komponenten im Istsignal des Stroms werden mittels Tiefpaß beim Strom–Regelkreis herausgefiltert, während für die Rotorlage–Bestimmung ein Bandpaß das hochfrequente Raumzeiger–Signal zugänglich macht.

Bei der Wahl der Frequenz des hochfrequenten Signals muß einerseits beachtet werden, daß bei zu hohen Frequenzen der ohmsche Widerstand aufgrund des Skineffekts sehr deutlich anwächst — und damit die hochfrequenten Rotorströme nur an der Rotornut–Oberfläche fließen — und daß der hochfrequente Rotorfluß kaum in den Rotor eindringen kann — und damit mit zunehmender Frequenz das nutzbare Signal aus dem Rotorkreis abnimmt. Bei zu geringer Frequenz wird dagegen das Filterproblem und damit die Separation der Signale schwieriger. Aufgrund dieser Situation wird ein „hochfrequentes" Signal im Frequenzbereich von 400 Hz – 700 Hz als günstigster Kompromiß angesehen.

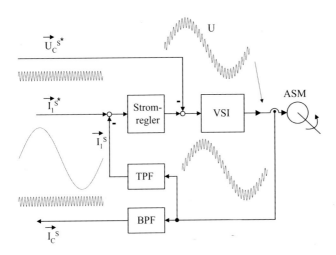

Abb. 14.27: *Blockschaltbild zur Einprägung des hochfrequenten Zusatzsignals*

Grundsätzlich sind aufgrund der hohen Frequenzen des Zusatzsignals die Serienschaltung von R_1 und σL_1 und die auf die Statorseite umgerechneten Größen σL_2 und R_2 relevant. Ausgehend von den Gleichungen in Kap. 14.1 läßt sich aber nach kurzer Rechnung und Transformation in den Laplace–Bereich sowie mit dem Ansatz $\Psi_{2B} = 0$ (Rotorflußorientierung) nachweisen:

$$\vec{U}_1^K(s) = \left(R_1 + s\sigma L_1 + s\frac{R_2 M^2}{L_2\left(R_2 + sL_2\right)} \right) \vec{I}_1^K(s) \qquad (14.237)$$

bzw. für das hochfrequente Signal (bei $R_2 \ll \omega_c L_2$):

$$\vec{U}_c^K(j\omega_c) = \left(R_1' + j\omega_c \sigma L_1 + R_2'\frac{M^2}{L_2^2} \right) \vec{I}_c^K(j\omega_c) \qquad (14.238)$$

Dies bedeutet, daß letztendlich im wesentlichen die Statorstreuung im Auswertesignal relevant ist, obwohl durch den Skineffekt $R_1' > R_1$ und $R_2' > R_2$ sind. Diese Aussage wird später bei den FEM–Analysen prinzipiell bestätigt.

Wenn nun, wie oben angenommen, die Drehfeldmaschine eine ausgeprägte magnetische Unsymmetrie aufweist, und wir eine Einprägung eines hochfrequenten Spannungsraumzeigers wie in Abb. 14.27 annehmen, dann wird im resultierenden Statorstrom–Raumzeiger das obere und das untere Seitenband enthalten sein. Die Analyse der beiden resultierenden Seitenbänder zeigt, daß nur das untere Seitenband die gewünschte Information über die magnetische Unsymmetrie enthält. Eine andere Formulierung dieses Ergebnisses ist, daß das hochfrequente Signal einen Signalanteil mit der positiven und einen zweiten Signalanteil mit der negativen Drehrichtung bezogen auf die Grundschwingungs–Drehrichtung enthält.

Aus [475] ist zu entnehmen:

— der Spannungsraumzeiger (Trägerfrequenzsignal mit der Kreisfrequenz ω_c):

$$\vec{U}_c^S = \hat{U}_c e^{j\omega_c t} \qquad (14.239)$$

— der resultierende hochfrequente Stromraumzeiger:

$$\vec{I}_c^S = I_{cp}^S + I_{cn}^S = -jI_{cp}e^{j\omega_c t} + jI_{cn}e^{j(h\Theta_e - \omega_c t)}ßqquad \qquad (14.240)$$

mit:

Θ_e	Winkelposition der magnetischen Unsymmetrie
h	Kennzahl für die magnetische Unsymmetrie
ω_c	Träger–Kreisfrequenz
$L_{\sigma qs},\ L_{\sigma ds}$	q– und d–Streuinduktivitäten des Stators
$\sum L_{\sigma s} = \dfrac{L_{\sigma qs} + L_{\sigma ds}}{2}$	mittlere Streuinduktivität
$\Delta L_{\sigma s} = \dfrac{L_{\sigma qs} - L_{\sigma ds}}{2}$	Differenz–Streuinduktivität
$I_{cp} = \dfrac{V_c}{\omega_c} \dfrac{\sum L_{\sigma s}}{\sum L_{\sigma s}^2 - \Delta L_{\sigma s}^2}$	
$I_{cn} = \dfrac{V_c}{\omega_c} \dfrac{\Delta L_{\sigma s}}{\sum L_{\sigma s}^2 - \Delta L_{\sigma s}^2}$	
$I_{cp} > I_{cn}$	

Wenn die beiden Seitenbänder I_{cp}^S und I_{cn}^S des Stroms gemeinsam als Zeiger im karthesischen S–System bei der Rotordrehzahl Null dargestellt werden, dann ergibt sich eine Ellipse als Ortskurve. Wird nun die Rotorposition geändert, dann „folgt" die Ellipse der Rotorposition. Wird stattdessen nur die Ortskurve des unteren Seitenbandes bzw. des Signals mit der negativen Drehrichtung untersucht, dann gibt dieses Signal die Rotororientierung an [483].

Weitergehende Untersuchungen dieses Signals zeigen, daß mit dem vorgestellten Verfahren ein Abbild der magnetischen Struktur der elektrischen Maschine erzielt wird. Vorteile des Verfahrens sind somit die sich ergebende Möglichkeit sowohl der Analyse der magnetischen Struktur der Drehfeldmaschine an sich als auch die Diagnose eventueller Fehler bei der Signalverarbeitung. Nachteilig bei komplexer magnetischer Unsymmetrie in den Streuinduktivitäten ist die Komplexität der Ortskurve des unteren Seitenbandes im stationären statorfesten Koordinatensystem und damit der Auswertung. Zu beachten ist auch die Vernachlässigung der hochfrequenten ohmschen Widerstände in Gl. (14.240).

Zurückkehrend zur obigen Darstellung wollen wir annehmen, daß die Polpaarzahl $Z_p = 1$ ist und nur eine ausgeprägte magnetische Unsymmetrie vorhanden ist. In diesem Fall ist $h = 2$ zu setzen, da das hochfrequente Signal nicht zwischen der positiven oder der negativen d– oder q–Achse unterscheidet.

Der Exponent der e–Funktion des negativ resultierenden Signals ist somit $(2\Theta_e - \omega_c t)$. Wenn die e–Funktion in einen sin–Term oder einen cos–Term zerlegt wird, dann wird beispielsweise der sin–Term zu Null, wenn $(2\Theta_e - \omega_c t) = 0°$ oder $180°$ ist, der sin–Term hat ein positives Maximum bei $(2\Theta_e - \omega_c t) = 90°$ und ein negatives Maximum bei $(2\Theta_e - \omega_c t) = 270°$. Wenn sich Θ_e von $0°$ bis $360°$ ändert und der Rotor eine Umdrehung ausführt, dann werden bei $Z_p = 1$ und aufgrund $h = 2$ und somit $2\Theta_e$ sich zwei Perioden als Funktion von Θ_e ausbilden; die Begründung ist – wie schon oben angeführt — die Gleichbehandlung der positiven und negativen Richtung der d– und q–Richtungen.

Nachdem nun prinzipielle Klarheit besteht, wie die Richtung der d– bzw. q–Achse erkannt werden kann, wollen wir zu Abb. 14.27 zurückkehren. Wie bereits aus Abb. 14.27 und der obigen Darstellung zu entnehmen ist, muß aus dem Istwert des Stromraumzeigers das Grundwellensignal und das obere Seitenband eliminiert werden. Dies erfolgt durch eine Einseitenband–Demodulation, d.h. dem Istwertsignal $(\Delta A_T + S)$ mit dem Trägerfrequenz–Restsignal ΔA_T mit der Kreisfrequenz ω_c und dem Nutzsignal S mit der Information $h\Theta_e$ wird das bekannte Trägersignal A_Z frequenz– und phasengenau überlagert (Abb. 14.28). Das resultierende Signal ist $A_r(t)$. Wenn $A_Z \gg \Delta A_T$ ist, dann gilt:

$$A_r(t) = \sqrt{A_Z^2 + S^2 + 2A_Z S \sin(h\Theta_e)} \qquad (14.241)$$

bzw.

$$A_r(t) = A_{rm}\sqrt{1 + \frac{2A_Z}{A_{rm}^2}\sin(h\Theta_e)} \qquad (14.242)$$

$$\frac{A_r(t)}{A_{rm}} = 1 + \frac{A_Z}{A_{rm}}S\sin(h\Theta_e) - \frac{1}{2}\left(\frac{A_Z}{A_{rm}}\right)^2 S^2 \sin^2(h\Theta_e) \pm \ldots \qquad (14.243)$$

Wenn beispielsweise die sin–Terme mit der Ordnung größer 1 entsprechend

$$\sin^2(h\Theta_e) = \frac{1}{2}\left(1 - \cos(2h\Theta_e)\right) \qquad (14.244)$$

$$\sin^3(h\Theta_e) = \frac{3}{4}\sin(h\Theta_e) - \frac{1}{4}\sin(3h\Theta_e), \text{ etc.} \qquad (14.245)$$

umgeformt und die Terme mit $nh\Theta_e$, $n = 2, 3, \ldots$ ausgefiltert werden, dann erhält man das Nutzsignal mit dem Term $\sin(h\Theta_e)$, das anschließend — wie oben beschrieben wurde — ausgewertet werden muß, um die Θ_e– und damit die Θ_r–Information zu erhalten. In [483] werden unterschiedliche Varianten für die Gewinnung des Nutzsignals — auch bei komplexer magnetischer Unsymmetrie — dargestellt.

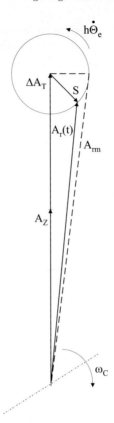

Abb. 14.28: *Einseitenband–Demodulation (Superhet–Prinzip)*

Das oben ausführlich dargestellte Verfahren ist somit direkt einsetzbar, wenn magnetische Unsymmetrien vorhanden sind. Die Situation wird komplexer, wenn es mehrere magnetische Unsymmetrien gibt und diese auch noch vom Arbeitspunkt der Drehfeldmaschine abhängig sind. Die in diesem Zusammenhang auftretenden Fragestellungen und die Lösung mittels Entkopplung der magnetischen Unsymmetrien werden in [542] diskutiert.

Um das bis jetzt angegebene Verfahren beispielsweise bei magnetisch symmetrischen Asynchronmaschinen anwenden zu können, muß eine magnetische Unsymmetrie erzeugt werden. Eine Lösung ist die gezielte Öffnung von Rotornuten.

Aus den bisherigen Ausführungen ist zu entnehmen, daß mit dem vorgestellten Verfahren zwar ein aufschlußreiches Abbild der magnetischen Verhältnisse der Drehfeldmaschine erreicht werden kann, daß aber für die Ermittlung der Rotordrehzahl bzw. der Rotorflußorientierung eine magnetische Unsymmetrie vorhanden sein oder künstlich erzeugt werden muß. Außerdem muß beachtet werden, daß der Fehler der Positionsbestimmung bis zu ± 5° mechanisch betragen kann

[475, 483, 542] und somit durch diesen Fehler eine unerwünschte Kopplung der $d-$ und $q-$Pfade hervorgerufen wird (siehe auch Kap. 13.9).

Die obigen Überlegungen hinsichtlich der zusätzlichen Einprägung eines hochfrequenten Spannungssignals werden von Ha [500, 501] und Consoli [475, 476, 479, 480] kritisch überprüft.

In [480] wird eine magnetische unsymmetrische Maschine (beispielsweise eine Synchron–Schenkelpolmaschine) angenommen, und es wird untersucht, welche hochfrequenten Ströme sich aufgrund der hochfrequenten Spannungseinprägung ergeben. Grundsätzlich wird — wie oben beschrieben — $L_d > L_q$ angenommen, und es besteht nun die Frage, wie sich die hochfrequenten Ströme ausbilden. Die Untersuchung erfolgt an den Quadraten der hochfrequenten Stromkomponenten:

$$I_c^2 = I_{dc}^2 + I_{qc}^2 \tag{14.246}$$

$$= C_1 \sin_2(\omega_c t - \Theta_r) + C_2 \cos^2(\omega_c t - \Theta_r) + C_3 \sin^2(\omega_c t - \Theta_r)$$

$$\Theta_r = h\Theta_e$$

Es zeigt sich, daß bei hochfrequenter Spannungseinprägung die Terme mit C_2 und C_3 gegenüber C_1 vernachlässigbar sind; somit verbleibt C_1:

$$C_1 = U_c^2 \left[\frac{R_1^2}{(R_1^2 + \omega_c^2 L_d^2)^2} + \frac{\omega_c^2 L_q^2}{\left(R_1^2 + \omega_c^2 L_q^2 \right)^2} \right] \tag{14.247}$$

Es verbleibt somit bei der oben dargestellten Auswertungsmethode der positiven und negativen Bestimmung der Maxima bzw. der Nullergebnisse und der darausfolgenden Positions– bzw. Drehzahl–Bestimmung. Die Signalverarbeitung zeigt Abb. 14.27.

Die nächste Frage ist nun, ob die Situation so verbleibt, wenn eine magnetisch symmetrische Maschine verwendet wird; dies wird in [476, 501] ausführlich diskutiert. In beiden Veröffentlichungen wird davon ausgegangen, daß bei einem vollständig symmetrischen magnetischen Aufbau der Drehfeldmaschine — außer den erhöhten ohmschen „hochfrequenten" Widerständen — tendenziell die Streuinduktivitäten relevant sind, daß aber immer dann keine Information über die Rotorfluß–Orientierung zu erzielen ist, wenn keine Sättigung auftritt.

Ausgehend von dieser Erkenntnis wird untersucht, wie sich aufgrund der hochfrequenten Stator–Spannungseinprägung die hochfrequenten Ströme und hochfrequenten Flüsse ausbilden. Anschaulich wird beschrieben, daß die $d-$ Wicklungen, die von dem Strom mit der Grundfrequenz durchflossen werden, einen Fluß erzeugen, der die $q-$Wicklungen durchdringt, d.h. der gewünschte $d-$ Fluß mit der $d-$Orientierung wirkt sich im Bereich der $q-$Wicklungen aus. Wenn diese Formulierung auf die in diesem Buch verwendete Nomenklatur für Asynchronmaschinen eingesetzt wird, dann lautet die Aussage „der Fluß in der A–Achse durchsetzt die B–Wicklungen". Dies bedeutet, im Zahn– und Luftspaltbereich der B–Wicklungen entsteht aufgrund der Überlagerung von Grundfrequenz–

Fluß und hochfrequentem Fluß ein größerer Fluß als im Zahn- und Luftspaltbereich der A–Wicklungen. Aufgrund dieses Ergebnisses werden somit bei zusätzlicher Einprägung von hochfrequenten Signalen (Raumzeiger) im B–Bereich der
Wicklungen deutliche Sättigungseffekte auftreten, die im A–Bereich der Wicklungen nicht vorhanden sind. Somit wird $L_{\sigma q} < L_{\sigma d}$ sein. Diese grundsätzlichen
Überlegungen werden durch FEM–Analysen abgesichert.

Wenn, wie in Abb. 14.29, sich sowohl der niederfrequente Fluß als auch der
hochfrequente Fluß in der A–Orientierung des Stators als Vektoren überlagern,
d.h. im Bereich der B–Wicklungen, und damit der Fluß in den Zähnen eingeprägt
wird, dann zeigt die FEM–Analyse die bereits diskutierte Konzentration der
Flüsse und damit die Sättigungseffekte im Bereich der B–Wicklungen bzw. der
A–Orientierung bei den Stator– und Rotorzähnen. Dies bedeutet, insbesondere
im Bereich der Überlagerung wird sich aufgrund der Sättigung der magnetische
Widerstand und somit auch der resultierende magnetische Widerstand erhöhen
und damit eine Absenkung des resultierenden Induktivitätsanteils ergeben.

Im Rotornutenbereich wird dagegen von der A–Orientierung in Richtung
B–Orientierung ein zunehmender hochfrequenter Fluß festzustellen sein. Damit wird im Rotornutenbereich praktisch keine Sättigung auftreten, da in der
A–Orientierung der hochfrequente Flußanteil gering und in der B–Orientierung
zwar größer, aber dort kein niederfrequenter Hauptfluß ist. Dies bedeutet letztendlich einen geringen resultierenden Widerstand und damit einen resultierenden
großen Induktivitätsanteil. Damit ist für Abb. 14.29 festzustellen, daß der Induktivitätsanteil der Stator– und Rotorzähne mit zunehmender Sättigung abnimmt,
während der Induktivitätsanteil der Rotornuten praktisch konstant ist und damit
$L_{\sigma q} < L_{\sigma d}$ ist.

Wenn wir dagegen, wie im Abb. 14.30, annehmen, der hochfrequente Fluß sei
in der B–Orientierung eingeprägt, dann überlagern sich in der A–Orientierung
die beiden Flüsse nicht mehr und in der B–Orientierung ist nur der hochfrequente
Flußanteil existent. Dies bedeutet, die Stator– und Rotorzähne sind gegenüber
Abb. 14.29 nun wesentlich weniger gesättigt und damit ist der resultierende magnetische Widerstandsanteil deutlich geringer und damit der resultierende Induktivitätsanteil größer als in Abb. 14.29.

Andererseits nimmt nun der hochfrequente Rotornutenfluß von der B–
Orientierung in Richtung zur A–Orientierung zu, d.h. nun überlagern sich im
A–Orientierungsbereich der niederfrequente Hauptfluß und der hochfrequente
Fluß. Daher treten im Gegensatz zu Abb. 14.29 jetzt in Richtung von der B–
zur A–Orientierung zunehmend Sättigungserscheinungen auf, der resultierende
magnetische Widerstand erhöht sich und der resultierende Induktivitätsanteil
der Rotornuten nimmt ab.

Aus diesen Überlegungen ergibt sich, daß eine sehr komplexe Situation zu
beachten ist, denn im Fall von Abb. 14.29 nimmt der resultierende Induktivitätsanteil der Stator– und Rotorzähne gegenüber dem ungesättigten Zustand
und damit ohne hochfrequente Flußeinprägung ab, während der resultierende
Induktivitätsanteil der Rotornuten praktisch konstant ist.

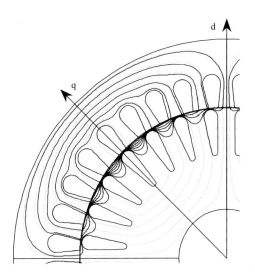

Abb. 14.29: *Geschlossene Nuten, FEM–Analyse; grau: niederfrequenter Fluß; schwarz: hochfrequenter Fluß; beide Flüsse A–Orientierung*

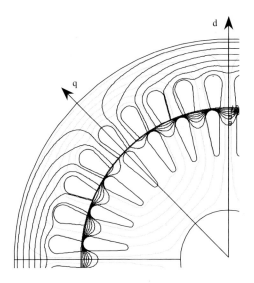

Abb. 14.30: *Geschlossene Nuten, FEM–Analyse; grau: niederfrequenter Fluß, A–Orientierung; schwarz: hochfrequenter Fluß, B–Orientierung*

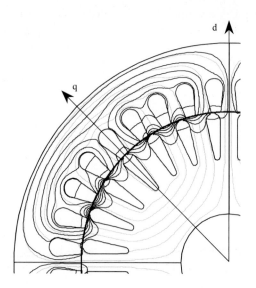

Abb.14.31: *Offene Nuten, FEM–Analyse; grau: niederfrequenter Fluß; schwarz: hochfrequenter Fluß; beide Flüsse A–Orientierung*

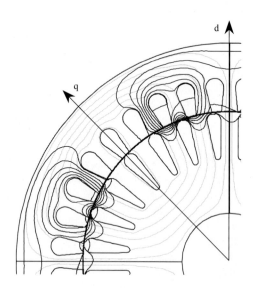

Abb. 14.32: *Offene Nuten, FEM–Analyse; grau: niederfrequenter Fluß, A–Orientierung; schwarz: hochfrequenter Fluß, B–Orientierung*

Ein genau umgekehrter Zusammenhang gilt im Fall der hochfrequenten Fluß-einprägung in der B–Orientierung.

Zusammenfassend muß festgestellt werden, daß in Abhängigkeit dieser re-sultierenden Induktivitätsanteile sich die resultierende Induktivität ergibt und damit leider kein immer eindeutiges Induktivitätsmaximum und –minimum auf-tritt, welches so eindeutig ist wie beispielsweise bei der magnetisch unsymme-trischen Synchron–Schenkelpolmaschine und diese Maxima bzw. Minima zusam-mengehen mit der Flußachse bzw. der orthogonalen Achse.

In Abb. 14.31 wird dagegen angenommen, daß die Rotornuten offen sind, d.h. die Flußanteile müssen sich über oder um den Luftspalt schließen, d.h. der ma-gnetische Widerstand der Rotornuten ist praktisch konstant, da keine Sättigung auftritt. Es verbleibt somit nur der Stator– und Rotorzahnbereich. Aus beiden Abbildungen ist zu erkennen, daß der hochfrequente Fluß im Zick–Zack von den Statorzähnen über den Luftspalt zu den Rotorzähnen und zurück verläuft. Dies bedeutet: In dem Bereich, in dem sich der niederfrequente Hauptfluß und der hochfrequente Fluß in den Zähnen überlagern, tritt Sättigung auf. Die spezifisch größte Absenkung der örtlichen Induktivitätsverteilung gibt daher eindeutig die Richtung des Luftspaltflußmaximums und damit die A–Orientierung an.

Damit verbleibt die wesentliche Erkenntnis, daß eine Auswertung des hoch-frequenten Zusatzsignals bei magnetisch symmetrischen Drehfeldmaschinen mit geschlossenen Rotornuten nicht zu eindeutigen Ergebnissen führen muß und da-mit die Auswertung des Streupfadsignals problematisch ist. Wenn eine Abfolge von geschlossenen und offenen Rotornuten besteht, dann ergibt sich ein deutlich komplexerer Zusammenhang der Induktivitätsanteile als bei eindeutig magne-tisch unsymmetrischen Drehfeldmaschinen wie beispielsweise bei $h = 2$ oder $h = 4$ oder $h = 2$ und $Z_p = 2$. Es gilt die obige Aussage, daß die Auswertung des Streupfadsignals ebenso problematisch ist.

Aufgrund dieser Erkenntnisse wird in [476, 479] vorgeschlagen, die Sättigungs-effekte im Hauptfluß aufgrund der hochfrequenten Modulation auszunützen. Wenn die hochfrequente Spannung einen hochfrequenten Strom erzeugt, der einen hochfrequenten Fluß in Richtung des Hauptflusses erzeugt, dann wird bei der Ad-dition beider Flüsse die Sättigung erhöht und bei der Subtraktion die Sättigung erniedrigt. Dies bedeutet, es entsteht ein nichtlinearer resultierender Flußverlauf, der u.a. eine dritte Harmonische enthält. Dieses Signal der dritten Harmonischen kann vorteilhaft aus dem Nullpunkt–Signal extrahiert werden (Signal zwischen den Sternpunkt der Drehfeldmaschine und dem Gleichspannungs–Nullpotential). Wenn die Orientierung des Luftspaltflusses mit dieser Methode bestimmt ist, kann mit den Maschinenmodellen auf die Rotorfluß–Orientierung zurückgerech-net werden. Dieses Verfahren ist für Maschinen sowohl mit offenen als auch mit geschlossenen Rotornuten zu verwenden.

Aus den Erläuterungen in den obigen Veröffentlichungen ist zu entnehmen, daß die zuletzt beschriebenen Verfahren eine Chance des kontinuierlichen Be-triebs bei geringen Drehzahlen sowie der Drehzahl Null und vollem Drehmoment eröffnen. Allerdings muß das Nullpunkt–Signal zugänglich sein (Abb. 14.33).

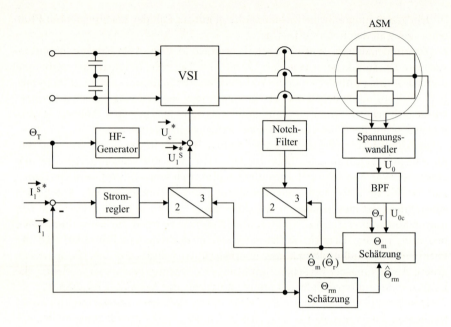

Abb. 14.33: *Blockschaltbild nach Consoli*

14.11   Bewertende Zusammenfassung

Abweichend von den anderen Kapiteln soll für das Gebiet der geberlosen ASM–
Regelung eine bewertende Zusammenfassung gegeben werden. Wie aus der Viel-
zahl der Ansätze zur Lösung der Aufgabenstellung und der daraus folgenden
Zahl von Veröffentlichungen zu entnehmen war, ist dieses Gebiet noch ein For-
schungsgebiet. Bereits in der Einführung (Kap. 14.1) wurde abgeleitet, daß eine
Schätzung der Rotordrehzahl und sowohl der Orientierung als auch der Amplitu-
de des Rotorflusses nur bei der Grundwellenbetrachtung im Drehzahlbereich um
Null — insbesondere bei generatorischen Betriebszuständen — nicht möglich ist.
Grundsätzlich muß daher unterschieden werden, ob auf den stationären Betrieb
um Null verzichtet oder nicht verzichtet werden kann.

Wenn auf den stationären Betrieb um die Drehzahl Null verzichtet werden
kann — allerdings sind „schnelle" Drehzahl–Nulldurchgänge zulässig — dann
sind prinzipiell die Verfahren nach Kap. 14.3 bis 14.7 zulässig.

Wesentlich ist, wie eng der Drehzahlbereich um Null ist und wie genau das
Drehmoment noch regelbar sein soll. Wenn dagegen der Drehzahlbereich um Null
miteingeschlossen sein muß, dann können nur die Verfahren nach Kap. 14.10 diese
Anforderungen erfüllen. Allerdings muß nun wiederum unterschieden werden, ob
eine magnetische Unsymmetrie im konstruktiven Aufbau der elektrischen Maschine besteht oder nicht. Wenn eine magnetische Unsymmetrie vorliegt und

diese nicht zu komplex ist, dann kann mittels Einprägung von „hochfrequenten" Zusatzsignalen die Bestimmung der drei Größen Rotordrehzahl, Orientierung und Amplitude des Luftspaltflusses erfolgen. Bei normalen Asynchronmaschinen ist aber keine magnetische Unsymmetrie vorhanden, so daß diese Unsymmetrie künstlich erzeugt werden muß [475, 483, 484, 542]. Allerdings ist die Änderung des konstruktiven Aufbaus der ASM im allgemeinen unerwünscht. In diesem Fall verbleibt, Sättigungseffekte aufgrund der Überlagerung des niederfrequenten Hauptflusses und des hochfrequenten Zusatzflusses auszunutzen [476, 477, 478, 479, 500, 501]. Auch in diesem Fall müssen einige Schwierigkeiten beachtet werden. Grundsätzlich ist die Auswertung der Signale des Streupfades der ASM nicht unbedingt eindeutig [476], da im Streupfad Statorzahn–, Rotorzahn– und Rotornutenbereiche unterschiedliche Einflüsse auf das Gesamtsignal haben können (siehe Abb. 14.29 bis 14.32). Um diese Schwierigkeiten zu umgehen, wird in [476, 479] vorgeschlagen, den Luftspaltfluß auszuwerten und die in der Nullspannung vorhandene dritte Harmonische, welche sich aufgrund der nichtlinearen Sättigungskennlinie ausbildet, auszunutzen. Dies bedeutet allerdings, die Nullspannung muß meßtechnisch verfügbar sein (Abb. 14.33). Damit sind wiederum gewisse Einschränkungen bei der Schaltung der ASM und des Zwischenkreises zu beachten. Ähnliche Überlegungen sind in [501] vorgeschlagen.

Aus diesen kurzen Anmerkungen ergibt sich, daß es noch kein generelles Verfahren gibt, um bei magnetisch symmetrischen Asynchronmaschinen den Drehzahlbereich Null mit einzuschliessen.

Wenn der Drehzahlbereich um Null im stationären Betrieb nicht benötigt wird, dann bestehen — wie in Kap. 14.3 bis 14.7 dargestellt — unterschiedliche Vorschläge.

Ein bekannter Ansatz sind die Verfahren in [553, 554, 555, 556], bei denen vom leicht zu bestimmenden inneren Spannungsraumzeiger $\vec{E}_\mu^S$ ausgegangen wird und eine Fehlerkorrektur mittels des drehmomentbildenden Stroms erfolgt. Mit diesem Verfahren lassen sich erstaunlich gute Ergebnisse erreichen, die in die Nähe der Regelung mit Drehzahlgeber kommen.

Ein weiterer interessanter Ansatz ist — wie schon dargestellt — der Beobachteransatz, der insbesondere in [531] – [538] behandelt wird.

Die in Kap. 14.7 diskutierten Gleichungen zur Schätzung der Rotordrehzahl werden in der neueren Literatur allerdings nur noch eingeschränkt akzeptiert (siehe auch [583]). Die Einschränkung betrifft — wie schon in Kap. 14.1 hervorgehoben — den generatorischen Betriebsbereich.

In den Veröffentlichungen von Sangwongwanich et al. [551, 563, 564, 565, 577, 578, 579, 580, 581] wird diese Einschränkung sehr detailliert beschrieben und Gegenmaßnahmen erläutert. Wie bereits in Kap. 14.1 dargestellt, wird sich im Statorstrom die Rotordrehzahl — die Drehzahl Null ausgenommen — abbilden. Damit liegt — bis auf die Drehzahl Null — anscheinend ein geeignetes Kriterium für die Adaption vor. Allerdings hat der Statorstrom sowohl die α– als auch die β–Komponente, und somit besteht die Frage, welche Komponente am besten geeignet ist.

In den Veröffentlichungen [578] und [580] wird beispielhaft dargestellt, daß die
β–Komponente des Statorstroms für die Schätzung der Rotordrehzahl geeignet
ist und im motorischen Betriebsbereich sowie bei bekannten Parametern der
Asynchronmaschine einen stabilen Betrieb ergibt. Wenn die Annahme „bekannte
Parameter der Asynchronmaschine" erhalten bleibt, dann wird abgeleitet, daß
sich ein stabiler Betrieb nur bis zur kritischen Kreisfrequenz Ω_{crit}

$$\Omega_{crit} = \frac{Z_p \Omega_1}{1 + \dfrac{R_2 L_1}{R_1 L_2}} \qquad (14.248)$$

erreichen läßt, d.h. mit steigender Statorfrequenz ergibt sich ein zunehmender
zulässiger generatorischer Betriebsbereich. Wenn allerdings Abweichungen zwischen den realen Parametern und den Modellparametern auftreten, dann wird
der zulässige generatorische Betriebsbereich schnell weiter eingeschränkt, und es
treten deutliche Abweichungen von der Nebenschlußkennlinie auf.

In gleicher ungünstiger Weise wirken Abweichungen, wenn zwischen dem Sollwert und dem Istwert des Statorstroms Totzeiten bestehen, die nicht berücksichtigt werden (siehe insbesondere Kap. 15.5.1 bis 15.5.3).

In [579] und [551] wird dargestellt, daß im stabilen Betriebsbereich das Fehlersignal der β–Komponente des Statorstrom eine korrekte Schätzung zuläßt, im
instabilen Bereich eine Korrektur in der falschen Richtung erfolgt und bei der
kritischen Kreisfrequenz das β–Fehlersignal Null ist und damit keine Schätzung
erfolgen kann. Diese Aussagen gelten, wenn Identität bei den Parametern der
realen Maschine und des Modells (Beobachters) vorliegt. Ein Fehler in den Parametern führt zu einem zusätzlichen Fehlersignalanteil, der das resultierende
Fehlersignal in Richtung auf den instabilen Zustand verändert. Diese Überlegungen sind besonders einfach bei Drehzahl Null und Drehmoment $M_{Mi} = 0$ zu
verstehen, denn dann fließt nur der Magnetisierungsstrom, und es ist somit keine β–Komponente im Statorstrom mehr vorhanden. Die kritische Kreisfrequenz
Ω_{crit} ist die Statorfrequenz, bei der diese besondere Betriebsbedingung auch bei
$\Omega \neq 0$ und $M_{Mi} \neq 0$ im generatorischen Betriebsbereich auftritt.

In den Veröffentlichungen werden einige Gegenmaßnahmen dargestellt, um
den zulässigen generatorischen Betriebsbereich zu erweitern. Ähnliche Änderungen im Entwurf des Fehlerabgleichsignals werden in [583] dargestellt; allerdings
erfolgt keine Ableitung, wie diese Änderung mathematisch zu begründen ist.

Aufbauend auf dem Ansatz in [531] – [538] wird in [486, 487, 488, 495, 496,
507, 528, 529, 591] eine Erweiterung mit der Direkten Selbstregelung (DSR) untersucht. In diesen Beiträgen wird auch — insbesondere in [507, 529, 591] —
eine neuere Literaturübersicht gegeben. Veröffentlichungen aus deutschsprachi-
gen Konferenzen sind in [504, 505, 506] zu finden. Hingewiesen werden soll auch
auf die Bücher von Vas [587] und Matsuse [562] und auf das neuste Tutorial von
Asher [460].

15 Stromregelverfahren für Drehfeldmaschinen

Sowohl in Kap. 13 mit der Regelung der Asynchronmaschine, als auch in Kap. 16 mit der Regelung der Synchronmaschine und ihrer Varianten werden mehrfach in den Signalflußplänen Umrichter mit unterlagerter Statorstromregelung vorausgesetzt. Im Falle von I–Umrichtern geschieht dies unmittelbar durch Regelung des Zwischenkreisstroms (Amplitude) und Vorgabe eines entsprechenden Pulsmusters (Amplitude und Phasenlage) beim Wechselrichter. Im Falle von U–Umrichtern ist zusätzlich ein geeignetes Stromregelverfahren notwendig, welches das Pulsmuster im Wechselrichter und damit die erforderliche Statorspannung in Amplitude und Phasenlage festlegt. In der Literatur findet sich eine Vielzahl von Verfahren, aus denen in den folgenden Abschnitten eine Auswahl vorgestellt wird.

15.1 Regelstrecke und Stellglied der Statorstromregelung

Zur Erläuterung der prinzipiellen Problematik werden zunächst die Regelstrecke und das Stellglied des Stromregelkreises behandelt. Die Regelstrecke sei beispielhaft der Statorkreis der Asynchronmaschine, für den die bekannte Statorspannungsgleichung

$$\vec{U}_1^S = R_1 \vec{I}_1^S + \frac{d\vec{\Psi}_1^S}{dt} \tag{15.1}$$

gilt. Um das für die Stromregelung relevante Verhalten zu verstehen, wird zunächst das dynamische komplexe Ersatzschaltbild der Asynchronmaschine hergeleitet, wozu die bereits bekannte Rotorspannungsgleichung

$$\vec{U}_2^S = R_2 \vec{I}_2^S + \frac{d\vec{\Psi}_2^S}{dt} - j\Omega_L \vec{\Psi}_2^S \tag{15.2}$$

und die Flußgleichungen

$$\vec{\Psi}_1^S = L_1 \vec{I}_1^S + M \vec{I}_2^S \tag{15.3}$$

$$\vec{\Psi}_2^S = M \vec{I}_1^S + L_2 \vec{I}_2^S \tag{15.4}$$

benötigt werden. Die Herleitung erfolgt zweckmäßig im statorfesten Koordinatensystem. Die Stator– (L_1) und Rotoreigeninduktivitäten (L_2) werden analog

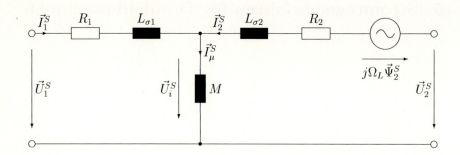

Abb. 15.1: *Komplexes Ersatzschaltbild der Asynchronmaschine im Koordinatensystem S*

zur Herleitung des stationären Ersatzschaltbilds in eine Hauptinduktivität (M) und eine jeweilige Streuinduktivität (L_σ) aufgeteilt:

$$L_1 = M + L_{\sigma 1} \tag{15.5}$$

$$L_2 = M + L_{\sigma 2} \tag{15.6}$$

Mit der bekannten Definition für den Magnetisierungsstrom des Hauptfeldes

$$\vec{I}_\mu^S = \vec{I}_1^S + \vec{I}_2^S \tag{15.7}$$

ergibt sich

$$\vec{\Psi}_1^S = L_{\sigma 1} \vec{I}_1^S + M \vec{I}_\mu^S \tag{15.8}$$

$$\vec{\Psi}_2^S = M \vec{I}_\mu^S + L_{\sigma 2} \vec{I}_2^S. \tag{15.9}$$

Setzt man diese Beziehungen für die Maschinenflüsse in die Spannungsgleichungen ein, so erhält man die beiden Maschengleichungen für das dynamische Ersatzschaltbild der Asynchronmaschine gemäß Abb. 15.1.

$$
\begin{aligned}
\vec{U}_1^S &= R_1 \vec{I}_1^S + L_{\sigma 1} \frac{d\vec{I}_1^S}{dt} + M \frac{d\vec{I}_\mu^S}{dt} \\
\vec{U}_2^S &= R_2 \vec{I}_2^S + L_{\sigma 2} \frac{d\vec{I}_2^S}{dt} + M \frac{d\vec{I}_\mu^S}{dt} - j\Omega_L \vec{\Psi}_2^S
\end{aligned}
\tag{15.10}
$$

Man erkennt, daß prinzipiell ähnliche Verhältnisse vorliegen wie bei der Gleichstrommaschine mit einem Widerstand $(R_1 \widehat{=} R_A)$, einer Induktivität $(L_{\sigma 1} \widehat{=} L_A)$ und einer inneren Gegenspannung $\vec{U}_i^S$, d.h.

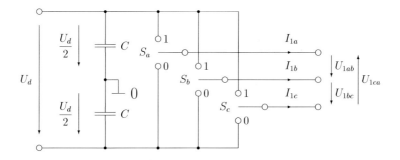

Abb. 15.2: *Prinzipschaltbild eines U–Wechselrichters*

$$\vec{U}_1^S = R_1 \vec{I}_1^S + L_{\sigma 1}\frac{d\vec{I}_1^S}{dt} + \vec{U}_i^S \tag{15.11}$$

Im Gegensatz zur Gleichstrommaschine liegt in diesem Fall ein zweidimensionales Problem vor (komplexe Darstellung). Zudem ist die Gegenspannung $\vec{U}_i^S$ nicht nur proportional zur Drehzahl (bei konstantem Fluß), sondern zusätzlich von der Belastung abhängig. Die Regelstrecke des Stromregelkreises hat demnach nur in erster Näherung ein Verhalten 1. Ordnung (PT$_1$), wobei die Statorspannung $\vec{U}_1^S$ als Stellgröße dient.

Als Stellglied, welches die erforderlichen Statorspannungen $\vec{U}_1^S$ an die Maschinenklemmen legt, wird ein Wechselrichter mit konstanter Zwischenkreisspannung („Pulswechselrichter") betrachtet. Abbildung 15.2 zeigt ein vereinfachtes Modell bestehend aus idealen Schaltern.

Es ergeben sich $2^3 = 8$ erlaubte Schalterkombinationen, d.h. es können acht **diskrete** Werte der Stellgröße $\vec{U}_1^S = \vec{U}_{11}^S \ldots \vec{U}_{18}^S$ realisiert werden, welche in Tabelle 15.1 aufgeführt sind. Sie werden durch die Nummer k ($k = 1 \ldots 8$) unterschieden. Zwei der Kombinationen ($k = 7, 8$) erzeugen die Spannung Null in allen Phasen. Mit den übrigen sechs Kombinationen werden die Phasenspannungen auf entweder $\pm U_d/3$ oder $\pm 2U_d/3$ eingestellt. In der komplexen Raumzeigerdarstellung bilden sich daraus sechs Zeiger mit der Länge $2U_d/3$, die mit Phasenunterschieden von $60°$ el. in der Orientierung angeordnet sind (Abb. 15.3).

Entscheidend ist, daß das Stellglied keine kontinuierlich verstellbare Stellgröße, d.h. keine kontinuierlichen Werte für die Amplitude und die Phasenlage des Spannungsraumzeigers, erzeugen kann. Der gewünschte kontinuierliche Verlauf des Sollraumzeigers $\vec{U}_1^S$ muß daher durch eine Pulsweitenmodulation angenähert werden. Dies hat zur Folge, daß bei einer gewünschten Lage des Raumzeigers z.B. zwischen $\vec{U}_{11}$ und $\vec{U}_{12}$, die Raumzeiger $\vec{U}_{11}$, $\vec{U}_{12}$ und $\vec{U}_{17}$ oder $\vec{U}_{18}$ nacheinander eingeschaltet werden, so daß sich nur im zeitlichen Mittel der Sollraumzeiger nach Betrag und Phase ergibt.

Die tatsächlichen Ausgangsspannungen enthalten daher Oberschwingungen und erzeugen damit auch Stromoberschwingungen. Allerdings werden diese be-

	Schalter-	Spannungen						
Nr.	stellung	verkettet			Phasen-			Raumzeiger
k	$S_a\,S_b\,S_c$	U_{1ab}	U_{1bc}	U_{1ca}	U_{1a}	U_{1b}	U_{1c}	$\vec{U}_1^S$
1	1 0 0	U_d	0	$-U_d$	$\frac{2}{3}U_d$	$-\frac{1}{3}U_d$	$-\frac{1}{3}U_d$	$\vec{U}_{11}^S = \frac{2}{3}U_d\,e^{j\,0}$
2	1 1 0	0	U_d	$-U_d$	$\frac{1}{3}U_d$	$\frac{1}{3}U_d$	$-\frac{2}{3}U_d$	$\vec{U}_{12}^S = \frac{2}{3}U_d\,e^{j\,\frac{\pi}{3}}$
3	0 1 0	$-U_d$	U_d	0	$-\frac{1}{3}U_d$	$\frac{2}{3}U_d$	$-\frac{1}{3}U_d$	$\vec{U}_{13}^S = \frac{2}{3}U_d\,e^{j\,\frac{2\pi}{3}}$
4	0 1 1	$-U_d$	0	U_d	$-\frac{2}{3}U_d$	$\frac{1}{3}U_d$	$\frac{1}{3}U_d$	$\vec{U}_{14}^S = \frac{2}{3}U_d\,e^{j\,\pi}$
5	0 0 1	0	$-U_d$	U_d	$-\frac{1}{3}U_d$	$-\frac{1}{3}U_d$	$\frac{2}{3}U_d$	$\vec{U}_{15}^S = \frac{2}{3}U_d\,e^{j\,\frac{4\pi}{3}}$
6	1 0 1	U_d	$-U_d$	0	$\frac{1}{3}U_d$	$-\frac{2}{3}U_d$	$\frac{1}{3}U_d$	$\vec{U}_{16}^S = \frac{2}{3}U_d\,e^{j\,\frac{5\pi}{3}}$
7	1 1 1	0	0	0	0	0	0	$\vec{U}_{17}^S = 0$
8	0 0 0	0	0	0	0	0	0	$\vec{U}_{18}^S = 0$

Tabelle 15.1: *Ausgangsspannungsraumzeiger des U–Wechselrichters*

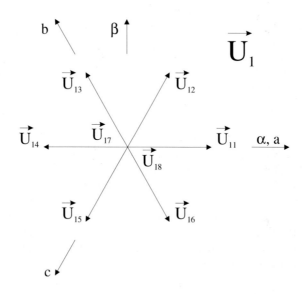

Abb. 15.3: *Raumzeigerdarstellung der Ausgangsspannungen beim U–Umrichter*

dingt durch die Maschineninduktivitäten bedämpft und sind so wesentlich kleiner als die Spannungsoberschwingungen gleicher Frequenz. Die Stromoberschwingungen erzeugen ihrerseits Drehmomentschwankungen, zusätzliche Verluste und Geräusche. Ein Ziel der Verfahren zur Pulsmustererzeugung ist, das Oberschwingungsspektrum der Spannungen möglichst gering zu halten und zu hohen Frequenzen hin zu verschieben, damit sie durch die Maschineninduktivitäten besser gefiltert werden.

Die verschiedenen Verfahren zur Statorstromregelung lassen sich in zwei Gruppen einteilen. Die erste Gruppe verwendet einen konventionellen Regler (z.B. PI–Regler), dessen Ausgangsgröße (Stellgröße) ein Spannungssollwert $\vec{U}_1^{*S}$ ist. Dieser Sollwert wird dann durch ein entsprechendes Modulationsverfahren im zeitlichen Mittel vom Wechselrichter realisiert. Abbildung 15.4 zeigt diese Vorgehensweise, die wir im folgenden als **indirekte Stromregelung** bezeichnen. Das Modulationsverfahren bestimmt dabei die Folge der Schaltzustände k des Wechselrichters.

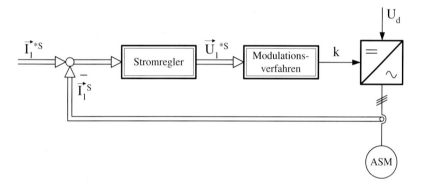

Abb. 15.4: *Prinzipbild der indirekten Stromregelung*

Die zweite Gruppe von Verfahren, die wir hier als **direkte Stromregelung** bezeichnen, ermittelt die Pulsfolge unmittelbar aus den zur Verfügung stehenden Größen. Im einfachsten Fall sind dies die Stromsoll– und Istwerte. Kompliziertere Verfahren verwenden auch andere Größen wie etwa die innere Maschinenspannung $\vec{U}_i^S$, die aus einem Maschinenmodell gewonnen werden kann (Abb. 15.5). Ein typisches Beispiel für direkte Stromregelungen sind die Stromregelverfahren mit on–line optimierten Pulsmustern, die kein Modulationsverfahren benötigen und in Kap. 15.4.2 behandelt werden.

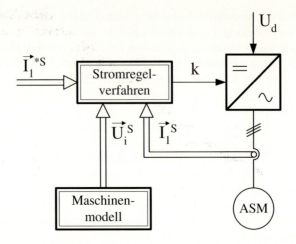

Abb. 15.5: *Prinzipbild der direkten Stromregelung*

15.2   Indirekte Verfahren der Statorstromregelung

Bei den „indirekten" Verfahren gibt es eine Vielzahl von Methoden, die sich je nach Art des Stromreglers bzw. des Modulationsverfahrens in Abb. 15.4 unterscheiden. Als Stromregler werden sehr häufig PI–Regler verwendet, wobei je ein Regler für die beiden Raumzeigerkomponenten $I_{1\alpha}$ und $I_{1\beta}$ zur Verfügung steht. Für das Führungsverhalten in jeder Komponente ergibt sich dann näherungsweise ein Verzögerungsglied 1. (Approximation) oder 2. Ordnung (Betragsoptimierung ohne Istwertglättung). Bei der in Abb. 15.4 dargestellten Vorgehensweise werden alle Größen, wie z.B. die Stromsollwerte $I_{1\alpha}^*$ und $I_{1\beta}^*$, im ruhenden Koordinatensystem S verarbeitet und sind somit stationär sinusförmig.

Aufgrund des nicht idealen Verhaltens der Statorstromregelung entstehen somit unerwünschte stationäre Phasen- bzw. Amplitudenfehler. Eine Verbesserung des Regelverhaltens ist prinzipiell auf zwei Arten zu erreichen. Eine Möglichkeit besteht darin, die sinusförmige Sollstatorspannung vorzusteuern, indem man die Gegenspannung $\vec{U}_i^S$ und die Spannungsabfälle an R_1 und $L_{\sigma 1}$ in einem Modell, siehe Abb. 15.6, rekonstruiert. Diese Störgrößenaufschaltung von $\vec{U}_1'^S$ entspricht der EMK–Aufschaltung zur Ankerstromregelung einer Gleichstrommaschine. Die Stromregler werden bei diesem Regelungsverfahren nur noch dynamisch aktiv bzw. gleichen Fehler im Modulationsverfahren und bei der Vorsteuerung aus.

Als zweite Variante zur Verbesserung des dynamischen Regelverhaltens bietet sich an, alle Größen in einem flußfesten Koordinatensystem (K–System orientiert am Stator- oder Rotorfluß) zu verarbeiten (Abb. 15.7). Darin ergeben sich im stationären Betrieb der Asynchronmaschine Gleichgrößen für die Soll- und Ist-

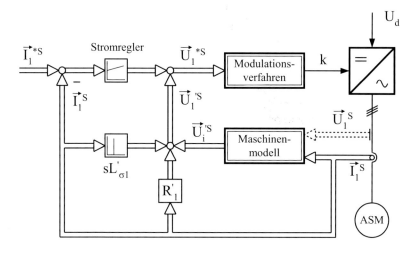

Abb. 15.6: *Indirekte Stromregelung mit Vorsteuerung $\vec{U}_1^{\prime S}$ der Statorspannung*

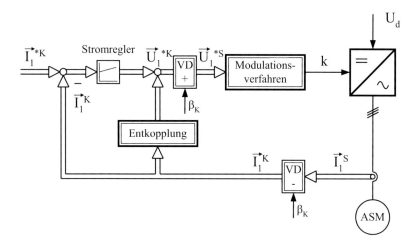

Abb. 15.7: *Indirekte Stromregelung in einem flußfesten Koordinatensystem*

werte, die durch die I–Anteile der Regler ohne Regeldifferenz ausgeglichen werden können.

Zusätzlich müssen allerdings Koordinatentransformationen (VD+ und VD−) eingebaut werden, welche die im Koordinatensystem S vorliegenden Meßgrößen in das flußfeste Koordinatensystem K transformieren bzw. die flußfesten Strom-

sollwerte wieder in das statorfeste Koordinatensystem umwandeln. Das Verfahren
setzt folglich die Kenntnis des aktuellen Phasenwinkels β_K des flußorientierten
Koordinatensystems voraus. Zudem ist zu beachten, daß im K–System die Statorstromkomponenten miteinander verkoppelt sind. Dies bedeutet, daß Änderungen
in einer der Stromkomponenten im Regelkreis der jeweils anderen Komponente
als Störung wirken. Eine entsprechende Vorsteuerung, siehe in Abb. 15.7 den
Block „Entkopplung", besitzt die Aufgabe, diese Verkopplungen zu verhindern.

Damit sind die prinzipiellen Stukturen der Stromregelkreise hinsichtlich ihrer
grundlegenden Eigenschaften bekannt. Es fehlen allerdings noch Darstellungen
über das statische und insbesondere dynamische Verhalten des Wechselrichters.
Dies wird in den nächsten Abschnitten näher erläutert.

15.3   Modulationsverfahren

Das Ziel der Modulationsverfahren ist, die gewünschte Statorspannung im zeitlichen Mittel möglichst gut an den kontinuierlichen Sollwertverlauf $\vec{U}_1^{*S}$ anzunähern. Da es eine Vielzahl verschiedener Verfahren gibt, werden in diesem
Abschnitt nur die wesentlichen Grundzüge behandelt (siehe auch [37]).

Die Wahl des geeigneten Modulationsverfahrens wird sehr stark von der maximalen Schaltfrequenz des eingesetzten Wechselrichtes beeinflußt. Nur relativ
niedrige Schaltfrequenzen sind bei Wechselrichtern mit Thyristoren und zusätzlichen Kommutierungskreisen oder mit Hochleistungs–GTOs zu realisieren. Im
Gegensatz dazu kann man mit MOSFETs sehr hohe Schaltfrequenzen erzielen.
Insbesondere bei Wechselrichtern mit niedrigen Schaltfrequenzen ist das Modulationsverfahren von großer Bedeutung, da einerseits die Spannungsausbeute
möglichst gut und andererseits deren Oberschwingungsgehalt möglichst gering
sein sollten.

15.3.1   Grundfrequenztaktung

Im folgenden wird ein selbstgeführter Wechselrichter entsprechend Abb. 15.2 vorausgesetzt. Falls die drei Schalter mit der gewünschten Ausgangsfrequenz jeweils
über den Winkel 180° el. positiv bzw. negativ und mit jeweils 120° el. Phasenverschiebung (Grundfrequenztaktung) angesteuert werden, so ergeben sich die drei
Ausgangsspannungen U_{a0} bis U_{c0} nach Abb. 15.8 und durch Superposition die
verketteten Spannungen:

$$
\begin{aligned}
U_{1ab} &= U_{a0} - U_{b0} \\
U_{1bc} &= U_{b0} - U_{c0} \\
U_{1ca} &= U_{c0} - U_{a0}
\end{aligned}
\tag{15.12}
$$

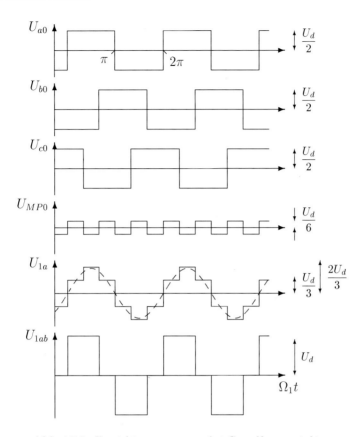

Abb. 15.8: *Umrichterspannungen bei Grundfrequenztaktung*

Die Ausgangsspannungen besitzen neben ihrer Grundschwingung noch zahlreiche Oberschwingungen. Der Effektivwert der Grundschwingung der verketteten Ausgangsspannungen bestimmt sich zu

$$U_{1ab\,eff\,(1)} = \frac{\sqrt{6}}{\pi}\,U_d = 0,78\,U_d = U_V \qquad (15.13)$$

und beträgt somit 78 % der Zwischenkreisspannung U_d. Aus den verketteten Spannungen läßt sich wiederum durch

$$U_{1a} = \frac{1}{3}\,(U_{1ab} - U_{1ca}) \qquad (15.14)$$

die Phasenspannung U_{1a} errechnen. In diesem Betrieb des Stromrichters ist bei konstanter Zwischenkreisspannung U_d eine Verstellung der Ausgangsspannungsamplitude nicht möglich, womit diese als Stellgröße entfällt. Dieser Betrieb ist damit nur in bestimmten Anwendungen (z.B. Feldschwächbereich) überhaupt möglich. Die gleichphasigen Anteile dieses Grundspannungssystems U_{a0}, U_{a0}, U_{c0}, das sind die durch drei teilbaren Oberschwingungen, sind zwischen dem Laststernpunkt **MP** (sofern vorhanden) und dem Gleichspannungsmittelpunkt **0** meßbar. Allgemein gilt nach dem Kirchhoff'schen Gesetz:

$$U_{MP\,0} = \frac{1}{3}\,(U_{a0} + U_{b0} + U_{c0}) \qquad (15.15)$$

Es ergibt sich eine Rechteckspannung mit der Amplitude $U_d/6$ und der dreifachen Grundfrequenz (siehe Abb. 15.8).

Falls sowohl die Ausgangsfrequenz als auch die Amplitude der Ausgangsspannung gleichzeitig verstellt werden müssen, so ist der Einsatz der verschiedenen Verfahren der Pulsweitenmodulation notwendig.

15.3.2   Nicht synchronisierte Pulsweitenmodulation

Bei der Pulsweitenmodulation geht man von einer festen Umschaltfrequenz aus und moduliert die Pulsweite so, daß sich der jeweilige Mittelwert der Ausgangsspannung, gerechnet über eine Pulsperiode, entsprechend dem gewünschten Augenblickswert ändert. Abbildung 15.9 zeigt eine übliche Ausführungsart einer solchen Pulsweitenmodulation für sinusförmige Ausgangsspannungen. Es handelt sich um das sogenannte nichtsynchronisierte **Unterschwingungsverfahren** oder auch **Sinus–Dreieck–Modulation**, die bereits in [35, 36] behandelt wurde.

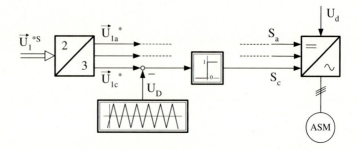

Abb. 15.9: *Signalflußplan des Unterschwingungsverfahrens*

Zunächst werden aus der zweiachsigen Raumzeigerdarstellung der Sollspannung $\vec{U}_1^{*S}$ die Sollphasenspannungen $U_{1a}^*, U_{1b}^*, U_{1c}^*$ errechnet. Diese Sollspannungsverläufe werden dann jeweils mit der Dreieckspannung U_D verglichen. Die Schnittpunkte der beiden Verläufe legen die Umschaltpunkte für die Schalter S_a, S_b, S_c aus Abb. 15.2 und damit den Verlauf der Ausgangsspannung fest. Abbildung 15.10 zeigt diesen Vorgang für Phase a.

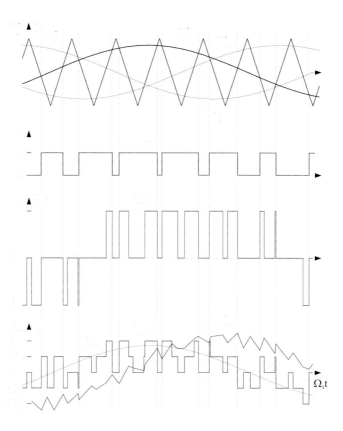

Abb. 15.10: *Signalverläufe in Phase a beim nichtsynchronisierten Unterschwingungs-verfahren*

Bei der Entstehung der verketteten Spannungen, in diesem Fall U_{1ab}, sind jeweils Schaltvorgänge in zwei Phasen beteiligt. Dabei können die Werte Null und $\pm U_d$ vorkommen. Bei den Strangspannungen sind, wie das unterste Diagramm zeigt, die Schaltvorgänge in allen drei Phasen von Bedeutung. Dabei werden Werte von Null, $\pm U_d/3$ und $\pm 2U_d/3$ angenommen.

Der Grundschwingungsanteil $U_{1a\,(1)}$ der Phasenspannung entspricht dem Sollwertverlauf U_{1a}^*. Der rechteckförmige Gesamtverlauf U_{1a} enthält Oberschwingungen und führt zu dem Strangstromverlauf I_{1a}, der qualitativ ebenfalls im unteren Diagramm eingezeichnet ist und bei dem die in etwa dreieckförmigen Oberschwingungsanteile dem Grundschwingungsanteil überlagert sind.

Die Umschaltzeitpunkte liegen im allgemeinen nicht an der gleichen Stelle innerhalb jeder Periode der Ausgangsspannung. Dies hat zur Folge, daß außerhalb der erwünschten Grundschwingung und den Oberschwingungen auch noch

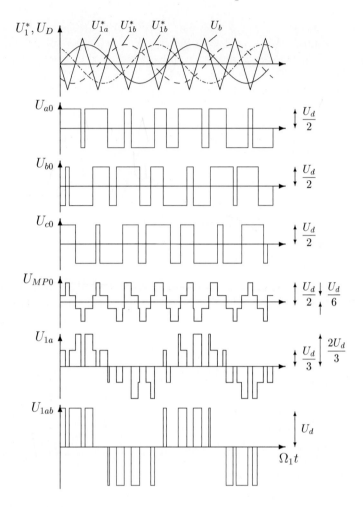

Abb. 15.11: *Spannungsverläufe in drei Phasen beim nicht synchronisierten Unter-schwingungsverfahren ($n_T = 3{,}5$)*

Unterschwingungen enthalten sind. Man spricht hier von nicht synchronisierten Pulsverfahren oder auch von freier Taktung. Bei den nicht synchronisierten Verfahren hat das Verhältnis zwischen Dreieckfrequenz F_D und Grundfrequenz F_1, Pulszahl n_T genannt, keinen ganzzahligen konstanten Wert.

$$n_T = \frac{F_D}{F_1} \tag{15.16}$$

Diese Pulsweitenmodulation ist einfach im Aufbau. Die Spannungsoberschwin-gungen und damit auch die resultierenden Stromoberschwingungen besitzen die

Pulsfrequenz und deren ganzzahlige Vielfache. Dadurch können bestimmte Oberschwingungen durch Wahl der Pulsfrequenz oder durch geeignete Filter einfach eliminiert werden. Die Schnittpunkte der Sollwertspannungen U_{1a}^*, U_{1b}^*, U_{1c}^* mit der dreieckförmigen Hilfsspannung bestimmen die Umschaltzeitpunkte für die einzelnen Wechselrichterphasen. Daraus ergeben sich zunächst direkt die Klemmenspannungen U_{a0}, U_{b0}, U_{c0} zwischen den Wechselrichterausgängen und dem Mittelpunkt $\mathbf{0}$ der Gleichspannungsquelle (Abb. 15.11).

Das Verhältnis der Pulsfrequenz zur gebildeten Grundfrequenz, die Pulszahl, ändert sich kontinuierlich mit der Grundfrequenz. Sie darf in der Praxis jedoch nicht kleiner werden als 10, da sich sonst die entstehenden Unterschwingungen oder Schwebungen störend auswirken können. Diesen Nachteil vermeiden die sogenannten synchronisierten Pulsverfahren, die große praktische Bedeutung erlangt haben und hier im einzelnen dargestellt werden sollen.

15.3.3 Synchronisierte Pulsverfahren

Ein solches **synchronisiertes Pulsverfahren** ist das **Unterschwingungsverfahren im engeren Sinne**. Hier wird die Pulsfrequenz als ganzzahliges Vielfaches der gewünschten Ausgangsgrundfrequenz gewählt. Die Pulszahl n_T ist somit hier ganzzahlig und bereichsweise konstant. Weiterhin wird der Nulldurchgang der Ausgangssollspannung mit einem der Nulldurchgänge der Dreieckhilfsspannung U_D synchronisiert.

Abbildung 15.12 zeigt die Spannungsbildung bei einem Verhältnis von Dreieck– zu Grundfrequenz von $n_T = 3$. Man spricht von einer *Dreifachtaktung*. Wichtig ist hier die Symmetrie der Verläufe der Ausgangsspannungen. Die Änderung der Wechselrichter–Ausgangsspannung wird durch eine Änderung der Amplitude der als sinusförmig angenommenen Sollwerte U_{1a}^* bis U_{1c}^* erreicht; dies resultiert in der Ausgangsspannung (Abb. 15.12) in einer Änderung des Winkels 2α (Abb. 15.13). Je kleiner die Amplitude ist, desto größer wird die Zwischenpulsweite 2α sein. Bei $\alpha \to 0$ ergibt sich die Grundfrequenztaktung. Abbildung 15.13 zeigt die Steuerkennlinie bei Dreifachtaktung. Hierbei ist der Effektivwert U_V der verketteten Ausgangsspannung in Abhängigkeit von der Zwischenpulsweite dargestellt.

Bei Nullaussteuerung wird der Wechselrichter entsprechend der Dreieckspannung getaktet. Hierbei werden alle Phasenausgänge mit dreifacher Grundfrequenz gleichzeitig auf das positive oder negative Potential der Gleichspannungsquelle gelegt. Generell muß noch darauf hingewiesen werden, daß bei idealer rechteckförmiger Vorgabe der Sollwerte das Verhältnis $U_V/U_d = 0,78$ zwischen dem Effektivwert U_V der Grundschwingung der verketteten Ausgangsspannung und der Zwischenkreisspannung erreicht wird. Im Falle sinusförmiger Sollwertvorgabe wird ein um 15 % niedriger Wert erreicht.

Bei einem Aussteuerungsgrad nahe Eins läßt sich die Zwischenpulsweite nur bis zu einem Minimalwert, der Wechselrichtertotzeit T_t, einstellen. Dadurch entsteht in der realen Steuerkennlinie eine Unstetigkeit im Übergang zur Grundfre-

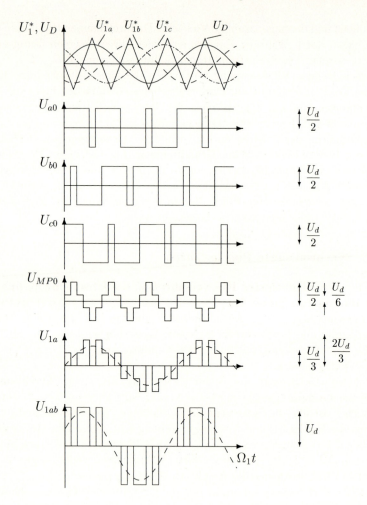

Abb. 15.12: *Synchronisiertes Unterschwingungsverfahren bei Dreifachtaktung* *(nT = 3)*

quenztaktung, die sich umso stärker auswirkt, je höher die Ausgangsfrequenz und die Wechselrichtertotzeit sind. Abbildung 15.15 zeigt die maximalen Spannungs-grenzen (durchgezogene Linien) im Verhältnis zum Effektivwert bei Grundfre-quenztaktung.

Der maximale Grundschwingungseffektivwert der Ausgangsspannung läßt sich erhöhen, indem man den Zwischenpuls mit minimaler Breite aus der Halb-schwingungsmitte verschiebt (Abb. 15.14). Die sich daraus ergebenden Span-nungsgrenzen sind in Abb. 15.15 gestrichelt eingezeichnet. Die Verbesserung der spannungsmäßigen Ausnutzung und die Verminderung des Spannungssprunges

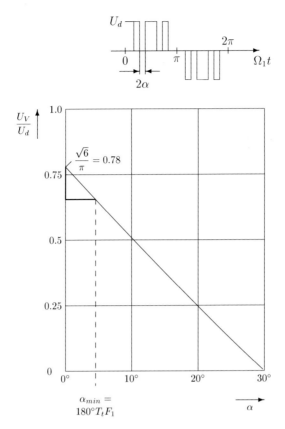

Abb. 15.13: *Steuerkennlinie bei Dreifachtaktung ($n_T = 3$)*

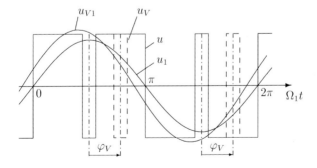

Abb. 15.14: *Dreifachtaktung mit Zwischenpulsverschiebung*

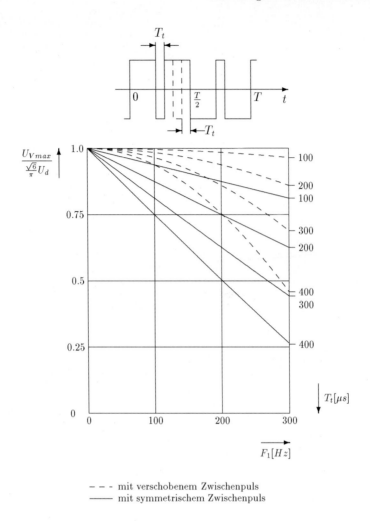

Abb. 15.15: *Spannungsgrenzen durch die Wechselrichtertotzeit bei Dreifachtaktung*

beim Übergang von der Dreifachtaktung in den Grundfrequenztaktbereich wird erkauft durch etwas höhere Oberschwingungsströme, eine Phasenverschiebung in der Grundschwingung und durch den entsprechenden Zusatzaufwand in der Steuerelektronik.

In Abb. 15.16 und 15.17 sind die Spannungsverläufe dargestellt, wenn die Pulszahl n_T zu 6 bzw. 9 gewählt wird. Man spricht hier von der *Sechsfach-* bzw. von der *Neunfachtaktung.* In diesen Abbildungen ist der Sollwert, hier nur für eine Phase gezeichnet, rechteckförmig vorgegeben, wie in der Praxis häufig ange-

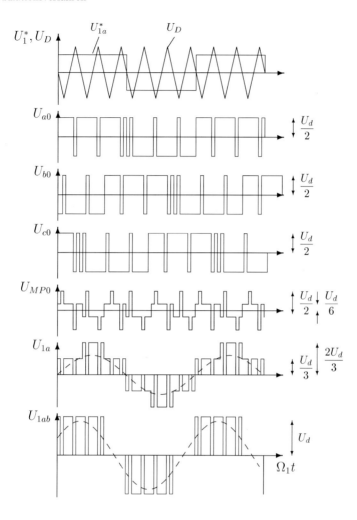

Abb. 15.16: *Synchronisiertes Unterschwingungsverfahren bei Sechsfachtaktung* *($n_T = 6$)*

wendet („Rechteck–Dreieck–Modulation"). Bei rechteckförmiger Sollwertvorgabe erreicht man eine höhere Spannungsausnutzung. Die Ausgangsspannungen enthalten dann allerdings auch die zusätzlichen in der Rechteckform enthaltenen Oberschwingungen. Ein Übergang von der sinusförmigen zur rechteckförmigen Sollwertvorgabe U_{1a}^* kann erreicht werden, in dem zur sinusförmigen Grundschwingung phasenrichtig Harmonische der Ordnungszahl $3n$ mit $n = 1, 2, \ldots$ addiert werden. Wesentlich bei dieser Vorgehensweise ist, daß dadurch bedingt in den Ausgangsspannungen ebenso zusätzliche Harmonische der Ordnungszahl $3n$

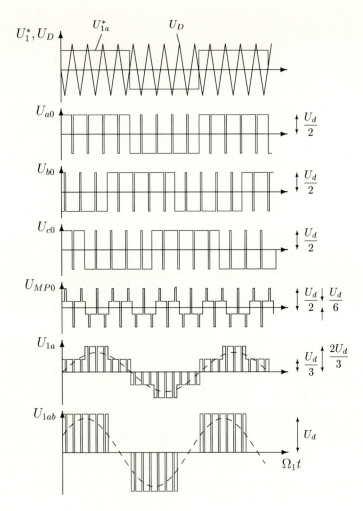

Abb. 15.17: *Synchronisiertes Unterschwingungsverfahren bei Neunfachtaktung* ($n_T = 9$)

auftreten, daß aber aufgrund der gleichen Phasenlage dieser Oberschwingungen sich bei fehlender Verbindung zum Sternpunkt keine Ströme dieser Ordnungszahlen bilden können.

Der Vorteil der höherfrequenten Taktungen liegt in den geringeren Spannungszeitflächen der Oberschwingungsanteile in der Ausgangsspannung. Die damit verbundene kleinere Stromwelligkeit wird erkauft durch die höhere Pulsfrequenz und den damit erhöhten Schaltverlusten in den Ventilen. Die Steuerkennlinien dieser drei Mehrfachtaktungen sind in Abb. 15.18 zusammengestellt.

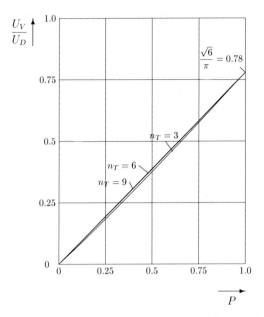

Abb.15.18: *Steuerkennlinien beim Unterschwingungsverfahren und unterschiedlichen Pulszahlen*

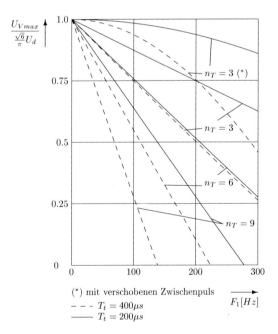

Abb. 15.19: *Spannungsgrenzen beim Unterschwingungsverfahren und verschiedenen Pulszahlen*

Als Abszisse ist das Amplitudenverhältnis

$$P = \frac{\hat{U}_{1a}^*}{\hat{U}_D} \tag{15.17}$$

der hier rechteckförmig gewählten Sollspannung U_{1a}^* zur Dreieckspannung U_D dargestellt. Dies ist ein angenehmes Ergebnis, da die statische Kennlinie als Funktion von P nahezu linear ist. Die Spannungsgrenzkurven durch die Wechselrichtertotzeit sind für diese Mehrfachtaktungen in Abb. 15.19 dargestellt.

Die Oberschwingungsanteile in der Lastspannung haben entsprechende Oberschwingungsanteile im Laststrom zur Folge, die praktisch nur von der „Maschinenkurzschlußreaktanz" σL_1 abhängen.

$$\sigma L_1 = L_1 - \frac{M^2}{L_2} = L_{\sigma 1} + L_{\sigma 2}\frac{M}{L_2} \tag{15.18}$$

Abbildung 15.20 zeigt im oberen Teil den Spannungsverlauf und im mittleren Teil die Oberschwingungsströme bei Dreifachtaktung und einem Aussteuerungsgrad

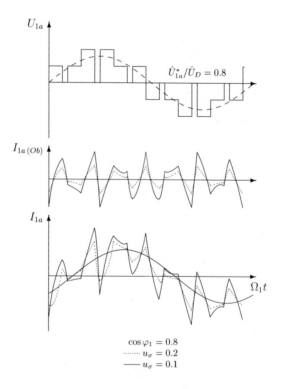

Abb. 15.20: *Phasengrößen bei Dreifachtaktung*

von $P = 0,8$ für die relative Kurzschlußspannung $u_\sigma = 0,1$ und $0,2$. Diese ist durch

$$u_\sigma = \frac{\Omega_1 \sigma L_1 I_{1N}}{U_{1N}} \tag{15.19}$$

definiert und stellt ein gebräuchliches Maß für die Streuung in der Asynchronmaschine dar.

Im unteren Teil ist der Gesamtphasenstrom I_{1a} bei einem Grundschwingungs–Verschiebungsfaktor von $\cos \varphi_1 = 0,8$ dargestellt. Bei Änderung des $\cos \varphi_1$ ändert sich nur die Phasenlage der Grundschwingung, während die Lage des Oberschwingungsstroms erhalten bleibt. Der Wechselrichter muß also so ausgelegt werden, daß er die Summe der Grundschwingungsamplitude und der Oberschwingungsamplitude einschließlich eines totzeitabhängigen Anteils, der dynamische Vorgänge (Laststöße oder Umschaltung des Taktverfahrens) berücksichtigt, kommutieren kann. Besonders bei großen Leistungen ergeben sich mitunter recht kleine Kurzschlußspannungen, so daß man zur Begrenzung der Oberschwingungsströme Vordrosseln einsetzt, die bei größeren Ausgangsfrequenzen überbrückt werden können.

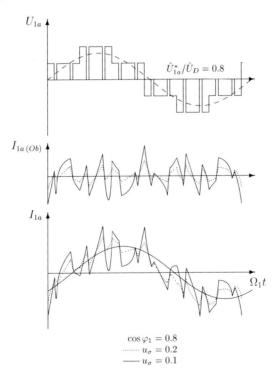

Abb. 15.21: *Phasengrößen bei Sechsfachtaktung*

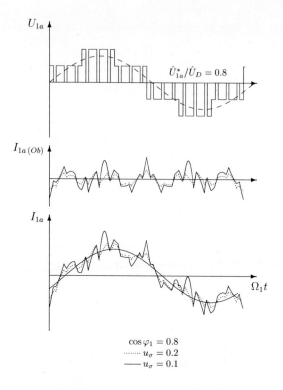

Abb. 15.22: *Phasengrößen bei Neunfachtaktung*

Abbildung 15.21 und 15.22 zeigen die Oberschwingungsströme und die Motorströme bei der Sechs– und der Neunfachtaktung unter den gleichen Randbedingungen wie bei der Dreifachtaktung in Abb. 15.20. Derartige Maßnahmen müssen bei der Gesamt– und der Reglerauslegung berücksichtigt werden.

In Abb. 15.23 sind die Oberschwingungsstromscheitelwerte $\hat{I}_{1a\,(Ob)}$ für eine konstante Grundfrequenz F_1 in Abhängigkeit von der Spannungsaussteuerung

$$a = \frac{U_v}{U_{v\,max}} \tag{15.20}$$

für die verschiedenen Taktverfahren dargestellt. Bezugsgröße für die Ströme ist der Kurzschlußstromscheitelwert der Grundschwingung bei Vollaussteuerung bzw. Grundfrequenztaktung.

$$\hat{I}_{K1} = \frac{\sqrt{2}\,U_{v\,max}}{\sqrt{3}\,\Omega_1\,\sigma\,L_1} = \frac{\sqrt{2}\,\dfrac{\sqrt{6}}{\pi}\,U_d}{\sqrt{3}\,2\,\pi\,F_1\,\sigma\,L_1} = \frac{U_d}{\pi^2\,F_1\,\sigma\,L_1} \tag{15.21}$$

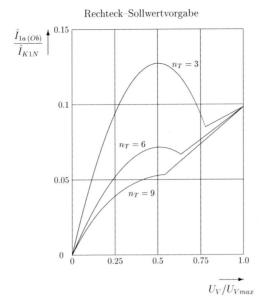

Abb. 15.23: *Oberschwingungsstromscheitelwerte beim Unterschwingungsverfahren ($F_1 = konst.$)*

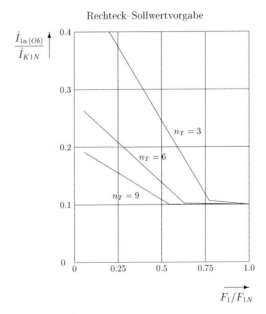

Abb. 15.24: *Oberschwingungsstromscheitelwerte beim Unterschwingungsverfahren (Aussteuerung: $U_V \sim F_1$)*

Bei Drehfeldmaschinen wird im Spannungsstellbereich im allgemeinen die Spannung proportional zur Frequenz verstellt. Es ist darum zweckmäßig, die Oberschwingungsströme auf einen konstanten Wert, nämlich auf den Kurzschlußstrom für die Frequenz bei Vollaussteuerung zu beziehen (Abb. 15.24).

$$\hat{I}_{K1N} = \frac{U_d}{\pi^2 \, F_{1N} \, \sigma \, L_1} \quad \text{mit} \quad \frac{F_1}{F_{1N}} = \frac{U_V}{U_{V\,max}} \tag{15.22}$$

15.3.4 Wahl der Pulszahlen, erzielbare Ausgangsfrequenzen

Die maximal mögliche Ausgangsfrequenz F_1 ist abhängig von der maximal zulässigen Taktfrequenz $F_{T\,max}$ des Umrichters. Die Taktfrequenz F_T wird einerseits durch die eventuell notwendige zusätzliche Kommutierungsschaltung bei Thyristoren bzw. durch die Entlastungsschaltung bei abschaltbaren Ventilen beeinflußt. Andererseits ist die Taktfrequenz allgemein durch die thermische Beanspruchung der Leistungshalbleiter begrenzt. Je höher die Taktfrequenz gewählt wird, desto häufiger treten Ein– und Ausschaltverluste bei gleicher Schaltperiode auf. Zusätzlich sind noch die Durchlaßverluste zu beachten. Aufgrund dieser Begrenzungen kann die Taktfrequenz nicht beliebig hoch gewählt werden. Beispielsweise war bei selbstgeführten Umrichtern mit Thyristoren und Kommutierungskreisen $F_{T\,max} \leq 600\,Hz$, diese Grenze gilt ähnlich auch heute bei Umrichtern mit Hochleistungs–GTOs.

Wenn nun im folgenden eine maximale Taktfrequenz $F_{T\,max} = 600\,Hz$ angenommen wird, dann besteht einerseits die Schwierigkeit, daß bei der höchsten Taktfrequenz die höchsten Verluste auftreten und damit für die Durchlaßverluste der eventuell kleinere Anteil an ableitbaren Verlusten übrig bleibt. Dies hat somit Auswirkungen auf die erreichbare Leistung des Umrichters. Vorteilhaft ist, daß die Harmonischen bei der höchsten Schaltfrequenz am geringsten sind (siehe Abb. 15.24). Andererseits muß bei Drehstromantrieben die Frequenz und die Ausgangsspannung kontinuierlich verstellt werden. Wenn es nun, wie bei den Modulationsverfahren beschrieben, Pulsmuster mit Drei–, Sechs–, Neunfachtaktung etc. gibt, dann kann bei $F_{T\,max} = 600\,Hz$ und Dreifachtaktung nur eine maximale Ausgangsfrequenz von $F_{1\,max} = 200\,Hz$ realisiert werden. Abbildung 15.25 zeigt den Zusammenhang zwischen Ausgangsfrequenz F_1 und Taktfrequenz F_T bei reinem Ankerstellbereich.

Als Umschaltkriterium zur nächst kleineren Pulszahl wird hauptsächlich die maximal zulässige Taktfrequenz verwendet. So ergeben sich die Schaltpunkte zur Neun–, Sechs– und Dreifachtaktung in Abb. 15.25. Häufig ist es jedoch notwendig, die Umschaltpunkte aufgrund von anderen Kriterien zu verschieben. So kann es z.B. sein, daß die aufgrund des $F_{T\,max}$–Kriteriums zulässige maximale Grundfrequenz bei einer Pulszahl nicht erreicht werden kann, weil die notwendige Spannungsamplitude für die Maschine ($U_1 \sim F_1$) mit dieser Pulszahl (siehe Abb. 15.19) nicht erreicht werden kann. In Abb. 15.25 z.B. kann aus diesem Grund der Antrieb nur bis $F_1 = 150\,Hz$ betrieben werden.

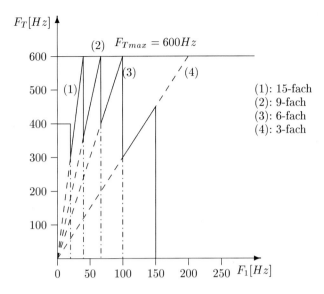

Abb. 15.25: *Verlauf der Taktfrequenz bei Mehrfachtaktung*

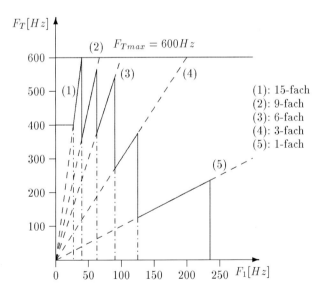

Abb. 15.26: *Verlauf der Taktfrequenz bei Mehrfach– und Grundfrequenztaktung*

Es kann auch notwendig werden, die zulässige Taktfrequenz $F_{T\,max}$ und damit die Umschaltpunkte zu höheren Frequenzen hin zu verschieben, wenn bei einer bestimmten Pulszahl der zulässige Oberschwingungsgehalt überschritten wird (siehe dazu Abb. 15.20 bis 15.24). Der zulässige Oberschwingungsgehalt bestimmt sich aufgrund des maximalen kommutierbaren Laststroms. Dieser darf durch den in Abb. 15.20 dargestellten Phasenstrom I_{1a} nicht überschritten werden.

Die Umschaltpunkte der Taktmuster können somit im allgemeinen nur iterativ und im Zusammenhang mit der Auslegung des Antriebes bestimmt werden. Bei Anwendungsfällen mit Ankerstell- und Feldschwächbereich können der Pulsbetrieb **und** die Grundfrequenztaktung zur Erzielung höherer Ausgangsfrequenzen F_1 (und besserer Leistungsausnutzung) kombiniert werden. Abbildung 15.26 zeigt einen möglichen Verlauf der Stromrichter–Taktfrequenzen. Zu kleinen Frequenzen F_1 hin, einschließlich der Frequenz Null (dreiphasiger Gleichstrom), besteht im grundsätzlichen keine Einschränkung.

Zusammenfassend muß festgestellt werden, daß aufgrund der Optimierung zwischen Schaltverlusten (Taktfrequenz F_T) und Harmonischen (kommutierbarer Laststrom) unterschiedliche Pulsmuster im Betriebsbereich eingesetzt werden müssen und daß beim Übergang von einem Pulsmuster zum anderen Übergangsvorgänge entstehen, die durch Amplituden– oder/und Phasenunterschiede vor und nach der Umschaltung bedingt sind. Weiterhin können bei sehr geringen Ausgangsfrequenzen und damit hohen Pulszahlen nichtsynchronisierte Modulationsverfahren (freie Taktung, $F_T = $ konst.) eingesetzt werden; hier müssen allerdings Unterschwingungen bzw. Schwebungen beachtet werden. Dies wird bei den direkten Verfahren vermieden.

15.4   Optimierte Pulsverfahren

15.4.1   Spannungsraumzeigermodulation

Neben den bisher beschriebenen Pulsverfahren gibt es noch eine Vielzahl anderer Verfahren. Diese versuchen, mit möglichst geringer Pulsfrequenz die Oberschwingungsstromscheitelwerte und damit den Kommutierungsaufwand oder den Oberschwingungsstromeffektivwert und damit die thermischen Beanspruchungen in den Lastkreisen zu minimieren.

Das kann z.B. erreicht werden durch besondere Ausbildung der Sollwertsignale U_{1a}^* bis U_{1c}^* in Abb. 15.9 mit Trapezform, Addition von phasengleichen n–fach dritten Harmonischen oder Rechteckstufenform. Eine andere Möglichkeit besteht darin, bei gegebenem Pulsverhältnis und bestimmter Spannungsaussteuerung die Zwischenpulse nach Breite und Lage innerhalb der Grundschwingung so zu variieren, daß sich ein Oberschwingungsstromminimum einstellt. Auch andere Optimierungskriterien sind möglich wie etwa die Minimierung einer bestimmten Zahl von Oberschwingungen oder die Vermeidung eines bestimmten Frequenzbandes. Diese Verfahren, die als **offline–optimierte Pulsmuster** bezeichnet werden, bieten bei stationären Vorgängen ein günstiges Verhalten. Bei transienten Vorgängen werden in undefinierter Weise Sequenzen der Pulsmuster für verschiedene Pulszahlen und Amplituden zusammengesetzt. Daraus können Ausgleichsvorgänge in der Maschine entstehen, die in keinster Weise dem gewünschten Verhalten entsprechen. Dies gilt in abgeschwächter Form auch für das synchronisierte Unterschwingungsverfahren. Eine Möglichkeit, diese Problematik zu vermeiden, ist die Verwendung **on–line–optimierter Pulsmuster**. Einige dieser Verfahren wurden bereits im Zusammenhang mit den direkten Stromregelverfahren beschrieben.

Wesentlich günstiger als die bisher beschriebenen Modulationsverfahren verhält sich bei transienten Vorgängen die sogenannte **Raumzeigermodulation**. Die Grundidee besteht dabei darin, den Sollraumzeiger $\vec{U}_1^{*S}(t)$ mit einer konstanten Periode T abzutasten und diesen abgetasteten Wert $\vec{U}_1^{*S}(kT)$ während der Abtastperiode $(kT \leq t < (k+1)T)$ durch eine Folge von drei Schaltzuständen, d.h. drei Spannungszeiger $\vec{k}$ (siehe Abb. 15.3), gemittelt zu realisieren. Dabei werden für die Mittelung ein Nullzeiger $\vec{k}_0$ und die beiden zu $\vec{U}_1^{*S}(kT)$ benachbarten Zeiger $\vec{k}_l$ (links) und $\vec{k}_r$ (rechts) verwendet.

Abbildung 15.27 verdeutlicht dies an einem Beispiel. In diesem Fall gilt $\vec{k}_l = \vec{2}$ und $\vec{k}_r = \vec{1}$. Für die Schaltdauer der Zeiger ungleich Null ($\vec{7}$ oder $\vec{8}$) gilt dann

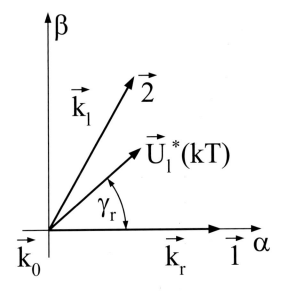

Abb. 15.27: *Spannungszeiger bei der Raumzeigermodulation*

$$\frac{1}{T}\left(t_l \vec{k}_l + t_r \vec{k}_r\right) = \vec{U}_1^{*S}(kT) \tag{15.23}$$

und für den Nullzeiger gilt

$$t_0 = T - t_l - t_r \tag{15.24}$$

Dies ergibt drei reelle Gleichungen, mit denen die drei Zeiten t_0, t_l, t_r bestimmt werden können. Zur Herleitung wählt man für den Spannungssollwertzeiger $\vec{U}_1^{*S}(kT)$ eine Polardarstellung, die auf den rechten Nachbarzeiger $\vec{k}_r$ bezogen ist. Dann gilt mit

$$\vec{k}_r = \frac{2}{3} U_d e^{j(k_r - 1)\frac{\pi}{3}} \tag{15.25}$$

sowie

$$k_r = 1 \ldots 6 \qquad \text{und} \qquad |\vec{U}_1^*(kT)| = U_1^*$$

$$\vec{U}_1^{*S}(kT) = U_1^* e^{j\gamma_r} \cdot e^{j(k_r - 1)\frac{\pi}{3}} \tag{15.26}$$

Durch Einsetzen in die obige Gleichung ergibt sich

$$\frac{2}{3}\frac{U_d}{T}\left(t_l e^{j k_r \frac{\pi}{3}} + t_r e^{j(k_r - 1)\frac{\pi}{3}}\right) = U_1^* e^{j\gamma_r} \cdot e^{j(k_r - 1)\frac{\pi}{3}} \tag{15.27}$$

und damit

$$t_l + t_r e^{-j\frac{\pi}{3}} = \frac{3}{2} T \frac{U_1^*}{U_d} e^{j\left(\gamma_r - \frac{\pi}{3}\right)} \tag{15.28}$$

Aus dieser komplexen Gleichung folgen nach kurzer Rechnung die beiden reellen Gleichungen

$$t_r = \sqrt{3}\, T \frac{U_1^*}{U_d} \sin\left(\frac{\pi}{3} - \gamma_r\right) \tag{15.29}$$

$$t_l = \sqrt{3}\, T \frac{U_1^*}{U_d} \sin\gamma_r \tag{15.30}$$

Die Folge der drei Zeiger und die Auswahl des Nullzeigers $\vec{k}_0 = \vec{7}$ oder $\vec{8}$ wird dabei so festgelegt, daß sich eine möglichst geringe Zahl von Schaltvorgängen ergibt. Dann gilt für die mittlere Schaltfrequenz des Wechselrichters

$$F_S = \frac{1}{2\,T}$$

Auch dieses Verfahren kann sowohl unsynchronisiert als auch synchronisiert betrieben werden. In letzterem Fall wird T festgelegt gemäß

$$2\,T = \frac{n_T}{F_1}$$

Dabei ist wieder n_T die ganzzahlige Pulszahl. Für die Auswirkungen der Synchronisation gilt das oben gesagte entsprechend.

15.4.2 On–line optimierte Pulsmustererzeugung

Bei den „direkten" Verfahren zur Stromregelung wird der nächste Schaltzustand unmittelbar aus der Regelabweichung

$$\Delta \vec{I}_1 = \vec{I}_1^{*S} - \vec{I}_1^{S} \tag{15.31}$$

und eventuell noch weiteren Informationen gewonnen. Im folgenden werden die wesentlichen Grundgedanken für drei sinnvoll realisierbare Verfahren erläutert. Das einfachste Beispiel eines direkten Verfahrens ist die Zweipunkt–Hystereseregelung nach Abb. 15.28, die allerdings in dieser Form vermieden werden sollte.

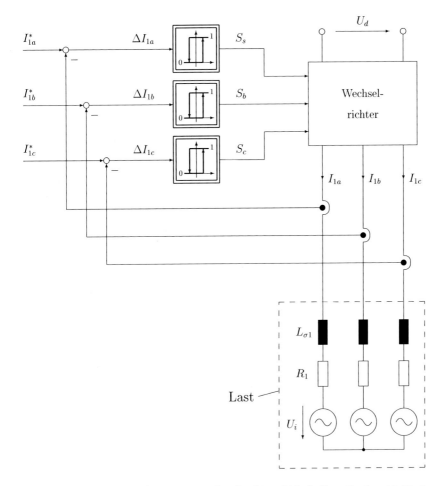

Abb. 15.28: *Signalflußplan einer in der Struktur fehlerhaften Zweipunkt–Hystereseregelung*

Für jede Phase werden zunächst die Regelabweichungen ΔI_{1a}, ΔI_{1b}, ΔI_{1c} gebildet. Diese Signale werden jeweils einem Komparator mit Hysterese zugeführt, der daraus unmittelbar die Schalterstellungen S_a, S_b, S_c nach Abb. 15.28 ermittelt. Der Iststromverlauf soll damit in jeder Phase in einem Hystereseband um den Sollwertverlauf gehalten werden. Abbildung 15.29 zeigt beispielhaft ein solches Verhalten.

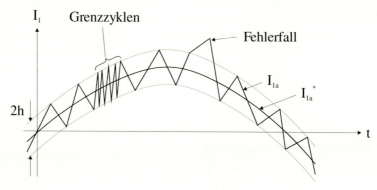

Abb. 15.29: *Stromverläufe in einer Phase bei unabhängiger dreiphasiger Hystereseregelung nach Abb. 15.28*

Abbildung 15.29 verdeutlicht gleichzeitig auch die Nachteile dieses Verfahrens. Die Schaltfunktionen werden für jede Phase unabhängig ermittelt. Andererseits beeinflußt eine Schalthandlung in einem der Schalter aber die Spannungen aller drei Phasen. Außerdem ist die Summe der Ströme wegen des offenen Sternpunktes gleich Null. Es gibt also drei unabhängige Regler für ein System mit zwei unabhängigen Variablen. Die dadurch bedingte Redundanz wird aber aufgrund der drei unabhängig voneinander arbeitenden Hystereseregler nicht genutzt, sondern führt zu nicht vorhersehbaren Reaktionen. Beispielsweise werden Nullzeiger ($\vec{U}_{17}$, $\vec{U}_{18}$) nicht konsequent genutzt, d.h. es werden unter Umständen zu häufig abwechselnd nur positive, dann negative und dann wiederum positive Spannungspotentiale zu den Ausgangsklemmen durchgeschaltet. Dadurch bedingt wird die sich einstellende Schaltfrequenz unnötig erhöht und es entstehen die in Abb. 15.29 dargestellten Grenzzyklen mit hohen Schaltfrequenzen.

Durch ein ungünstiges Einfügen von Schaltzuständen können auch Fehlerfälle entstehen, so daß die Regeldifferenz im Grenzfall bis auf den doppelten Wert der Hysterese ansteigt. Als weiterer Nachteil ergibt sich, daß das Spektrum der Ströme, das sich zufällig einstellt, trotz hoher Schaltfrequenzen niederfrequente Anteile enthalten kann. Ein derartiges Verhalten ist somit unzweckmäßig.

Grundsätzliche Abhilfemaßnahmen sind erstens die Einzelspeisung der drei Statorwicklungen mit getrennten Stellgliedern und somit auch getrennten Stromreglern, wie es beispielsweise bei Direktumrichtern möglich ist. Die zweite grundsätzliche Abhilfemaßnahme ist, nur die Raumzeigerkomponenten $I_{1\alpha}$ und

$I_{1\beta}$ getrennt zu regeln (Abb. 15.30). Dabei wird vorausgesetzt, daß die geometrische Summe der drei Statorströme Null ist. Somit wären zwei Hystereseregler in Abb. 15.30 ausreichend zur Stromeinprägung. Wenn von dieser zweiten Abhilfemaßnahme ausgegangen wird, dann kann im nächsten Schritt überlegt werden, wie entsprechend Gl. (15.31) die Pulsmuster erzeugt werden können, um beispielsweise die Schaltfrequenz bei gegebener Hysterese zu minimieren. Dies ist der Ausgangspunkt für die Entwicklung „on–line"optimierter Pulsmuster.

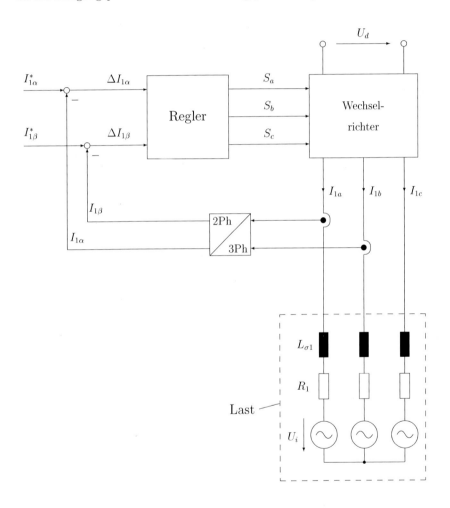

Abb. 15.30: *Raumzeigerbasierte Stromregelung*

Das prinzipielle Vorgehen bei „on–line"optimierter Pulsmustererzeugung berücksichtigt, daß bei selbstgeführten Zweipunkt-Wechselrichtern mit eingeprägter Spannung nur die sechs Spannungsraumzeiger und die beiden Nullzeiger verfügbar sind (Abb. 15.31.a).

Bei der Entscheidung, welcher Schaltzustand sinnvoll bzw. optimal ist, wird davon ausgegangen, daß die Schaltfrequenz des selbstgeführten Wechselrich-

a) **Spannungsebene**

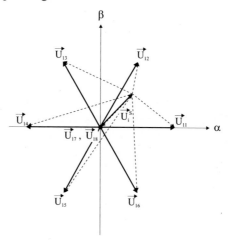

b) **Stromebene**

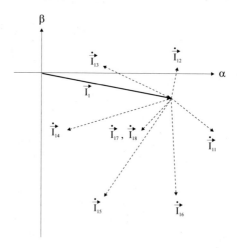

Abb. 15.31: *Wirkung der Wechselrichterzeiger auf die Stromzeigerbewegung*

ters begrenzt ist, so daß zwingend zwischen dem gewünschten Raumzeiger–Spannungssollwert und dem realen Raumzeiger–Spannungsistwert nur im Mittel Übereinstimmung bestehen kann. Die resultierende Raumzeiger–Spannungsdifferenz muß daher zu entsprechenden Stromänderungen führen. Wenn angenommen wird, die Last besteht aus einer Gegenspannung $\vec{U}_i^S$ mit induktiv–ohmschem Widerstand $L_{\sigma 1} - R_1$, dann bildet sich an der Last eine Raumzeiger–Klemmenspannung $\vec{U}_1^S$:

$$\vec{U}_1^S = \vec{U}_i^S + R_1 \vec{I}_1^S + L_{\sigma 1} \frac{d\vec{I}_1^S}{dt} \tag{15.32}$$

Der selbstgeführte Wechselrichter kann aber nur die Raumzeiger–Spannung

$$\vec{U}_1^S = \vec{U}_{1k} \qquad \text{mit} \quad k = 1, 2, \ldots, 8 \tag{15.33}$$

bereitstellen. Vernachlässigt man den ohmschen Widerstand R_1, dann fällt die Raumzeiger–Spannungsdifferenz an der Induktivität $L_{\sigma 1}$ ab, es gilt

$$L_{\sigma 1} \frac{d\vec{I}_1^S}{dt} = \vec{U}_{1k} - \vec{U}_i^S = \Delta \vec{U}_{1k} \qquad \text{mit} \quad k = 1, 2, \ldots, 8 \tag{15.34}$$

In Abb. 15.31.a sind die Zeiger $\Delta \vec{U}_{1k}$ gestrichelt eingetragen. Aus dieser Abbildung ist erkennbar, daß $\Delta \vec{U}_{1k} = L_{\sigma 1} d\vec{I}_1^S/dt$ ist, d.h. die Raumzeiger–Spannungsdifferenz $\Delta \vec{U}_{1k}$ gibt sowohl die Amplitude als auch die Richtung der Stromänderung vor (vgl. Abb. 15.31.b). Somit wird, je nach Schaltzustand k und Lastspannung, die Stromänderung eine entsprechende Richtung und Amplitude aufweisen. Es ist aus Abb. 15.31.a ebenso erkenntlich, daß bei $k = 7$ bzw. $k = 8$ die Last kurzgeschlossen wird und damit $\vec{U}_i^S$ der Differenzraumzeiger ist.

Statt wie im vorigen Kapitel zu versuchen, den Mittelwert der Wechselrichterspannung zu realisieren, soll nun eine prädiktive Stromregelung vorgestellt werden. Die Regelstrategie sieht wie folgt aus (siehe Abb. 15.32). Um den Sollwertzeiger $\vec{I}_1^{*S}$ wird ein Hysteresekreis mit $\vec{I}_1^{*S}$ als Mittelpunkt gelegt. Die Schaltzustände des Wechselrichters sollen so gewählt werden, daß die Trajektorie des Istwertzeigers $\vec{I}_1^S$ in diesem Hysteresekreis bleibt.

Das heißt, der Betrag des Zeigers der Regelabweichung $\Delta \vec{I}_1 = \vec{I}_1^{*S} - \vec{I}_1^S$ soll auf den Radius des Kreises begrenzt werden. Jedesmal wenn der Hysteresekreis von $\vec{I}_1^S$ berührt wird, muß somit ein neuer Wechselrichterzeiger $\vec{U}_{1k}$ aufgeschaltet werden, der geeignet ist, die Istwerttrajektorie wieder in den Kreis zurückzubringen. Abbildung 15.32 zeigt mehrere Beispiele für einen Berührpunkt und wie sich der Strom mit den möglichen neuen Schaltzuständen bewegen kann. Wie man erkennt, sind, je nachdem wo der Kreis berührt wird, ein oder mehrere Schaltzustände k sinnvoll. Dies kann für eine Optimierungsstrategie verwendet werden. Als Optimierungskriterium kann zum Beispiel die Minimierung der Schaltfrequenz bei gegebener Hysteresebreite dienen. Dabei wird versucht, denjenigen Schaltzustand zu finden, der eine möglichst lange Verweildauer des Stroms im Hysteresekreis erwarten läßt. Dieses Kriterium ist vor allem bei stationären Vorgängen sinnvoll.

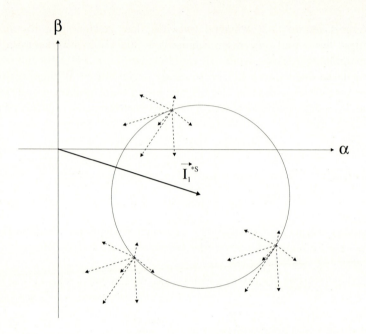

Abb. 15.32: *Raumzeiger bei der Vektor–Hysteresestromregelung*

Ein anderes Kriterium, das bei Übergangsvorgängen verwendet wird, versucht die dynamischen Eigenschaften der Regelung zu optimieren. Hier verwendet man diejenige Stromableitung $d\vec{I}_{1k}/dt$, die eine möglichst große Komponente in Richtung der Regelabweichung $\Delta\vec{I}_1 = \vec{I}_1^{*S} - \vec{I}_1^S$ besitzt.

Diese Strategien werden als prädiktive Verfahren bezeichnet, da das zukünftige Verhalten für jede der möglichen Schalthandlungen vorausgesagt wird, um daraus die beste Lösung auszuwählen. Damit werden on–line optimierte Pulsmuster erzeugt, die sowohl stationär als auch dynamisch hervorragende Ergebnisse liefern.

Aus Abb. 15.32 ist leicht zu erkennen, daß eine exakte Vorausbestimmung des zu erwartenden Auftreffpunkts des Istwert-Raumzeigers auf den Hysteresekreis von keiner großen Relevanz ist, da nur die begrenzte Zahl der Raumzeiger zur Verfügung steht und der Auftreffzeitpunkt den Umschaltzeitpunkt erzwingt. Es kann daher vorteilhaft eine Segmentierung des Hysteresekreises mit den nächsten günstigsten Schaltbedingungen vorab vorgenommen werden. Dies ist ebenso vorteilhaft hinsichtlich der Auswirkungen von Störgrößen [329, 395, 415, 421].

Wenn statt eines selbstgeführten Wechselrichters mit eingeprägter Spannung ein selbstgeführter Wechselrichter mit eingeprägtem Strom und Pulsweitenmodulation eingesetzt wird, dann können die obigen Überlegungen dual übertragen werden, d.h. es können nur sechs reale Stromraumzeiger und drei

Null–Raumzeiger realisiert werden, es wird ein Spannungs–Hysteresekreis aufgespannt und der Differenzspannungsraumzeiger hat im Hysteresekreis zu verbleiben [318, 330, 331, 332].

Beim Wechselrichter mit eingeprägtem Strom und abschaltbaren Ventilen ist parallel zur Last eine Kondensatorbatterie, vorzugsweise in Dreieckschaltung, angeordnet, so daß durch den Wechselrichter sowohl ein Ladestrom für die Kondensatorbatterie, als auch der Laststrom bereitgestellt wird. Durch die gezielte Vorgabe des Ladestroms der Kondensatorbatterie kann somit ein Drehspannungssystem mit geringem Oberschwingungsgehalt für die Last erzeugt werden. Der Laststrom wird daher bei ohmsch-induktivem Innenwiderstand der Last noch geringere Oberschwingungsanteile als das Drehspannungssystem enthalten.

Zusätzlich kann beim Wechselrichter mit eingeprägtem Strom der Zwischenkreisstrom verstellt werden, so daß in diesem Fall ein weiterer Verstellparameter, die Amplitude der Stromraumzeiger, bei der Optimierung des Pulsmusters genutzt werden kann. Die obigen Verfahren können sowohl auf der Maschinen– als auch auf der Netzseite verwendet werden.

Aus den Erläuterungen zur prädiktiven Stromregelung bei selbstgeführten Wechselrichtern mit eingeprägter Spannung bzw. prädiktiven Spannungsregelung bei selbstgeführten Wechselrichtern mit eingeprägtem Strom ist zu entnehmen, daß zur Realisierung ein gewisser Rechenaufwand notwendig ist. Es stellt sich die Frage, mit welchen Maßnahmen eine „hardware"–orientierte Lösung erreicht werden kann. Diese Überlegungen waren in den oben genannten Veröffentlichungen auch bereits erfolgt und hatten u.a. zu einer Segmentierung des Hysteresekreises der Reglerdifferenz geführt.

15.4.3 Raumzeiger–Hystereseverfahren

Die bereits diskutierte Grundidee ist, daß die geometrische Summe der drei Phasenströme gleich Null ist, d.h. die Regelung von zwei Strömen ausreichend ist, um den dritten Strom festzulegen. Aufgrund dieser Überlegung ist die Regelung der Ströme $I_{1\alpha}$ und $I_{1\beta}$ im statorfesten Raumzeigersystem ausreichend zur Realisierung der Stromregelung im Dreiphasen–System.

Bei dem im folgenden beschriebenen Verfahren nach [391] werden die realen Phasenströme, wie in Abb. 15.33 dargestellt, ins α, β–System mit den Komponenten $I_{1\alpha}$ und $I_{1\beta}$ transformiert. Die aus dem Vergleich der Soll– und Istströme gebildeten Regelabweichungen $\Delta I_{1\alpha}$ und $\Delta I_{1\beta}$ werden jeweils einem Dreistufen–Hysteresekomparator zugeführt. In Abb. 15.34.a ist eine praktische Realisierung eines Dreistufen–Hysteresekomparators dargestellt. Die prinzipielle Funktionsweise soll anhand Abb. 15.34.b kurz erklärt werden. Dabei wird der Komparator mit einem fiktiven Eingangssignal $\Delta I_{1\alpha}$ beaufschlagt und die Änderung des Ausgangssignals d_α untersucht. Befindet sich $\Delta I_{1\alpha}$ anfangs innerhalb des inneren Toleranzbereichs $(-H < \Delta I_{1\alpha} < H)$ und das Ausgangssignal d_α besitzt den Wert -1, so wechselt d_α nach 0, sobald $\Delta I_{1\alpha}$ die positive Grenze H erreicht. Ein Zustandswechsel von d_α nach 1 ereignet sich, wenn $\Delta I_{1\alpha}$ auch die Grenze

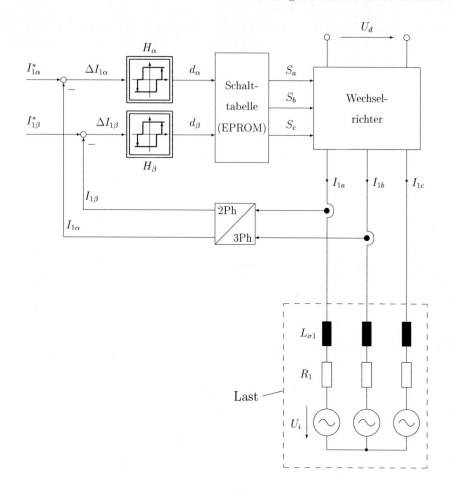

Abb. 15.33: *Raumzeigerbasierte Hystereseregelung*

$(H + \Delta H)$ des äußeren Toleranzbereichs trifft, d.h. $\Delta I_{1\alpha} \geq H + \Delta H$ wird. Der Komparatorausgang d_α wird erst dann wieder zu 0, wenn $\Delta I_{1\alpha}$ so lange sinkt, bis der innere Toleranzbereich vollständig durchfahren ist und $\Delta I_{1\alpha} \leq -H$ wird. Sobald das Eingangssignal $\Delta I_{1\alpha}$ auch die äußere Grenze $(-H - \Delta H)$ erreicht, wird d_α wieder auf -1 gesetzt.

Zu beachten ist, daß somit beispielsweise bei einem Wechsel von $d_\alpha = 0$ zu $d_\alpha = 1$, d.h. von $H \leq \Delta I_{1\alpha} \leq H + \Delta H$ zu $\Delta I_{1\alpha} = H + \Delta H$, der Stromistwert $\vec{I}_1^S$ generell zu klein ist und damit in der folgenden Schaltperiode zunehmen muß!

Die beiden Komparatoren bilden im α, β–Raumzeigersystem zwei viereckige Toleranzflächen für den Regelabweichungszeiger $\Delta \vec{I}_1$, die innere mit der Breite

a)

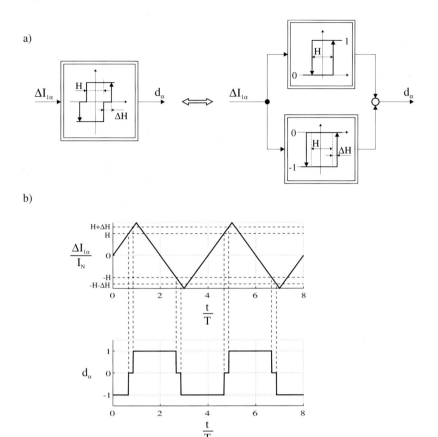

b)

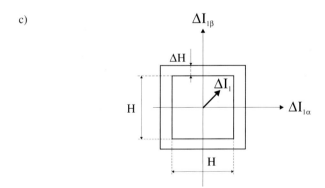

c)

Abb. 15.34: a) *Implementierung eines Dreistufen–Hysteresekomparators*
   b) *Funktionsweise eines Dreistufen–Hysteresekomparators*
   c) *Grenze der Regelabweichung (ΔH ≪ H)*

d_α	-1	-1	-1	0	0	0	1	1	1
d_β	-1	0	1	-1	0	1	-1	0	1
Spannungsvektor	$\vec{U}_{15}$	$\vec{U}_{14}$	$\vec{U}_{13}$	$\vec{U}_{16}$	$\vec{U}_{17}/\vec{U}_{18}$	$\vec{U}_{13}$	$\vec{U}_{16}$	$\vec{U}_{11}$	$\vec{U}_{12}$

oder

d_α	-1	-1	-1	0	0	0	1	1	1
d_β	-1	0	1	-1	0	1	-1	0	1
Spannungsvektor	$\vec{U}_{15}$	$\vec{U}_{14}$	$\vec{U}_{13}$	$\vec{U}_{15}$	$\vec{U}_{17}/\vec{U}_{18}$	$\vec{U}_{12}$	$\vec{U}_{16}$	$\vec{U}_{11}$	$\vec{U}_{12}$

Tabelle 15.2: *Schalttabelle für raumzeigerbasierte Hystereseregelung*

H und die äußere mit der Breite $H + \Delta H$ (vgl. Abb. 15.34.c). Die Größe der Regelabweichung wird durch die Hysteresebandbreite H bestimmt. Die Komparatoren wandeln die kontinuierliche Bewegung des Zeigers $\Delta \vec{I}_1$ zu einem diskreten Ausgangssignal $\vec{d}$ mit den Komponenten d_α und d_β um.

Die Gegegenüberstellung der Werte von d_α bzw. d_β und der beiden Toleranzflächen wird anhand eines Beispiels erklärt. Es wird angenommen, der Zeiger $\Delta \vec{I}_1$ hat soeben die innere Toleranzfläche verlassen und befindet sich mit beiden Komponenten zwischen innerer und äußerer Toleranzfläche ($H < \Delta I_{1\alpha} < H + \Delta H$ und $H < \Delta I_{1\beta} < H + \Delta H$). Das Ausgangssignal $\vec{d} = (d_\alpha, d_\beta)$ besitzt den Wert $(0, 0)$. Ein Zustandswechsel von d_α bzw. d_β erfolgt, wenn $\Delta \vec{I}_1$ einen der beiden zur α–Achse bzw. β–Achse senkrechten Ränder $H + \Delta H$ der äußeren Toleranzfläche erreicht, d.h. $\vec{d}$ wechselt nach $(1, 0)$ bzw. $(0, 1)$. Dieser Zustandswechsel veranlaßt das Schalten eines Spannungsraumzeigers, der den Regelabweichungszeiger wieder ins Innere der Toleranzfläche führt. Der Zustand von d_α bzw. d_β bleibt unverändert, wenn $\Delta \vec{I}_1$ in die innere Toleranzfläche eintritt und sie anschließend durchläuft. Er wechselt erst dann wieder zu Null, wenn $\Delta I_{1\alpha}$ bzw. $\Delta I_{1\beta}$ den gegenüberliegenden Rand $-H$ der inneren Toleranzfläche erreicht. Dies bedeutet, daß die Werte von d_α bzw. d_β innerhalb der Toleranzfläche konstant bleiben und nur vom Ort des letzten Zustandswechsels abhängen.

Mit den Ausgangssignalen (d_α, d_β) werden unmittelbar aus der Schalttabelle 15.2 die Schaltzustände des Wechselrichters ermittelt. Diese Schalttabelle kann in einem EPROM gespeichert werden.

Um die Schalttabellen zu verstehen, muß man die Spannungsraumzeiger $\vec{U}_{1k}$ und die neun möglichen Zeiger $\vec{d} = (d_\alpha, d_\beta)$ in Abb. 15.35 vergleichen. Die Strategie ist, immer den Spannungsraumzeiger zu wählen, der dem Zeiger $\vec{d}$ am nächsten ist.

Wenn beide Ausgänge d_α und d_β aktiven Zustand (1 oder -1) aufweisen, wird ein Spannungsraumzeiger exakt definiert. Falls eines der Ausgangssignale d_α und d_β den Wert Null aufweist, bestimmt das aktive Signal, welcher Spannungsraum-

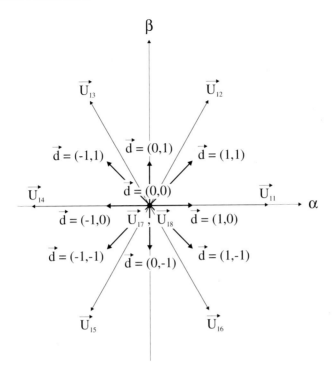

Abb. 15.35: *Gegenüberstellung der Spannungsraumzeiger und der $\vec{d}$-Zeiger*

zeiger aufgeschaltet werden muß. Weisen beide Ausgangssignale d_α und d_β den Wert Null auf, schaltet man den Nullvektor ein.

Die Schalttabelle soll im folgenden genauer erläutert werden. Es wird angenommen, beide Regelabweichungskomponenten erreichen gleichzeitig den positiven Rand der äußeren Toleranzfläche, d.h. $\Delta I_{1\alpha} = H + \Delta H$ und $\Delta I_{1\beta} = H + \Delta H$, und das Ausgangssignal $\vec{d}$ wechselt zum Zustand $(1,1)$. Der Stromistwert $\vec{I}_1^S$ muß in der folgenden Schaltsequenz in beiden Komponenten $I_{1\alpha}$ und $I_{1\beta}$ zunehmen, was gemäß Gl. (15.31) zu einer Verringerung von $\Delta I_{1\alpha}$ und $\Delta I_{1\beta}$ führt. Die Erhöhung der Istwertkomponenten erfordert jeweils eine Spannungserhöhung an der Induktivität $L_{\sigma 1}$ in Abb. 15.33. Diese Spannungserhöhung wird umso effektiver zu erreichen sein, je kleiner die Gegenspannung in der dreiphasigen Last ist. Dies bedeutet eine umso größere Stromänderung $d\vec{I}_1^S/dt$, und damit ein schnelleres Durchlaufen der Toleranzfläche. Dies führt letztlich auch zu einer umso größeren Schaltfrequenz, je größer $d\vec{I}_1^S/dt$ ist. Im vorliegenden Fall wird entsprechend der Tabelle der Spannungsraumzeiger $\vec{U}_{12}$ eingeschaltet. Aufgrund dieses Raumzeigers der Wechselrichterspannung werden die beiden Komponenten $I_{1\alpha}$ und $I_{1\beta}$ zunehmen und die Regeldifferenzen $\Delta I_{1\alpha}$ und $\Delta I_{1\beta}$ verringern sich. Es werden also bei der Auswahl dieser Schaltsequenz $dI_{1\alpha}/dt$ bzw. $dI_{1\beta}/dt$ nicht berücksichtigt, so daß nur tendenziell im statischen Mittel ein „Optimum", wie im vorherigen Unterkapitel beschrieben, erreicht wird. Es können nun drei Fälle im Folgezustand auftreten:

1. $\Delta I_{1\alpha}$ und $\Delta I_{1\beta}$ erreichen gleichzeitig den negativen Rand der inneren Toleranzfläche ($\Delta I_{1\alpha} = -H$ und $\Delta I_{1\beta} = -H$), und $\vec{d}$ wechselt zum Zustand $(0, 0)$. Entsprechend der Schalttabelle wird der Null-Raumzeiger gewählt, somit bestimmt der Gegenspannungsraumzeiger die nächste Bewegungsrichtung des Regelabweichungszeigers.

2. $\Delta I_{1\beta}$ erreicht früher als $\Delta I_{1\alpha}$ den negativen Rand der inneren Toleranzfläche ($-H < \Delta I_{1\alpha} < H$ und $\Delta I_{1\beta} = -H$) und $\vec{d}$ wechselt zum Zustand $(1, 0)$. Aufgrund der Schalttabelle wird nun der Spannungsraumzeiger $\vec{U}_{11}$ ausgewählt. Wie aus Abb. 15.35 zu ersehen ist, liegt $\vec{U}_{11}$ auf der positiven α–Achse. Dies bedeutet, die Komponente $I_{1\alpha}$ wird durch die Spannung $\vec{U}_{11}$ beeinflußt, die Komponente $I_{1\beta}$ wird hingegen nur durch die Gegenspannungskomponente $U_{i\beta}$ verändert.

3. Wenn $\Delta I_{1\alpha}$ den inneren negativen Rand des Hysteresebandes früher erreicht als $\Delta I_{1\beta}$ ($\Delta I_{1\alpha} = -H$ und $-H < \Delta I_{1\beta} < H$), ergeben sich zwei mögliche Schaltsequenzen aufgrund der Kombination $(0, 1)$. Entweder man läßt weiterhin den Spannungsraumzeiger $\vec{U}_{12}$ geschaltet (Tabelle 15.2 unten) und erlaubt dem Regelabweichungszeiger $\Delta \vec{I}_1$ die innere Toleranzfläche zu verlassen, bis der nächste Zustandswechsel von $\vec{d}$ eintritt, oder man schaltet den Spannungsraumzeiger $\vec{U}_{13}$ (Tabelle 15.2 oben). Dies hat zur Folge, daß $I_{1\alpha}$ sinkt (d.h. $\Delta I_{1\alpha}$ steigt), während $I_{1\beta}$ weiter zunimmt (d.h. $\Delta I_{1\beta}$ sinkt).

Die Schalttabellen 15.2 sind für die Messung der Phasenströme in der in Abb. 15.33 gezeichneten Richtung angegeben. Sollten die Phasenströme in Gegenrichtung gemessen werden, dann ergibt die Spiegelung der Spannungsraumzeiger um ($d_\alpha = 0$, $d_\beta = 0$) die richtigen Schalttabellen.

Abbildung 15.36 zeigt charakteristische Resultate des Verfahrens für den Wechselrichterbetrieb, die im folgenden diskutiert werden sollen. Für die folgenden Simulationen wurde angenommen, daß $U_d = 150\,V$, $L_{\sigma 1} = 300\,\mu H$, $R_1 = 50\,m\Omega$, $U_i = 60\,V$, $I_N = 30\,A$, $F_1 = 50\,Hz$, $H = 3\,A$, $\Delta H = 0,4\,A$ sind. Erreicht die Regelabweichung $\Delta I_{1\beta}$ in der Umgebung der Scheitelwerte von $I_{1\beta}$ (d.h. $I_{1\beta} \approx \pm \hat{I}_1$) die Untergrenze des äußeren Toleranzbandes $-H - \Delta H$, d.h. die Stromkomponente $I_{1\beta}$ trifft die Grenze $I_{1\beta}^* + H + \Delta H$, so wechselt der Komparatorausgang d_β zum Zustand -1. Weist d_α zugleich den Wert Null auf, so wird nach der Schalttabelle entweder der Spannungsraumzeiger $\vec{U}_{16}$ (Tabelle 15.2 oben) oder $\vec{U}_{15}$ (Tabelle 15.2 unten) geschaltet. Diese Spannungsraumzeiger besitzen beide große negative β–Komponenten, die die Stromkomponente $I_{1\beta}$ verringern und somit steigt die Regeldifferenz $\Delta I_{1\beta}$. Trifft $I_{1\beta}$ die Untergrenze

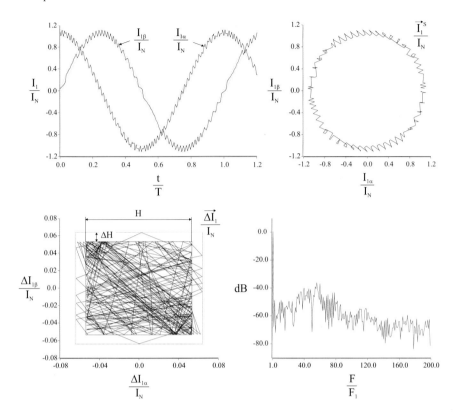

Abb. 15.36: *Verhalten der raumzeigerbasierten Hystereseregelung im stationären Fall:*

oben links: Komponenten des Stromraumzeigers
oben rechts: Stromraumzeiger
unten links: Zone und Zeiger der Regelabweichung
unten rechts: Spektrum von $\vec{I}_1^S$, berechnet über $4T$

$I_{1\beta}^*$ − H − ΔH des äußeren Toleranzbandes und $\Delta I_{1\beta}$ folglich die Obergrenze $H + \Delta H$, so wechselt der Komparatorausgang d_α zum Zustand Eins. Unter der Annahme $d_\alpha = 0$ wird der Spannungsraumzeiger $\vec{U}_{13}$ (Tabelle 15.2 oben) oder $\vec{U}_{12}$ (Tabelle 15.2 unten) ausgewählt. Aufgrund der großen positiven β–Komponenten steigt $I_{1\beta}$ und die Regeldifferenz $\Delta I_{1\beta}$ sinkt wieder ins Innere des Toleranzbereichs. Sowohl $\vec{U}_{16}$ bzw. $\vec{U}_{15}$, als auch $\vec{U}_{13}$ bzw. $\vec{U}_{12}$ besitzen auch Spannungskomponenten in α–Richtung, so daß jedes Umschalten zwischen diesen Spannungsraumzeigern auch die Stromkomponente $I_{1\alpha}$ beeinflußt. Dies ist in Abb. 15.36 (links oben) an den nahezu identischen Schaltfrequenzen in den Stromverläufen $I_{1\alpha}$ und $I_{1\beta}$ in diesen Bereichen zu erkennen.

Erreicht die Regelabweichung $\Delta I_{1\alpha}$ in der Umgebung der Scheitelwerte von $I_{1\alpha}$ (d.h. $I_{1\alpha} \approx \pm \hat{I}_1$) die Obergrenze des äußeren Toleranzbandes $H + \Delta H$, d.h. die Stromkomponente $I_{1\alpha}$ berührt die Grenze $I_{1\alpha}^* - H - \Delta H$, so wechselt der Komparatorausgang d_α nach Eins. Weist gleichzeitig d_β den Wert Null auf, so wird nach der Schalttabelle 15.2 der Spannungsraumzeiger $\vec{U}_{11}$ ausgewählt. Erreicht die Regelabweichung $\Delta I_{1\alpha}$ die Untergrenze des äußeren Toleranzbereichs $-H - \Delta H$, d.h. die Stromkomponente $I_{1\alpha}$ trifft die Grenze $I_{1\alpha}^* + H + \Delta H$, so wechselt der Komparatorausgang d_α nach -1. Unter der Annahme $d_\beta = 0$ wird gemäß der Schalttabelle 15.2 der Spannungsraumzeiger $\vec{U}_{14}$ geschaltet. Beide Wechselrichterspannungen besitzen keine Komponenten in β–Richtung. Dies bedeutet, daß $I_{1\beta}$ nur durch die β–Komponente der Gegenspannung beeinflußt wird. Deshalb ist die hohe Schaltfrequenz im Verlauf von $I_{1\alpha}$ nicht in der Stromkomponente $I_{1\beta}$ erkennbar (Abb. 15.36 links oben). Somit kann die Stromkomponente $I_{1\alpha}$ geregelt werden, ohne $I_{1\beta}$ zu beeinflussen, während dies umgekehrt nicht möglich ist.

Wie schon erwähnt wurde, beeinflußt die Regelung der β–Komponente auch die α–Komponente. Häufig erreicht deshalb die α–Komponente nicht einmal den Rand des inneren Toleranzbandes, weil sie vorher bereits durch die Regelung der β–Komponente zur Umkehr gezwungen wird. Auch der erwartete Wechsel von einer Komparatorschleife in die nächste wird beeinflußt. Wie aus Abb. 15.36 (links unten) ersichtlich ist, verlassen sowohl die Regeldifferenz $\Delta I_{1\alpha}$ als auch $\Delta I_{1\beta}$ mehrmals die innere Toleranzfläche. Die Ursache hierfür ist in der Aufschaltung von Nullvektoren zu sehen, da dann die Bewegungsrichtung der Stromkomponenten allein durch die Gegenspannung bestimmt wird. Wenn eine der beiden Regelabweichungskomponenten den Rand der äußeren Toleranzfläche berührt, wechselt der Zustand von $\vec{d}$, was die Aufschaltung eines Nichtnullspannungszeigers veranlaßt und damit die Rückkehr der Komponente ins Innere der Toleranzfläche bewirkt.

Wie der Abb. 15.36 (links unten) ferner zu entnehmen ist, verläßt die Regeldifferenz $\Delta I_{1\alpha}$ das innere Toleranzband häufiger als $\Delta I_{1\beta}$. Die Ursache hierfür ist darin zu sehen, daß ein Zustandswechsel von d_α nicht automatisch zu einem anderen Spannungsraumzeiger führt. Wechselt beispielsweise das Komparatorausgangssignal $\vec{d}$ von (-1, 1) nach (0, 1), weil $\Delta I_{1\alpha}$ die Grenze H des inneren Toleranzbandes überschreitet, ändert sich bei Verwendung der Schalttabelle 15.2 oben der geschaltete Spannungsraumzeiger $\vec{U}_{13}$ nicht, und der Regeldifferenzzeiger $\Delta \vec{I}_1$ bewegt sich in der ursprünglichen Richtung weiter. Identische Fälle sind auch bei Verwendung der Schalttabelle 15.2 unten zu finden.

Eine Hysteresebandverletzung über das äußere Band hinaus tritt auf, wenn die Gegenspannung $\vec{U}_i^S$ betragsmäßig größer als ein Drittel der Zwischenkreisspannung U_d wird.

$$|\vec{U}_i^S| > \frac{U_d}{3} \qquad (15.35)$$

Der ungünstigste Fall ist, wenn einer der Spannungsraumzeiger $\vec{U}_{12}, \vec{U}_{13}, \vec{U}_{15}$ oder $\vec{U}_{16}$ geschaltet wird und die α–Komponente der Gegenspannung ihren Maximalwert $\hat{U}_i$ aufweist. Die β–Komponente von $\vec{U}_i^S$ ist dann Null. Wenn dann z.B. der Zustand von $\vec{d}$ nach $(1, 1)$ gewechselt hat, müssen sowohl $\Delta I_{1\alpha}$, als auch $\Delta I_{1\beta}$ abnehmen, d.h. $I_{1\alpha}$ und $I_{1\beta}$ müssen steigen. Gemäß der Schalttabelle wird der Spannungsraumzeiger $\vec{U}_{12}$ eingeschaltet. Dieser Spannungsraumzeiger erzeugt eine positive Spannung in beiden Richtungen (vgl. Abb. 15.35)

$$U_{1\alpha} = \frac{2}{3}\, U_d \cos 60° = \frac{1}{3}\, U_d \quad \text{und} \quad U_{1\beta} = \frac{2}{3}\, U_d \sin 60° = \frac{1}{\sqrt{3}}\, U_d \qquad (15.36)$$

wobei $U_{1\alpha}$ und $U_{1\beta}$ die Komponenten der Wechselrichterspannung $\vec{U}_1^S = \vec{U}_{12}$ sind. Die an der Induktivität anliegenden Spannungskomponenten ergeben sich unter Vernachlässigung von R_1 zu:

$$U_{L_{\sigma 1}\alpha} = \frac{U_d}{3} - \hat{U}_i \quad \text{und} \quad U_{L_{\sigma 1}\beta} = \frac{U_d}{\sqrt{3}} - 0 \qquad (15.37)$$

Ist $\hat{U}_i < U_d/3$, so ist $U_{L_{\sigma 1}\alpha} > 0$, damit ist auch $dI_{1\alpha}/dt > 0$ und $I_{1\alpha}$ steigt. Wenn jedoch $\hat{U}_i > U_d/3$ ist, so ist $U_{L_{\sigma 1}\alpha} < 0$, damit ist auch $dI_{1\alpha}/dt < 0$ und $I_{1\alpha}$ sinkt weiter und verläßt das äußere Toleranzband. Die Stromkomponente $I_{1\alpha}$ kann erst dann wieder ins Innere des Toleranzbereichs geführt werden, wenn $I_{1\beta}$ die innere negative Komparatorschleife erreicht und der Spannungsvektor $\vec{U}_{11}$ geschaltet wird. Da dieser Spannungsraumzeiger nach Abb. 15.35 die Komponenten

$$U_{1\alpha} = \frac{2}{3}U_d \quad , \quad U_{1\beta} = 0 \qquad (15.38)$$

besitzt, kann dies nur funktionieren, wenn $\hat{U}_i < 2U_d/3$ ist. Bei der Auslegung des Antriebssystems ist dies zu berücksichtigen.

Ein weiteres Beispiel für eine Hysteresebandverletzung sei im folgenden kurz beschrieben. Es wird angenommen, die Regeldifferenz $\Delta I_{1\beta}$ befindet sich im Bereich $-H - \Delta H < \Delta I_{1\beta} < -H$ und d_β besitzt den Wert Null. Wenn $\Delta I_{1\alpha}$ den Rand $H + \Delta H$ des äußeren Toleranzbandes erreicht, wechselt d_α zum Zustand Eins und nach der Schalttabelle wird der Spannungsraumzeiger $\vec{U}_{11}$ geschaltet. Dieser Zustand wird beibehalten, wenn $\Delta I_{1\alpha}$ anschließend wieder ins Innere des Toleranzbandes sinkt. Wechselt dann d_β von Null nach -1, weil die Regeldifferenz $\Delta I_{1\beta}$ den Rand $-H - \Delta H$ des äußeren Toleranzbereichs trifft, wird zum Spannungsraumzeiger $\vec{U}_{16}$ gewechselt. Dieser Zeiger besitzt die α–Komponente $U_d/3$. Falls zugleich die Gegenspannungskomponente $U_{i\alpha} > U_d/3$ ist, liegt an der Induktivität $L_{\sigma 1}$ die Differenzspannungskomponente $U_{L_{\sigma 1}\alpha} = U_d/3 - U_{i\alpha} < 0$. Dies bedeutet, daß die Stromkomponente $I_{1\alpha}$ sinkt. Somit steigt die Regeldifferenz $\Delta I_{1\alpha}$ an, bis d_β seinen Zustand wechselt. Dies kann unter Umständen so lange dauern, bis die Stromkomponente $I_{1\alpha}$ bereits das äußere Toleranzband verlassen hat. In Abb. 15.37 ist das Verlassen des äußeren Hysteresebandes der α–Komponente des Stroms mit Pfeilen markiert.

Wie in Abb. 15.38 erkennbar ist, ermöglicht das Raumzeiger–Hystereseverfahren auch eine schnelle Reaktion im dynamischen Fall.

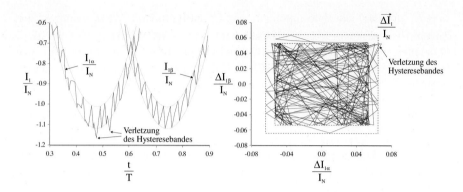

Abb. 15.37: *Raumzeigerbasierte Hystereseregelung:*
links: Komponenten des Stromraumzeigers
rechts: Zone und Zeiger der Regelabweichung

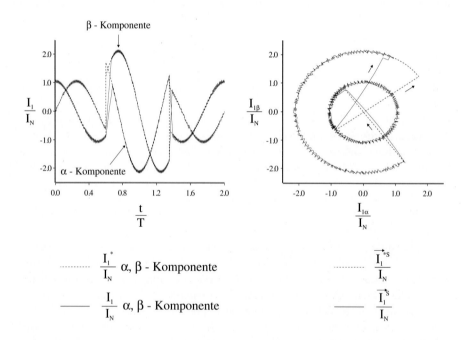

Abb. 15.38: *Verhalten der raumzeigerbasierten Hystereseregelung im dynamischen*
Fall:
links: Komponenten des Soll– und Iststromraumzeigers
rechts: Soll– und Iststromraumzeiger

Im vorherigen Abschnitt waren eine Pulsmustererzeugung ohne Berücksichtigung der Gegenspannung und die sich daraus ergebenden Vor- und Nachteile dargestellt worden. Wie sich ergeben hatte, führt insbesondere die Realisierung von großen Spannungsdifferenzen zu schnellen Stromänderungen und somit im stationären Betrieb zu unerwünschten, hohen Schaltfrequenzen.

Eine Berücksichtigung der Gegenspannung $\vec{U}_i^S$ der Last (sofern vorhanden), d.h. der Spannungsdifferenz an der Induktivität und damit der Stromänderungsgeschwindigkeit nach Amplitude und Phase ist, wie schon im vorigen Kapitel diskutiert, sinnvoll. Eine Schwierigkeit ist allerdings die Bestimmung der Gegenspannung. Die Grundlage der zu beschreibenden Pulsmustererzeugung ist die Differentialgleichung (15.39), die das Verhalten der Ersatzschaltung der Lastseite des Wechselrichters (Abb. 15.39) beschreibt.

$$\frac{d\vec{I}_1^S}{dt} = \frac{1}{L_{\sigma 1}} \vec{U}_{L_{\sigma 1}}^S = \frac{1}{L_{\sigma 1}} (\vec{U}_1^S - \vec{U}_i^S) \qquad (15.39)$$

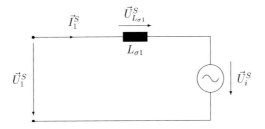

Abb. 15.39: *Ersatzschaltbild des Lastkreises in der Raumzeigerdarstellung*
$\vec{U}_1^S$: *Spannung am Wechselrichter*
$\vec{U}_i^S$: *Gegenspannung der Last*

Im folgenden werden zwei Beispiele der prädiktiven Stromregelung vorgestellt.

15.4.4 Prädiktive Stromregelung mit Schalttabelle

In diesem Abschnitt wird ein Verfahren vorgestellt, das die Information über die Lage der Gegenspannung nutzt, um die beschriebene Problematik der reinen Strom–Hystereseregelung zu beseitigen. Um dies zu erreichen ist eine Schalttabelle zu finden, die von $\Delta\vec{I}_1$ und der Lage der Gegenspannung abhängig ist.

Durch Einsetzen der Ableitung der negativen Regelabweichung Gl. (15.40) in Gl. (15.39) und anschließendes Umformen erhält man Gl. (15.41) für die Bewegung des negativen Regelabweichungszeigers in Abhängigkeit von der Gegenspannung. Das negative Vorzeichen wird zur Vereinfachung der Bestimmung der Schaltzustände eingeführt (Annahme $R_1 = 0$). Dabei beschreibt $\vec{U}_1^{*S}$ die exakte kontinuierliche Spannung, die der Wechselrichter erzeugen müßte.

$$\frac{d(-\Delta \vec{I}_1)}{dt} = \frac{d\vec{I}_1^S}{dt} - \frac{d\vec{I}_1^{*S}}{dt} \tag{15.40}$$

$$\frac{d(-\Delta \vec{I}_1)}{dt} = \frac{1}{L_{\sigma 1}}(\vec{U}_1^S - \vec{U}_i^S) - \frac{d\vec{I}_1^{*S}}{dt} = \frac{1}{L_{\sigma 1}}(\vec{U}_1^S - \vec{U}_1^{*S}) \tag{15.41}$$

mit

$$\vec{U}_1^{*S} = \vec{U}_i^S + L_{\sigma 1}\frac{d\vec{I}_1^{*S}}{dt} \tag{15.42}$$

Wie im vorigen Kapitel beschrieben, kann aber die Wechselrichterspannung $\vec{U}_1^S$ nur die acht Werte $\vec{U}_1^S = \vec{U}_{1k}$ mit $k = 1\ldots 8$ annehmen. Entsprechend sind für die Differenzspannung $\vec{U}_1^S - \vec{U}_1^{*S}$ und damit auch für die Ableitung der Regelabweichung sieben verschiedene Werte möglich. Die Wechselrichter–Klemmenspannung $\vec{U}_{1k}$ bewegt den Zeiger $-\Delta \vec{I}_1$ in die Richtung $\vec{U}_{1k} - \vec{U}_1^{*S}$ mit der Geschwindigkeit $|\vec{U}_{1k} - \vec{U}_1^{*S}|/L_{\sigma 1}$. Die Regelstrategie sieht prinzipiell so, wie oben beschrieben, aus: Um den Sollwertzeiger $\vec{I}_1^{*S}$ wird eine Toleranzfläche gelegt und die Spannungsraumzeiger des Wechselrichters werden so gewählt, daß die Trajektorie des Istwertzeigers $\vec{I}_1^S$ in dieser Toleranzfläche bleibt. Das heißt, der Betrag des Zeigers $-\Delta \vec{I}_1$ soll auf die Ränder der Toleranzfläche begrenzt werden. Jedesmal wenn er den Rand der Toleranzfläche erreicht, ist, je nachdem wo der Rand berührt wird, der Spannungsraumzeiger zu schalten, der den Zeiger $-\Delta \vec{I}_1$ mit der kleinstmöglichen Geschwindigkeit wieder in die Toleranzfläche zurückbringt.

Da die Bestimmung des günstigsten Spannungsraumzeigers einerseits die Identifizierung des Berührungspunktes des Zeigers $-\Delta \vec{I}_1$ mit dem Rand der Toleranzfläche und andererseits die Abschätzung der Differenzspannung für alle Spannungsraumzeiger benötigt, kann eine Sektorierung der Toleranzfläche sowie die Bestimmung der Segmente, in denen die Trajektorie des Differenzspannungszeigers $\vec{U}_{1k} - \vec{U}_1^{*S}$ mit $k = 1\ldots 8$, liegt, vorgenommen werden. Dabei wird angenommen, daß der Wechselrichter nicht im Übermodulationsbereich arbeitet, d.h. der Betrag von $\vec{U}_1^{*S}$ wird auf $U_d/\sqrt{3}$ begrenzt.

Für die Bestimmung des Treffpunkts des Zeigers $-\Delta \vec{I}_1$ mit dem Rand der Toleranzfläche wird ein Sechseck definiert, das wie in Abb. 15.40 in sechs Sektoren I1…I6 aufgeteilt werden kann. In dieser Abbildung sind auch zwei später benötigte Hilfskoordinatensysteme eingetragen. Das $\xi_1 \eta_1$–Koordinatensystem ist gegenüber dem $\alpha\beta$–System um 60°, das $\xi_2 \eta_2$–Koordinatensystem um 120° gedreht. Um die Lage des Zeigers $\vec{U}_1^{*S}$ zu bestimmen, wird die Spannungsebene ebenfalls in sechs Sektoren V1…V6 aufgeteilt (vgl. Abb. 15.41).

Liegt $\vec{U}_1^{*S}$ z.B. im Sektor V1, so ist unter der Voraussetzung $|\vec{U}_1^{*S}| < U_d/\sqrt{3}$ (kein Übermodulationsbereich) der Zeiger $\vec{U}_1^{*S}$ auf das in der Abbildung markierte Kreissegment beschränkt. Für jeden Spannungsraumzeiger $\vec{U}_1^S$ des Wechselrichters ergibt sich für die Differenz $\vec{U}_{1k} - \vec{U}_1^{*S}$ ein entsprechendes Kreissegment. Abb. 15.42 zeigt diese Segmente, wenn $\vec{U}_1^{*S}$ im Sektor V1 liegt.

Die Schalttabelle wird für diesen Fall ($\vec{U}_1^{*S}$ im Sektor V1) wie folgt ermittelt: Berührt der Zeiger $-\Delta \vec{I}_1$ den Rand der Toleranzfläche im Sektor I1 (vgl.

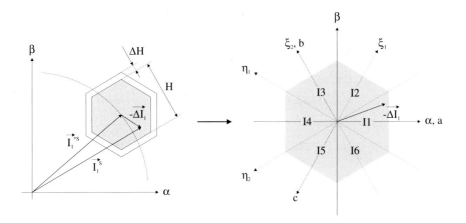

Abb. 15.40: *Sechseckige Toleranzfläche*

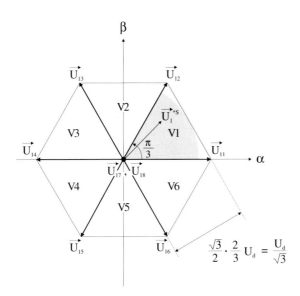

Abb. 15.41: *Sektorierung der Spannungsebene*

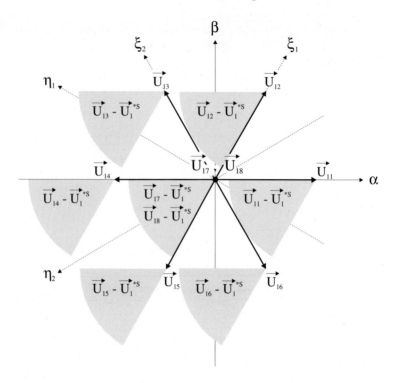

Abb. 15.42: *Bereiche des Differenzspannungszeiger $(\vec{U}_{1k} - \vec{U}_1^{*S})$ bei $\vec{U}_1^{*S}$ im Sektor V1*

Abb. 15.40), so muß wegen Gl. 15.39 ein Spannungsraumzeiger gewählt werden, der einen Differenzspannungszeiger $\vec{U}_{1k} - \vec{U}_1^{*S}$ mit negativer α–Komponente ergibt. Dadurch wird gewährleistet, daß der Zeiger $-\Delta\vec{I}_1$ wieder ins Innere der Toleranzfläche zurückkehrt. Da es bei diesem Verfahren unerheblich ist, wie sich der Zeiger $-\Delta\vec{I}_1$ innerhalb der Toleranzfläche bewegt, muß die β–Komponente des Differenzspannungszeigers nicht berücksichtigt werden. Gemäß Abb. 15.42 kann zwischen den Wechselrichterausgangsspannungen $\vec{U}_{13}, \vec{U}_{14}, \vec{U}_{15}$ und $\vec{U}_{17}/\vec{U}_{18}$ gewählt werden, da deren Kreissegmente der Differenzspannungen vollständig links der β–Achse liegen. Die Länge des Differenzspannungszeigers bestimmt die Änderungsgeschwindigkeit von $-\Delta\vec{I}_1$. Eine niedrigere Geschwindigkeit bedeutet eine längere Verweildauer im selben Schaltzustand bis der Rand der Toleranzfläche wieder berührt wird und führt so zu einer niedrigeren Schaltfrequenz im stationären Fall. Im obigen Beispiel ergeben die Spannungszeiger $\vec{U}_{17}/\vec{U}_{18}$ die kleinste Differenzspannung, da das zugehörige Kreissegment in Abb. 15.42 den geringsten Abstand vom Koordinatenursprung aufweist.

Denkt man sich diesen Fall 60° um den Koordinatenursprung gedreht, entspricht dies einem Auftreffpunkt des Zeigers $-\Delta \vec{I}_1$ an dem Rand der Toleranzfläche im Sektor I2 ($\vec{U}_1^{*S}$ liegt im Sektor V1). Der Differenzspannungszeiger muß dann eine negative Komponente in ξ_1–Richtung aufweisen. Von den möglichen Wechselrichterausgangsspannungen $\vec{U}_{14}, \vec{U}_{15}, \vec{U}_{16}$ und $\vec{U}_{17}/\vec{U}_{18}$, deren Kreissegmente vollständig links der η_1–Achse liegen, ergeben wiederum $\vec{U}_{17}/\vec{U}_{18}$ die kürzesten Differenzspannungszeiger.

Wenn $-\Delta \vec{I}_1$ den Rand der Toleranzfläche im Sektor I3 berührt ($\vec{U}_1^{*S}$ liegt im Sektor V1) entspricht dies dem ersten Fall um 120° um den Koordinatenursprung gedreht. Der Differenzspannungszeiger muß daher eine negative ξ_2–Komponente besitzen. Nach Abb. 15.42 liegen nur die Kreissegmente der Wechselrichterausgangsspannungen $\vec{U}_{11}, \vec{U}_{15}$ und $\vec{U}_{16}$ vollständig links der η_2–Achse, wobei mit $\vec{U}_{11}$ der kürzeste Differenzspannungszeiger erzielt wird.

Anhand dieser Überlegungen können auf analoge Weise für alle Sektoren I1...I6 und V1...V6 die güngstigsten Wechselrichterausgangsspannungen ermittelt werden. Tabelle 15.3 zeigt die daraus resultierenden Ergebnisse. Die drei erwähnten Beispiele sind darin fett markiert.

Die Schalttabelle 15.3 ist so gewählt, daß der Wechselrichter mit möglichst niedriger Schaltfrequenz im stationären Zustand arbeitet. Dies erfordert die Auswahl des Spannungsraumzeigers, der die langsamste Bewegung für den Zeiger $-\Delta \vec{I}_1$ ergibt. Allerdings ist auch eine schnelle dynamische Reaktion wünschenswert. Man definiert deshalb eine zweite leicht größere sechseckige Toleranzfläche um die erste herum (Abb. 15.40). Wenn der Zeiger $-\Delta \vec{I}_1$ an den Rand der äußeren Toleranzfläche stößt bzw. diese verlassen hat, werden die Spannungsraumzeiger der Schalttabelle 15.4 bevorzugt. Damit wird eine schnelle Bewegung für $-\Delta \vec{I}_1$ durch Wählen eines Spannungsraumzeigers mit großer Differenzspannung ermöglicht.

Es gibt für jeden Sektor der Toleranzfläche nur einen Spannungsraumzeiger, der für alle sechs Spannungssektoren die größte Differenzspannung $\vec{U}_{1k} - \vec{U}_1^{*S}$ ergibt (d.h. sein Kreissegment liegt am weitesten vom Koordinatenursprung ent-

Sektoren	I1	I2	I3	I4	I5	I6
V1	$\vec{\mathbf{U}}_{\mathbf{17}}/\vec{\mathbf{U}}_{\mathbf{18}}$	$\vec{\mathbf{U}}_{\mathbf{17}}/\vec{\mathbf{U}}_{\mathbf{18}}$	$\vec{\mathbf{U}}_{\mathbf{11}}$	$\vec{U}_{11}$	$\vec{U}_{12}$	$\vec{U}_{12}$
V2	$\vec{U}_{13}$	$\vec{U}_{17}/\vec{U}_{18}$	$\vec{U}_{17}/\vec{U}_{18}$	$\vec{U}_{12}$	$\vec{U}_{12}$	$\vec{U}_{13}$
V3	$\vec{U}_{14}$	$\vec{U}_{14}$	$\vec{U}_{17}/\vec{U}_{18}$	$\vec{U}_{17}/\vec{U}_{18}$	$\vec{U}_{13}$	$\vec{U}_{13}$
V4	$\vec{U}_{14}$	$\vec{U}_{15}$	$\vec{U}_{15}$	$\vec{U}_{17}/\vec{U}_{18}$	$\vec{U}_{17}/\vec{U}_{18}$	$\vec{U}_{14}$
V5	$\vec{U}_{15}$	$\vec{U}_{15}$	$\vec{U}_{16}$	$\vec{U}_{16}$	$\vec{U}_{17}/\vec{U}_{18}$	$\vec{U}_{17}/\vec{U}_{18}$
V6	$\vec{U}_{17}/\vec{U}_{18}$	$\vec{U}_{16}$	$\vec{U}_{16}$	$\vec{U}_{11}$	$\vec{U}_{11}$	$\vec{U}_{17}/\vec{U}_{18}$

Tabelle 15.3: *Schalttabelle für den stationären Fall*

Sektoren	I1	I2	I3	I4	I5	I6
V1...V6	$\vec{U}_{14}$	$\vec{U}_{15}$	$\vec{U}_{16}$	$\vec{U}_{11}$	$\vec{U}_{12}$	$\vec{U}_{13}$

Tabelle 15.4: *Schalttabelle für den dynamischen Fall*

fernt). Deshalb ist die Schalttabelle unabhängig von der Lage der Gegenspannung.

Abbildung 15.43 zeigt das Prinzip dieses Verfahrens. Die Ränder der Toleranzfläche werden im Dreiphasen–System durch Komparatoren realisiert. Wie es auch in Abb. 15.40 dargestellt ist, wird das Toleranz–Sechseck so eingerichtet, daß das Toleranzband für jeden Phasenstrom durch die zwei gegenüber liegenden Ränder des Sechseckes gebildet wird. Anhand dieser Konfiguration entdeckt jeder Phasenkomparator die Berührung mit dem Rand der zwei gegenüberliegenden Sektoren. Derjenige Komparator, der zuletzt angesprochen hat, ist maßgebend für die Schalttabelle.

Abbildung 15.44 zeigt Ergebnisse des Verfahrens. Die Simulationsdaten wurden wie bei der Raumzeigerbasierten Hystereseregelung gewählt (Ausnahme: $\Delta H = 0,3\,A$). Der wesentliche Unterschied zum Hystereseverfahren ist, daß hier der Zeiger der Regelabweichung im stationären Fall immer innerhalb der Tole-

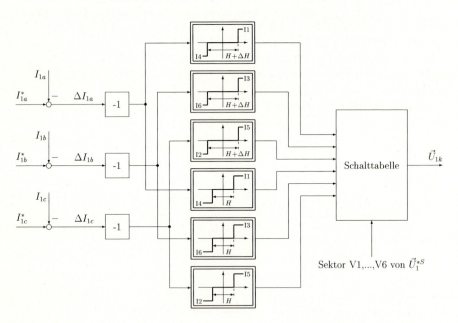

Abb. 15.43: *Blockschaltbild der prädiktiven Stromregelung mit Schalttabelle*

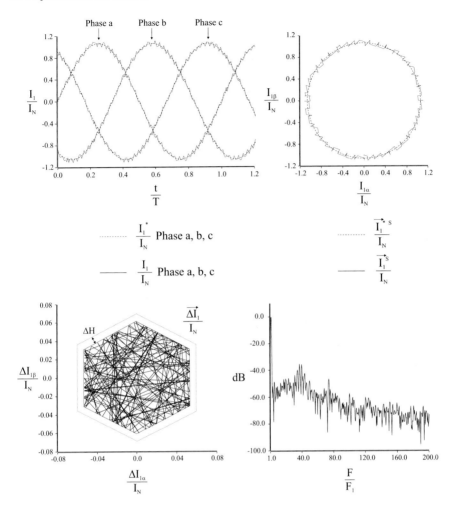

Abb. 15.44: *Verhalten der prädiktiven Stromregelung im stationären Fall:*
oben links: Soll– und Istwerte der Phasenströme
oben rechts: Soll– und Iststromraumzeiger
unten links: Zeiger der Regelabweichung
unten rechts: Spektrum von $\vec{I}_1^S$, berechnet über $4T$

ranzfläche bleibt. Die Schaltfrequenz während einer Hauptperiode schwankt im Vergleich mit der einfachen Hystereseregelung kaum.

Wie aus Abb. 15.45 ersichtlich ist, wird durch die Verwendung der Schalttabelle 15.4 auch eine schnelle dynamische Reaktion erreicht.

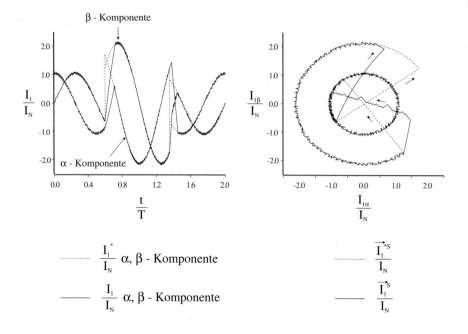

Abb. 15.45: *Verhalten der prädiktiven Stromregelung im dynamischen Fall:*
links: Komponenten des Soll– und Istwertstromraumzeigers
rechts: Soll– und Iststromraumzeiger

Das beschriebene Verfahren kommt mit einer groben und ungenauen Schätzung der Lage der Gegenspannung aus, weil einerseits nur eine Sektorbestimmung notwendig ist und andererseits die dynamische Schalttabelle garantiert, daß bei einem Fehler der Sektorbestimmung oder bei anderen Störungen der Zeiger der Regelabweichung schnell wieder in die Toleranzfläche zurückgeführt wird.

15.4.5   Dead–Beat–Pulsmustererzeugung

Bei den bisher vorgestellten Verfahren war angenommen worden, daß ein neuer Schaltzustand immer dann sofort ausgelöst wird, wenn der Raumzeiger der Regeldifferenz das Hysterese–Sechseck bzw. den Hysterese–Kreis berührt. Wenn diese Annahme erfüllt ist, werden die Regeldifferenzen innerhalb der Hysteresebänder bleiben. Die Istwerte werden den Sollwerten um so besser folgen, je geringer die Hysterebandbreite und je höher die Schaltfrequenz der Wechselrichterventile ist. Aufgrund dieses Ansatzes der Hystereseregelung wird sich die Schaltfrequenz innerhalb der Grundfrequenzperiode ändern und damit ein variables Oberschwingungsspektrum für die vorhandene Grundfrequenz erzeugen.

Um dieses variable Oberschwingungsspektrum zu vermeiden, kann das in [384] beschriebene Dead–Beat–Verfahren eingesetzt werden. Wie bei der Spannungsraumzeigermodulation handelt es sich dabei um ein Verfahren mit fester Abtastperiode T. Ein Nachteil bei diesem Vorgehen ist allerdings, daß der Spannungs–Sollwert zum Zeitpunkt kT abgetastet und erst im Zeitintervall $(k + 1)T$ realisiert wird. Daher hat der Spannungsraumzeiger–Istwert eine mittlere Zeitverzögerung von $T/2$ gegenüber dem Sollwert; dies ist um so störender, je größer die Abtastperiode T ist. Voraussetzung für diese Art der Stromregelung ist die exakte Kenntnis von Lage und Amplitude der Gegenspannung. Deshalb kommt dieses Verfahren häufig bei netzseitigen Wechselrichtern zur Anwendung.

Für die Berechnung der benötigten Wechselrichterausgangsspannung $\vec{U}_1^S$ wird die Änderung des Strom–Istwerts während eines Taktintervalls ausgehend von Gl. (15.39) linear angenähert.

$$\Delta \vec{I}_1\big((k+1)T\big) \;=\; \vec{I}_1^S\big((k+1)T\big) - \vec{I}_1^S(kT)$$

$$=\; \frac{T}{L_{\sigma 1}}\Big(\vec{U}_1^S(kT) - \vec{U}_i^S(kT)\Big) \qquad (15.43)$$

Das Regelprinzip fordert, daß am Ende des Intervalls der Strom–Istwert mit seinem am Anfang des Intervalls vorgegebenen Sollwert übereinstimmen soll, d.h.

$$\vec{I}_1\big((k+1)T\big) = \vec{I}_1^{*S}(kT) \qquad (15.44)$$

Durch Einsetzen in Gl. (15.43) ergibt sich

$$\vec{I}_1^{*S}(kT) - \vec{I}_1^S(kT) = \frac{T}{L_{\sigma 1}}\Big(\vec{U}_1^{*S}(kT) - \vec{U}_i^S(kT)\Big) \qquad (15.45)$$

Die benötigte Sollspannung $\vec{U}_1^{*S}$ am Wechselrichterausgang ergibt sich dann wie folgt.

$$\vec{U}_1^{*S}(kT) = \frac{L_{\sigma 1}}{T}\Big(\vec{I}_1^{*S}(kT) - I_1^S(kT)\Big) - \vec{U}_i^S(kT) \qquad (15.46)$$

Angenommen, die Gegenspannung bleibt für ein Abtastintervall konstant, dann garantiert die eingestellte Spannung $\vec{U}_1^{*S}$ die Übereinstimmung des Strom–Istwerts mit dem Sollwert am Ende des Intervalls. Der geforderte Spannungsraumzeiger $\vec{U}_1^{*S}$ wird exakt durch die Kombination der verfügbaren Spannungsraumzeiger $(\vec{U}_{11}\ldots\vec{U}_{16}$ und $\vec{U}_{17}/\vec{U}_{18})$ nach dem Prinzip der Raumzeigermodulation erzeugt. Das Prinzip ist ausführlich in Kap. 15.4.1 beschrieben.

Beim Dead–Beat–Verfahren haben alle drei Zweige des Wechselrichters eine feste Schaltfrequenz, die je nach verwendetem Pulsmuster in der Modulation entweder identisch mit der Abtastfrequenz oder halb so hoch ist. Abbildung 15.46 zeigt das Verhalten des Verfahrens im stationären Zustand. Die Simulationsdaten wurden wie bei den vorherigen Beispielen gewählt. Die Schaltfrequenz betrug $3\,kHz$. Das Spektrum des Iststroms zeigt niedrigere Amplituden für die Oberschwingungsnebenbänder der Frequenzen $F_{1n} = n\,v_f\,F_1$ mit $n = 1, 2, \ldots$. Dabei bezeichnet F_1 die Grundfrequenz und $v_f = F_T/F_1$ das Taktverhältnis.

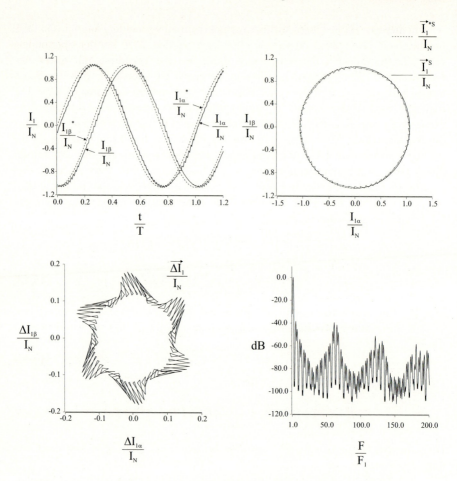

Abb. 15.46: *Verhalten der Dead–Beat–Stromregelung im stationären Fall:*
oben links: Komponenten des Soll– und Iststromraumzeigers
oben rechts: Soll– und Iststromraumzeiger
unten links: Zone und Zeiger der Regelabweichung
unten rechts: Spektrum von $\vec{I}_1^S$, berechnet über $4T$

Da die Regelung für die Übereinstimmung der Ist– und Sollwerte der Ströme ein Taktintervall Zeit benötigt, weisen die Verläufe eine Totzeit von T auf. Dies ist auch aus dem gebildeten leeren Kreis in der Mitte des Verlaufes von $\Delta\vec{I}_1$ (Abb. 15.46 links unten) zu erkennen. Um dies zu beseitigen, wird anstelle des aktuellen Sollwertes $\vec{I}_1^{*S}(kT)$ der geschätzte Wert $\vec{I}_1^{*S}\big((k+1)T\big)$ des nächsten Intervalls verwendet. Die gemäß Gl. (15.46) berechnete Sollspannung sorgt dafür, daß der Istwert exakt den gewünschten Sollwert am Ende des Intervalls erreicht.

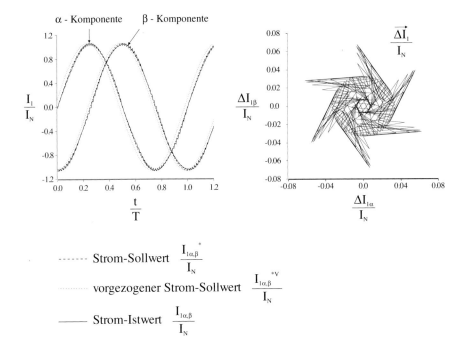

Abb. 15.47: *Verhalten der prädiktiven Dead–Beat–Stromregelung im stationären Fall:*
links: Komponenten des Soll– und Iststromraumzeigers
rechts: Zeiger der Regelabweichung

Sind die Sollwertverläufe vorab bekannt, kann die Schätzung durch Vorziehen des Sollwertes um ein Taktintervall erfolgen. Dieses Verfahren ist als **prädiktive Dead–Beat–Stromregelung** bekannt.

Die Ergebnisse der Prädiktion sind in Abb. 15.47 dargestellt. Dort ist neben dem gewünschten Sollwertverlauf $\vec{I}_1^{*S}$ auch der vorgezogene, mit $\vec{I}_1^{*VS}$ bezeichnete, abgebildet. Diese Vorgehenweise kann nur im stationären Fall angewendet werden, wenn der zukünftige Verlauf des Sollwertes $\vec{I}_1^{*S}$ vorab bekannt ist.

Im dynamischen Fall muß die Spannungsauswahl auf andere Weise erfolgen. Dieser Fall liegt vor, wenn der Zeiger $\vec{U}_1^{*S}$ außerhalb des Sechsecks der Spannungsraumzeiger $\vec{U}_{11} \ldots \vec{U}_{16}$ liegt, d.h. der Wechselrichter kann die benötigte Spannung $\vec{U}_1^{*S}$ nicht mehr einstellen, und daher kann der Istwert den Sollwert nicht innerhalb eines Taktintervalls erreichen.

Die Einstellung einer proportional verringerten Spannung $\vec{U}_{1V}^{*S}$ — wie in Abb. 15.48 dargestellt — bewegt den Iststrom $\vec{I}_1^S$ nicht in die richtige Richtung. Wie aus Gl. (15.47) und (15.48) ersichtlich ist, stimmt die Differenz der Stromistwerte $\Delta\vec{I}_{1V}$ nicht mit der Differenz $\Delta\vec{I}_1^*$ zwischen Stromsollwert am Ende

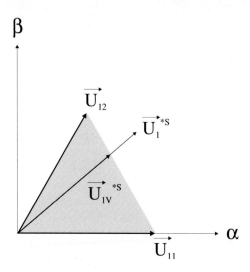

Abb. 15.48: *Verringerung der Sollspannung*

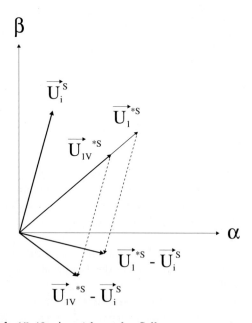

Abb. 15.49: *Auswirkung der Sollspannungsverringerung*

des Intervalls und momentanen Iststrom überein. Dies bedeutet, der Stromist-wert bewegt sich nicht in die gewünschte Richtung (vgl. Abb. 15.49).

$$\Delta \vec{I}_{1V}\big((k+1)T\big) \;=\; \vec{I}_1^S\big((k+1)T\big) - \vec{I}_1^S(kT)$$

$$= \;\frac{T}{L_{\sigma 1}}\left(\vec{U}_{1V}^{*S}(kT) - \vec{U}_i^S(kT)\right) \tag{15.47}$$

$$\Delta \vec{I}_1^*\big((k+1)T\big) \;=\; \vec{I}_1^{*S}\big((k+1)T\big) - \vec{I}_1^S(kT)$$

$$= \;\frac{T}{L_{\sigma 1}}\left(\vec{U}_1^{*S}(kT) - \vec{U}_i^S(kT)\right) \tag{15.48}$$

Für eine schnelle Reaktion im dynamischen Zustand muß $\Delta \vec{I}_1$ aus Gl. (15.43) stets in die gleiche Richtung wie $\Delta \vec{I}_1^*$ zeigen. Für die Bestimmung der Spannungs-raumzeiger, die den Zeiger $\Delta \vec{I}_1$ in die Richtung von $\Delta \vec{I}_1^*$ bewegen, muß man für alle sechs Nichtnullspannungsvektoren die Lage des Differenzstromvektors $\Delta \vec{I}_{1k}$ gemäß Gl. (15.49) berechnen:

$$\Delta \vec{I}_{1k} = \frac{T}{L_{\sigma 1}}(\vec{U}_{1k} - \vec{U}_i^S) \quad \text{mit} \quad k = 1\ldots 6 \tag{15.49}$$

Man wählt die beiden Spannungsraumzeiger $\vec{U}_{1k_1}$ und $\vec{U}_{1k_2}$ für die Modulation, zwischen deren $\Delta \vec{I}_{1k_1}$ und $\Delta \vec{I}_{1k_2}$ der gewünschte Differenz–Zeiger $\Delta \vec{I}_1^*$ liegt. In dem Beispiel nach Abb. 15.50 kommen hierfür die Spannungsraumzeiger $\vec{U}_{14}$ und $\vec{U}_{15}$ in Betracht.

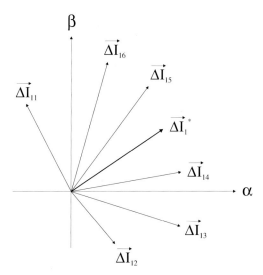

Abb. 15.50: *Auswahl der Spannungsraumzeiger im dynamischen Zustand*

Die Schaltdauern der gewählten Spannungsraumzeiger T_{k_1} und T_{k_2} können anhand der folgenden Gleichung berechnet werden.

$$\Delta \vec{I}_1^* = \frac{T_{k_1}}{L_{\sigma 1}} \left(\vec{U}_{1k_1} - \vec{U}_i^S \right) + \frac{T_{k_2}}{L_{\sigma 1}} \left(\vec{U}_{1k_2} - \vec{U}_i^S \right) \tag{15.50}$$

Da die Summe $(T_{k_1} + T_{k_2})$ größer als ein Taktintervall ist, werden T_{k_1} und T_{k_2} proportional gemäß Gl. (15.51) und (15.52) verkürzt, ohne daß der Winkel von $\Delta \vec{I}_1$ geändert wird.

$$T'_{k_1} = T_{k_1} \frac{T}{T_{k_1} + T_{k_2}} \tag{15.51}$$

$$T'_{k_2} = T_{k_2} \frac{T}{T_{k_1} + T_{k_2}} \tag{15.52}$$

Beim oben beschriebenen Auswahlverfahren für den dynamischen Zustand bewegt sich der Istwert des Stroms stets in Richtung des Sollwerts, wodurch eine schnelle dynamische Reaktion auf die Sollwertänderung gewährleistet ist (Abb. 15.51).

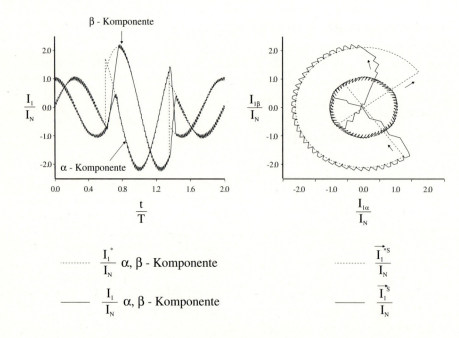

Abb. 15.51: *Verhalten der Dead–Beat–Stromregelung im dynamischen Fall:*
links: Komponenten des Soll– und Iststromraumzeigers
rechts: Soll– und Iststromraumzeiger

Vergleicht man die in den vorhergehenden Abschnitten vorgestellten Pulsverfahren, so zeichnet sich das Raumzeiger–Hystereseverfahren durch seine sehr einfache Realisierung aus. Bei einer hardwaremäßigen Ausführung der Schalttabelle sind sehr hohe Verarbeitungsgeschwindigkeiten zu erreichen. Durch die fehlende Berücksichtigung der Gegenspannung kann allerdings die innere und unter Umständen sogar die äußere Toleranzfläche verlassen werden. Dieser Nachteil wird bei der prädiktiven Stromregelung mit Schalttabelle vermieden. Da hierfür lediglich eine Sektorbestimmung der Lage der Gegenspannung notwendig ist, wird der Rechenaufwand im Vergleich zum Raumzeiger–Hystereseverfahren ohne Gegenspannungsberücksichtigung nur wenig erhöht. Beide Verfahren erzeugen durch die variable Schaltfrequenz ein Oberschwingungsspektrum, das keine besonders ausgeprägten Harmonischen aufweist. Vielmehr ist das Spektrum eher gleichmäßig verteilt (Abb. 15.36 und 15.44 rechts unten). Bei der Dead–Beat–Regelung sind die Vielfachen der Schaltfrequenz im Spektrum wesentlich deutlicher zu erkennen (Abb. 15.46 rechts unten) und können dadurch leichter ausgefiltert werden. Durch die feste Abtastperiode kann dieses Verfahren auch bei schaltentlasteten Umrichtern eingesetzt werden. Allerdings ist bei Verwendung des Dead–Beat–Verfahrens die Kenntnis der genauen Lage und Amplitude der Gegenspannung notwendig, wodurch dieses Verfahren hauptsächlich bei netzseitigen Stromrichtern oder/und zur Leistungsfaktor–Regelung zum Einsatz kommt.

15.5 Direkte Regelungen
Prof. Dr. A. Steimel

15.5.1 Direkte Selbstregelung

Hochleistungsumrichterantriebe — besonders solche für hohe Eingangsspannungen von 1...3 kV, wie man sie z.B. bei Schienentriebfahrzeugen findet — weisen typischerweise, bedingt durch die Schaltverluste der Halbleiter, nur sehr niedrige zulässige Schaltfrequenzen von 250...300 Hz auf. Weiter sind aus Gewichtsgründen die Zwischenkreisstützkapazitäten im allgemeinen sehr klein, so daß die Zwischenkreisspannung nicht mehr als glatt angesehen werden darf. Zusätzlich treten etwa beim Befahren von Trennstellen im Fahrdraht erhebliche dynamische Spannungsschwankungen auf, die man von Industrieumrichterantrieben nicht kennt. Diese drei Effekte bewirken, daß die Approximation des Spannungsgrundschwingungsraumzeigers durch die Spannungsraumzeigermodulation nach Kap. 15.4.1 oder die synchronisierten Pulsverfahren nach Kap. 15.3.3 hier nur unbefriedigende Ergebnisse zeigen.

Ein Steuer- und Regelverfahren, das auf diese traktionstypischen Randbedingungen besonders hin entwickelt wurde, ist die Direkte Selbstregelung oder DSR (Depenbrock 1984, [440, 442, 443, 447, 449, 454]). Sie beruht auf zwei Grundgedanken: Der Raumzeiger des Statorflusses wird durch geeignetes, vom Fluß selbst gesteuertes Schalten der sechs von Null verschiedenen Spannungsraumzeiger $\vec{U}_{11} \dots \vec{U}_{16}$ nach Abb. 15.3 direkt gemäß der Grundgleichung

$$\vec{U} = \frac{d\vec{\Psi}}{dt} \tag{15.53}$$

mit möglichst wenigen Schaltungen auf einer relativ einfachen, definierten Bahnkurve geführt, womit der Magnetisierungszustand der Asynchronmaschine festgelegt wird. Der Augenblickswert des Drehmoments wird dann über die Geschwindigkeit, mit der der Flußraumzeiger auf dieser Bahnkurve läuft, geregelt. Diese wird durch das relative zeitliche Einschaltverhältnis zwischen den Spannungsraumzeigern $\vec{U}_{11} \dots \vec{U}_{16}$ sowie dem Nullspannungsraumzeiger kontrolliert. Es kommen dabei keine Stromkomponentenregler zum Einsatz.

Zur Berechnung der Statorfluß– und Drehmoment–Augenblickswerte ist ein vollständiges Maschinenmodell erforderlich. Es ist vorteilhaft, das statorfeste Koordinatensystem zur Beschreibung zu wählen. Um die Statorgrößen in den eingesetzten Mikro– oder Signalprozessoren möglichst einfach und schnell berechnen zu können, wird das sogenannte kanonische Γ–Ersatzschaltbild nach Abb. 15.52 verwendet, in dem die Streuinduktivität im Rotorkreis konzentriert ist. Um die

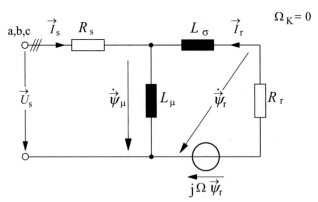

Abb. 15.52: *Kanonisches Γ–Ersatzschaltbild der Asynchronmaschine im statorwicklungsfesten Koordinatensystem*

von den entsprechenden Größen im T–Ersatzschaltbild (Abb. 15.1) abweichenden Größen nicht zu verwechseln, werden als Indizes für Stator– und Rotorkreis 's' und 'r' gewählt; der hochgestellte Index $K = S(\Omega_K = 0)$ wird zur Vereinfachung nicht angeschrieben. Bei den angenommenen linearen Ersatzelementen sind die neuen Maschinenparameter durch folgende Gleichungen eindeutig aus denen des T–Ersatzschaltbilds zu bestimmen:

$$L_\mu = L_1 = M \tag{15.54}$$

$$L_\sigma = \left(1 + \frac{L_{1\sigma}}{L_1}\right) L_{1\sigma} + \left(1 + \frac{L_{1\sigma}}{L_1}\right)^2 L_{2\sigma} \tag{15.55}$$

$$R_r = \left(1 + \frac{L_{1\sigma}}{L_1}\right)^2 R_2 \tag{15.56}$$

$$\vec{\Psi}_r = \vec{\Psi}_2 \cdot \frac{M + L_{1\sigma}}{M} \tag{15.57}$$

Der Streufaktor beträgt

$$\sigma = \frac{L_\sigma}{L_\sigma + L_\mu} \tag{15.58}$$

Man erhält so — wie in Kap. 15.1 — aus Gl. (13.55) die neue Statorgleichungen

$$\vec{U}_s = \vec{I}_s R_s + \frac{d\vec{\Psi}_\mu}{dt} \tag{15.59}$$

und aus Gl. (13.56) die neue Rotorgleichung.

$$\vec{U}_r = 0 = \vec{I}_r R_r + \frac{d\vec{\Psi}_r}{dt} - j\Omega_L \vec{\Psi}_r \tag{15.60}$$

Die beiden Flußverkettungsgleichungen lauten dann:

$$\vec{\Psi}_\mu = L_\mu (\vec{I}_s + \vec{I}_r) \tag{15.61}$$

$$\vec{\Psi}_r = L_\mu \vec{I}_s + (L_\mu + L_\sigma) \vec{I}_r = \vec{\Psi}_\mu + \vec{\Psi}_\sigma \tag{15.62}$$

Mit letzterer wird die Rotorgleichung umgeformt zu:

$$\frac{d\vec{\Psi}_r}{dt} + \frac{R_r}{L_\sigma} \left(\vec{\Psi}_r - \vec{\Psi}_\mu\right) - j\,\Omega_L \vec{\Psi}_r = 0 \tag{15.63}$$

Die Beziehungen für das Drehmoment lauten:

$$M_{Mi} = \frac{3}{2} Z_p \, \mathrm{Im}\left\{\vec{\Psi}_\mu^* \cdot \vec{I}_s\right\} = \frac{3}{2} Z_p \frac{1}{L_\sigma} \left|\vec{\Psi}_\mu\right| \left|\vec{\Psi}_r\right| \sin\vartheta \tag{15.64}$$

wobei ϑ der von $\vec{\Psi}_s$ und $\vec{\Psi}_r$ aufgespannte Flußwinkel ist.

Jetzt werden die beiden Spannungsmaschengleichungen (15.59) und (15.60) nach den Ableitungen der Flüsse aufgelöst. Der Statorflußraumzeiger als die direkt geregelte Größe wird in einem weiten Statorfrequenzbereich allein durch Integration der Statormaschengleichung (15.59) bestimmt.

$$\vec{\Psi}_\mu = \int \left(\vec{U}_s - \vec{I}_s R_s\right) dt \tag{15.65}$$

Der Rotorflußraumzeiger folgt aus dem Statorflußraumzeiger mit einer Verzögerung erster Ordnung gemäß der Rotorstreuzeitkonstanten L_σ/R_r:

$$\vec{\Psi}_r = \int \left(\frac{R_r}{L_\sigma} \left(\vec{\Psi}_\mu - \vec{\Psi}_r\right) + j\,\Omega_L \vec{\Psi}_r\right) dt \tag{15.66}$$

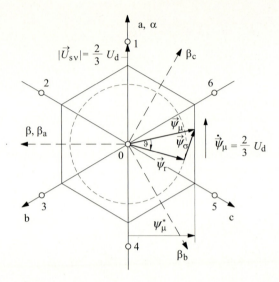

Abb. 15.53: *Raumzeiger der Wechselrichterspannung und der Maschinenflüsse*

Wenn die sog. Außenspannungsraumzeiger des speisenden Pulswechselrichters $\vec{U}_{11}...\vec{U}_{16}$ zyklisch nacheinander alle für die gleiche Zeit eingeschaltet werden, wird bei Vernachlässigung von $\vec{I}_s \cdot R_s$ der Raumzeiger des Statorflusses auf einer regelmäßigen Sechseckbahnkurve geführt. Die Richtung der Bewegung entspricht derjenigen des ausgewählten Spannungsraumzeigers, die Bahngeschwindigkeit seinem Betrag (vgl. Abb. 15.53). In der sog. Flußselbststeuerung erfolgt die Weiterschaltung der Spannungen jetzt aber nicht zeitgesteuert, wie in der bekannten Grundfrequenztaktung (Kap. 15.3.1), sondern abhängig davon, daß die β–Koordinate des Statorflusses definierte Schwellen erreicht. Dazu werden analog zur $\beta = \beta_a$–Achse die auf den b– und c–Projektionsachsen senkrecht stehenden Achsen β_b und β_c eingeführt. So wird z.B. der durch die Schalterstellung 1 0 0 (nach Tabelle 15.1) gekennzeichnete Spannungsraumzeiger $\vec{U}_{11}$ dann eingeschaltet, wenn die Projektion des Statorflußraumzeigers auf die β_a–Achse den Wert $-\Psi_\mu^*$ erreicht. Damit wird die Flußbahnkurve unabhängig von Störungen des Augenblickswerts der Zwischenkreisspannung eingehalten und das Verfahren besonders robust.

Damit ist der Antrieb aber erst nur für den Bereich der Grundfrequenztaktung (mit zwangsläufiger Feldschwächung bei Frequenzerhöhung und konstanter Zwischenkreisspannung) geeignet. Im Spannungsstellbereich muß der Mittelwert der Bahnumlaufgeschwindigkeit und dazu der Mittelwert der Strangspannung der gewünschten Statorfrequenz angepaßt werden. Dies geschieht üblicherweise durch Einfügen von Nullspannungsraumzeigern zwischen die vom Flußregler ausgewählten Außenspannungsraumzeiger ("Pulsen"), was bei der DSR durch einen Drehmomentzweipunktregler gesteuert wird. Während im Controller das Drehmoment nach der ersten Gleichung von (15.64) berechnet wird, zeigt die zweite Gleichung von (15.64) am besten, daß zur schnellen Veränderung des Drehmoments nur der Flußwinkel ϑ zur Verfügung steht, da der Statorfluß durch die optimale Flußbahnkurve festgelegt ist und der mit dem Kurzschlußläufer verkettete Rotorfluß sich nicht schneller als entsprechend der Rotorstreuzeitkonstante ändern kann. Die Bahnkurve des Rotorflußraumzeigers ist damit annähernd ein Kreis, der mit konstanter Winkelgeschwindigkeit durchlaufen wird. Eine schnelle Änderung des Flußwinkels ϑ erreicht man jedoch dadurch, daß man den Statorflußraumzeiger durch Einfügen einer Nullspannung anhält oder ihn wieder laufen läßt.

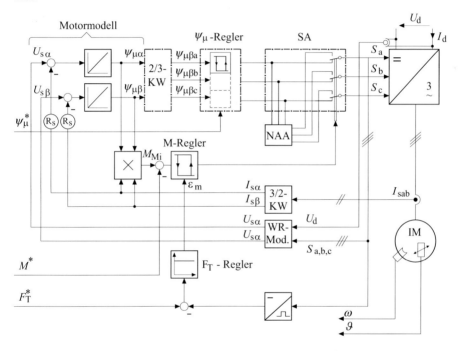

Abb. 15.54: *Blockschaltbild der Direkten Selbstregelung (DSR)*

Abbildung 15.54 zeigt die notwendige Signalverarbeitung; sie ist vergleichsweise einfach. Drei Betaflußkomparatoren (Ψ_μ–Regler) regeln die Amplituden der drei trapezförmig verlaufenden β–Projektionen des Statorflusses und wählen damit die notwendigen Außenspannungsraumzeiger aus. Der Drehmoment–Zweipunktregler (M–Regler) schaltet immer dann, wenn das obere Drehmoment–Toleranzband noch nicht erreicht ist, die von den Flußkomparatoren vorgegebene Außenspannung in der Schaltzustandsauswahl SA durch. Bei Erreichen dieses Toleranzbands wählt der Drehmomentregler diejenige Nullspannung 1 1 1 oder 0 0 0 aus, die mit nur einer Umschaltung erreicht wird. Dies geschieht im Block

Nullartauswahl (NAA). Der Schaltfrequenzregler (F_T–Regler) stellt die Hysterese-
weite $2\epsilon_m$ so ein, daß die zulässige Schaltfrequenz F_T^* immer voll ausgenutzt
wird, und somit der Drehmomentrippel immer kleinstmöglich ist. Das Drehmoment ist prinzipiell frei von niederfrequenten Harmonischen.

Die Augenblickswerte von Flüssen und Drehmoment werden im Motormodell
(links oben in Abb. 15.54) aus den Motorspannungen und –strömen errechnet.
Während letztere vergleichsweise leicht mit Wandlern gemessen werden können,
werden die Spannungen besser im WR–Modell aus der ohnehin gemessenen ZK–
Spannung und den WR–Schaltsignalen S_a, S_b, S_c berechnet. Somit werden keine
Spannungswandler hoher Bandbreite sowie in der Grundform kein Drehzahlgeber
benötigt. Die ganze Regelung wird auf einem Digitalen Signalprozessor in typischerweise 50 μs abgearbeitet. In diesem Raster kann i.A. der Drehmomentregler
noch ohne Prädiktion der exakten Schaltzeitpunkte gerechnet werden, während
für die Flußselbststeuerung meist eine Timerlösung gewählt wird, da wegen der
geringen Anzahl von Flußschaltungen ungenaue Schaltzeitpunkte sich besonders
stark auswirken.

Prinzipiell wird im Motormodell die Nachbildung der Rotormasche nicht ge-
braucht, solange der Statorspannungsfall vernachlässigt werden darf. Durch die
Flußschwellenregelung ist die Integration der Statormasche keine offene Inte-
gration mehr. Unterschiede zwischen den Größen im Modell und in der wahren
Maschine liegen in der Größenordnung der Unterschiede der Ersatzparameter von
Modell und wahrer Maschine. Zieht man jedoch ein Rotormodell hinzu, um die
Modellstrom–Raumzeigerkoordinaten zu berechnen und vergleicht diese in zwei
Reglern mit den entsprechenden gemessenen Größen, kann der Ausgang dieser
Regler zur Korrektur der Parameterfehler sowie der Fehler der Spannungsnach-
bildung im WR–Modell genutzt werden. Dies wird in Kap. 15.5.2 wieder aufge-
griffen.

Die sechseckförmige Bahnkurve hat den Vorteil, daß sie nur die minimale
Anzahl an Schaltungen für die Flußführung braucht, nämlich sechs, die restlichen
zulässigen Schaltungen stehen für die Drehmomentregelung zur Verfügung. Die
für die Drehmomentwelligkeit wirksame mittlere Pulsfrequenz ist damit

$$F_p = 3 \cdot (F_T - F_s) \tag{15.67}$$

und damit um knapp 50 % höher als bei der Raumzeigermodulation nach
Kap. 15.4.1 ($2 \cdot F_T$). Bei dynamischem Bedarf können aber die Schaltungen auch
mit wesentlich höherer Pulsfrequenz erfolgen.

Die sich bei einer fest geregelten mittleren Schaltfrequenz F_T^* im Leerlauf
einstellende Drehmomentschwankungsweite kann wie folgt angegeben werden:
Bezieht man das Drehmoment nach Gl. (15.64) auf das Kippmoment

$$M_{MK} = \frac{3}{4} Z_p \frac{1}{L_\sigma} \widehat{\psi}_\mu^{(1)\,2} \tag{15.68}$$

erhält man mit Rotor– gleich Statorflußamplitude (Leerlauf!) und $\sin\vartheta \approx \vartheta$ für
die bezogene Drehmomentschwankung:

$$\Delta m = \frac{\Delta M_{Mi}}{M_{MK}} = 2\vartheta(t) \qquad (15.69)$$

Ist eine Außenspannung eingeschaltet, bewegt sich der Statorfluß im Mittel mit der der Typenpunktsfrequenz F_{s0} entsprechenden Winkelgeschwindigkeit Ω_{s0}, bei eingeschalteter Nullspannung mit $\Omega_s = 0$. Der Rotorflußraumzeiger bewegt sich immer mit Ω_L. Somit ist im ersten Fall das Winkelinkrement (und damit die Drehmomentschwankung) $2 \cdot (\Omega_{s0} - \Omega_L) \cdot T_{Ein}$, im letzteren Fall $-2 \cdot \Omega_L \cdot T_{Aus}$. Diese Ein–Aus–Zeiten, durch die Drehmomentschwankungsweite Δm ausgedrückt, erhält man zu:

$$T_{Ein} = \frac{1}{2(\Omega_{s0} - \Omega_L)}\Delta m \; ; \qquad T_{Aus} = \frac{1}{2\Omega_L}\Delta m \qquad (15.70)$$

Mit der Pulsfrequenz

$$F_p = \frac{1}{T_{Ein} + T_{Aus}} \qquad (15.71)$$

ergibt sich die gewünschte Abhängigkeit des Drehmoments von der nach Gl. (15.67) bestimmten Pulsfrequenz:

$$\Delta m = 2 \cdot \left(1 - \frac{\Omega_L}{\Omega_{s0}}\right) \cdot \frac{\Omega_L}{F_p} \qquad (15.72)$$

Bei kleiner Aussteuerung ist jedoch die Mindesteinschaltzeit der Ventile maßgebend. In diesem Bereich wird die Drehmomentschwankungsweite durch

$$\Delta m = 2 \cdot (\Omega_{s0} - \Omega_L) \cdot T_{Ein,Min} \qquad (15.73)$$

und im Bereich hoher Aussteuerung entsprechend durch die Mindestausschaltzeit bestimmt.

$$\Delta m = 2 \cdot \Omega_L \cdot T_{Aus,Min} \qquad (15.74)$$

Der Mittelwert der Schaltfrequenz kann dann nicht mehr auf seinen Sollwert geregelt werden; der Mittelwert der Pulsfrequenz beträgt hier mit Gl. (15.72):

$$F_p^{'} = \frac{\Omega_L}{\Omega_{s0}} \frac{1}{T_{Ein,Min}} \quad \text{bzw.} \quad F_p^{'} = \left(1 - \frac{\Omega_L}{\Omega_{s0}}\right) \frac{1}{T_{Aus,Min}} \qquad (15.75)$$

Abbildung 15.55 stellt die sich einstellende, auf M_{MK} bezogene Drehmomentschwankungsweite Δm in Abhängigkeit von der bezogenen Rotordrehfrequenz für $F_{s0} = 50\,Hz$, $F_T^* = 250\,Hz$ und $T_{Ein,Min} = T_{Aus,Min} = T_{Min} = 200\,\mu s$ dar. Zum Vergleich ist gestrichelt die Drehmomentschwankungsweite bei der sogenannten Raumzeiger–Modulation [201] eingetragen. Berücksichtigt man zusätzlich, daß die Pulsfrequenz bei DSR annähernd 50 % größer ist, ergibt sich bei der für die Drehzahlwelligkeit maßgeblichen Drehmoment–Zeitfläche annähernd eine Halbierung im Vergleich zur Raumzeiger–Modulation (vgl. [456]).

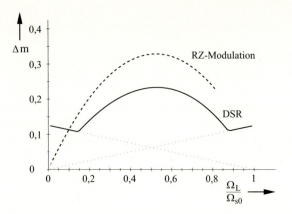

Abb. 15.55: *Auf das Kippmoment bezogene Drehmomentschwankungsweite bei DSR und bei Raumzeiger–Modulation in Abhängigkeit von der bezogenen Drehzahl. Leerlauf; Typenpunktsfrequenz $F_{s0} = 50\ Hz$, Schaltfrequenz $F_T^* = 250\ Hz$ und Mindestschaltzustandszeit $T_{Min} = 200\ \mu s$*

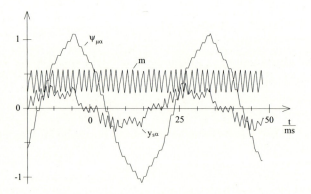

Abb. 15.56: *Verläufe von α–Koordinate des Statorflusses $\Psi_{\mu\alpha}$, Drehmoment m und Statorstrom $y_{s\alpha}$ bei DSR; Statorfrequenz $F_s = 26,5\ Hz$, $F_T^* = 250\ Hz$. Bezugswerte siehe Text*

Abbildung 15.56 gibt eine Messung an einem 15–kW–Versuchsstand wieder [455]: Die α–Koordinate des Statorflusses $\Psi_{\mu\alpha}$, bezogen auf die Nenn–Flußamplitude, das Drehmoment m, bezogen auf das Kippmoment, das bei diesem Antrieb 250 % des Nennmoments beträgt, und den Statorstrom $y_{s\alpha}$, bezogen auf den Rotorkurzschlußstrom, der hier das 3, 54–fache des Nennstroms beträgt. Die Nennfrequenz F_N ist 50 Hz, die aktuelle Statorfrequenz F_s ist 26,5 Hz und die mittlere Schaltfrequenz ist $F_T^* = 250\ Hz$. Die Drehmomentschwankungsweite beträgt 87 % des Nennmoments (infolge Stromverdrängung hat die für die Oberschwingungen wirksame Streuinduktivität nur ca. 70 % des für die Schlupffrequenz wirksamen Werts L_σ), der Statorstrom ist auch ohne die Pulsober-

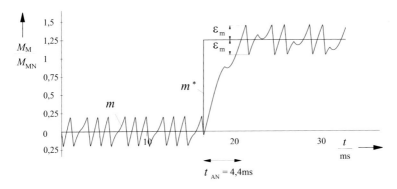

Abb. 15.57: *Drehmomentsprungsantwort bei DSR;* $\Omega_L = 0,75 \cdot \Omega_0$, $F_T^* = 250\ Hz$

schwingungen notwendigerweise nicht sinusförmig, da der Statorfluß eine sechseckförmige Bahnkurve beschreibt. Trotzdem sind, wie in [456] gezeigt, nahezu alle die Verzerrung von Strom und Drehmoment beschreibenden Kennwerte besser als bei einer synchronisierten Taktung mit gleicher maximaler Schaltfrequenz.

Abbildung 15.57 stellt einen Drehmomentanregelvorgang dar, bei einem Sprung des Sollwerts auf ca. 125 % des Nenndrehmoments und sonst gleichen Randbedingungen. Die Modulation der Statorfluß–Winkelgeschwindigkeit beim Durchlauf durch einen Sektor ist klar zu erkennen. In diesem Betriebspunkt hoher Aussteuerung geht der Flußwinkel während des Drehmomentanstiegs sogar wieder zurück, wenn der Fluß sich um eine Ecke bewegt. Trotzdem ist die Anregelzeit nicht viel größer als bei einem idealen Wechselrichter, bei dem der Statorspannungsraumzeiger mit stets gleicher Winkelgeschwindigkeit laufen könnte.

Nachteilig am Betrieb mit sechseckförmiger Statorflußbahnkurve im Vergleich zu dem mit kreisförmiger Bahnkurve ist, daß die Flußgrundschwingung bei gleichem Scheitelwert um 9 % kleiner ist, und daß der Betrag mit sechsfacher Statorfrequenz um +9,7 % / −5 % um die Grundschwingungsamplitude schwankt. Dies führt zu entsprechenden Magnetisierungsstromspitzen und damit zu sechspulsigen Komponenten im WR–Eingangsstrom, die bei Bahnantrieben wegen möglicher Signalbeeinflussungen stören können.

Die nächstbessere Annäherung an den idealen Kreis ist ein symmetrisches Sechseck, bei dem die Ecken eingeklappt werden, wie in Abb. 15.58 gezeigt [455]. Hierzu sind aber $6 \cdot 2 = 12$ Schaltungen zusätzlich erforderlich, die dann für die Drehmomentregelung fehlen. Die Pulsfrequenz sinkt auf

$$F_p = 3 \cdot (F_T^* - 3F_s) \qquad (15.76)$$

ab, die Drehmomentschwankungsweite wird entsprechend größer. Um diese Flußbahn zu erreichen, erhält die Flußselbststeuerung eine zweite Flußschwelle bei $\Psi_{\mu2}^* = k_\beta \Psi_\mu^*$, die bewirkt, daß die Flußbahn rechtzeitig vor der Hauptecke eingeklappt wird. Jetzt wird im Beispiel die Projektion auf die Achse β_b überwacht. Geht diese durch Null, wird wieder auf die alte Flußrichtung zurückgesprungen,

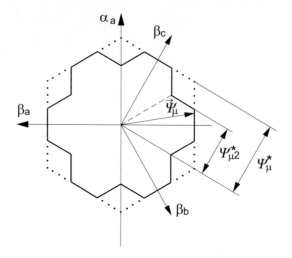

Abb. 15.58: *Statorflußbahnkurve bei DSR mit Eckeneinklappung*

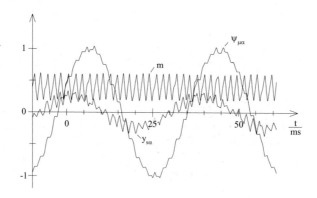

Abb. 15.59: *Verläufe von α–Koordinate des Statorflusses $\Psi_{\mu\alpha}$, Drehmoment m und Statorstrom $y_{s\alpha}$ bei DSR mit achtzehneckiger Statorflußbahnkurve und $k_\beta = 0,815$. Statorfrequenz $F_s = 26,5$ Hz, $F_T^* = 250$ Hz. Bezugswerte und Randbedingungen wie Abb. 15.56*

bis beim Erreichen der Hauptschwelle Ψ_μ^* endgültig auf die neue Flußrichtung übergegangen wird. Die Robustheit gegen ZK–Spannungsschwankungen bleibt so voll erhalten.

Abbildung 15.59 zeigt — bei gleichen Randbedingungen wie in Abb. 15.56 — das stationäre Verhalten für ein Schwellenverhältnis $k_\beta = 0,815$, das die sechste Harmonische im Zwischenkreisstrom eliminiert. Statorfluß und –strom sind bedeutend sinusförmiger, da die fünften und siebten Harmonischen entfallen. Die Drehmomentwelligkeit hat aber um 23 % zugenommen.

Gleichung (15.65) für den Statorfluß macht deutlich, daß sich in den Zeiten, in denen eine Nullspannung geschaltet wird, der Statorflußraumzeiger entgegengesetzt zur Richtung des Stromraumzeigers bewegt. Je länger die Einschaltzeit der Nullspannungen im Verhältnis zur Einschaltzeit der Außenspannungen ist, das heißt, je niedriger die mittlere Statorfrequenz ist, um so deutlicher wird dieser Effekt. Dies führt in allen praktischen Betriebspunkten zu einer Absenkung der Rotorflußamplitude. Um dies zu vermeiden, wird durch einen integral wirkenden Rotorflußbetragsregler der Sollwert für die Betaflußkomponenten entsprechend erhöht. Der notwendige Rotorflußbetragssollwert läßt sich aus dem Drehmomentsollwert und dem ursprünglichen Betaflußsollwert berechnen. Den entsprechenden Istwert liefert das Motormodell (mit Gl. (15.63)).

Hochleistungswechselrichter mit einer Schaltfrequenz von z.B. $250\,Hz$ müssen ab einer Statorfrequenz von $1/3 \cdot 250\,Hz = 83,3\,Hz$ in Blocktaktung betrieben werden. Dies hat den Vorteil, daß die Grundschwingungsspannung und damit das verfügbare Kippmoment des Antriebs maximal sind. Im Unterschied zur bekannten Grundfrequenztaktung kann die Direkte Selbstregelung das Drehmoment auch hier hochdynamisch ändern, indem sie den Flußwinkel ϑ schnellstmöglich durch Verkürzen der Bahnkurve ändert [444]. Dazu müssen nur die Sollwerte für die Betaflußkomparatoren geeignet beaufschlagt werden. Die dazu notwendige Struktur ist in Abb. 15.60 dargestellt.

Die Pulsung ist blockiert, das Drehmoment wird über einen Schlupffrequenzregler beeinflußt, der seine Eingangsgrößen aus den entsprechenden Drehmoment-

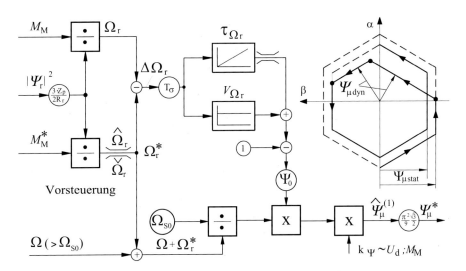

Abb. 15.60: *Blockschaltbild der DSR im Feldschwächbereich und Trajektorie des Statorflusses bei Drehmomentsprung mit dynamischer Feldschwächung*

größen durch Multiplikation mit $\frac{2}{3}\frac{R_r}{Z_p\Psi_r^2}$ gewinnt. Durch Begrenzung des Schlupf-frequenzsollwerts läßt sich der Kippschutz sehr einfach realisieren.

Die stationäre Feldschwächung wird wie folgt erreicht: Sowie die Statorsoll-frequenz $\Omega_s = \Omega + \Omega_r^*$ den Bezugswert Ω_{s0} (den Wert bei Typenpunktsfre-quenz) überschreitet, werden die Schaltschwellen der Betaflußkomparatoren re-ziprok vorgesteuert abgesenkt (unten in Abb. 15.60), wobei die aktuelle Höhe der Zwischenkreisspannung sowie der ohmsche Statorspannungsfall geeignet berück-sichtigt werden. Die notwendige Drehzahlinformation liefert entweder ein Dreh-zahlgeber oder kann einfach nach dem in [586] beschriebenen Verfahren geschätzt werden.

Die nicht triviale Aufgabe, den Statorflußraumzeiger zur richtigen Zeit auf sei-ne neue verkürzte Bahnkurve zu zwingen, löst ein zusätzlicher Schlupffrequenz–PI–Regler (Abb. 15.60 Mitte oben). Die starke Verkürzung der Bahnkurve be-wirkt eine "dynamische Feldschwächung", wie rechts oben in Abb. 15.60 darge-stellt. Mit dieser Struktur läßt sich der neue Drehmomentwert nach einer Totzeit entsprechend einem Sektordurchlauf $1/(6F_s)$ sowie eines weiteren Sektors er-reichen, womit die höchstmögliche Dynamik im Feldschwächbereich mit relativ geringem Aufwand, vor allem ohne Spannungsstellreserve, erzielt wird.

Zum Abbau des Drehmoments im Feldschwächbereich muß die β–Flußschwelle entsprechend angehoben werden. Wenn aber der verlangte Dreh-momentsprung so groß ist, daß er eine Nullspannung für die Mindesteinschalt-dauer oder länger erfordert, wird diese dynamisch auch im Grundfrequenztak-tungsbereich zugelassen. Damit wird das Drehmoment extrem schnell verringert und ein Überstrom infolge Vergrößerung des Streuflusses verhindert.

Diese Regelungsstruktur läßt sich auch mit der oben beschriebenen acht-zehneckigen Flußbahnkurve kombinieren [455]. Damit kann bei Nennflußsoll-wert der Aussteuerbereich von etwa 93 ... 100 % besser als mit Drehmoment–Zweipunktregelung abgedeckt werden, die unter dem Einfluß der Mindestaus-schaltzeiten der Ventile zu starker Verringerung der mittleren Schaltfrequenz (vgl. Gl. (15.75)) und unruhigem Drehmomentverlauf neigt. Die Statorflußkurve und damit auch Strom und Drehmoment entsprechen stationär der bekannten Dreifachtaktung mit Flankenmodulation; die dynamischen Vorteile der Direkten Selbstregelung und ihre Robustheit gegen Eingangsspannungstörungen bleiben aber im Wesentlichen erhalten. Dieses Verfahren wird auch als "Bahnlängenre-gelung" bezeichnet.

Zusätzlich können bei kleineren Aussteuerungen Nullspannungen abhängig vom Erreichen bestimmter Flußaugenblickswerte geschaltet werden, womit sta-tionär quasi–synchrone optimierte Pulsmuster eingestellt werden können [455]. Abbildung 15.61 zeigt — für die Randbedingungen von Abb. 15.56, jedoch bei einer Statorfrequenz von 43 Hz entsprechend einer Aussteuerung von 86% — die quasi–synchrone Fünffachtaktung mit Flanken– und Mittenmodulation. Die Schaltschwellen lassen sich leicht mit den nach bekannten Verfahren der Optimie-rung synchroner Pulsmuster ermittelten Bahnlängen (Schaltdauern) berechnen.

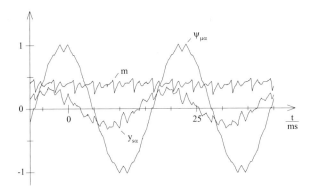

Abb. 15.61: *Verläufe der α–Komponente des Statorflusses $\Psi_{\mu\alpha}$, des Drehmoments m und des Statorstroms $y_{s\alpha}$ bei Bahnlängenregelung mit Fünffachtaktung. Statorfrequenz $F_s = 43\,Hz$. Bezugswerte und Randbedingungen wie Abb. 15.56*

Die Übergänge zwischen den verschiedenen Pulsmustern lassen sich ebenfalls vergleichsweise einfach realisieren [458].

Es wurde auch eine Variante der Direkten Selbstregelung für den Dreipunkt–Wechselrichter (vgl. [35, 36]) entwickelt [453], die auf einer größeren Serie Hochleistungslokomotiven in der Schweiz im Einsatz ist.

15.5.2 Indirekte Statorgrößen–Regelung

Wenn bei niedriger Drehzahl bzw. Aussteuerung die verlangten Spannungspulse kürzer als die Mindesteinschaltzeit der Leistungshalbleiter werden, ist der für die Direkte Selbstregelung typische einfache Wechsel zwischen drehmomentaufbauender Außenspannung und drehmomentabbauender Nullspannung nicht mehr möglich: Innerhalb einer Pulsperiode werden eine Nullspannung und zwei verschiedene Außenspannungen, also drei Schaltungen, benötigt. Dies vergrößert den Drehmomentrippel bei gleicher mittlerer Schaltfrequenz um etwa 50 %, wie erwähnt.

Der ohmsche Statorspannungsfall läßt die Statorflußbahnkurve nach innen vom Sechseck abweichen; die sechs den Flußbetrag bestimmenden Schalthandlungen sind bei niedriger Drehzahl trotz des Wirkens des Rotorflußbetragsreglers nicht mehr ausreichend, um Feldschwächung zu vermeiden. Die in [447] beschriebene Flußhystereseregelung mit um $-120°$ dem von der Flußselbststeuerung ausgewählten Spannungsraumzeiger nacheilendem Spannungsraumzeiger erfordert aber zusätzliche Schaltungen, die den erwähnten Vorteil gegenüber der Sinus–PWM aufzehren. Die mit der sechseckigen Flußbahnkurve verbundenen sechspulsigen Anteile im Eingangsstrom des Wechselrichters würden bei niedriger Statorfrequenz eine unzulässig hohe Zwischenkreisspannungswelligkeit verursachen.

Ohne Nachteile kann jetzt aber auch der Statorfluß auf einer kreisförmigen Bahnkurve geführt werden, indem ein herkömmliches PWM–Verfahren (wie in Kap. 15.3.2) eingesetzt wird. Die Grundgedanken der DSR bleiben erhalten: Führung des Statorflusses auf einer definierten Trajektorie mittels Flußbetragsregler und Regelung des Drehmoments durch Änderung der Bahngeschwindigkeit. Da keine Augenblickswerte, sondern die Mittelwerte während der im Vergleich zur Statorperiode sowie zur Rotorstreuzeitkonstanten kurzen Pulsperiode $T_p = 1/(2F_T)$ verarbeitet werden, wurde der Name "Indirekte StatorgrößenRegelung" (ISR) geprägt (vgl. [449]). Sie wird in der Traktion sowohl im Anfahrbereich von (langsamtaktenden) GTO-Umrichtern wie jetzt auch im gesamten Spannungsstellbereich von schnelltaktenden IGBT–Umrichtern eingesetzt, also überall dort, wo der Vorteil der DSR der besonders guten Schaltfrequenzausnutzung eine untergeordnete Rolle spielt. Da die Anwendung im IGBT–Umrichter für zukünftige Anwendungen besonders von Interesse ist, soll die ISR in dieser Form beschrieben werden [448, 450, 451, 454].

Wie schon in Kap. 13.5 beschrieben, ist bei niedriger Frequenz die Integration der Statormaschengleichung (15.59) allein nicht mehr ausreichend. Es ist nötig, das Maschinenmodell um die Rotormasche (Gl. (15.63)), d.h. um ein Strom–Drehzahl–Modell, zu erweitern.

Abbildung 15.62 zeigt im Blockschaltbild die Struktur einer solchen Regelung. Das bekannte Statormodell (Strich–Doppelpunkt–Rahmen, links oben) wird um das Rotormodell ergänzt, das aus den Rotorflußkoordinaten (nach Gl. (15.63)) mit Gl. (15.60) die Koordinaten des Modell–Statorstromraumzeigers $\vec{I}'_s$ berechnet. Diese werden in den Stromausgleichsreglern (gestrichelt dargestellt) mit den gemessenen Statorstromkoordinaten verglichen und zur Korrektur von Fehlern der Statorspannungsnachbildung im WR–Modell und von Parameterfehlern — prinzipiell auch der sich mit der Motortemperatur ändernden Widerstände — herangezogen. Die notwendige Drehzahl liefert entweder ein Drehzahlgeber oder ein Schätzer nach [445, 448].

Letztlich kann zur Bestimmung des Statorspannungsfalls auch der Modellstrom verwendet werden [451]. Dann wird praktisch nur noch das Modell geregelt, und die wahre Maschine über den Stromausgleichsregler an dieses Modell gefesselt. Dies ermöglicht z.B. einen Testbetrieb der Regelung ohne eingeschalteten Leistungsteil des Antriebs.

Um den Statorfluß auf der Kreisbahn im Abtastintervall n der Länge T_p zu führen, muß sich der Statorfluß um $\Delta\vec{\Psi}_{\mu,n}$ ändern. Dazu ist i.A. eine Drehung um einen Winkel $\Delta\chi_\mu$ und eine Streckung um k_Ψ nötig:

$$\Delta\vec{\Psi}_{\mu,\,n} = \left\{ (1 + k_\Psi) \cdot e^{j\Delta\chi_\mu} - 1 \right\} \cdot \vec{\Psi}_{\mu,\,n-1} \qquad (15.77)$$

Der erforderliche Drehwinkel $\Delta\chi_\mu^*$ wird prädiktiv aus den stationären Bedingungen der vorhergehenden Pulsperiode

$$\Delta\chi_{\mu Stat} = (\Omega + \Omega_r^*) \cdot T_p \qquad (15.78)$$

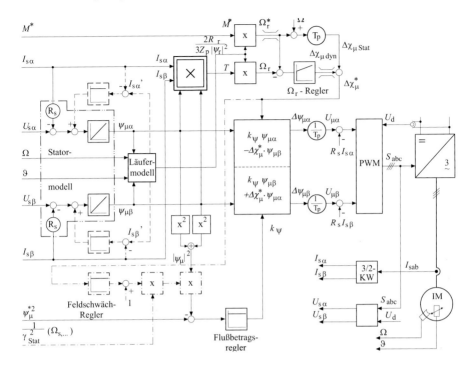

Abb. 15.62: *Blockschaltbild der Indirekten Statorgrößen–Regelung (ISR)*

sowie der dynamisch erforderlichen Änderung $\Delta\chi_{\mu dyn}$ bestimmt, die der schon bei der Feldschwäch–DSR beschriebene Schlupffrequenzregler liefert. Dies wird im mittleren Teil von Abb. 15.62 dargestellt. Ein proportional wirkender Fluß-betragsregler (unten) liefert den Streckungsanteil k_{ψ}. Dieser Regler arbeitet im Signalprozessor mit den Quadraten der Signalgrößen, um zeitaufwendiges Wurzelziehen zu vermeiden. Der Istwert $|\Psi_{\mu}|^2$ wird zuerst unverändert durch den zweiten strichpunktierten Multiplizierer geleitet.

Die prädizierte Flußänderung wird durch die Pulsperiode T_p dividiert und um den Statorspannungsfall $\vec{I}_s R_s$ korrigiert, womit man den Statorspannungs–Sollraumzeiger $\vec{U}_s$ erhält, der dann von der symmetrierten Sinus–PWM nach [201, 448] realisiert wird. Bei langsam taktenden GTO–Umrichtern kann dies alles noch innerhalb der minimalen WR–Schaltzustandsdauer (Größenordnung $200\mu s$) im DSP selbst berechnet werden. Bei schnelltaktenden IGBT–Wechselrichtern wird ein besonderer Schaltkreis, z.B. ein FPGA, erforderlich.

Im Spannungsstellbereich wird die gesamte Drehmomentdynamik durch Veränderung der Spannungsaussteuerung erzielt, wobei der Flußbetrag auf seinem Nennwert bleibt. Im Feldschwächbereich kann der gewünschte Winkelzuwachs nicht mehr wie beschrieben erzielt werden, da die Spannung schon ihren maximalen Wert erreicht hat. Der Kehrwert der stationären Feldschwächung $1/\gamma_{stat}^2$ wird als Vorsteuerung berechnet [448], verstärkt die Flußistwertrückführung und bewirkt so die erforderliche Reduktion des Flusses. Der nicht ausgeglichene Teil des Ausgangs des Schlupffrequenzreglers wird herangezogen, um den Flußbetrag dynamisch auf den Wert zu schwächen, der für schnellen Drehmomentanstieg nötig ist (Block in strichpunktierten Linien).

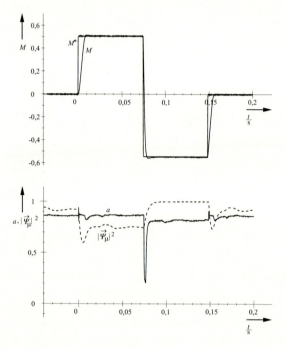

Abb. 15.63: *Drehmoment–Sprungantworten im ISR–Feldschwächbereich bei $\Omega_L = 1,05 \cdot \Omega_0$: Drehmomentsoll– und Istwert, Aussteuerung a und Statorflußbetragsquadrat $|\Psi_\mu|^2$. $F_T^* = 5\,kHz$.*

Abbildung 15.63 zeigt Drehmoment-Sprungantworten an einem IGBT–WR–Versuchsstand [451] bei 105 % Nenndrehzahl mit den dazugehörigen Werten des Statorflußbetragsquadrats und der Spannungsaussteuerung $a = \left|\vec{U}_s\right| / U_{s\,max}$: Bei einem positiven Sprung des Drehmomentsollwerts M^* bleibt die Aussteuerung auf ihrem maximalen Wert, während $|\Psi_\mu|^2$ erheblich reduziert wird. Damit wird eine Drehmomentanregelzeit von etwa $6\,ms$ erreicht, entsprechend einem Drittel der Grundschwingungsperiode von $19\,ms$ (in Abb. 15.63 ist das Drehmoment wieder auf das Nennkippmoment, der Fluß auf seine Nennamplitude normiert). Bei einem negativen Drehmoment–Sollwertsprung wird die Dynamik ausschließlich durch die Variation der Aussteuerung bestimmt, während der Flußbetrag langsam auf den stationär erforderlichen Wert geführt wird.

15.5.3 Direct Torque Control

Auf dem gleichen Grundgedanken wie die Direkte Selbstregelung beruht das gleichzeitig entstandene, von I. Takahashi [457] angegebene Regelverfahren, das seit etwa der Mitte der neunziger Jahre unter dem Markennamen "Direct Torque Control (DTC)" [452] für Industrieantriebe vermarktet wird. Da nicht Hochleistungs– und Hochspannungsantriebe im Vordergrund standen, ist die Statorflußführung nicht derart schaltzahloptimiert wie bei der DSR ausgeführt, sondern wird einem weiteren Hystereseregler anvertraut.

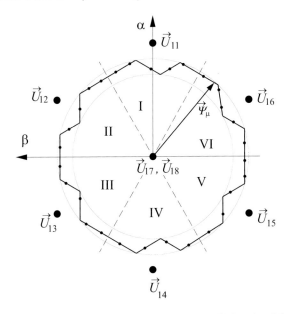

Abb. 15.64: *Statorflußbahnkurve beim DTC–Regelverfahren*

Abb. 15.64 stellt die Trajektorie des Statorflusses dar. Die Sektoren I...VI sind um 30° gegenüber den Sektoren der Flußselbststeuerung der DSR verschoben. Der Flußregler wählt flußaufbauende oder flußabbauende Spannungsraumzeiger, der Drehmomentregler ist als Dreipunktregler ausgeführt und schaltet auf einen Nullspannungsraumzeiger um (durch Punkte auf der Trajektorie gekennzeichnet), wenn das Drehmoment seine obere Toleranzbandgrenze erreicht.

Die Schaltungsauswahl erfolgt mit einer Schalttabelle (Tabelle 15.5). Abbildung 15.65 stellt das Blockschaltbild dazu dar (die Darstellung baut auf [446] auf). Die Reglerausgangssignale haben folgende Bedeutung:

FRA	MRA	Sektor					
		I	II	III	IV	V	VI
1	1	$\vec{U}_{12}$	$\vec{U}_{13}$	$\vec{U}_{14}$	$\vec{U}_{15}$	$\vec{U}_{16}$	$\vec{U}_{11}$
	0	$\vec{U}_{17}$	$\vec{U}_{18}$	$\vec{U}_{17}$	$\vec{U}_{18}$	$\vec{U}_{17}$	$\vec{U}_{18}$
	-1	$\vec{U}_{16}$	$\vec{U}_{11}$	$\vec{U}_{12}$	$\vec{U}_{13}$	$\vec{U}_{14}$	$\vec{U}_{15}$
0	1	$\vec{U}_{13}$	$\vec{U}_{14}$	$\vec{U}_{15}$	$\vec{U}_{16}$	$\vec{U}_{11}$	$\vec{U}_{12}$
	0	$\vec{U}_{18}$	$\vec{U}_{17}$	$\vec{U}_{18}$	$\vec{U}_{17}$	$\vec{U}_{18}$	$\vec{U}_{17}$
	-1	$\vec{U}_{15}$	$\vec{U}_{16}$	$\vec{U}_{11}$	$\vec{U}_{12}$	$\vec{U}_{13}$	$\vec{U}_{14}$

Tabelle 15.5: *Schalttabelle zum DTC–Regelverfahren*

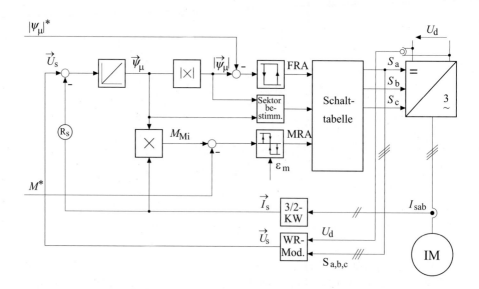

Abb. 15.65: *Blockschaltbild des DTC–Regelverfahrens*

Flußregler   FRA $= \begin{cases} 0 : & \text{Statorfluß abbauen} \\ 1 : & \text{Statorfluß aufbauen} \end{cases}$

Drehmomentregler MRA $= \begin{cases} -1 : & \text{schneller Drehmomentabbau} \\ 0 : & \text{Drehmomentabbau mit Nullzeiger} \\ 1 : & \text{Drehmomentaufbau} \end{cases}$

Man erkennt in Tabelle 15.5 deutlich, wie zu allen aktiven Spannungsraumzeigern mit ungerader Nummer (zwei Nullen im Schaltwort) immer der optimale Nullspannungsraumzeiger $\vec{U}_{18}$ (drei Nullen) gewählt wird, zu solchen mit gerader Nummer immer $\vec{U}_{17}$. Dies war auch in der DSR schon so gelöst worden. Der schnelle Drehmomentabbau (MRA $= -1$) wird angefordert, wenn das Drehmoment gegen ein zweites, weiter außen liegendes Toleranzband läuft, weil die beim Erreichen des ersten Toleranzbandes ausgelöste Schaltung das Drehmoment nicht verringern konnte. Dies tritt vor allem bei sehr kleiner Frequenz und damit sehr steilem Anstieg des Drehmoments durch den vom Flußregler ausgewählten Spannungsraumzeiger auf. Fehler bei der Statorflußintegration werden — wie schon bei der ISR in Kap. 15.5.2 beschrieben — durch einen Stromausgleichsregler korrigiert.

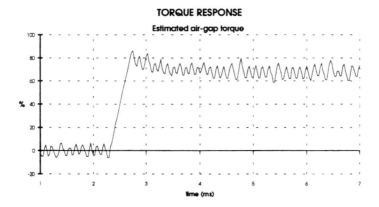

Abb. 15.66: *Drehmomentsprungantwort beim DTC–Regelverfahren. Sprung auf 75 % des Nenndrehmoments, $F_T^* \approx 3,2\,kHz$*

Abbildung 15.66 (aus [446]) zeigt die ausgezeichnete Drehmomentdynamik eines DTC–Antriebs, bei einem Drehmomentsollwertsprung von 70 % von M_{MNenn}. Die Statorfrequenz beträgt 25 Hz, die mittlere Schaltfrequenz 3,2 kHz, die Pulsfrequenz ca. 8 kHz. Dies ist deutlich weniger als bei der DSR mit sechs- bzw. achtzehneckiger Statorflußbahnkurve (ca. 9,4 bzw. 8,9 kHz), da merklich mehr Schaltungen für die Statorflußführung benötigt werden. Erst bei einer Statorflußhysterese von 14 % ergeben sich die von der DSR her bekannten Verhältnisse, allerdings ohne die strenge sechspulsige Synchronizität.

DTC wird ebenfalls in Mittelspannungs–Dreipunkt–Wechselrichtern mit mittleren Ventilschaltfrequenzen von etwa 500 Hz eingesetzt [441].

16 Synchronmaschine

In diesem Kapitel werden die bereits aus dem Buch „Elektrische Antriebe — Grundlagen" [35, 36] bekannten Gleichungen sowie Signalflußpläne der verschiedenen Ausführungsformen der Synchronmaschinen kurz dargestellt. Um den Einstieg auch in diesem Buch zu ermöglichen, sei u.a. auf Kap. 13.1.1 (Drehfeldmaschine allgemein) und auf Kap. 13.1.2 (Raumzeigerdarstellung) hingewiesen, die wesentliche Grundlagen für das Verständnis enthalten.

Um die Signalflußpläne nicht allzu komplex werden zu lassen, sollen folgende vereinfachende Annahmen gelten:

- Die Magnetisierungskennlinie wird linear angenommen (zur Verfeinerung siehe auch [35, 36]);

- Haupt- und Gegeninduktivitäten der Maschine können in Längs- und Querrichtung verschieden sein;

- der Stator besitzt eine symmetrische dreisträngige Wicklung, die in eine mit dem Rotor rotierende äquivalente zweisträngige Wicklung umgerechnet werden kann;

- das speisende Drehspannungssystem ist symmetrisch, starr und enthält keine Nullkomponente;

- die rotorseitigen Parameter sind auf den Statorkreis umgerechnet;

- Einflüsse der Stromverdrängung in den Leitern bleiben unberücksichtigt;

- die Eisenverluste werden vernachlässigt;

- es wird nur die gegenseitige Dämpfung der magnetischen Grundfelder (einfacher Polpaarzahl) im Luftspalt betrachtet;

- Unsymmetrien eines ungleichmäßigen oder unvollständigen Dämpferkäfigs können in Form unsymmetrischer Widerstände und Induktivitäten der zweisträngigen Dämpfer–Ersatzwicklung berücksichtigt werden;

- die Erregerachse soll entweder mit der Mitte einer Dämpfermasche oder mit der Mitte eines Dämpferstabes fluchten;

- eine magnetische Kopplung von Erregerwicklung und Dämpferkäfig über die Nutenquerfelder (für den Fall, daß beide Wicklungen in gemeinsamen Nuten untergebracht sind) kann gegebenenfalls über eine erhöhte Gegeninduktivität M_{ED} berücksichtigt werden.

16.1 Synchron–Schenkelpolmaschine ohne Dämpferwicklung

16.1.1 Beschreibendes Gleichungssystem

Im folgenden Kapitel soll eine Schenkelpolmaschine vorausgesetzt werden. In diesem Fall ist der Rotor ein Polrad mit ausgeprägten Polen. Dieses Polrad trägt nur die Erregerwicklung der Synchronmaschine (Abb. 16.1). Falls die Schenkelpolmaschine eine Dämpferwicklung aufweist, muß dies durch ein zusätzliches dreiphasiges Wicklungssystem 3 berücksichtigt werden (Abb. 16.2).

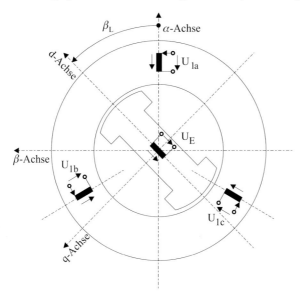

Abb. 16.1: *Synchron–Schenkelpolmaschine ohne Dämpferwicklung: Darstellung der Wicklungssysteme (Sternschaltung im Stator)*

Auf die Vorkenntnisse, die bei der Ableitung des Signalflußplans der allgemeinen Drehfeldmaschine erarbeitet wurden, wird im folgenden zurückgegriffen. Die Ableitungen der Gleichungen soll entsprechend *Laible* [72], *Fischer* [66] und *Bühler* [64] erfolgen.

Bei der Ableitung der Statorgleichungen der Synchronmaschine sind die Statorgleichungen der allgemeinen Drehfeldmaschine zu übertragen, da der Stator bei der Synchronmaschine auch ein dreiphasiges, symmetrisches Wicklungssystem aufweist. Dieses dreiphasige Wicklungssystem kann vorteilhaft in einem Gleichungssystem mit einem statorfesten Koordinatensystem beschrieben werden.

Der Rotor weist nur die Erregerwicklung auf. Aufgrund des ausgeprägten Pols wird sich vorwiegend in der direkten Achse (d–Achse) des Polrades ein Fluß der

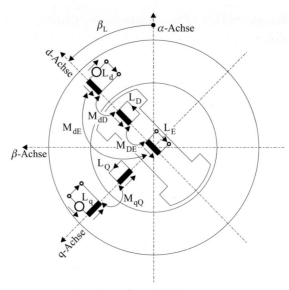

L_d, L_q : Statorsystem, Wicklungssystem 1
L_E   : Polrad-Erregung, Wicklungssystem 2
L_D, L_Q : Dämpfersystem, Wicklungssystem 3

Abb. 16.2: *Synchron–Schenkelpolmaschine mit Dämpferwicklung: Darstellung im d–q–System*

Erregerwicklung ausbilden können. Wegen dieser besonderen konstruktiven Situation wird für den Rotor das mit dem **Rotor umlaufende Koordinatensystem L** jetzt mit den allgemein verwendeten **Achsenbezeichnungen d und q** gewählt (Abb. 16.1 und 16.2). Dies bedeutet, daß damit die Kreisfrequenz Ω_L des umlaufenden Koordinatensystems L (d, q) auf die mit der Polpaarzahl Z_p umgerechnete mechanische Winkelgeschwindigkeit Ω_m des Rotors festgelegt ist.

$$\Omega_L = Z_p \cdot \Omega_m \tag{16.1}$$

Wie bei der allgemeinen Drehfeldmaschine gilt für das Statorwicklungssystem die folgende Spannungsgleichung (S: statorfestes Koordinatensystem):

$$\vec{U}_1^S = R_1 \cdot \vec{I}_1^S + \frac{d\vec{\Psi}_1^S}{dt} \tag{16.2}$$

Wie bereits in Abb. 16.1 dargestellt, soll eine Winkeldifferenz β_L zwischen der statorfesten Koordinatenachse α und der auf das Polrad orientierten Koordinatenachse d bestehen. Es gilt:

$$\beta_L = \beta_{L0} + \int\limits_0^t \Omega_L(\tau)d\tau \tag{16.3}$$

mit β_{L0} als Anfangswert des Winkels zum Zeitpunkt Null und der elektrischen Winkelgeschwindigkeit Ω_L des Polrades, vom statorfesten Koordinatensystem aus betrachtet.

Wie in Kap. 13.1.1 soll nun in einem zweiten Schritt für die Wicklungssysteme des Stators und des Polrads das gemeinsame Koordinatensystem L gewählt werden. Im vorliegenden Fall der Schenkelpolmaschine ist es naheliegend, das Koordinatensystem L auf das ausgeprägte Polrad des Rotors entsprechend Abb. 16.1 zu orientieren.

Bei der Transformation der Spannungsgleichung des Stators muß außerdem beachtet werden, daß sowohl die Amplitude des Flusses Ψ_1 als auch die Lage relativ zum Koordinatensystem L zeitvariant sind. Es muß somit die Produktregel bei der Differentiation des Flusses angewendet werden, da die Differentiation sowohl nach der zeitvarianten Amplitude als auch nach der Lage erfolgen muß. Es ergibt sich somit:

$$\vec{U}_1^L = R_1 \cdot \vec{I}_1^L + \frac{d\vec{\Psi}_1^L}{dt} + j\Omega_L \cdot \vec{\Psi}_1^L \qquad \text{mit} \quad \frac{d\beta_L}{dt} = \Omega_L \qquad (16.4)$$

Der zweite Term in Gl. (16.4) beschreibt die induzierte Spannung aufgrund der Amplitudenänderung, der dritte Term aufgrund der Lageänderung.

Die obige Gleichung kann direkt in die d– und q–Komponenten zerlegt werden:

$$U_d = R_1 \cdot I_d + \frac{d\Psi_d}{dt} - \Omega_L \cdot \Psi_q \qquad (16.5)$$

$$U_q = R_1 \cdot I_q + \frac{d\Psi_q}{dt} + \Omega_L \cdot \Psi_d \qquad (16.6)$$

Ein vergleichbares Gleichungssystem hatte sich auch für das Statorsystem der allgemeinen Drehfeldmaschine ergeben.

Für die Gleichungen des Erregerkreises gilt entsprechend:

$$\vec{U}_E^L = R_E \cdot \vec{I}_E^L + \frac{d\vec{\Psi}_E^L}{dt} \qquad (16.7)$$

Der hochgestellte Index L kann entfallen, da alle Gleichungen jetzt im gleichen Koordinatensystem vorliegen (nur d–Achse).

$$U_E = R_E \cdot I_E + \frac{d\Psi_E}{dt} \qquad (16.8)$$

Wie bei der allgemeinen Drehfeldmaschine müssen nun noch die Flußverkettungen zwischen Stator und Rotor beschrieben werden.

Die Induktivitäten in der d– und q–Achse unterscheiden sich bei der Schenkelpolmaschine. Die Statorinduktivitäten sind L_d und L_q, die Polrad–Induktivität ist L_E, die Gegeninduktivitäten zwischen Stator und Polrad sind M_{dE} bzw. $M_{qE} = 0$ (siehe auch Abb. 16.2).

Aus den bisherigen Darstellungen und Abb. 16.1 folgt, daß bei der Schenkelpolmaschine ohne Dämpferwicklung nur eine Flußverkettung in der d–Achse über M_{dE} möglich ist. Damit gilt:

$$\Psi_d \;=\; L_d \cdot I_d \;+\; M_{dE} \cdot I_E \qquad\qquad (16.9)$$

$$\Psi_q \;=\; L_q \cdot I_q \qquad\qquad (16.10)$$

$$\Psi_E \;=\; L_E \cdot I_E \;+\; M_{dE} \cdot I_d \qquad\qquad (16.11)$$

Die Induktivitäten in der d– und q–Achse lassen sich in Streu- und Hauptinduktivitäten aufteilen. In der d–Achse entspricht die Hauptinduktivität der Gegeninduktivität.

$$L_d \;=\; L_{\sigma d} + L_{hd} \;=\; L_{\sigma d} + M_{dE}\,; \qquad\qquad L_q \;=\; L_{\sigma q} + L_{hq} \qquad (16.12)$$

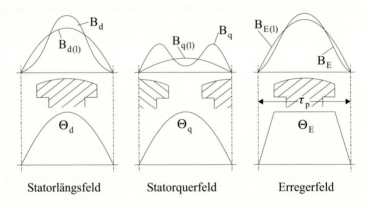

$$\text{Statorlängsfeld} \qquad\qquad \text{Statorquerfeld} \qquad\qquad \text{Erregerfeld}$$

Abb. 16.3: *Bestimmung der Grundwellenfelder bei gleicher Erreger– und Stator-durchflutung ($\Theta = I \cdot w$: Amperewindungen)*

Zur Veranschaulichung der Durchflutungs- und Feldverhältnisse dient Abb. 16.3. Daraus ist zu entnehmen, daß die Grundwellen $B_{d(1)}$ bzw. $\Psi_{d(1)}$ und $B_{E(1)}$ bzw. $\Psi_{E(1)}$ deutlich größer als $B_{q(1)}$ bzw. $\Psi_{q(1)}$ sind. Entsprechend ist die Hauptinduktivität $L_{hd} > L_{hq}$ und die Streuinduktivität $L_{\sigma q} \approx L_{\sigma d}$ (hauptsächlich Nutstreuung), während $L_d > L_q$ ist.

Da wie bei der allgemeinen Drehfeldmaschine das erzeugte Drehmoment M_{Mi} und die mechanische Bewegungsgleichung unabhängig vom verwendeten Koordinatensystem sind, kann wie folgt aus Kap. 13.1.1 übertragen werden:

$$M_{Mi} \;=\; \frac{3}{2} \cdot Z_p \cdot (\Psi_d \cdot I_q \;-\; \Psi_q \cdot I_d) \qquad\qquad (16.13)$$

Die Drehmomentgleichung (16.13) muß für die Schenkelpolmaschine noch interpretiert werden. Wenn Ψ_d und Ψ_q in die Gleichung eingesetzt werden, erhält man mit:

$$\Psi_d = L_d \cdot I_d + M_{dE} \cdot I_E \qquad (16.14)$$

$$\Psi_q = L_q \cdot I_q \qquad (16.15)$$

für das Drehmoment:

$$M_{Mi} = \frac{3}{2} \cdot Z_p \cdot \left(M_{dE} \cdot I_E \cdot I_q + (L_d - L_q) \cdot I_d \cdot I_q \right) \qquad (16.16)$$

Aus der Momentgleichung ist zu entnehmen, daß der erste Term aus der multiplikativen Verknüpfung des mit dem Stator verkoppelten Erregerflusses und des Statorstromes I_q entsteht. Im zweiten Term wird ein Drehmomentanteil beschrieben, der unabhängig vom Erregerstrom I_E ist. Wenn beispielsweise $I_E = 0$ gesetzt wird und eine Maschine mit ausgeprägten Polen des Polrads wie bei der Schenkelpolmaschine vorliegt, dann kann allein aufgrund von $L_d \neq L_q$ ein Moment, das Reluktanzmoment (zweiter Term) erzeugt werden.

(Anmerkung: Im Fall der idealen Vollpolmaschine (Turboläufer) ist $L_d = L_q$ und der zweite Term entfällt. Damit verbleibt bei der Vollpolmaschine $M_{Mi} \sim I_E \cdot I_q$. Es könnte nun die Frage entstehen, warum I_d in diesem Fall keinen Einfluß mehr auf die Momentbildung hat, beim Blindleistungsbetrieb (Phasenschieber) aber I_E und I_d gleichberechtigt sind. Die Erklärung ist physikalisch: Es ist richtig, daß I_E und I_d beim Flußaufbau gleichberechtigt sind. Bei der Momentbildung muß allerdings beachtet werden, daß die dreiphasige Statorwicklung bedingt durch die Raumzeigerdarstellung in zwei senkrecht zueinander angeordnete Statorwicklungen transformiert wird. Diese beiden senkrecht zueinander angeordneten Wicklungen führen die Ströme I_d und I_q, die Kraftwirkung wird aber vom Statorgehäuse aufgenommen und trägt nicht zum verfügbaren Moment M_{Mi} bei.)

Für eine Schenkelpolmaschine ohne Dämpferwicklung kann umgeformt werden:

$$M_{Mi} = \frac{3}{2} \cdot Z_p \cdot \left((M_{dE} \cdot I_{\mu d} + L_{\sigma d} \cdot I_d) \cdot I_q - L_q \cdot I_d \cdot I_q \right) \qquad (16.17)$$

$$\text{mit} \quad I_{\mu d} = I_d + I_E \qquad (16.18)$$

Aus Gl. (16.17) ist mit $I_{\mu d}$ die Verkettung der Flüsse Ψ_d und Ψ_E entsprechend der Ströme zu erkennen. Es gelten aber die obigen Aussagen bei $L_d = L_q$ weiterhin.

Mit der mechanischen Gleichung kann der komplette Gleichungssatz (16.19) für die Synchron–Schenkelpolmaschine im d–q–System geschrieben werden als:

$$\Psi_d = L_d \cdot I_d + M_{dE} \cdot I_E$$

$$\Psi_q = L_q \cdot I_q$$

$$\Psi_E = L_E \cdot I_E + M_{dE} \cdot I_d$$

$$U_d = R_1 \cdot I_d + \frac{d\Psi_d}{dt} - \Omega_L \cdot \Psi_q$$

$$U_q = R_1 \cdot I_q + \frac{d\Psi_q}{dt} + \Omega_L \cdot \Psi_d \qquad (16.19)$$

$$U_E = R_E \cdot I_E + \frac{d\Psi_E}{dt}$$

$$M_{Mi} = \frac{3}{2} \cdot Z_p \cdot \left(M_{dE} \cdot I_E \cdot I_q + (L_d - L_q) \cdot I_d \cdot I_q \right)$$

$$\Theta \cdot \frac{d\Omega_m}{dt} = M_{Mi} - M_W$$

$$\Omega_L = Z_p \cdot \Omega_m$$

16.1.2 Synchron–Schenkelpolmaschine in normierter Darstellung

Das beschreibende Gleichungssystem (16.19) soll jetzt *normiert* werden. In einem ersten Schritt werden die Bezugswerte so gewählt, daß die Nähe zu den physikalischen Gleichungen möglichst gewahrt bleibt. Zur Vereinfachung der aus diesen Gleichungen ableitbaren Signalflußpläne werden dann in einem zweiten Schritt die Bezugswerte so gesetzt, daß sich die normierten Gleichungen und folglich auch die Signalflußpläne möglichst stark vereinfachen [64]. Dies ist vor allem aus regelungstechnischer Sicht sehr wünschenswert.

Die Bezugswerte für den Stator entsprechen den Daten der Maschine bei Nennbetrieb. Dabei sind U_{effN} und I_{effN} die Strangnenngrößen:

$$U_N = \sqrt{2} \cdot U_{effN}; \qquad I_N = \sqrt{2} \cdot I_{effN}; \qquad T_N = \frac{1}{2\pi \cdot f_N} \qquad (16.20)$$

Die abgeleiteten Bezugswerte sind dann:

$$\Psi_N = T_N \cdot U_N; \qquad R_N = \frac{U_N}{I_N}; \qquad L_N = \frac{\Psi_N}{I_N} = T_N \cdot \frac{U_N}{I_N} \qquad (16.21)$$

$$\Omega_N = \frac{1}{T_N} \text{ (elektrisch)}; \qquad \Omega_{0N} = \frac{1}{T_N \cdot Z_p} \text{ (mechanisch)} \qquad (16.22)$$

$$\Omega_{0N} = 2\pi \cdot N_{0N}; \qquad M_{iN} = \frac{3}{2} \cdot \frac{U_N \cdot I_N}{\Omega_{0N}} \qquad (16.23)$$

Induktivität und Reaktanz bei Nennfrequenz sind im normierten Fall gleich, z.B.:

$$l_d = \frac{L_d}{L_N} = \frac{2\,\pi \cdot f_N \cdot L_d}{R_N} = x_d \ ; \qquad l_q = \frac{L_q}{L_N} = \frac{2\,\pi \cdot f_N \cdot L_q}{R_N} = x_q \qquad (16.24)$$

Mechanische und elektrische Winkelgeschwindigkeiten und Drehzahl des Rotors (Polrad) sind normiert im stationären Betrieb gleich:

$$\omega_L = \frac{\Omega_L}{\Omega_N} \ ; \qquad \omega_m = \frac{\Omega_m}{\Omega_{0N}} \ ; \qquad n = \frac{N}{N_{0N}} \qquad (16.25)$$

$$\omega_L = \omega_m = n \qquad (16.26)$$

Mit diesen Bezugswerten können die Gleichungen (16.8) bzw. (16.5) und (16.6) normiert werden:

$$u_d = r_1 \cdot i_d + T_N \cdot \frac{d\psi_d}{dt} - \omega_L \cdot \psi_q \qquad (16.27)$$

$$u_q = r_1 \cdot i_q + T_N \cdot \frac{d\psi_q}{dt} + \omega_L \cdot \psi_d \qquad (16.28)$$

Es ist sinnvoll, den Erregerkreis (und später auch den Dämpferkreis) nicht mit den Bezugswerten für den Stator zu normieren. Die Bezugswerte hierfür lauten:

$$U_{EN} = I_{EN} \cdot R_{EN} \ ; \qquad I_{EN} = \frac{\Psi_{EN}}{L_{EN}} \ ; \qquad T_E = \frac{L_{EN}}{R_{EN}} = \frac{\Psi_{EN}}{U_{EN}} \qquad (16.29)$$

Um die Kopplung zwischen Stator– und Erregerkreis in normierter Darstellung zu beschreiben, wird noch der Bezugswert für die Kopplungsinduktivität eingeführt:

$$M_{dEN} = \frac{\Psi_N}{I_{EN}} \qquad \Longrightarrow \qquad m_{dE} = \frac{M_{dE}}{\Psi_N} \cdot I_{EN} = \frac{M_{dE}}{M_{dEN}} \qquad (16.30)$$

Durch Einsetzen erhält man nun:

$$u_E = r_E \cdot i_E + T_E \cdot \frac{d\psi_E}{dt} \qquad (16.31)$$

Die Momentgleichung und die bekannte mechanische Bewegungs–Differentialgleichung lauten normiert:

$$m_{Mi} = \psi_d \cdot i_q - \psi_q \cdot i_d \qquad (16.32)$$

$$T_{\Theta N} \cdot \frac{d\omega_m}{dt} = m_{Mi} - m_W \qquad \text{mit} \quad T_{\Theta N} = \frac{\Theta \cdot \Omega_{0N}}{M_{iN}} \qquad (16.33)$$

Die Normierung der Flußverkettungsgleichungen ergibt für ψ_d:

$$\psi_d = l_d \cdot i_d + m_{dE} \cdot i_E \qquad (16.34)$$

Der Statorquerfluß ist unabhängig vom Strom der Erregerwicklung:

$$\psi_q = l_q \cdot i_q \qquad (16.35)$$

Entsprechend Gl. (16.34) gilt für den Erregerfluß:

$$\psi_E \;=\; l_E \cdot i_E + m_{Ed} \cdot i_d \tag{16.36}$$

mit dem Kopplungsfaktor vom Rotor zum Stator:

$$m_{Ed} \;=\; m_{dE} \cdot \frac{M_{dEN}^2}{L_{EN} \cdot L_N} \tag{16.37}$$

Analog zum Gleichungssatz (16.19) der Synchron–Schenkelpolmaschine in unnormierter Darstellung im d–q–System kann für die normierte Darstellung der Gleichungssatz (16.38) aufgestellt werden:

$$
\begin{aligned}
\psi_d &= l_d \cdot i_d + m_{dE} \cdot i_E \\[1em]
\psi_q &= l_q \cdot i_q \\[1em]
\psi_E &= l_E \cdot i_E + m_{Ed} \cdot i_d \\[1em]
u_d &= r_1 \cdot i_d + T_N \cdot \frac{d\psi_d}{dt} - \omega_L \cdot \psi_q \\[1em]
u_q &= r_1 \cdot i_q + T_N \cdot \frac{d\psi_q}{dt} + \omega_L \cdot \psi_d \\[1em]
u_E &= r_E \cdot i_E + T_E \cdot \frac{d\psi_E}{dt} \\[1em]
m_{Mi} &= \psi_d \cdot i_q - \psi_q \cdot i_d \\[1em]
T_{\Theta N} \cdot \frac{d\omega_m}{dt} &= m_{Mi} - m_W \\[1em]
\omega_L &= \omega_m = n
\end{aligned}
\tag{16.38}
$$

Durch geschickte Wahl der Bezugswerte im Erregerkreis läßt sich nun der Gleichungssatz (16.38) noch weiter vereinfachen. So wird der Nenn–Erregerwiderstand R_{EN} gleich dem Erregerwiderstand R_E gesetzt, der Bezugswert L_{EN} für die Erregerinduktivität wird zu L_E gewählt und die Kopplungsinduktivität wird auf M_{dE} bezogen:

$$\boldsymbol{R_{EN} = R_E \; ; \;\; L_{EN} = L_E \; ; \;\; M_{dEN} = M_{dE} \;\; \Rightarrow \;\; r_E = l_E = m_{dE} = 1} \tag{16.39}$$

Durch diese Wahl der Bezugswerte entfallen in Gleichungssatz (16.38) r_E, l_E und m_{dE}, der Kopplungsfaktor m_{Ed} wird umgerechnet zu

$$m_{Ed} \;=\; 1 \cdot \frac{M_{dE}^2}{L_E \cdot L_N} \cdot \frac{L_d}{L_d} \;=\; \frac{M_{dE}^2}{L_E \cdot L_d} \cdot l_d \;=\; (1 - \sigma_E) \cdot l_d \tag{16.40}$$

mit dem Streufaktor σ_E

$$\sigma_E = 1 - \frac{M_{dE}^2}{L_d \cdot L_E} \tag{16.41}$$

Es ergibt sich nunmehr der vereinfachte Gleichungssatz (16.42), der als Grundlage für alle weiteren Betrachtungen herangezogen wird.

$$
\begin{aligned}
\psi_d &= l_d \cdot i_d + i_E \\[2mm]
\psi_q &= l_q \cdot i_q \\[2mm]
\psi_E &= i_E + (1 - \sigma_E) \cdot l_d \cdot i_d \\[2mm]
u_d &= r_1 \cdot i_d + T_N \cdot \frac{d\psi_d}{dt} - \omega_L \cdot \psi_q \\[2mm]
u_q &= r_1 \cdot i_q + T_N \cdot \frac{d\psi_q}{dt} + \omega_L \cdot \psi_d \\[2mm]
u_E &= i_E + T_E \cdot \frac{d\psi_E}{dt} \\[2mm]
i_d &= \frac{1}{\sigma_E \cdot l_d} \cdot \left(\psi_d - \psi_E \right) \\[2mm]
i_q &= \frac{1}{l_q} \cdot \psi_q \\[2mm]
i_E &= \frac{1}{\sigma_E} \cdot \left(\psi_E - (1 - \sigma_E) \cdot \psi_d \right) \\[2mm]
m_{Mi} &= \psi_d \cdot i_q - \psi_q \cdot i_d \\[2mm]
T_{\Theta N} \cdot \frac{d\omega_m}{dt} &= m_{Mi} - m_W \\[2mm]
\omega_L &= \omega_m
\end{aligned}
\tag{16.42}
$$

16.1.3 Signalflußplan der Synchron–Schenkelpolmaschine bei Spannungseinprägung

Mit Hilfe des des Gleichungssatzes (16.42) und

$$T_N \cdot \frac{d\psi_d}{dt} = u_d - r_1 \cdot i_d + \omega_L \cdot \psi_q \tag{16.43}$$

$$T_N \cdot \frac{d\psi_q}{dt} = u_q - r_1 \cdot i_q - \omega_L \cdot \psi_d \tag{16.44}$$

$$T_E \cdot \frac{d\psi_E}{dt} = u_E - i_E \tag{16.45}$$

läßt sich nun der normierte Signalflußplan der Synchron–Schenkelpolmaschine im d–q–System zeichnen (Abb. 16.4).

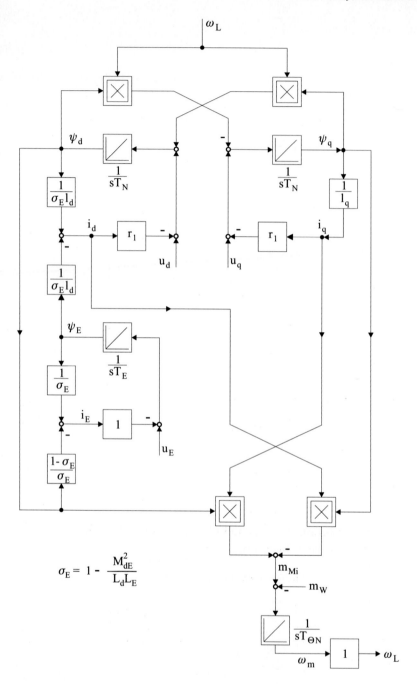

Abb. 16.4: *Normierter Signalflußplan der Synchron–Schenkelpolmaschine nach Gleichungssatz (16.42)*

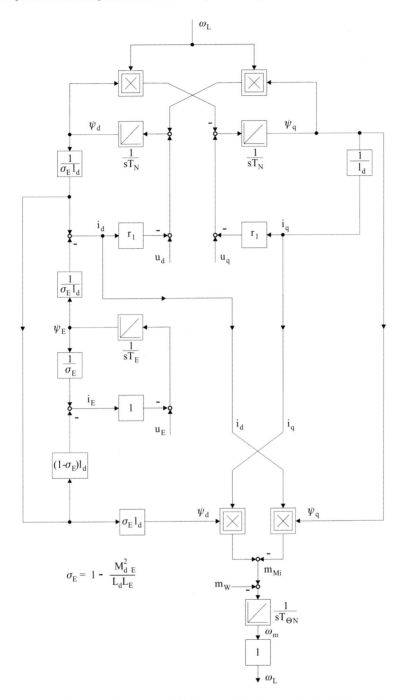

Abb. 16.5: *Abgewandelter Signalflußplan der Synchron–Schenkelpolmaschine nach Gleichungssatz (16.42)*

Abbildung 16.5 zeigt einen abgewandelten Signalflußplan, der in späteren Kapiteln — beispielsweise bei Synchronmaschinen mit Dämpferwicklung — verwendet wird. Das vollständige Blockschaltbild der Synchron–Schenkelpolmaschine ohne Dämpferwicklung im Dreiphasen–Drehstromsystem zeigt Abb. 16.6.

Die Koordinatenwandlung vom Dreiphasen–Drehstromsystem auf das d–q–System zeigt Abb. 16.7, und die Umwandlung der Drehzahl ω_L in die Funktionen $\sin \beta_L$ und $\cos \beta_L$ zeigt Abb. 16.8. Die Koordinatenwandlung vom d–q–System auf das Dreiphasen–Drehstromsystem zeigt Abb. 16.9

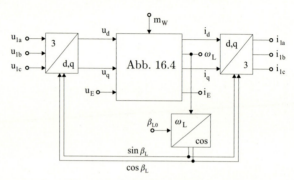

Abb. 16.6: *Blockschaltbild der Schenkelpolmaschine bei Vorgabe der Statorspannung*

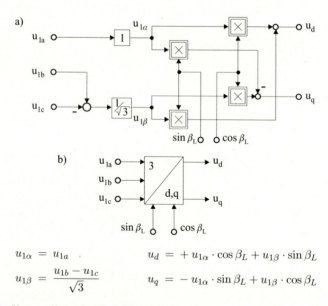

$$u_{1\alpha} = u_{1a}$$

$$u_{1\beta} = \frac{u_{1b} - u_{1c}}{\sqrt{3}}$$

$$u_d = + u_{1\alpha} \cdot \cos \beta_L + u_{1\beta} \cdot \sin \beta_L$$

$$u_q = - u_{1\alpha} \cdot \sin \beta_L + u_{1\beta} \cdot \cos \beta_L$$

Abb. 16.7: *Umwandlung der drei Phasenspannungen u_{1a}, u_{1b} und u_{1c} in die Spannungen u_d und u_q der Längs- und Querachse der Synchronmaschine: a) Signalflußplan, b) Blockdarstellung*

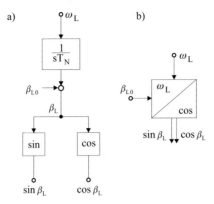

Abb. 16.8: *Umwandlung der Drehzahl ω_L in die Winkelfunktionen $\cos\beta_L$ und $\sin\beta_L$:*
a) Signalflußplan, b) Blockdarstellung

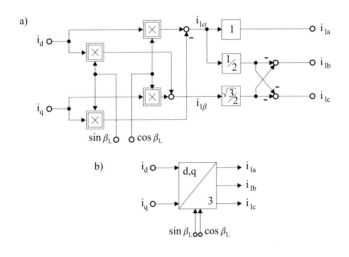

$$i_{1\alpha} = i_d \cdot \cos\beta_L - i_q \cdot \sin\beta_L \qquad i_{1a} = i_{1\alpha}$$

$$i_{1\beta} = i_d \cdot \sin\beta_L + i_q \cdot \cos\beta_L \qquad i_{1b} = -\frac{1}{2} \cdot i_{1\alpha} + \frac{\sqrt{3}}{2} \cdot i_{1\beta}$$

$$i_{1c} = -\frac{1}{2} \cdot i_{1\alpha} - \frac{\sqrt{3}}{2} \cdot i_{1\beta}$$

Abb. 16.9: *Umwandlung der Ströme i_d und i_q der Längs– und Querachse der Synchron–Schenkelpolmaschine in die drei Phasenströme i_{1a}, i_{1b} und i_{1c}: a) Signalflußplan, b) Blockdarstellung*

16.1.4 Signalflußplan der Synchron–Schenkelpolmaschine bei Stromeinprägung

Die aus Kap. 16.1.1 bekannten Gleichungen aus Gleichungssatz (16.42) der Schenkelpolmaschine können so aufgelöst werden, daß man den Signalflußplan der Synchron–Schenkelpolmaschine ohne Dämpferwicklung bei *Stromeinprägung* erhält. Beispielhaft wird dabei zusätzlich vom Zeitbereich in den s–Bereich transformiert (Faltung!). Es gilt:

$$\psi_d = l_d \cdot i_d + i_E$$

$$\psi_q = l_q \cdot i_q$$

$$\psi_E = i_E + (1 - \sigma_E) \cdot l_d \cdot i_d$$

$$u_d = s\,T_N \cdot \psi_d + r_1 \cdot i_d - \omega_L * \psi_q$$

$$u_q = s\,T_N \cdot \psi_q + r_1 \cdot i_q + \omega_L * \psi_d$$

$$u_E = s\,T_E \cdot \psi_E + i_E$$

$$i_d = \frac{1}{\sigma_E \cdot l_d} \cdot \left(\psi_d - \psi_E \right) \tag{16.46}$$

$$i_q = \frac{1}{l_q} \cdot \psi_q$$

$$i_E = \frac{1}{\sigma_E} \cdot \left(\psi_E - (1 - \sigma_E) \cdot \psi_d \right)$$

$$m_{Mi} = \psi_d * i_q - \psi_q * i_d$$

$$s\,T_{\Theta N} \cdot \omega_m = m_{Mi} - m_W$$

$$\omega_L = \omega_m$$

Abbildung 16.10 zeigt den normierten Signalflußplan bei Stromvorgabe und Abb. 16.11 den Signalflußplan im Dreiphasensystem. Für die Umwandlung der Signale vom Dreiphasensystem in das d–q–System und umgekehrt können sinngemäß die in Abb. 16.7 und 16.9 dargestellten Transformationsvorschriften angewendet werden.

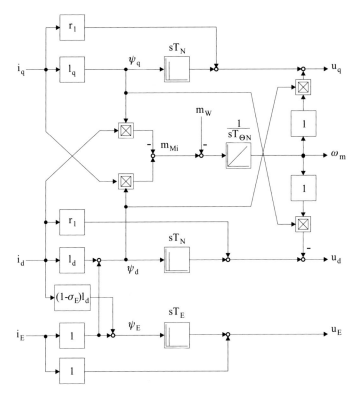

Abb. 16.10: *Normierter Signalflußplan der Synchron–Schenkelpolmaschine bei Strom-einprägung nach Gleichungssatz (16.46)*

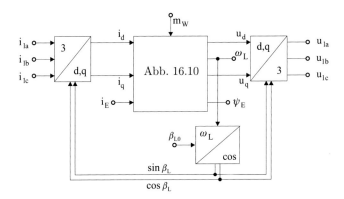

Abb. 16.11: *Blockschaltbild der Schenkelpolmaschine bei Stromeinprägung*

16.1.5   Ersatzschaltbild der Synchron–Schenkelpolmaschine

Mit den obigen Gleichungen können auch unnormierte galvanische Ersatzschalt-bilder der Schenkelpolmaschine dargestellt werden. Wesentlich ist die Einführung des resultierenden Magnetisierungsstroms $I_{\mu d}$ in der d–Achse:

$$I_{\mu d} = I_d + I_E; \qquad\qquad I_{\mu q} = I_q \qquad\qquad (16.47)$$

Mit diesen Gleichungen können die Flußgleichungen umgeschrieben werden:

$$\Psi_d \;=\; M_{dE} \cdot I_{\mu d} + L_{\sigma d} \cdot I_d \qquad\qquad (16.48)$$

$$\Psi_q \;=\; L_q \cdot I_q \;=\; (L_{\sigma q} + L_{hq}) \cdot I_q \qquad\qquad (16.49)$$

$$\Psi_E \;=\; M_{dE} \cdot I_{\mu d} + L_{\sigma E} \cdot I_E \qquad\qquad (16.50)$$

mit $L_{\sigma E} = L_E - M_{dE}$

Werden in die unnormierten Spannungsgleichungen

$$U_d \;=\; R_1 \cdot I_d + \frac{d\Psi_d}{dt} - \Omega_L \cdot \Psi_q \qquad\qquad (16.51)$$

$$U_q \;=\; R_1 \cdot I_q + \frac{d\Psi_q}{dt} + \Omega_L \cdot \Psi_d \qquad\qquad (16.52)$$

die obigen Flußgleichungen (16.48) bis (16.50) eingesetzt, ergibt sich:

$$U_d \;=\; \frac{d}{dt}\Big(M_{dE} \cdot I_{\mu d} + L_{\sigma d} \cdot I_d \Big) - \Omega_L \cdot \Psi_q + R_1 \cdot I_d$$

$$\;=\; \frac{d}{dt}\Big(M_{dE} \cdot I_{\mu d} + L_{\sigma d} \cdot I_d \Big) - \Omega_L \cdot L_q \cdot I_q + R_1 \cdot I_d \qquad (16.53)$$

$$U_q \;=\; \frac{d}{dt}\Big((L_{\sigma q} + L_{hq}) \cdot I_q \Big) + \Omega_L \cdot \Psi_d + R_1 \cdot I_q$$

$$\;=\; \frac{d}{dt}\Big((L_{\sigma q} + L_{hq}) \cdot I_q \Big) + \Omega_L \cdot M_{dE} \cdot I_{\mu d} + \Omega_L \cdot L_{\sigma d} \cdot I_d + R_1 \cdot I_q \quad (16.54)$$

$$U_E \;=\; \frac{d\Psi_E}{dt} + I_E \cdot R_E \;=\; \frac{d}{dt}\Big(M_{dE} \cdot I_{\mu d} + L_{\sigma E} \cdot I_E \Big) + I_E \cdot R_E \qquad (16.55)$$

Das Ersatzschaltbild in Abb. 16.12 veranschaulicht diese Gleichungen.

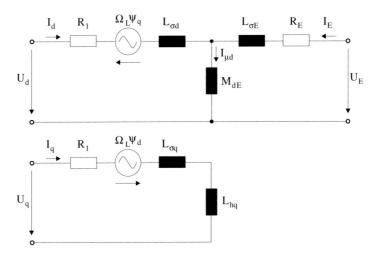

Abb. 16.12: *Ersatzschaltbild der Synchron–Schenkelpolmaschine ohne Dämpferwicklung*

Im stationären Betrieb gilt $d/dt = 0$; die Gleichungen vereinfachen sich dann zu:

$$U_d = -\Omega_L \cdot L_q \cdot I_q + R_1 \cdot I_d = -\Omega_L \cdot (L_{\sigma q} + L_{hq}) \cdot I_q + R_1 \cdot I_d \quad (16.56)$$

$$U_q = \Omega_L \cdot (L_d \cdot I_d + M_{dE} \cdot I_E) + R_1 \cdot I_q$$

$$= \Omega_L \cdot M_{dE} \cdot I_{\mu d} + \Omega_L \cdot L_{\sigma d} \cdot I_d + R_1 \cdot I_q \quad (16.57)$$

$$U_E = R_E \cdot I_E \quad (16.58)$$

Diese Gleichungen lassen sich mit $\vec{U}_1^L = U_d + j\,U_q$ zusammenfassen:

$$\vec{U}_1^L = R_1 \cdot (I_d + j\,I_q) + j\,\Omega_L \cdot (L_d \cdot I_d + j\,L_q \cdot I_q) + j\,\Omega_L \cdot M_{dE} \cdot I_E$$

$$= R_1 \cdot (I_d + j\,I_q) + j\,\Omega_L \cdot (L_{\sigma d} \cdot I_d + j\,L_{\sigma q} \cdot I_q)$$

$$+ j\,\Omega_L \cdot (L_{hd} \cdot I_d + j\,L_{hq} \cdot I_q) + j\,\Omega_L \cdot M_{dE} \cdot I_E \quad (16.59)$$

mit $L_{hd} = M_{dE}$

Der vierte Term von Gl. (16.59) wird als Polradspannung $\vec{U}_p$ bezeichnet; dies ist die im Stator durch das Polrad induzierte Spannung. Der dritte und vierte Term zusammen bilden die Hauptfeldspannung $\vec{U}_h$.

$$\vec{U}_p = j\,\Omega_L \cdot M_{dE} \cdot I_E = j\,X_h \cdot I_E \quad (16.60)$$

$$\vec{U}_h = \vec{U}_p + j\,\Omega_L \cdot (L_{hd} \cdot I_d + j\,L_{hq} \cdot I_q) \quad (16.61)$$

16.2   Synchron–Schenkelpolmaschine mit Dämpferwicklung

16.2.1   Beschreibendes Gleichungssystem und Signalflußplan

In Kap. 16.1 wurden die Gleichungen und die Signalflußpläne für die Synchron–Schenkelpolmaschine ohne Dämpferwicklung und in Kap. 13.1.1 entsprechend für die allgemeine Drehfeldmaschine dargestellt. Wie bereits in Abb. 16.2 gezeigt, ist die Synchron–Schenkelpolmaschine mit Dämpferwicklung eine Kombination von Synchron–Schenkelpolmaschine und der zusätzlichen dreiphasigen kurzgeschlossenen Rotorwicklung.

Es können somit die vorliegenden Kenntnisse zusammengefaßt werden. Zu beachten ist allerdings, daß das Koordinatensystem L verwendet wird. Damit ergibt sich das folgende Gleichungssystem:

$$\Psi_d = L_d \cdot I_d + M_{dD} \cdot I_D + M_{dE} \cdot I_E \tag{16.62}$$

$$\Psi_D = L_D \cdot I_D + M_{dD} \cdot I_d + M_{DE} \cdot I_E \tag{16.63}$$

$$\Psi_q = L_q \cdot I_q + M_{qQ} \cdot I_Q \tag{16.64}$$

$$\Psi_Q = L_Q \cdot I_Q + M_{qQ} \cdot I_q \tag{16.65}$$

$$\Psi_E = L_E \cdot I_E + M_{DE} \cdot I_D + M_{dE} \cdot I_d \tag{16.66}$$

$$U_d = R_1 \cdot I_d + \frac{d\Psi_d}{dt} - \Omega_L \cdot \Psi_q \tag{16.67}$$

$$U_q = R_1 \cdot I_q + \frac{d\Psi_q}{dt} + \Omega_L \cdot \Psi_d \tag{16.68}$$

$$0 = R_D \cdot I_D + \frac{d\Psi_D}{dt} \tag{16.69}$$

$$0 = R_Q \cdot I_Q + \frac{d\Psi_Q}{dt} \tag{16.70}$$

$$U_E = R_E \cdot I_E + \frac{d\psi_E}{dt} \tag{16.71}$$

Für das Drehmoment gilt:

$$\begin{aligned}
M_{Mi} &= \frac{3}{2} \cdot Z_p \cdot \left(\Psi_d \cdot I_q - \Psi_q \cdot I_d\right) \\
&= \frac{3}{2} Z_p \left(M_{dE} I_E I_q + M_{dD} I_D I_q - M_{qQ} I_Q I_d + (L_d - L_q) I_d I_q\right)
\end{aligned} \tag{16.72}$$

und für die mechanische Gleichung:

$$\Theta \cdot \frac{d\Omega_m}{dt} = M_{Mi} - M_W \tag{16.73}$$

Somit ergibt sich das normierte Gleichungssystem:

$$\psi_d = l_d \cdot i_d + i_D + i_E$$

$$\psi_D = (1 - \sigma_D) \cdot l_d \cdot i_d + i_D + \mu_D \cdot i_E$$

$$\psi_q = l_q \cdot i_q + i_Q$$

$$\psi_Q = (1 - \sigma_Q) \cdot l_q \cdot i_q + i_Q$$

$$\psi_E = (1 - \sigma_E) \cdot l_d \cdot i_d + \mu_E \cdot i_D + i_E$$

$$u_d = r_1 \cdot i_d + T_N \cdot \frac{d\psi_d}{dt} - \omega_L \cdot \psi_q$$

$$u_q = r_1 \cdot i_q + T_N \cdot \frac{d\psi_q}{dt} + \omega_L \cdot \psi_d$$

$$0 = i_D + T_D \cdot \frac{d\psi_D}{dt}$$

$$0 = i_Q + T_Q \cdot \frac{d\psi_Q}{dt}$$

$$u_E = i_E + T_E \cdot \frac{d\psi_E}{dt}$$

$$m_{Mi} = \psi_d \cdot i_q - \psi_q \cdot i_d$$

$$T_{\Theta N} \cdot \frac{d\omega_m}{dt} = m_{Mi} - m_W$$

$$(16.74)$$

mit

$$\sigma_E = 1 - \frac{M_{dE}^2}{L_d \cdot L_E} \; ; \qquad \sigma_D = 1 - \frac{M_{dD}^2}{L_d \cdot L_D} \; ; \qquad \sigma_Q = 1 - \frac{M_{qQ}^2}{L_q \cdot L_Q} \quad (16.75)$$

$$\mu_E = M_{DE} \cdot \frac{M_{dE}}{M_{dD} \cdot L_E} \; ; \qquad \mu_D = M_{DE} \cdot \frac{M_{dD}}{M_{dE} \cdot L_D} \quad (16.76)$$

Die Normierung der Gleichungen der Synchron–Schenkelpolmaschine mit Dämpferwicklung gründet auf der in Kap. 16.1.2 getroffenen Wahl der Bezugswerte und den Vereinfachungen nach Gl. (16.39). Zusätzlich müssen noch die Bezugswerten für die Dämpferwicklung gewählt werden:

$$I_{DN} = \frac{\Psi_N}{M_{dD}} \; ; \qquad \Psi_{DN} = L_D \cdot I_{DN} \; ; \qquad T_D = \frac{L_D}{R_D} \quad (16.77)$$

$$I_{QN} = \frac{\Psi_N}{M_{qQ}} \; ; \qquad \Psi_{QN} = L_Q \cdot I_{QN} \; ; \qquad T_Q = \frac{L_Q}{R_Q} \quad (16.78)$$

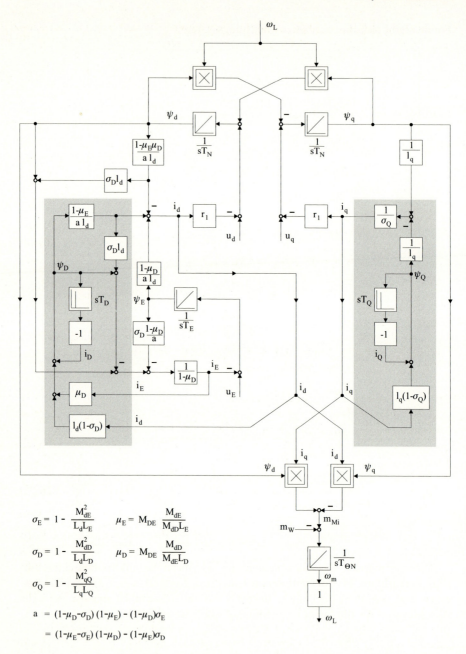

Abb. 16.13: *Signalflußplan der Synchron–Schenkelpolmaschine mit Dämpferwicklung nach Gleichungssatz (16.74)*

Aus den obigen Ableitungen können die häufig verwendeten subtransienten und transienten Längs- und Querreaktanzen ermittelt werden:

subtransiente Querreaktanz: $\qquad x_q'' = \sigma_Q \cdot l_q$ (16.79)

subtransiente Zeitkonstante des Querfeldes: $\quad T_q'' = \sigma_Q \cdot T_Q$ (16.80)

subtransiente Längsreaktanz:

$$x_d'' = \left(1 - \frac{(1 - \mu_E) \cdot (1 - \sigma_D) + (1 - \mu_D) \cdot (1 - \sigma_E)}{1 - \mu_D \cdot \mu_E}\right) \cdot l_d \quad (16.81)$$

subtransiente Zeitkonstante des Längsfeldes: $\quad T_d'' \approx \dfrac{x_d''}{l_d} \cdot \dfrac{1 - \mu_D \cdot \mu_E}{\sigma_E} \cdot T_D$ (16.82)

transiente Längsreaktanz: $\qquad x_d' \approx \sigma_E \cdot l_d$ (16.83)

transiente Zeitkonstante des Längsfeldes: $\quad T_d' \approx \sigma_E \cdot T_E$ (16.84)

16.2.2 Ersatzschaltbild der Synchron–Schenkelpolmaschine mit Dämpferwicklung

In Gl. (16.62) bis (16.73) wurde die Synchronmaschine in allgemeiner Form dargestellt. Zu einer gebräuchlichen und einfachen Darstellung gelangt man, wenn angenommen wird, daß Erregerwicklung und Dämpferwicklungen gleiche Kopplung mit den Statorwicklung haben. Damit lassen sich die folgenden Vereinfachungen in den obigen Gleichungen erzielen:

$$M_{dE} = M_{dD} = L_{hd} \quad (16.85)$$

$$M_{qQ} = L_{hq} \quad (16.86)$$

$$L_d = L_{\sigma 1} + L_{hd} \quad (16.87)$$

$$L_q = L_{\sigma 1} + L_{hq} \quad (16.88)$$

Mit der Induktivität L_c soll eine unterschiedliche Kopplung der Erreger– und der Längsdämpferwicklung bzw. der Statorwicklung eingeführt werden. Sie kann bei Schenkelpolmaschinen auch negativ werden; nämlich dann, wenn die magnetische Kopplung der Längsdämpferwicklung mit der Statorwicklung enger ist als mit der Erregerwicklung, wie von Maurer [302] und Canay [288] beschrieben wird. Damit wird für die zunächst allgemein angenommene Kopplung M_{DE}:

$$M_{DE} = L_{hd} + L_c \quad (16.89)$$

Für die Erregerinduktivität L_E wird dann, wenn die Erregerstreuinduktivität $L_{\sigma E}$ angenommen wird:

$$L_E = L_{\sigma E} + L_{hd} + L_c \tag{16.90}$$

Schließlich gilt dann für die Dämpferinduktivitäten (Eigenstreuinduktivitäten $L_{\sigma D}$ und $L_{\sigma Q}$):

$$L_D = L_{\sigma D} + L_{hd} + L_c \tag{16.91}$$

$$L_Q = L_{\sigma Q} + L_{hq} \tag{16.92}$$

Setzt man die obigen Beziehungen in die Gleichungen (16.62) bis (16.71) ein, so erhält man folgende Systemgleichungen:

$$\Psi_d = L_{\sigma 1} \cdot I_d + \Psi_{hd} \tag{16.93}$$

$$\Psi_D = \Psi_{hd} + L_c \cdot (I_D + I_E) + L_{\sigma D} \cdot I_D \tag{16.94}$$

$$\Psi_q = L_{\sigma 1} \cdot I_q + \Psi_{hq} \tag{16.95}$$

$$\Psi_Q = \Psi_{hq} + L_{\sigma Q} \cdot I_Q \tag{16.96}$$

$$\Psi_E = \Psi_{hd} + L_c \cdot (I_D + I_E) + L_{\sigma E} \cdot I_E \tag{16.97}$$

$$U_d = R_1 \cdot I_d + \frac{d\Psi_d}{dt} - \Omega_L \cdot \Psi_q \tag{16.98}$$

$$U_q = R_1 \cdot I_q + \frac{d\Psi_q}{dt} + \Omega_L \cdot \Psi_d \tag{16.99}$$

$$0 = R_D \cdot I_D + \frac{d\Psi_D}{dt} \tag{16.100}$$

$$0 = R_Q \cdot I_Q + \frac{d\Psi_Q}{dt} \tag{16.101}$$

$$U_E = R_E \cdot I_E + \frac{d\Psi_E}{dt} \tag{16.102}$$

Dabei wurden die Luftspaltflüsse definiert zu:

$$\Psi_{hd} = L_{hd} \cdot (I_d + I_D + I_E) \tag{16.103}$$

$$\Psi_{hq} = L_{hq} \cdot (I_q + I_Q) \tag{16.104}$$

Für das Drehmoment wird dann:

$$M_{Mi} = \frac{3}{2} \cdot Z_p \cdot \Big(L_{hd} \cdot I_E \cdot I_q + L_{hd} \cdot I_D \cdot I_q$$

$$- L_{hq} \cdot I_Q \cdot I_d + (L_{hd} - L_{hq}) \cdot I_d \cdot I_q \Big) \tag{16.105}$$

Der erste Term ist dabei der Drehmomentanteil, der aus Erregerstrom I_E und Statorquerstrom I_q erzeugt wird. Der zweite und der dritte Term beschreiben zusammen das durch den Dämpfer erzeugte Moment. Es tritt nur im dynamischen Fall auf und kann als asynchrones Moment interpretiert werden. Bei Maschinen ohne Dämpferwicklung ist dieser Anteil entsprechend Null bzw. nur durch die in der Praxis vorkommenden parasitären Dämpferkreise bestimmt. Durch die ungleichen Hauptinduktivitäten in d– und q–Achse, die aufgrund der ausgeprägten Pole entstehen, ergibt sich das Reluktanzmoment, das durch den vierten Term von Gl. (16.105) beschrieben wird. Beim Vollpolläufer tritt dieses Moment nicht auf.

Mit den gewählten Vereinfachungen kann nun das Ersatzschaltbild der Schenkelpolmaschine mit Dämpferwicklung in d– und q–Achse angegeben werden (Abb. 16.14).

d-Achse:

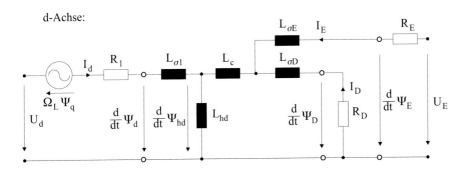

q-Achse:

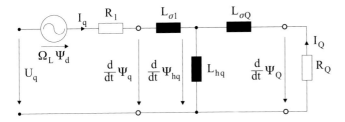

Abb.16.14: *Ersatzschaltbild der Synchron–Schenkelpolmaschine mit Dämpferwicklung*

Die unterschiedliche Ausprägung des Rotors in d– und q–Achse drückt sich auch im Ersatzschaltbild durch die Rotorschleife mit unterschiedlichen Parametern aus. Der Stator hingegen ist nicht in einer Achse ausgeprägt. Er besitzt damit auch die gleiche Parametrierung in d– und q–Achse. In vielen Fällen wird zur weiteren Vereinfachung die Induktivität L_c zu Null gesetzt.

16.3   Synchron–Vollpolmaschine

16.3.1   Beschreibendes Gleichungssystem und Signalflußpläne

Bei der (idealen) Vollpolmaschine ist zum Unterschied zur Schenkelpolmaschine
der Rotor konstruktiv rotationssymmetrisch aufgebaut (Abb. 16.15). Auch hier
ist der Rotor der Träger der Erregerspule, die vorzugsweise einen Fluß in der
d–Richtung erzwingen soll. Zusätzlich zur Erregerwicklung sei noch ein Dämpfersystem eingebaut.

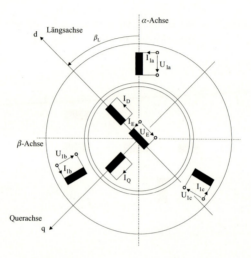

Abb. 16.15: *Synchron–Vollpolmaschine mit Dämpferwicklung (Stator: dreiphasiges
System, Rotor: d–q–System)*

Es gelten für die Synchron–Vollpolmaschine mit Dämpferwicklung prinzipiell die Gleichungen (16.62) bis (16.73) für die unnormierte Darstellung und der
Gleichungssatz (16.74) für die normierte Darstellung. Allerdings muß bei der
Synchon–Vollpolmaschine beachtet werden, daß der Rotor konstruktiv rotationssymmetrisch aufgebaut ist und damit nicht mehr zwischen Induktivitäten in
der d– und der q–Achse unterschieden werden muß.

$$L_1 = L_d = L_q; \;\; L_h = L_{hd} = L_{hq} = M_{dE}; \;\; L_3 = L_D = L_Q; \;\; M_{13} = M_{dD} = M_{qQ} \quad (16.106)$$

Die vorher nach d und q unterschiedlichen Zeitkonstanten sind dadurch ebenso
gleich.

Aus Symmetriegründen vereinfachen sich die Flußgleichungen im auf das
d–q–Koordinatensystem orientierten System:

$$\Psi_d \;\; = \;\; L_1 \cdot I_d \; + \; M_{13} \cdot I_D \; + \; M_{dE} \cdot I_E \quad\quad (16.107)$$

$$\Psi_D \;\; = \;\; L_3 \cdot I_D \; + \; M_{13} \cdot I_d \; + \; M_{DE} \cdot I_E \quad\quad (16.108)$$

$$\Psi_q = L_1 \cdot I_q + M_{13} \cdot I_Q \tag{16.109}$$

$$\Psi_Q = L_3 \cdot I_Q + M_{13} \cdot I_q \tag{16.110}$$

$$\Psi_E = L_E \cdot I_E + M_{DE} \cdot I_D + M_{dE} \cdot I_d \tag{16.111}$$

$$U_d = R_1 \cdot I_d + \frac{d\Psi_d}{dt} - \Omega_L \cdot \Psi_q \tag{16.112}$$

$$U_q = R_1 \cdot I_q + \frac{d\Psi_q}{dt} + \Omega_L \cdot \Psi_d \tag{16.113}$$

$$0 = R_3 \cdot I_D + \frac{d\Psi_D}{dt} \tag{16.114}$$

$$0 = R_3 \cdot I_Q + \frac{d\Psi_Q}{dt} \tag{16.115}$$

$$U_E = R_E \cdot I_E + \frac{d\Psi_E}{dt} \tag{16.116}$$

Aufgrund der Rotationssymmetrie wird kein Reluktanzmoment entstehen und die Gleichung für das Drehmoment vereinfacht sich zu:

$$M_{Mi} = \frac{3}{2} \cdot Z_p \cdot \left(M_{dE} \cdot I_E \cdot I_q + M_{13} \cdot (I_D \cdot I_q - I_Q \cdot I_d) \right) \tag{16.117}$$

Im stationären Fall entfällt der zweite Term, da dann $I_D = I_Q = 0$ ist. Die mechanische Gleichung verbleibt zu

$$\Theta \cdot \frac{d\Omega_m}{dt} = M_{Mi} - M_W \tag{16.118}$$

Die Bezugswerte für die Normierung ergeben sich durch Einsetzen der sich bei den beiden Maschinentypen entsprechenden Größen. Es folgt:

$$l_d = l_q = l_1 \tag{16.119}$$

Die Streufaktoren bei der Synchron–Vollpolmaschine lauten:

$$\sigma_E = 1 - \frac{M_{dE}^2}{L_1 \cdot L_E} ; \qquad \mu_E = M_{DE} \cdot \frac{M_{dE}}{M_{13} \cdot L_E} \tag{16.120}$$

$$\sigma_3 = 1 - \frac{M_{13}^2}{L_1 \cdot L_3} ; \qquad \mu_D = M_{DE} \cdot \frac{M_{13}}{M_{dE} \cdot L_3} \tag{16.121}$$

Ebenso wie in den vorangegangenen Abschnitten werden auch hier wieder die normierten Gleichungssätze für die Synchron–Vollpolmaschine und die normierten Signalflußpläne angegeben: Synchron–Vollpolmaschine ohne Dämpferwicklung nach Gleichungssatz (16.122) in Abb. 16.16 und Synchron–Vollpolmaschine mit Dämpferwicklung nach Gleichungssatz (16.123) in Abb. 16.17. Bei der Normierung wurden wie in Kap. 16.2.1 die Bezugswerte so gewählt, daß sich die normierten Gleichungen möglichst weit vereinfachen.

$$\psi_d = l_1 \cdot i_d + i_E$$

$$\psi_q = l_1 \cdot i_q$$

$$\psi_E = i_E + (1 - \sigma_E) \cdot l_1 \cdot i_d$$

$$u_d = r_1 \cdot i_d + T_N \cdot \frac{d\psi_d}{dt} - \omega_L \cdot \psi_q$$

$$u_q = r_1 \cdot i_q + T_N \cdot \frac{d\psi_q}{dt} + \omega_L \cdot \psi_d \qquad (16.122)$$

$$u_E = i_E + T_E \cdot \frac{d\psi_E}{dt}$$

$$m_{Mi} = \psi_d \cdot i_q - \psi_q \cdot i_d$$

$$T_{\Theta N} \cdot \frac{d\omega_m}{dt} = m_{Mi} - m_W$$

$$\omega_L = \omega_m$$

$$\psi_d = l_1 \cdot i_d + i_D + i_E$$

$$\psi_D = (1 - \sigma_3) \cdot l_1 \cdot i_d + i_D + \mu_D \cdot i_E$$

$$\psi_q = l_1 \cdot i_q + i_Q$$

$$\psi_Q = (1 - \sigma_3) \cdot l_1 \cdot i_q + i_Q$$

$$\psi_E = (1 - \sigma_E) \cdot l_1 \cdot i_d + \mu_E \cdot i_D + i_E$$

$$u_d = r_1 \cdot i_d + T_N \cdot \frac{d\psi_d}{dt} - \omega_L \cdot \psi_q$$

$$u_q = r_1 \cdot i_q + T_N \cdot \frac{d\psi_q}{dt} + \omega_L \cdot \psi_d \qquad (16.123)$$

$$0 = i_D + T_D \cdot \frac{d\psi_D}{dt}$$

$$0 = i_Q + T_Q \cdot \frac{d\psi_Q}{dt}$$

$$u_E = i_E + T_E \cdot \frac{d\psi_E}{dt}$$

$$m_{Mi} = \psi_d \cdot i_q - \psi_q \cdot i_d$$

$$T_{\Theta N} \cdot \frac{d\omega_m}{dt} = m_{Mi} - m_W$$

$$\omega_L = \omega_m$$

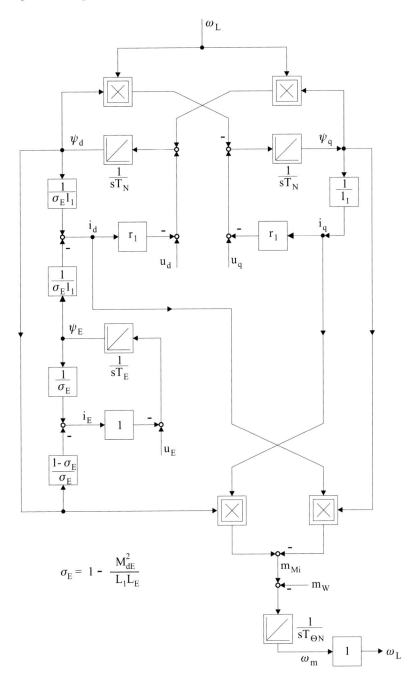

Abb. 16.16: *Signalflußplan der Synchron–Vollpolmaschine ohne Dämpferwicklung nach Gleichungssatz (16.122)*

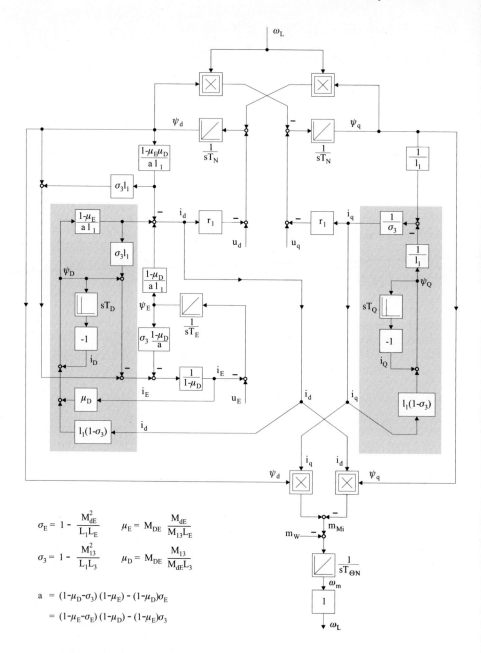

Abb.16.17: *Signalflußplan der Synchron–Vollpolmaschine mit Dämpferwicklung nach Gleichungssatz (16.123)*

16.3.2 Ersatzschaltbild der Synchron–Vollpolmaschine

Die in den Gleichungen (16.107) bis (16.117) dargestellten Beziehungen beschreiben die Vollpolmaschine mit Dämpferwicklung in allgemeiner Form. Auch hier ist es zweckmäßig, wie bei der Schenkelpolmaschine Vereinfachungen zu treffen. Zu einer gebräuchlichen einfacheren Form gelangt man, wenn wiederum angenommen wird, daß Erregerkreis und Dämpferkreis die gleiche Kopplung zum Statorkreis besitzen ($L_c = 0$). Die Kopplung soll hier durch eine gemeinsame Hauptinduktivität L_h beschrieben werden. Die Hauptinduktivität L_h soll in d– und q–Achse gleich sein. Demnach wird gleichgesetzt:

$$M_{dE} = M_{DE} = M_{13} = L_h \qquad (16.124)$$

Die Statorinduktivität L_1 kann in Statorstreuung $L_{\sigma 1}$ und Hauptinduktivität L_h aufgeteilt werden:

$$L_1 = L_{\sigma 1} + L_h \qquad (16.125)$$

Weiter soll für den Erregerkreis gelten ($L_c = 0$):

$$L_E = L_{\sigma E} + L_h \qquad (16.126)$$

Die Rotorinduktivität L_3 kann in eine Rotorstreuung $L_{\sigma 3}$ und die gemeinsame Hauptinduktivität L_h aufgeteilt werden:

$$L_3 = L_{\sigma 3} + L_h \qquad (16.127)$$

Setzt man die obigen Beziehungen in die Gleichungen (16.85) bis (16.92) ein, so erhält man folgende Gleichungen:

$$\Psi_d = L_{\sigma 1} \cdot I_d + \Psi_{hd} \qquad (16.128)$$

$$\Psi_q = L_{\sigma 1} \cdot I_q + \Psi_{hq} \qquad (16.129)$$

$$\Psi_D = \Psi_{hd} + L_{\sigma 3} \cdot I_D \qquad (16.130)$$

$$\Psi_Q = \Psi_{hq} + L_{\sigma 3} \cdot I_Q \qquad (16.131)$$

$$\Psi_E = \Psi_{hd} + L_{\sigma E} \cdot I_E \qquad (16.132)$$

$$U_d = R_1 \cdot I_d + \frac{d\Psi_d}{dt} - \Omega_L \cdot \Psi_q \qquad (16.133)$$

$$U_q = R_1 \cdot I_q + \frac{d\Psi_q}{dt} + \Omega_L \cdot \Psi_d \qquad (16.134)$$

$$0 = R_3 \cdot I_D + \frac{d\Psi_D}{dt} \qquad (16.135)$$

$$0 = R_3 \cdot I_Q + \frac{d\Psi_Q}{dt} \qquad (16.136)$$

$$U_E = R_E \cdot I_E + \frac{d\Psi_E}{dt} \qquad (16.137)$$

Dabei wurden die Luftspaltflüsse definiert zu:

$$\Psi_{hd} = L_h \cdot (I_d + I_D + I_E) \tag{16.138}$$

$$\Psi_{hq} = L_h \cdot (I_q + I_Q) \tag{16.139}$$

Für das Drehmoment gilt dann:

$$M_{Mi} = \frac{3}{2} \cdot Z_p \cdot \left(L_h \cdot I_E \cdot I_q + L_h \cdot (I_D \cdot I_q - I_Q \cdot I_d)\right) \tag{16.140}$$

Der erste Term ist dabei der Drehmomentanteil, der aus Erregerstrom I_E und Statorquerstrom I_q erzeugt wird. Der zweite und dritte Term beschreiben die durch die Dämpferwicklungen erzeugten Momente. Es tritt nur im dynamischen Fall auf und kann als asynchrones Moment interpretiert werden. Bei Maschinen ohne Dämpferwicklung ist dieser Anteil entsprechend Null bzw. nur durch die in der Praxis vorkommenden parasitären Dämpferkreise bestimmt. Im Gegensatz zum Schenkelpolläufer sind die Hauptinduktivitäten in d– und q–Achse gleich. Dadurch entsteht kein Reluktanzmoment.

Die Gleichungen (16.128) bis (16.140) gehen auch aus den Gleichungen (16.93) bis (16.105) in Kap. 16.2.1 hervor, wenn die elektrische und magnetische Symmetrie berücksichtigt wird:

$$L_h = L_{hd} = L_{hq} \tag{16.141}$$

$$L_{\sigma 3} = L_{\sigma D} = L_{\sigma Q} \tag{16.142}$$

$$R_3 = R_D = R_Q \tag{16.143}$$

Der Vollpolläufer ist also ein Sonderfall der Schenkelpolmaschine.

Mit den gewählten Vereinfachungen kann nun auch das Ersatzschaltbild des Vollpolläufers mit Dämpferwicklung angegeben werden (Abb. 16.18). Die gleiche Ausprägung des Rotors in d– und q–Achse drückt sich auch im Ersatzschaltbild durch eine gleiche Parametrierung von Dämpferstreuung $L_{\sigma 3}$ und Dämpferwiderstand R_3 in der Rotorschleife aus.

Das Ersatzschaltbild nach Abb. 16.18 kann für den stationären Betriebszustand und der Annahme vollständiger Symmetrie zu Abb. 16.19 vereinfacht werden. Im stationären Betrieb entfällt, wie schon erwähnt, die Wirkung des Dämpfersystems. Für die Gleichungen (16.128) bis (16.140) bedeutet das, daß die Ableitungen zu Null werden. Für die Dämpferströme I_D und I_Q gilt dann unmittelbar:

$$I_D = 0 \tag{16.144}$$

$$I_Q = 0 \tag{16.145}$$

d-Achse:

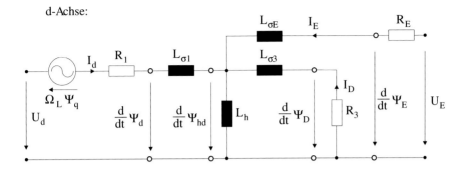

q-Achse:

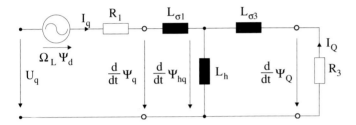

Abb. 16.18: *Ersatzschaltbild der Synchron–Vollpolmaschine mit Dämpferwicklung*

Die Statorflüsse ergeben sich damit zu:

$$\Psi_d \;=\; L_{\sigma 1} \cdot I_d \;+\; L_h \cdot (I_d + I_E) \tag{16.146}$$

$$\Psi_q \;=\; L_{\sigma 1} \cdot I_q \;+\; L_h \cdot I_q \tag{16.147}$$

Für die Spannungsgleichungen (16.133) und (16.134) kann dann in Komponentenschreibweise formuliert werden:

$$U_d \;=\; R_1 \cdot I_d \;-\; \Omega_L \cdot (L_{\sigma 1} + L_h) \cdot I_q \tag{16.148}$$

$$U_q \;=\; R_1 \cdot I_q \;+\; \Omega_L \cdot (L_{\sigma 1} + L_h) \cdot I_d \;+\; \Omega_L \cdot L_h \cdot I_E \tag{16.149}$$

Setzt man in Gl. (16.148) und (16.149) die Definition des komplexen Zeigers ein

$$\vec{U}_1 \;=\; U_d + j\,U_q \;; \qquad \vec{I}_1 \;=\; I_d + j\,I_q \;; \qquad \vec{I}_2 \;=\; I_E \tag{16.150}$$

so erhält man die komplexe Gleichung:

$$\vec{U}_1 = R_1 \cdot \vec{I}_1 + j\, \Omega_L \cdot L_{\sigma1} \cdot \vec{I}_1 + \vec{U}_h \qquad (16.151)$$

mit der Polradspannung

$$\vec{U}_p = j\, \Omega_L \cdot M_{dE} \cdot I_E = j\, X_h \cdot I_E \qquad (16.152)$$

und mit der Hauptfeldspannung

$$\vec{U}_h = \vec{U}_p + j\, \Omega_L \cdot L_h \cdot \vec{I}_1 = \vec{U}_p + j\, X_h \cdot \vec{I}_1 \qquad (16.153)$$

Diese Art der Spannungsgleichungen des Stators ist bereits aus den Ableitungen der allgemeinen Drehfeldmaschine in Kap. 13.1.1 bekannt.

Das stationäre Ersatzschaltbild zeigt Abb. 16.19.

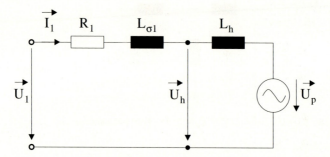

Abb.16.19: *Ersatzschaltbild der Synchron–Vollpolmaschine ohne Dämpferwicklung im stationären Betrieb*

   Die Polradspannung $\vec{U}_p$ ist eine Funktion von Ω_L und I_E und kann an den Klemmen des Stators gemessen werden, wenn keine Statorspannung angelegt wird.

   Umgekehrt können, wenn das Polrad nicht erregt wird ($I_E = 0$), die Zuordnung von $\vec{U}_1$ und $\vec{I}_1$ und somit die Parameter R_1 und X_1 bestimmt werden. Wenn $I_E \neq 0$ und $\vec{U}_1$ eingeschaltet wird, dann gilt

$$\vec{U}_1 = R_1 \cdot \vec{I}_1 + j\, \Omega_L \cdot L_{\sigma1} \cdot \vec{I}_1 + j\, X_h \cdot \vec{I}_1 + j\, X_h \cdot I_E \qquad (16.154)$$

   Die aus dem Signalflußplan bekannte Flußverkettung ist auch im Ersatzschaltbild zu erkennen aus

$$\vec{U}_h = j\, X_h \cdot (\vec{I}_1 + I_E) \qquad (16.155)$$

16.3.3 Feldorientierte Darstellung der Synchron–Vollpolmaschine mit Dämpferwicklung

Ausgangspunkt für die Herleitung der feldorientierten Darstellung sind die in Kap. 16.1.1 und Kap. 16.3.1 abgeleiteten Gleichungen

für die Spannungen

$$\vec{U}_1^S = R_1 \cdot \vec{I}_1^S + \frac{d\vec{\Psi}_1^S}{dt} \qquad \text{Statorkreis} \qquad (16.156)$$

$$0 = R_3 \cdot \vec{I}_3^L + \frac{d\vec{\Psi}_3^L}{dt} \qquad \text{Dämpferkreis} \qquad (16.157)$$

$$\vec{U}_E^L = R_E \cdot \vec{I}_E^L + \frac{d\vec{\Psi}_E^L}{dt} \qquad \text{Erregerkreis} \qquad (16.158)$$

für die Flußverkettungen

$$\left.
\begin{aligned}
\Psi_d &= L_1 \cdot I_d + M_{13} \cdot I_D + M_{dE} \cdot I_E \\
\Psi_q &= L_1 \cdot I_q + M_{13} \cdot I_Q
\end{aligned}
\right\} \text{Statorfluß}$$

$$\left.
\begin{aligned}
\Psi_D &= L_3 \cdot I_D + M_{13} \cdot I_d + M_{DE} \cdot I_E \\
\Psi_Q &= L_3 \cdot I_Q + M_{13} \cdot I_q
\end{aligned}
\right\} \text{Dämpferfluß}$$

$$\Psi_E = L_E \cdot I_E + M_{dE} \cdot I_d + M_{DE} \cdot I_D \qquad \text{Erregerfluß}$$

für das Drehmoment

$$M_{Mi} = \frac{3}{2} \cdot Z_p \cdot \Big(M_{dE} \cdot (I_E \cdot I_q - 0 \cdot I_d) + M_{13} \cdot (I_D \cdot I_q - I_Q \cdot I_d)\Big)$$

und für die Mechanik

$$\Theta \cdot \frac{d\Omega_m}{dt} = M_{Mi} - M_W$$

Bei den folgenden Darstellungen wird von Stromeinprägung in der Maschine ausgegangen. Die Gleichungen (16.156) und (16.158) sind daher hier nicht von Bedeutung. Auch die Erregerverkettungsgleichung und die Gleichung der Mechanik werden nicht weiter betrachtet. Für die übrigen Gleichungen wird nun die Raumzeigerdarstellung bei rotororientierten Koordinaten gewählt. Die Raumzeiger werden hier folgendermaßen bezeichnet:

$$\vec{I}_1^L = I_d + j\,I_q\ ; \qquad \vec{I}_3^L = I_D + j\,I_Q\ ; \qquad \vec{I}_E^L = I_E + j\,0 \quad (16.159)$$

$$\vec{\Psi}_1^L = \Psi_d + j\,\Psi_q\ ; \qquad \vec{\Psi}_3^L = \Psi_D + j\,\Psi_Q\ ; \qquad \vec{\Psi}_E^L = \Psi_E + j\,0 \quad (16.160)$$

Damit verbleibt:

$$0 = R_3 \cdot \vec{I}_3^L + \frac{d\vec{\Psi}_3^L}{dt}$$

$$\vec{\Psi}_1^L = L_1 \cdot \vec{I}_1^L + M_{13} \cdot \vec{I}_3^L + M_{dE} \cdot \vec{I}_E^L \qquad \text{Statorfluß}$$

$$\vec{\Psi}_3^L = M_{13} \cdot \vec{I}_1^L + L_3 \cdot \vec{I}_3^L + M_{DE} \cdot \vec{I}_E^L \qquad \text{Dämpferfluß}$$

$$M_{Mi} = \frac{3}{2} \cdot Z_p \cdot \left(M_{dE} \cdot \operatorname{Im}\left\{ \vec{I}_E^{L*} \cdot \vec{I}_1^L \right\} + M_{13} \cdot \operatorname{Im}\left\{ \vec{I}_3^{L*} \cdot \vec{I}_1^L \right\} \right)$$

Die Flüsse $\vec{\Psi}_1$ und $\vec{\Psi}_3$ bestehen aus einem gemeinsamen Anteil $\vec{\Psi}_\mu$, dem Luftspaltfluß, dessen Feldlinien mit allen drei Wicklungen der Maschine verkettet sind (siehe auch Abb. 13.14)

$$\vec{\Psi}_\mu^L = L_h \cdot \vec{I}_1^L + M_{dE} \cdot \vec{I}_3^L + M_{DE} \cdot \vec{I}_E^L \qquad (16.161)$$

mit

$$L_1 = L_{\sigma 1} + L_h \qquad L_3 = L_{\sigma 3} + M_{dE} \qquad L_E = L_{\sigma E} + M_{DE}$$

und den jeweiligen Streuanteilen $L_{\sigma 1}\,\vec{I}_1^L$ bzw. $L_{\sigma 3}\,\vec{I}_3^L$, deren Feldlinien nur die jeweilige Wicklung umschließen. Es gilt somit:

$$\vec{\Psi}_1^L = L_{\sigma 1} \cdot \vec{I}_1^L + \vec{\Psi}_\mu^L \qquad \vec{\Psi}_3^L = L_{\sigma 3} \cdot \vec{I}_3^L + \vec{\Psi}_\mu^L \qquad (16.162)$$

Geht man nun davon aus, daß alle auf die Statorseite umgerechneten Gegeninduktivitäten gleich sind

$$M_{13} = M_{dE} = M_{DE} = L_h = M \qquad (16.163)$$

so vereinfachen sich die Gleichungen

$$\vec{\Psi}_1^L = L_1 \cdot \vec{I}_1^L + M \cdot \left(\vec{I}_3^L + \vec{I}_E^L \right)$$

$$\vec{\Psi}_3^L = L_3 \cdot \vec{I}_3^L + M \cdot \left(\vec{I}_1^L + \vec{I}_E^L \right)$$

$$M_{Mi} = \frac{3}{2} \cdot Z_p \cdot M \cdot \operatorname{Im}\left\{ \left(\vec{I}_E^{L*} \cdot \vec{I}_3^{L*} \right) \cdot \vec{I}_1^L \right\} = \frac{3}{2} \cdot Z_p \cdot \operatorname{Im}\left\{ \vec{\Psi}_1^{L*} \cdot \vec{I}_1^L \right\}$$

Bisher sind alle Raumzeiger am Rotor orientiert (L–System). Für die folgenden Betrachtungen wird analog zum Vorgehen bei der Asynchronmaschine

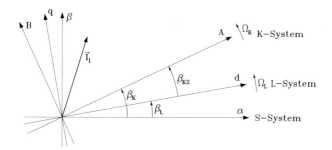

Abb. 16.20: *Koordinatensysteme für die Raumzeiger*

ein beliebig rotierendes Koordinatensystem (K–System) eingeführt. Die Bezeichnungen werden ähnlich zu denen bei der Asynchronmaschine gewählt und sind Abb. 16.20 zu entnehmen.

Für die Transformationen zwischen den Koordinatensystemen gilt am Beispiel des Statorstromes:

$$\vec{I}_1^S = \vec{I}_1^L\, e^{j\,\beta_L} \tag{16.164}$$

$$\vec{I}_1^S = \vec{I}_1^K\, e^{j\,\beta_K} \tag{16.165}$$

$$\vec{I}_1^L = \vec{I}_1^K\, e^{j\,(\beta_K - \beta_L)} = \vec{I}_1^K\, e^{j\,\beta_{K2}} \tag{16.166}$$

Als Winkelgeschwindigkeiten ergeben sich

$$\Omega_K = \frac{d\beta_K}{dt} \;\; ; \qquad \Omega_L = Z_p \cdot \Omega_m = \frac{d\beta_L}{dt} \;\; ; \qquad \Omega_{K2} = \frac{d\beta_{K2}}{dt} \tag{16.167}$$

β_{K2} bzw. Ω_{K2} sind Winkel bzw. Winkelgeschwindigkeit des K–Systems gegenüber dem Rotor. Mit diesen Beziehungen lassen sich die obigen Gleichungen analog zum Vorgehen bei der Asynchronmaschine in das K–System transformieren.

$$0 = R_3 \cdot \vec{I}_3^K + \frac{d\vec{\Psi}_3^K}{dt} + j\,\Omega_{K2} \cdot \vec{\Psi}_3^K$$

$$\vec{\Psi}_1^K = L_1 \cdot \vec{I}_1^K + M \cdot \vec{I}_3^K + M \cdot \vec{I}_E^K \qquad \text{Statorfluß}$$

$$\vec{\Psi}_3^K = M \cdot \vec{I}_1^K + L_3 \cdot \vec{I}_3^K + M \cdot \vec{I}_E^K \qquad \text{Dämpferfluß}$$

$$M_{Mi} = \frac{3}{2} \cdot Z_p \cdot \mathrm{Im}\left\{\vec{\Psi}_1^{K*} \cdot \vec{I}_1^K\right\}$$

Für das weitere Vorgehen werden die Beziehungen zwischen den Größen $\vec{I}_1$, $\vec{\Psi}_3$ und $\vec{I}_E$ benötigt. Die Größen $\vec{\Psi}_1$ und $\vec{I}_3$ werden daher aus den Gleichungen eliminiert. Dazu werden

$$\vec{I}_3^K = \frac{1}{L_3} \cdot \vec{\Psi}_3^K - \frac{M}{L_3} \cdot \left(\vec{I}_1^K + \vec{I}_E^K \right) \tag{16.168}$$

und

$$\vec{\Psi}_1^K = \sigma_3 \cdot L_1 \cdot \vec{I}_1^K + \frac{M}{L_3} \cdot \vec{\Psi}_3^K + M \cdot \left(1 - \frac{M}{L_3} \right) \cdot \vec{I}_E^K \tag{16.169}$$

$$\text{mit} \qquad \sigma_3 = 1 - \frac{M^2}{L_1 \cdot L_3}$$

eingesetzt, und man erhält eine Differentialgleichung für den Dämpferkreis

$$T_3 \cdot \frac{d\vec{\Psi}_3^K}{dt} + \vec{\Psi}_3^K = M \cdot \left(\vec{I}_1^K + \vec{I}_E^K \right) - j\, \Omega_{K2} \cdot T_3 \cdot \vec{\Psi}_3^K \tag{16.170}$$

mit der Dämpferzeitkonstanten $T_3 = L_3/R_3$, und das Drehmoment abhängig von den interessierenden Größen:

$$M_{Mi} = \frac{3}{2} \cdot Z_p \cdot \mathrm{Im} \left\{ \frac{M}{L_3} \cdot \vec{\Psi}_3^{K*} \cdot \vec{I}_1^K + M \cdot \left(1 - \frac{M}{L_3} \right) \cdot \vec{I}_E^{K*} \cdot \vec{I}_1^K \right\} \tag{16.171}$$

In Komponenten–Schreibweise ergibt sich daraus:

$$T_3 \cdot \frac{d\Psi_{3A}}{dt} + \Psi_{3A} = M\,(I_{1A} + I_{EA}) + \Omega_{K2} \cdot T_3 \cdot \Psi_{3B} \tag{16.172}$$

$$T_3 \cdot \frac{d\Psi_{3B}}{dt} + \Psi_{3B} = M\,(I_{1B} + I_{EB}) - \Omega_{K2} \cdot T_3 \cdot \Psi_{3A} \tag{16.173}$$

$$M_{Mi} = \frac{3}{2} \cdot Z_p \cdot \left(\frac{M}{L_3} \cdot (\Psi_{3A} \cdot I_{1B} - \Psi_{3B} \cdot I_{1A}) \right.$$
$$\left. + M \cdot \left(1 - \frac{M}{L_3} \right) \cdot (I_{EA} \cdot I_{1B} - I_{EB} \cdot I_{1A}) \right) \tag{16.174}$$

Wenn man nun das Koordinatensystem K am Dämpferfluß $\vec{\Psi}_3$ orientiert, dann wird Ω_K zur Frequenz und β_K zum Winkel des Flusses gegenüber dem Stator. Es gilt dann

$$\vec{\Psi}_3^K = \Psi_{3A} = |\vec{\Psi}_3| \qquad \Psi_{3B} = \frac{d\Psi_{3B}}{dt} = 0 \tag{16.175}$$

und die Gleichungen vereinfachen sich zu:

$$T_3 \cdot \frac{d\Psi_{3A}}{dt} + \Psi_{3A} = M \cdot (I_{1A} + I_{EA}) \tag{16.176}$$

$$\Omega_{K2} = R_3 \cdot \frac{M}{L_3} \cdot \frac{I_{1B} + I_{EB}}{\Psi_{3A}} \tag{16.177}$$

$$M_{Mi} = \frac{3}{2} \cdot Z_p \cdot \left(\frac{M}{L_3} \cdot \Psi_{3A} \cdot I_{1B} + M \cdot \left(1 - \frac{M}{L_3} \right) \cdot (I_{EA} \cdot I_{1B} - I_{EB} \cdot I_{1A}) \right)$$
$$\tag{16.178}$$

Damit ergeben sich prinzipiell ähnliche Aussagen wie bei der rotorflußorientierten Asynchronmaschine. Mit der flußparallelen Komponente des Statorstromes I_{1A} zusammen mit der des Erregerstromes I_{EA} läßt sich der Fluß in der Maschine über eine Verzögerung erster Ordnung steuern. Sieht man von dem zweiten Summanden in der Drehmomentformel (16.178) ab (sein Wert ist i.a. klein gegen den des ersten Summanden wegen $M/L_3 \approx 1$), und geht man von einem konstanten Fluß aus, so läßt sich das Drehmoment **unverzögert** über die flußsenkrechte Komponente I_{1B} des Statorstromes steuern. Unter der Voraussetzung, daß die Größen I_{1A}, I_{1B} und I_{EA} in der Maschine eingeprägt werden können, hat man damit prinzipiell das einfache regelungstechnische Verhalten der Gleichstrom–Nebenschlußmaschine erreicht. Diese Zusammenhänge sind in Abb. 16.21 als Signalflußplan dargestellt.

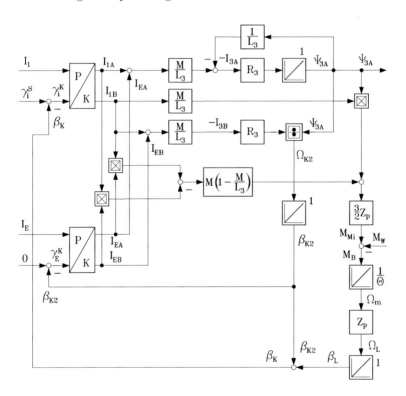

Abb. 16.21: *Signalflußplan der feldorientierten Synchron–Vollpolmaschine mit Dämpferwicklung*

Dabei wurde davon ausgegangen, daß der Statorstrom vom Umrichter im ruhenden Koordinatensystem und der Erregerstrom im Rotorkoordinatensystem erzeugt wird. Es wurde jeweils die Polardarstellung der Raumzeiger gewählt.

$$\vec{I}_1^S = I_{1\alpha} + j\,I_{1\beta} = I_1 \cdot e^{j\,\gamma_i^S} \qquad \text{bzw.} \qquad \vec{I}_E^L = I_E + j\,0 = I_E \cdot e^{j\,0} \qquad (16.179)$$

$$\gamma_E^L = 0 \qquad (16.180)$$

Die Polardarstellung bezogen auf das flußfeste Koordinatensystem (K–System) entsteht daraus durch

$$\gamma_i^K = \gamma_i^S - \beta_K \qquad \text{bzw.} \qquad \gamma_E^K = \gamma_E^L - \beta_{K2} = -\beta_{K2} \qquad (16.181)$$

und die Komponenten in kartesischer Darstellung durch die Beziehungen

$$\vec{I}_1^K = I_{1A} + j\,I_{1B} = I_1 \cdot \left(\cos\gamma_i^K + j\,\sin\gamma_i^K \right) \qquad \text{bzw.} \qquad (16.182)$$

$$\vec{I}_E^K = I_{EA} + j\,I_{EB} = I_E \cdot \left(\cos\beta_{K2} - j\,\sin\beta_{K2} \right) \qquad (16.183)$$

Dies wird durch die Blöcke für die Polar–Kartesisch–Transformation angedeutet.

Die Gleichung zur Berechnung der Größe Ω_{K2}, der Schlupffrequenz, ist bis auf die Einwirkung der Erregerstromkomponente I_{EB} ebenfalls identisch zu der entsprechenden Beziehung bei der Asynchronmaschine. Im Unterschied zur **Asynchronmaschine** tritt bei der **Synchronmaschine** allerdings stationär kein Schlupf auf ($\Omega_{K2} = 0$; $\beta_{K2} = \text{const}$). Dies entsteht durch die im Signalflußplan erkennbare nichtlineare Gegenkopplung über die Schleife mit den Größen Ω_{K2}, β_{K2} und I_{EB}. Der Winkel β_{K2} verändert sich daher bei transienten Vorgängen so lange, bis gilt

$$I_{EB} = -I_{1B} \qquad \text{und damit} \qquad \Omega_{K2} = 0 \qquad (16.184)$$

Stationär ist somit der Dämpferkreis ohne Wirkung ($I_{3A} = I_{3B} = 0$).

Eine wesentlich vereinfachte Darstellung erhält man unter Vernachlässigung der Streuung im Dämpferkreis. Dann gilt:

$$L_{\sigma 3} = 0 \quad \Longrightarrow \quad L_3 = L_{\sigma 3} + M = M \qquad \text{bzw.} \qquad \frac{M}{L_3} = 1 \qquad (16.185)$$

Das heißt, man geht davon aus, daß der Fluß im Rotor bzw. im Dämpferkreis gleich dem Luftspaltfluß ist

$$\vec{\Psi}_3 = \vec{\Psi}_\mu \qquad (16.186)$$

und sich somit keine Feldlinien innerhalb des Rotors schließen. Alle Feldlinien, die den Rotor durchdringen, durchdringen auch den Stator. Die Gleichungen vereinfachen sich damit zu

$$T_3 \cdot \frac{d\Psi_{3A}}{dt} + \Psi_{3A} = M \cdot (I_{1A} + I_{EA}) \qquad (16.187)$$

$$\Omega_{K2} = R_3 \cdot \frac{I_{1B} + I_{EB}}{\Psi_{3A}} \qquad (16.188)$$

$$M_{Mi} = \frac{3}{2} \cdot Z_p \cdot \Psi_{3A} \cdot I_{1B} \qquad (16.189)$$

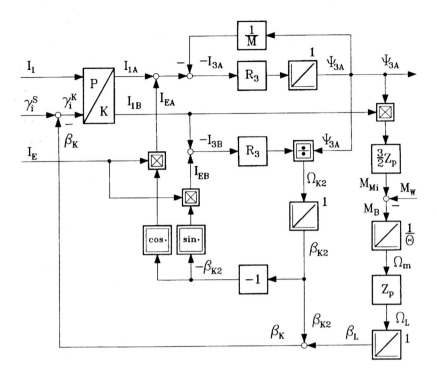

Abb. 16.22: *Signalflußplan der feldorientierten Synchron–Vollpolmaschine bei vernachlässigter Dämpferstreuung*

und es ergibt sich der Signalflußplan nach Abb. 16.22 [359].

Zusätzlich wurde hier die Berechnung der flußorientierten Erregerstromkomponenten I_{EA}, I_{EB} einzeln ausgeführt. Diese Darstellung ist äquivalent mit der häufig in der Literatur erwähnten Darstellung nach [359].

Zusammenfassend soll hier noch einmal erwähnt werden, daß durch die feldorientierte Betrachtungsweise **die Einflußgrößen** in der Maschine gefunden werden, die eine **unabhängige Beeinflussung** der entscheidenden Maschinengrößen, nämlich Fluß (I_{1A}, I_{EA}) und Drehmoment (I_{1B}) ermöglichen. Im Unterschied zur Asynchronmaschine, wo nur die Statorstromkomponente I_{1A} zur Flußbildung herangezogen werden kann, ist hier die Flußerzeugung theoretisch beliebig aufteilbar zwischen Statorkreis und Erregerkreis (d. h. zwischen I_{1A} und I_{EA}). Diese Aufteilung wird im allgemeinen nach übergeordneten Kriterien wie z. B. dem Blindleistungsbedarf der Maschine festgelegt.

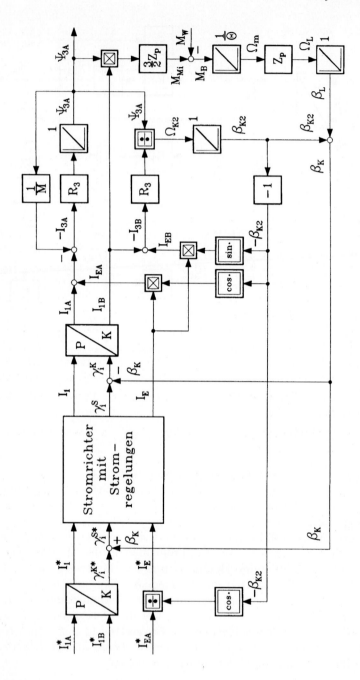

Abb. 16.23: *Feldorientierte Regelung der Synchron–Vollpolmaschine bei meßbarem Feldwinkel*

Wenn es gelingt, diese Einflußgrößen I_{1A}, I_{EA} und I_{1B} durch regelungstechnische Maßnahmen in der Maschine einzuprägen, dann ergibt sich das günstige regelungstechnische Verhalten der Gleichstrom–Nebenschlußmaschine. Eine Möglichkeit einer solchen **feldorientierten Regelung** zeigt Abb. 16.23 [359]. Dabei werden durch entsprechend inverses Aufschalten der Feldwinkel β_K und β_{K2} zunächst Stromsollwerte für die geregelten Stromrichter erzeugt, die im Koordinatensystem der jeweiligen Wicklung (Statorstrom $\rightarrow$ Statorwicklung $\rightarrow$ S–System, Erregerstrom $\rightarrow$ Erregerwicklung $\rightarrow$ L–System) dargestellt sind. Diese Sollwerte werden dann von den Stromrichtern realisiert. Die Wirkung der nachfolgenden Koordinatentransformationen wird durch die vorangegangene inverse Aufschaltung gerade aufgehoben. Hier wurde allerdings vorausgesetzt, daß die Feldwinkel β_K und β_{K2} exakt meßbar sind. Dies ist in der Realität nicht oder nur unter großem Aufwand möglich. Daher setzt man im allgemeinen wie bei der Asynchronmaschine Modelle oder Beobachter zur Schätzung der nicht meßbaren Größen ein.

Generell wurde die feldorientierte Regelung an sich, die Realisierung sowie die Parameterempfindlichkeit, die adaptive Nachführung von zeitvarianten Parametern und die Fragen der Stromregelung zur Einprägung der Statorströme ausführlich bereits bei der Asynchronmaschine dargestellt. Aufgrund dieser ausführlichen Darstellung von verschiedenen Gesichtspunkten aus können diese Überlegungen auf die Regelungen für die Synchronmaschine übertragen werden, so daß hier auf weitere Darstellungen verzichtet wird. Hingewiesen sei hier auch nochmals auf die Darstellungen bei der permanentmagneterregten Synchronmaschine und bei der bürstenlosen Gleichstrommaschine.

16.3.4 Steuerbedingungen der Synchron–Vollpolmaschine ohne Dämpferwicklung

Die Gleichungen (16.128) bis (16.140) beschreiben die Synchron–Vollpolmaschine mit Dämpferwicklung. Wenn die Synchronmaschine keine Dämpferwicklung hat, dann entfallen die Gleichungen der Dämpferwicklung (Gl. (16.130), Gl. (16.131), Gl. (16.135) und Gl. (16.136)), da $I_D = I_Q = \Psi_D = \Psi_Q = d\Psi_D/dt = d\Psi_Q/dt = 0$.

$$\Psi_d = L_{\sigma 1} \cdot I_d + \Psi_{hd} \tag{16.190}$$

$$\Psi_q = L_{\sigma 1} \cdot I_q + \Psi_{hq} \tag{16.191}$$

$$\Psi_E = \Psi_{hd} + L_{\sigma E} \cdot I_E \tag{16.192}$$

$$\Psi_{hd} = L_h \cdot (I_d + I_E) \tag{16.193}$$

$$\Psi_{hq} = L_h \cdot I_q \tag{16.194}$$

$$U_d = R_1 \cdot I_d + \frac{d\Psi_d}{dt} - \Omega_L \cdot \Psi_q \qquad (16.195)$$

$$U_q = R_1 \cdot I_q + \frac{d\Psi_q}{dt} + \Omega_L \cdot \Psi_d \qquad (16.196)$$

$$U_E = I_E \cdot R_E + \frac{d\Psi_E}{dt} \qquad (16.197)$$

$$M_{Mi} = \frac{3}{2} \cdot Z_p \cdot I_E \cdot I_q \qquad (16.198)$$

Diesen Gleichungen ist — analog zur Asynchronmaschine — zu entnehmen, daß das Moment M_{Mi} mit I_q vorgegeben wird. Auf die Anmerkung zu Gl. (16.16) bezüglich des Unterschieds von Schenkelpol– zu Vollpolmaschine sei nochmals hingewiesen.

Im stationären Leerlaufzustand ist $I_q = \Psi_q = d\Psi_q/dt = 0$ und damit gilt für die Spannungen

$$U_d = R_1 \cdot I_d \qquad (16.199)$$

$$U_q = \Omega_L \cdot \Psi_d \qquad (16.200)$$

d.h. bei konstantem Fluß Ψ_d wird die Spannung U_q proportional zur Kreisfrequenz Ω_L sein.

Der Feldschwächbetrieb kann durch einen Strom $I_d < 0$ erreicht werden.

Die Parallelen zur Asynchronmaschine sind offenkundig.

In gleicher Weise wie bei der Asynchronmaschine können Synchronmaschinen durch Entkopplungsnetzwerke und überlagerte Regelkreisen (Kap. 16.4) oder durch Feldorientierung (Kap. 16.5) geregelt werden.

Die Synchron–Vollpolmaschine soll nun so gesteuert werden, daß sich ein Verhalten wie bei der Gleichstrom–Nebenschlußmaschine ergibt. Damit sind drei Ziele für die Steuerung erwünscht:

1. Die Drehzahl soll im Ankerstellbereich verstellbar sein — ohne den Fluß zu beeinflussen.

2. Das Drehmoment soll einstellbar sein.

3. Die Maschine soll über den Nennbetrieb hinaus im Feldschwächbetrieb betrieben werden.

Eine ausführliche Diskussion der Steuerbedingungen bei Phasenschieberbetrieb, beim Betrieb als Stromrichtermotor und beim Betrieb mit dem Direktumrichter als Stellglied erfolgte in Band 1 [35, 36] dieser Buchreihe grundsätzlich und in Band 4 [37] im Detail einschließlich der Auslegung der Komponenten, so daß an dieser Stelle auf diese Ausführungen verzichtet werden soll.

16.4 Regelung der Synchronmaschine durch Entkopplung

Wie die Asynchronmaschine in Kap. 13 kann die Synchronmaschine entweder mittels Entkopplungsnetzwerken oder feldorientiert geregelt werden. Als wesentlicher Unterschied gegenüber der Asynchronmaschine und entsprechender Vorteil muß allerdings bedacht werden, daß die Orientierung der d–Achse aufgrund der konstruktiven Vorgaben bekannt ist und daher durch einen Sensor relativ einfach bestimmt werden kann. Unterschiedlich zur Asynchronmaschine ist weiterhin, daß bei der Synchronmaschine sowohl im Stator als auch im Erregerkreis eingegriffen werden kann. Es soll nun wie bei der Asynchronmaschine vorgegangen werden und zuerst das Verfahren der Entkopplung und dann die feldorientierte Regelung dargestellt werden.

Im Gleichungssatz (16.42) können die Gleichungen der Schenkelpolmaschine ohne Dämpferwicklung beispielsweise nach den Ableitungen der Flüsse aufgelöst werden, und es ergibt sich der Signalflußplan nach Abb. 16.4 bzw. Abb.16.5. Wesentlich war, daß die Ableitungen der Flüsse als Eingangssignale von Integratoren interpretiert wurden und entsprechend der Gleichung die Eingangssignale des jeweiligen Integrators realisiert wurden. Wie schon bei der Asynchronmaschine und in Kap. 16.1 für die Synchronmaschine ausführlich dargestellt, können die Gleichungen aber auch nach den Spannungen oder Strömen aufgelöst werden, und es ergibt sich ein Signalflußplan, bei dem sich ein Summationspunkt der Spannungen oder Ströme entsprechend der jeweiligen Gleichung ergibt. Ein weiterer Effekt ist, daß nun ein Differenzierglied im Signalflußplan notwendig ist, um bei Flußänderungen die daraus resultierende Spannung zu berechnen.

Um den Umfang der Darstellungen nicht zu umfangreich werden zu lassen und da bei der Asynchronmaschine die Entkopplung in allen Details dargestellt wurde, soll bei der Synchronmaschine nur die **Entkopplung bei der Synchron–Schenkelpolmaschine ohne Dämpferwicklung** besprochen werden, da alle anderen Abwandlungen — insbesondere für die Synchron–Vollpolmaschine — ohne großen Aufwand direkt nachvollziehbar sind.

Um Durchgängigkeit sicherzustellen, soll entsprechend Kap. 16.1.2 die Normierung entprechend Gleichungssatz (16.42) erfolgen und die Transformation in den Laplace–Bereich verwendet werden.

$$\psi_d \;=\; l_d \cdot i_d + i_E \tag{16.201}$$

$$\psi_q \;=\; l_q \cdot i_q \tag{16.202}$$

$$\psi_E \;=\; i_E + (1 - \sigma_E) \cdot l_d \cdot i_d \tag{16.203}$$

$$u_d \;=\; s\,T_N \cdot \psi_d + r_1 \cdot i_d - \omega_L * \psi_q \tag{16.204}$$

$$u_q \;=\; s\,T_N \cdot \psi_q + r_1 \cdot i_q + \omega_L * \psi_d \tag{16.205}$$

$$u_E \;=\; s\,T_E \cdot \psi_E + i_E \tag{16.206}$$

$$i_d = \frac{1}{\sigma_E \cdot l_d} \cdot \left(\psi_d - \psi_E \right) \tag{16.207}$$

$$i_q = \frac{1}{l_q} \cdot \psi_q \tag{16.208}$$

$$i_E = \frac{1}{\sigma_E} \cdot \left(\psi_E - (1 - \sigma_E) \cdot \psi_d \right) \tag{16.209}$$

$$m_{Mi} = \psi_d * i_q - \psi_q * i_d \tag{16.210}$$

$$s\, T_{\Theta N} \cdot \omega_m = m_{Mi} - m_W \tag{16.211}$$

Die Gleichungen (16.201) bis (16.203) können nach kurzer Rechnung umgeformt werden zu

$$\psi_d = \sigma_E \cdot l_d \cdot i_d + \psi_E \tag{16.212}$$

$$\psi_q = l_q \cdot i_q \tag{16.213}$$

$$\psi_E = \sigma_E \cdot i_E + (1 - \sigma_E) \cdot \psi_d \tag{16.214}$$

Wenn die Spannungs–Gleichungen (16.204) bis (16.206) nach den Strömen i_d, i_q und i_E aufgelöst werden und für die Verkettungen die Strom–Gleichungen (16.207) bis (16.209) und die Fluß–Gleichungen (16.212) bis (16.214) genutzt werden, dann ergibt sich der Signalflußplan in Abb. 16.24.
Beispielsweise gilt nach Gl. (16.204):

$$i_d = \frac{1}{r_1} \cdot (u_d - s\, T_N \cdot \psi_d + \omega_L * \psi_q)$$

Entsprechend sind die anderen Gleichungen im Signalflußplan umzusetzen.

In gleicher Weise kann entsprechend dem Gleichungssatz (16.201) bis (16.211) über Gl. (16.212) bis (16.214) der Signalflußplan bei eingeprägten Strömen i_d, i_q und i_E gezeichnet werden (Abb. 16.25). Unterschiedlich zu Abb. 16.10 ist in Abb. 16.25, daß eine ausreichende Spannungsreserve des vorhergehenden Wechselrichters angenommen worden ist. Zu beachten ist, daß bei Stromeinprägung keine „Stromsprünge" möglich sind, da der Lastkreis eine ohmsch–induktive Komponente hat. Aufgrund dieser Randbedingungen „ohmsch–induktive Komponente im Lastkreis und begrenzte Spannung des Wechselrichters" sind im Signalflußplan nach Abb. 16.25 in der Realität anzupassende Übertragungsfunktionen der Stromregelkreise vorzuschalten.

Wenn nun die Regelung der Synchronmaschine mittels eines Entkopplungsnetzwerkes erfolgen soll, muß beachtet werden, daß sowohl der Strom i_E als auch der Strom i_d flußbildend sind.

$$\psi_d = \sigma_E \cdot l_d \cdot i_d + \psi_E \tag{16.215}$$

bzw.

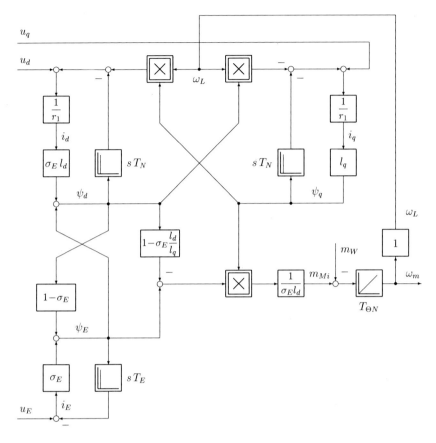

Abb. 16.24: *Normierter Signalflußplan der Synchron–Schenkelpolmaschine ohne Dämpferwicklung bei Spannungseinprägung*

$$\psi_E = \sigma_E \cdot i_E + (1 - \sigma_E) \cdot \psi_d \qquad (16.216)$$

Es müssen somit zur Steuerung der Flüsse sowohl ψ_d^* als auch ψ_E^* berücksichtigt werden. Wie die Relation von ψ_d^* und ψ_E^* zueinander gewählt wird, ist vom gewählten System Stellglied–Synchronmaschine abhängig (siehe beispielsweise [35, 36], Stromrichtermotor oder Direktumrichter–Synchronmaschine). Die Momentsteuerung erfolgt über den Fluß ψ_q. Es gilt im Zeitbereich:

$$m_{Mi} = \frac{\psi_q}{\sigma_E \cdot l_d} \cdot \left[\psi_E - \left(1 - \sigma_E \cdot \frac{l_d}{l_q} \right) \cdot \psi_d \right] \qquad (16.217)$$

Somit ist als dritter Eingang der Sollwert i_q^* für den drehmomentbildenden Signalpfad notwendig. Bei der Ableitung des Signalflußplans des Entkopplungsnetzwerkes für die Synchronmaschine wird entsprechend dem Vorgehen bei der

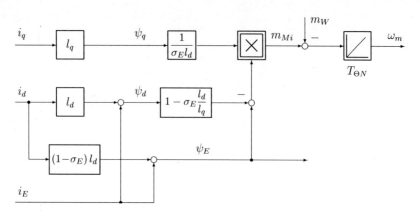

Abb. 16.25: *Normierter Signalflußplan der Schenkelpolmaschine ohne Dämpferwicklungen bei Stromeinprägung (Vernachlässigung der Spannungspfade)*

Asynchronmaschine vorgegangen. Beispielsweise wird die erste Spannungsgleichung (16.204)

$$u_d = s\,T_N \cdot \psi_d + r_1 \cdot i_d - \omega_L * \psi_q$$

der Synchronmaschine als Gleichung mit der Spannung u_d als Eingangsgröße und den Größen i_d, ψ_d und ψ_q als resultierende Größen angesetzt. Die entsprechende Gleichung des Entkopplungsnetzwerkes ist:

$$u'_d = s\,T'_N \cdot \psi^*_d + r'_1 \cdot i'_d - \omega'_L * \psi'_q \qquad (16.218)$$

wobei u'_d die Ausgangsgröße des Entkopplungsnetzwerkes ist und i'_d, ψ^*_d und ψ'_q als Eingangs- bzw. Zwischengrößen zu interpretieren sind. Die „gestrichenen" Größen sind die Größen innerhalb des Entkopplungsnetzwerkes, die aufgrund von Parameterunterschieden zwischen Entkopplungsnetzwerk und realer Maschine nicht exakt mit den Maschinengrößen übereinstimmen. Um die gewünschten Sollwerte ψ^*_E, ψ^*_d und i^*_q als Eingangsgrößen des Entkopplungsnetzwerkes zu erhalten, müssen die entsprechenden Gleichungen angesetzt werden:

$$u'_q = s\,T'_N \cdot \psi'_q + r'_1 \cdot i^*_q + \omega'_L * \psi^*_d \qquad (16.219)$$

$$u'_E = s\,T'_E \cdot \psi^*_E + i'_E \qquad (16.220)$$

$$i'_d = \frac{1}{\sigma'_E \cdot l'_d} \cdot \left(\psi^*_d - \psi^*_E \right) \qquad (16.221)$$

$$\psi'_q = l'_q \cdot i^*_q \qquad (16.222)$$

$$i'_E = \frac{1}{\sigma'_E} \cdot \left(\psi^*_E - (1 - \sigma'_E) \cdot \psi^*_d \right) \qquad (16.223)$$

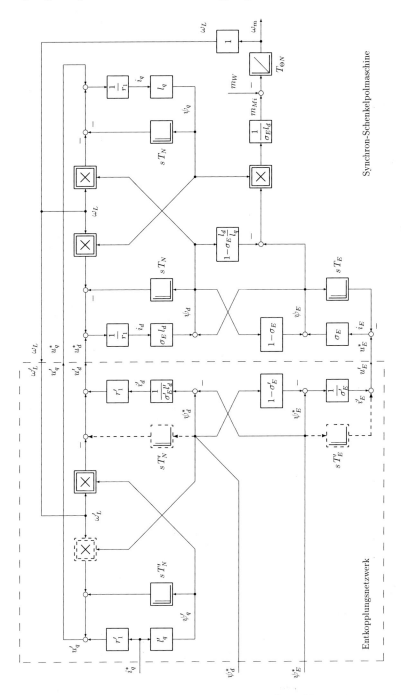

Abb. 16.26: *Synchron–Schenkelpolmaschine ohne Dämpferwicklung mit vorgeschaltetem Entkopplungsnetzwerk*

Wenn diese Gleichungen für das Entkopplungsnetzwerk verwendet werden, ergibt sich Abb. 16.26. In Abb. 16.26 ist im linken Teil das Entkopplungsnetzwerk mit den Eingangsgrößen i_q^*, ψ_d^*, ψ_E^* und ω_L' und den Ausgangsgrößen u_d', u_q' und u_E' dargestellt. Im rechten Teil des Bildes ist der Signalflußplan der Synchronmaschine gezeichnet. Bei der Darstellung des Gesamt–Signalflußplans ist angenommen, daß der Umrichter mit eingeprägter Spannung die Spannungen u_d, u_q (mit der entsprechenden Frequenz f entsprechend ω_L' im stationären Fall) und das Gleichspannungs–Stellglied die Spannung u_E amplitudengetreu und ohne Verzögerungen der Synchronmaschine bereitstellen kann. Die Ausgangsgrößen u_d', u_q' und u_E' des Entkopplungsnetzwerkes werden deshalb als Sollwerte u_d^*, u_q^* und u_E^* für die Stellglieder interpretiert und — ohne daß die idealen Stellglieder gezeichnet sind — als Eingangsgrößen zur Speisung der Synchronmaschine genutzt.

Aus dem Gesamtsignalflußplan in Abb. 16.26 ist wiederum zu erkennen, daß beispielsweise ausgehend von ψ_d^* Proportionalglieder mit den Verstärkungskoeffizienten $1/(\sigma_E' l_d')$ und r_1' im Entkopplungsnetzwerk zu realisieren sind und in der Synchronmaschine die entsprechenden Verstärkungsfaktoren $1/r_1$ und $\sigma_E l_d$ im Signalpfad zum Fluß ψ_d folgen. Somit kann — wenn die Parameter im Entkopplungsnetzwerk (gestrichene Größen) und die Parameter in der Synchronmaschine (ungestrichene Größen) übereinstimmen — der Fluß ψ_d durch den Sollwert ψ_d^* direkt gesteuert werden. Die gleiche Aussage gilt für die Signale ψ_E und i_q. Wenn die Sollwerte ψ_d^* und ψ_E^* nicht geändert werden, können die Funktionsblöcke $s\,T_N'$ und $s\,T_E'$ in den entsprechenden Signalpfaden entfallen; dies ist durch die Strichelung im Signalpfad angedeutet. Außerdem kann der Multiplizierer $\omega_L' * \psi_d^*$ (Faltung im Laplace–Bereich) durch ein Proportionalglied ersetzt werden. Durch das Entkopplungsnetzwerk wird somit der Synchronmaschine ein dynamisches Verhalten wie der Gleichstrom–Nebenschlußmaschine gegeben. Allerdings ist zu beachten, daß bei Änderungen der Sollwerte ψ_d^* und ψ_E^* durch die Funktionsblöcke $s\,T_N'$ und $s\,T_E'$ erhebliche dynamische Spannungsamplituden der Stellglieder gefordert werden, die eventuell von den Stellgliedern nicht mehr bereitgestellt werden können. Dies gilt aber ebenso für die Stellglieder bei der Gleichstrom–Nebenschlußmaschine.

Im allgemeinen werden beim Wechselrichter mit eingeprägter Spannung die Spannungsamplitude und die Frequenz für das Statorsystem vorgegeben, insofern kann der Gesamt–Signalflußplan in Abb. 16.26 erhalten bleiben. Für die Erregung des Polrades der Synchronmaschine ist im allgemeinen aber die Vorgabe des Erregerstromes i_E vorteilhafter als die Vorgabe der Spannung u_E', dies ist durch die thermische Änderung des ohmschen Widerstandes R_E der Polrad–Wicklung bedingt. Das Entkopplungsnetzwerk kann für diese geänderte Aufgabenstellung — Vorgabe von u_d^* und u_q^* für den Wechselrichter sowie Vorgabe von i_E^* für das Stellglied, welches die Polradwicklung speist — durch mathematische Umformung der Erregerkreisgleichung angepaßt werden.

Bei der **Realisierung** des Entkopplungsnetzwerks muß das **Differenzierglied** durch eine **DT$_1$–Übertragungsfunktion approximiert** werden.

Ausgehend von den bekannten Gleichungen der Spannungen

$$u_d = T_N \cdot \frac{d\psi_d}{dt} + r_1 \cdot i_d - \omega_L \cdot \psi_q \tag{16.224}$$

$$u_q = T_N \cdot \frac{d\psi_q}{dt} + r_1 \cdot i_q + \omega_L \cdot \psi_d \tag{16.225}$$

$$u_E = T_E \cdot \frac{d\psi_E}{dt} + i_E \tag{16.226}$$

und der Flußverkettung

$$i_d = \frac{1}{\sigma_E \cdot l_d} \cdot \left(\psi_d - \psi_E\right) \tag{16.227}$$

$$i_q = \frac{1}{l_q} \cdot \psi_q \tag{16.228}$$

$$i_E = \frac{1}{\sigma_E} \cdot \left(\psi_E - (1 - \sigma_E) \cdot \psi_d\right) \tag{16.229}$$

werden die Sollwertvorgaben ψ_d^*, ψ_E^* und i_q^* sowie die Ausgangssignale der gewünschten Statorspannungen u_d', u_q' und der Erregerstrom i_E' berücksichtigt. Wenn somit beispielsweise in Gl. (16.224) für i_d Gl. (16.227) und für ψ_q Gl. (16.228) eingesetzt wird, dann ergibt sich:

$$u_d' = T_N' \cdot \frac{d\psi_d^*}{dt} + \frac{r_1'}{\sigma_E' \cdot l_d'} \cdot \left(\psi_d^* - \psi_E^*\right) - \omega_L' \cdot l_q' \cdot i_q^* \tag{16.230}$$

$$u_q' = T_N' \cdot l_q' \cdot \frac{di_q^*}{dt} + r_1' \cdot i_q^* + \omega_L' \cdot \psi_d^* \tag{16.231}$$

$$i_E' = \frac{1}{\sigma_E'} \cdot \left(\psi_E^* - (1 - \sigma_E') \cdot \psi_d^*\right) \tag{16.232}$$

Entsprechend gilt für die Gleichungen im Laplace–Bereich:

$$u_d' = s\,T_N' \cdot \psi_d^* + \frac{r_1'}{\sigma_E' \cdot l_d'} \cdot (\psi_d^* - \psi_E^*) - \omega_L' * l_q' \cdot i_q^* \tag{16.233}$$

$$u_q' = s\,T_N' \cdot l_q' \cdot i_q^* + r_1' \cdot i_q^* + \omega_L' * \psi_d^* \tag{16.234}$$

$$i_E' = \frac{1}{\sigma_E'} \cdot \left(\psi_E^* - (1 - \sigma_E') \cdot \psi_d^*\right) \tag{16.235}$$

Mit diesen Voraussetzungen ergibt sich der Signalflußplan in Abb. 16.27.

Bei diesem Signalflußplan wurde zusätzlich angenommen, daß die Änderungen $d\psi_d^*/dt = d\psi_E^*/dt = 0$ sind, somit kann der Term $s\,T_N'\psi_d^*$ entfallen. In diesem Fall ist ein zusätzlicher Stromregelkreis für die Regelung des Erregerstroms i_E notwendig. Eine derartige Regelung ist aber bereits ausführlich bei den Regelungen der Gleichstrom–Nebenschlußmaschine besprochen worden, so daß hier nicht mehr darauf eingegangen werden soll.

Mit dem in Abb. 16.27 gezeichneten Entkopplungsnetzwerk kann nun ein drehzahlgeregelter Synchronmaschinenantrieb aufgebaut werden (Abb. 16.28).

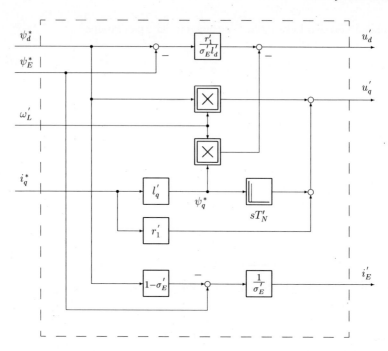

Abb. 16.27: *Entkopplungsnetzwerk (EK) für die Schenkelpolmaschine ohne Dämpfer-wicklung mit Erregerstrom–Sollwert–Ausgang*

In Abb. 16.28 ist für die Statorspeisung ein Wechselrichter mit eingeprägter Spannung angenommen worden. Wechselrichter mit eingeprägter Spannung sind beispielsweise Direktumrichter oder selbstgeführte Wechselrichter mit einge-prägter Spannung und eventuell in Zukunft Matrixumrichter. Diesen Wechsel-richtern werden als Steuersignale die Amplituden der Statorspannung $|u_1^*|$ und die Statorfrequenz f_1^* vorgegeben. Aus Abb. 16.28 ist zu entnehmen, daß — wie bereits bei der Asynchronmaschine dargestellt — das Entkopplungsnetzwerk aus den Eingangsgrößen ψ_E^*, ψ_d^* und i_q^* die Ausgangsgrößen u_d^*, u_q^*, ω_L^* und i_E^* er-zeugt. Allerdings wird kein Sensor verwendet, der die Orientierung der d– und q–Achse ermittelt. Um diese Schwierigkeit zu umgehen, wird vom kartesischen d–q–System zum Polarkoordinatensystem übergegangen. Die Bildung der Am-plitude $|u_1^*|$ erfolgt über die Gleichung $|u_1^*| = \sqrt{u_d^{*2} + u_q^{*2}}$. Bei der Bestimmung der Statorfrequenz f_1^* wird die Drehzahl ω_L benötigt. Im dynamischen Fall wird zu der stationären Frequenz ω_L noch der Anteil $d\gamma^*/dt$ addiert, der die phasen-richtige Spannungsvorgabe sicherstellt. Um die phasenrichtige Zuordnung von Polradlage und Statorspannungssystem beim Anfahren zu erreichen, können bei-spielsweise zwei Statorwicklungen mit einem Gleichstrom gespeist werden, damit das Polrad die durch den Statorstrombelag vorgegebene Position einnimmt.

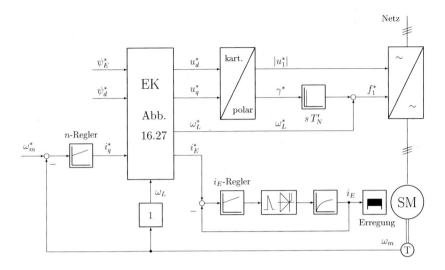

Abb. 16.28: *Drehzahlregelung der Synchronmaschine mittels Entkopplungsnetzwerk*

Eine andere Variante ist, zur Drehzahlerfassung einen Impulsgeber IG zu verwenden; damit kann die notwendige Zuordnung des Statorspannungssystems zur Polradlage erreicht werden. Dem Entkopplungsnetzwerk vorgeschaltet ist der überlagerte Drehzahlregler. Die Sollwerte von ψ_d^* und ψ_E^* sind als freie Eingangsgrößen gezeichnet. Die Wahl der Relation erfolgt in Abhängigkeit vom Stellgliedtyp (siehe [35, 36] oder [37]). Eine allgemeine Diskussion der Flußregelung erfolgt in Kap. 16.5.5, des Feldschwächbetriebs in Kap. 16.5.6 und des Leistungsfaktors der Grundschwingung $\cos\varphi$ in Kap. 16.5.7.

Allgemein muß bei Festlegung der Flußsollwerte gefordert werden, daß im Nennbetriebspunkt weder der Stator–Nennstrom $|I_{1N}|$ noch die Nennspannung $|U_{1N}|$ überschritten werden dürfen.

Wenn in Gl. (16.208) für i_q die Drehmomentgleichung (16.210) und die i_d–Stromgleichung (16.207) eingesetzt werden, dann ergibt sich nach Einsetzen der Momentgleichung

$$i_q = \frac{m_{Mi}}{\psi_d - l_q \cdot i_d} = \frac{\sigma_E \cdot l_d \cdot m_{Mi}}{(\sigma_E\, l_d - l_q) \cdot \psi_d + l_q \cdot \psi_E} \qquad (16.236)$$

wobei $i_d = (\psi_d - \psi_E)/(\sigma_E\, l_d)$ ist. Damit ist $i_q = f(m_{Mi},\,\psi_d,\,\psi_E)$ und damit der Betrag des Statorstroms i_1:

$$|i_1| = \sqrt{i_d^2 + i_q^2} = f(m_{Mi},\,\psi_d,\,\psi_E) \qquad (16.237)$$

Werden nun beispielsweise die Nennwerte von m_{Mi} und i_1 angesetzt, ergibt sich eine quadratische Bestimmungsgleichung für ψ_d^* und ψ_E^*.

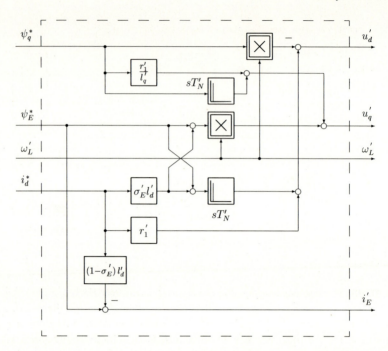

Abb. 16.29: *Entkopplungsnetzwerk mit i_d als Stellgröße für das Drehmoment und ψ_q^* und ψ_E^* als Steuergrößen*

Eine gleiche Rechnung kann für die Statorspannungsgleichungen als Funktion des Moments m_{Mi} sowie von ψ_d^* und ψ_E^* erfolgen und ergibt eine zweite Bestimmungsgleichung. Damit sind ψ_d^* und ψ_E^* bestimmbar und können entsprechend dem Arbeitspunkt eingestellt werden.

Statt der Steuergrößen ψ_d^*, ψ_E^* und i_q^* (Abb. 16.27) können in gleicher Weise Entkopplungsnetzwerke für andere Kombinationen von Eingangsgrößen entwickelt werden. In Abb. 16.29 ist das Entkopplungsnetzwerk für die Kombination ψ_q^* und ψ_E^* (arbeitspunktabhängige Steuergrößen) sowie i_d^* (dynamisch) dargestellt. Weitere Abwandlungen entsprechend den speziellen Anforderungen sind möglich.

In entsprechender Vorgehensweise können die Entkopplungsnetzwerke für die Schenkelpolmaschine mit Dämpferwicklung und die Vollpolmaschine erarbeitet werden.

Ganz allgemein soll hier noch einmal auf die ausführliche Darstellung der Entkopplung bei der Asynchronmaschine verwiesen werden. Dort wurden einerseits Hinweise für die praktische Realisierung — dies gilt insbesondere für die Realisierung des Differenzierers — und andererseits die Einschränkungen erläutert, so daß hier darauf verzichtet werden kann.

16.5 Regelung der Synchronmaschine durch Feldorientierung

Dr. F. Bauer

Wie bereits in Kap. 16.1.1 für die Synchronmaschine (Schenkelpolmaschine ohne Dämpferwicklung) und in den folgenden Kapiteln für andere Ausführungsformen von Synchronmaschinen sowie in [35, 36] dargestellt, ist ein wesentliches Kennzeichen der Synchronmaschine, daß mit dem Erregerstrom I_E der Erregerwicklung ein erster Flußanteil bereitgestellt wird. Der Erregerstrom wird i.a. über Schleifringe dem auf dem Rotor befindlichen Polsystem zugeführt (Innenpolmaschine). Auch sind bürstenlose und damit weitgehend wartungsfreie Ausführungsformen bekannt. Hier wird die Erregung über einem Drehstromsteller, der gegen das Drehfeld einen rotierenden dreiphasigen Transformator speist, sowie einem rotierenden dreiphasigem Brückengleichrichter ([37]) zugeführt.

Im Vergleich zur permanentmagneterregten Synchronmaschine (Kap. 16.6) kann der resultierende Fluß in der d–Richtung somit sowohl vom Erregerstrom als auch von der Stator–Stromkomponente I_d beeinflußt werden. Dies kann u.a. — wie bereits in [35, 36] dargestellt — dazu genutzt werden, den Verschiebungsfaktor $\cos\varphi$ einzustellen. Diese Möglichkeit macht die fremderregte Synchronmaschine vor allem für die Energieerzeugung interessant. Der zusätzliche Freiheitsgrad kann aber auch für Antriebsaufgaben vorteilhaft genutzt werden. Hierfür bietet sich die Schenkelpolmaschine gleichermaßen wie der Turboläufer (Vollpolmaschine) an.

Wesentliche Voraussetzung für den Einsatz der Synchronmaschine ist, daß bezüglich Regelbarkeit und Dynamik ein Höchstmaß an Freiheitsgrad und Qualität erreicht wird. Dies gelingt durch den Einsatz der heute etablierten feldorientierten Regelverfahren. Gegenüber der feldorientierten Regelung der Asynchronmaschine oder der permanentmagneterregten Synchronmaschine ist die Regelung der fremderregten Synchronmaschine aufwendiger — insbesondere dann, wenn ein Schenkelpolläufer vorliegt.

Wie bereits in Kap. 13.4.4 bei der Asynchronmaschine dargestellt, werden z.B. der Fluß Ψ_h und der momentbildende Strom geregelt. Im Ankerstellbereich wird somit Ψ_h auf den Nennwert geregelt, während der momentbildende Strom entsprechend den Momentanforderungen geregelt wird. Damit bestehen — wie bei der Asynchronmaschine — die Aufgabenstellungen, den Betrag und die Phase des Flusses Ψ_h zu bestimmen und weiterhin mittels der Vektordreher einmal vom statorfesten Koordinatensystem eine Transformation zum regelungstechnischen d–q–Koordinatensystem und anschließend zurück zum informationsverarbeitenden Bereich zum Wechselrichter–Statorwicklungssystem durchzuführen. Abbildung 16.33 für die Synchronmaschine entspricht im oberen Bildteil somit der entsprechenden Blockstruktur in Abb. 13.45 der Asynchronmaschine, und es gelten somit die gleichen Grundüberlegungen. Wie sich aus den Erläuterungen in Kap. 13.5 ergeben hat, sind die Modelle zur Ermittlung der benötigten Größen aus den leicht zu messenden Größen wie Statorspannungen und Statorströme von großer Bedeutung für die Funktion der feldorientierten Regelung. Aufgrund dieser Bedeutung der Modelle und der Vorkenntnisse aus Kap. 13.4.4 wird in den folgenden Kapiteln von den Modellen zur Gesamtregelung und zurück zu verfeinerten Modellen und einer erweiterten Gesamtregelung gewechselt, um didaktisch ausgehend von den einfacheren zu den komplexeren Lösungen zu gelangen.

16.5.1 Modelle zur Flußermittlung

Wie bereits bei der Asynchronmaschine betont und in Kap. 16.5 wiederholt, benötigt jede feldorientierte Regelung Informationen über die Winkellage des Flusses. In einem mit dem Flußwinkel verbundenen Koordinatensystem können dann Fluß und Drehmoment unabhängig voneinander eingestellt werden. Bei der permanentmagneterregten Synchronmaschine wird zur Orientierung gewöhnlich die Flußachse Ψ_{PM} der Permanenterregung herangezogen. Diese Ψ_{PM}–Achse (d–Achse) steht also in festem Bezug zur Rotorlage; es gelingt somit die Messung der Polradlage. Bei der fremderregten Synchronmaschine ist die Ankerrückwirkung wesentlich größer. Zudem muß der Erregerstrom I_E so berechnet werden, daß ein gewünschter Betriebspunkt erreicht wird. Der Betriebspunkt ist für bestimmte Werte von Drehzahl und Drehmoment durch einen bestimmten Fluß und einen $\cos \varphi$ charakterisiert. Sie können über Statorblindstrom und Erregerstrom unabhängig voneinander eingestellt werden. Zum Berechnen des Erregerstromes und des Flußraumzeigers verwendet man Modelle.

16.5.2 Spannungsmodell ($U_1 I_1$–Modell)

Das Spannungsmodell wurde bereits in Verbindung mit der feldorientierten Regelung der Asynchronmaschine (vergl. dazu Kap. 13.5.3) dargestellt. Bei der feldorientierten Regelung der Synchronmaschine spielt es jedoch eine zentrale Rolle und soll daher genauer betrachtet werden. Das Spannungsmodell benutzt zur Berechnung des Flusses die Statorgleichung der Drehfeldmaschine. Da bei Asynchronmaschine und Synchronmaschine der Stator gleich aufgebaut ist, ergeben sich für beide Maschinentypen gleiche Strukturen. Das Spannungsmodell berechnet aus den gemessenen Statorgrößen Spannung und Strom den Fluß durch Integration der der Spannung, die der zu berechnende Fluß induziert. Dazu werden die Maschinenparameter Statorwiderstand R_1 und Streureaktanz L_σ benötigt (vergl. dazu Kap. 13.5.3). Mit dem Spannungsmodell ist es möglich, sowohl Statorfluß, Luftspaltfluß als auch Rotorfluß zu berechnen. Bei der Asynchronmaschine ist die Orientierung auf den Rotorfluß gebräuchlich, weil der Rotorfluß hier die sich am langsamsten ändernde Größe darstellt. Bei der Synchronmaschine entspricht der Rotorfluß dem mit der Dämpferwicklung verketteten Fluß. Hier kommt jedoch häufig die Orientierung auf den Luftspaltfluß zur Anwendung.

16.5.2.1 Spannungsmodell als Wechselgrößenmodell

Bei der Ausführung des Spannungsmodells gibt es unterschiedliche Möglichkeiten. Eine ist, die induzierte Spannung komponentenweise zu berechnen und zu integrieren. Die Berechnung erfolgt im statorfesten Bezugssystem. Man erhält das bekannte Wechselgrößenmodell. Die Berechnung der Komponenten erfolgt hier im statorfesten Bezugssystem. Stationär sind die Komponenten Wechselgrößen mit Statorfrequenz. Die induzierte Spannung ergibt sich aus der folgenden allgemeinen Gleichung, wenn L_σ die wirksame Streuinduktivität zwischen anliegender Statorspannung und der zu berechnenden induzierten Spannung ist:

$$E_\alpha = U_{1\alpha} - R_1 \cdot I_{1\alpha} - L_\sigma \cdot \frac{d\,I_{1\alpha}}{dt}$$

$$E_\beta = U_{1\beta} - R_1 \cdot I_{1\beta} - L_\sigma \cdot \frac{d\,I_{1\beta}}{dt} \tag{16.238}$$

Durch Integration der Komponenten der induzierten Spannung E_α und E_β erhält man den Fluß in seinen statorfesten Komponenten:

$$\Psi_\alpha = \int E_\alpha\,dt$$

$$\Psi_\beta = \int E_\beta\,dt \tag{16.239}$$

Für die Komponenten der komplexen Zeiger wurde dabei gewählt:

$$\vec{U}_1^S = U_{1\alpha} + j\,U_{1\beta} \tag{16.240}$$

$$\vec{I}_1^S = I_{1\alpha} + j\,I_{1\beta} \tag{16.241}$$

$$\vec{\Psi}^S = \Psi_\alpha + j\,\Psi_\beta \tag{16.242}$$

Die hochgestellten S weisen auf Größen im statorfesten Bezugssystem hin. Der Fluß $\vec{\Psi}^S$ liegt hier in orthogonalen Komponenten vor. Gewöhnlich wird die Information nach Winkel und Betrag benötigt. Die Wandlung kann mit Hilfe eines kartesisch/polar–Wandlers (KP–Wandler) erfolgen. Der KP–Wandler führt dabei folgende mathematische Operationen aus:

$$\Psi = \sqrt{\Psi_\alpha^2 + \Psi_\beta^2} \tag{16.243}$$

$$\varphi_s = \arctan\frac{\Psi_\beta}{\Psi_\alpha} = \boldsymbol{\beta_S} \quad \textbf{(Kap. 13.1.2.3, Gl. 13.29)} \tag{16.244}$$

Mit der Wahl von L_σ bestimmt man, welcher Fluß berechnet wird. Es gilt dabei:

Parameter L_σ	Es wird berechnet:
0	Statorfluß
$L_{\sigma 1}$	Luftspaltfluß
$\sigma \cdot L_1$	Rotorfluß im vereinfachten Ersatzschaltbild

Dabei bedeuten:

$L_{\sigma 1}$	Statorstreuung
$\sigma \cdot L_1$	Gesamtstreuung

Eine Berechnung des Rotorflusses mit dem Spannungsmodell ist nur dann ohne weiteres möglich, wenn die Maschine keine unterschiedliche Ausprägung in d– und q–Achse besitzt. Dies ist bei der Asynchronmaschine der Fall. Bei der Schenkelpolmaschine ist der Rotor elektrisch und magnetisch unsymmetrisch. In einem nicht mit der Unsymmetrie verbundenen Koordinatensystem sind Rechenoperationen nur schwer durchzuführen. Das bedeutet, daß Gleichungen, die das Verhalten des (unsymmetrischen) Rotors beschreiben, am einfachsten in einem mit dem Rotor verbundenen Koordinatensystem gelöst werden können. Mit dem Spannungsmodell rechnet man daher nur soweit zum Rotor hin, wie die Maschine symmetrisch ist. Daher wird in Verbindung mit der Regelung der fremderregten Synchronmaschine oft der Luftspaltfluß als Orientierungsgröße herangezogen. Entsprechend muß für den Parameter L_σ im Spannungsmodell die Statorstreuung $L_{\sigma 1}$ eingesetzt werden. In diesem Fall entspricht die induzierte Spannung der vom Hauptfeld induzierten Spannung, die auch als Hauptfeldspannung U_h bezeichnet wird (vergl. dazu Gl. (16.153)).

16.5.2.2 Polares Spannungsmodell

Eine Schwierigkeit bei der Anwendung des Spannungmodells liegt darin, daß geringste Gleichanteile durch die offene Integration das Ergebnis unbrauchbar machen, weil die Integrierer „davonlaufen". Es müssen Stabilisierungsmaßnahmen ergriffen werden, um dennoch zu einem brauchbaren Ergebnis zu kommen. Das kann in dieser Struktur durch eine komponentenweise Rückkopplung der Integratorausgänge auf die Eingänge erfolgen, die frequenzabhängig geführt werden können. Die Integration ist dann aber für kleine Frequenzen nicht mehr ideal: Infolge der Rückkopplung geht der Integrator in ein Verzögerungsglied 1. Ordnung über. Der dadurch entstehende Phasenfehler und der damit einhergehende Orientierungsfehler macht die obige Struktur des Spannungsmodells unterhalb einer Mindestfrequenz unbrauchbar.

Eine Variante des Spannungsmodells erhält man durch polare Integration der induzierten Spannung. Die Integration der Komponenten erfolgt im flußfesten Bezugssystem. Stationär sind die Komponenten Gleichgrößen. Vorteilhaft ist, daß hier auch bei kleinen Frequenzen keine prinzipbedingten Phasenfehler infolge der notwendigen Stabilisierungsmaßnahmen erzeugt werden.

Der Flußraumzeiger ist gegeben durch:

$$\vec{\Psi} = \Psi \cdot e^{j\varphi_s}$$

Die Ableitung des Flusses ist die induzierte Spannung. Differenziert man also obigen Flußraumzeiger, so erhält man folgende Beziehung:

$$E_\alpha + jE_\beta = \frac{d}{dt}(\Psi\, e^{j\varphi_s}) = (\dot{\Psi} + j\, \dot{\varphi}_s\, \Psi)\, e^{j\varphi_s}$$

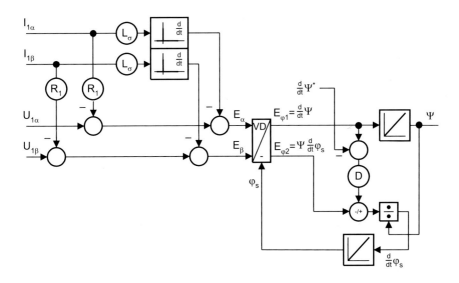

Abb. 16.30: *Polares Spannungsmodell*

Multipliziert man die so erhaltene Gleichung mit $e^{-j\varphi_s}$, so ergibt sich, wenn mit $E_{\varphi 1}$ und $E_{\varphi 2}$ die Komponenten der induzierten Spannung im feldorientierten Bezugssystem bezeichnet werden:

$$E_{\varphi 1} + j\,E_{\varphi 2} \;=\; (E_\alpha + jE_\beta)\,e^{-j\varphi_s} \;=\; (\dot{\Psi} + j\,\dot{\varphi}_s\,\Psi) \qquad (16.245)$$

Transformiert man also die nach Gl. (16.238) erhaltenen Komponenten der induzierten Spannung mit dem Flußwinkel $e^{-j\varphi_s}$, erhält man als Ergebnis die in Gl. (16.245) angegebenen Komponenten. Dabei entspricht die 1. Komponente $E_{\varphi 1}$ der Ableitung des Flusses. Durch Integration ergibt sich der Flußbetrag (Abb. 16.30).

Die zweite Komponente $E_{\varphi 2}$ ist das Produkt aus Flußbetrag und –frequenz. Durch Division mit dem Flußbetrag und anschließende Integration erhält man den gewünschten Flußwinkel für die Transformation der induzierten Spannung vom statorfesten in das flußfeste Bezugssystem und für die weitere Verwendung in der feldorientierten Regelung.

Das Verhalten der Struktur unterscheidet sich nicht von dem der direkten statorfesten Integration der induzierten Spannung. Allerdings läßt sich hier eine Stabilisierung finden, die auch bei kleinen Frequenzen stationär keine Phasenfehler verursacht. Eine solche Dämpfung wird durch einen Zusatzpfad erreicht, der die Ableitung des Flusses $E_{\varphi 1}$ mit einem Faktor D gewichtet und von der zweiten Komponente $E_{\varphi 2}$ subtrahiert. Bei negativer Flußfrequenz (Drehrichtungsumkehr) muß entsprechend addiert werden (Abb. 16.30).

Steigt z.B. der Flußbetrag an, wird die Frequenz am Eingang des Winkelintegrators verringert. Das führt dazu, daß gegenüber dem stationären Verlauf das Koordinatensystem der Rücktransformation zurückbleibt, was eine Verringerung der $E_{\varphi 1}$ bewirkt. Damit erzielt man eine Gegenkopplung. Im stationären Betrieb ist im Grunddrehzahlbereich die Komponente $E_{\varphi 1} = 0$. Damit verfälscht die Dämpfungsaufschaltung das Ergebnis nicht. Für den Feldschwächbereich kann für den Dämpfungszweig die in der Regelung berechnete Ableitung des Sollflusses von $E_{\varphi 1}$ noch abgezogen werden. Damit wird der in diesem Betriebsbereich ohnehin schon kleine Fehler noch verringert. Auch hier gelten sinngemäß die in Kap. 13.5.3 dargestellten Fehlerbetrachtungen bei Parameterverstimmung.

Die polare Struktur (Abb. 16.30) findet oft Anwendung in feldorientierten Regelungen für die fremderregte Synchronmaschine oberhalb einer Mindestfrequenz. Bei entsprechender Einstellung ermittelt sie recht genau Flußwinkel und Betrag. Zur Regelung der fremderregten Synchronmaschine ist es notwendig, beide Größen möglichst genau zu bestimmen (vergl. dazu Kap. 16.5.3).

16.5.2.3 Spannungsmodell als Gleichgrößenmodell

Eine weitere Variante des Spannungsmodells ergibt sich, wenn die Berechnung der induzierten Spannung auch auf der Gleichgrößenseite erfolgt. Für ein zunächst beliebiges Bezugssystem gilt folgende Statorgleichung. Die hochgestellten Buchstaben sollen darauf verweisen, in welchem Koordinatensystem die Gleichung gültig ist. In Gl. (16.246) bedeutet K ein allgemein angenommenes Koordinatensystem, das mit der Winkelgeschwindigkeit Ω_K gegenüber dem (ruhenden) Stator rotiert.

$$\vec{U}_1^K = R_1 \cdot \vec{I}_1^K - j\,\Omega_K \cdot \vec{\Psi}_1^K + \frac{d\vec{\Psi}_1^K}{dt} \qquad (16.246)$$

Statorfluß $\vec{\Psi}_1$ und zu berechnender Fluß $\vec{\Psi}$ stehen dabei in folgender Beziehung:

$$\vec{\Psi}_1 = L_\sigma \cdot \vec{I}_1 + \vec{\Psi} \qquad (16.247)$$

Für die Wahl von L_σ gilt der bereits oben dargestellte Zusammenhang. In einem mit dem Flußwinkel φ_s umlaufenden Koordinatensystem ($\Omega_K = -\dot\varphi_s$) erhält man folgende Spannungsgleichung. Dabei ist zu beachten, daß der Fluß $\vec{\Psi}$ in diesem Koordinatensystem nur eine reelle Komponente besitzt ($\vec{\Psi} = \Psi$). Mit dem hochgestellten φ soll ausgedrückt werden, daß die Gleichung in feldorientierten Koordinaten formuliert ist.

$$\vec{U}_1^\varphi = R_1 \cdot \vec{I}_1^\varphi + j\,\dot\varphi_s \cdot (L_\sigma \cdot \vec{I}_1^\varphi + \Psi) + L_\sigma \cdot \frac{d\vec{I}_1^\varphi}{dt} + \frac{d\Psi}{dt} \qquad (16.248)$$

Gleichung (16.248) kann nun komponentenweise formuliert in folgende Form gebracht werden:

$$\frac{d\Psi}{dt} = U_{\varphi 1} - \left(R_1 \cdot I_{\varphi 1} - \dot\varphi_s \cdot L_\sigma \cdot I_{\varphi 2} + L_\sigma \cdot \frac{dI_{\varphi 1}}{dt} \right)$$

$$\dot\varphi_s \cdot \Psi = U_{\varphi 2} - \left(R_1 \cdot I_{\varphi 2} + \dot\varphi_s \cdot L_\sigma \cdot I_{\varphi 1} + L_\sigma \cdot \frac{dI_{\varphi 2}}{dt} \right) \qquad (16.249)$$

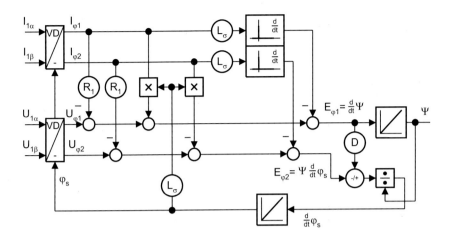

Abb. 16.31: *Spannungsmodell als Gleichgrößenmodell*

Dabei wurden für die komplexen Zeiger im feldorientierten Koordinatensystem folgende Komponenten verwendet:

$$\vec{U}_1^\varphi = U_{\varphi 1} + j\,U_{\varphi 2} \tag{16.250}$$

$$\vec{I}_1^\varphi = I_{\varphi 1} + j\,I_{\varphi 2} \tag{16.251}$$

$$\vec{\Psi}^\varphi = \Psi \tag{16.252}$$

Gleichung (16.249) weist auf der linken Seite die selben Komponenten auf wie Gl. (16.245). Für die Integration des Flusses und für die Dämpfung des Modells kann die selbe Methode wie oben schon gezeigt angewendet werden. Auf der rechten Seite wird ausgesagt, wie im feldorientierten Koordinatensystem die Komponenten $E_{\varphi 1}$ und $E_{\varphi 2}$ berechnet werden. Man erhält so das Spannungsmodell in Gleichgrößenstruktur (Abb. 16.31). Die Berechnung der Komponenten erfolgt im mit dem Flußwinkel umlaufenden Koordinatensystem. Stationär sind in diesem Koordinatensystem alle Größen Gleichgrößen. Im Vergleich zur polaren Struktur erfolgt hier nicht nur die Integration, sondern auch die Berechnung der induzierten Spannung im flußfesten Koordinatensystem.

Bei der Berechnung der induzierten Spannung ist zu erkennen, daß beim induktiven Spannungsabfall nach stationärem und dynamischem Anteil unterschieden wird. Gegenüber dem polaren Modell hat man hier den zusätzlichen Vorteil, daß bei der Parametrierung in Grundschwingungs- und Oberschwingungsanteil unterschieden werden kann. Diese Möglichkeit kann beim Betrieb der Maschine am Pulsumrichter genutzt werden. Hier treten neben der Grundschwingung Oberschwingungen in Spannung und Strom auf. Durch Stromverdrängungseffekte sinkt in der Regel die Streuinduktivität der Maschine mit steigender Frequenz.

Da in Verbindung mit der Synchronmaschine oftmals die Orientierung auf den Luftspaltfluß Anwendung findet, ist dieser Vorteil von untergeordneter Bedeutung, weil die Stromverdrängung sich hauptsächlich im Rotor auswirkt. Die Vorteile der polaren Struktur bei der Dämpfung des Modells bleiben hier natürlich erhalten.

Die in Gl. (16.238) angegebene Berechnung der induzierten Spannung ist nur genügend genau oberhalb einer Mindestfrequenz. Darunter wird die induzierte Spannung selbst so klein, daß ein falsch eingestellter Statorwiderstand oder Meßfehler in der Spannung das Ergebnis zu sehr verfälschen und es letztlich unbrauchbar machen (siehe dazu auch Fehlerbetrachtung Kap. 13.5.3). Dies gilt prinzipiell für jede Ausführung des Modells. Je genauer jedoch die Spannungserfassung arbeitet, umso kleiner ist die untere Grenzfrequenz. Der Statorwiderstand kann durch eine gesteuerte Adaption oder mit Hilfe von Regelkreisen aus elektrischen Größen adaptiert werden. Mit genauen Spannungsmessungen und Adaptionen sind heute Mindestfrequenzen von kleiner 2 % der Nennfrequenz erreichbar.

16.5.2.4   Strommodell der Schenkelpolmaschine

Das Strommodell ist die stationäre und dynamische Nachbildung der Rotorgleichungen. Bei der Schenkelpolmaschine besitzt der Rotor eine Ausprägung in der d– und q–Achse. Es ist daher günstig, das Modell in den d–q–Koordinaten darzustellen. Da, wie in Kap. 16.2 und 16.3 bereits dargestellt, der Vollpolläufer ein Sonderfall der Schenkelpolmaschine ist, läßt sich das Modell selbstverständlich auch auf diesen Maschinentyp anwenden.

Zur Nachbildung des Rotors können die Gleichungen (16.94) und (16.96) (siehe Kap. 16.2.2) herangezogen werden. Dabei kann der Rotorkreis so nachgebildet werden, daß als Ergebnis die Komponenten des Luftspaltflusses in d–q–Koordinaten anstehen. Durch Umformen erhält man folgende Gleichungen für die Luftspaltflüsse:

$$\Psi_{hd} \; = \; \Psi_D - L_{\sigma D} \cdot I_D + L_c \cdot (-I_D - I_E) \qquad (16.253)$$

$$\Psi_{hq} \; = \; \Psi_Q - L_{\sigma Q} \cdot I_Q \qquad (16.254)$$

Die Ableitungen der mit der Dämpferwicklung verketteten Flüsse Ψ_D und Ψ_Q entsprechen den Spannungen, die an den Dämpferwiderständen R_D und R_Q anstehen und die Dämpferströme I_D und I_Q treiben. Die Flüsse Ψ_D und Ψ_Q erhält man durch Integration der Spannungen an den Dämpferwiderständen:

$$\Psi_D = R_D \cdot \int (-I_D)\, dt \qquad (16.255)$$

$$\Psi_Q = R_Q \cdot \int (-I_Q)\, dt \qquad (16.256)$$

Die Dämpferströme ergeben sich aus dem Summenstrom $I_d + I_E$ bzw. I_q, die in den Rotor eingespeist werden und dem Luftspaltfluß (vergl. dazu auch Kap. 16.2 und 16.3):

$$-I_D = I_d + I_E - \frac{1}{L_{hd}} \cdot \Psi_{hd} \qquad (16.257)$$

$$-I_Q = I_q - \frac{1}{L_{hq}} \cdot \Psi_{hq} \qquad (16.258)$$

Mit Hilfe der Gleichungen (16.253) bis (16.258) kann ein Strommodell mit den Eingangsgrößen I_d, I_E und I_q realisiert werden. Es berechnet die Flußkomponenten Ψ_{hd} und Ψ_{hq} im d–q–Koordinatensystem und bildet den Kern des allgemeinen Strommodells der Schenkelpolmaschine (Abb. 16.32).

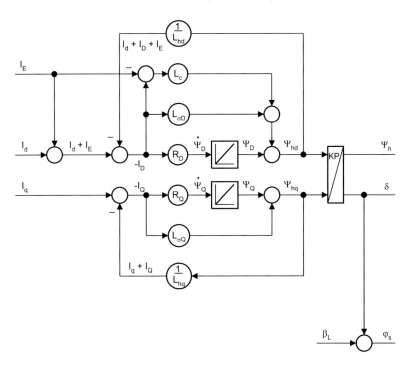

Abb. 16.32: *Strommodell der Synchronmaschine*

Der Luftspaltfluß $\vec{\Psi}_h$ ist durch seine Komponenten Ψ_{hd} und Ψ_{hq} im d–q–Koordinatensystem gegeben. Mit Hilfe eines KP–Wandlers kann der Winkel δ des Flusses im d–q–Koordinatensystem bestimmt werden. Der Winkel δ ist somit der Winkel, um den sich das rotorfeste Koordinatensystem (d, q) und das flußfeste Koordinatensystem (φ_1, φ_2) unterscheidet.

Zur vollständigen Bestimmung des Luftspaltflusses ist noch der Flußwinkel zu berechnen. Dabei ist der Winkel δ zwischen Rotor und Luftspaltfluß bereits bekannt. Den Flußwinkel im statorfesten Koordinatensystem erhält man durch

Addition des gemessenen Rotorwinkels β_L (Winkel zwischen stator– und rotor-festem Koordinatensystem, Abb. 16.32):

$$\varphi_s = \beta_L + \delta \qquad (16.259)$$

Der so vom Strommodell berechnete Fluß ist mit dem aus dem Spannungsmo-dell berechneten Luftspaltfluß direkt vergleichbar. Dabei muß, wie oben schon erläutert, L_σ gleich der Statorstreuung $L_{\sigma 1}$ gesetzt werden.

Handelt es sich um eine Vollpolmaschine, so kann das Strommodell vereinfacht werden (vergl. dazu Kap. 16.6). Durch die hier gegebene Symmetrie des Rotors in d– und q–Achse können die Gleichungen ähnlich wie bei der Asynchronmaschine im rotorflußfesten Bezugssystem gelöst werden. Ensprechend resultiert daraus eine dem Strommodell der Asynchronmaschine ähnliche Modellstruktur, wobei der Erregerstrom zusätzlich berücksichtigt werden muß.

16.5.3   Regelung der Synchronmaschine

Die Regelaufgabe bei der Synchronmaschine besteht darin, die Ströme $I_{\varphi 1}^*$, $I_{\varphi 2}^*$ und I_E^* so einzuprägen, daß der Fluß Ψ_h unabhängig vom gewünschten Dreh-moment konstant den Nennwert annimmt. Im Feldschwächbereich soll der Fluß so geführt werden, daß die Maschine einen bestimmten Spannungsbetrag an-nimmt. Eine entsprechende Steuerung soll die Erregung der Synchronmaschine zwischen Stator und Rotor so aufteilen, daß Statorstrom und –spannung in einem gewünschten Winkel zueinander stehen ($\cos \varphi$–Steuerung).

Eine Möglichkeit bei der Umsetzung der Regelaufgabe besteht darin, den von einem Flußrechner ermittelten Flußbetrag über den Erregerstrom I_E^* mit einem Flußregler auf den gewünschten Wert zu regeln (Abb. 16.33). Eine Zwei-komponenten-Stromregelung sorgt dafür, daß die gewünschten Ströme $I_{\varphi 1}^*$ und $I_{\varphi 2}^*$ im feldorientierten Kordinatensystem eingeprägt werden. Die Orientierung des Flusses φ_s ermittelt ebenfalls der Flußrechner.

Als Flußrechner kann z.B. das in Kap. 16.5.2 genauer beschriebene Span-nungsmodell eingesetzt werden. Antriebe mit geringen dynamischen Anforderun-gen sind oftmals in dieser Weise ausgeführt. Nachteilig ist, daß das Spannungs-modell unterhalb einer Mindestfrequenz bei der Berechnung des Flußbetrages und des Flußwinkels versagt. Bei Antrieben geringen dynamischen Anforderun-gen behilft man sich mit einem gesteuerten Anfahren der Maschine.

Weiterhin ist nachteilig, daß mit der Belastung der Synchronmaschine infolge der hohen Ankerrückwirkung der Erregerstrom stark variiert. Da der Flußregler den entsprechenden I–Anteil aufintegrieren muß, führt jeder Lastwechsel auch zu einer Abweichung des Flußistwertes gegenüber seinem Sollwert.

Eine Verbesserung des Verhaltens läßt sich durch mehrere Maßnahmen errei-chen: Ähnlich wie bei der Asynchronmaschine kann bei kleinen Frequenzen das Strommodell zur Orientierung verwendet werden. Eine Umschaltung der Modelle sorgt für die Auswahl des jeweils besser arbeitenden Modells. Für die Verbes-serung der Dynamik der Flußregelung kann der Erregerstromsollwert aus dem

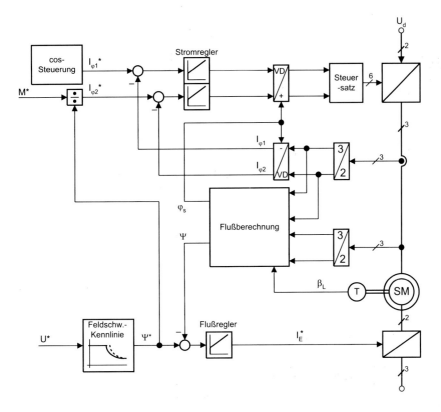

Abb.16.33: *Grundstruktur der feldorientierten Regelung der fremderregten Synchronmaschine*

Flußsollwert und den Sollwerten der Statorstromkomponenten $I_{\varphi 1}^*$ und $I_{\varphi 2}^*$ berechnet und mit dem Ergebnis der Ausgang des Flußregler vorgesteuert werden.

Für die Berechnung des Erregerstromes aus dem Flußsollwert und den Sollwerten der Statorstromkomponenten $I_{\varphi 1}^*$ und $I_{\varphi 2}^*$ kann das Strommodell verwendet werden. Bei dem in Kap. 16.5.2.4 vorgestellten Strommodell ist jedoch der Erregerstrom I_E ein Eingang und der Hauptflußbetrag Ψ_h ein Ausgang. Es soll daher hier eine Struktur des Strommodells diskutiert werden, die geeignet ist, zum einen aus dem Flußsollwert und den Sollwerten der Statorstromkomponenten den Erregerstrom und zum anderen die Orientierung des Flusses φ_s insbesondere bei kleinen Drehzahlen zu berechnen.

16.5.3.1 Berechnung des Erregerstroms mit dem Strommodell

Gewöhnlich liegen die Statorströme in feldorientierten Koordinaten vor. Die Berechnung der Flußkomponenten aus den Strömen mit dem in Abb. 16.32 gezeigten

Strommodell erfolgt im d–q–Koordinatensystem. Daher müssen die auf den Rotor wirkenden Ströme in das d–q–Koordinatensystem transformiert werden. Zudem möchte man in der gesuchten Struktur des Strommodells den Luftspaltflußbetrag Ψ_h vorgeben können und daraus die Information über den dazu notwendigen Erregerstrom erhalten.

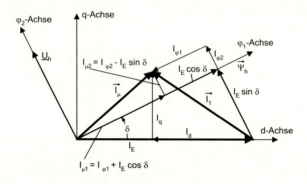

Abb. 16.34: *Zeigerdiagramm zum Strommodell*

Der Winkel δ ist wieder der Winkel, um den sich die Koordinatensysteme d–q und φ_1–φ_2 unterscheiden. Die Ströme $I_d + I_E$ bzw. I_q sind die magnetisierenden Ströme des Rotors im rotorbezogenen d–q–Koordinatensystem. Sie können durch eine Koordinatentransformation mit Hilfe eines Vektordrehers VD (vergl. dazu Abb. 16.9) mit dem Winkel δ aus den Strömen in feldorientierten Koordinaten berechnet werden. Man erhält dann den magnetisierenden Strom des Rotors in Komponenten des φ_1–φ_2–Koordinatensystems durch die Transformation. Der magnetisierende Strom $\vec{I}_\mu^\varphi = I_{\mu1} + j\,I_{\mu2}$ setzt sich dabei aus dem stationären Magnetisierungsstrom und aus dem dynamisch auftretenden Dämpferstrom zusammen (Zeigerdiagramm Abb. 16.34):

$$I_{\mu1} + j\,I_{\mu2} \;=\; (I_d + I_E + j\,I_q) \cdot e^{-j\delta} \qquad (16.260)$$

Berücksichtigt man, daß für den Statorstrom die Beziehung gilt:

$$I_d + j\,I_q = (I_{\varphi1} + j\,I_{\varphi2}) \cdot e^{j\delta} \qquad (16.261)$$

so können auch aus den bekannten Ausgangsgrößen der Koordinatentransformation die Eingangsgrößen bestimmt werden:

$$(I_d + I_E + j\,I_q) \cdot e^{-j\delta} \;=\; (I_{\varphi1} + j\,I_{\varphi2}) + (I_E \cdot \cos\delta - j\,I_E \cdot \sin\delta) \qquad (16.262)$$

Somit erhält man mit Hilfe von Gl. (16.260) und Gl. (16.262) für die magnetisierenden Stromkomponenten des Rotors im φ_1–φ_2–Koordinatensystem:

$$I_{\mu 1} = I_{\varphi 1} + I_E \cdot \cos\delta$$

$$I_{\mu 2} = I_{\varphi 2} - I_E \cdot \sin\delta \qquad (16.263)$$

Die Stromkomponente $I_{\mu 1}$ in Richtung der φ_1–Achse hat direkten Einfluß auf die Größe des Luftspaltflußbetrages Ψ_h am Ausgang des Modells. Verlangt man nun einen gewissen Sollwert Ψ_h^*, kann man mittels eines Modellreglers die dafür notwendige Stromkomponente in φ_1–Achse bestimmen. Am Ausgang des Modellreglers steht dann die Summe $I_{\mu 1} = I_{\varphi 1} + I_E \cdot \cos\delta$ an. Daraus kann nun der Erregerstromsollwert I_E^* und die Stromkomponente $I_{\mu 2}$ bestimmt werden (Abb.16.35). Zieht man den Statorstrom $I_{\varphi 1}$ ab, so gewinnt man die Projektion auf die φ_1–Achse $I_E \cdot \cos\delta$ des für den Sollfluß Ψ_h^* notwendigen Erregerstromes. Durch Division mit dem $\cos\delta$ des schon bekannten Winkels δ ergibt sich der Sollwert für den Erregerstrom I_E^*.

Nun ist noch die Stromkomponente $I_{\mu 2}$ in Richtung der φ_2–Achse nach Gl. (16.263) zu bestimmen. Dabei kann von der Stromkomponente $I_{\varphi 2}$ der mit $\sin\delta$ multiplizierte Erregerstrom abgezogen und das Ergebnis dem Vektordreher VD zugeführt werden. Diese Stromkomponente ist, wie später noch gezeigt wird, infolge der magnetischen Unsymmetrie des Schenkelpolläufers ungleich Null. Damit ist die Struktur des Strommodells vollständig diskutiert, die geeignet ist, aus dem Flußsollwert Ψ_h und den Sollwerten der Statorstromkomponenten $I_{\varphi 1}^*$ und $I_{\varphi 2}^*$ den Erregerstrom I_E^* und mit Hilfe der gemessenen Polradlage β_L den Flußwinkel φ_s zu berechnen.

Zur Vervollständigung des Zeigerdiagramms (Abb. 16.36) sollen nun die Achsen des mit dem Luftspaltfluß verbundenen φ_1–φ_2–Koordinatensystems im Zeigerdiagramm eingetragen werden. Dabei wird das stationäre Verhalten der Maschine betrachtet. Hierfür gilt für die mit der Dämpferwicklung verketteten Flüsse:

$$\dot\Psi_D = 0 \qquad \dot\Psi_Q = 0 \qquad (16.264)$$

Aus Gl. (16.255) und Gl. (16.256) erhält man direkt:

$$I_D = 0 \qquad I_Q = 0 \qquad (16.265)$$

Mit Gl. (16.265) gelten für das stationäre Verhalten dann nach Gl. (16.257) und Gl. (16.258) die Beziehungen im d–q–Koordinatensystem:

$$I_{\mu d} = I_d + I_E = \frac{1}{L_{hd}} \cdot \Psi_{hd} \qquad (16.266)$$

$$I_{\mu q} = I_q = \frac{1}{L_{hq}} \cdot \Psi_{hq} \qquad (16.267)$$

Wie aus dem Strukturbild schon hervorgeht, ist der Winkel δ durch die Gleichung $\delta = \arctan(\Psi_{hq}/\Psi_{hd})$ gegeben. Durch die unterschiedlichen Induktivitäten L_{hd} und L_{hq} ist aus den Gleichungen (16.266) und (16.267) zu sehen, daß der Magnetisierungsstrom im rotorfesten d–q–Koordinatensystem $\vec{I}_\mu^R = I_{\mu d} + j\,I_{\mu q}$

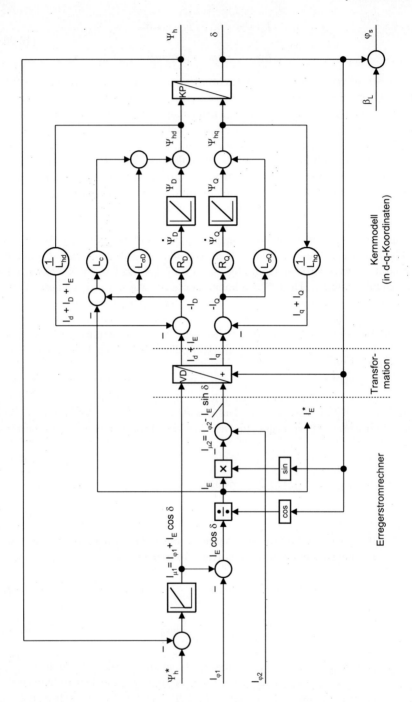

Abb. 16.35: *Strommodell der Synchronmaschine mit Erregerstromrechner*

nicht in Richtung des Flusses $\vec{\Psi}_h^R = \Psi_{hd} + j\,\Psi_{hq}$ liegt. Das bedeutet, daß aufgrund der unterschiedlichen magnetischen Eigenschaften in Längs- und Querachse der Magnetisierungsstrom $\vec{I}_\mu^\varphi = I_{\mu 1} + j\,I_{\mu 2}$ in Flußkoordinaten eine Querkomponente $I_{\mu 2}$ besitzen muß.

Transformiert man mit den Beziehungen

$$(\Psi_{hd} + j\,\Psi_{hq}) \cdot e^{-j\delta} \;=\; \vec{\Psi}_h^\varphi = \Psi_h$$

$$(I_{\mu d} + j\,I_{\mu q}) \cdot e^{-j\delta} \;=\; I_{\mu 1} + j\,I_{\mu 2} \tag{16.268}$$

die Gleichungen (16.266) und (16.267) in das φ_1–φ_2–Koordinatensystem, so erhält man folgenden Zusammenhang:

$$\frac{1}{2}(L_{hd} + L_{hq}) \cdot (I_{\mu 1} + j\,I_{\mu 2}) + \frac{1}{2}(L_{hd} - L_{hq}) \cdot (I_{\mu 1} - j\,I_{\mu 2}) \cdot e^{-j2\delta} = \Psi_h \tag{16.269}$$

Löst man Gl. (16.269) in Real– und Imaginärteil–Komponenten auf und eliminiert daraus den Winkel δ, so erhält man die Ortskurve des Magnetisierungsstromes $\vec{I}_\mu^\varphi$. Sie genügt folgender Gleichung:

$$\left[I_{\mu 1} - \frac{\Psi_h}{2} \cdot \left(\frac{1}{L_{hd}} + \frac{1}{L_{hq}} \right) \right]^2 + I_{\mu 2}^2 = \left[\frac{\Psi_h}{2} \cdot \left(\frac{1}{L_{hd}} - \frac{1}{L_{hq}} \right) \right]^2 \tag{16.270}$$

Ist also der Fluß Ψ_h konstant, so beschreibt die Spitze des Raumzeigers des Magnetisierungsstroms $\vec{I}_\mu^\varphi$ in feldorientierten Koordinaten einen Kreis, wenn der Winkel δ zwischen fluß– und rotorfestem Koordinatensystem zwischen $0°$ und $180°$ variiert. Der Kreis wird nochmals durchlaufen, wenn der Winkel δ zwischen $180°$ und $360°$ variiert (Reluktanzwirkung des Schenkelpolläufers, vergl. dazu Abb. 16.1 und Gl. (16.16)). Der Kreisdurchmesser ist dabei durch $D = \Psi_h \cdot (1/L_{hd} - 1/L_{hq})$ und der Mittelpunkt durch $M = (\Psi_h / 2) \cdot (1/L_{hd} + 1/L_{hq})$ gegeben (ähnlich dem Reluktanzkreis der unerregten Schenkelpolmaschine am Netz mit konstanter Spannung). Im Leerlauf ($\delta = 0°$) bestimmt der Kehrwert der in der d–Achse wirksamen Induktivität den Magnetisierungsstrom $\vec{I}_\mu^\varphi$. Magnetisierungsstrom $\vec{I}_\mu^\varphi$ und Fluß Ψ_h zeigen in die gleiche Richtung (φ_1–Achse). Bei ($\delta = 90°$) ist der Magnetisierungsstrom $\vec{I}_\mu^\varphi$ durch den Kehrwert der in q–Achse wirksamen Reaktanz gegeben. Auch hier zeigt der Magnetisierungsstrom $\vec{I}_\mu^\varphi$ in die Flußachse. Diese zwei Extreme legen auch den Kreisdurchmesser fest. Bei anderen Winkeln δ zeigt, wie oben schon ausgeführt, der Magnetisierungsstrom $\vec{I}_\mu^\varphi$ nicht in die Flußachse. Die Verbindungsgerade vom Magnetisierungsstrom $\vec{I}_\mu^\varphi$ zum Kreismittelpunkt und Flußachse schließen einen Winkel 2δ ein (Raumzeigerdiagramm Abb. 16.36).

Bei der Vollpolmaschine entartet der Kreis infolge von $L_{hd} = L_{hq}$ zu einem Punkt. Der Magnetisierungsstrom $\vec{I}_\mu^\varphi$ zeigt immer in die Flußrichtung, die Komponente $I_{\mu 2}$ ist Null (Verschwinden der Reluktanzwirkung).

Der Nachbildung der Maschine im Strommodell liegt die Zweiachsentheorie der Park'schen Gleichungen zugrunde, die in Abb. 16.9 dargestellt sind.

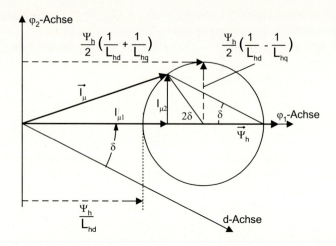

Abb. 16.36: *Ortskurve des Magnetisierungsstromes in feldorientierten Koordinaten*

In Abhängigkeit des Winkels δ kann eine resultierende Hauptfeldinduktivität L_{he} angegeben werden:

$$L_{he} = \frac{|\Psi_h|}{|I_\mu|} \tag{16.271}$$

Die resultierende Hauptfeldinduktivität L_{he} läßt sich in Abhängigkeit von dem Winkel δ und den Hauptinduktivitäten in Längs– und Querachse L_{hd} und L_{hq} darstellen. Löst man Gl. (16.269) nach den Stromkomponenten $I_{\mu 1}$ und $I_{\mu 2}$ auf, so erhält man zunächst:

$$I_{\mu 1} = \frac{(L_{hd} + L_{hq}) - (L_{hd} - L_{hq}) \cdot \cos(2\delta)}{2 \cdot L_{hd} \cdot L_{hq}} \cdot \Psi_h \tag{16.272}$$

$$I_{\mu 2} = \frac{(L_{hd} - L_{hq}) \cdot \sin(2\delta)}{2 \cdot L_{hd} \cdot L_{hq}} \cdot \Psi_h \tag{16.273}$$

Berücksichtigt man, daß für das Quadrat des Magnetisierungsstromes $I_\mu^2 = I_{\mu 1}^2 + I_{\mu 2}^2$ gilt, so wird aus Gl. (16.271) durch Quadrieren:

$$L_{he}^2 = \frac{\Psi_h^2}{I_{\mu 1}^2 + I_{\mu 2}^2} \tag{16.274}$$

Durch Einsetzen der Stromkomponenten $I_{\mu 1}$ und $I_{\mu 2}$ in Gl. (16.274) erhält man nun die Gleichung, mit deren Hilfe man aus den Größen L_{hd}, L_{hq} und δ die Ersatzinduktivität L_{he} bestimmen kann:

$$L_{he}^2 = \frac{L_{hd}^2 \cdot L_{hq}^2}{L_{hd}^2 + (L_{hq}^2 - L_{hd}^2) \cdot \cos^2 \delta} = \frac{L_{hd}^2 \cdot L_{hq}^2}{L_{hq}^2 + (L_{hd}^2 - L_{hq}^2) \cdot \sin^2 \delta} \tag{16.275}$$

L_{he} ist gleich dem Radius einer Ellipse, deren große Halbachse gleich L_{hd} und deren kleine Halbachse gleich L_{hq} ist (Abb. 16.37). Die Division von Ψ_h/L_{he} liefert den Betrag des Magnetisierungsstromes $|I_\mu|$ entsprechend der Stromortskurve im feldorientierten Koordinatensystem bzw. umgekehrt.

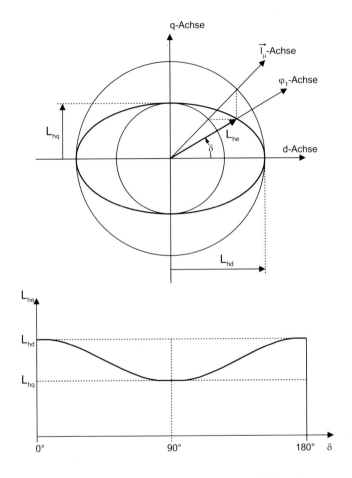

Abb. 16.37: *Ersatzinduktivität der Schenkelpolmaschine*

In der Praxis ist dieser Verlauf für die Ersatzinduktivität L_{he} nur näherungsweise erfüllt. Dies ist abhängig vom Aufbau des Schenkelpolläufers (Polform, Polabdeckung, usw.). Dementsprechend beschreibt auch die Ortskurve von $\vec{I}_\mu^\varphi$ nur näherungsweise den dargestellten Kreis. Zudem wurden bei der Betrachtung Einflüsse der Sättigung außer acht gelassen [357].

16.5.4 Ablösung verschiedener Modelle

Das Strommodell arbeitet im Gegensatz zum Spannungsmodell bei jeder beliebigen Drehzahl. Für die Berechnung des Flußwinkels φ_s benötigt es einen Geber zur Messung des Rotorwinkels β_L. Hierzu werden heute üblicherweise Inkrementalgeber eingesetzt. Hierbei muß zum Berechnen des Absolutwinkels der Winkeloffset durch entsprechende Identifikationsverfahren ermittelt werden. Somit kann das Strommodell zur Führung des Spannungsmodells bei kleinen Drehzahlen und zur Durchführung der feldorientierten Regelung herangezogen werden. Dazu werden die Integratorwerte des Spannungsmodells so gesetzt, daß der Fluß des Spannungsmodells dem des Strommodells entspricht.

Das Strommodell berechnet zusätzlich einen dynamisch hochwertigen Sollwert für den Erregerstrom (vergl. dazu Abb. 16.35). Der Sollwert dient als Vorsteuerwert für die überlagerte Flußregelung, auf die in diesem Kapitel noch eingegangen wird. Weil das Spannungsmodell in der vorgestellten Form das nicht leistet, ist das Strommodell in dynamischen Regelungen für die fremderregte Synchronmaschine immer im Eingriff. Selbstverständlich kann für Antriebe mit dynamisch geringen Anforderungen auf die Vorsteuerung der Flußregelung mit dem Erregerstromsollwert verzichtet werden.

Ein Nachteil des Strommodells ist jedoch, daß, ähnlich wie bei der Asynchronmaschine, die Ungenauigkeiten der Rotorparameter in das Ergebnis eingehen. Zur Orientierung wird deshalb bei höheren Frequenzen oft das dort genauer arbeitende Spannungsmodell herangezogen. Mit der Kombination aus Strom- und Spannungsmodell erreicht man ein Höchstmaß an Dynamik und Drehmomentgenauigkeit, wie es z.B. bei Förder- oder Walzantrieben gefordert wird. Zum Umschalten zwischen den Modellen bedient man sich unterschiedlicher Ablöseschaltungen.

Eine Möglichkeit zum Umschalten zwischen den Modellen besteht darin, daß man zur Orientierung und Flußbetragsregelung stets den Fluß des Spannungsmodells heranzieht. Durch das oben vorgeschlagene Setzen der Integratorwerte unterhalb einer Grenzfrequenz auf die Werte des Strommodells wird auch die Orientierung direkt umgeschaltet.

Sind die Setzwerte infolge von Parameter- und Meßfehlern ungenau, entstehen Einschwingvorgänge des Spannungsmodells. Besser ist es, das Beenden des Setzvorganges und die Umschaltung auf das Spannungsmodell getrennt auszuführen. Die Umschaltung der Orientierung erfolgt sinnvollerweise bei einer höheren Frequenz als der Setzbereich sich erstreckt.

Die Umschaltung kann abhängig von der Frequenz über eine Kennlinie erfolgen (Abb. 16.38). Dabei wird die Winkeldifferenz aus Spannungs- und Strommodell gebildet und mit einer über die Frequenz geführten Kennlinie bei kleinen Frequenzen mit Null, bei hohen mit Eins gewichtet. Addiert man das Ergebnis zur Orientierung des Strommodells, erhält man am Ausgang φ_s bei kleinen Frequenzen die Orientierung des Strommodells, bei großen die des Spannungsmodells. Mit der Parametrierung der Kennlinie läßt sich der kontinuierlich ver-

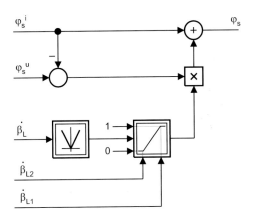

Abb. 16.38: *Beispiel für die Umschaltung der Modelle*

laufende Umschaltbereich frei projektieren. Mit φ_s^u und φ_s^i sind die Flußwinkel des Spannungs- bzw. Strommodells bezeichnet. Zur Führung der Kennlinie kann auch die Drehzahl $\dot{\beta}_L$ verwendet werden, die in realen Regelungen häufig einen ruhigeren Verlauf aufweist.

Eine weitere Möglichkeit zum Umschalten der Modelle besteht darin, eine Struktur zu wählen, die von sich aus frequenzabhängig die Auswahl besorgt. Wie oben gezeigt, berechnet das Strommodell einen Fluß, der direkt mit dem aus dem Spannungsmodell berechneten Luftspaltfluß vergleichbar ist. Hierbei muß, wie schon erläutert, L_σ gleich der Statorstreuung $L_{\sigma1}$ gesetzt werden. Gemäß Gl. (16.238) und (16.239) gilt für das Spannungsmodell die Gleichung:

$$\vec{\Psi}_h^u = \int \left(\vec{U}_1^S - R_1 \, \vec{I}_1^S \right) dt \, - \, L_{\sigma1} \, \vec{I}_1^S \tag{16.276}$$

Zur Unterscheidung soll der vom Spannungsmodell berechnete Fluß mit einem hochgestellten u und der vom Strommodell mit einem hochgestellten i gekennzeichnet werden. Die hochgestellten S weisen auf Größen im statorfesten Bezugssystem hin. Für den vom Spannungs- bzw. Strommodell berechneten Luftspaltfluß gilt dann:

$$\vec{\Psi}_h^u \;=\; \Psi_h^u \cdot e^{j\varphi_s^u} \;=\; \Psi_{h\alpha}^u + j\Psi_{h\beta}^u \tag{16.277}$$

$$\vec{\Psi}_h^i \;=\; \Psi_h^i \cdot e^{j\varphi_s^i} \;=\; \Psi_{h\alpha}^i + j\Psi_{h\beta}^i \tag{16.278}$$

Bildet man nun die Differenz der Flüsse und koppelt die mit $1/T$ gewichtete Differenz auf den Eingang der Integratoren zurück, so erhält man die Struktur des von *Bauer* und *Heining* [358] vorgeschlagenen „geführten Spannungsmodells". Mit T ist eine zunächst frei wählbare Zeitkonstante bezeichnet. Setzt man diese Rückkopplung der Integratoren in Gl. (16.276) ein, so erhält man die vom „geführten

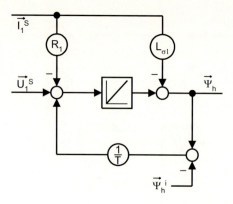

Abb. 16.39: *Geführtes Spannungsmodell als Wechselgrößenmodell nach Gl. (16.279)*

Spannungsmodell" bestimmten Raumzeiger der Hauptflußrichtung $\vec{\Psi}_h$:

$$\vec{\Psi}_h = \int \left[\vec{U}_1^S - R_1\,\vec{I}_1^S - \frac{1}{T}\left(\vec{\Psi}_h - \vec{\Psi}_h^i\right) \right] dt \; - \; L_{\sigma 1}\,\vec{I}_1^S \qquad (16.279)$$

Das geführte Spannungsmodell läßt sich direkt unter Anwendung von Gl. (16.279) als Wechselgrößenstruktur darstellen (Abb. 16.39). Es entspricht im Aufbau dem Spannungsmodell. Zusätzlich sind die im Spannungsmodell vorkommenden offenen Integratoren mit dem Faktor $1/T$ zurückgekoppelt. Dadurch wird aus der offenen Integration für jede Komponente ein PT_1–Glied mit der Zeitkonstante T. Die Struktur des geführten Spannungsmodells enthält also nicht die Probleme der offenen Integration.

Sind die Parameter von Spannungs– und Strommodell richtig abgeglichen, so sind beide Flüsse gleich. Damit ist die rückgekoppelte Differenz der Flüsse Null. Die Rückführung verursacht also keine prinzipbedingten Fehler, andererseits stabilisiert sie die offene Integration. Sind die Maschinenparameter verstimmt, ergeben sich unterschiedliche Flüsse aus Spannungs- und Strommodell. Somit unterscheidet sich im allgemeinen auch das Ergebnis des geführten Spannungsmodells $\vec{\Psi}_h$ vom Ergebnis des Spannungsmodells $\vec{\Psi}_h^u$. Das stationäre Verhalten des geführten Spannungsmodells bei Parameterverstimmung soll im folgenden betrachtet werden.

Zieht man Gl. (16.279) von Gl. (16.276) ab, so erhält man zunächst die Integralgleichung:

$$\vec{\Psi}_h^u - \vec{\Psi}_h \; = \; \frac{1}{T} \int \left(\vec{\Psi}_h - \vec{\Psi}_h^i\right) \; dt \qquad (16.280)$$

Durch Differentiation wird:

$$T \cdot \frac{d\vec{\Psi}_h}{dt} + \vec{\Psi}_h \; = \; T \cdot \frac{d\vec{\Psi}_h^u}{dt} + \vec{\Psi}_h^i \qquad (16.281)$$

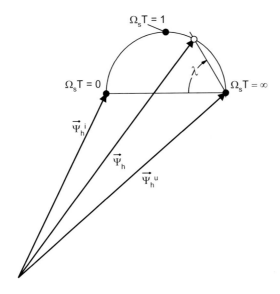

Abb.16.40: *Stationäres Verhalten des geführten Spannungsmodells bei Parameterverstimmung*

Für eine stationäre Betrachtung soll gelten, daß die Flüsse die selbe Frequenz $\Omega_s = \dot{\varphi}_s$ haben und der Betrag der Füsse konstant ist. Damit wird für die Ableitungen:

$$\frac{d\vec{\Psi}_h}{dt} = \frac{d}{dt}\left(\Psi_h \cdot e^{j\varphi_s}\right) = \left(\dot{\Psi}_h + j\dot{\varphi}_s\,\Psi_h\right) \cdot e^{j\varphi_s} = j\,\Omega_s\,\vec{\Psi}_h \qquad (16.282)$$

$$\frac{d\vec{\Psi}_h^u}{dt} = \frac{d}{dt}\left(\Psi_h^u \cdot e^{j\varphi_s^u}\right) = \left(\dot{\Psi}_h^u + j\dot{\varphi}_s^u\,\Psi_h^u\right) \cdot e^{j\varphi_s^u} = j\,\Omega_s\,\vec{\Psi}_h^u \qquad (16.283)$$

Setzt man nun Gl. (16.282) und (16.283) in Gl. (16.281) ein, so ergibt sich die Gleichung:

$$\vec{\Psi}_h = \vec{\Psi}_h^i + \frac{j\,\Omega_s\,T}{1 + j\,\Omega_s\,T}\left(\vec{\Psi}_h^u - \vec{\Psi}_h^i\right) \qquad (16.284)$$

Gleichung (16.284) beschreibt das stationäre Ablöseverhalten des geführten Spannungsmodells. Dabei spielen die Differenz des Flusses $\vec{\Psi}_h^u - \vec{\Psi}_h^i$ und die Frequenz Ω_s eine entscheidende Rolle. Setzt man Gl. (16.284) in ein Zeigerdiagramm um, so kann das Verhalten anschaulich dargestellt werden (Abb. 16.40).

Der resultierende Fluß $\vec{\Psi}_h$ bewegt sich entlang eines Halbkreises. Der Durchmesser entspricht der Differenz des Flusses $\vec{\Psi}_h^u - \vec{\Psi}_h^i$. Entscheidend für die Lage des Endpunktes vom Fluß $\vec{\Psi}_h$ ist die Frequenz Ω_s. Der Punkt ist definiert durch den Schnittpunkt des Halbkreises mit einer Geraden durch die Spitze von $\vec{\Psi}_h^u$, die gegenüber der Verbindungslinie durch die Punkte der Ortskurve für $\Omega_s = 0$ und für $\Omega_s = \infty$ den Neigungswinkel λ aufweist. Der Winkel λ ist gegeben durch:

$$\tan \lambda = \Omega_s\, T \qquad (16.285)$$

Bei kleinen Frequenzen Ω_s ist also für das Ergebnis $\vec{\Psi}_h$ alleine der Fluß $\vec{\Psi}_h^i$ des Strommodells ausschlaggebend. Mit steigender Frequenz gewinnt der Fluß $\vec{\Psi}_h^u$ des Spannungsmodells an Bedeutung. Ist $\Omega_s\,T = 1$, tragen beide Modelle im gleichen Maße zum Ergebnis bei. Ist $\Omega_s\,T \gg 1$, ist alleine das Spannungsmodell maßgebend. Die Ablösung erfolgt kontinuierlich über der Frequenz. Mit der Wahl der Zeitkonstante T bestimmt man die Ablösefrequenz. Damit ist die Charakteristik der Ablösung und des Einschwingverhaltens des geführten Spannungsmodells festgelegt. Für die Modifikation kann die Zeitkonstante T zusätzlich mit der Frequenz geführt werden.

Die Struktur mit gleichem Verhalten kann selbstverständlich auch als Gleichgrößenstruktur realisiert werden. Setzt man die Ableitungen der Flüsse in Gl. (16.281) ein und multipliziert sie mit $e^{-j\varphi_s}$, so ergibt sich die Gleichung:

$$\frac{d\vec{\Psi}_h^u}{dt} \cdot e^{-j\varphi_s} = \left(\dot{\Psi}_h + j\, \dot{\varphi}_s \Psi_h \right) + \frac{1}{T} \cdot \left(\Psi_h - \Psi_h^i e^{j(\varphi_s^i - \varphi_s)} \right) \qquad (16.286)$$

Die Berechnung der Ableitung des Flusses des Spannungsmodells $d\vec{\Psi}_h^u/dt$ aus Spannung und Strom (also die induzierte Spannung) kann, wie oben schon gezeigt, auf der Wechselgrößenseite oder auch auf der Gleichgrößenseite erfolgen (Abb. 16.41). Da die Umformung mathematisch exakt erfolgt ist, hat das geführte Spannungsmodell in Gleichgrößendarstellung das selbe Verhalten wie das in Wechselgrößenform. In der Gleichgrößendarstellung ist die polare Struktur des Spannungsmodells zu erkennen mit dem Unterschied, daß der Integrator mit dem Faktor $1/T$ rückgekoppelt ist. Zusätzlich werden zwei Komponenten aus dem Strommodell eingespeist. Ist der Orientierungswinkel des Strommodells $\varphi_s^i = \varphi_s$, wird $\text{Im}\{\Psi_h^i e^{j(\varphi_s^i - \varphi_s)}\} = 0$; d.h. die zweite Komponente des Vektordrehers ist Null. Sind die Amplituden der Flüsse $\Psi_h = \Psi_h^i$, wird die Rückkopplung des Integrators zu Null.

Wie oben schon gezeigt, spielt die Differenz des vom Spannungsmodell und des vom Strommodell berechneten Flusses gerade beim Umschalten der Modelle eine entscheidende Rolle. Moderne Antriebe, wie sie z.B. in Walzwerken zum Einsatz kommen, dürfen über den gesamten Drehzahlbereich keine merklichen Drehmomentstöße aufweisen. Daher ist es wichtig, daß die Differenz der Flüsse gerade im Bereich des Umschaltens möglichst Null ist. Dies gelingt im allgemeinen nur, wenn beide Modelle genau arbeiten. Ist das nicht der Fall, wird sich je nach Größe des Fehlers und angewendeter Methode für das Umschalten ein mehr oder minder großer Drehmomentstoß ausbilden. Ein Vorteil des geführten Spannungsmodells ist es, daß sich Übergangsvorgänge durch Modellfehler eher „weich" abzeichnen.

Für das Spannungsmodell wurden in Kap. 13.5.3 Fehlerbetrachtungen bei Parameterverstimmung durchgeführt, die sinngemäß auch für die Synchronmaschine gelten. Beim Strommodell wirken sich Parameterfehler bei der Synchron–

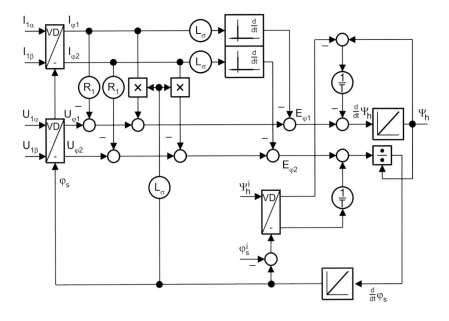

Abb. 16.41: *Geführtes Spannungsmodell als Gleichgrößenstruktur*

und der Asynchronmaschine unterschiedlich aus, weil ihr Rotor unterschiedlich aufgebaut ist.

Die Fehler des Strommodells bei der Synchronmaschine lassen sich in stationäre und dynamische Fehler einteilen. Stationäre Fehler werden z.B. verursacht, wenn die Hauptinduktivitäten L_{hd}, L_{hq} oder auch L_c verstimmt sind. Ebenso spielt der Einfluß der Sättigung dieser Induktivitäten eine Rolle: Bei Änderung der Last variiert auch der Fluß in den Hauptinduktivitäten. Dabei wirkt sich die Sättigung insbesondere auf eine Änderung von L_{hd} aus. Ebenso führt eine falsche Abbildung des Erregerstromsollwertes zu einem statonären Fehler des Strommodells. Zudem ist der theoretische Verlauf für die Ersatzinduktivität L_{he} über den Winkel δ (vergl. dazu Kap. 16.5.3.1) in der Praxis nur näherungsweise erfüllt. Dies ist abhängig vom Aufbau des Schenkelpolläufers (Polform, Polabdeckung, usw.).

Neben den stationären Fehlern können beim Strommodell auch dynamische Fehler auftreten. Dynamische Fehler werden z.B. verursacht, wenn die Dämpferwiderstände R_D, R_Q oder auch die Dämpferstreuinduktivitäten $L_{\sigma D}$ bzw. $L_{\sigma Q}$ verstimmt sind. Ebenso führt eine schlechte Dynamik der Erregestromeinprägung oder auch die Stellbegrenzung des Erregerstromrichers zu dynamischen Fehlern. Eine sorgfältige Einstellung der Parameter und eine für die dynamischen Anfor-

derungen entsprechend dimensionierte Erregereinrichtung ist daher unerläßlich
für Antriebe hoher Drehomentqualität und Dynamik.

16.5.5 Flußregelung

Zur Sicherstellung des gewünschten Luftspaltflußbetrages Ψ_h in der Maschine
wird oft der Fluß geregelt. Dazu ist jedoch die Kenntnis des Fluß–Istwerts notwendig. Wie in Kap. 13.5.3 und Kap. 16.5.2 gezeigt wird, kann dieser mit dem
Spannungsmodell ab einer gewissen Mindestdrehzahl recht genau bestimmt werden. Das Strommodell hingegen ist so aufgebaut, daß vorausgesetzt wird, daß der
Istfluß dem Sollfluß entspricht: Das Strommodell liefert infolge des Modellreglers
am Ausgang immer den Sollfluß und leitet daraus den notwendigen Erregerstrom
ab.

Eine Regelung des Flusses ist also nur in den Betriebsbereichen sinnvoll, wenn
die Berechnung des Flusses mit Hilfe des Spannungsmodells zuverlässig arbeitet.
Die Flußregelung kann mit einem PI–Regler erfolgen. Der Ausgang des Flußreglers wird z.B. als Zusatz–Erregerstromsollwert zum vom Strommodell berechneten Erregerstromsollwert addiert. Auf diese Weise erreicht man, daß stets der
gewünschte Luftspaltfluß in der Maschine realisiert wird. Dies ist insbesondere
im Feldschwächbereich wichtig, da die vom Luftspaltfluß induzierte Spannung
(Hauptfeldspannung) einen wesentlichen Anteil zur benötigten Statorspannung
beiträgt und damit die Stellreserve des Stromrichters bestimmt.

Der Eingriff des Flußreglers als Zusatz–Erregerstromsollwert wirkt direkt in
die d–Achse. Für den Durchgriff auf den Hauptfluß ist die Projektion des Erregerstroms auf die Flußachse (φ_1–Achse) entscheidend. Damit die Streckenverstärkung und damit die Dynamik der Flußregelung unabhängig vom Winkel
δ wird, kann zur Linearisierung der Regelstrecke der Reglerausgang durch $\cos\delta$
dividiert werden (Abb. 16.42).

16.5.6 Flußführung im Feldschwächbereich

Die von der Maschine benötigte Statorspannung wird durch die Spannungsabfälle
am Statorwiderstand R_1, an der Statorstreuung $L_{\sigma 1}$ und durch die vom Luftspaltfluß Ψ_h induzierte Spannung (Hauptfeldspannung) bestimmt. Dabei sind die
Spannungen an der Statorstreuung und die induzierte Spannung direkt proportional zur Frequenz. Das bedeutet, daß die Frequenz und damit die Drehzahl nur
soweit gesteigert werden kann, bis die Spannungsstellbereich des Stromrichters
erschöpft ist.

Häufig wird aber die Forderung gestellt, den Drehzahlbereich zu vergrößern.
Dies läßt sich durch ein Abschwächen des Feldes erreichen. Günstig ist es dabei,
den Fluß soweit abzusenken, daß die von der Maschine benötigte Spannung gerade noch der vom Stromrichter realisierbaren Spannung entspricht, weil dann bei
einer geforderten Antriebsleistung der Statorstrom und die damit verbundenen
Verluste minimal werden.

Der Luftspaltfluß der Maschine wird direkt mit dem Flußsollwert Ψ_h^* vorgegeben. Für die Maschinenregelung bedeutet das, die Größe Ψ_h^* so zu bestimmen, daß laut obiger Forderung die Maschine bei steigender Drehzahl eine bestimmte, vom Stromrichter gerade realisierbare Spannung aufnimmt. Im Grunddrehzahlbereich wird der Nennwert eingestellt. Die Grenze zwischen Grunddrehzahl- und Feldschwächbereich ist durch die Drehzahl charakterisiert, bei der bei Nennfluß gerade die Spannungsgrenze erreicht wird.

Eine häufig angewendete einfache Methode ist, den Flußsollwert Ψ_h^* ab einer Eckdrehzahl mit $1/\dot{\beta}_L$ zu schwächen. Weil die induzierte Spannung das Produkt aus Feldfrequenz und Flußbetrag ist, bleibt damit die induzierte Spannung selber konstant. Nachteilig ist, daß infolge des mit der Frequenz steigenden Spannungsabfalls an der Streuinduktivität die Statorspannung mit der Drehzahl noch etwas ansteigt. Dabei verursacht insbesondere im Leerlauf ein induktiver Blindstrom die direkte Betragszunahme der Statorspannung. Eine zusätzliche überlagerte Spannungsregelung, die den Flußsollwert Ψ_h^* noch weiter absenken kann, verbessert das Verhalten. Vorteilhaft ist die einfache Realisierung und eine nur geringe Rückwirkung der Maschine auf den Flußsollwert über die Drehzahl (ohne überlagerte Spannungsregelung). Daher sind durch die Feldschwächstruktur hervorgerufene Stabilitätsprobleme kaum zu erwarten.

Das Verhalten im Feldschwächbereich kann verbessert werden, wenn bei der Berechnung des Flußsollwertes Ψ_h^* die Spannungsabfälle am Statorwiderstand R_1 und Ständerstreuinduktivität $L_{\sigma 1}$ berücksichtigt werden. Die Spannungsgleichung (16.249) läßt sich zunächst in Komponenten–Schreibweise im mit φ_s umlaufenden Koordinatensystem formulieren:

$$U_{\varphi 1} = R_1 \cdot I_{\varphi 1} - \dot{\varphi}_s \cdot L_{\sigma 1} \cdot I_{\varphi 2} + L_{\sigma 1}\frac{dI_{\varphi 1}}{dt} + \frac{d\Psi_h}{dt} \qquad (16.287)$$

$$U_{\varphi 2} = R_1 \cdot I_{\varphi 2} + \dot{\varphi}_s \cdot L_{\sigma 1} \cdot I_{\varphi 1} + L_{\sigma 1}\frac{dI_{\varphi 2}}{dt} + \dot{\varphi}_s \cdot \Psi_h \qquad (16.288)$$

Für die Berechnung des Flußsollwertes Ψ_h^* sollen nur die stationären Spannungsanteile berücksichtigt werden. Dabei ist der im Feldschwächbereich gewünschte Spannungsbetrag U^* durch folgende Beziehung gegeben:

$$U^* = \sqrt{U_{\varphi 1}^2 + U_{\varphi 2}^2} \qquad (16.289)$$

Setzt man in Gl. (16.289) die Beziehungen (16.287) und (16.288) ein und löst nach dem gesuchten Fluß Ψ_h^* auf, so ergibt sich die Gleichung:

$$\Psi_h^* = \frac{1}{|\dot{\varphi}_s|} \cdot \left[\sqrt{U^{*2} - \{R_1 \cdot I_{\varphi 1} - \dot{\varphi}_s \cdot L_{\sigma 1} \cdot I_{\varphi 2}\}^2} - \right.$$

$$\left. - \operatorname{sgn}(\dot{\varphi}_s) \cdot (R_1 \cdot I_{\varphi 2} + \dot{\varphi}_s \cdot L_{\sigma 1} \cdot I_{\varphi 1}) \right] \qquad (16.290)$$

Zur Vereinfachung kann in Gl. (16.290) anstelle der Flußfrequenz $\dot{\varphi}_s$ auch die mechanische Kreisbewegung $\dot{\beta}_L$ eingesetzt werden. Auch kann es sinnvoll sein, für die Komponenten der Ströme die entsprechenden Sollwerte zu verwenden. Dadurch vermeidet man, daß Rückwirkungen der Stromregelung auf den Flußsollwert entstehen, die zu Stabilitätsproblemen führen können.

Im Grunddrehzahlbereich wird der Flußsollwert Ψ_h^* auf seinen Nennwert begrenzt. Realisiert man also die Feldschwächkennlinie so, daß das Ergebnis aus Gl. (16.290) nur für $\Psi_h^* \leq \Psi_{hN}^*$ verwendet wird, so ergibt sich der Übergang vom Grunddrehzahl– in den Feldschwächbereich automatisch.

16.5.7 Steuerung des $\cos\varphi$ der fremderregten Synchronmaschine

Wie schon in Kap. 16.5.3.1 gezeigt wurde, kann die Erregung für einen bestimmten Fluß sowohl über den Stator als auch über den Erregerstrom selbst erfolgen. Insbesondere im Leerlauf ($I_{\varphi 2} = 0$ und $\delta = 0$) ist aus Gl. (16.263) zu erkennen, daß sich der Magnetisierungsstrom $I_{\mu 1}$ direkt aus der Summe von Erregerstrom I_E und Statorstromkomponente $I_{\varphi 1}$ in der φ_1–Achse ergibt. Der Fluß und damit der Magnetisierungsstrom $I_{\mu 1}$ sind fest vorgegeben. Die Statorblindstromkomponente $I_{\varphi 1}$ kann vom Fluß unabhängig noch frei gewählt werden.

Für die Wahl der Statorblindstromkomponente $I_{\varphi 1}$ ist zu beachten, daß sie einerseits eine Stromrichter- und Maschinenbelastung darstellt, andererseits die Höhe der Statorspannung mitbestimmt. Dabei ist der Begriff Blindstrom in Bezug auf das φ_1–φ_2–Koordinatensystem, also als Blindstrom zur vom Hauptfeld induzierten Spannung (Hauptfeldspannung) zu interpretieren.

Von einem Antrieb wird bei einer gegebenen Drehzahl ein bestimmtes Drehmoment und damit eine bestimmte Wirkleistung verlangt. Vernachlässigt man bei der Betrachtung die Maschinenverluste im Stator (infolge z.B. des Statorwiderstandes R_1), so entspricht die mechanische Leistung der vom Stator aufgenommenen Wirkleistung.

Die aufgenommene Wirkleistung P_s kann aus Statorspannung und Statorstrom berechnet werden:

$$P_s = \frac{3}{2} \cdot |\vec{U}_1| \cdot |\vec{I}_1| \cdot \cos\varphi^u \qquad (16.291)$$

Dabei ist der Winkel φ^u der von den Raumzeigern der Statorspannung $\vec{U}_1$ und des Statorstroms $\vec{I}_1$ eingeschlossene Winkel.

Für $R_1 = 0$ kann die Wirkleistung P_s auch aus der induzierten Spannung (Hauptfeldspannung $\vec{U}_h$) und dem Statorstrom $\vec{I}_1$ berechnet werden, wenn die in Abb. 16.9 dargestellten Transformationsgleichungen zugrundegelegt werden:

$$P_s = \frac{3}{2} \cdot |\vec{U}_h| \cdot |\vec{I}_1| \cdot \cos\varphi^e = \frac{3}{2} \cdot U_h \cdot I_{\varphi 2} \qquad (16.292)$$

Dabei ist der Winkel φ^e der von der Hauptfeldspannung $\vec{U}_h$ und dem Statorstrom $\vec{I}_1$ eingeschlossene Winkel, also der Winkel des Stromraumzeigers $\vec{I}_1$ zur φ_2–Achse.

Welche Steuerung des $\cos\varphi$ nun günstig ist, hängt im wesentlichen von den Randbedingungen ab. Ist der Fluß und damit die induzierte Spannung fest, so ist aus Gl. (16.292) zu sehen, daß die Wirkleistung alleine durch die Komponente $I_{\varphi 2}$ bestimmt ist. Eine Vergrößerung der induzierten Spannung würde zu einer kleineren, eine Verkleinerung zu einer größeren Stromkomponente führen.

Möchte man Stromrichter und Maschine mit einem möglichst kleinen Strom belasten, ist also die induzierte Spannung möglichst groß und die Stromkomponente $I_{\varphi 1}$ zu Null zu wählen. Dies ist immer dann möglich, wenn die damit verbundene Statorspannung vom Stromrichter realisiert werden kann (also im Grunddrehzahlbereich). Hier wird daher der Fluß so hoch wie möglich (Nennfluß) und $I_{\varphi 1} = 0$ eingestellt. Da dann induzierte Spannung und Statorstrom in Phase sind, wird häufig von einer Steuerung mit dem inneren $\cos\varphi = 1$ gesprochen. In Gl. (16.292) bedeutet dies, daß $\varphi^e = 0$ ist.

Anders sind die Verhältnisse, wenn der Betrag der Spannung begrenzt ist (Feldschwächbereich). Laut Gl. (16.291) ist für die Wirkleistung alleine die Projektion des Stromraumzeigers $\vec{I}_1$ auf die Spannung entscheidend. Eine Stromkomponente senkrecht zur Statorspannung entspricht einem unerwünschten Blindstrom. Daher wird im Feldschwächbereich die Stromkomponente $I_{\varphi 1}$ häufig so gesteuert, daß $\vec{U}_1$ und $\vec{I}_1$ in Phase sind. Hier wird von einer Steuerung mit dem äußeren $\cos\varphi = 1$ gesprochen ($\varphi^u = 0$).

Zur Steuerung mit dem äußeren $\cos\varphi = 1$ muß im flußbezogenen φ_1–φ_2–Koordinatensystem die Stromkomponente $I_{\varphi 1}$ also so gewählt werden, daß folgendes Verhältnis erfüllt wird:

$$\frac{I_{\varphi 1}}{I_{\varphi 2}} = \frac{U_{\varphi 1}}{U_{\varphi 2}}$$

Für den gesuchten Strom $I_{\varphi 1}$ kann also geschrieben werden:

$$I_{\varphi 1} = I_{\varphi 2} \cdot \frac{U_{\varphi 1}}{U_{\varphi 2}} \tag{16.293}$$

Die Spannungskomponenten $U_{\varphi 1}$ und $U_{\varphi 2}$ sind bei spannungseinprägenden Umrichtern bekannt. Sie werden aus der Summe von Stromreglerausgängen und Vorsteuerung gebildet, wenn z.B. ein indirektes Stromregelverfahren angewandt wird (vergl. dazu Kap. 15.2). Die Komponenten enthalten jedoch alle stationären und dynamischen Anteile, wodurch eine starke Rückwirkung der Stromregelung auf die $\cos\varphi$–Steuerung erfolgt. Hier kann man sich durch entsprechende Glättungen der Sollspannungskomponenten behelfen.

Die Umsteuerung vom inneren $\cos\varphi = 1$ auf den äußeren $\cos\varphi = 1$ kann z.B. dadurch erfogen, daß die Stromkomponente $I_{\varphi 1}$ mit einer von der Drehzahl geführten Kennlinie gewichtet wird. Die Kennlinie liefert entsprechend bei kleinen Drehzahlen den Wert Null und sollte vor Beginn des Feldschwächbereiches den Wert Eins erreicht haben.

Durch die Möglichkeit, den $\cos\varphi$ der fremderregten Synchronmaschine über die Aufteilung der Erregung auf Stator und Rotor frei bestimmen zu können, ergeben sich eine Reihe von Vorteilen: Wie schon ausgeführt, kann die Maschine so gesteuert werden, daß für eine benötigte Antriebsleistung im gesamten Drehzahlbereich nur ein Minimum an Statorstrom fließt. Dadurch wird Statorwicklung und Stromrichter im Vergleich zur Asynchronmaschine weniger belastet: Bei der Asynchronmaschine muß die Blindleistung für die Erregung über den Ständer zugeführt werden. Die Belastung durch den Blindstrom erzeugt in Stator und Stromrichter in der Regel mehr Verluste, als durch die Erregereinrichtung und –wicklung bei der Synchronmaschine entsteht. Antriebe mit Synchronmaschinen haben daher in der Regel den größeren Wirkungsgrad und der Stromrichter wird besser ausgenutzt.

Durch die Steuerung mit dem äußeren $\cos \varphi = 1$ kann die Synchronmaschine im Feldschwächbereich nicht kippen. Bei Belastung wird der Fluß und damit die induzierte Spannung soweit angehoben, daß der erforderliche Statorstrom fließen kann. Dies ist bei jeder Frequenz möglich. Die Synchronmaschine kann also theoretisch bis zu beliebigen Feldschwächgraden betrieben werden.

Anders ist dies bei der Asynchronmaschine: Der Spannungsabfall an der Streuinduktivität ist so gerichtet, daß bei der im Feldschwächbereich gegebenen konstanten Statorspannung eine Zunahme des Drehmoments stets zur Verkleinerung des Flusses führt. Überwiegt die Abnahme des Flusses gegenüber der Zunahme des momentbildenden Statorstromes, ist der Kipppunkt erreicht: Die Asynchronmaschine ist bei der gegebenen Spannung und Drehzahl nicht in der Lage, mehr Drehmoment zu entwickeln. Das Kippmoment wird dabei mit steigender Drehzahl rasch kleiner. Bei Asynchronmaschinen mit üblicher Streuung von $\sigma = 0,2 \ldots 0,25$ wird das der Nennleistung entsprechende Drehmoment bei Nennspannung bei maximal der ca. 2,5 ... 3–fachen Nenndrehzahl erreicht. Der Asynchronmaschinenantrieb kann also sinnvollerweise nicht bis zu beliebigen Feldschwächgraden betrieben werden.

Den Vorteilen steht der größere Aufwand bei der Synchronmaschine gegenüber. Sie benötigt eine zusätzliche Erregereinrichtung. Zudem ist der Aufwand in der Steuerung und Regelung größer, weil neben den für die Asynchronmaschine benötigten Einrichtungen zur Regelung des Statorstromes die entsprechenden Steuer- und Regeleinrichtungen zur Bildung des Erregerstrom–Sollwertes erforderlich sind.

Für die Stromregelung und Entkopplung bzw. Vorsteuerung der Spannungen können die in Kap. 15 für die Asynchronmaschine dargestellten Verfahren genauso auf die Synchronmaschine angewendet werden. Somit sind die wesentlichen Aspekte einer feldorientierten Regelung der fremderregten Synchronmaschine diskutiert. Eine Gesamtübersicht (Abb. 16.42) zeigt, wie resultierend aus den diskutierten Aspekten eine dynamisch hochwertige Regelung aufgebaut sein kann.

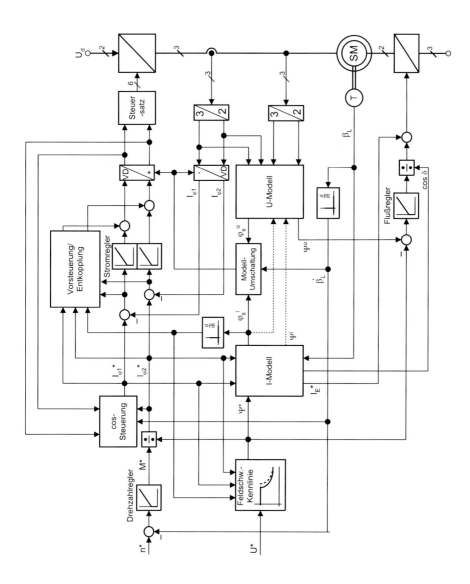

Abb. 16.42: *Regelung der fremderregten Synchronmaschine mit Strom– und Spannungsmodell*

16.6 Permanentmagneterregte Synchronmaschine (PM–Maschine)

16.6.1 Signalflußplan der PM–Maschine

Von der Struktur her sind die Synchron–Schenkelpolmaschine und die permanentmagneterregte Drehfeldmaschine vom gedanklichen Ansatz her im Rotor prinzipiell gleich.

Die Voraussetzungen sind dabei erstens, daß die Schenkelpolmaschine keine Dämpferwicklungen hat und der Rotor mit den Permanentmagneten ebenso keine Wirbelströme zuläßt, und zweitens, daß die permanentmagneterregte Drehfeldmaschine (PM–Maschine) mit sinusförmigen Spannungen bzw. Strömen gespeist wird. Wenn außerdem noch sichergestellt ist, daß die Harmonischen in der induzierten Spannung vernachlässigbar sind, dann kann das in Kap. 16.1 abgeleitete Modell und der Signalflußplan in Abb. 16.4 direkt auf die permanentmagneterregte Drehfeldmaschine übertragen werden. Es wird somit nur die Grundwelle $B_{g(1)}$ des Luftspaltfeldes der Permanentmagnete betrachtet.

Die Abbildungen 16.43 und 16.44 zeigen einen Querschnitt einer PM–Maschine und den Verlauf der Flußdichte B_g im Luftspalt sowie deren Grundwellenanteil $B_{g(1)}$.

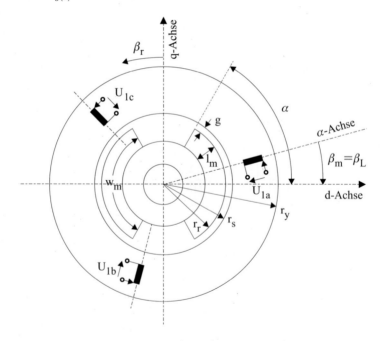

Abb. 16.43: *Querschnitt durch eine permanentmagneterregte Synchronmaschine*

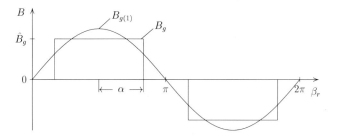

Abb. 16.44: *Verlauf von Flußdichte und Grundwellenanteil im Luftspalt*

Laut Kap. 16.1 galt für den Statorkreis:

$$\frac{d\Psi_d}{dt} = U_d - R_1 \cdot I_d + \Omega_L \cdot \Psi_q \tag{16.294}$$

$$\frac{d\Psi_q}{dt} = U_q - R_1 \cdot I_q - \Omega_L \cdot \Psi_d \tag{16.295}$$

Diese Gleichungen bleiben erhalten. Die Flußgleichungen waren:

$$\Psi_d = L_d \cdot I_d + M_{dE} \cdot I_E \tag{16.296}$$

$$\Psi_q = L_q \cdot I_q \tag{16.297}$$

$$\Psi_E = L_E \cdot I_E + M_{dE} \cdot I_d \tag{16.298}$$

Für das Luftspaltmoment M_{Mi} galt:

$$M_{Mi} = \frac{3}{2} \cdot Z_p \cdot (\Psi_d \cdot I_q - \Psi_q \cdot I_d)$$

Bei der PM–Drehfeldmaschine ist die Erregerwicklung im Rotor durch einen Permanentmagneten ersetzt. Es gibt daher weder einen Erregerstrom noch eine induzierte Spannung im Erregerkreis, so daß die dritte Flußgleichung (16.298) entfallen kann. Stattdessen erzeugt der Permanentmagnet im Rotor (in d–Richtung) einen Fluß $\vec{\Psi}_{PMg}$, der abzüglich des Streuanteils $\sigma_r \cdot \vec{\Psi}_{PMg}$ den Stator konstant durchdringt. Mit

$$\vec{\Psi}_{PMg} = \Psi_{PMgd} = \Psi_{PMg} \qquad \text{und} \qquad \Psi_{PM} = (1 - \sigma_r) \cdot \Psi_{PMg}$$

ergibt sich für die Statorflüsse der PM–Maschine:

$$\Psi_d = \Psi_{PM} + L_d \cdot I_d \qquad \text{oder} \qquad I_d = \frac{\Psi_d - \Psi_{PM}}{L_d} \tag{16.299}$$

$$\Psi_q = L_q \cdot I_q \qquad \text{oder} \qquad I_q = \frac{\Psi_q}{L_q} \tag{16.300}$$

Mit diesen Gleichungen kann der Signalflußplan der PM–Maschine gezeichnet werden (Abb. 16.45).

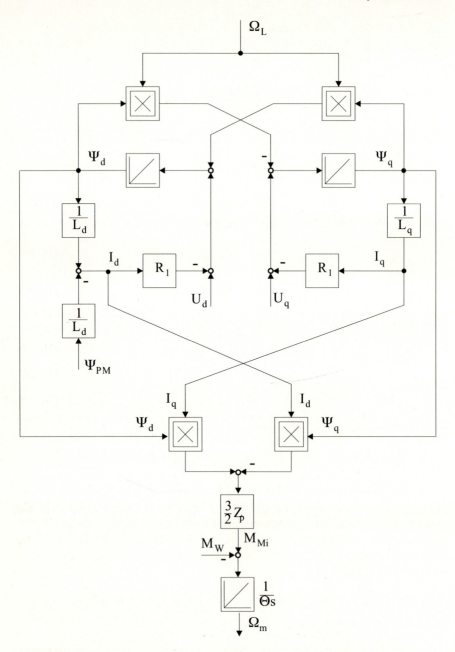

Abb. 16.45: *Signalflußplan der permanentmagneterregten Drehfeldmaschine*

Setzt man diese Gleichungen in die Drehmomentgleichung ein, ergibt sich:

$$M_{Mi} = \frac{3}{2} \cdot Z_p \cdot \left(\Psi_{PM} \cdot I_q + (L_d - L_q) \cdot I_d \cdot I_q \right) \tag{16.301}$$

Der zweite Term in der Momentgleichung entfällt, wenn $L_d = L_q = L_1$ oder $I_d = 0$ ist. Die Gleichung der Mechanik bleibt erhalten:

$$\Theta \cdot \frac{d\Omega_m}{dt} = M_{Mi} - M_W$$

Damit ergibt sich für die permanentmagneterregte Drehfeldmaschine ohne Reluktanzeinflüsse ($L_d = L_q$) folgendes Gleichungssystem:

$$\frac{d\Psi_d}{dt} = U_d - R_1 \cdot I_d + \Omega_L \cdot \Psi_q$$

$$\frac{d\Psi_q}{dt} = U_q - R_1 \cdot I_q - \Omega_L \cdot \Psi_d$$

$$\Psi_d = \Psi_{PM} + L_1 \cdot I_d$$

$$\Psi_q = L_1 \cdot I_q$$

$$M_{Mi} = \frac{3}{2} \cdot Z_p \cdot \Psi_{PM} \cdot I_q$$

$$\Theta \cdot \frac{d\Omega_m}{dt} = M_{Mi} - M_W$$

Das Ersatzschaltbild bei stationärem Betriebszustand ergibt sich durch Setzen von $d/dt = 0$ in den Spannungsgleichungen. Durch Einsetzen der Flußgleichungen in die stationären Spannungsgleichungen ergibt sich (Abb. 16.46):

$$\vec{U}_1 = U_d + j\,U_q = R_1 \cdot (I_d + j\,I_q) - \Omega_L \cdot \Psi_q + j\,\Omega_L \cdot \Psi_d \tag{16.302}$$

$$= R_1 \cdot \vec{I}_1 + j\,\Omega_L \cdot L_1 \cdot (I_d + j\,I_q) + j\,\Omega_L \cdot \Psi_{PM} \tag{16.303}$$

$$= R_1 \cdot \vec{I}_1 + j\,\Omega_L \cdot L_1 \cdot \vec{I}_1 + j\,\Omega_L \cdot \Psi_{PM} \tag{16.304}$$

mit der Polradspannung

$$\vec{U}_p = j\,\Omega_L \cdot \Psi_{PM}$$

In Abb. 16.46.a ist das Ersatzschaltbild im stationären Betrieb der PM–Maschine und in Abb. 16.46.b das Zeigerdiagramm dargestellt. Die durch die Permanentmagnete induzierte Polradspannung $\vec{U}_p$ eilt dem Fluß Ψ_{PM} um 90° el. voraus. Wenn $I_d = 0$ und $I_q \neq 0$ gesetzt wird, dann ergibt sich der durchgezogene Spannungszeiger $\vec{U}_1$, wenn dagegen $I_d \neq 0$ und $I_q \neq 0$ sind, dann gelten die gestrichelten Linien. Aus Abb. 16.46.b ist zu erkennen, daß die PM–Maschine auch im „Feldschwächbereich" betrieben werden kann ($I_d < 0$), allerdings auf Kosten einer tendenziell vergrößerten Statorstrom– und Umrichterstrombelastung.

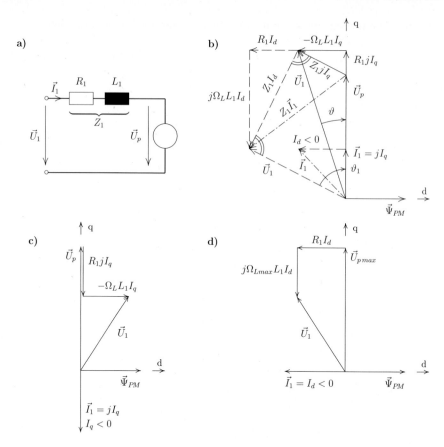

Abb. 16.46: *Ersatzschaltbild und Zeigerdiagramme der PM–Maschine im stationären Zustand*

Es verbleibt daher, daß sich im Ankerstellbereich mit $I_d = 0$ im vorliegenden Beispiel besonders einfache Betriebszustände ergeben. Die ursprüngliche Einschränkung bei PM–Maschinen konnte aber inzwischen durch geeignetes Design der Maschine eingeschränkt bzw. vermieden werden. Wenn, wie in Abb. 16.46.c, der Strom $\vec{I}_1$ dem Fluß $\vec{\Psi}_{PM}$ um 90° el. nacheilt ($I_q < 0$), ist Bremsbetrieb realisierbar. In Abb. 16.46.d ist dagegen die Grenzsituation bei Belastung ≈ 0 und höchsten Drehzahlen dargestellt. Bei großen Drehzahlen hat $\vec{U}_p$ große Werte. Da die Amplitude der Statorspannung, die vom Umrichter erzeugt werden kann, begrenzt ist, ergeben sich zwei Probleme: Die Drehzahl kann nicht weiter erhöht werden, da die zulässige Spannung überschritten würde. Die Spannungsreserve, die notwendig wäre, um den Strom I_q und damit das Moment M_{Mi} dynamisch zu erhöhen, ist sehr gering. Damit ist keine Beschleunigung bzw. Reaktion auf Laständerungen mehr möglich. Beide Probleme lassen sich mit der Feldschwächung $I_d < 0$ dadurch lösen, daß die Amplitude der Statorspannung

$|\vec{U}_1|$ mit dem Term $j\,\Omega_L\,L_1\,I_d$, der $\vec{U}_p$ entgegenwirkt, verringert wird. Dies kann insbesondere in dynamischen Betriebszuständen sehr zweckmäßig genutzt werden, da die PM–Maschine kurzzeitig im Strom überbelastet werden darf und dann nur das Stellglied etwas überdimensioniert werden muß. Sinnvollerweise wird daher mittels I_d dynamisch $\vec{U}_p$ resultierend abgesenkt, um mit der Stellreserve I_q zu erhöhen. Nach der Einstellung von I_q kann $\vec{U}_p$ auf annähernd den alten Wert zurückgestellt und damit I_d auf 0 reduziert werden.

Wie bei der Synchronmaschine sind die d–q–Achsen rotorfest, d.h. die d–Achse ist auf Ψ_{PM} und damit auch I_d auf Ψ_{PM} orientiert. Die q–Achse eilt um $90°$ el. vor. Diese rotorfesten Achsen rotieren mit Ω_L, daher bildet sich zwischen der d–Achse und dem statorfesten Koordinatensystem ein Winkel β_L

$$\beta_L \;=\; \int \Omega_L dt \;=\; Z_p \cdot \beta_m \;=\; \int Z_p \cdot \Omega_m \, dt \qquad (16.305)$$

aus. Die Raumzeiger sind in Abb. 16.47 dargestellt.

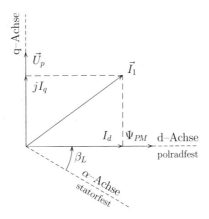

Abb. 16.47: *Koordinatensysteme bei der PM–Maschine*

Wie schon bei der Asynchronmaschine diskutiert, wird somit durch gezielte Steuerung der Statorflüsse bzw. Statorströme der PM–Maschine eine vereinfachte regelungstechnische Struktur und damit ein regelungstechnisch besser überschaubares dynamisches Verhalten erzeugt. Im vorliegenden Fall kann durch Steuerung der Statorstrom $I_d = 0$ gesetzt werden.

Damit gilt für M_{Mi} auch unabhängig von Reluktanzeffekten (bei $I_d = 0$ und $\Psi_d = \Psi_{PM}$)

$$M_{Mi} \;=\; \frac{3}{2} \cdot Z_p \cdot \Psi_{PM} \cdot I_q \qquad (16.306)$$

d.h. durch Einprägen von I_q kann daher das Moment direkt gesteuert werden.

Ein anderer Ansatz wäre, das maximale Moment bei minimalem Statorstrom zu erreichen. Dies soll später diskutiert werden.

16.6.2   Regelung der PM–Maschine ohne Reluktanzeinflüsse

Wenn der in Abb. 16.45 dargestellte Signalflußplan mit der Zusatzbedingung $I_d = 0$ als Voraussetzung für den Entwurf der Regelung angesetzt wird, dann ist zu erkennen, daß bei der PM–Maschine die Steuerbedingungen für die Spannungen prinzipiell ähnlich wie bei der elektrisch erregten Synchronmaschine sind.

Aus dem Signalflußplan (Abb. 16.45) ist zu erkennen, daß sich für $I_d = 0$ (Ankerstellbereich) und ohne Reluktanzeinflüsse ($L_d = L_q = L_1$) ergibt:

$$\Psi_d \;=\; \Psi_{PM} \;=\; \text{const.} \tag{16.307}$$

$$\Psi_q \;=\; L_1 \cdot I_q \tag{16.308}$$

$$\frac{d\Psi_d}{dt} \;=\; 0 \;=\; U_d \;+\; \Omega_L \cdot L_1 \cdot I_q \tag{16.309}$$

$$\boxed{\;\text{1. Steuerbedingung:} \qquad U_d \;=\; -\,\Omega_L \cdot L_1 \cdot I_q\;} \tag{16.310}$$

Mit dieser ersten Steuerbedingung wird $I_d = 0$ gehalten. Außerdem folgt für die zweite Steuerbedingung des Moments:

$$\boxed{\;\text{2. Steuerbedingung:} \qquad \frac{d\Psi_q}{dt} \;=\; U_q \;-\; R_1 \cdot \frac{\Psi_q}{L_1} \;-\; \Omega_L \cdot \Psi_{PM}\;} \tag{16.311}$$

und daraus

$$T_1 \cdot \frac{d\Psi_q}{dt} + \Psi_q = T_1 \cdot (U_q - U_p) \qquad \text{mit} \quad T_1 = \frac{L_1}{R_1} = \frac{L_q}{R_1} \tag{16.312}$$

Mit diesen Steuerbedingungen vereinfacht sich der Signalflußplan nach Abb. 16.45, und es ergibt sich Abb. 16.48.

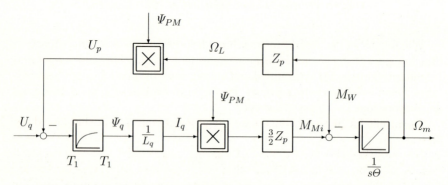

Abb. 16.48: *Vereinfachter Signalflußplan zur Momenterzeugung der PM–Maschine bei $I_d = 0$; Zusatzbedingung: $U_d = -\Omega_L L_1 I_q$*

Damit hat bei $I_d = 0$ die PM–Maschine im Prinzip einen Signalflußplan wie die Gleichstrommaschine. Es können somit die gleichen Regelstrategien wie bei der Gleichstrom–Nebenschlußmaschine eingesetzt werden.

Da grundsätzlich Stromrichter als Stellglieder vorausgesetzt werden, können per Stromregelung die Stromkomponenten $I_d = 0$ bzw. I_q eingeprägt werden.

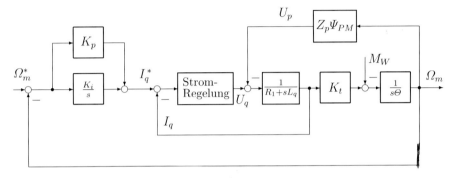

Abb. 16.49: *Drehzahlregelkreis mit Kaskadenstruktur*

Abbildung 16.49 zeigt die übliche Kaskadenstruktur mit PI–Drehzahlregler ohne Sollwertglättung und unterlagerter Stromregelung. Abbildung 16.50 zeigt die Regelungsstruktur bei einem Drehzahlregler mit integrierter Sollwertglättung (PDF–Regler; siehe auch Kap. 7.1.2 Abb. 7.15).

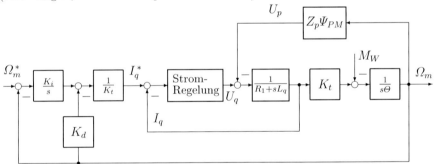

Abb. 16.50: *Drehzahlregelung mit PDF–Regler*

Aufgrund der Struktur des Stromregelkreises treten die gleichen Schwierigkeiten bei der Stromregelung wie bei der Gleichstrom–Nebenschlußmaschine auf. Insbesondere kann bei kleinen Strömen das unerwünschte Stromlücken auftreten, das vor allem beim dynamischen Verhalten zu einer deutlichen Verschlechterung führt. Diese Verschlechterung des dynamischen Verhaltens verursacht eine Verringerung der Stromzeitflächen und damit auch eine Änderung der Orientierung, und das führt insgesamt zu einer deutlichen Verringerung des verfügbaren Moments. Maßnahmen gegen das Stromlücken sind deshalb notwendig.

Die Polradspannung U_p ist außerdem bei hochdynamischen Antrieben als Störgröße wirksam. Es empfiehlt sich deswegen wie bei der Gleichstrom–Nebenschlußmaschine eine Störgrößenaufschaltung.

Wenn die Daten der Stromregelung — Verstärkung und dynamische Ersatzzeit — bekannt sind, kann der Drehzahlregelkreis nach den bekannten Optimierungskriterien optimiert werden. Es verbleibt zu klären, wie die Regelung des Stromes I_q einerseits und des Stromes $I_d = 0$ andererseits realisiert wird. Zur Erinnerung: die Überlegungen zum Signalflußplan und zur Drehzahlregelung fanden bei einem rotorfesten bzw. flußfesten Koordinatensystem statt. Die Steuerung des Stellgliedes muß aber statorfest erfolgen (vergl. Kap. 13.4.1 und 13.4.4).

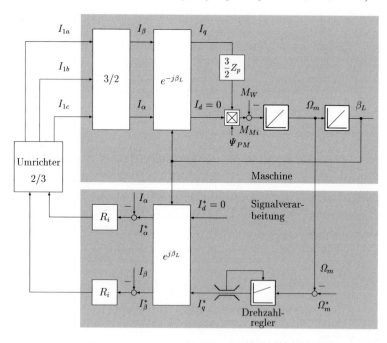

Abb. 16.51: *Signalflußplan einschließlich Koordinatentransformationen*

Abbildung 16.51 zeigt das um die zusätzlichen Komponenten erweiterte Strukturbild. Insbesondere ist hier die Wandlung vom d–q–Koordinatensystem zum α–β–Koordinatensystem, die Stromregelung im α–β–System sowie der Umrichter und der Statorkreis zu berücksichtigen. Bei der Stromregelung ist die Regelung im α–β–System zu beachten (siehe auch Kap. 13.4.4). Vorteilhaft bei der PM–Maschine ist, daß der Winkel β_L einfach gemessen werden kann, da die räumliche Lage des Flusses Ψ_{PM} durch die Permanentmagnete und damit durch den Rotor fest vorgegeben ist. Damit entfällt der Flußbeobachter, der bei der indirekten feldorientierten Regelung (ASM) notwendig ist. Zu beachten ist weiterhin, daß eine Begrenzung der Stromsollwerte — im vorliegenden Fall $I_d = 0$ und $I_q \leq I_{q\,max}$ — im Regelkreis notwendig ist (siehe auch Kap. 5.6).

16.6.3 Rechteckförmige Stromeinprägung ohne Reluktanzeinflüße

Statt der sinusförmigen Stromeinprägung kann auch eine rechteckförmige Stromeinprägung („Blockstrom–Speisung") vorausgesetzt werden (Abb. 16.52.a).

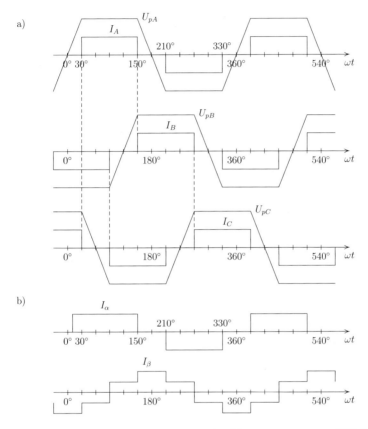

Abb. 16.52: *Kurvenformen bei einer rechteckförmig gespeisten PM–Maschine: a) Phasengrößen, b) Strom in der statorfesten Zwei–Achsen–Darstellung*

Dies bedeutet, daß gegenüber der sinusförmigen Stromeinprägung — bei der alle drei Phasen mit Strom beaufschlagt wurden — nun nur noch jeweils zwei Phasen mit Strom beaufschlagt werden können ($\sum \vec{i} = 0$) (Abb. 16.52.a).

Bei rechteckförmiger Speisung enthalten alle Größen erhebliche Oberschwingungen. Dies bedeutet, es gibt eine Grundschwingung und die Oberschwingungen in allen Signalen. Prinzipiell ist es nun möglich, Raumzeiger für jede Frequenz einzeln zu definieren und — solange das System linear ist — die Raumzeiger für die verschiedenen Frequenzen zu überlagern (Superpositionsprinzip). Allerdings ist diese Darstellung relativ komplex, da wie bekannt die Raumzeiger eine Amplitude und eine Frequenz aufweisen. Dies führt dazu, daß nun nicht mehr ein umlaufendes Koordinatensystem gewählt werden kann, damit der Frequenzanteil entfällt und sich somit im stationären Fall ein Ersatzschaltbild und ein Vektordiagramm ergibt. Wird dieser Weg gewählt, und wird beispielsweise die Grundschwingung als Orientierungsgröße gewählt, dann werden die Oberschwingungen ihre Frequenzanteile minus der Grundfrequenz behalten und mit dieser Differenzfrequenz umlaufen.

Bei sinusförmiger Speisung sind die Raumzeiger aller Größen im rotorfesten Koordinatensystem dagegen aber konstant und winkelfest zueinander, wenn sich die Maschine im stationären Zustand befindet. Zur Herleitung der Zeigerdiagramme konnte daher stationär $d/dt = 0$ gesetzt werden. Bei rechteckförmiger Speisung machen die Raumzeiger jedoch auch stationär zusätzliche Bewegungen entsprechend der vorhandenen Harmonischen und es gilt nicht mehr $d/dt = 0$. Die hergeleiteten Zeigerdiagramme (z.B. Abb. 16.46) gelten daher nur für den Grundschwingungsanteil. Jede Oberschwingung müßte durch ein eigenes Zeigerdiagramm berücksichtigt werden. Außerdem ist aus Abb. 16.52.b zu ersehen, daß die Ströme im statorfesten Koordinatensystem unterschiedliche Oberschwingungsanteile haben.

Setzt man weiter für die Polradspannung U_p den in Abb. 16.52.a gezeigten trapezförmigen Verlauf voraus (siehe auch Abb. 16.44), ergibt sich auch für den Fluß, der mit den einzelnen Statorwicklungen verkettet ist, ein entsprechend nicht sinusförmiger Verlauf. Folglich können in den einzelnen Phasen unterschiedliche und zeitlich nicht sinusförmige Veränderungen der Sättigungszustände und damit der Induktivitäten auftreten. Dieser Effekt, der mit der Raumzeigerdarstellung nicht mehr berücksichtigt werden kann, ist jedoch im allgemeinen vernachlässigbar.

Da eine Überlagerung der nicht sinusförmigen Verläufe aus Abb. 16.52.a nicht zu gleichartigen Kurvenformen führt, wie das bei der Überlagerung von Sinusfunktionen gleicher Frequenz der Fall ist, ist eine Umrechnung der Phasengrößen auf zwei aufeinander senkrecht stehende Achsen (komplexe Raumzeigerdarstellung) ungünstig, weil für die beiden Komponenten unterschiedliche Kurvenverläufe entstehen (siehe Abb. 16.52.b). Außerdem enthalten die Verläufe der Polradspannung U_p nach Abb. 16.52.a ein Nullsystem ($U_{pA}+U_{pB}+U_{pC} \neq 0$), das mit der bisher benutzten Raumzeigerdarstellung nicht berücksichtigt werden kann. Es soll daher hier die Darstellung in Phasengrößen benutzt werden. An dieser Stelle werden wegen der auftretenden Doppelindizes die einzelnen Phasengrößen mit den Indizes A, B, C statt wie bisher mit $1a$, $1b$, $1c$ bezeichnet. Es ergeben sich folgende Grundgleichungen:

$$
\begin{pmatrix} U_A \\ U_B \\ U_C \end{pmatrix} = \begin{pmatrix} R & 0 & 0 \\ 0 & R & 0 \\ 0 & 0 & R \end{pmatrix} \cdot \begin{pmatrix} I_A \\ I_B \\ I_C \end{pmatrix} + \begin{pmatrix} L_A & L_{BA} & L_{CA} \\ L_{AB} & L_B & L_{CB} \\ L_{AC} & L_{BC} & L_C \end{pmatrix} \cdot \frac{d}{dt} \begin{pmatrix} I_A \\ I_B \\ I_C \end{pmatrix} + \begin{pmatrix} U_{pA} \\ U_{pB} \\ U_{pC} \end{pmatrix} \quad (16.313)
$$

Diese Darstellungsweise hat zudem den Vorteil, daß in den Phasen unterschiedliche Induktivitätswerte berücksichtigt werden können. Es wurde hier angenommen, daß die Widerstände der Statorwicklungen gleich sind. Wenn die Kurvenformen von Abb. 16.52.a vorausgesetzt werden und weiter angenommen wird, daß die Reluktanz sich nicht über dem Umfang ändert, dann kann weiter vereinfacht werden.

$$L_A = L_B = L_C = L \tag{16.314}$$

$$L_{BA} = L_{AB} = L_{CA} = L_{AC} = L_{CB} = L_{BC} = M \tag{16.315}$$

Weiterhin gilt bei offenem Sternpunkt:

$$I_A + I_B + I_C = 0 \tag{16.316}$$

und damit gilt beispielsweise zusätzlich

$$M \cdot I_B + M \cdot I_C = -M \cdot I_A \tag{16.317}$$

Wenn diese Zusatzbedingungen eingesetzt werden, dann ergibt sich endgültig:

$$\begin{pmatrix} U_A \\ U_B \\ U_C \end{pmatrix} = \begin{pmatrix} R & 0 & 0 \\ 0 & R & 0 \\ 0 & 0 & R \end{pmatrix} \cdot \begin{pmatrix} I_A \\ I_B \\ I_C \end{pmatrix} + \begin{pmatrix} L-M & 0 & 0 \\ 0 & L-M & 0 \\ 0 & 0 & L-M \end{pmatrix} \cdot \frac{d}{dt} \begin{pmatrix} I_A \\ I_B \\ I_C \end{pmatrix} + \begin{pmatrix} U_{pA} \\ U_{pB} \\ U_{pC} \end{pmatrix} \tag{16.318}$$

oder in der Zustandsdarstellung:

$$\frac{d}{dt} \begin{pmatrix} I_A \\ I_B \\ I_C \end{pmatrix} = \begin{pmatrix} \frac{1}{L-M} & 0 & 0 \\ 0 & \frac{1}{L-M} & 0 \\ 0 & 0 & \frac{1}{L-M} \end{pmatrix} \cdot \left[\begin{pmatrix} U_A \\ U_B \\ U_C \end{pmatrix} - \begin{pmatrix} R & 0 & 0 \\ 0 & R & 0 \\ 0 & 0 & R \end{pmatrix} \begin{pmatrix} I_A \\ I_B \\ I_C \end{pmatrix} - \begin{pmatrix} U_{pA} \\ U_{pB} \\ U_{pC} \end{pmatrix} \right] \tag{16.319}$$

Das Luftspaltmoment ergibt sich zu

$$M_{Mi} = \frac{U_{pA} \cdot I_A + U_{pB} \cdot I_B + U_{pC} \cdot I_C}{\Omega_m} \tag{16.320}$$

Im vorliegenden Beispiel erzeugen die rechteckförmig eingeprägten Ströme mit der trapezförmigen Polradspannung das Moment. Untersuchungen dieses Systems haben gezeigt, daß im wesentlichen die Grundschwingungen vom Statorstrom und der Polradspannungen zur Momentbildung beitragen. Die Harmonischen der Ströme zusammen mit den zugehörigen Harmonischen der induzierten Spannung tragen unwesentlich zur Momentbilanz bei.

Die Spannungen und Ströme ungleicher Ordnungszahlen der Harmonischen erzeugen dagegen Momentpendelungen. Diese Momentpendelungen können sich gegenseitig kompensieren, wenn durch die Speisung der PM–Maschine sichergestellt ist, daß die gegenseitige Lage der Spannungen und Ströme entsprechend Abb. 16.52.a ist.

Wenn allerdings von dieser Steuerungsstrategie abgewichen wird, dann gelten die obigen Aussagen nicht mehr. Vorteilhaft gegenüber der Speisung der PM–Maschine mit sinusförmigen Strömen — die eine Pulsweitenmodulation (PWM) der Schalter in jedem Fall erforderlich macht — ist die Speisung mit rechteckförmigen Strömen bei Verwendung eines Stromzwischenkreisumrichters, da hier keine PWM notwendig ist, sondern zu bestimmten Zeitpunkten — in Abb. 16.52 alle 60° el. — ein bestimmter Steuerbefehl gegeben wird. Nachdem nun die prinzipielle Funktion sowie die Steuerung und Regelung bekannt sind, soll nun auf leicht verständliche Steuerungsmaßnahmen eingegangen werden.

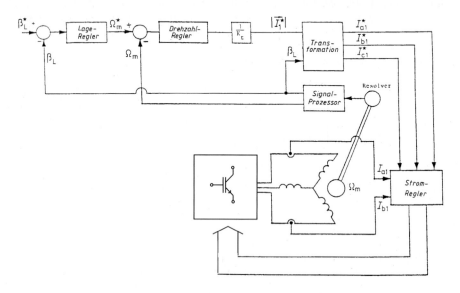

Abb. 16.53: *Servoantrieb mit PM–Maschine*

Abbildung 16.53 zeigt in Anlehnung an die Abbildungen 16.48, 16.49 und 16.51 die Struktur des geregelten PM–Maschinen–Antriebs. Die vollständige Abbildung 16.53 zeigt einen lagegeregelten Servoantrieb. Wenn der Lageregler entfällt, dann entsteht ein drehzahlgeregelter Servo, und wenn der Drehzahlregler entfällt ein Momentservo.

Es verbleibt, wie schon früher bemerkt, wie die Ströme am vorteilhaftesten eingeprägt werden können. Dies soll später diskutiert werden (siehe Kap. 15.4).

16.6.4 Vergleich der sinus– und rechteckförmig gespeisten PM–Maschine

Wie aus den vorhergehenden Kapiteln bekannt ist, kann die PM–Maschine (im Ankerstellbereich ohne Reluktanzeinflüsse) mit sinusförmigen Strömen in allen drei Phasen, bei rechteckförmigen Strömen allerdings in nur jeweils zwei Phasen, gespeist werden.

Bedingt durch diesen Unterschied verhält sich der notwendige Strom I_1 bei einer rechteckförmig gespeisten Maschine (Strom I_{re}) gegenüber der sinusförmig gespeisten Maschine (Strom I_{sin}, Effektivwert)

$$I_{re} = \sqrt{\frac{3}{2}} \cdot I_{sin} = 1,22 \cdot I_{sin} \qquad (16.321)$$

wenn ungefähr gleiches Moment erzeugt werden soll. Dies bedeutet auch, daß der Umrichter den entsprechenden Strom führen muß. Ein genauer Vergleich ergibt folgende Zahlenverhältnisse (Index re: Speisung rechteckförmig, Index sin: Speisung sinusförmig):

Strom pro Länge des Statorumfangs („Strombelag"; Einheit A/m):

$$A_{re} = \frac{3\,N_s}{\pi\,r_s} \cdot I_{re}$$

$$A_{sin} = \sqrt{\frac{2}{3}} \cdot A_{re} = 0,817 \cdot A_{re}$$

Luftspaltmoment ($M_{Mi\,re}$ über $2/3$ des Umfangs erzeugt):

$$M_{Mi\,re} = \frac{2}{3} \cdot (2\,\pi\,r_s\,l_r) \cdot r_s \cdot \hat{B}_g \cdot A_{re}$$

$$M_{Mi\,sin} = \frac{2\,\pi}{\sqrt{2}} \cdot r_s^2\,l_r \cdot \hat{B}_{1g} \cdot k_w \cdot A_{sin}$$

mit α halbe elektrische Ausdehnung des Magnets am Umfang

l_r Rotorlänge (siehe auch Abb. 16.43 und 16.44)

N_s Statorwindungszahl pro Phase

k_w Wicklungsfaktor

$\hat{B}_{1g}$ Grundwelle der Induktion im Luftspalt: $\hat{B}_{1g} = \dfrac{4}{\pi} \cdot \hat{B}_g \sin\alpha$

Damit ergibt sich:

$$M_{Mi\,re} = \frac{\pi}{2\,\sqrt{3}\,k_w \cdot \sin\alpha} \cdot M_{Mi\,sin} \qquad (16.322)$$

Mit $k_w = 0,945$ ergibt sich für folgende Werte von α

α	$\pi/2$	$\pi/3$
$\dfrac{M_{Mi\,re}}{M_{Mi\,sin}}$	$0,96$	$1,11$

Damit sind die statischen Bedingungen abgeklärt.

Bei den folgenden dynamischen Untersuchungen wird angenommen, daß die Motoren von $N = 0$ bis $N = N_N = 1750\,U/min$ beschleunigt werden, nach $25\,ms$ erfolgt ein Laststoß von $M_{Mi} = M_N$. Bei der Stromregelung wird eine Pulsweitenmodulation (PWM) mit einem Trägersignal mit $2\,kHz$ (Abb. 16.54, 16.56 und 16.57) bzw. eine Hystereseregelung (Abb. 16.55) angenommen.

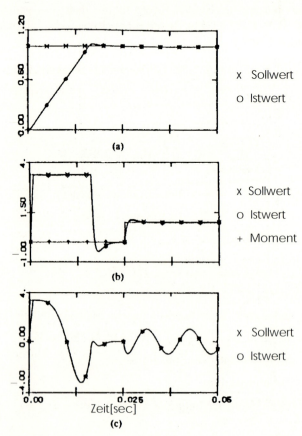

Abb. 16.54: *Dynamischer Vorgang mit PWM (sinusförmig gespeist): a) Drehzahl, b) Drehmoment, c) Strom I_q*

Abbildung 16.54 zeigt die Ergebnisse für N^*, N; M^*_{Mi}, M_{Mi}; I^*_q und I_q für eine PM–Maschine mit sinusförmiger Erregung. Aus Abb. 16.54 ist zu erkennen, daß der drehmomentbildende Strom I_q und damit das Moment sehr schnell aufgebaut werden und daß die Maschine mit maximalem Moment beschleunigt wird. Aus Abb. 16.54 ist weiter zu entnehmen, daß die Maschine hochgelaufen ist, bevor elektrisch eine Periode abgelaufen ist. Die Reglerparameter des Drehzahlreglers wurden auf $D = 0,707$ eingestellt, so daß praktisch kein Überschwingen auftritt. Auch der Momentstoß ist extrem schnell ausgeregelt.

In Abb. 16.55 sind die gleichen Ergebnisse zu sehen, wenn Zweipunkt–Hysterese–Stromregler eingesetzt werden. Im Prinzip ergeben sich die gleichen Kurvenverläufe, allerdings sind die Strom– und Momentharmonischen umso größer, je größer die Hysteresebandbreite und damit je niedriger die Schaltfrequenz gewählt wird.

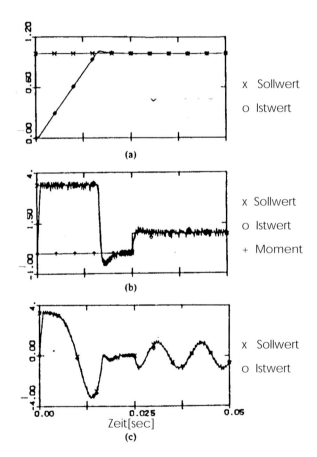

(a)

x Sollwert

o Istwert

(b)

x Sollwert

o Istwert

+ Moment

(c)

Zeit[sec]

x Sollwert

o Istwert

Abb.16.55: *Dynamischer Vorgang mit Hysteresestromregelung (sinusförmig gespeist): a) Drehzahl, b) Drehmoment, c) Strom I_q*

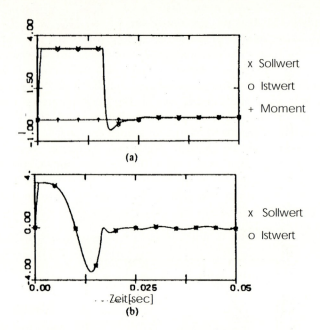

Abb.16.56: *Geregelte PM–Maschine bei einem Momentstoß von $0,1\,M_N$ (sinusförmig gespeist): a) Drehmoment, b) Strom I_q*

Abbildung 16.56 zeigt die Verhältnisse bei einem Momentstoß von $0,1\,M_N$. Beim Vergleich mit Abb. 16.54 zeigt sich, daß das System bezüglich Klein– und Großsignalverhalten sehr ähnlich ist. Das bedeutet, daß das an sich nichtlineare System Synchronmaschine durch die Orientierung am Rotor und durch die Wahl von $I_d = 0$ lineares Regelverhalten erhält.

In Abb. 16.57 sind die Verhältnisse bei einem rechteckförmig gespeisten Motor gezeigt. Außer der Drehzahl, dem Moment und dem drehmomentbildenden Strom wird auch die zugehörige Phasenspannung dargestellt. Insbesondere aus dem Vergleich dieser Spannung, dem Strom und den Momentpulsationen ist zu erkennen, daß bei gleicher Kommutierung des Stromes auf eine andere Phase es zu Momentpulsationen kommt. Diese Momentpulsationen können bei lagegeregelten Systemen stören. Je höher somit die Polpaarzahl ist, desto häufiger werden diese Momentpulsationen auftreten. Ansonsten bleibt das Verhalten vergleichbar zu der sinusförmig erregten Maschine.

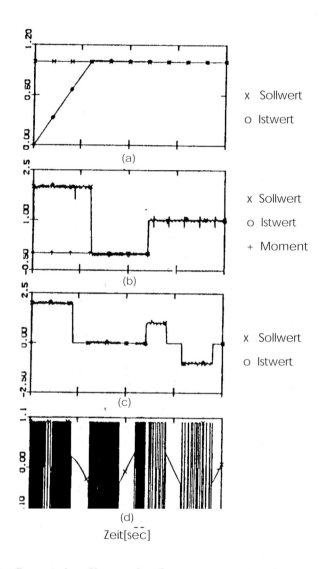

Abb. 16.57: *Dynamischer Vorgang bei Speisung mit rechteckförmigen Strömen: a) Drehzahl, b) Drehmoment, c) Strom I_q, d) Spannung*

16.6.5 Feldschwächbereich der PM–Maschine ohne Reluktanzeinflüsse

Wie bereits in Kap. 16.6.1 ausgeführt, sind PM–Maschinen besonders vorteilhaft einzusetzen, wenn nur der Ankerstellbereich genutzt wird. Wie allerdings in Abb. 16.58 gezeigt wird, kann durch Wahl von $I_d < 0$ auch ein Gegenfeld zum Feld der Permanentmagnete erzeugt werden, das das resultierende Gesamtfeld schwächt. Diese Feldschwächung muß allerdings im allgemeinen durch einen erhöhten Wicklungs– und damit Umrichterstrom erkauft werden.

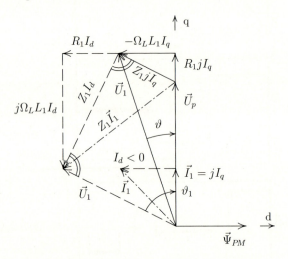

Abb. 16.58: *Zeigerdiagramm der PM–Maschine*

Die Feldschwächung kann auch erreicht werden, wenn die Permanentmagnete nicht für den Nennfluß sondern nur einen geringeren Fluß, z.B. einen mittleren Fluß, ausgelegt sind. In diesem Fall muß dann eine zusätzliche Erregerwicklung konstruktiv vorgesehen werden, oder es wird ein Strom $I_d \geq 0$ als Erregerstrom eingeprägt, um den Nennfluß zu erreichen, und ein Strom $I_d \leq 0$, um den minimalen Fluß zu erreichen. Damit müssen sowohl die Maschinenwicklungen als auch der Umrichter auf den erhöhten Strom $I_1 = \sqrt{I_d^2 + I_q^2}$ ausgelegt werden.

Eine andere Variante dieser Lösung sind die Transversalflußmaschinen, bei denen das Leistungsgewicht und das Leistungsvolumen auf Grund der hohen Polpaarzahl deutlich günstiger sind als bei Asynchronantrieben [35, 36].

In Kap. 16.6.1, in dem die Steuerbedingungen erläutert wurden, war gezeigt worden, daß am vorteilhaftesten die Stromkomponenten $I_d = 0$ und $I_q \neq 0$ gewählt werden sollten. Da die induzierte Polradspannung $\vec{U}_p$ um 90° el. gegenüber $\vec{\Psi}_{PM}$ voreilt, muß somit die Grundschwingung von $\vec{I}_1$ in Phase zur Grundschwingung von $\vec{U}_p$ gehalten werden, wenn das maximale Drehmoment bei geringstem Statorstrom erzielt werden soll. Mit zunehmender Drehzahl der

Maschine wird somit aufgrund von $\Psi_{PM} = $ const. die induzierte Spannung linear zunehmen und daher mit zunehmender Drehzahl die Einprägung des Stroms I_q erschweren.

Aus Abb. 16.58 ist weiterhin zu entnehmen, daß zwischen $\vec{U}_1$ und $\vec{U}_p$ aufgrund der Spannungsabfälle am Statorwiderstand R_1 und an der Statorinduktivität L_1 mit zunehmender Belastung ein zunehmender Winkel ϑ festzustellen ist $(\vartheta = \angle\, \vec{U}_1, \vec{U}_p)$. Wenn nun zusätzlich $I_d < 0$ gewählt wird, dann wird der Winkel ϑ weiter zunehmen. Die Feldschwächung kann somit erreicht werden, indem der resultierende Stromblock — resultierend aus $I_d \neq 0$ und $I_q \neq 0$ — mit zunehmender Feldschwächung der Polradspannung $\vec{U}_p$ voreilt bzw. indem I_d feldschwächend vergrößert wird. Allgemein gilt somit:

$$\Psi_{res} = \Psi_{PM} + L_d \cdot I_d \qquad (16.323)$$

Soweit die prinzipiellen Überlegungen, die sowohl für die sinusförmig als auch die rechteckförmig gespeiste PM–Maschine gelten.

Bei der Realisierung des Feldschwächbetriebs sind nun allerdings grundsätzliche Unterschiede zu beachten. Wie schon mehrfach betont, werden bei der sinusförmig gespeisten Maschine immer in allen drei Phasen Ströme fließen; dies bedeutet, daß alle drei Phasen der PM–Maschine kontinuierlich mit dem Zwischenkreis verbunden sind. Bei der rechteckförmig gespeisten Maschine sind dagegen im Ankerstellbereich jeweils nur zwei Phasen der PM–Maschine mit dem Zwischenkreis verbunden; die dritte Phase ist somit stromfrei.

Bei hohen Drehzahlen der rechteckförmig gespeisten PM–Maschine kann nun durch die hohe induzierte Spannung $\vec{U}_p$ in der normalerweise nicht stromführenden Phase doch ein Stromfluß über die Freilaufdioden des Umrichters erfolgen. Dies ist ein wesentlicher Unterschied zu der sinusförmig gespeisten Maschine, der sich auf den erzielbaren Momentverlauf bei hohen Drehzahlen auswirkt.

Ohne jetzt im Detail auf die Berechnung der erzielbaren Drehzahl, des erzielbaren Drehmoments bei gegebener Zwischenkreisspannung und Voreilwinkel ϑ sowie die zu tolerierenden Momentpulsationen und den zur Verfügung zu stellenden Statorstrom einzugeben, sollen einige typische Ergebnisse aufgezeigt werden.

Der Winkel κ ist dabei als Winkel zwischen der induzierten Spannung $\vec{U}_p$ und der voreilenden Grundschwingung des Stroms definiert und gilt als Maß für die Feldschwächung. Abbildung 16.59 zeigt einen direkten Vergleich zwischen beiden Betriebsarten bei unterschiedlichen Winkeln κ. Es ist zu erkennen, daß mit der sinusförmig gespeisten PM–Maschine bei $\kappa > 0$ ein größerer Drehmoment–Drehzahlbereich abgedeckt wird, daß allerdings bei $\kappa = 0$ der Drehmoment–Drehzahlbereich bei dieser Betriebsart wesentlich geringer ist als bei der rechteckförmig gespeisten Maschine.

Ebenso günstiger hinsichtlich des Drehzahlbereichs verhält sich die sinusförmig gespeiste Maschine bei den Drehmomentpulsationen (Abb. 16.60); dies gilt nicht bezüglich des maximal erzeugbaren Moments.

Dies gilt auch für die sinusförmig gespeiste Maschine, wenn das Verhältnis von erzeugtem Drehmoment zu notwendigem Strom betrachtet wird (Abb. 16.61).

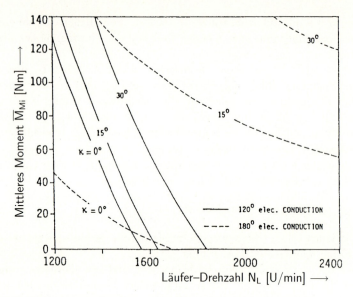

Abb. 16.59: *Drehmoment für eine rechteckförmig (120° conduction) bzw. sinusförmig (180° conduction) gespeiste Maschine abhängig von der Drehzahl und dem Winkel κ*

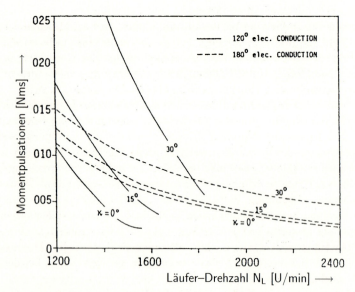

Abb. 16.60: *Drehmomentpulsationen für eine rechteckförmig (120° conduction) bzw. sinusförmig (180° conduction) gespeiste Maschine abhängig von der Drehzahl und dem Winkel κ*

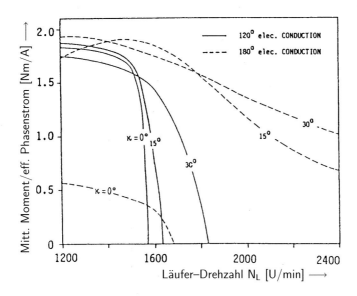

Abb.16.61: *Drehmoment/Strom–Verhältnis für eine rechteckförmig (120° conduction) bzw. sinusförmig (180° conduction) gespeiste Maschine abhängig von der Drehzahl und dem Winkel κ*

Umgekehrt kann festgestellt werden, daß bei $\kappa = 0$ sich die rechteckförmig gespeiste PM–Maschine günstiger verhält als die sinusförmig gespeiste Maschine. Wenn der Statorwiderstand der Maschine erhöht wird, dann verbessert sich dagegen das mittlere Moment bei der sinusförmig gespeisten Maschine auch bei $\kappa = 0$. Ansonsten verhalten sich die Maschinen bei beiden Betriebsarten hinsichtlich der Empfindlichkeit auf Änderungen anderer Maschinenparameter gleich.

Die Feldschwächung durch den Strom I_d kann nicht beliebig erfolgen, einerseits, wie bereits beschrieben, weil die Stator- und damit die Umrichterströme ansteigen. Andererseits kann aber auch das Magnetmaterial dauerhaft entmagnetisiert werden; dies ist absolut unerwünscht.

Grundsätzlich muß zwischen verschiedenen Magnetmaterialien unterschieden werden: Ferrite, Alnico- und Seltene–Erden–Magnete (Abb. 16.62).

Diese Aussage und der Feldschwächbetrieb sollen im folgenden genauer besprochen werden. Gewünscht ist für PM–Maschinen ein möglichst großes B zu H–Gebiet im 2. Quadranten der $B(H)$–Hysterese–Kennlinie des Magneten. Beispielsweise hat Alnico eine große Remanenzinduktion B_r ($H = 0$), aber nur eine kleine Koerzitivfeldstärke $_BH_c$ ($B = 0$). Im Gegensatz dazu haben die Magnet–Werkstoffe Samarium–Cobalt (Sm–Co) oder das noch günstigere Neodym–Bor–Eisen (Nd–Fe–B) sowohl eine große Remanenzinduktion als auch eine große Koerzitivfeldstärke, und es besteht ein praktisch linearer Abfall von B über H im ganzen 2. Quadranten.

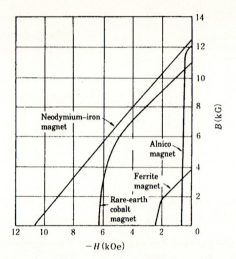

Abb. 16.62: *Hysteresekennlinie von Permanentmagnet–Materialien*

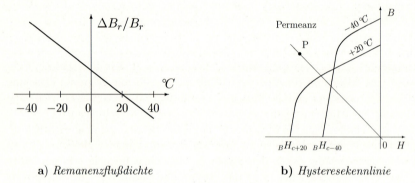

a) *Remanenzflußdichte*   b) *Hysteresekennlinie*

Abb. 16.63: *Temperaturverhalten von Ferriten*

Außerdem muß noch das Temperaturverhalten der Magnetmaterialen beachtet werden (Abb. 16.63): Mit fallender Temperatur nimmt $\Delta B_r/B_r$ zu (Abb. 16.63.a) und zugleich ändert sich die die Form der Hysteresekennlinie, wobei bei Ferriten $|_B H_c|$ deutlich abnimmt (Abb. 16.63.b), bei Seltenen–Erden–Magneten dagegen nur minimal. Die Funktion der Geraden $\overline{OP}$, die die Kennlinie des magnetischen Leitwerts (bei einem im magnetischen Kreis vorhandenen Luftspalt) darstellt, wird aus den Erläuterungen zu Abb. 16.64 verständlich. Diese Unterschiede sollen im folgenden näher diskutiert werden.

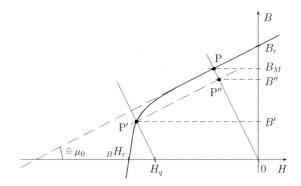

Abb. 16.64: *Entmagnetisierung durch Gegenfeld*

Wird der Magnet in einen magnetischen Kreis ohne Luftspalt eingebaut, dann bildet sich bei $\mu_{Fe} \to \infty$ die Remanenzinduktion B_r (Flußdichte) aus (Abb. 16.64).

Wie bei allen Motoren sind aber Luftspalte vorhanden. Auf welchen Wert wird dann aufgrund des erhöhten magnetischen Widerstandes des Luftspaltes die resultierende magnetische Feldstärke absinken?

Wenn der magnetische Kreis einer PM–Maschine betrachtet wird, dann wollen wir annehmen, daß der magnetische Fluß Ψ im gesamten magnetischen Kreis gleich ist (keine Streufelder). Dies bedeutet, daß der vom Permanentmagneten erzeugte Fluß im Eisen der Maschine, im Magneten und im Luftspalt gleich ist:

$$\Psi_{PM} = B_0 \cdot A_0 = B_M \cdot A_M = B_{Fe} \cdot A_{Fe} \qquad (16.324)$$

Im folgenden wird unendlich permeables Eisen ($\mu_{Fe} \to \infty$) vorausgesetzt. Mit der Flußdichte B_0 im Luftspalt (Luftspaltfläche A_0) und der Flußdichte B_M im Magneten (Magnetfläche A_M) erhält man:

$$B_M = \frac{A_0}{A_M} \cdot B_0 = \mu_0 \cdot \frac{A_0}{A_M} \cdot H_0 \qquad (16.325)$$

Der Luftspalt habe die Luftspaltlänge l_0, der Magnet die Magnethöhe l_M. Am Luftspalt wird daher die magnetische Spannung $V_0 = H_0 \cdot l_0$ und im Magnet $V_M = H_M \cdot l_M$ abfallen. Sollte im Eisenkreis eine stromdurchflossene Wicklung vorhanden sein, dann gilt für die die magnetische Durchflutung bzw. magnetische Spannung Θ

$$\Theta = w \cdot I = \sum_j H_j \cdot l_j \qquad (16.326)$$

wobei H_j die jeweilige magnetische Feldstärke und l_j die zugehörige mittlere Feldlinienlänge ist. Der Fluß Ψ (keine Streufelder) ergibt sich zu

$$\Psi = \frac{\Theta}{\sum_j R_{mj}} \qquad (16.327)$$

mit dem jeweiligen magnetischen Widerstand R_{mj}

$$R_{mj} = \frac{l_j}{(\mu_0 \cdot \mu_{rj} \cdot A_j)} \tag{16.328}$$

Bei idealem Leerlauf der Maschine ($I_d = I_q = 0$) gilt:

$$0 = H_0 \cdot l_0 + H_M \cdot l_M \tag{16.329}$$

bzw.

$$H_M = -H_0 \cdot \frac{l_0}{l_M} \qquad \text{oder} \qquad H_0 = -H_M \cdot \frac{l_M}{l_0} \tag{16.330}$$

Wird dieser Ausdruck in Gl. (16.325) eingesetzt, so folgt

$$B_M = -\mu_0 \cdot \frac{A_0}{A_M} \cdot \frac{l_M}{l_0} \cdot H_M \tag{16.331}$$

d.h. es ergibt sich die Gleichung der sogenannten Scherungs– oder Entmagnetisierungsgeraden $\overline{OP}$, die umso flacher wird, je größer die Luftspaltlänge l_0 ist (Abb. 16.64).

Wenn in Gl. (16.331) die Beziehung $B_r = -\mu_0 H_M$ aus Abb. 16.64 eingesetzt wird, berechnet sich die Flußdichte im Magneten zu

$$B_M = \frac{A_0}{A_M} \cdot \frac{l_M}{l_0} \cdot B_r \tag{16.332}$$

d.h. die Flußdichte wird sich von B_r auf B_M verringern. Mit diesem Zusammenhang und Gl. (16.324) folgt für den Fluß des Permanentmagneten

$$\Psi_{PM} = B_M \cdot A_M = A_0 \cdot \frac{l_M}{l_0} \cdot B_r \tag{16.333}$$

der also, in Relation zur Luftspaltlänge l_0, mit zunehmender Magnethöhe l_M steigt.

Wenn nun, wie bereits oben diskutiert, ein Strom $I_q \neq 0$ (z.B. $I_q < 0$) in die Statorwicklungen eingeprägt wird, dann besteht eine zusätzlich magnetische Durchflutung Θ_q

$$\Theta_q = w \cdot I_q \tag{16.334}$$

Damit gilt entsprechend Gl. (16.326)

$$\Theta_q = H_0 \cdot l_0 + H_M \cdot l_M \tag{16.335}$$

und analog zum obigen Vorgehen

$$B_M = \mu_0 \cdot \frac{l_M}{l_0} \cdot \frac{A_0}{A_M} \cdot \left(\frac{\Theta_q}{l_M} - H_M \right) = \mu_0 \cdot \frac{l_M}{l_0} \cdot \frac{A_0}{A_M} \cdot (H_q - H_M) \tag{16.336}$$

d.h. die ursprüngliche Gerade $\overline{OP}$ wird parallel verschoben zur Geraden $\overline{OP'}$. Solange der Schnittpunkt zwischen der neuen Geraden $\overline{OP'}$ und der $B(H)$–Kennlinie des PM–Materials im linearen Bereich verbleibt (keine Veränderung der Weißschen Bezirke, $\Delta B/\Delta H \approx \mu_0$), ist dieser Vorgang reversibel, d.h. bei $\Theta_q = 0$ wird der Punkt P wieder erreicht. Wird der Knick allerdings überschritten, wie beim Punkt P' in Abb. 16.64, so stellt sich danach bei $I_q = 0$ ($\Theta_q = 0$) der Punkt P'' ein. In diesem Fall ist somit eine bleibende unerwünschte Entmagnetisierung aufgetreten. Dies gilt es zu vermeiden.

Zurückkommend auf Abb. 16.62 bedeutet dies, daß ein Alnico–Magnet sehr leicht, ein Neodym–Bor–Eisen–Magnet aber sehr schwer unerwünscht entmagnetisiert werden kann. Es empfiehlt sich, diese Frage mit dem Maschinenhersteller abzuklären.

16.6.6 PM–Maschine mit Reluktanzeinflüssen

In den vorherigen Kapiteln wurden die Gleichungen, die Signalflußpläne sowie die Steuerung und Regelung der PM–Drehfeldmaschine behandelt mit der Annahme, daß die Maschine mit $I_d = 0$ betrieben wird und symmetrisch im Rotor aufgebaut ist und damit keine Reluktanzerscheinungen aufweisen kann.

Nun kann die PM–Drehfeldmaschine aber auch so aufgebaut sein, daß $L_d \neq L_q$ ist und somit die Reluktanzeinflüsse nicht zu vernachlässigen sind. Aus dem ersten Kapitel der PM–Drehfeldmaschine können die in diesem Falle gültigen Gleichungen übertragen werden:

$$\frac{d\Psi_d}{dt} = U_d - R_1 \cdot I_d + \Omega_L \cdot \Psi_q \tag{16.337}$$

$$\frac{d\Psi_q}{dt} = U_q - R_1 \cdot I_q - \Omega_L \cdot \Psi_d \tag{16.338}$$

$$\Psi_d = \Psi_{PM} + L_d \cdot I_d \tag{16.339}$$

$$\Psi_q = L_q \cdot I_q \tag{16.340}$$

$$M_{Mi} = \frac{3}{2} \cdot Z_p \cdot \left(\Psi_{PM} \cdot I_q + (L_d - L_q) \cdot I_d \cdot I_q \right) \tag{16.341}$$

$$\Theta \cdot \frac{d\Omega_m}{dt} = M_{Mi} - M_W \tag{16.342}$$

Aus der Drehmomentgleichung ist zu erkennen, daß der erste Term nur von I_q und der zweite Term aufgrund der Reluktanz von I_d und I_q erzeugt wird.

Wenn nun wie in den vorherigen Untersuchungen außerhalb des Feldschwächbetriebs $I_d = 0$ vorausgesetzt werden kann, dann ist in der Momentgleichung der Reluktanzeinfluß nicht vorhanden. Entsprechend ist dann $\Psi_d = \Psi_{PM}$, und es verbleiben die Rückwirkungen des drehmomentbildenden Stroms I_q bzw. von Ψ_q auf die Statorspannungen.

Wenn nun aber dem Motor nicht die Ströme $I_d = 0$ und $I_q \neq 0$, sondern die Spannungen eingeprägt werden, dann kann beispielsweise $U_d = 0$ und $U_q \neq 0$ gesetzt werden. In diesem Fall besteht im stationären Zustand zwischen den Strömen die Beziehung (Gl. (16.103) und (16.297) in Kap. 16.6.1):

$$I_d = \frac{\Omega_L \cdot L_q}{R_1} \cdot I_q \qquad (16.343)$$

Damit enthält die Drehmomentgleichung

$$M_{Mi} = \frac{3}{2} \cdot Z_p \cdot \left(\Psi_{PM} \cdot I_q + (L_d - L_q) \cdot \frac{\Omega_L \cdot L_q}{R_1} \cdot I_q^2 \right) \qquad (16.344)$$

einen Term nur mit I_q und einen weiteren Term mit $\Omega_L \, I_q^2$, d.h. die Drehmomentgleichung ist nichtlinear in I_q. In gleicher Weise enthält die Spannungsgleichung einen Term in Ω_L und einen weiteren Term in $\Omega_L^2 \, I_q$, d.h. diese Gleichung ist ebenso nichtlinear:

$$U_q = R_1 \cdot I_q + \Omega_L \cdot \Psi_{PM} + \Omega_L^2 \cdot \frac{L_d \cdot L_q}{R_1} \cdot I_q \qquad (16.345)$$

Aus diesen Gleichungen ist zu erkennen, das bei der Vorgabe der Spannungen $U_d = 0$ und $U_q \neq 0$ trotzdem über die Verkopplungen der d– und q–Komponenten sich ein Strom $I_d = \Omega_L \, I_q \, L_q / R_1$ ausbildet, d.h. ein Strom I_d, der von I_q gesteuert wird. Aufgrund dieses Effekts wird daher die Gleichung für die Spannung U_q abhängig von Ω_L und Ω_L^2, die Drehmomentgleichung abhängig von I_q aber auch von $\Omega_L \, I_q^2$. Der Vorteil, das zusätzliche Reluktanzmoment zu nutzen, wird mit dem Nachteil der nichtlinearen Gleichungen und damit den variablen Polstellen des Systems erkauft.

Daher kann ein linearer Reglerentwurf aufgrund der nichtlinearen Gleichungen für das Moment und die Statorspannung nur in einem vorgegebenen Arbeitspunkt die gewünschten Ergebnisse erbringen.

Ziel der Überlegungen muß deshalb sein, Regelungsstrukturen zu finden, die einerseits das Reluktanzmoment nutzen können und andererseits stabile und vorgebbare dynamische Eigenschaften des geregelten Systems im ganzen Betriebsbereich ermöglichen.

Beispielsweise könnte für die Spannungen folgendes Steuergesetz vorgegeben werden:

$$U_d = V_d - \Omega_L \cdot L_q \cdot I_q + R_1 \cdot I_d \qquad (16.346)$$

$$U_q = V_q + \Omega_L \cdot L_d \cdot I_d \qquad (16.347)$$

Durch dieses Steuergesetz für die Spannungen, das eine Entkopplung der d– und q–Komponenten bewirkt, ergibt sich für die ursprünglichen Gleichungen:

$$\frac{d\Psi_d}{dt} = V_d \qquad (16.348)$$

$$\frac{d\Psi_q}{dt} = V_q - R_1 \cdot I_q - \Omega_L \cdot \Psi_{PM} \qquad (16.349)$$

$$\Psi_d = \Psi_{PM} + L_d \cdot I_d \qquad (16.350)$$

$$\Psi_q = L_q \cdot I_q \qquad (16.351)$$

Da Ψ_{PM} konstant ist, kann einerseits über V_d die Änderung von Ψ_d und damit auch die Änderung von I_d eingestellt werden, ohne daß eine Rückwirkung zu Ψ_q und V_q besteht. Andererseits kann über V_q die Änderung von Ψ_q und I_q eingestellt werden, ohne daß Ψ_d und damit I_d beeinflußt wird. Damit kann das Drehmoment sowohl über V_q und I_q (erster Term der Drehmomentgleichung) als auch über V_d und I_d (zweiter Term, Reluktanzanteil) eingestellt werden. Der Momentgewinn beträgt ca. $10 \ldots 15\,\%$.

Die folgenden Überlegungen sind aus folgenden Gründen von besonderem Interesse. Eine elektrische Maschine mit nur ausgeprägter Rotorkonstruktion (Reluktanzeffekt) ist im Rotor wesentlich einfacher aufzubauen als ein Rotor einer Asynchronmaschine mit Kurzschlußkäfig, oder mit ausgeführten Wicklungen und Schleifringen oder mit einer Erregerwicklung wie bei einer Synchronmaschine. Es verbleiben noch die Statorwicklungen. Eine symmetrisch aufgebaute Dreiphasenwicklung wie bei der Asynchronmaschine oder wie bei der Synchronmaschine ermöglicht einen umlaufenden Strombelag (Strom–Raumzeiger) und erlaubt damit, einen umlaufenden Fluß–Raumzeiger zu erzeugen. Ein derartig umlaufender Raumzeiger mit konstanter Amplitude erzeugt aber deutlich geringere Eisenverluste als ein Fluß, der auf- und abgebaut wird, wie bei einer geschalteten Reluktanzmaschine (Switched Reluctance Machine). Außerdem wird durch den Auf- und Abbau der räumlich fest orientierten Flüsse bei der Switched–Reluctance–Maschine dynamisch eine Verzögerung zu beobachten sein, die den realisierbaren Drehzahlbereich einschränkt. Damit ergibt sich die Möglichkeit, eine Maschine mit Dreiphasenwicklung im Stator und einem Rotor in ausgeprägter Konstruktion als besonders einfache Synchronmaschine zu nutzen [364] („synchrone" Reluktanzmaschine). Die Ausnutzung dieser Maschine ist aber nur mäßig (siehe auch [35]).

16.7 Steuerverfahren für Ankerstell- und Feldschwäch- betrieb bei Drehfeldmaschinen

Wie bereits in Kap. 13.4.4 und Kap. 13.8 für die Asynchronmaschine sowie in Kap. 16.3.4 und Kap. 16.5.6 für die Synchronmaschine und weiterhin in Kap. 16.6.5 für permanentmagneterregte Synchronmaschinen dargestellt, besteht außer dem Ankerstellbereich auch noch der Feldschwächbereich bei Drehfeldmaschinen. Prinzipiell ist weiterhin aus [36], Abb. 3.44 bekannt, daß es bei der Gleichstrom–Nebenschlußmaschine drei Betriebsbereiche gibt. Es besteht nun die Frage, ob dies auch auf Drehfeldmaschinen übertragbar ist. Auf die weiteren regelungstechnischen Fragestellungen (dynamische Betrachtungen) in Kap. 7.2 sei zusätzlich verwiesen.

In den folgenden Ausführungen soll von permanentmagneterregten Synchronmaschinen ausgegangen werden. Dies ist allerdings keine Einschränkung der folgenden Ableitungen, die somit auch auf die anderen Drehfeldmaschinen übertragen werden können.

Wie schon angemerkt, ist die Feldschwächung bei permanentmagneterregten Synchronmaschinen eine Problematik des verwendeten Magnetmaterials. Wie aus Abb. 16.62 zu entnehmen ist, wird das Material Alnico relativ schnell demagnetisiert. Wenn stattdessen angenommen wird, daß das Material Neodymium–Eisen verwendet wird, dann ist der Feldschwächbereich realisierbar. Es fragt sich nun allerdings, wie der Bereich der Feldschwächung am vorteilhaftesten realisiert werden soll, wenn die folgenden Randbedingungen bestehen: erstens maximaler Strom I_G der Maschine bzw. des Umrichters, zweitens maximale Spannung U_G der Maschine bzw. des Umrichters und drittens das Ziel, ein maximal erreichbares Verhältnis von Statorstrom zu Drehmoment zu erreichen. Weiterhin muß bei dieser Fragestellung der Unterschied beachtet werden, ob eine magnetisch symmetrische oder unsymmetrische Maschine verwendet wird. Diese Fragestellung wird in [401] ausführlich abgehandelt.

In diesem Beitrag wird ausgeführt, daß es drei Arbeitsbereiche — wie bei der GNM — gibt. Der erste Arbeitsbereich ist der bekannte Ankerstellbereich, in dem bei magnetisch symmetrischen Maschinen $I_{d(1)} = 0$ ist und mit $I_{q(1)}$ das Moment gesteuert wird. Bei magnetisch unsymmetrischen Maschinen ist bei der Festlegung von $I_{d(1)}$ und $I_{q(1)}$ allerdings das Verhältnis $\rho = L_q/L_d$ zu beachten, wenn das Verhältnis von Statorstrom zu Moment optimiert werden soll. Es gilt im Ankerstellbereich (erster Bereich):

$$I_{d(1)} \;=\; 0 \qquad\qquad I_{q(1)} \;\leq\; I_G \qquad\qquad \rho \;=\; 1 \qquad (16.352)$$

$$I_{d(1)} \;\leq\; -I_1 \sin\beta_1 \qquad I_{q(1)} \;\leq\; I_1 \cos\beta_1 \qquad \rho \;\neq\; 1 \qquad (16.353)$$

mit $I_1 < I_G$ und

$$\beta_1 \;=\; \arcsin\left(\frac{-u_h + \sqrt{u_h^2 + 8\,(\rho-1)^2\,x_d^2\,i_1^2}}{4\,(\rho-1)\,x_d\,i_1} \right) \qquad (16.354)$$

mit den normierten Größen

$$u_h \;=\; \frac{\Omega_{LN}}{U_N} \cdot (L_d I_d + \Psi_{PM}) \qquad\qquad x_d \;=\; \frac{\Omega_{LN} I_N}{U_N} \cdot L_d \qquad (16.355)$$

$$\rho \;=\; \frac{L_q}{L_d} \qquad\qquad\qquad\qquad x_q \;=\; \frac{\Omega_{LN} I_N}{U_N} \cdot L_q \qquad (16.356)$$

Wenn in den obigen Gleichungen der normierte Wert des $i_G = I_G/I_N$ eingesetzt wird, ergibt sich der Grenzwert für $I_{d(1)}$ und $I_{q(1)}$ und damit auch das maximal erreichbare Moment. Die in diesem Punkt erreichbare maximale normierte Drehzahl ist

$$\omega_{L(1)} \quad = \quad \frac{u_G}{\sqrt{(u_h + x_d\,i_{d(1)})^2 + (\rho\,x_q\,i_{q(1)})^2}} \qquad (16.357)$$

Im zweiten Bereich werden an der Spannungsgrenze U_G die Ströme $i_{d(2)}$ und $i_{q(2)}$ — ausgehend von Gl. (16.352) bzw. (16.353) — so geändert, daß bei maximaler Drehmomentanforderung $i_G = \sqrt{i_{d(2)}^2 + i_{q(2)}^2}$ ist. Der zweite Bereich endet, wenn der normierte Stromkreis sich mit dem normierten Spannungskreis ($\rho = 1$) bzw. der normierten Spannungsellipse ($\rho \neq 1$) schneidet. Die Gleichung für den normierten Spannungskreis bzw. die normierte Spannungsellipse lautet:

$$(u_h + x_d\,i_{d(2)})^2 + (\rho\,x_q\,i_{q(2)})^2 \quad = \quad \left(\frac{u_G}{\omega_{L(2)}}\right)^2 \qquad (16.358)$$

Durch Einsetzen von $i_G = \sqrt{i_{d(2)}^2 + i_{q(2)}^2}$ in Gl. (16.354) ergibt sich $\omega_{L(2)}$.

Im dritten Bereich muß an der Spannungsgrenze nun — wie bereits auch schon bei der Gleichstrommaschine in Abb. 3.44 in [36] dargestellt — der Statorstrom zurückgenommen werden, um die Drehzahl über $\omega_{L(2)}$ hinaus zu erhöhen. Im vorliegenden Fall bedeutet dies, daß von der Stromgrenze ausgehend im zweiten Bereich der momentbildende Stromanteil i_q immer mehr reduziert und der feldschwächende Strom immer weiter erhöht wird, solange bis $i_{q(3)} = 0$ ist und damit kein Moment mehr zur Verfügung steht. In diesem Bereich gilt:

$$i_{d(3)} \quad = \quad -\frac{u_h}{x_d} - \Delta\,i_d \qquad (16.359)$$

$$i_{q(3)} \quad = \quad \frac{\sqrt{\left(\dfrac{u_G}{\omega_{L(3)}}\right)^2 - (x_d\,\Delta\,i_d)^2}}{\rho\,x_d} \qquad (16.360)$$

mit:

$$\Delta\,i_d \quad = \quad \begin{cases} 0 & (\rho = 1) \\[2em] \dfrac{-\rho\,u_h + \sqrt{(\rho\,u_h)^2 + 8\,(\rho-1)^2\left(\dfrac{u_G}{\omega_{L(3)}}\right)^2}}{4\,(\rho-1)\,x_d} & (\rho \neq 1) \end{cases} \qquad (16.361)$$

Dieser dritte Bereich ist allerdings dann nicht nutzbar, wenn $u_h/x_d > i_G$ ist. In diesem Fall ist die maximal erreichbare Drehkreisfrequenz:

$$\omega_{L(3)} \quad = \quad \frac{u_G}{u_h - x_d\,i_G} \qquad (16.362)$$

Im Beitrag [401] wird weiter ausgeführt, daß eine konstruktive Auslegung $u_h \approx x_d i_d$ besonders günstig ist für einen großen Drehzahlbereich mit konstanter Leistung.

Weiterhin wird gezeigt, daß die verfügbare Wellenleistung bei beiden Maschinentypen ($\rho = 1$ und $\rho \neq 1$) bei hohen Drehzahlen gleichwertig ist. Allerdings erzeugt die magnetisch unsymmetrisch permanentmagneterregte Synchronmaschine aufgrund des Reluktanzmoments eine höhere Wellenleistung vorwiegend im Ankerstellbereich.

Prinzipiell soll hier nochmals darauf hingewiesen werden, daß bei den obigen Überlegungen nur der stationäre Betrieb berücksichtigt wird, d.h. daß in den Gleichungen (16.294) bis (16.301) alle $d/dt = 0$ gesetzt werden.

Dies bedeutet, daß für dynamische Zustände praktisch keine Spannung über U_G hinaus verfügbar ist und damit das dynamische Verhalten sehr ungünstig ist. Eine altbekannte Abhilfe ist, die innere Spannung — bei Synchronmaschinen U_h — durch kurzzeitige Feldschwächung abzusenken, um damit eine kleine Spannungsreserve zum Aufbau des momentbildenden Stromanteils zu gewinnen. Nach dem momentbildenden Stromaufbau kann dann die innere Spannung wieder erhöht werden. Eine weitere Maßnahme ist, das „Übermodulations–Verfahren" beim Wechselrichter einzusetzen.

Auf die weiteren Maßnahmen, die bereits mehrfach vorher diskutiert wurden, wie die Anpassung der Parameter des Drehzahlreglers im Feldschwächbereich oder „Anti–Windup" Maßnahmen, sei nochmals erinnert.

17   Geschaltete Reluktanzmaschine

Die Reluktanzmaschine ist eine sehr einfach aufgebaute elektrische Maschine, denn es werden nur Statorwicklungen und die zugehörigen leistungselektronischen Schalter benötigt. Eine grundlegende Einführung in den Aufbau, die prinzipielle Funktion der „geschalteten Reluktanzmaschine" (SRM, Switched Reluctance Machine), sowie deren Steuerung bzw. Regelung findet sich in den Veröffentlichungen von Lawrenson [615] und viele mehr im Buch von Miller [621] sowie in [36]. Die Ausführungen in diesem Kapitel konzentrieren sich auf die geschaltete Reluktanzmaschine. Die Betrachtung der mit einem Drehfeld betriebenen Reluktanzmaschine erfolgt in Kap. 16.1.

Die folgenden Darstellungen geben einen Überblick über die in den Veröffentlichungen beschriebenen Aufgabenstellungen und deren Lösungen zur Steuerung und Regelung von SRMs. Die wesentliche Schwierigkeit bei der Beschreibung der SRM ist der nichtlineare Zusammenhang zwischen der eingeprägten Statorwicklungs–Spannung U bzw. dem Stator–Wicklungsstrom I, dem resultierenden Stator–Fluß Ψ mit dem Parameter des Rotordrehwinkels γ. Es gilt:

$$U = R \cdot I + \frac{d\Psi}{dt} \tag{17.1}$$

$$U = R \cdot I + \frac{\partial \Psi}{\partial I} \cdot \frac{dI}{dt} + \frac{\partial \Psi}{\partial \gamma} \cdot \frac{d\gamma}{dt} \tag{17.2}$$

Die Kennlinie A in Abb. 17.1 ergibt sich, wenn der Rotordrehwinkel γ in der „unaligned" Position ist, d.h. Statorzahn und Rotornut gegenüber stehen. Entsprechend ergibt sich die Kennlinie B, wenn sich Statorzahn und Rotorzahn gegenüber stehen („aligned"). Die Energiebilanz lautet

$$U \cdot I\, dt = I^2 R\, dt + I\, \frac{\partial \Psi}{\partial I} \cdot dI + I\, \frac{\partial \Psi}{\partial \gamma} \cdot d\gamma \tag{17.3}$$

$$= I^2 R\, dt + dW + dA \tag{17.4}$$

und enthält die Stromwärmeverluste, die Änderung der magnetischen Energie dW und die Änderung der mechanischen Arbeit dA:

$$dW = \frac{\partial W}{\partial I} \cdot dI + \frac{\partial W}{\partial \gamma} \cdot d\gamma \tag{17.5}$$

$$dA = \left(I\, \frac{\partial \Psi}{\partial \gamma} - \frac{\partial W}{\partial \gamma} \right) d\gamma \tag{17.6}$$

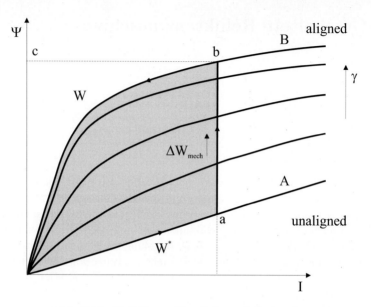

Abb. 17.1: *Fluß-Strom Kennlinien mit Parameter γ*

Aus dA kann das verfügbare Drehmoment ermittelt werden:

$$M_{Mi} \;=\; \frac{dA}{d\gamma} \;=\; I\frac{\partial\Psi}{\partial\gamma} - \frac{\partial W}{\partial\gamma} \tag{17.7}$$

Das Drehmoment M_{Mi} kann auch als Funktion der magnetischen Koenergie W^* bzw. deren Änderung dargestellt werden:

$$W^* \;=\; I\,\Psi - W \tag{17.8}$$

$$\frac{\partial W^*}{\partial\gamma} \;=\; I\frac{\partial\Psi}{\partial\gamma} - \frac{\partial W}{\partial\gamma} \tag{17.9}$$

und somit

$$M_{Mi} \;=\; \frac{\partial W^*}{\partial\gamma} \tag{17.10}$$

Die wirkungsvollste Drehmomenterzeugung kann entsprechend Abb. 17.1 und Abb. 17.2 erreicht werden, wenn der Strom I sprungförmig in der Position A (unaligned) ein– und in der Position B (aligned) abgeschaltet wird. Wenn den Ausführungen entsprechend [36] gefolgt wird, dann kann eine arbeitspunktabhängige Induktivität $L(\gamma, I)$ eingeführt werden:

$$L(\gamma, I) \;=\; \frac{\Psi(\gamma, I)}{I} \tag{17.11}$$

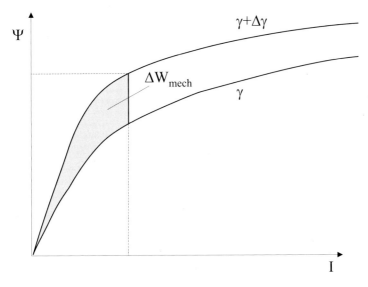

Abb. 17.2: *Magnetische Energie und Koenergie*

die als Sekantensteigung definiert ist. Mit dieser arbeitspunktabhängigen Induktivität kann die Änderung der magnetischen Koenergie als Funktion von L

$$\frac{\partial W^*}{\partial \gamma} \;=\; \frac{1}{2}\, I^2\, \frac{dL}{d\gamma} \tag{17.12}$$

und damit das Drehmoment M_{Mi} zu

$$M_{Mi} \;=\; \frac{1}{2}\, I^2\, \frac{dL}{d\gamma} \tag{17.13}$$

beschrieben werden. Aus Gl. (17.13) ist zu erkennen, daß bei einem positiven $dL/d\gamma$ ein positives Moment und entsprechend bei einem negativen $dL/d\gamma$ ein Bremsmoment erzeugt wird, d.h. das Drehmoment ist nicht von der Richtung des Flusses Ψ abhängig. Aus dieser grundlegenden Überlegung ist abzuleiten, daß sowohl ein positives als auch ein negatives Drehmoment mit nur einer Strompolarität erzeugt werden kann — ein großer Vorteil der SRM.

Aus den obigen Überlegungen können zwei weitere wichtige Erkenntnisse abgeleitet werden. In Abb. 17.1 und 17.2 war der nichtlineare Zusammenhang $\Psi = f(\gamma, I)$ dargestellt worden. Bei der Drehmomenterzeugung muß somit die Eisensättigung berücksichtigt werden [638]. Es ist somit vorteilhaft, den Strom I so schnell wie möglich in der Position A bei tendenziell linearem Verhalten (großer Luftspalt) aufzubauen, den Strom I konstant zu halten und den Fluß Ψ mit diesem Strom I bis in den Sättigungsbereich zu treiben. Der zweite mögliche Ansatzpunkt ist, mehrere Statorwicklungen in der richtigen zeitlichen bzw. der richtigen Abhängigkeit von der Position γ gleichzeitig mit Strom zu versorgen und somit den Drehmomentverlauf zu beeinflussen.

$$M_{Mi} = \sum_i \frac{1}{2} I_{ph,i}^2 \frac{dL_{ph,i}(\gamma, I)}{d\gamma_{ph,i}} \qquad (17.14)$$

Aus diesen einfachen Überlegungen ergibt sich, daß die Darstellung des dynamischen Verhaltens der SRM relativ komplex ist.

Der erste Ansatz, um dieses komplexe Verhalten darzustellen, ist die FEM–Analyse des elektromagnetischen Felds [603, 606, 611, 619]. Das Ergebnis dieser Analyse muß in die Differentialgleichungen des elektrischen und mechanischen Systems eingebunden werden [601, 632, 633, 634]. Der Vorteil dieses Vorgehens ist, daß die Effekte bei mehreren stromdurchflossenen Wicklungen und die daraus resultierenden Sättigungseffekte berücksichtigt werden können. Insbesondere diese resultierenden Sättigungseffekte bei mehreren stromdurchflossenen Wicklungen werden häufig vernachlässigt, obwohl mit dieser Methode beispielsweise die Drehmomentwelligkeit verringert werden kann.

Grundsätzlich ist ein erster Ansatz, mittels FEM–Methode den Zusammenhang von Fluß Ψ_{ph} in Abhängigkeit vom Strom I_{ph} mit dem Parameter Rotorposition γ_{ph} und damit $M_{Mi,ph}$ zu I_{ph} und γ_{ph} zu ermitteln. Nachteilig bei dieser Methode ist der große Aufwand, im allgemeinen die Vernachlässigung der Wirbelströme, der Hystereseeffekte, der Effekte bei mehrphasiger Stromeinprägung und der fabrikations– und materialbedingten Abweichungen vom Sollzustand.

Ein zweiter Weg ist die experimentelle Bestimmung des M_{ph}–I_{ph}–γ_{ph}–Kennfeldes [36, 618, 628]. Die Nachteile bei diesem Verfahren sind ungenaue Messungen des Winkels γ_{ph} und thermische Effekte aufgrund der Messungen im Stillstand.

Um die SRM als Simulationsmodell verfügbar werden zu lassen, muß die nichtlineare M_{ph}–I_{ph}–γ_{ph}–Kennliniengruppe entsprechend Abb. 17.2 vorliegen. Ein erster Ansatz wurde in [653] vorgeschlagen, in dem die Gruppe in mehrere (vier) lineare Teilgruppen zerlegt wurde. Selbstverständlich ist dies ein relativ sehr vereinfachender Ansatz, aber die Gleichungen (17.7) und (17.8) können vorteilhaft genutzt werden. Vorteilhafter aber aufwendiger sind nichtlineare Ansätze wie von Stephenson und Corda (Look–up–table [639]), die Approximation von Torrey mit dem exponentiellen Ansatz [642], dem Vorschlag von Miller [622, 623] und der B–Spline–Näherung von Pulle [627] oder die dreidimensionalen Approximationen mittels neuronaler Netze oder der Fuzzy–Logik.

Der exponentielle Ansatz ist besonders weit verbreitet und auch in SABER [643] von Torrey implementiert worden:

$$\Psi(\gamma, I) = a_1(\gamma) \left(1 - e^{a_2(\gamma) I_{ph}}\right) + a_3(\gamma) I_{ph} \qquad (17.15)$$

Der Vorteil dieser Darstellung sind die Vermeidung von Interpolationen wie bei den Look–up–tables, sowie die komprimierte Repräsentation des dreidimensionalen Kennfeldes mittels der drei Koeffizienten als Funktion von Strom I_{ph} und Position γ_{ph}.

Allerdings kann die Parameterextraktion für die exponentielle Näherung aufwendig sein. Eine Berücksichtigung der Überlagerung der magnetischen Flüsse und der daraus folgenden Sättigungseffekte bei mehreren stromdurchflossenen Statorwicklungen wurde bisher nur in [620] angesprochen. Weiterführende Überlegungen führen zu dem Vorschlag, die kubische Hermite–Spline–Approximation zu benutzen [636]. Mit diesem Ansatz ergibt sich ein nichtlineares dynamisches Modell, dessen Signalflußplan in Abb. 17.3 dargestellt ist.

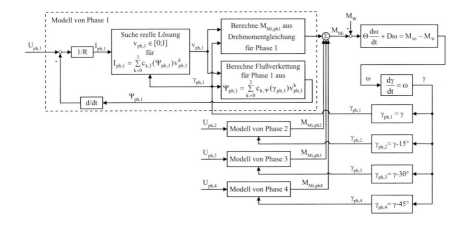

Abb. 17.3: *Dynamisches Modell einer 4-phasigen SRM*

Aus diesen Grundüberlegungen zur Ermittlung der Drehmomenterzeugung und der mathematischen Darstellung ist zu entnehmen, daß die Rotorposition in Kombination mit dem Strom–Augenblickswert von sehr großer Bedeutung ist. Aufgrund dieses wichtigen Zusammenhangs ist die Art der leistungselektronischen Versorgung wichtig. Die Funktion der SRM wird damit von der Art der Funktion des Stellglieds mitbestimmt. Dies soll im übernächsten Unterkapitel abgehandelt werden. Zuerst wird aber die überlappende Beaufschlagung von zwei oder mehreren Statorwicklungen mit Strom dargestellt.

17.1 Überlappende Bestromung von Statorwicklungen

Wie bereits im einführenden Unterkapitel dargestellt wurde, kann durch gleichzeitige Bestromung von Statorwicklungen, d.h. überlappende Bestromung, die Drehmomentwelligkeit verringert werden. In [636] wird ausgeführt, daß es je nach Ausführung der SRM unterschiedliche magnetische Typen der SRM gibt.

Typische Konfigurationen sind NN–SS oder NS–NS oder (NN–SS)–PS, (NN–SS)–NG, (NS–NS)–PS und (NS–NS)–NG. Die Unterscheidung bezieht sich

auf die magnetischen Polaritäten, je nachdem ob gleiche magnetische oder unglei-
che magnetische Flußrichtung bei den beiden betrachteten benachbarten Phasen
besteht. Außerdem wird unterschieden, ob die positive Seite (PS) oder die negative Seite (NG, Negative Ground) der Wicklungsphase betrachtet wird. Die
Analyse und Synthese dieses Problems ist äußerst komplex und kann im Detail in
[636] nachgelesen werden. Anschließend wird zur Validierung ein SABER-Modell
dieses Betriebszustandes erstellt und mit praktischen Ergebnissen validiert. Das
Programm ist im Anhang der Dissertation gegeben.

17.2   Leistungselektronische Stellglieder

Wie bereits in der Einleitung dargestellt, müssen die Ströme in den Statorwicklungen entsprechend der Rotorwinkelposition γ auf- und abgebaut werden. Die
Ströme haben allerdings nur eine Stromrichtung — ein wichtiger Vorteil. Allerdings ist der zeitlich genaue Stromauf- und -abbau insbesondere bei hohen Drehzahlen und deshalb hohen zeitlichen Anforderungen ein besonders zu beachtender
Punkt. Weitere zu beachtende Punkte sind die Kosten und der Wirkungsgrad des
leistungselektronischen Stellglieds.

Die grundlegende leistungselektronische Schaltung ist in Abb. 17.4 gezeigt
und ist eine asymmetrische Brückenschaltung [602, 621, 637].

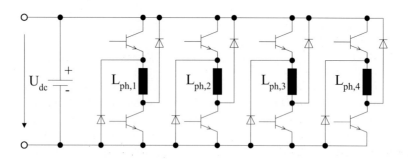

Abb. 17.4: *Asymmetrische Brückenschaltung*

Der wesentliche Unterschied zu der normalen Brückenschaltung ist, daß kein
direkter Kurzschluß der Zwischenkreisspannung entstehen kann, da jeweils eine Statorwicklung zwischen den steuerbaren Leistungshalbleitern angeordnet ist.
Mit der asymmetrischen Brückenschaltung kann die jeweilige Statorwicklung mit
drei Spannungen $+U_{dc}$, 0 und $-U_{dc}$ versorgt werden. Die Pulsweitenmodulation
ist ebenso möglich, um den Wicklungsstrom auf einer vorgebbaren Amplitude
zu halten. Die vorliegende Schaltung ist besonders vorteilhaft, da für jede Sta-

torwicklung die Stromversorgung unabhängig steuerbar ist, die volle Zwischenkreisspannung wird zum Stromauf- und -abbau genutzt und aufgrund der PWM-Fähigkeit ist die Stromwelligkeit beeinflußbar. Nachteilig ist der hohe Aufwand. Eine Reduktion des Aufwandes ist mit der Lösung, die in Abb. 17.5 dargestellt ist, erreichbar [621].

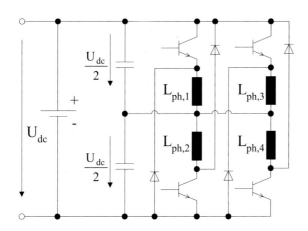

Abb. 17.5: *Versorung mit halber Zwischenkreisspannung*

Eine weitere Variante zeigt Abb. 17.6 [621, 637]. Bei dieser Lösung wird der Kondensator C zur Zwischenspeicherung der induktiven Rückspeiseenergie genützt, wenn der zugehörige Leistungsschalter abschaltet. Die im Kondensator C gespeicherte Energie wird über den Tiefsetzsteller in den Zwischenkreis zurückgespeist. Im allgemeinen wird U_C ungefähr auf $2U_{dc}$ eingestellt, so daß die abmagnetisierende Spannung U_{dc} ist. Unter dieser Annahme ergibt sich als Speisespannung der Wicklungen $+U_{dc}$ und $-U_{dc}$. Vorteilhaft ist die geringe Zahl der Halbleiter, nachteilig ist die Dimensionierungsspannung $2U_{dc}$.

Der Nachteil der spannungsmäßigen Überdimensionierung wird bei der abgewandelten Schaltung nach Abb. 17.7 vermieden [624].

Ein genereller Nachteil der beiden Lösungen mit dem Kondensator und dem Tiefsetzsteller ist die Gefahr zu hoher Überspannungen im Zwischenkreis bei Ausfall des Tiefsetzstellers.

In [614, 630] werden leistungselektronische Stellglieder vorgeschlagen, bei denen die Zwischenkreisspannung durch einen Tiefsetzsteller am gemeinsamen Eingang der Statorwicklungen von U_{dc1} auf einen kleineren Wert abgesenkt werden kann. Vorteilhaft bei kleinen Drehzahlen der SRM ist die abgesenkte Spannung U_{dc2}, nachteilig ist die Spannung $(U_{dc1} - U_{dc2})$ beim Abmagnetisieren.

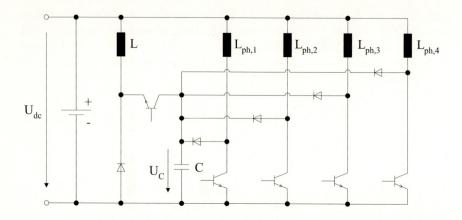

Abb. 17.6: *Schaltung mit Begrenzungs-Kondensator*

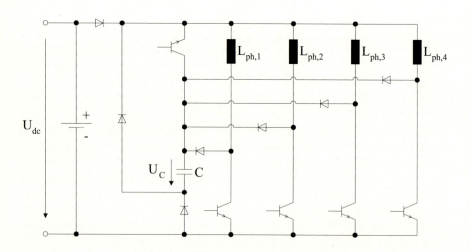

Abb. 17.7: *Modifizierte Schaltung zu Abb. 17.6*

17.3 Drehmoment–Welligkeit

Aus den Erläuterungen des ersten Teilkapitels ist zu entnehmen, daß der Drehmomentverlauf eine Funktion des Wicklungsstroms I_{ph} und des Rotorwinkels γ_{ph}
ist. Wenn — wie heute allgemein realisiert — nur jeweils eine Wicklung mit
Strom versorgt wird (Einzel–Impuls–Verfahren) und damit keine Überlappung
der Stromführung unterschiedlicher Wicklungen besteht, dann ist ein „Dreh-

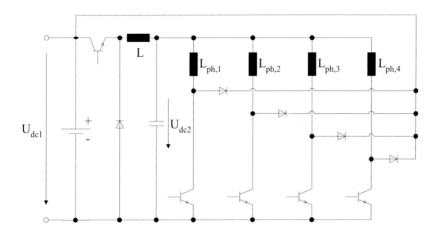

Abb. 17.8: *Schaltung mit Tiefsetzsteller am Eingang*

momentloch" in den Zwischenphasen nicht zu vermeiden. Dies kann in einigen Anwendungen unerwünscht sein. Um die Drehmomentwelligkeit zu vermeiden, werden zwei Lösungswege vorgeschlagen.

Der erste Lösungsweg ist die „Feedback Linearization", bei der das nichtlineare dynamische System SRM mittels der Lie–Ableitungen in ein lineares System überführt wird [600, 610, 612, 625, 641]. Allerdings muß dafür ein geeignetes nichtlineares Modell der SRM vorliegen, um überhaupt die Transformation zu ermöglichen. Zusätzlich ist der rechentechnische Aufwand relativ hoch.

Der zweite Lösungsweg ist die Änderung des zeitlichen Stromverlaufs [617]. Weiterführende Vorschläge sind, einen „abgestimmten" (balanced) Stromab– und –aufbau in zwei aufeinanderfolgenden Wicklungen zu erzeugen [644], oder die ersten Ableitungen der Stromänderungen konstant zu halten [635]. Andere Varianten werden in [613, 631] vorgeschlagen. Bei allen diesen Maßnahmen findet aber eine überlappende, zeitweilige Stromführung mehrerer Wicklungen statt. Damit besteht die grundsätzliche Fragestellung der Erweiterung der Drehmoment–Strom–Positionswinkel–Darstellung bei überlappender Stromführung. Dies wird in [636] ausführlich diskutiert.

17.4 Geberloser Betrieb

Im Literaturverzeichnis ist eine Aufstellung von Veröffentlichungen zur geberlosen Regelung von Reluktanzmaschinen zu finden.

18 Drehzahlregelung bei elastischer Verbindung zur Arbeitsmaschine

Bei der Optimierung der Drehzahlregelung (siehe z.B. Kap. 7.1.2) wurde bisher immer nur die elektrische Maschine allein betrachtet. In der Praxis sind auch die Einflüsse einer elastischen Kopplung zwischen Antriebs– und Arbeitsmaschine von Interesse, die in diesem Kapitel diskutiert werden. Die Antriebsmaschine wird durch das Trägheitsmoment Θ_A approximiert, technologische Fragestellungen sind nicht berücksichtigt (hierzu Kap. 21). Sollte eine *ideale starre* Verbindung vorliegen, so kann das Massenträgheitsmoment Θ_A (Arbeitsmaschine) zum Massenträgheitsmoment Θ_M der Antriebsmaschine (Motor) hinzugerechnet werden. In diesem Fall ist die Optimierung mit der Summe der Massenträgheitsmomente $\Theta_M + \Theta_A$ durchzuführen, und die Drehzahlen von Antriebs- und Arbeitsmaschine sind identisch. Bei realen Verbindungen zwischen Antriebsmaschine und Prozeß sind allerdings die elastischen Eigenschaften der Welle und die Nichtlinearitäten wie Lose und Reibung zu berücksichtigen. Ein mechanisches Ersatzmodell für diesen Fall zeigt Abb. 18.1.

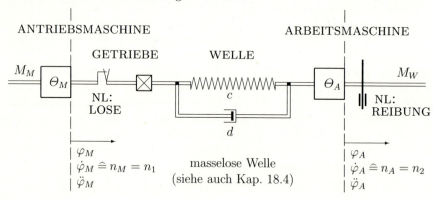

Abb. 18.1: *Elastische Verbindung Antriebsmaschine—Arbeitsmaschine*

Die Modellvorstellung in Abb. 18.1 geht davon aus, daß die Welle als mechanische Drehfeder mit der Drehfedersteifigkeit c und der Dämpfung d aufgefaßt werden kann. In manchen Fällen der Praxis treten noch nichtlineare Einflüsse auf, die im Rahmen dieses Buches nicht behandelt werden können (siehe hierzu [873]). Der Übersetzungsfaktor $\ddot{u} = \varphi_M/\varphi_A$ des in Abb. 18.1 angenommenen Getriebes zwischen Lose und elastischer Welle wird im folgenden zu eins gesetzt. Die Anordnung Antriebsmaschinenmasse, elastisch gekuppelt mit der Arbeitsmaschinenmasse, stellt somit ein mechanisches System 3. Ordnung dar. Die mechanischen Grundgleichungen lauten wie folgt (allgemeiner Fall):

Beschleunigungsmoment der Masse $\quad : \quad M_B \;=\; \Theta \cdot \ddot{\varphi}$ $\qquad$ (18.1)

Übertragungsmoment der Feder $\quad : \quad M_C \;=\; c \cdot \Delta\varphi$ $\qquad$ (18.2)

Übertragungsmoment durch Dämpfung $: \quad M_D \;=\; d \cdot \Delta\dot{\varphi}$ $\qquad$ (18.3)

Darin bedeuten:
$\quad \ddot{\varphi} \quad$ Winkelbeschleunigung
$\quad \dot{\varphi} \quad$ Winkelgeschwindigkeit
$\quad \varphi \quad$ Drehwinkel
$\quad c \quad$ Drehfedersteifigkeit
$\quad d \quad$ mechanische Dämpfung
$\qquad$ Wellendaten

Werden diese mechanischen Grundgleichungen auf die Anordnung nach Abb. 18.1 angewandt, so ergibt sich folgendes Gleichungssystem (Index M = Antriebsmaschine, Motor; Index A = Arbeitsmaschine):

Beschleunigungsmoment Antriebsmaschinenmasse:

$$M_{BM} = \underbrace{M_M}_{\substack{\text{Antriebsmoment} \\ \text{(= Stellgröße)}}} - \underbrace{M_C + M_D}_{\substack{\text{Rückwirkung} \\ \text{der Last}}} \;=\; \Theta_M \cdot \ddot{\varphi}_M \qquad (18.4)$$

Beschleunigungsmoment Arbeitsmaschinenmasse:

$$M_{BA} = \underbrace{M_C + M_D}_{\substack{\text{übertragenes} \\ \text{Moment}}} - \underbrace{M_W}_{\substack{\text{Last-} \\ \text{moment}}} \;=\; \Theta_A \cdot \ddot{\varphi}_A \qquad (18.5)$$

Elastische Welle: $\qquad\qquad \Delta\varphi \;=\; \varphi_M - \varphi_A \qquad (18.6)$

$$\Delta\dot{\varphi} \;=\; \dot{\varphi}_M - \dot{\varphi}_A \qquad (18.7)$$

$$M_C \;=\; c \cdot \Delta\varphi \qquad (18.8)$$

$$M_D \;=\; d \cdot \Delta\dot{\varphi} \qquad (18.9)$$

Mit Hilfe dieser Gleichungen kann der unnormierte Signalflußplan nach Abb. 18.2 abgeleitet werden. Eine normierte Darstellung des Zweimassensystems wird später angegeben.

Die Stellgröße der Regelstrecke ist das Antriebsmoment M_M, während die Winkelgeschwindigkeiten bzw. Drehzahlen $\dot{\varphi}_M(n_1)$ und $\dot{\varphi}_A(n_2)$ die Regelgrößen darstellen. Im folgenden sind die Übertragungsfunktionen zwischen Antriebsmaschinendrehzahl $\dot{\varphi}_M$ und -moment M_M einerseits und zwischen Arbeitsmaschinendrehzahl $\dot{\varphi}_A$ und Antriebsmoment M_M andererseits von Interesse. Es sollen also Drehzahlregelungen bezüglich $\dot{\varphi}_M$ und $\dot{\varphi}_A$ entworfen werden.

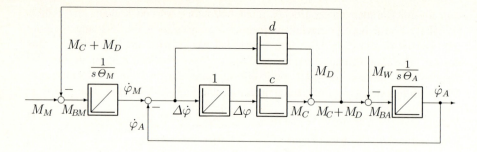

Abb. 18.2: *Unnormierter Signalflußplan des Zweimassensystems*

18.1   Regelung der Arbeitsmaschinendrehzahl

18.1.1   Streckenübertragungsfunktion $G_{S1}(s)$

Durch Anwendung der Blockschaltalgebra auf den Signalflußplan nach Abb. 18.2 läßt sich die unnormierte Übertragungsfunktion zwischen Arbeitsmaschinendrehzahl $\dot\varphi_A$ und Antriebsmoment M_M ableiten ($M_W = 0$). Durch Verlegung der Rückkoppelschleife ($M_C + M_D$) nach $\dot\varphi_A$ ergibt sich Abb. 18.3.

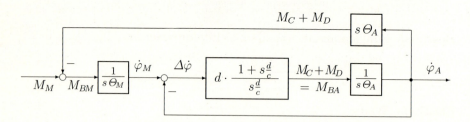

Abb. 18.3: *Umgeformter Signalflußplan*

Mit den nun klar erkennbaren Vorwärts– und Rückführzweigen läßt sich die Übertragungsfunktion $G_{S1}(s)$ ableiten zu:

$$G_{S1}(s) \;=\; \frac{\dot\varphi_A}{M_M} \;=\; \frac{\dfrac{1}{s\Theta_M}\cdot\dfrac{1+s\dfrac{d}{c}}{1+s\dfrac{d}{c}+s^2\dfrac{\Theta_A}{c}}}{1+\dfrac{1}{s\Theta_M}\cdot\dfrac{1+s\dfrac{d}{c}}{1+s\dfrac{d}{c}+s^2\dfrac{\Theta_A}{c}}\cdot s\Theta_A} \qquad (18.10)$$

Durch Ausmultiplizieren und Vorziehen des Faktors $s\,(\Theta_M + \Theta_A)$ ergibt sich die folgende, für die Streckenanalyse geeignete Darstellung:

$$G_{S1}(s) \;=\; \underbrace{\frac{1}{s\,(\Theta_M + \Theta_A)}}_{\text{starre Verbindung}} \cdot \; \underbrace{\frac{1 + s\dfrac{d}{c}}{1 + s\dfrac{d}{c} + s^2\,\dfrac{\Theta_M\Theta_A}{(\Theta_M + \Theta_A)\cdot c}}}_{\text{Einfluß der elastischen Welle}} \qquad (18.11)$$

Zur Vereinfachung wird im weiteren das Summenträgheitsmoment Θ_{ges}

$$\Theta_{ges} \;=\; \Theta_M + \Theta_A \qquad (18.12)$$

und das Trägheitsmomentverhältnis x zwischen Trägheitsmoment der Antriebsmaschine Θ_M und dem Summenträgheitsmoment Θ_{ges} eingeführt:

$$x \;=\; \frac{\Theta_M}{\Theta_M + \Theta_A} \;=\; \frac{\Theta_M}{\Theta_{ges}} \;<\; 1 \qquad (18.13)$$

Für die Trägheitsmomente von Antriebs- und Arbeitsmaschine folgen sofort:

$$\Theta_M \;=\; x \cdot \Theta_{ges} \;; \qquad \Theta_A \;=\; (1 - x)\cdot \Theta_{ges} \qquad (18.14)$$

Für die Untersuchung der Übertragungsfunktion $G_{S1}(s)$ (und später auch $G_{S2}(s)$) erweist es sich als sinnvoll, das Nennerpolynom des zweiten Terms aus Gl. (18.11) in die Form des Normpolynoms 2. Ordnung $N(s)$ mit der Kennkreisfrequenz ω_0 und dem Dämpfungsgrad D zu bringen.

Normpolynom 2. Ordnung:

$$N(s) \;=\; 1 \;+\; s \cdot \frac{2\,D}{\omega_0} \;+\; s^2 \cdot \frac{1}{\omega_0^2} \qquad (18.15)$$

Die Kennkreisfrequenz $\omega_{0(N)}$ (Torsionseigenfrequenz) und der Dämpfungsgrad $D_{(N)}$ des Nennerpolynoms (Index (N)) ergeben sich in Abhängigkeit von den Streckenparametern durch Koeffizientenvergleich:

$$\omega_{0(N)} \;=\; \sqrt{\frac{(\Theta_M + \Theta_A)\cdot c}{\Theta_M\Theta_A}} \;=\; \sqrt{\frac{c}{x\,(1 - x)\cdot \Theta_{ges}}} \qquad (18.16)$$

$$D_{(N)} \;=\; \frac{d}{2}\cdot\sqrt{\frac{(\Theta_M + \Theta_A)}{\Theta_M\Theta_A \cdot c}} \;=\; \frac{d}{2}\cdot\sqrt{\frac{1}{x\,(1 - x)\cdot \Theta_{ges} \cdot c}} \qquad (18.17)$$

18.1.2   Analyse der Übertragungsfunktion $G_{S1}(s)$

Für die Streckenanalyse von $G_{S1}(s)$ empfiehlt es sich, Betrag und Phase in drei Frequenzbereichen zu untersuchen. Abgesehen von dem integralen Anteil in $G_{S1}(s)$ liegt noch eine Nullstelle und ein konjugiert komplexes Polpaar vor. Das Polynom 2. Ordnung im Nenner ist im allgemeinen nicht in zwei PT_1–Glieder aufspaltbar, da die mechanische Dämpfung d klein ist und somit der Dämpfungsgrad $D_{(N)}$ kleiner 1 ist. Der Frequenzgang von $G_{S1}(s)$ ist für verschiedene Dämpfungsgrade in Abb. 18.4 angegeben.

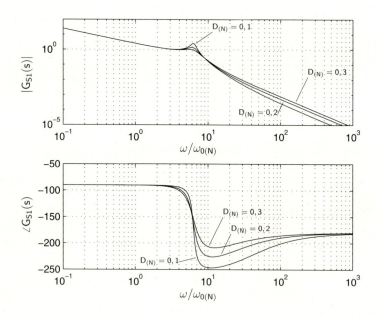

Abb. 18.4: *Bode–Diagramm zu $G_{S1}(s)$: Variation des Dämpfungsgrades $D_{(N)}$*

Für sehr tiefe Frequenzen $\omega \ll \omega_{0(N)}$ verbleibt nur der integrale Anteil $1/(s(\Theta_M + \Theta_A))$, der eine starre Verbindung repräsentieren würde. Der Betrag von $G_{S1}(s)$ nimmt mit 20 dB/Dekade ab, die Phase liegt bei $-90°$.

Im Bereich der Kennkreisfrequenz $\omega_{0(N)}$ kommt nun der zweite Term zum Tragen. Der Nennerterm im Zusatzteil von $G_{S1}(s)$ ist um eine Ordnung höher als das Zählerpolynom. Aufgrund der geringen Dämpfung des PT_2–Terms im Nenner kann trotz der Phasenanhebung des Zählerterms in $G_{S1}(s)$ eine Phasenabsenkung unter $-180°$ nicht verhindert werden. Im Betrag von $G_{S1}(s)$ tritt eine mehr oder weniger starke Resonanzüberhöhung auf.

Für hohe Frequenzen $\omega \gg \omega_{0(N)}$ fällt der Betrag von $G_{S1}(s)$ mit 40dB/Dekade ab, die Phase geht auf $-180°$ zurück.

Die wesentliche Schwierigkeit bei der Regelung einer derartigen Strecke stellt die schnelle Phasenabsenkung unter $-180°$ dar. Im folgenden soll der Einfluß der elastischen Verbindung auf den Drehzahlregelkreis für die Arbeitsmaschinendrehzahl $\dot{\varphi}_A$ diskutiert werden.

18.1.3 Einfluß der elastischen Kopplung auf den Drehzahlregelkreis

Es soll eine konventionelle Kaskadenregelung aus Drehzahlregler für $\dot{\varphi}_A$ und unterlagertem Stromregelkreis eingesetzt werden. Die kleine Zeitkonstante des Drehzahlregelkreises ergibt sich mit dem nach Betragsoptimum (BO, Kap. 3.1) optimierten Stromregelkreis zu $T_{\sigma n} = T_{ers\,i} = 2\,T_\sigma$ (T_σ: kleine Zeitkonstante des Stromregelkreises, üblicherweise die Stromrichterzeitkonstante T_t). Die Optimierung des Drehzahlregelkreises erfolgt nach dem Symmetrischen Optimum (SO, Kap. 3.2), wobei zuerst nur der integrale Anteil aus Gl. (18.11) berücksichtigt wird. In Abb. 18.5 sind die entsprechenden Signalflußpläne bei Regelung der Arbeitsmaschinendrehzahl $\dot{\varphi}_A \hat{=} n_A$ gezeigt.

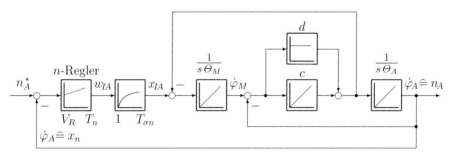

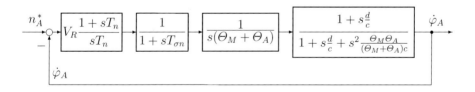

Abb. 18.5: *Regelung der Arbeitsmaschinendrehzahl*

Würde eine **starre Verbindung** vorliegen (rein integrale Strecke), so ergäbe sich ein Standard–SO–Kreis mit der Amplitudendurchtrittsfrequenz des offenen Drehzahlregelkreises von $\omega_d = 1/(2T_{\sigma n})$. In welcher Art und Weise das Übertragungsverhalten des offenen Kreises durch die elastische Verbindung verändert wird, liegt an der Lage der Torsionseigenfrequenz $\omega_{0(N)}$ von $G_{S1}(s)$ in Bezug zur Amplitudendurchtrittsfrequenz ω_d.

Im wesentlichen können zwei Fälle unterschieden werden. Bei **harter Ankopplung** der Arbeitsmaschine, z.B. durch eine hohe Drehfederkonstante c, wird $\omega_{0(N)} \gg \omega_d$. Die Resonanzüberhöhung im Betrag von $G_0(s)$ und die Phasenabsenkung tritt somit erst bei hohen Frequenzen auf. Dieser Fall wirft somit für die Drehzahlregelung keine besonderen Probleme auf. Die Phasenreserve und die Amplitudendurchtrittsfrequenz werden gegenüber der Standard–SO–Optimierung nicht verändert (siehe Abb. 18.6).

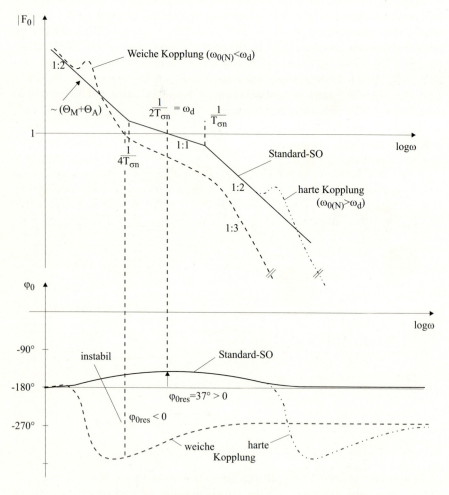

Abb. 18.6: *Frequenzgänge des offenen $\dot{\varphi}_A$–Regelkreises*

Der kritische Fall liegt bei **weicher Ankopplung** vor, d.h. die Kreisfrequenz $\omega_{0(N)}$ liegt unterhalb oder im Bereich von ω_d. Durch die schnelle Phasenabsenkung an der Resonanzstelle ist keine Stabilität gewährleistet. Dieser Fall kann nur beherrscht werden, wenn der Drehzahlregler entsprechend „langsamer" eingestellt wird, so daß sich die gleichen Verhältnisse ($\omega_d \ll \omega_{0(N)}$) wie bei harter Ankopplung ergeben. Dies führt dann allerdings zu einer sehr großen Ersatzzeitkonstanten des geschlossenen Drehzahlregelkreises und damit zu einer entsprechend langsamen Drehzahlregelung.

Beispiel: Wird eine Stromreglerersatzzeitkonstante $T_{ers\,i} = 5\,ms$ angesetzt, so läßt sich eine Amplitudendurchtrittsfrequenz $\omega_d \approx 100\,s^{-1}$ erreichen, dies entspricht einer Frequenz $f_d = 16\,Hz$. Dies bedeutet, daß bei mechanischen Eigenfrequenzen im Bereich um f_d und unterhalb von f_d eine weiche Ankopplung vorliegt.

Abbildung 18.7 zeigt den Verlauf des Phasenwinkels in der Nähe der Amplitudendurchtrittsfrequenz für starre, harte und weiche Ankopplung in zwei unterschiedlichen Fällen (s. auch Abb. 18.6): **Links** für $\omega_{0(N)} = 10\,\omega_d$ (starr), $\omega_{0(N)} = 3\,\omega_d$ (hart), $\omega_{0(N)} = 0,3\,\omega_d$ (weich). **Rechts** für $\omega_{0(N)} = 10\,\omega_d$ (starr), $\omega_{0(N)} = 5\,\omega_d$ (hart), $\omega_{0(N)} = 0,5\,\omega_d$ (weich). Durchgezogen ist die Amplitudendurchtrittsfrequenz $\omega_d = 100$ s^{-1}, strichliert jeweils die Knickfrequenzen $\omega_d/2$ und $2\omega_d$ für Standard–SO–Optimierung. Bei weicher Ankopplung ist die Stabilitätsgrenze von $-180°$ bereits vor ω_d überschritten. Bei harter Ankopplung beträgt der Abstand des Phasenwinkels von der Stabilitätsgrenze $-180°$ bei $\omega_{0(N)} = 0,3\,\omega_d$ (links) etwa $21°$ und bei $\omega_{0(N)} = 0,5\,\omega_d$ (rechts) noch rund $16°$.

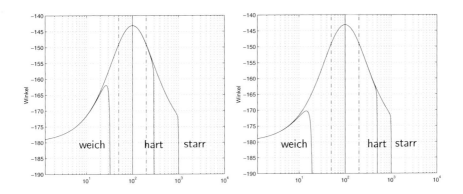

Abb. 18.7: *Phasengang des offenen $\dot{\varphi}_A$–Regelkreises bei $\omega_{0(N)} = 0,3\,\omega_d$, $\omega_{0(N)} = 3\,\omega_d$, $\omega_{0(N)} = 10\,\omega_d$ (links) und bei $\omega_{0(N)} = 0,5\,\omega_d$, $\omega_{0(N)} = 5\,\omega_d$, $\omega_{0(N)} = 10\,\omega_d$ (rechts)*

Um im Fall einer weichen Ankopplung eine stabile Regelung zu ermöglichen, ohne den $\dot{\varphi}_A$–Regler sehr langsam einstellen zu müssen, stellt die Regelung der Antriebsmaschinendrehzahl $\dot{\varphi}_M$ eine Lösung dar, die im folgenden untersucht wird.

18.2 Regelung der Antriebsmaschinendrehzahl

18.2.1 Streckenübertragungsfunktion $G_{S2}(s)$

Es wird nun analog zu Kap. 18.1 die Übertragungsfunktion zwischen Antriebsmaschinendrehzahl $\dot{\varphi}_M$ und Antriebsmoment M_M diskutiert. Für die Ableitung
der Übertragungsfunktion $G_{S2}(s)$ kann der Signalflußplan nach Abb. 18.3 verwendet werden. Nach Einteilung in Vorwärts– und Rückführzweige ergibt sich
folgende Übertragungsfunktion:

$$
G_{S2}(s) \;=\; \frac{\dot{\varphi}_M}{M_M} \;=\; \underbrace{\frac{1}{s\,(\Theta_M + \Theta_A)}}_{\text{starre Verbindung}} \cdot \underbrace{\frac{1 + s\dfrac{d}{c} + s^2\dfrac{\Theta_A}{c}}{1 + s\dfrac{d}{c} + s^2\dfrac{\Theta_M\Theta_A}{(\Theta_M + \Theta_A)c}}}_{\text{Einfluß der elastischen Welle}}
\qquad (18.18)
$$

18.2.2 Analyse der Übertragungsfunktion $G_{S2}(s)$

Abweichend zu $G_{S1}(s)$ ist in diesem Fall ein Zählerpolynom 2. Ordnung vorhanden. Der Anteil, der die starre Verbindung repräsentiert, und das Nennerpolynom 2. Ordnung sind unverändert gegenüber $G_{S1}(s)$. Aufgrund der geringen
mechanischen Dämpfung d und damit Dämpfungsgraden $D_{(Z)}$ und $D_{(N)}$ kleiner
1 ergeben sich konjugiert komplexe Pol– und Nullstellen. Mit Hilfe des Normpolynoms 2. Ordnung aus Gl. (18.15) und dem Trägheitsmomentverhältnis x
nach Gl. (18.13) lassen sich wieder die Kennkreisfrequenzen und Dämpfungsgra-
de für Zähler ($\omega_{0(Z)}$ und $D_{(Z)}$) und Nenner ($\omega_{0(N)}$ und $D_{(N)}$, wie bei $G_{S1}(s)$) der
PT$_2$–Terme von $G_{S2}(s)$ bestimmen:

$$
\omega_{0(Z)} \;=\; \sqrt{\frac{c}{(1-x)\cdot\Theta_{ges}}} \;;
\qquad
D_{(Z)} \;=\; \frac{d}{2}\cdot\sqrt{\frac{1}{(1-x)\cdot\Theta_{ges}\cdot c}}
\qquad (18.19)
$$

$$
\omega_{0(N)} \;=\; \sqrt{\frac{c}{x\,(1-x)\cdot\Theta_{ges}}} \;;
\qquad
D_{(N)} \;=\; \frac{d}{2}\cdot\sqrt{\frac{1}{x\,(1-x)\cdot\Theta_{ges}\cdot c}}
\qquad (18.20)
$$

Für das Verhältnis von Zähler- und Nennergrößen folgt:

$$
\omega_{0(N)} \;=\; \frac{1}{\sqrt{x}}\cdot\omega_{0(Z)} \;;
\qquad
D_{(N)} \;=\; \frac{1}{\sqrt{x}}\cdot D_{(Z)}
\qquad (18.21)
$$

Zur Untersuchung von $G_{S2}(s)$ werden zuerst die Grenzwertübergänge für
sehr tiefe und sehr hohe Frequenzen betrachtet und anschließend anhand von
Gl. (18.18) und Gl. (18.21) bis (18.23) eine Diskussion von Amplituden– und
Phasengang durchgeführt.

Tiefe Frequenzen $(s \to 0)$:

$$G_{S2}(s) \approx \frac{1}{s(\Theta_M + \Theta_A)} = \frac{1}{s\,T'} \qquad (18.22)$$

Dies entspricht wieder der starren Verbindung.

Hohe Frequenzen $(s \to \infty)$:

$$G_{S2}(s) \approx \frac{1}{s(\Theta_M + \Theta_A)} \cdot \frac{\dfrac{\Theta_A}{c}}{\dfrac{\Theta_M \Theta_A}{(\Theta_M + \Theta_A)\,c}} = \frac{1}{s\Theta_M} = \frac{1}{s\,T''} \qquad (18.23)$$

Somit ist für sehr schnelle Änderungen bei hohen Frequenzen allein die Antriebsmaschinenmasse Θ_M maßgebend, was physikalisch leicht erklärbar ist: Die Rückwirkung der Arbeitsmaschinenmasse Θ_A über die Welle setzt erst verzögert ein. Daher besteht der Amplitudengang von $G_{S2}(s)$ tendenziell aus zwei parallel verschobenen integralen Ästen mit dem 1:1–Abfall. Abbildung 18.8 zeigt eine Prinzipskizze des Amplitudenganges von $G_{S2}(s)$.

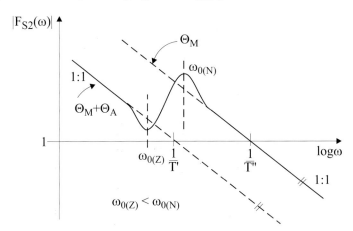

Abb. 18.8: *Amplitudengang von $G_{S2}(s)$*

Damit erfolgt — von tiefen Frequenzen ausgehend — zuerst die Phasenanhebung aufgrund des Zählerterms 2. Ordnung und anschließend die Phasenabsenkung aufgrund des Nennerterms 2. Ordnung (Gl. (18.21)). Da außerdem $D_{(Z)} < D_{(N)}$, erfolgt die Phasenanhebung schneller als die Phasenabsenkung; ebenso ist die Betragsabsenkung aufgrund des Zählerterms deutlicher als die Betragsabsenkung aufgrund des Nennerterms (Abb. 18.8).

Phasengang von $G_{S2}(s)$:

Durch die integralen Anteile in $G_{S2}(s)$ bei tiefen und hohen Frequenzen liegt die
Phase in diesen Bereichen bei $-90°$ (Gl. (18.22) und (18.23)). Nur im Bereich
der Eigenfrequenz $\omega_{0(Z)}$ wird die Phase zuerst angehoben, da der Zählerterm
vor dem Nennerterm wirksam wird. Die Phase wird danach durch den Einfluß
des Nennerterms wieder auf $-90°$ abgesenkt. Die Form der Abweichung der
Phase von $-90°$ hängt von den Dämpfungsgraden in Zähler und Nenner und dem
Verhältnis x ab. In Abb. 18.9 sind der Amplituden- und Phasengang von $G_{S2}(s)$
für verschiedene Trägheitsmomentverhältnisse x dargestellt. Da im Gegensatz zu
$G_{S1}(s)$ keine Phasenabsenkung auf kleiner als $-180°$ in $G_{S2}(s)$ auftritt, ist diese
Regelstrecke wesentlich unkritischer. Diese Erkenntnisse werden in Kap. 19 zur
Verdeutlichung des Prinzips von passiven Schwingungsdämpfern verwendet.

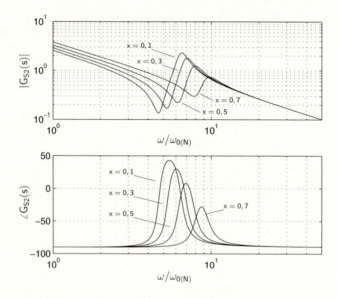

Abb. 18.9: *Bode–Diagramm zu $G_{S2}(s)$ mit Variation des Trägheitsmomentverhältnisses x*

18.2.3 Einfluß der elastischen Kopplung auf den Drehzahlregelkreis

Analog zur Regelung der Arbeitsmaschinendrehzahl $\dot{\varphi}_A$ soll in diesem Fall wieder
eine konventionelle Kaskadenregelung aus Drehzahlregler für die Antriebsmaschinendrehzahl $\dot{\varphi}_M$ und unterlagertem Stromregelkreis (BO) untersucht werden. In
Abb. 18.10 sind die entsprechenden Signalflußpläne dargestellt. Ausdrücklich sei
hier noch einmal erwähnt, daß sich alle Einflüsse der elastischen Kopplung auf die
Regelung von $\dot{\varphi}_M$ beziehen. Es können daraus zunächst keine Aussagen über das

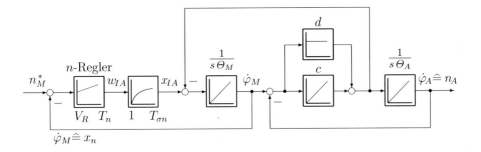

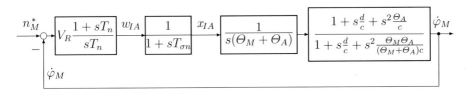

Abb. 18.10: *Regelung der Antriebsmaschinendrehzahl*

Verhalten der Arbeitsmaschinendrehzahl $\dot\varphi_A$ getroffen werden. Dies soll später anhand einer Simulation bei verschiedenen Kopplungen untersucht werden.

Im folgenden sollen wieder die Fälle starre Kopplung, weiche und harte elastische Kopplung diskutiert werden.

Fall a) starre Kopplung

Im Fall der starren Kopplung kann mit der Summe der Massenträgheitsmomente Θ_{ges} optimiert werden und die Aussagen der SO–Optimierung nach Kap. 3.2 gelten (Zeitkonstante $T_{\Theta(M+A)}$ durch Normierung).

$$\Theta_{ges} = \Theta_M + \Theta_A \quad \longrightarrow \quad T_{\Theta(M+A)} \tag{18.24}$$

Optimierung des $\dot\varphi_M$–Reglers (PI–Regler nach SO):

1. $\quad T_R = 4 \cdot T_{\sigma n}$ \hfill (18.25)

2. $\quad V_R = \dfrac{T_{\Theta(M+A)}}{2\,V_S\,T_{\sigma n}}$ \hfill (18.26)

Eine starre Verbindung würde dann vorliegen, wenn $\omega_{0(Z)}$ wesentlich größer als $\omega_d = 1/(2T_{\sigma n})$ ist und somit praktisch kein Einfluß auf den Frequenzgang des offenen Kreises vorliegt (z.B. bei einer kurzen Welle oder großer Antriebsmaschinenmasse im Verhältnis zur Arbeitsmaschine, Gl. (18.18)).

Fall b) elastische Kopplung

b1) harte Ankopplung

Liegt die Eigenfrequenz $\omega_{0(Z)}$ deutlich oberhalb der Amplitudendurchtrittsfrequenz des offenen Drehzahlregelkreises ω_d, wird sich kaum ein Einfluß von $G_{S2}(s)$ auf den geschlossenen Regelkreis im Vergleich zur Standard–SO–Optimierung ergeben. Je nach Dämpfungszustand und Lage der Eigenfrequenzen können sich höherfrequente Eigenschwingungen überlagern. Die Optimierung kann somit wie im Fall a) erfolgen. Die Auswirkungen auf die Frequenzgänge des offenen Drehzahlregelkreises sind in Abb. 18.11 angegeben (Fall b1).

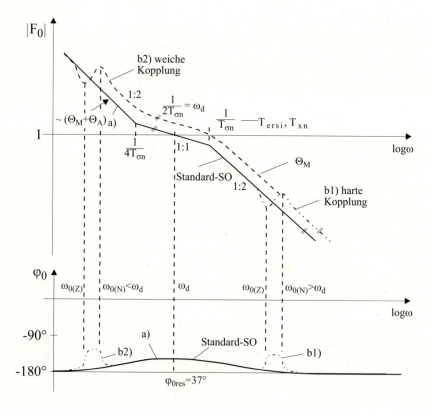

Abb. 18.11: *Frequenzgänge des offenen $\dot{\varphi}_M$–Regelkreises*

b2) weiche Ankopplung

Eine weiche Ankopplung liegt vor, wenn $\omega_{0(Z)}$ bzw. $\omega_{0(N)}$ wesentlich unterhalb oder im Bereich von ω_d liegt. Durch die Phasenanhebung, verursacht durch $G_{S2}(s)$ (siehe Abb. 18.9), treten keine Stabilitätsprobleme auf, wie im Fall der

Drehzahlregelung der Arbeitsmaschine. In der Nähe der Amplitudendurchtrittsfrequenz ω_d ist allerdings der zweite integrale Anteil von $G_{S2}(s)$, der durch die
Antriebsmaschinenmasse allein bestimmt wird, wirksam. Somit ergibt sich bei
etwa gleicher Phasenreserve eine höhere Amplitudendurchtrittsfrequenz, was zu
kleineren Ersatzzeitkonstanten des geschlossenen Kreises führt. Es ergeben sich
allerdings keine wesentlichen Probleme bei Regelung der Antriebsmaschinendrehzahl $\dot{\varphi}_M$. Welches dynamische Verhalten sich im Falle einer weichen Ankopplung
für die Arbeitsmaschinendrehzahl $\dot{\varphi}_A$ ergibt, ist noch gesondert zu untersuchen.
Abbildung 18.11 zeigt wieder den Einfluß von $G_{S2}(s)$ bei weicher elastischer Ankopplung (Fall b2).

Die Optimierung des $\dot{\varphi}_M$–Regelkreises ist bei harter Ankopplung (Fall b1)
identisch mit der starren Kopplung, d.h. für die Reglerverstärkung ist die Summe der Massenträgheitsmomente maßgebend. Im Falle der weichen elastischen
Kopplung ist nur noch das Massenträgheitsmoment Θ_M der Antriebsmaschine
wirksam.

Optimierung des $\dot{\varphi}_M$–Reglers (PI–Regler nach SO) für Fall b2):

1.　　$T_R = 4 \cdot T_{\sigma n}$　　　　　　　　　　　　　　　　　　　(18.27)

2.　　$V_{Relast} = \dfrac{T_{\Theta M}}{2\, V_S\, T_{\sigma n}} < V_{Rstarr}$　　　　　　　　　　　　(18.28)

18.2.4　Simulative Untersuchung der Arbeitsmaschinendrehzahl

Mit Hilfe einer Simulation soll nun das Verhalten der Arbeitsmaschinendrehzahl
$\dot{\varphi}_A = n_2$ für die drei Fälle harte ($\omega_{0(N)} = 10\,\omega_d$) und weiche ($\omega_{0(N)} = 0,1\,\omega_d$)
elastische Ankopplung und der Fall mit $\omega_{0(N)} = \omega_d$ untersucht werden, wenn
sich die Optimierung nur auf die Antriebsmaschinendrehzahl $\dot{\varphi}_M$ bezieht. Der
für die Simulation zugrunde gelegte Signalflußplan ist in Abb. 18.12 dargestellt.
Es wurde eine normierte Darstellung gewählt.

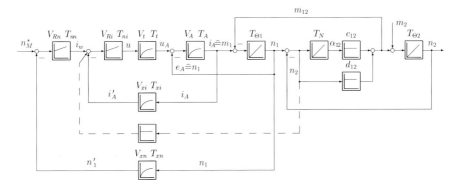

Abb. 18.12: *Regelung der Antriebsmaschinendrehzahl*

Tabelle 18.1: *Normierungstabelle*

unnormierte Größe nach Abb. 18.2	Symbol	Bezugsgröße	normierte Größe nach Abb. 18.12
Antriebsmoment	M_M	$M_{BZ1} = M_{iN}$	$m_1 = \dfrac{M_M}{M_{BZ1}}$
Beschleunigungsmoment der Antriebsmaschine	M_{BM}	M_{BZ1}	$m_{B1} = \dfrac{M_{BM}}{M_{BZ1}}$
Wellenmoment an der Antriebsmaschine	$M_C + M_D$	M_{BZ2}	$m_{12} = \dfrac{M_C + M_D}{M_{BZ2}}$
Lastmoment	M_W	$M_{BZ2} = \ddot{u} \cdot M_{BZ1}$	$m_2 = \dfrac{M_W}{M_{BZ2}}$
Beschleunigungsmoment der Arbeitsmaschine	M_{BA}	M_{BZ2}	$m_{B2} = \dfrac{M_{B2}}{M_{BZ2}}$
Antriebsmaschinenwinkel	φ_M	$\varphi_{BZ1} = T_N \Omega_{0N}$	$\alpha_1 = \dfrac{\varphi_M}{\varphi_{BZ1}}$
Winkel der Antriebswelle	φ_A	$\varphi_{BZ2} = \dfrac{\varphi_{BZ1}}{\ddot{u}}$	$\alpha_2 = \dfrac{\varphi_A}{\varphi_{BZ2}}$
Torsionswinkel der Welle	$\Delta\varphi$	φ_{BZ2}	$\alpha_{12} = \dfrac{\Delta\varphi}{\varphi_{BZ2}}$ $= \alpha_1 - \alpha_2$
Winkelgeschwindigkeit der Antriebsmaschine	$\dot{\varphi}_M = \Omega_M$	$\dot{\varphi}_{BZ1} = \Omega_{BZ} = \Omega_{0N}$	$n_1 = \dfrac{\dot{\varphi}_M}{\dot{\varphi}_{BZ1}}$
Winkelgeschwindigkeit der Arbeitsmaschine	$\dot{\varphi}_A = \Omega_A$	$\dot{\varphi}_{BZ2} = \dfrac{\dot{\varphi}_{BZ1}}{\ddot{u}}$	$n_2 = \dfrac{\dot{\varphi}_A}{\dot{\varphi}_{BZ2}}$
Differenzwinkelgeschwindigkeit der Welle	$\Delta\dot{\varphi}$	$\dot{\varphi}_{BZ2}$	$n_{12} = \dfrac{\Delta\dot{\varphi}}{\dot{\varphi}_{BZ2}}$ $= n_1 - n_2$
Massenträgheitsmoment der Antriebsmaschine	Θ_M	$\Theta_{BZ1} = \dfrac{M_{BZ1}}{\dot{\varphi}_{BZ1}}$	$T_{\Theta1} = \dfrac{\Theta_M}{\Theta_{BZ1}}$
Massenträgheitsmoment der Arbeitsmaschine	Θ_A	$\Theta_{BZ2} = \dfrac{M_{BZ2}}{\dot{\varphi}_{BZ2}}$	$T_{\Theta2} = \dfrac{\Theta_A}{\Theta_{BZ2}}$
Drehfedersteifigkeit der Welle	c	$c_{BZ} = \dfrac{M_{BZ2}}{\varphi_{BZ2}}$	$c_{12} = \dfrac{c}{c_{BZ}}$
Dämpfung der Welle	d	$d_{BZ} = \dfrac{M_{BZ2}}{\dot{\varphi}_{BZ2}}$	$d_{12} = \dfrac{d}{d_{BZ}}$

M_{iN}:   inneres Nennmoment der Antriebsmaschine

N_{0N}:   Leerlaufnenndrehzahl, $\Omega_{0N} = 2\pi N_{0N}$

$\ddot{u}$:   Getriebeübersetzungsfaktor, Getriebe am Wellenanfang, $\ddot{u} = M_{aus}/M_{ein}$

T_N: Normzeitkonstante, $T_N = 1\,s$

Der Übersetzungsfaktor $\ddot{u} = n_1/n_2$ des in Abb. 18.1 angenommenen Getriebes zwischen Lose und elastischer Welle wird im folgenden zu 1 gesetzt. Die Normierung erfolgt auf die Bezugsgrößen (Index BZ) nach Tabelle 18.1. Grundlage ist eine konventionelle Strom–Drehzahl–Kaskadenregelung in Bezug auf die Antriebsmaschinendrehzahl $\dot{\varphi}_M = n_1 = n_M$.

Nach Abb. 18.12 erfolgt die Stromregelung mit einem PI–Regler, der nach dem Betragsoptimum (BO) so eingestellt wird, als würde ein lineares System mit starrer Verbindung von Antriebs- und Arbeitsmaschine vorliegen. Wird der Drehzahlregelkreis mit einem PI–Regler nach dem Symmetrischen Optimum (SO) optimiert, so hat der offene Kreis im Falle von Abb. 18.12 eine Durchtrittsfrequenz von $\omega_d = 1/(2T_{\sigma n})$ mit $T_{\sigma n} = T_{ersi} + T_{xn}$.

Ist die Kennkreisfrequenz $\boldsymbol{\omega_{0(N)} > 10\,\omega_d}$ (**harte elastische Kopplung**), so zeigt der geschlossene Drehzahlregelkreis ein Bode–Diagramm mit der zugehörigen Führungssprungantwort nach Abb. 18.13 (ohne Sollwertglättung). Im Großen verlaufen die Drehzahlen n_1 und n_2 nach der SO–Normfunktion, im Kleinen zeigen die Massen jedoch schlecht gedämpfte Schwingungen, die um $180°$ gegeneinander versetzt sind. Eine einfache Kaskadenstruktur nach Abb. 18.12 ist nicht in der Lage, diese Schwingungen zu dämpfen.

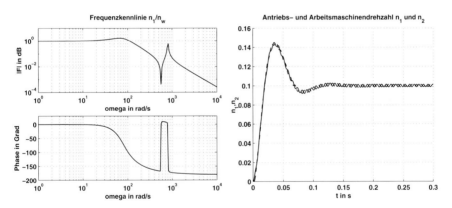

Abb. 18.13: *Bode–Diagramm des geschlossenen Drehzahlregelkreises und Führungssprungantwort bei harter Ankopplung ($\omega_{0(N)} = 10\,\omega_d$; —— n_1, - - - n_2)*

Ist $\boldsymbol{\omega_{0(N)} < 0,1\,\omega_d}$ (**weiche elastische Kopplung**), so stellt sich zwar n_1 schnell auf den Sollwert ein, die Arbeitsmaschinendrehzahl n_2 führt jedoch schlecht gedämpfte Schwingungen aus, wie Abb. 18.14 zeigt. In diesem Fall der weichen Ankopplung der Arbeitsmaschine bereitet die Regelung der Antriebsmaschinendrehzahl keine Probleme, nur die Arbeitsmaschinendrehzahl kann nicht unter Kontrolle gehalten werden. Die schnelle Regelung der Antriebsmaschinendrehzahl stellt für die Arbeitsmaschinenmasse eine nahezu sprungförmige Anregung dar, wodurch die schwach gedämpften und niederfrequenten ($f_{0(N)} < 5\,Hz$) Eigenfrequenzen angeregt werden.

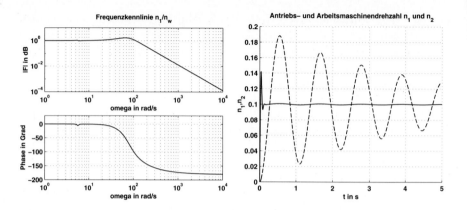

Abb. 18.14: *Bode–Diagramm des geschlossenen Drehzahlregelkreises und Führungs-sprungantwort bei weicher Ankopplung ($\omega_{0(N)} = 0,1\,\omega_d$; —— n_1, - - - n_2)*

Liegen die Eigenfrequenzen der Mechanik im Bereich von $\boldsymbol{\omega_d}$ ($\boldsymbol{0,1\,\omega_d <}$ $\boldsymbol{\omega_{0(N)} < 10\,\omega_d}$), so tritt der Einfluß der Mechanik deutlich in Erscheinung, da die Resonanzstellen gerade im Nutzfrequenzbereich der Regelung auftreten. Dies ergibt dann ein gänzlich unbefriedigendes Verhalten sowohl der Antriebsmaschinendrehzahl n_1 als auch der Arbeitsmaschinendrehzahl n_2. Abbildung 18.15 zeigt das dynamische Verhalten für den Fall $\omega_{0(N)} = \omega_d$. Wie aus dem Bode–Diagramm in Abb. 18.15 erkennbar ist, treten die Eigenfrequenzen der Mechanik auch im Frequenzgang des geschlossenen Drehzahlregelkreises deutlich in Erscheinung.

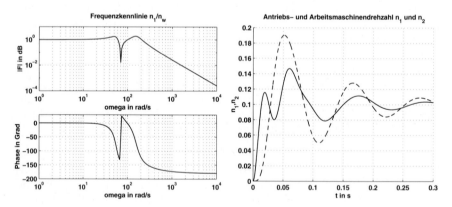

Abb. 18.15: *Bode–Diagramm des geschlossenen Drehzahlregelkreises und Führungs-sprungantwort bei Lage der Eigenfrequenzen im Nutzfrequenzbereich ($\omega_{0(N)} = \omega_d$; —— n_1, - - - n_2)*

18.2.5 Bewertung der konventionellen Kaskadenregelung

Zusammenfassend kann folgendes festgestellt werden. Bei Einsatz einer konventionellen Kaskadenregelung ist nur ein zufriedenstellendes Verhalten der Antriebs– und Arbeitsmaschinendrehzahl zu erreichen, wenn die Eigenfrequenzen der Mechanik weit oberhalb der Amplitudendurchtrittsfrequenz ω_d des offenen Drehzahlregelkreises liegen (harte Kopplung). Selbst in diesem Fall können aber hochfrequente Eigenschwingungen durch die Kaskadenregelung nicht beherrscht werden. Liegen sehr niederfrequente Eigenschwingungen vor, die dann zu schlecht gedämpften Lastschwingungen führen, kann die Kaskadenregelung durch eine gewichtete Differenzdrehzahl–Aufschaltung auf den Ankerstromsollwert verbessert werden (gestrichelt in Abb. 18.12). Dabei wird die Differenzdrehzahl als weitere Zustandsgröße des Systems zur Dämpfung herangezogen.

Diese Struktur kann als unvollständige Zustandsregelung aufgefaßt werden. Damit können noch nicht alle Pole der Übertragungsfunktion in eine gewünschte Lage verschoben werden. Wird jedoch auch noch der gemessene oder beobachtete Torsionswinkel $\alpha_{12} = \alpha_1 - \alpha_2$ gewichtet zurückgeführt, so liegt — abgesehen von kleinen Zeitkonstanten — eine vollständige Zustandsrückführung vor. Dann sind genügend Parameter vorhanden, um die Dämpfung des Systems, z.B. nach dem Dämpfungsoptimum, vorzugeben. Die erreichbare Ersatzzeitkonstante des geschlossenen Drehzahlregelkreises ist sowohl durch die kleinen Zeitkonstanten als auch durch die zulässigen Stromamplituden nach unten begrenzt.

Die Wirkung dieser Aufschaltung ist unmittelbar einleuchtend: eine hohe Differenzdrehzahl $n_1 - n_2$ bewirkt ein starkes „Spannen" der Feder, was als Konsequenz zu anschließenden Schwingungen führt. Diese Differenzdrehzahl wird nun so auf den Ankerstromsollwert aufgeschaltet, daß eine Reduktion des Ankerstroms und damit des Antriebsmaschinenmomentes erreicht wird, d.h. einem weiteren Spannen der Feder entgegengewirkt wird. Dieser Fortschritt muß allerdings mit zwei Nachteilen erkauft werden, erstens einem Verlust an Dynamik und zweitens einem größeren Lasteinbruch bei einer Störung. Eine Zurücknahme des Momentes zur Schwingungsdämpfung hat bei einem Führungssprung eine größere Anregelzeit zur Folge und der größere Lasteinbruch wird ebenfalls verständlich, weil die Antriebsmaschine bei Aufschalten eines Störmomentes zunächst einmal weich nachgibt, also gewissermaßen für das Abfangen der Störung in die falsche Richtung reagiert. Möchte man diese Nachteile ebenfalls noch eliminieren, so muß auch der Verdrehwinkel der Welle $\Delta\varphi$ bzw. α_{12} mit in die Regelung einfließen. Es müssen somit alle Zustände in der Regelstrecke erfaßt werden, um alle möglichen Fälle beherrschen zu können.

Somit ist in diesem Fall eine Regelung des Zweimassensystems nur noch mit den Methoden der Zustandsregelung möglich, deren Theorie bereits in Kap. 5.5 hergeleitet wurde.

18.3   Zustandsregelung des Zweimassensystems

18.3.1   Zustandsdarstellung

Für den Entwurf einer Zustandsregelung muß die Regelstrecke erst in die Zustandsdarstellung gebracht werden. Dabei kann von dem unnormierten Signalflußplan des Zweimassensystems nach Abb. 18.16 ausgegangen werden.

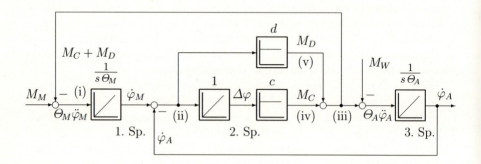

Abb. 18.16: *Zweimassensystem*

Die Strecke enthält drei Integratoren (Antriebsmaschinenmasse, Wellenverdrehung, Arbeitsmaschinenmasse), daher ergibt sich eine Zustandsdarstellung 3. Ordnung. In Abb. 18.16 ist noch einmal das Zweimassensystem gezeigt samt den Nummern der beschreibenden Gleichungen (i–v).

Aus Abb. 18.16 läßt sich folgender Satz von Gleichungen ableiten. Es ergeben sich drei Gleichungen für die drei Zustände. Die drei Zustandsgrößen sind $\dot{\varphi}_M$, $\Delta\varphi$ und $\dot{\varphi}_A$, während M_M die Stellgröße ist und M_W eine Störgröße darstellt.

Antriebsmaschinenmasse:

$$(i) \qquad \ddot{\varphi}_M \quad = \quad \frac{1}{\Theta_M} \cdot M_M \; - \; \frac{1}{\Theta_M} \cdot (M_C + M_D) \qquad\qquad (18.29)$$

Welle:

$$(ii) \qquad \Delta\dot{\varphi} \quad = \quad \dot{\varphi}_M \; - \; \dot{\varphi}_A \qquad\qquad\qquad\qquad\qquad (18.30)$$

Arbeitsmaschinenmasse:

$$(iii) \qquad \ddot{\varphi}_A \quad = \quad \frac{1}{\Theta_A} \cdot (M_C + M_D) \; - \; \frac{1}{\Theta_A} \cdot M_W \qquad\qquad (18.31)$$

Bestimmungsgleichungen:

$$(iv) \qquad M_C \quad = \quad c \cdot \Delta\varphi \qquad\qquad\qquad\qquad\qquad (18.32)$$
$$(v) \qquad M_D \quad = \quad d \cdot \Delta\dot{\varphi} \qquad\qquad\qquad\qquad\qquad (18.33)$$

Aus Gleichung (iv) und (v) ergibt sich das Rückwirkungsmoment $M_C + M_D$ zu:

$$M_C + M_D \; = \; c \cdot \Delta\varphi \; + \; d \cdot (\dot{\varphi}_M - \dot{\varphi}_A) \tag{18.34}$$

Dieses Rückkoppelmoment $M_C + M_D$ kann nun in die Gleichungen (i) und (iii) eingesetzt werden. Geordnet nach den Zustandsgrößen kann man folgende Zustandsgleichungen angeben:

$$\ddot{\varphi}_M = -\frac{d}{\Theta_M}\,\dot{\varphi}_M \; - \; \frac{c}{\Theta_M}\,\Delta\varphi \; + \; \frac{d}{\Theta_M}\,\dot{\varphi}_A \; + \; \frac{1}{\Theta_M}\,M_M \tag{18.35}$$

$$\Delta\dot{\varphi} = \quad 1 \;\; \dot{\varphi}_M \; + \quad 0 \;\; \Delta\varphi \; - \quad 1 \;\; \dot{\varphi}_A \; + \quad 0 \;\; M_M \tag{18.36}$$

$$\ddot{\varphi}_A = \quad \frac{d}{\Theta_A}\,\dot{\varphi}_M \; + \; \frac{c}{\Theta_A}\,\Delta\varphi \; - \; \frac{d}{\Theta_A}\,\dot{\varphi}_A \; + \quad 0 \;\; M_M \; - \; \frac{1}{\Theta_A}\,M_W \tag{18.37}$$

Aus diesen drei Gleichungen läßt sich eine Matrizendarstellung angeben mit $u = M_M$ und $z = M_W$.

Matrizendarstellung:

$$\underline{\dot{x}} \; = \; \mathbf{A} \cdot \underline{x} \; + \; \underline{b} \cdot u \; + \; \underline{v} \cdot z \tag{18.38}$$

$$\begin{pmatrix} \ddot{\varphi}_M \\[1ex] \Delta\dot{\varphi} \\[1ex] \ddot{\varphi}_A \end{pmatrix} = \begin{pmatrix} -\dfrac{d}{\Theta_M} & -\dfrac{c}{\Theta_M} & \dfrac{d}{\Theta_M} \\[1.5ex] 1 & 0 & -1 \\[1.5ex] \dfrac{d}{\Theta_A} & \dfrac{c}{\Theta_A} & -\dfrac{d}{\Theta_A} \end{pmatrix} \cdot \begin{pmatrix} \dot{\varphi}_M \\[1ex] \Delta\varphi \\[1ex] \dot{\varphi}_A \end{pmatrix} + \begin{pmatrix} \dfrac{1}{\Theta_M} \\[1.5ex] 0 \\[1.5ex] 0 \end{pmatrix} \cdot M_M + \begin{pmatrix} 0 \\[1.5ex] 0 \\[1.5ex] -\dfrac{1}{\Theta_A} \end{pmatrix} \cdot M_W$$

$$\tag{18.39}$$

Um später aus der Zustandsdarstellung eine dimensionslose charakteristische Gleichung zu erhalten, soll noch die Zustandsdarstellung für den normierten Signalflußplan nach Abb. 18.17 angegeben werden. Die Darstellung nach Abb. 18.17 kann durch Normierung der Bewegungsgleichungen erfolgen.

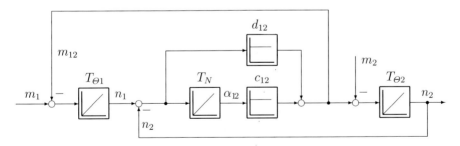

Abb. 18.17: *Normierte Darstellung des Zweimassensystems*

Der Rechengang zur Ableitung der Zustandsdarstellung erfolgt wie oben gezeigt. Es ergibt sich folgendes System, mit n_1, α_{12} und n_2 als Zustandsgrößen, wobei das Lastmoment m_2 zu Null angenommen wurde.

$$
\begin{pmatrix} \dot{n}_1 \\[2mm] \dot{\alpha}_{12} \\[2mm] \dot{n}_2 \end{pmatrix} = \begin{pmatrix} -\dfrac{d_{12}}{T_{\Theta 1}} & -\dfrac{c_{12}}{T_{\Theta 1}} & \dfrac{d_{12}}{T_{\Theta 1}} \\[3mm] \dfrac{1}{T_N} & 0 & -\dfrac{1}{T_N} \\[3mm] \dfrac{d_{12}}{T_{\Theta 2}} & \dfrac{c_{12}}{T_{\Theta 2}} & -\dfrac{d_{12}}{T_{\Theta 2}} \end{pmatrix} \cdot \begin{pmatrix} n_1 \\[2mm] \alpha_{12} \\[2mm] n_2 \end{pmatrix} + \begin{pmatrix} \dfrac{1}{T_{\Theta 1}} \\[3mm] 0 \\[3mm] 0 \end{pmatrix} \cdot m_1 \quad (18.40)
$$

$$
\underline{\dot{x}} \quad = \qquad\qquad \mathbf{A} \qquad\qquad \cdot \quad \underline{x} \quad + \quad \underline{b} \quad \cdot m_1
$$

18.3.2   Zustandsregelung ohne I–Anteil

Ausgehend von dieser Zustandsdarstellung soll nun ein Zustandsregler entworfen und optimiert werden. Die Regelgröße sei die Arbeitsmaschinendrehzahl n_2. Es soll eine Zustandsregelung nach Abb. 5.18 entworfen werden (ohne I–Anteil), dazu müssen n_1, α_{12} und n_2 über proportionale Rückführkoeffizienten r_1, r_2 und r_3 auf den Stelleingang zurückgeführt werden. Die Bereitstellung der Stellgröße Antriebsmoment durch eine stromgeregelte elektrische Maschine soll in diesem Prinzipbeispiel nicht berücksichtigt werden, d.h. die unterlagerte Stromregelung mit Stromrichter und Ankerkreis sei hier vernachlässigt ($V_{ers\,i} = 1$, $T_{ers\,i} = 0$). Diese Vernachlässigung ist zweckmäßig zu diesem Zeitpunkt, da wie aus Kap. 9 und 10 bekannt, das Stromrichter–Stellglied nichtlinear ist. In der Realität wird der Stromregelkreis nach den bekannten Regeln optimiert und dann die Pole des Stromregelkreises nicht mehr geändert. In Abb. 18.18 ist der dazugehörige Signalflußplan dargestellt.

Ausgehend von Abb. 18.18 kann die Zustandsdarstellung des *geregelten* Systems angegeben werden zu:

$$
\underline{\dot{x}} \; = \; \mathbf{A} \cdot \underline{x} \; + \; \underline{b} \cdot \underbrace{\left(n_2^* \cdot K_V - \begin{pmatrix} r_1 & r_2 & r_3 \end{pmatrix} \cdot \begin{pmatrix} n_1 \\ \alpha_{12} \\ n_2 \end{pmatrix} \right)}_{\text{neue Stellgröße}} \qquad (18.41)
$$

$$
\underline{\dot{x}} \; = \; \mathbf{A} \cdot \underline{x} \; + \; \underline{b} \cdot K_V \cdot n_2^* \; - \; \underline{b} \cdot \underline{r}^{\,T} \cdot \underline{x} \qquad\qquad (18.42)
$$

$$
\underline{\dot{x}} \; = \; (\mathbf{A} - \underline{b} \cdot \underline{r}^{\,T}) \cdot \underline{x} \; + \; \underline{b} \cdot K_V \cdot \underbrace{n_2^*}_{\substack{\text{neue} \\ \text{Anregung}}} \qquad\qquad (18.43)
$$

Der Zusatzanteil $\underline{b} \cdot \underline{r}^{\,T}$ durch die Regelung wirkt sich dabei nur auf die erste Zeile der Systemmatrix $\mathbf{A}$ aus.

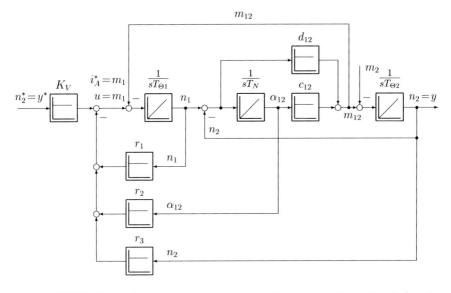

Abb. 18.18: *Zustandsregelung der Antriebsmaschinendrehzahl n_2 ohne I–Anteil*

$$\underline{b} \cdot \underline{r}^T = \begin{pmatrix} \dfrac{1}{T_{\Theta 1}} \\ 0 \\ 0 \end{pmatrix} \cdot \begin{pmatrix} r_1 & r_2 & r_3 \end{pmatrix} = \begin{pmatrix} \dfrac{r_1}{T_{\Theta 1}} & \dfrac{r_2}{T_{\Theta 1}} & \dfrac{r_3}{T_{\Theta 1}} \\ 0 & 0 & 0 \\ 0 & 0 & 0 \end{pmatrix} \qquad (18.44)$$

Somit kann die neue Systemmatrix $\mathbf{A}_{ZR}$, die das Eigenverhalten des *geregelten* Systems beschreibt, angegeben werden zu:

$$\mathbf{A}_{ZR} = \mathbf{A} - \underline{b} \cdot \underline{r}^T = \qquad (18.45)$$

$$= \begin{pmatrix} -\dfrac{d_{12}}{T_{\Theta 1}} - \dfrac{r_1}{T_{\Theta 1}} & -\dfrac{c_{12}}{T_{\Theta 1}} - \dfrac{r_2}{T_{\Theta 1}} & \dfrac{d_{12}}{T_{\Theta 1}} - \dfrac{r_3}{T_{\Theta 1}} \\ \dfrac{1}{T_N} & 0 & -\dfrac{1}{T_N} \\ \dfrac{d_{12}}{T_{\Theta 2}} & \dfrac{c_{12}}{T_{\Theta 2}} & -\dfrac{d_{12}}{T_{\Theta 2}} \end{pmatrix} \qquad (18.46)$$

Die Pole der Führungsübertragungsfunktion n_2/n_2^* lassen sich aus folgender Gleichung in Abhängigkeit von r_1, r_2 und r_3 bestimmen:

$$\mathbf{N}_{ZR}(s) = \det(s\mathbf{E} - \mathbf{A}_{ZR}) = 0 \qquad (18.47)$$

Durch Auswertung der Determinante ergibt sich die charakteristische Gleichung 3. Ordnung.

$$N_{ZR}(s) = s^3 + \left[d_{12} \left(\frac{1}{T_{\Theta 1}} + \frac{1}{T_{\Theta 2}} \right) + \frac{r_1}{T_{\Theta 1}} \right] \cdot s^2 +$$

$$+ \left[\frac{c_{12}}{T_N} \left(\frac{1}{T_{\Theta 1}} + \frac{1}{T_{\Theta 2}} \right) + \frac{d_{12}(r_1 + r_3)}{T_{\Theta 1} T_{\Theta 2}} + \frac{r_2}{T_{\Theta 1} T_N} \right] \cdot s^1 +$$

$$+ \frac{c_{12}(r_1 + r_3)}{T_{\Theta 1} T_{\Theta 2} T_N} \tag{18.48}$$

Nach dem Verfahren der Polvorgabe können durch Vergleich mit einem Wunschpolynom die Reglerkoeffizienten r_1, r_2 und r_3 bestimmt werden. Das Wunschpolynom kann z.B. ein Normpolynom nach dem Dämpfungsoptimum sein:

$$N_{Norm}(s) = s^3 + p_2 s^2 + p_1 s^1 + p_0 \tag{18.49}$$

Die Bestimmungsgleichungen für die Reglerkoeffizienten ergeben sich zu:

$$r_1 = \left[p_2 - d_{12} \left(\frac{1}{T_{\Theta 1}} + \frac{1}{T_{\Theta 2}} \right) \right] \cdot T_{\Theta 1} \tag{18.50}$$

$$r_2 = \left[p_1 - \frac{c_{12}}{T_N} \left(\frac{1}{T_{\Theta 1}} + \frac{1}{T_{\Theta 2}} \right) - \frac{d_{12}}{c_{12}} \cdot \frac{p_0}{T_N} \right] \cdot T_{\Theta 1} T_N \tag{18.51}$$

$$r_3 = p_0 \cdot \frac{T_{\Theta 1} T_{\Theta 2} T_N}{c_{12}} - r_1 \tag{18.52}$$

Zur Vorfilterbestimmung K_V muß der Signalflußplan nach Abb. 18.18 für den stationären Zustand ausgewertet werden, d.h. alle Integratoreingänge sind zu Null zu setzen. Da $n_2^* = 1$ sein soll, muß $n_1 = n_2 = 1$ sein. Da keine Last angenommen wird, ist $m_{12} = m_2 = 0$. Somit muß der Verdrehwinkel α_{12} ebenfalls Null sein. Für das Eingangssignal am Integrator der Antriebsmaschinenmasse ergibt sich folgende Gleichung:

$$n_2^* \cdot K_V - m_{12} - r_1 \cdot n_1 - r_2 \cdot \alpha_{12} - r_3 \cdot n_2 = 0 \tag{18.53}$$

$$\implies \quad K_V = r_1 + r_3 \tag{18.54}$$

Wie aus Abb. 18.18 erkennbar ist, enthält der Zustandsregler keinen I–Anteil. Dadurch ergeben sich stationäre Fehler bei Belastung, allerdings ergibt sich für das Führungsverhalten die schnellstmögliche Regelung. Eine Zustandsregelung mit I–Anteil soll an Hand eines weiteren Beispiels (Kap. 18.3.4) erläutert werden.

18.3.3 Auslegung einer Zustandsregelung nach dem Dämpfungsoptimum

Die Einstellvorschriften werden nach Kap. 18.3.2 gewählt. Hierin sind die Koeffizienten noch freie Parameter. Ein Optimierungskriterium ist das Dämpfungsoptimum (DO). Danach ergeben sich p_0, p_1 und p_2 zu:

$$p_0 = \frac{1}{D_3 \cdot D_2^2 \cdot T_{ers\,n}^3} \qquad (18.55)$$

$$p_1 = \frac{1}{D_3 \cdot D_2^2 \cdot T_{ers\,n}^2} \qquad (18.56)$$

$$p_2 = \frac{1}{D_3 \cdot D_2 \cdot T_{ers\,n}} \qquad (18.57)$$

Die Doppelverhältnisse werden zu

$$D_2 = D_3 = 0,5 \qquad (18.58)$$

festgelegt. Die Ersatzzeit $T_{ers\,n}$ des Drehzahlregelkreises ist frei wählbar. Jedoch müssen in ihr Randbedingungen berücksichtigt werden, wie:

- Beanspruchbarkeit des mechanischen und elektrischen Systems,
- vernachlässigte kleine Zeitkonstanten für den Stromregler und die Meßglättungen,
- Nichtlinearitäten wie Getriebelose und Coulombsche Reibung.

Im folgenden wird angenommen, daß

a) die Zustandsgrößen n_1, α_{12} und n_2 unverzögert gemessen werden,

b) im Strom–Regelkreis ein Leistungs–FET–Stellglied vorhanden ist, so daß die Ersatzzeit $T_{ers\,i} = 200\mu s$ beträgt und für den Reglerentwurf vernachlässigt werden kann, und daß

c) keine Nichtlinearitäten wie Getriebelose und Coulombsche Reibung wirken.

Es bleibt als Kriterium für die Wahl von $T_{ers\,n}$ die mechanische Beanspruchung, d.h. der Torsionswinkel, der bestimmte Schranken nicht überschreiten sollte, sowie Stellgrößenbeschränkungen, die bewirken, daß der Strom der Antriebsmaschine beschränkt bleibt und die Maschine nicht zerstört wird. Übliche Stellgrößenbeschränkungen liegen beim 2...3–fachen des Nennstroms. Innerhalb der Stellgrößenbeschränkungen sollte im Kleinsignalverhalten eine lineare Regelung möglich sein. Die prinzipielle Regelkreisstruktur zeigt Abb. 18.18.

Für die folgenden Simulationen in Abb. 18.19 bis 18.21 werden deshalb folgende Anregungen gewählt:

Führungssprung von $\Delta n_2^* = 1\ \%$ (linke Teilbilder in Abb. 18.19 bis 18.21),
Störsprung   von $\Delta m_2 = 10\ \%$ (rechte Teilbilder in Abb. 18.19 bis 18.21).

Nachfolgend sollen die Ergebnisse kurz aufgelistet und diskutiert werden:

Fall	Abb.	$\omega_{0(N)}$	$T_{ers\,n}$	Führung			Störung		vgl.
				m_{12max}	α_{12max}	i_{1max}	$\alpha_{12\infty}$	$\Delta n_{2\infty}$	Abb.
		$1/s$	ms	1	°	1	°	1	
1	18.19	628,3	4	0,40445	0,1	1,55	0,0175	0,01198	18.13
2	18.20	62,83	40	0,04045	1,0	0,15	1,75	0,01210	18.15
3	18.21	6,283	400	0,00407	10,0	0,014	175,1	0,10838	18.14

a) Alle Fälle zeigen ein gut gedämpftes Einschwingverhalten.

b) Die mechanische Kennkreisfrequenz bestimmt die Geschwindigkeit der Regelung.

c) Bei mechanisch harten Systemen (Fall 1) wird zuerst die elektrische Stellgrößenbeschränkung wirksam.

d) Bei mechanisch weichen Systemen wird die mechanische Beanspruchung zu groß: die Belastung des Antriebs mit Nennmoment ($m_2 \neq 0$) würde einen Torsionswinkel α_{12} von ca. 5 Umdrehungen erfordern.

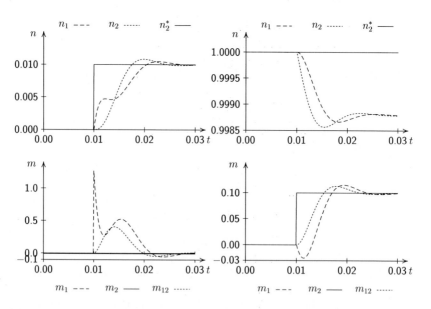

Abb.18.19: *Zustandsregelung ohne I–Anteil bei* $\omega_{0(N)} = 628,32\,s^{-1}$ *(starre Kopplung)*

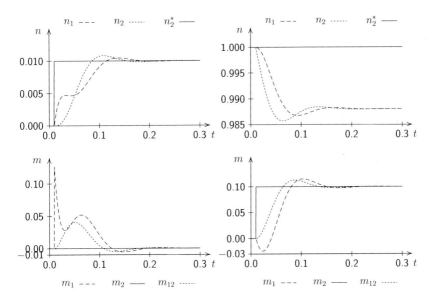

Abb. 18.20: *Zustandsregelung ohne I–Anteil bei* $\omega_{0(N)} = 62,832\,s^{-1}$ *(harte Kopplung)*

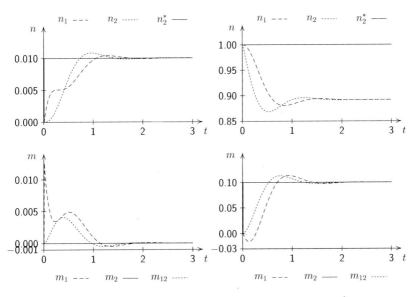

Abb. 18.21: *Zustandsregelung ohne I–Anteil bei* $\omega_{0(N)} = 6,2832\,s^{-1}$ *(weiche Kopplung)*

18.3.4 Zustandsregelung mit I–Anteil

Den Signalflußplan der geregelten Anlage zeigt Abb. 18.22:

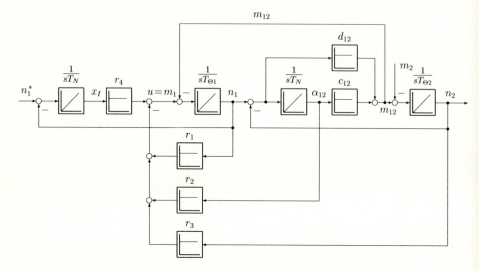

Abb. 18.22: *Signalflußplan der Zustandsregelung mit I–Anteil*

Für die Zustandsdarstellung der Strecke gilt wieder (mit $\alpha_{12} = \alpha_1 - \alpha_2$; siehe Kap. 18.3.1):

$$
\begin{pmatrix} \dot{n}_1 \\[1em] \dot{\alpha}_{12} \\[1em] \dot{n}_2 \end{pmatrix} = \begin{pmatrix} -\dfrac{d_{12}}{T_{\Theta 1}} & -\dfrac{c_{12}}{T_{\Theta 1}} & \dfrac{d_{12}}{T_{\Theta 1}} \\[1em] \dfrac{1}{T_N} & 0 & -\dfrac{1}{T_N} \\[1em] \dfrac{d_{12}}{T_{\Theta 2}} & \dfrac{c_{12}}{T_{\Theta 2}} & -\dfrac{d_{12}}{T_{\Theta 2}} \end{pmatrix} \cdot \begin{pmatrix} n_1 \\[1em] \alpha_{12} \\[1em] n_2 \end{pmatrix} + \begin{pmatrix} \dfrac{1}{T_{\Theta 1}} \\[1em] 0 \\[1em] 0 \end{pmatrix} \cdot m_1 \quad (18.59)
$$

$$
\underline{\dot{x}} \quad = \quad \mathbf{A} \quad \cdot \quad \underline{x} \quad + \quad \underline{b} \quad \cdot m_1
$$

Das Regelgesetz lautet in diesem Fall

$$
u = m_1 = -\underline{r}^T \cdot \underline{x} + r_4 \cdot x_I \qquad \text{mit} \quad \underline{r}^T = (\, r_1 \;\; r_2 \;\; r_3 \,) \qquad (18.60)
$$

und beinhaltet den Reglerzustand x_I, für den gilt:

$$
\dot{x}_I = \frac{n_1^* - n_1}{T_N} \qquad (18.61)
$$

Damit ergibt sich die Zustandsdarstellung des geschlossenen Kreises zu:

$$\underline{\dot{x}}_I = \begin{pmatrix} \underline{\dot{x}} \\ \dot{x}_I \end{pmatrix} = \underbrace{\begin{pmatrix} \mathbf{A} - \underline{b} \cdot \underline{r}^T & \underline{b} \cdot r_4 \\ -\dfrac{1}{T_N} \cdot \underline{c}^T & 0 \end{pmatrix}}_{\mathbf{A}_{ZRI}} \cdot \underline{x}_I + \underbrace{\begin{pmatrix} 0 \\ 1 \\ \dfrac{1}{T_N} \end{pmatrix}}_{\underline{b}_{ZRI}} \cdot n_1^* \tag{18.62}$$

mit

$$\underline{c}^T = (\ 1 \quad 0 \quad 0 \ ) \tag{18.63}$$

Aus der Determinante

$$N_{ZRI}(s) = \det(s\mathbf{E} - \mathbf{A}_{ZRI}) \overset{!}{=} N_{Norm} \tag{18.64}$$

läßt sich das charakteristische Polynom $N_{ZRI}(s)$ bestimmen. Da mechanische Systeme i.a. eine sehr schwache Dämpfung aufweisen, kann die Dämpfung d_{12} vernachlässigt werden. Nach einem Koeffizientenvergleich mit dem Normpolynom

$$N_{Norm} = s^4 + p_3 s^3 + p_2 s^2 + p_1 s + p_0 \tag{18.65}$$

können die Rückführkoeffizienten r_1, r_2, r_3 und r_4 angegeben werden zu:

$$r_1 = T_{\Theta 1} \cdot p_3 \tag{18.66}$$

$$r_2 = -\frac{T_{\Theta 1} T_{\Theta 2} T_N^2}{c_{12}} \cdot p_0 + T_{\Theta 1} T_N \cdot p_2 - c_{12}\left(1 + \frac{T_{\Theta 1}}{T_{\Theta 2}}\right) \tag{18.67}$$

$$r_3 = \frac{T_{\Theta 1} T_{\Theta 2} T_N^2}{c_{12}} \cdot p_1 - r_1 \tag{18.68}$$

$$r_4 = \frac{T_{\Theta 1} T_{\Theta 2} T_N^2}{c_{12}} \cdot p_0 \tag{18.69}$$

Wählt man, wie in Kap. 18.3.2, das Dämpfungsoptimum (DO) als Optimierungskriterium, so ergeben sich die Koeffizienten p_i ($i = 0 \ldots 3$) zu:

$$p_0 = \frac{1}{D_4 D_3^2 D_2^3 T_{ers\,n}^4} = \frac{64}{T_{ers\,n}^4} \tag{18.70}$$

$$p_1 = \frac{1}{D_4 D_3^2 D_2^3 T_{ers\,n}^3} = \frac{64}{T_{ers\,n}^3} \tag{18.71}$$

$$p_2 = \frac{1}{D_4 D_3^2 D_2^2 T_{ers\,n}^2} = \frac{32}{T_{ers\,n}^2} \tag{18.72}$$

$$p_3 = \frac{1}{D_4 D_3 D_2 T_{ers\,n}} = \frac{8}{T_{ers\,n}} \tag{18.73}$$

Die Ersatzzeit $T_{ers\,n}$ ist wieder frei wählbar wie in Kap. 18.3.3. Es gelten jedoch die gleichen Randbedingungen wie dort. Auch die Ausgangsfunktionen sind gleich gewählt worden.

Nachfolgend werden die Ergebnisse aufgelistet und kurz diskutiert:

Fall	Abb.	$\omega_{0(N)}$	$T_{ers\,n}$	Führung			Störung		vgl. Abb.
				m_{12max}	α_{12max}	i_{1max}	$\alpha_{12\infty}$	$\Delta n_{2\infty}$	
		$1/s$	ms	1	°	1	°	1	
1	18.23	628,3	4,5	0,41901	0,1	1,18	0,0175	0	18.13
2	18.24	62,83	45,0	0,04155	1,0	0,092	1,75	0	18.15
3	18.25	6,283	450,0	0,00385	10,0	0,009	175,1	0	18.14

a) Alle Regelungen zeigen ein gut gedämpftes Einschwingverhalten.

b) Die mechanische Kennkreisfrequenz bestimmt die Geschwindigkeit der Regelung.

c) Bei mechanisch harten Systemen (Fall 1) geht der Strom eher in die Begrenzung, als daß der Torsionswinkel α_{12} zu groß würde.

d) Bei mechanisch weichen Systemen (Fall 3) ist der Torsionswinkel die begrenzende Eigenschaft.

e) Bei etwa gleicher mechanischer Beanspruchung α_{12max} wird die Zustandsregelung mit I–Anteil etwas langsamer als der reine P–Ansatz nach Kap. 18.3.2 (Beispiel Kap. 18.3.3).

f) Es tritt kein bleibender Regelfehler in n_2 auf. Bei dieser Optimierung sind die Drehzahleinbrüche bei Regelung mit I–Anteil geringer als der bleibende stationäre Regelfehler $\Delta n_{2\infty}$ beim P–Konzept.

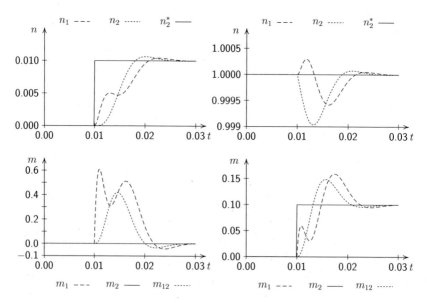

Abb. 18.23: *Zustandsregelung mit I–Anteil bei $\omega_{0(N)} = 628,32\,s^{-1}$ (starre Kopplung)*

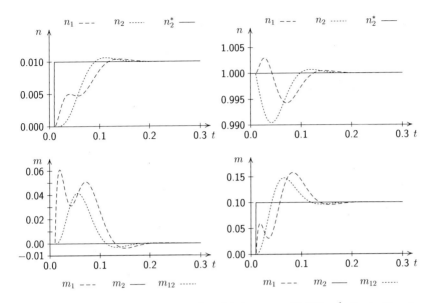

Abb. 18.24: *Zustandsregelung mit I–Anteil bei $\omega_{0(N)} = 62,832\,s^{-1}$ (harte Kopplung)*

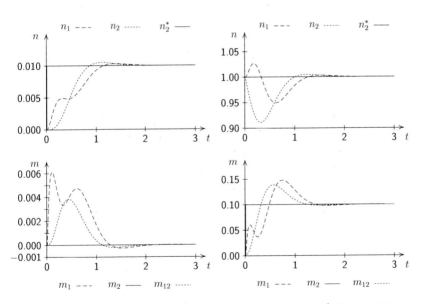

Abb. 18.25: *Zustandsregelung mit I–Anteil bei $\omega_{0(N)} = 6,2832\,s^{-1}$ (weiche Kopplung)*

18.4   Verallgemeinerung: Mehrmassensysteme

In den vorigen Kapiteln 18.1 bis 18.3 wurde das geregelte lineare Zweimassensystem ausführlich behandelt, um dem Leser einen Einblick in ein grundlegendes mechatronisches System zu geben.

Im allgemeinen wird ein derart vereinfachtes Modell der Strecke allerdings nicht ausreichend sein. Häufig werden deshalb für die Analyse und Modellbildung komplexer mechanischer Streckenanteile FEM–Verfahren eingesetzt. Der Nachteil dieser Verfahren ist die relativ hohe Ordnung des Modells des mechanischen Streckenanteils und die Schwierigkeit, auch Nichtlinearitäten einzubinden. Weiterhin ist ein Reglerentwurf für eine Strecke derartig hoher Ordnung im allgemeinen nicht realisierbar bzw. außerordentlich schwierig. Um eine solche Strecke dennoch dem Reglerentwurf zugänglich zu machen, wird im allgemeinen eine Ordnungsreduktion — beispielsweise nach Litz [755] — vorgenommen.

Bei einer Ordnungsreduktion sind zwei Punkte von wesentlicher Bedeutung. Erstens muß entschieden werden, bis zu welcher Ordnung das Endmodell reduziert werden kann, um noch relevant zu sein. Zweitens ist das reduzierte Modell nicht mehr physikalisch interpretierbar, denn bei der Ordnungsreduktion wird versucht, das Eingangs–Ausgangs–Verhalten des reduzierten Modells von hohen Frequenzen beginnend zu tieferen Frequenzen fortschreitend so in der Ordnung zu reduzieren, daß das Verhalten des reduzierten Modells bei den tiefen Frequenzen möglichst erhalten bleibt; dieser Aspekt wird nachfolgend noch genauer dargestellt werden. Um dieses Ziel zu erreichen, müssen die Parameter des reduzierten Modells geeignet gewählt werden; dies führt jedoch tendenziell zu einer vollbesetzten Systemmatrix. Damit bildet das reduzierte Modell zwar vereinfacht das Eingangs–Ausgangs–Verhalten nach, allerdings sind die inneren Zustände nicht mehr erkennbar, ein Nachteil aus ingenieurmäßiger Sicht.

Um diese Nachteile zu vermeiden, soll stattdessen der physikalisch motivierte Modellierungsansatz, der auf Drehmoment– und Kräftebilanzen basiert und in Kap. 18.1 bis 18.3 ebenfalls verwendet wurde, weiter verfolgt werden. Bei diesem Ansatz muß jedoch ebenso entschieden werden, welche relevanten Effekte berücksichtigt werden sollen. Dies beeinflußt die zu wählende Systemordnung. Zwei Randbedingungen können dabei vorteilhaft genutzt werden: Im allgemeinen existiert erstens eine Grundvorstellung über den physikalischen Aufbau des mechanischen Systems und der zugehörigen Parameter, wenn auch mit Ungenauigkeiten; und zweitens können in den meisten Fällen die dynamischen Anforderungen an die Regelung ebenso ungefähr abgeschätzt werden. Aus diesen zwei Randbedingungen kann dann die relevante Ordnung des Systemmodells bestimmt werden. Diese Überlegungen sollen im Folgenden vertieft werden.

Eine Erweiterung des elastischen Zweimassensystems zu einem elastischen Dreimassensystem führt, wie leicht nachvollziehbar ist, zu einer Erweiterung des Zweimassen–Signalflußplans (vgl. Abb. 18.2) um eine zweite Welle, z.B. mit der Federkonstanten c_2 und der Dämpfung d_2 und eine zusätzliche dritte Masse, z.B. mit einem Trägheitsmoment Θ_2 (linker Teil von Abb. 18.26).

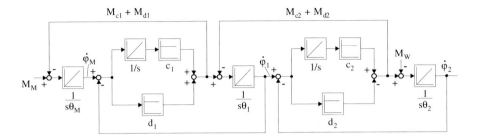

Abb. 18.26: *Unnormierter Signalflußplan des linearen Dreimassensystems*

In entsprechender Weise kann der Signalflußplan eines Vier–, Fünf–, etc. Massensystems ermittelt werden. Aus dieser Vorgehensweise ist zu erkennen, daß bei einer Erweiterung gleichartige Teile des Signalflußplans wiederholt hinzugefügt werden müssen; dies wird u.a. beim objektorientierten Ansatz und der daraus resultierenden mathematischen Darstellung in impliziter Form — Deskriptor–Darstellung genannt — genutzt, die in Kap. 20 detailliert vorgestellt wird [799, 800, 802, 813, 832, 848].

Ein entsprechendes Vorgehen ist in Kap. 21 bei Produktionsanlagen mit kontinuierlicher Materialverarbeitung festzustellen, die ebenso in diesem Buch dargestellt werden. Dies gilt auch für andere Aufgabenstellungen, die hier nicht weiter behandelt werden.

Die Gleichungen für das in Abb. 18.26 gezeigte Dreimassensystem sind:

$$\ddot{\varphi}_2 = \frac{1}{\Theta_2}\Big(c_2(\varphi_1 - \varphi_2) + d_2(\dot{\varphi}_1 - \dot{\varphi}_2) - M_L\Big) \tag{18.74}$$

$$\ddot{\varphi}_1 = \frac{1}{\Theta_1}\Big(c_1(\varphi_M - \varphi_1) + d_1(\dot{\varphi}_M - \dot{\varphi}_1) - c_2(\varphi_1 - \varphi_2) - d_2(\dot{\varphi}_1 - \dot{\varphi}_2)\Big) \tag{18.75}$$

$$\ddot{\varphi}_M = \frac{1}{\Theta_M}\Big(-c_1(\varphi_M - \varphi_1) - d_1(\dot{\varphi}_M - \dot{\varphi}_1) + M_M\Big) \tag{18.76}$$

Als Übertragungsfunktion ergibt sich:

$$G_{S3}(s) = \frac{\dot{\varphi}_2}{M_M} = \frac{b_2 s^2 + b_1 s + b_0}{a_5 s^5 + a_4 s^4 + a_3 s^3 + a_2 s^2 + a_1 s} \tag{18.77}$$

mit den Parametern

$$b_2 = d_1 d_2$$

$$b_1 = c_1 d_2 + c_2 d_1$$

$$b_0 = c_1 c_2$$

$$a_5 = \Theta_M \Theta_1 \Theta_2$$

$$a_4 = d_1 \Theta_2 (\Theta_M + \Theta_1) + d_2 \Theta_M (\Theta_1 + \Theta_2)$$

$$a_3 = c_1 \Theta_2 (\Theta_M + \Theta_1) + c_2 \Theta_M (\Theta_1 + \Theta_2) + d_1 d_2 (\Theta_M + \Theta_1 + \Theta_2)$$

$$a_2 = (d_1 c_2 + d_2 c_1)(\Theta_M + \Theta_1 + \Theta_2)$$

$$a_1 = c_1 c_2 (\Theta_M + \Theta_1 + \Theta_2)$$

Wenn aus Gl. (18.77) im Nennerpolynom wieder der separierbare rein integrale Anteil, der ein starr gekoppeltes System repräsentiert, abgespalten wird, verbleibt eine Gleichung 4. Ordnung. Die Pole $s_{2,3}$ und $s_{4,5}$ dieses Gleichungssystems 4. Ordnung können analytisch bestimmt werden. Um die Analyse aber weiter zu vereinfachen, soll angenommen werden, daß die Dämpfungen d_1 und d_2 der beiden Wellen vernachlässigbar klein sein sollen. Aufgrund dieser Annahme $d_1 = d_2 = 0$ werden die Parameter $b_1 = b_2 = a_2 = a_4 = 0$, und es ergibt sich — nach der Separation des rein integralen Anteils — eine biquadratische Gleichung. Unter dieser Voraussetzung ergeben sich für das Nennerpolynom die folgenden Pole:

1. Rein integraler Anteil:

$$\frac{1}{(\Theta_M + \Theta_1 + \Theta_2)s} \tag{18.78}$$

$$\text{Pol: } s_1 = 0 \tag{18.79}$$

2. Biquadratischer Anteil:

$$\text{Pole: } s_{2,3} = \pm j\sqrt{q_1 + q_2} \tag{18.80}$$

$$s_{4,5} = \pm j\sqrt{q_1 - q_2} \tag{18.81}$$

mit den Parametern q_1 und q_2

$$q_1 = -\frac{c_1 \Theta_1 (\Theta_M + \Theta_2) + c_2 \Theta_M (\Theta_1 + \Theta_2)}{2\Theta_M \Theta_1 \Theta_2} \tag{18.82}$$

$$q_2 = \frac{\sqrt{[c_1 \Theta_1 (\Theta_M + \Theta_2) + c_2 \Theta_M (\Theta_1 + \Theta_2)]^2 - 4c_1 c_2 \Theta_M \Theta_1 \Theta_2 (\Theta_M + \Theta_1 + \Theta_2)}}{2\Theta_M \Theta_1 \Theta_2} \tag{18.83}$$

Diese Ergebnisse erscheinen recht komplex, aber die folgenden Überlegungen werden die Grundzüge einer Systematik erkennen lassen. Um diese Systematik zu veranschaulichen, wollen wir nochmals zum Zweimassensystem zurückkehren, das in Abb. 18.27 zusammen mit dem zugehörigen Bode–Diagramm dargestellt ist.

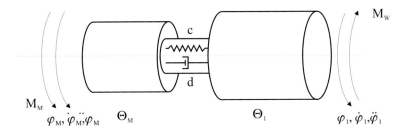

$$\Theta_M = 1;$$
$$\Theta_I = 4;$$
$$c = 200;$$
$$d = 0.1;$$

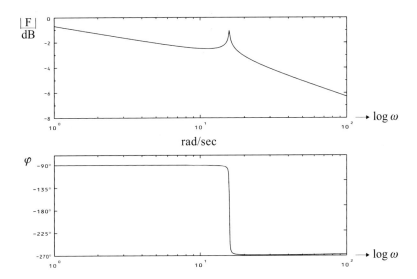

Abb. 18.27: *Zweimassensystem und Bode–Diagramm*

Wie bereits in Kap. 18.1 diskutiert, zeigt sich im Amplitudengang die bekannte Resonanzüberhöhung und im Phasengang der steile Phasenabfall von $-90°$ nach $-270°$. (Beachte: Die mechanische Dämpfung d wurde sehr klein angenommen, der Zählerterm $1 + s\,(d/c)$ in Gl. (18.11) geht damit gegen 1.)

Wenn wir nun ein Dreimassensystem, wie in Abb. 18.28 oben dargestellt, annehmen, erhalten wir das Bode–Diagramm in Abb. 18.28 unten.

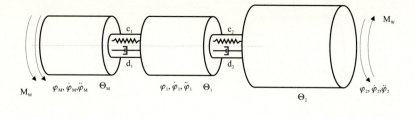

$$\Theta_M = 1;$$
$$\Theta_1 = 1;$$
$$\Theta_2 = 3;$$
$$c_1 = 200;$$
$$d_1 = 0.1;$$
$$d_2 = 0.1;$$

$$c_2 = 5000;$$
$$c_2 = 1000;$$
$$c_2 = 200;$$

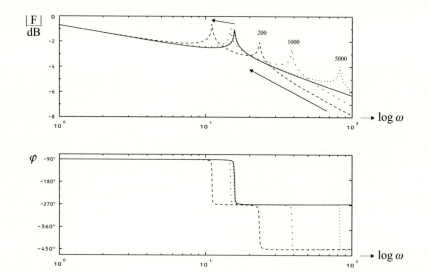

Abb. 18.28: *Dreimassensystem und Bode–Diagramm bei* $\Theta_1 + \Theta_2 = \Theta_L$ *und* $\Theta_1 < \Theta_2$

Um einen Eindruck vom Einfluß des Parameters c_2 zu erhalten, sind drei Werte für c_2 angenommen, wobei zusätzlich, zum Vergleich, mit stark ausgezogener Linie das Bode–Diagramm eines Zweimassensystems mit der Lastmasse $\Theta_L = \Theta_1 + \Theta_2$ (Θ_1 und Θ_2 starr verbunden) dargestellt ist.

Aus Abb. 18.28 ist zu entnehmen, daß der Amplitudengang sich bis zur ersten Resonanzfrequenz nur wenig ändert, wenn $c_2 = 5000$ oder $c_2 = 1000$ ist; erst bei relativ geringem $c_2 = 200$ — d.h. in der Größenordnung von c_1 — tritt eine deutliche Verschiebung der ersten Resonanzfrequenz gegenüber der des Zweimassensystems ein.

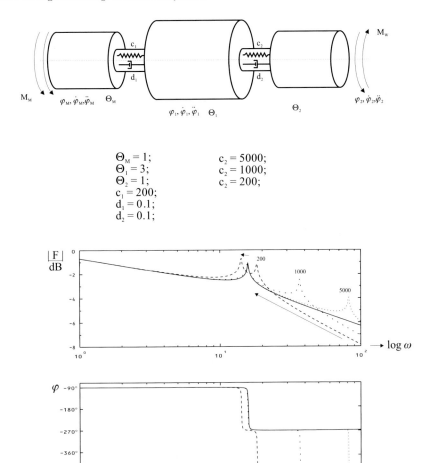

Abb. 18.29: *Dreimassensystem und Bode–Diagramm bei* $(\Theta_1 + \Theta_2) = \Theta_L$ *sowie* $\Theta_1 > \Theta_2$

Abbildung 18.29 zeigt wieder ein Dreimassensystem, allerdings hat jetzt die mittlere Masse ein wesentlich größeres Trägheitsmoment Θ_1 als die rechte Masse mit dem Trägheitsmoment Θ_2.

Aus dem Amplitudengang des Bode–Diagramms ist zu entnehmen, daß die Änderung des Parameters c_2 in diesem Fall einen noch kleineren Einfluß auf die erste Resonanzfrequenz als im Fall $\Theta_1 < \Theta_2$ hat.

Aus dieser Diskussion des Einflusses von c_2 hat ergibt sich, daß — bis auf den Fall $c_2 \approx c_1$ — das angenommene Zweimassensystem das reale Dreimassensystem bis zur ersten Resonanzfrequenz im Amplitudengang bereits relativ gut approximiert. Weiterhin sind damit auch die Aspekte der Ordnungsreduktion erkennbar, wobei dann allerdings, entsprechend den Parametern des Dreimassensystems, die Parameter des reduzierten Zweimassensystems so eingestellt werden müssen, daß Amplituden– und Phasengang im Bereich der ersten Resonanzfrequenz möglichst genau angepaßt werden. Damit ist auch die relativ häufige Beschränkung in den Lehrbüchern auf die Betrachtung eines Zweimassensystems nachvollziehbar.

Abschließend soll noch die Auswirkung eines Getriebes zwischen dem Antriebsmotor mit dem Trägheitsmoment Θ_M und der Arbeitsmaschinenseite mit dem Trägheitsmoment Θ_A besprochen werden. Wie bereits aus [35, 36] bekannt ist, berechnet sich das resultierende Trägheitsmoment Θ_L auf der Seite des Antriebsmotors zu

$$\Theta_L = \frac{\Theta_A}{\ddot{u}^2} \tag{18.84}$$

Wenn das Übersetzungsverhältnis des Getriebes $\ddot{u} > 1$ ist, reduziert sich der Einfluß der Arbeitsmaschinenseite auf die Antriebsseite mit $1/\ddot{u}^2$.

Eine Analyse von Gl. (18.11) in Kap. 18.1 zeigt, daß der Nennerterm $s^2\Theta_M\Theta_L/((\Theta_M + \Theta_L)c)$ aufgrund von Θ_L im Zähler dieses Terms bei großem $\ddot{u}$ und nicht zu ungünstigen Trägheitsmomentverhältnissen relativ klein, bzw. erst bei hohen Frequenzen wirksam wird, und somit u.U. vernachlässigt werden kann. Wenn diese Vernachlässigung erlaubt ist, entfällt in Gl. (18.11) praktisch der Anteil der elastischen Welle, und es verbleibt

$$G_S(s) = \frac{1}{s\,(\Theta_M + \Theta_L)} \tag{18.85}$$

Systeme mit mehr als zwei Massen können analog zu dem gezeigten Vorgehen behandelt werden.

Eine entsprechende Überlegung kann mit Gl. (18.18) in Kap. 18.1 durchgeführt werden, wobei die obigen Überlegungen noch besser erfüllt sind, da der Zählerterm $s^2\Theta_L/c$ und der Nennerterm $s^2\Theta_M\Theta_L/((\Theta_M + \Theta_L)c)$ bei $\Theta_L \ll \Theta_M$ sich dann entsprechen, somit Zähler– und Nennerpolynom des elastischen Anteils gleich sind und dieser Anteil entfällt.

Bei beiden Überlegungen ist allerdings zu bedenken, daß Resonanzerscheinungen bei hohen Frequenzen als unerwünschte Schwingungen durchaus auftreten können (siehe Abb. 18.13).

Aus den Darstellungen dieses Kapitels sowie des Kapitels 13 sind die vorteilhaften Aspekte der physikalisch orientierten Modellbildung und der daraus folgenden einfacheren Interpretierbarkeit der Ergebnisse zu erkennen. Eine konsequente Fortführung dieser Überlegungen findet in Kap. 20 statt, in dem die objekt– und ereignisorientierte Modellbildung und Simulation ausführlich dargestellt wird.

Die Berücksichtigung der nichtlinearen Effekte wie Lose und Reibung in Abb. 18.1 wird ausführlich in [873] abgehandelt.

19 Schwingungsdämpfung

19.1 Allgemeine Problemstellung

In Kap. 18 wurde die Drehzahlregelung eines Zweimassensystems diskutiert. Es stellte sich heraus, daß eine Regelung der Arbeitsmaschinendrehzahl mit der Kaskadenregelung nur dann möglich ist, wenn die Torsionseigenfrequenz des mechanischen Systemanteils weit oberhalb der Durchtrittsfrequenz ω_d des Stromregelkreises ist, d.h. wenn das Zweimassensystem relativ starr ist. Aufgrund dieser Schwierigkeit wurde die Kaskadenregelung der Antriebsmaschinendrehzahl behandelt. Diese Art der Regelung erscheint wesentlich unkritischer; allerdings stellte sich bei den Untersuchungen mittels Simulation heraus, daß die Arbeitsmaschinendrehzahl gegenüber der Antriebsmaschinendrehzahl schwingt, d.h. diese Regelung sichert zwar die Stabilität des Systems, ist aber letztendlich nur dann brauchbar, wenn die Torsionseigenfrequenz nicht angeregt wird.

Eine wesentliche Verbesserung des Regelverhaltens läßt sich erreichen, wenn eine Zustandsregelung eingesetzt werden kann. Dies ist aber immer nur dann gegeben, wenn die Strecke linear ist (d.h. keine Nichtlinearitäten wie Reibung und Lose vorhanden sind) und alle Zustände meßbar oder beobachtbar sind. Diese Überlegungen wurden in Kap. 18.4 auf Mehrmassensysteme erweitert.

Wenn relevante Nichtlinearitäten in der Strecke vorhanden sind, dann können diese nichtlinearen Effekte (wie etwa Stick–Slip–Reibung) mittels intelligenten Verfahren identifiziert und kompensiert werden [873]. Generell ist aber bei all diesen Maßnahmen zur Schwingungsunterdrückung festzustellen, daß die Schwingungsbedämpfung und die Kompensation der nichtlinearen Effekte umso schwieriger und aufwendiger wird, je höher die Zahl der Schwungmassen ist über die die Schwingungsbedämpfung erfolgt. Es ist außerdem zu beachten, daß durch die mechanischen Beanspruchungen bei dieser Art der Schwingungsbedämpfung eine Beeinträchtigung der Lebensdauer der Komponenten auftreten kann. Damit besteht die Aufgabe, andere Wege der Schwingungsbedämpfung zu erarbeiten.

Eine erste Möglichkeit ist die Verwendung eines passiven Dämpfers, der im vorliegenden Fall aus einer zusätzlichen rotierenden Masse und einer elastischen Welle besteht; diese Welle ist mit dem schwingenden und daher zu dämpfenden Körper gekoppelt. Die Anordung entspricht somit prinzipiell Abb. 19.1, wobei der Rotor der Antriebsmaschine mit dem Trägheitsmoment Θ_M den schwingenden Primärkörper darstellt und die Arbeitsmaschine mit dem Trägheitsmoment

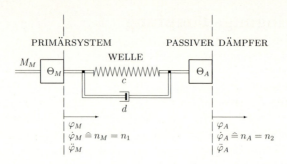

Abb. 19.1: *Primärsystem Schwinger — passiver Dämpfer*

Θ_A der Körper (Masse) des Dämpfers und die Welle die elastische Verbindung zwischen Primärkörper und Dämpfer ist; damit stellen die Welle mit den Daten c und d sowie die Masse mit dem Trägheitsmoment Θ_A nun den passiven Dämpfer dar.

Die Anordnung in Abb. 19.1 entspricht genau der Darstellung in Abb. 18.10, bei der die Antriebsmaschinendrehzahl geregelt wird und der Dämpfer (vorher Arbeitsmaschine) nur passiv an das Primärsystem (vorher Antriebsmaschine) gekoppelt ist. Das im Fall der Regelung der Antriebsmaschinendrehzahl unerwünschte Auftreten von Schwingungen an der Arbeitsmaschine (Abb. 18.13 bis 18.15) wird im Fall der passiven Schwingungsdämpfung über das Rückkoppelmoment $M_C + M_D$ zur Dämpfung von Schwingungen an der Antriebsmaschine genutzt. Die Schwingungen der Arbeitsmaschine (nun Dämpfer) sind in diesem Fall beabsichtigt und zur erfolgreichen Dämpfung des Primärkörpers auch notwendig. Die angepaßte Darstellung ist in Abb. 19.2 widergegeben, wobei nun zusätzlich das die Schwingung anregende (z.B. technologisch bedingte) Drehmoment M_W eingetragen ist.

Die Wirkung des passiven Dämpfersystems ist aus Abb. 18.8 und 18.9 zu erkennen. Bei der Kreisfrequenz ω_{0Z} erfolgt eine Amplitudenabsenkung von $\dot{\varphi}_M$, d.h. bei dieser Kreisfrequenz wird das Übertragungsverhalten gegenüber der Anregung M_M gedämpft. Wie weiterhin aus Gl. (18.18) zu erkennen ist, ist das Zählerpolynom nur durch die Parameter der nun als „Dämpfer" bezeichneten Komponente bestimmt. Aus Gl. (18.18) ist weiterhin zu entnehmen, daß die mechanische Dämpfung d der Welle das Übertragungsverhalten des Zählerpolynoms und damit den Dämpfungsfaktor D beeinflußt. Mit abnehmendem d wird ebenso D abnehmen und die Amplitudenabsenkung zunehmen. Diese Untersuchungen zeigen bei der Drehzahlregelung der Motormasse mit dem Trägheitsmoment Θ_M in Abb. 18.13 oder 18.15 die deutliche Absenkung des Betrages von $\dot{\varphi}_M$ bei ω_{0Z}. Damit ist durch die Umkehrung der gedanklichen Ansätze eine Erläuterung des passiven Dämpferprinzips bereits mit den Überlegungen und Untersuchungen aus Kap. 18 möglich.

Aus Abb. 18.13 ist zu erkennen, daß eine harte Ankopplung des passiven Dämpfers kritisch ist, denn der Nullstelle des Zählerpolynoms mit der Kreisfrequenz ω_{0Z} folgt in sehr kleinem Frequenzabstand die Nullstelle des Nennerpolynoms (Polstelle) mit der Kreisfrequenz ω_{0N}. Dies bedeutet, eine geringe Änderung der Daten kann statt zu einer Dämpfung zu einer Vergrößerung der Schwingungsamplitude führen. In Abb. 18.15 ist zu erkennen, daß die Amplitudenabsenkung deutlich von der Amplitudenanhebung abgesetzt ist, d.h. eine weiche Ankopplung des passiven Dämpfers ist zweckmäßig.

Wenn der Signalflußplan aus Kap. 18 (Abb. 18.2) um den geschlossenen Stromregelkreis und eine anregende Störung M_W, die am Primärsystem mit dem Trägheitsmoment Θ_M angreift, erweitert wird, dann ergibt sich der Signalflußplan nach Abb. 19.2. Aus Abb. 19.2 ist zu erkennen, daß das beschleunigende

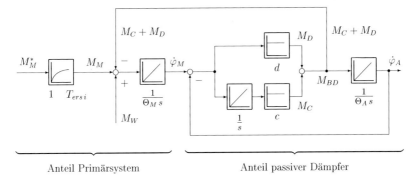

Abb. 19.2: *Signalflußplan: Primärsystem und passiver Dämpfer*

Moment $M_{BD} = M_C + M_D$ des Dämpferkörpers an der gleichen Stelle wirksam wird wie die Störung M_W. Wenn somit die beiden Drehmomente sich gegenseitig kompensieren, d.h. wenn gilt

$$M_{BD} - M_W = 0 \tag{19.1}$$

dann hätte die Störgröße M_W keinen Einfluß auf den Primärkörper. Allerdings schwingt der Dämpferkörper mit dem Trägheitsmoment Θ_A in diesem Fall mit der Amplitude, die die Gleichheit der Drehomente erfordert.

Um diese Überlegungen zu erläutern, soll die Übertragungsfunktion des Dämpfersystems aufgestellt werden (Abb. 19.3). Die Übertragungsfunktion $G_D(s)$ des Dämpfersystems lautet:

$$G_D(s) = \frac{(M_C + M_D)(s)}{\dot{\varphi}_M(s)} = \frac{M_{BD}(s)}{\dot{\varphi}_M(s)} = \frac{s(ds + c)}{s^2 + \frac{d}{\Theta_A}s + \frac{c}{\Theta_A}} \tag{19.2}$$

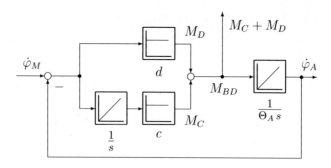

Abb. 19.3: *Signalflußplan des Dämpfersystems*

Das Nennerpolynom hat die mechanische Eigenfrequenz ω_0 und den Dämpfungsfaktor D gemäß Gl. (19.3):

$$\omega_0 = \sqrt{\frac{c}{\Theta_A}} \qquad D = \frac{d}{2\sqrt{c\,\Theta_A}} \tag{19.3}$$

Wenn die mechanische Dämpfung d gleich Null wäre, würde der Dämpfungsfaktor D ebenso gleich Null ($d = D = 0$) und die Übertragungsfunktion $G_D'(s)$ des Dämpfers würde sich zu

$$G_D'(s)|_{d=0} = \frac{cs}{s^2 + \frac{c}{\Theta_A}} \tag{19.4}$$

ändern, d.h. zur Anregung des nun idealen Dämpfers genügt die Beschleunigung $\ddot{\varphi}_M$, welche einen idealen Schwinger anregt. Dies bedeutet, es genügen bereits kleinste Beschleunigungen $\ddot{\varphi}_M$ um den idealen Dämpfer anzuregen und damit das gewünschte Gegenmoment M_{BD} zu erzeugen.

Der ideale passive Dämpfer kann in dieser Weise nicht realisiert werden, da eine Dämpfungskonstante $D = 0$ nicht erreichbar ist. Allerdings ist die mechanische Dämpfung d der Welle relativ klein, so daß — wenn keine weiteren Dämpfungen wie etwa Reibung vorhanden sind — der ideale Fall angenähert werden kann.

Die folgenden Simulationen zeigen das System nach Abb. 19.1 bzw. 19.2 mit den Signalverläufen $\dot{\varphi}_M$, $\dot{\varphi}_A$, M_W und M_{BD}. Die Drehzahl $\dot{\varphi}_M$ des Primärkörpers des Zweimassensystems nach Abb. 19.2 wurde mit einem PI–Regler nach dem symmetrischen Optimum (Kap. 3.2.2) geregelt. Als Störgröße M_W wurde wurde ein sinusförmiger Drehmomentverlauf verwendet (Abb. 19.4 unten).

Aus den Simulationsverläufen in Abb. 19.4 ist zu erkennen, daß nach relativ kurzer Einschwingzeit die Kompensation von M_W mittels M_{BD} nahezu vollständig erfolgt ($D = 0$). Der Dämpfer muß dabei in seiner Eigenresonanzfrequenz ω_e auf die anregende Frequenz von M_W genau abgestimmt sein. ω_e ergibt sich aus Gl. (19.5). Ferner wurde für die gezeigte Simulation eine weiche Kopplung angenommen.

$$\omega_e = \omega_0 \cdot \sqrt{1 - D^2} \tag{19.5}$$

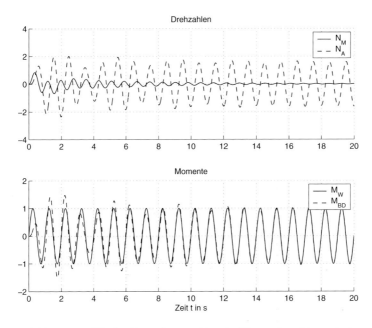

Abb. 19.4: *Idealer Dämpfer mit $D = 0$ ($N_M = \dot{\varphi}_M$, $N_A = \dot{\varphi}_A$)*

In Abb. 19.5 sind die Drehoment– und Drehzahlverläufe für nicht ideale Verhältnisse dargestellt ($D = 0,08$). Hier erfolgt keine vollständige Unterdrückung der Schwingungen von $\dot{\varphi}_M$.

Die bisher diskutierte Lösung mittels passivem Dämpfer hat grundsätzlich die folgenden Nachteile. Erstens ist die mechanische Dämpfung d und damit der Dämpfungsfaktor $D = 0$ nie erreichbar, so daß keine vollständige Unterdrückung der Schwingung von $\dot{\varphi}_M$ möglich ist. Zweitens ist der passive Dämpfer durch die Festlegung der Parameter c, d und Θ_A in seinen Daten festgelegt. Wenn sich die anregende Frequenz oder das Systemverhalten ändert, dann verliert der passive Dämpfer umso schneller seine Wirksamkeit, je besser er auf das ursprüngliche Ziel ausgelegt war (siehe auch Anmerkungen zu Abb. 18.13 und 18.15).

Diese Einschränkungen bei passiven Dämpfern haben zu den vielfältigsten Überlegungen zur aktiven Schwingungsdämpfung geführt. Ein erster Ansatz — die direkte Störkompensation — ist, eine Kraft (laterales System) bzw. ein Drehmoment (rotierendes System) — ohne Dämpfersystem — so gegensinnig einzuprägen, daß sie der anregenden Kraft bzw. dem Drehmoment M_W entgegen wirkt und somit die unerwünschte Schwingung gedämpft oder sogar ganz unterdrückt wird. Dies würde in Abb. 19.2 bedeuten, daß beim aktiven Einprägen der gegensinnigen Kraft bzw. des Drehmoments die Welle entfallen würde und Θ_A z.B. den Rotor einer elektrischen Maschine repräsentiert, auf den das gegensinnige Luftspaltmoment M_{BD} übertragen wird.

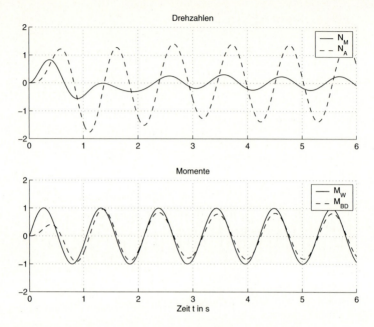

Abb. 19.5: *Dämpfer mit $D = 0,08$ ($N_M = \dot{\varphi}_M$, $N_A = \dot{\varphi}_A$)*

Problematisch bei diesem Vorgehen ist, daß das eingeprägte Signal zur Schwingungsdämpfung möglichst exakt gegenphasig sein muß, da bereits geringe Phasenfehler zu einer deutlichen Verschlechterung der Dämpfung führen. Nachteilig ist auch, daß die Kraft bzw. das Drehmoment in voller Höhe aufgebracht werden muß, um eine Schwingungsunterdrückung zu erreichen.

Eine andere Variante ist, ebenso eine Kraft bzw. ein Drehmoment einzuprägen, die aber so gesteuert/geregelt ist, daß der resultierende Dämpfungsfaktor D des Gesamtsystems bestehend aus zu dämpfendem Primärkörper und dem Dämpfersystem erhöht wird und so eine Schwingungsdämpfung erreicht wird.

Generell muß weiterhin unterschieden werden zwischen der Schwingungsdämpfung und der Schwingungsabschirmung. In [778, 781, 791, 792, 796, 797] sind die vielfältigen Aspekte ausführlich dargestellt, so daß hier nicht weiter darauf eingegangen werden soll.

Grundsätzlich soll aber noch einmal darauf hingewiesen werden, daß beim idealen passiven Dämpfer ($D = 0$) keine zusätzliche Energie von außen zugeführt werden muß, denn die dämpfende Kraft bzw. das Drehmoment wird durch die Schwingung des Dämpfungskörpers aufgebracht. Demgegenüber benötigt der aktive Dämpfer (ohne Welle) im zweiten Beispiel die volle Energie, um die Gegenkraft bzw. das Gegenmoment aufzubringen. Zu beachten sind auch die Unterschiede bei den dynamischen Einschwingvorgängen, falls eine Änderung des Zustands beim Primärkörper Θ_M auftritt.

Diese grundsätzlichen Überlegungen werden in den folgenden Beiträgen weitergeführt. Wesentlich ist, daß der prinzipielle Ansatz des idealen passiven Dämpfers realisiert wird, indem — im ersten Beispiel — die mechanische Dämpfung d und damit der Dämpfungsfaktor D auf elektronischem Wege zu Null erzwungen wird. Dies bedeutet, die Grundkomponente der Kraft bei lateralen Systemen bzw. des Drehmoments bei rotatorischen Systemen wird vom idealen Feder–Masse–System (idealen passiven Dämpfer) aufgebracht. Es muß nur der Energieeintrag zur Entdämpfung des nichtidealen passiven Dämpfers erfolgen. Dieser patentierte Grundansatz wird danach weiter ausgebaut zu patentierten Dämpfersystemen, deren Dämpfungsfrequenz elektronisch während des Betriebs verstellbar ist, so daß

- mehrere störende Frequenzen mit nur einem Dämpfersystem unterdrückt werden können

- oder sogar ein Frequenzband mit dem Dämpfersystem unterdrückt werden kann

- und eine Schwingungsdämpfung oder –absorption erfolgen kann.

19.2 Local Absorption of Vibrations

Dr. D. Filipović

19.2.1 Introduction

In high order multi–mass systems it cannot be expected that the state of the load mass could be controlled efficiently, if there are several elastic mass objects between the actuator and the load mass. Disturbances can excite the natural frequencies (modes) of the mechanical part of the system, thus, undesired vibrations could result. On the other hand, vibrations may appear due to nonlinearities which cannot be compensated efficiently. In these cases it might be more efficient to damp the load mass oscillations locally by means of an additional controlled device, such as a vibration absorber. The application of new solutions for vibration absorbers will be examined in this chapter.

Vibration absorbers have a history of almost a century [774] and the research in the field is still very productive. A common *passive absorber* [787, 780] is a mass-damper-spring trio, figure 19.6a, which should attenuate the disturbances from the primary system that the absorber is attached to [795]. The primary system together with the absorber will be called a *combined* or *global* system.

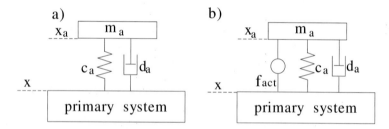

Fig. 19.6: *a) passive absorber, b) active absorber*

Further improvements in the absorption are possible with an additional active force (figure 19.6b). Such an active absorber will be controlled with different algorithms to achieve an improvement of the absorption. With advanced control techniques this is becoming an alternative in new fields, like in structural control [791, 793], flexible space structures [763], vehicle suspension [777], super-rapid trains [784], helicopter vibrations [794] etc.

It should be mentioned that active absorbers versus a direct vibration suppression by solely an active force (or torque in rotational systems) will result in a much lower active power for the actuator.

A very advantageous type of active absorber uses only a force based on a single local feedback signal, thus acting as a separate unit without the necessity to measure all the primary system states (e. g. primary displacements); these active *resonant* absorbers [790, 768] are able to suppress discrete frequencies very efficiently.

The concept of the *delayed resonator* (DR) has been introduced by Olgac [790]. A controlled time delay is introduced into the local absorber feedback path in the otherwise passive absorber. Thus, the characteristics of the passive absorber are changed, and it is transformed into an ideal resonator[1] at the desired frequency, which is tunable on-line. Such an ideal resonator can completely absorb vibrations from the point of attachment, provided the combined system is stable. The group of Prof. Olgac analysed the DR with the mass displacement [790] and acceleration [764] feedback. It has also been shown that with a certain parameter setting the DR behaves even as a double resonance absorber [789]. The experiments with a piezoelectric actuator have been carried out [788, 764] which proved the concept. Through the cooperation with the Technical University of Munich the torsional version of the DR has been proposed [772, 766].

The drawback of the delayed resonator, its transcendental characteristic equation, can be avoided inasmuch as the delay element in the feedback is exchanged with a linear filter/compensator. In such a way the ideal resonance can also be generated, but this time from a linear characteristic equation. Hence, this new type of absorber is called the *linear active resonator* (LAR). Since the LAR concept is more feasible, because it is linear, it will be explained here in detail in section 19.2.2.

The position of the vibration absorber in the multi–mass elastic system may be determined according to particular disturbances and the desired local behaviour of the system. This problem is treated thoroughly in section 19.2.3.

Another type of an absorber with a local feedback will be introduced in section 19.2.4, namely, the *bandpass absorber* (BPA). By means of the BPA, vibrations in a certain prescribed frequency *range* can be suppressed, which opposes to the *discrete* notch frequencies of resonant absorbers. The BPA concept will be explained and applied for the lateral vibration suppression of the drive roller in a paperproduction plant as one possible application.

The LAR and BPA concepts are patent pending; please contact the author before commercial use.

19.2.2 Resonant Absorbers: Linear Active Resonator (LAR)

The LAR concept uses for the dynamic feedback either position, speed or acceleration signal of the absorber mass as well as the detected frequency of the vibrations induced in the absorber. The measured signal for the feedback path can be either absolute or relative to the primary structure. An actuator at the output of filtered feedback signal produces the force (the torque in rotational systems) which is impressed upon the absorber mass and the primary structure

---

[1] The ideal resonator can be represented by a mass–spring system with damping equal to zero.

mass (action equals reaction). Again the transfer function of this feedback path is designed to achieve an ideal resonator at the particular frequency. Therefore the name *Linear Active Resonator* (LAR).

The coefficients of this transfer function are set in such a way as to produce a designated resonance frequency without damping in the absorber. By applying the feedback force f_a the mass-spring-damper trio mimics a mass-spring resonator with a designated variable frequency.

The actively controlled feedback will as a result suppress vibrations from the primary structure at the designed frequency. The frequency to be absorbed can be tuned in real time according to the monitored frequency.

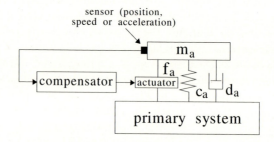

Fig. 19.7: *Linear active resonator*

19.2.2.1   Design of the LAR

The objective of the LAR is to keep the mass-spring-damper system marginally stable at a particular frequency in the determined frequency range. The dynamics of the absorber is described by the following equation of motion:

$$m_a \ddot{x}_a(t) + d_a \dot{x}_a(t) + c_a x_a(t) + f_a(t) = 0 \tag{19.6}$$

with the absorber mass m_a, spring stiffness c_a, damping d_a, and an additional active feedback force $f_a(t)$. The corresponding characteristic equation in the Laplace domain is:

$$\mathcal{C}_a(s) \equiv m_a s^2 + d_a s + c_a + s^p G_a(s) = 0 \tag{19.7}$$

where

$$p = \begin{cases} 0, & \text{for position feedback} \\ 1, & \text{for speed feedback} \\ 2, & \text{for acceleration feedback} \end{cases}$$

The transfer function $G_a(s)$ is chosen to be a linear compensator with at least two linearly independent parameters. Additional parameters are not necessary; however, they can improve absorption and/or stability features. In order to achieve a general approach, the compensator transfer function is defined as

$$G_a(s) = g \frac{\sum\limits_{i=0}^{m} s^i T_i^i}{\sum\limits_{j=0}^{n} s^j T_{m+j}^j} = \frac{N_a(s)}{D_a(s)} , \qquad m \leq n \qquad (19.8)$$

and the characteristic equation is then

$$\mathcal{C}_a(s) \equiv (m_a s^2 + d_a s + c_a) D_a(s) + s^p N_a(s) = 0 \qquad (19.9)$$

The parameters of the compensator are determined as follows. First, the characteristic equation $\mathcal{C}_a(s)$ is resolved into the real and the imaginary part for the pole on the imaginary axis $s = j\omega_c$. The solution of equations $\mathrm{Re}\,\{\mathcal{C}_a(j\omega_c)\} = 0$ and $\mathrm{Im}\,\{\mathcal{C}_a(j\omega_c)\} = 0$ give the critical parameters, say g_c and T_{1c}, that would bring the absorber on the stability margin, i. e. that would achieve the ideal resonance at the frequency ω_c.

Table 19.1 shows solutions for a few types of the LAR with the speed feedback ($p = 1$). The feedback gain g is always proportional to the mass m_a, hence we can write

$$g = m_a q \qquad (19.10)$$

From the table one can see that the PT_1 compensator brings stability for the frequencies below the natural frequency ω_a, while the DT_1 compensator makes it stable above ω_a. The PI and the lead/lag compensator can be used for any frequency as far as the stability of the LAR is concerned. The latter has one additional parameter, T_2, so that the third pole and thus the settling time of the absorber can be used as a design parameter as well.

Example 19.1 In all examples in this subsection 19.2.2.1 an absorber with the mass m_a=1kg, the stiffness c_a=1N/m and the damping d_a=0.1Ns/m shall be used. As a primary system a simple single-degree-of-freedom (SDOF) system with the mass m=10kg, the stiffness c=10N/m and the damping d=20Ns/m shall be used (figure 19.8). Thus, the LAR and the primary system have equal natural frequencies $\omega_a = 1$rad/s.

Figure 19.9 shows responses with the initial condition, $x_a(0) = 0.1$, imposed on the LAR alone, figure 19.8a. With $g = 0$ this is just a passive absorber, figure 19.9a, and it is asymptotically stable: it is not the ideal resonator at any frequency. The damper with the coefficient d_a dissipates the energy and the response fades out exponentially. Using different linear compensators in the feedback path, the LAR can operate as an ideal resonator at a chosen frequency. The single-frequency LAR is formed using the speed feedback with the lead/lag compensator where the free parameter is set at T_2=0.1s. The feedback parameters are initially set for the frequency ω_c=0.8rad/s, and at t=21s they are changed for resonance at ω_c=1.2rad/s according to the expressions in the last row of table 19.1. The absorber is now the ideal resonator at the desirable frequency. If the

Table 19.1: *Resonator properties with basic speed feedback compensators (index c stands for "critical")*

	$G_a(s)$	compensator parameters	stability condition	poles
PT$_1$	$g\dfrac{1}{1+sT}$	$q_c = (\omega_a^2 - \omega_c^2)T_c + 2\zeta_a\omega_a$ $T_c = \dfrac{\omega_a^2 - \omega_c^2}{2\zeta_a\omega_a\omega_c^2}$	$\omega_c < \omega_a$	$\pm j\omega_c,$ $\dfrac{\omega_a^2}{\omega_c^2 T_c}$
DT$_1$	$g\dfrac{s}{1+sT}$	$q_c = \dfrac{1}{\omega_c^2} + T_c^2$ $T_c = \dfrac{2\zeta_a\omega_a}{\omega_c^2 - \omega_a^2}$	$\omega_c > \omega_a$	$\pm j\omega_c,$ $-\dfrac{\omega_a^2}{\omega_c^2 T_c}$
PI	$g\dfrac{1+sT}{s}$	$q_c = \omega_a^2 - \omega_c^2$ $T_c = \dfrac{2\zeta_a\omega_a}{\omega_a^2 - \omega_c^2}$	stable	$\pm j\omega_c$
lead/lag	$g\dfrac{1+sT_1}{1+sT_2}$	$q_c = (\omega_a^2 - \omega_c^2)T_2 + 2\zeta_a\omega_a$ $T_{1c} = \dfrac{\omega_c^2 - \omega_a^2 + 2\zeta_a\omega_a\omega_c^2 T_2}{\omega_c^2 q_c}$ T_2 is free parameter	$T_2 > 0$	$\pm j\omega_c,$ $\dfrac{\omega_a^2}{\omega_c^2 T_2}$

Notation: critical gain $g_c = m_a q_c$, undamped natural frequency $\omega_a = \sqrt{c_a/m_a}$, damping ratio $\zeta_a = d_a/2\sqrt{m_a c_a}$

frequency of the excitation force changes, the absorber can easily be re-tuned and can suppress vibration energy at that new frequency with the same efficiency.

Simulation responses in figure 19.10 show the absorption in the system from figure 19.8b. Figure 19.10 shows absorber and primary mass displacements for a sinusoidal input force $f = \sin 0.8t$. After $t = 280$s the disturbance frequency is changed to 1.2rad/s. With the speed feedback lead/lag LAR the oscillations of the primary mass are completely suppressed, while the vibration energy is transferred to the resonator mass. It is assumed that the variation of disturbance frequency is detected instantaneously and that the parameters g and T_1 are changed accordingly.

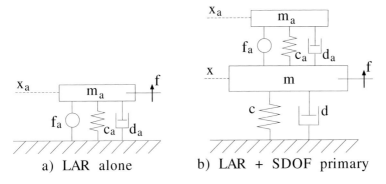

Fig. 19.8: *(a) Model of the LAR. (b) Model of the complete system with the LAR attached at the single-degree-of-freedom primary system*

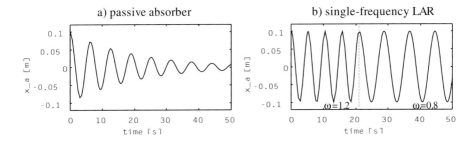

Fig. 19.9: *Initial condition responses of the LAR*

Stability Analysis of the Combined System The advantage of this resonant absorber over other active controlled absorbers is that the LAR does not need any information (like the structure, parameters, states, signals) from the primary system for efficient absorption. Only the stability of the global system with the LAR should be proved, which is done off-line for a predetermined frequency range.

The combined system consists of an asymptotically stable primary system and a marginally stable LAR. The global system characteristic equation $\mathcal{C}(s) = 0$ should be asymptotically stable. In general, the stability analysis can be carried out by inspection of the characteristic equation roots: all system poles should have negative real parts.

However, for the system with the single frequency LAR, a more appropriate method is the *D-decomposition* method by which all parameters of the LAR

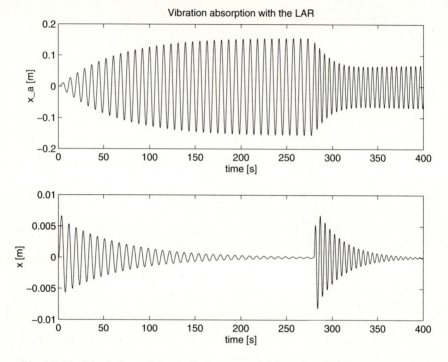

Fig. 19.10: *Simulation of the single-frequency LAR at the SDOF primary system*

compensator that stabilize the combined system are determined in the parameter space. The method is suitable for two parameters (the parameter plane).

As the starting point we use the continuity property for polynomials [761] which indicates that

> for two sets of parameters $\mathbf{h}_1, \mathbf{h}_2$ of the set of polynomials $P(s, H)$ there is at least one continuous path beginning at the roots of the first polynomial $p_1(s, \mathbf{h}_1)$ and ending at the roots of the second polynomial $p_2(s, \mathbf{h}_2)$, as the parameters change from $\mathbf{h}_1$ to $\mathbf{h}_2$.

If that path does not include the stability margin (imaginary axis $j\omega$), both polynomials p_1 and p_2 have the same stability property: they are either both stable or both unstable.

Then we need the direct consequence of the continuity property, *the boundary crossing theorem* for polynomials from [775] repeated in [761]:

Theorem 19.1 boundary crossing   *Let $P(s, H)$ be a set of polynomials of the complex variable s and the variable parameters $h_i \in H$, $i = 1, 2, ..., m + n$. The set $P(s, H)$ is stable if and only if*

1) *there exists a stable polynomial* $p(s, \mathbf{h}) \in P(s, H)$,
2) $j\omega \notin Roots\{P(s, H)\}$ *for all* $\omega \geq 0$.

Theorem 19.1 states, when the parameters of the stable polynomial change and the polynomial roots do not cross the imaginary axis, this new polynomial remains stable.

The D-decomposition method applies to two parameters and can be carried out in two steps. First, we have to find the parameters $\mathbf{h}^* = [h_1^*\ h_2^*]$ that lead to the characteristic equation of the k-DOF combined system

$$\mathcal{C}(s) \equiv p(s, \mathbf{h}) = \sum_{i=0}^{n+2k} a_i s^i = 0 \qquad (19.11)$$

with a pair of roots on the imaginary axis. The solutions divide the h_1, h_2-parameter plane in a finite number of regions with the same stability property, or more accurately, with the same number l of unstable roots. If in one region the parameter set $\mathbf{h}^0$ represents a stable characteristic equation, then the stability is preserved under all continuous variations of $\mathbf{h}$ that do not intersect the curves defined by $\mathbf{h}^*$. The regions are denoted by $D(l)$ where l is the number of unstable poles. The stable region is therefore $D(0)$.

In the first step we find the parameters $\mathbf{h}^*$ for the marginally stable characteristic polynomial $p(j\omega, \mathbf{h}^*) = 0$ where

$$p(j\omega, \mathbf{h}^*) = \mathrm{Re}\left\{p(j\omega, \mathbf{h}^*)\right\} + j\,\mathrm{Im}\left\{p(j\omega, \mathbf{h}^*)\right\} \qquad (19.12)$$

Second, the equations $\mathrm{Re}\left\{p(j\omega, \mathbf{h}^*)\right\} = 0$ and $\mathrm{Im}\left\{p(j\omega, \mathbf{h}^*)\right\} = 0$ should be solved simultaneously for two parameters h_1^* and h_2^*. The parametric plot $h_1^*(\omega)$, $h_2^*(\omega)$ is then plotted in the h_1, h_2-plane.

This examination gives exact parameters whose variation brings a stable *complex* pole of the combined system onto the stability margin. However, the stability margin can also be crossed by the real pole at $s = 0$ or when the pole goes from $s = -\infty$ to $s = \infty$. These two cases lead to conditions (see equations (19.11) and (19.8)):

$$\text{for } s = 0 \quad : \quad a_0 = 0 \qquad (19.13)$$

$$\text{for } s = \infty \quad : \quad a_{n+2d} = 0 \quad \Rightarrow \quad T_{m+n} = 0 \qquad (19.14)$$

and should be checked before concluding the stability issue.

Degree-of-stability Analysis

After discussing the stability analysis, the next question for the practical implementation of the LAR would be: how far away are the poles of the combined system from the stability margin, i.e. what is the largest negative real part of all roots of the characteristic equation

$$\max_{i=1...n+2d} (\text{Re}\{s_i\} = -\sigma_i) = -\sigma_0 \qquad (19.15)$$

For the characteristic equation $\mathcal{C}(s)$, equation (19.11), we can require a certain stability margin in which the real part $-\sigma_0$ is smaller than a certain $-\sigma^*$. This can be achieved by mapping the half plane $\text{Re}\{s\} < -\sigma^*$ via $s = v - \sigma^*$ onto the left half plane of the new complex variable v, [761]:

$$\mathcal{C}(s) = \mathcal{C}(v - \sigma^*) = \mathcal{C}'(v) \qquad (19.16)$$

The necessary and sufficient condition is again that this new shifted equation $\mathcal{C}'(v)$ is stable, which can be solved by using the D-decomposition method.

For $v = j\omega$ we obtain

$$\mathcal{C}'(j\omega) \equiv p(j\omega, \mathbf{h}^{*\prime}) = \text{Re}\{p(j\omega, \mathbf{h}^{*\prime})\} + j\,\text{Im}\{p(j\omega, \mathbf{h}^{*\prime})\} = 0 \qquad (19.17)$$

For $\sigma^* = 0$ the solutions are equal to the solutions of the characteristic equation (19.12).

Example 19.2 Results of the stability analysis for the system from figure 19.8b with parameters given in example 19.1 are shown in figure 19.11. The feedback compensator is of a lead/lag type with $T_2 = 0.1$s.

This combined system is obviously stable, since the operating points g_c, T_{1c} (represented by the curve g_c) are in the stable region $D(0)$. Both feedback parameters change the sign at the frequency $\omega_b = \sqrt{2}$.

By means of shifted polynomials the curves of constant distance σ^* from the stability margin are introduced in the same figure 19.11. As the absorber resonant frequency increases from 0.8rad/s to 1.2rad/s, the poles move away from the imaginary axis and a faster absorption is to be expected. Figure 19.12 is a result of a procedure which calculates all poles for a given frequency range and shows the one closest to the imaginary axis, thus verifying the method of shifted polynomials. The system becomes unstable for frequencies $\omega > 3.013$rad/s. The different transient times for two different frequencies obtained by simulation in figure 19.10 can be predicted from the stability curve in figure 19.11. The steady state is reached for 0.8rad/s in $t_t = 4/\sigma_0 = 4/0.0149 = 268$s, see figure 19.12, and for 1.2 rad/s in 110s.

19.2.2.2 Single-mass Multi-frequency Resonator

With the same LAR concept a multiple frequency suppression can be obtained. By applying the appropriately filtered feedback $f_a(t)$, figure 19.7, the mass-spring-damper system can operate as a multiple mass-spring resonator with

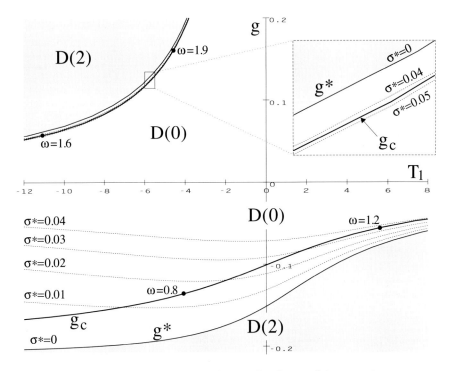

Fig. 19.11: *The parameter plane with robust stability margins*

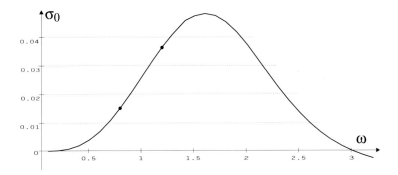

Fig. 19.12: *Front running poles that determine the absorption rate*

designated tunable resonant frequencies. The same compensator representation given by (19.8) can be applied for the multi–frequency LAR.

Using an appropriate compensator, the characteristic equation of the absorber is linear with as many roots on the imaginary axis as there are frequencies to be absorbed. All remaining roots have to be in the stable left half-plane of the complex s-plane. If the frequencies ω_i, $i = 1, 2, ..., l$ are to be suppressed, the characteristic equation (19.9) should be solved for all $C_a(j\omega_i) = 0$, $i = 1, 2, ..., l$ where l is the number of frequencies to be absorbed. These equations resolved in its real and imaginary parts, $\mathrm{Re}\,\{C_a(j\omega_i)\} = 0$ and $\mathrm{Im}\,\{C_a(j\omega_i)\} = 0$, should be solved simultaneously for all $i = 1, 2, ..., l$. This gives the *critical* parameters g_c and T_{ic} of the feedback compensator that forces the absorber to the stability margin for every of these l frequencies. In order to have l independent solutions $s = j\omega_i$, the order of the characteristic equation is at least $2l$ and the number of independent parameters of the feedback compensator should be at least $2l$.

For example, a double-frequency LAR with resonant frequencies ω_1 and ω_2 can be realized using the compensator

$$G_a(s) = g\frac{1 + sT_1 + s^2T_2^2}{1 + sT_3 + s^2T_4^2} \tag{19.18}$$

in the speed feedback. Solving the characteristic equation (19.7) twice, that is $C_a(j\omega_1) = 0$ and $C_a(j\omega_2) = 0$, gives the parameters which always set two pairs of poles on the imaginary axis (T_3 is the free parameter):

$$q_c = 2\zeta_a\omega_a + \omega_a^2 T_3 \tag{19.19}$$

$$T_{1c} = \frac{1}{q_c}\left[\left(\frac{\omega_a^2}{\omega_1^2} - 1\right)\left(\frac{\omega_a^2}{\omega_2^2} - 1\right) + 2\zeta_a\omega_a T_3\right] \tag{19.20}$$

$$T_{2c} = \sqrt{\frac{T_3 + 2\zeta_a\omega_a T_{4c}^2}{q_c}} \tag{19.21}$$

$$T_{4c} = \frac{\omega_a}{\omega_1\omega_2} \tag{19.22}$$

It is again $g_c = m_a\,q_c$. With these critical parameters the poles of the LAR are $s_{1,2} = \pm j\omega_1$, $s_{3,4} = \pm j\omega_2$.

Figures 19.13a and 19.13b show the double– and the triple–frequency LAR with the appropriate compensators in the feedback path. Thus, by using the LAR concept, with a single mass absorber the multi–resonant absorber is achieved whereby every resonant frequency is tunable on-line.

The stability of the combined system with the multi–frequency LAR can be checked by inspection of its poles. However, for the stability of a double-frequency LAR the D-decomposition method can be used again.

For the stability analysis of the double-frequency LAR the D-decomposition method should be modified. The double-frequency LAR has four parameters which should, with direct application of the parameter space analysis, be shown in a four-dimensional space, which would be difficult. However, if we include the solutions for the parameters $\mathbf{h}^*$ from the LAR design, such as those from

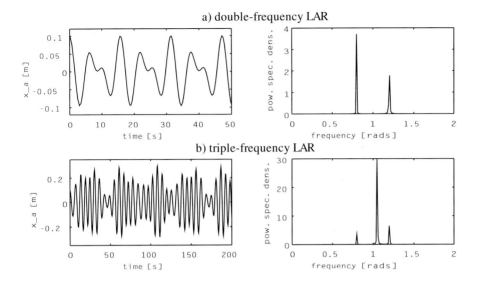

Fig. 19.13: *Initial condition responses of the multiple frequency LAR*

equations (19.19-19.22), then instead of the polynomial $p(s, \mathbf{h}^*)$ where $\mathbf{h}^* = [h_1^* \ h_2^* \ h_3^* \ h_4^*]$, we have the polynomial $p(s, \boldsymbol{\omega}^*)$ where $\boldsymbol{\omega}^* = [\omega_1^* \ \omega_2^*]$, since the parameters h_i, $i = 1, 2, 3, 4$ are all functions of ω_1 and ω_2. Thus, instead of using the *parameter* plane as in the case of the single-frequency LAR, we have the *frequency* plane for the case of double-frequency LAR.

Therefore, in the first step we find the frequencies $\boldsymbol{\omega}^*$ for the marginally stable characteristic equation $p(j\omega, \boldsymbol{\omega}^*) = 0$ where

$$p(j\omega, \boldsymbol{\omega}^*) = \mathrm{Re}\left\{p(j\omega, \boldsymbol{\omega}^*)\right\} + j\,\mathrm{Im}\left\{p(j\omega, \boldsymbol{\omega}^*)\right\}$$

Then, the equations $\mathrm{Re}\left\{p(j\omega, \boldsymbol{\omega}^*)\right\} = 0$, $\mathrm{Im}\left\{p(j\omega, \boldsymbol{\omega}^*)\right\} = 0$ should be solved simultaneously for two frequencies ω_1^* and ω_2^*. The curves are then plotted in the ω_1, ω_2-plane.

Example 19.3 Results of the stability analysis for the same system from example 19.1 with a double-frequency LAR are shown in figure 19.14. Stable regions for this system are obtained by solving the D-decomposition problem in ω_1, ω_2-frequency plane. The graph is always symmetric over the line $\omega_1 = \omega_2$. The robust curves σ^* are also introduced in the graph.

Figure 19.15 depicts the absorption of bitonal vibrations from the primary system, figure 19.8b. The primary mass is subjected to the disturbance force $f = \sin 0.85t + \sin 1.3t$. Using the double-frequency LAR with the compensator designed according to equations (19.19-19.22), both frequencies are completely absorbed. The parameters of the feedback compensator are $g_c = -0.2\text{Ns/m}$, $T_{1c} = -0.7341\text{s}$, $T_{2c}^2 = 0.9095s^2$, $T_3=0.1\text{s}$, $T_{4c}^2 = 0.8190s^2$. The absorption rate is approximately $t_t \approx 4/\sigma_0 = 4/0.0114 = 350\text{s}$ and reflects the results given by the stability analysis, point A in figure 19.14.

19.2.2.3   Comments

The presented linear active absorber (LAR) shows a novel solution in the active vibration absorption by utilization of a simple dynamic local feedback signal. This feedback transforms a single degree-of-freedom passive absorber into an ideal resonator at a single or multiple tunable frequencies. The feedback channel uses only one sensor signal, i. e. either position, velocity or acceleration, of the absorber mass. The LAR operates as an autonomous absorber and does not need information from the primary system (its structure, parameters, states). The feedback compensator can include additional parameters which can be used for the real time adjustments of the stable frequency range, or some other property.

In order to achieve a certain vibration suppression efficiency, the absorber dynamics should be known. This also includes the possible *actuator* dynamics, which has been neglected up to now. If the actuator dynamics is included in the absorber characteristic equation from the beginning, the expressions for the tunable feedback parameters will be modified; however, the ideal resonance can still be achieved.

It has been shown in [770, 771] that the same principles from the continuous time analysis can be transposed and used for the discrete resonator design. The stability can be analysed by solving the root set problem using the D-decomposition method. The possible absorption frequency range is $\omega \in [0, \pi/\tau]$, where τ is the sampling time.

Using the discrete resonator design, we can take advantage of the relatively large sampling time and are not forced to have a fast algorithm implemented in the computer interrupt routine. Thus, there is enough time to implement much more complicated control routines and include the on-line frequency measurement and the self-tuning algorithm, as well as to compensate the differences between the real and the model parameters.

The robustness of the LAR concept in the presence of the parameter uncertainty has been treated in [773] and it showed promising results. The parameter perturbations in the primary system are not critical. This result shows the power of the independent design of the LAR from the system the LAR is attached to. Perturbations in the absorber parameters are not critical insofar as the variations can be identified and compensated for by the feedback. If substantial variations could not be compensated, the quality of absorption would not be as efficient, and the combined system could also lose its stability.

Experimental results achieved with a torsional electric drive system have been presented in [769, 767] for the LAR, and in [765, 766] for the DR. Those results

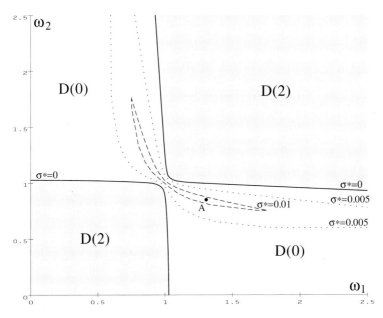

Fig. 19.14: *Stability analysis of the system with the double-frequency LAR – D-decomposition in the frequency plane*

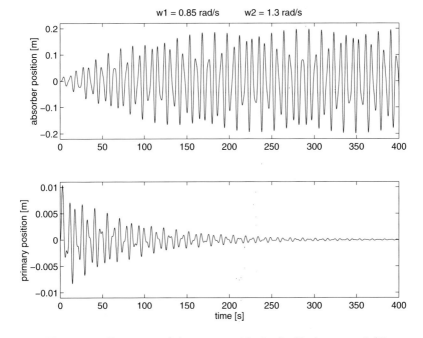

Fig. 19.15: *Responses of the system with the double-frequency LAR*

fully proved the concepts. They will not be reproduced here in order to keep the text compact.

19.2.3   Absorbers with Local Feedback in Multi-mass Systems

In this section the guidelines for the absorber positioning in the multi–mass elastic system are sought for. The one-dimensional n-DOF primary system with an active absorber will be considered. We pose the following problem: Suppose that the absorber equipped with a local dynamic feedback is attached at the p-th system mass. Then, if the q-th system mass is acted upon by an external (multi-)harmonic force, the question is, what is its influence on the r-th system mass, and how to minimize that influence by means of a given absorber feedback? An excellent introduction to this section would be [785, 786], where the similar analysis has been carried out for passive multi–mass systems.

The solution should determine a necessary parameterisation of the dynamic feedback in order to achieve complete multi–harmonic disturbance suppression from a given point in a multi–mass elastic system. It will be shown that the solution itself holds for active absorbers with a *local* feedback without the necessity for ideal resonance of the absorber. The usual modal analysis cannot be used because the system damping is not assumed to be of the *proportional damping* form [783].

The derived solution will present an interesting possibility of a *remote* absorption: By means of the resonant absorber concept, it is possible to completely suppress vibrations from the system mass that is further away from the point of the absorber attachment, provided the combined system is stable.

It will also be shown how the concept of the remote multi–frequency LAR can be used to simultaneously suppress vibrations of different frequencies acting on different system masses.

Figure 19.16 shows the general structure of an active absorber that comprises a mass-spring-damper trio and a local feedback. The absorber should be attached to a *primary structure*, i.e. a multi–body system that is acted upon by harmonic forces. For the feedback we do not want to use any information outside the absorber itself, thus making the control completely decoupled from the primary structure. The signal used for the feedback is either a relative or an absolute motion signal and can be either the displacement, velocity or acceleration of the absorber mass.

The dynamics of the absorber is described by the following equation of motion

$$m_a \ddot{x}_a + d_a(\dot{x}_a - \dot{x}_p) + c_a(x_a - x_p) + f_a = 0 \tag{19.23}$$

where f_a is the feedback force. The corresponding transfer function is

$$\frac{x_a(s)}{x_p(s)} = \frac{d_a s + c_a + \delta F_a(s)}{m_a s^2 + d_a s + c_a + F_a(s)} = \frac{C_a(s) + \delta F_a(s)}{M_a(s) + F_a(s)} \tag{19.24}$$

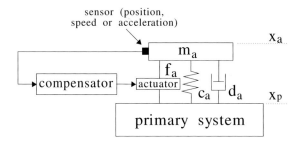

Fig. 19.16: *Active absorber with local feedback*

Influence of the passive SDOF system is collected in $M_a(s)$ and that of the elastic coupling in $C_a(s)$. The possibility of using the feedback that is dependent upon the signal *relative* to the point of attachment is included by the symbol δ with the meaning

$$\delta = \begin{cases} 0, & \text{absolute signal for the feedback input, either } x_a, \dot{x}_a \text{ or } \ddot{x}_a \\ 1, & \text{relative signal for the feedback input, e. g. } x_a\text{-}x_p \end{cases} \quad (19.25)$$

The transfer function of the active feedback is $F_a(s)$:

$$F_a(s) = s^\alpha G_a(s) \quad , \qquad \alpha = \begin{cases} 0, & \text{for position feedback} \\ 1, & \text{for speed feedback,} \\ 2, & \text{for acceleration feedback} \end{cases} \quad (19.26)$$

where $G_a(s)$ is a transfer function of the feedback compensator with the actuator dynamics included. At this point it is not of crucial importance, how the transfer function $G_a(s)$ is defined. One should know that it is actually dependent on some compensator parameters $\mathbf{h} = [h_1 \dots h_w]$ and we shall therefore sometimes write $F_a(s, \mathbf{h})$.

For the single frequency resonator the objective is to choose parameters $\mathbf{h}$ for a given transfer function structure $F_a(s, \mathbf{h})$ such that the absorber becomes marginally stable — an ideal resonator — for a predetermined resonance frequency ω_c. This can be achieved by solving the characteristic equation

$$\mathcal{C}_a(s) \equiv M_a(s) + F_a(s) = 0 \quad (19.27)$$

for the marginally stable pole $s = j\omega_c$. This is a complex-valued equation that should be solved separately for the real and the imaginary part:

$$\text{Re}\{\mathcal{C}_a(j\omega_c)\} = 0 \,, \qquad \text{Im}\{\mathcal{C}_a(j\omega_c)\} = 0 \quad (19.28)$$

These two real-valued equations have a unique solution $\mathbf{h}_c$ if the feedback compensator has two independent parameters $\mathbf{h}_c = [h_{1c} \; h_{2c}]$. The solution $\mathbf{h}_c$ is actually frequency dependent and can be represented in the h_1, h_2-parameter plane by the parametric curve $h_{1c}(\omega_c), h_{2c}(\omega_c)$ – as already explained in section 19.2.2 dealing with the LAR.

If the feedback compensator is chosen to produce the force $f_a(t) = g\,x_a(t-\tau)$ with parameters $\mathbf{h} = [g\ \tau]$, the absorber is called the *delayed resonator* (DR), [790]. If $G_a(s) = g\,(1+sT_1)/(1+sT_2)$ where $\mathbf{h} = [g\ T_1]$ and T_2 is a free parameter, it is the single-frequency LAR from chapter 19.2.2. For a double-frequency LAR the characteristic equation should be satisfied for two marginally stable roots, i. e. $C_a(j\omega_{1c}) = 0$ and $C_a(j\omega_{2c}) = 0$. This gives four real-valued equations that can be solved for four independent compensator parameters $\mathbf{h}_c = [h_{1c}\ h_{2c}\ h_{3c}\ h_{4c}]$.

If an ideal resonator tuned to the frequency ω is attached to the oscillating mass that is acted upon by a harmonic force at the same frequency, the resonator absorbs all vibrating energy and the primary mass is brought to a standstill in steady state. This is due to the fact that the poles of the absorber, i.e. the roots of $C_a(s) = M_a(s) + F_a(s) = 0$, become zeros of the combined system. Hence, the global transfer function of the combined system becomes zero at that frequency. This is at least so until we introduce a *remote absorber*, when we shall have to answer, what the absorber really is.

A one-dimensional n-degree-of-freedom (n-DOF) system with the absorber is depicted in figure 19.17. Elastic couplings C_i between masses m_i comprise a spring and a damper. If one end of the system is free, then $C_0 = 0$. It is assumed, that the absorber is attached to the mass m_p and that the source of harmonic vibrations is at the mass m_q.

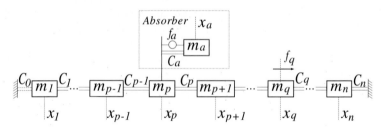

Fig. 19.17: *Multiple degree-of-freedom system with the vibration absorber*

19.2.3.1   Analysis of the Primary System

The analysis of the primary system alone is restricted to notions needed for later analysis of the combined system with an active absorber.

The equation of motion of the n-DOF system alone without an absorber can be written as

$$\mathbf{M}\,\ddot{\mathbf{x}}(t) + \mathbf{D}\,\dot{\mathbf{x}}(t) + \mathbf{C}\,\mathbf{x}(t) = \mathbf{f}(t) \qquad (19.29)$$

where $\mathbf{M}$, $\mathbf{D}$, $\mathbf{C}$ are $(n \times n)$ mass, damping, and stiffness matrices and $\mathbf{x}$, $\mathbf{f}$ are $(n \times 1)$ position and disturbance vectors, [783]. These equations will be represented in the Laplace domain as follows

$$\mathbf{B}(s)\,\mathbf{x}(s) = \mathbf{f}(s) \tag{19.30}$$

where (the dependence upon the complex variable s will be omitted)

$$\mathbf{B} = \begin{bmatrix} M_1 & -C_1 & & & & 0 \\ -C_1 & M_2 & -C_2 & & & \\ & -C_2 & \ddots & \ddots & & \\ & & \ddots & M_{n-1} & -C_{n-1} & \\ 0 & & & -C_{n-1} & M_n \end{bmatrix}, \tag{19.31}$$

$$\mathbf{x} = \begin{bmatrix} x_1 \\ x_2 \\ \vdots \\ x_n \end{bmatrix}, \qquad \mathbf{f} = \begin{bmatrix} 0 \\ \vdots \\ f_q \\ \vdots \\ 0 \end{bmatrix} \leftarrow \text{row } q \tag{19.32}$$

and

$$C_i = d_i\, s + c_i \quad, \qquad i = 0, 1, \ldots, n$$
$$M_i = m_i\, s^2 + C_i + C_{i-1} \quad, \qquad i = 1, 2, \ldots, n$$

The system matrix $\mathbf{B}$ is tridiagonal: the matrix elements on the main diagonal $b_{ii}=M_i$ represent SDOF systems — the mass with its connections to other masses — and other elements b_{ij} represent only an elastic coupling between masses m_i and m_j.

The solution for the displacement of the particular mass m_r can be, in general, found using the Cramer's rule:

$$x_r = \frac{\det \mathbf{B_r}}{\det \mathbf{B}} = \frac{B_r}{B} \tag{19.33}$$

where B_r represents the determinant obtained from the matrix $\mathbf{B}$ by replacing the r-th column of $\mathbf{B}$ by the vector $\mathbf{f}$. This solution can be further factorized. After substitution of the r-th column of $\mathbf{B}$ by the vector $\mathbf{f}$, the determinant B_r is easily expandable by the column r and it is

$$B_r = B_{rq}f_q, \tag{19.34}$$

where B_{rq} is a cofactor of the element b_{rq} of the matrix $\mathbf{B}$, obtained by suppressing all elements in the row r and the column q. This suppression brings elements C_i onto the main diagonal of B_{rq} between elements b_{rr} and b_{qq}. After carrying out the elementary row and column transformations, the determinant B_{rq} can be brought to the form of a lower triangular determinant of determinants

$$B_{rq} = (-1)^{r+q} \begin{vmatrix} B_{\binom{m-1}{1}} & \vdots & & & \\ \cdots\cdots\cdots\cdots & & & & \\ & \vdots & -C_{\underline{m}} & \vdots & & 0 \\ & & \cdots\cdots\cdots & & & \\ & & \vdots & \ddots & \vdots & \\ & & & \cdots\cdots\cdots\cdots & & \\ \text{(whatever)} & & & \vdots & -C_{\overline{m}-1} & \vdots \\ & & & & \cdots\cdots\cdots\cdots & \\ & & & & \vdots & B_{\binom{n}{\overline{m}+1}} \end{vmatrix} \quad \begin{matrix} \text{for} \\ 1 < (r,q) < n \end{matrix}$$

(19.35)

where

$$\underline{m} = \min(r,q) , \qquad \overline{m} = \max(r,q) \tag{19.36}$$

The annotation $B_{\binom{v}{u}}$ stands for the determinant of the principal quadratic submatrix

$$B_{\binom{v}{u}} = \begin{vmatrix} b_{uu} & \cdots & b_{uv} \\ \vdots & \ddots & \vdots \\ b_{vu} & \cdots & b_{vv} \end{vmatrix} \tag{19.37}$$

According to the Laplace expansion for determinants [762, 776], it follows from (19.35):

$$B_{rq} = B_{\binom{m-1}{1}} \cdot C_{\underline{m}} \cdot \ldots \cdot C_{\overline{m}-1} \cdot B_{\binom{n}{\overline{m}+1}} \tag{19.38}$$

In order to achieve an elegant solution for equation (19.30) and to remove the condition in (19.35), the following annotation is introduced as the extension of the definition domain

$$\Pi_u^v = \begin{cases} 1 & , \quad u > v \\ \prod\limits_{i=u}^{v} C_i , & u \le v \end{cases} , \qquad B_u^v = \begin{cases} 1 & , \quad u > v \\ B_{\binom{v}{u}} , & u \le v \end{cases} \tag{19.39}$$

Then, we have the following solution for (19.30):

$$x_r = \frac{B_{rq}}{B} f_q , \qquad B_{rq} = B_1^{m-1} \, \Pi_{\underline{m}}^{\overline{m}-1} \, B_{\overline{m}+1}^n , \qquad r = 1, ..., n \tag{19.40}$$

It is obvious that $B_{rq} = B_{qr}$. Actually, the B_{rq}/B are the *flexibility coefficients* for which the Maxwell's reciprocity theorem holds [782]. If there are more sources of vibration then it is

$$x_r = \frac{1}{B} \sum_{i=1}^{n} B_{ri} f_i , \qquad r = 1, ..., n \tag{19.41}$$

For the interpretation of the solution (19.40) we shall examine the case $r < q$, i. e. $B_{rq}(s) = B_1^{r-1}(s) \, \Pi_r^{q-1}(s) \, B_{q+1}^n(s)$. If the subsystem comprising masses

m_1 to m_{r-1}, and represented by B_1^{r-1}, has very low damping, the whole B_{rq} will be close to zero for the natural frequencies of that subsystem B_1^{r-1}, and it will be a good absorber at those lightly damped fixed frequencies ω_i. Thus, if $B_1^{r-1}(j\omega_i) \approx 0$ (and therefore $B_{rq} \approx 0$) then $x_r \approx 0$ independently of the disturbance source position q. This is in accordance with [786].

On the other hand, if $B_{q+1}^n(s) \approx 0$ for some other frequencies ω_j, then this subsystem comprising masses m_{q+1} to m_n is a good absorber for ω_j. Therefore, the disturbances at frequencies ω_j are absorbed by that subsystem directly from the source and they are not spread to the rest of the system. Hence, $x_r \approx 0$ for all $r \leq q$. This also corresponds to the analysis in [786].

The factor $\Pi_r^{q-1}(s)$ gives only negative real (stable) transmission zeros. Hence, they are not important for further analysis.

19.2.3.2 Combined System with the Absorber

The results given further do not depend upon the actual method used for the resonance generation; be it a LAR or a DR, be it single– or multi–frequency.

The combined system with the absorber included is extended to $(n+1)$-DOF system

$$\mathbf{A}\,\mathbf{x}^* = \mathbf{f}^* \tag{19.42}$$

where

$$\mathbf{A} = \begin{bmatrix} & & & \vdots & 0 & \\ & & & \vdots & \vdots & \\ & \mathbf{B} + \tilde{\mathbf{A}} & & \vdots & -C_a\text{-}F_a & & \leftarrow \text{row } p \\ & & & \vdots & \vdots & \\ & & & \vdots & 0 & \\ \hline 0 & \dots & -C_a\text{-}\delta F_a & \dots & 0 & \vdots & M_a + F_a & \leftarrow \text{row } a \end{bmatrix} \tag{19.43}$$

$$\begin{array}{ccc} \uparrow & & \uparrow \\ \text{column } p & & \text{column } a \end{array}$$

$$\mathbf{x}^* = \begin{bmatrix} \mathbf{x} \\ \dots \\ x_a \end{bmatrix} \quad, \quad \mathbf{f}^* = \begin{bmatrix} \mathbf{f} \\ \dots \\ 0 \end{bmatrix} \tag{19.44}$$

and

$$\tilde{a}_{ij} = \begin{cases} C_a + \delta F_a \,, & \text{for } i = j = p \,, \\ 0 & , \quad \text{otherwise} \end{cases}$$

$$C_a = d_a\,s + c_a \quad, \qquad M_a = m_a\,s^2 + C_a$$

The form of the matrix $\mathbf{A}$ reflects our intention to only allow the absorber motion (state) signals to be used for the feedback, thus making the vibration absorption control completely decoupled from the primary system.

The new row and column in the matrix $\mathbf{A}$ do not have to be added as $(n{+}1)$th row and column in the system matrix; in fact, they can be at any other position. Therefore we shall call it the row a and the column a.

The solution for the displacement of the particular mass m_r can be found using the same methodology as before for the primary system alone:

$$x_r = \frac{\det \mathbf{A_r}}{\det \mathbf{A}} = \frac{A_r}{A} = \frac{A_{rq}}{A} f_q \qquad (19.45)$$

In order to achieve complete absorption at the frequency ω, it should be $x_r(j\omega) = 0$, hence $A_{rq}(j\omega) = 0$. If A_{rq} can be factored, it suffices to find the factor that depends upon the feedback compensator $F_a(s)$ and choose the parameters of the compensator such that this factor equals zero for the given frequency.

The similar derivation procedure holds for A_{rq} as before for B_{rq}. With a preliminary assumption that $1 < r < p$, as shown in figure 19.17, (due to symmetry, the case $p < r < n$ can be examined by analogy) it is:

$$A_{rq} = A_{\left(\frac{m-1}{1}\right)} \cdot C_{\underline{m}} \cdot \ldots \cdot C_{\overline{m}-1} \cdot A_{\left(\frac{n,a}{m+1}\right)} \qquad \text{for } 1 < (r,p) < n \qquad (19.46)$$

where $A_{\left(\frac{v,a}{u}\right)}$ is the extension of $A_{\left(\frac{v}{u}\right)}$ by a-th row and a-th column:

$$A_{\left(\frac{v,a}{u}\right)} = \begin{vmatrix} a_{uu} & \cdots & a_{uv} & a_{ua} \\ \vdots & \ddots & \vdots & \vdots \\ a_{vu} & \cdots & a_{vv} & a_{va} \\ a_{au} & \cdots & a_{av} & a_{aa} \end{vmatrix} \qquad (19.47)$$

For $p \le q < n$ the determinant $A_{\left(\frac{n,a}{m+1}\right)}$ decomposes further into two parts:

$$A_{\left(\frac{n,a}{m+1}\right)} = A_{\left(\frac{n}{m+1}\right)} \cdot (M_a + F_a) \quad , \qquad \text{for } p \le q < n \qquad (19.48)$$

We introduce the following extension of the definition domain

$$A_u^v = \begin{cases} 1 & , \quad u > v \\ A_{\left(\frac{v}{u}\right)} , & u \le v \end{cases} \quad , \qquad A_u^{v,a} = \begin{cases} 1 & , \quad u > v \\ A_{\left(\frac{v,a}{u}\right)} , & u \le v \end{cases} \qquad (19.49)$$

It is furthermore obvious that $A_u^v = B_u^v$ since it does not depend on absorber parameters. The determinant $A_u^{v,a}$ can be represented by the elements of the primary matrix $\mathbf{B}$ using the theorem for the edged determinant [762]:

$$A_u^{v,a}(s) = (M_a + F_a)B_u^v + (M_a - C_a)(C_a + \delta F_a)B_u^{p-1}B_{p+1}^v \qquad (19.50)$$

However, it is not factorizable. Using the same procedure given by (19.46) and (19.48), for all possible p's, q's and r's the complete solution for the problem (19.42) — our main goal — is derived:

$$x_r = \frac{A_{rq}}{A} f_q \quad , \qquad r = 1, ..., n \tag{19.51}$$

$$A_{rq} = \begin{cases} B_1^{m-1} \, \Pi_m^{\overline{m}-1} \, A_{\overline{m}+1}^{n,a} & , \quad q < p \text{ and } r < p & \text{(a)} \\ B_{rq} \, (M_a + F_a) & , \quad r \le p \le q \text{ or } q \le p \le r & \text{(b)} \\ A_1^{m-1,a} \, \Pi_m^{\overline{m}-1} \, B_{\overline{m}+1}^{n} & , \quad q > p \text{ and } r > p & \text{(c)} \end{cases} \tag{19.52}$$

It is again $A_{rq} = A_{qr}$. For the sake of completion we give the solution for the displacement of the absorber mass:

$$x_a = \frac{A_{aq}}{A} f_q \quad , \qquad A_{aq} = (C_a + \delta F_a) \, B_{rq}|_{r=p} \tag{19.53}$$

If there are more sources of vibration then it is

$$x_r = \frac{1}{A} \sum_{i=1}^{n} A_{ri} f_i \quad , \qquad r = 1, ..., n, a \tag{19.54}$$

This solution is valid for any active feedback that uses an absolute or relative state signal of the absorber only, be it an ideal resonator or not. However, our goal is to achieve perfect absorption at particular frequencies using these solutions.

Let us examine the consequences of the solution (19.51,19.52) keeping in mind figure 19.17 where $p < q$ (in this case (19.52a) does not apply):

a. Solutions for x_r, $r \le p$ according to (19.52b) all contain factor $(M_a(s) + F_a(s, \mathbf{h}))$ that equals the characteristic equation of the absorber alone, equation (19.27). It clearly shows that the poles of the absorber become the zeros of the combined system. Hence, if this equation is solved for $\mathbf{h}$, given the frequency ω_c,

$$M_a(j\omega_c) + F_a(j\omega_c, \mathbf{h}_c) = 0 \tag{19.55}$$

as already done in section 19.2.2.1 for the LAR, all vibration energy that comes from the force f_q to the mass m_p will be absorbed by the resonator at m_p and no energy at this frequency is transmitted to any of m_r, $r \le p$. This situation is depicted in figure 19.18a where the "bold" masses represent the masses brought to a standstill. Such an absorber forms a 'screen' that protects all masses 'behind' it from disturbances coming from the opposite side. Furthermore, once the feedback parameters $\mathbf{h}$ in $F_a(s, \mathbf{h})$ are set according to (19.55) the solutions for other m_i, $i > p$ are given by equation (19.52c). These solutions differ from zero, $A_1^{i-1,a}(j\omega_c, \mathbf{h}_c) \ne 0$, once (19.55) is satisfied. Therefore, these masses continue to vibrate, however, with smaller amplitude since a part of vibrating energy is absorbed by the resonator.

b. If we want to bring any mass between the mass m_p and the mass m_q to a standstill, i. e. any mass m_r, $p < r < q$, equation (19.52c) has to be used and solved for

$$A_1^{r-1,a}(j\omega_c, \mathbf{h}_c) = 0 \qquad (19.56)$$

This solution includes all masses m_i, $i = 1, ..., r-1$ and the absorber mass m_a. It can be said that this absorber, or this ideal resonator, comprise all these masses m_i, $i = 1, ..., r - 1, a$ and the r-mass resonator that is so formed were attached to the mass m_r, see figure 19.18b. From the point of view of the elementary single-mass absorber, it absorbs the vibrational energy not from the point of attachment m_p, but from a *remote* point, and thus the *remote absorption* is introduced. In this case, provided equation (19.56) holds, the mass m_r is the only one motionless system mass in the steady state since $A_{iq}(j\omega_c, \mathbf{h}_c) \neq 0$ for all $i \neq r$.

c. Solutions for x_r, $r \geq q$ all contain the same factor $A_1^{q-1,a}$, equation (19.52c), which does not depend upon the mass m_r. Solving

$$A_1^{q-1,a}(j\omega_c, \mathbf{h}_c) = 0 \qquad (19.57)$$

makes the remote absorber that includes masses m_i, $i = 1, ..., q - 1, a$, attached at the mass m_q, and the vibrational energy is therefore absorbed *at the source*. Thus, all masses m_i, $i \geq q$ are brought to a standstill, figure 19.18c. Other masses m_r, $r = 1, ..., q - 1, a$ serve as parts of the remote absorber and hence they vibrate.

d. If $q = p$, the elementary absorber absorbs vibrations directly at the source, and equation (19.52b) holds for each mass in the primary system. If the condition (19.55) is satisfied, all vibrational energy at frequency ω_c is taken over by the elementary absorber, and all primary masses m_r, $r = 1, ..., n$ are motionless in the steady state. This is the most desirable case.

REMARK:
    Since A_{aq} includes B_{pq}, equation (19.53), the controllability of x_a can be lost if $B_{pq}(j\omega_c) = 0$. However, this is not necessarily a drawback for the purpose of vibration absorption from the point of attachment, because in that case the absorber does not have to suppress the vibration energy which has already been absorbed by the part of the primary system, be it as the result of either $B_1^{p-1}(j\omega_c) = 0$ or $B_{q+1}^n(j\omega_c) = 0$; see the discussion of the solution (19.40) for the primary system alone. However, the remote absorption is not possible since $x_a(j\omega_c) = 0$.

    Taking into consideration the discussion given in **a-d**, a general strategy for the positioning of the absorber in a one-dimensional multi–mass system can be summarized:

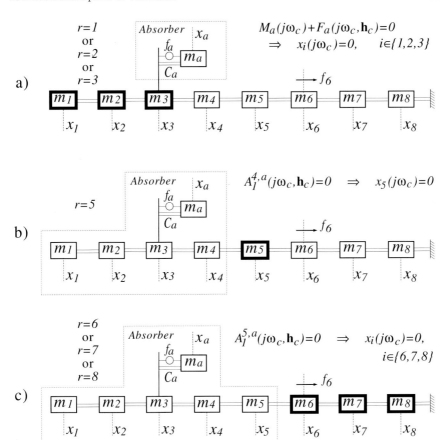

Fig. 19.18: *Explanation of some absorption possibilities, n=8, p=3, q=6*

i. Attach the vibration absorber to the *source* of vibrations, if possible. This is the best solution, since the vibrations are not spread to other parts of the system and all the vibration energy is absorbed directly at the source.

ii. If the absorber cannot be attached to the source of vibrations, it should be attached as close as possible to the source, in order to localize the influence of vibrations. The part of the system 'behind' the absorber, looking from the source of vibrations, will be freed from harmonic disturbances.

iii. When the source of vibrations cannot be localized, or there is more than one source, the absorber should be attached to the point that is very important for a particular case and that should stay vibrationless for all operating conditions.

iv. The last and the most demanding solution is the *remote* absorption, which can be applied if the point to be freed from vibrations cannot be reached (the absorber cannot be attached to that point) and that point is closer to the source of vibrations than the absorber is. In that case the absorber comprises a part of the primary system including the absorber mass. The expression for building an ideal resonator from the multi–mass subsystem can be rather complex and therefore a narrower stability range should be expected.

Stability Analysis of the Multi-mass System

The examinations given earlier in the section only make sense if the combined system is stable. The stability of the system is dependent on the roots of the system characteristic equation that is given by the denominator of the solution (19.51):

$$A(s) = \sum_{i=0}^{2(n+1)+k} a_i s^i = 0 \tag{19.58}$$

Equation (19.58) is the polynomial of the order $2(n+1)+k$ where k is the order of the denominator of $F_a(s)$. It can be represented by the elements of the primary system matrix $\mathbf{B}$ by putting $A_u^{v,a} = A_1^{n,a} = A$ in (19.50):

$$A(s) = (M_a + F_a)B + (M_a - C_a)(C_a + \delta F_a)B_1^{p-1}B_{p+1}^n \tag{19.59}$$

but it cannot be factorized.

In general, the stability analysis can be carried out by inspection of the characteristic equation roots: all system poles should have negative real parts. For single- and double-frequency absorption we shall again use the D-decomposition method which gives all stabilizable parameters of the feedback compensator in the parameter space. For the marginal stability of the combined system with the single frequency resonator with parameters $\mathbf{h}$, the characteristic equation

$$C(s) \equiv A(j\omega, \mathbf{h}^*) = \mathrm{Re}\,\{p(j\omega, \mathbf{h}^*)\} + j\,\mathrm{Im}\,\{p(j\omega, \mathbf{h}^*)\} = 0 \tag{19.60}$$

should be satisfied for two parameters $\mathbf{h}^*=[h_1^*, h_2^*]$. For the double-frequency LAR the characteristic equation

$$C(j\omega, \boldsymbol{\omega}^*) = A(j\omega, \boldsymbol{\omega}^*) = \mathrm{Re}\,\{A(j\omega, \boldsymbol{\omega}^*)\} + j\,\mathrm{Im}\,\{A(j\omega, \boldsymbol{\omega}^*)\} = 0 \tag{19.61}$$

should be satisfied for two frequencies $\boldsymbol{\omega}^* = [\omega_1^*, \omega_2^*]$.

For the robust stability analysis, the shifted characteristic equation can be used again by mapping the half plane $\mathrm{Re}\,\{s\} < -\sigma^*$ via $s = v - \sigma^*$ onto the left half plane of the new complex variable v:

$$C(s) = C(v - \sigma^*) = C'(v) \tag{19.62}$$

Further procedure for the D-decomposition method does not differ from the procedure given in the previous section for the LAR stability analysis.

19.2.3.3 Related Problems

The solution (19.51,19.52) has been derived for the case when external disturbances act on the system. However, two related problems, vibration isolation
and excitation from the system support, can also be solved by rearranging the
same solution. For these two related problems a similar discussion **a-d** and the
general strategy *i-iv* hold.

Vibration Isolation

The force transmitted to the support is the sum of the elastic spring force
$k_n x_n(t)$ and the damping force $c_n \dot{x}_n(t)$. Thus, the transmitted force is given in
the Laplace domain with

$$f_{tr}(s) = C_n(s)x_n(s) \tag{19.63}$$

The transmitted force for the primary system alone we derive from (19.40) for
$\underline{m} = q$ and $\overline{m} = r = n$:

$$f_{tr} = C_n x_n = \frac{B_1^{q-1} \, \Pi_q^n}{B} f_q \tag{19.64}$$

The transmitted force in the system comprising an active absorber with the local
feedback can be derived from (19.51,19.52):

$$f_{tr} = \frac{A'_{qn}}{A} f_q \quad , \quad A'_{qn} = \begin{cases} B_1^{q-1} \, \Pi_q^n \, (M_a + F_a) \,, & q \le p & \text{(a)} \\ A_1^{q-1,a} \, \Pi_q^n & , & q > p & \text{(b)} \end{cases} \tag{19.65}$$

Using the concept of resonant absorbers, this transmitted force can be brought
to zero for (multi–)harmonic excitation. For tonal frequency, equation (19.55)
should be satisfied if $q \le p$, and equation (19.57) if $q > p$.

Support Excitation

Excitation x_g of the support, figure 19.19a, changes the equation of motion for the n-th mass such that the influence of elastic coupling C_n becomes
$C_n(s)(x_n(s) - x_q(s))$ and the equation of motion (see the last row in (19.31)) can
be written as

$$-C_{n-1} x_{n-1} + M_n x_n = C_n x_g \tag{19.66}$$

which is equivalent to the external excitation $f_n = C_n x_g$ with motionless support,
figure 19.19b, and this problem has already been solved. It is $\underline{m} = r$ and $\overline{m} =$
$q = n$. The solution (19.40) for the primary system alone becomes

$$x_r = \frac{B_{rn}}{B} C_n x_g = \frac{B_1^{r-1} \Pi_r^n}{B} x_g \quad , \quad r = 1, ..., n \tag{19.67}$$

and the solution for the combined system with the absorber using (19.51,19.52)
becomes

$$x_r = \frac{A_{rn}''}{A} x_g \quad , \qquad A_{rn}'' = \begin{cases} B_1^{r-1}\, \Pi_r^n\, (M_a + F_a)\,, & r \le p \quad \text{(a)} \\ A_1^{r-1,a}\, \Pi_r^n & ,\quad r > p \quad \text{(b)} \end{cases} \qquad (19.68)$$

The interpretation **a-d** of solution (19.51,19.52) is valid for equation (19.68), insofar as $q = n$. Of course, it would make sense to attach the absorber directly to the mass m_n (thus $p = n$) not to excite the rest of the system by building a remote absorber.

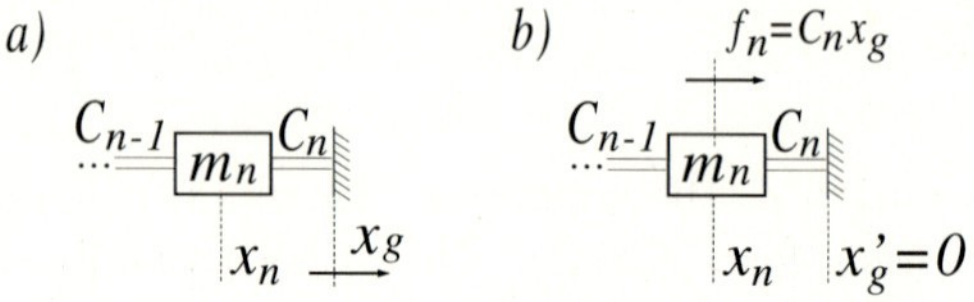

a)   b) $f_n = C_n x_g$

Fig. 19.19: *Equivalence between a) the support excitation x_g, and b) the external excitation f_n*

19.2.3.4   Verification of Results

The solution (19.51,19.52) will be verified by simulation of the two-mass primary system with a resonant absorber. The first example validates the direct and the remote absorption with a single-frequency LAR. The second example shows the simultaneous vibration absorption caused by two harmonic disturbances having different frequencies and acting on different primary masses. A double-frequency LAR should be designed to absorb these disturbances directly at their respective source.

Example 19.4 Results derived in section 19.2.3.2 will be verified on the two-mass primary system with the absorber attached at the mass m_1, figure 19.20. For this system we have $n = 2$, $p = 1$, $(q, r) \in \{1, 2\}$.

The complete solution for primary mass displacements using (19.51,19.52) is given by:

$$\begin{bmatrix} x_1 \\ x_2 \end{bmatrix} = \frac{1}{A} \begin{bmatrix} A_{11} & A_{12} \\ A_{21} & A_{22} \end{bmatrix} \begin{bmatrix} f_1 \\ f_2 \end{bmatrix} \qquad (19.69)$$

where

$$\begin{bmatrix} A_{11} & A_{12} \\ A_{21} & A_{22} \end{bmatrix} = \begin{bmatrix} M_2(M_a + F_a) & C_1(M_a + F_a) \\ C_1(M_a + F_a) & M_1(M_a + F_a) + (M_a - C_a)(C_a + \delta F_a) \end{bmatrix}$$

and

$$A = (M_1 M_2 - C_1^2)(M_a + F_a) + M_2(M_a - C_a)(C_a + \delta F_a) \qquad (19.70)$$

Thus, putting $M_a(j\omega_c) + F_a(j\omega_c, \mathbf{h}_c) = 0$ gives $A_{11}(j\omega_c) = A_{12}(j\omega_c) = A_{21}(j\omega_c) = 0$. Hence, the mass m_1 is motionless independently of where the source of harmonic disturbance is. Also, if the disturbance acts on the mass m_1 then both masses are brought to a standstill. In order to suppress vibrations at the source when the mass m_2 is acted upon by the harmonic disturbance f_2, the remote absorber that consists of M_a and M_1 is to be built by solving $A_{22}(j\omega_c, \mathbf{h}_c) = 0$.

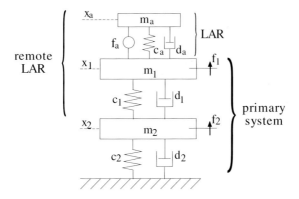

Fig. 19.20: *Double-DOF system with an active absorber*

Assume following primary system parameters:

$$m_1 = 4\text{kg}, \qquad d_1 = 5\text{Ns/m}, \qquad c_1 = 100\text{N/m}$$

$$m_2 = 2\text{kg}, \qquad d_2 = 5\text{Ns/m}, \qquad c_2 = 50\text{N/m}$$

with absorber parameters

$$m_a = 1\text{kg}, \qquad d_a = 0.3\text{Ns/m}, \qquad c_a = 10\text{N/m}$$

The combined system has natural frequencies $\omega_{1n} = 2.21\text{rad/s}$ (with damping ratio $\zeta_1 = 8.3\%$), $\omega_{2n} = 3.70\text{rad/s}$, ($\zeta_2 = 8.2\%$), $\omega_{3n} = 9.67\text{rad/s}$, ($\zeta_3 = 29.2\%$).

The absorber *absolute* speed signal is used for the feedback, i. e. $\delta = 0$, $F_a(s) = s\,G_a(s)$, and the feedback compensator is of the type

$$G_a(s) = g\,\frac{1 + sT_1}{1 + sT_2} \tag{19.71}$$

where T_2 is a free parameter set to $T_2 = 0.1\text{s}$.

Let us first check the stability range and the degree of stability for the combined system. The stability analysis is carried out using the D-decomposition method in the g, T_1-plane of parameters. This is achieved by solving the characteristic equation of the combined system

$$\mathcal{C}(j\omega, \mathbf{h}^*) \equiv A(j\omega, \mathbf{h}^*) = 0 \tag{19.72}$$

for $\mathbf{h}^* = [g^*, T_1^*]$, i. e. for $g^*(\omega)$ and $T_1^*(\omega)$. In order to get the degree-of-stability curves, the shifted characteristic equation should be solved for different σ^*

$$C'(j\omega, \mathbf{h}^{*\prime}, \sigma^*) \equiv A(-\sigma^* + j\omega, g^{*\prime}, T_1^{*\prime}) = 0 \tag{19.73}$$

All these curves are shown in figure 19.21. The region $D(0)$ is the stable region. The positive gains g should be avoided, since a small change in parameter g or T_1 could bring the system into the unstable region, as evident from the figure.

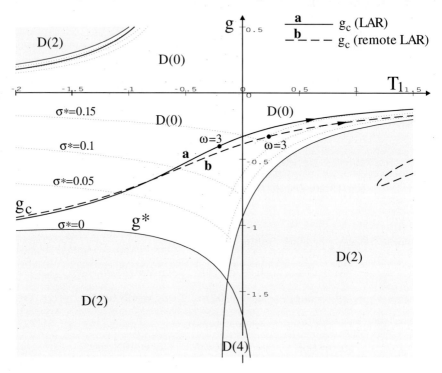

Fig. 19.21: *Parameter space representation of stability regions with degree-of-stability curves and operating points of the LAR (**a**) and of the remote LAR (**b**)*

The LAR operating points g_c and T_{1c} are calculated by solving

$$M_a(j\omega_c) + F_a(j\omega_c, g_c, T_{1c}) = 0 \tag{19.74}$$

which gives

$$g_c = (m_a\omega_c^2 - c_a)T_2 - d_a \tag{19.75}$$

$$T_{1c} = \frac{c_a - m_a\omega_c^2 - d_a\omega_c^2 T_2}{\omega_c^2 g_c} \tag{19.76}$$

and they are introduced in figure 19.21. The corresponding curve is designated by **a** (solid line). Calculations have also been carried out for the remote LAR by solving $A_{22}(j\omega_c, g_c, T_{1c}) = 0$, and the corresponding curve is **b** (dashed line). If the frequency $\omega_c = 3\text{rad/s}$ is to be suppressed, the solutions are:

$$\text{elementary LAR:} \qquad g_c = -0.4 \qquad T_{1c} = -0.2028\text{s} \qquad (19.77)$$

$$\text{remote LAR (including } M_1\text{):} \qquad g_c = -0.328 \qquad T_{1c} = 0.2333\text{s} \qquad (19.78)$$

Frequency characteristics of the system are shown in figure 19.22. They prove that the transfer functions A_{11}, A_{12} and A_{21} are zero at $\omega_c=3\text{rad/s}$ with the compensator parameters set for the elementary LAR according to (19.77), and $A_{22}=0$ at $\omega_c=3\text{rad/s}$ if the compensator parameters are set for the remote LAR according to (19.78).

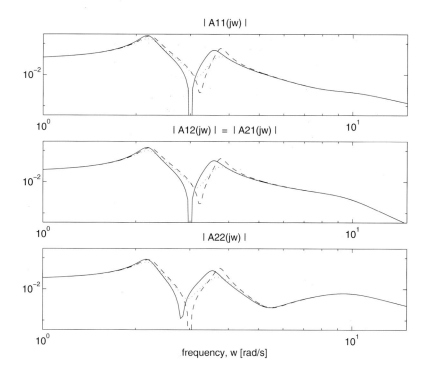

Fig. 19.22: *Frequency characteristics of the combined system:* ······ *without feedback,* — *elementary LAR,* − − − *remote LAR*

Figure 19.23 shows responses of the system with tuned feedback parameters for the frequency $\omega_c = 3\text{rad/s}$. When the disturbance acts on the mass m_1, both primary masses are freed from vibrations by means of the elementary LAR type of absorber, figure 19.23a, since vibrations are absorbed directly at the source and they do not spread to the second primary mass. If this disturbance acts on the mass m_2, only the mass m_1 is brought to a standstill by means of the same elementary LAR, figure 19.23b. In order to suppress vibrations at the source of disturbances for $f_2 = \sin 3t$, the remote LAR with parameters given by (19.78) has to be built. The absorption from the mass m_2 is now complete, figure 19.23c. In that case it is $M_a(j\omega_c) + F_a(j\omega_c, g_c, T_{1c}) \neq 0$ and the mass m_1 vibrates as the part of the remote absorber.

With these considerations the scope of equations (19.51,19.52) is not exhausted. We therefore present the following extended example.

Example 19.5 Suppose that the mass m_1 is acted upon by a harmonic force f_1 with frequency ω_1 and the mass m_2 by another harmonic force f_2 with frequency ω_2. A solution is searched for, such that both disturbances are absorbed directly at their particular source.

Consequently, two complex-valued equations should be solved simultaneously, namely $A_{11}(j\omega_1, \mathbf{h}_c) = 0$, that is $M_a(j\omega_1) + F_a(j\omega_1, \mathbf{h}_c) = 0$, and $A_{22}(j\omega_2, \mathbf{h}_c) = 0$. This leads to four real-valued equations and, therefore, the feedback compensator should have four independent parameters. Let us again use the absolute speed feedback and a compensator with the structure

$$G_a(s) = g\frac{1 + sT_1 + s^2T_2^2}{1 + sT_3 + s^2T_4^2} \qquad (19.79)$$

where $\mathbf{h} = [g, T_1, T_2, T_4]$ and T_3 is an additional free parameter which is set in this example to $T_3 = 0.1$s. In order to find the stability regions, the D-decomposition method for the double frequency LAR should be applied, i. e. stability region boundaries are given as solutions of equation (19.61):

$$A(j\omega, \omega_1^*, \omega_2^*) \equiv A\left(j\omega, g(\omega_1^*, \omega_2^*), T_1(\omega_1^*, \omega_2^*), T_2(\omega_1^*, \omega_2^*), T_4(\omega_1^*, \omega_2^*)\right) = 0 \quad (19.80)$$

and are depicted in the ω_1, ω_2-frequency plane together with shifted polynomial solutions, figure 19.24.

Frequency characteristics of the system are shown in figure 19.25. They reveal that the displacement transfer functions at the first mass m_1 and at the second mass m_2 have prescribed different notch frequencies. For given frequencies $\omega_1 = 6$rad/s and $\omega_2 = 8$rad/s (point Q in figure 19.24) the solution is

$$G_a(s) = -0.6\frac{1 + 1.095s + 0.136s^2}{1 + 0.1s + 0.00365s^2} \qquad (19.81)$$

The response of the combined system with the feedback compensator (19.81) is shown in figure 19.26. For the frequency ω_1 the elementary single mass absorber is an ideal resonator and it absorbs all energy at ω_1 from the mass m_1. Thus, the rest of the system is not influenced by the disturbance f_1 at all. On the other hand, the absorber together with m_1, c_1, k_1 is at the same time the ideal

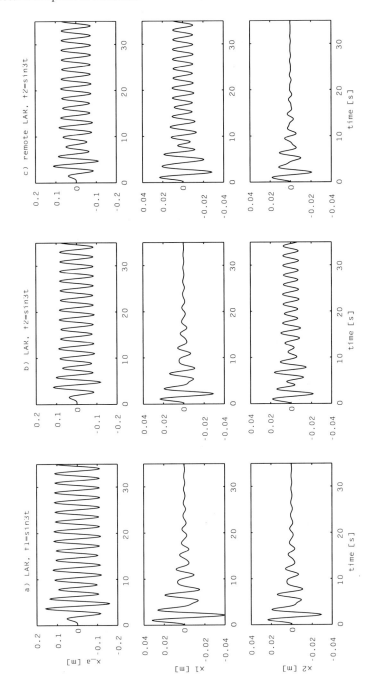

Fig.19.23: *Vibration suppression with a resonant absorber, a) absorption at the source, case i, b) absorber further away from the vibration source, case iii, c) remote absorption, case iv*

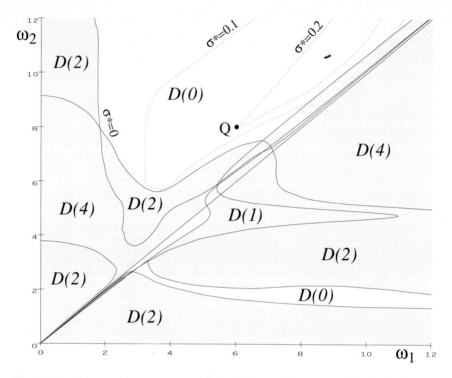

Fig. 19.24: *Frequency space representation of the stability regions for the local-remote double-frequency LAR*

resonator at frequency ω_2. Therefore, the harmonic disturbance f_2 is completely absorbed from the mass m_2. The mass m_1 as a part of the remote absorber vibrates at frequency ω_2, but only at ω_2, since the energy from the force f_1 has been completely absorbed by the absorber mass m_a. Therefore, the absorber mass performs biharmonic oscillations.

If the system would have more resiliently coupled masses between m_2 and the ground, and provided this new system is stable, all these new masses would be motionless in steady state, since both harmonic forces have been suppressed directly at their respective source.

19.2.3.5 Comments

The analysis given in this chapter aimed to analytically solve the positioning problem for a resonant type of the absorber. The solutions presented for the one-dimensional multi–mass elastic linear primary system show interesting extensions to the local vibration suppression. Special attention is given to the factorisation of the displacement transfer function numerator. Also, this numerator should

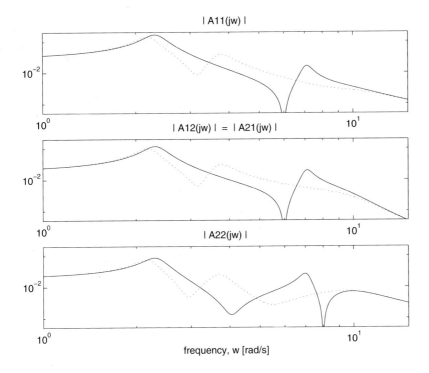

Fig. 19.25: *Frequency characteristics of the system with a double-frequency lo-cal-remote LAR:* ······ *without feedback,* — *with active absorption*

be brought to zero at certain frequencies by means of a feedback compensator. Thereby, the solution is not limited to the systems with the proportional damping property.

The most effective elimination of vibrations from the system takes place if the absorber is attached to the point directly influenced by the source of vibrations. It has been shown how to build a "screen" for vibrations at certain frequencies by means of a resonant absorber which protects a part of the system "behind" the absorber from the influence of disturbances.

A very interesting by-product of the general solution is the remote absorber that does not suppress vibrations from the point of attachment, but from some point in the system which is further away. An example showed the application of the solution to the simultaneous local and remote absorption at different frequencies with only one LAR, thus making use of system orthogonality for different frequencies.

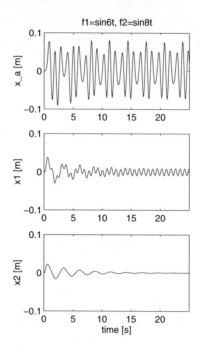

Fig. 19.26: *Vibration suppression with the double frequency resonant absorber – the absorber operates simultaneously as both the LAR and the remote LAR*

19.2.4 Bandpass Absorber (BPA)

This section introduces a new type of an active absorber with a local feedback force. The intention is to provide the ability to absorb all vibrations in a given frequency *band*. This should be achieved by expanding a single resonant frequency of a resonant absorber into a band of frequencies. However, it will be shown that this is not a straightforward step, since the stability of the combined system cannot be guaranteed. With an approach proposed next, the simulations show that the system with a bandpass absorber (BPA) is stable and able to suppress vibrations in a given frequency band for a prescribed degree of suppression.

19.2.4.1 Concept of the BPA

Taking the same approach as for the design of the resonant absorber [768], we want to design such a feedback compensator to achieve a bandpass absorber with desired frequency characteristics from figure 19.27a.

The global system with such a BPA would have the bandstop frequency characteristic shown in figure 19.27b. However, the stability of the combined system would not be guaranteed. This drawback imposes a different approach for the design. In order to ensure the stability of the combined system, the primary system characteristics must be taken into consideration during the design and, thus, the feedback compensator would depend also on the primary system. Therefore, the design will differ from the design procedure given for the resonant absorbers.

The following design procedure is proposed: The primary system transfer function $G_p(s)$ is modified only in a given absorption frequency range, leaving $G_p(s)$ outside the absorption bandwidth unchanged. This can be achieved by multiplying $G_p(s)$ with a bandstop filter transfer function $F_{bs}(s)$, thus obtaining the global transfer function

$$G(s) = F_{bs}(s) \, G_p(s) \tag{19.82}$$

Consequently, the absorber feedback compensator should be designed to achieve the given stable global transfer function $G(s)$. We want to attain this with a local absorber feedback like in the resonant absorbers.

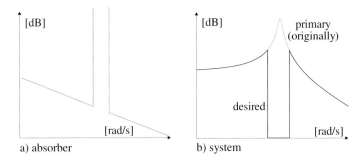

a) absorber   b) system

Fig. 19.27: *Frequency characteristics of an ideal a) bandpass absorber, b) system with the BPA*

The system shown in figure 19.28 is the same as for the resonant absorber. For this purpose the primary system will be a single DOF system. The active force f_{act} should depend only upon either the absolute or the relative absorber position. The feedback compensator $F_a(s)$ shown in figure 19.29 should be determined by the BPA design. It is assumed that the parameters of the passive part of the absorber (m_a, d_a, c_a) are already known. The model of the global system is given in figure 19.30.

First, we shall derive the following transfer functions: $G_a(s)$ of the BPA alone, $G_p(s)$ of the primary alone, and $G(s)$ of the global system. The transfer functions are derived for the case when the input signal for the feedback compensator is the absolute absorber position x_a $(\delta = 0)$ as well as when the input signal is the relative position $x_a - x$ $(\delta = 1)$. Accordingly, we have the following transfer functions:

The primary system $(f_{back} = 0)$:

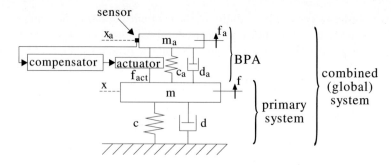

Fig. 19.28: *Single-degree-of-freedom primary system with the vibration absorber*

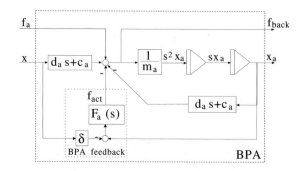

Fig. 19.29: *Dynamic model of the vibration absorber*

$$G_p(s) = \frac{x(s)}{f(s)} = \frac{1}{M(s)} \qquad (19.83)$$

The BPA ($x = 0$):

$$G_a(s) = \frac{x_a(s)}{f_a(s)} = \frac{1}{M_a(s) + F_a(s)} \qquad (19.84)$$

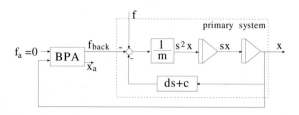

Fig. 19.30: *Dynamic model of the global (combined) system*

The global system ($f_a = 0$):

$$G = \frac{x(s)}{f(s)} = \frac{1}{M(s) + m_a s^2 (C_a(s) + \delta F_a(s)) G_a(s)} \qquad (19.85)$$

where

$$M(s) = ms^2 + ds + c, \qquad M_a(s) = m_a s^2 + d_a s + c_a, \qquad C_a(s) = d_a s + c_a$$

If the transfer functions are denoted by their numerator and denominator polynomials

$$G(s) = \frac{N(s)}{D(s)}, \qquad F_a(s) = \frac{N_a(s)}{D_a(s)}$$

the following global transfer function (the dependency on s dropped) results

$$G = \frac{N}{D} = \frac{M_a D_a + N_a}{M(M_a D_a + N_a) + m_a s^2 (C_a D_a + \delta N_a)} \qquad (19.86)$$

From (19.86) the degrees of polynomials can be determined:

$$\deg N = \max(2 + \deg D_a, \deg N_a) \qquad (19.87)$$

$$\deg D = 2 + \deg N \qquad (19.88)$$

From (19.88) it can be seen that the system has a strictly proper transfer function ($\deg N < \deg D$) with the relative degree two. We would like to have the primary system transfer function $G_p(s)$ unchanged outside the absorption frequency range. This can be achieved with a multiplicative factor F_{bs} in

$$G(s) = F_{bs}(s) \, G_p(s) = F_{bs}(s) \frac{1}{M(s)} \qquad (19.89)$$

where $F_{bs}(s) = N_F(s)/D_F(s)$ should have a bandstop frequency characteristic in order to suppress vibrations in the given frequency range.

This is the main goal of the BPA design: Given the bandstop frequency characteristic $F_{bs}(s)$, find the feedback compensator $F_a(s)$.

Because of (19.88) and $\deg M = 2$, it is

$$\deg N_F = \deg D_F$$

From (19.85) using (19.89) the feedback compensator can be expressed by

$$F_a = \frac{C_a K - M_a}{1 - \delta K} \qquad \text{where} \quad K(s) = \frac{m_a s^2}{\frac{1}{F_{bs}(s)} - 1} \frac{1}{M} \qquad (19.90)$$

or

$$F_a = \frac{N_a}{D_a} = \frac{m_a s^2 C_a N_F - M_a M (D_F - N_F)}{M(D_F - N_F) - \delta m_a s^2 N_F} \qquad (19.91)$$

Since $F_{bs}(s)$ has the bandstop characteristic, it is $F_{bs}(0) = F_{bs}(\infty) = 1$; in other words, both $N_F(s)$ and $D_F(s)$ are monic (the leading coefficient equals one) and they both have equal lowest polynomial coefficients. Hence, in the difference $(D_F - N_F)$ the highest and the lowest polynomial coefficients do cancel. Thus, $\deg(D_F - N_F) = \deg N_F - 1$, and also one s can be extracted:

$$D_F - N_F = s\,\Delta \tag{19.92}$$

with $\deg \Delta = \deg N_F - 2$. The extraction of an s leads in (19.91) to the cancellation of s in the numerator and the denominator:

$$F_a = \frac{N_a}{D_a} = \frac{m_a s C_a N_F - M_a M \Delta}{M\Delta - \delta m_a s N_F} \tag{19.93}$$

The degrees of the filter polynomials are then

$$\deg N_a = 2 + \deg N_F \tag{19.94}$$

$$\deg D_a = \begin{cases} \deg N_F & , \quad \delta = 0 \\ 1 + \deg N_F & , \quad \delta = 1 \end{cases} < \deg N_a \quad ! \tag{19.95}$$

The feedback compensator $F_a(s)$ is then *not proper* ($\deg N_a > \deg D_a$). Since this cannot be realized, one of the following solutions could be implemented: For the absolute position feedback ($\delta = 0$)

a. two new poles should be introduced into $F_a(s)$ which will not influence the feedback in the operating frequency range, i.e. $F_a'(s) = F_a(s)/(1 + sT_c)^2$ where T_c should be much smaller than the smallest system time constant.

b. instead of the position signal, the acceleration signal can be used and then two poles in the origin are included, i.e. $F_a'(s) = F_a(s)/s^2$.

If the feedback is relative, $\delta = 1$, it suffices to use the velocity signal and to include an integrator in the compensator: $F_a'(s) = F_a(s)/s$.

Yet another problem should be solved. Inserting (19.93) into (19.84) gives

$$G_a = \frac{M\Delta - \delta m_a s N_F}{m_a s N_F(C_a - \delta M_a)} \tag{19.96}$$

Thus, the BPA transfer function has an integrator, which can be undesired if the disturbance has a dc component. Therefore, a new additional control of the absorber displacement should remove the low frequency *moving average*.

For that purpose we consider figure 19.31a, which includes a PI controller in a classic control structure. The parameters g and T of the controller should be designed in such a way as to influence only very low frequencies, much lower than the BPA suppression frequencies.

Since it should be $(x_a - x)_{\text{ref}} = 0$ for these very low frequencies, the PI controller operates parallel to the feedback compensator F_a and, therefore, they both can be incorporated into one control algorithm, figure 19.31b.

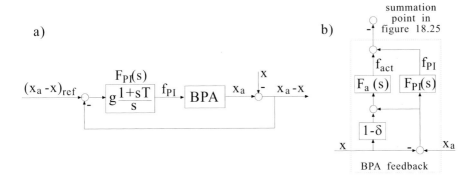

Fig. 19.31: *a) control structure for the dc compensation, b) the active part.*

With $F_{PI}(s) = g(1 + sT)/s$ included, the BPA transfer function is

$$G_a^*(s) = \frac{1}{M_a(s) + F_a(s) + F_{PI}(s)} \tag{19.97}$$

which gives

$$G_a^*(s) = \frac{s\,(M\varDelta - \delta\,m_a\,s\,N_F)}{[s\,M_a + g(1 + s\,T)]\,(M\varDelta - \delta m_a\,s\,N_F) + s\,(m_a\,s\,C_a N_F - M_a M\varDelta)} \tag{19.98}$$

Thus, the integrative property of the absorber is removed.

19.2.4.2 A Case Study: Paper Mill Vibrations

The mill model designed is shown in figure 19.32. It is a three-mass system comprising a support of the nip roll, $m1$, the nip roll itself, $m2$, and a winding roll, $m3$. The most prominent effect, which should be suppressed, is that vibrations of the nip roll, $\varDelta x2$, and the surface eccentricity of the winding roll, $\varDelta r3$, mutually reinforce each other. Besides, it would also be advantageous to reduce the vibrations of the nip force $\varDelta f2$. However, in this study the main problem is to suppress the nip roll vibrations.

It would not be practical to use the whole primary three-mass system for the design of the BPA, for the resulting absorber compensator would unnecessarily have a too high order. Hence, the order of the primary model should firstly be reduced. Figure 19.33 depicts the frequency characteristics of the whole three-mass primary system (solid line) and that of the reduced single-mass model which comprises the nip roll mass $m2$ and its elastic connections to the rest of the system. These two curves match quite well in the frequency range of concern. The lower resonance is caused by the support and the upper one by the winding roll. The later shifts with the amount of paper wound on.

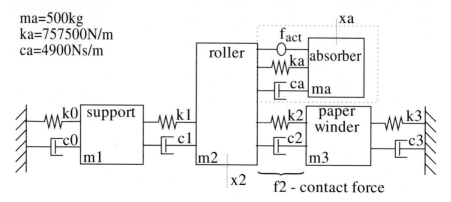

ma=500kg
ka=757500N/m
ca=4900Ns/m

Fig. 19.32: *The mill model with an additional absorber.*

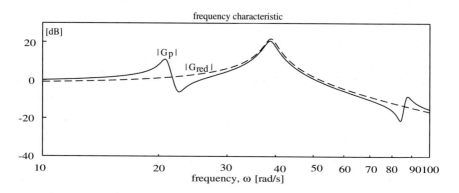

Fig. 19.33: *Frequency characteristics of the three-mass mill model (solid line),* $|G_p|$, *and the reduced single-mass model (dashed line),* $|G_{red}|$, *— without absorber.*

The primary system parameters are then

$$m = m2 = 20\,000\,\text{kg}, \quad d = d1+d2 = 52\,700\,\text{Ns/m}, \quad c = c1+c2 = 30\,300\,000\,\text{N/m}$$

with the natural frequency $\omega_n = \sqrt{c/m} = 38.9\,\text{rad/s}$ and the damping ratio $\zeta = d/(2\sqrt{mc}) = 0.0330$. The absorber parameters are chosen to be

$$m_a = 500\,\text{kg}, \quad d_a = 4\,900\,\text{Ns/m}, \quad c_a = 757\,500\,\text{N/m}$$

with the natural frequency $\omega_a = \omega_n$ and the damping ratio $\zeta_a = 0.126$.

Since this reduced combined system conforms with figure 19.28 the expressions from the previous section 19.2.4.1 can be used for the BPA design.

The bandstop filter function $F_{bs}(s)$ is designed using the *Matlab* Signal Processing Toolbox. It is chosen to design an elliptic filter of the third order ($n = 3$) with $rp = 3$ decibels of ripple in the passband and a stopband $rs = 40$ decibels down from the peak value in the passband (suppression ratio). The bandwidth is $bw = 10\text{rad/s}$ and the center frequency $wo = 39\text{rad/s}$. The filter generated is

$$F_{bs} = \frac{N_F}{D_F} = \frac{(s^2 + 1705)(s^2 + 1521)(s^2 + 1357)}{(s^2 + 30.95s + 1521)(s^2 + 1.761s + 1997)(s^2 + 1.341s + 1158)} \tag{19.99}$$

The ideal non-proper feedback compensator $F_a(s)$ is calculated from (19.93). The compensator transfer function is

$$F_a(s) = -496.4 \frac{(s^2 + 2.329s + 1168.6)(s^2 + 8.716s + 1527.25)}{(s^2 + 2.466s + 1181.7)} \cdot$$

$$\cdot \frac{(s^2 + 2.751s + 1513.2)(s^2 + 3.290s + 1980.3)}{(s^2 + 2.635s + 1515.0)(s^2 + 3.174s + 1957.8)} \tag{19.100}$$

In order to find the proper $F_a'(s)$ with the same frequency characteristic in the operating frequency range, the suggested solutions in the previous section give the following results:

Ad a.   The additional double pole $-1/T_c$ should be larger than $-10^9 s^{-1}$ in order not to change the $|F_a(s)|$ significantly, which impedes an efficient simulation (and the subsequent implementation).

Ad b.   Using the acceleration signal for the feedback produces one algebraic loop in the simulation model and any further analysis is therefore not possible.

The problem has been solved by using a "middle" solution: The velocity signal is used for the feedback and one new pole is added with $T_c = 10^{-4}\text{s}$; thus

$$F_a'(s) = F_a(s)\frac{1}{s(1 + sT_c)} \tag{19.101}$$

Accordingly, in (19.84) and (19.85) the $F_a(s)$ should be exchanged with $sF_a'(s)$.

In order to remove the integrating property of the absorber, the PI controller with very low cut-off frequency is applied

$$F_{PI}(s) = 2000\frac{1 + s}{s} \tag{19.102}$$

The resulting frequency characteristics of the global system, $G(s) = \Delta x2/\Delta r3$, is depicted in figure 19.34. The peak amplitude at the frequency $\omega_p = 38.9\text{rad/s}$ for the primary system alone amounts to $G_M = |G(j\omega_p)| = 10.8 = 20.2\text{dB}$. With the BPA the frequencies in the range $(36\text{–}42)\text{rad/s}$ are under -20dB. As a by-product, the support resonance near 20rad/s is also reduced.

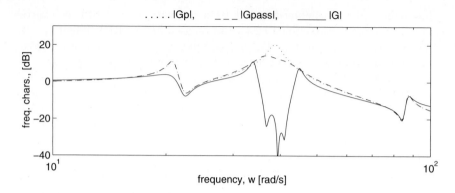

Fig. 19.34: *Frequency characteristic of the primary system, $G_p(j\omega)$, the system with the passive absorber $G_{pass}(j\omega)$, and the complete combined system with the BPA, $G(j\omega)$*

19.2.4.3   Simulation Results of the Paper Mill Model

The simulations in this section use the mill model from figure 19.32 with the BPA designed in the last section; expressions (19.100), (19.101) and (19.102).

Disturbance frequency sweep

The BPA suppression characteristics are shown at different frequencies by a frequency sweep, figure 19.35. The excitation has the amplitude of 2000N and the frequency changes from 30rad/s to 48rad/s. The upper graph shows the response of the primary system alone. The largest amplitudes are at 38rad/s. Attaching the passive absorber, the amplitudes around the peak frequency are decreased (mid graph). However, the absorber with the feedback designed according to the BPA concept suppresses vibrations at bandpass frequencies much more efficiently (lower graph in figure 19.35). This is exactly what is expected from the BPA design.

Random vibrations

Thus far, the absorption at forced disturbances with discrete spectra has been examined. Here, the efficiency of the BPA attached to the primary system that is subjected to *random* vibrations with the (pseudo)white noise *continuous spectrum* is inspected.

The disturbance force f and its power spectral density *psd* are generated with the noise power 1000W and the sample time 0.01 s.

The response of the primary system alone is given in figure 19.36. The maximal magnitude of the nip roll is $x2_M = x(t)_{max}=1.21$mm. The rms primary mass

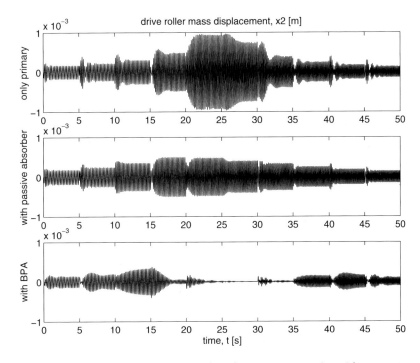

Fig. 19.35: *Frequency sweep (30-48)rad/s with the step of 2rad/s every 5s*

displacement is σ_{x2}^o=0.336mm. Nip force vibrations have the maximal amplitude of $f2_M = f2(t)_{max}$=32.9kN with the rms value σ_{f2}^o=11.3kN.

If the feedback is designed so that the absorber becomes a bandpass absorber, the absorption becomes substantially better, figure 19.37. The maximal displacement amplitude is $x2_M$=0.503mm or 41.5%, and the rms displacement is σ_{x2}^o=0.14mm or 41.5% of the initial primary results. A substantial reduction of the nip force vibrations within the frequency range of the BPA is also achieved. The remaining vibrations are outside the BPA suppression frequency range. The maximal amplitude is $f2_M$=28.6kN and the rms value σ_{f2}^o=7.65kN.

The effect of the PI control of the absorber displacement is discernible from figure 19.38. The behaviour of the BPA without the PI control is not acceptable, though from the nip roll displacements it cannot be seen, if the PI controller is included or not. However, if the controller is included, the integrating property of the absorber is removed.

19.2.4.4 Comments

The concept of the bandpass absorber (BPA) has been introduced. The BPA comprises the standard passive absorber and a single local feedback with a com-

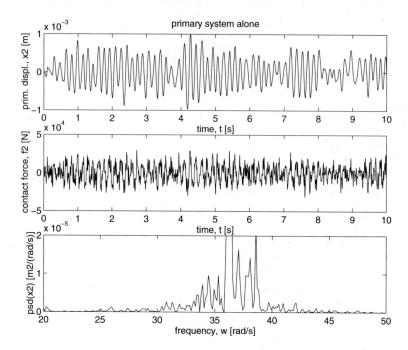

Fig. 19.36: *White noise disturbance response in the system without absorber*

pensator designed to obtain a desired bandstop system characteristic. With such an absorber vibrations of the primary mass can be suppressed in a given *range* of frequencies. The presented design procedure guarantees the stability of the system. The suppression degree is a design parameter.

In contrast to the design of resonant absorbers, the design of BPA requires the knowledge of the primary frequency characteristic in the range which is to be modified by the BPA, i. e. in the absorber bandpass range. Therefore, a reduced model of the primary system is needed.

The application of the BPA can be justified in systems acted upon by disturbances with variable frequency, or more frequencies, in some fixed frequency range, as well as for suppression of "coloured" vibrations. If the frequency range itself is time variable, the feedback of the BPA could be made adaptive with the self-tuning of the compensator parameters.

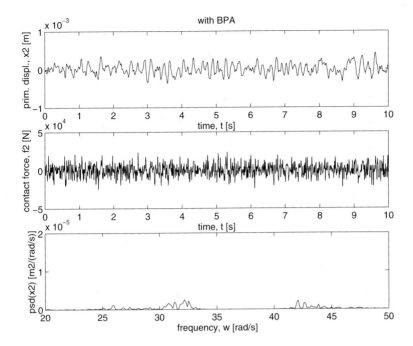

Fig. 19.37: *White noise disturbance absorption in the system with BPA*

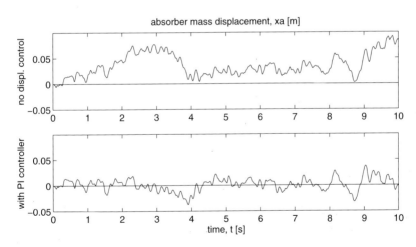

Fig. 19.38: *Absorber displacements during the absorption with BPA, with and without dc control*

19.2.5   Conclusion

As elaborated in this book, nonlinearities in the system call for unconventional control methods to be applied. If these nonlinearities are distant from the actuator action point, or they lie between the actuator and the load, in a system with elasticities, it is not an easy task to achieve a high control performance. Multi-mass systems may have pronounced resonant peaks which could be hard to observe, or to compensate their effects with limited capacity of the actuator. Nonlinearities can produce so-called limit cycles which lead to a formation of unpleasant oscillations. Additional difficulties for the direct control of underdamped vibrations may be caused by uncertainties present in the system. In such cases, a local compensation of vibrations can achieve better results; especially if the suppression of vibrations can be achieved independently of plant variations, i. e. robust enough.

In this chapter an additional subsystem, called the vibration *absorber*, has been proposed. The class of active absorbers with only a single local feedback has been thoroughly examined. The local nature of the feedback should provide the absorber action as independent from the primary system as possible in order to avoid the necessity for extensive knowledge about the system, and thus, to assure a considerable independency of the absorption efficiency in the presence of variations in the primary system dynamics.

Only one measurement signal is necessary for the feedback: either the displacement, velocity or acceleration of the absorber mass. The signal can be absolute, or relative to the point of attachment. Hence, no signal from the primary system is needed during the operation: The control is completely decoupled from the primary state.

The feedback dynamics is the main design concern.[2] The feedback compensator structure determines the type of absorber and its possibilities, and compensator parameters determine the domain of operation.

The compensator design for the *resonant* absorbers, the delayed resonator (DR) and the linear active resonator (LAR), is completely decoupled from the structure of the primary system. The efficiency of the resonant absorbers at frequencies for which the absorber is designed, does not depend on the primary system. However, the system analysis, such as the analysis of stability and robustness, should be carried out for the complete system, here called the *combined* system.

The combined system with a resonant absorber is robust enough under the primary system perturbations: Only a relatively large parameter variations could ruin the system stability. On the other hand, if the absorber passive parameters — the inertia, stiffness or damping — change, the system robustness will be preserved only if the compensator parameters are correctly set in accordance with the actual passive parameters, thus preserving the strict resonance of the

---

[2] The design of the passive part of the absorber has not been treated in detail since it is already the subject of many textbooks.

absorber. Hence, the robustness of the combined system is also locally determined and controlled: In case of perturbations in the combined system it suffices to provide identification of the absorber parameters only, in order to secure both the efficient absorption and the sufficient stability margin.

By all means, the main drawback of resonant absorbers is their inability to suppress vibrations which have a continuous spectrum in a given frequency band, and this is for two reasons: firstly, resonant absorbers are designed for certain discrete frequencies, and secondly, the number of resonant frequencies cannot be made arbitrarily dense because the stability margin decreases with the number of resonant frequencies. The problem has been solved by means of another type of absorber with a single dynamic feedback, called the *bandpass* absorber (BPA). The design of the BPA provides a given suppression ratio in a given frequency band and the stable combined system. However, the BPA feedback is designed with consideration of a reduced model of the primary system. Hence, the design of BPA is not completely independent from the plant: The part of the primary frequency characteristic, which is to be modified, should be represented by the reduced model used for the feedback design.

The absorption considerations given in this chapter are limited neither with specific frequency regions nor with the technology applied. The results should be relevant for various applications with different technologies. Low frequency high power solutions with substantial auxiliary masses in structural control against earthquakes and strong winds usually make use of hydraulic or pneumatic actuators to move the masses mounted on the top of high buildings. Electromagnetic actuators are applicable for higher mechanical frequencies up to several hundreds of hertz usually prevalent in industrial production systems, such as rolling mills, vehicle suspension systems, rotating masses with eccentricities etc. The frequencies of several kHz can successfully be suppressed with the use of piezoelectric actuators which could improve the processing quality in high precision tasks performed by flexible machine tools. The actuators with a commensurable dynamics should also be modelled, and its dynamics should be taken into consideration during the design of the feedback.

20 Objektorientierte Modellierung von Antriebssystemen

Dr. M. Otter

In den vorherigen Kapiteln dieses Buches wurden Antriebssysteme, ihre Komponenten sowie deren regelungstechnische Modellbildung und anschließende Behandlung dargestellt. Wesentlich bei diesem Vorgehen war, ein für die vorgesehene Aufgabenstellung geeignetes Modell der betreffenden Komponente zu erarbeiten und eventuell durch angepaßte Annahmen oder Voraussetzungen Vereinfachungen zu erreichen. Ein typisches Beispiel war die Asynchronmaschine, bei der durch Annahme der Flußorientierung und die Wahl der Eingangsgrößen eine wesentliche Vereinfachung erreicht wurde, so daß die lineare Regelungstheorie angewandt werden konnte.

In Kap. 18 war die Untersuchung des elektrischen Antriebs an sich, d.h. dem elektromechanischen Energiewandler „elektrische Maschine", dem leistungselektrischen Stellglied und der zugehörigen Informationsverarbeitung, um weitere mechanische Komponenten erweitert worden. Beispielhaft wurden Varianten der Regelung eines Zwei-Massen-Systems dargestellt. Anschließend erfolgte eine Erweiterung auf ein Drei-Massen-System. Bereits diese einfachen Beispiele bereiteten Schwierigkeiten. Diese erhöhen sich noch deutlich, wenn zusätzlich relevante Nichtlinearitäten oder technologische Einflüsse zu berücksichtigen sind.

Eine Lösung dieser Probleme kann durch den Einsatz von Softwaresystemen erreicht werden, die auf der Basis von nichtlinearen Simulationen eine Analyse komplexer Systeme, sowie eine Optimierung von Komponenten erlauben. Nach einer Linearisierung des Systems können auch leicht Werkzeuge zur Reglersynthese eingesetzt werden. Simulationswerkzeuge basieren heutzutage meist auf *Signalflußplänen*, wie z.B. SIMULINK [855] oder SystemBuild [856]. Diese Programmpakete sind sehr gut geeignet zur Simulation von kontinuierlichen und diskreten Reglern. Allerdings wird die Modellierung unhandlich, wenn die Modelle der Strecke zu komplex werden.

In diesem Kapitel werden die zugrundeliegenden Ursachen diskutiert, und es wird gezeigt, wie durch den Einsatz der *objektorientierten Modellierung* ein großer Teil der aufgezeigten Schwierigkeiten gelöst werden kann. Dies schließt insbesondere die Verallgemeinerung von Signalflußplänen zu *Objektdiagrammen* ein. Diese neue Technik beruht im wesentlichen darauf, daß die Modularisierung entsprechend den physikalischen Gegebenheiten erfolgt, also *komponentenorientiert* modularisiert und verschaltet wird, und der Anwender die Komponenten nicht zuerst in eine Signalflußdarstellung umformen muß. Die komponentenorientierte Darstellung eines Systems führt auf *differential-algebraische Gleichungssysteme*. Durch geeignete *Transformationsalgorithmen* können diese auf die, für Analyse- und Syntheseverfahren besser zugängliche, Zustandsform umgeformt werden. Seit einiger Zeit gibt es auch Objektdiagramm-Simulatoren, z.b. Dymola [811], so daß diese neue Technik auch praktisch für die Modellierung und Simulation von Antriebssystemen eingesetzt werden kann. Optional kann Dymola ein objektorientiertes Modell auch in Form eines C-Unterprogramms (SIMULINK CMEX-Format) ausgeben, welches problemlos in SIMULINK als Ein/Ausgangsblock eingebunden werden kann.

20.1 Modulare Signalflußpläne

Signalflußpläne sind sehr gut geeignet, um *alle Details* eines kleineren Systems oder die Grobstruktur eines großen Systems in einer neutralen, d.h. nicht von einem Anwendungsgebiet abhängigen, Form graphisch darzustellen. Aus diesem Grunde ist die Verwendung von Signalflußplänen weit verbreitet und wird insbesondere auch intensiv in dieser Buchreihe über elektrische Antriebe verwendet. Signalflußpläne haben jedoch ihre Grenzen, wenn komplexere *physikalische* Systeme modelliert werden sollen, wie es z.b. bei der Simulation eines realistisch modellierten Antriebsstrangs notwendig ist. Die hierbei auftretenden Schwierigkeiten werden im vorliegenden Abschnitt näher untersucht.

In Kapitel 18 wird das Ersatzmodell eines Antriebssystems, Abb. 18.1, diskutiert. Der mechanische Teil des Systems wird im wesentlichen durch die Massenträgheitsmomente des Motors und der Arbeitsmaschine, sowie durch das Getriebe beschrieben. In erster Näherung kann ein Getriebe durch ein ideales, starres Getriebe mit der Getriebeübersetzung $\ddot{u}$, sowie einer Ersatzfeder und einem Ersatzdämpfer zur Beschreibung der Getriebeelastizität, approximiert werden. Genauere Modelle benötigen für jede Getriebestufe zumindest eine Drehträgheit und ein Ersatzfeder- bzw. Ersatzdämpfer-Element. Das entsprechende Modell für ein zweistufiges Getriebe ist in Abb. 20.1 zu sehen.

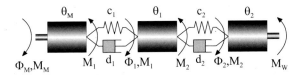

Abb. 20.1: *Modell eines zweistufigen Getriebes*

Hierbei ist Θ_M die Massenträgheit des Motors und des ersten Getrieberads, Θ_1 ist die Massenträgheit des mittleren Getrieberads und Θ_2 ist das Massenträgheitsmoment des letzten Getrieberads und der Arbeitsmaschine, wobei je-

weils zwischen dem Motor und des ersten Getrieberads bzw. dem letzten Getrie-
berad und der Arbeitsmaschine eine starre Verbindung angenommen wird. M_M
ist das Motormoment, Φ_M ist der Drehwinkel des Motors, Φ_1 ist der Drehwinkel
des mittleren Getrieberads, Φ_2 ist der Drehwinkel des letzten Getrieberads, und
M_W ist das Nutzmoment der Arbeitsmaschine. Zur Vereinfachung der Diskussion
werden die Übersetzungen der beiden Getriebestufen vorerst nicht berücksichtigt, d.h. es wird jeweils eine Übersetzung von eins angenommen. Weiterhin wird
die Reibung in den Lagern und die Lose in den Getriebestufen vernachlässigt.
Entsprechend der Herleitung zu Abb. 18.2 kann der Signalflußplan dieses Dreimassenschwingers abgeleitet werden und führt auf Abb. 20.2.

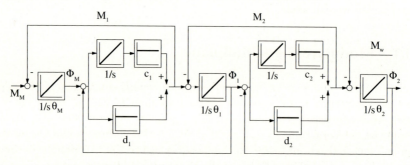

Abb. 20.2: *Signalflußplan eines Dreimassenschwingers (Version 1)*

Wie in Kapitel 18 bereits dargestellt und wie auch nicht anders zu erwarten
ist, sind sich wiederholende Strukturen im Signalflußplan zu erkennen, da das
Ersatzmodell von Abb. 20.1 nur aus einer Kombination von zwei Grundelementen – trägheitsbehaftete Welle und Feder-Dämpfer-Element – besteht. Bei drei-
oder vierstufigen Getrieben würden die vorliegenden Strukturen nur wiederholt
und der Signalflußplan etwas komplexer werden. Es stellt sich die Frage, wie das
Modell modularisiert, und die unnötige Mehrfachbeschreibung derselben Grundelemente vermieden werden kann. Es liegt nahe, die beiden Grundelemente durch
je einen eigenen Signalflußplan zu beschreiben, die in Abb. 20.3 dargestellt sind.

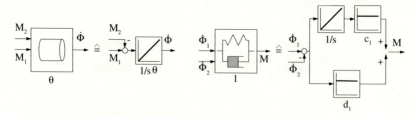

Abb. 20.3: *Signalflußplan der beiden Grundelemente*

Damit kann der Signalflußplan von Abb. 20.2 in den hierarchischen Signalflußplan von Abb. 20.4 überführt werden, wodurch die Globalstruktur des Modells

deutlicher wird und die Details der beiden Grundelemente von Abb. 20.3 nur einmal definiert werden. Dies ist eine typische Vorgehensweise, die z.B. mit den Simulatoren SIMULINK [855] bzw. SystemBuild [856] auch einfach umgesetzt werden kann.

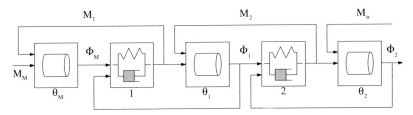

Abb. 20.4: *Signalflußplan des Dreimassenschwingers (Version 2)*

Im Vergleich zu dem mechanischen Ersatzschaltbild in Abb. 20.1 ist der Signalflußplan von Abb. 20.4 auf Grund der vier Rückkopplungsschleifen immer noch recht unübersichtlich. Dies führt leicht zu Fehlern, wenn z.B. eine neue Getriebestufe hinzugefügt werden soll oder eine bestehende zu entfernen ist. Eine Analyse von Abb. 20.4 zeigt, daß im vorliegenden Fall die Rückkopplungsschleifen immer nur zwischen zwei benachbarten Blöcken auftreten. Wenn z.B. der Ausgang $\dot{\Phi}_1$ vom Block Θ_1 nicht am rechten, sondern am linken Rand des Blocks und der Eingang $\dot{\Phi}_1$ vom Block 1 nicht am linken Rand, sondern am rechten Rand des Blocks definiert wäre, könnte eine störende Rückführung einfach in eine direkte Verbindung zweier Blöcke überführt werden. Zusätzlich könnte man dann die beiden direkten Verbindungen dieser beiden Blöcke grafisch durch eine einzige Linie darstellen, die einen Vektor von Signalverbindungen charakterisiert. Basierend auf dieser Idee, können die Grundelemente von Abb. 20.3 in die Struktur von Abb. 20.5 überführt werden.

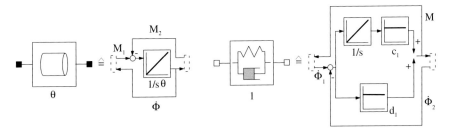

Abb. 20.5: *Modifizierte Signalflußpläne der beiden Grundelemente*

Typische Simulatoren wie SIMULINK und SystemBuild unterstützen nur Vektoren von Signalverbindungen, bei denen alle Elemente des Vektors dieselbe Signalrichtung besitzen. Dann ist eine bessere modulare Darstellung nicht möglich. Aus diesem Grunde wird in Abb. 20.5 von diesem Prinzip abgewichen, so daß jede vektorielle Verbindung sowohl ein Ein- wie auch ein Ausgangssignal enthält. Weiterhin werden die Signalrichtungen an den Blockschnittstellen nicht mehr gekennzeichnet. Stattdessen werden kleine Quadrate zur Visualisierung dieser Schnittstellen benutzt. Ein schwarz gefülltes Quadrat ist hierbei eine Schnittstelle bei der ein Momentensignal als Eingang und ein Drehzahlsignal als Ausgang vorliegt. Ein nicht gefülltes Quadrat kennzeichnet eine Schnittstelle mit einem Momentensignal als Ausgang und einem Drehzahlsignal als Eingang. Mit den Grundelementen von Abb. 20.5 kann der Dreimassenschwinger jetzt sehr einfach aufgebaut werden, siehe Abb. 20.6.

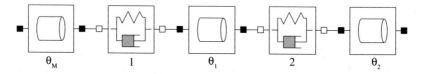

Abb. 20.6: *Signalflußplan des Dreimassenschwingers (Version 3)*

Man beachte, daß immer ein schwarz gefülltes Quadrat mit einem nicht gefüllten Quadrat verbunden werden muß, damit die Signalrichtungen in den Vektorverbindungen zueinander korrespondieren. Ein Vergleich von Abb. 20.6 mit Abb. 20.2 macht deutlich, daß mit dieser dritten Version ein wesentlich übersichtlicherer und modularerer Signalflußplan entstanden ist. Hier ist es sehr einfach, eine Getriebestufe hinzuzunehmen oder zu entfernen.

Es wird jetzt versucht, das bisherige Ersatzmodell durch Hinzunahme der Getriebeübersetzung realistischer zu gestalten. Die in Kapitel 1.1.2 in [35, 36] abgeleiteten Gleichungen eines idealen, starren Getriebes mit der Übersetzung „$ü$" lauten:

$$\dot{\Phi}_1 = ü \cdot \dot{\Phi}_2$$

$$ü \cdot M_1 = M_2$$

Hierbei ist $\dot{\Phi}_1$ die Antriebsdrehzahl, $\dot{\Phi}_2$ die Abtriebsdrehzahl, M_1 das Antriebsmoment, und M_2 das Abtriebsmoment. Das ideale Getriebe kann entsprechend zu den Grundelementen von Abb. 20.5 in Form des Blocks von Abb. 20.7 dargestellt werden.

Jetzt ist es einfach, die ideale, starre Übersetzung in das elastische Modell des Antriebsstrangs in Abb. 20.6 einzubringen. Für ein einstufiges, elastisches Getriebe ist das Ergebnis in Abb. 20.8 dargestellt.

Das ideale, starre Getriebe kann entweder vor oder nach dem Feder-Dämpfer-Element eingebaut werden. In Abb. 20.8 wird die erste Variante verwendet, d.h. das Massenträgheitsmoment des Motors ist über ein ideales Getriebe mit einem Feder-Dämpfer-Element gekoppelt, welches das Massenträgheitsmoment der Arbeitsmaschine antreibt. Das Einbringen dieses zusätzlichen Elementes ist hier

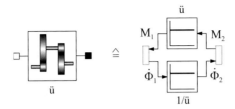

Abb. 20.7: *Signalflußplan einer idealen Übersetzung*

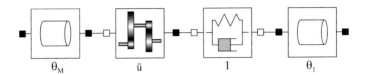

Abb. 20.8: *Signalflußplan eines einstufigen, elastischen Getriebes*

einfach. Im Gegensatz hierzu ist der nachträgliche Einbau eines idealen, starren Getriebes in den Signalflußplan von Abb. 20.2 fehleranfälliger.

Leider hat die erläuterte Modularisierungsstrategie ihre Grenzen. Zum Beispiel soll die Elastizität des Getriebes bei der Modellbildung vernachlässigt werden. Es liegt dann nahe, aus Abb. 20.8 einfach das Feder-Dämpfer-Element zu entfernen, siehe Abb. 20.9.

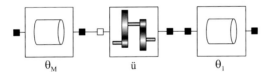

Abb. 20.9: *(Falscher) Signalflußplan eines idealen, starren einstufigen Getriebes*

In diesem Signalflußplan wird das rechte, ausgefüllte Quadrat des Übersetzungselementes mit dem linken, gleichartigen Quadrat des Drehträgheitselementes der Arbeitsmaschine verbunden. Dies ist jedoch nicht erlaubt, da dann jeweils zwei Ausgangssignale und zwei Eingangssignale miteinander verbunden werden würden. Es zeigt sich, daß es mit einem hierarchischen Signalflußplan *unmöglich* ist, eine Modularisierung so durchzuführen, daß die beiden Massenträgheitsmomente und das Übersetzungselement je durch einen Block beschrieben werden. Der Grund liegt darin, daß jeder Block „Massenträgheitsmoment" einen Integrator enthält (Abb. 20.5). Damit hätte das Gesamtsystem mindestens zwei Freiheitsgrade. Anschaulich ist aber klar, daß ein derartiges starres System genau einen Freiheitsgrad besitzt, da durch die Vorgabe der Bewegung von einem Massenträgheitsmoment, die Bewegung des anderen Massenträgheitsmoments auf

Grund der idealen, starren Übersetzung festliegt, also keinen zusätzlichen Freiheitsgrad darstellt. Für ein derartig modular konzipiertes Gesamtsystem kann daher nicht ohne weiteres aus den Einzel-Signalflußplänen der Blöcke ein modularer Signalflußplan zusammengestellt werden. Stattdessen müssen die Gleichungen der Teilsysteme zusammen betrachtet werden:

$$\Theta_M \cdot \ddot{\Phi}_M \; = \; M_M - M_{G1} \qquad (20.1)$$

$$\dot{\Phi}_M \; = \; \ddot{u} \cdot \dot{\Phi}_1 \qquad (20.2)$$

$$\ddot{u} \cdot M_{G1} \; = \; M_{G2} \qquad (20.3)$$

$$\Theta_1 \cdot \ddot{\Phi}_1 \; = \; M_{G2} \qquad (20.4)$$

Bei einer Überführung der obigen Gleichungen in einen Signalflußplan wird $\dot{\Phi}_M$ durch Integration aus (20.1) und $\dot{\Phi}_1$ durch Integration aus (20.4) berechnet, d.h. beide Größen sind jeweils Ausgangssignale eines Integrators. Auf Grund von Gleichung (20.2) besteht aber eine **algebraische** Beziehung zwischen diesen beiden Größen, so daß zwei Ausgangssignale zusammengeschaltet werden müssten, was in einem Signalflußplan nicht möglich ist. Mit anderen Worten: Eine direkte Übertragung dieses Gleichungssystems in einen Signalflußplan ist *nicht möglich*. Wenn jedoch (20.2) einmal differenziert wird, gibt es eine zusätzliche Gleichung

$$\ddot{\Phi}_M \; = \; \ddot{u} \cdot \ddot{\Phi}_1 \qquad (20.5)$$

mit der $\ddot{\Phi}_M$ in (20.1) eleminiert werden kann. Weiterhin kann M_{G1} mit (20.1) und M_{G2} mit (20.3) eleminiert werden, so daß schließlich die folgende Endgleichung erhalten wird, die auf den Signalflußplan von Abb. 20.10 führt.

$$\left(\Theta_1 + \Theta_M \cdot \ddot{u}^2\right)\ddot{\Phi}_1 \; = \; \ddot{u} \cdot M_M \qquad (20.6)$$

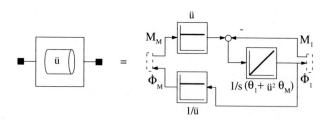

Abb. 20.10: *Signalflußplan eines idealen, starren einstufigen Getriebes*

Eine andere Schwierigkeit bei der Modularisierung mit Signalflußplänen, wird durch den einfachen elektrischen Schaltkreis von Abb. 20.11 verdeutlicht.

Im linken Teil von Abb. 20.11 ist der Schaltkreis zu sehen, der aus einer Reihenschaltung eines Widerstandes und einer Kapazität und einer dazu parallel

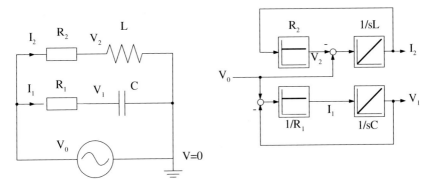

Abb. 20.11: *Einfacher elektrischer Schaltkreis*

geschalteten Reihenschaltung eines Widerstandes und einer Induktivität besteht.
Im rechten Teil von Abb. 20.11 ist der entsprechende Signalflußplan zu sehen.
Ähnlich wie beim Dreimassenschwinger ist es das Ziel, diesen Signalflußplan so
zu modularisieren, daß neu eingeführte Blöcke den auftretenden physikalischen
Komponenten, wie Widerstand oder Kapazität, entsprechen. Hier gibt es jedoch
die Schwierigkeit, daß die Widerstandskomponente zwei unterschiedliche Darstellungen besitzt:

In der Reihenschaltung mit der Kapazität ist der Spannungsabfall über den
Widerstand das Eingangssignal und in der Reihenschaltung mit der Induktivität
ist der durch den Widerstand fließende Strom das Eingangssignal, siehe rechter
Teil von Abb. 20.11. Mit anderen Worten: Die Komponente „Widerstand" muß
durch zwei unterschiedliche Blöcke dargestellt werden, je nachdem, wie diese
Komponente mit anderen elektrischen Elementen verbunden ist. Diese unschöne
Eigenschaft führt dazu, daß es im Gegensatz zu den oben diskutierten mechanischen Systemen nicht möglich ist, eine Modularisierung mit Blöcken aufzubauen,
so daß ein elektrischer Schaltkreis direkt in einen hierarchischen Signalflußplan
mit derselben Verschaltungsstruktur abgebildet werden kann. Stattdessen muß
der Schaltkreis in der Regel mit Hand analysiert werden, bevor dieser in ein Signalflußplan überführt werden kann. Für größere elektrische Schaltkreise wird
das schnell unpraktikabel.

Zusammengefaßt kann folgendes festgehalten werden: Für größere, realisti-
sche Systeme ist eine Modularisierung des Modells vorteilhaft, welche sich an
den physikalischen Komponenten orientiert, siehe z.B. Abb. 20.6 und Abb. 20.8,
im Gegensatz zu Abb. 20.2. Mit auf Signalflußplänen basierenden Simulatoren,
wie SIMULINK oder SystemBuild, kann diese Art der komponentenorientier-
ten Modularisierung von mechanischen, elektrischen und anderen physikalischen
Komponenten *nicht* sinnvoll *durchgeführt* werden.

In den folgenden Abschnitten wird eine Verallgemeinerung von Signalflußplänen erläutert, mit der die diskutierten Schwierigkeiten zum größten Teil zu-

friedenstellend gelöst werden können[1] . Dieses Verfahren wird im folgenden unter dem Begriff *objektorientierte Modellierung* zusammengefaßt. Die grundlegende Methodik wurde von Hilding Elmqvist am Lund Institute of Technology in Schweden Ende der siebziger Jahre entwickelt [812]. Es gibt viele Varianten. In den letzten Jahren wurde die Theorie teilweise zu einem Abschluß gebracht und erste Softwaresysteme sind für den praktischen Einsatz verfügbar. Es ist abzusehen, daß in einigen Jahren die auf Signalflußplan basierten Simulatoren generell durch diese neue Technik ersetzt werden.

20.2   Objektdiagramme

Die grundlegende Idee der objektorientierten Modellierung ist einfach und kann als eine naheliegende Verallgemeinerung der im letzten Abschnitt diskutierten Modularisierungsstragie des Dreimassenschwingers von Abb. 20.6 angesehen werden. Schwierigkeiten gibt es in Detailproblemen, die in den nachfolgenden Abschnitten diskutiert werden. Aus *Benutzersicht* wird ein Modell durch ein *Objektdiagramm* dargestellt, das ein reales System möglichst wirklichkeitsgetreu abbilden soll. In Abb. 20.12 ist ein typisches Objektdiagramm des Antriebssystems von Abb. 18.1, bestehend aus Regler, Elektromotor inklusive Stellglied, Getriebe und Arbeitsmaschine zu sehen. Diese und die nachfolgenden Abbildungen sind Bildschirmabzüge von Modellen, die mit dem objektorientierten Modellierungs- und Simulationssystem Dymola [811] erstellt wurden. Die durchgezogenen Verbindungslinien zwischen Motor, Getriebe und Last kennzeichnen starre, mechanische Verbindungen zwischen den Flanschen von Wellen. Die Verbindungslinien zwischen Regler und Motor sind die aus den Signalflußplänen gewohnten Signalflüsse, die hier zur besseren Unterscheidung „gestrichelt" gezeichnet sind.

Der Motor wird durch ein grafisches Symbol dargestellt, welches als Schnittstellen die Eingangsspannung des Steuersatzes vom Stromricher als Eingangssignal, den Ankerstrom, den Motorwinkel und die Motordrehzahl als gemessenes Vektor-Ausgangssignal, sowie die Motorwelle besitzt. Entsprechend haben das Getriebe und das als „Last" bezeichnete Massenträgheitsmoment der Arbeitsmaschine Schnittstellen für die Ein- und Ausgangswellen.

Jede Komponente wird jetzt rein lokal beschrieben, unabhängig von der eingesetzten Umgebung. Dies ist der wesentliche Unterschied zum Signalflußplan: Komponenten werden entsprechend der realen Verbindung verschaltet, wobei sich der Anwender nicht darum kümmern muß, wie Daten als Ein- bzw. Ausgangssignale zwischen den Komponenten ausgetauscht werden. Damit ist die für den Dreimassenschwinger verwendete Modularisierung, entsprechend den Abb. 20.6

---

[1] Die nachfolgenden Kapitel 20.2–20.6, 20.8–20.10 sind zum Teil eine überarbeitete und ausführlichere Fassung der Artikelserie *„Objektorientierte Modellierung Physikalischer Systeme"* von Martin Otter, die in der Zeitschrift at - Automatisierungstechnik 47–52, 55, 57 im Jahr 1999 erschienen ist. Die Verwendung von Textpassagen und Abbildungen erfolgt mit freundlicher Genehmigung des Oldenbourg Verlages.

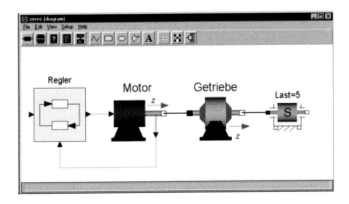

Abb. 20.12: *Objektdiagramm eines Antriebssystems (Bildschirmabzug von Dymola)*

und 20.5, ein Spezialfall dieser Vorgehensweise. Eine Komponente ist wiederum hierarchisch aus weiteren Objektdiagrammen aufgebaut. Zum Beispiel sind in Abb. 20.13 die Details der Komponente „Motor" zu sehen.

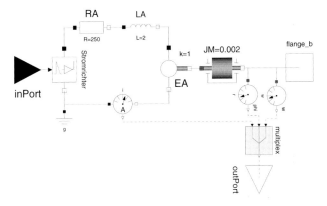

Abb. 20.13: *Objektdiagramm der Motor-Komponente (Bildschirmabzug von Dymola)*

Das Stromrichter-Stellglied, siehe auch Kapitel 8, erzeugt in Abhängigkeit vom Eingangssignal eine variable Ausgangsspannung, die als Eingangsspannung auf die fremderregte Gleichstromnebenschlußmaschine wirkt. Dieser Motortyp wird im Kapitel 3 in [35, 36] im Detail besprochen. Der Ankerkreis wird durch den Widerstand R_A, die Induktivität L_A und die induzierte Gegenspannung E_A modelliert. Zur Vereinfachung wird angenommen, daß der Erregerfluß Ψ konstant ist, so daß dessen Einfluß einfach als Konstante in E_A erfaßt wird. Objektdiagramme werden in diesem Kapitel auf der Basis der Modellierungsprache Modelica erstellt (Details siehe Kapitel 20.4). In Modelica wird jede Komponente durch einen eindeutigen Namen charakterisiert, der in der Regel im Icon einer Komponente dargestellt wird. Hierbei kann ein Name keine Indices enthalten, so daß ein Name wie R_A nicht verwendet werden kann. Aus diesem Grunde wird in dem Bildschirmabzug von Abb. 20.13 der Widerstand R_A als RA, die Induktivität L_A als LA und die induzierte Gegenspannung E_A als EA bezeichnet. Der Wert von Konstanten einer Komponente wird zum Teil auch im Icon angegeben. Zum Beispiel hat die Konstante R der Komponente RA den Wert 250, d.h. der Widerstand $R_A = 250\Omega$.

Die Komponente EA treibt die Motorträgheit Θ_M an, die als JM bezeichnet wird. Schließlich ist das mit flange_b bezeichnete Rechteck auf der rechten Seite der mechanische Flansch des Motors, an dem mechanische Komponenten, wie das Getriebe, verbunden werden können. Über ideale Meßglieder werden der Ankerstrom sowie die Winkelstellung und die Drehzahl der Motorwelle gemessen und als Vektor*signal* nach außen gegeben.

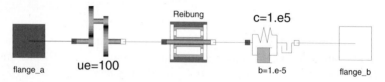

Abb. 20.14: *Getriebemodell des Antriebssystems (Bildschirmabzug von Dymola)*

Entsprechend zur Komponente „Motor" ist in Abb. 20.14 das Objektdiagramm der Komponente „Getriebe" aufgeführt. Das Getriebemodell besteht aus einer idealen Untersetzung, Lagerreibung, Lose, Getriebesteifigkeit und Getriebedämpfung. Wie diese Elemente intern aufgebaut sind, wird später besprochen. In diesem Objektdiagramm werden drei Arten von Objektverbindungen benutzt: Signalflüsse (wie in einem Signalflußplan), elektrische Leitungen und starre mechanische Verbindungen.

Zusammengefaßt kann festgehalten werden: Objektdiagramme sind Verallgemeinerungen von Signalflußplänen und bestehen aus den folgenden Teilen:

1. Einer grafischen Darstellung der *physikalischen Komponenten*, repräsentiert als Icons, wie beispielsweise die Komponente „Motor" in Abb. 20.12.

2. Jede Komponente hat *Schnittstellen* mit denen diese mit anderen Komponenten verbunden werden kann.

3. Gerichtete oder ungerichtete *Verbindungslinien* zwischen Schnittstellen charakterisieren die physikalischen Verbindungen, z.B. elektrische oder hydraulische Leitungen, bzw. mechanisch starre Verbindungen.

4. Eine Komponente wird *unabhängig* von der eingesetzten *Umgebung* definiert. Zur Beschreibung werden nur die Variablen der Schnittstellen, sowie lokale Variablen benutzt. Es ist in der Regel nicht bekannt, ob eine

Schnittstellen-Variable eine Ein- oder Ausgangsgröße ist. Diese Eigenschaft ist z.b. notwendig, damit Modelle wie das von Abb. 20.9 beschrieben werden können (wie erläutert, kann ein solches Modell nicht durch einen Signalflußplan dargestellt werden).

5. Eine Komponente besteht wiederum aus einer Verschaltung von Komponenten (= hierarchischer Aufbau) oder wird durch *algebraische Gleichungen* bzw. durch *Differentialgleichungen* beschrieben. Dies wird im Detail noch näher erläutert.

Verfügbare Programmsysteme unterstützen zur Zeit nur 2D-Objektdiagramme. Diese eignen sich sehr gut zur Visualisierung ein- oder zweidimensionaler Repräsentationen von Systemen, wie elektrische Schaltkreise, Antriebsstränge, Signalflußpläne, hydraulische Systeme, endliche Automaten, Petrinetze, Statecharts. Sie sind nur bedingt geeignet zur Visualisierung dreidimensionaler Systeme, wie 3D-Mechanik, 3D-Wärmeleitung, 3D-Strömungen. Die objektorientierte Modellierungstechnik ist jedoch unabhängig von der Art der Visualisierung. Anstatt Komponenten nur als Icons darzustellen, könnte man auch 3D-Konstruktionen verwenden. Wie im 2D-Bereich, wird eine solche Komponente durch lokale Gleichungen beschrieben und die Gleichungsgenerierung läuft vollkommen analog ab, nur die Darstellung ist realistischer. Es ist abzusehen, daß die Hersteller ihre Systeme in dieser Hinsicht erweitern werden.

Basierend auf einem Objektdiagramm erstellt ein objektorientiertes Modellierungssystem ein differential-algebraisches Gleichungssystem (abgekürzt DAE, für Differential-Algebraic Equation system; siehe auch Tabelle 20.3 auf Seite 908). Hierbei werden die *lokalen Gleichungen* aller Komponenten, sowie die Gleichungen auf Grund von *Komponenten-Verbindungen*, zu einem Gesamtgleichungssystem zusammengefaßt. Die direkte numerische Lösung eines solchen Gleichungssystems ist in der Regel uneffizient. Der wesentliche Schritt besteht deswegen darin, diese DAE mittels symbolischer Transformationsalgorithmen in eine sortierte DAE oder in eine Zustandsform umzuformen, die effizient gelöst werden kann. Die zur Verfügung stehenden Algorithmen sind sehr leistungsfähig. Zum Beispiel kann eine DAE mit mehr als 10000 Gleichungen auf einem PC innerhalb von wenigen Sekunden in die Zustandsform überführt werden. Schließlich werden die üblichen numerischen Integrationsverfahren eingesetzt, um die erhaltene Zustandsform bzw. die sortierte DAE zu lösen. Die skizzierte Vorgehensweise wird in den folgenden Abschnitten noch im Detail erläutert.

Es stellt sich die Frage, wie ein allgemeines objektorientiertes Modellierungssystem die korrekten *Gleichungen* für eine *Verbindung* zwischen Bauteilen erstellen kann. Es zeigt sich, daß in allen Fachgebieten nur zwei Arten von Verbindungsgleichungen auftreten (siehe auch Kapitel 20.5):

1. Verbundene Variablen haben *denselben Wert*, z.B. elektrisches Potential, Weg, Geschwindigkeit, Druck, Dichte. Diese Variablen werden als *Potential*-Variablen bezeichnet.

2. Die *Summe* der Variablen, welche miteinander verbunden sind, *verschwin-det*, z.B. bei elektrischem Strom, Kraft, Moment, Wärmefluß, Volumen-strom, Massenstrom. Diese Variablen werden als *Fluß*-Variablen bezeich-net. Hier ist es wichtig, daß an allen Schnittstellen, dieselbe *positive* Fluß-richtung gewählt wird, z.B. *in das Element* gerichtet.

Damit genügt es, in einer Bibliothek zu definieren, von welchem Typ eine Variable ist (Potential- oder Fluß-Variable). Wenn eine Schnittstelle mit einer anderen verbunden wird, kann das objektorientierte Modellierungssystem dadurch die korrekten Gleichungen erstellen, ohne z.B. die Kirchhoff'schen Gesetze zu kennen.

20.3 Vollständiges Beispiel

Um einen besseren Gesamtüberblick zu erhalten wird an einem einfachen Bei-spiel der vollständige Zyklus — vom Objektdiagramm bis zur Transformation in die Zustandsform — vorgeführt. Hierzu wird eine kleine Bibliothek idealer elektrischer Bauteile, bestehend aus Widerstand, Kapazität, Induktivität, Span-nungsquelle und Erdung erstellt (Tabelle 20.1). Jede Komponente wird durch ein Icon repräsentiert, welches das übliche grafische Symbol des entsprechenden elektrischen Elements darstellt.

Widerstand		$0 = I_1 + I_2$ $U = V_1 - V_2$ $U = R \cdot I_1$
Kapazität		$0 = I_1 + I_2$ $U = V_1 - V_2$ $I_1 = C \cdot dU/dt$
Induktivität		$0 = I_1 + I_2$ $U = V_1 - V_2$ $U = L \cdot dI_1/dt$
Spannungsquelle		$0 = I_1 + I_2$ $U = V_1 - V_2$
Erdung		$V = 0$

Tabelle 20.1: *Objektgleichungen idealer elektrischer Komponenten*

Die Komponenten-Schnittstellen sind die kleinen Kreise am linken und rech-ten Teil eines Bauteils und stellen elektrische Klemmen dar. Eine Klemme wird mathematisch durch zwei Variablen beschrieben: Durch das elektrische *Potential* V an der Klemme (Typ = Potential-Variable) und durch die Größe des ein-fließenden *Stroms* I (Typ = Fluß-Variable). Basierend auf diesen Schnittstellen-

Variablen sind im rechten Teil von Tabelle 20.1 die *lokalen* Gleichungen der Komponenten, einem Gemisch von algebraischen Gleichungen und Differentialgleichungen, aufgeführt. Diese Gleichungen sind nur Funktionen der Schnittstellen-Variablen und der lokalen Variablen. Sie sind unabhängig davon, wie die Komponente mit anderen Komponenten verschaltet wird. Man beachte, daß die aufgeführten Zusammenhänge *mathematische Gleichungen* und keine Zuweisungen einer Programmiersprache sind. Deswegen könnte z.b. die Gleichung für den Widerstand alternativ auch als „$U - R\,I_1 = 0$" angegeben werden.

Die erstellte Bibliothek wird jetzt benutzt, um den elektrischen Schaltkreis von Abb. 20.15 zu modellieren. Derselbe Schaltkreis wurde in Kapitel 20.1 manuell in den Signalflußplan von Abb. 20.11 umgewandelt, während dieser hier direkt als Objektdiagramm modelliert und simuliert werden kann.

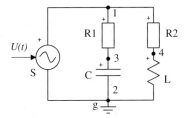

Abb. 20.15: *Objektdiagramm eines elektrischen Schaltkreises*

Hierzu werden die benötigten Komponenten der Bibliothek von Tabelle 20.1 entnommen und entsprechend des Diagramms miteinander verschaltet, d.h. es werden Linien zwischen den Komponentenklemmen gezogen. Die verwendeten Komponenten in Abb. 20.15 werden zur eindeutigen Identifizierung wie in Objektdiagrammen üblich durch Namen gekennzeichnet, z.B. R1, R2 für die beiden Widerstände. Um die Variablen unterschiedlicher Komponenten im Gesamtgleichungssystem (automatisch) voneinander unterscheiden zu können, wird der Komponentenname dem entsprechenden Variablenname vorangestellt. Zum Beispiel ist R1.I_1 der Strom I_1 im Bauteil R1. Wie schon in Abschnitt 20.2 kurz skizziert, wird das Gesamtgleichungssystem des Modells aufgestellt, indem die Gleichungen aller verwendeten Komponenten, ergänzt um die Verbindungsgleichungen, zusammengefaßt werden. Diese Gleichungen sind in Tabelle 20.2 zusammengestellt. Die *Gleichungen* der *Komponenten* sind eine direkte *Kopie* aus der Bibliothek von Tabelle 20.1, wobei die Variablennamen, wie I_1, jeweils um den Komponentenname, wie R1.I_1, ergänzt werden. Die *Gleichungen* für die *Verbindungen* an den Knoten 1, 2, 3, 4 ergeben sich daraus, daß an einer Verbindungsstelle alle Potential-Variablen gleichgesetzt werden und die Summe aller korrespondierenden Flußvariablen verschwindet. Da in der Bibliothek alle elektrischen Potentiale als Potential-Variablen und alle Ströme als Fluß-Variablen definiert sind, werden die korrekten Verbindungsgleichungen erstellt. Diese entsprechen den Kirchhoff'schen Gesetzen.

R1	$0 = \text{R1}.I_1 + \text{R1}.I_2$ $\text{R1}.U = \text{R1}.V_1 - \text{R1}.V_2$ $\text{R1}.U = \text{R1}.R \cdot \text{R1}.I_1$	**R2**	$0 = \text{R2}.I_1 + \text{R2}.I_2$ $\text{R2}.U = \text{R2}.V_1 - \text{R2}.V_2$ $\text{R2}.U = \text{R2}.R \cdot \text{R2}.I_1$
C	$0 = \text{C}.I_1 + \text{C}.I_2$ $\text{C}.U = \text{C}.V_1 - \text{C}.V_2$ $\text{C}.I_1 = \text{C}.C \cdot d\text{C}.U/dt$	**L**	$0 = \text{L}.I_1 + \text{L}.I_2$ $\text{L}.U = \text{L}.V_1 - \text{L}.V_2$ $\text{L}.U = \text{L}.L \cdot d\text{L}.I_1/dt$
S	$0 = \text{S}.I_1 + \text{S}.I_2$ $\text{S}.U(t) = \text{S}.V_1 - \text{S}.V_2$	**g**	$\text{g}.V = 0$
1	$\text{S}.V_1 = \text{R1}.V_1$ $\text{S}.V_1 = \text{R2}.V_1$ $0 = \text{S}.I_1 + \text{R1}.I_1 + \text{R2}.I_1$	**2**	$\text{g}.V = \text{C}.V_2$ $\text{g}.V = \text{L}.V_2$ $\text{g}.V = \text{S}.V_2$ $0 = \text{S}.I_2 + \text{C}.I_2 + \text{L}.I_2 + \text{g}.I$
3	$\text{R1}.V_2 = \text{C}.V_1$ $0 = \text{R1}.I_2 + \text{C}.I_1$	**4**	$\text{R2}.V_1 = \text{L}.V_1$ $0 = \text{R2}.I_2 + \text{L}.I_1$

Tabelle 20.2: *Gesamtgleichungssystem des elektrischen Schaltkreises*

An dieser Stelle ist eine Klassifizierung von mathematischen Beschreibungsformen zweckmäßig, bevor mit dem Beispiel fortgefahren wird. In Tabelle 20.3 sind die im folgenden verwendeten Gleichungstypen zusammengestellt.

	Zustandsform	*Deskriptorform (DAE)*
linear	$\dot{\mathbf{x}} = \mathbf{Ax} + \mathbf{Bu}$ $\mathbf{y} = \mathbf{Cx} + \mathbf{Du}$ (20.7)	$\mathbf{E\dot{x}} = \mathbf{Ax} + \mathbf{Bu}$ $\mathbf{y} = \mathbf{Cx} + \mathbf{Du}$ (20.8)
nichtlinear	$\dot{\mathbf{x}} = \mathbf{f}(\mathbf{x}, \mathbf{u}, t)$ $\mathbf{y} = \mathbf{g}(\mathbf{x}, \mathbf{u}, t)$ (20.9)	$\mathbf{0} = \mathbf{f}(\dot{\mathbf{x}}, \mathbf{x}, \mathbf{y}, \mathbf{u}, t)$ (20.10)

Tabelle 20.3: *Zustands- und Deskriptorform* ($\mathbf{x} = \mathbf{x}(t)$, $\mathbf{u} = \mathbf{u}(t)$, $\mathbf{y} = \mathbf{y}(t)$)

Die lineare Zustandsdarstellung (20.7) wurde schon im Detail in Kapitel 5.5.1 besprochen. Die *nichtlineare Zustandsform* (20.9) ist die Standarddarstellung nichtlinearer, gewöhnlicher Differentialgleichungen. Für diese Beschreibungsform gibt es eine Vielzahl von numerischen Integrationsverfahren zur Lösung des Differentialgleichungssystems.

Die *lineare Deskriptorform* (20.8) ist eine Verallgemeinerung der Zustandsform (20.7), bei der $\dot{\mathbf{x}}$ mit einer zusätzlichen (konstanten) Matrix $\mathbf{E}$ multipliziert wird, siehe z.B. [822]. Wenn $\mathbf{E}$ regulär ist, kann durch Linksmultiplikation mit $\mathbf{E}^{-1}$ leicht auf die Zustandsform (20.7) transformiert werden. $\mathbf{E}$ darf jedoch auch singulär sein, dann ist eine Transformation in die Zustandsform aufwendiger. Die Bedeutung der Deskriptorform liegt darin, daß viele Probleme sehr leicht in dieser

Beschreibungsform formuliert werden können, während eine direkte Darstellung in der Zustandsform schwieriger sein kann.

Schließlich ist die *nichtlineare Deskriptorform* (20.10) ein nichtlineares Gleichungssystem, welches von Ausgangsgrößen und anderen rein algebraischen Größen[2] $\mathbf{y}$ abhängt, sowie von Variablen $\mathbf{x}$, deren Ableitung $\dot{\mathbf{x}}$ im Gleichungssystem auftreten. Deskriptorsysteme werden im folgenden auch alternativ als DAEs (engl. **D**ifferential **A**lgebraic **E**quations) bezeichnet.

Wenn alle Terme im Gesamtgleichungssystem des elektrischen Schaltkreises von Tabelle 20.2 durch eine einfache Subtraktion auf die rechten Seiten der jeweiligen Gleichungen gebracht werden, liegt die Darstellung (20.10) vor, d.h. das Gesamtgleichungssystem ist in Deskriptorform, mit

$$\mathbf{x} = [C.U, \quad L.I_1]^T$$

$$\begin{aligned} \mathbf{y} = [&R1.I_1, \quad R1.I_2, \quad R1.V_1, \quad R1.V_2, \quad R1.U, \quad \ldots \\ &R2.I_1, \quad R2.I_2, \quad R2.V_1, \quad R2.V_2, \quad R2.U, \quad \ldots \\ &C.I_1, \quad C.I_2, \quad C.V_1, \quad C.V_2, \quad \ldots \\ &L.I_2, \quad L.V_1, \quad L.V_2, \quad L.U, \quad \ldots \\ &S.I_1, \quad S.I_2, \quad S.V_1, \quad S.V_2, \quad g.I, \quad g.V]^T \end{aligned} \qquad (20.11)$$

$$\mathbf{u} = [S.U\,]$$

wobei $\dim(\mathbf{x})= 2$, $\dim(\mathbf{y})= 24$, $\dim(\mathbf{u})= 1$ und $\dim(\mathbf{f})= 26$. Eine direkte numerische Lösung dieses Gleichungssystems ist uneffizient. Deswegen werden die 24 algebraischen Gleichungen und die zwei Differentialgleichungen von Tabelle 20.2 in die Zustandsdarstellung (20.9) transformiert. Generell kann die Zustandsform aus der DAE (20.10) erhalten werden, wenn angenommen wird, daß alle auf der rechten Seite von (20.9) auftretenden Variablen (d.h. $\mathbf{x}$, $\mathbf{u}$, t) *bekannt* sind und alle auf der linken Seite auftretenden Variablen (d.h. $\dot{\mathbf{x}}$, $\mathbf{y}$) *berechnet* werden, da dies genau die Aussage der nichtlinearen Zustandsdarstellung ist.

Im vorliegenden Fall müssen demnach die 26 Gleichungen von Tabelle 20.2 nach den 26 *Unbekannten* $\dot{\mathbf{x}}$, $\mathbf{y}$ von (20.11), bei *bekanntem* Zustand $\mathbf{x}$, *bekannten* Eingangsgrößen $\mathbf{u}$ und *bekannten* Parametern $R1.R$, $R2.R$, $C.C$, $L.L$ aufgelöst werden. Mit anderen Worten: Es muß die Lösung eines *algebraischen* Gleichungssystems mit 26 Gleichungen in 26 Unbekannten ermittelt werden.

Manuell ist eine solche Auflösung aufwendig. Doch mit den noch zu besprechenden *Algorithmen* kann ein Programm sehr schnell und effizient die Lösung ermitteln. Hierzu werden die folgenden Regeln angewandt:

1. Die Gleichungen werden so *umsortiert*, daß die Unbekannten in einer Vorwärtsrekursion berechnet werden können. Die sortierten Gleichungen müssen hierbei nach den jeweiligen Unbekannten aufgelöst werden.

2. Triviale Gleichungen der Form $a = +/-b$ werden entfernt und a wird an allen auftretenden Stellen durch $+/-b$ *substituiert*.

---

[2] Zur Vereinfachung der Gleichungsstruktur wird in (20.10) nicht zwischen Ausgangsgrößen und anderen algebraischen Größen unterschieden. Beide Variablentypen werden im Vektor $\mathbf{y}$ zusammengefaßt.

3. Alle Gleichungen, die nicht benötigt werden um die Zustandsableitungen $\dot{x}$ bzw. die Ausgangsgrößen y zu berechnen, werden entfernt.

Als Ergebnis erhält man die folgende rekursive Berechnungsvorschrift zur Bestimmung der Zustandsableitungen (in der linken Spalte sind die Komponenten angegeben, aus denen die Gleichungen entnommen wurden):

$$
\begin{array}{ll}
\text{R2:} & \text{R2}.U := \text{R2}.R \cdot \text{L}.I_1 \\
\text{L:} & \text{L}.U := \text{S}.U(\text{t}) - \text{R2}.U \\
\text{R1:} & \text{R1}.U := \text{S}.U(\text{t}) - \text{C}.U \\
\text{R1:} & \text{C}.I_1 := \text{R1}.U/\text{R1}.R \\
\text{L:} & d\text{L}.I_1/dt := \text{L}.U/\text{L}.L \\
\text{C:} & d\text{C}.U/dt := \text{C}.I_1/\text{C}.C
\end{array}
$$

Man beachte, daß die Gleichungen für die Widerstände R1 und R2 einmal nach dem Strom (R1) und einmal nach der Spannung (R2) aufgelöst werden; d.h. die Kausalität dieser Gleichungen ist unterschiedlich und nicht im voraus bekannt. Werden die noch auftretenden algebraischen Variablen ($\text{R2}.U, \ldots, \text{C}.I_1$) als nicht weiter interessierende Zwischengrößen aufgefaßt, dann liegt jetzt eine Zustandsform $\dot{x} = f(x, u, t)$ vor, bei der die Zustandsableitungen durch eine rekursive Berechnungsvorschrift berechnet werden können, wenn die Zustände x und die Eingangsgrößen u bekannt sind. Man könnte auch alle Zwischenvariablen in die letzten zwei Gleichungen einsetzen und hätte dann nur noch zwei Gleichungen. Für größere Systeme ist ein solches Vorgehen jedoch unsinnig: Wenn eine Zwischenvariable an mehreren Stellen verwendet wird (dies ist in dem obigen einfachen Beispiel nicht der Fall), und die Variable überall durch ihre Definitionsgleichung ersetzt wird, dann wird die Definitionsgleichung *mehrmals* ausgewertet, statt nur *einmal*, wie in der obigen rekursiven Berechnungsvorschrift.

In diesem speziellen Fall sind die Gleichungen linear in den Unbekannten, so daß in die lineare Zustandsdarstellung (20.7) transformiert werden kann (die hier nicht-interessierenden Gleichungen für die Ausgangsvariablen y werden weggelassen):

$$
\frac{d}{dt}
\begin{bmatrix} \text{L}.I_1 \\ \text{C}.U \end{bmatrix}
=
\begin{bmatrix} -\dfrac{\text{R2}.R}{\text{L}.L} & 0 \\ 0 & \dfrac{-1}{\text{R1}.R \cdot \text{C}.C} \end{bmatrix}
\begin{bmatrix} \text{L}.I_1 \\ \text{C}.U \end{bmatrix}
+
\begin{bmatrix} \dfrac{1}{\text{L}.L} \\ \dfrac{1}{\text{R1}.R \cdot \text{C}.C} \end{bmatrix}
u
$$

Das Beispiel zeigt deutlich, daß das Vorgehen der objektorientierten Modellierung sehr *systematisch* und recht *einfach* ist. Auch wird das Verständnis erleichtert: Es genügt die *lokalen* Gleichungen einer Komponente zu verstehen. Die Komplexität ergibt sich durch das Zusammenschalten von Komponenten und die nachfolgende (automatisierte) Transformation des Gleichungssystems. Hierdurch wird die Einarbeitung in ein anderes Fachgebiet stark erleichtert, da man sich primär auf die wesentlichen Eigenschaften einzelner Komponenten konzentrieren kann. Allerdings führt diese Systematik schon bei dem obigen Trivialbeispiel auf 26

Gleichungen, so daß die objektorientierte Modellierung für das *manuelle* Erstellen von Gleichungen ungeeignet ist und eine Rechnerunterstützung unabdingbar ist. Da dieses Vorgehen schon bei einfachen Beispielen auf recht unübersichtliche Gleichungssysteme führt, werden im folgenden nicht mehr alle oben ausführlich erläuterten Zwischenschritte aufgeführt.

In den folgenden Unterkapiteln werden die einzelnen Schritte im obigen Beispiel genauer untersucht. Insbesondere wird gezeigt, daß durch eine geeignete Vorgehensweise auch komplexe und große Modelle behandelt werden können.

20.4 Modelica — Kontinuierliche Systeme

In den letzten beiden Unterkapiteln wurden die Grundideen der *objektorientierten Modellierung* physikalischer Systeme erläutert und insbesondere gezeigt wie Modelle komponentenweise mittels *Objektdiagrammen* grafisch definiert werden können. Damit Anwender neue Basiskomponenten für ein Objektdiagramm einführen können, wird üblicherweise eine Modellierungssprache für diesen Zweck zur Verfügung gestellt. In der Regel kann dann auch ein vollständiges Modell in einer solchen Sprache beschrieben werden. Dadurch ist ein Objektdiagramm relativ einfach in eine rein textuelle Beschreibung überführbar, die in einer Datei gespeichert und transportiert werden kann. Es gibt eine ganze Reihe unterschiedlicher objektorientierter Modellierungssprachen, die auf denselben Grundideen basieren, z.B. Dymola [811], gPROMS [825], NMF [846], Omola [847].

Exemplarisch werden die *Grundelemente* von objektorientierten Modellierungssprachen anhand der Sprache *Modelica*[3] eingehender erläutert. Modelica wird von den Entwicklern der objektorientierten Modellierungssprachen Allan, Dymola, NMF, ObjectMath, Omola, SIDOPS+, Smile, sowie einer Reihe von Anwendern, seit 1996 entwickelt, um einen Standard auf diesem Gebiet zu schaffen. Modelica basiert auf den Erfahrungen einer ganzen Reihe von Sprachen aus verschiedenen Anwendungsgebieten und wurde primär entworfen, um Systeme bestehend aus Komponenten unterschiedlicher Fachgebiete, wie elektrische Schaltkreise, Antriebsstränge, Mehrkörpersysteme, hydraulische, thermodynamische und verfahrenstechnische Systeme, zu modellieren. Im Dezember 1999 wurde die Version 1.3 verabschiedet, sowie die frei verfügbare Modelica-Standardbibliothek, siehe [844]. Auf Grund der Mächtigkeit von Modelica und, da die Sprache nicht an einen kommerziellen Hersteller gebunden ist, wird Modelica hier benutzt, um zu zeigen, wie komplexe Systeme in der objektorientierten Modellierungstechnik im Detail modelliert werden. Basierend auf [841] wird im vorliegenden Kapitel eine Einführung in die Modellierung *kontinuierlicher* Systeme mit Modelica gegeben. Wie mit Modelica unstetige, strukturvariable und diskrete Systeme modelliert werden können, wird in Kapitel 20.9 erläutert.

---

[3] Modelica^{TM} ist ein Warenzeichen der „Modelica Association".

Hierarchische Modelle

Die Grundlagen von Modelica werden anhand des in Kapitel 20.2 als
Einführungsbeispiels benutzten Antriebsstrangs erläutert, siehe Abb. 20.16, der
aus den Komponenten „Regler", „Motor", „Getriebe" und „Last" besteht. Ein

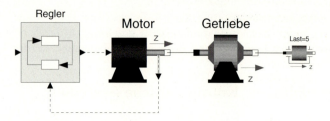

Abb. 20.16: *Objektdiagramm eines Antriebssystems (Bildschirmabzug von Dymola)*

Objektdiagramm-Editor erzeugt aus dem Objektdiagramm von Abb. 20.16 das
folgende Modelica-Modell. Die grafische Information des Objektdiagramms wird
auch im Modelica-Modell als *annotation* gespeichert. Aus Gründen der Übersichtlichkeit wird diese Information jedoch hier und auch in den folgenden
Modelica-Modellen nicht aufgeführt.

```
model Antriebsstrang
   Control  Regler;
   Motor    Motor;
   GearBox  Getriebe;
   Inertia  Last (J=5);
equation
   connect(Regler.outPort   , Motor.inPort);
   connect(Motor.outPort    , Regler.inPort2);
   connect(Motor.flange_b   , Getriebe.flange_a);
   connect(Getriebe.flange_b, Last.flange_a);
end Antriebsstrang;
```

Mit diesem Modelica-Modell werden die Komponenten `Regler`, `Motor`, `Ge-
triebe` und `Last` definiert, sowie deren Verschaltung. Eine Anweisung der
Form `Inertia Last(J=5);` bedeutet, daß eine Komponente `Last` von der
Modell-Klasse `Inertia` deklariert wird. Nach dem Komponentennamen (hier:
`Last`) können in Klammern spezielle Werte für die in der Modell-Klasse (hier:
`Inertia`) definierten Konstanten angegeben werden. In diesem Fall wird das
Trägheitsmoment $\Theta = J$ der Last auf 5 kgm^2 gesetzt. Die zu verwendende
Einheit wird ebenfalls in der Modell-Klasse definiert. Wie bei Programmier-
sprachen üblich, darf ein Name in Modelica nur aus (lateinischen) Klein- oder
Großbuchstaben, Ziffern, sowie dem Unterstrich (_) bestehen. Es ist also z.B.
nicht möglich den griechischen Buchstaben Θ als Namen für das Trägheitsmoment zu verwenden. Stattdessen wird der Name J benutzt. In einer Zeile können

auch gleichzeitig mehrere Komponenten derselben Modell-Klasse definiert werden. Zum Beispiel könnten mehrere Wellen mit der Anweisung Inertia Last-Welle(J=5), MotorWelle(J=2); eingeführt werden.

Der **equation**-Teil eines Modells enthält die Modell-Gleichungen. Beim Antriebsstrang werden die Modell-Gleichungen implizit durch die **connect**-Anweisungen definiert, die festlegen, wie die Schnittstellen von Komponenten verschaltet sind. Eine Anweisung der Form **connect**(Motor.flange_b,Getriebe.flange_a) legt fest, daß die Schnittstelle flange_b der Komponente Motor mit der Schnittstelle flange_a der Komponente Getriebe verschaltet wird. Die zur Verfügung stehenden Schnittstellen sind wiederum in der jeweiligen Modell-Klasse definiert.

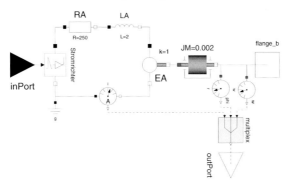

Abb. 20.17: *Objektdiagramm der Motor-Komponente (Bildschirmabzug von Dymola)*

Eine Komponente kann wiederum hierarchisch aufgebaut sein, wie es beim Motor der Fall ist. Das Objektdiagramm des Motors ist in Abb 20.17 zu sehen. Das entsprechende Modelica-Modell lautet:

```
model Motor
   Resistor RA(R=250);
   Inductor LA(L=2);
   Inertia  JM(J=0.002);
   Flange_b flange_b;
     ...
equation
   connect(RA.n, LA.p);
   connect(JM.flange_b, flange_b);
     ...
end Motor;
```

Mit der zweiten Anweisung wird die Komponente R von der Modell-Klasse Resistor definiert, wobei der Widerstandswert auf 250 Ω gesetzt wird (Einheiten, wie Ω, werden in der entsprechenden Modell-Klasse festgelegt; siehe unten). Entsprechend werden auch die anderen verwendeten Komponenten definiert und in der **equation**-Sektion zusammengeschaltet.

Variablen

Komponenten enthalten Variablen mit denen die Gleichungen formuliert werden. Diese Variablen haben eine *physikalische* Bedeutung. In der Standardbibliothek von Modelica werden die wichtigsten Variablentypen vordefiniert zur Verfügung gestellt, z.B.:

```
type Voltage    = Real(quantity = "Voltage",    unit = "V");
type Angle      = Real(quantity = "Angle",      unit = "rad",
                       displayUnit = "deg");
type Radius     = Real(quantity = "Length",     unit = "m",
                       min         = 0.0);
type Inertia    = Real(quantity = "Inertia",    unit = "kg*m^2",
                       min         = 0.0);
type Resistance = Real(quantity = "Resistance", unit = "Ohm",
                       min         = 0.0);
```

Hierbei ist `Real` eine vordefinierte Typ-Klasse für Gleitpunktzahlen, die einige Attribute, wie Einheit, Anfangswert, minimaler, maximaler, nominaler Wert, besitzt. Mit dem Attribut `unit` wird die Einheit definiert, in der die *Gleichungen* formuliert werden. Das Attribut `displayUnit` gibt an, welche Einheit als *Voreinstellung* für die *Ein-* und *Ausgabe* benutzt werden soll. Damit charakterisiert z.B. die neue Typ-Klasse `Angle` eine Gleitpunktzahl, die in Gleichungen die Einheit Radian besitzt und bei der Ein- und Ausgabe für den Modellierer standardmäßig in der Einheit Grad dargestellt werden soll (die Umrechnung nimmt das Modellierungssystem vor).

Schnittstellen

Schnittstellen von Komponenten definieren, wie die Komponente mit anderen Bauteilen in Kontakt treten kann. Eine Schnittstelle enthält hierbei alle Variablen mit denen über die Schnittstelle Informationen ausgetauscht werden können. Eine elektrische Schnittstelle, ein *Pin*, wird z.B. eindeutig durch das Potential v am Pin und durch den einfließenden Strom i definiert. In Modelica wird zur Schnittstellen-Definition die **connector**-Klasse benutzt, siehe die erste Zeile in Tabelle 20.4, in der eine Reihe von elektrischen Komponenten mit der Modelica-Sprache definiert werden. Man beachte, daß in dieser Modelica-Bibliothek, entsprechend zur Modelica-Standardbibliothek, für die Variablen Kleinbuchstaben benutzt werden, obwohl diese unnormiert sind. Weiterhin ist „*"* das Multiplikationszeichen der Modelica-Sprache und nicht etwa das Symbol für die Faltung.

		Modelica-Modell

Schnittstelle		```connector Pin```
		``` Voltage v;```
		``` flow Current i;```
		```end Pin;```

Basiselement		```partial model TwoPin```
		``` Pin p, n;```
		``` Voltage u;```
		```equation```
		``` u = p.v - n.v;```
		``` 0 = p.i + n.i;```
		```end TwoPin;```

Widerstand		```model Resistor```
		``` extends TwoPin;```
		``` parameter Resistan-```
		```ce R;```
		```equation```
		``` u = R*p.i;```
		```end Resistor;```

Kapazität		```model Capacitor```
		``` extends TwoPin;```
		``` parameter Capacitan-```
		```ce C;```
		```equation```
		``` C*der(u) = p.i;```
		```end Capacitor;```

Induktivität		```model Inductor```
		``` extends TwoPin;```
		``` parameter Inductan-```
		```ce L;```
		```equation```
		``` L*der(p.i) = u;```
		```end Inductor;```

Spannungsquelle		```model Vsource```
		``` extends TwoPin;```
		```equation```
		``` u = U0;```
		```end Vsource;```

Erdung		```model Ground```
		``` Pin p;```
		```equation```
		``` p.v = 0;```
		```end Ground;```

Tabelle 20.4: *Modelica-Modelle von elektrischen Komponenten*

connector-Klassen werden ebenso wie Modell-Klassen benutzt:

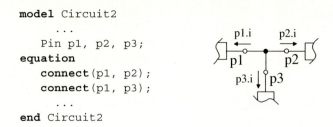

```
model Circuit2
    ...
    Pin p1, p2, p3;
equation
    connect(p1, p2);
    connect(p1, p3);
    ...
end Circuit2
```

Im Deklarationsteil werden drei Pins definiert. Zur eindeutigen Identifikation, muß beim Zugriff auf eine Variable der Komponentenname mit angegeben werden (z.B. `p1.v` = Variable v der Komponente p1). Mit den **connect**-Anweisungen werden die drei Pins verschaltet. Das Modellierungssystem erstellt hieraus die Gleichungen: `p1.v = p2.v`, `p1.v = p3.v` und `p1.i + p2.i + p3.i = 0`. Die ersten beiden Gleichungen geben an, daß die Variablen-Werte identisch sind. Eine Null-Summengleichung wird erzeugt, wenn verbundene Variablen das Attribut **flow** besitzen, siehe erste Zeile von Tabelle 20.4, d.h. wenn die Variablen explizit als Flußvariablen deklariert sind. Dies wurde schon kurz in Kapitel 20.2 erläutert.

Auf ähnliche Weise wird die Interaktion zwischen zwei eindimensionalen rotatorischen mechanischen Systemen mit einer Flansch-Schnittstelle definiert:

$\Phi(= \text{phi})$

$M(= \text{tau})$ z

```
connector Flange
    Angle       phi "Rotationswinkel";
    flow Torque tau "Schnittmoment";
end Flange;
```

Es ist vorteilhaft bei der Entwicklung von Komponentenbibliotheken zuerst die wesentlichen Schnittstellen zu definieren. Aus diesem Grunde gibt es in der Modelica-Standardbibliothek für viele Fachgebiete schon vordefinierte **connector**-Klassen.

Unvollständige Modelle und Vererbung

Für den Aufbau von komplexen Modellen ist es wichtig, daß gemeinsame Eigenschaften nur *einmal* definiert werden. Beispielsweise haben eine Reihe von elektrischen Komponenten, wie Widerstand, Kapazität, Induktivität, zwei Klemmen. Außerdem wird zur Formulierung des physikalischen Gesetzes der Spannungsabfall u benötigt. Deswegen ist es sinnvoll eine „unvollständige" Modell-Klasse TwoPin zur Verfügung zu stellen, in der diese Eigenschaften nur einmal für entsprechende elektrische Komponenten definiert werden, siehe zweite Zeile von Tabelle 20.4. Diese Modell-Klasse hat zwei Pins p, n und den Spannungsabfall u. Der **equation**-Teil enthält die allen Komponenten gemeinsamen Gleichungen in Form von *mathematische Gleichungen*. Damit könnte `0 = p.i + n.i` alternativ auch als `n.i = -p.i` geschrieben werden. Statt Gleichungen können in Modelica auch *Zuweisungen* unter Verwendung des Operators „`:=`" in einer **algorithm**-Sektion verwendet werden, um z.B. diskrete Regler zu beschreiben. Mit dem Schlüsselwort **partial** (siehe Modell-Klasse `TwoPin` in der zweiten Zeile von Tabelle 20.4) wird festgelegt, daß eine Instanziierung des Modells nicht möglich ist, d.h. daß diese unvollständige Modell-Klasse nur zum Aufbau weiterer Modell-Klassen verwendet werden kann. Dies wird in den restlichen Zeilen von Tabelle 20.4 für die einfachen elektrischen Komponenten aus Tabelle 20.1 von Kapitel 20.3 gezeigt.

Mit der Anweisung **extends** `TwoPin` *erbt* eine Modell-Klasse alle Eigenschaften vom Modell `TwoPin`, d.h. alle Deklarationen und Gleichungen von `TwoPin` stehen direkt in dem neuen Modell zur Verfügung. Damit muß z.B. in der Modell-Klasse `Resistor` (siehe dritte Zeile von Tabelle 20.4) nicht definiert werden, daß `n.i = -p.i` ist, da dieser Zusammenhang schon in der geerbten Modell-Klasse `TwoPin` aufgeführt ist. Die **extends**-Anweisung kann mehrmals in einem Modell auftreten, d.h. es kann von mehreren unterschiedlichen Modell-Klassen geerbt werden.

Mit einer **parameter**-Anweisung wird eine Variable definiert, die während einer Simulation *konstant* ist. Beispielsweise wird mit der Anweisung **parameter** `Resistance R` ein Parameter mit dem Namen `R` von der Typ-Klasse `Resistance` definiert. Die `Resistance` Typ-Klasse wurde schon weiter oben als

```
type Resistance = Real(quantity = "Resistance", unit ="Ohm",
                 min      = 0.0);
```

definiert. Damit charakterisiert `R` eine Gleitpunktzahl mit der Einheit `Ohm`. Bei der Deklaration einer Komponente kann jedem Parameter ein neuer Wert zugewiesen werden. Damit bedeutet z.B. die Anweisung `Resistor RA(R=250)` in der oben aufgeführten Modell-Klasse `Motor`, daß eine neue Komponente mit dem Namen `RA` von der Modell-Klasse `Resistor` eingeführt wird, wobei der in dieser Modell-Klasse definierte Parameter `R` auf `250` gesetzt wird. Da der Parameter `R` zur Typ-Klasse `Resistance` gehört, wird also ein Widerstand von $250\,\Omega$ definiert.

Die Zeitableitung einer Variable wird durch den Operator **der** definiert, siehe die `Capacitor` und `Inductor` Modell-Klassen in Tabelle 20.4. Damit ist z.B. **der**`(u)` gleichbedeutend mit du/dt.

Parametrisierung von Modellen

Modell-Klassen werden durch Verwendung der **parameter**-Anweisung parameterisiert. Hierbei kann eine Komponente einer Modell-Klasse alle schon definierten Parameterwerte durch neue Werte ersetzen (wie bei `Resistor RA(R=250)`), falls dies nicht durch Verwendung des **final**-Schlüsselworts explizit verboten wird. In Modelica können nun nicht nur Parameterwerte, sondern auch komplette *Komponenten* oder gar *Klassen* eines Submodells, von einer höheren Modellhierarchie aus ausgetauscht werden. Zum Beispiel soll für den Motor von Abb. 20.17 ein genaueres Modell für den Widerstand benutzt werden, bei dem die *Temperaturabhängigkeit* des Widerstandes über das folgende Modell berücksichtigt wird:

```
model TempResistor
  extends TwoPin;
  heatTransition h;
  parameter Real R, RT=0;
  parameter Real Tref=20;
equation
  u=(R+RT*(h.T-Tref))*p.i;
  h.Q = -u*p.i;
end TempResistor;
```

Die Modell-Klasse `TempResistor` kann *nicht* von `Resistor` durch Vererbung abgeleitet werden, weil der Spannungsabfall über eine andere Gleichung berechnet wird. Deswegen werden, wiederum von `TwoPin` abgeleitet, eine zusätzliche Schnittstelle h für den Wärmeübergang mit den Schnittstellen-Variablen T (Temperatur) und Q (Wärmefluß) sowie Gleichungen zur Bestimmung des Spannungsabfalls und der erzeugten Wärme hinzugefügt. Der neu eingeführte Parameter RT ist hierbei ein Temperaturkoeffizient und der Parameter Tref eine Referenztemperatur. Die im Widerstand erzeugte Wärme u*p.i wird über die Schnittstelle h abgeführt. Da der Wärmefluß h.Q so definiert ist, daß ein *positiver* Wert einen Wärmefluß *in* die Schnittstelle charakterisiert, berechnet sich h.Q zu -u*p.i.

Basierend auf dem ursprünglichen Motor-Modell von Abb. 20.17 und dem Modelica-Modell auf Seite 913, kann jetzt die Modell-Klasse `Resistor` der Komponente `Motor.RA` durch das genauere Modell `TempResistor` ersetzt werden. Weiterhin werden noch einige Elemente zur Beschreibung des Wärmeflusses zwischen Widerstand und Umgebung hinzugefügt:

```
model Motor2
  extends Motor(redeclare TempResistor RA(RT=0.1));
  Tsource  Umgebung(T0=20);
  HeatFlow Hflow(...);
equation
  connect(Umgebung.p, Hflow.n);
  connect(Hflow.p   , RA.h);
end Motor2;
```

Durch die Anweisung **redeclare** wird die Ersetzung durchgeführt, wobei neue Parameterwerte (hier: RT) festgelegt werden. Ein solcher Komponenten-Austausch ist genau dann möglich, wenn die neue Modell-Klasse (hier: `TempResistor`) *alle* Schnittstellen-Variablen und Parameter der zu ersetzenden Klasse (hier: `Resistor`) enthält, wobei Namen und Datentypen übereinstimmen müssen. Dies ist hier der Fall, da `TempResistor` die Schnittstellen-Variablen von `Resistor`, d.h. `p`, `n`, `R`, besitzt.

Der Vorteil dieser Vorgehensweise besteht darin, daß jede Modifikation des `Motor`-Modells, sofort auch beim `Motor2`-Modell zur Auswirkung kommt. Damit können z.b. ein einfaches Modell für den Entwurf und ein komplexeres für die Verifikation zuverlässig gewartet werden. Weiterhin können dadurch auch leicht z.B. unterschiedliche Regler im Antriebsstrang, Abb. 20.16, verwendet und miteinander verglichen werden, in dem der Reglerblock entsprechend ausgetauscht wird. Es ist auch möglich, eine ganze Klasse von Komponenten mit einem Befehl austauschen, wenn dies im ursprünglichen Modell vorgesehen ist:

```
model Circuit
   replaceable model Resistor2 = Resistor;
protected
   Resistor2 R1(R=100), R2(R=200), R3(R=300);
   ...
end Circuit


model Circuit2
   extends Circuit (redeclare model
                    Resistor2 = TempResistor);
   ...
end Circuit2
```

Mit dem Sprachelement **replaceable** wird definiert, daß die lokale Modell-Klasse `Resistor2` *austauschbar* ist. Als Voreinstellung wird die `Resistor` Modell-Klasse benutzt. Jetzt können viele Komponenten der Klasse `Resistor2` deklariert werden. Durch nachträgliches Austauschen von `Resistor` mit `TempResistor`, werden *alle* Widerstands-Komponenten durch diese neue Modell-Klasse beschrieben.

Diese Vorgehensweise erleichtert insbesondere auch die Modellierung von Fluid-Strömungen, siehe [840, 818]. Üblicherweise ist z.B. das Modell einer Pumpe nur für ein *bestimmtes* Medium, wie Wasser, Wasserdampf oder Öl, gültig. Es ist jedoch möglich, ein generisches Pumpen-Modell mit Hilfe einer *austauschbaren Medium* Modell-Klasse zu formulieren. Beim Einsatz einer solchen Pumpe kann dann durch Austauschen (**redeclare...**) dieser Modell-Klasse jedes gewünschte Medium-Modell verwendet werden. Dieses ist vollkommen unabhängig vom Pumpen-Modell.

Eingeschränkte Klassen

Es hat den Anschein, als ob die Strukturierungselemente von Modelica, wie **model**, **type**, **connector**, voneinander unabhängige Sprachelemente sind. Dies ist jedoch nicht der Fall. Modelica kennt nur *ein* einziges Strukturierungselement: die Klasse **class**. Es gibt Klassen mit speziellen Namen, die alle Eigenschaften von **class** besitzen, wie Syntax, Semantik, Definition, Vererbung, Parametrisierung, jedoch nur in eingeschränkter Form benutzt werden können:

connector   Wird in Verbindungen benutzt und hat keine Gleichungen.
model   Darf nicht in Verbindungen benutzt werden.
record   **model** ohne Gleichungen.
type   Nur durch Vererbung von einem **type** oder einem vordefinierten
                Typ wie Real ableitbar.
block   **model**, wobei alle Schnittstellen-Variablen als **input** oder
                output deklariert sind.
function   **block** mit *einer* Algorithmus-Sektion.
package   **model**, das nur Klassen-Deklarationen enthält.

Die **model**-, **connector**- und **type**-Klassen wurden schon diskutiert. Die **record**-Klasse wird zum Aufbau von hierarchischen Datenstrukturen eingesetzt. Mit der **block**-Klasse werden Ein-/Ausgangsblöcke definiert. Hierdurch wird u.a. erreicht, daß es Einschränkungen bei der Verschaltung gibt, so daß z.B. Eingänge nicht mit Eingängen verschaltet werden können. Die **function**-Klasse ist eine spezielle **block**-Klasse und entspricht einer Funktion in einer prozeduralen Programmiersprache. Mit der **package**-Klasse werden Komponentenbibliotheken aufgebaut.

Durch die Technik der *eingeschränkten* Klassen muß der Anwender nur die Verwendung der Klasse **class** verstehen, und nicht sieben unterschiedliche Konzepte. Darüberhinaus wird das Erstellen von Modelica-Übersetzern stark vereinfacht, da nur die Syntax und Semantik einer **class** implementiert werden muß, sowie einige zusätzliche Überprüfungen, ob die geforderten Restriktionen erfüllt sind. Dies ist einer der Hauptgründe, warum die Grammatik- und Semantik-Definition von Modelica relativ kompakt ist. Man beachte, daß auch die Basistypen, wie Real, Integer, Boolean, nur vordefinierte **type**-Klassen sind.

Es gibt *zwei* Möglichkeiten, um eine neue Klasse zu definieren: Die Standarddefinition wird in Tabelle 20.4 verwendet. Die Kurzdefinition wurde für die **type**-Klassen Angle, Voltage und Radius im Beispiel auf Seite 914 benutzt. Die Voltage-Klasse könnte alternativ auch folgendermaßen angegeben werden:

```
type Voltage
   extends Real(quantity="Voltage", unit="V");
end Voltage;
```

Sonstige Sprachelemente

Die restlichen Sprachelemente von Modelica sollen hier nur kurz gestreift werden: Es werden mehrdimensionale Felder, Matrix-Operatoren, -Funktionen und -Gleichungen unterstützt. Damit können z.B. einfach Regelungssysteme oder Mehrkörpersysteme beschrieben werden sowie Komponenten-Felder und reguläre Verschaltungsstrukturen. Dies erlaubt z.B. Orts-Diskretisierungen von partiellen Differentialgleichungen, siehe [840]. Ein typisches Beispiel für die Verwendung von Feldern ist im nachfolgenden Modell zu sehen, das einen Ein-/ Ausgangsblock einer linearen Zustandsform (20.7) beschreibt

```
block StateSpace
   parameter Real A[:,size(A,1)],
                  B[size(A,1),:],
                  C[:,size(A,2)],
                  D[size(C,1),size(B,2)]=0;
   input  Real u[size(B,2)] "Eingangssignal";
   output Real y[size(C,1)] "Ausgangssignal";
protected
   Real x[size(A,1)] "Zustandsvektor";
equation
   der(x) = A*x + B*u;
      y   = C*x + D*u;
end StateSpace;
```

und folgendermaßen benutzt wird:

```
StateSpace S(A=[0.12,2; 3,1.5], B=[2,7; 3,1], C=[0.1,0.4]);
```

Für das Modell wird die **block**-Klasse benutzt, so daß alle Variablen in der Schnittstelle entweder Parameter sein müssen oder die Attribute **input** oder **output** besitzen müssen. Durch diese Attribute werden insbesondere Einschränkungen bei Verbindungen definiert, damit z.b. nicht ein Ausgang mit einem Ausgang verbunden werden kann. Mit der **parameter**-Anweisung werden die vier konstanten Felder A,B,C,D deklariert, wobei die Dimensionen der Felder noch nicht festliegen. Die beiden nächsten Zeilen definieren die Eingangssignale und die Ausgangssignale, wobei z.b. das Eingangssignal dieselbe Dimension besitzen muß wie die Matrix B Spalten besitzt. Hinter einer Deklaration kann eine Beschreibung der Variablen (z.B. "Eingangssignal") gegeben werden. In der **protected**-Sektion werden Variable deklariert, die nur innerhalb der Modell-Klasse zur Verfügung stehen. Schließlich werden im **equation**-Teil die Gleichungen des linearen Zustandsraummodells in Form von Matrixgleichungen angegeben.

Mit Modelica können auch Abtastsysteme, sowie unstetige und strukturvariable Systeme modelliert werden. Auf Grund der Bedeutung und des Umfangs wird dieser Teil im separaten Unterkapitel 20.9 erläutert.

Modelica-Standardbibliothek

Die *praktische* Verwendung von Modelica erfordert sofort einsetzbare Modelica-Komponentenbibliotheken. Zu diesem Zweck wurde von der Modelica-Gruppe eine umfangreiche, frei verfügbare Modelica-Standardbibliothek erstellt, die kontinuierlich weiterentwickelt wird und zur Zeit aus den folgenden Teilen besteht:

1. *mathematischen Funktionen*, wie sin, log,

2. *Typ-Definitionen*, wie Angle, Voltage,

3. *Schnittstellen-Definitionen*, wie Pin, Flange,

4. *Komponentenbibliotheken* für Ein-/Ausgangsblöcke, elektrische und elektronische Elemente, eindimensionale mechanische Systeme.

Die Komponentenbibliotheken werden im wesentlichen von schon existierenden Bibliotheken anderer objektorientierter Modellierungssysteme abgeleitet, wobei die neuartigen Eigenschaften von Modelica ausgenutzt werden. In Entwicklung sind Bibliotheken für elektrische Energiesysteme, hydraulische Systeme, 3D-mechanische Systeme, 1D-Thermo-Fluid Systeme basierend auf der finiten Volumenmethode, Flugsystemdynamik Komponenten, Bondgraphen, Zustandsautomaten und Petri-Netze.

Simulation eines Modelica-Modells

Mit Modelica werden Objektdiagramme auf einem hohen Sprachniveau kompakt definiert. Die Erzeugung eines Simulationsmodells in Zustandsform erfolgt auf die in Kapitel 20.3 skizzierte Weise: Es wird ein Deskriptorsystem Gl. (20.10) aufgebaut, das aus den Gleichungen aller Modelica-Komponenten sowie aus den Gleichungen für die Verbindungsdefinitionen besteht. Mit noch im Detail zu besprechenden Transformationsalgorithmen wird dieses Gleichungssystem in Zustandsform Gl. (20.9) transformiert, welches dann mit Standard-Integrationsverfahren gelöst wird. Zur Zeit wird von mehreren Gruppen bzw. Herstellern an unterschiedlichen Modelica-Modellierungs- und Simulationsumgebungen gearbeitet. Der aktuelle Stand kann über die Modelica-Homepage http://www.Modelica.org erfragt werden.

20.5   Komponenten–Schnittstellen

Im vorliegenden Unterkapitel wird, basierend auf [849, 833, 807], erläutert wie die *Schnittstellen* von Komponenten in der objektorientierten Modellierungstechnik entworfen werden. Der Schnittstellenentwurf ist ein zentraler Baustein, da damit die voneinander unabhängigen Teile eines komplexen Modells festgelegt werden. Erst *nach* der Schnittstellen-Definition können Komponenten *unabhängig* voneinander entwickelt und ausgetestet werden. Um die zentralen Vorteile der objektorientierten Modellierung auszunutzen, sollte eine Schnittstelle in der Regel *nicht* vom beabsichtigten Ein-/Ausgangsverhalten einer Komponente abgeleitet werden. Stattdessen besteht die Grundregel des „richtigen" Schnittstellen-Entwurfs darin, sich an der physikalischen *Realität* zu orientieren:

> *Wenn eine reale Komponente, wie ein Elektromotor oder eine hydraulische Pumpe, gedanklich freigeschnitten wird, sollte die abstrahierte Schnittstelle des Modells alle Variablen enthalten die notwendig sind, um die beabsichtigten Effekte in der realen Schnittstelle zu beschreiben.*

Der Einsatz dieser einleuchtenden Grundregel in einem konkreten Anwendungsfall ist oft verblüffend schwierig. Aus diesem Grunde wird versucht, eine systematische Einführung zu geben.

Energiefluß

Physikalische Systeme haben die gemeinsame Eigenschaft, daß Energie zwischen den Komponenten ausgetauscht wird. Eine Komponenten-Schnittstelle sollte deswegen primär alle Variablen enthalten, mit denen der *Energiefluß* in der Schnittstelle eindeutig beschrieben werden kann.

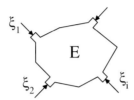

Abb. 20.18: *Gesamtenergie eines freigeschnittenen Systems*

In Abb. 20.18 ist ein freigeschnittenes System zu sehen bei dem angenommen wird, daß die Gesamtenergie E des Systems eine Funktion der Schnittstellen- und lokalen Variablen ξ_i ist. Durch Ableiten ergibt sich die *Gibb'sche Fundamentalgleichung*, siehe z.B. auch [854, 819]:

$$\frac{dE}{dt} = \sum_{i=1}^{n} \frac{\partial E(\xi_1, \ldots, \xi_n)}{\partial \xi_i} \cdot \frac{d\xi_i}{dt}$$

$$= \sum_{i=1}^{n} e_i \cdot f_i$$

Diese gibt an, wie sich die Energie eines Systems durch Zufuhr von Energieflüssen $P_i = e_i f_i$ ändert, wobei ein Energiefluß durch das Produkt der *Potential*-Variablen e_i und der *Fluß*-Variablen f_i beschrieben wird. Wenn der Energiefluß *nicht* durch Wechselwirkung mit einem Feld entsteht, kann die Variable ξ_i als *Träger* interpretiert werden, der die Energie transportiert, z.B. Ladung oder Masse. Der Fluß f_i ist die Menge dieses Trägers pro Zeit, d.h. $f_i = d\xi_i/dt$. Die Variable e_i wird auch als intensive Größe und die Variable ξ_i als extensive Größe bezeichnet, siehe [819, 821].

Typischerweise hat jedes Fachgebiet *eine* (abstrahierte) Art der physikalischen Verbindung zwischen zwei Komponenten über die der Energietransport stattfindet, z.B. leitendes Material bei elektrischen Schaltkreisen, mechanische Flansche bei Antriebssträngen, Körper-Oberflächen beim Wärmetransport. Das Potential e ist nun diejenige physikalische Größe, die bei einer Schnittstelle zwischen zwei oder mehr Komponenten denselben Wert besitzt, z.B. elektrisches Potential, Drehzahl oder Temperatur. Da sich bei dieser Betrachtungsweise das

Potential an der typischen Art der physikalischen Verschaltung orientiert, ist die Wahl der Potential-Variablen in der Regel eindeutig.

Wenn Energie an einem Punkt zusammenfließt, und *in diesem Punkt keine Energie gespeichert wird*, dann muß die Summe der zufließenden Energie auf Grund des Energiesatzes verschwinden, d.h.

$$0 \;=\; \sum_i P_i = \sum_i e_i \cdot f_i = e \cdot \sum_i f_i \quad \Rightarrow \quad \sum_i f_i = 0$$

Da die Potentiale e_i an einem Verbindungspunkt definitionsgemäß identisch sind $e_i = e$, folgt daraus, daß die Summe der Flußvariablen verschwinden muß. Diese Eigenschaft ist in vielen Fachgebieten bekannt, z.B. als Kirchhoff'sches Stromgesetz (die Summe der Ströme in einem elektrischen Knoten verschwindet), oder als Newton'sches Gesetz *actio = reactio* (die Summe der Schnittkräfte an einer mechanischen Schnittstelle verschwindet). Man beachte, daß diese Eigenschaften hier direkt vom Energiesatz abgeleitet worden sind.

Nach diesen vorbereitenden Überlegungen kann eine allgemeine Grundregel zum Schnittstellen-Entwurf angegeben werden:

Eine Komponenten-Schnittstelle sollte die Potentialvariable e und die Flußvariable f enthalten, mit der die über die Schnittstelle zugeführte Leistung P = e f berechnet wird.

Mit der in Kapitel 20.4 eingeführten Modelica-Modellierungssprache sollte deswegen eine Elementar-Schnittstelle folgendermaßen definiert werden:

```
connector X
    Real        e;
    flow Real f;
end X;
```

Die Flußvariable f muß als **flow** definiert werden, da bei einer Verbindung die Summe der Flußvariablen verschwindet. In Tabelle 20.5 sind die Potential- und Flußvariablen für einige Fachgebiete aufgeführt. Hierbei steht *translatorisch* und *rotatorisch* für translatorische und rotatorische mechanische Systeme, sowie *hydraulisch* für eindimensionale, inkompressible Fluidströmungen bei geringen Geschwindigkeiten.

Aus Tabelle 20.5 können einige interessante Analogien abgeleitet werden: Impuls, Drehimpuls und Entropie sind Energieträger und haben damit eine ähnliche physikalische Bedeutung wie andere Energieträger, z.B. Masse oder Ladung. Man kann diese Energieträger als „Teilchen" ansehen, die die Energie zwischen zwei Potentialen transportieren. Damit ist insbesondere die Entropie die *Wärmemenge* welche zwischen zwei Temperaturen transportiert wird, also eine sehr anschauliche Größe. Diese Sichtweise stammt von Carnot aus dem 19. Jahrhundert. Nachdem entdeckt wurde, daß es keinen Erhaltungssatz für die Wärmemenge gibt, wurde diese „mechanische" Interpretation verworfen und durch die sehr unanschauliche Definition der Entropie durch ein Kurvenintegral ersetzt. In [821, 831] wird gezeigt, daß die Thermodynamik jedoch auch korrekt aufgebaut werden kann, wenn die Entropie als Wärme*menge* eingeführt wird.

Typ	Potential e	Träger ξ	Fluß f
elektrisch	V : elektr. Potential	Q: Ladung	$\dot{Q} = I$: Ladungsfluß = Strom
translat.	$\mathbf{V}$: Geschw.	$\mathbf{P}$: Impuls	$\dot{\mathbf{P}} = \mathbf{F}$: Impulsstrom = Kraft
rotatorisch	$\boldsymbol{\Omega}$: Winkelgeschw.	$\mathbf{L}$: Drehimpuls	$\dot{\mathbf{L}} = \mathbf{M}$: Drehimp. = Moment
hydraulisch	P : Druck	V: Volumen	$\dot{V}$: Volumenstrom
thermisch	T : Temperatur	S: Entropie	$\dot{S}$: Entropiestrom
chemisch	M: chem. Potential	N: Teilchen	$\dot{N}$: Teilchenstrom

Tabelle 20.5: *Energiefluß-Variablen in verschiedenen Fachgebieten*

Praktische Gesichtspunkte

Die oben eingeführte Grundregel sollte als erster Ansatz dienen. Es gibt jedoch eine ganze Reihe von praktischen Gründen, die Schnittstelle letztendlich etwas anders auszuführen. In Tabelle 20.6 sind diejenigen Schnittstellen-Variablen aufgeführt, die sich in verschiedenen objektorientierten Modellierungssystemen bewährt haben. Die Unterschiede zu Tabelle 20.5 werden im folgenden diskutiert. Man beachte, daß auch mit den modifizierten Schnittstellen primär immer noch der Energiefluß beschrieben wird.

Typ	Potential-Variablen	Fluß-Variablen	Bemerkungen
elektrisch	V : elektr. Potential	I : elektr. Strom	
1D-translat.	S : Weg	F : Kraft	in Flanschsystem
Stellantrieb	Φ : Winkel	M: Moment	in Flanschsystem
Leistungsantrieb	Ω : Winkelgeschw.	M: Moment	in Flanschsystem
hydraulisch	P : Druck	$\dot{V}$: Volumenstrom	inkompressibel
1D-Fluid	P, T: Druck, Temp.	$\dot{M}$: Massenstrom	1-phasig, 1-Stoff
thermisch	T : Temperatur	$\dot{Q}$: Wärmestrom	
chemisch	M : chem. Potential	$\dot{N}$: Teilchenstrom	

Tabelle 20.6: *Schnittstellen-Variablen in verschiedenen Fachgebieten*

Schnittstellen für thermische Systeme

Entgegen der Systematik von Tabelle 20.5 werden thermische Systeme traditionell mit dem Wärmefluß $\dot{Q}$ und der Temperatur T beschrieben. In Tabelle 20.7 sind die einfachst möglichen Basiselemente aufgeführt, siehe z.B. [830]: Der *Wärmewiderstand* ist ein ideales Element welches keine Wärmeenergie speichert und die Wärme nur zwischen den beiden Schnittstellen 1 und 2 transportiert.

Die *Wärmekapazität* ist ein ideales Element welches nur Wärmeenergie speichert oder abgibt. Beide Elemente können entweder mit der Temperatur T und dem Wärmefluß $\dot{Q}$ oder mit der Temperatur T und dem Entropiestrom $\dot{S}$ beschrieben werden, da an einer Schnittstelle 1 gilt: $\dot{Q}_1 = T_1 \dot{S}_1$. Die in den Gleichungen von

		$T,\ \dot{Q}$	$T,\ \dot{S}$
Wärmewiderstand	$\dot{Q}_1,\dot{S}_1$ $\quad$ $\dot{Q}_2,\dot{S}_2$ T_1 [A] T_2 $\cdot\ \cdot$ L $\cdot\ \cdot$	$0 = \dot{Q}_1 + \dot{Q}_2$ $\dot{Q}_1 = \frac{\Lambda A}{L}(T_1 - T_2)$	$0 = T_1 \dot{S}_1 + T_2 \dot{S}_2$ $\dot{S}_1 = \frac{\Lambda A}{L}\frac{(T_1 - T_2)}{T_1}$
Wärmekapazität	$\dot{Q},\dot{S}$ T [M]	$\dot{Q} = C \cdot M \cdot \dot{T}$	$\dot{S} = C \cdot M \cdot \dot{T}/T$

Tabelle 20.7: *Lokale Objektgleichungen thermischer Komponenten*

Tabelle 20.7 auftretenden Konstanten sind: die spezifische Wärmeleitfähigkeit Λ, die Querschnittsfläche A und die Länge L der Wärmewiderstands-Komponente, sowie die spezifische Wärmekapazität C und die Masse M der Wärmekapazitäts-Komponente.

Es zeigt sich, daß bei diesen einfachst möglichen Elementen die Gleichungen linear in den Variablen $T, \dot{Q}$ sind und nichtlinear in den Variablen $T, \dot{S}$. Weiterhin kann die häufig auftretende Randbedingung der vollständigen Isolation im ersten Fall viel einfacher formuliert werden ($\dot{Q} = 0$). Schließlich gibt es für den Wärmestrom im Gegensatz zum Entropiestrom einen Erhaltungssatz, so daß Überprüfungen einfacher sind. Aus diesen Gründen ist es besser, als Schnittstellen-Variablen $\dot{Q}$ und T zu verwenden.

Schnittstellen für mechanische Systeme

Die Behandlung von dreidimensionalen mechanischen Systemen in einer objektorientierten Form benötigt eine längere Erläuterung und wird hier nicht weiter diskutiert. Bei eindimensionalen *rotatorischen* mechanischen Systemen, im folgenden durch *Antriebsstrang* abgekürzt, gibt es in der Technik zwei unterschiedliche Anwendungen:

- Bei *Stellantrieben* ist es das Ziel eine gewünschte Position anzufahren oder einer vorgegebenen Bahn möglichst genau zu folgen. Beispiele hierfür sind Roboter oder Aufzüge. Da der *Drehwinkel* der Last geregelt werden soll, muß dieser in einer Schnittstelle enthalten sein. Die Drehzahl sollte *nicht* zusätzlich in die Schnittstelle mit aufgenommen werden, da dann der enge Zusammenhang zwischen Drehwinkel und Drehzahl dem Modellierungssystem nicht bekannt ist, so daß einige Algorithmen, wie der noch zu besprechende Pantelides-Algorithmus, nicht angewandt werden können. Wenn benötigt, kann die Drehzahl in einer objektorientierten Modellierungssprache durch Differentation aus dem Drehwinkel erhalten werden

($\Omega = \mathbf{der}(\Phi)$). Der Compiler einer Sprache wie Modelica transformiert diese Anweisung in eine numerisch robust auszuwertende Form, so daß während der Simulation keine numerische Differentiation erfolgt.

- Bei *Leistungsantrieben* ist es das vorrangige Ziel, eine bestimmte mechanische Leistung zu übertragen. Beispiele hierfür sind Antriebsstränge von Fahrzeugen, Pumpen oder Generatoren. Hier spielt der Drehwinkel überhaupt keine Rolle. Für eine Simulation wäre der absolute Drehwinkel einer Welle auch eine kritische Variable, da dieser monoton anwächst, also eine „instabile" Variable ist. Hier sollte man deswegen der ursprünglichen Grundregel folgen und die Drehzahl in der Schnittstelle benutzen.

Bei eindimensionalen *translatorischen* mechanischen Systemen können theoretisch auch diese beiden Fälle auftreten. In der Technik werden meist jedoch nur translatorische Stellantriebe und keine translatorischen Leistungsantriebe eingesetzt, so daß es hier in der Regel genügt, nur mit einer Art von Schnittstellen zu arbeiten, in der die absolute Verschiebung, und nicht die Geschwindigkeit, auftritt.

Generell gibt es bei mechanischen Systemen das Problem, daß die auftretenden Größen, wie Geschwindigkeit oder Kraft, Vektoren sind. Die Elemente dieser Vektoren beziehen sich auf ein bestimmtes *Koordinatensystem*, das bei mathematischen Operationen zu berücksichtigen ist. Eine sinnvolle Vorgehensweise besteht darin, daß in *jedem* mechanischen Flansch ein *lokales* Koordinatensystem definiert wird, wobei die z-Achsen der Flansch-Koordinatensysteme von *einer* Komponente alle in dieselbe Richtung zeigen, siehe Abb. 20.19.

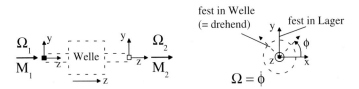

Abb. 20.19: *Lokale Koordinatensysteme bei Antriebssträngen*

Alle vektoriellen Größen in einem Flansch werden bezüglich des Flansch-Koordinatensystems dargestellt, z.B. Schnittmoment $\vec{M} = M\,\vec{e}_z$ bzw. Winkelgeschwindigkeit $\vec{\Omega} = \Omega\,\vec{e}_z$, wobei $\vec{e}_z$ ein Einheitsvektor in Richtung der positiven z-Achse ist und M bzw. Ω die skalaren Größen sind, die in der Schnittstelle benutzt werden. Eine Verbindung von zwei oder mehr Flanschen (= **connect**-Anweisung bei Modelica) bedeutet nun, daß die lokalen Flansch-Koordinatensysteme zur Deckung gebracht werden.

Bei der Verschaltung von Antriebsstrang-Komponenten muß man etwas vorsichtig sein: Wenn die z-Achsen der Flansche bei einer Verschaltung nicht gleichgerichtet sind, siehe linker Teil von Abb. 20.20, dann ist das zulässig, entspricht aber der Verschaltung von einer Hohlwelle mit einer Welle, wie durch Umzeichnen im rechten Teil von Abb. 20.20 zu sehen ist.

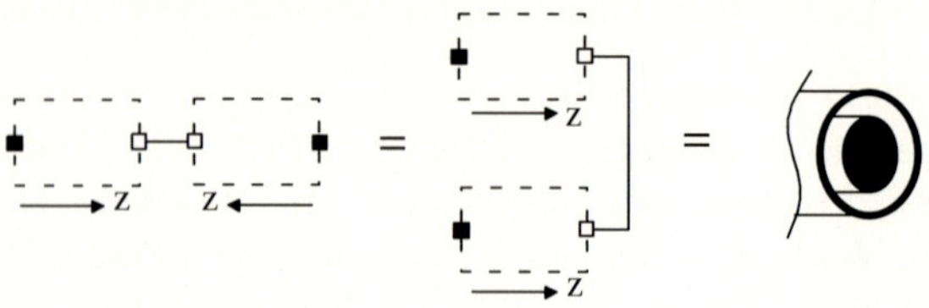

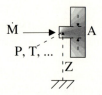

Abb. 20.20: *Verschaltung von Welle mit Hohlwelle*

Schnittstellen für Rohrströmungen

Es werden hier nur Schnittstellen für eindimensionale, einphasige, Ein-Stoff-Strömungen betrachtet. Diese Annahmen sind oft für technische Leitungen mit dem Medium Wasser, Hydrauliköl, Wasserdampf oder Luft (Pneumatik) erfüllt. Der physikalische Zustand in der Schnittstelle, siehe Abb. 20.21, wird durch die

Abb. 20.21: *Schnittstelle für Rohrströmungen*

folgenden Variablen beschrieben: Massenstrom $\dot{M}$, Geschwindigkeit V, Höhe Z, Querschnittsfläche A, Druck P, Temperatur T, Dichte ρ, spezifische innere Energie U_s, spezifische Enthalpie H_s und spezifische Entropie S_s. Der einströmende Energiefluß berechnet sich zu (siehe z.B. [852]):

$$P = \dot{M} \cdot \left(H_s + \frac{V^2}{2} + G \cdot Z \right)$$

wobei G die Gravitationskonstante ist. Die thermodynamischen Variablen $(U_s, H_s, S_s, P, T, \rho)$ werden bei einem einphasigen Ein-Stoff-Fluid eindeutig durch zwei dieser Größen charakterisiert. Die anderen Variablen können hieraus berechnet werden. Hier werden Temperatur T und Druck P ausgewählt, da diese Größen am anschaulichsten sind und leicht gemessen werden können. Die anderen thermodynamischen Größen werden, wenn benötigt, aus Tabellen ermittelt. Die Konstanten im Energiefluß, d.h. Höhe Z und Querschnittsfläche A, werden auch in die Schnittstelle aufgenommen. In Modelica werden Konstante in einer Schnittstelle nicht verschaltet. Stattdessen muß der Wert von Konstanten in jeder Instanz einer Schnittstelle angegeben werden. Als *Flußvariable* enthält die

Schnittstelle den Massenstrom. Die Geschwindigkeit V der Strömung wird, so benötigt, berechnet:

$$\dot{M} = \rho \cdot A \cdot V \quad \Rightarrow \quad V = \frac{\dot{M}}{\rho(P,T) \cdot A}$$

Bei Mehrphasenströmungen kann die Temperatur nicht mehr als Zustandsgröße gewählt werden, da diese im Mehrphasengebiet konstant ist. Stattdessen wird dann oft die spezifische Enthalpie als Schnittstellen-Variable benutzt. In einigen technisch wichtigen Fällen kann die Schnittstelle auf Grund weiterer Annahmen vereinfacht werden, z.B. bei hydraulischen Systemen.

Komplexe Schnittstellen

Komplexere Schnittstellen sollten hierarchisch aus den oben besprochenen Elementar-Schnittstellen aufgebaut werden. Beispielsweise könnte die Schnittstelle zwischen Flügel und Triebwerk eines Flugzeugs in Modelica-Notation den folgenden Aufbau besitzen

```
connector Engine
   Frame a  "3D-Mechanik Verbindung";
   Pin   p  "elektrische Versorgung";
   Hyd   h  "hydraulische Versorgung";
   ...
end Engine;
```

wobei `Frame, Pin, Hyd` vordefinierte Elementar-Schnittstellen sind.

Zusammenfassung

Es wurde eine Systematik erläutert, wie die Schnittstellen von Komponenten in der objektorientierten Modellierung gewählt werden sollten. Die zentrale Idee ist hierbei, eine Schnittstelle so aufzubauen, daß der einströmende Energiefluß eindeutig beschrieben wird. Es wurden einige praktische Gesichtspunkte erläutert, die beachtet werden sollten. Nach der Schnittstellen-Wahl können Komponenten *unabhängig* voneinander entworfen werden, wobei die physikalischen Gesetze für die Komponente als Funktion der Schnittstellen-Variablen anzugeben sind.

20.6 Transformationsalgorithmen

In Kapitel 20.2–20.5 wurden die Grundlagen der *objektorientierten Modellierung* physikalischer Systeme skizziert und an einfachen Systemen dargestellt, wie diese Technik praktisch eingesetzt werden kann. Jetzt werden die wesentlichen *Algorithmen* erläutert, mit denen ein objektorientiertes Modell in eine effizient auswertbare Form, wie die Zustandsform, *automatisch* transformiert werden kann.

Ziel der Transformation

Im ersten Schritt der Transformation wird ein Objektdiagramm, bzw. das in einer Modellierungssprache wie Modelica beschriebene System, in eine Deskriptorform bzw. in ein differential-algebraisches Gleichungssystem (abgekürzt DAE) nach Gl. (20.10) umgewandelt. Hierzu werden die *lokalen Gleichungen* aller *Komponenten*, sowie die Gleichungen aller *Verbindungen* zu einem gemeinsamen Gleichungssystem zusammengefaßt. Dies wurde in Kapitel 20.3 an einem einfachen Beispiel gezeigt. Die auftretenden Variablen werden folgendermaßen katalogisiert und zu Vektoren zusammengefaßt:

	Variablentyp	Modelica-Deklaration
$\mathbf{p}$	*Parameter*	Als **parameter** deklariert.
$\mathbf{u}(t)$	*Eingang*	Auf *oberster* Modellebene als **input** deklariert.
$\mathbf{x}(t)$	*Zustand*	Tritt differenziert auf.
$\mathbf{y}(t)$	*Algebraisch*	Alle anderen Variablen

Damit wird das Gesamtmodell in die DAE

$$0 \;=\; \mathbf{f}(\dot{\mathbf{x}}, \mathbf{x}, \mathbf{y}, \mathbf{u}, \mathbf{p}, t), \quad \mathbf{J} = \left[\frac{\partial \mathbf{f}}{\partial \dot{\mathbf{x}}} \;\vdots\; \frac{\partial \mathbf{f}}{\partial \mathbf{y}} \right] \text{ regulär} \qquad (20.12)$$

überführt, wobei *vorerst* die Annahme getroffen wird, daß die Jacobi-Matrix $\mathbf{J}$ regulär ist. Auf Grund des Satzes über implizite Funktionen ist dies eine *notwendige* und *hinreichende* Bedingung um die DAE (20.12) durch rein *algebraische* Umformungen, ohne Differentiation oder Integration, zumindest numerisch in die *Zustandsdarstellung*

$$\dot{\mathbf{x}} \;=\; \mathbf{f}(\mathbf{x}, \mathbf{u}, \mathbf{p}, t) \qquad (20.13\text{a})$$

$$\mathbf{y} \;=\; \mathbf{g}(\mathbf{x}, \mathbf{u}, \mathbf{p}, t) \qquad (20.13\text{b})$$

transformieren zu können. Dies könnte z.B. mit einem Newton-Verfahren durchgeführt werden: Hierbei wird die nichtlineare Gleichung (20.12) um den Lösungspunkt des letzten Iterationsschrittes i in eine Taylorreihe entwickelt, die nach dem linearen Term abgebrochen wird:

$$0 \;=\; \mathbf{f}(\dot{\mathbf{x}}^{(i)}, \mathbf{x}, \mathbf{y}^{(i)}, \mathbf{u}, \mathbf{p}, t) \;+\; \left[\frac{\partial \mathbf{f}}{\partial \dot{\mathbf{x}}} \;\vdots\; \frac{\partial \mathbf{f}}{\partial \mathbf{y}} \right]_{(i)} \left[\begin{array}{c} d\dot{\mathbf{x}} \\ d\mathbf{y} \end{array} \right] \;+\; \dots$$

Nach Approximation der Differentiale durch Differenzen, $d\dot{\mathbf{x}} = \dot{\mathbf{x}}^{(i+1)} - \dot{\mathbf{x}}^{(i)}, d\mathbf{y} = \mathbf{y}^{(i+1)} - \mathbf{y}^{(i)}$ kann nach dem nächsten Iterationsschritt $i + 1$ aufgelöst werden, indem ein lineares Gleichungssystem gelöst wird:

$$\left[\begin{array}{c} \dot{\mathbf{x}}^{(i+1)} \\ \mathbf{y}^{(i+1)} \end{array} \right] = \left[\begin{array}{c} \dot{\mathbf{x}}^{(i)} \\ \mathbf{y}^{(i)} \end{array} \right] - \left[\frac{\partial \mathbf{f}}{\partial \dot{\mathbf{x}}} \;\vdots\; \frac{\partial \mathbf{f}}{\partial \mathbf{y}} \right]_{(i)}^{-1} \mathbf{f}(\dot{\mathbf{x}}^{(i)}, \mathbf{x}, \mathbf{y}^{(i)}, \mathbf{u}, \mathbf{p}, t) \qquad (20.14)$$

Mit anderen Worten: Ausgehend von einer Näherungslösung der Unbekannten können diese durch sukzessives Lösen von linearen Gleichungssystemen immer besser approximiert werden, d.h. die DAE (20.12) wird an der Stelle $\mathbf{x}, \mathbf{u}, \mathbf{p}, t$ numerisch in die Zustandsform (20.13) transformiert. Eine eindeutige Lösung der linearen Gleichungssysteme existiert nur dann, wenn die Jacobimatrix $\mathbf{J}$ in der Umgebung des Lösungspunktes regulär ist, so daß auch nur dann in die Zustandsform transformiert werden kann. Wie Systeme behandelt werden, bei denen die Jacobi-Matrix singulär ist, wird in den Kapiteln 20.7 und 20.8 erläutert.

Sowohl eine direkte numerische Lösung der DAE (20.12), die ja einfach *alle* Gleichungen des objektorientierten Modells in einer unstrukturierten Form enthält, als auch die in (20.14) skizzierte numerische Transformation in die Zustandsdarstellung mit einer nachfolgenden numerischen Lösung der Zustandsform (20.13), ist in der Regel *uneffizient*. Aus diesem Grunde wird die DAE in einem ersten Schritt in die folgende *sortierte DAE* umgewandelt:

$$\begin{bmatrix} \mathbf{0} \\ \dot{\mathbf{x}}_e \\ \mathbf{y}_e \end{bmatrix} = \mathbf{f}_s\left(\dot{\mathbf{x}}_i, \mathbf{x}_i, \mathbf{x}_e, \mathbf{y}_i, \mathbf{u}, \mathbf{p}, t\right) = \begin{bmatrix} \mathbf{f}_r\left(..\right) \\ \mathbf{f}_x\left(..\right) \\ \mathbf{f}_y\left(..\right) \end{bmatrix} \tag{20.15}$$

D.h. die DAE soll in einen implizit und in einen explizit lösbaren Teil umgeformt werden. Hierbei werden die Vektoren $\mathbf{x}$ und $\mathbf{y}$ entsprechend dieser Aufspaltung in einen impliziten (Index = i) und in einen expliziten (Index = e) Teilvektor aufgespalten.

$$\mathbf{x} = \begin{bmatrix} \mathbf{x}_i \\ \mathbf{x}_e \end{bmatrix}, \quad \mathbf{y} = \begin{bmatrix} \mathbf{y}_i \\ \mathbf{y}_e \end{bmatrix} \tag{20.16}$$

Für eine numerische Lösung von (20.15) mit Standard-Integrationsverfahren können nun *alle* explizit auflösbaren algebraischen Variablen $\mathbf{y}_e$ vor dem Integrator „versteckt" werden, da diese Variablen aus den anderen Variablen explizit berechnet werden. Aus Sicht des Integrators hat sich damit die Systemordnung erniedrigt. Bei der objektorientierten Modellierung gibt es viele algebraische Variablen, da z.B. in der Regel alle Schnittstellen-Variablen rein algebraisch sind, so daß die Ordnungsreduktion oft beträchtlich ist.

Die sortierte DAE (20.15) kann auch mit einem Integrator für Zustandssysteme (20.13a), z.B. einem Runge-Kutta Verfahren, gelöst werden. Dann muß eine Funktion zur Verfügung gestellt werden, mit der die Ableitung des Zustandsvektors $\dot{\mathbf{x}}$, bei gegebenem Zustand $\mathbf{x}$, berechnet wird. Hierzu werden die impliziten Variablen $\dot{\mathbf{x}}_i, \mathbf{y}_i$ durch *numerisches* Lösen von $\mathbf{0} = \mathbf{f}_r\left(..\right)$ bestimmt. Mit $\dot{\mathbf{x}}_e = \mathbf{f}_x\left(..\right)$ werden dann die restlichen Zustandsableitungen berechnet. Wenn das implizite Teilsystem linear in den Unbekannten ist, muß nur ein lineares Gleichungssystem gelöst werden. Dies ist unproblematisch. Das Modell kann dann auch für *Echtzeit-Simulationen* eingesetzt werden, da die Rechenzeit für einen Funktionsaufruf immer gleich ist und z.B. ein Euler-Verfahren zur Lösung verwendet werden kann.

Die DAE (20.12) wird mittels einer *symbolischen* Transformation in die sortierte DAE (20.15) umgeformt. Ist der implizite Teil in (20.15) immer noch

„groß" (z.B. $\dim(\mathbf{f}_r) > 100$) sollten auf jeden Fall zur weiteren Lösung *numerische* „Sparse-Matrix"-Verfahren eingesetzt werden. Ein Standardwerk für unstrukturierte nicht-iterative Verfahren ist [810]. Sparse-Matrix-Löser gibt es z.B. in der Harwell-Bibliothek (lizenziert; http://www.dci.clrc.ac.uk/Activity.-HSL) oder in der Mesach-Bibliothek (public domain; ftp://ftpmaths.anu.edu.-au/pub/meschach/). Aus Effizienzgründen wird hier die Jacobi-Matrix der sortierten DAE benötigt. Diese kann relativ einfach durch automatische Differentiation aus (20.15) ermittelt werden. Die vorstehenden Überlegungen können folgendermaßen zusammengefaßt werden:

> *Ein Objektdiagramm wird in ein nichtlineares Gleichungssystem der Form*
> $$0 = \mathbf{f}_z\,(\mathbf{z},\mathbf{x},\mathbf{u},\mathbf{p},t), \quad \text{mit} \quad \mathbf{z} = \begin{bmatrix} \dot{\mathbf{x}} \\ \mathbf{y} \end{bmatrix} \qquad (20.17)$$
> *überführt. Ziel ist es, dieses Gleichungssystem durch algebraische, symbolische Umformungen möglichst explizit nach den Unbekannten* $\mathbf{z}$ *aufzulösen.*

BLT–Transformation

Der wichtigste Algorithmus zur Lösung dieser Aufgabenstellung ist die *Block-Lower-Triangular* Transformation (abgekürzt: BLT–Transformation). Hier wird durch Permutation der Gleichungen und Permutation der Unbekannten versucht, Gl. (20.17) in eine *rekursiv auflösbare* Form zu transformieren, siehe z.B. [812, 810, 838]. Die Grundidee wird an einem Beispiel mit fünf Gleichungen erläutert:

$$
\begin{aligned}
f_1\,(z_3, z_4) &= 0 \\
f_2\,(z_2) &= 0 \\
f_3\,(z_2, z_3, z_5) &= 0 \qquad \mathbf{S}_1 = \\
f_4\,(z_1, z_2) &= 0 \\
f_5\,(z_1, z_3, z_5) &= 0
\end{aligned}
\qquad
\mathbf{S}_1 =
\begin{array}{ccccc}
z_1 & z_2 & z_3 & z_4 & z_5 \\
\left[\begin{array}{ccccc}
0 & 0 & 1 & 1 & 0 \\
0 & 1 & 0 & 0 & 0 \\
0 & 1 & 1 & 0 & 1 \\
1 & 1 & 0 & 0 & 0 \\
1 & 0 & 1 & 0 & 1
\end{array}\right]
\end{array}
$$

Die Gleichungsstruktur wird durch die Inzidenzmatrix $\mathbf{S}_1$ wiedergegeben die anzeigt, ob die k-te Variable (= k-te Spalte) in der i-ten Gleichung (= i-te Zeile) auftritt oder nicht. Durch Permutation der Gleichungen und Variablen, bzw. durch Permutation von Zeilen und Spalten von $\mathbf{S}_1$, kann dieses Gleichungssssystem auf BLT–Form transformiert werden:

$$
\begin{aligned}
f_2\,(\underline{z_2}) &= 0 \\
f_4\,(\underline{z_1}, z_2) &= 0 \\
f_3\,(z_2, \underline{z_3}, z_5) &= 0 \\
f_5\,(z_1, z_3, \underline{z_5}) &= 0 \\
f_1\,(z_3, \underline{z_4}) &= 0
\end{aligned}
\qquad
\mathbf{S}_2 =
\begin{array}{ccccc}
z_2 & z_1 & z_3 & z_5 & z_4 \\
\left[\begin{array}{ccccc}
1 & 0 & 0 & 0 & 0 \\
1 & 1 & 0 & 0 & 0 \\
1 & 0 & 1 & 1 & 0 \\
0 & 1 & 1 & 1 & 0 \\
0 & 0 & 1 & 0 & 1
\end{array}\right]
\end{array}
$$

Auf Grund der unteren Block-Dreiecksform von $\mathbf{S}_2$ können die Funktionen rekursiv nach den unterstrichenen Variablen gelöst werden, die den Diagonalelementen von $\mathbf{S}_2$ entsprechen. Damit wird zuerst z_2 aus f_2 und f_4 aus z_1 berechnet. f_3, f_5 müssen simultan nach z_3, z_5 aufgelöst werden. Schließlich wird z_4 aus f_1 berechnet. Wenn die aufzulösenden Variablen *linear* in den jeweiligen Gleichungen auftreten (z.B. z_1 linear in f_4), können diese Gleichungen *explizit* gelöst werden, so daß f_3, f_5 den impliziten und f_2, f_4, f_1 den expliziten Teil von (20.15) bilden.

Block-Dreiecksformen mit *minimalen* Dimensionen der Diagonalblöcke werden als *BLT–Form* bezeichnet. D.h. es ist *nicht* möglich durch Permutationen von Variablen und Gleichungen auf algebraische Gleichungssysteme geringerer Dimension zu transformieren. Die BLT–Form kann mit einem kompakten, effizienten Algorithmus der Ordnung $O(nm)$ berechnet werden, wobei n die Zahl der Gleichungen und m die Zahl der „Einsen" der Inzidenzmatrix ist. In vielen praktischen Fällen ist der Algorithmus $O(n)$, d.h. linear in der Zahl der Gleichungen, und kann auf einem PC in wenigen Sekunden Systeme mit $n = 10\,000...100\,000$ transformieren. Im folgenden wird dieser Algorithmus näher erläutert. Da bei der Transformation auf BLT–Form nur Gleichungen und Variablen permutiert werden, wird der *Rang* des Gleichungssystems nicht verändert, so daß diese Transformation immer zulässig ist.

Das Zuordnungsproblem

In einem *ersten* Schritt wird ermittelt, nach welcher Variablen eine Gleichung aufgelöst werden muß (z.B. f_1 nach z_4 im obigen Beispiel). Dies kann als Zuordnungsproblem angesehen werden, welches kompakt mit dem folgenden rekursiven Algorithmus[4] (nach [851]) gelöst wird:

Algorithmus 20.1 (Zuordnungsproblem)

```
assign(j) := 0, j=1,2,..,n
for <alle Gleichungen i=1,2,..,n>
    vMark(j) := false, j=1,2,..,n;
    eMark(j) := false, j=1,2,..,n;
    if not pathFound(i), error;
end for
```

Es werden drei globale Felder benutzt: $\texttt{assign}(j) = i$ gibt an, daß Gleichung i nach der Variablen j aufzulösen ist. Wenn $i = 0$, wurde für Variable j noch keine zugeordnete Gleichung ermittelt. Die Bool'schen Felder $\texttt{vMark}$ und $\texttt{eMark}$ werden benutzt, um zu markieren, welche Variablen ($\texttt{vMark}$) und welche Gleichungen ($\texttt{eMark}$) schon untersucht wurden. Die Zuordnung für *eine* Gleichung wird mit der Hilfsfunktion $\texttt{pathFound}$ ermittelt:

---

[4] Für die im folgenden behandelten Algorithmen wird eine allgemein verständliche Pseudo-Notation verwendet.

Algorithmus 20.2

```
function success = pathFound(i)
  // Bestimme die Zuordnung von Gleichung i
  eMark(i) = true;
  if <assign(j)=0 für eine Variable j
       von Gleichung i> then
     success   := true;
     assign(j) := i;
  else
     success := false;
     for <jede Variable j von Gleichung i
           mit vMark(j) = false>
        vMark(j)  := true;
        success   := pathFound( assign(j) );
        if success then
           assign(j) := i;
           return
        end if
     end for
  end if
end
```

Wenn z.B. die ersten vier Gleichungen des Beispiels schon untersucht wurden, gibt es die folgenden Zuordnungen auf der linken Seite von (20.18) (durch [] gekennzeichnet):

$$
\begin{array}{llcl}
f_1\left([z_3], z_4\right) & = 0 & \qquad & f_1\left(z_3, [z_4]\right) = 0 \\
f_2\left([z_2]\right) & = 0 & & f_2\left([z_2]\right) = 0 \\
f_3\left(z_2, z_3, [z_5]\right) & = 0 & \Rightarrow & f_3\left(z_2, z_3, [z_5]\right) = 0 \\
f_4\left([z_1], z_2\right) & = 0 & & f_4\left([z_1], z_2\right) = 0 \\
f_5\left(z_1, z_3, z_5\right) & = 0 & & f_5\left(z_1, [z_3], z_5\right) = 0
\end{array}
\qquad (20.18)
$$

Jetzt soll die Zuordnung von Gleichung f_5 ermittelt werden. Alle Variablen von f_5 haben schon eine Zuordnung, da z_1 der Gleichung f_4, z_3 der Gleichung f_1, und z_5 der Gleichung f_3 zugeordnet ist. Damit schlägt der erste **if**-Zweig von der Funktion pathfound fehl (assign(j) > 0 für alle Variablen von Gleichung f_5). Im **else**-Zweig wird jetzt versucht, die bisher gefundene Zuordnung der Gleichungen f_1–f_4 so zu ändern, daß eine der Variablen von f_5 ihre Zuordnung verliert: Die erste Variable z_1 von f_5 ist f_4 zugeordnet. Der Versuch z_2 als Zuordnung bei f_4 zu benutzen schlägt fehl, da f_2 nur die Zuordnung z_2 zuläßt. Die zweite Variable z_3 von f_5 ist f_1 zugeordnet. Hier kann statt z_3 auch z_4 als Zuordnung benutzt werden, so daß f_3 als Zuordnung von f_5 benutzt werden kann. Als Resultat erhält man die rechte Seite von (20.18).

Wenn die Funktion pathfound auf oberster Ebene als Rückgabewert **false** liefert, gibt es keine Zuordnung zu Gleichung i, und die durch eMark markierten Gleichungen sind strukturell singulär (Beweis siehe [851], S. 217). D.h.

gleichgültig wie die markierten Funktionen aufgebaut sind, bilden diese ein Gleichungssystem, welches keinen vollen Zeilenrang besitzt, so daß die Voraussetzung (20.12) verletzt ist und die DAE durch algebraische Umformungen nicht in Zustandsform transformiert werden kann. Durch Ausgabe der markierten Gleichungen kann dem Anwender mitgeteilt werden, welche Modellteile zu der Singularität führen.

Schleifen eines gerichteten Graphen

Nachdem nun *jeder* Gleichung *eine* Variable zugeordnet ist, kann das Gleichungssystem als *gerichteter Graph* dargestellt werden. Hierbei repräsentiert jeder Knoten eine Gleichung f_i mit der zugeordneten Variablen v_j, wobei $i = \text{assign}(j)$, d.h. die Variable v_j wird an diesem Knoten mittels der Gleichung f_i berechnet. Eine Kante $(v_j \to v_k)$ gibt an, daß die Variable v_k von der Gleichung f_i benötigt wird, um die Variable v_j zu berechnen, siehe Bild 20.22. Die Aufgabe besteht jetzt

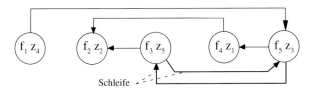

Abb. 20.22: *Gerichteter Graph des Beispiels*

darin, die *Schleifen*[5] des so konstruierten gerichteten Graphen zu ermitteln. Diese entsprechen den algebraischen Gleichungssystemen minimaler Dimension, bzw. den Diagonalblöcken der BLT–Form. Die Aufgabe wird mit dem Algorithmus von Tarjan [857] gelöst, der wiederum kompakt als rekursiver Algorithmus angegeben werden kann, siehe Tabelle 20.8.

Nachdem die Schleifen identifiziert sind, liegt ein azyklischer Graphen vor (mit den Schleifen als „Superknoten"), der rekursiv ausgewertet werden kann. Damit ist die Auswertungs-Reihenfolge der Gleichungen festgelegt und die BLT–Form bestimmt.

Tearing

Durch die Transformation auf BLT–Form werden die algebraischen Schleifen minimaler Dimension effizient ermittelt. Für viele physikalische Systeme sind diese Schleifen jedoch immer noch unnötig groß. Die Dimension der Schleifen kann durch intelligente *Variablen-Substitution* weiter verringert werden. Diese Verfahrensart ist unter unterschiedlichen Namen in vielen Fachgebieten bekannt und wurde wohl zum ersten Mal von Kron [836] dargestellt.

---

[5] Im Englischen werden die Schleifen eines gerichteten Graphen "strong components" genannt.

Algorithmus 20.3 (Tarjans Algorithmus)

```
i := 0
number (j) := 0, j=1,2,..,n
lowLink(j) := 0, j=1,2,..,n
<initialisiere Stack>

for <alle Knoten v=1,2,..,n>
  if number(v) == 0, strongConnect(v);
end for

procedure strongConnect(v)
  i := i+1
  number (v) := i;
  lowLink(v) := i;
  <setze v auf den Stack>

  for <alle Knoten w die von v direkt erreichbar sind>
    if number(w) == 0 then
       strongConnect(w);
       lowLink(v) = min(lowLink(v),lowLink(w));
    else if number(w) < number(v) then
      if <Knoten w ist auf dem Stack> then
         lowLink(v) = min(lowLink(v),number(w));
      end if
    end if
  end for

  if lowlink(v) == number(v) then
    // v ist die Wurzel eines neuen ßtrong components"
      while <fuer das oberste Stackelement w gilt:
              number(w) >= number(v)>
         <Entferne w von Stack;
          w ist Teil des aktuellen ßtrong components">
      end while
  end if
end
```

Tabelle 20.8: *Der Algorithmus von Tarjan*

Das Verfahren wird hier als *Tearing* bezeichnet. Es gibt viele Varianten. Die einfache Grundidee wird an einem Beispiel erläutert:

$$
\begin{aligned}
z_1 &= f_1(z_5) \\
z_2 &= f_2(z_1) \\
z_3 &= f_3(z_1, z_2) \\
z_4 &= f_4(z_2, z_3) \\
z_5 &= f_5(z_4, z_1)
\end{aligned}
$$

Dieses Gleichungssystem kann durch *Sortierung* nicht auf ein Gleichungssystem niederer Ordnung transformiert werden. Durch Substitution der Variablen z_1, z_2, z_3, z_4 in die letzte Gleichung kann jedoch einfach auf die Ordnung Eins reduziert werden:

$$
\begin{aligned}
z_5 &= f_5(f_4(f_2(f_1(z_5)), f_3(\ldots)), f_1(z_5)) \\
z_1 &:= f_1(z_5) \\
z_2 &:= f_2(z_1) \\
z_3 &:= f_3(z_1, z_2) \\
z_4 &:= f_4(z_2, z_3)
\end{aligned}
$$

Die Variable z_5 wird aus der ersten Gleichung bestimmt und danach die restlichen Variablen durch eine einfache Vorwärtsrekursion. Diese *direkte* Vorgehensweise hat den entscheidenden Nachteil, daß z.B. die Funktionen f_1 5-Mal und f_2 3-Mal ausgewertet werden. Das Tearing Verfahren führt zu einer effizienteren Lösung, indem die Residuen-Gleichung $0 = \bar{f}_5(z_5)$ rekursiv berechnet wird (man beachte, daß z_5 Eingangsargument der Funktion $\bar{f}_5$ ist, und damit eine bekannte Größe):

$$
\begin{aligned}
z_1 &:= f_1(z_5) \\
z_2 &:= f_2(z_1) \\
z_3 &:= f_3(z_1, z_2) \\
z_4 &:= f_4(z_2, z_3) \\
\bar{f}_5 &:= f_5(z_4, z_1) - z_5
\end{aligned}
$$

Auf diese Weise wird das Gleichungssystem auch auf die Dimension Eins reduziert, jedoch wird jede Funktion f_i nur einmal berechnet. Wenn $\bar{f}_5$ linear von z_5 abhängt, kann problemlos auf ein lineares System der Ordnung eins transformiert und dann gelöst werden.

Die Schwierigkeit beim Tearing-Verfahren besteht darin, die Residuen-Gleichungen (hier: f_5) und die Tearing-Variablen (hier: z_5) durch einen Algorithmus so zu bestimmen, daß die Dimension des Zielsystems möglichst klein wird. In [805] wird gezeigt, daß diese Aufgabe zu einem nicht-polynomialen Algorithmus führt, im wesentlichen also nur durch Ausprobieren aller Varianten ermittelt werden kann. Dies ist auf Grund der exponentiell anwachsenden Zahl von Möglichkeiten nicht praktikabel. Deswegen gibt es nur heuristische Vefahren. Die üblichen Tearing-Algorithmen, siehe z.B. [810, 838], sind für die objektorientierte Modellierung nicht geeignet, da zur Sicherstellung der Regularität der

Transformation eine Pivotisierung durchgeführt werden muß, die nur eine rein numerische Auswertung erlaubt. Hierfür sind jedoch in der Regel die direkten Sparse-Matrix-Verfahren basierend auf einer LU-Zerlegung besser geeignet.

In [817] wurde zum ersten Mal gezeigt, wie das Tearing-Verfahren in der objektorientierten Modellierung für eine symbolische Transformation eingesetzt werden kann. In [805] wird die Eigenschaft ausgenutzt, daß in der objektorientierten Modellierung die Details der Gleichungen bekannt sind. Insbesondere kann durch eine geeignete Kandidatenauswahl *garantiert* werden, daß die Transformation regulär ist, wenn z.b. nur solche Variablen substituiert werden, die linear in einer Gleichung auftreten, wobei der Vorfaktor eine nicht-verschwindende Konstante ist (z.B. trifft diese Eigenschaft im obigen Beispiel auf z_i in der i-ten Gleichung zu). Dies hat den entscheidenden Vorteil, daß die Transformation im voraus erfolgen kann und der Suchprozeß zum Auffinden von Tearing-Variablen und Residuen-Gleichungen nicht in jedem Integrationsschritt wiederholt werden muß. Basierend auf dieser Idee, wird in [805] ein einfaches heuristisches Verfahren angegeben, um explizit auflösbare *algebraische* Variable zu erhalten.

Für Dymola [811], Version 3.1, wurde von H. Elmqvist und M. Otter ein wesentlich verbessertes Tearing-Verfahren basierend auf dieser Grundidee entwickelt . Die Effektivität kann an folgendem Beispiel demonstriert werden: Eine Kette von 30 Körpern, die durch je um 90° versetzte Drehgelenke miteinander verbunden sind, führt auf eine DAE mit 3600 Gleichungen. Durch BLT–Transformation wird eine lineare algebraische Schleife mit 1200 Gleichungen ermittelt. Diese wird durch Tearing (automatisch) auf die von der Mechanik her bekannte Minimal-Dimension 30 reduziert. Die komplette Transformation benötigt auf einem 200 MHz PC rund 2 Sekunden. Die genauen Details dieser Algorithmuses würden zu weit führen und werden deswegen hier nicht besprochen.

Zusammenfassung

Ein Objektdiagramm kann sehr einfach in eine DAE überführt werden. Diese kann durch BLT–Transformation und Tearing in eine sortierte DAE transformiert werden, in der möglichst viele Zustandsableitungen und algebraische Variablen explizit berechenbar sind. Die sortierte DAE kann dann mit Standard-Integrationsverfahren, eventuell unter Verwendung von numerischen Sparse-Matrix-Methoden, gelöst werden.

Es zeigt sich, daß die symbolischen Transformationsalgorithmen eine DAE für viele Systeme in eine effizient auswertbare Form überführen, die kaum verbessert werden kann, z.B. für Blockdiagramme, Antriebsstränge, elektrische Schaltkreise. Spezielle Strukturen, wie Symmetrie oder positive Definitheit, die bei der Gleichungserstellung ausgenutzt werden könnten, werden jedoch nicht erkannt. So werden 3D-mechanische Systeme zwar in der Regel auf die bekannte Standardform $\mathbf{M}(\mathbf{q})\ddot{\mathbf{q}} = \mathbf{f}(\mathbf{q}, \dot{\mathbf{q}})$ transformiert, mit $\mathbf{q}$ die Minimalkoordinaten des Systems. Jedoch wird nicht erkannt, daß die Massenmatrix $\mathbf{M}$ symmetrisch ist.

20.7 Lineare Deskriptorsysteme

Im vorigen Unterkapitel wurden Algorithmen erläutert, um ein objektorientiertes Modell in eine effizient auswertbare Zustandsform oder sortierte DAE–Form zu transformieren. Eine solche Transformation war nur unter der Voraussetzung möglich, daß die Jacobi-Matrix der DAE bezüglich der Ableitungen der differenziert auftretenden Variablen $\dot{\mathbf{x}}(t)$ und der rein algebraischen Variablen $\mathbf{y}(t)$ *regulär* ist. Diese Annahme wird jetzt fallengelassen. Um die Eigenschaften solcher Systeme möglichst verständlich zu erläutern, werden in diesem Kapitel nur *lineare* Systeme betrachtet, bei denen diese Jacobimatrix singulär ist. Im nächsten Abschnitt werden die Ergebnisse auf nichtlineare Systeme verallgemeinert.

Die Beschreibung singulärer Deskriptorsysteme wird anhand eines einfachen Beispiels diskutiert. Hierzu wird, ähnlich wie in Kap. 20.3 für elektrische Komponenten, eine einfache Bibliothek für eindimensionale, rotatorische mechanische Komponenten verwendet, siehe Tabelle 20.9.

Drehträgheit		$\Phi_1 = \Phi_2$ $\dot{\Phi}_1 = \Omega_1$ $\Theta \cdot \dot{\Omega}_1 = M_1 + M_2$
Ideales Getriebe		$\Phi_1 = \ddot{u} \cdot \Phi_2$ $M_2 = \ddot{u} \cdot M_1$
Planetengetriebe		z_s: Zähnezahl Sonnenrad z_h: Zähnezahl Hohlrad $\ddot{u} = z_h/z_s$ $(1 + \ddot{u}) \cdot \Phi_t = \Phi_s + \ddot{u} \cdot \Phi_h$ $M_h = \ddot{u} \cdot M_s$ $0 = M_t + (1 + \ddot{u}) \cdot M_s$
Elastizität		$0 = M_1 + M_2$ $M_2 = c \cdot (\Phi_2 - \Phi_1)$
Dämpfer		$0 = M_1 + M_2$ $M_2 = d \cdot (\dot{\Phi}_2 - \dot{\Phi}_1)$

Tabelle 20.9: *Objektgleichungen 1D mechanischer Komponenten*

Wie in Kapitel 20.5 erläutert, werden über eine Schnittstelle einer mechanischen Komponente der absolute Winkel Φ, sowie das Schnittmoment M, übertragen. Eine Verbindung zweier mechanischer Schnittstellen bedeutet, daß die lokalen Flansch-Koordinatensysteme der Schnittstellen zur Deckung gebracht werden. Damit werden die Winkel der beteiligten Schnittstellen gleichgesetzt und es wird eine Nullsummen-Gleichung für die Schnittmomente erzeugt. Basierend auf dieser Schnittstellen-Definition sind in Tabelle 20.9 Komponenten zur Beschreibung von Drehträgheit, ideales Getriebe, Planetengetriebe, Elastizität und Dämpfer aufgeführt. Die Komponente „Drehträgheit" enthält z.B. Gleichungen, mit denen definiert wird, daß die Winkel in den beiden Schnittstellen der Komponente identisch sind, daß die Winkelgeschwindigkeit die Ableitung eines der Winkel ist, sowie das Gesetz von Newton/Euler, daß die Summe der angreifenden Momente gleich der Änderung des Drehimpulses $J\,\Omega$ ist. Das Planetengetriebe wird im Beispiel von Abb. (20.41) auf S. 1009 benötigt. Im folgenden soll der einfache Antriebsstrang von Abb. 20.23 im Detail analysiert werden. Dieser be-

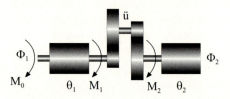

Abb. 20.23: *Objektdiagramm eines Antriebsstrangs*

steht aus einem antreibenden Moment M_0, der Motorträgheit Θ_1 der Welle W1, einem idealen Getriebe G mit der Übersetzung $\ddot{u}$, sowie der Lastträgheit Θ_2 der Welle W2. Die Elastizität im Getriebe wird vernachlässigt. Wie in Kapitel 20.3 gezeigt, erstellt ein objektorientiertes Modellierungssystem aus dem Objektdiagramm zuerst das folgende Gesamtgleichungssystem:

$$
\begin{array}{c|cr}
\mathbf{W1} & \dot{\Phi}_1 = \Omega_1 & (20.19a) \\
 & \Theta_1 \cdot \dot{\Omega}_1 = M_0 - M_1 & (20.19b) \\
\hline
\mathbf{W2} & \dot{\Phi}_2 = \Omega_2 & (20.19c) \\
 & \Theta_2 \cdot \dot{\Omega}_2 = M_2 & (20.19d) \\
\hline
\mathbf{G} & \Phi_1 = \ddot{u} \cdot \Phi_2 & (20.19e) \\
 & M_2 = \ddot{u} \cdot M_1 & (20.19f) \\
\end{array}
$$

Aus Gründen der Übersichtlichkeit sind in dem Gleichungssystem alle Variablen durchnummeriert (z.B. Φ_2 statt W2.Φ_1) und die trivialen Verbindungsgleichungen, wie W1.Φ_2=G.Φ_1, sind schon substitutiert. Die Gleichungen (20.19) bilden eine DAE (20.10) mit $\mathbf{x}_1 = [\Phi_1\ \Omega_1\ \Phi_2\ \Omega_2]^T$ und $\mathbf{y}_1 = [M_1\ M_2]^T$ und bestehen aus sechs Gleichungen zur Berechnung der sechs Unbekannten $\dot{\mathbf{x}}_1, \mathbf{y}_1$ bei gegebenem Zustandsvektor $\mathbf{x}_1$. Diese DAE kann jedoch nicht in die Zustandsform transformiert werden, da die Jacobimatrix *singulär* ist, da (20.19e) keine der Unbekannten enthält, und eine algebraische Beziehung zwischen den als bekannt angenommenen Zustandsgrößen Φ_1 und Φ_2 darstellt. Das obige Gleichungssystem wird jetzt mit unterschiedlichen Methoden analysiert.

20.7.1 Manuelle Transformation in die Zustandsform

Gleichung (20.19e) stellt eine Beziehung zwischen als bekannt angenommenen Größen dar. Hieraus folgt, daß diese Annahme falsch ist. Mit anderen Worten: Eine der Variablen Φ_1 oder Φ_2 kann kein Zustand sein. Da wir primär an der Regelung der Lastposition Φ_2 interessiert sind, wird dieser Zustand beibehalten, und es wird angenommen, daß Φ_1 eine *Unbekannte* und kein Zustand mehr ist und aus (20.19e) berechnet wird. Φ_1 wird jetzt an allen Stellen im Gleichungssystem durch $\ddot{u}\Phi_2$ ersetzt. Da in (20.19) auch $\dot{\Phi}_1$ auftritt, muß zusätzlich (20.19e) einmal *differenziert* werden, um über die Gleichung $\dot{\Phi}_1 = \ddot{u}\dot{\Phi}_2$ auch $\dot{\Phi}_1$ zu eleminieren. Dies führt auf das folgende modifizierte Gleichungssystem:

$$
\begin{array}{c|cc}
\mathbf{W1} & \ddot{u} \cdot \dot{\Phi}_2 = \Omega_1 & (20.20a) \\
& \Theta_1 \cdot \dot{\Omega}_1 = M_0 - M_1 & (20.20b) \\
\hline
\mathbf{W2} & \dot{\Phi}_2 = \Omega_2 & (20.20c) \\
& \Theta_2 \cdot \dot{\Omega}_2 = M_2 & (20.20d) \\
\hline
\mathbf{G} & M_2 = \ddot{u} \cdot M_1 & (20.20f)
\end{array}
$$

Die Gleichungen (20.20) bilden wiederum ein Deskriptorsystem (20.10) mit $\mathbf{x}_2 = [\Omega_1 \ \Phi_2 \ \Omega_2]^T$ und $\mathbf{y}_2 = [M_1 \ M_2]^T$ und bestehen aus fünf Gleichungen zur Berechnung der fünf Unbekannten $\dot{\mathbf{x}}_2, \mathbf{y}_2$ bei gegebenem Zustandsvektor $\mathbf{x}_2$. Eine Transformation in die Zustandsform ist jedoch immer noch nicht möglich, da (20.20a) und (20.20c) zwei Gleichungen für die eine Unbekannten $\dot{\Phi}_2$ sind und damit wiederum eine singuläre Jacobimatrix vorliegt. Da in (20.20a) und (20.20c) die beiden als bekannt angenommenen Zustände Ω_1 und Ω_2 auftreten, muß einer dieser beiden Zustände als *Unbekannte* angesehen werden, um ein Gleichungssystem mit zwei Gleichungen und zwei Unbekannten zu erhalten. Da Φ_1 keine Zustandsgröße mehr ist, wird auch Ω_1 als eine neue Unbekannte betrachtet, die aus Gleichung (20.20a) berechnet wird. Da auch $\dot{\Omega}_1$ in (20.20) auftritt, müssen wiederum die Zwangsbedingungen, d.h. (20.20a), (20.20c), differenziert werden, um die Gleichung $\dot{\Omega}_1 = \ddot{u}\dot{\Omega}_2$ zu erhalten. Einsetzen der Bestimmungsgleichungen von $\Omega_1, \dot{\Omega}_1$ in (20.20) liefert das folgende Gleichungssystem:

$$
\begin{array}{c|cc}
\mathbf{W1} & \ddot{u} \cdot \Theta_1 \cdot \dot{\Omega}_2 = M_0 - M_1 & (20.21b) \\
\hline
\mathbf{W2} & \dot{\Phi}_2 = \Omega_2 & (20.21c) \\
& \Theta_2 \cdot \dot{\Omega}_2 = M_2 & (20.21d) \\
\hline
\mathbf{G} & M_2 = \ddot{u} \cdot M_1 & (20.21f)
\end{array}
$$

Die Gleichungen (20.21) bilden ein Deskriptorsystem (20.10) mit $\mathbf{x}_3 = [\Phi_2 \ \Omega_2]^T$ und $\mathbf{y}_3 = [M_1 \ M_2]^T$ und bestehen aus vier Gleichungen zur Berechnung der vier Unbekannten $\dot{\mathbf{x}}_3, \mathbf{y}_3$ bei gegebenem Zustandsvektor $\mathbf{x}_3$. Das jetzige System hat eine reguläre Jacobimatrix und kann durch Einsetzen von (20.21f) und (20.21b) in (20.21d) in die folgende Zustandsform transformiert werden:

$$\dot{\Phi}_2 = \Omega_2 \tag{20.22a}$$

$$\dot{\Omega}_2 = \frac{\ddot{u}}{\Theta_2 + \ddot{u}^2\Theta_1} M_0 \tag{20.22b}$$

Diese Zustandsform kann jetzt mit Standardmethoden gelöst werden. Insbesondere kann nach Vorgabe von Anfangswerten $\Phi_2(t_0), \Omega_2(t_0)$ und des gegebenen Eingangsmoments $M_0(t)$ leicht die analytische Lösung berechnet werden. Man beachte, daß der Übergang von (20.19) nach (20.21) nicht in *einem* Schritt erfolgen kann, da in (20.19) nur die eine Zwangsbedingung (20.19e) vorhanden ist. Erst *nach* Auflösen dieser Zwangsbedingung treten die weiteren Zwangsbedingungen (20.20a) und (20.20c) auf.

20.7.2 Direkte Behandlung als Deskriptorsystem

Das Gleichungssystem (20.19) soll jetzt direkt analysiert werden, ohne das Modell in die Zustandsform zu transformieren. Hierzu werden diese Gleichungen in der Standardform (20.8) linearer Deskriptorsysteme dargestellt:

$$
\underbrace{\begin{bmatrix} 1 & 0 & 0 & 0 & 0 & 0 \\ 0 & 1 & 0 & 0 & 0 & 0 \\ 0 & 0 & \Theta_1 & 0 & 0 & 0 \\ 0 & 0 & 0 & \Theta_2 & 0 & 0 \\ 0 & 0 & 0 & 0 & 0 & 0 \\ 0 & 0 & 0 & 0 & 0 & 0 \end{bmatrix}}_{\mathbf{E}}
\underbrace{\begin{bmatrix} \dot{\Phi}_1 \\ \dot{\Phi}_2 \\ \dot{\Omega}_1 \\ \dot{\Omega}_2 \\ \dot{M}_1 \\ \dot{M}_2 \end{bmatrix}}_{\dot{\mathbf{x}}}
=
\underbrace{\begin{bmatrix} 0 & 0 & 1 & 0 & 0 & 0 \\ 0 & 0 & 0 & 1 & 0 & 0 \\ 0 & 0 & 0 & 0 & -1 & 0 \\ 0 & 0 & 0 & 0 & 0 & 1 \\ -1 & \ddot{u} & 0 & 0 & 0 & 0 \\ 0 & 0 & 0 & 0 & -\ddot{u} & 1 \end{bmatrix}}_{\mathbf{A}}
\underbrace{\begin{bmatrix} \Phi_1 \\ \Phi_2 \\ \Omega_1 \\ \Omega_2 \\ M_1 \\ M_2 \end{bmatrix}}_{\mathbf{x}}
+
\underbrace{\begin{bmatrix} 0 \\ 0 \\ 1 \\ 0 \\ 0 \\ 0 \end{bmatrix}}_{\mathbf{B}}
\underbrace{M_0}_{\mathbf{u}}
$$

$$\tag{20.23}$$

Da die letzten beiden Zeilen der Matrix $\mathbf{E}$ Null sind, ist $\mathbf{E}$ auf jeden Fall singulär, so daß keine Inversion von $\mathbf{E}$ möglich ist, und damit auch keine direkte Transformation in die Zustandsform (20.7).

In Tabelle 20.10 sind in der rechten Spalte die wichtigsten Eigenschaften linearer Deskriptorsysteme den korrespondierenden Eigenschaften linearer Zustandssysteme in der mittleren Spalte gegenübergestellt. Diese Eigenschaften werden im folgenden anhand des obigen, einfachen Beispiels diskutiert.

Ein Deskriptorsystem (20.8) hat bei konsistenten Anfangsbedingungen dann und nur dann eine eindeutige Lösung, wenn es Werte λ gibt, so daß die Determinante $\det(\mathbf{A} - \lambda\mathbf{E})$ ungleich Null ist, siehe auch erste Zeile in Tabelle 20.10, (20.25). Verschwindet diese Determinante für *alle* Werte von λ, gibt es entweder *keine* Lösung oder *unendlich viele* Lösungen. Wie diese Bedingung rechnerisch konkret überprüft werden kann, wird weiter unten erläutert. Im folgenden wird angenommen, daß diese Bedingung erfüllt ist, also eine eindeutige Lösung existiert.

	Zustandsform	*Deskriptorform*
Gleichungen	$\begin{aligned}\dot{\mathbf{x}} &= \mathbf{Ax} + \mathbf{Bu} \\ \mathbf{y} &= \mathbf{Cx} + \mathbf{Du}\end{aligned}$ (20.24)	$\begin{aligned}\mathbf{E\dot{x}} &= \mathbf{Ax} + \mathbf{Bu} \\ \mathbf{y} &= \mathbf{Cx} + \mathbf{Du}\end{aligned}$ (20.25) $(\det(\mathbf{A} - \lambda\mathbf{E}) \not\equiv 0)$
Übertragungsfktn. dim(**u**)=dim(**y**)=1	$\mathbf{y} = \{\mathbf{D} + \mathbf{C}(s\mathbf{I} - \mathbf{A})^{-1}\mathbf{B}\}\,\mathbf{u}$	$\mathbf{y} = \{\mathbf{D} + \mathbf{C}(s\mathbf{E} - \mathbf{A})^{-1}\mathbf{B}\}\,\mathbf{u}$
	$y = k\,\dfrac{(s - \mu_1) \cdot (s - \mu_2) \ldots (s - \mu_{n_n})}{(s - \lambda_1) \cdot (s - \lambda_2) \ldots (s - \lambda_{n_e})}\,u$ (20.26)	
Eigenwerte λ_i mit $\|\lambda_i\| < \infty$ (20.27)	$\det(\mathbf{A} - \lambda_i\mathbf{I}) = 0$ $i = 1, 2, \ldots, n_e = n_x$ (MATLAB-Funktion: eig)	$\det(\mathbf{A} - \lambda_i\mathbf{E}) = 0$ $i = 1, 2, \ldots, n_e \le n_x$ (MATLAB-Funktion: qz)
Nullstellen μ_j mit $\|\mu_j\| < \infty$ dim(**u**)=dim(**y**) (20.28)	$\det\left(\begin{bmatrix} \mathbf{A} - \mu_j\mathbf{I} & \mathbf{B} \\ \mathbf{C} & \mathbf{D} \end{bmatrix}\right) = 0$ $j = 1, 2, \ldots, n_n \le n_x$ (MATLAB-Funktion: tzero)	$\det\left(\begin{bmatrix} \mathbf{A} - \mu_j\mathbf{E} & \mathbf{B} \\ \mathbf{C} & \mathbf{D} \end{bmatrix}\right) = 0$ $j = 1, 2, \ldots, n_n \le n_x$ (MATLAB-Funktion: qz)
λ_i steuerbar (20.29)	$\mathrm{rg}\begin{bmatrix} \mathbf{A} - \lambda_i\mathbf{I} & \mathbf{B} \end{bmatrix} = n_x$ (Eingangsentkopplungs–Nullstelle: λ_i erfüllt nicht Bedingung)	$\mathrm{rg}\begin{bmatrix} \mathbf{A} - \lambda_i\mathbf{E} & \mathbf{B} \end{bmatrix} = n_x$
λ_i beobachtbar (20.30)	$\mathrm{rg}\begin{bmatrix} \mathbf{A} - \lambda_i\mathbf{I} \\ \mathbf{C} \end{bmatrix} = n_x$ (Ausgangsentkopplungs–Nullstelle: λ_i erfüllt nicht Bedingung)	$\mathrm{rg}\begin{bmatrix} \mathbf{A} - \lambda_i\mathbf{E} \\ \mathbf{C} \end{bmatrix} = n_x$
Kronecker-Normalform (20.31)	$\mathbf{T}^{-1}(\mathbf{A} - s\mathbf{I})\mathbf{T} = \mathbf{J} - s\mathbf{I}$ (Jordansche Normalform)	$\mathbf{L}(\mathbf{A} - s\mathbf{E})\mathbf{R} = \begin{bmatrix} \mathbf{I} - s\mathbf{J}_s(0) & \mathbf{0} \\ \mathbf{0} & \mathbf{J} - s\mathbf{I} \end{bmatrix}$ (Weierstrass–Normalform)
	$\mathbf{J} = \begin{bmatrix} \mathbf{J}_s(\lambda_1) & & & \mathbf{0} \\ & \mathbf{J}_s(\lambda_2) & & \\ & & \ddots & \\ \mathbf{0} & & & \mathbf{J}_s(\lambda_k) \end{bmatrix}$	$\mathbf{J}_s(\lambda_i) = \begin{bmatrix} \lambda_i & 1 & & 0 \\ & \lambda_i & 1 & \\ & & \ddots & \\ & & \lambda_i & 1 \\ 0 & & & \lambda_i \end{bmatrix}$
Reelle Schurform (20.32)	$\mathbf{U}^T(\mathbf{A} - s\mathbf{I})\mathbf{U} = \mathbf{S}_A - s\mathbf{I}$ $(\mathbf{U}^T\mathbf{U} = \mathbf{I})$	$\mathbf{Q}(\mathbf{A} - s\mathbf{E})\mathbf{Z} = \mathbf{S}_A - s\mathbf{S}_E$ $(\mathbf{Q}^T\mathbf{Q} = \mathbf{Z}^T\mathbf{Z} = \mathbf{I})$
(hier: λ_i reell)	$\mathbf{S}_A = \begin{bmatrix} \lambda_1 & * & * & * \ldots \\ 0 & \lambda_2 & * & * \ldots \\ 0 & 0 & \lambda_3 & * \ldots \\ & & \ldots & \end{bmatrix}$	$\mathbf{S}_A = \begin{bmatrix} \alpha_1 & * & * & * \ldots \\ 0 & \alpha_2 & * & * \ldots \\ 0 & 0 & \alpha_3 & * \ldots \\ & & \ldots & \end{bmatrix}$ $\mathbf{S}_E = \begin{bmatrix} \beta_1 & * & * & * \ldots \\ 0 & \beta_2 & * & * \ldots \\ 0 & 0 & \beta_3 & * \ldots \\ & & \ldots & \end{bmatrix}$
	(MATLAB-Funktion: schur)	$\lambda_i = \alpha_i/\beta_i$ **wenn** $\beta_i \ne 0$

Tabelle 20.10: *Vergleich von linearer Zustandsform und linearer Deskriptorform*

Eine Zustandsform oder eine Deskriptorform kann durch Laplace–Transformation in die Ein–/ Ausgangsbeziehung einer Übertragungsfunktion überführt werden, siehe zweite Zeile von Tabelle 20.10, (20.26). Beim Vorliegen *einer* Eingangs- und *einer* Ausgangsgröße kann die Übertragungsfunktion dargestellt werden als

$$y = k \frac{(s - \mu_1) \cdot (s - \mu_2) \ldots (s - \mu_{n_n})}{(s - \lambda_1) \cdot (s - \lambda_2) \ldots (s - \lambda_{n_e})} u \qquad (20.33)$$

wobei k der Verstärkungsfaktor, λ_i die *Pole* und μ_i die *Nullstellen* der Übertragungsfunktion sind.

Wenn das System vollständig steuer- und beobachtbar ist, treten keine Pol–Nullstellenkürzungen auf. Dann sind die Pole identisch zu den (endlichen) *Eigenwerten* λ_i und die Nullstellen identisch zu den (endlichen) *Eigenwerten* μ_i der Systemmatrix (20.28). Diese Größen werden mit den in der vierten und fünften Zeile angegebenen Gleichungen (20.27, 20.28) berechnet.

Die Berechnungsvorschriften sind für Zustandsformen und Deskriptorformen sehr ähnlich. Der wesentliche Unterschied besteht darin, daß es für ein System in Zustandsform immer genau n_x Eigenwerte gibt (und damit auch n_x Pole wenn das System vollständig steuerbar und beobachtbar ist), wobei n_x die Dimension des Zustandsvektors $\mathbf{x}$ ist. Demgegenüber kann die Zahl der (endlichen) Eigenwerte für Deskriptorsysteme kleiner als n_x sein. Das Deskriptorsystem (20.23) hat z.B. nur zwei (endliche) Eigenwerte und nicht sechs.

Für beide Systemarten kann es bis zu n_x Systemnullstellen geben. Bei einem System in Zustandsform ist deswegen die Zahl der Nullstellen immer kleiner, oder höchstens gleich, der Zahl der Pole. D.h. das Zählerpolynom kann keine höhere Ordnung als das Nennerpolynom aufweisen. Da bei Deskriptorsystemen die Zahl der Eigenwerte kleiner als n_x sein kann, kann hier die Zahl der Nullstellen *größer* als die Zahl der Pole sein. Dies bedeutet, daß auch sprungförmige Systeme, wie z.B. ein D- oder ein PD-Glied, dargestellt werden können. Zum Beispiel kann ein D-Glied $y = s\,u$ durch das folgende Deskriptorsystem beschrieben werden:

$$\begin{bmatrix} 0 & 1 \\ 0 & 0 \end{bmatrix} \begin{bmatrix} \dot{x}_1 \\ \dot{x}_2 \end{bmatrix} = \begin{bmatrix} 1 & 0 \\ -1 & 0 \end{bmatrix} \begin{bmatrix} x_1 \\ x_2 \end{bmatrix} + \begin{bmatrix} 0 \\ 1 \end{bmatrix} u$$

$$y = \begin{bmatrix} 1 & 0 \end{bmatrix} \begin{bmatrix} x_1 \\ x_2 \end{bmatrix}$$

Mit anderen Worten: Jede Übertragungsfunktion kann als Deskriptorsystem dargestellt werden. Demgegenüber können in der Zustandsform nur Übertragungsfunktionen dargestellt werden, bei denen das Zählerpolynom keinen höheren Grad als das Nennerpolynom besitzt.

Die Berechnung von Eigenwerten und Nullstellen ist manuell mit vernünftigem Aufwand nur bei kleinen Systemen mit $n_x = 1 \ldots 4$ sinnvoll. Numerische Algorithmen zur Berechnung sind kompliziert, stehen aber z.B. in MATLAB durch Aufruf der Funktionen `eig` (Eigenwerte der Zustandsform), `tzero` (Nullstellen der Zustandsform) bzw. qz (Nullstellen + Eigenwerte der Deskriptorform) zur Verfügung.

Wird im obigen Beispiel als Ausgangssignal die Position Φ_2 der Last benutzt, ergibt sich die Übertragungsfunktion zu:

$$\Phi_2 = \frac{\ddot{u}}{\left(\Theta_2 + \ddot{u}^2 \Theta 1\right) \cdot s^2} M_0 \qquad (20.34)$$

Die Berechnung dieser Übertragungsfunktion mit (20.26) oder (20.27, 20.28) von Tabelle 20.10 ist aufwendig. Einfacher ist es, wenn die Übertragungsfunktion aus der Zustandsform (20.22) abgeleitet wird. Wie zu sehen ist, hat das System keine Nullstellen und einen doppelten Pol im Ursprung, d.h. $\lambda_1 = \lambda_2 = 0$.

In Kapitel 5.5.4 wurden die Begriffe Steuerbarkeit und Beobachtbarkeit eingeführt, sowie Gleichungen angegeben, mit denen diese Eigenschaften überprüft werden können. In der fünften und sechsten Zeile von Tabelle 20.10, (20.29, 20.30), ist eine alternative Möglichkeit zur Bestimmung dieser Eigenschaften aufgeführt. Ein Eigenwert λ_i ist nicht steuerbar bzw. nicht beobachtbar, wenn die angegebenen Matrizen nicht ihren vollen Rang n_x besitzen. Wenn *jeder* Eigenwert steuer- und beobachtbar ist, dann ist das Gesamtsystem vollständig steuer- und beobachtbar. Gegenüber den in Kapitel 5.5.4 verwendeten Gleichungen kann damit eine präzisere Aussage getroffen werden, wenn einige Eigenwerte nicht steuer- oder beobachtbar sind. Ein System kann z.b. trotzdem sinnvoll geregelt werden, wenn alle nicht steuer- und beobachtbaren Eigenwerte *stabil* sind. Der Nachteil dieser Gleichungen ist der, daß eine direkte Bestimmung mit den angegebenen Beziehungen n_e Rangbestimmungen erfordert (n_e = Zahl der Eigenwerte), während mit den Gleichungen in Kapitel 5.5.4 jeweils nur die Rangbestimmung *einer* Matrix erforderlich ist. *Numerische* Algorithmen zur Bestimmung der Steuer- und Beobachtbarkeit transformieren das Ausgangssystem zuerst in eine „günstige" Form, bei der der Rang der in Tabelle 20.10 aufgeführten Gleichungen direkt abgelesen werden kann, für Details siehe [843, 858].

Eigenwerte, die nicht steuerbar sind, werden auch als *Eingangsentkopplungs--Nullstellen* bezeichnet. Diese Eigenwerte sind immer auch Nullstellen des Systems. In der Übertragungsfunktion „kürzen" sich deswegen diese Eigenwerte mit den gleichartigen Nullstellen, so daß diese Größen in der Übertragungsfunktion nicht auftreten. Entsprechend werden nicht beobachtbare Eigenwerte auch als *Ausgangsentkopplungs--Nullstellen* bezeichnet. Auch hier „kürzen" sich in der Übertragungsfunktion diese Eigenwerte mit Nullstellen.

Um die Eigenschaften eines linearen Systems zu untersuchen, ist es zweckmässig, das System in eine möglichst einfache Form zu transformieren. Eine wichtige *Normalform* für die Zustandsdarstellung ist die in Kapitel 5.5.2 kurz diskutierte *Jordansche Normalform*, siehe auch Zeile 7 in Tabelle 20.10, (20.31), einem Spezialfall der allgemeineren *Kronecker–Normalform*, siehe [822]. Durch Einführen neuer Koordinaten $\mathbf{z}$, mit $\mathbf{x} = \mathbf{T}\mathbf{z}$ und einer geeigneten konstanten, regulären, i.a. komplexen, Matrix $\mathbf{T}$, sowie durch Linksmultiplikation mit $\mathbf{T}^{-1}$, kann auf die Normalform $\mathbf{J} = \mathbf{T}^{-1}\mathbf{A}\mathbf{T}$ transformiert werden, die auf der Diagonalen alle Eigenwerte des Systems enthält und abgesehen von eventuell auftretenden Eins-Werten in der ersten, oberen Nebendiagonalen, sonst nur Null-Elemente besitzt. Wenn alle Eigenwerte einer Matrix $\mathbf{A}$ unterschiedlich sind, ist $\mathbf{J}$ eine reine Diagonalmatrix. In dieser Normalform können die Eigenwerte direkt abgelesen werden. Weiterhin ist es in dieser Normalform sehr einfach, das Differentialgleichungssystem zu lösen, also $\mathbf{z}(t)$ zu berechnen, da die Gleichungen voneinander entkoppelt sind. Durch Rücktransformation mit $\mathbf{x}(t) = \mathbf{T}\mathbf{z}(t)$, können dann die eigentlich interessierenden Zustandsverläufe $\mathbf{x}(t)$ ermittelt werden.

Die korrespondierende Normalform für Deskriptorsysteme ist die verwandte Weierstrass–Normalform, einem Spezialfall der Kronecker–Normalform, siehe vorletzte Reihe von Tabelle 20.10, (20.31). Zur möglichst übersichtlichen Darstellung wird die Deskriptorform (20.25) zuerst mit der Laplace-Transformation in die folgende Form umgeschrieben:

$$(\mathbf{A} - s\mathbf{E})\mathbf{x} + \mathbf{B}\mathbf{u} = 0 \tag{20.35}$$

Durch Einführen neuer Koordinaten $\mathbf{z}$, mit $\mathbf{x} = \mathbf{R}\mathbf{z}$ und zwei geeigneten konstanten, regulären, i.a. komplexen, Matrizen $\mathbf{R}$ und $\mathbf{L}$, sowie einer Linksmultiplikation von (20.35) mit $\mathbf{L}$

$$\mathbf{L}(\mathbf{A} - s\mathbf{E})\mathbf{R}\mathbf{z} + \mathbf{L}\mathbf{B}\mathbf{u} = 0$$

kann auf die Weierstrass–Normalform transformiert werden:

$$\begin{bmatrix} \mathbf{I} - s\mathbf{J}_s(0) & \mathbf{0} \\ \mathbf{0} & \mathbf{J} - s\mathbf{I} \end{bmatrix} + \mathbf{L}\mathbf{B}\mathbf{u} = 0 \tag{20.36}$$

Hierbei ist $\mathbf{J}$ eine Jordansche Normalform, die alle (endlichen) Eigenwerte λ_i des Deskriptorsystems enthält und $\mathbf{J}_s(0)$ ist eine Jordansche Normalform, die einen $n_x - n_e$ fachen Null-Eigenwert $\lambda_i = 0$ besitzt:

$$\mathbf{J} = \mathbf{diag}\{\mathbf{J}_s(\lambda_1), \mathbf{J}_s(\lambda_2), \ldots, \mathbf{J}_s(\lambda_k)\} \quad \mathbf{J}_s(\lambda_i) = \begin{bmatrix} \lambda_i\,1 & & 0 \\ & \lambda_i\,1 & \\ & & \ddots & \\ & & \lambda_i\,1 \\ 0 & & \lambda_i \end{bmatrix} \tag{20.37}$$

Für das Beispiel (20.23) kann mit den neuen Variablen $\mathbf{z}$ und der Abkürzung für das reduzierte Trägheitsmoment $\Theta_g = \Theta_2 + \ddot{u}^2\Theta_1$ mit der Variablentransformation

$$\begin{bmatrix} \Phi_1 \\ \Phi_2 \\ \Omega_1 \\ \Omega_2 \\ M_1 \\ M_2 \end{bmatrix} = \begin{bmatrix} 0 & 0 & 0 & 1 & \ddot{u}\Theta_2/\Theta_g & 0 \\ 0 & 0 & 0 & -\ddot{u}\Theta_1/\Theta_2 & \Theta_2/\Theta_g & 0 \\ 0 & 0 & 1 & 0 & 0 & \ddot{u}\Theta_2/\Theta_g \\ 0 & 0 & -\ddot{u}\Theta_1/\Theta_2 & 0 & 0 & \Theta_2/\Theta_g \\ 0 & -\Theta_1 & 0 & 0 & 0 & 0 \\ -1 & -\ddot{u}\Theta_1 & 0 & 0 & 0 & 0 \end{bmatrix} \begin{bmatrix} z_1 \\ z_2 \\ z_3 \\ z_4 \\ z_5 \\ z_6 \end{bmatrix}$$

$$\mathbf{x} \quad = \quad\quad\quad\quad\quad \mathbf{R} \quad\quad\quad\quad\quad\quad \mathbf{z}$$

$$\tag{20.38}$$

sowie einer Linksmultiplikation von (20.35) mit der Matrix $\mathbf{L}$

$$
\mathbf{L} = \begin{bmatrix}
0 & 0 & 0 & 0 & 0 & -1 \\
0 & 0 & \Theta_2/(\Theta_1 \cdot \Theta_g) & -\ddot{u}/\Theta_g & 0 & \ddot{u}/\Theta_g \\
\Theta_2/\Theta_g & -\ddot{u} \cdot \Theta_2/\Theta_g & 0 & 0 & 0 & 0 \\
0 & 0 & 0 & 0 & -\Theta_2/\Theta_g & 0 \\
\ddot{u} \cdot \Theta_1/\Theta_2 & 1 & 0 & 0 & 0 & 0 \\
0 & 0 & \ddot{u}/\Theta_2 & 1/\Theta_2 & 0 & -1/\Theta_2
\end{bmatrix}
$$

$$(20.39)$$

auf die Weierstrass–Normalform transformiert werden:

$$
\begin{array}{ccccc}
\mathbf{L}(\mathbf{A} - s\mathbf{E})\mathbf{R} & \mathbf{z} & + & \mathbf{LB} & \mathbf{u} & = & \mathbf{0}
\end{array}
$$

$$
\left[\begin{array}{cccc|cc}
1 & 0 & 0 & 0 & 0 & 0 \\
0 & 1 & -s & 0 & 0 & 0 \\
0 & 0 & 1 & -s & 0 & 0 \\
0 & 0 & 0 & 1 & 0 & 0 \\
\hline
0 & 0 & 0 & 0 & -s & 1 \\
0 & 0 & 0 & 0 & 0 & -s
\end{array}\right]
\begin{bmatrix} z_1 \\ z_2 \\ z_3 \\ z_4 \\ z_5 \\ z_6 \end{bmatrix}
+
\begin{bmatrix}
0 \\
\Theta_2/(\Theta_1 \cdot \Theta_g) \\
0 \\
0 \\
0 \\
\ddot{u}/\Theta_2
\end{bmatrix}
M_0 = \mathbf{0}
\qquad (20.40)
$$

Im unteren Teil der Systemmatrix von (20.40) ist zu sehen, daß das System zwei Nulleigenwerte besitzt, da $\lambda_i - s = 0 - s$ ist. Der obere Teil charakterisiert den „algebraischen" Kern des Deskriptorsystems. Das System kann nun gelöst werden, indem das Gleichungssystem rekursiv von „unten" nach „oben" aufgelöst wird, d.h. indem die folgenden Gleichungen in der angegebenen Reihenfolge gelöst werden:

$$\dot{z}_6 = \frac{\ddot{u}}{\Theta_2} M_0(t) \qquad (20.41\mathrm{a})$$

$$\dot{z}_5 = z_6 \qquad (20.41\mathrm{b})$$

$$z_4 = 0 \qquad (20.41\mathrm{c})$$

$$z_3 = 0 \qquad (20.41\mathrm{d})$$

$$z_2 = -\frac{\Theta_2}{\Theta_1 \cdot \Theta_g} M_0(t) \qquad (20.41\mathrm{e})$$

$$z_1 = 0 \qquad (20.41\mathrm{f})$$

Die Lösung dieser Gleichungen ist einfach und unproblematisch. Kritisch würde es sein, wenn z.B. die vierte Zeile der Matrix $\mathbf{LB}$ ungleich Null, z.B. -1, wäre. In diesem Fall müssten die Gleichungen

$$z_4 = M_0(t)$$

$$z_3 = \dot{z}_4 \qquad \left(= \frac{dM_0}{dt}\right)$$

$$z_2 \;=\; \dot{z}_3 - \frac{\Theta_2}{\Theta_1 \cdot \Theta_g}\, M_0 \quad \left(= \frac{d^2 M_0}{dt^2} - \frac{\Theta_2}{\Theta_1 \cdot \Theta_g}\, M_0\right)$$

aufgelöst werden, und das Ergebnis wäre ein System, bei dem ein sprungförmiger Eingang $M_0(t)$ zu einer Dirac-Impulsantwort in $\mathbf{z}$ führen würde, da die ersten und zweiten Ableitungen von M_0 in der Lösung auftreten.

In unserem Beispiel ist das glücklicherweise nicht der Fall. Nach Berechnung von $\mathbf{z}$ können mit Gleichung (20.38) die eigentlich interessierenden Variablen $\mathbf{x}$ erhalten werden. Interessant ist es, Gleichung (20.38) noch zu invertieren um damit $\mathbf{z}$ als Funktion von $\mathbf{x}$ angeben zu können:

$$z_1 \;=\; \ddot{u} \cdot M_1 - M_2 \tag{20.42a}$$

$$z_2 \;=\; -\frac{1}{\Theta_1}\, M_1 \tag{20.42b}$$

$$z_3 \;=\; \frac{\Theta_2}{\Theta_g}\,(\Omega_1 - \ddot{u} \cdot \Omega_2) \tag{20.42c}$$

$$z_4 \;=\; \frac{\Theta_2}{\Theta_g}\,(\Phi_1 - \ddot{u} \cdot \Phi_2) \tag{20.42d}$$

$$z_5 \;=\; \frac{\ddot{u} \cdot \Theta_1}{\Theta_2}\Phi_1 + \Phi_2 \tag{20.42e}$$

$$z_6 \;=\; \frac{\ddot{u} \cdot \Theta_1}{\Theta_2}\Omega_1 + \Omega_2 \tag{20.42f}$$

Durch Vergleich mit (20.41) ist zu sehen, daß z_1 und z_4 im wesentlichen die Getriebegleichungen charakterisieren und z_3 die Ableitung der Getriebezwangsbedingung ist.

Die Transformation auf die Jordansche Normalform oder auf die Weierstrass–Normalform kann schlecht konditioniert sein, so daß numerische Algorithmen unzuverlässig sind. Nur in Sonderfällen, wenn z.B. die Matrix $\mathbf{A}$ symmetrisch ist, gibt es gutartige numerische Transformations-Algorithmen. Aus diesem Grunde werden die beiden Normalformen meist nur für prinzipielle Überlegungen, sowie für kleinere, manuell transformierbare, Systeme verwendet. Numerisch zuverlässig kann auf die (reelle) **Schurform** transformiert werden, siehe die letzte Zeile von Tabelle 20.10, (20.32). Der Grund liegt darin, daß für die Transformation auf diese Normalform *orthogonale* Matrizen verwendet werden können, d.h. Matrizen deren transponierte Matrix gleichzeitig auch deren Inverse ist (z.B. $\mathbf{U}^T\mathbf{U} = \mathbf{I}$).

Die Schurform einer Matrix ist eine obere Dreiecksmatrix, bei der die Diagonale aus 1×1 und aus 2×2 Blöcken besteht. Die Elemente der 1×1 Diagonalblöcke sind die reellen Eigenwerte der Matrix, während die komplexen Eigenwerte einfach aus den 2×2 Diagonalblöcken berechnet werden können. Bei Deskriptorsystemen können die Eigenwerte aus den Diagonalelementen bzw. aus 2×2 Diagonalblöcken der beiden Dreiecksmatrizen berechnet werden, siehe rechten unteren

Teil von (20.32). Damit können die Eigenwerte praktisch direkt aus dieser Normalform abgelesen werden. Die Lösung des Systems kann aus der Schurform durch rekursives Lösen der Gleichungen von „unten" nach „oben" ermittelt werden. In MATLAB können mit der Funktion schur Zustandssysteme auf die Schurform transformiert werden. Nähere Einzelheiten zur Schurform findet man z.B. in dem Standardwerk [824].

20.7.3 Numerische Transformation in die Zustandsform

Wir haben jetzt zwei unterschiedliche Wege kennengelernt, um lineare Deskriptorsysteme behandeln zu können. Im ersten Fall wird das System manuell in die Zustandsform gebracht. Hierzu müssen in der Regel einige Gleichungen des Deskriptorsystems differenziert werden. Im zweiten Fall werden Deskriptorsysteme direkt behandelt. Dies wurde hier vor allem deswegen durchgeführt, um die Struktur von Deskriptorsystemen deutlich zu machen und die Unterschiede zur Zustandsform darzustellen. Bei dem einfachen Beispiel zweier durch ein ideales Getriebe gekoppelter Drehmassen ist offensichtlich die direkte Verwendung der Deskriptorform unanschaulicher, aufwendiger und unhandlicher als eine Transformation in die Zustandsform und eine nachfolgende Verwendung von Zustandsraummethoden, z.B. um die Übertragungsfunktion oder um die Eigenwerte zu berechnen.

Diese Aussage trifft auch auf eine große Zahl anderer Systeme zu. Nur bei schlecht konditionierten Systemen kann es aus numerischen Gründen günstiger sein, direkt mit der Deskriptorform zu arbeiten, da bei einer Transformation auf die Zustandsform eventuell schon so große numerische Ungenauigkeiten eingebracht werden, daß die weitere Analyse der Zustandsform nur zu sehr fehlerbehafteten Ergebnissen führt. Wenn z.B. die Matrix $\mathbf{E}$ regulär, aber schlecht konditioniert ist, ist es numerisch günstiger, direkt auf die Schurform für Deskriptorsysteme (rechter Teil von (20.32)) zu transformieren, als zuerst mittels einer Inversion der Matrix $\mathbf{E}$ auf die Zustandsform zu transformieren und dann die Schurform der Zustandsform zu berechnen.

Der praktikabelste Weg dürfte dennoch in den meisten Fällen darin bestehen, zuerst auf die Zustandsform zu transformieren und dann mit Zustandsraum-Methoden weiterzuarbeiten. Aus diesem Grunde soll jetzt ein *systematischer* Weg skizziert werden, wie Deskriptorsysteme, die keine impulsförmigen Anteile enthalten, in die Zustandsform transformiert werden können (anderenfalls kann das Deskriptorsystem nicht durch eine Zustandsdarstellung beschrieben werden). Es wird von einem Deskriptorsystem in Standardform ausgegangen:

$$\mathbf{E}_{(i)}\dot{\mathbf{x}}_{(i)} = \mathbf{A}_{(i)}\mathbf{x}_{(i)} + \mathbf{B}_{(i)}\mathbf{u} \quad (i = 0) \tag{20.43}$$

Dieses soll in die Zustandsform

$$\dot{\mathbf{x}} = \mathbf{A}\mathbf{x} + \mathbf{B}\mathbf{u} \tag{20.44}$$

gebracht werden. Hierbei sollen die Elemente des Zustandsvektors $\mathbf{x}$ eine *Teilmenge* der Elemente von $\mathbf{x}_{(0)}$ sein. Durch diese für die Praxis wichtige Forderung wird erreicht, daß sich die Interpretation der beschreibenden Variablen nicht ändert. Im wesentlichen soll damit die Deskriptorform durch Elimination ihrer algebraischen Variablen und der zugeordneten Gleichungen in ein System mit möglichst wenigen Gleichungen transformiert werden. Es sei angemerkt, daß es Deskriptorsysteme ohne impulsförmige Anteile gibt, die *nur dann* in eine Zustandsform transformiert werden können, wenn auch eine Koordinatentransformation stattfindet, d.h. eine Beschreibung mit einer Teilmenge der Elemente von $\mathbf{x}_{(0)}$ ist hier nicht möglich. Auf diesen für die Praxis wenig relevanten Sonderfall wird später kurz eingegangen.

1. Setze $i = 0$.

2. Wenn die Matrix $\mathbf{E}_{(i)}$ verschwindet ($\mathbf{E}_{(i)} = \mathbf{0}$), liegt ein algebraisches Gleichungssystem vor, das durch Inversion von $\mathbf{A}_{(i)}$ nach $\mathbf{x}_{(i)}$ aufgelöst werden kann (sofern $\mathbf{A}_{(i)}$ regulär ist). Dann ist der Algorithmus abgeschlossen.

   Wenn die Matrix $\mathbf{E}_{(i)}$ regulär ist, kann durch Inversion direkt in die Zustandsform transformiert werden und der Algorithmus ist ebenfalls abgeschlossen:

   $$\mathbf{A} := \mathbf{E}_{(i)}^{-1}\mathbf{A}_{(i)}, \quad \mathbf{B} := \mathbf{E}_{(i)}^{-1}\mathbf{B}_{(i)}, \quad \mathbf{x} := \mathbf{x}_{(i)} \tag{20.45}$$

3. Die Matrix $\mathbf{E}_{(i)}$ habe den Rang $r_{(i)}$ mit $0 < r_{(i)} < n_{(i)}$, wobei $n_{(i)}$ die Dimension von $\mathbf{x}_{(i)}$ ist. Dann ist es immer möglich, eine reguläre Matrix $\mathbf{T}_{(i)}$ anzugeben, so daß eine Linksmultiplikation des Gleichungssystems mit $\mathbf{T}_{(i)}$ zusammen mit einer Umsortierung der Elemente von $\mathbf{x}_{(i)}$ auf das folgende System führt:

$$\begin{bmatrix} \mathbf{E}_{11} & \mathbf{E}_{12} \\ \mathbf{0} & \mathbf{0} \end{bmatrix} \begin{bmatrix} \dot{\mathbf{x}}_1 \\ \dot{\mathbf{x}}_2 \end{bmatrix} = \begin{bmatrix} \mathbf{A}_{11} & \mathbf{A}_{12} \\ \mathbf{A}_{21} & \mathbf{A}_{22} \end{bmatrix} \begin{bmatrix} \mathbf{x}_1 \\ \mathbf{x}_2 \end{bmatrix} + \begin{bmatrix} \mathbf{B}_1 \\ \mathbf{B}_2 \end{bmatrix} \mathbf{u} \tag{20.46}$$

   Hierbei hat die Matrix $[\mathbf{E}_{11}\ \mathbf{E}_{12}]$ *vollen Zeilenrang* $r_{(i)}$ und die $(n_{(i)} - r_{(i)}) \times (n_{(i)} - r_{(i)})$ Matrix $\mathbf{A}_{22}$ ist *regulär*. Wenn eine reguläre Matrix $\mathbf{A}_{22}$ nicht existiert, d.h. wenn $[\mathbf{A}_{21}\ \mathbf{A}_{22}]$ keinen vollen Rang besitzt, dann liegen redundante Gleichungen vor und das Deskriptorsystem hat keine *eindeutige* Lösung, d.h. die am Anfang in (20.25) getroffene Voraussetzung $\det\left(\mathbf{A}_{(0)} - \lambda\mathbf{E}_{(0)}\right) \not\equiv 0$ ist verletzt.

4. Da $\mathbf{A}_{22}$ regulär ist, kann der untere Teil von (20.46) eindeutig nach $\mathbf{x}_2$ aufgelöst werden

$$\mathbf{x}_2 = -\mathbf{A}_{22}^{-1}\left(\mathbf{A}_{21}\mathbf{x}_1 + \mathbf{B}_2\mathbf{u}\right) \tag{20.47}$$

   Differentation von (20.47) liefert

$$\dot{\mathbf{x}}_2 = -\mathbf{A}_{22}^{-1}\left(\mathbf{A}_{21}\dot{\mathbf{x}}_1 + \mathbf{B}_2\dot{\mathbf{u}}\right) \tag{20.48}$$

5. Durch Einsetzen von (20.47, 20.48) in den oberen Teil von (20.46), können $\mathbf{x}_2$ und $\dot{\mathbf{x}}_2$ im oberen Gleichungsteil eliminiert werden:

$$\begin{aligned}(\mathbf{E}_{11} - \mathbf{E}_{12}\mathbf{A}_{22}^{-1}\mathbf{A}_{21})\,\dot{\mathbf{x}}_1 = \ &(\mathbf{A}_{11} - \mathbf{A}_{12}\mathbf{A}_{22}^{-1}\mathbf{A}_{21})\,\mathbf{x}_1 + \\ &(\mathbf{B}_1 - \mathbf{A}_{12}\mathbf{A}_{22}^{-1}\mathbf{B}_2)\,\mathbf{u} + \\ &\mathbf{E}_{12}\mathbf{A}_{22}^{-1}\mathbf{B}_2\,\dot{\mathbf{u}}\end{aligned} \tag{20.49}$$

Wenn $\mathbf{E}_{12}\mathbf{A}_{22}^{-1}\mathbf{B}_2 \neq 0$ ist, sind in den Gleichungen Ableitungen des Eingangsvektors enthalten. Dann kann nicht auf die gewünschte Gleichungsform (20.44) transformiert werden. Dies bedeutet noch nicht, daß das Deskriptorsystem (20.43) impulsförmige Anteile besitzt. Durch eine weiter unten erläuterte Koordinatentransformation kann eventuell dennoch auf eine Zustandsform transformiert werden. Da wir jedoch auf die spezielle Zustandsform (20.44) transformieren wollen, wird jetzt angenommen, daß

$$\mathbf{E}_{12}\mathbf{A}_{22}^{-1}\mathbf{B}_2 = \mathbf{0} \tag{20.50}$$

zutrifft, so daß mit dem Algorithmus fortgefahren werden kann. Man beachte, daß durch diese Transformation die Elemente des Vektors $\mathbf{x}_2$ als rein algebraische Variablen identifiziert wurden, die von dem Deskriptorsystem entfernt werden.

6. Setze

$$\begin{aligned}\mathbf{x}_{(i+1)} &:= \mathbf{x}_1 \\ \mathbf{E}_{(i+1)} &:= \mathbf{E}_{11} - \mathbf{E}_{12}\,\mathbf{A}_{22}^{-1}\,\mathbf{A}_{21} \\ \mathbf{A}_{(i+1)} &:= \mathbf{A}_{11} - \mathbf{A}_{12}\,\mathbf{A}_{22}^{-1}\,\mathbf{A}_{21} \\ \mathbf{B}_{(i+1)} &:= \mathbf{B}_1 - \mathbf{A}_{12}\mathbf{A}_{22}^{-1}\mathbf{B}_2 \\ i &:= i+1\end{aligned} \tag{20.51}$$

und gehe zu Schritt 2.

Da die Dimension des Systems in jedem Schritt erniedrigt wird, ist der Algorithmus nach höchstens n_x Schritten beendet und die spezielle Zustandsform (20.44) bestimmt. Die Transformation im entscheidenden 3. Schritt kann auf verschiedene Arten durchgeführt werden. Dies wird zuerst manuell für das obige Beispiel gezeigt. Hier ist (20.23) schon fast in der gewünschten Form (20.46), da die beiden unteren Zeilen von $\mathbf{E}$ Null sind, und die obere linke 4×4 Teilmatrix von $\mathbf{E}$ offensichtlich regulär ist. Durch Umsortieren des $\mathbf{x}_{(0)}$ Vektors kann auch die rechte untere Teilmatrix von $\mathbf{A}_{(0)}$ regularisiert werden:

$$\left[\begin{array}{cccc|cc} 0 & 0 & 0 & 0 & 1 & 0 \\ 1 & 0 & 0 & 0 & 0 & 0 \\ 0 & \Theta_1 & 0 & 0 & 0 & 0 \\ 0 & 0 & \Theta_2 & 0 & 0 & 0 \\ \hline 0 & 0 & 0 & 0 & 0 & 0 \\ 0 & 0 & 0 & 0 & 0 & 0 \end{array}\right] \left[\begin{array}{c} \dot{\Phi}_2 \\ \dot{\Omega}_1 \\ \dot{\Omega}_2 \\ \dot{M}_2 \\ \hline \dot{\Phi}_1 \\ \dot{M}_1 \end{array}\right] = \left[\begin{array}{cccc|cc} 0 & 1 & 0 & 0 & 0 & 0 \\ 0 & 0 & 1 & 0 & 0 & 0 \\ 0 & 0 & 0 & 0 & 0 & -1 \\ 0 & 0 & 0 & 1 & 0 & 0 \\ \hline \ddot{u} & 0 & 0 & 0 & -1 & 0 \\ 0 & 0 & 0 & 1 & 0 & -\ddot{u} \end{array}\right] \left[\begin{array}{c} \Phi_2 \\ \Omega_1 \\ \Omega_2 \\ M_2 \\ \hline \Phi_1 \\ M_1 \end{array}\right] + \left[\begin{array}{c} 0 \\ 0 \\ 1 \\ 0 \\ \hline 0 \\ 0 \end{array}\right] u \tag{20.52}$$

Offensichtlich ist die rechte untere Teilmatrix von $\mathbf{A}_{(0)}$ regulär, so daß im Schritt 4 die Größen Φ_1 und M_1 als Funktion der anderen Variablen angegeben werden können:

$$\begin{bmatrix} \Phi_1 \\ M_1 \end{bmatrix} = \begin{bmatrix} \ddot{u} & 0 & 0 & 0 \\ 0 & 0 & 0 & 1/\ddot{u} \end{bmatrix} \begin{bmatrix} \Phi_2 \\ \Omega_1 \\ \Omega_2 \\ M_2 \end{bmatrix} \tag{20.53}$$

Differenzieren von (20.53) und Einsetzen in (20.52) führt im Schritt 5 auf:

$$\underbrace{\begin{bmatrix} \ddot{u} & 0 & 0 & 0 \\ 1 & 0 & 0 & 0 \\ 0 & \Theta_1 & 0 & 0 \\ 0 & 0 & \Theta_2 & 0 \end{bmatrix}}_{\mathbf{E}_{(1)}} \underbrace{\begin{bmatrix} \dot{\Phi}_2 \\ \dot{\Omega}_1 \\ \dot{\Omega}_2 \\ \dot{M}_2 \end{bmatrix}}_{\dot{\mathbf{x}}_{(1)}} = \underbrace{\begin{bmatrix} 0 & 1 & 0 & 0 \\ 0 & 0 & 1 & 0 \\ 0 & 0 & 0 & -1/\ddot{u} \\ 0 & 0 & 0 & 1 \end{bmatrix}}_{\mathbf{A}_{(1)}} \underbrace{\begin{bmatrix} \Phi_2 \\ \Omega_1 \\ \Omega_2 \\ M_2 \end{bmatrix}}_{\mathbf{x}_{(1)}} + \underbrace{\begin{bmatrix} 0 \\ 0 \\ 1 \\ 0 \end{bmatrix}}_{\mathbf{B}_{(1)}} \underbrace{M_0}_{\mathbf{u}}$$

$$\tag{20.54}$$

Matrix $\mathbf{E}_{(1)}$ ist singulär, da die letzte Spalte verschwindet und da die ersten beiden Zeilen linear abhängig sind. In der nächsten Iteration muß deswegen $\mathbf{E}_{(1)}$ wieder entsprechend zu (20.46) aufgespalten werden. Wenn die zweite Zeile von $\mathbf{E}_{(1)}$ mit $\ddot{u}$ multipliziert wird und zur ersten Zeile dazugezählt wird, ist die erste Zeile Null. Vertauschen von 1. und 4. Zeile führt dann zu der gewünschten Form. Diese Operationen können durch Linksmultiplikation von (20.54) mit der Matrix

$$\mathbf{T}_{(1)} = \begin{bmatrix} 0 & 1 & 0 & 0 \\ 0 & 0 & 1 & 0 \\ 0 & 0 & 0 & 1 \\ 1 & -\ddot{u} & 0 & 0 \end{bmatrix} \tag{20.55}$$

ausgeführt werden:

$$\underbrace{\begin{bmatrix} 1 & 0 & 0 & 0 \\ 0 & \Theta_1 & 0 & 0 \\ 0 & 0 & \Theta_2 & 0 \\ 0 & 0 & 0 & 0 \end{bmatrix}}_{\mathbf{T}_{(1)}\mathbf{E}_{(1)}} \underbrace{\begin{bmatrix} \dot{\Phi}_2 \\ \dot{\Omega}_1 \\ \dot{\Omega}_2 \\ \dot{M}_2 \end{bmatrix}}_{\dot{\mathbf{x}}_{(1)}} = \underbrace{\begin{bmatrix} 0 & 0 & 1 & 0 \\ 0 & 0 & 0 & -\ddot{u} \\ 0 & 0 & 0 & 1 \\ 0 & 1 & -\ddot{u} & 0 \end{bmatrix}}_{\mathbf{T}_{(1)}\mathbf{A}_{(1)}} \underbrace{\begin{bmatrix} \Phi_2 \\ \Omega_1 \\ \Omega_2 \\ M_2 \end{bmatrix}}_{\mathbf{x}_{(1)}} + \underbrace{\begin{bmatrix} 0 \\ 1 \\ 0 \\ 0 \end{bmatrix}}_{\mathbf{T}_{(1)}\mathbf{B}_{(1)}} \underbrace{M_0}_{\mathbf{u}}$$

$$\tag{20.56}$$

Die ersten drei Zeilen von $\mathbf{T}_{(1)}\mathbf{E}_{(1)}$ sind offensichtlich regulär. Der $\mathbf{x}_{(1)}$-Vektor muß jedoch noch umsortiert werden, damit die rechte untere Teilmatrix von $\mathbf{T}_{(1)}\mathbf{A}_{(1)}$ auch regulär wird:

$$\begin{bmatrix} 1 & 0 & 0 & 0 \\ 0 & 0 & 0 & \Theta_1 \\ 0 & \Theta_2 & 0 & 0 \\ 0 & 0 & 0 & 0 \end{bmatrix} \begin{bmatrix} \dot{\Phi}_2 \\ \dot{\Omega}_2 \\ \dot{M}_2 \\ \dot{\Omega}_1 \end{bmatrix} = \begin{bmatrix} 0 & 1 & 0 & 0 \\ 0 & 0 & -i & 0 \\ 0 & 0 & 1 & 0 \\ 0 & -i & 0 & 1 \end{bmatrix} \begin{bmatrix} \Phi_2 \\ \Omega_2 \\ M_2 \\ \Omega_1 \end{bmatrix} + \begin{bmatrix} 0 \\ 1 \\ 0 \\ 0 \end{bmatrix} M_0 \tag{20.57}$$

Damit liegt wiederum die Struktur (20.46) vor. Aus der letzten Zeile von (20.57) kann Ω_1 als Funktion der anderen Variablen von $\mathbf{x}_{(1)}$ dargestellt werden:

$$\Omega_1 = \begin{bmatrix} 0 & \ddot{u} & 0 \end{bmatrix} \begin{bmatrix} \Phi_2 \\ \Omega_2 \\ M_2 \end{bmatrix} \tag{20.58}$$

Differenzieren und Einsetzen von (20.58) in (20.57) ergibt:

$$\underbrace{\begin{bmatrix} 1 & 0 & 0 \\ 0 & \ddot{u}\Theta_1 & 0 \\ 0 & \Theta_2 & 0 \end{bmatrix}}_{\mathbf{E}_{(2)}} \underbrace{\begin{bmatrix} \dot{\Phi}_2 \\ \dot{\Omega}_2 \\ \dot{M}_2 \end{bmatrix}}_{\dot{\mathbf{x}}_{(2)}} = \underbrace{\begin{bmatrix} 0 & 1 & 0 \\ 0 & 0 & -1/\ddot{u} \\ 0 & 0 & 1 \end{bmatrix}}_{\mathbf{A}_{(2)}} \underbrace{\begin{bmatrix} \Phi_2 \\ \Omega_2 \\ M_2 \end{bmatrix}}_{\mathbf{x}_{(2)}} + \underbrace{\begin{bmatrix} 0 \\ 1 \\ 0 \end{bmatrix}}_{\mathbf{B}_{(2)}} \underbrace{M_0}_{\mathbf{u}} \tag{20.59}$$

$\mathbf{E}_{(2)}$ ist immer noch singulär. Durch Multiplikation der dritten Zeile von $\mathbf{E}_{(2)}$ mit $-\ddot{u}\Theta_1/\Theta_2$ und Addition zur zweiten Zeile, kann die zweite Zeile vollständig zu Null gemacht werden. Deswegen führt die Linksmultiplikation von (20.59) mit

$$\mathbf{T}_{(2)} = \begin{bmatrix} 1 & 0 & 0 \\ 0 & 0 & 1 \\ 0 & 1 & -\ddot{u}\Theta_1/\Theta_2 \end{bmatrix} \tag{20.60}$$

auf

$$\underbrace{\begin{bmatrix} 1 & 0 & 0 \\ 0 & \Theta_2 & 0 \\ 0 & 0 & 0 \end{bmatrix}}_{\mathbf{T}_{(2)}\mathbf{E}_{(2)}} \underbrace{\begin{bmatrix} \dot{\Phi}_2 \\ \dot{\Omega}_2 \\ \dot{M}_2 \end{bmatrix}}_{\dot{\mathbf{x}}_{(2)}} = \underbrace{\begin{bmatrix} 0 & 1 & 0 \\ 0 & 0 & 1 \\ 0 & 0 & -1/\ddot{u} - \ddot{u}\Theta_1/\Theta_2 \end{bmatrix}}_{\mathbf{T}_{(2)}\mathbf{A}_{(2)}} \underbrace{\begin{bmatrix} \Phi_2 \\ \Omega_2 \\ M_2 \end{bmatrix}}_{\mathbf{x}_{(2)}} + \underbrace{\begin{bmatrix} 0 \\ 0 \\ 1 \end{bmatrix}}_{\mathbf{T}_{(2)}\mathbf{B}_{(2)}} \underbrace{M_0}_{\mathbf{u}} \tag{20.61}$$

Matrix $\mathbf{T}_{(2)}\mathbf{A}_{(2)}$ ist schon in der gewünschten Form, da die rechte untere Teilmatrix regulär ist. Auflösen der letzten Zeile, entsprechend zu Schritt 4 liefert:

$$M_1 = \begin{bmatrix} 0 & 0 \end{bmatrix} \begin{bmatrix} \Phi_2 \\ \Omega_2 \end{bmatrix} - \frac{\ddot{u}\Theta_2}{\Theta_2 + \ddot{u}^2\Theta_1} M_0 \tag{20.62}$$

Einsetzen von (20.62) in (20.61) liefert

$$\underbrace{\begin{bmatrix} 1 & 0 \\ 0 & \Theta_2 \end{bmatrix}}_{\mathbf{E}_{(3)}} \underbrace{\begin{bmatrix} \dot{\Phi}_2 \\ \dot{\Omega}_2 \end{bmatrix}}_{\dot{\mathbf{x}}_{(3)}} = \underbrace{\begin{bmatrix} 0 & 1 \\ 0 & 0 \end{bmatrix}}_{\mathbf{A}_{(3)}} \underbrace{\begin{bmatrix} \Phi_2 \\ \Omega_2 \end{bmatrix}}_{\mathbf{x}_{(3)}} + \underbrace{\begin{bmatrix} 0 \\ \dfrac{\ddot{u}\Theta_2}{\Theta_2 + \ddot{u}^2\Theta_1} \end{bmatrix}}_{\mathbf{B}_{(3)}} \underbrace{M_0}_{\mathbf{u}} \tag{20.63}$$

Hier liegt eine reguläre $\mathbf{E}$-Matrix vor, so daß durch Inversion von $\mathbf{E}_{(3)}$ im Schritt 2 schließlich in die Zustandsform transformiert werden kann:

$$\underbrace{\begin{bmatrix} \dot{\Phi}_2 \\ \dot{\Omega}_2 \end{bmatrix}}_{\dot{\mathbf{x}}} = \underbrace{\begin{bmatrix} 0 & 1 \\ 0 & 0 \end{bmatrix}}_{\mathbf{A}} \underbrace{\begin{bmatrix} \Phi_2 \\ \Omega_2 \end{bmatrix}}_{\mathbf{x}} + \underbrace{\begin{bmatrix} 0 \\ \dfrac{\ddot{u}}{\Theta_2 + \ddot{u}^2\Theta_1} \end{bmatrix}}_{\mathbf{B}} \underbrace{M_0}_{\mathbf{u}} \tag{20.64}$$

Nachdem der prinzipielle Ablauf anhand eines einfachen Beispiels gezeigt wurde, wird nun kurz ein allgemeiner, numerisch robuster Algorithmus für diese Aufgabenstellung erläutert. In Tabelle 20.12 ist hierzu ein MATLAB m-File abgebildet, mit dem ein Deskriptorsystem in die Zustandsform transformiert wird. Hierbei ist $E = E_{(i)}$, $A = A_{(i)}$, $B = B_{(i)}$ und p ist ein Indexvektor, der angibt, aus welchen Elementen von $x_{(i)}$ der neue Vektor $x_{(i+1)}$ aufgebaut ist.

Die schwierigste Aufgabe besteht in der Ermittlung von Gleichung (20.46). Diese wird durch zweimalige Anwendung einer QR–Zerlegung mit Spaltenpivotisierung erhalten (MATLAB-Funktion qr). Die wesentlichen Eigenschaften einer solchen Zerlegung sind in Tabelle 20.11 zusammengestellt.

	$\mathbf{A}\,\mathbf{x} \;=\; \mathbf{Q}\,\mathbf{R}\,\mathbf{x}_p$
$\mathbf{A}$	$n_1 \times n_2$ Matrix mit $n_1 \leq n_2$
$\mathbf{Q}$	$\mathbf{Q}\mathbf{Q}^T = \mathbf{I}$ (orthogonale Matrix)
$\mathbf{R}$	$\mathbf{R} = \begin{bmatrix} \mathbf{R}_{11} & \mathbf{R}_{12} \\ \mathbf{0} & \mathbf{0} \end{bmatrix}, \quad \mathbf{R}_{11} = \begin{bmatrix} * * * \ldots \\ 0 * * \ldots \\ 0\,0\,* \ldots \\ \ldots \end{bmatrix}$
$\mathbf{x}_p$	Permutierter Vektor $\mathbf{x}$
Eigenschaften	$\mathbf{R}_{11}$: reguläre obere Dreiecksmatrix $\mathrm{rg}(\mathbf{A}) = \mathrm{rg}(\mathbf{R}_{11})$ $\|\mathbf{R}_{ii}\| \geq \|\mathbf{R}_{(i+1),(i+1)}\|$ $\|\mathbf{R}_{ii}\| \geq \|\mathbf{R}_{ij}\|$ für $j > i$
MATLAB	$[Q,R,p] = qr(A,0)$ (d.h. $A*x = Q*R*x(p)$)

Tabelle 20.11: *Eigenschaften einer QR–Zerlegung mit Spaltenpivotisierung*

Mit einer QR–Zerlegung wird demnach eine quadratische oder rechteckige Matrix $\mathbf{A}$ in ein Produkt zweier Matrizen $\mathbf{Q}$ und $\mathbf{R}$ zerlegt, wobei $\mathbf{Q}$ eine orthogonale Matrix und $\mathbf{R}$ eine obere Dreiecksmatrix ist. $\mathbf{R}$ hat nun die entscheidenden Eigenschaften, daß

(a) alle Diagonalelemente größer oder höchstens gleich den Elementen in derselben Reihe sind ($\|\mathbf{R}_{ii}\| \geq \|\mathbf{R}_{ij}\|$ für $j > i$) und daß

(b) die Diagonalelemente nach ihrem Absolutbetrag sortiert sind, wobei die kleinsten Elemente am unteren Ende der Matrix stehen ($\|\mathbf{R}_{ii}\| \geq \|\mathbf{R}_{(i+1),(i+1)}\|$).

Wenn die letzten $n_1 - n_r$ Diagonalelemente von $\mathbf{R}$ Null sind, müssen demnach auch die letzten $n_1 - n_r$ Zeilen verschwinden. Demnach kann die Matrix $\mathbf{R}$ in einen unteren und einen oberen Teil aufgeteilt werden, wobei der untere Teil verschwindet und der obere Teil auf der linken Seite eine quadratische, reguläre

```
function [Ar,Br,pr] = d2s(E,A,B)
% Transformiere "E*der(x)  = A *x  + B *u"
% nach             "  der(xr) = Ar*xr + Br*u", xr=x(pr)

p = 1:size(A,1);
while 1
  % Transformiere unteren Teil von E auf 0 (A,B entsprechend)
    [Q1,R1,p1] = qr(E,0);
             A = Q1'*A(:,p1);
             B = Q1'*B;

  % Ermittle den unteren Teil von R1, der 0 ist
    n = size(A,1); tol = n*norm(A)*eps; n1 = 1;
    for i=n:-1:1
        if abs(R1(i,i)) > tol; n1 = i; break; end
    end

  % Wenn E regulaer ist, transformiere auf Zustandsform
    if n1 < 1, error('nur algebraische Gleichungen');
    elseif n1 == n
        Ar = R1\A; Br = R1\B; pr = p(p1); return;
    end

  % Bestimme regulaere Teilmatrix von A(n1+1:n,:)
    n2 = n - n1;   [Q2,R2,p2] = qr(A(n1+1:n,:), 0);
    if abs(R2(n2,n2)) <= tol,
        error('redundante Gleichungen');
    end

  % Bestimme  E11*x1 + E12*x2 = A11*x1 + A12*x2 + B1*u
  %                       x2 = A21*x1 + B2*u
    B1  = B (1:n1,:);
    B2  = -R2(:,1:n2) \ (Q2'*B(n1+1:n,:));
    A21 = -R2(:,1:n2) \ R2(:,n2+1:n);
    A11 = A (1:n1,p2(n2+1:n));  A12 = A (1:n1,p2(1:n2));
    E11 = R1(1:n1,p2(n2+1:n));  E12 = R1(1:n1,p2(1:n2));

  % Eliminiere x2
    E = E11 + E12*A21;  A = A11 + A12*A21;  B = B1 + A12*B2;
    p = p(p1(p2(n2+1:n)));
    if norm(E12*B2) > tol, error('nicht transformierbar'); end
end
```

Tabelle 20.12: *MATLAB m-file zur Transformation in die Zustandsform*

obere Dreiecksmatrix $\mathbf{R}_{11}$ besitzt, deren Diagonalelemente sämtlich größer als Null sind. Die Dimension von $\mathbf{R}_{11}$ ist dann gleichzeitig auch der Zeilenrang n_r von $\mathbf{A}$.

Mit der QR–Zerlegung ist es einfach, die $\mathbf{E}$-Matrix auf die gewünschte Form zu bringen:

$$\mathbf{E}_{(i)}\dot{\mathbf{x}}_{(i)} = \mathbf{Q}_a\mathbf{R}_a\dot{\mathbf{x}}_{(i)p} = \mathbf{Q}\begin{bmatrix} \mathbf{R}_{a11} & \mathbf{R}_{a12} \\ \mathbf{0} & \mathbf{0} \end{bmatrix}\begin{bmatrix} \dot{\mathbf{x}}_1 \\ \dot{\mathbf{x}}_2 \end{bmatrix} \qquad (20.65)$$

Nach Linksmultiplikation mit $\mathbf{Q}_a^T$ hat die $\mathbf{E}$ Matrix die gewünschte Struktur und das Gleichungssystem wird auf

$$\begin{bmatrix} \mathbf{R}_{a11} & \mathbf{R}_{a12} \\ \mathbf{0} & \mathbf{0} \end{bmatrix}\begin{bmatrix} \dot{\mathbf{x}}_1 \\ \dot{\mathbf{x}}_2 \end{bmatrix} = \begin{bmatrix} \bar{\mathbf{A}}_{11} & \bar{\mathbf{A}}_{12} \\ \bar{\mathbf{A}}_{21} & \bar{\mathbf{A}}_{22} \end{bmatrix}\begin{bmatrix} \bar{\mathbf{x}}_1 \\ \bar{\mathbf{x}}_2 \end{bmatrix} + \begin{bmatrix} \bar{\mathbf{B}}_1 \\ \bar{\mathbf{B}}_2 \end{bmatrix}\mathbf{u} \qquad (20.66)$$

transformiert. Danach wird der untere Teil von $\bar{\mathbf{A}}$ ebenfalls in die QR–Form zerlegt:

$$\begin{bmatrix} \bar{\mathbf{A}}_{21} & \bar{\mathbf{A}}_{22} \end{bmatrix}\bar{\mathbf{x}} = \mathbf{Q}_b\begin{bmatrix} \mathbf{R}_{b11} & \mathbf{R}_{b12} \end{bmatrix}\bar{\mathbf{x}}_p = \mathbf{Q}_b\begin{bmatrix} \bar{\bar{\mathbf{A}}}_{21} & \bar{\bar{\mathbf{A}}}_{22} \end{bmatrix}\bar{\mathbf{x}}_p \qquad (20.67)$$

Hier darf die QR–Zerlegung zu keiner Null-Zeile in $\mathbf{R}$ führen. Ansonsten gibt es keine eindeutige Lösung des Deskriptorsystems. In dem MATLAB m-file, Tabelle 20.12, wird in einem solchen Fall eine Fehlermeldung abgesetzt. Nach einer erneuten Linksmultiplikation mit der $\mathbf{Q}_b$-Matrix, und dem Vertauschen von $\bar{\mathbf{x}}_{p1}$ und $\bar{\mathbf{x}}_{p2}$ liegt die gewünschte Struktur vor. Damit wird auf die Gleichungsstruktur (20.46) transformiert. Die restlichen Operationen zur Elimination von $\mathbf{x}_2$ folgen den in den Schritten 4–6 angegebenen Gleichungen.

20.7.4　Sonderfälle bei der Transformation in die Zustandsform

Wie im letzten Abschnitt schon erwähnt, gibt es Deskriptorsysteme, die zwar in eine Zustandsform (20.7) transformiert werden können, jedoch nicht mit den ursprünglich verwendeten Koordinaten. In praktischen Anwendungen treten solche Systeme selten auf, so daß sie hier nur zum besseren Verständnis und der Vollständigkeit halber diskutiert werden. Die wesentlichen Eigenschaften werden an dem folgendem konstruierten Beispiel erläutert:

$$\dot{x}_1 - \dot{x}_2 = -x_1 \qquad (20.68a)$$

$$0 = x_2 - u(t) \qquad (20.68b)$$

Hierbei sind x_1, x_2 die unbekannten Variablen und $u(t)$ ist eine bekannte Eingangsfunktion. Durch Einsatz der in den vorigen Abschnitten erläuterten Techniken soll (20.68) in eine Zustandsform transformiert werden.

Hierzu muß (20.68b) einmal differenziert werden:

$$\dot{x}_2 = \dot{u} \tag{20.69}$$

Einsetzen von (20.69) in (20.68a) ergibt:

$$\dot{x}_1 = -x_1 + \dot{u} \tag{20.70}$$

Offensichtlich ist es nicht möglich, diese Gleichung in die Zustandsform (20.7) zu transformieren, da die Ableitung der Eingangsfunktion auftritt. Werden jedoch x_1 und x_2 durch die neuen Koordinaten y und z mit den Definitionsgleichungen

$$x_1 = y + z \qquad x_2 = y \tag{20.71}$$

ersetzt, kann (20.68a) in die folgende Zustandsform transformiert werden:

$$\dot{z} = -z - u \tag{20.72a}$$

$$y = u \tag{20.72b}$$

Abgesehen davon, daß für dieses Gleichungssystem die bewährten Methoden für Zustandssysteme zur Verfügung stehen, ist es auch für eine numerische Auswertung viel besser geeignet als (20.70), da die Eingangsfunktion u nicht differenziert werden muß. Wenn z.B. u ein Einheitssprung ist, ergibt die Ableitung in (20.70) einen Dirac-Impuls, der nach der Integration wieder in einen Einheitssprung umgewandelt wird. Analytisch ergibt sich zwar das gleiche Ergebnis wie mit (20.72), numerisch gibt es jedoch mit Sicherheit Probleme, da ein Dirac-Impuls numerisch nicht genau genug approximiert werden kann.

Es scheint schwierig zu sein, aus der obigen Vorgehensweise ein systematisches Verfahren abzuleiten. Jedoch kann auch auf eine andere Art transformiert werden, die besser automatisierbar ist. Hierzu werden im obigen Beispiel für die neuen Koordinaten y und z die folgenden Definitionsgleichungen verwendet:

$$x_1 = z + u \qquad x_2 = y \tag{20.73}$$

Einsetzen in (20.68) und Differenzieren von (20.68b) ergibt wiederum (20.72). Dieser Weg soll jetzt weiterverfolgt werden.

Im vorigen Abschnitt ergibt sich in Schritt 5 die Gleichung (20.49), welche folgende Struktur besitzt:

$$\mathbf{E}\dot{\mathbf{x}} = \mathbf{A}\mathbf{x} + \mathbf{B}\mathbf{u} + \mathbf{F}\dot{\mathbf{u}} \tag{20.74}$$

Damit die Transformation in die spezielle Zustandsform (20.44) durchgeführt werden kann, muß $\mathbf{F}$ verschwinden, was im Schritt 5 auch vorausgesetzt wird. Stattdessen wird jetzt eine Koordinatentransformation durchgeführt, um den Term mit $\dot{\mathbf{u}}$ zu eliminieren. Ansatz:

$$\mathbf{x} = \mathbf{z} + \mathbf{S}\mathbf{u} \tag{20.75}$$

Differenzieren von (20.75) und Einsetzen in (20.74) ergibt:

$$\mathbf{E}\,\dot{\mathbf{z}} \;=\; \mathbf{A}\,\mathbf{z} \;+\; (\mathbf{B}+\mathbf{AS})\,\mathbf{u} \;+\; (\mathbf{F}-\mathbf{ES})\,\dot{\mathbf{u}} \tag{20.76}$$

Damit ergibt sich die Forderung, daß die Matrix $\mathbf{S}$ so zu bestimmen ist, damit

$$\mathbf{ES} \;=\; \mathbf{F} \tag{20.77}$$

Trifft (20.77) zu, verschwindet der $\dot{\mathbf{u}}$ Term. Wenn $\mathbf{E}$ regulär ist, kann $\mathbf{S}$ durch einfache Inversion von $\mathbf{E}$ berechnet werden: $\mathbf{S} = \mathbf{E}^{-1}\mathbf{F}$. Im allgemeinen ist $\mathbf{E}$ jedoch singulär. Eine QR–Zerlegung von $\mathbf{E}$ führt auf:

$$\mathbf{QRS}_p \;=\; \mathbf{F}$$

hierbei ist $\mathbf{S}_p$ die Matrix $\mathbf{S}$, bei der die Zeilen von $\mathbf{S}$ permutiert wurden. Linksmultiplikation mit $\mathbf{Q}^T$ führt auf:

$$\begin{bmatrix} \mathbf{R}_{11} & \mathbf{R}_{12} \\ \mathbf{0} & \mathbf{0} \end{bmatrix} \begin{bmatrix} \mathbf{S}_{p1} \\ \mathbf{S}_{p2} \end{bmatrix} \;=\; \begin{bmatrix} \bar{\mathbf{F}}_1 \\ \bar{\mathbf{F}}_2 \end{bmatrix} \qquad (\bar{\mathbf{F}} \;=\; \mathbf{Q}^T\,\mathbf{F}) \tag{20.78}$$

Wenn $\bar{\mathbf{F}}_2 = \mathbf{0}$ ist, kann mit dieser Koordinatentransformation auf Zustandsform transformiert werden, wobei:

$$\mathbf{S}_{p1} \;=\; \mathbf{R}_{11}^{-1}\,\bar{\mathbf{F}}_1 \qquad \mathbf{S}_{p2} \;=\; \mathbf{0} \tag{20.79}$$

Zusammenfassung

In diesem Abschnitt wurden die wesentlichen Eigenschaften von linearen Deskriptorsystemen diskutiert. Deskriptorsysteme ergeben sich in natürlicher Weise z.B. bei Einsatz der objektorientierten Modellierungstechnik. In den meisten praktischen Fällen ist es vorteilhaft, ein Deskriptorsystem in die Zustandsform zu transformieren und dann mit den bekannten Zustandsraummethoden weiterzuarbeiten. Bei einfachen Systemen ist das meist nicht schwierig, indem einige Gleichungen des Systems differenziert werden und die algebraischen Variablen mit ihrer zugeordneten Gleichung eleminiert werden. Es wurde auch ein allgemeiner Algorithmus angegeben, mit dem lineare Deskriptorsysteme in eine Zustandsform überführt werden können, bei dem die Zustandsgrößen eine Teilmenge der ursprünglich zur Beschreibung verwendeten Variablen ist. Damit bleibt die anschauliche Bedeutung der Variablen erhalten.

20.8   Singuläre Deskriptorsysteme

In Kapitel 20.6 wurden die Algorithmen erläutert, um ein objektorientiertes Modell, das als nichtlineares Deskriptorsystem (20.12) vorliegt, in eine effizient auswertbare Zustandsform (20.13) oder sortierte DAE-Form[6] (20.15) zu transformieren. Dies war nur unter der Voraussetzung möglich, daß die Jacobi-Matrix von

---

[6] DAE steht für Differential-Algebraic Equations.

(20.12) bezüglich der Ableitungen der Zustandsgrößen $\dot{\mathbf{x}}(t)$ und den Ausgangsgrößen bzw. rein algebraischen Variablen $\mathbf{y}(t)$ *regulär* ist. Diese Voraussetzung
wird jetzt fallengelassen, und es werden DAEs[7)]

$$0 = \mathbf{f}(\dot{\mathbf{x}}, \mathbf{x}, \mathbf{y}, t) \qquad (20.80)$$

untersucht, bei denen die Jacobi-Matrix

$$\left[\frac{\partial \mathbf{f}}{\partial \dot{\mathbf{x}}} : \frac{\partial \mathbf{f}}{\partial \mathbf{y}}\right] \text{ singulär} \qquad (20.81)$$

ist. In Kapitel 20.7 wurden solche Systeme schon für den Spezialfall von linearen
DAEs in allgemeiner Form diskutiert. Die Behandlung von nichtlinearen DAEs
ist deutlich schwieriger und ist zur Zeit aktueller Gegenstand der Forschung. Im
folgenden werden DAEs (20.80) mit der Eigenschaft (20.81) als *singuläre Systeme*
bezeichnet.

Eine singuläre Jacobi-Matrix (20.81) bedeutet anschaulich, daß die Variablen
$\mathbf{x}$ voneinander abhängig sind[8)]. Damit kann eine singuläre DAE zwar nicht in die
Zustandsform (20.9) – mit $\mathbf{x}$ als Zustandsvektor – transformiert werden, jedoch
ist eine Transformation in die Zustandsform (20.82)

$$\left[\begin{array}{c} \dot{\mathbf{x}}^s \\ \mathbf{x}^d \\ \mathbf{y} \end{array}\right] = \mathbf{f}_2\left(\mathbf{x}^s, t\right) \quad \text{mit} \quad \mathbf{x} = \mathbf{P}\left[\begin{array}{c} \mathbf{x}^s \\ \mathbf{x}^d \end{array}\right] \qquad (20.82)$$

(zumindest lokal numerisch) möglich, wobei der Zustandsvektor $\mathbf{x}^s$ aus den Elementen des „unabhängigen" Teils von $\mathbf{x}$ besteht, $\mathbf{x}^d$ die restlichen Elemente von
$\mathbf{x}$ enthält, und $\mathbf{P}$ die zugeordnete Permutationsmatrix ist, um die Elemente von
$\mathbf{x}$ umzuordnen. Der Vektor $\mathbf{x}^d$ wird im folgenden als Dummy-Zustandsvektor bezeichnet. Man beachte, daß $\dot{\mathbf{x}}^d$ in (20.82) nicht mehr auftritt, sondern eliminiert
wurde. Im allgemeinen können Zustände $\mathbf{x}^s$ nur für einen bestimmten Zeitbereich verwendet werden, so daß während einer Simulation eventuell zwischen
unterschiedlichen Zustandsvektoren zu schalten ist.

In Bild 20.24 sind Beispiele für singuläre Systeme angegeben, wobei angenommen wird, daß jede Komponente durch ein *lokales* Objekt beschrieben wird.
Im linken unteren Teil von Abb. 20.24 gibt es einen elektrischen Schaltkreis,
bei dem zwei Kapazitäten parallel geschaltet sind. Jede Kapazität besitzt den
Spannungsabfall über die beiden Klemmen als (lokale) Zustandsgröße. Da die
anderen Elemente keine Zustände besitzen, sollte auf eine Zustandsform mit zwei
Zuständen transformiert werden können. Auf Grund der Parallelschaltung sind

---

[7)] Die zusätzlichen Argumente in (20.12), d.h. $\mathbf{u}(t)$, $\mathbf{p}=const$, werden aus Gründen der Übersichtlichkeit im weiteren nicht mehr aufgeführt.

[8)] Bei singulären DAEs können auch die algebraischen Variablen $\mathbf{y}$ untereinander, sowie von
$\mathbf{x}$, abhängig sein, d.h. es gibt redundante oder sich widersprechende Gleichungen. Dann besitzt
ein Anfangswertproblem der DAE aber keine *eindeutige* Lösung mehr, so daß dieser Sonderfall
nicht weiter betrachtet wird.

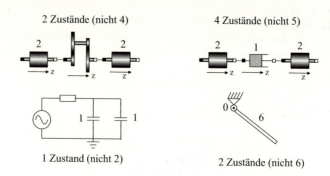

Abb. 20.24: *Beispiele für singuläre Systeme*

die Spannungsabfälle der beiden Kapazitäten jedoch gleich, so daß der Schaltkreis in Wirklichkeit nur einen Zustand besitzt.

Im oberen Teil von Abb. 20.24 gibt es zwei Antriebsstränge, wobei im linken Teil die beiden trägheitsbehafteten Wellen durch ein ideales Getriebe und im rechten Teil durch einen einfachen Dämpfer verbunden sind. Jede Welle hat mit dem Drehwinkel und der Winkelgeschwindigkeit zwei Zustände. Der Dämpfer besitzt die Relativdrehzahl als Zustand (siehe auch Tabelle 20.9 auf Seite 939). Demnach sollte der linke Antriebsstrang vier und der rechte fünf Zustände besitzen. Auf Grund der Verschaltungsart besitzt der linke Antriebsstrang jedoch nur zwei und der rechte nur vier Zustände.

Schließlich wird im unteren rechten Teil von Abb. 20.24 ein Einfachpendel gezeigt. Wird das Pendel durch ein ebenes Starrkörpermodell beschrieben, hat die Pendelstange sechs Zustände (zwei Translationen und eine Rotation je auf Positions- und Geschwindigkeitsebene) und das ideale Drehgelenk keinen Zustand. Das Gesamtsystem hat jedoch nur zwei und nicht sechs Zustände, da das Drehgelenk die Freiheitsgrade der Stange einschränkt.

Alle Beispiele von Abb. 20.24 führen auf eine singuläre Jacobi-Matrix (20.81). Bei der objektorientierten Modellierung tritt dieses Phänomen recht häufig auf, da jede Komponente durch lokale Gleichungen beschrieben wird und durch das Zusammenschalten der Komponenten leicht Zwangsbedingungen zwischen den *lokalen* Zuständen der Objekte entstehen können. Ein objektorientiertes Modellierungssystem sollte solche Modelle deswegen automatisch *effizient* abhandeln können.

Die Behandlung von singulären Systemen ist ein aktueller Gegenstand der Forschung. Ein allgemein akzeptierter Standardzugang zeichnet sich noch nicht ab. Insbesondere gibt es kein Verfahren, um das Anfangswertproblem einer *beliebigen* DAE zu lösen.

Im vorliegenden Kapitel wird die auf dem Pantelides–Algorithmus [851] beruhende Dummy-Derivative-Methode [839, 808] beschrieben. Hierbei werden singuläre Systeme durch Differentation von Gleichungen der DAE so aufbereitet, daß auf die Zustandsform (20.82) transformiert werden kann. Mit der Dummy-

Derivative-Methode kann die zur Zeit wohl größte Klasse von singulären, nichtlinearen Deskriptorsystemen behandelt und das nicht-triviale Problem der Bestimmung von *konsistenten* Anfangsbedingungen[9], zumindest im Prinzip, gelöst werden. Das Verfahren wird in unterschiedlichen Varianten z.B. in den Programmen ABACUSS [798], Dymola [811] und Omola [847] eingesetzt.

Alternativen sind die *direkten* numerischen Lösungsverfahren, siehe z.B. [803, 827], bei denen die DAE (20.80) durch unmittelbares Anwenden numerischer Integrationsverfahren gelöst wird. Für ein allgemeines objektorientiertes Modellierungssystem scheinen direkte Verfahren weniger gut geeignet zu sein, da

(a) nur spezielle Klassen von singulären DAEs behandelt werden können,[10]

(b) vorausgesetzt wird, daß *konsistente* Anfangsbedingungen für (20.80) vorliegen, was im allgemeinen nicht der Fall ist, und

(c) direkte Verfahren auf Grund der iterativen Lösungsstrategie für Echtzeit-Anwendungen schwierig einzusetzen sind.

20.8.1 Index einer DAE

Zur Charakterisierung von DAEs beim Einsatz von *direkten numerischen* Lösungsverfahren ist der *Index* einer DAE gebräuchlich. Für nichtlineare DAEs (20.80) gibt es eine ganze Reihe *unterschiedlicher* Index-Definitionen, insbesondere:

- Der *differentielle Index* (engl.: differential index), siehe z.B. [803], gibt an, wie oft die DAE (20.80) differenziert werden muß, um auf

$$\begin{bmatrix} \dot{\mathbf{x}} \\ \dot{\mathbf{y}} \end{bmatrix} = \mathbf{f}_3(\mathbf{x}, \mathbf{y}, t) \qquad (20.83)$$

  transformieren zu können. Eine DAE hat den differentiellen Index j, wenn j-mal zu differenzieren ist.

- Beim *Störungsindex* (engl.: perturbation index), siehe z.B. [827], wird die Differenz zwischen der exakten Lösung $\mathbf{x}(t), \mathbf{y}(t)$ von (20.80) und der exakten Lösung $\hat{\mathbf{x}}(t), \hat{\mathbf{y}}(t)$ der leicht gestörten DAE

$$\epsilon(t) = \mathbf{f}(\dot{\hat{\mathbf{x}}}, \hat{\mathbf{x}}, \hat{\mathbf{y}}, t) \qquad (20.84)$$

  herangezogen, um näherungsweise durch $\epsilon(t)$ Fehler in der approximierten, numerischen Lösung zu beschreiben. Wenn diese Differenz eine Funktion der j-ten Ableitung von $\epsilon(t)$, d.h. von $d^j \epsilon / dt^j$, ist, hat die DAE den Störungsindex $j + 1$.

---

[9] Dieser Punkt wird später genauer diskutiert.

[10] Zum Beispiel haben die meisten direkten Verfahren Schwierigkeiten, Systeme wie den Antriebsstrang im linken oberen Teil und das Pendel im rechten unteren Teil von Bild 20.24 zu lösen, wenn eine objektorientierte Modellierung verwendet wird.

- Beim *Traktabilitäts Index* (engl.: tractability index), siehe z.B. [837, 842], wird die Index-Definition für lineare DAEs mit konstanten Koeffizienten auf die um den aktuellen Zeitpunkt linearisierte DAE angewandt.

Abgesehen von bestimmten Klassen von DAEs, wie z.B. linearen DAEs mit konstanten Koeffizienten, führen diese Index-Definitionen im allgemeinen zu unterschiedlichen Ergebnissen. Eine Charakterisierung der Form „mit dem Integrator XYZ können DAEs bis zum Index 2 gelöst werden", ist deswegen nur bedingt aussagekräftig, da

(a) nicht klar ist auf welche Index-Definition sich diese Formulierung bezieht,

(b) es für einen Anwender in der Regel nicht-trivial ist den Index einer vorliegenden DAE zu ermitteln und

(c) der Integrator in der Regel nicht in der Lage ist festzustellen, ob eine DAE in die lösbare Problemklasse fällt.

Es gibt keinen einfachen Zusammenhang zwischen dem Index einer DAE und einer singulären Jacobi-Matrix (20.81). Zum Beispiel haben die Gleichungen (20.85) und (20.86) jeweils einen differentiellen Index, Störungsindex und Traktabilitäts Index von eins.

$$\begin{aligned} \dot{x}_1 + \dot{x}_2 &= -x_1 \quad (20.85a) \\ x_2 &= 0 \quad (20.85b) \end{aligned} \qquad \begin{aligned} \dot{x} + y &= -x \quad (20.86a) \\ y &= 0 \quad (20.86b) \end{aligned}$$

Das System (20.86) hat jedoch eine reguläre Jacobi-Matrix, kann also mit den Methoden von Kapitel 20.6 behandelt werden, während das System (20.85) singulär ist. Zusammengefaßt kann festgehalten werden, daß die Jacobi-Matrix (20.81) die Aussage erteilt, ob eine DAE in die Zustandsform mit $\mathbf{x}$ als Zustandsvektor transformiert werden kann, und daß der Index die Schwierigkeiten einer *numerischen* Lösung charakterisiert.

20.8.2 Einführendes Beispiel

Die Art des Vorgehens, ein singuläres System mit der Dummy-Derivative Methode zu lösen, soll zuerst an einem einfachen Beispiel demonstriert werden. Hierzu wird die im letzten Kapitel erstellte Bibliothek für 1D-rotatorische, mechanische Komponenten verwendet, siehe Tabelle 20.9, Seite 939, um den Antriebsstrang von Abb. 20.25 zu modellieren.

Dieser besteht aus Antriebsmoment M_0, trägheitsbehafteten Wellen W1, W2, W3, idealem Getriebe G, und Elastizität F. Wie in Kapitel 20.3 gezeigt, erstellt ein objektorientiertes Modellierungssystem aus dem Objektdiagramm zuerst das folgende Gesamtgleichungssystem:

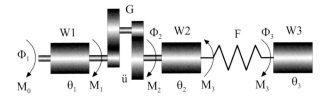

Abb. 20.25: *Objektdiagramm eines Antriebsstrangs*

W1	$\dot{\Phi}_1 = \Omega_1$	(20.87a)	**G**	$\Phi_1 = \ddot{u} \cdot \Phi_2$	(20.87f)
	$\Theta_1 \cdot \dot{\Omega}_1 = M_0 - M_1$	(20.87b)		$M_2 = \ddot{u} \cdot M_1$	(20.87g)
W2	$\dot{\Phi}_2 = \Omega_2$	(20.87c)	**W3**	$\dot{\Phi}_3 = \Omega_3$	(20.87h)
	$\Theta_2 \cdot \dot{\Omega}_2 = M_2 - M_3$	(20.87d)		$\Theta_3 \cdot \dot{\Omega}_3 = M_3$	(20.87i)
F	$M_3 = c \cdot (\Phi_3 - \Phi_2)$	(20.87e)			

Aus Gründen der Übersichtlichkeit sind in dem Gleichungssystem alle Variablen durchnummeriert (z.B. Φ_3 statt W3.Φ_1) und die trivialen Verbindungsgleichungen sind schon substituiert. Die Gleichungen (20.87) bilden eine DAE (20.80) mit $\mathbf{x}_1 = [\Phi_1\ \Omega_1\ \Phi_2\ \Omega_2\ \Phi_3\ \Omega_3]^T$ und $\mathbf{y}_1 = [M_1\ M_2\ M_3]^T$ und bestehen aus neun Gleichungen zur Berechnung der neun Unbekannten $\dot{\mathbf{x}}_1, \mathbf{y}_1$ bei gegebenem Zustandsvektor $\mathbf{x}_1$. Diese DAE kann nicht in die Zustandsform transformiert werden, da die Jacobimatrix *singulär* ist, da (20.87f) keine der Unbekannten enthält, und eine algebraische Beziehung zwischen den als bekannt angenommenen Zustandsgrößen Φ_1 und Φ_2 darstellt.

Mit anderen Worten: Eine dieser beiden Größen kann kein Zustand sein. Willkürlich wird jetzt angenommen, daß Φ_1 eine *Unbekannte* und kein Zustand mehr ist. Diese Art der Vorgehensweise wurde schon in Kapitel 20.7.1 auf Seite 906 für lineare Deskriptorsysteme erläutert. Bei *linearen* Systemen kann man einfach nach Φ_1 auflösen und diese Variable zusammen mit ihren Ableitungen an allen Stellen in (20.87) ersetzen. Bei *nichtlinearen* Systemen ist eine analytische Auflösung aber in der Regel nicht mehr möglich. Aus diesem Grunde muß hier etwas anders vorgegangen werden. Die grundlegende Idee ist hierbei, zuerst alle benötigten Gleichungen bereitzustellen und die explizite Auflösung dann numerisch durchzuführen.

Beim obigen Gleichungssystem könnte man Φ_1 explizit eliminieren, da diese Variable nur linear auftritt. Um den allgemeinen Fall zu demonstrieren, gehen wir jedoch anders vor: Die Variable Φ_1 wird als Unbekannte angesehen, die mit Hilfe der anderen Zustandsgrößen berechnet wird.

Dann ist auch $\dot{\Phi}_1$ keine Ableitung mehr, sondern nur noch eine algebraische Größe (= Dummy Derivative), die ebenfalls mit Hilfe der anderen Zustandsgrößen berechnet wird. Zur Verdeutlichung wird eine Dummy-Ableitung nicht mit einem Punkt, sondern mit einem Apostroph, Φ_1', gekennzeichnet. Die Gleichung (20.87f) wird zur Berechnung der neuen Unbekannten Φ_1 verwendet. Da *eine* neue *Unbekannte* eingeführt worden ist, muß gleichzeitig auch *eine* neue

Gleichung hinzugenommen werden. Dies ist natürlicherweise die Ableitung von (20.87f), d.h.

$$\Phi_1' = \ddot{u} \cdot \dot{\Phi}_2 \quad (20.88f')$$

Die so konstruierte DAE besitzt 10 Gleichungen mit 10 Unbekannten. Die Jacobi-Matrix ist jedoch immer noch singulär, da (20.87a), (20.87c), (20.88f') drei Gleichungen in den zwei Unbekannten Φ_1' und $\dot{\Phi}_2$ ist. Es besteht also eine algebraische Beziehung zwischen den Zustandsgrößen Ω_1, Ω_2, da diese auch in den drei Gleichungen auftreten. Willkürlich wird festgelegt, daß Ω_1 eine *Unbekannte* und kein Zustand mehr ist. Durch Differenzieren gibt es drei neue Gleichungen

$$\Phi_1'' = \Omega_1' \quad (20.88a')$$
$$\Phi_2'' = \dot{\Omega}_2 \quad (20.88c')$$
$$\Phi_1'' = \ddot{u} \cdot \Phi_2'' \quad (20.88f'')$$

jedoch auch wiederum drei *neue* Unbekannte $(\Phi_1'', \Phi_2'', \Omega_1)$, so daß eine DAE mit 13 Gleichungen in 13 Unbekannten entsteht. Diese DAE mit den Vektoren $\mathbf{x}_2 = [\Phi_2 \ \Omega_2 \ \Phi_3 \ \Omega_3]^T$ und $\mathbf{y}_2 = [M_1 \ M_2 \ M_3 \ \Phi_1 \ \Phi_1' \ \Phi_1'' \ \Phi_2'' \ \Omega_1 \ \Omega_1']^T$ hat nun eine Jacobi-Matrix die bezüglich $\dot{\mathbf{x}}_2, \mathbf{y}_2$ regulär ist. Durch BLT-Transformation, Tearing (siehe Kapitel 20.6) und Elimination trivialer Gleichungen der Form $a = b$ wird diese erweiterte DAE in die folgende Zustandsform transformiert:

$$\Phi_1 := \ddot{u} \cdot \Phi_2$$
$$\Omega_1 := \ddot{u} \cdot \Omega_2$$
$$M_3 := c \cdot (\Phi_3 - \Phi_2)$$
$$\dot{\Omega}_2 := (\ddot{u} \cdot M_0 - M_3)/(\ddot{u}^2 \cdot \Theta_1 + \Theta_2)$$
$$\dot{\Omega}_3 := M_3/\Theta_3$$
$$\dot{\Phi}_2 := \Omega_2$$
$$\dot{\Phi}_3 := \Omega_3$$

Man beachte, daß die Auswahl der zusätzlichen Gleichungen (20.88) unabhängig davon ist, welche Zustände verwendet werden, so daß $\mathbf{x}_2$ auch erst beim Vorliegen des *kompletten* Gleichungssystems ausgewählt werden könnte. Es wird sich noch zeigen, daß eine solche spätere Festlegung aus *numerischen* Gründen in der Regel *zwingend* ist.

Nach Vorgabe von Anfangsbedingungen $\mathbf{x}_2 = \mathbf{x}_2(t_0)$ hat die DAE (20.87, 20.88) eine eindeutige Lösung. Wenn dagegen die Ausgangs-DAE (20.87) mit einem *direkten numerischen* Verfahren gelöst werden würde, reicht es *nicht* aus, daß die DAE zum Anfangszeitpunkt erfüllt ist. Mit den Anfangsbedingungen $\mathbf{x}_1(t_0) = [0 \ 1 \ 0 \ 0 \ 0 \ 0]^T$, $\dot{\mathbf{x}}_1(t_0) = [1 \ 0 \ 0 \ 0 \ 0 \ 0]^T$, $\mathbf{y}_1(t_0) = [u(t_0) \ 0 \ 0]^T$ wird z.B. (20.87) erfüllt. Sowohl anschaulich, als auch wegen (20.88), ist aber klar, daß es physikalisch unmöglich ist, daß $\Omega_1 = 1$ und $\Omega_2 = 0$ ist. Es kann also für diese Anfangsbedingungen keine Lösung der DAE (20.87) geben. Mit anderen Worten: Auch wenn ein direktes Verfahren benutzt wird, müssen im allgemeinen trotzdem die Gleichungen (20.88) abgeleitet werden, da diese zum Anfangszeitpunkt erfüllt sein müssen.

In [834] wird gezeigt, daß für *stationäre* Anfangsbedingungen, d.h. wenn alle Ableitungen zum Anfangszeitpunkt identisch verschwinden, die zusätzlichen Gleichungen (hier: (20.88)) automatisch *erfüllt* sind, vorausgesetzt daß die Ausgangs-DAE erfüllt ist. Nur für diesen wichtigen Sonderfall werden deswegen die zusätzlichen Gleichungen für die direkten numerischen Verfahren *nicht* benötigt.

20.8.3 Strukturell inkonsistente Deskriptorsysteme

In vorigen Abschnitt wurde am Beispiel eines einfachen Antriebsstranges gezeigt, wie durch Differentiation gewisser Gleichungen des Systems und durch Auswahl von Dummy-Zuständen eine singuläre DAE auf Zustandsform transformiert werden kann. Diese Vorgehensweise versagt jedoch z.B. bei folgendem System:

$$\dot{x} = f_1(x, y_1) \qquad (20.89\text{a})$$

$$0 = f_2(y_2) \qquad (20.89\text{b})$$

$$0 = f_3(y_2) \qquad (20.89\text{c})$$

Dies ist eine DAE mit singulärer Jacobi-Matrix, da die beiden letzten Gleichungen nur von der einen Unbekannten y_2 abhängen. Hier ist es jetzt aber nicht möglich, durch Auswahl geeigneter Dummy-Zustände eine reguläre Jacobi-Matrix zu erhalten, da (20.89b, 20.89c) nicht von x abhängen. Damit kann (20.89) mit der erläuterten Methodik nicht auf Zustandsform transformiert werden. Anschaulich ist klar, daß dies auch generell nicht möglich ist, da die Gleichungen (20.89b, 20.89c) entweder zueinander kompatibel sind (dann gibt es unendlich viele Lösungen), oder zueinander im Widerspruch stehen (dann gibt es keine Lösung), d.h. die DAE besitzt *keine eindeutige Lösung*. Diese Eigenschaft ist unabhängig davon, wie die beiden Funktionen f_2, f_3 letztendlich aufgebaut sind. In [851] werden solche DAEs als *strukturell inkonsistent* bezeichnet.

Es stellt sich die Frage, wie DAEs mit dieser Eigenschaft automatisch erkannt werden können, da z.B. durch einfache Modellierungsfehler des Anwenders solche DAEs entstehen können. Hierzu werde angenommen, daß die DAE

$$0 = \mathbf{f}(\dot{\mathbf{x}}, \mathbf{x}, \mathbf{y}, t) \qquad (20.90)$$

mit einem impliziten Integrationsverfahren gelöst werden soll, d.h. daß $\dot{x}_i(t_j)$ als Funktion von $x_i(t_j)$ und (bekannten) Werten von x_i zu früheren Zeitpunkten angegeben wird:

$$\dot{x}_i = h_i(x_i) \qquad (20.91)$$

Beim impliziten Euler-Verfahren wird z. B. die Zustandsableitung durch die folgende Differenzenformel ersetzt:

$$\dot{\mathbf{x}}(t_j) = \frac{\mathbf{x}(t_j) - \mathbf{x}(t_{j-1})}{h} \qquad (20.92)$$

hierbei ist $\mathbf{x}(t_j)$ der zu berechnende Wert von $\mathbf{x}$ zum Zeitpunkt t_j, $\mathbf{x}(t_{j-1})$ der schon berechnete Wert von $\mathbf{x}$ zum vorherigen Zeitpunkt t_{j-1} und $h = t_j - t_{j-1}$ ist die Schrittweite. Einsetzen von (20.92) in (20.90) ergibt:

$$\begin{aligned}
\mathbf{0} &= \mathbf{f}(\frac{\mathbf{x}(t_j) - \mathbf{x}(t_{j-1})}{h}, \mathbf{x}(t_j), \mathbf{y}(t_j), t_j) \\
&= \mathbf{f}(\mathbf{x}(t_j), \mathbf{x}(t_j), \mathbf{y}(t_j), t_j)
\end{aligned} \qquad (20.93)$$

Gleichung (20.93) ist ein nichtlineares Gleichungssystem zur Berechnung von $\mathbf{x}(t_j), \mathbf{y}(t_j)$. Dieses Gleichungssystem ist nur dann eindeutig lösbar wenn die Jacobi-Matrix bezüglich $\mathbf{x}(t_j), \mathbf{y}(t_j)$ regulär ist. Wenn die Jacobimatrix strukturell singulär ist, d.h. wenn in der Ausgangs-DAE $\dot{\mathbf{x}}$ durch $\mathbf{x}$ ersetzt wird, siehe (20.93), und die so entstehende DAE strukturell singulär ist, gibt es sicher keine eindeutige Lösung. Aus diesen Überlegungen ergibt sich nun die folgende Eigenschaft (siehe auch [851], S. 219–221):

Eine DAE (20.80) wird als strukturell inkonsistent bezeichnet, wenn

$$\mathbf{0} = \mathbf{f}(\mathbf{x}, \mathbf{x}, \mathbf{y}, t), \quad \left[\frac{\partial \mathbf{f}}{\partial \mathbf{x}} : \frac{\partial \mathbf{f}}{\partial \mathbf{y}}\right] \text{ strukturell singulär} \qquad (20.94)$$

d.h. wenn alle Ableitungen $\dot{\mathbf{x}}$ in der DAE durch den Vektor $\mathbf{x}$ ersetzt werden und das hieraus resultierende Gleichungssystem mit Algorithmus 20.1 von Kapitel 20.6 bezüglich $\mathbf{x}$ und $\mathbf{y}$ als strukturell singulär charakterisiert wird. Man beachte, daß die genaue funktionale Abhängigkeit von $\dot{x}_i$ und x_i in (20.91) nicht bekannt sein muß, da nur strukturelle Eigenschaften untersucht werden, so daß es in (20.90) genügt, $\dot{x}_i$ durch x_i (und nicht durch $h_i(x_i)$) zu ersetzen. Beispiel:

$$\begin{array}{rcl}
\dot{x} &=& f_1(x, y_1) \\
0 &=& f_2(y_2) \\
0 &=& f_3(y_2)
\end{array} \quad \Rightarrow \quad
\begin{array}{rcl}
x &=& f_1(x, y_1) \\
0 &=& f_2(y_2) \\
0 &=& f_3(y_2)
\end{array}$$

Das linke System ist strukturell singulär, da es zwei Gleichungen gibt, die nur von y_2 abhängen. Wird nun $\dot{x}$ durch x ersetzt, siehe rechte Seite, dann ist das so entstehende System immer noch strukturell singulär und damit strukturell inkonsistent, d.h. es gibt keine eindeutige Lösung. Im folgenden Beispiel

$$\begin{array}{rcl}
\dot{x} &=& f_1(x, y) \\
0 &=& f_2(x)
\end{array} \quad \Rightarrow \quad
\begin{array}{rcl}
x &=& f_1(x, y) \\
0 &=& f_2(x)
\end{array}$$

ist das linke System wiederum strukturell singulär, da die zweite Gleichung f_2 nur von der als bekannt angenommenen Zustandsgröße x abhängt. Wird jedoch $\dot{x}$ durch x ersetzt, siehe rechte Seite, dann liegt ein algebraisches Gleichungssystem vor bei dem x aus Gleichung f_2 und y aus Gleichung f_1 bestimmt werden kann. Mit anderen Worten: Dieses Gleichungssystem ist strukturell konsistent.

Auf Grund der Herleitung ist klar, daß strukturell inkonsistente DAEs nicht mit einem impliziten Integrationsverfahren gelöst werden können. Es kann gezeigt werden, daß die DAE dann auch keine eindeutige Lösung besitzt. Die Bedeutung von (20.94) liegt insbesondere auch darin, daß der im nächsten Abschnitt erläuterte Pantelides–Algorithmus genau dann konvergiert, wenn die DAE nicht strukturell inkonsistent ist (Beweis siehe [851], S. 219–221). Vor Anwendung des Pantelides–Algorithmus muß demnach (20.94) überprüft werden.

20.8.4 Pantelides–Algorithmus

Der Pantelides–Algorithmus wird benutzt, um diejenigen *zusätzlichen* Gleichungen zu ermitteln, die für eine Transformation in die Zustandsform benötigt werden. Dies sind gleichzeitig auch diejenigen Gleichungen, die *konsistente* Anfangsbedingungen neben der Ausgangs–DAE erfüllen müssen. Zur Erläuterung des Algorithmuses ist es notwendig, (20.80) anders darzustellen. Mit $\mathbf{v} = [\mathbf{x}; \dot{\mathbf{x}}; \mathbf{y}]$, der *Variablen-Assoziierungsliste* V und der *Gleichungs-Assoziierungsliste* F

$$
\begin{aligned}
V(j) &= i, \quad \text{wenn } dv_j/dt = v_i \\
&= 0, \quad \text{sonst}
\end{aligned}
$$

$$
\begin{aligned}
F(j) &= i, \quad \text{wenn } df_j/dt = f_i \\
&= 0, \quad \text{sonst}
\end{aligned}
$$

kann (20.80) geschrieben werden als

$$
\mathbf{0} = \mathbf{f}(\mathbf{v}, t), \quad \frac{\partial f_i}{\partial v_j} \text{ singulär für } V(j) = 0 \tag{20.95}
$$

d.h. es werden Deskriptorsysteme untersucht, bei denen die Jacobimatrix bezüglich der höchsten auftretenden Ableitungen singulär ist.

Wie im einführenden Beispiel, Kapitel 20.8.2, skizziert, wird versucht die *kleinsten* Untermengen $\bar{\mathbf{f}}(\bar{\mathbf{v}}, t)$ von (20.95), mit $\bar{\mathbf{f}} \subseteq \mathbf{f}$, $\bar{\mathbf{v}} \subseteq \mathbf{v}$, zu identifizieren, die singulär sind. Hierzu wird die *hinreichende* Bedingung benutzt, daß ein System von Gleichungen singulär ist, wenn die Zahl der Gleichungen größer ist als die Zahl der Unbekannten. Da die Singularität bezüglich der höchsten Ableitungen von $\mathbf{v}$ zu untersuchen ist, wird die folgende hinreichende Bedingung benutzt, um singuläre Teilsysteme zu ermitteln

$$
\dim\left(\bar{\mathbf{f}}\right) > \dim\left(\bar{\mathbf{v}}^0\right), \quad \bar{v}_j^0 \text{ in } \bar{\mathbf{v}} \text{ mit } V(j) = 0 \tag{20.96}
$$

d.h. Teilsysteme bei, denen die Zahl der Gleichungen größer ist als die Zahl der Unbekannten (= höchste Ableitungen in $\mathbf{v}$). Wenn (20.96) zutrifft, ist die Untermenge $\bar{\mathbf{f}}$ strukturell singulär und die Gleichungen werden differenziert. Diese *neuen* Gleichungen, sowie die *neu* hinzukommenden *differenzierten* Variablen, werden in die entsprechenden Assoziierungslisten eingetragen.

Zur Identifikation der kleinsten strukturell singulären Untermengen wird der in Kapitel 20.6 beschriebene Algorithmus 20.2 (Funktion `pathFound`) bezüglich der *höchsten* auftretenden *Ableitungen* benutzt, d.h. bezüglich der Variablen v_j, bei denen $V(j) = 0$ ist. Zusammengefaßt erhält man den folgenden Algorithmus:

Algorithmus 20.4 (Pantelides--Algorithmus)

```
<Initialisiere die Variablen-Assoziierungsliste V>
assign(j)  := 0, j=1,2,..,nv;
F(j)       := 0, j=1,2,..,nf;

for <Ursprungsgleichungen k = 1,2,...,nf>
  i := k;
  loop
    // Ermittle die Zuordnung von Gleichung i bezüglich
    // der höchsten Ableitungen von v.
      vMark(j) := false, j=1,2,..,nv;
      eMark(j) := false, j=1,2,..,nf;
      if pathFound(i), exit loop;

    // Markierte Gleichungen bilden ein sing. Teilsystem.
    // Differenziere Teilsystem und erweitere Listen V und F
    // um die differenzierten Gleichungen und Variablen
      for <Variablen j, mit vMark(j) = true>
        nv   := nv + 1;
        V(j) := nv;
      end for
      for <Gleichungen j, mit eMark(j) = true>
        nf   := nf + 1;
        F(j) := nf;
        <Erzeuge Variablenliste von Gleichung nf>
      end for

    // Kopiere Zuordnung zu den differenzierten Gleichungen
      for <Variablen j, mit vMark(j) = true>
        assign(V(j)) := F(assign(j));
      end for

    // Untersuche differenzierte Gleichungen
      i := F(i);
  end loop
end for
```

Wie schon in Kapitel 20.6 erläutert, gibt $\text{assign}(j) = i$ an, daß Gleichung i nach der Variablen j aufzulösen ist. Die Bool'schen Felder `vMark` und `eMark` werden benutzt, um zu markieren, welche Variablen (`vMark`) und welche Gleichungen (`eMark`) schon untersucht wurden. Nach Beendigung von Algorithmus 20.4

enthält die Gleichungs-Assoziierungsliste F alle Gleichungen, die differenziert werden müssen, um das System in Zustandsform transformieren zu können.

Um die weitere Vorgehensweise zu motivieren, wird das folgende konstruierte Beispiel eines singulären Deskriptorsystems betrachtet, wobei $\mathbf{x} = [x_1\, x_2\, x_3]^T$, $\mathbf{y} = [y]$ und $u(t)$ eine vorgegebene Eingangsfunktion mit $|u| < 0.5$ ist:

$$0 = y + x_1 \qquad (20.97a)$$
$$0 = y + x_2 \qquad (20.97b)$$
$$0 = y + x_3 \cdot u \qquad (20.97c)$$
$$0 = \dot{x}_1 + \dot{x}_2 + \dot{x}_3 \qquad (20.97d)$$

Die Aufgabe besteht darin,

(a) alle notwendigen Gleichungen zu differenzieren und

(b) festzulegen, welche Variablen x_i keine Zustandsgrößen mehr sind.

Auf den ersten Blick scheint es sinnvoll zu sein, ähnlich wie bei einer manuellen Vorgehensweise, die Teilaufgabe (b) so früh wie möglich durchzuführen, d.h. Zustände sofort aus den identifizierten Zwangsbedingungen auszuwählen.

Im Beispiel wird hierzu der Pantelides–Algorithmus angewandt. Dieser stellt fest, daß das Teilsystem (20.97a), (20.97b) singulär ist, da dies zwei Gleichungen für die eine Unbekannte y enthält, d.h. es gibt eine algebraische Beziehung zwischen den (als bekannt angenommenen) Zustandsgrößen x_1 und x_2. An dieser Stelle kann nun entweder x_1 oder x_2 als *neue* Unbekannte eingeführt werden. Willkürlich werde x_1 gewählt, so daß y und x_1 aus diesen beiden Gleichungen berechnet werden.

In den weiteren Iterationen von Algorithmus 20.4 wird y als eine *bekannte* Größe angesehen, da durch das Differenzieren die *neue* höchste Ableitung $\dot{y}$ auftritt. Dann ist aber (20.97c) singulär, da dies eine Gleichung ist, die nur *bekannte* Größen enthält. Hieraus ergibt sich, daß x_3 kein Zustand mehr sein kann, sondern aus (20.97c) berechnet werden muß. Dies ist der *kritische* Punkt: Bei der Umformung nach x_3 muß durch $u(t)$ dividiert werden. Verschwindet $u(t)$ während der Simulation, wird durch Null geteilt.

Werden die drei ersten Gleichungen dagegen *zusammen* analysiert, stellt man fest, daß es viel besser ist, wenn x_3 Zustandsgröße ist und x_1, x_2, y aus diesen Gleichungen berechnet werden, da dann das Deskriptorsystem während der Simulation regulär bleibt! Mit anderen Worten: Die Reihenfolge, in der der Pantelides–Algorithmus die zu differenzierenden Gleichungen ermittelt, ist in der Regel nicht geeignet, um die Zustandsgrößen festzulegen, da sich diese Reihenfolge aus rein strukturellen Gesichtspunkten ergibt, ohne die funktionale Abhängigkeit der Gleichungen von den Variablen zu berücksichtigen.

20.8.5 Dummy–Derivative–Methode

Mattsson und Söderlind haben in [839] ein Verfahren angegeben, welches die vorstehend erläuterte Schwierigkeit elegant vermeidet, und im folgenden diskutiert wird. Die vom Pantelides–Algorithmus ermittelte Gleichungs-Assoziierungsliste F legt das folgende System von Gleichungen fest:

$$0 = f_i\left(\mathbf{v}, t\right), \quad \frac{\partial f_i}{\partial v_j} \text{ strukturell regulär} \qquad (20.98a)$$

$$0 = f_k\left(\mathbf{v}, t\right), \quad \frac{\partial f_k}{\partial v_j} = 0 \qquad (20.98b)$$

$$V\left(j\right) = 0, \quad F\left(i\right) = 0, \quad F\left(k\right) > 0 \qquad (20.98c)$$

Hierbei sind (20.98a) die n Gleichungen mit den höchsten Ableitungen in F, wobei n die Dimension der Ausgangs-DAE (20.80) ist. Dieses Gleichungssystem ist strukturell regulär bezüglich der höchsten Ableitungen von $\mathbf{v}$. Die restlichen Gleichungen, f_k, stellen die Zwangsbedingungen zwischen den potentiellen Zuständen $\mathbf{x}$ dar, die zu einer Festlegung der „echten" Zustände benützt werden. Gleichung (20.98c) definiert die in (20.98a), (20.98b) verwendeten Indices i, j, k.

Das Verfahren in [839] setzt nun voraus, daß (20.98a) zu *jedem Zeitpunkt regulär* ist. Unter dieser (in vielen Fällen zutreffenden) Annahme wird garantiert, daß auf Zustandsform transformiert werden kann. Aus Platzgründen wird der einleuchtende Algorithmus nicht allgemein erläutert, sondern gleich direkt an dem einführenden Beispiel vorgeführt.

Auf Grund der Herleitung ist klar, daß der Pantelides–Algorithmus für die DAE (20.87) genau die Gleichungen (20.88) ableitet. Das reguläre System (20.98a) ergibt sich dann zu:

W1	$\ddot{\Phi}_1 = \dot{\Omega}_1$	$(20.99a')$	**G**	$\ddot{\Phi}_1 = \ddot{u} \cdot \ddot{\Phi}_2$	$(20.99f'')$
	$\Theta_1 \cdot \dot{\Omega}_1 = M_0 - M_1$	$(20.99b)$		$M_2 = \ddot{u} \cdot M_1$	$(20.99g)$
W2	$\dot{\Phi}_2 = \Omega_2$	$(20.99c')$	**W3**	$\dot{\Phi}_3 = \Omega_3$	$(20.99h)$
	$\Theta_2 \cdot \dot{\Omega}_2 = M_2 - M_3$	$(20.99d)$		$\Theta_3 \cdot \dot{\Omega}_3 = M_3$	$(20.99i)$
F	$M_3 = c \cdot \left(\Phi_3 - \Phi_2\right)$	$(20.99e)$			

Demnach besteht das System aus allen Gleichungen der Ausgangs-DAE, wobei die einzelnen Gleichungen jedoch teilweise ein- oder zweimal differenziert wurden. Für diese DAE wird eine BLT-Transformation (siehe Kapitel 20.6) bezüglich der höchsten auftretenden Ableitungen von $\mathbf{v}$ also bezüglich $\{\ddot{\Phi}_1, \ddot{\Phi}_2, \dot{\Phi}_3, \dot{\Omega}_1, \dot{\Omega}_2, \dot{\Omega}_3, M_1, M_2, M_3\}$ durchgeführt. Dies führt auf eine BLT-Form mit vier Diagonalblöcken B1,B2,B3,B4, die rekursiv gelöst wird:

B1	$[\dot{\Phi}_3] = \Omega_3$	$(20.100h)$
B2	$[M_3] = c \cdot (\Phi_3 - \Phi_2)$	$(20.100e)$
B3	$\Theta_3 \cdot [\dot{\Omega}_3] = M_3$	$(20.100i)$
B4	$\Theta_1 \cdot \dot{\Omega}_1 = M_0 - [M_1]$	$(20.100b)$
	$\Theta_2 \cdot [\dot{\Omega}_2] = M_2 - M_3$	$(20.100d)$
	$[M_2] = \ddot{u} \cdot M_1$	$(20.100g)$
	$\ddot{\Phi}_1 = [\dot{\Omega}_1]$	$(20.100a')$
	$[\ddot{\Phi}_2] = \dot{\Omega}_2$	$(20.100c')$
	$[\ddot{\Phi}_1] = \ddot{u} \cdot \ddot{\Phi}_2$	$(20.100f'')$

In eckigen Klammern werden diejenigen Variablen markiert, nach denen aufgelöst werden muß, siehe Algorithmus 20.1. Der Block B4 besteht aus einem
linearen Gleichungssystem. Unabhängig von der weiteren Vorgehensweise werden die höchsten Ableitungen aus (20.100) berechnet. Hierbei kann mit dem
Tearing-Verfahren (siehe Kapitel 20.6) das Gleichungssystem von Block B4 noch
auf ein System der Ordnung eins reduziert werden.

In einem zweiten Schritt werden diejenigen Gleichungssysteme der BLT-Form
untersucht, die *differenzierte* Gleichungen enthalten. In diesem Beispiel ist das
nur Block B4. Dieser Block wird benutzt, um die unbekannten Zustandsablei-
tungen $\dot{\Phi}_1$, $\dot{\Phi}_2$, $\dot{\Omega}_1$, $\dot{\Omega}_2$ sowie die algebraischen Variablen M_1, M_2 zu berechnen.
Die in Block B4 auftretenden Funktionsableitungen, d.h. (20.100a'), (20.100c'),
(20.100f''), werden einmal integriert und führen auf die schon vom Pantelides–
Algorithmus ermittelten Zwangsgleichungen

$$\dot{\Phi}_1 = \Omega_1 \qquad (20.101a)$$
$$\dot{\Phi}_2 = \Omega_2 \qquad (20.101c)$$
$$\dot{\Phi}_1 = \ddot{u} \cdot \dot{\Phi}_2 \qquad (20.101f')$$

so daß die Zustände $\dot{\Phi}_1$, $\dot{\Phi}_2$, Ω_1, Ω_2 nicht unabhängig voneinander sind. Durch
Hinzufügen dieser drei Gleichungen, welche einem Teil von (20.98b) entsprechen,
müssen wiederum drei neue Unbekannte eingeführt werden, so daß drei der vier
Zustände keine Zustände mehr sein können. Nach Voraussetzung ist (20.100)
regulär, so daß (20.101) *zeilenregulär* sein muß, da die Ableitung von (20.101)
Teil von (20.100) ist. Durch Vorgabe einer der Zustände können demnach die
drei anderen „Dummy-Zustände" aus (20.101) berechnet werden.

Die Bestimmung der Dummy-Zustände ist im allgemeinen nur numerisch
möglich. Wenn Zwangsbedingungen der Form

$$\mathbf{g}\,(\bar{\mathbf{x}}, t) \;=\; \mathbf{0} \qquad (20.102)$$

vorliegen, wobei $\bar{\mathbf{x}}$ eine Teilmenge von $\mathbf{x}$ ist, wird die Zustandsauswahl mit Hilfe
der differenzierten Zwangsbedingungen vorgenommen:

$$\mathbf{J}(\bar{\mathbf{x}}, t)\dot{\bar{\mathbf{x}}} \;=\; -\frac{\partial \mathbf{g}}{\partial t}; \quad \mathbf{J} = \frac{\partial \mathbf{g}}{\partial \bar{\mathbf{x}}} \qquad (20.103)$$

Auf Grund der Konstruktion sind die Gleichungen (20.103) schon vorhanden. Im vorliegenden Fall entspricht (20.102) den Zwangsbedingungen (20.101), und (20.103) den Gleichungen (20.100a'), (20.100c'), (20.100f'') vom BLT-Block B4, d.h.

$$\mathbf{J} = \begin{bmatrix} 1 & 0 & -1 & 0 \\ 0 & 1 & 0 & -1 \\ 1 & -\ddot{u} & 0 & 0 \end{bmatrix} ; \quad \dot{\mathbf{x}} = \begin{bmatrix} \dot{\Phi}_1 \\ \dot{\Phi}_2 \\ \dot{\Omega}_1 \\ \dot{\Omega}_2 \end{bmatrix} ; \qquad (20.104)$$

Durch Wahl von n linear unabhängigen *Spalten* der n-zeiligen Jacobimatrix $\mathbf{J}$ werden die zugehörigen Variablen als Dummy-Zustände festgelegt, d.h. diese Variablen werden als Unbekannte angesehen und aus dem, i. a. nichtlinearen, Gleichungssystem der Zwangsbedingungen (20.102) berechnet. Im obigen Beispiel bilden die drei ersten Spalten von (20.104) eine reguläre Matrix, so daß die Variablen $\dot{\Phi}_1, \dot{\Phi}_2, \Omega_1$ als Dummy-Zustände angesehen werden und Ω_2 ein Zustand des Endsystems ist.

Eine geeignete Auswahl von linear unabhängigen Spalten kann im allgemeinen durch die schon in Tabelle 20.11 auf Seite 954 skizzierte *QR-Zerlegung* mit *Spaltenpivotisierung* erfolgen:

$$\mathbf{J}\dot{\mathbf{x}} = \mathbf{Q} \left[\mathbf{R}_1 \, \mathbf{R}_2 \right] \begin{bmatrix} \dot{\mathbf{x}}_{p1} \\ \dot{\mathbf{x}}_{p2} \end{bmatrix} \qquad (20.105)$$

Hierbei ist $\mathbf{R}_1$ eine reguläre Matrix und $\dot{\mathbf{x}}_p$ der permutierte $\dot{\mathbf{x}}$ Vektor. Die Variablen $\bar{\mathbf{x}}_{p1}$ werden dann als Dummy-Zustände verwendet und die Variablen $\bar{\mathbf{x}}_{p2}$ als Zustände des Endsystems, da $\dot{\mathbf{x}}_{p1}$ aus $\dot{\mathbf{x}}_{p2}$ berechnet werden kann:

$$\dot{\mathbf{x}}_{p1} = -\mathbf{R}_1^{-1} \left(\mathbf{Q}^T \frac{\partial \mathbf{g}}{\partial t} + \mathbf{R}_2 \, \dot{\mathbf{x}}_{p2} \right) \qquad (20.106)$$

Da die Jacobimatrix $\mathbf{J}$ in der Regel nicht konstant ist, kann es sein, daß die gewählten Spalten der Jacobimatrix während der Simulation voneinander linear abhängig werden. In diesem Fall muß die Simulation angehalten werden, und es muß eine erneute Auswahl von linear unabhängigen Spalten getroffen werden. Details für eine numerische Umschaltstrategie sind z. B. in [820] zu finden.

Vorab können Dummy-Zustände, zumindest teilweise, mittels des in Kapitel 20.6 skizzierten Tearing-Verfahrens ermittelt werden. Bei der automatischen Wahl der Tearing-Variablen werden jeweils Gleichungen und Unbekannte aus einem Gleichungssystem so eliminiert, daß dadurch keine Änderung des Rangs auftritt. Angewandt auf (20.101) führt das dazu, daß $\dot{\Phi}_2$ Zustand bleibt und die anderen Größen, $\dot{\Phi}_1$, Ω_1, Ω_2 aus (20.101) berechnet werden.

Die erläuterte Vorgehensweise wird auf alle Diagonalblöcke der BLT-Form *rekursiv* solange angewendet, bis keine Zwangsgleichungen mehr vorhanden sind. Im obigen Beispiel gibt es auf Grund von (20.101f') eine weitere Zwangsbedingung

$$\Phi_1 = \ddot{u} \cdot \Phi_2 \qquad (20.107f)$$

so daß die Zustände Φ_1, Φ_2 nicht unabhängig voneinander sind. Auf Grund der Voraussetzung ist wiederum garantiert, daß (20.107f) zeilenregulär ist, da die Ableitung von (20.107f) Teil von (20.101) ist. Da $\dot{\Phi}_2$ Zustand ist, muß auch Φ_2 Zustand sein und Φ_1 wird aus (20.107f) berechnet.

Zusammengefaßt wird damit die DAE (20.87) in eine DAE (20.80) überführt, wobei die Jacobimatrix regulär ist. Damit kann diese DAE numerisch in die Zustandsform transformiert werden. Im speziellen Beispiel ist dies sogar (einmal im voraus) symbolisch möglich.

Der Pantelides–Algorithmus zusammen mit der Dummy–Derivative–Methode hat den Vorteil, daß eine große Klasse von singulären DAEs behandelt werden kann und *konsistente* Anfangsbedingungen bestimmt werden können. Der Nachteil besteht darin, daß der Pantelides–Algorithmus nicht immer alle zu differenzierenden Gleichungen findet, da er auf dem hinreichenden Kriterium (20.96) beruht.

20.9 Modelica — Hybride Systeme

In Kapitel 20.4 wurden die *Grundelemente* von objektorientierten Modellierungssprachen exemplarisch anhand der Sprache *Modelica* erläutert. Hierbei beschränkte sich die Darstellung auf kontinuierliche Systeme. Im vorliegenden Abschnitt erfolgt eine Verallgemeinerung zur Modellierung von unstetigen und diskreten Komponenten mit Modelica.

Für rein kontinuierliche Modellteile sind sich die objektorientierten Modellierungssprachen, wie Dymola, gPROMS, Modelica, Omola etc. recht ähnlich, da alle auf demselben Prinzip beruhen, Komponenten durch algebraische Gleichungen und Differentialgleichungen zu beschreiben. Für diskrete Systeme gibt es jedoch keine allgemein akzeptierte Standardbeschreibungsform. Stattdessen liegt eine Vielzahl unterschiedlicher Beschreibungsformen vor, die meist auf ein bestimmtes Anwendungsfeld zugeschnitten sind, wie z.B. *endliche Automaten, Petri-Netze, Statecharts, SFC* (Sequential Function Charts), *DEVS* (Discrete Event Specified Systems), *Ladderdiagramme, Logikschaltungen, Differenzengleichungen, prozessorientierte Sprachen* wie z.B. *CSP* (Communicating Sequential Processes). Es ist deswegen nicht verwunderlich, daß sich die objektorientierten Modellierungssprachen bei der Beschreibung von diskreten Komponenten sehr unterscheiden. Die Hauptschwierigkeit bei der Behandlung von gemischt kontinuierlich/diskreten Modellen liegt in der Synchronisierung der kontinuierlichen und diskreten Beschreibungsformen.

Synchrone Systembeschreibung

Die Beschreibung diskreter Systemteile in Modelica basiert auf dem Prinzip der *synchronen Sprachen* [829]. Typische Vertreter sind Lustre [828] oder Signal [823]. Diese Sprachen werden zur sicheren Implementierung von Echtzeitsystemen eingesetzt, sowie für Verifikationszwecke. In [816] wurde gezeigt, wie die für rein diskrete Systeme entworfenen synchronen Sprachen elegant mit der objektorientierten Modellierungsmethodik kombiniert werden können. Die wesentliche Grundidee besteht dabei darin, diskrete Komponenten durch *diskrete Gleichungen* zu beschreiben, und durch eine Datenflußanalyse (= Sortierung der kontinuierlichen und diskreten Gleichungen durch BLT-Transformation) eine automatische Synchronisierung mit den kontinuierlichen Modellteilen zu erreichen.

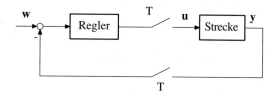

Abb. 20.26: *Durch einen diskreten Regler geregelte kontinuierliche Strecke*

Als einführendes Beispiel soll ein typisches Abtastsystem, siehe Abb. 20.26, modelliert werden, bei dem eine kontinuierliche Strecke durch einen linearen diskreten Regler

$$\mathbf{x}_c(t_i) \;=\; \mathbf{A} \cdot \mathbf{x}_c(t_i - T) \;+\; \mathbf{B} \cdot (\mathbf{w}(t_i) - \mathbf{y}(t_i)) \qquad (20.108\text{a})$$

$$\mathbf{u}(t_i) \;=\; \mathbf{C} \cdot \mathbf{x}_c(t_i - T) \;+\; \mathbf{B} \cdot (\mathbf{w}(t_i) - \mathbf{y}(t_i)) \qquad (20.108\text{b})$$

geregelt wird. Hierbei ist T die Abtastperiode, $\mathbf{w}$ das Reglersollsignal, $\mathbf{u}$ die Steuergröße, $\mathbf{y}$ die Meßgröße und $\mathbf{x}_c$ der diskrete Zustandsvektor des Reglers. An den Abtastzeitpunkten $t_i = t_0 + iT$, $i = 0, 1, 2, \ldots$ werden das Meßsignal abgetastet, die Reglergleichungen ausgewertet und insbesondere die Steuergröße $\mathbf{u}$ berechnet, die bis zum nächsten Abtastzeitpunkt konstant gehalten wird, d.h. es wird ein Halteglied 0. Ordnung verwendet. Die kontinuierliche Strecke soll in der folgenden Zustandsform vorliegen

$$\dot{\mathbf{x}}_p \;=\; \mathbf{f}(\mathbf{x}_p, \mathbf{u}) \qquad (20.109\text{a})$$

$$\mathbf{y} \;=\; \mathbf{g}(\mathbf{x}_p) \qquad (20.109\text{b})$$

wobei $\mathbf{x}_p$ der Zustandsvektor der kontinuierlichen Strecke ist. In Modelica kann das Gesamtsystem folgendermaßen beschrieben werden:

```
model Abtastsystem
   parameter Real T=0.1 Äbtastzeit";
   parameter Real A[:, :],
                   B[size(A, 1), :],
                   C[:, size(A, 2)],
                   D[size(C, 1), size(B, 2)]=0;

   input Real w[size(B,2)]  "Sollsignal";
   Real u [size(C,1)]       "Steuersignal";
   Real y [size(B,2)]       "Messgröße";
   Real xc[size(A,1)]       "Reglerzustandsvektor";
   Real xp[:]               "Streckenzustandsvektor";
equation
   // Strecke
      der(xp) = f(xp, u);
      y       = g(xp);

   // Regler
      when sample(0,T) then
         xc = A*pre(xc) + B*(w-y);
         u  = C*pre(xc) + D*(w-y);
      end when;
end Abtastsystem;
```

Die Gleichungen innerhalb einer **when**-Anweisung werden nur zu dem Zeitpunkt ausgeführt, an dem die when-Bedingung (hier: **sample**(0,T)) wahr *wird*. Der **sample**-Operator wird hierbei jeweils zu den Abtastzeitpunkten iT, $i = 0, 1, 2, \ldots$ wahr. Formal wird zu den Zeitpunkten, an denen die when-Bedingung wahr wird, ein *Ereignis* ausgelöst an dem die Integration angehalten wird. Am Ereignispunkt werden die kompletten Modellgleichungen ausgewertet, inklusive der Gleichungen in der **when**-Anweisung, da die when-Bedingung wahr geworden ist. Danach wird die Integration neu gestartet und fortgesetzt. Während der Integration werden niemals die Gleichungen von **when**-Anweisungen ausgewertet. Die Werte von Variablen werden konstant gehalten, bis diese explizit neu berechnet werden. Zum Beispiel wird **u** nur zu den Abtastzeitpunkten berechnet. Zu anderen Zeitpunkten hat **u** den Wert der beim letzten Ereignis (= Abtastzeitpunkt) berechnet wurde.

Innerhalb der **when**-Anweisung liegen die Gleichungen des linearen diskreten Reglers (20.108) vor. Hierbei ist zu beachten, daß im Regler der Wert des Reglerzustands $\mathbf{x}_c$ sowohl beim aktuellen Abtastzeitpunkt $\mathbf{x}_c(t_i)$ als auch vom vorherigen Abtastzeitpunkt $\mathbf{x}_c(t_i - T)$ benötigt wird. Hierzu wird im obigen Modelica-Modell der **pre**-Operator benutzt. Formal ist der **pre**-Wert einer Variablen x der *linke Grenzwert*, während x den *rechten Grenzwert* an einem Zeitpunkt t repräsentiert:

$$\mathbf{pre}(x) \;\equiv\; x(t^-) \tag{20.110a}$$

$$x \;\equiv\; x(t^+) \tag{20.110b}$$

Demnach folgt, daß $x(t)$ zum Zeitpunkt t stetig ist, wenn $\mathbf{pre}(x) = x$ ist. Durch geeignete Restriktionen in der Modelica-Sprache wird erreicht, daß während der kontinuierlichen Integration alle Variablen stetig sind, und daß nur an Ereignispunkten $\mathbf{pre}(x) \neq x$ gelten kann.

Im obigen Modelica-Modell besitzt der Zustandsvektors $\mathbf{x}_c$ des Reglers an jedem Abtastzeitpunkt eine unstetige Stelle. Hierbei ist der linke Grenzwert (= $\mathbf{pre}(\mathrm{xc})$) der Wert des diskreten Zustandsvektors während der letzten T Sekunden, d.h. insbesondere vom letzten Abtastintervall $\mathbf{x}_c(t_i - T)$. Der rechte Grenzwert (= xc) ist der Wert vom Zustandsvektor am aktuellen Abtastzeitpunkt $\mathbf{x}_c(t_i)$. Der restliche Teil der Gleichungen in der **when**-Anweisung ist selbsterklärend.

Es stellt sich die Frage, in welcher Reihenfolge die Gleichungen des obigen Modells ausgewertet werden. Zum Beispiel könnte man an einem Ereignispunkt zuerst die diskreten Gleichungen des Reglers auswerten, und danach die kontinuierlichen Gleichungen. Dies ist jedoch nicht der Fall, da in Modelica das *Synchronitätsprinzip* der synchronen Sprachen verwendet wird:

> Zu jedem Zeitpunkt drücken die *aktivierten* Gleichungen Relationen zwischen Variablen aus, die *gleichzeitig* erfüllt sein müssen.

An einem Abtastzeitpunkt bilden die diskreten Gleichungen des Reglers und die kontinuierlichen Gleichungen der Strecke demnach *ein* gemeinsames algebraisches Gleichungssystem, welches nach den unbekannte Variablen aufzulösen ist. Formal wird dies durch Gleichungssortierung mit Hilfe der BLT-Transformation (siehe Kapitel 20.6) erreicht. Für die Sortierung wird angenommen, daß alle Konstanten, alle Eingangssignale, die kontinuierlichen Zustände und die linken Variablen-Grenzwerte (= **pre**-Werte) *bekannt* sind, daß alle anderen Variablen *unbekannt* sind, und daß die Gleichungen aller **when**-Anweisungen *aktiv* sind. Nach Anwendung der BLT-Transformation auf das obige Modelica-Modell ergibt sich die folgende Auswertungsreihenfolge:

```
// bekannte Variablen: w, xp, pre(xc)

y := g(xp);
when sample(0,T) then
    xc := A*pre(xc) + B*(w-y);
    u  := C*pre(xc) + D*(w-y);
end when;
der(xp) := f(xp, u);
```

Man beachte, daß diese Auswertungsreihenfolge sowohl korrekt ist, wenn nur die kontinuierlichen Gleichungen aktiv sind, als auch an einem Abtastzeitpunkt, wenn zusätzlich die diskreten Gleichungen des Reglers aktiv werden. Mit anderen Worten: Die sortierten Gleichungen ergeben die richtige Auswertungsreihenfolge der Gleichungen und können als eine automatischen Synchronisierung der kontinuierlichen und diskreten Gleichungen angesehen werden.

Damit die unbekannten Größen *eindeutig* berechnet werden können, ist es notwendig, daß die Zahl der aktivierten Gleichungen und die Zahl der unbekannten Variablen zu jedem Zeitpunkt *identisch* ist. Aus diesem Grunde ist das folgende Beispiel kein korrektes Modelica-Modell:

```
// Modell ist nicht richtig!
   ...
   Boolean close;
equation
   ...
   when h1 < 3 then
      close = true;
   end when

   when h2 > 1 then
      close = false;
   end when
```

In diesem Modell soll ein Ventil bei Vorliegen bestimmter Sensordaten entweder geöffnet (`close = true`) oder geschlossen (`close = false`) werden. Wenn nun beide when-Bedingungen ($h1 < 3, h2 > 1$) zufälligerweise oder auch beabsichtigt *gleichzeitig* wahr werden, gibt es zwei miteinander in Konflikt stehende Gleichungen für die Bool'sche Variable `close` und es ist nicht definiert, welche Gleichung verwendet werden sollte. Formal gibt es zwei Gleichungen für eine Unbekannte (= `close`), so daß es keine eindeutige Lösung geben kann und das Synchronitätsprinzip verletzt ist. Ein Modelica-Übersetzer wird dieses Modell deswegen als fehlerhaft kennzeichnen.

In Modelica kann das obige Model einfach in eine korrekte Form überführt werden, indem die in Konflikt stehenden *Gleichungen* in eine **algorithm**-Sektion überführt und die Gleichungen in Zuweisungen umgewandelt werden:

```
   Boolean close;
algorithm
   when h1 < 3 then
      close := true;
   end when;
   when h2 > 1 then
      close := false;
   end when;
```

Alle Zuweisungen innerhalb *derselben* **algorithm**-Sektion werden als eine Menge von n Gleichungen betrachtet, wobei n die Zahl der *unterschiedlichen* Variablen ist, die auf der linken Seite der Zuweisungen auftreten (z.B. entspricht die obige **algorithm**-Sektion *einer* Gleichung für die Unbekannte `close`). Die so definierten Gleichungen einer **algorithm**-Sektion werden als ein zusammenhängender Modellteil betrachtet, der immer als Ganzes mit den restlichen Gleichungen und anderen **algorithm**-Sektionen sortiert wird. Innerhalb einer

algorithm-Sektion werden die Zuweisungen in der aufgeführten Reihenfolge ausgeführt. Aus diesem Grunde hat die zweite **when**-Anweisung eine höhere Priorität und es gibt keine Konflikte mehr. Man beachte jedoch, daß eine zusätzliche Gleichung für `close` außerhalb der obigen **algorithm**-Sektion wiederum zu einem Fehler führen würde, da es dann wieder Mehrdeutigkeiten bei der Berechnung von `close` geben würde. Mit anderen Worten: Mehrdeutigkeiten müssen vom Modellierer anhand der physikalisch-technischen Gegebenheiten explizit aufgelöst werden.

Das in Modelica verwendete Synchronitätsprinzip zur Beschreibung von gemischt zeit-kontinuierlich und ereignis-diskreten Systemen hat den Vorteil, daß die „Synchronisierung" zwischen den kontinuierlichen und diskreten Modellteilen automatisch durch die Gleichungssortierung erfolgt, und daß ein korrektes Modelica-Modell immer ein deterministisches Verhalten ohne Konflikte besitzt.

Der Nachteil dieser Vorgehensweise besteht darin, daß es in einigen Anwendungen schwierig sein kann, ein diskretes System in einen Satz von synchronen, diskreten Gleichungen zu überführen. Weiterhin ist die Art der modellierbaren diskreten Systeme eingeschränkt. Zwar können in Modelica diskrete Formalismen, wie endliche Automaten, priorisierte Petri-Netze [845] und Statecharts mit einer speziellen Semantik, direkt realisiert werden; nicht beschreiben lassen sich jedoch z.B. allgemeine Petri-Netze (da diese ein nicht-deterministisches Verhalten besitzen) oder allgemeine prozessorientierte Vorgänge (da durch das Erzeugen und Löschen von Prozessen im Quellcode nicht bekannt ist, welche Variablen während der Simulation auftreten). Solche diskreten Formalismen können in Modelica nur durch den Aufruf von externen Funktionen realisiert werden, in denen der entsprechende Formalismus zur Verfügung gestellt wird.

Unstetige Systeme

Während der Integration der kontinuierlichen Systemteile müssen die Modellgleichungen stetig und differenzierbar sein, da alle numerischen Integrationsverfahren auf dieser Annahme basieren. Diese Voraussetzung wird leicht durch die Verwendung von **if**-Anweisungen verletzt. Zum Beispiel werde ein einfacher Zweipunktregler, siehe Abb. 20.27, mit der Eingangsgröße u und der Ausgangsgröße y durch das folgende Modelica-Modell beschrieben:

```
block TwoPoint
    parameter Real y0=1;
    input     Real u;
    output    Real y;
equation
    y = if u > 0 then y0 else -y0;
end TwoPoint
```

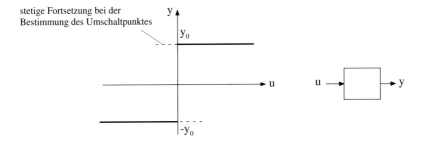

stetige Fortsetzung bei der
Bestimmung des Umschaltpunktes

Abb. 20.27: *Zweipunktregler*

Wenn u=0 ist, würde es in den Modellgleichungen während der Integration eine Unstetigkeit geben, wenn die **if**-Anweisung wörtlich (wie in einer Programmiersprache) interpretiert werden würde.

Potentiell können unstetige bzw. nicht-differenzierbare Punkte während der Integration auftreten, wenn eine *Relation* (wie z.B. $x_1 > x_2$) ihren Wert ändert, da dann z.B. der Zweig in einer **if**-Anweisung gewechselt wird. Eine solche Situation kann numerisch zuverlässig durch ein *Zustandsereignis* (engl.: state event) behandelt werden, d.h. indem zuerst der Zeitpunkt des Schaltens möglichst genau ermittelt, die Integration an diesem Zeitpunkt angehalten, in den neuen Zweig der **if**-Anweisung gewechselt, und dann die Integration neu gestartet wird. Diese Technik wurde von Cellier [806] entwickelt. Details einer entsprechenden numerischen Realisierung sind auch in Kapitel 6 von [815] beschrieben.

Im allgemeinen ist es nicht möglich, durch die Analyse des Quelltextes eines Modelica-Modells zu ermitteln, ob eine spezifische Relation zu einer Unstetigkeit führt oder nicht. Deswegen wird in Modelica die konservative Haltung eingenommen, daß die Werte-Änderung einer Relation zu einem unstetigen oder nichtdifferenzierbaren Punkt im Modell führt, die durch ein entsprechendes (automatisch ausgelöstes) Zustandsereignis numerisch korrekt abgehandelt wird. Das obige Model eines Zweipunktreglers führt deswegen *nicht* zu einer Unstetigkeit während der Integration. Stattdessen wird an der Stelle u = 0 ein Zustandsereignis ausgelöst an dem die Integration angehalten wird, bevor der **if**-Zweig gewechselt wird. Man beachte, daß während der Ermittlung des genauen Umschaltzeitpunktes der Relation (u > 0) der **if**-Zweig noch nicht geändert wird, so daß beim Zweipunktregler in dieser Situation y = y0 auch bei kleinen negativen Werten von u gilt, siehe auch Abb. 20.27.

In speziellen Situationen führt der Wertewechsel von Relationen nicht zu unstetigen oder nicht-differenzierbaren Punkten. Selbst wenn solche Punkte vorhanden sind, kann der Effekt so klein sein, daß die Integration davon kaum beeinflußt wird, auch wenn einfach über diese Stelle hinwegintegriert wird. Schließlich gibt es Fälle, in denen eine wörtliche Interpretation einer **if**-Anweisung zwingend gefordert wird, da ansonsten der Definitionsbereich einer Funktion verlassen wird. Dies tritt im folgenden Beispiel auf, bei dem das Argument der Funktion sqrt

(= Berechnung der Wurzel des Arguments) nicht negativ sein darf, da es ansonsten keine reelle Lösung gibt:

```
y = if u >= 0 then sqrt(u) else 0;
```

Dieses Modelica-Modell führt während der Simulation zu einem Fehler, da bei der Iteration zur Ermittlung des genauen Umschaltzeitpunktes bei u = 0 der if-Zweig erst gewechselt wird, wenn dieser Umschaltzeitpunkt genau genug ermittelt ist. Bei der Ermittlung des Umschaltzeitpunktes werden aber auch (kleine) negative Werte von u auftreten, da nur dann festgestellt werden kann, daß die Relation u >= 0 ihren Wert ändern wird. Dies bedeutet, daß die Funktion sqrt(u) während der Integation mit einem (kleinen) negativen Argumentwert aufgerufen wird, was zu einem Laufzeitfehler führt.

In allen oben aufgeführten Situationen kann der erfahrene Modellierer eine wörtliche Interpretation einer Relation durch Verwendung des **noEvent**() Operators erzwingen. Dieser Operator schaltet die automatische Erzeugung von Zustandsereignissen ab:

```
y = if noEvent(u >= 0) then sqrt(u) else 0;
```

In diesem Fall wird also kein Zustandsereignis bei u = 0 generiert und es ist garantiert, daß die Funktion sqrt(u) nur mit nicht-negativen Argumenten aufgerufen wird.

Synchronisierung von Ereignissen

In manchen Fällen sollen die Gleichungen unterschiedlicher diskreter Komponenten (d.h. von verschiedenen **when**-Anweisungen) garantiert zum selben Zeitpunkt ausgewertet werden. In einfachen Fällen wird eine solche Ereignis-Synchronisierung durch Verwendung derselben Bool'schen Variablen als when-Bedingung erreicht, z.B.:

```
  Boolean sampleEvent;
equation
  sampleEvent = sample(0,2);  // Abtastung alle 2 Sekunden
    ...
  when sampleEvent then
    ...
  end when;
    ...
  when sampleEvent then
    ...
  end when;
```

Hier wird garantiert, daß die Gleichungen der beiden **when**-Anweisungen immer zum selben Zeitpunkt aktiviert werden.

In Modelica gibt es keine Garantie, daß *verschieden* definierte Ereignisse zum selben Zeitpunkt ausgelöst werden. Zum Beispiel:

```
fastSample = sample(0,1);
slowSample = sample(0,5);
```

In exakter Arithmetik werden die Bool'schen Variablen `fastSample` und `slowSample` alle 5 Sekunden gleichzeitig wahr. In Modelica gibt es jedoch keine Garantie, daß dies auch wirklich der Fall ist, da auf Grund kleiner numerischer Fehler, die beiden Ereignispunkte eventuell nur sehr dicht beeinander liegen. Wenn eine solche Eigenschaft jedoch benötigt wird, muß die entsprechende Synchronisierung *explizit* modelliert werden, zum Beispiel durch die Verwendung von Zählern, wie im folgenden Beispiel:

```
Boolean fastSample, slowSample;
Integer ticks(start=0);
equation
// Definiere kürzeste Abtastzeit
fastSample = sample(0,1);

// Definiere Abtastzeit, die 5-Mal langsamer ist
when fastSample then
    ticks     = if pre(ticks)<5 then pre(ticks)+1 else 0;
    slowSample = pre(ticks) == 0;
end when;

// Definiere Gleichungen für die
// unterschiedlichen Abtastzeiten
    when fastSample then   // schnelle Abtastung
      ...
    end when;

    when slowSample then   // langsame Abtastung
      ...
    end when;
```

Die Synchronisierung wird hier dadurch ereicht, daß der **sample**-Operator nur zur Definition der kürzesten Abtastzeit (= `fastSample`) verwendet wird. Die langsamere Abtastung wird durch *Abzählen* der `fastSample`-Abtastungen ermittelt.

Neuinitialisierung von kontinuierlichen Zuständen

An Ereignispunkten können kontinuierliche Zustände `x` mit dem **reinit**-Operator

```
reinit(x, expr);
```

neu initialisiert werden, bevor die Integration wieder gestartet wird.

Hierbei wird eine neue Gleichung der Form

```
x = expr;
```

eingeführt, wobei x der neue Wert des Zustands (= rechter Grenzwert $x(t^+)$ der Variable) und expr der Ausdruck zur Berechnung dieses Neuwertes ist. Zum Beispiel besitzt im folgenden Modell

```
block PT1reset
   parameter Real T       "Zeitkonstante";
   parameter Real k       "Verstärkung";
   input  Boolean reset   "Setze Zustand zurück, wenn true";
   input  Real    u;
   output Real    y;
protected
   Real           x       "Zustand von PT1 Block";
equation
   der(x) = (u - x) / T;
      y   = k*x;

   when reset then
      reinit(x, 0.0);
   end when;
end PT1reset;
```

eines PT_1-Blocks die Komponente ein zusätzliches Bool'sches Eingangssignal reset, um den Zustand des Blocks auf Null zurückzusetzen, wenn reset wahr wird.

Auf den ersten Blick verletzt der **reinit**-Operator das Synchronitätsprinzip, da eine neue Gleichung eingeführt wird, aber keine neue unbekannte Variable, d.h. die Zahl der Gleichungen und die Zahl der Unbekannten kann nicht mehr übereinstimmen. Das wäre auch tatsächlich der Fall, wenn nur die Gleichung „x = expr;" hinzugenommen werden würde. Der **reinit**-Operator hat jedoch die zusätzliche Semantik, daß die für die Sortierung eigentlich als *bekannt* angenommene Zustandsvariable x als *unbekannt* angesehen wird. Damit führt der **reinit**-Operator also nicht nur eine neue Gleichung, sondern auch eine neue Unbekannte ein. Bei der BLT-Transformation werden damit die Gleichungen so sortiert, daß die durch den **reinit**-Operator neu eingeführte Gleichung vor allen anderen Gleichungen plaziert wird, in denen x verwendet wird.

Der **reinit**-Operator kann auch zur Modellierung von *Impulsen* verwendet werden. Zum Beispiel ist in Abb. 20.28 ein Massenpunkt (z.B. Ball) zu sehen, der unter dem Einfluß der Gravitation nach unten fällt und mit dem Boden kollidiert. Die Kollision soll hierbei durch einen Impuls nach dem Newton'schen Stoßgesetz beschrieben werden, d.h. die Geschwindigkeit des Balls nach dem Stoß besitzt ein anderes Vorzeichen und ist proportional zur Geschwindigkeit kurz vor dem Stoß mit dem Stoßfaktor (= Materialkonstante) als Proportionalitätsfaktor:

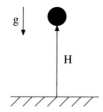

Abb. 20.28: *Springender Ball*

```
model BouncingBall1
   parameter Real e(min=0,max=1) = 0.7   "Stossfaktor";
   parameter Real g=9.81                 "Gravitation";
              Real H                     "Höhe";
              Real V                     "Geschwindigkeit";
equation
   der(H) = V;
   der(V) = -g;

   when H <= 0 then
       reinit(V, -e*pre(V));
   end when;
end BouncingBall1;
```

Wenn die Höhe verschwindet oder negativ wird, wird ein Zustandsereignis ausgelöst, d.h. die Integration wird angehalten, und die Geschwindigkeit wird neu initialisiert. Man beachte, daß zum Stoßzeitpunkt t_h die folgenden Beziehungen gelten:

$$\mathbf{pre}(V) \ \equiv \ V(t_h^-) \tag{20.111a}$$

$$V \ \equiv \ V(t_h^+) \tag{20.111b}$$

Hierbei ist $V(t_h^-)$ die Geschwindigkeit bevor der Stoß stattfindet und $V(t_h^+)$ ist die Geschwindigkeit kurz danach.

Das obige Modell hat den Nachteil, daß es die beabsichtigte Situation nicht immer korrekt beschreibt. Man nehme zum Beispiel an, daß die Kollision mit dem Boden vollständig plastisch ist (e=0). In diesem Fall verschwindet die Geschwindigkeit nach dem Stoß und nach dem Neustart der Integration wird der Ball einfach weiter (durch den Boden) fliegen, ohne am Boden liegen zu bleiben. Der Grund liegt darin, daß kein neues Zustandsereignis ausgelöst wird, da beim Ereignispunkt und beim Neustart der Integration die Relation H $\leq$ 0 wahr ist bzw. wahr bleibt. Die Gleichungen der **when**-Anweisung werden jedoch nur zu dem Zeitpunkt ausgeführt, an dem die **when**-Bedingung wahr wird.

Wenn e > 0 ist und die Simulation lange genug andauert, wird die Geschwindigkeit beim Neustart der Integration sehr klein werden. Beim Neustart der Integration ist aber H in der Regel klein aber negativ. Dies kann dazu führen, daß die Geschwindigkeit beim Neustart nicht groß genug ist, um den Ball über die Höhe Null zu heben (H > 0). Auch in diesem Fall wird der Ball weiter durch den Boden fliegen, siehe auch Abb. 20.29). Offensichtlich arbeitet das Modell in beiden Fällen nicht auf die beabsichtigte Weise.

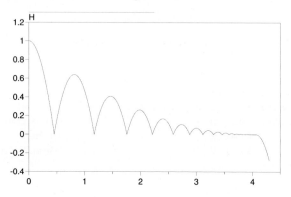

Abb. 20.29: *Springender Ball, Version 1*

In diesem speziellen Fall können die Modellgleichungen so umgeschrieben werden, daß die erläuterten Probleme nicht auftreten. Hierzu werden zwei Modellstrukturen eingeführt: Bei der ersten fliegt der Ball unter dem Einfluß der Gravitation, bei der zweiten bleibt der Ball am Boden liegen, und es wird auf geeignete Weise von der ersten in die zweite Modellstruktur umgeschaltet:

```
model BouncingBall2
    parameter Real e(min=0,max=1) = 0.7    "Stossfaktor";
    parameter Real g       =9.81           "Gravitation";
             Real H(start=1)               "Höhe";
             Real V                        "Geschwindigkeit;
    Boolean flying(start=true)             "Modellstruktur";
equation
    der(H) = if pre(flying) then  V else 0;
    der(V) = if pre(flying) then -g else 0;
algorithm
    when H <= 0 then
        reinit(v, -e*pre(v));
    end when;
    when H <= 0 and V <= 0 then
        flying := false;
        reinit(v, 0);
    end when;
end BouncingBall2;
```

Nach dem Stoß fliegt der Ball mit einer positiven Geschwindigkeit nach oben. Beim Umkehrpunkt ändert sich das Vorzeichen der Geschwindigkeit und der Ball fliegt wieder nach unten. Durch die zweite **when**-Anweisung wird der Zeitpunkt dieses Umkehrpunktes detektiert. Wenn der Ball zu diesem Zeitpunkt keine positive Höhe besitzt, wird in die zweite Modellstruktur umgeschaltet, so daß der Ball am Boden liegen bleibt, siehe auch Abb. 20.30

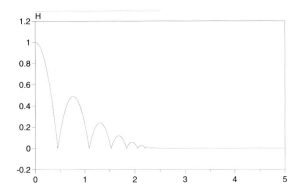

Abb. 20.30: *Springender Ball, Version 2*

Hybride Operatoren

In Modelica werden eine Reihe von vordefinierten Operatoren zur Verfügung gestellt, die dieselbe Syntax wie ein Funktionsaufruf besitzen. Diese Operatoren sind jedoch keine mathematischen Funktionen, da das Ergebnis eines Operatoraufrufs nicht nur von den Eingangsargumenten abhängt, sondern auch vom Status der Simulation. In Tabelle 20.13 werden die speziellen Operatoren für kontinuierlich/diskrete Systeme zusammengestellt. Einige dieser Operatoren wurden schon im Detail diskutiert. Man beachte, daß die Operatoren **abs** und **sign** so definiert sind, daß außerhalb von **when**-Anweisungen Zustandsereignisse ausgelöst werden, um zwischen den unterschiedlichen Zweigen dieser Kennlinien umzuschalten.

Ereignis-Iteration

Wie auf Seite 976 schon erläutert, wird der linke Grenzwert einer Variablen x durch **pre**(x) charakterisiert. Üblicherweise werden **pre**-Operatoren in **when**-Anweisungen verwendet, was unproblematisch ist. In einigen Fällen, siehe insbesondere den nächsten Abschnitt 20.10, wird der **pre**-Operator jedoch auch außerhalb von **when**-Anweisungen eingesetzt.

Operator	Bedeutung
initial()	**true** beim Start der Integration.
terminal()	**true** am Ende der Integration.
noEvent(expr)	Relationen in expr führen nicht zu Ereignissen.
sample(start,interval)	**true** wenn „time = start + $i\cdot$ interval" ($i = 0, 1, \ldots$).
pre(y)	Linker Grenzwert $y(t^-)$ der Variable $y(t)$.
edge(b)	= b **and not pre**(b); für die Bool'sche Variable b.
reinit(x,expr)	Neuinitialisierung von x mit „expr" an einem Ereignispunkt. Nur erlaubt, wenn im Modell auch **der**(x) auftritt.
abs(v)	= **if** $v >= 0$ **then** v **else** $-v$.
sign(v)	= **if** $v > 0$ **then** 1 **else if** $v < 0$ **then** -1 **else** 0.
sqrt(v)	= **if noEvent**($v >= 0$) **then** squareRoot(v) **else** Bereichsfehler;

Tabelle 20.13: *Hybride Operatoren in Modelica*

Ohne entsprechende Vorsichtsnahmen können dadurch Unstetigkeiten in die Modellgleichungen während der Integration eingeführt werden, wie im folgenden Beispiel verdeutlicht wird:

```
        . . .
    off = s < 0 or pre(off) and not fire;
  der(x) = if off then -x else -2*x;
```

Wir nehmen an, daß beim Eintreten eines Ereignisses **pre**(off) = **false** ist, und daß off nach dem Auswerten der obigen Modellgleichungen den Wert **true** erhält. Bevor die Simulation jetzt neu gestartet wird, muß der Wert von **pre**(off) auf den Wert von off gesetzt werden, da während der nachfolgenden Integration off seinen Wert nicht ändern und damit der linke Grenzwert von off immer gleich dem rechten Grenzwert sein soll. Beim Neustart der Integration ist also **pre**(off) = off = **true**.

Nach dem Neustart wird der Integrator einen Schritt durchführen. Hierzu wird zu einem Zeitpunkt nach dem aufgetretenen Ereignis das Modell neu ausgewertet. Da bei dieser Auswertung **pre**(off) = **true** ist (bei der Auswertung am Ereignispunkt war **pre**(off) = **false**), kann es sein, daß ein anderer Wert von off ausgerechnet wird, so daß dann die Ableitung **der**(x) unstetig geändert wird.

Um solche Situationen zu vermeiden, werden die Modellgleichungen an einem Ereignispunkt *iterativ* solange ausgewertet, bis sich keine der **pre**-Variablen außerhalb von **when**-Anweisungen mehr ändert. Diese Iteration wird im folgenden als *Ereignis-Iteration* bezeichnet. Ein Modelica-Übersetzer erzeugt deswegen für das obige Beispiel den folgenden Code:

```
loop  // wird zum Modell hinzugefügt
        ...
    off := s < 0 or pre(off) and not fire;
 der(x) := if off then -x else -2*x;

 if event() then  // wird zum Modell hinzugefügt
    if off == pre(off) then break;
    pre(off) := off
 else
    break;
 end if
end loop
```

Durch die Ereignis-Iteration wird damit garantiert, daß nach dem Neustart der Integration alle Bool'schen und Integer-Gleichungen exakt dasselbe Resultat liefern, wie am letzten Ereignispunkt, vorausgesetzt die in den Gleichungen auftretenden Relationen (wie $s < 0$) ändern sich nicht. Es wird also garantiert, daß diskrete Gleichungen außerhalb von **when**-Anweisungen während der Integration keine Unstetigkeiten einführen.

20.10 Strukturvariable Systeme

In diesem Abschnitt werden *ideale Schaltelemente* untersucht, und es wird gezeigt, wie diese mit den Techniken vom letzten Abschnitt modelliert und simuliert werden können. Schwierigkeiten treten hier vor allem dadurch auf, daß solche Komponenten in der Regel auf strukturvariable Systeme führen, die eine große Anzahl unterschiedlicher Schaltstrukturen besitzen.

20.10.1 Ideale elektrische Schaltelemente

Wenn genügend genau modelliert wird, treten in der Regel keine Unstetigkeiten in einem System auf. Unstetigkeiten in einem Modell ergeben sich auf Grund von *vereinfachten Annahmen* über das reale System. Diese werden getroffen, um die *Rechenzeit* der Simulation deutlich zu *reduzieren*, indem die Integratoren „sehr genaue Modellteile", wie z.B. sehr steile Kennlinien, nicht simulieren müssen. Weiterhin wird der *Identifikationsaufwand* von Modellparametern *verringert*, da die Modellkonstanten der „sehr genauen Modellteile" nicht benötigt werden.

Als Beispiel ist im linken Teil von Abb. 20.31 die detaillierte Kennlinie einer Diode zu sehen. Diese kann im Arbeitsbereich der Diode durch die ideale Kennlinie im rechten Teil von Abb. 20.31 approximiert werden. Für die Simulation des Leistungsteils eines elektrischen Motors ist es in der Regel vollkommen ausreichend, ideale Diodenmodelle zu verwenden, da die exakte Durchlassspannung

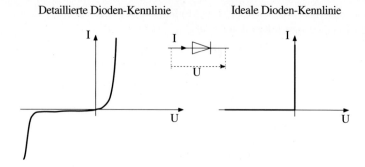

Abb. 20.31: *Detaillierte und ideale Dioden-Kennlinie*

sowie die Zeitdauer des Schaltens im Vergleich zu den anderen interessierenden Effekten unerheblich ist. Die Simulation wird dadurch um ein bis zwei Größenordnungen schneller, ohne daß am Simulationsergebnis ein signifikanter Unterschied, im Vergleich zu einer Simulation unter Verwendung von detaillierteren Dioden-Kennlinien, erkennbar ist.

Die detaillierte Dioden-Kennlinie im linken Teil von Abb. 20.31 kann problemlos modelliert werden, da nur der Strom I als Funktion des Spannungsabfalls U in analytischer Form oder mittels einer tabellierten Kennlinie, angegeben werden muß. Im Gegensatz dazu ist es auf den ersten Blick nicht klar, wie die ideale Dioden-Kennlinie im rechten Teil von Abb. 20.31 modelliert werden kann, da der Strom bei $U = 0$ nicht mehr als Funktion des Spannungsabfalls U angegeben werden kann, d.h. eine mathematische Funktionsdarstellung der Form $I = f(U)$ ist nicht möglich.

Neben einer $y = f(x)$ Darstellung kann eine Kurve jedoch auch in einer parameterisierten Form als

$$y = f(s)$$
$$x = g(s)$$

beschrieben werden. Es wird also ein Bahnparameter s eingeführt und die Abszisse und Ordinate werden als Funktion von s angegeben. Mit dieser Art der Beschreibung ist es einfach, die ideale Dioden-Kennlinie zu beschreiben, siehe erste Zeile von Tabelle 20.14.

Hierbei werden dieselben Schnittstellen-Variablen wie bei den einfachen elektrischen Komponenten von Tabelle 20.1 auf Seite 906 benutzt: I_1 und I_2 sind die bei den beiden Klemmen einfließenden Ströme, V_1 und V_2 sind die Potentiale an den Klemmen und U ist der Spannungsabfall zwischen den beiden Klemmen. Die Parameterierung der Dioden-Kennlinie ist am Beginn der zweiten Spalte von Tabelle 20.14 zu sehen. Der Bahnparameter s wird so gewählt, daß der Ursprung bei $s = 0$ zu liegen kommt und s bei sperrender Diode dem Spannungsabfall U und bei leitender Diode dem Strom I_1 entspricht, siehe auch Abb. 20.32. Die

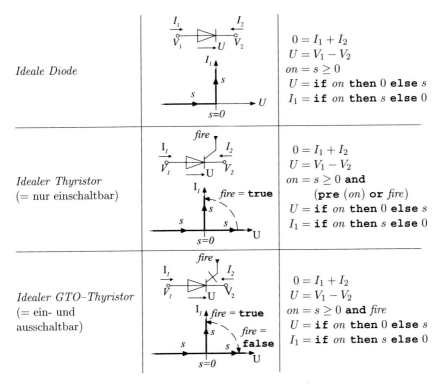

Ideale Diode		$0 = I_1 + I_2$ $U = V_1 - V_2$ $on = s \geq 0$ $U = \mathbf{if}\ on\ \mathbf{then}\ 0\ \mathbf{else}\ s$ $I_1 = \mathbf{if}\ on\ \mathbf{then}\ s\ \mathbf{else}\ 0$
Idealer Thyristor (= nur einschaltbar)		$0 = I_1 + I_2$ $U = V_1 - V_2$ $on = s \geq 0\ \mathbf{and}$ $\qquad(\mathbf{pre}\ (on)\ \mathbf{or}\ \mathit{fire})$ $U = \mathbf{if}\ on\ \mathbf{then}\ 0\ \mathbf{else}\ s$ $I_1 = \mathbf{if}\ on\ \mathbf{then}\ s\ \mathbf{else}\ 0$
Idealer GTO–Thyristor (= ein- und ausschaltbar)		$0 = I_1 + I_2$ $U = V_1 - V_2$ $on = s \geq 0\ \mathbf{and}\ \mathit{fire}$ $U = \mathbf{if}\ on\ \mathbf{then}\ 0\ \mathbf{else}\ s$ $I_1 = \mathbf{if}\ on\ \mathbf{then}\ s\ \mathbf{else}\ 0$

Tabelle 20.14: *Ideale elektrische Schaltelemente*

entsprechenden Gleichungen zur Beschreibung dieser Komponente sind in der dritten Spalte von Tabelle 20.14 aufgeführt. Die Bool'sche Variable *on* wird benutzt, um die beiden Betriebsarten der Diode zu kennzeichnen und wird aus dem Bahnparameter berechnet ($on = s \geq 0$).

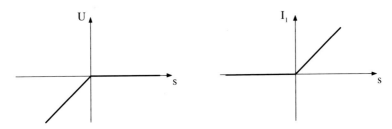

Abb. 20.32: *Parameterisierte Kennlinie der idealen Diode*

Diese Beschreibungsart der idealen Diode ist *vollständig* und in einer *deklarativen* Form (im Gegensatz zu einer funktionalen Darstellung der Schaltstruktur z.B. mit Hilfe eines endlichen Automaten). Aus Anwendersicht ist diese Art der Modellierung sehr einfach. Es werden jedoch erhöhte Anforderungen an die Simulationsumgebung gestellt, um eine solche Komponentendarstellung zuverlässig und effizient simulieren zu können. Dies soll an dem in Abb. 20.33 dargestellten Gleichrichterkreis verdeutlicht werden.

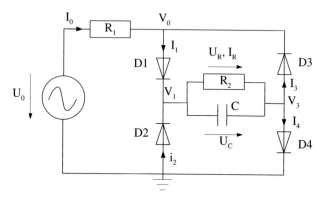

Abb. 20.33: *Gleichrichterkreis*

In diesem Schaltkreis werden vier Dioden (mit dem oben erläuterten *idealen Diodenmodell*) eingesetzt, um aus einer *Wechselspannung* U_0 am Lastwiderstand R_2 eine *Gleichspannung* U_R zu erzeugen. Dieser Brückengleichrichter hat zwei wesentliche Schaltstrukturen: Wenn der Strom I_0 der Spannungsquelle positiv ist, sind die Dioden D1 und D4 leitend, und die Dioden D2 und D3 sperren. Wenn der Strom I_0 negativ ist, leiten die Dioden D2 und D3 und die Dioden D1 und D4 sperren. In beiden Fällen fließt ein Strom von „links" nach „rechts" durch die Last (R_2, C). Mit Dymola erzeugte Simulationsergebnisse sind in Abb 20.34 zusammengestellt. Im rechten Teil von Abb. 20.34 ist an dem Strom der Spannungsquelle I_0 deutlich zu sehen, wann die Dioden leitend sind und wann sie sperren. Am Strom I_R ist der erzeugte Gleichstrom zu erkennen.

Werden die Gleichungen dieses Gleichrichterkreises aufgestellt, vereinfacht, sortiert und Gleichungssysteme mit dem Tearing-Verfahren reduziert, so ergibt sich unter Verwendung des Diodenmodells von Tabelle 20.14 und mit den Variablen-Bezeichnungen von Abb. 20.33 die Zustandsform:

$$\dot{U}_c = f(U_c, t) \tag{20.112}$$

wobei in Tabelle 20.15 die Anweisungen zur Berechnung der Funktion $f(U_c, t)$ angegeben sind.

Hierbei sind s_1, s_2, s_3, s_4 die Bahnparameter der entsprechenden Dioden und m_1, m_2, m_3, m_4 die Bool'schen Variablen der Dioden, die den leitenden Zustand charakterisieren. In den Gleichungen wird der Wert **true** einer Bool'schen Variablen durch 1 und der Wert **false** durch 0 repräsentiert (z.B. $-m_2/R_2 = -1/R_2$ wenn $m_2 = $ **true**).

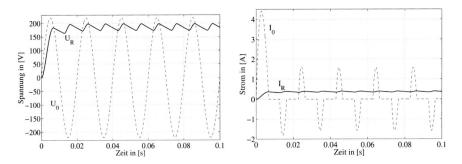

Abb. 20.34: *Simulationsergebnisse des Gleichrichterkreises von Abb. 20.33*

	input: t, U_c
	output: $\dot{U}_c$
1	$U_0 := 220 \cdot \sin(2 \cdot \pi \cdot 50 \cdot t)$
2	$m_1 = s_1 \geq 0$ $m_2 = s_2 \geq 0$ $m_3 = s_3 \geq 0$ $m_4 = s_4 \geq 0$ $\begin{bmatrix} 0 & 1-m_2 & 0 & 1-m_4 \\ 1-m_1 & m_2-1 & 1-m_3 & m_4-1 \\ (1-m_1)/R_1 + m_1 & (m_2-1)/R_1 & -m_3 & 0 \\ -m_1 & -m_2 & m_3 & m_4 \end{bmatrix} \begin{bmatrix} s_1 \\ s_2 \\ s_3 \\ s_4 \end{bmatrix} = \begin{bmatrix} -U_c \\ 0 \\ -U_0/R_1 \\ 0 \end{bmatrix}$
3	$\begin{aligned} V_1 &:= (m_2-1) \cdot s_2 \\ V_3 &:= (1-m_4) \cdot s_4 \\ U_R &:= V_1 - V_3 \\ I_R &:= U_R/R_2 \\ I_4 &:= m_4 \cdot s_4 \\ I_3 &:= m_3 \cdot s_3 \\ I_c &:= I_3 + I_4 + I_R \\ \dot{U}_c &:= I_c/C \end{aligned}$

Tabelle 20.15: *Sortierte Gleichungen des Gleichrichterkreises von Abb. 20.33*

Wie in Tabelle 20.15 zu sehen ist, bestehen die Gleichungen aus drei Gleichungsblöcken. Der 1. und 3. Block von Gleichungen besteht aus rekursiv auswertbaren Zuweisungen, um letztendlich die Ableitung der Zustandsgröße $\dot{U}_c$ zu bestimmen.

Der zweite Gleichungsblock besteht jedoch aus einem gekoppelten Satz von acht Gleichungen zur Berechnung der acht Unbekannten $m_1, m_2, m_3, m_4, s_1, s_2, s_3, s_4$. Wie im vorigen Abschnitt 20.9 erläutert, werden während der kontinuierlichen Integration die Relationen (hier: $s_1 \geq 0, s_2 \geq 0, s_3 \geq 0, s_4 \geq 0$) nicht geändert. Damit ändern sich auch die Bool'schen Variablen m_1, m_2, m_3, m_4 nicht. In dieser Situation müssen die ersten vier Gleichungen im Gleichungsblock 2 zur Berechnung der Variablen m_i deswegen nicht ausgewertet werden[11] und die nächsten vier Gleichungen bilden ein lineares Gleichungssystem in den vier reellen, unbekannten Variablen s_1, s_2, s_3, s_4, welches problemlos, z.B. mit dem Gauß'schen Algorithmus, gelöst werden kann.

Wenn eine der Relationen ihren Wert ändert, wird der Umschaltpunkt genau ermittelt und die Integration an dieser Stelle angehalten. Vor einem Neustart werden die (sortierten) Modellgleichungen einmal ausgewertet. Jetzt beschreibt der zweite Gleichungsblock ein Gleichungssystem, das aus vier Bool'schen Gleichungen und vier reellen Gleichungen besteht, also ein gemischt kontinuierlich/diskretes Gleichungssystem bildet, welches nach den vier unbekannten, *reellen* Variablen s_1, s_2, s_3, s_4 und den unbekannten *Bool'schen* Variablen m_1, m_2, m_3, m_4 gelöst werden muß. Dieses Problem kann nicht mit einem Standardalgorithmus, wie z.B. dem Gaus'schen Algorithmus, gelöst werden, da es reelle und *Bool'sche* Unbekannte gibt. Jedoch können Erweiterungen konstruiert werden, die im wesentlichen darauf basieren, daß eine Annahme über den Wert der auftretenden Relationen getroffen wird. Unter dieser Annahme werden die Bool'schen Gleichungen ausgewertet und dann die reellen Gleichungen gelöst. Schließlich wird geprüft, ob die Lösung mit der Annahme übereinstimmt. Wenn dies nicht der Fall ist, wird die Annahme korrigiert und die Iteration wird fortgesetzt.

Im obigen Fall könnte zum Beispiel angenommen werden, daß alle Relationen $s_i \geq 0$ den Wert **true** liefern. Dann ist $m_i = $ **true** und die nächsten vier reellen Gleichungen können gelöst werden. Wenn die Lösung des Gleichungssystems nicht zu einem negativen Wert für alle s_i führt, war die Annahme offensichtlich falsch, und es muß eine neue Annahme getroffen werden. Annahmen können z.B. dadurch neu getroffen werden, daß die letzte Lösung des reellen Gleichungssystems zur Berechnung der Relationen benutzt wird, die dann als Annahme in der nächsten Iteration verwendet werden. Alternativ können auch systematisch alle denkbaren Werte-Kombinationen der Relationen durchprobiert werden (im obigen Fall gibt es $2^4 = 16$ mögliche Kombinationen). Nachdem letztendlich eine konsistente Lösung des gemischt kontinuierlich/diskreten Gleichungssystems ermittelt wurde, werden die restlichen Modellgleichungen ausgewertet und die Simulation neu gestartet, d.h. die Integration wird fortgesetzt.

In jeder Schaltstellung (= für jeden Wert der Relationen) kann das Gleichungssystem in der Regel weiter vereinfacht werden. Wenn n gekoppelte Schalter vorliegen, gibt es 2^n verschiedene Schaltstellungen, so daß die Zahl der Schaltstellungen bei einer größeren Zahl von gekoppelten Schaltern schnell sehr groß

---

[11] Generell gilt, daß Bool'sche Gleichungen und Integer-Gleichungen während der Integration nicht ausgewertet zu werden brauchen, da bei festen Relationen immer dasselbe Ergebnis berechnet wird.

wird und eine Code-Erzeugung für jede Schaltstellung unpraktikabel wird. Für ein Simulationssystem ist dies jedoch unkritisch, da es immer möglich ist, nur *ein* Gleichungssystem für *alle* Schaltstellungen zu erzeugen, siehe (20.15), und dieses Gleichungssystem *numerisch* zu lösen. In diesem Fall machen sich die unterschiedlichen Schaltstellungen nur dadurch bemerkbar, daß sich die Gleichungsstruktur an Ereignispunkten ändert.

Zusammengefaßt kann festgehalten werden, daß strukturvariable Komponenten, wie ideale Dioden, durch eine Parameterdarstellung der entsprechenden Kennlinie modelliert werden können. Aus Benutzersicht ist dieses Vorgehen sehr eingängig. Ein solches Modell führt an Ereignispunkten auf *gemischt kontinuierlich/diskrete* Gleichungssysteme, die mit entsprechenden Algorithmen gelöst werden müssen. Die Methode, Kennlinien durch eine Parameterdarstellung zur beschreiben, wurde in [809] vorgeschlagen. In [850] wird gezeigt, daß dieses Verfahren auf gemischt kontinuierlich/diskrete Gleichungssysteme führt und es werden Algorithmen zu deren Lösung skizziert.

Zur Vertiefung dieser Vorgehensweise sind in Tabelle 20.14 auf Seite 989 noch weitere strukturvariable Komponenten aufgeführt, die kurz besprochen werden sollen. Ein *idealer Thyristor*, siehe zweite Zeile von Tabelle 20.14, hat eine ähnliche Kennlinie wie eine ideale Diode. Der wesentliche Unterschied zur Diode besteht darin, daß auch ein positiver Spannungsabfall möglich ist, und daß der Thyristor nur dann leitend wird, wenn der Spannungsabfall nicht negativ ist und ein Zündstrom am Thyristor-Gate kurzzeitig anliegt. Dieser Zündstrom wird im idealen Element von Tabelle 20.14 durch das Bool'sche Eingangssignal *fire* abstrahiert. Wenn *fire* = **true** ist, liegt der Zündstrom an, anderenfalls nicht.

Im Unterschied zur Diode gibt es die zusätzliche Schwierigkeit, daß es drei Kennlinienäste gibt, die ins Unendliche weisen. Unter der Annahme, daß benachbarte Kennlinienpunkte auch benachbarte Werte des Bahnparameters s besitzen, ist dann eine *eindeutige* Beschreibung mit *einem* Bahnparameter nicht möglich. In der Tabelle wird das Problem dadurch gelöst, daß zwei der Äste dieselbe s-Parameterisierung besitzen $(s \geq 0)$ und die Eindeutigkeit durch den Wert der Variablen *on* erreicht wird. Damit besteht der einzige Unterschied in der Bestimmung von *on*:

$$on = s \geq 0 \text{ and } (\textbf{pre}(on) \text{ or } \textit{fire} \qquad (20.113)$$

Wenn s negativ ist, wird der entsprechende Kennlinienast eindeutig charakterisiert (Sperrbetrieb). Anderenfalls gibt es die folgenden Möglichkeiten $(s \geq 0)$:

- Wenn der Thyristor seit dem letzten Umschalten nicht leitend ist (**pre**(*on*) = **false**) und kein Zündstrom anliegt (*fire* = **false**), bleibt er im Blockierbetrieb (*on* = **false**).

- Wenn der Thyristor seit dem letzten Umschalten nicht leitend ist (**pre**(*on*) = **false**) und ein Zündstrom anliegt (*fire* = **true**), wird er leitend (*on* = **true**).

- Wenn der Thyristor seit dem letzten Umschalten leitend ist ($\mathbf{pre}(on)$ = **true**), bleibt er leitend (on = **true**).

Ein *idealer GTO–Thyristor*, siehe dritte Zeile von Tabelle 20.14, ist eine Erweiterung des idealen Thyristor-Modells von der zweiten Zeile der Tabelle. Der einzige Unterschied besteht darin, daß das abstrahierte Eingangssignal *fire* aufrechterhalten werden muß, wenn der GTO leitend bleiben soll.[12] Deswegen ändert sich die Bestimmung von on zu:

$$on \;=\; s \geq 0 \;\textbf{and}\; \textit{fire} \tag{20.114}$$

20.10.2   Coulomb–Reibung

Reibung zwischen zwei sich gegeneinander bewegenden mechanischen Oberflächen wird oft mit dem Coulomb-Reibmodell beschrieben, wobei sich die Reibkraft F_R als Funktion der Normalkraft N und dem Reibkoeffizienten μ ergibt:

$$F_R \;=\; \mu(V, T, \ldots) \cdot N \tag{20.115}$$

Hierbei ist der Reibkoeffizient μ eine Funktion der Relativgeschwindigkeit V, der Temperatur T, der Oberflächenbeschaffenheit der aufeinander gleitenden Körper und dem Gleitmittel. Unter der Annahme, daß die Normalkraft N, die Abhängigkeit von der Temperatur, der Oberflächenbeschaffenheit und dem Gleitmittel näherungsweise konstant ist, kann die Reibkraft F_R als Funktion der Relativgeschwindigkeit V durch die Kennlinie von Abb 20.35 beschrieben werden.

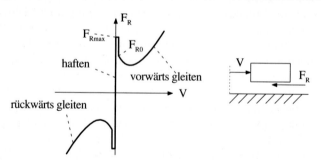

Abb. 20.35: *Kennlinie der Coulomb-Reibung*

Wenn die Relativgeschwindigkeit nicht verschwindet ($V \neq 0$), wird die Reibkraft eindeutig als Funktion der Relativgeschwindigkeit angegeben. Diese funktionale Abhängigkeit wird in der Regel durch Interpolation in einer Tabelle beschrieben, die durch Messungen ermittelt wird. Wenn die Relativgeschwindigkeit

---

[12] Am realen GTO wird der Übergang vom Blockierbetrieb in den leitenden Zustand durch einen (kurzen) *positiven* Zündstrom bewirkt, der nicht aufrecht erhalten werden muß; das Abschalten geschieht analog durch einen entsprechenden *negativen* Zündstrom. Die beschriebene Modellierung wurde gewählt, um dennoch mit *einer* Bool'schen Variable auszukommen.

verschwindet, wird die Relativbewegung zwischen den aufeinander gleitenden Körper blockiert und das Reibelement befindet sich im Haftzustand, d.h. die beiden Körper können sich (näherungsweise) zueinander nicht mehr bewegen. In dieser Situation ergibt sich die Reibkraft als Schnittkraft zwischen zwei fest verbundenen Körpern, hängt also von der äußeren Belastung der beiden Körper ab und nicht mehr von der Relativgeschwindigkeit. Der Haftzustand kann nur bis zur einer maximalen Haftreibkraft F_{Rmax} aufrechterhalten werden. Wird diese Grenze überschritten, beginnen die beiden Körper zu gleiten. Mit anderen Worten: Im *Haftzustand* kann die Reibkraft jeden Wert im Bereich

$$-F_{Rmax} \leq F_R \leq F_{Rmax}$$

annehmen. Beim Beginn des Gleitens sinkt die Reibkraft betragsmäßig sehr schnell von F_{Rmax} auf den Wert F_{R0} ab. Nur in Sonderfällen ist $F_{Rmax} = F_{R0}$.

Eine ausführlichere Einführung in reibungsbehaftete mechanische Systeme, zusammen mit einer umfangreichen Literaturliste, ist in [801] zu finden. Dort werden auch detailliertere Reibmodelle behandelt. Ein neuartiges, kompaktes Reibmodell, welches auf einer reinen Beschreibung mit Differentialgleichungen ohne Verwendung von Schaltvorgängen beruht, wurde in [804] entwickelt. Dieses Element hat den Vorteil, daß weitergehende Reibeffekte beschreibbar sind und die diskutierten Probleme nicht auftreten. Der Nachteil besteht darin, daß die Rechenzeit um rund eine Größenordnung ansteigt und zusätzliche Reibkenndaten identifiziert werden müssen.

Ähnlich wie bei den idealen elektrischen Schaltelementen von Tabelle 20.14 liegt auch beim Coulomb-Reibelement von Abb. 20.35 ein strukturvariables System vor, da sich die Konfiguration des mechanischen Systems ändert, je nachdem ob sich das Reibelement im Gleit- oder im Haftzustand befindet. Im folgenden wird detailliert analysiert, wie eine solche Komponente numerisch zuverlässig simuliert werden kann. Es zeigt sich, daß dies relativ schwierig ist. Deswegen wird temporär zuerst das vereinfachte Reibmodell von Abb. 20.36 untersucht, bei dem die Reibkraft während des Gleitens linear von der Relativgeschwindigkeit abhängt und $F_{Rmax} = F_{R0}$ ist.

Die Kennlinie des vereinfachten Coulomb-Reibmodells ist ähnlich zu dem der Diode, so daß zu erwarten ist, daß dieses Element ebenfalls als parameterisierte Kurve beschrieben werden kann (siehe Parameterisierung in Abb. 20.36):

$forward = s > F_{R0}$
$backward = s < -F_{R0}$

V = **if** $forward$ **then** $s - F_{R0}$ **else**
   if $backward$ **then** $s + F_{R0}$ **else** 0

F_R = **if** $forward$ **then** $F_{R0} + F_{R1} \cdot (s - F_{R0})$ **else**
   if $backward$ **then** $-F_{R0} + F_{R1} \cdot (s + F_{R0})$ **else** s

Dieses Modell ist korrekt und beschreibt vollständig das Reibmodell von Abb. 20.36. Allerdings ist zur Zeit nicht bekannt, wie ein solches Modell *automatisch* in eine Form transformierbar ist, die numerisch zuverlässig ausgewertet

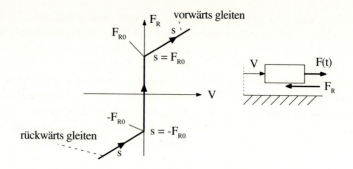

Abb. 20.36: *Vereinfachtes Coulomb-Reibmodell*

werden kann. Die auftretenden Probleme werden an einem Block, der auf einer rauhen Unterlage gleitet (siehe rechter Teil von Abb. 20.36), analysiert. Dieser Block wird durch die folgende Gleichung beschrieben:

$$m \cdot \dot{V} = F(t) - F_R$$

Hierbei ist m die Masse des Blocks, $F(t)$ ist eine gegebene äußere Kraft, die an dem Block angreift, und F_R ist die Reibkraft zwischen dem Block und der Unterlage. Diese soll mit dem oben angegebenen parameterisierten Coulomb-Reibmodell beschrieben werden. Zuerst werde angenommen, daß sich das Reibmodell im Vorwärtsgleitzustand befindet, d.h. *forward* = **true** und $V > 0$. Das Gesamtmodell in dieser Konfiguration wird dann durch die folgenden Gleichungen beschrieben:

$$
\begin{aligned}
m \cdot \dot{V} &= F - F_R \\
V &= s - F_{R0} \\
F_R &= F_{R0} + F_{R1} \cdot (s - F_{R0})
\end{aligned}
$$

Nach einer BLT-Transformation ergeben sich die sortierten Gleichungen zu:

$$
\begin{aligned}
s &:= V + F_{R0} \\
F_R &:= F_{R0} + F_{R1} \cdot (s - F_{R0}) \\
\dot{V} &:= (F - F_R)/m
\end{aligned}
$$

Dies ist im wesentlichen eine Differentialgleichung mit der Unbekannten V, d.h. V ist eine als bekannt angenommene Zustandsgröße und die Ableitung dieses Zustands, $\dot{V}$, kann leicht über eine Vorwärtsrekursion berechnet werden. Wenn die Relation $s > F_{R0}$ ihren Wert ändert, tritt ein Ereignis ein und die Integration wird angehalten. Es werde angenommen, daß das Element sich dann im Haftzustand befindet. Diese Konfiguration wird durch die folgenden Gleichungen beschrieben:

$$\begin{aligned} m \cdot \dot{V} &= F - F_R \\ V &= 0 \\ F_R &= s \end{aligned}$$

Dies ist ein singuläres System (siehe Kapitel 20.8), da es eine Zwangsbedingung für den Zustand V gibt ($V = 0$). Mit anderen Worten V kann kein Zustand mehr sein. Da eine neue Unbekannte (= V) auftritt, muß auch eine neue Gleichung eingeführt werden, welches natürlicherweise die Ableitung der Zwangsbedingung ist:

$$\dot{V} = 0$$

Damit liegen vier Gleichungen für die vier Unbekannten $V, \dot{V}, F_R, s$ vor. Dieses Gleichungssystem ist regulär und kann explizit gelöst werden:

$$\begin{aligned} \dot{V} &:= 0 \\ V &:= 0 \\ F_R &:= F - m \cdot \dot{V} \\ s &:= F_R \end{aligned}$$

Wie zu erkennen ist, sind die Modellgleichungen im Gleitzustand *regulär* und im Haftzustand *singulär*. Dies bereitet Probleme, da in einer singulären Konfiguration Gleichungen differenziert und diese Gleichungen in der regulären Konfiguration wieder entfernt werden müssen.

Es gibt noch eine ernstere Schwierigkeit: Hierzu wird angenommen, daß sich das Reibelement im Haftzustand befindet (d.h. $-F_{R0} \le s \le F_{R0}$) und s größer als F_{R0} wird. Bevor das Umschalt-Ereignis stattfindet, ist $s \le F_{R0}$ und $V = 0$, da die Zwangsbedingung $V = 0$ im Haftzustand vorliegt. Am Ereignispunkt ist $s > F_{R0}$, da diese Relation von **false** auf **true** schaltet. Im Gleitzustands ist V jedoch ein Zustand und damit eine *bekannte* Größe und s wird aus V berechnet:

$$s := V + F_{R0}$$

Da $V = 0$ ist, ergibt sich $s = F_{R0}$. Damit wird die Relation $s > F_{R0}$ aber wieder **false** und das Reibelement schaltet zurück in den Haftzustand. Mit anderen Worten: Es kann nie vom Haft- in den Gleitzustand geschaltet werden.

Angenommen, das wäre trotzdem auf irgendeine Weise möglich: Wenn mehrere verkoppelte Reibelemente vorhanden sind, könnte es aber sein, daß dieser Gleitzustand keine konsistente Konfiguration ist, sondern nur ein Zwischenschritt in der Iteration zur Lösung eines gemischt kontinuierlich/diskreten Gleichungssystems. Dies bedeutet, daß das Reibelement in der nächsten Iteration wieder in den Haftzustand zurück schalten müsste. Dies ist aber nie möglich, weil im Gleitzustand die Relativgeschwindigkeit V eine Zustandsgröße ist, die als bekannt angenommen wird. Da im Vorwärtsgleitzustand $V > 0$ ist, und da V nicht geändert werden kann, kann auch nicht zurück in den Haftzustand geschaltet werden, da hierzu $V \le 0$ sein müsste.

Die beschriebenen Probleme existieren für alle hybriden Modelle, bei denen in der einen Konfiguration ein *reguläres* System vorliegt und in einer anderen Konfiguration ein *singuläres* System. Dies ist z.B. der Fall, wenn eine ideale Diode parallel zu einer Kapazität geschaltet wird. Das Coulomb-Reibmodell ist besonders kritisch, da selbst beim einfachsten mechanischen System mit Coulomb-Reibung schon die erläuterten Probleme auftreten, da das System einen Freiheitsgrad verliert, wenn vom Gleit- in den Haftzustand geschaltet wird.

Wie schon erwähnt, ist zur Zeit nicht bekannt, wie diese Probleme *automatisch* gelöst werden können. Wir gehen deswegen pragmatisch vor und transformieren die Gleichungen des Reibmodells manuell in eine besser geeignete Beschreibungsform:

Wenn die Relativgeschwindigkeit verschwindet ($V = 0$), kann sich das Reibelement sowohl im Haft- als auch im Gleitzustand befinden. Die aktuelle Konfiguration ergibt sich aus der Reibkraft und der Beschleunigung $\dot{V}$, siehe Abb. 20.37. Wenn sich das Reibelement im Haftzustand befindet und die Reibkraft F_R größer als the maximale statische Haftreibkraft F_{R0} wird, schaltet das Element in den Vorwärtsgleitzustand. Hier ist die Relativbeschleunigung $\dot{V}$ positiv. Es wird wieder zurück in den Haftzustand geschaltet, wenn die Relativbeschleunigung verschwindet oder negativ wird.

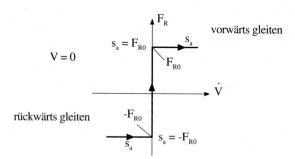

Abb. 20.37: *Kennlinie der Coulomb-Reibung bei $V = 0$*

Da auch die Kennlinie von Abb. 20.37 nicht in einer Funktionsdarstellung $F_R = F_R(\dot{V})$ angegeben werden kann, wird eine parameterisierte Beschreibungsform mit dem neuen Bahnparameter s_a verwendet, siehe Abb. 20.37. Dies führt im wesentlichen auf die folgende Beschreibungsform, wenn $V = 0$ ist:

$$startForward\ = s_a > F_{R0}$$
$$startBackward = s_a < -F_{R0}$$

$\dot{V}$ = **if** $startForward$ **then** $s_a - F_{R0}$ **else**
    if $startBackward$ **then** $s_a + F_{R0}$ **else** 0

F_R = **if** $startForward$ **then** F_{R0} **else**
    if $startBackward$ **then** $-F_{R0}$ **else** s_a

Die drei Hauptkonfigurationen des Reibelements können mit einer Modus-Variablen *mode* auf die folgende Weise in Modelica gekennzeichnet werden:

```
final constant Integer Forward  = 1,
                       Stuck    = 0,
                       Backward = -1;

V > 0  ->  mode = Forward
V = 0  ->  mode = Stuck
V < 0  ->  mode = Backward
```

Aus noch zu erläuternden numerischen Gründen muß im *Stuck*-Modus die Relativgeschwindigkeit nicht identisch verschwinden. Die Relativgeschwindigkeit ist zwar sehr klein, kann aber jedes Vorzeichen besitzen. Mit anderen Worten: Der *Stuck*-Modus charakterisiert ein kleines Intervall um $V = 0$. Das Umschalten zwischen den verschiedenen Modi, kann am übersichtlichsten durch einen endlichen Automaten beschrieben werden, siehe Abb. 20.38.

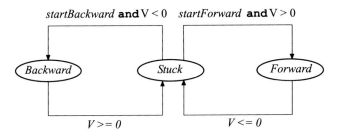

Abb. 20.38: *Schaltstruktur beim Reibelement*

Mit diesem endlichen Automaten wird garantiert, daß die Relativgeschwindigkeit beim Vorwärtsgleiten positiv ist und beim Rückwärtsgleiten negativ. Der *Stuck*-Modus charakterisiert das kleine Interval um $V = 0$. Hier kann sich das Reibelement im Haft- oder im Gleitzustand befinden und wird durch die parameterisierte Kurve von Abb. 20.37 beschrieben. Hierbei wird der Vorwärtsgleitzustand durch die Bool'sche Variable *startForward* und der Rückwärtsgleitzustand durch die Bool'sche Variable *startBackward* charakterisiert. Wenn sich das Reibelement im *Stuck*-Modus im Gleitzustand befindet, so verbleibt das Element solange in dieser Konfiguration, bis die Relativgeschwindigkeit das richtige Vorzeichen besitzt, um dann entsprechend zu Abb. 20.38 in den *Forward* oder *Backward* Modus zu schalten. Da die Relativbeschleunigung in die „richtige" Richtung zeigt, nimmt die Relativgeschwindigkeit innerhalb kurzer Zeit das gewünschte Vorzeichen an. Der endliche Automat von Abb. 20.38 kann in Modelica durch die folgende Gleichung beschrieben werden:

```
mode = if (pre(mode) == Forward or
           pre(mode) == Stuck and startForward)
        and V > 0 then Forward else
    if (pre(mode) == Backward or
           pre(mode) == Stuck and startBackward)
        and V < 0 then Backward else Stuck;
```

Die beiden diskutierten Darstellungsformen müssen jetzt nur noch kombiniert werden. Hierzu muß definiert werden, daß *startForward* und *startBackward* nur **true** sein können, wenn sich das Reibelement im *Stuck*-Modus befindet. Zusammengefaßt ergibt sich schließlich das folgende, vollständige Modelica-Modell des vereinfachten Coulomb-Reibmodells von Abb. 20.36 (da in Modelica bei Variablennamen keine Indices verwendet werden können, unterscheiden sich die Modelica-Namen geringfügig von den bisher verwendeten Bezeichnungen):

```
connector Flange "mechanischer Flange"
   Real     X "Position vom Flansch";
   flow Real F "Schnittkraft am Flansch";
end Flange;

model SimpleFriction  "vereinfachtes Coulomb-Reibmodell"
  parameter Real FR0, FR1   "Reibkoeffizienten";
  Flange flange_a, flange_b "linker und rechter Flansch";
protected
  Real FR  "Reibkraft";
  Real X   "relative Position";
  Real V   "relative Geschwindigkeit";
  Real A   "relative Beschleunigung";
  Real sa  "Bahnparameter";
  final constant Integer Unknown  =  2 "nicht definiert",
                         Forward  =  1 "vorwärts gleiten",
                         Stuck    =  0 "V=0",
                         Backward = -1 "rückwärts gleiten";
  Integer mode(min=Backward, max=Unknown, start=Unknown);
  Boolean startForward, startBackward;
equation
  // Beziehungen zwischen Flansch- und Relativ-Variablen
     X = flange_b.X - flange_a.X;
     V = der(X);
     A = der(V);
```

```
     FR = -flange_a.F;
     FR =  flange_b.F;

  // Basisgleichungen des Reibelements
     startForward  = pre(mode)==Stuck and sa >  FR0 or
                     initial() and V>0;
     startBackward = pre(mode)==Stuck and sa < -FR0 or
                     initial() and V<0;

     A  = if pre(mode) == Forward  then sa - FR0 else
          if pre(mode) == Backward then sa + FR0 else
          if startForward          then sa - FR0 else
          if startBackard          then sa + FR0 else 0;

     FR = if pre(mode) == Forward  then  FR0 + FR1*V else
          if pre(mode) == Backward then -FR0 + FR1*V else
          if startForward          then  FR0           else
          if startBackard          then -FR0           else sa;

  // Endlicher Automat zur Konfigurationsbestimmung
     mode = if (pre(mode) == Forward  or
                pre(mode) == Stuck and startForward)
                and V > 0 then Forward else
            if (pre(mode) == Backward or
                pre(mode) == Stuck and startBackward)
                and V < 0 then Backward else Stuck;
  end SimpleFriction;
```

Das obige Reibelement enthält noch die Vereinfachung, daß im Haftzustand die Zwangsgleichung $V = 0$ nicht explizit vorhanden ist. Da beim Umschalten vom Gleit- in den Haftzustand die Relativgeschwindigkeit beim Neustart der Integration verschwindet oder zumindest sehr klein ist, und die Beschleunigung $A = \mathbf{der}(V)$ während des Haftens verschwindet, bleibt die Geschwindigkeit klein, da die Lösung der Differentialgleichung $\mathbf{der}(V) = 0$ mit der Anfangsbedingung $V = 0$ auf die Lösung $V = 0$ führt. Mit dieser bekannten Approximation wird erreicht, daß das Modell auch im Haftzustand regulär und nicht singulär ist. Zum besseren Verständnis soll das obige Modell auf das Anfangsbeispiel angewandt werden, bei dem ein Block auf einer rauhen Oberfläche gleitet. Werden die Gleichungen des Blocks und die Gleichungen des Reibelements zusammengenommen, und wird eine BLT-Transformation durchgeführt, führt dies im wesentlichen auf die folgenden sortierten Gleichungen:

```
  // Gemischt kontinuierlich/diskretes Gleichungssystem
     startForward  = pre(mode)==Stuck and sa >  FR0 or
                     initial() and V>0;
     startBackward = pre(mode)==Stuck and sa < -FR0 or
                     initial() and V<0;
```

```
A = if pre(mode) == Forward then sa - FR0 else
    if pre(mode) == Backward then sa + FR0 else
    if startForward         then sa - FR0 else
    if startBackard         then sa + FR0 else 0;

R = if pre(mode) == Forward then  FR0 + FR1*V else
    if pre(mode) == Backward then -FR0 + FR1*V else
    if startForward         then  FR0         else
    if startBackard         then -FR0         else sa;

m*A = U - F;    // Gleichungen des Blocks

// Endlicher Automat zur Konfigurationsbestimmung
mode := if (pre(mode) == Forward or
            pre(mode) == Stuck and startForward)
        and V > 0 then Forward else
    if (pre(mode) == Backward or
        pre(mode) == Stuck and startBackward)
    and V < 0 then Backward else Stuck;

der(V) := A;
```

Damit ergibt sich also ein gemischt kontinuierlich/diskretes Gleichungssystem mit fünf Gleichungen in den fünf Unbekannten *startForward*, *startBackward*, *sa*, *A*, *FR*, sowie zwei nachfolgende explizit aufgelöste Gleichungen. Wenn sich das Element nicht im *Stuck*-Modus befindet, besitzen die Bool'schen Variablen *startForward* und *startBackward* den Wert **false** unabhängig vom Wert des Bahnparameters *sa*. In diesem Fall reduziert sich das gemischte Gleichungssystem auf ein rein reelles Gleichungssystem in drei Gleichungen mit den drei reellen Unbekannten *sa*, *A*, *FR*, welches problemlos gelöst werden kann. Wenn mehrere verkoppelte Reibelemente vorliegen, ergibt sich dieselbe Struktur, nur ist das gemischte Gleichungssystem größer.

Die Auswertung der Gleichungen soll an einer typischen Bewegung analysiert werden. Hierzu wird angenommen, daß der Block in die Vorwärtsrichtung gleitet und die Geschwindigkeit verschwindet oder negativ wird, d.h. es tritt ein Ereignis ein.

1. Am Ereignispunkt wird das gesamte Modell einmal ausgewertet. Da **pre**(*mode*) = *Forward* ist, muß nur ein reelles Gleichungssystem gelöst werden und die Reibkraft berechnet sich zu „FR = FR0 + FR1*V". Danach wird die Variable *mode* berechnet. Da $V \leq 0$, ergibt sich *mode* = *Stuck*.

2. Nach der Modellauswertung sind *mode* und **pre**(*mode*) unterschiedlich, d.h. eine Ereignis-Iteration wird gestartet (siehe Seite 985). Nach Setzen von **pre**(*mode*) = *mode* = *Stuck* wird das Modell neu ausgewertet. Da

pre(*mode*) = *Stuck* ist, liegt nun ein gemischtes Gleichungssystem vor, welches iterativ gelöst wird. Basierend auf der entsprechenden Lösung, wird *mode* berechnet. Wenn sich als Ergebnis $-FR0 \le sa \le FR0$ ergibt, ist das Reibelement im Haftzustand und *mode* = *Stuck*. Da **pre**(*mode*) = *mode* ist, wird die Ereignisiteration abgebrochen und die Simulation neu gestartet. Im folgenden werde angenommen, daß sich eine Lösung mit $sa < -FR0$ ergibt. Wenn zusätzlich $V < 0$ ist, ergibt sich *mode* = *Backward*.

3. Da **pre**(*mode*) und *mode* unterschiedlich sind, wird wiederum gesetzt: **pre**(*mode*) = *mode* = *Backward* und die Ereignis-Iteration wird fortgesetzt, d.h. das Modell wird neu ausgewertet. Da sich das Reibelement nicht mehr im *Stuck*-Modus befindet, liegt wiederum nur ein reelles Gleichungssystem vor um *sa*, *A*, *FR* zu berechnen. Da sich der Wert von *V* nicht ändert, berechnet sich *mode* wieder zu *Backward*. Da nun **pre**(*mode*) = *mode* ist, wird die Ereignis-Iteration abgebrochen und die Integration neu gestartet, hierbei befindet sich das Element im Rückwärts-Gleitzustand.

Das obige vereinfachte Reibmodell kann nun leicht auf den Fall verallgemeinert werden, daß die maximale statische Reibkraft F_{Rmax} und die Gleitreibkraft bei verschwindender Geschwindigkeit F_{R0} unterschiedlich sind, siehe Abb. 20.35. Hierzu müssen beim obigen Reibmodell nur die folgenden Modifikationen vorgenommen werden:

```
model Friction
    parameter Real peak=1.0 "FRmax=peak*FR0";     // neu
      ...

protected
      ...
    parameter Real FRmax=peak*FR0;
    Boolean startForward (start=false)
            startBackward(start=false);

equation
      ...
    // Basisgleichungen des Reibelements (modifiziert)
        startForward  = pre(mode)==Stuck and
                        (sa>FRmax or pre(startForward)
                        and sa>FR0) or initial() and V>0;
        startBackward = pre(mode)==Stuck and
                        (sa<-FRmax or pre(startBackward)
                        and sa<-FR0) or initial() and V<0;
      ...
    end Friction;
```

Die wesentliche Änderung besteht darin, daß **pre**-Werte für *startForward* und *startBackward* benötigt werden. Wenn sich das Element im Haftzustand befindet, oder wenn das Element vom *Forward/Backward* Modus in den *Stuck* Modus schaltet, muß der Bahnparameter sa den Wert $FRmax$ überschreiten, damit wieder in den Gleitzustand geschaltet werden kann. Wenn jedoch vor dem aktuellen Ereignis $\mathbf{pre}(startForward) = \mathbf{true}$ ist, d.h. das Reibelement befand sich schon im *startForward* Modus, dann gleitet das Element schon und ein Schalten in den Haftzustand tritt auf, wenn $sa \leq FR0$, d.h. wenn die Beschleunigung $A \leq 0$ wird.

20.10.3 Reibungsbehaftete Komponenten

Das im Detail diskutierte Coulomb-Reibelement vom vorherigen Abschnitt ist eine Basiskomponente, die in vielerlei Hinsicht erweitert werden kann. Insbesondere sind in Tabelle 20.16 eine Reihe technisch wichtiger Elemente – Lagerreibung, Kupplung, Bremse, Freilauf – aufgeführt, bei denen die Reibung eine entscheidende Elementeigenschaft ist. In der mittleren Spalte von Tabelle 20.16 ist das Objektdiagramm der jeweiligen Komponente mit der dazugehörigen (parameterisierten) Kennlinie abgebildet. Wie beim Reibelement vom letzten Abschnitt können auch hier die Kennlinien nicht automatisch in eine numerisch auswertbare Form transformiert werden. Dies geschieht wiederum manuell, wobei das Ergebnis in der rechten Spalte gleichungsmäßig angegeben ist. Aus Platzgründen wird mit Punkten (...) gekennzeichnet, daß der weggelassene Gleichungsteil identisch zum entsprechenden Gleichungsteil des im letzten Abschnitt diskutierten Modelica-Modells `SimpleFriction` ist. Die Schaltstellung `mode` wird durch m abgekürzt. Im folgenden werden die in Tabelle 20.16 aufgeführten Modelle näher erläutert.

Lagerreibung

In der Regel ist die Reibung in den Lagern eines Antriebsstrangs so groß, daß diese bei einer Simulation berücksichtigt werden muß. Meßtechnisch kann die Reibung z.B. dadurch bestimmt werden, daß der Antriebsstrang bei bekannter Last jeweils mit konstanter Drehzahl gefahren wird und das dafür notwendige Antriebsmoment gemessen wird. Da im nicht-beschleunigten Betrieb alle Trägheitskräfte verschwinden, ist das Reibmoment gleich dem Antriebsmoment wobei gegebenenfalls noch das bekannte Lastmoment abgezogen werden muß. Dies führt auf Kennlinien, bei der das Reibmoment M_R als Funktion der Drehzahl Ω angegeben wird, siehe erste Zeile von Tabelle 20.16.

Das Lagerreibungs-Modell in Tabelle 20.16 besitzt zwei Flansche, mit denen die Komponente an einer entsprechenden Stelle in einen Antriebsstrang eingebaut werden kann (siehe z.B. Abb. 20.14 auf Seite 904). Dieses Element ist praktisch identisch zum im letzten Abschnitt erläuterten Reibmodell, wobei die Reibkraft F_R durch das Drehmoment M_R und die Relativgeschwindigkeit V durch die absolute Drehzahl Ω ersetzt wird, da diese Komponente die Reibung zwischen einer drehenden Welle und dem Gehäuse beschreibt. Mit Ausnahme der Beziehungen zwischen den Flansch-Variablen und dem Reibmoment, sind alle anderen Gleichungen identisch zu den Gleichungen des `SimpleFriction`-Modells. Aus

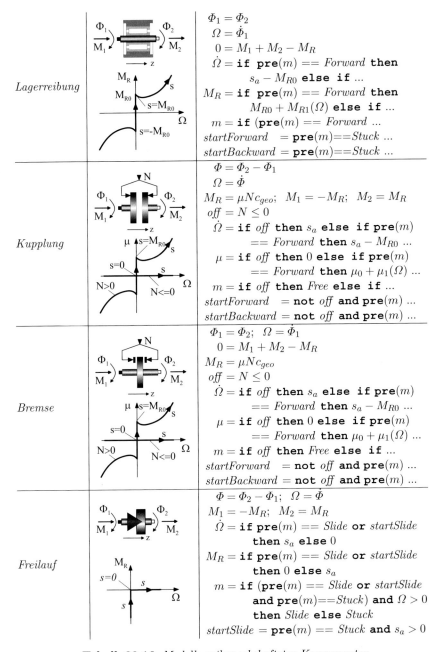

Lagerreibung		$\Phi_1 = \Phi_2$ $\Omega = \dot{\Phi}_1$ $0 = M_1 + M_2 - M_R$ $\dot{\Omega} = \textbf{if } \textbf{pre}(m) == \textit{Forward } \textbf{then}$ $\quad s_a - M_{R0} \textbf{ else if } ...$ $M_R = \textbf{if } \textbf{pre}(m) == \textit{Forward } \textbf{then}$ $\quad M_{R0} + M_{R1}(\Omega) \textbf{ else if } ...$ $m = \textbf{if } (\textbf{pre}(m) == \textit{Forward } ...$ $startForward = \textbf{pre}(m) == Stuck ...$ $startBackward = \textbf{pre}(m) == Stuck ...$
Kupplung		$\Phi = \Phi_2 - \Phi_1$ $\Omega = \dot{\Phi}$ $M_R = \mu N c_{geo}; \quad M_1 = -M_R; \quad M_2 = M_R$ $off = N \leq 0$ $\dot{\Omega} = \textbf{if } off \textbf{ then } s_a \textbf{ else if } \textbf{pre}(m)$ $\quad == \textit{Forward } \textbf{then } s_a - M_{R0} ...$ $\mu = \textbf{if } off \textbf{ then } 0 \textbf{ else if } \textbf{pre}(m)$ $\quad == \textit{Forward } \textbf{then } \mu_0 + \mu_1(\Omega) ...$ $m = \textbf{if } off \textbf{ then } \textit{Free } \textbf{else if } ...$ $startForward = \textbf{not } off \textbf{ and } \textbf{pre}(m) ...$ $startBackward = \textbf{not } off \textbf{ and } \textbf{pre}(m) ...$
Bremse		$\Phi_1 = \Phi_2; \quad \Omega = \dot{\Phi}_1$ $0 = M_1 + M_2 - M_R$ $M_R = \mu N c_{geo}$ $off = N \leq 0$ $\dot{\Omega} = \textbf{if } off \textbf{ then } s_a \textbf{ else if } \textbf{pre}(m)$ $\quad == \textit{Forward } \textbf{then } s_a - M_{R0} ...$ $\mu = \textbf{if } off \textbf{ then } 0 \textbf{ else if } \textbf{pre}(m)$ $\quad == \textit{Forward } \textbf{then } \mu_0 + \mu_1(\Omega) ...$ $m = \textbf{if } off \textbf{ then } \textit{Free } \textbf{else if } ...$ $startForward = \textbf{not } off \textbf{ and } \textbf{pre}(m) ...$ $startBackward = \textbf{not } off \textbf{ and } \textbf{pre}(m) ...$
Freilauf		$\Phi = \Phi_2 - \Phi_1; \quad \Omega = \dot{\Phi}$ $M_1 = -M_R; \quad M_2 = M_R$ $\dot{\Omega} = \textbf{if } \textbf{pre}(m) == \textit{Slide } \textbf{or } startSlide$ $\quad \textbf{then } s_a \textbf{ else } 0$ $M_R = \textbf{if } \textbf{pre}(m) == \textit{Slide } \textbf{or } startSlide$ $\quad \textbf{then } 0 \textbf{ else } s_a$ $m = \textbf{if } (\textbf{pre}(m) == \textit{Slide } \textbf{or } startSlide$ $\quad \textbf{and } \textbf{pre}(m) == Stuck) \textbf{ and } \Omega > 0$ $\quad \textbf{then } \textit{Slide } \textbf{else } Stuck$ $startSlide = \textbf{pre}(m) == Stuck \textbf{ and } s_a > 0$

Tabelle 20.16: *Modelle reibungsbehafteter Komponenten*

Vereinfachungsgründen wird auch hier angenommen, daß das maximale statische Reibmoment identisch zum Gleitreibmoment bei verschwindender Drehzahl ist.

Kupplung

Eine Kupplung ist ein Element, mit der die Relativbewegung der über die Kupplung verbundenen beiden Wellen gesperrt und wieder freigegeben werden kann, siehe zweite Zeile von Tabelle 20.16. Im wesentlichen werden zwei Scheiben mit einer entsprechenden Normalkraft N so gegeneinander gedrückt, daß die beiden Scheiben aufeinander haften. Die technischen Ausführungen sind sehr unterschiedlich. Zum Beispiel werden bei Lamellenkupplungen eine größere Zahl von Lamellen (= Scheiben) parallel geschaltet, um die Reibflächen und damit das Reibmoment zu erhöhen. Wenn die Normalkraft verschwindet, wird kein Drehmoment mehr übertragen und die beiden Wellen sind nicht mehr miteinander verbunden. Zum Schließen der Kupplung wird die Normalkraft von Null ausgehend erhöht, bis nach einer bestimmten Zeitdauer die Normalkraft so groß geworden ist, daß die Kupplungsscheiben haften. Während dieser Phase rutschen die Scheiben aufeinander. Das hierbei wirksame Reibmoment M_R kann näherungsweise als Funktion der senkrecht auf die Reibflächen wirkende Normalkraft N, dem von der Drehzahl Ω abhängigen Reibkoeffizienten μ und einer von der geometrischen Konstruktion abhängigen Konstanten c_{geo} angegeben werden:

$$M_R = c_{geo} \cdot \mu(\Omega) \cdot N \qquad (20.116)$$

Der Geometriefaktor c_{geo} hängt stark von der bestehenden Konstruktion ab.

Abb. 20.39: *Geometrie einer einfachen Kupplungsscheibe*

Beispielsweise berechnet sich dieser für die einfache Kupplungsscheibe von Abb. 20.39 zu:

- Annahme: Gleichmäßig verteilter Druck auf eine genau gefertigte, nicht abgenutzte Kupplungsscheibe

$$c_{geo_1} = \frac{2 \cdot (r_a^3 - r_i^3)}{3 \cdot (r_a^2 - r_i^2)} \qquad (20.117)$$

- Annahme: Gleichmäßige Abnutzung der Kupplungsscheibe

$$c_{geo_2} = \frac{r_a + r_i}{2} \quad (< c_{geo_1}) \qquad (20.118)$$

Für den Entwurf von Kupplungen wird üblicherweise c_{geo_2} (20.118) benutzt. Wenn mehrere Scheiben parallel geschaltet sind, muß die obige Formel noch mit der Zahl der Reibflächen multipliziert werden.

Das Modell der Kupplung in Tabelle 20.16 ist eine Erweiterung des Reibmodells vom letzten Abschnitt: Über einen zusätzlichen Signaleingang wird die Anpreßkraft N eingeführt. Bei der Reibkennlinie wird der Reibkoeffizient μ als Funktion der Relativdrehzahl Ω angegeben (statt Reibkraft als Funktion der Relativgeschwindigkeit) und das Reibelement wird abgeschaltet, wenn $N \leq 0$ ist. Hierzu erhalten die **if**-Zweige der Variablen-Gleichungen von $\dot{\Omega}, \mu, m$, *startForward* und *startBackward* jeweils einen zusätzlichen Zweig, um den entsprechenden Wert bei offener Kupplung zu setzen.

Die den Schaltzustand charakterisierende Modus-Variable m erhält neben den schon existierenden diskreten Zuständen *Forward, Stuck, Backward* noch den neuen Zustand *Free*, der die offene Kupplung charakterisiert:

```
off = N <= 0;
m   = if off then Free else
      if (pre(mode) == Forward or pre(mode) == Free or
          pre(mode) == Stuck and startForward) and V > 0
          then Forward else
      if (pre(mode) == Backward or pre(mode) == Free or
          pre(mode) == Stuck and startBackward) and V < 0
          then Backward else Stuck;
startForward  = not off and pre(mode) == Stuck and sa >  MR0
startBackward = not off and pre(mode) == Stuck and sa < -MR0
```

Ansonsten werden die gleichen Gleichungen wie beim Modell `SimpleFriction` verwendet.

Bremse

Bei *Scheibenbremsen* und *Trommelbremsen* wird jeweils ein Bremsbelag gegen eine Scheibe gedrückt. Diese Art von Bremsen können als Kupplung angesehen werden, die zwischen einer Welle und dem *Gehäuse* angebracht ist. Damit ist die Modellstruktur, siehe dritte Zeile von Tabelle 20.16, praktisch identisch zum Modell einer Kupplung, bei der ein Flansch der Kupplung in der Umgebung fixiert ist. Im wesentlichen ändert sich nur der Zusammenhang zwischen den Flanschvariablen und dem Reibmoment. Weiterhin muß der Geometriefaktor c_{geo} der Konstruktion der Bremse angepaßt werden.

Freilauf

Freiläufe sind Einrichtungen zwischen Wellen oder Wellen und Gehäusen, die eine Relativdrehzahl zwischen den verbundenen Teilen nur in *einer* Drehrichtung zulassen, in der anderen Richtung dagegen verhindern. Die meist eingesetzten kraftschlüssigen Freiläufe enthalten Klemmkörper, die in einer Drehrichtung zu einem großen Reibmoment führen und damit die Relativbewegung in dieser Richtung blockieren. Das ideale Modell eines Freilaufs ist in der vierten Zeile von Tabelle 20.16 angegeben. Wie aus der Kennlinie in der zweiten Spalte zu sehen ist, hat der Freilauf Ähnlichkeiten mit einer Diode. Die gleichungsmäßige Beschreibung ist jedoch unterschiedlich, da die parameterisierte Kennlinie wiederum nicht direkt realisiert werden kann, da die Komponente je nach Schaltstellung einen Freiheitsgrad hinzufügt oder entfernt.

Automatikgetriebe

Zum Abschluß dieses Kapitels über reibungsbehaftete Komponenten wird noch kurz eine komplexere Anwendung der besprochenen Elemente am Beispiel eines Automatikgetriebes erläutert (weitere Details sind in [814] zu finden). Automatikgetriebe sind Getriebe, bei denen eine elektronische Ansteuerungseinheit automatisch zwischen den Gängen schaltet. Den schematischen Aufbau einer typischen Konstruktion ist in Abb. 20.40 zu sehen. Hierbei werden mit C_i Kupplungen bzw. Bremsen bezeichnet.

Gang	C4	C5	C6	C7	C8	C11	C12
1	x					x	
2	x		x	x		x	
3	x	x		x		x	
4	x	x		x			x
R		x			x	x	

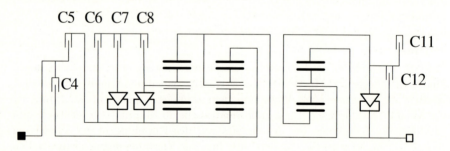

Abb. 20.40: *Getriebeschema des Automatikgetriebes ZF 4HP22*

In Abb 20.41 ist das entsprechende Objektdiagramm, einem Bildschirmabzug des Programs Dymola [811], abgebildet. Dieses Automatikgetriebe besteht aus drei Standard-Planetengetrieben p1, p2, p3, siehe Tabelle 20.9 auf Seite 939, die über Kupplungen, Bremsen und Freiläufe so verbunden sind, daß durch entsprechende Ansteuerung der Kupplungen und Bremsen eine gewünschte Übersetzung eingestellt werden kann.

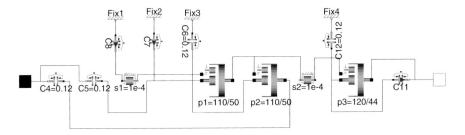

Abb. 20.41: *Objektdiagramm des Automatikgetriebes ZF 4HP22*

Der linke Flansch in Abb. 20.41 ist die Eingangswelle und der rechte Flansch die Ausgangswelle des Getriebes; s1 und s2 sind trägheitsbehaftete Wellen, die die Trägheit der wichtigsten drehenden Teile erfassen. Die Anpreßkräfte der Kupplungen und Bremsen werden approximativ als Signale modelliert, die direkt von einer elektronischen Ansteuerungseinheit vorgegeben werden. Eine realistischere Simulation erfordert zusätzlich die Modellierung der Hydraulik, mit der die Anpreßkräfte tatsächlich erzeugt werden.

Für eine Simulation wird noch ein Modell der Umgebung benötigt, in der das Automatikgetriebe eingesetzt wird. In [814] wird hierzu ein einfaches Modell der Längsdynamik eines Fahrzeugs verwendet. Das Gesamtmodell wird, wie in den vorherigen Abschnitten erläutert, in eine DAE überführt und dann symbolisch in eine sortierte DAE transformiert. Bei der BLT-Transformation wird ein kontinuierlich/diskretes Gleichungssystem mit 49 kontinuierlichen Gleichungen und zehn diskreten Gleichungen identifiziert, das im wesentlichen die Gleichungen aller Komponenten des Automatikgetriebes enthält, da diese eng miteinander verkoppelt sind. Mit dem Tearing-Verfahren kann das kontinuierliche Kern-Gleichungssystem von 49 auf zehn Gleichungen reduziert werden. Das System hat sieben gekoppelte Kupplungen und Bremsen C_i, so daß $2^7 = 128$ Schaltstrukturen und $3^7 = 2187$ unterschiedliche Schaltzustände möglich sind. In [814] wird noch darauf eingegangen, wie das obige Modell in einer Echtsimulation auf einem Signalprozessor eingesetzt werden kann.

21 Regelung kontinuierlicher Fertigungsanlagen

Dr. W. Wolfermann

21.1 Einführung

In Produktionsanlagen mit kontinuierlicher Fertigung werden Stoffbahnen verschiedener Materialien wie Metalle, Kunststoffe, Textilien oder Papier erzeugt und in unterschiedlichen Sektionen bearbeitet. Der Aufgabe entsprechend durchlaufen die Stoffbahnen dabei verschiedene Bearbeitungsschritte mit elastischen oder plastischen Verformungen, Beschichtungen oder speziellen Behandlungen. Am Ende der Bearbeitung werden die Stoffbahnen meist in Wickeln gespeichert.

Die Stoffbahn wird in den Sektionen über angetriebene rotierende Walzen geführt, von denen die Energie für die Verformung und den Transport durch Reibung oder Pressung übertragen wird. Die Walzen werden in modernen Anlagen von elektrischen Maschinen einzeln angetrieben. Die technologischen sowie die elektrischen Größen sind geregelt, wobei die einzelnen Regelgrößen von einem übergeordneten Führungssystem so einander zugeordnet werden, daß die technologischen Aufgaben richtig erfüllt werden. In Abb. 21.1 ist ein Beispiel einer kontinuierlichen Fertigungsanlage dargestellt.

Dieses Anlagenbeispiel besteht aus einem an der Achse angetriebenen Abwickler 1, dem eine gewichtsbelastete Tänzerwalze TW und weitere angetriebene Walzen 2...5 folgen. Das Endsystem bildet ein am Umfang angetriebener Aufwickler 6. Im Gegensatz zum Abwickler 1 erfolgt beim Aufwickler 6 der Antrieb am Umfang über eine angetriebene Walze, wobei das Drehmoment über die Reibkraft zwischen Walze und Stoffbahn übertragen wird. Das gesamte elektrische Antriebssystem besteht aus den elektrischen Maschinen M, den leistungselektronischen Stellgliedern S sowie diversen Regelkreisen. Ein übergeordnetes Führungssystem steuert und regelt das Gesamtsystem gemäß den technologischen Forderungen.

Als Antriebe dienen heute sowohl Gleichstrom– als auch Drehfeldmaschinen mit Umrichterspeisung. Industriestandard sind Regelungen in Kaskadenstruktur mit Strom– (R_i), Drehzahl– (R_n), Bahnkraft– (R_f) und Lage–Regelkreisen (R_l). Als Regler werden die bekannten P–, PI– oder PID–Regler verwendet, wobei diese häufig ohne Berücksichtigung der Verkopplungen der Teilsysteme durch die Bahnkräfte – wie später abgeleitet – entworfen werden. Deshalb treten, vor allem bei höheren Produktionsgeschwindigkeiten und ungünstigen Daten der Anlage,

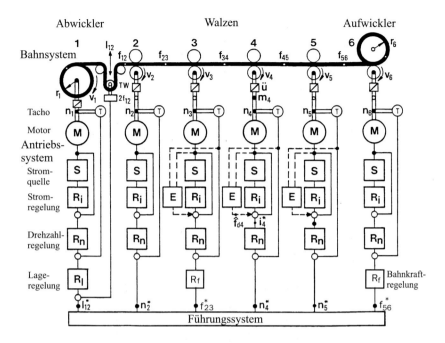

Abb. 21.1: *Beispiel einer kontinuierlichen Fertigungsanlage*

gegenseitige Beeinflussungen und Schwingungen in den Bahnkräften der Sektionen auf, die von den einfachen Kaskadenregelungen nicht bedämpft werden können. Um in solchen Fällen dennoch zu befriedigenden Ergebnissen zu kommen, müssen andere Regelverfahren, wie dezentrale Zustandsregelungen mit Entkopplungen oder lernfähige Methoden angewendet werden. Mit Hilfe dieser Verfahren können dann auch Nichtlinearitäten im Bahnsystem, Reibung und Lose sowie Begrenzungen der Stellgrößen berücksichtigt werden [756, 757, 758, 759, 873].

21.2 Modellierung des Systems

21.2.1 Technologisches System

Bei den heute verwendeten Regelstrategien wird vorausgesetzt, daß die Strecke hinsichtlich der Struktur und der Parameter möglichst genau bekannt ist. Um dieses Ziel zu erreichen, wird zunächst der Signalflußplan der Regelstrecke, bestehend aus den angetriebenen Walzen und der Stoffbahn, ermittelt.

21.2.1.1   Stoffbahn

Die reale Stoffbahn stellt einen dreidimensionalen Körper dar, der im allgemeinen in Längs–, Quer– und Dickenrichtung unterschiedliches Materialverhalten
aufweist. So ist beispielsweise das Materialverhalten von Papier aufgrund seiner
Faserstruktur stark *anisotrop*, d.h. der Elastizitätsmodul in den drei Richtungen ist unterschiedlich. Jede Stoffbahn besitzt zudem elastische, viskoelastische
und plastische Anteile. Bei Metallen überwiegt weitgehend das elastische Verhalten, während Kunststoffe eher ein viskoelastisches Verhalten zeigen und Papier
ein inhomogener Faserstoff ist, der alle drei Anteile aufweist. Weiterhin ist das
Materialverhalten oft auch noch von den Belastungszyklen während der Bearbeitung abhängig. Abbildung 21.2 zeigt beispielsweise das prinzipielle Spannungs–
Dehnungsverhalten von Papier bei zwei Belastungszyklen.

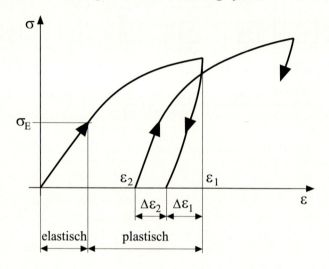

Abb. 21.2: *Prinzipielles Spannungs– Dehnungsdiagramm für Papier*

    Bis zur Spannung σ_E verläuft die Kennlinie im elastischen Bereich linear. Bei
zunehmender Belastung beginnt dann im plastischen Bereich ein deutlich flache-
rer und nichtlinearer Verlauf der Kennlinie bis zur Dehnung ϵ_1. Wird das Papier
entlastet, nimmt die Dehnung zunächst um den Betrag $\Delta\epsilon_1$ ab, um nach einer Zeitverzögerung nochmals um den Betrag $\Delta\epsilon_2$ abzunehmen (viskoelastisches
Verhalten). Die dabei verbleibende Dehnung ϵ_2 stellt die endgültige plastische
Verformung dar.
    Wird das Papier nun einer weiteren Belastung unterzogen, wiederholt sich
der Zyklus, beginnt aber mit einem steileren Anstieg, d.h. das Papier wird nach
mehreren aufeinanderfolgenden Belastungsspielen „dehnungssteifer", der Elastizitätsmodul ist größer geworden. Dieses Verhalten resultiert aus der Faserstruktur des Papiers [859].

Kunststofffolien werden während des Transportes in den Folienanlagen in Längs– und Querrichtung bei erhöhten Temperaturen gereckt, um eine bleibende Verformung zu erreichen. Nach dem Reckvorgang wird die Folie wieder auf Umgebungstemperatur abgekühlt. Wegen des visko–elastischen Verhaltens tritt dabei eine Längs– und Querrelaxation der Folie ein. Diese Vorgänge können nur mit mehrdimensionalen, nichtlinearen Modellen beschrieben werden [871].

Bei der Erzeugung von Stahlblech in Kalt– oder Warmwalzwerken tritt die plastische Verformung des Materials im Walzspalt in den Vordergrund. Hier sind zur Beschreibung des technologischen Verhaltens komplexe mehrdimensionale, nichtlineare Modelle erforderlich [868, 874].

In vielen Fällen kann aber trotz des nichtlinearen Verhaltens wegen des stets vorhandenen elastischen Anteils und bei nicht zu großen Dehnungsänderungen an einem Arbeitspunkt in erster Näherung von einer *elastischen* Stoffbahn ausgegangen werden. Die Beschreibung des Materialverhaltens erfolgt dann mit dem von Cauchy angegebenen linearen allgemeinen Hook'schen Gesetz [872]:

$$\sigma_{ij} = E_{ijkl} \cdot \epsilon_{kl} \qquad (21.1)$$

σ_{ij} stellt in Gl. (21.1) den Spannungstensor, E_{ijkl} einen Elastizitätstensor 4. Stufe und ϵ_{kl} den Verzerrungs– oder Dehnungstensor dar. Die Zahl der unabhängigen Komponenten des Elastizitätstensors reduziert sich mit zunehmender Symmetrie des Stoffverhaltens. Liegt beispielsweise Symmetrie bezüglich zweier aufeinander senkrecht stehender Ebenen vor, ergeben sich neun elastische Konstanten, man spricht dann von einem *orthotropen* Stoff. Auf die Stoffbahn angewendet bedeutet dies, daß in den drei Hauptrichtungen (Längs–, Querrichtung und Dicke) jeweils verschiedene Elastizitätskonstante vorliegen. Der vollständig *isotrope* Stoff dagegen besitzt nur noch zwei unabhängige Konstante, den bekannten Elastizitätsmodul E und die Querdehnzahl ν.

Betrachtet man eine Stoffbahn deren Dicke sehr klein gegenüber der Länge und Breite ist, was bei allen folienartigen Bahnen wie Papier, Kunststoff und zum Teil bei Metallen der Fall ist, kann das Stoffbahnverhalten für regelungstechnische Untersuchungen vereinfacht mit dem eindimensionalen Spannungszustand nach dem bekannten Hook'schen Gesetz beschrieben werden:

$$\sigma = \epsilon \cdot E \qquad (21.2)$$

Mit dem Stoffbahnquerschnitt A_0 vor der Verformung erhält man daraus folgende Beziehung für die Bahnkraft F_{jk} zwischen den Walzen j und k (Abb. 21.1):

$$F_{jk} = \epsilon_{jk} \cdot E \cdot A_0 \qquad (21.3)$$

Wie allgemein üblich, wird mit normierten Größen gearbeitet. Diese Größen sowie ihre Bezugswerte sind in Tabelle 21.1 aufgelistet.

Unnormierte Größen	Normierte Größen	Bezugswerte
Strom I	$i = I/I_{AN}$	Nennstrom I_{AN}
Drehmoment M	$m = M/M_{iN}$	Nennmoment M_{iN}
Drehzahl N	$n = N/N_{0N}$	Nennleerlaufdrehzahl N_{0N}
Geschwindigkeit V	$v = V/V_N$	Nenngeschw. V_N
Bahnlänge L_{jk}	$l_{jk} = L_{jk}/L_N$	Nennlänge L_N
Bahnkraft F_{jk}	$f_{jk} = F_{jk}/F_N$	Nennkraft F_N
Radius R_k	$r_k = R_k/R_N$	Nennradius R_N

Tabelle 21.1: *Normierung*

Nach der Normierung kann das Stoffbahnverhalten durch die Nenndehnung ϵ_N beschrieben werden. Aus Gl. (21.3) folgt für die normierte Dehnung in Maschinenrichtung

$$\epsilon_N = \frac{F_N}{E \cdot A_0} \tag{21.4}$$

wobei F_N die Bezugsgröße Nennkraft, A_0 den Nennquerschnitt und E den Elastizitätsmodul in Längsrichtung darstellt. Somit ist ϵ_N die Dehnung, die sich aus der Belastung der Stoffbahn mit der Nennkraft bei Nennquerschnitt und dem Elastizitätsmodul ergibt.

Während des Transports der Stoffbahn durch die gesamte Anlage bleibt die Masse bei dynamischen Änderungen von Bahnkraft und Dehnung konstant. Dieses Verhalten kann mit dem Massenerhaltungssatz eines bewegten Fluids in einem Kontrollvolumen beschrieben werden. In Abb. 21.3.a ist ein beliebiger Kontrollraum und in Abb. 21.3.b ein Teilsystem $j - k$ dargestellt. Die folgende Gleichung beschreibt die dynamischen Vorgänge im Kontrollraum und ist in der Strömungsmechanik als *Kontinuitätsgleichung* bekannt [875].

$$\frac{d}{dt} \int_{V_c(t)} \rho \cdot dV = - \oint_{A_c(t)} \rho \cdot \underline{V} \cdot d\underline{A} \tag{21.5}$$

Der Term auf der linken Seite von Gl. (21.5) beschreibt die zeitliche Massenänderung dm/dt in einem Kontrollvolumen $V_c(t)$, während auf der rechten Seite die an der Oberfläche $A_c(t)$ des Kontrollvolumens zu– und abströmende Masse angegeben ist. Die Größe $\underline{V}$ stellt die Relativgeschwindigkeit zwischen Massenelement und Kontrollraumgrenze dar, während dV ein Volumenelement bedeutet. Mit der folgenden Gleichung für die Masse im eindimensionalen Fall

$$\rho(t) \cdot dV = \rho(t) \cdot A(t) \cdot dX \tag{21.6}$$

wobei dX die Längenänderung in der Längskoordinate im eindimensionalen Fall und $A(t)$ die Fläche nach der Verformung bedeutet, sowie dem Satz der Massenkonstanz vor (Index 0) und nach der Verformung (ohne Index) eines Stoffes aus

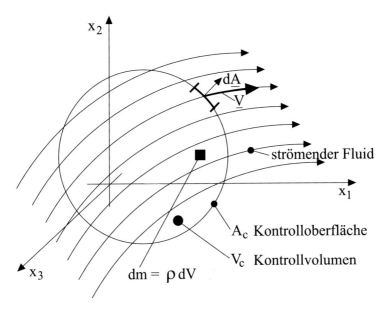

a, Allgemeiner Kontrollraum

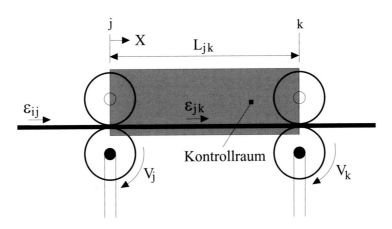

b, Teilsystem j - k

Abb. 21.3: *Strömender Fluid im beliebigen Kontrollraum und einem Teilsystem*

der Kontinuumsmechanik [875]

$$\rho(t) \cdot A(t) \; = \; \rho_0 \cdot A_0 \cdot \frac{1}{1 + \epsilon(t)} \tag{21.7}$$

erhält man die Lösung der Kontinuitätsgleichung (21.5), wobei zur Auswertung dieser Gleichung nur der Verlauf der Hauptdehnungen $\epsilon(t)$ im Körper und an der Kontrolloberfläche $A_c(t)$ benötigt werden. Die Geschwindigkeit $\underline{V}$ muß nur auf der Kontrolloberfläche $A_c(t)$ bekannt sein. Nach einigen Umformungen erhält man für das Teilsystem nach Abb. 21.3.b mit den Gleichungen (21.5) und (21.6) folgende allgemeine Lösung:

$$\underbrace{\frac{d}{dt}\left(\rho_{jk}(t)A_{jk}(t)\int_0^{L_{jk}(t)}dX\right)}_{\text{zeitl. Massenänderung}} = -\left[\underbrace{-\rho_{ij}(t)V_j(t)\int_0^{A_{ij}(t)}dA}_{\text{eintretende Masse}} + \underbrace{\rho_{jk}(t)V_k(t)\int_0^{A_{jk}(t)}dA}_{\text{austretende Masse}}\right]$$

$$(21.8)$$

Nach Ausführung der Integration ergibt sich

$$\frac{d}{dt}\left(\rho_{jk}(t)A_{jk}(t)L_{jk}(t)\right) = \rho_{ij}(t)A_{ij}(t)V_j(t) - \rho_{jk}(t)A_{jk}(t)V_k(t) \qquad (21.9)$$

und mit Gl. (21.7) folgt die Lösung der Kontinuitätsgleichung (21.5) für das Teilsystem nach Abb. 21.3.b:

$$\underbrace{\frac{d}{dt}\left(\frac{L_{jk}(t)}{1+\epsilon_{jk}(t)}\right)}_{\text{zeitl. Massenänderung}} = \underbrace{\frac{V_j(t)}{1+\epsilon_{ij}(t)}}_{\text{Massenzufluß}} - \underbrace{\frac{V_k(t)}{1+\epsilon_{jk}(t)}}_{\text{Massenabfluß}} \qquad (21.10)$$

Der linke Term von Gl. (21.10) beschreibt die zeitliche Massenänderung, der rechte die zu– und abfließende Masse [860]. Gleichung (21.10) lautet nach der Normierung mit den Bezugsgrößen in Tabelle 21.1:

$$T_N \cdot \frac{d}{dt}\left(\frac{l_{jk}(t)}{1+\epsilon_{jk}(t)}\right) = \frac{v_j(t)}{1+\epsilon_{ij}(t)} - \frac{v_k(t)}{1+\epsilon_{jk}(t)} \qquad (21.11)$$

wobei die Nenn–Bahnzeitkonstante T_N aus den Nenngrößen laut Tabelle 21.1 wie folgt berechnet wird:

$$T_N = \frac{L_N}{V_N} \qquad (21.12)$$

Im stationären Fall, d.h. $\frac{d}{dt} = 0$, folgt aus Gl. (21.10):

$$\frac{V_k}{V_j} = \frac{1+\epsilon_{jk}}{1+\epsilon_{ij}} \qquad (21.13)$$

Gleichung (21.13) läßt erkennen, daß die Dehnung ϵ_{jk} in der Stoffbahn von der Relation der Walzenumfangsgeschwindigkeiten V_k/V_j und der einlaufenden Dehnung ϵ_{ij} abhängt. Da die Dehnungen der Stoffbahn bei Metallen, Kunststoffen und Papier nur einige Promille betragen, hat die Geschwindigkeitsrelation

V_k/V_j aufeinanderfolgender Walzen einen Wert, der nahe bei 1 liegt. Wird die Dehnung ϵ_{jk} in der Stoffbahn, wie vielfach in realen Anlagen üblich, über die Umfangsgeschwindigkeiten der Walzen eingestellt, ist eine hochgenaue Drehzahlregelung der Antriebe erforderlich.

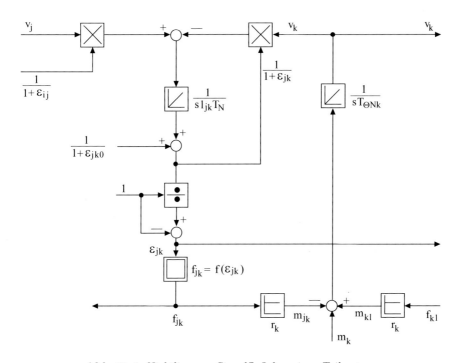

Abb. 21.4: *Nichtlinearer Signalflußplan eines Teilsystems*

In Abb. 21.4 ist für das Teilsystem nach Abb. 21.3.b der nichtlineare, normierte Signalflußplan laut Gl. (21.11) zusammen mit der mechanischen Grundgleichung für rotierende Massen, wie in Gl. (21.20) beschrieben, dargestellt. Die Dehnung ϵ_{jk0} stellt die Anfangsdehnung zum Zeitpunkt $t = 0$ dar. Für das Stoffgesetz ist ein beliebiger nichtlinearer Zusammenhang zwischen Dehnung und Kraft angenommen.

Die nichtlineare Gleichung (21.11) der Stoffbahn muß immer dann angewendet werden, wenn im Betrieb solcher Anlagen große Änderungen der zeitabhängigen Systemgrößen auftreten, beispielsweise beim Anfahren der Anlage oder wenn das Verhalten der Stoffbahn nichtlinear ist.

21.2.1.2 Linearisierung

Werden nur kleine dynamische Änderungen im Arbeitspunkt zugelassen, kann das nichtlineare Stoffbahnverhalten linearisiert werden, so daß Gl. (21.3) bzw.

(21.4) gilt. Ebenso wird die nichtlineare Gleichung (21.11) um den Arbeitspunkt durch Anwendung der Taylorreihe und Abbruch nach dem ersten Glied linearisiert. Alle Variablen stellen dann kleine Änderungen um diesen Arbeitspunkt dar. Nach einigen Umrechnungen erhält man die linearisierte und normierte Differentialgleichung der Änderungen:

$$T_{jk}\frac{d}{dt}\left(\Delta\epsilon_{jk} - \frac{\Delta l_{jk}}{l_{jk}}\right) = \frac{\Delta v_k}{v_0} - \frac{\Delta v_j}{v_0} - \Delta\epsilon_{jk} + \Delta\epsilon_{ij} \qquad (21.14)$$

Die Zeitkonstante T_{jk} wird Bahnzeitkonstante genannt und stellt die Transportzeit der Stoffbahn von der Walze j zur Walze k dar. Sie ist von der mittleren Maschinengeschwindigkeit v_0 und der freien Bahnlänge l_{jk} der Stoffbahn zwischen den Walzen j und k abhängig.

$$T_{jk} = \frac{L_{jk}}{V_0} = \frac{l_{jk}}{v_0} \cdot T_N \qquad (21.15)$$

Es sei besonders darauf hingewiesen, daß die Bahnzeitkonstante T_{jk} *nicht konstant* ist, sondern von der mittleren Maschinengeschwindigkeit v_0 abhängt. Um den linearen Signalflußplan zu erhalten, wird Gl. (21.14) in den Laplace–Bereich transformiert.

$$sT_{jk}\left(\Delta\epsilon_{jk} - \frac{\Delta l_{jk}}{l_{jk}}\right) = \frac{\Delta v_k}{v_0} - \frac{\Delta v_j}{v_0} - \Delta\epsilon_{jk} + \Delta\epsilon_{ij} \qquad (21.16)$$

Der zweite Term in der Klammer auf der linken Seite in den Gleichungen (21.14) und (21.16) beschreibt eine Längenänderung Δl_{jk} der Stoffbahn zwischen den Walzen j und k. Dies trifft zu, wenn beispielsweise eine Tänzerwalze verwendet wird (Abb. 21.1).
Deshalb sind zwei Fälle zu unterscheiden.

Fall 1: System mit Tänzerwalze.

Die Übertragungsfunktion lautet:

$$\frac{\Delta l_{jk}}{l_{jk}} = \left(\frac{\Delta v_j}{v_0} - \frac{\Delta v_k}{v_0} - \Delta\epsilon_{ij}\right)\frac{1}{sT_{jk}} + \Delta\epsilon_{jk}\frac{1 + sT_{jk}}{sT_{jk}} \qquad (21.17)$$

Die Längenänderung Δl_{jk} hängt von der Differenz der Geschwindigkeiten Δv_j und Δv_k und der einlaufenden Dehnung $\Delta\epsilon_{ij}$ ab. Das Zeitverhalten ist *integral*. Die Dehnung $\Delta\epsilon_{jk}$ wird von der an der Tänzerwalze wirkenden Kraft bestimmt.

Fall 2: System ohne Tänzerwalze.

Hier ist $\Delta l_{jk} = 0$ und die Übertragungsfunktion lautet:

$$\Delta\epsilon_{jk} = \left(\frac{\Delta v_k}{v_0} - \frac{\Delta v_j}{v_0} + \Delta\epsilon_{ij}\right)\frac{1}{1 + sT_{jk}} \qquad (21.18)$$

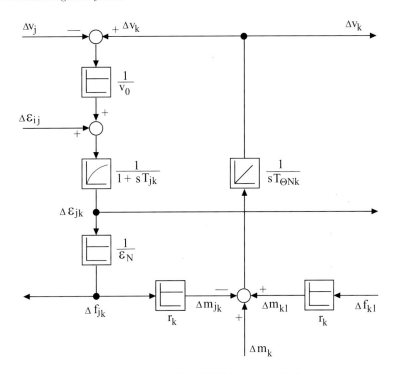

Abb. 21.5: *Linearer Signalflußplan eines Teilsystems*

Die Dehnung $\Delta\epsilon_{jk}$ ist von der Differenz der Geschwindigkeiten Δv_j und Δv_k und der einlaufenden Dehnung $\Delta\epsilon_{ij}$ abhängig. Das Zeitverhalten entspricht dem eines PT_1–Gliedes mit der Bahnzeitkonstante T_{jk}. Für das System ohne Tänzerwalze ist in Abb. 21.5 der lineare, normierte Signalflußplan des Teilsystems nach Abb. 21.3.b dargestellt.

21.2.1.3 Verhalten der Mechanik

Die Transportwalzen sind mit dem elektrischen Antrieb über mechanische Verbindungselemente wie Kupplungen, elastische Wellen, Getriebe, Kardangelenke etc. gekuppelt. Dadurch entsteht ein komplexes mechanisches System. Die regelungstechnische Behandlung bei elastischen Verbindungen zwischen Antrieb und Arbeitsmaschine wurde in Kap. 18 ausführlich behandelt. Im Kap. 21 wird jedoch vereinfachend angenommen, daß die mechanische Verbindung zwischen Antrieb und Walze *starr* sei sowie *keine Lose* vorhanden ist. Dann können die Schwungmassen der Antriebsmaschinen, Wellen, Getriebe, Kupplungen und Walzen zu einer resultierenden Gesamtschwungmasse zusammengefaßt werden.

Das Widerstandsmoment ΔM_{wk} ist durch die an den beiden Seiten der Walze angreifenden Bahnkräfte ΔF_{jk} und ΔF_{kl} bestimmt. Nach der Normierung ergibt sich folgende Gleichung:

$$\Delta m_{wk} = (\Delta f_{kl} - \Delta f_{jk}) \, r_k \qquad (21.19)$$

Die mechanische Grundgleichung für das Drehmomentgleichgewicht lautet in normierter Form ([35, 36], Antriebsanordnungen: Grundlagen):

$$T_{\Theta Nk} \frac{d\Delta n_k}{dt} = \Delta m_k - \Delta m_{wk} \qquad (21.20)$$

21.2.2 Elektrische Antriebe

Kontinuierliche Fertigungsanlagen werden sowohl von Gleichstrom– als auch von Drehfeldmaschinen angetrieben. Die Drehzahl der Gleichstrommaschine wird meist über die Ankerspannung geregelt, während die Drehfeldmaschine mit Umrichtern und feldorientierter Regelung betrieben wird. Damit wird ihr ein Verhalten eingeprägt, das mit dem der Gleichstrommaschine vergleichbar ist. Die Gleichstrommaschine und deren Regelung wird in [35, 36], Kap. 3 sowie in Kap. 7 in diesem Buch, die Drehfeldmaschine in [35, 36], Kap. 5 sowie in Kap. 13 in diesem Buch ausführlich beschrieben. Bei beiden Maschinenarten kann für regelungstechnische Anwendungen das dynamische Verhalten durch ein Verzögerungsglied 1. Ordnung laut Gl. (21.21) genähert werden.

$$G_{ers\,i}(s) = \frac{\Delta m_k}{\Delta m_k^*} = \frac{K_{ers\,i}}{1 + sT_{ers\,i}} \qquad (21.21)$$

$K_{ers\,i}$ stellt dabei die Verstärkung und $T_{ers\,i}$ die Ersatzzeitkonstante der Strom– bzw. Drehmomentregelung des Antriebes dar. Abhängig vom Arbeitspunkt und der Qualität der Regelung beträgt die Ersatzzeitkonstante $T_{ers\,i}$ etwa $0,3...10\,ms$.

21.2.3 Linearer Signalflußplan des Gesamtsystems

Der lineare Signalflußplan für ein System mit 6 angetriebenen Walzen einschließlich Wicklern und Tänzerwalze ist in Abb. 21.6 dargestellt. Im Unterschied zu Abb. 21.1 wurden beide Wickler als Achswickler ausgeführt, was aber keine grundsätzlichen Auswirkungen auf den Signalflußplan hat. Die einzige Änderung ist, daß beim Umfangswickler die Motordrehzahl unabhängig vom Wickeldurchmesser ist.

Es sei darauf hingewiesen, daß ab Abb. 21.6 und in allen folgenden Signalflußplänen sowie in allen Gleichungen ab Gl. (21.22) das Δ–Zeichen weggelassen wurde, um die Übersichtlichkeit zu erhöhen.

Grundsätzlich sind alle Ein– und Ausgangswerte in den Bildern und Formeln kleine Änderungen um den Arbeitspunkt.

Mechanisches System Teilsystem

Linearisierter Signalflußplan

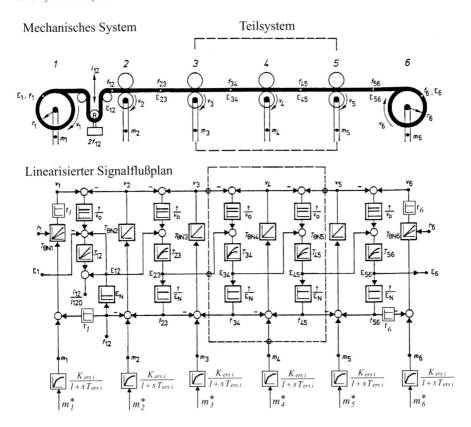

Abb. 21.6: *Linearer Signalflußplan des Gesamtsystems*

21.3 Systemanalyse

Durch die Kopplungen der Antriebe über die Stoffbahn ergibt sich ein Mehr-größenregelsystem. Wie in Abb. 21.6 ersichtlich, können sich Änderungen im System sowohl in als auch gegen die Transportrichtung ausbreiten. So wirkt bei-spielsweise eine Änderung des Motorsollmomentes m_4^* über die Geschwindigkeit v_4 auf die Dehnung ϵ_{45} und die Bahnkraft f_{45}. Die Dehnungen und Kräfte wie-derum beeinflussen alle nachfolgenden Teilsysteme. Da aber die Geschwindigkeit v_4 auch eine Änderung der Bahnkraft f_{34} bewirkt, breitet sich die Änderung auch gegen die Transportrichtung auf die vorherigen Teilsysteme aus. Wie in Abb. 21.6 erkennbar, stellen die Geschwindigkeiten, Dehnungen und Bahnkräfte die Verkopplungen dar. Es werden deshalb an die Regelung des Gesamtsystems besondere Anforderungen gestellt, um die Teilsysteme so gut wie möglich zu entkoppeln.

21.3.1 Regelbarkeit der Bahnkräfte

Zum Verständnis der Regelbarkeit genügt es, das in Abb. 21.6 markierte Teilsystem 3. Ordnung zu betrachten. Die Bahnkraft f_{34} ist von der Geschwindigkeit v_4 und von der in das Teilsystem einlaufenden Dehnung ϵ_{23} abhängig. Unter der Annahme, die Geschwindigkeiten v_3 und v_5 sowie die Dehnung ϵ_{23} seien eingeprägt, ergibt sich folgende Übertragungsfunktion:

$$\frac{f_{34}}{v_4} = \frac{1}{v_0 \, \epsilon_N} \, \frac{1}{1 + sT_{34}} \tag{21.22}$$

Eine Änderung der Geschwindigkeit v_4 verursacht aber ebenfalls eine Änderung der Bahnkraft f_{45}. Diese Änderung wird auf zwei verschiedenen Wegen erzeugt. Einmal über den rechten Pfad des Teilsystems nach Abb. 21.6 entsprechend Gl. (21.22) und andererseits über den linken Pfad des Teilsystems zum rechten Pfad wegen des Transportes der Dehnung ϵ_{34} in das System 4–5. Durch Überlagerung folgt:

$$\frac{f_{45}}{v_4} = \underbrace{-\frac{1}{v_0 \, \epsilon_N} \, \frac{1}{1 + sT_{45}}}_{\text{rechter Pfad}} + \underbrace{\frac{1}{v_0 \, \epsilon_N} \, \frac{1}{1 + sT_{34}} \, \frac{1}{1 + sT_{45}}}_{\text{linker} \longrightarrow \text{rechter Pfad}} \tag{21.23}$$

Nach der Umformung von Gl. (21.23) lautet die Übertragungsfunktion für diesen Fall:

$$\frac{f_{45}}{v_4} = -\frac{1}{v_0 \, \epsilon_N} \, \frac{1}{1 + sT_{45}} \, \frac{sT_{34}}{1 + sT_{34}} \tag{21.24}$$

Im eingeschwungenen Zustand folgt aus Gl. (21.22):

$$\frac{f_{34\,\infty}}{v_4} = \frac{1}{v_0 \, \epsilon_N} \tag{21.25}$$

Dagegen lautet das Ergebnis von Gl. (21.24) für den eingeschwungenen Zustand:

$$\frac{f_{45\,\infty}}{v_4} = 0 \tag{21.26}$$

Gleichung (21.26) zeigt, daß die Bahnkraft f_{45} bei einer Geschwindigkeitsänderung v_4 nur *dynamischen Änderungen* unterliegt.

Diese Tatsache kann auch anschaulich mit Hilfe von Abb. 21.6 erklärt werden. Nehmen wir an, die Geschwindigkeit v_4 ändert sich sehr schnell. Dann wird die Bahnkraft f_{34} gemäß Gl. (21.22) mit einem PT_1–Verhalten ansteigen, während die Bahnkraft f_{45} zunächst abnimmt. Beim Transport der Stoffbahn wird aber auch die höhere Bahnkraft f_{34} in das System 4–5 geführt und der dortige Abfall der Bahnkraft f_{45} kompensiert.

Für die Auslegung der Regelung bedeutet dies, daß die Bahnkraft stationär nur vom nachfolgenden Antrieb über die Geschwindigkeitsrelation beeinflußt werden kann.

21.3.2 Stillstand der Maschine

In den Signalflußplänen von Abb. 21.5 und 21.6 ist ein Proportionalglied mit der Verstärkung $1/v_0$ vorhanden. Im Falle des Stillstandes ist die mittlere Geschwindigkeit v_0 der Maschine aber Null. Dies würde zu einer unendlichen Verstärkung führen. Da aber die Bahnzeitkonstante T_{jk} ebenfalls von v_0 gemäß Gl. (21.15) abhängt, kann das Verzögerungsglied 1. Ordnung $1/(1 + sT_{jk})$ zusammen mit der Verstärkung $1/v_0$ folgendermaßen umgeformt werden:

$$\epsilon_{jk} = [(v_k - v_j) - v_0\,\epsilon_{jk}]\,\frac{1}{s\,l_{jk}\,T_N} \tag{21.27}$$

Im Falle von $v_0 = 0$ ergibt sich:

$$\epsilon_{jk} = (v_k - v_j)\,\frac{1}{s\,l_{jk}\,T_N} \tag{21.28}$$

Somit haben kontinuierliche Fertigungsanlagen die Besonderheit, daß sie ihre Struktur abhängig vom Arbeitspunkt ändern. Aus einem PT_1–Glied ist im Stillstand ein reines I–Glied geworden und die direkten Verkopplungen der Teilsysteme über die Dehnungen ϵ_{jk} entfallen. Dies ist physikalisch aus der Tatsache erklärbar, daß im Stillstand kein Transport von Material und Dehnungen in die nachfolgenden Systeme erfolgt, der die Änderungen der Dehnung dort ausgleicht. Folglich muß sich bei einer Geschwindigkeitsdifferenz der Walzen die Bahnkraft integral ändern. Wie später noch gezeigt wird, ist im Stillstand auch keine Dämpfung in der Stoffbahn wirksam, was Auswirkungen auf die Regelung hat. In Abb. 21.7 ist der Signalflußplan für das Verhalten der Stoffbahn eines Teilsystems im Stillstand dargestellt.

21.3.3 Dynamik des ungeregelten Teilsystems

Um das Verhalten des ungeregelten Gesamtsystems zu untersuchen, ist es zweckmäßig, zunächst ein Teilsystem 3. Ordnung nach Abb. 21.6 zu betrachten. Die Übertragungsfunktion der Geschwindigkeit zum Drehmoment eines solchen Teilsystems lautet unter der Annahme, daß die Geschwindigkeiten v_3 und v_5, allgemein v_j bzw. v_l, eingeprägt sind:

$$\frac{v_k}{m_k} = \frac{v_0\,\epsilon_N\,(1 + sT_{jk})\,(1 + sT_{kl})}{N} \tag{21.29}$$

Der Nenner N in Gl. (21.29) ist 3. Ordnung:

$$N = 1 + s(v_0\epsilon_N T_{\Theta Nk} + T_{jk} + T_{kl}) + s^2[v_0\epsilon_N T_{\Theta Nk}(T_{jk} + T_{kl})] + s^3 v_0\epsilon_N T_{\Theta Nk}T_{jk}T_{kl} \tag{21.30}$$

Die charakteristische Gleichung (21.30) kann als Lösung drei reelle Pole oder einen reellen Pol und ein konjugiert komplexes Polpaar haben. Somit sind

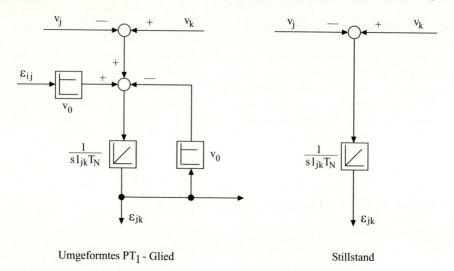

Umgeformtes PT$_1$ - Glied   Stillstand

Abb. 21.7: *Signalflußplan der Bahnkraft im Stillstand*

folgende Fälle zu unterscheiden:

Fall 1:

Ist die folgende Bedingung

$$T_B \ll v_0 \, \epsilon_N \, T_{\Theta N k} \qquad\qquad (21.31)$$

gültig, ergeben sich drei reelle Pole.
Die Zeitkonstante T_B berechnet sich wie folgt:

$$T_B = \frac{l_{jk} \, l_{kl}}{l_{jk} + l_{kl}} \frac{T_N}{v_0} \qquad\qquad (21.32)$$

T_B ist die Bahnzeitkonstante aus der Parallelschaltung der beiden Bahnlängen links und rechts der betrachteten Walze k.

Ist die Bedingung nach Gl. (21.31) erfüllt, erhält man aus Gl. (21.29) folgende einfache Übertragungsfunktion:

$$\frac{v_k}{m_k} = \frac{v_0 \, \epsilon_N}{1 + s \, v_0 \, \epsilon_N \, T_{\Theta N k}} \qquad\qquad (21.33)$$

Aus dem Teilsystem 3. Ordnung ist ein PT$_1$–Glied geworden.

In realen Anlagen ist die Bedingung nach Gl. (21.31) um so besser erfüllt, je kleiner die freien Bahnlängen, je kleiner der Elastizitätsmodul der Stoffbahn und je größer die Schwungmassen sowie die Maschinengeschwindigkeiten sind.

Der Elastizitätsmodul ist beispielsweise relativ klein für Stoffbahnen aus Gummi, Kunststoffen und Textilien. Wie später gezeigt wird, verursachen Systeme dieser Art keine besonderen Regelprobleme mit einfachen P–, PI– oder PID–Reglern in Kaskadenstruktur.

Fall 2:

Ist die Bedingung nach Gl. (21.31) nicht gültig bzw. wenn gilt:

$$T_B \;\gg\; v_0 \; \epsilon_N \; T_{\Theta Nk} \qquad (21.34)$$

dann bleibt das Teilsystem 3. Ordnung mit einem reellen Pol und einem konjugiert komplexen Polpaar erhalten.

In realen Anlagen ist die Bedingung nach Gl. (21.34) um so besser erfüllt, je größer die freien Bahnlängen, je größer der Elastizitätsmodul der Stoffbahn und je kleiner die Schwungmassen sowie die Maschinengeschwindigkeiten sind.

Der Elastizitätsmodul ist beispielsweise relativ groß für Stoffbahnen aus Papier oder Stahlblech. Im Fall 2 ergeben sich Probleme, wenn einfache Regelungen ohne besondere Maßnahmen eingesetzt werden.

Die Eigenkreisfrequenz ω_0 des Teilsystems 3. Ordnung mit der Übertragungsfunktion nach Gl. (21.29) kann wie folgt berechnet werden:

$$\omega_0 \;=\; \frac{1}{\sqrt{\dfrac{l_{jk}}{2}\,\epsilon_N\,T_{\Theta Nk}\,T_N}} \qquad (21.35)$$

Der Dämpfungsfaktor D ergibt sich zu:

$$D \;=\; \frac{3}{8}\,v_0\,\sqrt{\frac{2\epsilon_N}{l_{jk}}\,\frac{T_{\Theta Nk}}{T_N}} \qquad (21.36)$$

Wie ersichtlich, hängt der Dämpfungsfaktor D von der mittleren Arbeitsgeschwindigkeit v_0 der Maschine ab. Deshalb ist der Stillstand der kritischste Fall für die Regelung. Die Eigenkreisfrequenz ω_0 dagegen ist nicht von v_0 abhängig.

Fall 3: System ohne Stoffbahn

Während des Einziehens oder bei Bahnriß ist in einigen Teilsystemen keine Stoffbahn vorhanden. Für diesen Fall ist die Übertragungsfunktion sehr einfach:

$$\frac{v_k}{m_k} \;=\; \frac{1}{s\,T_{\Theta Nk}} \qquad (21.37)$$

Die Regelung muß auch diesen Fall beherrschen können.

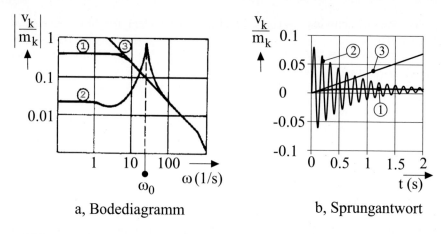

a, Bodediagramm   b, Sprungantwort

Abb. 21.8: *Bodediagramme und Sprungantworten eines Teilsystems 3. Ordnung*

In Abb. 21.8.a sind die Bodediagramme und in Abb. 21.8.b die Sprungantworten des ungeregelten Teilsystems 3. Ordnung für die oben diskutierten Fälle
dargestellt. In Abb. 21.8.a ist für den Fall 1 das PT_1–Verhalten zu erkennen,
während für den Fall 2 deutlich die Resonanzerhöhung bei der Eigenkreisfrequenz
ω_0 und für den Fall 3 das integrale Verhalten zu sehen sind. Abbildung 21.8.b
zeigt das entsprechende Zeitverhalten für die 3 diskutierten Fälle. In [867, 879]
werden das Teilsystem– und das Gesamtsystemverhalten ausführlich beschrieben.

21.4   Drehzahlregelung mit PI–Reglern in Kaskadenstruktur

Bei vielen kontinuierlichen Fertigungsanlagen in der Kunststoff–, Textil– und Pa-
pierindustrie wird eine Strom– und Drehzahlregelung in Kaskadenstruktur verwendet, wie in Abb. 21.1 für die Klemmstellenantriebe 2, 4 und 5 dargestellt.
Die Bahnkräfte sind dann nur gesteuert. Wie aus Gl. (21.13) erkennbar, ist die
Dehnung ϵ_{jk} und damit auch die Bahnkraft f_{jk} von der Relation der Walzenumfangsgeschwindigkeiten V_k/V_j und der einlaufenden Dehnung ϵ_{ij} abhängig. Da
die Dehnungen in der Regel nur einige Promille betragen, liegt die Geschwindigkeitsrelation nahe bei 1. Dies erfordert eine hochgenaue und möglichst schwin-
gungsfreie Drehzahlregelung der Antriebe. Wie in Kap. 21.3.3 beschrieben, kann
das ungeregelte System sich aperiodisch oder schwingend verhalten. Deshalb ist
vor dem Entwurf der Drehzahlregelung die Prüfung vorzunehmen, ob das ungeregelte System schwingfähig ist oder nicht. Diese Prüfung erfolgt mit den Bedingungen nach den Gleichungen (21.31) oder (21.34). Im folgenden Kapitel wird
die Vorgehensweise beim nicht schwingfähigen ungeregelten System beschrieben.

21.4.1 Nicht schwingfähiges ungeregeltes System

Für diesen Fall lautet die Streckenübertragungsfunktion des Teilsystems 3. Ordnung nach Abb. 21.6 mit den Gleichungen (21.21), (21.33) und einer Drehzahlglättung mit der Zeitkonstanten T_{gn} wie folgt:

$$\frac{n_k}{m_k^*} = \frac{v_0 \, \epsilon_N}{1 + s \, v_0 \, \epsilon_N \, T_{\Theta Nk}} \frac{K_{ers \, i}}{1 + s T_{ers \, i}} \frac{1}{1 + s T_{gn}} \tag{21.38}$$

Hier kann problemlos eine Kaskadenregelung für den Strom und die Drehzahl beispielsweise nach den Verfahren der Strukturoptimierung, wie Betragsoptimum BO oder Symmetrischem Optimum SO, entworfen werden ([22] und Kap. 3). Faßt man die kleinen Zeitkonstanten in Gl. (21.38) zur Summenzeitkonstante

$$T_{\sigma n} = T_{ers \, i} + T_{gn} \tag{21.39}$$

zusammen, so lautet die für die Regleroptimierung erhaltene Übertragungsfunktion der Drehzahlregelstrecke

$$G_{Snopt}(s) = \frac{v_0 \, \epsilon_N}{1 + s \, v_0 \, \epsilon_N \, T_{\Theta Nk}} \frac{K_{ers \, i}}{1 + s T_{\sigma n}} \tag{21.40}$$

Um keine bleibende Regelabweichung bei Störgrößen zu erhalten, wird ein PI–Regler eingesetzt, der nach dem Symmetrischen Optimum ausgelegt werden soll. Dessen Übertragungsfunktion ist wie folgt definiert:

$$G_{Rn}(s) = V_{Rn} \frac{1 + s T_{nn}}{s T_{nn}} \tag{21.41}$$

Nach den Einstellregeln des SO ergeben sich folgende Reglerparameter:
Verstärkung

$$V_{Rn} = \frac{T_{\Theta Nk}}{2 \, T_{\sigma n} \, K_{ers \, i}} \tag{21.42}$$

Nachstellzeit

$$T_{nn} = 4 \cdot T_{\sigma n} \tag{21.43}$$

Um eine zu große Überschwingung zu vermeiden, ist eine Sollwertglättung notwendig. Abhängig vom Verhältnis der Zeitkonstanten $T_{\Theta Nk}/T_{\sigma n}$ liegt bei einer PT–Regelstrecke die Glättungszeitkonstante T_{Gn} zwischen

$$T_{Gn} = (0 \dots 4) \cdot T_{\sigma n} \tag{21.44}$$

Die Sprungantwort der so geregelten Drehzahl entspricht der Standardübergangsfunktion des Symmetrischen Optimums wie in Kap. 3.2 beschrieben. Sie ist auch in Abb. 21.9 für $\omega_d/\omega_0 = 10$ dargestellt. ω_d ist die Durchtrittsfrequenz des offenen Drehzahlregelkreises und in Gl. (21.45) definiert, ω_0 die Eigenkreisfrequenz des mechanischen Systems und in Gl. (21.35) angegeben.

21.4.2   Schwingfähiges ungeregeltes System

21.4.2.1   Regelung ohne Entkopplung

Es gilt die Übertragungsfunktion nach den Gleichungen (21.29) und (21.30). Wie in Abb. 21.8.a erkennbar, wird bei höheren Frequenzen der Betrag der Übertragungsfunktion $|v_k/m_k|$ (Fall 2) identisch mit den Übertragungsfunktionen nach Fall 1 und 3. Gelingt es deshalb, die Drehzahlregelung so schnell auszulegen, daß die Durchtrittsfrequenz ω_d des offenen Drehzahlregelkreises in diesem höheren Frequenzbereich liegt, kann der Drehzahlregler wie beim System mit reellen Polen nach Kap. 21.4.1 ausgelegt werden. Für die Durchtrittsfrequenz einer Drehzahlregelung nach dem SO gilt:

$$\omega_d = \frac{1}{2\,T_{\sigma n}} \tag{21.45}$$

Die Bedingung für eine schnelle Regelung lautet

$$\omega_d \geq (5\ldots 10)\,\omega_0 \tag{21.46}$$

wobei ω_0 die Eigenkreisfrequenz des ungeregelten Systems nach Gl. (21.35) ist.

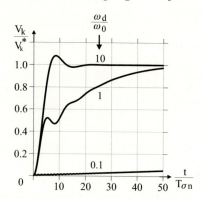

Abb. 21.9: *Übergangsfunktionen eines geregelten Teilsystems 3. Ordnung*

Abbildung 21.9 zeigt, daß bei der Relation $\omega_d/\omega_0 = 10$ die Übergangsfunktion der eines symmetrisch optimierten Regelkreises mit Sollwertglättung entspricht. Der schnelle Drehzahlregler kann die Eigenfrequenzen sehr gut bedämpfen. Das Problem bei realen Anlagen liegt aber oft darin, daß die Durchtrittsfrequenz ω_d wegen verrauschter Meßsignale und der dann notwendigen Glättungen nicht beliebig erhöht werden kann und somit Gl. (21.46) nicht mehr erfüllbar ist. Wird trotz der Tatsache, daß Gl. (21.46) nicht gilt, eine Kaskadenregelung mit SO–optimierten PI–Reglern entworfen, ist das Regelergebnis unbefriedigend wegen der auftretenden Schwingungen und der schlechten Regeldynamik, wie in Abb. 21.9 für die Relationen $\omega_d/\omega_0 = 1$ und $\omega_d/\omega_0 = 0,1$ dargestellt. Deshalb werden für solche Fälle andere Regelkonzepte benötigt.

21.4.2.2 Regelung mit Entkopplung

Wie in Abb. 21.1 ersichtlich sind die Walzen über die elastische Stoffbahn miteinander verbunden. Dadurch entsteht ein schwingfähiges Mehrmassensystem. Im linearen Signalflußplan nach Abb. 21.6 ist erkennbar, daß die Walzenantriebe durch die Bahnkräfte f_{34} und f_{45}, die auf die Drehmomentvergleichsstelle des Antriebes wirken, miteinander verkoppelt sind.

Prinzipiell ist es möglich, mittels einer inversen Aufschaltung der gemessenen Bahnkräfte f_{34} und f_{45} auf den Stromreglereingang das System zu entkoppeln. In realen Anlagen sind aber die gemessenen Bahnkräfte verrauscht und müssen geglättet werden. Je nach der Funktionsweise der Bahnkraftmeßaufnehmer (z.B. induktiv oder mit Dehnmeßstreifen) sind Glättungszeitkonstanten von bis zu 300 ms notwendig. Deshalb ist die Entkopplung mit den gemessenen und verrauschten Bahnkräften nur bedingt einsetzbar, da diese wegen der Glättungen verzögert am Aufschaltpunkt wirken und die Entkopplung verschlechtern.

Eine Verbesserung der Entkopplung wird dagegen erreicht, wenn die Bahnkräfte mit Hilfe eines Beobachters aus den mit wesentlich kleineren Glättungen meßbaren Systemgrößen Drehzahl und Strom ermittelt werden. Da für die Kompensation nur die Bahnkraftdifferenz $f_{jk} - f_{ij}$ geschätzt werden muß, kann ein reduzierter Beobachter eingesetzt werden. Solch ein relativ einfacher Beobachter ist in Abb. 21.10 dargestellt, wobei sich anhand von Abb. 21.10.a die Funktionsweise erklären läßt, während in Abb. 21.10.b der Beobachter durch Signalflußplanumformung in die äquivalente Luenberger–Struktur umgerechnet ist [867, 879].

Die Eingangsgrößen des Beobachters nach Abb. 21.10 sind der Motorstrom i_j oder das Motormoment m_j sowie die Motordrehzahl n_j des entsprechenden Teilsystems j. Nach Abb. 21.10.a wird die Drehzahl n_j mit der mechanischen Schwungmassenzeitkonstante $T_{\Theta N j}$ differenziert und damit das geschätzte Beschleunigungsmoment $\hat{m}_{bj}$ gebildet. Subtrahiert man von diesem Beschleunigungsmoment das geschätzte Motormoment $\hat{m}_j$, tritt am Ausgang der Summationsstelle das Widerstandsmoment auf. Dieses entspricht der Bahnkraftdifferenz $\hat{f}_{dj} = f_{jk} - f_{ij}$. Sowohl das Beschleunigungsmoment $\hat{m}_{bj}$ als auch das Motormoment $\hat{m}_j$ werden durch ein PT$_1$–Glied mit der Beobachterzeitkonstante T_{beo} geglättet. Für diese Zeitkonstante sollte gelten:

$$T_{beo} < \frac{\omega_d}{5\,\omega_0^2} \tag{21.47}$$

ω_d ist die in Gl. (21.45) definierte Durchtrittsfrequenz und ω_0 die in Gl. (21.35) angegebene Eigenkreisfrequenz des Teilsystems j. Die Zeitkonstante T_{beo} ist der einzige zu berechnende Parameter des Beobachters.

Da die im Beobachter geschätzte Bahnkraftdifferenz $\hat{f}_{dj}$ auf den Eingang des Stromregelkreises geschaltet werden soll, muß prinzipiell die inverse Verstärkung und Übertragungsfunktion $G_{inv}(s)$ des Ersatzstromregelkreises eingefügt werden. Aus Realisierungsgründen ist dabei eine Glättung notwendig. Für die inverse Übertragungsfunktion gilt:

$$G_{inv}(s) = \frac{1 + sT_{ers\,i}}{1 + sT_{gi}} \tag{21.48}$$

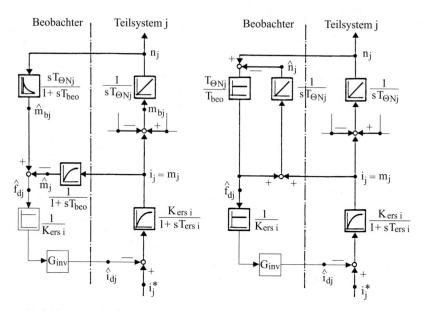

a, Reduzierter Beobachter   b, Äquivalenter Luenberger Beobachter

Abb. 21.10: *Entkopplungsbeobachter*

Um eine differenzierende Wirkung zu erhalten, muß die Glättungszeitkonstante T_{gi} kleiner als die Ersatzzeitkonstante $T_{ers\,i}$ sein. Es ist dabei zu beachten, daß durch $G_{inv}(s)$ keine vollständige Kompensierung des Stromregelkreises möglich ist, da dieser real ein Übertragungsglied höherer Ordnung darstellt. Sind jedoch die Ausregelzeiten der Stromregelung kleiner als etwa $3\ ms$, kann das inverse Übertragungsglied $G_{inv}(s)$ entfallen, d.h. es wird $G_{inv}(s) = 1$ gesetzt. Zur Bildung des Differenzstromes $\hat{i}_{dj}$ ist dann nur noch die inverse Verstärkung $1/K_{ers\,i}$ des Ersatzstromregelkreises notwendig.

Der Einsatz dieser Entkopplungsbeobachter im Gesamtsystem ist in Abb. 21.1 mit dem Übertragungsglied E gezeigt. Ein Vorteil dieser Entkopplung ist, daß die Regelung in der gewohnten Weise in Kaskadenstruktur mit einfachen PI–Reglern ausgeführt werden kann, unabhängig davon, ob das ungeregelte System schwingfähig ist oder nicht.

Abbildung 21.11 zeigt die Wirkung dieser Entkopplungsmethode. Die Sprungantwort mit Entkopplung ist mit der des symmetrisch optimierten Drehzahlregelkreises identisch. Ohne Entkopplung hingegen dominiert das schwingende Verhalten der Strecke, wie schon in Abb. 21.9 für $\omega_d/\omega_0 = 1$ gezeigt.

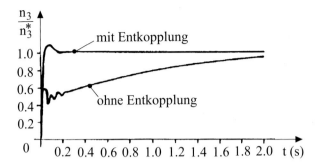

Abb. 21.11: *Wirkung der Entkopplung bei Drehzahlregelung*

21.5 Bahnkraftregelung mit PI–Reglern

Der Nachteil einer Steuerung der Bahnkräfte über die Geschwindigkeitsrelation besteht darin, daß Störungen oder Parameteränderungen, z.B. Änderungen der Nenndehnung ϵ_N der Stoffbahn beim Befeuchten oder Bedrucken, nicht ausregelbar sind. Deshalb werden diese kritischen Sektionen mit Bahnkraftregelungen ausgestattet, die den Drehzahlregelungen überlagert sind, wie in Abb. 21.1 für den Klemmstellenantrieb 3 dargestellt.

Ist die Drehzahlregelung wie in Kap. 21.4 beschrieben ausgelegt, lautet die Übertragungsfunktion des geschlossenen symmetrisch optimierten Drehzahlregelkreises:

$$G_{SOn}(s) \;=\; \frac{n_k}{n_k^*} \;=\; \frac{1 + s4T_{\sigma n}}{1 + s4T_{\sigma n} + s^2 8T_{\sigma n}{}^2 + s^3 8T_{\sigma n}{}^3} \tag{21.49}$$

Wird ein Glättungsglied

$$G_{Gn}(s) \;=\; \frac{1}{1 + sT_{Gn}} \tag{21.50}$$

mit $T_{Gn} = 4 \cdot T_{\sigma n}$ im Sollwertkanal der Drehzahlregelung verwendet, kann das Übertragungsglied 3. Ordnung nach Gl. (21.49) zur Optimierung des Bahnkraftreglers als Ersatzfunktion 1. Ordnung genähert werden, so daß dann gilt:

$$G_{ers\,n}(s) \;=\; \frac{n_k}{n_k^*} \;\approx\; \frac{K_{ers\,n}}{1 + sT_{ers\,n}} \tag{21.51}$$

Die Ersatzzeitkonstante $T_{ers\,n}$ des SO–optimierten Drehzahlregelkreises berechnet sich zu

$$T_{ers\,n} \;=\; 4 \cdot T_{\sigma n} \tag{21.52}$$

Die Verstärkung $K_{ers\,n}$ beträgt meist 1. Eine ausführliche Behandlung von unterlagerten Regelkreisen und der Bildung von Ersatzfunktionen ist in Kap. 5 und 7 zu finden.

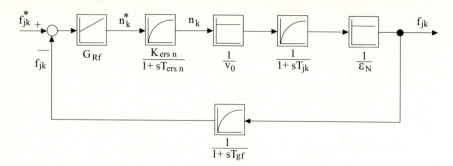

Abb. 21.12: *Vereinfachter Bahnkraftregelkreis*

In Abb. 21.12 ist der Signalflußplan des Bahnkraftregelkreises dargestellt. Wie in Kap. 21.4.2.2 beschrieben, muß die gemessene Bahnkraft geglättet werden. Für die Summe der kleinen Zeitkonstanten $T_{\sigma f}$ der Bahnkraftregelung gilt:

$$T_{\sigma f} = T_{ers\,n} + T_{gf} \tag{21.53}$$

Mit diesen Vereinfachungen ergibt sich folgende Übertragungsfunktion der Bahnkraftregelstrecke:

$$G_{Sfopt}(s) = \frac{f_{jk}}{n_k^*} = \frac{1}{v_0\,\epsilon_N}\,\frac{1}{(1 + sT_{jk})\,(1 + sT_{\sigma f})} \tag{21.54}$$

Als Bahnkraftregler wird ein PI–Regler mit folgender Übertragungsfunktion verwendet:

$$G_{Rf}(s) = V_{Rf}\,\frac{1 + sT_{nf}}{sT_{nf}} \tag{21.55}$$

Dieser Regler wird vorteilhaft nach dem Symmetrischen Optimum SO eingestellt, da dann seine Parameter unabhängig von der veränderlichen Arbeitsgeschwindigkeit v_0 sind.

Die Verstärkung des PI–Reglers lautet

$$V_{Rf} = \frac{T_{jk}\,v_0\,\epsilon_N}{2\,T_{\sigma f}\,K_{ers\,n}} = \frac{l_{jk}T_N\,\epsilon_N}{2\,T_{\sigma f}\,K_{ers\,n}} \neq f(v_0) \tag{21.56}$$

und die Nachstellzeit beträgt

$$T_{nf} = 4 \cdot T_{\sigma f} \tag{21.57}$$

Die beiden Reglerparameter sind *keine* Funktion der veränderlichen Arbeitsgeschwindigkeit v_0. Je größer die benötigte Glättungszeitkonstante T_{gf} der gemessenen Bahnkraft ist, desto größer wird die Summenzeitkonstante $T_{\sigma f}$ und damit auch die Ausregelzeit. Der PI–Regler regelt aber im Gegensatz zur Steuerung der Bahnkräfte über eine Drehzahlregelung wie in Kap. 21.4 beschrieben, die Bahnkraft auch bei Störgrößen ohne stationären Regelfehler aus.

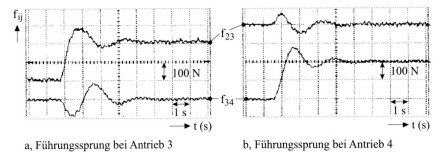

a, Führungssprung bei Antrieb 3   b, Führungssprung bei Antrieb 4

Abb. 21.13: *Gemessene Sprungantworten der Bahnkräfte*

Abbildung 21.13 zeigt die an der Versuchsanlage des Lehrstuhles gemessenen Bahnkräfte einer Kaskadenregelung mit PI–Reglern, die nach dem SO eingestellt sind.

Die Teilsysteme dieser Anlage besitzen konjugiert komplexe Pole und die Eigenfrequenz ω_0 eines Teilsystems beträgt 42 $1/s$. Die realisierbare Durchtrittsfrequenz ω_d der Drehzahlregelung ist 167 $1/s$. Somit beträgt das Verhältnis

$$\frac{\omega_d}{\omega_0} = 3,97 \qquad (21.58)$$

Die Bedingung nach Gl. (21.46) ist also nicht erfüllt. Trotzdem wurden die PI–Regler hier nach den Regeln des Symmetrischen Optimums ohne Entkopplung ausgelegt, wie es in der Praxis üblich ist.

In Abb. 21.13 sind die gemessenen Bahnkräfte f_{23} sowie f_{34} der Antriebe 3 und 4, wie in Abb. 21.1 dargestellt, aufgezeichnet. Abbildung 21.13.a zeigt die Bahnkräfte bei einer Sprunganregung am Antrieb 3, Abb. 21.13.b dagegen die Bahnkräfte bei einer Sprunganregung am Antrieb 4. In beiden Fällen ist zu erkennen, daß die jeweiligen Istwerte f_{23} bzw. f_{34} wegen der Kopplungen und der Nichtgültigkeit von Gl. (21.46) mehr überschwingen als nach SO mit Sollwertglättung erwartet. Besonders eindrucksvoll sind die Verkopplungen jedoch am Verlauf der jeweiligen benachbarten Kräfte zu erkennen. So ergeben sich z.B. bei einer Bahnkraftänderung von f_{23} um 200 N maximale Bahnkraftänderungen von etwa 100 N im nachfolgenden Teilsystem 4 (Kraft f_{34} in Abb. 21.13.a) und bei einer Bahnkraftänderung im Teilsystem 4 um den gleichen Betrag maximale Änderungen der Bahnkraft f_{23} im vorhergehenden Teilsystem 3 von etwa 50 N (Abb. 21.13.b). Die größeren Bahnkraftänderungen im nachfolgenden Teilsystem 4 werden dadurch verursacht, daß in Transportrichtung die Teilsysteme sowohl über die Dehnungen direkt als auch über die Bahnkräfte verkoppelt sind, während entgegen der Transportrichtung nur die Verkopplungen über die Bahnkräfte wirken, wie in Kap. 21.3 beschrieben und in Abb. 21.6 dargestellt.

In diesem Kapitel wurde gezeigt, daß unter gewissen Einschränkungen und Bedingungen mit einfachen, bekannten klassischen Regelverfahren brauchbare Ergebnisse zu erzielen sind. Mit zunehmenden Anforderungen an die Regelgüte und den Automatisierungsgrad der Anlagen werden aber hochwertigere Regelungen gefordert. Um dies zu erreichen, sind die Verkopplungen der Teilsysteme, Elastizitäten in den Antriebswellen, Nichtlinearitäten wie Reibung und Getriebelose, nichtlineares Stoffbahnverhalten oder Begrenzungen in den Stellgrößen, in den Reglerentwurf einzubeziehen. Dies erfordert die Verwendung komplexerer Regelverfahren, wie dezentrale Zustandsregelungen mit Entkopplungen, adaptive, selbsteinstellende Regler oder den Einsatz nichtlinearer Regelverfahren. Dazu bieten sich heute neben den konventionellen Lösungen auch neuere Verfahren, wie Zustandsregelungen und der Einsatz neuronaler Netze an [759, 873, 874].

21.6   Registerfehler bei Rotationsdruckmaschinen

21.6.1   Einführung

Beim Mehrfarbendruck in Rotationsdruckmaschinen werden verschiedenfarbige Druckbilder in aufeinanderfolgenden Druckwerken auf die durchlaufende Stoffbahn gedruckt. Der Abstand zweier verschiedenfarbiger gedruckter Punkte, die denselben Bildpunkt der Druckvorlage wiedergeben, wird als Registerfehler bezeichnet.

Dabei unterscheidet man das Farbregister (Längsregister in Transportrichtung), Seitenregister (quer zur Transportrichtung) und das Schnittregister beim Querschneiden der Stoffbahn im Falzapparat. Das Längsregister ist gegenüber Störungen besonders empfindlich und wird daher durch Registerregelungen korrigiert. Stellgrößen sind dabei bei älteren Anlagen die Lage von Stellwalzen (Registerwalzen) oder die Winkellage der Formzylinder der Druckwerke. Durch das menschliche Auge werden bereits Abweichungen von wenigen 10 μm als Bildunschärfe erkannt. Das Seitenregister wird meist durch eine Seitenkantenregelung vor dem ersten Druckwerk genügend genau konstant gehalten.

Der Registerfehler wird mit Hilfe von Registermarken gemessen, die von den Druckzylindern in deren jeweiliger Farbe einmal pro Umdrehung auf die Stoffbahn gedruckt und von optischen Meßgebern erfaßt werden. Ihre Verschiebung gegeneinander ist ein Maß für die Bildpunktdifferenzen des gesamten gedruckten Bildes.

Der Registerfehler ist vielfältigen Störungen unterworfen, die entweder vom Abwickler herrühren oder in der Druckmaschine selbst entstehen wie

- Bahnspannungsschwankungen im Wickel,

- Schwankungen von Elastizitätsmodul, Querschnitt und Dichte der abgewickelten Stoffbahn,

- Zugkraftschwankungen infolge unrunder Wickelrollen,

- sprungförmige Änderungen, die durch den automatischen Rollenwechsel verursacht werden,

- periodische Zugkraftschwankungen durch unrunde Leitwalzen,

- Schwankungen der Anpreßkraft am Anpreßzylinder der Druckwerke,

- Änderungen durch technologisch bedingte Befeuchtung und Trocknung der Papierbahn,

- periodische Schwingungen, die vom Falzapparat herrühren,

- Änderungen der Dehnung durch Temperaturschwankungen.

Früher wurde der Gleichlauf der Druckwerke ausschließlich durch mechanische Wellen (Königswellen) bewerkstelligt. Heute sind Druckmaschinen mit elektrischen Einzelantrieben ausgerüstet, der Gleichlauf und die Registerhaltigkeit werden durch hochwertige digitale Regelungen gewährleistet.

21.6.2 Ableitung des Registerfehlers

Die Ableitung des Registerfehlers erfolgt unter folgenden vereinfachenden Voraussetzungen:

- Die Stoffbahn sei eben, steht unter einachsiger Zugbelastung und ist biegeschlaff,

- es gilt das Hooke'sche Gesetz und die lineare Elastizitätstheorie,

- alle Massenbeschleunigungskräfte sind vernachlässigbar, die Zugkraft in der freien Bahn ist ortsunabhängig,

- der Einfluß von Temperatur und Feuchte wird nicht berücksichtigt.

Die zur Ableitung des Registerfehlers notwendigen Größen sind für verschiedene Zeitpunkte in Abb. 21.14 dargestellt. Zur Bestimmung des Registerfehlers wird die Bewegung einer vom Druckwerk 1 gedruckten Marke A_i zum Druckwerk 2 verfolgt, während das Druckwerk 2 genau U_{12} Umdrehungen ausführt, d.h. U_{12} Marken B_i druckt. Während der Transportzeit T_{12} werden von der Druckwalze 2 genau U_{12} Umdrehungen ausgeführt, dies bedeutet, daß auch U_{12} Marken gedruckt werden. In der Länge L_{12} zwischen den beiden Druckwerken sind somit auch U_{12} Druckspiegel enthalten. Mit der Zeitbedingung

$$t_1 = t - T_{12} \qquad (21.59)$$

gilt:

$$2 \cdot \pi \cdot U_{12} = \int_{t_1}^{t} \Omega_2 dt \qquad (21.60)$$

In der Transportzeit T_{12} fördert die Druckwalze 2 die materielle Länge L_2. Dagegen ist $L_{\alpha 12}$ die Länge, die sich aus dem in der Zeit $T_{\alpha 12}$ zurückgelegten Differenzwinkel α_{12} an der Druckwalze 1 ergibt. Der Differenzwinkel α_{12} entsteht

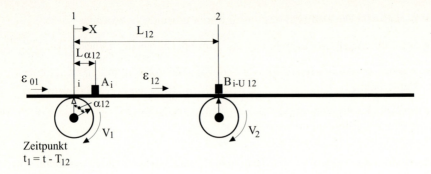

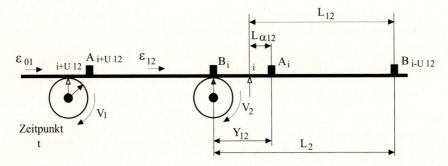

Abb. 21.14: *Prinzipielle Anordnung zur Ableitung des Registerfehlers*

infolge eines von Null verschiedenen Startwertes und unterschiedlichen Winkel-geschwindigkeiten der Druckwerke. Es gilt:

$$\alpha_{12}(t_1) = \alpha_{12}(t_0) + \int\limits_{t_0}^{t_1}(\Omega_1 - \Omega_2)dt \tag{21.61}$$

Aus der Bilanz der materiellen Längen ergibt sich der Registerfehler zu

$$Y_{12}(t) = L_2(t) - L_{12}(t - T_{12}) + L_{\alpha 12}(t - T_{12}) \tag{21.62}$$

Werden die allgemeinen Beziehungen der Kontinuitätsgleichung aus Kap. 21.2

$$L = \int\limits_{(t)} \frac{V(t)}{1 + \epsilon(t)} \quad \text{und} \quad L = \int\limits_{x_1}^{x_2} \frac{dx}{1 + \epsilon(x, t)}$$

in Gl. (21.62) eingesetzt, so lautet der Registerfehler zwischen den Druckwerken 1 und 2:

$$Y_{12}(t) = \int\limits_{t_1}^{t} \frac{V_2(t)}{1 + \epsilon_{12}(t)}dt - \int\limits_{0}^{L_{12}} \frac{dx}{1 + \epsilon(x, t_1)} + \int\limits_{t_1 - T_{\alpha 12}}^{t_1} \frac{V_1(t)}{1 + \epsilon_{01}(t)}dt \tag{21.63}$$

21.6.3 Linearisierung des Registerfehlers

Da Gl. (21.63) nichtlinear ist, muß sie linearisiert werden. Dies geschieht auf die gleiche Weise wie in Kap. 21.2.1.2, aber unter der Beachtung, daß auch die Integralgrenzen in stationäre und instationäre Anteile aufgespalten werden müssen. Nach einer längeren Rechnung und der Laplace–Transformation (siehe [861, 862, 863]) erhält man den linearisierten, normierten Registerfehler zweier Druckwerke nach dem Entspannen der Stoffbahn

$$\Delta y_{12}(s) = \frac{\Delta Y_{12}(s)}{L_N} = \left(\Delta \epsilon_{01} \cdot e^{-sT_{12}} - \Delta \epsilon_{12} \right) \cdot \frac{1}{sT_y} \tag{21.64}$$

Die Registerfehlerzeitkonstante T_y berechnet sich aus der Bezugsgröße Y_N des Registerfehlers und der Nenngeschwindigkeit V_N der Druckmaschine wie folgt:

$$T_y = \frac{Y_N}{V_N} \tag{21.65}$$

Aus Gl. (21.64) ist ersichtlich, daß der linearisierte Registerfehler nur von den Dehnungsänderungen der Stoffbahn abhängt. Wegen der schwierigen Meßbarkeit der Dehnungen werden die Bahnkräfte als Ersatzgröße für die Registerregelung herangezogen. Da aber der Registerfehler auch von Änderungen des Bahnquerschnittes und Elastizitätsmoduls abhängt, muß das Hook'sche Gesetz nach Gl. (21.3) ebenfalls linearisiert werden. Aus Gl. (21.3) folgt dann

$$\Delta \epsilon_{jk} = \frac{\Delta F_{jk}}{E_0 A_0} - \left(\frac{\Delta A}{A_0} + \frac{\Delta E}{E_0} \right) \cdot \epsilon_{jk0} \tag{21.66}$$

Wird die linearisierte Gleichung (21.66) in die lineare Registerfehlergleichung (21.64) unter Beachtung der Tatsache, daß eine in das Druckwerk 1 einlaufende Änderung des Stoffbahnquerschnittes und Elastizitätsmoduls erst nach der Laufzeit T_{12} am Druckwerk ankommt, eingesetzt, erhält man die linearisierte Registerfehlergleichung für zeitliche Bahnkraft– und Materialkonstantenänderungen:

$$\Delta y_{12}(s) = \left[\frac{\Delta F_{01}}{E_0 A_0} \cdot e^{-sT_{12}} - \frac{\Delta F_{12}}{E_0 A_0} + (\epsilon_{120} - \epsilon_{010}) \cdot \left(\frac{\Delta A}{A_0} + \frac{\Delta E}{E_0} \right) \cdot e^{-sT_{12}} \right] \cdot \frac{1}{sT_y} \tag{21.67}$$

Aus Gl. (21.67) ist erkennbar, daß Änderungen der Materialkonstanten nur dann einen Registerfehler erzeugen, wenn zwischen den Druckwerken unterschiedliche stationäre Dehnungen vorhanden sind. Diese Dehnungsunterschiede können trotz gleicher Umfangsgeschwindigkeiten der Druckwalzen durch unterschiedliche Radien der Druckwalzen hervorgerufen werden. Änderungen der einlaufenden Bahnkraft oder der Bahnkraft zwischen den Druckwerken verursachen immer einen Registerfehler. Andererseits läßt Gl. (21.67) erkennen, daß es zur Vermeidung eines Registerfehlers nicht ausreicht, die Bahnkräfte konstant zu halten, da durch Änderungen der Materialkonstanten oder unterschiedliche Druckwalzenradien ein Registerfehler erzeugt wird.

21.6.4 Zusammenhang der Registerfehler aufeinanderfolgender Druckwerke

Erweitert man die Anordnung nach Abb. 21.14 um ein weiteres Druckwerk 3, tritt ein Registerfehler ΔY_{13} auf, der zwischen dem 1. und 3. Druckwerk entsteht. Dieser kann aus folgenden Gleichungen berechnet werden:

$$\Delta y_{12}(s) = \left(\Delta\epsilon_{01} \cdot e^{-sT_{12}} - \Delta\epsilon_{12}\right) \cdot \frac{1}{sT_y} \tag{21.68}$$

$$\Delta y_{23}(s) = \left(\Delta\epsilon_{12} \cdot e^{-sT_{23}} - \Delta\epsilon_{23}\right) \cdot \frac{1}{sT_y} \tag{21.69}$$

$$\Delta y_{13}(s) = \left(\Delta\epsilon_{01} \cdot e^{-sT_{13}} - \Delta\epsilon_{23}\right) \cdot \frac{1}{sT_y} \tag{21.70}$$

Wird die Dehnung $\Delta\epsilon_{12}$ aus den Gleichungen (21.68) und (21.69) eliminiert, erhält man nach kurzer Rechnung:

$$\Delta y_{13}(s) = \Delta y_{12}(s) \cdot e^{-sT_{23}} + \Delta y_{23}(s) \tag{21.71}$$

Der Registerfehler zwischen dem 1. und 3. Druckwerk ergibt sich aus dem um die Zeit T_{23} verzögerten Registerfehler zwischen dem 1. und 2. Druckwerk und dem Registerfehler zwischen 2. und 3. Druckwerk.

21.6.5 Linearisierter Signalflußplan

Mit Hilfe des in Kap. 21.2.1.2 abgeleiteten und in Abb. 21.5 dargestellten Signalflußplanes läßt sich mit den Gleichungen (21.67) sowie (21.71) der linearisierte Signalflußplan eines Systems, bestehend aus drei Druckwerken, zeichnen. Die für die Registerfehler relevanten Blöcke sind in Abb. 21.15 fett hervorgehoben.

Der linearisierte Signalflußplan in Abb. 21.15 zeigt besonders gut den besonderen Mechanismus bei einlaufenden Störungen. Eine z.B. vom Wickel einlaufende Bahnkraftänderung Δf_{01} erzeugt in allen nachfolgenden Druckwerken einen Registerfehler, ebenso werden durch Dehnungsänderungen zwischen den Druckwerken alle Registerfehler in und gegen die Transportrichtung angeregt. Änderungen der Materialdaten ΔA oder ΔE wirken sich dagegen nur an den Druckwerken aus, zwischen denen die **stationären** ein- und auslaufenden Dehnungen ϵ_{jk0} sowie ϵ_{ij0} unterschiedlich sind.

21.6.6 Dynamisches Verhalten des Registerfehlers

Um das dynamische Verhalten des Registerfehlers zu erläutern, wurden die Auswirkungen verschiedener Anregungen auf die Registerfehler berechnet. Grundlage dieser Simulationen ist der linearisierte Signalflußplan nach Abb. 21.16.

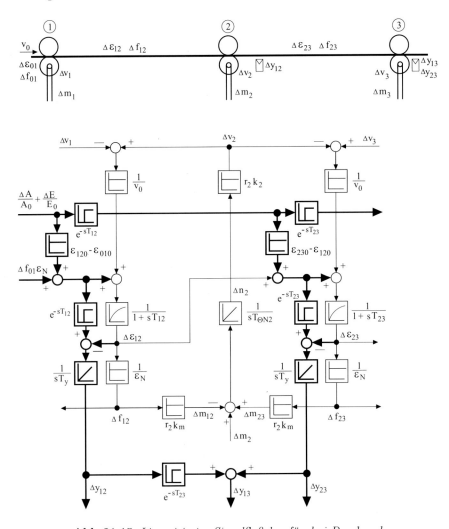

Abb. 21.15: *Linearisierter Signalflußplan für drei Druckwerke*

Die Ergebnisse der Simulationen sind in Abb. 21.17 dargestellt. Bei allen Berechnungen betrug die stationäre Dehungsdifferenz $\epsilon_{jk0} - \epsilon_{ij0} = 0,001$. Die Amplitude des Sprunges der Eingangsdehnung betrug $\Delta\epsilon_{01} = 0,001$ und die der Elastizitätsmoduländerung $\Delta E/E_0 = 0,5$. Der Registerfehler ist auf $Y_N = 1\ mm$ bezogen.

21.6.6.1 Druckmaschine mit Drehzahlregelung

In Abb. 21.16 ist eine Druckmaschine mit verschiedenen Regelungen, stellvertretend für die Druckwalze 2, dargestellt. Zunächst sei nur die Drehzahl der Druck-

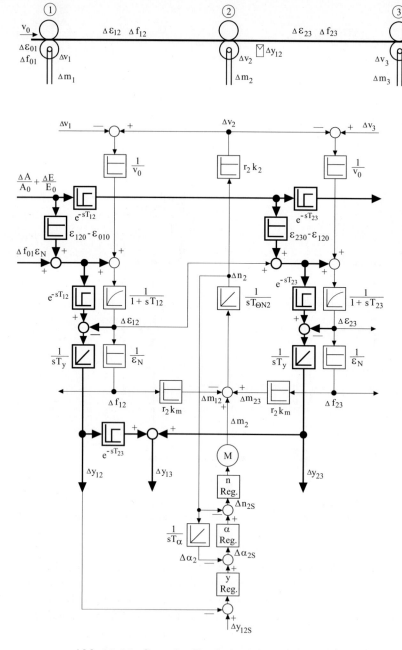

Abb. 21.16: *Geregelte Druckmaschine mit drei Druckwerken*

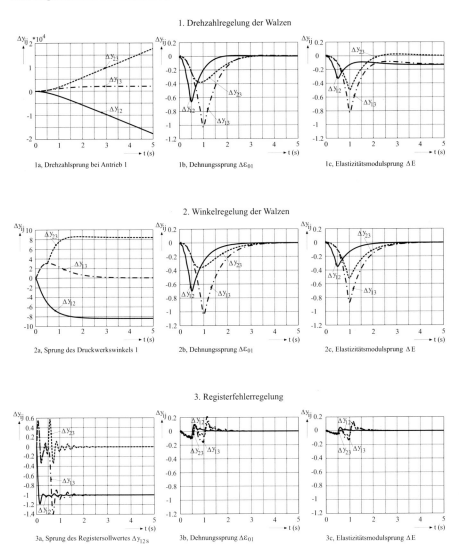

Abb. 21.17: *Simulationen des Registerfehlers bei verschiedenen Anregungen*

walzen geregelt (n Reg.). Die Winkelregelung (α Reg.) und die Registerregelung (y Reg.) sind nicht vorhanden. Die Amplitude der sprungförmigen Sollwertänderung der Drehzahl Δn_{1S} betrug normiert gleich 1.

Wie aus Abb. 21.17 im Bild 1a ersichtlich, ändern sich die Registerfehler stationär, wobei die Registerfehler Δy_{12} und Δy_{23} integral weglaufen, der Registerfehler Δy_{13} erreicht dagegen einen neuen stationären Endwert, da er aus der Überlagerung der Registerfehler Δy_{12} und dem um die Transporttotzeit T_{23} verzögertem Registerfehler Δy_{23} laut Abb. 21.15 gebildet wird.

Bei einer Dehnungsänderung $\Delta\epsilon_{01}$ dagegen tritt laut Bild 1b in Abb. 21.17 ein Selbstheileffekt auf, da der Registerfehler sowohl von der Dehnung $\Delta\epsilon_{12}$ als auch mit umgekehrten Vorzeichen von der um die Transporttotzeit T_{12} verzögerten Anregung beeinflußt wird.

Eine Änderung des Elastizitätsmoduls ΔE zeigt diesen Selbstheileffekt nur beim Registerfehler Δy_{23}, die anderen Registerfehler erreichen neue stationäre Endwerte, wie im Bild 1c in Abb. 21.17 erkennbar.

Damit ist gezeigt, daß eine reine Drehzahlregelung der Druckwalzen für die Registerhaltigkeit bei Druckmaschinen ungeeignet ist.

21.6.6.2 Druckmaschine mit Winkelregelung

Nun seien nach Abb. 21.16 die Druckwalzen mit einer Drehzahlregelung (n Reg.) und überlagerter Winkelregelung (α Reg.) ausgerüstet. Die Amplitude der sprungförmigen Sollwertänderung des Winkels $\Delta\alpha_{1S}$ von Druckwalze 1 betrug $0,01745\,rad$, was einem Winkel von $1°$ entspricht.

Wie aus Bild 2a in Abb. 21.17 ersichtlich, können die Registerfehler Δy_{12} und Δy_{23} durch die Winkellage der Druckwalzen auch stationär beeinflußt werden. Wegen der Bildung des Registerfehlers Δy_{13} aus dem Registerfehler Δy_{12} und dem um die Transporttotzeit T_{23} verzögerten Registerfehler Δy_{23} bleibt der stationäre Endwert des Registerfehlers Δy_{13} dagegen konstant.

Die Bilder 2b und 2c zeigen, daß Änderungen der Eingangsdehnung $\Delta\epsilon_{01}$ als auch Änderungen des Elastizitätsmoduls ΔE im Gegensatz zur reinen Drehzahlregelung ohne stationäre Abweichungen ausgeregelt werden.

Eine Winkelregelung der Druckwerke ist also geeignet, die Registerhaltigkeit zu gewährleisten. Allerdings treten dynamische Änderungen der Registerfehler auf, die bei den angenommenen Störungen bis zu $1\,mm$ betragen können.

21.6.6.3 Druckmaschine mit Registerfehlerregelung

Der Drehzahl– und Winkelregelung ist nun eine Registerfehlerregelung (y Reg.), wie in Abb. 21.16 dargestellt, überlagert. Die Amplitude der sprungförmigen Sollwertänderung des Registerfehlers Δy_{12S} betrug $-1\,mm$.

Bild 3a in Abb. 21.17 zeigt, daß die Registerfehler Δy_{12} und Δy_{13} sehr schnell auf den neuen Wert ausgeregelt werden, während der Registerfehler Δy_{23} nur kleine dynamische Änderungen erfährt. Änderungen der Eingangsdehnung $\Delta\epsilon_{01}$ und des Elastizitätsmoduls ΔE werden wie bei der Winkelregelung stationär ausgeregelt, aber wesentlich schneller und mit erheblich kleineren dynamischen Abweichungen, wie der Vergleich der Bilder 2b und 2c mit den Bildern 3b und 3c in Abb. 21.17 zeigt. Mit einer Registerregelung wird die Registerhaltigkeit wesentlich verbessert. Die Verbesserung kann nochmals durch geeignete Vorsteuerungen der Winkelsollwerte der Druckwalzen gesteigert werden [864, 865].

Zusammenfassend läßt sich feststellen, daß eine Druckmaschine ohne mechanische Wellen mit geeigneten Regelungen der Druckwerkswinkel registerhaltig bei allen auftretenden Störungen gefahren werden kann. Eine überlagerte Registerregelung bringt vor allem eine wesentliche Verbesserung des dynamischen Verhaltens durch die Verringerung der Registerfehleramplituden.

21.7 Zustandsregelung des Gesamtsystems

Die optimale Regelung für lineare Mehrgrößensysteme ist eine vollständige Zustandsregelung. Diese ist in Kap. 5.5 ausführlich beschrieben.

Für ein lineares, zeitinvariantes System lautet die Beschreibung im Zustandsraum wie folgt:

$$\begin{aligned} \dot{\underline{x}} &= \mathbf{A} \cdot \underline{x} + \mathbf{B} \cdot \underline{u} \\ \underline{y} &= \mathbf{C} \cdot \underline{x} + \mathbf{D} \cdot \underline{u} \end{aligned} \tag{21.72}$$

wobei $\mathbf{A}$ die Systemmatrix, $\mathbf{B}$ die Eingangsmatrix und $\mathbf{C}$ die Ausgangsmatrix beschreibt. $\underline{x}$ stellt den Zustands–, $\underline{u}$ den Eingangs– und $\underline{y}$ den Ausgangsvektor dar. Da in der Praxis kaum Regelstrecken auftreten, die einen Durchschaltanteil enthalten (sprungfähige Systeme), wird für die weiteren Betrachtungen die Durchschaltmatrix $\mathbf{D} = \mathbf{0}$ gesetzt.

Mit dem linearen Rückführgesetz

$$\underline{u} = -\mathbf{K} \cdot \underline{x} \tag{21.73}$$

ergibt sich für das zustandsgeregelte System folgende Zustandsdifferentialgleichung:

$$\begin{aligned} \dot{\underline{x}} &= (\mathbf{A} - \mathbf{B}\,\mathbf{K}) \cdot \underline{x} + \mathbf{B} \cdot \underline{w} \\ \underline{y} &= \mathbf{C} \cdot \underline{x} \end{aligned} \tag{21.74}$$

Der Vektor $\underline{w}$ stellt die Sollwerteingänge des Systems dar. Gleichung (21.74) zeigt, daß mit der Zustandsrückführung eine neue Systemmatrix $(\mathbf{A} - \mathbf{B}\,\mathbf{K})$ des geregelten Systems erzeugt werden kann, dessen Eigenwerte frei wählbar sind. Da das Matrixprodukt $\mathbf{BK}$ die gleiche Ordnung wie die Matrix $\mathbf{A}$ des ungeregelten Systems haben muß, ist die Rückführung *aller* Zustände des zu regelnden Systems Bedingung.

Die Rückführmatrix $\mathbf{K}$ wird entweder durch Polvorgabe oder mittels Gütefunktionalen berechnet. Der Reglerentwurf mit Polvorgabe ist in Kap. 5.5.5 beschrieben.

Im Gegensatz dazu gestatten es Gütefunktionale, vielfältige Optimierungsbedingungen einzubringen, so z.B. Minimierung der Stellenergie oder Gewichtung der Zustandsgrößen zur Erreichung eines gewünschten Zeitverhaltens. Am häufigsten wird folgende quadratische Gütefunktion verwendet:

$$J = \int_0^\infty [\, \underline{x}^T \, \mathbf{Q} \, \underline{x} + \underline{u}^T \, \mathbf{R} \, \underline{u} \,] \, dt \tag{21.75}$$

Die Matrix $\mathbf{Q}$ wichtet dabei die Zustände, während die Matrix $\mathbf{R}$ die Eingangsgrößen bewertet. Beide Matrizen sollten Diagonalform besitzen. Durch die Wahl der Elemente von $\mathbf{Q}$ und $\mathbf{R}$ wird die Regelgüte festgelegt.

Mit der Riccati–Gleichung wird die Reglerrückführmatrix **K** berechnet [11]. Sowohl für die Berechnung der Rückführmatrix **K** nach der Polvorgabe als auch über die Riccati–Gleichung stehen effiziente Entwurfsprogramme, wie beispielsweise *Matlab/Simulink* zur Verfügung.

Als Beispiel für eine Zustandsregelung des Gesamtsystems ist in Abb. 21.18 die Simulation der geregelten Bahnkräfte für ein System mit fünf Antrieben gezeigt. Dabei wurde ein lineares System angenommen, wobei alle Meßgrößen ohne Glättungen zur Verfügung stehen. Analog zu Abb. 21.13 sind in Abb. 21.18.a die Bahnkräfte bei einer Sprunganregung am Antrieb 3, in Abb. 21.18.b dagegen die Bahnkräfte bei einer Sprunganregung am Antrieb 4 dargestellt.

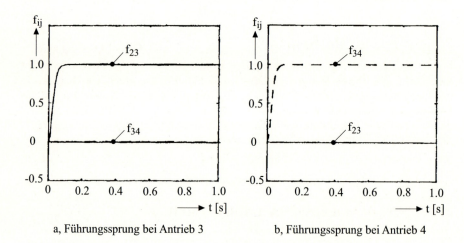

a, Führungssprung bei Antrieb 3   b, Führungssprung bei Antrieb 4

Abb. 21.18: *Zustandsregelung der Bahnkräfte eines idealen Gesamtsystems*

Die Zustandsregelung des Gesamtsystems ermöglicht im Gegensatz zur Kaskadenregelung mit PI–Reglern eine sehr schnelle, nicht überschwingende Sprungantwort der Bahnkräfte. Außerdem ist die sehr gute Entkopplung der Bahnkräfte zu erkennen. Die Bahnkraft f_{34} des 4. Teilsystems reagiert nicht mehr auf die Änderungen im Teilsystem 3. Dieses ideal geregelte System wird als Referenz für die folgenden dezentralen Regelungen betrachtet.

Der Vorteil der Zustandsregelung liegt darin, daß jedes beliebige lineare steuer– und beobachtbare System optimal geregelt werden kann. Dies gilt aber streng genommen nur für ideale Systeme. Oft können die Zustandsgrößen nicht oder nur geglättet gemessen werden. Große Meßglättungen verschlechtern jedoch das dynamische Verhalten der Regelung. Abhilfe können hier Beobachter schaffen, die nicht oder schlecht meßbare Zustände aus gut meßbaren Systemein– und –ausgangsgrößen ermitteln (Kap. 5.5.6, 5.5.6.2 und 21.9).

Ein weiteres Problem bei Zustandsregelungen stellt die Parameterempfindlichkeit dar. Sie kann größer sein als bei einfachen Regelungen in Kaskadenstruktur. Es ist also auch die Empfindlichkeit bei einer Reglerfehlanpassung auf das stationäre und dynamische Verhalten der Zustandsregelung zu untersuchen [11]. Neben den oben genannten Problemen bei realen Zustandsregelungen tritt bei kontinuierlichen Fertigungsanlagen mit Zustandsregelung des Gesamtsystems noch folgender Nachteil auf. Beim Einziehen der Stoffbahn oder bei Bahnrissen zerfällt das Gesamtsystem wieder in die einzelnen Antriebe, so daß dann die Regelung des Gesamtsystems nicht mehr zufriedenstellend arbeitet. Außerdem ergibt sich bei der Gesamtsystemregelung ein sehr komplexer Zustandsregler hoher Ordnung. Dieser Nachteil kann durch dezentrale Regelungen vermieden werden.

21.8 Dezentrale Regelung

Die dezentrale Regelung ermöglicht den Entwurf von Zustandsreglern und Beobachtern niedriger Ordnung für überschaubare Teilsysteme. Allerdings werden an die so entworfenen Regler und Beobachter zusätzliche Anforderungen gestellt, damit durch das Zusammenfügen der geregelten Teilsysteme zum geregelten Gesamtsystem Stabilität und das gewünschte Regelverhalten gewährleistet werden. Dies bedeutet, daß den Verkopplungen der Teilsysteme besondere Beachtung geschenkt werden muß.

21.8.1 Regelung des isolierten Teilsystems

Um eine dezentrale Regelung entwerfen zu können, muß das Gesamtsystem in Teilsysteme zerlegt werden. Wie in Abb. 21.1 gezeigt, besteht das Gesamtsystem aus Walzen, elektrischen Antrieben mit den Stellgliedern und der Stoffbahn. Entsprechend dieser Konfiguration werden deshalb Teilsysteme mit diesen Komponenten gebildet und das Gesamtsystem kann für eine dezentrale Bahnkraftregelung in isolierte Teilsysteme, wie in Abb. 21.19 dargestellt, zerlegt werden. Auch bei den Teilsystemen werden normierte Größen verwendet (Tabelle 21.1). Dabei wurde die elastische mechanische Ankopplung der Walze an den Antrieb vernachlässigt, somit sind beide starr gekoppelt. Gilt diese Vereinfachung nicht mehr, muß nach dem Verfahren in Kap. 18 vorgegangen werden.

Das Teilsystem hat drei unabhängige Speicher, ist also 3. Ordnung und besitzt die drei Zustandsgrößen Motordrehmoment m_k, Bahngeschwindigkeit v_k und die Dehnung ϵ_{jk} oder Bahnkraft f_{jk}. Stellgröße ist das Motorsollmoment m_k^*. Dieses isolierte Teilsystem ist mit den vorherigen und nachfolgenden Restsystemen über die *Koppelgrößen* verbunden. Die Geschwindigkeit v_j, die Dehnung ϵ_{ij} und die Bahnkraft f_{kl} sind hier die *Koppeleingangsgrößen*, während die Geschwindigkeit v_k, die Dehnung ϵ_{jk} und die Bahnkraft f_{jk} die *Koppelausgangsgrößen* darstellen.

Für das isolierte Teilsystem 3. Ordnung wird nun zunächst ohne Berücksichtigung der Koppelgrößen eine Zustandsregelung, wie in Abb. 21.20 gezeigt,

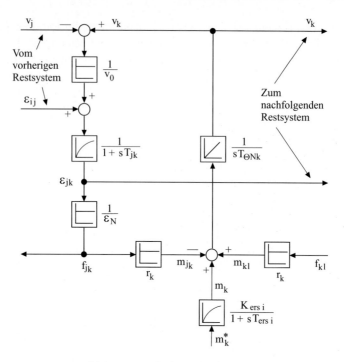

Abb. 21.19: *Isoliertes Teilsystem*

entworfen. Der Führungsintegrator regelt die Bahnkraft f_{jk} ohne bleibende Regelabweichung auch bei Störanregungen aus (Kap. 18.3.4).

Wie in Abb. 21.20 ersichtlich, wurde das Motordrehmoment m_k nicht zurückgeführt, da dieses bzw. der Motorstrom bereits geregelt ist. Besitzt diese Stromregelung eine hohe Dynamik, verschiebt sich der entsprechende Pol nicht.

Das Ergebnis einer solchen Zustandsregelung des isolierten Teilsystems ist in Abb. 21.21.a dargestellt. Man erhält gemäß der nach Riccati berechneten und realisierbaren Zustandsrückführungen K_n, K_f sowie der Integrierzeit T_{if} eine schnelle Sprungantwort der Bahnkraft f_{23} ohne Überschwingungen.

Werden aber zwei dezentral geregelte Teilsysteme mit den gleichen Zustandsrückführungen zu einem Gesamtsystem wie in Abb. 21.21.c gezeigt, verbunden, erhalten wir eine gravierende Änderung des dynamischen Verhaltens der Bahnkräfte f_{23} und f_{34} (Abb. 21.21.b). Bei einer sprungförmigen Anregung der Sollbahnkraft f_{23}^* treten in der Sprungantwort von f_{23} Schwingungen auf und die Bahnkraft f_{34} des nicht angeregten folgenden Teilsystems 4 zeigt erhebliche dynamische Änderungen. Dies ist die Folge der Vernachlässigung der Koppelgrößen beim Entwurf der Teilzustandsregler. Deshalb müssen zur Erzielung einer hohen Regelgüte des Gesamtsystems die Verkopplungen in den dezentralen Reglerentwurf einbezogen werden.

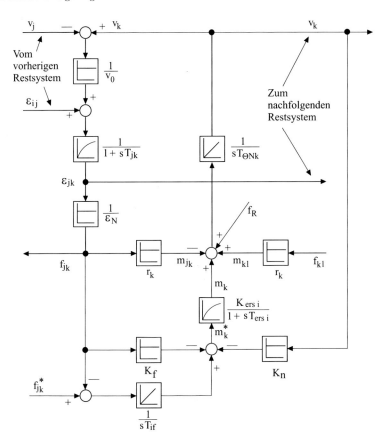

Abb. 21.20: *Zustandsregelung des isolierten Teilsystems*

Dazu gibt es grundsätzlich drei Möglichkeiten:

- Die Verwendung geeigneter Entkopplungsnetzwerke
- den Reglerentwurf mit Abschlußmodellen oder
- die dezentrale Entkopplung.

Die erste Möglichkeit erfordert den Entwurf spezieller Entkopplungsnetzwerke und setzt die Meßbarkeit der Koppelgrößen voraus. Die Koppeleingangsgrößen eines Teilsystems werden dabei zur Entkopplung über geeignete Netzwerke auf die Stellgröße geschaltet. Man nennt dies auch *Entkopplung durch Aufschaltung der Koppelgrößen*.

Ein großer Nachteil dieser Methode besteht darin, daß die Netzwerke differenzierende Übertragungsglieder enthalten und deshalb hohe Anforderungen an die

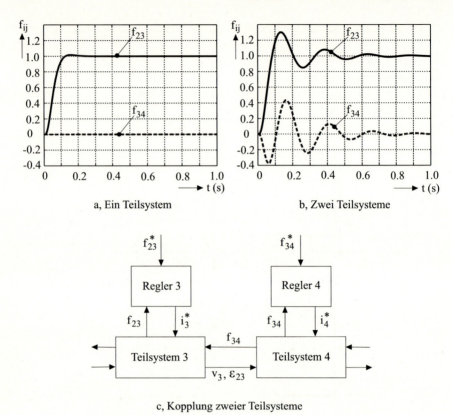

a, Ein Teilsystem   b, Zwei Teilsysteme

c, Kopplung zweier Teilsysteme

Abb. 21.21: *Zustandsregelung verkoppelter Teilsysteme*

Messung der Koppelgrößen gestellt werden. Bei stark verrauschten Meßsignalen ist deshalb nur eine sehr schlechte Entkopplung erreichbar [11, 42, 876].

Bei der zweiten Möglichkeit werden für das gesamte geregelte Restsystem vereinfachte Modelle möglichst niedriger Ordnung entworfen, die das entsprechende Teilsystem „abschließen". Die Teilsystemordnung wird um die Ordnung des *Abschlußmodells* erhöht. Der Teilzustandsregler wird dann mit diesem erweiterten Teilsystem entworfen. Nachteilig ist dabei das iterative Vorgehen beim Reglerentwurf, da das Abschlußmodell aus dem Verhalten des *geregelten* Restsystems gebildet werden muß. Man beginnt deshalb den Entwurf mit den für die isolierten Teilsysteme berechneten Zustandsreglern, bildet das Abschlußmodell, entwirft mit dem so erweiterten Teilsystem einen neuen Zustandsregler, der zu einer verbesserten Abschlußmodellbildung führt. Dieses Verfahren wird fortgesetzt, bis das gewünschte Regelverhalten des Gesamtsystems erreicht ist [869].

Die dritte Möglichkeit vermeidet diese Nachteile und wird im folgenden beschrieben.

21.8.2   Dezentrale Entkopplung

21.8.2.1   Grundlagen des Verfahrens

Die dezentrale Entkopplung beruht auf der Zustandsregelung und der Kenntnis des mit dem Restsystem verkoppelten Teilsystems. Die Verbindungen zwischen Teil– und Restsystem stellen die Koppelgrößen dar. Abbildung 21.22 zeigt das Prinzip der dezentralen Entkopplung [877, 878, 879].

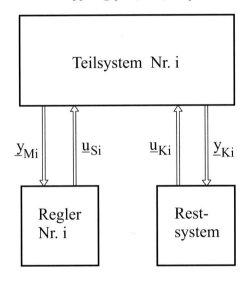

Abb. 21.22: *Prinzip der dezentralen Entkopplung*

Es ist erkennbar, daß das Teilsystem i von den Eingangsvektoren $\underline{u}_{Si}$ und $\underline{u}_{Ki}$ *steuerbar* und mit den Ausgangsvektoren $\underline{y}_{Mi}$ sowie $\underline{y}_{Ki}$ *beobachtbar* ist. Deshalb wird das dynamische Verhalten des Teilsystems vom Regler *und* dem Restsystem beeinflußt. Das Ziel der dezentralen Entkopplung ist es, einen Regler zu entwerfen, der die Einflüsse des Restsystems minimiert, um das Teilsystem vom Restsystem möglichst gut zu entkoppeln. Der Teilsystemregler hat deshalb zwei Aufgaben:

- die Stabilität und das gewünschte dynamische Verhalten des Gesamtsystems zu gewährleisten und

- den Einfluß des Restsystems zu minimieren.

Somit werden folgende Anforderungen an die dezentrale Regelung gestellt:

- die Pole des geregelten Teilsystems sollen Werte entsprechend der geforderten Dynamik annehmen und

- die Empfindlichkeit der Pole bezüglich der Vektoren $\underline{u}_{Ki}$ und $\underline{y}_{Ki}$ soll so gering wie möglich sein.

21.8.2.2 Mathematische Beschreibung

Für den Entwurf einer dezentralen Regelung ist es vorteilhaft, das Teilsystem in die *verkopplungsorientierte Beschreibung* umzuformen [869]. Die Zustandsgleichungen in dieser Form lauten dann für das Teilsystem i

$$
\begin{aligned}
\underline{\dot{x}}_i &= \mathbf{A}_{ii} \cdot \underline{x}_i + \mathbf{B}_{Si} \cdot \underline{u}_{Si} + \mathbf{B}_{Ki} \cdot \underline{u}_{Ki} \\
\underline{y}_{Mi} &= \mathbf{C}_{Mi} \cdot \underline{x}_i \\
\underline{y}_{Ki} &= \mathbf{C}_{Ki} \cdot \underline{x}_i
\end{aligned}
\tag{21.76}
$$

wobei $\mathbf{B}_{Si}$ die Eingangsmatrix für die Steuergrößen, $\mathbf{B}_{Ki}$ die Koppeleingangs– und $\mathbf{C}_{Ki}$ die Koppelausgangsmatrix darstellt, während $\mathbf{C}_{Mi}$ die Meßausgänge beschreibt.

Betrachten wir beispielsweise das dritte Teilsystem in Abb. 21.6, so ergeben sich folgende Größen:

$$
\underline{x}_3 = [\, m_3 \quad v_3 \quad \epsilon_{23} \,]^T
\tag{21.77}
$$

$$
u_{S3} = m_3^*
\tag{21.78}
$$

$$
\underline{u}_{K3} = [\, v_2 \quad \epsilon_{12} \quad f_{34} \,]^T
\tag{21.79}
$$

$$
\underline{y}_{K3} = [\, -v_3 \quad \epsilon_{23} \quad f_{23} \,]^T
\tag{21.80}
$$

$$
\underline{y}_{M3} = [\, m_3 \quad v_3 \quad f_{23} \,]^T
\tag{21.81}
$$

$$
\mathbf{A}_{33} = \begin{pmatrix} -k_{ers\,i}/T_{ers\,i} & 0 & 0 \\ 1/T_{\Theta N} & 0 & -1/\epsilon_N T_{\Theta N} \\ 0 & 1/l_{23} T_N & -v_0/l_{23} T_N \end{pmatrix}
\tag{21.82}
$$

$$
\mathbf{B}_{K3} = \begin{pmatrix} 0 & 0 & 0 \\ 0 & 0 & 1/T_{\Theta N} \\ -1/l_{23} T_N & v_0/l_{23} T_N & 0 \end{pmatrix}
\tag{21.83}
$$

$$
\mathbf{B}_{S3} = [\, k_{ers\,i}/T_{ers\,i} \quad 0 \quad 0 \,]^T
\tag{21.84}
$$

$$
\mathbf{C}_{K3} = \begin{pmatrix} 0 & -1 & 0 \\ 0 & 0 & 1 \\ 0 & 0 & 1/\epsilon_N \end{pmatrix}
\tag{21.85}
$$

$$
\mathbf{C}_{M3} = \begin{pmatrix} 1 & 0 & 0 \\ 0 & 1 & 0 \\ 0 & 0 & 1/\epsilon_N \end{pmatrix}
\tag{21.86}
$$

21.8.2.3 Modaltransformation des Teilsystems

Zur Untersuchung der Empfindlichkeit der Eigenwerte ist es vorteilhaft, das Teilsystem modal zu transformieren (Kap. 5.5, Kap. 5.5.5, [11]). Dabei werden die Systemgleichungen nach Gl. (21.76) durch die Transformationsmatrix $\mathbf{V}$ in folgende Form gebracht:

$$\underline{x} = \mathbf{V} \cdot \underline{z} \tag{21.87}$$

$$\underline{\dot{z}} = \mathbf{\Lambda} \cdot \underline{z} + \mathbf{B}_K^* \cdot \underline{u}_K \tag{21.88}$$

$$\underline{y}_K = \mathbf{C}_K^* \cdot \underline{z} \tag{21.89}$$

wobei gilt:

$$\mathbf{\Lambda} = \mathbf{V}^{-1} \cdot \mathbf{A} \cdot \mathbf{V} = \operatorname{diag}(\lambda_1, \ldots, \lambda_n) \tag{21.90}$$

Die Transformationsmatrix $\mathbf{V}$ muß invertierbar sein und so gewählt werden, daß Gl. (21.90) erfüllt ist. $\mathbf{\Lambda}$ ist die Diagonalmatrix der Eigenwerte des Teilsystems. Die transformierten Matrizen $\mathbf{B}_K^*$ und $\mathbf{C}_K^*$ werden aus den Gleichungen

$$\mathbf{B}_K^* = \mathbf{V}^{-1} \cdot \mathbf{B}_K \tag{21.91}$$

$$\mathbf{C}_K^* = \mathbf{C}_K \cdot \mathbf{V} \tag{21.92}$$

ermittelt.

21.8.2.4 Berechnung der Rückführkoeffizienten

Um die Bedingungen nach Kap. 21.8.2.1 zu erfüllen, muß ein neues Gütekriterium verwendet werden, das die Empfindlichkeit der Eigenwerte berücksichtigt.

Die Empfindlichkeit des k–ten Poles λ_k bezüglich des Elementes k_{ji} der Rückführmatrix $\mathbf{K}$ kann nach [869] wie folgt beschrieben werden:

$$S_{ji}^{\lambda_k} = \frac{\partial \lambda_k}{\partial k_{ji}} \tag{21.93}$$

Da betragsmäßig große Pole λ_k auch zu großen Werten in der Polempfindlichkeit tendieren, wird die *relative Polempfindlichkeit* eingeführt [869]:

$$S_{rji}^{\lambda_k} = \frac{\partial \lambda_k}{\partial k_{ji}} \cdot \frac{k_{ji}}{\lambda_k} \tag{21.94}$$

Verwendet man die in den Gleichungen (21.87) bis (21.91) beschriebene Modaltransformation, so kann die relative Polempfindlichkeit nach [869] wie folgt angegeben werden:

$$S_{rji}^{\lambda_k} = c_{ik}^* \cdot b_{kj}^* \cdot \frac{k_{ji}}{\lambda_k} \tag{21.95}$$

b_{kj}^* ist das kj - te Element von $\mathbf{B}_K^*$ (k - te Zeile, j - te Spalte) und c_{ik}^* ist das ik - te Element von $\mathbf{C}_K^*$ (i - te Zeile, k - te Spalte).

Um zu einem Gütekriterium für die Polverschiebbarkeit zu kommen, werden die Quadrate der Polempfindlichkeiten über alle Koppeleingänge, Koppelausgänge und Teilsystemeigenwerte aufsummiert. Es wird dann folgende Beziehung für das Gütekriterium erhalten:

$$J_K = \sum_{k=1}^{n} \sum_{j=1}^{p_k} \sum_{i=1}^{q_k} \left| \frac{c_{ik}^* \cdot b_{kj}^*}{\lambda_k} \right|^2 \qquad (21.96)$$

In Gl. (21.96) ist n die Teilsystemordnung, p_k die Zahl der Koppeleingangsgrößen und q_k die Zahl der Koppelausgangsgrößen. Der Vorteil dieser Beschreibung liegt darin, daß im Gütekriterium J_K nur die Elemente c_{ik}^* und b_{kj}^* der modal transformierten Koppelein– und Koppelausgangsmatrix erscheinen.

Zur Berechnung der Rückführmatrix **K** des dezentralen Zustandsreglers wird die Gütefunktion nach Gl. (21.96) bezüglich der Elemente k minimiert.

$$\frac{\partial J_K}{\partial k} \to \min \qquad (21.97)$$

Es existiert aber keine geschlossene mathematische Lösung für das Minimierungsproblem, so daß ein spezieller Algorithmus zur Berechnung der Rückführkoeffizienten verwendet werden muß [870].

21.8.2.5 Algorithmus

Zur Minimierung der Gütefunktion wurde eine gradientenfreie Methode nach [866] verwendet. Im ersten Schritt des Entwurfes muß das Polgebiet, in dem die Pole des geschlossenen Regelkreises liegen sollen, gewählt werden. In Abb. 21.23 ist als Beispiel ein Polgebiet dargestellt. Die Werte α und β sind so zu wählen, daß die Forderungen nach Stabilität, Dynamik und Dämpfung der Regelung erfüllt werden. Dabei gilt, je größer der Wert von α ist, desto kleiner wird die Anregelzeit sein und je größer der Winkel β ist, um so besser wird das geregelte System bedämpft werden.

Beim Start der Berechnung sind die Rückführkoeffizienten des Teilzustandsreglers vorzugeben. Es empfiehlt sich, die Werte des Zustandsreglers für das isolierte Teilsystem zu wählen. Dann werden die neuen, optimalen Rückführkoeffizienten gemäß den in Kap. 21.8.2.4 genannten Bedingungen berechnet. Der Vorteil der dezentralen Entkopplung liegt vor allem darin, daß keine Messungen der Koppelgrößen notwendig sind.

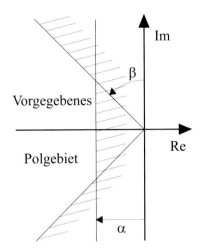

Abb. 21.23: *Polgebiet für den Entwurf der dezentralen Entkopplung*

21.8.2.6 Beispiel

Mit den Daten der Versuchsanlage des Lehrstuhls wurde eine dezentrale Entkopplung durchgeführt. Ausgehend vom Zustandsregler für das isolierte Teilsystem nach Abb. 21.20 mit den Rückführkoeffizienten

$$K_n = 39$$

$$K_f = 2,7$$

$$T_{if} = 320\,ms$$

erhält man mit dem gewählten Polvorgabebereich

$$\begin{aligned}Re\{\lambda_i\} &\leq -10 \\ |Im\{\lambda_i\}| &\leq 5 \cdot |Re\{\lambda_i\}|\end{aligned} \tag{21.98}$$

folgende Rückführkoeffizienten der Zustandsregler mit dezentraler Entkopplung:

$$K_n = 32$$

$$K_f = 6$$

$$T_{if} = 75\,ms$$

Das Ergebnis einer Simulation für zwei Teilsysteme ist in Abb. 21.24 gezeigt. Die an der Versuchsanlage gemessenen Bahnkraftverläufe sind in Abb. 21.25 dargestellt.

Wie die Abbildungen zeigen, stimmen die simulierten und gemessenen Ergebnisse sehr gut überein. Die Entkopplung der Bahnkräfte ist ebenfalls sehr

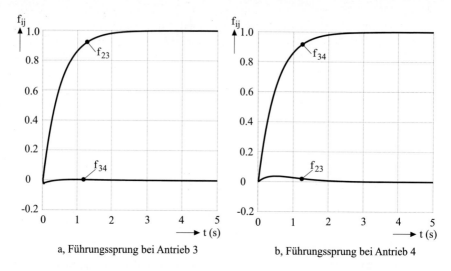

a, Führungssprung bei Antrieb 3   b, Führungssprung bei Antrieb 4

Abb. 21.24: *Simulierte Sprungantworten der dezentralen Entkopplung*

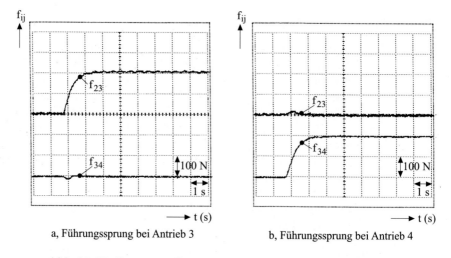

a, Führungssprung bei Antrieb 3   b, Führungssprung bei Antrieb 4

Abb. 21.25: *Gemessene Sprungantworten der dezentralen Entkopplung*

gut, da sich die Bahnkraft f_{34} des 4. Teilsystems bei einer Anregung des vorherigen Teilsystems 3 nur unwesentlich ändert. Die Sprungantworten erreichen nahezu aperiodisch ohne Überschwingen ihren Endwert. Ein Vergleich der Ergebnisse mit denen einer Kaskadenregelung in Abb. 21.13 zeigt die Verbesserung der Regelqualität mittels dezentraler Entkopplung.

Ein Vergleich der mit der dezentralen Entkopplung erzielten Übergangsfunktionen mit denen einer Zustandsregelung für das Gesamtsystem nach Abb. 21.18

läßt aber erkennen, daß die Ausregelzeiten bei der dezentralen Entkopplung in Abb. 21.24 und 21.25 wesentlich größer sind als bei der Zustandsregelung für das Gesamtsystem. Dies liegt vor allem daran, daß bei der dezentralen Entkopplung jeder Teilsystemregler zwei Aufgaben gleichzeitig zu erfüllen hat. Zum einen soll er die gewünschte Regeldynamik erzeugen und zum anderen die Teilsysteme entkoppeln. Beide Aufgaben sind nur durch einen Kompromiss zu erreichen. Dieser Kompromiss wird durch die Wahl des Polvorgabegebietes nach Abb. 21.23 gemäß Gl. (21.98) erreicht.

Generell gilt aber, daß ein gutes Führungsverhalten nur auf Kosten einer schlechteren Entkopplung erhalten werden kann. Der Vorteil der dezentralen Entkopplung liegt aber darin, daß Teilsystemregler niedriger Ordnung, die sich leichter realisieren lassen und die auch im Betrieb besser handhabbar sind, erhalten werden. Die Rückführkoeffizienten wurden in dem Beispiel so berechnet, daß sie auch bei verrauschten Meßsignalen realisierbar sind.

21.9 Beobachter

21.9.1 Zentrale Beobachter

Die Aufgabe von Beobachtern besteht darin, aus Systemeingangsgrößen $\underline{u}$ und gut meßbaren Systemausgangsgrößen $\underline{y}$ nicht oder nur schlecht meßbare Zustandsgrößen $\underline{x}$ zu ermitteln. Weitere Gründe für den Beobachtereinsatz sind die Einsparung teurer Meßaufnehmer oder der Fall, daß die Anbringung der Sensoren sehr aufwendig und unerwünscht ist, da sie den Prozeß stören. So stellt z.B. die Messung der Bahnkraft bei kontinuierlichen Fertigungsanlagen, wie in Kap. 21.4.2.2 beschrieben, oft ein Problem dar.

Ein Beobachter stellt grundsätzlich die Nachbildung der Regelstrecke mit Rückführung dar, wie in Abb. 21.26 gezeigt.

Das Beobachterprinzip wurde in Kap. 5.5.6 allgemein behandelt. In den weiteren Betrachtungen wird von einem Beobachter nach Luenberger ausgegangen, wie er in Kap. 5.5.6.2 beschrieben ist.

21.9.2 Dezentrale Beobachter

21.9.2.1 Allgemeines

Wird die Regelung eines Mehrgrößensystems dezentral ausgeführt, ist es sinnvoll, auch Teilbeobachter einzusetzen. Dabei hat der Teilbeobachter die Aufgabe, einen Schätzwert $\hat{\underline{x}}_i$ für den Teilzustandsvektor $\underline{x}_i$ ausschließlich aus dem Eingangsvektor $\underline{u}_{Si}$ und dem Ausgangsvektor $\underline{y}_{Mi}$ des Teilsystems zu bilden. Abbildung 21.27 zeigt diesen Sachverhalt.

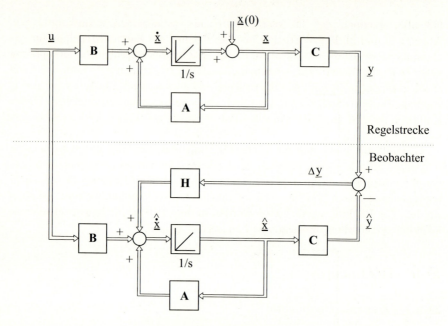

Abb. 21.26: *Beobachterstruktur*

Die Beobachtergleichungen des i–ten Teilsystems lassen sich in der verkopp-lungsorientierten Darstellung entsprechend Gl. (21.76) wie folgt angeben [869]:

$$
\begin{aligned}
\dot{\hat{\underline{x}}}_i &= \mathbf{A}_{ii} \cdot \hat{\underline{x}}_i + \mathbf{B}_{Ki} \cdot \underline{u}_{Ki} + \mathbf{B}_{Si} \cdot \underline{u}_{Si} + \mathbf{H}_i \cdot (\underline{y}_{Mi} - \hat{\underline{y}}_{Mi}) \\
\hat{\underline{y}}_{Mi} &= \mathbf{C}_{Mi} \cdot \hat{\underline{x}}_i
\end{aligned}
\qquad (21.99)
$$

Die Matrix $\mathbf{H}_i$ gewichtet die Fehlerrückkopplung des i–ten Teilbeobachters.

Der Beobachterfehler $\underline{e}_i$ des i–ten Teilbeobachters wird als die Differenz aus tatsächlichem und geschätztem Zustandsvektor definiert.

$$
\underline{e}_i = \underline{x}_i - \hat{\underline{x}}_i
\qquad (21.100)
$$

Aus den Gleichungen (21.76) und (21.99) wird nach einigen Umformungen die Fehlerdifferentialgleichung des i–ten Teilbeobachters berechnet.

$$
\dot{\underline{e}}_i = (\mathbf{A}_{ii} - \mathbf{H}_i \cdot \mathbf{C}_{Mi}) \cdot \underline{e}_i
\qquad (21.101)
$$

Diese ist wie beim zentralen Beobachter homogen, aber um einen hohen Preis! Da in Gl. (21.99) des Teilbeobachters der Term $\mathbf{B}_{Ki} \cdot \underline{u}_{Ki}$ zusätzlich auftritt, bedeutet dies, daß alle Koppeleingänge $\underline{u}_{Ki}$ des Teilsystems dem Beobachter zu-geführt werden und meßbar sein müssen. Dies ist im allgemeinen nicht zutreffend. Deshalb wird versucht, die Koppeleingänge $\underline{u}_{Ki}$ durch eine Approximation $\underline{\delta}_i$ zu

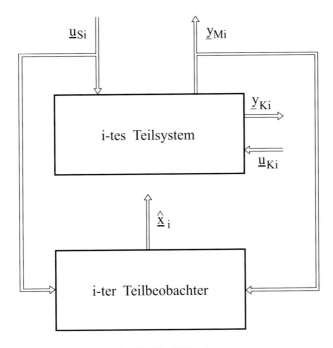

Abb. 21.27: *Teilbeobachter*

ersetzen, wobei $\underline{\delta}_i$ aus meßbaren Größen des Teilsystems berechnet wird. Mit $\underline{u}_{Ki} \longrightarrow \underline{\delta}_i$ lauten dann die allgemeinen Teilbeobachtergleichungen:

$$\begin{aligned}
\dot{\hat{\underline{x}}}_i &= \mathbf{A}_{ii} \cdot \hat{\underline{x}}_i + \mathbf{B}_{Ki} \cdot \underline{\delta}_i + \mathbf{B}_{Si} \cdot \underline{u}_{Si} + \mathbf{H}_i \cdot (\underline{y}_{Mi} - \hat{\underline{y}}_{Mi}) \\
\hat{\underline{y}}_{Mi} &= \mathbf{C}_{Mi} \cdot \hat{\underline{x}}_i
\end{aligned} \qquad (21.102)$$

Die Fehlerdifferentialgleichung für diesen Ansatz lautet:

$$\dot{\underline{e}}_i = (\mathbf{A}_{ii} - \mathbf{H}_i \cdot \mathbf{C}_{Mi}) \cdot \underline{e}_i + \mathbf{B}_{Ki} \cdot (\underline{u}_{Ki} - \underline{\delta}_i) \qquad (21.103)$$

Obige Differentialgleichung ist *inhomogen*, da $\underline{u}_{Ki}$ von $\underline{\delta}_i$ nicht exakt nachgebildet werden kann. Dies bedeutet, daß ein Beobachterfehler auftritt. Durch geeignete Wahl von $\underline{\delta}_i$ versucht man, den Fehler möglichst klein zu halten. Gelingt es jedoch, den inhomogenen Teil von Gl. (21.103) im eingeschwungenen Zustand, d.h. für $t \longrightarrow \infty$, zu Null zu machen, tritt *kein stationärer Beobachterfehler* aufgrund der Koppelgrößen auf. Die Fehlerdifferentialgleichung (21.103) ist dann *asymptotisch homogen*. Notwendig und hinreichend, daß der dezentrale Teilbeobachter einen stationär genauen Schätzwert unabhängig von den Koppelgrößen liefert, sind folgende Bedingungen:

- Der Teilsystembeobachter ist stabil und

- $\lim[\underline{\delta}_i(t) - \underline{u}_{Ki}(t)] \stackrel{!}{=} 0$ \qquad für $t \to \infty$

21.9.2.2 Approximation durch Störmodelle

Faßt man die zu approximierenden Koppelgrößen $\underline{u}_{Ki}$ als Störgrößen des Teilsystems auf, kann durch ein geeignetes Störmodell die Koppelgröße ermittelt werden. Das isolierte Teilsystem wird um das Störmodell ergänzt und mit dem so erweiterten Teilsystem der Beobachterentwurf in bekannter Weise durchgeführt. In Abb. 21.28 ist das Prinzip dargestellt [869, 880].

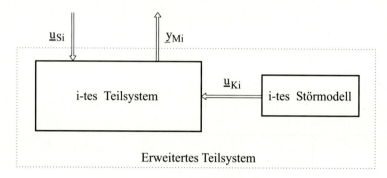

Abb. 21.28: *Erweitertes Teilsystem mit Störmodell*

Der Ansatz für das Störmodell ist eine homogene Differentialgleichung:

$$\begin{aligned} \dot{\underline{\xi}}_i &= \boldsymbol{\Psi}_i \cdot \underline{\xi}_i \\ \underline{u}_{Ki} &= \boldsymbol{\Phi}_i \cdot \underline{\xi}_i \end{aligned} \tag{21.104}$$

Damit gilt für das erweiterte Teilsystem nach Abb. 21.28:

$$\underbrace{\begin{pmatrix} x_i \\ \xi_i \end{pmatrix}^{\bullet}}_{\dot{\underline{x}}_{Ei}} = \underbrace{\begin{pmatrix} \mathbf{A}_{ii} & \mathbf{B}_{Ki} \cdot \boldsymbol{\Phi}_i \\ \mathbf{0} & \boldsymbol{\Psi}_i \end{pmatrix}}_{\mathbf{A}_{Ei}} \cdot \underbrace{\begin{pmatrix} x_i \\ \xi_i \end{pmatrix}}_{\underline{x}_{Ei}} + \underbrace{\begin{pmatrix} \mathbf{B}_{Si} \\ \mathbf{0} \end{pmatrix}}_{\mathbf{B}_{Ei}} \cdot \underline{u}_{Si}$$

$$\tag{21.105}$$

$$\underline{y}_{Mi} = \underbrace{(\mathbf{C}_{Mi} \quad \mathbf{0})}_{\mathbf{C}_{Ei}} \cdot \begin{pmatrix} x_i \\ \xi_i \end{pmatrix}$$

Der Teilbeobachter wird mit dem erweiterten Teilsystem nach Gl. (21.105) entworfen. Die Zustandsgleichungen für den Teilbeobachter lauten:

$$\begin{aligned} \dot{\hat{\underline{x}}}_{Ei} &= \mathbf{A}_{Ei} \cdot \hat{\underline{x}}_{Ei} + \mathbf{B}_{Ei} \cdot \underline{u}_{Si} + \mathbf{H}_{Ei} \cdot (\underline{y}_{Mi} - \hat{\underline{y}}_{Mi}) \\ \hat{\underline{y}}_{Mi} &= \mathbf{C}_{Ei} \cdot \hat{\underline{x}}_{Ei} \end{aligned} \tag{21.106}$$

Beim erweiterten Teilsystem nach Gl. (21.105) handelt es sich um ein fiktives System für den Beobachterentwurf. Dagegen gilt für die Meßgrößen die Beziehung

$$\underline{y}_{Mi} = \mathbf{C}_{Mi} \cdot \underline{x}_i \tag{21.107}$$

und nicht wie in Gl. (21.105)

$$\underline{y}_{Mi} = \mathbf{C}_{Ei} \cdot \underline{x}_{Ei} \tag{21.108}$$

Deshalb muß die Beobachterentwurfsgleichung (21.106) getrennt nach Teilsystem und Störmodell geschrieben werden:

$$\begin{aligned}
\dot{\hat{\underline{x}}}_i &= \mathbf{A}_{ii} \cdot \hat{\underline{x}}_i + \mathbf{B}_{Ki} \cdot \boldsymbol{\Phi}_i \cdot \underline{\xi}_i + \mathbf{B}_{Si} \cdot \underline{u}_{Si} + \mathbf{H}_i \cdot (\underline{y}_{Mi} - \hat{\underline{y}}_{Mi}) \\
\hat{\underline{y}}_{Mi} &= \mathbf{C}_{Mi} \cdot \hat{\underline{x}}_i
\end{aligned} \tag{21.109}$$

$$\begin{aligned}
\dot{\hat{\underline{\xi}}}_i &= \boldsymbol{\Psi}_i \cdot \hat{\underline{\xi}}_i + \mathbf{H}_{\xi i} \cdot (\underline{y}_{Mi} - \hat{\underline{y}}_{Mi}) \\
\hat{\underline{u}}_{Ki} &= \hat{\underline{\delta}}_i = \boldsymbol{\Phi}_i \cdot \hat{\underline{\xi}}_i
\end{aligned} \tag{21.110}$$

Gleichung (21.109) stellt das Teilsystem und Gl. (21.110) das Störmodell dar.

Asymptotisch homogene Fehlerdifferentialgleichungen lassen sich aber für beliebige Störmodelle nicht allgemein nachweisen. Deshalb können nur spezielle Störmodelle verwendet werden. Ein für die Praxis realisierbares und einfaches Modell lautet:

$$\begin{aligned}
\boldsymbol{\Psi}_i &= \mathbf{0} \\
\boldsymbol{\Phi}_i &= \mathbf{E}
\end{aligned} \tag{21.111}$$

Damit folgt für das Störmodell nach Gl. (21.110):

$$\dot{\hat{\underline{\xi}}}_i = \dot{\hat{\underline{\delta}}}_i = \mathbf{H}_{\xi i} \cdot (\underline{y}_{Mi} - \hat{\underline{y}}_{Mi}) \tag{21.112}$$

Somit wird für den gesamten Teilsystembeobachter aus den Gleichungen (21.109) und (21.112) folgende Zustandsraumbeschreibung erhalten:

$$\underbrace{\begin{pmatrix} \hat{\underline{x}}_i \\ \hat{\underline{\delta}}_i \end{pmatrix}^{\bullet}}_{\dot{\hat{\underline{x}}}_{Ei}} = \underbrace{\begin{pmatrix} \mathbf{A}_{ii} - \mathbf{H}_i \cdot \mathbf{C}_{Mi} & \mathbf{B}_{Ki} \\ -\mathbf{H}_{\xi i} \cdot \mathbf{C}_{Mi} & \mathbf{0} \end{pmatrix}}_{\mathbf{A}_{Ei} - \mathbf{H}_{Ei} \mathbf{C}_{Ei}} \cdot \underbrace{\begin{pmatrix} \hat{\underline{x}}_i \\ \hat{\underline{\delta}}_i \end{pmatrix}}_{\hat{\underline{x}}_{Ei}} + \underbrace{\begin{pmatrix} \mathbf{B}_{Si} \\ \mathbf{0} \end{pmatrix}}_{\mathbf{B}_{Ei}} \cdot \underline{u}_{Si} + \underbrace{\begin{pmatrix} \mathbf{H}_i \\ \mathbf{H}_{\xi i} \end{pmatrix}}_{\mathbf{H}_{Ei}} \cdot \underline{y}_{Mi}$$

$$\tag{21.113}$$

$$\hat{\underline{y}}_{Mi} = \underbrace{(\mathbf{C}_{Mi} \quad \mathbf{0})}_{\mathbf{C}_{Ei}} \cdot \begin{pmatrix} \hat{\underline{x}}_i \\ \hat{\underline{\delta}}_i \end{pmatrix}$$

Aus Gl. (21.112) ist erkennbar, daß es sich hier um eine integrale Aufschaltung des Beobachterfehlers $\underline{y}_{Mi} - \hat{\underline{y}}_{Mi}$ aus gemessenen und beobachteten Meßausgängen handelt. Aus diesem Fehler rekonstruiert das Störmodell die Koppelgrößen solange, bis $\underline{u}_{Ki\infty} = \underline{\delta}_{i\infty}$ ist. Dann liefert der dezentrale Beobachter stationär genaue Zustandsgrößen.

Abweichend vom zentralen Beobachter gilt bei dezentralen Beobachtern das Separationsprinzip, wie es in Kap. 5.5.6.3 beschrieben ist, nicht mehr. Dies bedeutet, daß die Beobachterdynamik beim Zustandsreglerentwurf zu beachten ist.

21.9.2.3   Beispiel: Dezentraler Beobachter für zwei Teilsysteme

Für die Zustandsregelung von zwei Teilsystemen nach Abb. 21.19 werden zur
Schätzung der Bahnkräfte dezentrale Beobachter eingesetzt. Jedes Teilsystem ist
zustandsgeregelt, wobei die Zustandsregler die von den Beobachtern geschätzten
Bahnkräfte $\hat{f}_{23}$ bzw. $\hat{f}_{34}$ verarbeiten. Abbildung 21.29 zeigt die Struktur der
Regelung mit Beobachtern.

Die Koppeleingangsgröße für das Teilsystem 3 ist die Bahnkraft f_{34}, während
das Teilsystem 4 die Koppeleingangsgrößen v_3 und ϵ_{23} besitzt. Somit ergeben
sich folgende Matrizen der Koppeleingänge für die verkopplungsorientierte Darstellung nach Gl. (21.99):

$$\underline{u}_{K3} = [\, f_{34} \,] \tag{21.114}$$

$$\mathbf{B}_{K3} = \begin{pmatrix} 0 \\ 1/T_{\Theta N} \\ 0 \end{pmatrix} \tag{21.115}$$

$$\underline{u}_{K4} = [\, v_3 - v_0\epsilon_{23} \,] \tag{21.116}$$

$$\mathbf{B}_{K4} = \begin{pmatrix} -1/l_{34}T_N\epsilon_N \\ 0 \\ 0 \end{pmatrix} \tag{21.117}$$

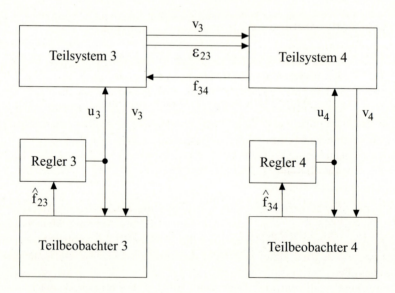

Abb. 21.29: *Struktur der Regelung mit dezentralen Beobachtern*

Der Teilbeobachterentwurf mit Störmodell erfolgte gemäß den Gleichungen (21.109) und (21.112). Die Parameter der Rückführmatrix $\mathbf{H}$ für Beobachter und die Integrierzeit T_ξ für das Störmodell wurden mit der Riccati–Gleichung berechnet. In Abb. 21.30 ist die Struktur der so ermittelten dezentralen Beobachter für die Teilsysteme 3 und 4 dargestellt, wobei Abb. 21.30.a den Teilbeobachter 3 und Abb. 21.30.b Teilbeobachter 4 zeigt. Die beiden Teilbeobachter sind um eine Ordnung reduziert, da die Ströme i_3 bzw. i_4 gemessen und direkt den Beobachtern zugeführt werden. Damit entfällt jeweils ein Beobachterzustand.

Die Ausgangsgrößen $\hat{\xi}_3$ bzw. $\hat{\xi}_4$ der Störmodelle entsprechen im eingeschwungenen Zustand den Koppeleingangsgrößen f_{34} bzw. $v_3 - v_0\epsilon_{23}$. Die in Abb. 21.30.b gestrichelt gezeichnete proportionale Fehlerrückführung kann vernachlässigt werden.

Um die Wirkungsweise der Beobachter zu zeigen, wurden die Teilbeobachter des Systems nach Abb. 21.30 zunächst nur parallel betrieben, d.h. die Bahnkräfte gemessen und direkt den Reglern zugeführt. In Abb. 21.31 sind die gemessenen und beobachteten Bahnkräfte dargestellt. Beide Beobachter sind in der Lage, alle Bahnkräfte stationär ohne Fehler zu schätzen.

Allerdings treten, wie in Abb. 21.31.b vor allem für die Bahnkraft $\hat{f}_{23}$ sichtbar, dynamische Abweichungen auf. Durch Verkleinern der Integrierzeit T_{ξ_3} auf unter $1\,ms$ kann diese Abweichung erheblich verringert werden. Dies ist aber in realen Systemen mit verrauschten Meßsignalen nicht immer möglich. Abbildung 21.31 beweist aber, daß es mit den in Kap. 21.9.2.2 entworfenen Störmodellen möglich ist, Zustandsgrößen auch mit dezentralen Beobachtern stationär genau zu schätzen.

21.9.2.4 Parameteränderungen

Bisher wurde vorausgesetzt, daß die Streckenparameter mit denen im Beobachter identisch sind. Dies ist jedoch nur in Ausnahmefällen gegeben. Bei kontinuierlichen Fertigungsanlagen ändern sich beispielsweise zwei Parameter während des Betriebes besonders häufig. Dies ist die Bahnbeschaffenheit der Stoffbahn durch Befeuchten, Streichen oder Bedrucken und die Reibung. Im ersten Fall ändert sich die Nenndehnung ϵ_N und im zweiten Fall wirkt an der Drehmomentvergleichsstelle eine zusätzliche Reibkraft f_R, wie in Abb. 21.20 dargestellt. Die Nenndehnungsänderung greift dabei multiplikativ in die Bildung der Bahnkraft ein, während die Reibung eine additive Änderung darstellt. Oft treten beide Änderungen gleichzeitig auf.

Zur Untersuchung der beiden Einflüsse wurden die gleichen Simulationen für die beiden Teilsysteme (Abb. 21.19) mit parallelen Beobachtern nach Abb. 21.30 wie in Kap. 21.9.2.3 durchgeführt. Allerdings wurde die Nenndehnung der Stoffbahn folgendermaßen verändert:

$$\epsilon_N = 0,5 \cdot \epsilon_{Nbeob} \tag{21.118}$$

Wie in Abb. 21.32.a erkennbar, kann der Teilbeobachter 3 die Bahnkraft nicht mehr stationär richtig schätzen, die Bahnkraft $\hat{f}_{23}$ erreicht nur den Endwert 0,5.

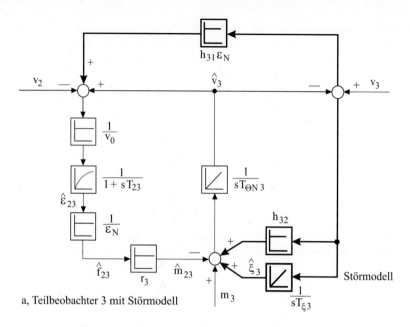

a, Teilbeobachter 3 mit Störmodell

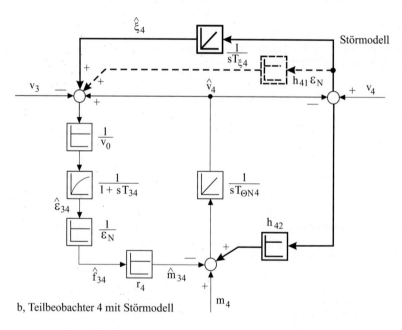

b, Teilbeobachter 4 mit Störmodell

Abb. 21.30: *Teilbeobachter 3 und 4 mit Störmodell*

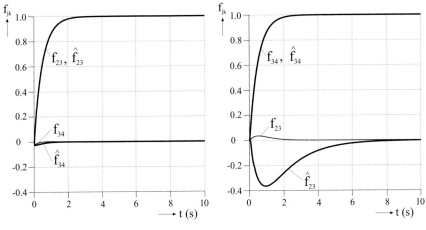

a, Führungssprung bei Antrieb 3   b, Führungssprung bei Antrieb 4

Abb. 21.31: *Dezentrale Beobachter mit Störmodell*

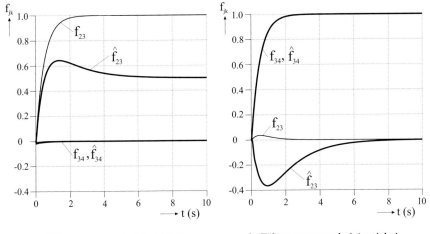

a, Führungssprung bei Antrieb 3   b, Führungssprung bei Antrieb 4

Abb. 21.32: *Dezentrale Beobachter bei Nenndehnungsänderung*

Dagegen ist der Teilbeobachter 4, wie Abb. 21.32.b zeigt, in der Lage, trotz der Parameteränderung die Bahnkräfte stationär genau zu schätzen. Der Grund dafür ist sein Störmodell, das hier an der Geschwindigkeitsvergleichsstelle $\hat{v}_4 - v_3$ eingreift und den Beobachterfehler korrigiert (Abb. 21.30.b). Das Störmodell des Teilbeobachters 3 dagegen wirkt an der Drehmomentvergleichsstelle und kann den Beobachterfehler nicht beseitigen (Abb. 21.30.a).

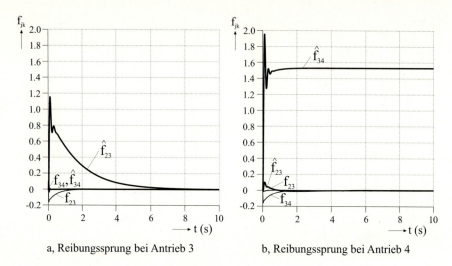

a, Reibungssprung bei Antrieb 3   b, Reibungssprung bei Antrieb 4

Abb. 21.33: *Dezentrale Beobachter bei Reibungsänderung*

Eine andere Situation ergibt sich bei einer sprungförmigen Reibungsänderung f_R (Abb. 21.20), wie in Abb. 21.33 gezeigt. Hier ist die Auswirkung einer sprungförmigen Reibungsänderung um den Betrag $f_R = 1$ bei Antrieb 3 dargestellt. Es tritt kein stationärer Beobachterfehler auf, da das Störmodell des Teilbeobachters 3 nach Abb. 21.30.a in der Lage ist, die Reibkraft f_R zu erkennen und auszuregeln. Dagegen wird, wie in Abb. 21.33.b gezeigt, die Reibkraft vom Teilbeobachter 4 nicht erkannt und somit die Bahnkraft $\hat{f}_{34}$ falsch geschätzt.

Die Beispiele in den Abbildungen 21.32 und 21.33 zeigen, daß die Störmodelle der dezentralen Beobachter neben den Koppelgrößen nur bedingt Parameteränderungen und Störgrößen ausregeln können. So ist das Störmodell des Teilbeobachters 3 in der Lage, die Reibkraft f_R zu erkennen, das Störmodell des Teilbeobachters 4 dagegen eine Änderung der Nenndehnung ϵ_N. Beide Störmodelle können aber nicht gleichzeitig an einem Teilbeobachter eingesetzt werden, da nur *ein* Fehlervergleich über die Geschwindigkeiten $v_j - \hat{v}_j$ möglich ist. Somit müssen andere Methoden verwendet werden, z.B. die Aufschaltung der gemessenen oder online über ein neuronales Netz ermittelten Reibkennlinie, um beide Fehler zu eliminieren [873].

21.9.2.5   Informationsaustausch zwischen den Teilbeobachtern

Teilt man die geschätzten Koppelgrößen den Teilbeobachtern mit, wie in Abb. 21.34 dargestellt, so wird die verkoppelte Streckenstruktur auch auf der Beobachterebene nachgebildet. Damit ist zwar keine strenge Dezentralität der Beobachter vorhanden, aber die Schätzung der Bahnkräfte ist mit erheblich besseren Ergebnissen verbunden.

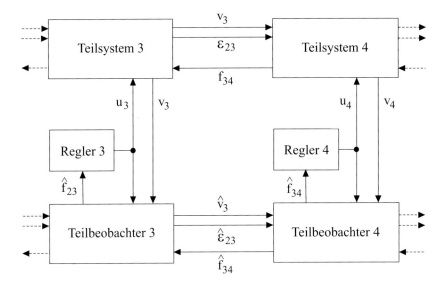

Abb. 21.34: *Dezentrale Beobachter mit Informationsaustausch*

Die jeweiligen Störmodelle müssen jetzt nur noch die Parameteränderungen bzw. die Störgrößen ermitteln. Verwendet man beispielsweise für beide Teilsysteme die Beobachterstruktur nach Abb. 21.30.b, so können Koppelgrößen und Nenndehnungsänderungen ohne stationären Fehler geschätzt werden.

Für eine geänderte Nenndehnung ϵ_N nach Gl. (21.118) zeigt Abb. 21.35 die Simulationsergebnisse bei einer Sprunganregung der jeweiligen Bahnkraftsollwerte f_{23} bzw. f_{34}.

Alle Bahnkräfte werden ohne stationären Fehler geschätzt. Vergleicht man Abb. 21.35.b mit den Abbildungen 21.31.b und 21.32.b, so erkennt man auch eine wesentliche Verbesserung des dynamischen Verhaltens der geschätzten Bahnkraft $\hat{f}_{23}$ beim Beobachter mit Informationsaustausch.

Eine Reibungsänderung wird allerdings auch mit dieser Struktur nicht erkannt. Diese muß mit anderen Methoden ermittelt werden. Dazu bietet sich eine Aufschaltung der Reibkraft f_R an, wenn diese im gesamten Betriebsbereich der Anlage bekannt ist. Meistens ist dies nicht der Fall. Die Reibung ist nichtlinear und beispielsweise von der Geschwindigkeit, Temperatur oder Belastung abhängig. In diesem Fall bieten sich andere Verfahren, wie z.B. neuronale Netze an, um die Reibkennlinie online zu „lernen". Diese Methoden werden in [873] behandelt.

21.9.2.6 Zustandsregelung mit dezentralen Beobachtern

Jetzt werden die von den dezentralen Beobachtern geschätzten Bahnkräfte den Teilzustandsreglern zugeführt, wie in Abb. 21.29 dargestellt. Oft können bei Beobachtern die Regelgrößen mit geringeren Glättungen zurückgeführt werden, was

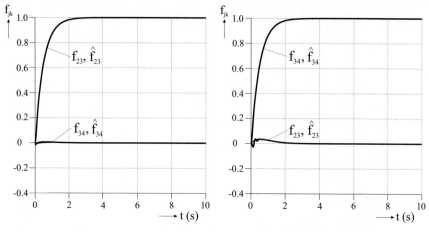

a, Führungssprung bei Antrieb 3   b, Führungssprung bei Antrieb 4

Abb. 21.35: *Dezentrale Beobachter mit Informationsaustausch bei geänderter Nenn-dehnung*

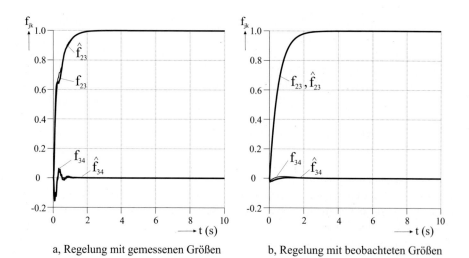

a, Regelung mit gemessenen Größen   b, Regelung mit beobachteten Größen

Abb. 21.36: *Vergleich einer Zustandsregelung mit Meßgebern und Beobachtern*

eine Verbesserung der Regeldynamik ergibt. Somit sind Beobachter schnelle Meß-glieder. Abbildung 21.36 zeigt den Vergleich einer dezentralen Bahnkraftregelung, wobei in Abb. 21.36.a die Kräfte mit Meßgebern über Glättungsglieder erfaßt, in Abb. 21.36.b mit Beobachtern geschätzt und den Zustandsreglern zugeführt wurden.

Wegen der geringeren Glättungen ist im Fall der Beobachter eine wesentlich bessere Entkopplung der Bahnkräfte erreichbar als mit der Regelung über Meßgeber (Abb. 21.36.a).

21.9.2.7 Beinflussung von dezentralen Reglern und Beobachtern

In den vorangegangenen Untersuchungen wurden die dezentralen Zustandsregler und dezentralen Beobachter so entworfen, daß die gegenseitige Beeinflussung gering ist. Da aber bei dezentralen Regelungen das Separationsprinzip (siehe Kap. 5.5.6.3) nicht mehr gilt, kann eine ungünstige Wahl von Regler– und Beobachterkoeffizienten das Regelergebnis beeinflussen. Im folgenden Beispiel wurden die Zustandsregler wie in Kap. 21.9.2.5 eingestellt, die dezentralen Beobachter dagegen langsamer (Pole näher an der imaginären Achse).

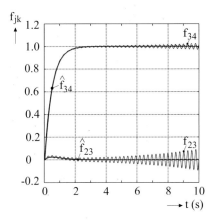

Abb. 21.37: *Beeinflussung von Regler und Beobachter*

Das Ergebnis ist in Abb. 21.37 zu sehen. Durch die gegenseitige Beeinflussung von Beobachter und Regler ist die Regelung instabil geworden. Deshalb ist beim Entwurf von dezentralen Regelungen mit Beobachtern die fehlende Separationseigenschaft zu beachten!

21.10 Zusammenfassung

Produktionsanlagen mit kontinuierlicher Fertigung stellen komplexe, verkoppelte und meist nichtlineare elektro–mechanische Systeme dar. In diesem Kapitel wurden die Nichtlinearitäten durch eine Linearisierung am Arbeitspunkt ersetzt und ein lineares System modelliert. Dadurch sind aber nur kleine dynamische Änderungen der Systemgrößen am Arbeitspunkt zugelassen. Herkömmliche Regelungen mit PI–Reglern in Kaskadenstruktur sind nur bedingt einsetzbar, wenn dies die Parameter des Systems zulassen.

Deshalb wurden dezentrale Zustandsregelungen mit dezentralen Beobachtern behandelt. Die dezentrale Regelung ermöglicht den Entwurf von Zustandsreglern und Beobachtern niedriger Ordnung für überschaubare Teilsysteme. Allerdings werden an die so entworfenen Regler und Beobachter zusätzliche Anforderungen gestellt, damit durch das Zusammenfügen der geregelten Teilsysteme zum geregelten Gesamtsystem Stabilität und das gewünschte Regelverhalten gewährleistet werden. Dies bedeutet, daß den Verkopplungen der Teilsysteme besondere Beachtung geschenkt werden muß. Die hier beschriebene Methode der dezentralen Entkopplung erfüllt diese Forderungen und ermöglicht die Entkopplung ohne zusätzliche Entkopplungsnetzwerke über die Zustandsregler.

Die dezentralen Beobachter sind nur mit geeigneten Störmodellen, welche die Kopplungen der Strecke approximieren, einsetzbar. Zudem ist bei dezentralen Beobachtern das Separationstheorem ungültig, d.h. Regler und Beobachter beeinflussen sich gegenseitig. Besonderes Augenmerk ist beim Einsatz von dezentralen Beobachtern auch auf Parameteränderungen zu richten, vor allem, wenn sich mehrere Parameter gleichzeitig ändern. Hier müssen dann andere Methoden zusätzlich angewendet werden, wie z.B. neuronale Netze.

Die hier behandelten Regelverfahren ermöglichen bei kontinuierlichen Fertigungsanlagen eine Verbesserung der Regelgüte und damit auch einen Qualitätszuwachs für die mit diesen Anlagen erzeugten Produkte.

Variablenübersicht

$*$	Symbol für Faltung
$*$	Symbol für Multiplikation in Modelica-Modellen
$*$	hochgestellter Index für Sollwerte (Kontinuierl. Fertigungsanlagen)
$*$	hochgestellter Index für konjugiert komplexen Wert (komplexe Gleichungen)
$'$	hochgestellter Index für fehlerbehaftete Modellgröße (Asynchronmaschine)
α	Realteil–Achse des statorfesten KOS
α	statorfeste Koordinatenachse
α	Zündwinkel des Stromrichters
α_0	Zündwinkel bei konstanter Stromrichtereingangsspannung X_{e0}, Grundaussteuerung (Stromrichter)
α_{LG}	Zündwinkel an der Lückgrenze (Stromrichter)
$\Delta\alpha$	Zündwinkeländerung des Stromrichters
α_1	Motorwinkel, normiert
α_2	Winkelposition der Antriebswelle, normiert
α_{12}	Verdrehwinkel, Torsionswinkel einer Welle, normiert
β	Imaginärteil–Achse des statorfesten KOS
β_K	Winkel zwischen statorfestem und allgemeinem KOS
β_{K2}	Winkel zwischen rotorfestem und allgemeinem KOS
β_L	Winkel zwischen stator– und rotorfestem KOS
β_S	Winkel eines betrachteten Raumzeigers im statorfesten KOS
$\underline{\delta}_i$	Approximation der Koppeleingänge (Kontinuierl. Fertigungsanlagen)
$\Delta(s)$	Hurwitz–Polynom (Vermeidung von Regler–Windup)
$\delta(t)$	Dirac–Impuls
$\delta_T(t)$	unendliche Dirac–Impulsfolge mit der Periodendauer T

ϵ_{ij}	Dehnung der Stoffbahn (Kontinuierl. Fertigungsanlagen)
ϵ_N	Nenndehnung der Stoffbahn (Kontinuierl. Fertigungsanlagen)
ϵ_0	räumlicher Umfangswinkel (Asynchronmaschine)
ϑ	Polradwinkel, Flußwinkel
Θ	Durchflutung
Θ	Massenträgheitsmoment
Θ_1	Massenträgheitsmoment der zweiten Masse (Dreimassensystem)
Θ_2	Massenträgheitsmoment der dritten Masse (Dreimassensystem)
Θ_A	Massenträgheitsmoment der Arbeitsmaschine (bezogen auf Antriebsmaschinenseite)
Θ_{ges}	Summenträgheitsmoment $\Theta_{ges} = \Theta_M + \Theta_A$
Θ_L	resultierendes Massenträgheitsmoment der Antriebsmaschinenseite
Θ_M	Massenträgheitsmoment des Motors (bezogen auf Antriebsmaschinenseite)
κ	Winkel zwischen EMK und voreilender Strom–Grundschwingung
$\boldsymbol{\Lambda}$	Diagonalmatrix der Eigenwerte (Kontinuierl. Fertigungsanlagen)
λ	Eigenwert eines linearen Systems
μ	Nullstelle eines linearen Systems
μ_0	magnetische Feldkonstante $\mu_0 = 4\,\pi \cdot 10^{-7}\ Vs/m$
μ_D	Normierungsfaktor Erregerfluß–Dämpferstrom
μ_E	Normierungsfaktor Dämpferfluß–Erregerstrom
ν	Anzahl der steuerbaren Ventile des Stromrichters
ν	Querdehnzahl (Kontinuierl. Fertigungsanlagen)
σ	Blondelscher Streukoeffizient
$\sigma(t)$	Einheitssprung
σ_3	Streufaktor Dämpferwicklung
σ_E	Streufaktor Erregerwicklung
σ_D	Streufaktor d–Komponente Dämpferwicklung
σ_Q	Streufaktor q–Komponente Dämpferwicklung
σ_r	Streufaktor Permanentmagnet
σ_{ij}	Bahnspannung (Kontinuierl. Fertigungsanlagen)
Φ	Transitionsmatrix
$\boldsymbol{\Phi}_i$	Ausgangsmatrix des Störmodells bei dezentralen Beobachtern (Kontinuierl. Fertigungsanlagen)
Φ	mechanischer Drehwinkel einer Welle

Φ_M	mechanischer Drehwinkel des Motors
Φ_1	mechanischer Drehwinkel der ersten Getriebstufe
Φ_2	mechanischer Drehwinkel der zweiten Getriebstufe
φ	Drehwinkel
$\dot{\varphi}$	Winkelgeschwindigkeit
$\ddot{\varphi}$	Winkelbeschleunigung
$\Delta\varphi$	Torsionswinkel der Welle
$\Delta\varphi$	Winkelfehler (Modellbildung der Asynchronmaschine)
$\Delta\dot{\varphi}$	Differenzwinkelgeschwindigkeit der Welle
φ	Phasenwinkel
$\varphi(\omega)$	Phasengang
φ_0	Phasenwinkel des offenen Kreises
$\varphi_0(\omega)$	Phasengang des offenen Kreises
φ_A	Drehwinkel der Arbeitsmaschine
$\dot{\varphi}_A$	Winkelgeschwindigkeit der Arbeitsmaschine
$\ddot{\varphi}_A$	Winkelbeschleunigung der Arbeitsmaschine
φ_M	Drehwinkel des Motors
$\dot{\varphi}_M$	Winkelgeschwindigkeit des Motors
$\ddot{\varphi}_M$	Winkelbeschleunigung des Motors
φ_{Rd}	Phasenrand, Phasenreserve
φ_{T_t}	Phasenwinkel, welcher der Totzeit T_t entspricht
$\underline{\xi}_i$	Zustandsvektor des Störmodells bei dezentralen Beobachtern (Kontinuierl. Fertigungsanlagen)
ρ	Dichte (Kontinuierl. Fertigungsanlagen)
ρ_0	Dichte vor Verformung (Kontinuierl. Fertigungsanlagen)
Ψ	Erregerfluß
$\boldsymbol{\Psi}_i$	Systemmatrix des Störmodells bei dezentralen Beobachtern (Kontinuierl. Fertigungsanlagen)
Ψ_1	Statorfluß
Ψ_2	Rotorfluß
Ψ_3	Fluß der Dämpferwicklung
Ψ_μ	Luftspaltfluß
$\vec{\Psi}$	komplexer Flußraumzeiger
$\vec{\Psi}_{PMg}$	Gesamtflusses des Permanentmagneten
$\vec{\Psi}_{PM}$	Hauptfluß des Permanentmagneten
$\Psi_D,\ \psi_D$	d–Komponente des Flusses der Dämpferwicklung, normiert
$\Psi_d,\ \psi_d$	d–Komponente des Statorflusses $\vec{\Psi}_1$, normiert
$\Psi_E,\ \psi_E$	Erregerfluß, normiert
Ψ_N	Nennfluß
$\Psi_Q,\ \psi_Q$	q–Komponente des Flusses der Dämpferwicklung, normiert
Ψ_{QN}	Nenngröße q–Komponente des Flusses der Dämpferwicklung

$\Psi_q,\ \psi_q$	q–Komponente des Statorflusses $\vec{\Psi}_1$, normiert
$\vec{\Psi}_r$	Rotorflußraumzeiger bei direkter Selbstregelung
$\vec{\Psi}_s$	Statorflußraumzeiger bei direkter Selbstregelung
$\vec{\Psi}_E$	Flußraumzeiger des Erregerflusses
Ω	Winkelgeschwindigkeit
Ω_{el}	elektrische Winkelgeschwindigkeit des Rotors
Ω_{0N}	Leerlaufnennwinkelgeschwindigkeit $\Omega_{0N} = 2\pi N_{0N}$
Ω_A	Winkelgeschwindigkeit der Arbeitsmaschine
Ω_K	Kreisfrequenz des umlaufenden Koordinatensystems K
Ω_L	Kreisfrequenz des umlaufenden Koordinatensystems L
Ω_M	Winkelgeschwindigkeit des Motors
Ω_m	mechanische Winkelgeschwindigkeit des Rotors
Ω_N	Nennkreisfrequenz
Ω_1	Kreisfrequenz eines umlaufenden Raumzeigers im statorfesten Koordinatensystem
Ω_2	Schlupfkreisfrequenz
ω	Kreisfrequenz $\omega = 2\pi f$
ω_0	Kennkreisfrequenz, Eigenfrequenz des ungedämpften Systems
ω_2	Schlupfkreisfrequenz, normiert
ω_a	natural frequency of the absorber
ω_c	ideal resonance frequency
ω_d	Amplitudendurchtrittsfrequenz in rad/s
ω_e	Eigenresonanzfrequenz, Eigenfrequenz des gedämpften Systems
ω_k	Phasendurchtrittsfrequenz = Stabilitätsgrenze
ω_{krit}	Stabilitätsgrenze
ω_L	elektrische Winkelgeschwindigkeit des Rotors, normiert
ω_m	mechanische Winkelgeschwindigkeit des Rotors, normiert
ω_N	Netzkreisfrequenz
$\omega_{0(N)}$	Kennkreisfrequenz des Nennerpolynoms
ω_n	natürliche Frequenz
$\omega_{0(Z)}$	Kennkreisfrequenz des Zählerpolynoms
$\mathcal{L}$	Laplace–Transformation
$\mathcal{Z}$	z–Transformation
$\mathcal{Z}_{mod}$	modifizierte z–Transformation
A	Amplitude
A	Spannungszeitfläche (Stromrichter), Anode (Thyristor)
A	Amplitude der Steuersatzeingangsspannung (Stromrichter)
A	Fläche nach Verformung (Kontinuierl. Fertigungsanlagen)
$\mathbf{A}$	Systemmatrix
$\mathbf{A}_{ii}$	Teilsystemmatrix (Kontinuierl. Fertigungsanlagen)

A_0	Fläche vor Verformung (Kontinuierl. Fertigungsanlagen)
$\mathbf{A}_{ZR}$	Systemmatrix zustandsgeregeltes System (ohne I–Anteil)
$\mathbf{A}_{ZRI}$	Systemmatrix zustandsgeregeltes System (mit I–Anteil)
A_{Rd}	Amplitudenabstand, Amplitudenrand
A_F	Amplitudenfehler (Modellbildung der Asynchronmaschine)
a	Faktor beim allgemeinen Symmetrischen Optimum
a	Spannungsansteuerung (Stromregelverfahren)
$\underline{a}, \underline{a}^2$	Komplexe Drehoperatoren
B	magnetische Induktion
$\vec{B}$	komplexer Raumzeiger des magnetischen Feldes
$\mathbf{B}, \underline{b}$	Steuermatrix, Steuervektor
$\mathbf{B}_{Ki}$	Koppeleingangsmatrix eines Teilsystems
	(Kontinuierl. Fertigungsanlagen)
$\mathbf{B}_{Si}$	Steuermatrix eines Teilsystems
	(Kontinuierl. Fertigungsanlagen)
B_r	Remanenzfeldstärke
BO	Betragsoptimum
BZ	Abkürzung für Bezugsgröße
$\vec{b}_{ZRI}$	Steuervektor zustandsgeregeltes System (mit I–Anteil)
b_i	Reglerkoeffizienten beim Dämpfungsoptimum
b_{kj}^*	Elemente der modal transformierten Koppeleingänge
	(Kontinuierl. Fertigungsanlagen)
C	Kapazität
$\mathbf{C}, \underline{c}^T$	Ausgangsmatrix, Ausgangsvektor
$\mathbf{C}$	stiffness matrix
$\mathbf{C}_{Ki}$	Koppelausgangsmatrix eines Teilsystems
	(Kontinuierl. Fertigungsanlagen)
$\mathbf{C}_{Mi}$	Ausgangsmatrix eines Teilsystems
	(Kontinuierl. Fertigungsanlagen)
c	Federsteifigkeit, Drehfedersteifigkeit
c_{12}	Drehfedersteifigkeit der Welle, normiert
c_a	absorber spring constant
c_{ik}^*	Elemente der modal transformierten Koppelausgänge
	(Kontinuierl. Fertigungsanlagen)
$C_P(s)$	charakteristisches Polynom des Regelkreises
D	Diode
D	Dämpfungsgrad, Dämpfungsfaktor
$\mathbf{D}, d$	Durchschaltmatrix, Durchgriff
$\mathbf{D}$	damping matrix
$D_a(s)$	denominator of the absorber transfer function

D_i	Doppelverhältnis Nr. i (Dämpfungsoptimum)
$D_{(N)}$	Dämpfungsgrad des Nennerpolynoms
$D_{(Z)}$	Dämpfungsgrad des Zählerpolynoms
DO	Dämpfungsoptimum
DSS	dynamisch symmetriertes Stellglied
D_x	induktiver Spannungsabfall (Stromrichter)
d	direkte Achse der Synchron–Schenkelpolmaschine
d	Dämpfung (mechanisch)
d_{12}	Dämpfung der Welle, normiert
d_a	absorber damping constant
d_α, d_β	Ausgangssignale des Hysteresereglers (Stromregelverfahren)
dB	Dezibel
dt	zeitliche Verschiebung des Zündimpulses (Stromrichter)
	bei einer differentiellen Störung dx_e
d_x	induktiver Spannungsabfall, normiert
dx_e	differentiellen Störung des Eingangssignals x_e

$\mathbf{E}$	Einheitsmatrix; Systemmatrix von $\dot{\mathbf{x}}$ bei Deskriptorsystem
E	Elastizitätsmodul (Kontinuierl. Fertigungsanlagen)
E, E_A	induzierte Gegenspannung
E_0	Elastizitätsmodul, unverformt (Kontinuierl. Fertigungsanlagen)
$E(s), e(t)$	Führungsfehler im Frequenz– bzw. Zeitbereich
EMK	elektromotorische Kraft
$\underline{e}, \underline{e}_i$	Beobachterfehler (Kontinuierl. Fertigungsanlagen)
e_A	induzierte Gegenspannung, normiert

F	Kraft
$F(j\omega)$	Frequenzgang
$|F(j\omega)|$	Amplitudengang
$F_0(j\omega)$	Frequenzgang des offenen Regelkreises
$|F_0(j\omega)|$	Amplitudengang des offenen Regelkreises
$F_{0,lin}(j\omega)$	Frequenzgang des linearen Teils des offenen Regelkreises
$F_a(s)$	transfer function of the active feedback
F_D	Dreieckfrequenz
F_{jk}	Bahnkraft zwischen den Walzen j–k
	(Kontinuierl. Fertigungsanlagen)
$F_L(s)$	Übertragungsfunktion des Linearteils
F_N	Nennbahnkraft (Kontinuierl. Fertigungsanlagen)
F_p	Pulsfrequenz
$F_{PH}(s)$	Übertragungsfunktion $F_L(s) + 1$
F_R	Reibkraft
F_{R0}	Reibkraft beim Übergang vom Gleiten ins Haften
F_{Rmax}	Maximale Reibkraft im Haften

$F_R(j\omega)$	Frequenzgang des Reglers
$F_r(j\omega)$	Frequenzgang der Rückführung
$F_S(j\omega)$	Frequenzgang der Strecke
F_S	mittlere Schaltfrequenz des Umrichters (Stromregelverfahren)
F_s	Statorfrequenz bei der direkten Selbstregelung
F_{s0}	Typenpunktsfrequenz bei der direkten Selbstregelung
F_T	Taktfrequenz des Umrichters
$F_{T\,max}$	maximal zulässige Taktfrequenz des Umrichters
$F_w(j\omega)$	Frequenzgang des geschlossenen Regelkreises
$F_z(j\omega)$	Frequenzgang der Störübertragungsfunktion
F_1	Grundfrequenz
f	Frequenz, Abtastfrequenz
f	force
$f(t)$	Zeitfunktion
$f(z)$	z–Transformierte von $f(t)$
f_a	Verarbeitungsfrequenz des AD–Wandlers
f_a	absorber force
f_D	natürliche Amplitudendurchtrittsfrequenz in Hz
f_{jk}	Bahnkraft zwischen den Walzen j–k, normiert
	(Kontinuierl. Fertigungsanlagen)
$f^*(t)$	abgetastete Zeitfunktion
$f_p^*(t)$	mit endlicher Schließungsdauer abgetastete Zeitfunktion
f_N	Netzfrequenz
f_n	ausgezeichnete Frequenz (Stromrichter)
f_R	Reibkraft, normiert
f_s	Frequenz der Steuersatzeingangsspannung (Stromrichter)

$G(s)$	Laplace–Übertragungsfunktion
$G(z,m)$	modifizierte z–Übertragungsfunktion
$G_0(s)$	Übertragungsfunktion des offenen Regelkreises
$G_{0,lin}(s)$	Übertragungsfunktion des linearen Teils des offenen Regelkreises
$G_A(s)$	Übertragungsfunktion zur EMK–Aufschaltung, meist $1/V_{STR}$
$G_a(s)$	absorber transfer function
$G_D(s)$	Dämpferübertragungsfunktion
$G_{ers\,i}(s)$	Ersatzübertragungsfunktion des Stromregelkreises
$G_{ers\,n}(s)$	Ersatzübertragungsfunktion des Drehzahlregelkreises
$G_{Gn}(s)$	Übertragungsfunktion der Sollwertglättung des Drehzahlregelkreises
$G_{ls}(z)$	spezielle z–Transformierte des linearen Teils des offenen Regelkreises
$G_{inv}(s)$	inverse Übertragungsfunktion des Ersatzstromregelkreises
$G_p(s)$	transfer function of the primary system
$G_R(s)$	Übertragungsfunktion des Reglers

$G_{Rf}(s)$	Übertragungsfunktion des Bahnkraftreglers
$G_{Rn}(s)$	Übertragungsfunktion des Drehzahlreglers
$G_r(s)$	Übertragungsfunktion der Rückführung
$G_S(s)$	Übertragungsfunktion der Strecke
$G_{Sfopt}(s)$	Übertragungsfunktion der zu optimierenden Bahnkraftregelstrecke
$G_{Snopt}(s)$	Übertragungsfunktion der zu optimierenden Drehzahlregelstrecke
$G_{SOn}(s)$	Übertragungsfunktion des symmetrisch optimierten Drehzahlregelkreises
$G_{STR}(s)$	Übertragungsfunktion des Stromrichters
$G_v(s)$	Übertragungsfunktion des Vorwärtszweiges
$G_w(s)$	Führungs–Übertragungsfunktion
$G_z(s)$	Störungs–Übertragungsfunktion
g_c	critical gain

H	magnetische Feldstärke
H	Hysteresebandbreite (Stromregelverfahren)
H_0	Halteglied nullter Ordnung
$\mathbf{H}$, $\mathbf{H}_i$	Rückführmatrix dezentraler Beobachter (Kontinuierl. Fertigungsanlagen)
H_c	Koerzitivfeldstärke der magnetischen Induktion
h	endliche Schließungsdauer des Abtasters, Schrittweite

$\vec{I}$	komplexer Stromraumzeiger
$\vec{I}_1$	Raumzeiger des Statorstroms
$\vec{I}_2$	Raumzeiger des Rotorstroms
I_1, I_2	Strom in Leitung 1 und 2
I_a, I_b, I_c	Strangströme
$I_{\mu d}$	Summenstrom $I_{\mu d} = I_d + I_E$
$I_{\mu q}$	Summenstrom $I_{\mu q} = I_q$
I_μ	Magnetisierungsstrom
I_A	Ankerstrom
I_{AN}	Ankernennstrom
I_d	Ausgangsstrom des Stromrichters
I_D, i_D	d–Komponente Dämpferstrom $\vec{I}_1$, normiert
I_{DN}	Nenngröße der d–Komponente Dämpferstrom
I_d	d–Komponente Statorstrom $\vec{I}_1$
I_E, i_E	Erregerstrom, normiert
I_{EN}	Erregernennstrom
I_{effN}	Effektivwert Strangnennstrom
$\hat{I}_{K1}$	Kurzschlußstromscheitelwert der Grundschwingung bei Grundfrequenztaktung (Stromregelverfahren)
Im	Imaginärteil
I_N	Strangnennstrom

I_Q, i_Q	q–Komponente Dämpferstrom $\vec{I}_1$, normiert
I_{QN}	Nenngröße der q–Komponente Dämpferstrom
I_q	q–Komponente Statorstrom $\vec{I}_1$
I_q	Ladestrom der dynamischen Symmetrierschaltung (Stromrichter)
$\vec{I}_r$	Rotorstromraumzeiger bei direkter Selbstregelung
$\vec{I}_s$	Statorstromraumzeiger bei direkter Selbstregelung
i_0	Strom zum Zündzeitpunkt, normiert (Stromrichter)
i_A	Ankerstrom, normiert
$\bar{i}_A$	Mittelwert des Ankerstroms, normiert
i^*_A	Sollwert des Ankerstroms, normiert
$\bar{i}_{LG}$	Mittelwert des Lückgrenzstroms, normiert

$\mathbf{J}$	Jacobimatrix
J	Gütefunktional
J_K	Gütefunktional der dezentralen Entkopplung (Kontinuierl. Fertigungsanlagen)
j	imaginäre Einheit: $j^2 = -1$

K	Kathode (Thyristor)
K	Hochgestellter Index für allgemeines Koordinatensystem
K	Verstärkungsfaktor
$\mathbf{K}$	Rückführmatrix (Kontinuierl. Fertigungsanlagen)
K_α	Verstärkungsfaktor des Stromrichterstellgliedes bei differentieller Störung im NLB
$K_{\alpha l}$	Verstärkungsfaktor des Stromrichterstellgliedes bei differentieller Störung im LB
K_D	Verstärkung des Differentialterms bei Summenform des PID–Reglers
$K_{ers\,i}$	Verstärkungsfaktor des Ersatz–Stromregelkreises
$K_{ers\,n}$	Verstärkungsfaktor des Ersatz–Drehzahlregelkreises
K_f	Rückführkoeffizient der Bahnkraft
K_I	Verstärkungsfaktor des offenen Stromregelkreises
K_I	Verstärkung des Integralterms bei Summenform des PID–Reglers
K_n	Rückführkoeffizient der Drehzahl
K_P	Verstärkung des Proportionalterms bei Summenform des PID–Reglers
K_R	Reglerverstärkung PI–Regler, $G_R(s) = K_R \cdot \dfrac{1 + sT_R}{s}$
K_S	Streckenverstärkung
K_V	Vorfilterfaktor bei Zustandsregelung
k	Schaltzustand bei Stromregelverfahren
k_1, k_2	Korrekturfaktoren beim erweiterten SO

L	Induktivität
L	Drehimpuls
L	Hochgestellter Index für rotorfestes Koordinatensystem
L_1, L_2, L_3	Außenleiter des Spannungssystems N
L_1	Eigeninduktivität der Statorwicklung
L_2	Eigeninduktivität der Rotorwicklung
L_3	Eigeninduktivität der Dämpferwicklung
L_σ	Streuinduktivität
$L_{\sigma 1}$	Streuinduktivität der Statorwicklung
$L_{\sigma E}$	Streuinduktivität der Erregerwicklung
$L_{\sigma d}$	d–Komponente der Streuinduktivität Statorwicklung
$L_{\sigma q}$	q–Komponente der Streuinduktivität Statorwicklung
$L_{\sigma D}$	d–Komponente der Streuinduktivität Dämpferwicklung
$L_{\sigma Q}$	q–Komponente der Streuinduktivität Dämpferwicklung
L_c	Differenzinduktivität Erreger–Dämpfer und Erreger–Stator
L_D, l_d	d–Komponente der Induktivität Dämpferwicklung, normiert
L_d	d–Komponente der Induktivität Statorwicklung
L_E, l_E	Erregerinduktivität, normiert
L_{Ed}, l_{Ed}	differentielle Erregerinduktivität, normiert
L_{EN}	Erregernenninduktivität
L_h	Hauptinduktivität
L_{hd}	d–Komponente der Hauptinduktivität Statorwicklung
L_{hq}	q–Komponente der Hauptinduktivität Statorwicklung
L_{jk}, l_{jk}	Bahnlänge zwischen den Walzen j–k, normiert (Kontinuierl. Fertigungsanlagen)
L_N	Nennbahnlänge (Kontinuierl. Fertigungsanlagen)
L_N	Nenninduktivität
L_Q, l_q	q–Komponente der Induktivität Dämpferwicklung, normiert
L_q	q–Komponente der Induktivität Statorwicklung
LB	Lückbetrieb
LG	Lückgrenze

M	Gegeninduktivität
M	Drehmoment (Kontinuierl. Fertigungsanlagen)
$\mathbf{M}$	Transformationsmatrix zur Koordinatentransformation
$\mathbf{M}$	mass matrix
$\dot{M}$	Massenstrom
M_1	Drehmoment in der ersten Getriebestufe
M_2	Drehmoment in der zweiten Getriebestufe
M_{13}	Stator–Dämpfer–Gegeninduktivität
M_B, m_b	Beschleunigungsmoment, normiert
M_{BA}	Beschleunigungsmoment des Motors

M_{BD}	Beschleunigungsmoment des passiven Dämpfers
M_{BM}	Beschleunigungsmoment der Arbeitsmaschine
M_C	Übertragungsmoment einer Feder
M_D	Übertragungsmoment durch Dämpfung
M_{IN}	inneres Nennmoment des Motors
M_L	Lastmoment
M_M, m_M	Motormoment, normiert
M_{Mi}, m_{Mi}	Luftspaltmoment, normiert
M_R	Reibmoment
M_W, m_W	Widerstandsmoment, Lastmoment, normiert
M_{dD}	d–Komponente Stator–Dämpfer–Gegeninduktivität
M_{DE}	d–Komponente Dämpfer–Polrad–Gegeninduktivität
M_{dE}	d–Komponente Stator–Polrad–Gegeninduktivität
M_{dEN}	Nenngröße d–Komponente Stator–Polrad–Gegeninduktivität
M_{qE}	q–Komponente Stator–Polrad–Gegeninduktivität
M_{qQ}	q–Komponente Stator–Dämpfer–Gegeninduktivität
m_{12}	Wellenmoment, normiert
m_1	Motormoment, normiert
m_2	Widerstandsmoment, Lastmoment, normiert
m_A	Arbeitsmaschinenmoment, normiert
m_a	absorber mass
m_{dE}	d–Komponente Stator–Polrad–Gegeninduktivität, normiert
m_{Ed}	d–Komponente Polrad–Stator–Gegeninduktivität, normiert

N	Drehzahl
N	Spannungssystem
N	Normalkraft
N	Teilchen
$\dot{N}$	Teilchenstrom
$N(s)$	Nennerpolynom
$N(s)$	Normpolynom 2. Ordnung
N_{Norm}	Normpolynom
N_{0N}	Leerlauf–Nenndrehzahl
N_N	Nenndrehzahl
$N_a(s)$	numerator of the absorber transfer function
NLB	Nichtlückbetrieb
n	Systemordnung
n	Drehzahl, normiert
m_{12}	Differenzwinkelgeschwindigkeit, normiert
n_1	Motordrehzahl, normiert
n_2	Arbeitsmaschinendrehzahl, normiert
n_A	Motordrehzahl
n_M	Arbeitsmaschinendrehzahl
n_T	Pulszahl

P	Amplitudenverhältnis von Sollspannung zu Dreieckspannung (Stromregelverfahren)
P	Leistung
P	Druck
P	Impuls
P_0	Leerlaufleistung
P_N	Nennleistung
P_S	Scheinleistung
p	Pulszahl des Stromrichters
p	Leistung, normiert
$\mathbf{p}$	Parametervektor einer DAE
p_i	Polynomkoeffizient Nr. i

Q	Ladung
$\dot{Q}$	Wärmestrom
$\mathbf{Q}$	Orthogonale Matrix
$\mathbf{Q}$	Gewichtungsmatrix der Zustandsgrößen
$\mathbf{Q}_B$	Beobachtbarkeitsmatrix
$\mathbf{Q}_S$	Steuerbarkeitsmatrix
q	Querachse der Synchron–Schenkelpolmaschine

R	ohmscher Widerstand
$\mathbf{R}$	obere, reguläre Dreiecksmatrix
$\mathbf{R}$	Gewichtungsmatrix der Eingangsgrößen
$R_1,\, r_1$	ohmscher Statorwiderstand, normiert
R_2	ohmscher Rotorwiderstand
$R_A,\, r_A$	ohmscher Ankerwiderstand, normiert
R_D	d–Komponente des Widerstands Dämpferwicklung
$R_E,\, r_E$	ohmscher Erregerwiderstand, normiert
R_{EN}	ohmscher Erregernennwiderstand
Re	Realteil
$R_k,\, r_k$	Walzenradius, normiert (Kontinuierl. Fertigungsanlagen)
R_N	Nennwalzenradius (Kontinuierl. Fertigungsanlagen)
R_N	Nennwiderstand
R_Q	q–Komponente des Widerstands Dämpferwicklung
R_r	Rotorwiderstand bei direkter Selbstregelung
R_s	Statorwiderstand bei direkter Selbstregelung
$\underline{r}$	Reglervektor
r_i	Komponente i des Reglervektors $\underline{r}$

S	Schalter, Schalterstellung
S	Hochgestellter Index für statorfestes Koordinatensystem

S	Entropie
$\dot{S}$	Entropiestrom
$S_{ji}^{\lambda_k}$	Polempfindlichkeit (Kontinuierl. Fertigungsanlagen)
$S_{rji}^{\lambda_k}$	Relative Polempfindlichkeit (Kontinuierl. Fertigungsanlagen)
SO	symmetrisches Optimum
STR	Stromrichter
s	Schlupf
s	Laplace–Operator $s = \sigma + j\omega$
s	Bahnparameter einer parametrisierten Kurve
s_N	Nennschlupf
T	Temperatur
T	Abtastperiode
T	Zeitkonstante, time constant
T	zeitlicher Abstand der Spannungsrampen U_{gi} (Stromrichter)
T_d''	subtransiente Zeitkonstante des Längsfeldes
T_q''	subtransiente Zeitkonstante des Querfeldes
T_d'	transiente Zeitkonstante des Längsfeldes
T_1	große Zeitkonstante
T_1	Zeitkonstante Statorkreis
T_2	kleine Zeitkonstante
T_2	Zeitkonstante Rotorkreis
$T_{\Theta N}$	Trägheits–Nennzeitkonstante
$T_{\Theta 1}$	Trägheits–Nennzeitkonstante des Motors
$T_{\Theta 2}$	Trägheits–Nennzeitkonstante der Arbeitsmaschine
$T_{\Theta(M+A)}$	Summenträgheits–Nennzeitkonstante von Antriebs- und Arbeitsmaschine
T_σ	kleine Summenzeitkonstante
T_σ	Verzögerungszeit
$T_{\sigma i}$	kleine Summenzeitkonstante des Stromregelkreises
$T_{\sigma i_E}$	kleine Summenzeitkonstante des Erregerstromregelkreises
$T_{\sigma n}$	kleine Summenzeitkonstante des Drehzahlregelkreises
$T_{\sigma f}$	kleine Summenzeitkonstante des Bahnkraftregelkreises
T_{Abtast}	Abtastzeit
T_A	Ankerzeitkonstante
T_B	Bahnzeitkonstante aus Parallelschaltung der freien Bahnlängen (Kontinuierl. Fertigungsanlagen)
T_{beo}	Zeitkonstante des Entkopplungsbeobachters (Kontinuierl. Fertigungsanlagen)
T_c	critical time constant
T_D	Differentiations–Zeitkonstante
T_D	Zeitkonstante d–Komponente Dämpferwicklung
T_E	statistischer Mittelwert von T_w, Wartezeitnäherung (Stromrichter)

T_E Erregerzeitkonstante

T_{Ed} differentielle Erregerkreiszeitkonstante

T_{EN} Erregerkreis–Nennzeitkonstante

T_{ers} Ersatzzeitkonstante

$T_{ers\,i}$ Ersatzzeitkonstante des Stromregelkreises

$T_{ers\,i_E}$ Ersatzzeitkonstante des Erregerstromregelkreises

$T_{ers\,n}$ Ersatzzeitkonstante des Drehzahlregelkreises

T_G Zeitkonstante der Führungsglättung

T_{Gn} Zeitkonstante der Führungsglättung beim Drehzahlregelkreis

T_g Zeitkonstante der Istwertglättung

T_{gi} Zeitkonstante der Stromistwertglättung

T_{gi_E} Zeitkonstante der Erregerstromistwertglättung

T_{ge} Zeitkonstante der Gegenspannungsistwertglättung

T_{gu} Zeitkonstante der Ankerspannungsistwertglättung

T_{gn} Zeitkonstante der Drehzahlistwertglättung

T_{gf} Zeitkonstante der Bahnkraftistwertglättung

T_I Integrations–Zeitkonstante

T_{if} Integrations–Zeitkonstante der Bahnkraft

T_{jk} Bahnzeitkonstante (Kontinuierl. Fertigungsanlagen)

T_K Temperaturkoeffizient

T_{mess} Meßzeit

T_N Periodendauer der Netzspannung

T_N Nenn–Bahnzeitkonstante (Kontinuierl. Fertigungsanlagen)

T_n Nachstellzeit PI–Regler, $\;G_R(s) = V_R \cdot \dfrac{1 + sT_n}{sT_n}$

T_{nf} Nachstellzeit des Bahnkraft–PI–Reglers

T_{nn} Nachstellzeit des Drehzahl–PI–Reglers

T_Q Zeitkonstante q–Komponente Dämpferwicklung

T_R Nachstellzeit PI–Regler, $\;G_R(s) = K_R \cdot \dfrac{1 + sT_R}{s}$

T_{res} resultierende Zeitkonstante

T_S große Zeitkonstante

T_{sys} Systemzeitkonstante

T_t Totzeit

T_{xi} Zeitkonstante des Strommeßgliedes

T_{xn} Zeitkonstante des Drehzahlmeßgliedes

T_y Registerfehlerzeitkonstante (Kontinuierl. Fertigungsanlagen)

T_w Wartezeit (Stromrichter)

T_{w0} Wartezeit (Stromrichter) für $\Delta\alpha \to 0$

t Zeit

t_{an} Anregelzeit

t_{aus} Ausregelzeit

t_B Stromführungsdauer eines Ventils (Stromrichter)

$\hat{U}$	Scheitelwert einer Spannung
$\vec{U}$	komplexer Spannungsraumzeiger
$\vec{U}_1$	Raumzeiger der Statorspannung
$\vec{U}_2$	Raumzeiger der Rotorspannung
U_1, U_2, U_3	Strangspannungen des Spannungssystems N
U_{12}	Zahl der Druckspiegel (Kontinuierl. Fertigungsanlagen)
U_a, U_b, U_c	Strangspannungen
U_{ab}, U_{bc}, U_{ca}	verkettete Spannungen
U_A, u_A	Ankerspannung, normiert
U_{AN}	Ankernennspannung
U_{effN}	Effektivwert Strangnennspannung
U_a	Ausgangsspannung
U_d, u_d	Ausgangsspannung des Stromrichters, normiert
U_d, u_d	d–Komponente der Statorspannung, normiert
U_{dN}	Nennspannung des Stromrichters
U_{di0}	idealer Gleichspannungsmittelwert bei $\alpha = 0°$
U_D	Dreieckspannung
U_e	Eingangsspannung
$\vec{U}_E$	Spannungsraumzeiger der Erregerspannung
U_E, u_E	Erregerspannung, normiert
U_{EN}	Erregernennspannung
U_{gi}, u_{gi}	netzsynchrone Spannungsrampen (Grundspannungen), normiert
	beim Stromrichterstellglied
U_H	Hauptfeldspannung
$\vec{U}_i^S$	Raumzeiger der inneren Gegenspannung im statorfesten KOS
U_N	Strangnennspannung
U_q, u_q	q–Komponente der Statorspannung, normiert
$\vec{U}_r$	Rotorspannungsraumzeiger bei direkter Selbstregelung
U_R	Reglerausgangsspannung
U_{RN}	Reglernennspannung
$\vec{U}_s$	Statorspannungsraumzeiger bei direkter Selbstregelung
U_V	Grundschwingungseffektivwert der verketteten Spannung
$\hat{u}$	Scheitelwert einer Spannung, normiert
$u, \underline{u}$	Stellgröße, Stellvektor, Reglerausgangsgröße, Steuervektor
u_α	sprungförmige Änderung von u_d im NLB
	zum Zündzeitpunkt
$u_{\alpha l}$	sprungförmige Änderung von u_d im LB
	zum Zündzeitpunkt
u_b	begrenztes Stellsignal
$\underline{u}_{Ki}$	Vektor der Koppeleingänge (Kontinuierl. Fertigungsanlagen)
u_{sat}	Amplitude der Stellbegrenzung
$\underline{u}_{Si}$	Vektor der Steuereingänge (Kontinuierl. Fertigungsanlagen)
u_σ	relative Kurzschlußspannung

$\ddot{u}$	Getriebeübersetzungsfaktor, Übersetzungsverhältnis

$\mathbf{V}$	Transformationsmatrix (Kontinuierl. Fertigungsanlagen)
V, v	Bahngeschwindigkeit, normiert (Kontinuierl. Fertigungsanlagen)
V	elektrisches Potential
V	Geschwindigkeit
V	Volumen
$\dot{V}$	Volumenstrom
V_0, V_1, V_2	Potentiale an den Knoten 0, 1, 2
V_0	mittlere Bahngeschwindigkeit (Kontinuierl. Fertigungsanlagen)
v_0	mittlere Bahngeschwindigkeit, normiert (Kontinuierl. Fertigungsanlagen)
V_j	Walzengeschwindigkeit (Kontinuierl. Fertigungsanlagen)
V_N	Nennbahngeschwindigkeit (Kontinuierl. Fertigungsanlagen)
V_{0R}	Verstärkung des Operationsverstärkers
V_G	Verstärkung der Führungsglättung
V_i	Koeffizientenverhältnis Nr. i (Dämpfungsoptimum)
V_R	Reglerverstärkung PI–Regler, $G_R(s) = V_R \cdot \dfrac{1 + sT_n}{sT_n}$
V_{Rf}	Verstärkung des Bahnkraftreglers
V_{Rn}	Verstärkung des Drehzahlreglers
V_S	Streckenverstärkung
V_{STR}	Verstärkung des Stromrichters
V_{xi}	Verstärkung des Strommeßglieds
V_{xn}	Verstärkung des Drehzahlmeßglieds
v_f	Taktverhältnis von Umrichtertaktfrequenz zu Grundfrequenz (Stromregelverfahren)

WOK	Wurzelortskurve
$\mathbf{w}$	Variable der $\mathbf{w}$–Transformation
w	Führungsgröße, Sollwert
$\underline{w}$	Sollwertvektor
w'	Führungsgröße nach Sollwertglättung
w_1	Windungszahl der Statorwicklung
w_2	Windungszahl der Rotorwicklung

$X(s)$	Zustandsvektor im Laplace–Bereich
X_σ	Streureaktanz
X_e, x_e	Steuersatzeingangsspannung, normiert (Stromrichter)
$\hat{X}_e$	Maximalwert von X_e
ΔX_e	Eingangsspannungsänderung (Stromrichter)
X_e^*	abgetastete Steuersatzeingangsspannung
X_{e0}, x_{e0}	konstante Steuersatzeingangsspannung, normiert

X_{eS}, x_{eS}	Eingangsspannung der dynamischen Symmetrierschaltung, normiert
X_H	Hauptreaktanz
X_h	Hauptreaktanz
X_S	symmetrisch begrenzte Steuersatzeingangsspannung
x	Trägheitsmomentverhältnis $x = \dfrac{\Theta_M}{\Theta_M + \Theta_A}$
x, $\underline{x}$	Streckenzustand, Zustandsvektor, Regelgröße
$\hat{\underline{x}}$	Zustandsvektor des Beobachters
x_d'	transiente Längsreaktanz
x_d''	subtransiente Längsreaktanz
x_q''	subtransiente Querreaktanz
x_0	Amplitude des Signals, $x(t) = x_0 \cdot \sin(\omega t + \varphi)$
x_a	absorber position
x_d	Regeldifferenz
x_d	d–Komponente der Reaktanz Statorwicklung, normiert
x_e	Eingangssignal
$\hat{x}_e$	Maximalwert von x_e
$\dot{x}_{e-}$	erste Ableitung der Steuersatzeingangsspannung zu den Zeitpunkten nT_-
$x_{\max}$	Maximalwert der Regelgröße x
x_I	zusätzlicher Streckenzustand durch Führungsintegrator
x_n	erfaßte Regelgröße, Meßgröße
x_p	position of the primary system
x_q	q–Komponente der Reaktanz Statorwicklung, normiert
Y_{jk}	Registerfehler (Kontinuierl. Fertigungsanlagen)
Y_N	Bezugsgröße des Registerfehlers (Kontinuierl. Fertigungsanlagen)
y, $\underline{y}$	Ausgangsgröße, Ausgangsvektor
y_{jk}	Registerfehler, normiert (Kontinuierl. Fertigungsanlagen)
$\underline{y}_{Ki}$	Vektor der Koppelausgänge (Kontinuierl. Fertigungsanlagen)
$\underline{y}_{Mi}$	Vektor der Meßausgänge (Kontinuierl. Fertigungsanlagen)
Δy	Beobachterfehler
$Z(s)$	Zählerpolynom
$Z_{NL}(s)$	Polynom im Zusatznetzwerk (Vermeidung von Strecken-Windup)
$Z_{NS}(s)$	Polynom im Zusatznetzwerk (Vermeidung von Strecken-Windup)
Z_p	Polpaarzahl
$Z_{RW}(s)$	Zählerpolynom im Regler (Führungskanal)
$Z_U(s)$	Zählerpolynom im Regler (u-Rückführung)
z	Störgröße
z	komplexe Frequenzvariable für z–Transformation, Definition als Abkürzung $z = u + jv = e^{sT}$

Literaturverzeichnis

Grundlagen

[1] Anderson, B., Moore, J.
Optimal Control: Linear Quadratic Methods.
Prentice–Hall, Englewood Cliffs, 1989.

[2] Breitenecker, F., Ecker, H., Bausch-Gall, I.
Simulieren mit ACSL – Eine Einführung in die Modellbildung, numerische Methoden und Simulation.
Vieweg-Verlag, Braunschweig, 1993

[3] Blaschke, F.
Das Kriterium der Doppelverhältnisse.
Unveröffentlicher Technischer Bericht No. 9331, Siemens AG, und Diplomarbeiten des Lehrstuhls für Elektrische Antriebstechnik.

[4] Brammer, K.
Kalman–Bucy–Filter: deterministische Beobachtung und stochastische Filterung.
Oldenbourg–Verlag, München, 1994.

[5] Daniels, R.W.
An Introduction to Numerical Methods and Optimization Techniques.
New York, 1978

[6] D'Azzo, J.J., Houpis, C.H.
Linear Control System Analysis and Design.
Tokio 1981

[7] Di Stefano, J.J., Stubberud, A.R., Williams, I.J.
Regelungssysteme.
Düsseldorf, 1976

[8] Dörrscheidt, F., Latzel, W.
Grundlagen der Regelungstechnik.
Teubner-Verlag, Stuttgart, 1993

[9] Dorf, R.C.
Modern Control Systems.
Reading, 1980

[10] Drenick, R.F.
Die Optimierung linearer Regelkreise.
Oldenbourg Verlag, München, 1967

[11] Föllinger, O.
Regelungstechnik., Elitera Verlag, Berlin, 1978

[12] Föllinger,O.
Nichtlineare Regelungen II.
R. Oldenbourg, München, Wien, 1993

[13] Frank, P.M.
Empfindlichkeitsanalyse dynamischer Systeme.
München, 1976

[14] Franklin, G.F., Powell, J.D.
Digital Control of Dynamic Systems.
Reading, 1980

[15] Górecki, H., Fuksa, S., Grabowski, P., Korytowski, A.
Analysis and Synthesis of Time Delay Systems.
John Wiley & Sons, Warzawa, 1989

[16] Habenstein, G.
Anwendung des Verfahrens der Doppelverhältnisse auf die Optimierung von Regelkreisen der elektrischen Antriebstechnik.
Diplomarbeit, Lehrstuhl für Elektrische Antriebstechnik, TU München, 1975

[17] Hamming, R.W.
Numerical Methods for Scientists and Engineers.
Tokio, 1973

[18] Isermann, R.
Digitale Regelsysteme.
Berlin, 1987

[19] Kalman, R.E., Bucy, R.S.
New results in linear filtering and prediction theory.
Proc. ASME Journal of Basic Engineering, März 1961, S. 95–108

[20] Katz, P.
Digital Control Using Microprocessors.
London, 1981

[21] Kessler, C.
Über die Vorausberechnung optimal abgestimmter Regelkreise Teil III.
Regelungstechnik 3, 1955

[22] Kessler, C.
Das symmetrische Optimum.
Regelungstechnik 6, 1958

[23] Lee, Y.-I., Kim, J.-S., Kim, Y.-Y.
Generalized PID Position Control Algorithm for High Performance Position Control Loop Using Linear Machine Drive.
IPEC Conference, Tokyo, April 2000

[24] Kuo, B.C.
Digital Control Systems.
New York, 1981

[25] Lang, G., Ham, J.M.
Conditional Feedback Systems – A New Approach to Feedback Control.
Paper SS–202, AIEE Winter General Meeting, New York, January 31 – February 4, 1955

[26] Ludyk, G.
Theoretische Regelungstechnik 2.
Springer–Verlag, Berlin Heidelberg, 1995

[27] Lunze, J.
Regelungstechnik 1.
Springer-Verlag, Berlin Heidelberg, 1996

[28] Lunze, J.
Regelungstechnik 2.
Springer-Verlag, Berlin Heidelberg, 1996

[29] Olbrich, D.
Untersuchung des dynamischen Verhaltens von dämpfungsoptimierten Regel-kreisen.
Studienarbeit, Lehrstuhl für Elektrische Antriebstechnik, TU München, 1978

[30] Papageorgiou, M.
Optimierung. Statische, dynamische, stochastische Verfahren für die Anwendung.
Oldenburg Verlag, München, Wien, 1991

[31] Papoulis, A.
Circuits and Systems. Tokio, 1980

[32] Ralston, A., Rabinowitz, P.
A First Course in Numerical Analysis.
Tokio, 1978

[33] Saucedo, R., Schiring, E.E.
Introduction to Continuous and Digital Control Systems.
New York, 1968

[34] Scheid, F.
Numerische Analysis.
Düsseldorf, 1979

[35] Schröder, D.
Elektrische Antriebe 1: Grundlagen.
Springer-Verlag, Berlin, 1994

[36] Schröder, D.
Elektrische Antriebe – Grundlagen.
Springer-Verlag, Berlin, 2. Auflage, 2000

[37] Schröder, D.
Elektrische Antriebe 4: Leistungselektronische Schaltungen.
Springer-Verlag, Berlin, 1998

[38] Schrüfer, E.
Elektrische Meßtechnik.
Hanser-Verlag, München, Wien, 1990

[39] van der Smagt, P., Hirzinger, G.
The cerebellum as computed torque model.
Fourth International Conference on Knowledge–Based Intelligent Engineering Systems & Allied Technologies, Brighton, 2000

[40] Stiefel, E.
Einführung in die numerische Mathematik.
Stuttgart, 1976

[41] Strejc, V.
Dimensionierung stetiger, linearer Regelkreise für die Praxis.
Reihe Automatisierungstechnik, VEB Verlag Technik, Berlin, 1970

[42] Unbehauen, H.
Regelungstechnik Bd. 1: Klassische Verfahren zur Analyse und Synthese linearer kontinuierlicher Regelsysteme, Bd. 2: Zustandsregelungen, digitale und nichtlineare Regelsysteme, Bd. 3: Identifikation, Adaption, Optimierung.
Wiesbaden, 1989

[43] Van Valkenburg, M.E.
Analog Filter Design.
Tokio, 1982

[44] Zäh, M., Brandenburg, G.
Das erweiterte Dämpfungsoptimum.
Automatisierungstechnik at, Vol. 35 (1987), No. 7, S. 275–283

[45] Zurmühl, R.
Praktische Mathematik für Ingenieure und Physiker.
Berlin, 1961

Stellbegrenzungen in Regelkreisen

[46] Walgama, K.S., Rönnbäck, S., Sternby, J.
Generalization of Conditioning Technique for Anti-Windup Compensators.
IEE Proceedings Part D, Vol. 139 (1992), S. 109-118.

[47] Hippe, P., Wurmthaler, C., Glattfelder, A.D., Schaufelberger, W.
Regelung mit Stellbegrenzung
in *Entwurf nichtlinearer Regelungen*, Herausgeber S. Engell, Oldenbourg Verlag München, 1995, S. 239-264.

[48] Hippe, P., Wurmthaler, C.
Systematic closed-loop design in the presence of input saturation
Automatica, Vol. 35 (1999), S. 689-695.

z-Transformation

[49] Ackermann, J.
Abtastregelung.
Springer, Berlin, 1972

[50] Ackermann, J.
Beschreibungsfunktionen für die Analyse und Synthese von nichtlinearen Abtast-Regelkreisen.
Regelungstechnik (1966), No. 14, S. 497–544

[51] Aström, K.J., Wittenmark, B.
Computer controlled systems.
N. S. Prentice Hall, Englewood-Chiffs, 1984

[52] Föllinger, O.
Lineare Abtastsysteme.
Oldenbourg, München, 1979

[53] Isermann, R.
Digital control systems I und II.
Springer, Berlin, 1981

[54] Jury E.I., Schröder W.
Discrete compensation of sampled data systems.
Trans. AIEE, Vol. 75 (1956), Pt II.

[55] Jury, E.I.
Sampled-data control systems.
Wiley, New-York, 1958

[56] Jury, E.I.
Theory and application of the z-transform method.
Wiley, New-York, 1964

[57] Leonhard, W.
Diskrete Regelsysteme.
Bibl. Inst, Mannheim, 1972

[58] Oldenbourg, R.C., Sartorius H.
Dynamik selbsttätiger Regelung.
Oldenbourg, München, 1944

[59] Tou, J.T.
Digital and sampled data control systems.
McGraw-Hill, New York, 1959

[60] Zypkin, J.S.
Differenzengleichungen der Impuls- und Regeltechnik.
VEB-Verlag Technik, Berlin, 1956

[61] Zypkin, J.S.
Theorie der linearen Impulssysteme.
Oldenburg, München, 1967

Antriebstechnik und benachbarte Gebiete

[62] Berger, T.
Analyse des Spielverlaufs als Grundlage für die Motordimensionierung.
Elektrie, Vol. 28 (1974), No. 9, S. 481–484

[63] Bödefeld, T., Sequenz, H.
Elektrische Maschinen.
Springer-Verlag, Wien New York, 1971

[64] Bühler, H.
Einführung in die Theorie geregelter Drehstromantriebe.
Band 1 Grundlagen, Birkhäuser Verlag, 1977

[65] Burke, J., Moynihan, J.F., Unterkofler, K.
Interface techniques to sinusoidal encoders.
PCIM Europe, 2000, S. 64–69

[66] Fischer, R.
Elektrische Maschinen.
Carl Hanser Verlag, München, 1979

[67] Föllinger,O.
Lineare Abtastsysteme.
R. Oldenbourg, München, Wien, 1982

[68] Gerlach, W.
Halbleiter-Elektronik, Bd. 12.
Thyristoren, Springer, Berlin, 1979

[69] Heumann, K., Stumpe, C.
Thyristoren, Eigenschaften und Anwendungen.
B.G. Teubner, Stuttgart, 1974

[70] Hoffmann, A., Stocker, K.
Thyristor-Handbuch.
Siemens AG, Berlin, München, 1976

[71] Kitazawa, K., et al.
Analysis of Dynamic Angle Error of 8X–VR type Resolver System.
ICEM 2000, Helsinki, 2000, S. 568–572

[72] Laible, T.
Die Theorie der Synchronmaschine im nichtstationären Betrieb.
Springer Verlag, Berlin, 1952

[73] Leonhard, W.
Control of Electrical Drives.
Springer, Berlin, 1985

[74] Markeffsky, G.
Die Ermittlung der Anlaufzeit für den elektromotorischen Antrieb.
Zeitschrift für Maschinenbau und Fertigung (1964), No. 7, S. 503–506

[75] Meyer, M.
Elektrische Antriebstechnik.
Bd. 1 u. Bd. 2, Springer, Berlin, 1987

[76] Müller, G.
Elektrische Maschinen.
VEB-Verlag Technik, Berlin, 1982

[77] Müller, R.
Halbleiter-Elektronik Bd. 1.
Grundlagen der Halbleiter-Elektronik Springer, Berlin, 1971

[78] Müller, R.
Halbleiter-Elektronik Bd. 2.
Bauelemente der Halbleiter-Elektronik Springer, Berlin, 1973

[79] N.N.
Meßwertaufnehmer für den rauhen Industriealltag
m & p, April 1991

[80] Pfaff, G.
Regelung elektrischer Antriebe I.
R. Oldenbourg, München, Wien, 1971

[81] Pfaff, G.
Regelung elektrischer Antriebe II.
R. Oldenbourg, München, Wien, 1982

Leistungshalbleiter

[82] Bayerer, R., Teigelkötter, J.
IGBT-Halbrücken mit ultraschnellen Dioden.
ETZ, Vol. 108 (1987), No. 19, S. 922–925
[83] Bechteler, M.
The Gate-Turnoff Thyristor (GTO).
Siemens Forsch.- u. Entwickl.-Berichte, Vol. 14 (1985), No. 2, S. 39–44
[84] Boehringer, A., Knöll, H.
Transistorschalter im Bereich hoher Leistung und Frequenzen.
ETZ, Vol. 100 (1979), No. 13, S. 664–670
[85] Bösterling, W., Fröhlich, M.
Frequenzthyristoren im Schwingkreisbetrieb.
ETZ, Vol. 101 (1980), No. 9, S. 537–538
[86] Bösterling, W., Fröhlich, M.
Thyristorarten ASCR, RLT und GTO – Technik und Grenzen ihrer Anwendung.
ETZ, Vol. 104 (1983), No. 24, S. 1246–1251
[87] Bösterling, W., Ludwig, H., Scharn, M., Schimmer, R.
Praxis mit dem GTO-Abschaltthyristor für selbstgeführte Stromrichter.
Elektrotechnik, Vol. 64 (1982), No. 24, S. 16–21 und Vol. 65 (1983), No. 4,
S. 14–17
[88] Brauschke, P., Sommer, P.
Smart SIPMOS, Leistungshalbleiter mit Intelligenz.
Siemens Components, Vol. 25 (1987), No. 5, S. 182–184
[89] Gerlach, W., Seid, F.
Wirkungsweise der steuerbaren Siliziumzelle.
ETZ-A, Vol. 83 (1962), No. 8, S. 270–277
[90] Grüning, H.
Feldgesteuerte Thyristoren – eine neue Klasse bipolarer Leistungsschalter.
4. Int. Makroelektronik-Konf., 1988, S. 23–36
[91] Grüning, H.
Der feldgesteuerte Thyristor (FCTh) – ein Leitungshalbleiter für den Umrichter der Zukunft.
Bulletin SEV/VSE, Vol. 79 (1988), No. 5, S. 242–249
[92] Hayashi, Y., et al.
A Consideration on Turn-Off Failure of GTO with Amplifying Gate.
IEEE Trans. on Power Electronics, Vol. PE-2 (1987), No. 2, S. 90–97
[93] Hebenstreit, E.
Driving the SIPMOS Field-Effect Transistor as a Fast Power Switch.
Siemens Forsch.- u. Entwickl.-Berichte, Vol. 9 (1980), No. 4, S. 200–204

[94] Hebenstreit, E.
      SIRET – ein superschneller 1000-V-Bipolartransistor.
      Siemens Components, Vol. 25 (1987), No. 4, S. 147–150

[95] Hempel, H.-P.
      Bemessung und Ansteuerung von GTO-Thyristoren.
      Elektronik (1987), No. 9, S. 113–117

[96] Heumann, K.
      Untersuchung und Erfahrung mit abschaltbaren Leistungshalbleitern.
      ETG Fachber. 23, 1988, S. 187–212

[97] Heumann, K.
      Untersuchung und Erfahrung mit abschaltbaren Leistungshalbleitern.
      Archiv für Elektrotechnik, Vol. 72 (1989), S. 95–111

[98] Heumann, K.
      Power Electronics – State of the Art.
      IPEC, Tokyo, Japan Conf. Rec. Vol., 1990, S. 11–20

[99] Lemme, H.
      Kraft und Intelligenz vereint: "Smartpower"-Bausteine – Möglichkeiten und Grenzen.
      Elektronik (1989), No. 11, S. 80–83

[100] Moll, J.L., Tanenbaum, M., Goldez, J.M., Holonyak, N.
      PNPN Transistor Switches.
      Proc. Inst. Radio Eng., Vol. 44 (1956), S. 1174–1182

[101] Muraoka, K., et al.
      Characteristics of High-Speed SI Thyristor and its Application to the 60 kHz 100 kW High Efficienty Inverter.
      IEEE Trans. on Power Electronics, Vol. PE-4 (1989), No. 1, S. 92–100

[102] Nakamura, Y., et al.
      Very high Speed Static Induction Thyristor.
      IEEE Trans. on Industry Applications, Vol. IA-22 (1986), No. 6, S. 1000–1006

[103] Nishizawa, J., et al.
      Low-Loss High Speed Switching Devices 2300 V 150 A Static Induction Thyristor.
      IEEE Trans. on Electronic Devices, Vol. ED-32 (1985), No. 4, S. 822–830

[104] Nishizawa, J., Tamanushi, T.
      Recent Development and Future Potential of the Power Static Induction (SI) devices.
      Proceedings of the Third International Conference on Power Electronics and Variable Speed Drives, Power Division of the IEE, London, 1988, S. 21–24

[105] Nishizawa, J., et al.
      Recent Development of the Static Induction Thyristors.
      Proceedings of the Third International Conf. on Power Electronics and Variable Speed Drives, Power Division of the IEE, London, 1988, S. 37–40

[106] Nishizawa, J., Muroaka, K., Kawamura, Y., Tamamushi, T.
      A Low-Loss High Speed Switching Device: The 2500 V 300 A Static Induction Thyristor.
      IEEE Trans. on Electronic Devices, Vol. ED-33 (1986), No. 4, S. 337–342

[107]   Nowas, W.D., Berg, H.
        GTO-Stand der Technik und Entwicklungsmöglichkeiten.
        ETG-Fachber. 23, 1988, S. 86–109

[108]   Ohno, E.
        *The Semiconductor Evolution in Japan – Four Decade Long Maturity Thriving
        to an Indispensable Social Standing.*
        IPEC, Tokyo, Japan, Conf. Rec. Vol. 1, 1990, S. 11–20

[109]   Schlangenotto, H., Silber, D., Zeyfang, R.
        Halbleiter-Leistungsbauelemente: Untersuchungen zur Physik und Technologie.
        Wiss.Ber. AEG-Telefunken, Vol. 55 (1982), No. 1-2, S. 7–24

[110]   Schröder, D.
        New Elements in Power Electronics Transistor, FET, ASCR, GAT(T), GTO.
        4th Power Electronics Conference, Budapest, 1981, S. 53–63

[111]   Schröder, D.
        Neue Bauelemente der Leistungselektronik.
        ETZ, Vol. 102 (1981), No. 17, S. 906–909

[112]   Schröder, D.
        Bauelemente der Leistungselektronik.
        Der Elektroniker (1982), No. 9, S. 40–42

[113]   Schröder, D.
        *Halbleiterstrukturen und Funktion neuartiger Bauelemente der Leistungselek-
        tronik (mit E. Stein).*
        VDE-Jahrbuch, 1983, S. 239–268

[114]   Schröder, D.
        Elektrische Antriebe 3: Leistungselektronische Bauelemente.
        Springer-Verlag, Berlin, 1996

[115]   Stumpe, A.C.
        Kennlinien der steuerbaren Siliziumzelle.
        ETZ-A, Vol. 83 (1962), No. 4, S. 81–87

[116]   Temple, V.A.K.
        Thyristor Devices for Elektric Power Systems.
        IEEE Trans. on Power Apparatus and Systems, Vol. PAS-101 (1982), No. 7,
        S. 2286–2291

[117]   Tihanyi, J.
        A Qualitative Study of the DC Performance of SIPMOS Transistors.
        Siemens Forsch.- u. Entwickl.-Berichte, Vol. 9 (1980), No. 4, S. 181–189

[118]   Tihanyi, J., Huber, P., Stengl, J.P.
        Switching Performance of SIPMOS Transistors.
        Siemens Forsch.- u. Entwickl.-Berichte, Vol. 9 (1980), No. 4, S. 195–199

[119]   Tihanyi, L.
        MOS-Leistungsschalter.
        ETG Fachber. 23, 1988, S. 71–78

[120]   Vitins, J., Wetzel, P.
        Rückwärtsleitende Thyristoren für die Leistungselektronik.
        BBC-Nachr. (1981), No. 2, S. 74–82

[121] Vogel, D.
IGBT hochsperrende, schnell schaltende Transistormodule.
Elektronik 9, 1987, S. 120–124

[122] Williams, B.W.
GTO Thyristor and Bipolar Transistor Cascade Switches.
IEE Proceedings Part B, Vol. 137 (1990), No. 3, S. 141–153

Leistungselektronik: Ansteuerung, Beschaltung, Kühlung

[123] Best, W.
Störsichere Synchronisation netzgeführter Stromrichter.
BBC Nachr. (1980), No. 4, S. 139–145

[124] Bösterling, W., Sommer, K.-H.
Bipolar-Transistormodule vorteilhaft ansteuern und schützen.
4. Int. Makroelektronik-Konf., 1988, S. 175–186

[125] Depenbrock, M.
Dynamische Probleme der Thyristortechnik.
(Hrsg.) Berlin, 1971

[126] Gupta, S.C., Venkatesan, K., Eapen, K.
A Generalized Firing Angle Controller Using Phase-Locked Loop for Thyristor Control.
IEEE Trans. on Ind. Electronics and Control Instrumentation, Vol. IFCI–28 (1981), S. 46–49

[127] Hebenstreit, E.
Driving the SIPMOS Field-Effekt Transistor as a Fast Power Switch.
Siemens Forsch.- u. Entwickl.-Berichte, Vol. 9 (1980), No. 4, S. 200–204

[128] Herrmann, D.
Digitale Zündwinkelsteuerung für eine Drehstrombrücke zum Betrieb an Netzen mit starken Frequenz- und Spannungsschwankungen.
ETZ-A, Vol. 94 (1973), No. 1, S. 31–34

[129] Howe, A.F., Newberz, P.G.
Semiconductor Fuses and their Applications.
IEE Proceedings, Vol. 127 (1980), No. 3, S. 155–168

[130] Heumann, K., Marquardt, R.
GTO-Thyristoren in selbstgeführten Stromrichtern.
ETZ, Vol. 104 (1983), No. 9, S. 328–332

[131] Jung, M.
Improved Snubber for GTO Inverter with Energy Recovery by Simple Passiv Network.
Proceedings of the Second European Conf. on Power Electronics and Applications, 1987, S. 15–20

[132] Keuter, W., Tscharn, M.
Optimierte Ansteuerung heutiger Darlington-Leistungstransistoren.
ETZ, Vol. 108 (1987), No. 19, S. 914–921

[133]   Korb, F.
        *Das thermische Verhalten selbstgekühlter Halbleiter bei netzgeführten Strom-
        richtern.*
        ETZ-A, Vol. 92 (1971), No. 4, S. 228–234

[134]   Marquardt, R.
        Untersuchung von Stromrichterschaltungen mit GTO-Thyristoren.
        Dissertation, Universität Hannover, 1982

[135]   Marquardt, R.
        *Stand der Ansteuer-, Beschaltungs- und Schutztechnik beim Einsatz von GTO
        Thyristoren.*
        ETG Fachber. 23, 1988, S. 146–170

[136]   Sievers, R.
        Hochfrequente Ansteuerschaltung für GTO-Thyristoren.
        ETZ, Vol. 108 (1987), No. 12, S. 544–548

[137]   Sperner, A., Majumdar, G.
        *Konzepte zur Ansteuerung und zum Schutz von Kaskaden-BIMOS- und IGBT-
        Modulen der Klasse 100 A/500 V.*
        4. Int. Makroelektronik-Konf., 1988

[138]   Stamberger, A.
        Die Projektierung einer RC-Beschaltung in der Leistungselektronik.
        Elektroniker CH, No. 12, 1980

[139]   Steinke, J.K.
        *Untersuchungen zur Ansteuerung und Entlastung des Abschaltthyristors beim
        Einsatz bis zu hohen Schaltfrequenzen.*
        Dissertation, Bochum, 1986

[140]   Steinke, J.K.
        *Experimental Results on the Influence of the Capacity of the Snubber Capaci-
        tor on the Shape of the Tail Current of a GTO-Thyristor.*
        Proceedings of the Second European Conf. on Power Electronics and Appli-
        cations, 1987, S. 21–25

[141]   Steyn, C.G., v. Wyk, J.D.
        Voltage Dependent Turn-off-Snubbers for Power Electronic Switches.
        ETZ-A, Vol. 9 (1987), No. 2, S. 39–44

Leistungselektronik: Simulation, CAE

[142]   Arremann, H.
        Digitale Simulation von Anlagen der Leistungselektronik.
        Siemens Forsch.- u. Entwickl. Berichte, Vol. 6 (1977), No. 5, S. 293–299 und
        No. 6, S. 355–363

[143]   Büchner, P.
        Netzseitige Ersatzschaltung von Stromrichtern.
        Elektrie 10, 1987, S. 392–394

[144] Cheung, R.W.Y., Lavers, J.D.
A Basis Transformed State Space Formulation for the Computer Aided Design of Power Electronics Circuits.
IEEE/IAS Conf. Rec., 1987, S. 946–953

[145] Feirreira, J. A.
Electromagnetic Modelling of Power Electronic Converters under Conditions of Appreciable Skin and Proximit Effects.
Ph.D. Thesis, Rand Africans University, Johannesburg, RSA, 1987

[146] Klose, O., Leuchs, M.
Simulationswerkzeug für die Stromrichter- und Antriebstechnik.
Energie & Automation, Vol. 12 (1990), No. 1, S. 11–13

[147] Kuhn, H., Schröder, D.
Circuit Simulation of Hard-Driven IGCT for Snubberless Operation using a Physically Based Model.
International Power Electronics Conference 2000 (IPEC-Tokyo 2000), Tokyo, Japan, Proc., Vol. 4, S. 2002–2007

[148] Kuhn, H., Schröder, D.
A New Validated Physically Based IGCT Model for Circuit Simulation of Snubberless and Series Operation.
IEEE IAS Annual Meeting 2000, Rome, Italy, Proc., Vol. 5, S. 2866–2872

[149] Lavers, J.D., et al.
Analysis of power electronic circuits with feedback control: a general approach.
IEE Proceedings Part B, Vol. 137 (1990), No. 4, S. 213–222

[150] Manesse, G., Ledee, G.
Application on Functional Analysis Concepts in Power Electronics.
EPE, Conf. Rec., 1987, S. 337–342

[151] Masada, E., Tobe, Y., Nakajima, T., Tamura, M.
Numerical Analysis on Switching Processes in Turn Off Thyristors.
EPE, Conf. Rec. Vol. 1, 1987, S. 343–348

[152] Mehring, P., Jentsch, W., John, G., Krämer, D.
NETASIM – ein digitales Simulationssystem für die Leistungselektronik.
ETZ-A, Vol. 99 (1978), No. 4, S. 189–191

[153] Metzner, Dieter
Netzwerkmodelle abschaltbarer Leistungshalbleiter-Bauelemente.
Dissertation, TU München, 1994

[154] Möltgen, G.
Simulationsuntersuchungen zum Stromrichter mit Phasenfolgelöschung.
Siemens Forsch.- u. Entwickl.-Berichte, Vol. 12 (1983), No. 3, S. 166–175

[155] Otto, M.D., Otto, D.V.
Computer Simulation of Electric Motor Drive Systems Including the Power Electronic Network.
IEEE/IAS Conf. Rec., 1987, S. 233–240

[156] Schlögl, A., Mnatsakanov, T.T., Kuhn, H., Schröder, D.
Temperature Dependent Characterization of Bipolar Silicon Power Semiconductors – A New Physical Model Validated by Device–Internal Probing between 400K–100K.
IEEE Trans. on Power Electronics, Vol. PE-15 (2000), No. 6, S. 1267–1274

[157] Schröder, D., Stein, E.
       Computing the Switching Behaviour of Power-MOSFET to Optimize the Circuit Design.
       IPEC Tokyo, 1983, S. 336–347

[158] Schröder, D., Stein, E.
       Computer Aided Design of Circuits for Power Controlling with the New Power Elements MOSFET, SIT and GTO.
       IAS-Meeting, Chicago, 1984, S. 776–771

[159] Schröder, D., Stein E.
       "CAD für MOSFET" – Ergebnisse einer Brückensimulation.
       Makroelektronik-Konf. München, 1984, S. 223

[160] Schröder, D., Xu, C.
       Modelling and Simulation of Power MOSFET's and Power Diodes.
       PESC 88, Power Electronics Specialists Conf. Kyoto, Japan, 1988, S. 76–83

[161] Schröder, D., Xu, C.
       A Power Bipolar Junction Transistor Model Describing the Static and the Dynamic Behaviours.
       PESC 89, Wisconsin, USA, 1989, S. 314–321

[162] Schröder, D., Xu, C.
       An Unified Model for the Power MOSFET Including the Inverse Diode and the Parasitic Bipolar Transistor.
       EPE 89, Aachen, 1989, S. 139–143

[163] Schröder, D., Metzner, D.
       A SITh-Model for CAE in Power-Electronics.
       IPEC 90, Tokio/Japan, 1990, S. 1054–1060

[164] Schröder, D.
       Modelling of Power Devices for CAE.
       MADEP–EPE 91, Florenz, 1991, S. 0-0-331–338

[165] Schröder, D., Metzner, D.
       A Non-Quasistatic FCTh-Model for Circuit Simulation.
       MADEP–EPE, Florenz, 1991, S. I–242–246

[166] Schröder, D.
       Computer-Aided Engineering Models for the Design of Electrical Actuators.
       ETZ Archiv, Vol. 11 (1990), S. 341–348

[167] Schröder, D., Vogler, T.
       An Accurate Circuit Modelling Approach for the Power Diode.
       IEEE PESC, Toledo, 1992, S. 870–876

[168] Schröder, D., Metzner, D.
       A Physical GTO-Model for Circuit Simulation.
       IEEE IAS, Houston, USA, 1992, S. 1066–1073

[169] Stein, E.
       Elektrische Modelle von Leistungshalbleitern für den Entwurf von Stromrichterstellgliedern.
       Dissertation, Univ. Kaiserslautern, 1984

[170] Xu, C.
       Netzwerkmodelle von Leistungshalbleitern-Bauelementen (Diode, BJT und MOSFET).
       Dissertation, TU München, 1990

Gleichstromsteller, DC–DC–Wandler

[171] Abraham, L.
       Der Gleichstrompulswandler (elektronischer Gleichstromsteller) und seine digitale Steuerung.
       Dissertation, TU Berlin, 1967
[172] Franck, F.
       Gleichspannungswandler mit resonanten Zellen.
       Dissertation, TU München, 1995
[173] Kahlen, H.
       Thyristorschalter zum schnellen Abschalten von Gleichströmen.
       ETZ-A, Vol. 94 (1973), No. 9, S. 539–542
[174] Kahlen, H.
       Gleichstromsteller für den motorischen und generatorischen Betrieb der Gleichstrom-Reihenschlußmaschine.
       ETZ-A, Vol. 95 (1974), No. 9, S. 441–445
[175] Kirchenberger, U.
       Analyse und Vergleich resonanter Brückentopologien zur Gleichspannungswandlung.
       Dissertation, TU München, 1994
[176] Knapp, P.
       Der Gleichstromsteller zum Antrieb und Bremsen von Gleichstromfahrzeugen.
       Brown Boveri Mitt. (1970), No. 6/7, S. 252–270
[177] Krug, H.
       Die Entwicklung von Antriebssystemen mit Gleichstrompulsstellern für Traktionszwecke.
       Elektrie, Vol. 24 (1970), No. 11, S. 388–391
[178] Schröder, D., Kübler, T., Steuerwald, G.
       Control of a 4-Quadrant Chopper by a 16-Bit Microcomputer.
       ETG-Fachbericht, Darmstadt, 1982, S. 439–446
[179] Tröger, R.
       Technische Grundlagen und Anwendung der Stromrichter.
       Elektr. Bahnen, Vol. 8 (1932), No. 2, S. 51–58
[180] Wagner, R.
       Elektronische Gleichstromsteller.
       VDE-Buchr. Bd. 11, 1966, S. 187–199
[181] Wagner, R.
       Strom- und Spannungsverhältnisse beim Gleichstromsteller.
       Siemens-Z., Vol. 43 (1969), No. 5, S. 458–464

Netzgeführte Stromrichter: Schaltungstechnik, Auslegung

[182] Arremann, H., Möltgen, G.
Oberschwingungen im netzseitigem Strom sechspulsiger netzgeführter Strom-
richter.
Siemens Forsch.- u. Entwickl.-Berichte, Vol. 7 (1978), No. 2, S. 71–76

[183] Depenbrock, M.
Einphasen-Stromrichter mit sinusförmigem Netzstrom und gut geglätteten
Gleichgrößen.
ETZ-A, Vol. 94 (1973), No. 8

[184] Ericsson, H.
Stromrichter für Gleichstromantriebe.
ASEA-Zeitschrift, Vol. 26 (1981), No. 5/6, S. 101–105

[185] Förster, J.
An- und Abschnittsteuerung mit Stromrichtern.
Elektrische Bahnen, Vol. 46 (1975), No. 5, S. 124–126

[186] Grötzbach, M.
Berechnung der Oberschwingungen im Netzstrom von Drehstrom-Brücken-
schaltungen bei unvollkommener Glättung des Gleichstromes.
ETZ Archiv, Vol. 7 (1985), No. 2, S. 59–62

[187] Grötzbach, M.
Netzoberschwingungen von stromgeregelten Drehstrombrückenschaltungen.
ETZ, Vol. 108 (1987), No. 19, S. 930–934

[188] Hengsberger, J., Wiegand, A.
Schutz von Thyristor-Stromrichtern größere Leistung.
ETZ-A, Vol. 86 (1965), No. 8, S. 263–268

[189] Hölters, F.
Schaltungen von Umkehrstromrichtern.
AEG-Mitt., Vol. 48 (1958), No. 11/12, S. 621–629

[190] Hölters, F., Mikulaschek, F.
Das Blindleistungsproblem bei Stromrichter-Umkehrantrieben.
AEG-Mitt., Vol. 48 (1958), No. 11/12, S. 649–659

[191] Holtz, J.
Ein neues Zündsteuerverfahren für Stromrichter am schwachen Netz.
ETZ-A, Vol. 91 (1970), No. 6, S. 345–348

[192] Korb, F.
Die thermische Auslegung von fremdgekühlten Halbleitern bei netzgeführten
Stromrichtern.
ETZ-A, Vol. 92 (1971), No. 2, S. 100–107

[193] Krug, H.
Zur Optimierung des Drosselaufwandes bei dynamisch hochwertigen netz-
geführten Umkehrstromrichtern. Teil I u. Teil II.
Elektrie, Vol. 35 (1982), No. 12, S. 641–646 und Vol. 36 (1983), No. 1, S. 8–12

[194] Meyer, M., Möltgen, G.
Kreisströme bei Umkehrstromrichtern.
Siemens-Z., Vol. 37 (1963), No. 5, S. 375–379

[195] Michel, M.
Die Strom- und Spannungsverhältnisse bei der Steuerung von Drehstromlasten über antiparallele Ventile.
Dissertation, TU Berlin, 1966

[196] Schwarz, J.
Das System "Netzgelöschter Stromrichter – Glättungsdrossel – Gleichstrommaschine" im nichtlückenden Betrieb.
Elektrie, Vol. 30 (1976), No. 6, S. 325–330

[197] Schwarzenau, R.
Kompensation der Blindleistung durch Filterkreise in Netzen mit Stromrichter–Gleichstromantrieben.
ETG-Fachberichte Bd. 6, 1980, S. 181–197

[198] Seefried, E., Wolf, H.
Schwingungsprobleme in Thyristorstromrichtern, die im Lückbetrieb arbeiten.
Elektrie, Vol. 31 (1977), No. 2, S. 105–108

[199] Stamberger, A.
Ein Drehstromsteller zum Herabsetzen des Wirk- und Scheinleistungsbedarfs von Asynchronmaschinen bei Teillast.
Elektroniker 9, 1983, S. 15–19

[200] Thiele, G.
Richtlinien für die Bemessung der Trägerspeichereffekt-Beschaltung von Thyristoren.
ETZ-A, Vol. 90 (1969), No. 14, S. 347–352

[201] Wesselak, F.
Thyristorstromrichter mit natürlicher Kommutierung.
Siemens-Z., Vol. 39 (1965), No. 3, S. 199–205

Netzgeführte Stromrichter: Regelung

[202] Bühler, E.
Eine zeitoptimale Thyristor-Stromregelung unter Einsatz eines Mikroprozessors.
Regelungstechnik Vol. 26 (1978), No. 2, S. 37–43

[203] Buxbaum, A.
Regelung von Stromrichterantrieben bei lückendem und nichtlückendem Ankerstrom.
Tech. Mitt. AEG-Telefunken, Vol. 59 (1969), S. 348–352

[204] Buxbaum, A.
Das Einschwingverhalten drehzahlgeregelter Gleichstromantriebe bei Soll- und Laststößen.
Tech. Mitt. AEG-Telefunken, Vol. 59 (1969), No. 6, S. 353–358

[205] Buxbaum, A.
Die Regeldynamik von Stromrichterantrieben kreisstromfreier Gegenparallelschaltung.
Tech. Mitt. AEG-Telefunken, Vol. 60 (1970), S. 361–365

[206] Buxbaum, A.
       Aufbau und Funktionsweise des adaptiven Ankerstromreglers.
       Tech. Mitt. AEG-Telefunken, Vol. 61 (1971), No. 7, S. 371–374
[207] Buxbaum, A.
       Spezielle Regelungsschaltungen der industriellen Antriebstechnik.
       Regelungstechn. Praxis (1974), No. 10, S. 255–262
[208] Dörrscheidt, F.
       Entwurf auf endliche Einstellzeit bei linearen Systemen mit veränderlichen Parametern.
       Regelungstechnik (1976), No. 3, S. 89–96
[209] Fallside, F., Farmer, A.R.
       Ripple Instability in Closed Loop Control Systems with Thyristor Amplifiers.
       IEE Proceedings, Vol. 114 (1967), S. 139–152
[210] Fieger, K.
       Zum dynamischen Verhalten thyristorgespeister Gleichstrom-Regelantriebe.
       ETZ-A, Vol. 90 (1969), No. 13, S. 311–316
[211] Föllinger, D.
       Entwurf zeitvarianter Systeme durch Polvorgabe.
       Regelungstechnik (1978), No. 6, S. 189–196
[212] Goldfarb, L.C.
       Über einige nichtlineare Phänomene in Regelungssystemen.
       Avtomatika i Telemekhanica (1947), No. 8, S. 349–383
[213] Hayashi, C.
       Nonlinear Oscillations in Physical Systems.
       McGraw-Hill, New York, 1964
[214] Jötten, R.
       Regelkreise mit Stromrichtern.
       AEG-Mitt., Vol. 48 (1958), No. 11/12, S. 613–621
[215] Jötten, R.
       Die Berechnung einfach und mehrfach integrierender Regelkreise der Antriebstechnik.
       AEG-Mitt., Vol. 59 (1969), S. 331–336
[216] Kennel, R.
       Prädiktives Führungsverfahren für Stromrichter.
       Dissertation, Univ. Kaiserslautern, 1984
[217] Kessler, C.
       Über die Vorausberechnung optimal abgestimmter Regelkreise – Teil III. Die optimale Einstellung des Reglers nach dem Betragsoptimum.
       Regelungstechnik, Vol. 3 (1955), No. 2, S. 40–49
[218] Kessler, C.
       Das symmetrische Optimum.
       Regelungstechnik, Vol. 6 (1958), No. 11, S. 359–400 und No. 12, S. 432–436
[219] Kiendl, H.
       Kompensation von Beschränkungseffekten in Regelsystemen durch antizipierende Korrekturglieder.
       Regelungstechnik, Vol. 21 (1973), No. 8, S. 267–269

[220]   Kochenburger, R.J.
        A Frequency Response Method for Analyzing and Synthetisizing Contactor Servomechanism.
        Transactions AIEE, Vol. 69 (1950), S. 270–284

[221]   Kümmel, K.
        Einfluß der Stellgliedeigenschaften auf die Dynamik von Drehzahlregelkreisen mit unterlagerter Stromregelung.
        Regelungstechnik, Vol. 13 (1965), No. 5, S. 227–234

[222]   Leonhard, W.
        Regelkreise mit symmetrischer Übertragungsfunktion.
        Regelungstechnik (1965), No. 1, S. 4–12

[223]   Louis, J.-P., El-Hefnawy
        Stability Analysis of a Second-Order Thyristor Device Control System.
        IEEE Trans. on Industrial Electronics and Control Instrumentation, Vol. IECI-25 (1978), No. 3, S. 270–277

[224]   Moore, A.W.
        Phase-locked loops for motor speed control.
        IEEE Spectrum, 1973, S. 61–67

[225]   Raatz, E.
        Betrachtungen zur Dynamik eines drehzahlgeregelten Antriebs mit kreisstromfreier Gegenparallelschaltung.
        Techn. Mitt. AEG-Telefunken, Vol. 60 (1970), No. 6, S. 365–368

[226]   Raatz, E.
        Drehzahlregelung eines stromrichtergespeisten Gleichstrommotors mit schwingungsfähiger Mechanik.
        Techn. Mitt. AEG-Telefunken, Vol. 60 (1970), No. 6, S. 369–372

[227]   Riemekasten, K.
        Bestimmung der dynamischen Eigenschaften des Stromregelkreises von Stromrichtern im Strom-Lückbereich.
        Elektrie, Vol. 32 (1978), No. 8, S. 420–422

[228]   Schräder, A.
        Eine neue Schaltung zur Kreisstromregelung in Stromrichteranlagen.
        ETZ-A, Vol. 90 (1969), No. 14, S. 331–336

[229]   Schröder, D.
        Untersuchung der dynamischen Eigenschaften von Stromrichterstellgliedern mit natürlicher Kommutierung.
        Dissertation, TH Darmstadt, 1969

[230]   Schröder, D.
        Aus der Forschung: "Die dynamischen Eigenschaften von Stromrichter-Stellgliedern mit natürlicher Kommutierung".
        ETZ-A, Vol. 91 (1970), No. 4, S. 242–243

[231]   Schröder, D.
        Dynamische Eigenschaften von Stromrichter-Stellgliedern mit natürlicher Kommutierung.
        Regelungstechnik und Prozeß-Datenverarbeitung, Vol.19 (1971), S. 155–162

[232]   Schröder, D.
        *Analysis and Synthesis of Automatic Control Systems with Controlled Con-
        verters.*
        5. IFAC Congress, Paris, 1972, session 22.1, S. 1–8

[233]   Schröder, D.
        *Theoretische und praktische Grenzen der Regeldynamik von Regelkreisen mit
        Stromrichter-Stellgliedern.*
        3rd Conference on Electricity, Bukarest III, 1972, section CZ 621.314, S. 1–24

[234]   Schröder, D.
        Adaptive Control of Systems with Controlled Converters.
        3rd IFAC-Symposium on Sensitivity, Adaptivity and Optimality, 1973, S. 335–
        342

[235]   Schröder, D.
        *Einsatz adaptiver Regelverfahren bei Regelkreisen mit Stromrichter-Stell-
        gliedern.*
        VDI/VDE Gesellschaft für Meß- und Regelungstechnik – Industrielle Anwen-
        dung adaptiver Systeme, 1973, S. 81–97

[236]   Schröder, D.
        Grenzen der Regeldynamik von Regelkreisen mit Stromrichter-Stellgliedern.
        Regelungstechnik und Prozeß-Datenverarbeitung, Vol. 21 (1973), No. 10,
        S. 322–329

[237]   Schröder, D., Grützmacher, B., Werner, R.
        Die Gleichstrom-Hauptantriebe einer zweigerüstigen Dressierstraße.
        BBC-Nachrichten (1981), No. 3, S. 106–115

[238]   Schröder, D., Kennel, R.
        A new control strategy for converters.
        CONUMEL, Toulouse, 1983, I–25, S. 25–31

[239]   Schröder, D., Kennel, R.
        Predictive Control Strategy for Converters.
        Control in Power Electronics and Electrical Drives Lausanne, 1983, S. 415l–
        422

[240]   Schröder, D., Kennel, R.
        *Model-Control PROMC – A New Control Strategy with Microcomputer for
        Drive Applications.*
        IAS-Meeting, Chicago, 1984, S. 834–839

[241]   Schröder, D., Kennel, R.
        Modell-Führungsverfahren zur optimalen Regelung von Stromrichtern.
        Regelungstechnik (1984), No. 11, S. 359–365

[242]   Schröder, D., Warmer, H.
        An Improved Method of Predictive Control for Line Commutated DC-Drives.
        ICEM-Conference, München, 1986

[243]   Schröder, D., Warmer, H.
        New Precalculating Current Controller for DC Drives.
        EPE 87, Grenoble, 1987, S. 659–664

[244] Schröder, D.
Model Based Predictive Control for Electrical Drives – Integrated Design and Practical Results.
ESPRIT-CIM Workshop on Computers Integrated Design of Controlled Industrial Systems. Paris, 1990, S. 112–124

[245] Schröder, D., Warmer, H.
Predictive Speed and Current Control for DC Drives.
EPE 91, Florenz, 1991, S. 2-108–113

[246] Schröder, D.
Digital control strategies for drives.
First European Control Conference ECC, Grenoble, 1991, WP 5, S. 1111–1116

[247] Schröder, D.
ISPE, Seoul, 1992, S. 486–495

[248] Seefried, E.
Stromregelung im Lückbereich von Stromrichter-Gleichstromantrieben.
Elektrie, Vol. 30 (1976), No. 4, S. 185–187

[249] Tustin, A.
The Effects of Backlash and Speed-Dependent Friction on the Stability of Closed-Loop Control Systems.
Journal IEE, Vol. 94 (1947), S. 143–151

[250] Vogel, J.
Das stationäre Kennlinienverhalten von Thyristorstellgliedern beim Übergang vom nichtlückenden in den lückenden Strombereich.
Elektrie, Vol. 27 (1973), No. 8, S. 410–413

[251] Weihrich, G.
Drehzahlregelung von Gleichstromantrieben unter Verwendung eines Zustands- und Störgrößen-Beobachters.
Regelungstechnik, Vol. 26 (1978), No. 11, S. 349–355 und No. 12, S. 392–397

[252] West, J.C., Douce, J.L., Livesley, R.K.
The Dual-Input Describing Function and its Use in the Analysis of Nonlinear-Feedback Systems.
ibidem, 1956, S. 463–473

Direktumrichter

[253] Akagi, H., et al.
Improvement of Cycloconverter Power Factor via Unsymmetric Triggering Method.
Electr. Engineering in Japan, Vol. 96 (1976), No. 1, S. 88–94

[254] Barton, T.H., Hamblin, T.M.
Cycloconverter Control Circuits.
IEEE Trans. on Industry Applications, Vol. IA-8 (1972), No. 4, S. 443–453

[255] Bayer, K.H.
Field oriented Closed-Loop Control of a Synchronous Machine with the new Transvektor Control System.
Siemens Rev., Vol. 34 (1972), S. 220–223

[256] Bayer, K.H., Waldmann, H., Weibelzahl, M.
       Die Transvektorregelung für den feldorientierten Betrieb der Synchronmaschine.
       Siemens-Z., Vol. 45 (1971), S. 765–768

[257] Fink, R., Grumbrecht, P., Rautz, E.
       Steuerung und Regelung von direktumrichtergespeisten Synchronmaschinen.
       Techn. Mitt. AEG-Telefunken (1981), No. 112, S. 55–60

[258] Gyugyi, L., Pelly, B.R.
       Static Power Frequency Changer.
       Johan Wiley & Sons, New York, London, Sydney, Toronto, 1976

[259] Haböck, A.
       Antriebe mit stromrichtergespeisten Synchronmaschinen.
       Neue Technik 16, 1974, S. 83–108

[260] McMurray, W.
       The Theory and Design of Cycloconverters.
       The MIT-Press, 1972

[261] Möltgen, G., Salzmann, T.
       Leistungsfaktor und Stromoberschwingungen beim Direktumrichter am Drehstromnetz.
       Siemens Forsch.- und Entwickl.-Berichte, Vol. 7 (1976), No. 3, S. 124–131

[262] Okayama, T., et al. (Hitachi)
       Cycloconverter-fed Synchronous Motordrive for Steel Rolling Mill.
       IAS-Konferenz, 1978, S. 820–827

[263] Pelly, B.R.
       Thyristor Phase-Controlled Converters and Cycloconverters.
       J. Wiley & Sons, New York, 1971

[264] Salzmann, T.
       Direktumrichter und Regelkonzept für getriebelosen Antrieb von Rohrmühlen.
       Siemens-Z., Vol. 51 (1977), S. 416–422

[265] Salzmann, T.
       Leistungs- und Oberschwingungsverhältnisse beim netzgeführten Direktumrichter.
       ETG-Fachber. 6, 1980, S. 87–102

[266] Salzmann, T., Wokusch, H.
       Direktumrichterantrieb für große Leistungen und hohe dynamische Anforderungen.
       Siemens-Energietechnik, Vol. 2 (1980), S. 409–413

[267] Schröder, D.
       The Cycloconverter at Increased Output Frequency.
       International Semiconductor Power Converter Conference, IEEE, USA, 1977, S. 262–269

[268] Shin, D.H., Cho, G.H., Park, S.B.
       Improved PWM Method of Forced Commutated Cycloconverters.
       IEE Proceedings Part B, Vol. 136 (1989), No. 3, S. 121–126

[269] Slonim, M.A., Biringer, P.P.
Harmonics of Cycloconverter Voltage Waveform (New Method of Analysis).
IEEE Trans. on Industrial Electronics and Control Instrumentation, Vol. IECI-27 (1980), No. 2, S. 53–56

[270] Späth, H.
Analyse der Ausgangsspannung des gesteuert betriebenen Direktumrichters mit Hilfe von Ortskurven.
Archiv für Elektrotechnik, Vol. 62 (1980), S. 167–175

[271] Späth, H., Söhner, W.
Der selbstgeführte Direktumrichter als Stellglied für Drehstrommaschinen.
Archiv für Elektrotechnik, Vol. 71 (1988), S. 441–450

[272] Steinfels, M.
Drehzahlgeregelter Drehstromasynchronmotor mit Kurzschlußläufer und symmetrierten Direktumrichter.
Elektrie, Vol. 31 (1977), No. 8, S. 415–417

[273] Terens, L., Bommeli, J., Peters, K.
Der Direktumrichter-Synchronmotor.
Brown Boveri Mitt. (1982), No. 4/5, S. 122–132

[274] Therme, P., Rooy, G.
A Digital Solution for the Bank Selection Problem in Cycloconverters.
Budapest, Bereich 1,6, 1975/76, S. 1–10

Untersynchrone Kaskade (USK)

[275] Albrecht, S., Gahlleitner, A.
Bemessung des Drehstrom-Asynchronmotors in einer untersynchronen Stromrichterkaskade.
Siemens-Z., Vol. 40 (1966), Beiheft, S. 139–146

[276] Bauer, F.
Die doppeltgespeiste Maschinenkaskade als feldorientierter Antrieb.
Dissertation, Univ. Karlsruhe, 1986

[277] Becker, O.
Betriebsverhalten und Schaltungen untersynchroner Stromrichterkaskaden.
Elektro-Anzeiger, Vol. 29 (1976), No. 6/7, S. 3–9

[278] Elger, H.
Untersynchrone Stromrichter-Kaskade als drehzahlregelbarer Antrieb für Kesselspeisepumpen.
Siemens-Z., Vol. 42 (1968), No. 4, S. 308–310

[279] Golde, E.
Asynchronmotor mit elektrischer Schlupfregelung.
AEG Mitt., Vol. 54 (1964), No. 11/12, S. 666–671

[280] Kleinrath, H.
Pendelmomente der USK beim Schlupf s=1/6.
ETZ-A, Vol. 98 (1977), No. 1, S. 115 (Forschungsdienst)

[281] Kusko, A.
       *Speed Control of a single-frame cascade induction motor with slip-power pump
       back.*
       IEEE Trans. on Industry Applications, Vol. IA-14 (1978), S. 97–105
[282] Meyer, M.
       Über die untersynchrone Stromrichterkaskade.
       ETZ-A, Vol. 82 (1961), No. 19, S. 589–596
[283] Mikulaschek,F.
       Die Ortskurven der untersynchronen Stromrichterkaskade.
       AEG-Mitt., Vol. 52 (1962), No. 5/6, S. 210–219
[284] Polasek, H.
       *Ermittlung der Auswirkungen von Netzstörungen auf die Läuferspannung ei-
       ner Stromrichterkaskade.*
       ELIN-Zeitschrift, Vol. 23 (1971), S. 10–17
[285] Safacas, A.
       *Berechnung der elektromagnetischen Größen einer Asynchronmaschine mit
       Schleifringläufer und Stromrichtern.*
       ETZ-A, Vol. 93 (1972), No. 1, S. 16–20
[286] Schönfeld,R.
       Die Untersynchrone Kaskade als Regelantrieb.
       messen steuern regeln, Vol. 10 (1967), No. 11, S. 411–417
[287] Schröder, D.
       Die untersynchrone Stromrichter-Kaskade.
       GMR-Jahrestagung, 1976, S. 90–97

Stromrichtermotor

[288] Canay, M.
       *Ersatzschemata der Synchronmaschine sowie Vorausberechnung der Kenn-
       größen mit Beispielen.*
       Dissertation, EPUL Lausanne, 1968
[289] Cornell, E.P., Novotny, D.W.
       *Commutation by Armature Induced Voltages in Self-Controlled Synchronous
       Machines.*
       IEEE IAS Conference, 1973, S. 760–766
[290] Depenbrock, M.
       *Fremdgeführte Zwischenkreisumrichter zur Speisung von Stromrichtermotoren
       mit sinusförmigen Anlaufströmen.*
       ETZ-A, Vol. 87 (1966), No. 26, S. 945–951
[291] Föhse, W., Weis, M.
       AEG-Reihe der BL-Motoren für den mittleren Leistungsbereich.
       Techn. Mitt. AEG-Telefunken, Vol. 67 (1977), No. 1, S. 16–19
[292] Gölz, G., Gumbrecht, P.
       Umrichtergespeiste Synchronmaschine.
       Techn. Mitt. AEG-Telefunken, Vol. 63 (1973), No. 4, S. 141–148

[293] Gölz, G., Gumbrecht, P., Hentschel, F.
Über neue Betriebsarten der Stromrichtermaschine synchroner Bauart.
Wiss. Ber. AEG-Telefunken, Vol. 48 (1975), No. 4, S. 170–180

[294] Imai, K.
New Applications of Commutatorless Motor Systems for Starting Large Synchronous Motors.
IEEE/IAS Conference, Florida, 1977

[295] Issa, N.A.H., Williamson, A.C.
Control of a Naturally Commutated Inverter-fed Variable-speed Synchronous Motor.
Electric Power Applications, Vol. 2 (1979), No. 6, S. 199–204

[296] Kübler, E.
Der Stromrichtermotor.
ETZ-A, Vol. 79 (1958), No. 15, S. 20–21

[297] Labahn, D.
Untersuchung an einem Stromrichtermotor in 6- und 12-pulsiger Schaltung mit ruhender Steuerung der Stromrichterventile.
Dissertation, TH Braunschweig, 1961

[298] Leder, H.W.
Beitrag zur Berechnung der stationären Betriebskennlinien von selbstgesteuerten Stromrichter-Synchronmotoren.
E und M, Vol. 94, No. 3, S. 128–132

[299] Leder, H.W.
Digitales Steuergerät für selbstgesteuerte Stromrichter-Synchronmotoren mit verstellbarem Steuerwinkel.
ETZ-A, Vol. 97 (1976), No. 10, S. 614–615

[300] Leitgeb, W.
Die Maschinenausnutzung von Stromrichtermotoren bei unterschiedlichen Phasenzahlen und Schaltungen.
Archiv für Elektrotechnik, Vol. 57 (1975), S. 71–84

[301] Lütkenhaus, H.J.
Drehmoment-Oberschwingungen bei Stromrichter-Motoren.
Techn. Mitt. AEG-Telefunken, Vol. 48 (1975), No. 6, S. 201–204

[302] Maurer, F.
Stromrichtergespeiste Synchronmaschine als Vierquadrant-Regelantrieb.
Dissertation, TU Braunschweig, 1975

[303] Naunin, D.
Die Darstellung des dynamischen Verhaltens der Synchronmaschine durch VZ1-Glieder.
ETZ-A, Vol. 95 (1974), No. 6, S. 333–338

[304] Ostermann, H.
Der fremdgesteuerte Stromrichtersynchronmotor mit steuerbarer Drehzahl.
Dissertation, TU Stuttgart, 1961

[305] Ostermann, H.
Der fremdgesteuerte Stromrichtersynchronmotor.
Archiv für Elektrotechnik, Vol. 48 (1963), No. 3, S. 167–189

[306] Pannicke, J., Gölz, G.
       Simulation zur Schonzeitregelung einer stromrichtergespeisten Synchronma-
       schine.
       ETZ-A, Vol. 99 (1978), No. 3, S. 138–141

[307] Perret, R., Jakubowitz, A., Nougaret, M.
       Simplified Model and Closed-Loop Control of a Commutatorless DC-Motor.
       IEEE Trans. on Industry Applications, Vol. IA-16 (1980), No. 2, S. 165–172

[308] Saupe, R., Senger, K.
       Maschinengeführter Umrichter zur Drehzahlregelung von Synchronmaschinen.
       Techn. Mitt. AEG, Vol. 67 (1977), S. 20–25

[309] Saupe, R.
       Die drehzahlgeregelte Synchronmaschine – optimaler Leistungsfaktor durch
       Einsatz einer Schonzeitregelung.
       ETZ, Vol. 102 (1981), No. 1, S. 14–18

[310] Stöhr, M.
       Die Typenleistung kollektorloser Stromrichtermotoren bei der einfachen Sechs-
       phasenschaltung.
       Archiv für Elektrotechnik Bd. XXXII (1938), No. 11, S. 691–720

[311] Vogelmann, H.
       Die permanentenerregte stromrichtergespeiste Synchronmaschine ohne Polrad-
       lagegeber als drehzahlgeregelter Antrieb.
       Dissertation, Univ. Karlsruhe, 1986

Stromzwischenkreis–Umrichter (I–Umrichter)

[312] Blumenthal, M.K.
       Current-Source Inverter with low Speed Pulse Operation.
       IEE Symposium, London, 1977, S. 88–91

[313] Bowes, S.R., Bullough, R.
       Fast Modelling Techniques for Microprocessorbased Optimal Pulse-Width-
       Modulated Control of Current-fed Inverter Drives.
       IEE Proceedings Part B, Vol. 131 (1984), S. 149–158

[314] Bowes, S. R., Bullough, R.
       PWM Switching Strategies for Current-fed Inverter Drives.
       IEE Proceedings Part B, Vol. 131 (1984), S. 195–202

[315] Bystron, K.
       Strom- und Spannungsverhältnisse beim Drehstrom-Drehstrom-Umrichter mit
       Gleichstromzwischenkreis.
       ETZ-A, Vol. 87 (1966), No. 8, S. 264–271

[316] Espelage, P.M., Nowak, J.M., Walker, L.H.
       Symmetrical FTO-Current Source Inverter for Wide Speed Range Control of
       2300 to 4160 Volt, 350 to 7000 Hp, Induction Motors.
       IEEE IAS, Vol. I, 1988, S. 302–306

[317] Fukuda, S., Hasegawa, H.
       Current Source Rectifier/Inverter System with Sinusoidal Currents.
       IEEE IAS, Vol. I, 1988, S. 909–914

[318]   Hintze, D.
        Asynchroner Vierquadranten-Drehstromantrieb mit Stromzwischenkreisum-
        richter und oberschwingungsarmen Maschinengrößen.
        Dissertation, TU München, 1993

[319]   Hombu, M., Veda, A., Matsuda, Y.
        A New Current Source GTO Inverter with Sinusoidal Output Voltage and
        Current.
        IEEE Trans. on Industry Applications, Vol. IA-21 (1985), S. 1192–1198

[320]   Hombu, M., et al.
        A Current Source GTO Inverter with Sinusoidal Inputs and Outputs.
        IEEE Trans. on Industry Applications, Vol. IA-23 (1987), No. 2, S. 247–255

[321]   Lienau, W., Müller-Hellmann, A.
        Möglichkeit zum Betrieb von stromeinprägenden Wechselrichtern ohne nieder-
        frequente Oberschwingungen.
        ETZ-A, Vol. 97 (1976), S. 663–667

[322]   Lienau, W.
        Torque Oscillations in Traction Drives with Current Fed Asynchronous
        Machines.
        „Electrical Variable Speed Drives" Conf., 1979, S. 102–107
        (siehe Beitrag Blumenthal, M. K.)

[323]   Möltgen, G.
        Simulationsuntersuchung zum Stromrichter mit Phasenfolgelöschung.
        Siemens Forsch.- u. Entwickl.-Berichte, Vol. 12 (1983), S. 166–175

[324]   Nonaka, S., Neba, Y.
        New GTO Current Source Inverter with Pulsewidth Modulation Control Tech-
        niques.
        IEEE Trans. on Industry Applications, Vol. IA-22 (1986), S. 666–672

[325]   Nonaka, S., Neba, Y.
        A PWM Current Source Type Converter – Inverter System for Bidirectional
        Power Flow.
        IEEE IAS, Vol. I, 1988, S. 296–301

[326]   Schierling, H., Weß, T.
        Netzrückwirkungen durch Zwischenharmonische von Strom-Zwischenkreisum-
        richtern für drehzahlgeregelte Asynchronmotoren.
        ETZ Archiv, Vol. 9 (1987), No. 7, S. 219–223

[327]   Schröder, D.
        Selbstgeführter Stromrichter mit Phasenfolgelöschung und eingeprägtem
        Strom.
        ETZ-A, Vol. 96 (1975), S. 520–523

[328]   Schröder, D., Moll, K.
        Applicable Frequency Range of Current Source Inverters.
        2nd IFAC Symposium, 1977, S. 231–234

[329]   Schröder, D., Niermeyer, O.
        Current Source Inverter with GTO-Thyristors and Sinusoidal Motor Currents.
        ICEM–Conference, München, 1986, S. 772–776

[330] Schröder, D., Hintze, D.
       *Four Quadrant AC-Motor Drive with a GTO Current Source Inverter with
       Low Harmonics and On Line Optimized Pulse Pattern.*
       IPEC 90, Tokyo, Japan, 1990, S. 405–412

[331] Schröder, D., Hintze, D.
       *PWM Current Source Inverter with On-Line-Optimized Pulse Pattern Gene-
       ration for Voltage and Current Control.*
       CICEM 91, Wuhan, China, 1991, S. 189–192

[332] Schröder, D., Hintze, D.
       Induction Motor Drive with Intelligent Controller and Parameter Adaption.
       IEEE IAS, Houston, USA, 1992, S. 970–977

[333] Weninger, R.
       *Verfahren zur dynamisch richtigen Steuerung des Flusses bei der Drehzahlre-
       gelung von Asynchronmaschinen mit Speisung durch Zwischenkreisumrichter
       mit eingeprägtem Strom.*
       ETZ Archiv (1979), No. 12, S. 341–345

[334] Weschta, A.
       Stromzwischenkreisumrichter mit GTO.
       ETG Fachber. 23, 1988, S. 315–332

Spannungszwischenkreis–Umrichter (U–Umrichter)

[335] Abraham, L., Heumann, K., Koppelmann, F.
       Wechselrichter zur Drehzahlsteuerung von Käfigläufermotoren.
       AEG-Mitt., Vol. 54 (1964), No. 1/2, S. 89–106

[336] Abraham, L., Heumann, K., Koppelmann, F.
       Zwangskommutierte Wechselrichter veränderlicher Frequenz und Spannung.
       ETZ-A, Vol. 86 (1965), No. 8, S. 268–274

[337] Abraham, L., Heumann, K., Koppelmann, F., Patzschke, U.
       Pulsverfahren der Energieelektronik elektromotorischer Antriebe.
       VDE-Fachber. 23, 1964, S. 239–252

[338] Adams, R.D., Fox, R.S.
       Several Modulation Techniques for a Pulswidth Modulated Inverter.
       IEEE Trans. on Industry Applications, Vol. IA-8 (1972), No. 5, S. 584–600

[339] Beck, H.P., Michel, M.
       *Spannungsrichter – ein neuer Umrichtertyp mit natürlicher Gleichspannungs-
       kommutierung.*
       ETZ Archiv, Vol. 3 (1981), No. 12, S. 427–432

[340] Bühler, H.
       Umrichtergespeiste Antriebe mit Asynchronmaschinen.
       NT 4, 1974, S. 121–139

[341] Bystron, K.
       *Umrichter mit veränderlicher Zwischenkreisspannung zur Drehzahlsteuerung
       von Drehfeldmaschinen.*
       Tagung „Stromrichtergespeiste Drehfeldmaschinen", 1967, TH Darmstadt

[342] Daum, D.
       Unterdrückung von Oberschwingungen durch Pulsbreitensteuerung.
       ETZ-A, Vol. 93 (1972), No. 9
[343] Depenbrock, M.
       Pulse Width Control Of A 3-Phase Inverter With Non-Sinusoidal Phase Voltages.
       IEEE IAS, International Semiconductor Power Converter Conference, S. 399–403, Orlando, Florida USA, 1977
[344] Ettner, N. u.a.
       Netzrückwirkungen umrichtergespeister Drehstromantriebe.
       ETZ, Vol. 109 (1988), No. 14, S. 626–629
[345] Kafo, T., Miyao, K.
       Modified Hysteresis Control with Minor Loops for Single-Phase Full-Bridge Inverters.
       IEEE IAS, Vol. I, 1988, S. 689–693
[346] Lipo, T.A.
       Recent Progress in the Development of Solid-State AC Motor Drives.
       IEEE Trans. on Power Electronics, Vol. PE-3 (1988), No. 2, S. 105–117
[347] Matsuda, Y., et al.
       Development of PWM Inverter Employing GTO.
       IEEE Trans. on Industry Applications, Vol. IA-19 (1983), No. 3, S. 335–342
[348] McMurray, W., Shattuck, D.P.
       A Silicon-Controlled Rectifier with Improved Commutation.
       AIEE Trans., Vol. 80 (1961), Teil I, S. 531–542
[349] Meyer, M.
       Beanspruchung von Thyristoren in selbstgeführten Stromrichtern.
       Siemens-Z. (1965), No. 5, S. 495–501
[350] Nestler, J., Tzivelekas, I.
       Kondensator-Löschschaltung mit Löschthyristor-Zweigpaar nach McMurray.
       Teil I: Beschreibung der Löschvorgänge.
       ETZ Archiv, Vol. 6 (1984), No. 2, S. 45–50;
       Teil II: Analyse der Löschvorgänge.
       ETZ Archiv, Vol. 6 (1984), No. 3, S. 83–90
[351] Penkowski, L.J., Pruzinsky, K.E.
       Fundamentals of a Pulsewidth Modulated Power Circuit.
       IEEE Trans. on Industry Applications, Vol. IA-8 (1972), No. 5, S. 584–600
[352] Pollack, J.J.
       Advanced Pulsewidth Modulated Inverter Techniques.
       IEEE Trans. on Industry Applications, Vol. IA-8 (1972), No. 2, S. 145–154
[353] Salzmann, T., Weschta, A.
       Progress in Voltage Source Inverters (VSIs) and Current Source Inverters (CSIs) with Modern Semiconductor Devices.
       IEEE IAS Conf. Rec., 1987, S. 577–583
[354] Steimel, A.
       GTO-Umrichter im Spannungszwischenkreis.
       ETG Fachber. 23, 1988, S. 333–341

Regelung von Asynchron– und Synchronmaschine

[355] Akiyama, M., Kobayashi, K., Miki, I., El-Sharkawi, M.
       Auto Tuning Method for Vector Controlled Induction Motor Drives.
       IPEC, Yokohama, 1995, S. 789–794.

[356] Albrecht, P., Schlegel, T., Siebert, J.
       Digitale Steuerung und Regelung für Stromrichterantriebe.
       Energie & Automation 9, Special „Drehzahlveränderbare elektr. Großantrie-
       be", 1987,S. 66–75

[357] Binder, A.
       *Untersuchung zur magnetischen Kopplung von Längs- und Querachse durch
       Sättigung am Beispiel der Reluktanzmaschine.*
       Archiv für Elektrotechnik, Vol. 72 (1989), S. 227–282

[358] Bauer, F., Heining, H.-D.
       *Quick Response Space Vector Control for a High Power Three Level Inverter
       Drive.*
       EPE, Aachen, 1989, S. 417-421

[359] Blaschke, F.
       *Das Prinzip der Feldorientierung, die Grundlage für die Transvektor-Regelung
       von Drehfeldmaschinen.*
       Siemens-Z., Vol. 45 (1971), S. 757–760

[360] Blaschke, F.
       Das Verfahren der Feldorientierung zur Regelung der Asynchronmaschine.
       Siemens Forsch.- und Entwickl.-Berichte (1972), S. 184–193

[361] Blaschke, F.
       Das Verfahren der Feldorientierung zur Regelung der Drehfeldmaschine.
       Dissertation, TU Braunschweig, 1974

[362] Blaschke, F., Bayer, K.H.
       Die Stabilität der feldorientierten Regelung von Asynchronmaschinen.
       Siemens Forsch.- u. Entwicklg.-Berichte, Vol. 7 (1978), No. 2, S. 77–81

[363] Blaschke, F., Ströle, D.
       *Einsatz von Transformationen zur Entflechtung elektrischer Antriebsregel-
       strecken.*
       Ansprachetag „Systeme mit verteilten Parametern und modale Regelung",
       1973

[364] Boldea, I., Nasar, S.A.
       Vector Control of AC Drives.
       CRC Press, 1992

[365] Boldea, I, Nasar, S.A.
       Electric Machine Dynamics.
       Machmillan Publishing Company A Division of Macmillan, Inc., New York,
       1986

[366] Bonfert, K.
       Betriebsverhalten der Synchronmaschine.
       Springer-Verlag, Berlin, Göttingen, Heidelberg, 1962

[367]   Bowes, S.R.
        Development in PWM Switching Strategies for Microprocessor-Controlled Inverter Drives.
        IEEE IAS Conf. Rec., 1987, S. 323–329

[368]   Depenbrock, M.
        Direkte Selbstregelung (DSR) für hochdynamische Drehfeldantriebe mit Stromrichterspeisung.
        ETZ Archiv, Vol. 7 (1985), No. 7

[369]   Depenbrock, M.
        Direct Self Control (DSC) of inverter fed induction machines.
        IEEE Trans. on Power Electronics (1988), S. 420–429

[370]   Depenbrock, M.
        Direct self-control of the flux and rotary moment of a rotary-field machine.
        U.S. Patent 4,678,248

[371]   Depenbrock, M., Skrotzki, T.
        Drehmomenteinstellung im Feldschwächbereich bei stromrichtergespeisten Drehfeldantrieben mit direkter Selbstregelung.
        ETZ-A, Vol. 9 (1987), No. 1, S. 3–8

[372]   Depenbrock, M., Klaes, N.R.
        Determination of the Induction Machine Parameters and their Dependencies on Saturation.
        IEEE Industry Applications Society Annual Meeting, 1989, Conference Record, S. 17–22.

[373]   Eichmann, D., Neuffer, I., Sarioglu, M.K.
        Ein Simulator zum Nachbilden von Synchronmaschinen.
        Siemens-Z., Vol. 42 (1968), No. 9, S. 780-783

[374]   Flöter, W., Ripperger, H.
        Die Transvektor-Regelung für den feldorientierten Betrieb einer Asynchronmaschine.
        Siemens-Z., Vol. 45 (1971), S. 761–764

[375]   Flügel, W.
        Erweitertes Verfahren zur dynamisch richtigen Steuerung des Flusses bei der Drehzahlregelung von umrichtergespeisten Asynchronmaschinen.
        ETZ-A, Vol. 98 (1978), No. 4, S. 185–188

[376]   Flügel, W.
        Steuerung des Flusses von umrichtergespeisten Asynchronmaschinen über Entkopplungsnetzwerke.
        ETZ Archiv, Vol. 1 (1979), No. 12, S. 347–350

[377]   Flügel, W.
        Drehzahlregelung der spannungsumrichtergespeisten Asynchronmaschine im Grunddrehzahl- und im Feldschwächbereich.
        ETZ Archiv, Vol. 4 (1982), No. 5, S. 143–150

[378]   Flügel, W.
        Drehzahlregelung umrichtergespeister Asynchronmaschinen bei Steuerung des Flusses durch Entkopplungnetzwerke
        Dissertation, TU München, 1981

[379] Gabriel, R., Leonhard, W., Norby, C.
Regelung der stromrichtergespeisten Drehstrom-Asynchronmaschine mit einem Mikrorechner.
Regelungstechnik 27, 1979, S. 379–386

[380] Gabriel, R.
Mikrorechnergeregelte Asynchronmaschine, ein Antrieb für hohe dynamische Anforderungen.
Regelungstechnik, Vol. 32 (1984), No. 1, S. 18–26

[381] Garces, L.J.
Parameter Adaption for the Speed-Controlled Static AC Drive with a Squirrel-Cage Induction Motor.
IEEE Trans. on Industrial Applications, Vol.I, 1–16, 1980, S. 173–187

[382] Gorter, R.J., van den Bosch, P.P.J., Weiland, S.
Simultaneous Estimation of Induction Machine Parameters and Velocity.
Proc. IEEE PESC 95, Atlanta, 1995, S. 1295–1301

[383] Gorter, R.J.
Grey-box Identification of Induction Machines.
Ph.D. Thesis TU Einhoven, 1997

[384] Habetler, T.G.
A Space Vector-Based Rectifier Regulator for AC/DC/AC Converters.
IEEE Trans. on Power Electronics, Vol. PE-8 (1993), No. 1, S. 30-36

[385] Hasse, K.
Zur Dynamik drehzahlgeregelter Antriebe und stromrichtergespeisten Asynchron-Kurzschlußläufermaschinen.
Dissertation, TH Darmstadt, 1969

[386] Heinemann, G., Leohnard, W.
Self-Tuning Field Oriented Control of an Induction Motor Drive.
IPEC Tokyo/Japan, Conf. Rec. Vol. 1, 1990, S. 465–472

[387] Heintze, K., Tappeiner, H., Weibelzahl, M.
Pulswechselrichter zur Drehzahlsteuerung von Asynchronmaschinen.
Siemens-Z. (1971), S. 154–161

[388] Heumann, K., Jordan, K.G.
Das Verhalten des Käfigläufermotors bei veränderlicher Speisefrequenz und Stromregelung.
AEG-Mitt., Vol. 54 (1964), No. 1/2, S. 107–116

[389] Hosemann, G.
Größenrichtiges Ersatzschaltbild des Synchronmaschinenläufers und seine experimentelle Ermittlung.
ETZ-A, Vol. 88 (1967), S. 333-339

[390] Jenni, F., Wüst, D.
Steuerverfahren für selbstgeführte Stromrichter.
VDF Hochschulverlag AG an der ETH Zürich und B.G. Teubner Stuttgart, 1995

[391] Kazmierkowski, M.P., Dzieniakowski, M.A., Sulkowski, W.
Novel Space Vector Based Current Controllers For PWM-Inverters.
PESC, 1989, Conf. Proc., S. 675-664

[392] Klaassen, H.
Selbsteinstellende feldorientierte Regelung einer Asynchronmaschine und geberlose Regelung.
Dissertation, TU Braunschweig, 1999

[393] Klaes, N.R.
Parameters Identification of an Induction Machine with Regard to Dependencies on Saturation.
IEEE Industry Applications Society Annual Meeting, 1991, Conference Record, S. 21–27.

[394] Khambadkone, A., Holtz, J.
Vector controlled Induction Motor Drive with a Self Comissioning Scheme.
IEEE Trans. on Industrial Electronics (1991), S. 322–327.

[395] Kohlmeier, H.
Regelung der Asynchronmaschine durch Einsatz netz- und maschinenseitiger Pulsstromrichter mit optimierten asynchronen Pulsmuster.
Dissertation, TH Darmstadt, 1976

[396] Korb, F.
Einstellung der Drehzahl von Induktionsmotoren durch antiparallele Ventile auf der Netzseite.
ETZ-A, Vol. 86 (1965), No. 8, S. 275–279

[397] Kovács, K.P., Rácz, I.
Transiente Vorgänge in Wechselstrommaschinen. Bd.1 und 2.
Budapest: Verlag der Ungarischen Akademie der Wissenschaften, 1959

[398] Kreuth, H.P.
Die Induktivitäten der homopolaren Synchronmaschine im Zweiachsensystem.
ETZ-A, Vol. 94 (1973), S. 483-487

[399] Mayer, H.R.
Entwurf zeitdiskreter Regelverfahren für Asynchronmotoren unter Berücksichtigung der diskreten Arbeitsweise des Umrichters.
Dissertation, Universität Erlangen–Nürnberg, 1988

[400] Milde, F.
Dynamisches Verhalten von Drehfeldmaschinen.
VDE-Verlag GmbH Berlin-Offenbach, 1993

[401] Morimoto, S., Takeda, Y, Hirasa, T.
Expansion of Operating Limits for Permanent Magnet Motor by Current Vector Control Considering Inverter Capacity.
IEEE Trans. on Industry Applications, Vol. IA-26 (1990), No. 5, S. 866–871

[402] Naunin, D.
Die Grundgleichungen für das dynamische Verhalten von Drehfeldmaschinen.
Wiss. Ber. AEG-Telefunken, Vol. 43 (1970), No. 3/4, S. 257-266

[403] Patel, S.P., Hoft, R.G.
Generalized Techniques of Harmonic Elimination and Voltage Control in Thyristor Inverters: Part I – Harmonic Elimination, Part II – Voltage Control Techniques.
IEEE Trans. on Industry Applications, Vol. IA-9 (1973), No. 3, S. 310–317 und Vol. IA-10 (1974), No. 5, S. 666–673

[404] Pfaff, G.
       Zur Dynamik des Asynchronmotors bei Drehzahlsteuerung mittels veränderlicher Speisefrequenz.
       ETZ-A, Vol. 85 (1964), No. 22, S. 719–724

[405] Pfaff, G., Wick, A.
       Direkte Stromregelung bei Drehstromantrieben mit Pulswechselrichtern.
       Regelungstechnische Praxis, Vol. 24 (1983), No. 11, S. 472–477

[406] Pfaff G., Segerer H., Lelkes A.
       Resistance Corrected and Time Discrete Calculation of Rotor Flux in Induction Motors.

[407] Pollmann, A., Gabirel, R.
       Zündsteuerung eines Pulswechselrichters mittels Mikrorechners.
       Regelungstechnische Praxis 22 (1980), S. 145–150

[408] Pollmann, A.
       A Digital Pulsewidth Modulator Employing Advanced Modulation Techniques.
       IEEE Trans. on Industry Applications, Vol. IA-19 (1983), S. 409–414

[409] Ramminger, P., Andresen, E.C.
       Prediction of Performance Characteristics of small Induction Motors from Measurements without Load Machine.
       Proceedings, International Conference On Electrical Machines, Manchester University, UK, 1992

[410] Richter, R.
       Elektrische Maschinen, 2. Band: Synchronmaschinen und Einankerumformer.
       2. Auflage., Basel, Stuttgart, Birkhäuser, 1953

[411]. Salzmann, T.
       Drehstromantrieb hoher Regelgüte mit Direktumrichter.
       4. Leistungselektronik-Konferenz, Beitrag 3.3, Budapest, 1981

[412] Schierling, H., Jötten, R.
       Control of the Induction Machine in the Field weakening range.
       Control in Power Electronics and Drives. IFAC Symp., 1983, S. 297–304

[413] Schierling, H.
       Selbsteinstellendes und selbstanpassendes Antriebsregelsystem für die Asynchronmaschine mit Pulswechselrichter.
       Dissertation, TU Darmstadt, 1986

[414] Schuemann, U., Orlik, B.
       Identifikation der elektrischen Parameter von Drehstrom-Asynchronmaschinen im Stillstand.
       43. Internationales Wissenschaftliches Kolloquium, Band 4, Ilmenau, 1998

[415] Schröder, D., Kohlmeier, H., Niermeyer, O.
       High Dynamic Four-Quadrant AC-Motor Drive with improved Power-Factor and On-Line Optimized Pulse Pattern with PROMC.
       EPE-Conference Brüssel, 1985, S. 3.173–3.178;
       IEEE IAS Annual Meeting Toronto, 1985, S. 1081–1086

[416] Schröder, D., Kohlmeier, H.
       GTO-Pulse Inverters with On-Line Optimized Pulse Patterns for Current Control.
       ICEM-Conference, München, 1986, S. 668–671

[417]   Schröder, D., Kohlmeier, H., Niermeyer, O.
        *High Dynamic Four-Quadrant AC Motor Drive with Improved Power Factor
        and On-Line Optimized Pulse Pattern with PROMC.*
        IEEE Trans. on Industry Applications, Vol. IA-23 (1987), No. 6, S. 1001–1009

[418]   Schröder, D., Kohlmeier, H.
        *Control of a Double Voltage Inverter System Coupling a Three Phase Mains
        with an AC-Drive.*
        IEEE Industry Applications Society – 22nd Annual Meeting Atlanta, 1987

[419]   Schröder, D., Niermeyer, O.
        New Predictive Control Strategy for PWM-Inverters.
        EPE 87, Grenoble, 1987, S. 647–652

[420]   Schröder, D., Niermeyer, O.
        *Induction Motor Drive with Parameter Identification using a new Predictive
        Current Control Strategy.*
        PESC 89, Wisconsin, USA, 1989, S. 287–294

[421]   Schröder, D., Niermeyer, O.
        AC-Motor Drive with Generative Breaking and Reduced Supply Line Distortion.
        EPE 89, Aachen, 1989, S. 1021–1026

[422]   Schröder, D.
        Control of AC-Machines. Decoupling and Field Orientation. Modern Integrated Electrical Drives (MIED): Current Status and Future Developments.
        Course Notes, The European Association for Electrical Drives., Mailand, 1989,
        S. 45–77

[423]   Schumacher, W.
        Mikrorechnergeregelter Asynchron-Stellantrieb.
        Dissertation, TU Braunschweig, 1985

[424]   Schumacher, W., Leonhard, W.
        AC-Servo Drive with Microprozessor Control.
        IPEC, Tokyo, 1983, S. 1465–1476

[425]   Späth, H.
        Elektrische Maschinen und Stromrichter.
        Grundlagen und Einführung. G. Braun, Karlsruhe, 1984

[426]   Steinke, J.K.
        Grundlagen für die Entwicklung eines Steuerverfahrens für GTO-Dreipunktwechselrichter für Traktionsantriebe.
        ETZ Archiv, Vol. 10 (1988), No. 7, S. 215–220

[427]   Steinke, J.K.
        Pulsbreitenmodulationssteuerung eines Dreipunktwechselrichters für Traktionsantriebe im Bereich niedriger Motordrehzahlen.
        ETZ Archiv, Vol. 11 (1989), No. 1, S. 17–24

[428]   Späth, H.
        Steuerverfahren für Drehstrommaschinen.
        Springer, Berlin, Heidelberg, New York, Tokyo, 1983

[429] Tungpimolrut, K., Peng, F.Z., Fukao, T.
A Direct measuring Method of Machine Parameters for vector controlled Induction Machine Drives.
International Conf. Industrial Electronics, Control and Instrumentation 1993 (IECON '93), Proc., S. 997–1002

[430] Taegen, F., Homes, E.
Die Gleichungen der Synchronmaschine und ihr mathematisches Modell.
Archiv für Elektrotechnik, Vol. 56 (1974), S. 194-204

[431] Takahashi, I., Mochikawa, H.
Optimum PWM Waveforms of an Inverter for Decreasing Acoustic Noise of an Induction Motor.
IEEE Trans. on Industry Applications, Vol. IA-22 (1986), No. 5, S. 828–834

[432] van der Broeck, H.
Auswirkungen der Pulsweitenmodulation hoher Taktzahl auf die Oberschwingungsbelastung einer Asynchronmaschine bei Speisung durch einen U-Wechselrichter.
Archiv für Elektrotechnik, Vol. 68 (1985), S. 279–291

[433] Vas, P.
Vector Control of AC Machines.
Oxford Science Publications. Clarendon Press, Oxford, 1990

[434] Waldmann, H., Weibelzahl, M., Wolf, J.
Ein elektronisches Modell der Synchronmaschine.
Siemens Forsch.- u. Entwickl.-Berichte, Vol. 1 (1972), No. 1

[435] Warnecke, K.-F.
Wechselwirkung zwischen Umrichter, Signalverarbeitung und Regelung bei einem Stromrichtermotor mit Käfigläufer.
Dissertation, TH Darmstadt, 1976

[436] Weninger, R.
Drehzahlregelung von Asynchronmaschinen bei Speisung durch einen Zwischenkreisumrichter mit eingeprägtem Strom.
Dissertation, TU München, 1982

[437] Weninger, R.
Das Verfahren zur dynamisch richtigen Steuerung des Flusses bei der Drehzahlregelung von Asynchronmaschinen mit Speisung durch Zwischenkreisumrichter mit eingeprägtem Strom.
ETZ Archiv (1979), No. 12, S. 341–345

[438] Yanagawa, K., Sakai, K., Endou, T., Fujii, H.
Auto Tuning for general purpose Inverter with sensorless Vector Control.
IPEC, Yokohama, 1995, S. 1005–1009

[439] Zägelein, W.
Drehzahlregelung des Asynchronmotors unter Verwendung eines Beobachters mit geringer Parameterempfindlichkeit.
Dissertation, Universität Erlangen-Nürnberg, 1984

Direkte Selbstregelung von Drehfeldmaschinen

[440] Baader, U.
Die Direkte Selbstregelung (DSR) — Ein Verfahren zur hochdynamischen Regelung von Drehfeldmaschinen.
Dissertation, Ruhr–Universität Bochum, 1987

[441] Buschmann, M.K., Steinke, J.K.
Robust and reliable medium voltage PWM inverter with motor friendly output.
7th EPE Conference, Vol. 1, Trondheim, 1997, S. 3502–3507

[442] Depenbrock, M.
Direkte Selbstregelung (DSR) für hochdynamische Drehfeldantriebe mit Stromrichterspeisung.
ETZ Archiv, Vol. 7 (1985), No. 7, S. 211–218

[443] Depenbrock, M.
Direct Self-Control (DSC) of Inverter–Fed Induction Machine.
IEEE Trans. on Power Electronics, Vol. PE-3 (1988), No. 4, S. 420–429

[444] Depenbrock, M., Skrotzki, T.
Drehmomenteinstellung im Feldschwächbereich bei stromrichtergespeisten Drehfeldantrieben mit Direkter Selbstregelung (DSR).
ETZ Archiv, Vol. 9 (1987), No. 1, S. 3–8

[445] Depenbrock, M., Hoffmann, F., Koch, S.
Speed Sensorless High Performance Control for Traction Drives.
7th EPE Conference Trondheim, Vol. 1, 1997, S. 1418–1423

[446] Haun, A.
Vergleich von Steuerverfahren für spannungseinprägende Umrichter zur Speisung von Käfigläufermotoren.
Dissertation, TH Darmstadt, 1991

[447] Hodapp, J.
Die direkte Selbstregelung einer Asynchronmaschine mit einem Signalprozessor.
Dissertation, Ruhr–Universität Bochum, 1988

[448] Hoffmann, F.
Drehgeberlos geregelte Induktionsmaschinen an IGBT-Pulsstromrichtern.
Dissertation, Ruhr–Universität Bochum

[449] Jänecke, M., Kremer, R., Steuerwald, G.
Direkte Selbstregelung, ein neuartiges Regelverfahren für Traktionsantriebe im Ersteinsatz bei dieselelektrischen Lokomotiven.
Elektrische Bahnen, Vol. 89 (1991), No. 3, S. 79–87

[450] Jänecke, M., Hoffmann, F.
Fast Torque Control of an IGBT–Inverter–Fed Three–Phase A.C. Drive in the Whole Speed Range — Experimental Results.
8th European Power Electronic Conference (EPE), Vol. 3, Sevilla, 1995, S. 399–404

[451] Maischak, D., Nemeth–Csoka, M.
Schnelle Drehmomentregelung im gesamten Drehzahlbereich eines hochausgenutzten Drehfeldantriebs.
Archiv für Elektrotechnik, Vol. 77 (1994), S. 289–301

[452]   Pohjalainen, P., Tiitinen, P., Lalu, J.
        The next generation motor control method — Direct Torque Control, DTC.
        Proceedings of the EPE Chapter Symposium, Lausanne, 1994, S. 115–120

[453]   Springmeier, F.
        Direkte Ständergrößen-Regelung von Induktionsmaschinen am Dreipunktwechselrichter.
        Dissertation, Ruhr–Universität Bochum, 1992

[454]   Steimel, A.
        Control of the induction machine in traction.
        Elektrische Bahnen, Vol. 96 (1998), No. 12, S. 361–369

[455]   Steimel, A., Wiesemann, J.
        Further Development of Direct Self Control for Application in Electric Traction.
        IEEE International Symposium on Industrial Electronics (ISIE 96), Vol. 1, Warsaw 1996, S. 180–185

[456]   Steimel, A.
        Steuerungsbedingte Unterschiede von wechselrichtergespeisten Traktionsantrieben.
        Elektrische Bahnen, Vol. 92 (1994), No. 1/2, S. 24–36

[457]   Takahashi, I., Noguchi, T.
        A New Quick-Response and High-Efficiency Control Strategy of an Induction Motor.
        IEEE Trans. on Industry Applications, Vol. IA-22 (1986), S. 820–827

[458]   Wörner, K., Steimel, A., Hoffmann, F.
        Highly Dynamic Stator Flux Track Length Control for High Power IGBT Inverter Traction Drives.
        8th European Power Electronic Conference (EPE), Lausanne, 1999

Geberlose Asynchronmaschinen–Regelung

[459]   Abbondanti, A.
        Method of flux control in induction motors driven by variable frequency variable voltage supplies.
        IEEE IAS International Semiconductor Power Conf. 1977, S. 177–184

[460]   Asher, G.M.
        Sensorless induction motor drives.
        IEE Seminar on Advances in induction motor control, 2000, London, UK, May 2000

[461]   Attaianese, C., Perfetto, A.
        A speed sensorless digitally controlled induction motor drive.
        Conf. Rec. PEMC, 1994, S. 1358–1363

[462]   Baader, U., Depenbrock, M., Gierse, G.
        Direct self control of inverter–fed induction machine. A basis for speed control without speed mesaurement.
        IEEE Trans. on Industry Applications, Vol. IA-28 (1992), No. 3, S. 581–588

[463] Baader, U., Depenbrock, M., Gierse, G.
Direct Self Control of Inverter–Fed Induction Machine, a Basis for Speed Control without Speed–Measurement.
IEEE IAS Annual Meeting 1989, San Diego, USA, Proc., Vol. 1, S. 486–492

[464] Bausch, H., Wnyan, Z., Kanelis, K.
Tacholess torque control of induction machines based on the improved voltage flux model.
2nd Chinese Int'l Conf. on Electric Machines 1995 (CICEM '95), Proc., S. 180–185

[465] Ben-Brahim, L., Kurosawa, R.
Identification of induction motor speed using neural networks.
Conf. Rec. IEEE PCC, Yokohama, 1993, S. 689–694

[466] Ben-Brahim, L., Kawamura, A.
A fully digitized field-oriented controlled induction motor drive using only current sensors.
IEEE Trans. on Industrial Electronics, Vol. IE-39 (1992), No. 3, S. 241–249

[467] Blasco-Gimenez, R., Asher, G.M., Sumner, M., Cilia, J., Bradley, K.J.
Field weakening at high and low speed for sensorless vector controlled induction motor drives.
Power Electronics and Variable Speed Drives, Sept. 1996, Conf. Publ. IEE, S. 258–261

[468] Blaschke, F., van der Burgt, J., Vandenput, A.
Sensorless Direct Field Orientation at Zero Flux Frequency.
IEEE IAS Annual Meeting 1996, San Diego, USA, Conf. Proc., S. 189–196

[469] Bonanno, C.J., Zhen, Li, Xu, L.
A position sensorless induction machine drive for electric vehicle applications.
IEEE IAS Annual Meeting 1995, Orlando, USA, Conf. Proc., S. 1–6

[470] Bonanno, C.J., Zhen, Li, Xu, L.
A direct field oriented induction machine drive with robust flux estimator for position sensorless control.
IEEE IAS Annual Meeting 1995, Orlando, USA, Conf. Proc., S. 166–173

[471] Bose, B.K., Simoes, M.G., Crecelius, D.R., Rajashekara, K., Martin, R.
Speed sensorless hybrid vector controlled induction motor drive.
IEEE IAS Annual Meeting 1995, Orlando, USA, Conf. Proc., S. 137–143

[472] Boussak, M., Capolino, G.A., Nguyen Phouc, V.T.
Speed measurement in vector-controlled induction machine by adaptive method.
4th European Conf. on Power Electronics and Applications 1991 (EPE '91), Vol. 3, S. 3/653–658

[473] Boussak, M., Capolino, G.A., Poloujadoff, M.
Parameter identification in vector controlled induction machine with flux model reference adaptive system.
Conf. Rec. ICEM, 1992, S. 838–842

[474] Bradley, K.J., Ferrah, A., Asher, G.M.
Analysis of speed measurement using FFT spectral estimation for mains or inverter driven induction motors.
Conf. Rec. ICEM, 1992, S. 923–927

[475] Briz, F., Degner, M.W., Diez, A., Lorenz, R.D.
Measuring, Modeling and Decoupling of Saturation–Induced Saliencies in Carrier Signal Injection-Based Sensorless AC Drives.
IEEE IAS Annual Meeting 2000, Rome, Italy, S. 1842–1849

[476] Consoli, A.
AC machine sensorless control techniques based on high frequency signal injection.
Proc. Rec. Int. Conf. on PEMC, Košice, Slovak Republic, 2000, Vol. 1, S. 98–103

[477] Consoli, A., Testa, A.
A New Zero Frequency Flux Position Detection Approach for Direct Field Oriented Control Drives.
IEEE IAS Annual Meeting 1999, Phoenix, USA, Conf. Proc., S. 2290–2297

[478] Consoli, A., Scarcella, G., Tutino, G., Testa, A.
Sensorless Field Orientend Control Using Common Mode Currents.
IEEE IAS Annual Meeting 2000, Rome, Italy, S. 1866–1873

[479] Consoli, A., Scarcella, G., Testa, A.
A New Zero Frequency Flux Position Detection Approach for Direct Field Oriented Control Drives.
IEEE Trans. on Industry Applications, Vol. IA-36 (2000), No. 3, S. 797–804

[480] Consoli, A., Russo, F., Scarcella, G., Testa, A.
Low- and Zero-Speed Sensorless Control of Synchronous Reluctance Motors.
IEEE Trans. on Industry Applications, Vol. IA-35 (2000), No. 5, S. 1050–1057

[481] Cuzner, R.M., Lorenz, R.D., Novotny, D.W.
Application of Nonlinear Observers for Rotor Position Detection on an Induction Motor Using Machine Voltages and Currents.
IEEE IAS Annual Meeting 1990, Seattle, USA, Proc., S. 416–421

[482] De Fornel, B., De Oliveira, J.C.R.
Adaptive discrete esimator for induction motor control.
4th European Conf. on Power Electronics and Applications 1991 (EPE '91), S. 2/132–137

[483] Degner, M.W.
Flux, Position, and Velocity Estimation in AC Machines Using Carrier Signal Injection.
Ph.D. Thesis, Dept. of Electrical and Computer Engineering, University of Wisconsin, Madison, 1998

[484] Degner, M.W., Lorenz, R.D.
Using Multiple Saliencies for the Estimation of Flux, Position, and Velocity in AC Machines.
IEEE Trans. on Industry Applications, Vol. IA-34 (1998), No. 5, S. 1097–1104

[485] Depenbrock, M.
Direct self control (DSC) of inverter-fed induction machine.
IEEE Trans. on Industrial Electronics, Vol. IE-3 (1988), No. 4, S. 420–429

[486] Depenbrock, M., Baader, U., Gierse, G.
Direct self control of inverter-fed induction machine, a basis for speed control without speed measurement.
IEEE IAS Annual Meeting 1989, San Diego, USA, Proc., Vol. 1, S. 486–492

[487] Depenbrock, M., Foerth, C., Koch, S.
Speed Sensorless Control Of Induction Motors At Very Low Stator Frequencies.
8th European Conf. on Power Electronics and Applications 1999 (EPE '99), Lausanne

[488] Depenbrock, M., Staudt, V.
Determination of the stator flux space vector of saturated AC machines.
ETZ Archiv, Vol. 12 (1990), No. 11, S. 349 ff.

[489] Doki, S., Sangwongwanich, S., Yonemotor, T., Okuma, S.
Implementation of speed-sensorless filed-oriented vector control using adaptive sliding observers.
International Conference on Industrial Electronics, Control and Instrumentation 1992 (IECON '92), Proc., S. 453–458

[490] Du, T., Brdys, M.A.
Shaft speed load torque and motor flux estimation od induction motor drive using an extended Luenberger observer.
Conf. Rec. IEEE EMD, 1993, S. 179–184

[491] Ferrah, A., Bradley, K.J., Asher, G.M.
Analysis of speed measurement using FFT spectral estimation for mains or inverter driven induction motor.
Conf. Rec. ICEM, 1992, S. 923–927

[492] Ferrah, A., Bradley, K.G., Asher, G.M.
Sensorless Speed Detection of Inverter Fed Induction Motors Using Rotor Slot Harmonics and Fast Fourier Transform.
IEEE Power Electronics Specialists Conference 1992 (PESC '92), Proc., S. 279–286

[493] Fodor, D., Ionescu, F., Floricau, D., Six, J.P., Delarue, P., Diana, D., Griva, G.
Neural networks applied for induction motor speed sensorless estimation.
Conf. Rec. IEEE ISIE, Atene, 1995, S. 181–186

[494] Fodor, D., Griva, G., Profumo, F.
Neural network flux estimator for universal field oriented (UFO) controllers.
Conf. Rec. ICEM Vigo, Spain, 1996, Vol. 3, S. 196–201

[495] Foerth, C.
Traktionsantrieb ohne Drehzahlgeber mit minimiertem Meßaufwand.
Als Dissertation an der Ruhr-Universität Bochum 2001 eingereicht

[496] Frenzke, T., Hoffmann, F., Langer, H.G.
Speed Sensorless Control of Traction Drives - Experiences on Vehicles.
8th European Conf. on Power Electronics and Applications 1999 (EPE'99), Lausanne

[497] Garces, L.
Ein Verfahren zur Parameteranpassung bei der Drehzahlregelung der umrichtergespeisten Käfigläufermaschine.
Dissertation, TH Darmstadt, 1979

[498] Green, T.C., Williams, B.W., Schramm, D.S.
Non-Invasive Speed Measurement of Inverter Driven Induction Motors.
IEEE IAS Annual Meeting 1990, Seattle, USA, Proc., S. 395–398

[499]   Griva, G., Profumo, F., Ilas, C., Vranka, P., Magureanu, R.
        A unitary approach to speed sensorless induction motor field oriented drives
        based on various model reference schemes.
        IEEE IAS Annual Meeting 1996, San Diego, USA, Proc., S. 1–6
[500]   Ha, J., Sul, S.
        Sensorless Field Orientation Control of an Induction Machine by High Fre-
        quency Signal Injection.
        IEEE IAS Annual Meeting 1997, New Orleans, USA, Proc., S. 426–432
[501]   Ha, J., Sul, S., et al.
        Physical understanding of High Frequency Injection Method to Sensorless
        Drives of an Induction Machine.
        IEEE IAS Annual Meeting 2000, Rome, Italy, Proc., S. 1802–1808
[502]   Harnefors, L.
        Speed estimation from noisy resolver signal.
        Power Electronics and Variable Speed Drives, 1996, Conf. Publ. No. 429,
        S. 279–282
[503]   Henneberger, G., Brunsbach, B.J., Klepsch, T.
        Field oriented control of synchronous and asynchronous drives without mecha-
        nical sensors using a Kalman filter.
        4th European Conf. on Power Electronics and Applications 1991 (EPE'91),
        S. 3/664–671
[504]   Hövermann, M., Orlik, B.
        Feldorientierte Drehzahlregelung von Drehstrom–Asynchronmaschinen ohne
        Drehzahlsensor.
        SPS '96, IPC 96, DIVES 96, 7. Int. Fachmesse und Kongress f. Speicher-
        programmierbare Steuerungen, Industrie-Pcs und Elektrische Antriebstech-
        nik, Tagungsband, Sindelfingen, Nov. 1996
[505]   Hövermann, M., Orlik, B.
        Field oriented control of induction motor without speed sensor with control
        and correction for the flux angle.
        PCIM '97, Nürnberg, Germany, Proc. of the 31. Int. Intelligent Motion Conf.
        June, 1997
[506]   Hövermann, M., Orlik, B.
        Sensorlose Drehzahlregung von Drehstrom–Asynchronmaschinen in Feldkoor-
        dinaten.
        43. IWK (Internat. Wissenschaftliches Kolloquium), Ilmenau, Germany, Sept.
        1998, Band 4
[507]   Hoffmann, F.
        Drehgeberlos geregelte Induktionsmaschinen an IGBT–Pulsstromrichtern.
        Fortschritt–Berichte Reihe 21, No. 213, VDI–Verlag, Düsseldorf, 1996
[508]   Holtz, J.
        Sensorless Position Control of Induction Motors – An Emerging Technology.
        International Conference on Industrial Electronics, Control and Instrumenta-
        tion 1998 (IECON '98), Aachen, Germany, Proc., S. 1–14

[509] Holtz, J., Jiang, J., Pan, H.
       Identification of Rotor Position and Speed of Standard Induction Motors at
       Low Speed including Zero Stator Frequency.
       International Conference on Industrial Electronics, Control and Instrumenta-
       tion 1997 (IECON '97), Proc., S. 971–976

[510] Hurst, K.D., Habetler, T.G., Griva, G., Profumo, F.
       Speed sensorless field-oriented control of induction machines using current
       harmonic spectral estimation.
       IEEE IAS Annual Meeting 1994, Denver, USA, Proc., S. 601–607

[511] Hurst, K.D., Habetler, T.G.
       Sensorless speed measurement using current harmonic spectral estimation in
       induction machine drives.
       IEEE Power Electronics Specialists Conference 1994 (PESC '94), Proc., S. 10–
       15

[512] Ilas, C., Bettini, A., Ferraris, L., Griva, G., Profumo, F.
       Comparison of different schemes without shaft sensors for field oriented con-
       trol drives.
       International Conference on Industrial Electronics, Control and Instrumenta-
       tion 1994 (IECON '94), Bologna, Italy, Proc., S. 1579–1588

[513] Ilas, C., Griva, G., Profumo, F.
       Speed sensorless field oriented control drives using a kalman filter.
       Conf. Rec. EDPE, 1994, S. 140–144

[514] Ilas, C., Magureanu, R.
       DSP-Based sensorless direct field oriented control of induction motor drives.
       Conf. Rec. PEMC, 1996, S. 2/309–313

[515] Ilas, C., Papagheorghe, G., Magureanu, R.
       Improved DSP for wide range speed sensorless induction motor drives.
       Conf. Rec. ICEM, 1996, S. 230–235

[516] Ishida, M., Iwata, K.
       A New Slip Frequency Detector of an Induction Motor Utilizing Rotor Slot
       Harmonics.
       Internat. Semiconductor Power Conversion Conf. 1982, Proc., S. 408–415

[517] Ishida, M., Iwata, K.
       Steady-state Characteristics of a Torque and Speed Control System of an In-
       duction Motor Utilizing Rotor Slot Harmonics for Slip Frequency Sensing.
       IEEE Trans. on Power Electronics, July 1987, S. 257–263

[518] Iwata, M., Ito, S., Ohno, T.
       Speed sensorless field oriented control induction motor drive systems with load
       adaptive mechanism.
       Conf. Rec. IPEC, Yokohama, 1995, S. 993–998

[519] Jansen, P.L., Lorenz, R.D.
       Accuracy limitations of velocity and flux estimation in direct field oriented
       induction maschines.
       5th European Conf. on Power Electronics and Applications 1993 (EPE '93),
       Brighton, UK, Proc., S. 312–318

[520] Jansen, P.L.
       The Integration of State Estimation, Control and Design for Induction Ma-
       chines.
       Ph.D. Thesis, Dept. of Electrical and Computer Engineering, University of
       Wisconsin–Madison, 1993

[521] Jansen, P.L., Lorenz, R.D.
       Transducerless Position and Velocity Estimation in Induction and Salient AC
       Machines.
       IEEE Trans. on Industry Applications, Vol. IA-31 (1995), No. 2, S. 240–247

[522] Jiang, J., Holtz, J.
       High Dynamic Speed Sensorless AC Drive with On Line Model Parameter
       Tuning for Steady-state Accuracy.
       IEEE Trans. on Industrial Electronics, Vol. IE-44 (1997), No. 2, S. 240–246

[523] Jötten, R., Maeder, G.
       Control Methods for Good Dynamic Performance Induction Motor Drives
       Based on Current and Voltage as Measured Quantities.
       IEEE Trans. on Industry Applications, Vol. IA-19 (1983), No. 3, S. 356–363

[524] Kanmachi, K., Takahashi, I.
       A secondary resistance calculation method for sensor-less speed control of an
       induction motor.
       Conf. Rec. IPEC, Yokohama, 1995, S. 1671–1676

[525] Kanmachi, K., Takahashi, I.
       Sensor-less speed control of an induction motor with no influence of secondary
       resistance variation.
       IEEE IAS Annual Meeting 1993, Seattle, USA, Proc., S. 408–413

[526] Kasprowicz, A.B., Kazmierkowski, M.P., Kanoza, S.
       Speed sensorless direct torque vector control af DC link resonant inverter-fed
       induction motor drive.
       Conf. Rec. IEEE ISIE 1996, S. 186–189

[527] Kim, Y.-R., Sul, S., Park, M.
       Speed Sensorless Vector Control of an Induction Motor Using an Extended
       Kalman Filter.
       IEEE IAS Annual Meeting 1992, Houston, USA, Proc., Vol. 1, S. 549–599

[528] Sang-Uk Kim, Lee-Woo Yang, Young-Seok Kim
       Speed estimation of vector controlled induction motor without speed sensor by
       reduced-order EKF.
       Conf. Rec. IPEC, Yokohama, 1995, S. 1665–1670

[529] Koch, S.
       Beiträge zur Regelung von Induktionsmaschinen ohne Drehgeber.
       Fortschritt–Berichte Reihe 8, No. 717, VDI–Verlag, Düsseldorf, 1998

[530] Krzeminski, Z.
       Speed and rotor resistance estimation in observersystem of induction motor.
       4th European Conf. on Power Electronics and Applications 1991 (EPE '91),
       Proc., S. 3/538–542

[531] Kubota, H., Matsuse, K., Nakano, T.
       DSP-Based speed adaptive flux observer of induction motor.
       IEEE IAS Annual Meeting 1991, Proc., S. 380–384

[532] Kubota, H., Matsuse, K.
Flux Observer of Induction Machines with Parameter Adaption for Wide Speed Range Motor Drives.
IPEC '90, Tokyo, Japan, 1990, Vol. 2

[533] Kubota, H., Matsuse, K., Nakano, T.
New adaptive flux observer of induction motor for wide speed range motor drives.
International Conference on Industrial Electronics, Control and Instrumentation 1990 (IECON '90), Proc., S. 921–926

[534] Kubota, H., Matsuse, K.
Robust field oriented induction motor drives based on disturbance torque estimation without rotational transducers.
IEEE IAS Annual Meeting 1992, Houston, USA, Proc., S. 558–562

[535] Kubota, H., Matsuse, K.
Simultaneous estimation of speed and motor resistance of field oriented induction motor without rotational transducers.
IEEE PCC 1993, Yokohama, 1993, Proc., S. 473–477

[536] Kubota, H., Matsuse, K.
Speed sensorless field oriented control of induction motor with rotor resistance adaption.
IEEE IAS Annual Meeting 1993, Seattle, USA, Proc., S. 414–418

[537] Kubota, H., Matsuse, K.
Speed sensorless field oriented control of induction machines using flux observer.
International Conference on Industrial Electronics, Control and Instrumentation 1994 (IECON '94), Bologna, Italy, Proc., S. 1611–1615

[538] Kubota, H., Matsuse, K.
The improvement of performance at low speed by offset compensation of stator voltage in sensorless vector controlled induction machines.
IEEE IAS Annual Meeting 1996, San Diego, USA, Proc., Vol. 1, S. 257–261

[539] Kume, T., Sawa, T., Yoshida, T., Sawamura, M., Sakamoto, M.
High Speed Vector Control without Encoder for a High Speed Spindle Motor.
IEEE IAS Annual Meeting 1990, Seattle, USA, Proc., S. 390–394

[540] Lagerquist, R., Boldea, I., Miller, T.J.E.
Sensorless Control of the Synchronous Reluctance Motor.
IEEE IAS Annual Meeting 1993, Seattle, USA, Proc., S. 427–436

[541] Landau, Y.D.
Adaptive control – The modell reference approach.
Marcel Dekker Inc., 1979

[542] Lorenz, R.D.
Sensorless, drive control methods for stable, high performance, zero speed operation.
Proc. Rec. Int. Conf. on PEMC, Košice, Slovak Republic, 2000, Vol. 1, S. 1–11

[543] Luenberger, D.G.
An introduction to observer.
IEEE Trans. on Automatic Control, Vol. AC-6 (1971), No. 6, S. 596–602

[544] Luenberger, D.G.
Observing the state of linear system.
IEEE Trans. on Mil. Electron., Vol. 8 (1964), S. 74–80

[545] Luenberger, D.G.
Observing for multivariables systems.
IEEE Trans. on Mil. Electron., Vol. 11 (1966), S. 190–197

[546] Matsui, N., Shigyo, M.
Brushless DC Motor Control without Position and Speed Sensors.
IEEE IAS Annual Meeting 1990, Seattle, USA, Proc., S. 448–453

[547] Matsuo, T., Blasko, V., Moreira, J.C., Lipo, T.A.
A New Direct Field Oriented Controller Employing Rotor End Ring Current Detection.
IEEE Power Electronics Specialists Conference 1990 (PESC '90), Proc., S. 599–605

[548] Minami, K., Vélez-Reyes, M., Elten, D., Verghese, G., Filbert,D.
Multi-stage speed and parameter estimation for induction maschines.
IEEE Power Electronics Specialists Conference 1991 (PESC '91), Proc., S. 596–604

[549] H.Soo Mok, J. Sheok Kim, Y. Real Kim, M.Ho Park, S.Ki Sul
A stator flux oriented speed control of induction machine without speed sensor.
4th European Conf. on Power Electronics and Applications 1991 (EPE '91), Proc., S. 4/678–682

[550] Murphy, J.M.D.
Thyristor control of A.C. motors.
Pergamon Press, New York, 1973

[551] Nitayotan, C., Sangwongwanich, S.,
A Filtered Back EMF Based Speed-Sensorless Induction Motor Drives.
submitted for IAS 2001

[552] Ogasawara, S., Akagi, H.
An Approach to Real-Time Position Estimation at Zero and Low Speed for a PM Motor Based on Saliency.
IEEE IAS 1996 Annual Meeting, San Diego, USA, Proc., S. 29–35

[553] Ohtani, T.
A new method of torque control free from motor parameter variation in induction motor drive.
IEEE IAS Annual Meeting 1986, Proc., S. 203–209

[554] Ohtani, T., Takada, N., Tanaka, K.
Vector control of induction motor without shaft encoder.
IEEE Trans. on Industry Applications, Vol. IA-28 (1992), No. 1, S. 157–164

[555] Ohtani, T., Takada, N., Tanaka, K.
Vector Control of Induction Motor without Shaft Encoder.
IEEE IAS Annual Meeting 1989, San Diego, USA, Proc., S. 500–507

[556] Ohtani, T.
Reduction of motor parameter sensitivity in vector controll induction motor without shaft sensor.
Electrical Engineering in Japan, Vol. 10, No. 5, 1990.

[557] Ourth, T., Crampe, F., Nguyen Phuoc, V.T., Pietrzak David, M., De Fornel, B.
Implementation of sensorless speed vector control.
Conf. Rec. ICEM, 1994, S. 318–323

[558] Ourth, T., Crampe, F., Nguyen Phuoc, V.T., Pietrzak David, M., De Fornel, B.
Sensorless speed control of induction motor drives using observer based vector control.
Conf .Rec. ICEM, 1992, S. 858–862

[559] Peng, F., Fukao, T.
Robust Speed Identification for Speed Sensorless Vector Control of Induction Motors.
IEEE IAS Annual Meeting 1993, Seattle, USA, Proc., S. 419–426

[560] Popov, V.M.
Hyperstability of control systems.
Springer Verlag, New York, 1979

[561] Profumo, F., Griva, G., Pastorelli, M., Moreira, J.C.
Universal field oriented controller with indirect speed sensing based on the saturation third harmonic voltage.
IEEE Power Electronics Specialists Conference 1993 (PESC '93), S. 948–954

[562] Rajashekara, K., Kawamura, A., Matsuse, K.
Sensorless control of AC motor drive.
IEEE Press, 1996

[563] Sangwongwanich S.
Performance Improvement of a Speed-Sensorless Induction Motor Drive in the Low Speed Region.
International Power Electronic Conference 2000 (IPEC 2000), Tokyo, Japan, Proc., Vol. 4, S. 2076–2081

[564] Sangwongwanich S.
Speed Sensorless Induction Motor Drive Systems - Structure and Stability.
(invited paper); 7th International Power Electronics & Motion Control Conference and Exhibition 1996 (PEMC '96), Budapest, Hungary, Proc., Vol. 2, S. 78–85

[565] Sangwongwanich S.
Speed Sensorless Vector of Induction Motors - Stability Analysis and Realization.
International Power Electronics Conference 1995 (IPEC '95), Yokohama, Japan, Proc., S. 310–315

[566] Schauder, C.
Adaptive speed identification for vector control of induction motors without rotational transducers.
IEEE IAS Annual Meeting 1989, San Diego, USA, Proc., S. 493–499

[567] Schroedl, M.
Detection of the rotor position of a permanent magnet synchronous machine at standstill.
Int. Conf. on Electrical Machines 1988 (ICEM), Proc., Pisa, Italy, 1988, S. 195–197

[568] Schroedl, M.
       Sensorless Control of AC Machines.
       VDI–Fortschrittsberichte No. 117, Reihe 21, VDI–Verlag, 1992, S. 32 ff.

[569] Schroedl, M.
       Sensorless Control of Induction Motors at Low Speed and Standstill.
       Int. Conf. on Electrical Machines 1990 (ICEM), Boston, USA, 1990, S. 863–867

[570] Schroedl, M., Colle, T.
       Electric motorbike with sensorless controll permanent magent synchronous motor.
       11th Int. Electric Vehicle Symposium 1992 (EVS), Florence, Italy, 1992, Proc., S. 13.07/1-11

[571] Schroedl, M., Stefan, T.
       Algorithmus zur rechnerischen Erfassung der Polradlage einer permanenter-regten Synchronmaschine ohne Lagegeber.
       VDI/VDE Fachtagung 1988, Bad Nauheim, Germany, S. 48–54

[572] Schroedl, M., Stefan, T.
       New rotor position detector for permanent magnet synchronous machines using the „INFORM"-method.
       European Trans. on Electrical Power Engineering (ETEP), VDE-Verlag, Vol. 1 (1991), No. 1, S. 47–53

[573] Schroedl, M., Weinmeier, P.
       Sensorless control of reluctance machines at arbitrary operating conditions including standstill.
       IEEE Trans. on Power Electronics, Vol. PE-9 (1994), No. 2, S. 225–231

[574] Schroedl, M., Hennerbichler, T., Wolbank, T.M.
       Induction motor drive for electric vehicles without speed- and position sensors.
       5th European Conf. on Power Electronics and Applications (EPE '93), Brighton, UK, 1993, Vol. 5, S. 271–275

[575] Shirsavar, S.A., McCulloch, M.D.
       Speed sensorless vector control of induction motors parameter estimation.
       Power Electronics and Variable Speed Drives, Sept. 1996, Conf. Publ., IEE, S. 267–272

[576] Staines, C.S., Asher, G.M., Bradley, K.J.
       A Periodic Burst Injection Method for Deriving Rotor Position in Saturated Cage-Salient Induction Motors Without a Shaft Encoder.
       IEEE Trans. on Industry Applications, Vol. IA-35 (1999), No. 4, S. 851–858

[577] Suwankawin, S., Sangwongwanich, S.
       A Speed-Sensorless IM Drive with Decoupling Control ane Stability Ananlysis for Speed Estimation.
       submitted for IEEE Trans. on Industrial Electronics

[578] Suwankawin, S., Sangwongwanich, S.
       A Speed-Sensorless IM Drive with Modified Decoupling Control.
       Power Conversion Conference 1997 (PCC '97), Nagaoka, Japan, Proc., Vol. 1, S. 85–90

[579] Suwankawin, S., Sangwongwanich, S.
Feedback Gain Assignment for a Stable and Robust Full-Order Adaptive Observer in Speed-Sensorless Induction Motor.
submitted for IAS 2001

[580] Suwankawin, S., Sangwongwanich, S.
Stability Analysis and Design Guidelines for a Speed-Sensorless Induction Motor Drive.
Power Conversion Conference 1997 (PCC '97), Nagaoka, Japan, Proc., Vol. 2, S. 583–588

[581] Suwankawin, S., Sangwongwanich, S.
Stability Analysis of Speed-Sensorless Vecotr control Systems.
International Conference on Power Electronics 1995 (ICPE '95), Seoul, Korea, Proc., S. 403–408

[582] Tajima, H., Hori, Y.
Speed sensorless field orientation control of the induction maschine.
IEEE Trans. on Industry Applications, Vol. IA-29 (1993), No. 1, S. 175–180

[583] Tajima, H., Guidi, G., Umida, H.
Consideration about Problems and Solutions of Speed Estimation Method and Parameter Tuning for Speed Sensorless Vector Control of Induction Motor Drives.
IEEE IAS Annual Meeting 2000, Rome, Italy, Proc., S. 1787–1793

[584] Talbot, K.J., Kleinhans, C.E., Diana, G., Harley, R.G.
Speed sensorless field oriented control of a CSI-FED induction motor by a transputer based digital controller.
IEEE Power Electronics Specialists Conference 1995 (PESC '95), Proc., S. 785–971

[585] Tsuji, T., Oguro, R., Ide, K., Hazama, K., Yang, Z.J.
Speed sensorless field oriented control of induction motors with an observer compensating stator voltage errors.
Conf. Rec. ICEM, 1996, S. 191–195

[586] Y.Yu Tzou, W.Ao Lee, S.Yung Lin
Dual DSP sensorless speed control of an induction motor with adaptive voltage compensation.
IEEE Power Electronics Specialists Conference 1996 (PESC '96), Proc., S. 351–375

[587] Vas, P.
Sensorless vector and direct torque control.
Oxford Science Publications, 1998

[588] Vélez-Reyes, M., Minami, K., Verghese, G.C.
Recursive speed and parameter estimation for induction machines.
IEEE IAS Annual Meeting 1989, San Diego, USA, Proc., S. 607–611

[589] Verghese, G.C., Sanders, S.R.
Observer for faster flux estimation in induction machines.
IEEE Power Electronics Specialists Conference 1985 (PESC '85), Proc., S. 751–760

[590] Vukosavić, S., Perić, L., Levi, E., Vučković
Sensorless Operation of the SR Motor with Constant Dwell.
IEEE Power Electronics Specialists Conference 1990 (PESC '90), Proc.,
S. 451–454

[591] Weidauer, M.
Drehgeberlose Regelung umrichtergespeister Induktionsmaschinen in der Traktion.
Dissertation, Ruhr-Universität Bochum 1999

[592] Xue, Y., Xu, X., Habetler, T.G., Divan, D.M.
A Low Cost Stator Flux Oriented Voltage Source Variable Speed Drive.
IEEE IAS Annual Meeting 1990, Seattle, USA, Proc., S. 410–415

[593] Yang, G., Chin, T.H.
*Adaptive speed identification scheme for vector controlled speed sensor-less
inverter-induction motor drive.*
IEEE Trans. on Industry Applications, Vol. IA-29 (1993), No. 4, S. 820–825

[594] S.H. Yong, J.W. Choi, S.K. Sul
*Sensorless vector control of induction maschine using high frequency current
injection.*
IEEE IAS Annual Meeting 1994, Denver, USA, Proc., S. 503–508

[595] Li, Zhen
*A mutual MRAS identification scheme for position sensorless field oriented
control of induction machines.*
IEEE IAS Annual Meeting 1995, Orlando, USA, Proc., S. 159–165

[596] Zheng Peng, F., Fukao, T., Sheng Lai, J.
*Low-speed performance of robust speed identification using instantaneous
reactive power for tacholess vector control of induction motors.*
IEEE IAS Annual Meeting 1994, Denver, USA, Proc., S. 509–514

[597] Zheng Peng, F., Fukao, T.
*Robust speed identification for speed sensorless vector control of induction
motors.*
IEEE Trans. on Industry Applications, Vol. IA-30 (1994), No. 5, S. 1234–1240

[598] Zinger, D.S., Lipo, T.A., Novotny, D.W.
Using Induction Motor Stator Windings to Extract Speed Information.
IEEE IAS Annual Meeting 1989, San Diego, USA, Proc., S. 213–218

[599] Zinger, D.S., Profumo, F., Lipo, T.A., Novotny, D.W.
*A direct field oriented controller for induction motor drives using tapped stator
windings.*
IEEE Power Electronics Specialists Conference 1988 (PESC '88), Proc.,
S. 855–861

Reluktanzmaschine

[600] Amor, L.B., Dessaint, L.-A., Akhrif, O., Olivier, G.
Adaptive feedback linearization for position control of a switched reluctance motor: analysis and simulation.
International Journal of Adaptive Control & Signal Processing, 1993, Vol. 7, No. 2, Mar.-Apr. 1993, S. 117–136

[601] Arkadan, A.A., Shehadeh, H.H., Brown, R.H., Demerdash, N.A.O.
Effects of chopping on core losses and inductance profiles of SRM drives.
IEEE Trans. on Magnetics, Vol. 33 (1997), No. 2, S. 2105–2108

[602] Barnes, M., Pollock, C.
Power Electronic Converters for Switched Reluctance Drives.
IEEE Trans. on Power Electronics, Vol. PE-13 (1998), No. 6, S. 1100–1111

[603] Benhama, A., Williamson, A.C., Reece, A.B.J.
SRM torque computation from 3D finite element field solutions.
8th International Conference on Electrical Machines and Drives, Sept. 1997, S. 59–63

[604] Byrne J.V., O'Dwyer, J.B.
Saturable variable reluctance machine simulation using exponential functions.
Proceedings of international conference on stepping motors and systems, Leeds University, U.K., Sept. 1976, S. 11–16

[605] Ching, T.W., Chau, K.T., Chan, C.C.
New zero-voltage-transition converter for switched reluctance motor drives.
PESC Record, IEEE Annual Power Electronics Specialists Conference, Vol. 2, IEEE, Piscataway, NJ, USA, 1998, S. 1295–1301

[606] Dawson, G.E., Eastham, A.R., Mizia, J.
Switched-reluctance motor torque characteristics: Finite-Element Analysis and Test Results.
IEEE Trans. on Industry Applications, Vol. IA-23 (1987), No. 3, S. 532–537

[607] El-Hawary
Principles of electronic machines with power electronic applications.
Englewood Cliffs, NJ: Prentice–Hall, 1986

[608] Hava, A., Wacknov, J.B., Lipo, T.A.
New ZCS resonant power converter topologies for variable reluctance machine drives.
PESC Record, IEEE Annual Power Electronics Specialists Conference, Piscataway, NJ, USA, 1993, S. 432–439

[609] Husain, I., Ehsani, M.
Torque ripple minimization in switched reluctance motor drives by PWM current control.
IEEE Trans. on Power Electronics, Vol. PE-11 (1996), No. 1, S. 83–88

[610] Ilic-Spong, M., Marino, R., Peresda, S., Taylor, D.G.
Feedback linearizing control of switched reluctance motors.
IEEE Trans. on Automat. Contr. Vol. 32 (1997), S. 371–379

[611] Jack, A.G., Finch, J.W., Wright, J.P.
Adaptive Mesh Generation Applied to Switched-Reluctance Motor Design.
IEEE Trans. on Industry Applications, Vol. IA-28 (1992), No. 2, S. 370–375

[612] Kim, C.H., Ha, I.J.
       *A new approach to feedback-linearizing control of variable reluctance motors
       for direct-drive applications.*
       IEEE Trans. on Control Systems Technology, Vol. 4 (1996), No. 4, S. 348–362

[613] Kjaer, P.C., Gribble, J.J., Miller, T.J.E.
       High-grade control of switched reluctance machines.
       IEEE Trans. on Industry Applications, Vol. IA-33 (1997), No. 6, S. 1585–1593

[614] Krishnan, R.
       Novel converter topology for switched reluctance motor drives.
       PESC Record – IEEE Annual Power Electronics Specialists Conference,
       Vol. 2, IEEE, Piscataway, NJ, USA, 1996, S. 1811–1816

[615] Lawrenson, P.J., et al.
       Variable Speed Switched Reluctance Motors.
       IEE Proceedings, Electric Power Applications, Vol. 127 (1980), No. 4, S. 253–
       265

[616] Lovatt, H.C., Stephenson, J.M.
       Measurement of magnetic characteristics of switched-reluctance motors.
       ICEM Conference, 1992, S. 645–649

[617] Lovatt, H.C., Stephenson, J.M.
       *Computer-optimized smooth-torque current waveforms for switched-reluctance
       motors.*
       IEE Proceedings, Electric Power Applications, Vol. 144 (1997), No. 5, S. 310–
       316

[618] Manzer, Varghese, D.G., Thorp, M., James, S.
       Variable reluctance motor characterization.
       IEEE Trans. on Industrial Electronics, Vol. IE-36 (1989), No. 1, S. 56–63

[619] Michaelides, A.M., Pollock, C.
       Effect of end core flux on the performance of the switched reluctance motor.
       IEE Proceedings, Electric Power Applications, Vol. 141 (1994), No. 6, S. 308–
       316

[620] Michaelides, A.M., Pollock, C.
       *Modelling and design of switched reluctance motors with two phases simulta-
       neously excited.*
       IEE Proceedings, Electric Power Applications, Vol. 143 (1996), No. 5, S. 361–
       370

[621] Miller, T.J.E.
       Switched reluctance motors and their control.
       Hillsboro, OH: Magna Physics Pub., Oxford: Clarendon Press, 1993

[622] Miller, T.J.E., McGilp, M.
       *Nonlinear theory of the Switched Reluctance Motor for Rapid Computer-Aided
       design.*
       IEE Proceedings Part B, Electric Power Appl., Vol. 137 (1990), No. 6,
       S. 337–347

[623] Miller, T.J.E., Glinka, M., McGilp, M., Cossar, C., Gallegos-Lopez, G., Ionel,
       D., Olaru, M.
       Ultra-fast model of the switched reluctance motor.
       33rd IAS Annual Meeting, Vol. 1, 1998, S. 319–326

[624] Mir, S., Husain, I., Elbuluk, M.E.
Energy-efficient C-dump converters for switched reluctance motors.
IEEE Trans. on Power Electronics, Vol. PE-12 (1997), No. 5, S. 912–921

[625] Panda, S.K., Dash, P.K.
Application of nonlinear control to switched reluctance motors: A feedback linearization approach.
IEE Proceedings, Electric Power Applications, Vol. 14 (1996), No. 5, S. 371–379

[626] Phillips, N.W., Bolton, H.R., Lewis, J.D., Pollock, C., Barnes, M.
Simulation of switched reluctance drive system using a commercially available simulation package.
7th International Conference on Electrical Machines and Drives, S. 257–260

[627] Pulle, D.W.J.
New data base for switched reluctance drive simulation.
IEE Proceedings Part B, Electric Power Appl., Vol. 138 (1991), No. 6, S. 331–337

[628] Ramanarayanan, V., Venkatesha, L., Debiprasad Panda
Flux-Linkage Characteristics of Switched Reluctance Motor.
Proceedings of the IEEE International Conference on Power Electronics, Drives & Energy Systems for Industrial Growth, India, 1996, S. 281–285

[629] Rim, G.H., Kim, W.H., Cho, J.G.
ZVT single pulse-current converter for switched reluctance motor drives.
IEEE Annual Applied Power Electronics Conference and Exposition 1996 (APEC '96), Proc., Vol. 2, S. 949–955

[630] Rim, G.H., Kim, W.H., Kim, E.S., Lee, K.C.
A choppingless converter for switched reluctance motor with unity power factor and sinusoidal input current.
Power Electronics Specialists Conference (PESC), Vol. 1, 1994, S. 500–507

[631] Russa, K., Husain, I., Elbuluk, M.E.
Torque-ripple minimization in switched reluctance machines over a wide speed range.
IEEE Trans. on Industry Applications, Vol. IA-34 (1998), No. 5, S. 1105–1112

[632] Sadowski, N., Lefevre, Y., Neves, C.G.C., Carlson, R.
Finite elements coupled to electrical circuit equations in the simulation of switched reluctance drives: attention to mechanical behaviour.
IEEE Trans. on Magnetics, Vol. 32 (1996), No. 3/1, S. 1086–1089

[633] Sadowski, N., Carly, B., Lefevre, Y., Lajoie-Mazenc, M., Astier, S.
Finite element simulation of electrical motors fed by current inverters.
IEEE Trans. on Magnetics, Vol. 29 (1993), No. 2, S. 1683–1688

[634] Sadowski, N., Lefevre, Y., Lajoie-Mazenc, M., Cros, J.
Finite element torque calculation in electrical machines while considering the movement.
IEEE Trans. on Magnetics, Vol. 28 (1992), No. 2, S. 1410–1413

[635] Schramm, D.S., Williams, B.W., Green, T.C.
Torque ripple reduction of switched reluctance motors by phase current optimal profiling.
Power Electronics Specialists Conference (PESC), Vol. 2, 1992, S. 857–860

[636] Shuyu, C.
Modeling and Control of Switched Reluctance Motor.
Ph.D. Thesis, Nanyang Technological University, Singapore, 2001

[637] Stefanovic, V.R., Vukosavic, S.
SRM inverter topologies: A comparative evaluation.
IEEE Trans. on Industry Applications, Vol. IA-27 (1991), No. 6, S. 1034–1047

[638] Stephenson, J.M., El-Khazendar, M.A.
Saturation in doubly salient reluctance motors.
IEE Proceedings Part B, Electric Power Applications, Vol. 136 (1989), No. 1,
S. 50–58

[639] Stephenson, J.M., Corda, J.
*Computation of torque and current in doubly salient reluctance motors from
nonlinear magnetisation data.*
IEE Proceedings Part B, Electric Power Appl., Vol. 126 (1979), No. 5,
S. 393–396

[640] Taylor D.G., Ilic-Sprong, M., Peresada, S.
Non-linear composite control of switched reluctance motors.
IEE Industrial Electronics Conference 1986, S. 739–749

[641] Taylor, D.G.
An experimental study on composite control of switched reluctance motors.
IEEE Control Systems Magazine, Vol. 11 (1991), No. 2, S. 31–36

[642] Torrey, D.A., Lang, J.H.
Modelling a nonlinear variable-reluctance motor drive.
IEE Proceedings Part B, Electric Power Appl., Vol. 137 (1990), No. 5,
S. 314–326

[643] Torrey, D.A.
*An experimentally verified variable-reluctance machine model implemented in
the SABER circuit simulator.*
Electric Machines and Power Systems, 1996, 24, S. 199–209

[644] Wallace, R.S., Taylor, D.G.
A balanced commutator for switched reluctance motors to reduce torque ripple.
IEEE Trans. on Power Electronics, Vol. PE-7 (1992), No. 4, S. 617–626

[645] Zeid, I.
CAD/CAM Theory and Practice.
New York, McGraw-Hill, 1991

Geschaltete Reluktanzmaschine:
Auslegung und Regelung

[646] Acarnley, P.P., Hill, R.J., Hooper, C.W.
*Detection of rotor position in stepping and switched motors by monitoring of
current waveforms.*
IEEE Trans. on Industrial Electronics, Vol. IE-32 (1985), No. 3, S. 215–222

[647] Bartos, Houle, T.H., Johnson, J.H.
Switched reluctance motor with sensorless position detection.
U.S. Patent No. 5,256,923, 1993

[648] Bedford
Compatible brushless reluctance motors and controlled switch circuits.
U.S. Patent No. 3,679,953, Juli 1972

[649] Bedford
Compatible permanent magnet or reluctance brushless motors and controlled switch circuits.
U.S. Patent No. 3,678,352, Juli 1972

[650] Bolognani, S., Zigliotto, M.
Fuzzy logic control of a switched reluctance motor drive.
IEEE IAS Annual Meeting 1993, Conf. Proc., S. 2049–2054

[651] Bose, B.K, Miller, T.J.E., Szczesny, P.M., Bicknell, W.H.
Microcomputer control of switched reluctance motor.
IEEE Trans. on Industry Applications, Vol. IA-22 (1986), No. 4, S. 708–715

[652] Buja, G.S., Valla, M.I.
Control characteristics of the SRM drives – Part I: Operation in the linear region.
IEEE Trans. on Industrial Electronics, Vol. IE-38 (1991), No. 5, S. 313–321

[653] Buja, G.S., Valla, M.I.
Control characteristics of the SRM drives – Part II: Operation in the saturated region.
IEEE Trans. on Industrial Electronics, Vol. IE-41 (1994), No. 3, S. 316–325

[654] Byrne, McMullin, M.F., O'Dwyer, J.B.
A high performance variable reluctance drive: a new brushless servo.
Proc. Motorcon Conf., Chicago, USA, October 1985, S. 139–146

[655] Cameron, D.E.
The origin and reduction of acoustic noise in doubly salient variable-reluctance motors.
IEEE Trans. on Industry Applications, Vol. IA-28 (1992), No. 6, S. 1250–1255

[656] Davis, R., Davis, R.M.
Inverter drive for doubly-salient reluctance motor: its fundamental behavior, linear analysis and cost implications.
IEE Electric Power Applications, Vol. 2 (1979), No. 6, S. 185–193

[657] Davis, R., Ray, W.F., Blake, R.J.
Inverter drive for switched reluctance: circuits and component ratings.
IEE Proceedings Part B, Vol. 128 (1981), No. 2, S. 126–136

[658] Ehsani, M.
Position sensor elimination technique for the switched reluctance motor drive.
U.S. Patent No. 5,072,166, Dec. 1991

[659] Ehsani, M., Husain, I.
Rotor position sensing in switched reluctance motor drives by measuring mutually induced voltages.
IEEE Trans. on Industry Applications, Vol. IA-30 (1994), No. 3, S. 665–672

[660] Ehsani, M., Ramani, K.R.
Direct control strategies based on sensing inductance in switched reluctance motors.
IEEE Power Electronics Specialists Conference 1993 (PESC '93), Proc., S. 10–16

[661] Ehsani, M., Ramani, S.
       *New commutation methods in switched reluctance motors based on active
       phase vectors.*
       IEEE Power Electronics Specialists Conference 1994 (PESC '94), Proc.,
       S. 493–499

[662] Ehsani, M., Husain, I., Kulkarni, A.B.
       *Eliminiation of discrete position sensor and current sensor in switched reluc-
       tance motor drives.*
       IEEE IAS Annual Meeting 1990, Seattle, USA, Proc., S. 518–524

[663] Ehsani, M., Husain, I., Mahajan, S., Ramani, K.R.
       *New modulation encoding techniques for indirect rotor position sensing in
       switched reluctance motors.*
       IEEE Trans. on Industry Applications, Vol. IA-30 (1994), No. 1, S. 85–91

[664] Ehsani, M., Husain, I., Ramani, K.R., Galloway, J.H.
       *Dual-decay converter for switched reluctance motor drives in low-voltage
       applications.*
       IEEE Trans. on Power Electronics, Vol. PE-8 (1993), No. 2, S. 224–230

[665] Hedlund
       A method and a device for sensorless control of a reluctance motor.
       International Patent No. WO 91/02401, 1986

[666] Hedlund
       Method and a device for sensorless control of a reluctance motor.
       U.S. Patent No. 5,173,650, 1992

[667] Husain, I., Ehsani, M.
       *Torque ripple minimization in switched reluctance motor drives by PWM cur-
       rent control.*
       IEEE Annual Applied Power Electronics Conference and Exposition 1994
       (APEC '94), Proc., S. 72–77

[668] Kavanagh, J., Murphy, M.D., Egan, M.G:
       *Torque ripple minimization in switched reluctance drives using self-learning
       techniques.*
       International Conference on Industrial Electronics, Control and Instrumenta-
       tion 1991 (IECON '91), Proc., S. 289–294

[669] Lawrenson, P.J.
       Switched reluctance drives: a perspective.
       International Conf. Elec. Machines, I:12, Sept. 1992, Proc., S. 12–22

[670] Lawrenson, P.J., Stephenson, J.M., Blenkinsop, P.T, Corda, J., Fulton, N.N.
       Variable-speed switched reluctance motors.
       IEE Proceedings Part B, Vol. 127 (1980), No. 4, S. 253–265

[671] Lumsdaine, A., Lang, H.J.
       State observers for variable-reluctance motors.
       IEEE Trans. on Industrial Electronics, Vol. IE-37 (1990), No. 2, S. 133–142

[672] Miller
       Switched reluctance motor drives.
       PCIM, Intertec Communcications Inc., 1988

[673] Miller, J.T.E., Bass, J.T., Ehsani, M.
       Stabilization of variable-reluctance motor drives operating without shaft posi-
       tion sensor feedback.
       Incremental Motion Control Systems and Devices 1985, Proceedings, S. 361–
       368

[674] Pillay, P., Samudio, R., Ahmed, M., Patel, R.
       A chopper-controlled SRM drive for reduced acoustic noise and improved ride-
       through capability using super capacitors.
       IEEE IAS Annual Meeting 1994, Conf. Proc., S. 313–321

[675] Pollock, C., Wu, C.Y.
       Acoustic noise cancellation techniques for switched reluctance drives.
       IEEE IAS Annual Meeting 1995, Orlando, USA, Proc., S. 448–455

[676] Reay, Green, T.C., Williams, B.W.
       Neural networks used for torque ripple minimization form a switched reluc-
       tance motor.
       5th European Conf. on Power Electronics and Applications (EPE) 1993,
       Brighton, UK, S. 1–6

[677] Schramm, Williams, B.W., Green, T.C.
       Torque ripple reduction of switched reluctance motors by phase current opti-
       mal profiling.
       IEEE Power Electronics Specialists Conference 1992 (PESC '92), Proc.,
       S. 856–860

[678] Tandon, P., Rajarathnam, A.V., Ehsani, M.
       Self-tuning control of a switched reluctance motor drive with shaft position
       sensor.
       IEEE IAS Annual Meeting 1996, San Diego, USA, S. 101–108

[679] Tormey, D.P., Torrey, D.A.
       A comprehensive design procedure for low torque-ripple variable reluctance
       motor drives.
       IEEE IAS Annual Meeting 1991, Proc., Vol. 1, S. 244–251

[680] Vukosavic, S., Stefanovic, V.R.
       SRM inverter topologies: a comparative evaluation.
       IEEE Trans. on Industry Applications, Vol. IA-27 (1991), No. 6, S. 1034–1047

[681] Wallace, Taylor, D.G.
       Three-phase switched reluctance motor design to reduce torque ripple.
       Int. Conf. Electrical Machines 1990, Cambridge, USA, Proc., S. 783–787

Geschaltete Reluktanzmaschine:
Optimierter Betrieb

[682] Ehsani, M., Ramani, K.R.
       New commutation methods in switched reluctance motors based on active phase
       vectors.
       IEEE Power Electronics Specialists Conference 1994 (PESC '94), Proc., Vol. 1,
       S. 493–499

[683] Fausett, L.
Fundamentals of Neural Networks.
Prentice Hall, 1994

[684] Foslien, W.K., Samad, T.
Incremental supervised learning: localized updates in nonlocal networks.
Science of Artificial Neural Networks, Proc. SPIE 1710, 1992, S. 608–617

[685] Grossberg, S.
Competitive learning: From interactive activation to adaptive resonance.
Cognit. Sci., 1987, Vol. 11, S. 23–63

[686] Kjaer, P.C., Nielsen, P., Andersen, L., Blaabjerg, F.
A new energy optimizing control strategy for switched reluctance motors.
IEEE Annual Applied Power Electronics Conference and Exposition 1994 (APEC '94), Proc., S. 48–55

[687] Orthmann, R., Schoner, H.P.
Turn–off angle control of switched reluctance motors for optimum torque output.
5th European Conf. on Power Electronics and Applications (EPE) 1993, Brighton, UK, S. 20–25

[688] Rajarathnam, A.V., Fahimi, B., Ehsani, M.
Neural networks based self-tuning control of a switched reluctance motor drive to maximize torque per ampere.
IEEE IAS Annual Meeting 1997, New Orleans, USA, Vol. 1, S. 548–555

[689] Tandon, P., Rajarathnam, A.V., Ehsani, M.
Self-tuning control of a switched reluctance motor drive with shaft position sensor.
IEEE IAS Annual Meeting 1996, San Diego, USA, Vol. 1, S. 101–108

[690] Torrey, D.A., Lang, L.H.
Optimal-efficiency excitation of variable-reluctance motor drives.
IEE Proceedings Part B, Vol. 138 (1991), No. 1, S. 1–14

Geschaltete Reluktanzmaschine: Geberloser Betrieb

[691] Arefeen, M.S., Ehsani, M., Lipo, T.A.
An Analysis of the Accuracy of Indirect Shaft Sensor for Synchronous Reluctance Motor.
IEEE Trans. on Industry Applications, Vol. IA-30 (1994), No. 5, S. 1202–1208

[692] Arefeen, M.S., Ehsani, M., Lipo, T.A.
Elimination of Discrete Position Sensor for Synchronous Reluctance Motor.
IEEE Power Electronics Specialists Conference 1993 (PESC '93), Proc., S. 440–445

[693] Arefeen, M.S., Ehsani, M., Lipo, T.A.
Indirect Startup Rotor Position Sensor for Synchronous Reluctance Motor.
IEEE Annual Applied Power Electronics Conference and Exposition 1993 (APEC '93), Proc., S. 78–82

[694] Arefeen, M.S., Ehsani, M., Lipo, T.A.
       Sensorless Position Measurements in Synchronous Reluctance Motor.
       IEEE Trans. on Power Electronics, Vol. PE-9 (1994), No. 6, S. 624–630

[695] El-Antably, A., Zubek, J.
       *Proposed Control Strategy for a Cageless Reluctance Motor using Terminal
       Voltage and Current.*
       IEEE IAS Annual Meeting 1985, Toronto, Canada, Proc., S. 753–758

[696] Elmas, C., Zelaya-De La Parra, H.
       Position sensorless operation of a switched reluctance drive based on observer.
       5th European Conf. on Power Electronics and Applications 1993 (EPE '93),
       Brighton, UK, Proc., Vol. 6, S. 82–87

[697] Harris, W.D., Lang, J.H.
       A simple motion estimator for variable-reluctance motors.
       IEEE Trans. on Industry Applications, Vol. IA-26 (1990), No. 2, S. 237–243

[698] Husain, I., Ehsani, M.
       Error analysis in indirect rotor position sensing of switched reluctance motors.
       IEEE Trans. on Industrial Electronics, Vol. IE-41 (1994), S. 301–307

[699] Jovanovic, M., Betz, R.E., Platt, D.
       Position and Speed Estimation of Sensorless Synchronous Reluctance Motor.
       International Conf. on Power Electronics and Drive Systems, 1995, Proc.,
       Vol. 2, S. 844–849

[700] Kawamura, A.
       Survey of position sensorless switched reluctance motor control.
       International Conference on Industrial Electronics, Control and Instrumenta-
       tion 1994 (IECON '94), Bologna, Italy, Proc., Vol. 3, S. 1595–1598

[701] Kreindler, L., Testa, A., Lipo, T.A.
       *Position Sensorless Synchronous Reluctance Motor Drives Using the Stator
       Phase Voltage Third Harmonic.*
       IEEE IAS Annual Meeting 1993, Seattle, USA, Proc., Vol. 1, S. 679–686

[702] Laurent, P., Gabsi, M., Multon, B.
       *Sensorless rotor position analysis using resonant method for switched reluc-
       tance motor.*
       IEEE IAS Annual Meeting 1993, Seattle, USA, Proc., Vol. 1, S. 687–694

[703] Lee, P.W., Pollock, C.
       *Rotor position detection techniques for brushless permanent-magnet and
       reluctance motor drives.*
       IEEE IAS Annual Meeting 1992, Houston, USA, Proc., Vol. 1, S. 448-455

[704] Liu, T.H., Lin, M.T.
       DSP Based Sliding Mode Control for a Sensorless Reluctance Motor.
       International Conference on Industrial Electronics, Control and Instrumenta-
       tion 1994 (IECON '94), Bologna, Italy, Proc., Vol. 1, S. 182–187

[705] Lyons, J.P., MacMinn, S.R.
       Lock detector for switched reluctance machne rotor position estimator.
       U.S. Patent No. 5,140,244, 1992

[706] Lyons, J.P., MacMinn, S.R.
       Rotor position estimator for a switched reluctance machine.
       U.S. Patent No. 5,097,190, 1992

[707] Lyons, J.P., MacMinn, S.R., Preston, M.A.
       Flux-current methods for SRM rotor position estimation.
       IEEE IAS Annual Meeting 1991, Proc., Vol. 1, S. 482–487

[708] Lyons, J.P., MacMinn, S.R., Preston, M.A.
       *Rotor position estimator for a switched reluctance machine using a lumped
       parameter flux/current model.*
       U.S. Patent No. 5,107,195, 1992

[709] MacMinn, S.R., Szczesny, P.M., Rzesos, W.J., Jahns, T.M.
       *Application of sensor integration techniques to switched reluctance motor
       drives.*
       IEEE IAS Annual Meeting 1988, Proc., Vol. 1, S. 584–588

[710] Matsuo, T., Lipo, T.A.
       *Rotor Position Detection Scheme for Synchronous Reluctance Motor Based
       on Current Measurements.*
       IEEE Trans. on Industry Applications, Vol. IA-31 (1995), No. 4, S. 860–868

[711] Mvungi, N.H., Lahoud, M.A., Stephenson, J.M.
       A new sensorless position detector for SR drives.
       4th International Conf. on Power Electronics and Variable-Speed Drives 1991,
       Proc., S. 249–252

[712] Perl, T., Husain, I., Elbuluk, M.
       *Design trends and trade-offs for sensorless operation of switched reluctance
       motor drives.*
       IEEE IAS Annual Meeting 1995, Orlando, USA, Proc., Vol. 1, S. 278–285

[713] Ray, W.F., Al-Bahadly, I.H.
       *Sensorless methodes for determining the rotor position of switched reluctance
       motors.*
       5th European Conf. on Power Electronics and Applications 1993 (EPE '93),
       Brighton, UK, Proc., Vol. 6, S. 7–13

[714] Stanton, D.A., Soong, W.L., Miller, T.J.E.
       *Unified Theory of Torque Production in Switched Reluctance and Synchronous
       Reluctance Motors.*
       IEEE Trans. on Industry Applications, Vol. IA-31 (1995), No. 2, S. 329–333

[715] Vukosavic, S., Peric, L., Levi, E., Vuckovic, V.
       Sensorless operation of the SR motor with constant dwell .
       IEEE Power Electronics Specialists Conference 1990 (PESC '90), Proc.,
       S. 451–454

[716] Xiang, Y.O., Nasar, S.A.
       *Estimation of Rotor Position and Speed of a Synchronous Reluctance motor
       for Servodrives.*
       Electric Power Applications, IEE Proceedings, Vol. 142 (1995), No. 3, S. 201–
       205

Geschaltete Reluktanzmaschine:
Synchron–Reluktanzmotor

[717] Bado, A., Bolognani, S., Zigliotto, M.
Effective estimation of speed and rotor position of a PM synchronous motor drive by a Kalman filtering technique.
IEEE Power Electronics Specialists Conference 1992 (PESC '92), Proc., Vol. 2, S. 951–957

[718] Becerra, R.C., Ehsani, M., Jahns, T.M.
Four-quadrant brushless ECM drive with integrated current regulation .
IEEE Annual Applied Power Electronics Conference and Exposition 1991 (APEC '91), Proc., S. 202–209

[719] Binns, K.J., Al-Aubidy, K.M., Shimmin, D.W.
Implicit rotor position sensing using search coils for a self-commutating permanent magnet drive system.
Electric Power Applications, IEE Proceedings Part B, Vol. 137 (1990), No. 4, S. 253–258

[720] Brunsbach, B.-J., Henneberger, G., Klepsch, T.
Position controlled permanent excited synchronous motor without mechanical sensors.
5th European Conf. on Power Electronics and Applications 1993 (EPE '93), Brighton, UK, Proc., Vol. 6, S. 38–43

[721] Cardoletti, L., Cassat, A.
Sensorless Position and Speed Control of a Brushless DC Motor from Start-up to Nominal Speed.
EPE Journal, Vol. 2 (1992), No. 1, S. 25–34

[722] Consoli, A., Musumeci, S., Raciti, A., Testa, A.
Sensorless vector and speed control of brushless motor drives.
IEEE Trans. on Industrial Electronics, Vol. IE-41 (1994), No. 1, S. 91–96

[723] Dhaouadi, R., Mohan, N., Norum, L.
Design and implementation of an extended Kalman filter for the state estimation of a permanent magnet synchronous motor.
IEEE Trans. on Power Electronics, Vol. 6 (1991), No. 3, S. 491–497

[724] Endo, T., Tajima, F, et. al.
Microcomputer controlled Brushless Motor Without a Shaft Mounted Position Sensor.
International Power Electronic Conf. 1983, Tokyo, Japan, S. 1477–1486

[725] Erdman, D.M., Harms, H.B., Oldenkamp, J.L.
Electronically Commutated DC Motors for the Appliance Industry.
IEEE IAS Annual Meeting 1984, Proc., S. 1339–1345

[726] Ertugrul, N., Acarnley, P.
A new algorithm for sensorless operation of permanent magnet motors.
IEEE Trans. on Industry Applications, Vol. IA-30 (1994), No. 1, S. 126–133

[727] Ferrais, P., Vagati, A., Villara, F.
       PM Brushless Motor Drives: A Self-Commutation System Without Rotor-Position Sensors.
       9th Annual Symposium on Incremental Motion Control Systems and Devices 1980 (June), S. 305–312

[728] Iizuka, K., Uzuhashi, H., et. al.
       Microcomputer Control for Sensorless Brushless Motor.
       IEEE Trans. on Industry Applications, Vol. IA-21 (1985), No. 3, S. 595–601

[729] Jones, L.A., Lang, J.H.
       A State Observer for the Permanent Magnet Synchronous Motor.
       IEEE Trans. on Industrial Electronics, Vol. IE-36 (1989), No. 3, S. 374–382

[730] Jufer, M.
       Self-Commutation of Brushless DC Motors without Encoders.
       1st European Conf. on Power Electronics and Applications 1985 (EPE '85), Brussels, Belgium, Proc., Vol. 3, S. 3.275–3.280

[731] Katsushima, H., Miyazaki, S., et. al.
       A Measuring Method of Rotor Position Angles of the Direct Drive Servo Motor.
       IPRC Conference, Tokyo, Japan, 1990, Proc., S. 724–731

[732] Krishnan, R., Ghosh, R.
       Starting algorithm and performance of a PM DC brushless motor drive system with no position sensor.
       IEEE Power Electronics Specialists Conference 1989 (PESC '89), Proc., Vol. 2, S. 815–821

[733] Kulkarni, A.B., Ehsani, M.
       A novel position sensor elimination technique for the interior permanent-magnet synchronous motor drive.
       IEEE Trans. on Industry Applications, Vol. IA-28 (1992), No. 1, S. 144–150

[734] Lin, R.L., Hu, M.T., Chen, S.C., Lee, C.Y.
       Using phase-current sensing circuit as the position sensor for brushless DC motors without shaft position sensor.
       International Conference on Industrial Electronics, Control and Instrumentation 1989 (IECON '89), Conf. Proc., Vol. 1, S. 215–218

[735] Liu, T.H., Cheng, C.P.
       Adaptive Control for a Sensorless Permanent Magnet Synchronous Motor Drive.
       International Conference on Industrial Electronics, Control and Instrumentation (IECON '92), Proc., Vol. 1, S. 413–418

[736] Liu, T.H., Cheng, C.P.
       Controller design for a sensorless permanent-magnet synchronous drive system.
       Electric Power Applications, IEE Proceedings Part B, Vol. 140 (1993), No. 6, S. 369–378

[737] Matsui, N., Shigyo, M.
       Brushless DC motor control without position and speed sensors.
       IEEE Trans. on Industry Applications, Vol. IA-28 (1992), No. 1, S. 120–127

[738] Matsui, N., Takeshita, T., Yasuda, K.
A new sensorless drive of brushless DC motor.
International Conference on Industrial Electronics, Control and Instrumentation 1992 (IECON '92), Proc., Vol. 1, S. 430–435

[739] Matsui, N.
Sensorless operation of brushless DC motor drives.
International Conference on Industrial Electronics, Control and Instrumentation 1993 (IECON '93), Maui, USA, Proc., Vol. 2, S. 739–744

[740] Meshkat, S.
Sensorless Brushless DC Motor using DSPs and Kalman Filtering.
DSP Applications, June 1993, S. 59–63

[741] Moreira, J.C.
Indirect sensing for rotor flux position of permanent magnet AC motors operating in a wide speed range.
IEEE IAS Annual Meeting 1994, Denver, USA, Proc., Vol. 1, S. 401–407

[742] Moynihan, J.F., Egan, M.G., Murphy, J.M.D.
The application of state observers in current regulated PM synchronous drives.
International Conf. on Industrial Electronics, Control and Instrumentation 1994 (IECON '94), Bologna, Italy, Proc., Vol. 1, S. 20–25

[743] Nagata, M., Yanase, S., et. al.
Control Apparatus for Brushless Motor.
U.S. Patent No. 4,641,066, Feb. 3rd, 1987

[744] Naidu, M., Bose, B.K.
Rotor position estimation scheme of a permanent magnet synchronous machine for high performance variable speed drive.
IEEE IAS Annual Meeting 1992, Houston, USA, Proc., Vol. 1, S. 48–53

[745] Ogasawara, S., Akagi, H.
An approach to position sensorless drive for brushless DC motors.
IEEE Trans. on Industry Applications, Vol. IA-27 (1991), No. 5, S. 928–933

[746] Rajashekara, K.S., Kawamura, A.
Sensorless Control of Permanent Magnet AC Motors.
International Conference on Industrial Electronics, Control and Instrumentation 1994 (IECON '94), Bologna, Italy, Proc., Vol. 3 , S. 1589–1594

[747] Schroedl, M.
An Improved Position Estimaotr for Sensorless Controlled Permanent Magnet Synchronous Motors.
4th European Conf. on Power Electronics and Applications 1991 (EPE '91), Proc., S. 418–423

[748] Schroedl, M.
Digital Implementation of a Sensorless Algorithm for Permanent Magnet Synchronous Motors.
5th European Conf. on Power Electronics and Applications 1993 (EPE '93), Brighton, UK, Proc., S. 430–435

[749] Schroedl, M.
Sensorless Control of Permanent Magnet Synchronous Motors.
Electric Machines and Power Systems, Vol. 22 (1994), S. 173–185

[750] Schroedl, M.
       Sensorless Control of Permanent Magnet Synchronous Machines at Arbitrary
       Operating Points Using a Modified „INFORM" Flux Model.
       European Trans. on Electrical Power Engineering (ETEP), VDE-Verlag, Vol. 3
       (1993), No. 4, S. 277–283

[751] Sepe, R.B., Lang, J.H.
       Real-time adaptive control of the permanent-magnet synchronous motor.
       IEEE Trans. on Industry Applications, Vol. IA-27 (1991), No. 4, S. 706–714

[752] Shinkawa, O., Tabata, K., Uetake, A., Shimoda, T., Ogasawara, S., Akagi, H.
       Wide speed operation of a sensorless brushless DC motor having an interior
       permanent magnet rotor.
       Power Conversion Conference 1993, (PCC '93), Yokohama, Japan, Proc.,
       S. 364–370

[753] Watanabe, H., Katsushima, H., Fujii, T.
       An improved measuring system of rotor position angles of the sensorless direct
       drive servomotor.
       International Conference on Industrial Electronics, Control and Instrumenta-
       tion 1991 (IECON '91), Proc., Vol. 1, S. 165–170

[754] Wu, R., Slemon, G.R.
       A permanent magnet motor drive without a shaft sensor.
       IEEE IAS Annual Meeting 1990, Seattle, USA, Proc., Vol. 1, S. 553–558

Systemintegration elektrischer Antriebe

[755] Litz, L.
       Reduktion der Ordnung linearer Zustandsraummodelle mittels modaler Ver-
       fahren.
       Dissertation, Univ. Karlsruhe, 1979

[756] Schäfer, U.
       Entwicklung von nichtlinearen Drehzahl- und Lageregelungen zur Kompensa-
       tion von Coulomb-Reibung und Lose bei einem elektrisch angetriebenen elasti-
       schen Zweimassensystem.
       Dissertation, TU München, 1993

[757] Schäffner, C., Schröder, D.
       An Application of General Regression Neural Network to Nonlinear Adaptive
       Control.
       5th European Conference on Power Electronics and Applications EPE,
       Brighton, UK, Proceedings Vol. 4, 1993, S. 219–223

[758] Schäffner, C., Schröder, D.
       Approximation of Time-Optimal Control for an Industrial Plant with General
       Regression Neural Network.
       International Conference on Artificial Neural Networks ICANN, Proceedings
       Vol. 2, 1994, S. 1199–2102

[759] Schäffner, C., Schröder, D., Lenz, U.
       Application of Neural Networks to Motor Control.
       IPEC Yokohama, 1995

[760] Schröder, D.
Requirements in Motion Control Applications.
IFAC Workshop „Motion Control for Intelligent Automation", invited paper,
Perugia, Italy, 1992, S. 19–27

Schwingungsdämpfung

[761] Ackermann, J.
Robust Control, Systems with Uncertain Physical Parameters.
Springer-Verlag, London, 1993

[762] Blanuša, D.
Viša matematika, I dio, prvi svezak: algebra i algebarska analiza.
Tehnička knjiga, Zagreb, Croatia, 1963

[763] Bruner, A.M., Belvin, W.K., Horta, L.G., Juang, J.-N.
Active vibration absorber for the csi evolutionary model: Design and experimental results.
Jour. of Guidance, Control and Dynamics, Vol. 15 (1992), No. 5, S. 1253–1257

[764] Elmali, H., Hosek, M., Olgac, N.
Delayed resonator application on a cantilever beam.
Proc. of Japan-USA Intelligent Control Conference, 1996

[765] Filipović, D., Olgac, N.
Delayed resonator with speed feedback including dual frequency, theory and experiments.
Control and Decision Conference, San Diego, USA, 1997

[766] Filipović, D., Olgac, N.
Torsional delayed resonator with velocity feedback.
IEEE/ASME Trans. on Mechatronics, Vol. 3 (1998), No. 1, S. 67–72

[767] Filipović, D., Schröder, D.
*Absorption mechanischer Schwingungen mittels Linearem Aktivem Resonator
– Einmassen-Mehrfrequenz-Absorber.*
VDI Berichte No. 1285, S. 507–520, Veitshöchheim, Germany, 1996

[768] Filipović, D., Schröder, D.
Multiple-frequency vibration suppression with the linear active absorber.
Proc. of PEMC '96 Conference, Vol. 1, S. 58–65, Budapest, 1996

[769] Filipović, D., Schröder, D.
Suppression of mechanical vibrations with linear active resonator – experimental system.
Proc. of 9th Int. Conf. on EDPE, S. 200–203, Dubrovnik, Croatia, 1996

[770] Filipović, D., Schröder, D.
Discrete time design and analysis of linear active resonators.
Proc. of PEMC '98 Conference, Prag, 1998

[771] Filipović, D., Schröder, D.
Vibration analysis with linear active resonators – continuous and discrete time design and analysis.
Journal of Vibration and Control, 1998

[772] Filipović, D., Schröder, D., Olgac, N.
       Aktive Schwingungsdämpfung mittels "delayed resonator".
       VDI Berichte No. 1220, Veitshöchheim, Germany, 1995, S. 593–605
[773] Filipović, D.
       Resonating and Bandpass Vibration Absorbers with Local Dynamic Feedback.
       Ph.D. Thesis, Technische Universität München, Munich, Germany, 1998
[774] Frahm, H.
       Neuartige Schlingertanks zur Abdämpfung von Schiffsrollbewegungen und ihre
       erfolgreiche Anwendung in der Praxis.
       Jahrbuch der Schiffbautechnischen Gesellschaft, Band 12, 1911, S. 283
[775] Frazer, R., Duncan, W.
       On the criteria for the stability of small motions.
       Proc. Royal Society A, Vol. 124 (1929), S. 642–654
[776] Gantmacher, F.R.
       Matrizenrechnung, Teil I, allgemeine Theorie.
       VEB deutscher Verlag der Wissenschaften, Berlin, 1970
[777] Hirata, T., Koizumi, S., Takahashi, R.
       H_∞ *control of railroad vehicle active suspension.*
       Automatica, Vol. 31 (1995), No. 1, S. 13–24
[778] Inman, D.J.
       Vibration: with Control, Measurement and Stability.
       Prentice–Hall, Eaglewood Cliffs, N.J., 1989
[779] Jöckel, A.
       Aktive Schwingungsdämpfung im Antriebsstrang von Triebfahrzeugen auf der
       Grundlage von Systemmodellierung und Betriebsmessungen.
       Dissertation, Technische Universität Darmstadt, 1999
[780] Korenev, B.G., Reznikov, L.M.
       Dynamic Vibration Absorbers, Theory and Technical Applications.
       John Wiley and Sons, Chichester, UK, 1993
[781] Leipholz, H.H.E., Abdel–Rohman, M.
       Control of Structures.
       Martinus Nijhoff Verlag, Dordrecht, 1986
[782] Meirovitch, L.
       Elements of Vibration Analysis.
       McGraw-Hill, New York, 1986
[783] Meirovitch, L.
       Dynamics and Control of Structures.
       John Wiley and Sons, New York, 1990
[784] Morys, B., Kuntze, H.-B.
       Entstehung und Ausregelung von Strukturschwingungen bei Hochgeschwindig-
       keitszügen, verursacht durch Radunrundheiten.
       VDI Berichte, No. 1282, 1996, S. 449–460
[785] Müller, P.C., Schiehlen, W.O.
       Forced Linear Vibrations.
       Number 172 in Int. Centre for Mech. Sciencies, Courses and Lectures. Springer-
       Verlag, Wien, New York, 1977

[786] Müller, P.C., Schiehlen, W.O.
Linear Vibrations.
Mechanics: Dynamical systems. Martinus Nijhoff Publishers, Dordrecht, Netherlands, 1985

[787] Nashif, A.D., Jones, D.I., Henderson, J.P.
Vibration Damping.
John Wiley, 1985

[788] Olgac, N., Elmali, H., Renzulli, M., Hosek, M.
High frequency implementation of delayed resonator concept using piezoelectric actuators.
Active '95 (Noise and Vibration Conference, Newport Beach, California, USA, 1995

[789] Olgac, N., Elmali, H., Vijayan, S.
Introduction to the dual frequency fixed delayed resonator.
Journal of Sound and Vibration, Vol. 189 (1996), No. 3, S. 355–367

[790] Olgac, N., Holm-Hansen, B.T.
A novel active vibration absorption technique: Delayed resonator.
Journal of Sound and Vibration, Vol. 176 (1994), No. 1, S. 93–104

[791] Soong, T.T.
Active Structural Control: Theory and Practice.
John Wiley, NY, 1990

[792] Soong, T.T., Reinhorn, A.M., Wang, Y.P., Lin, R.C.
Full–Scale Implementation of Active Control. In: Design and Simulation.
Journal of Structural Engineering, New York, Vol. 117 (1991), No. 11

[793] Spencer Jr., B.F., Dyke, S.J., Deoskar, H.S.
Benchmark problems in structural control, Part I: Active mass driver system.
Proc. of the 1997 ASCE Structures Congress, Portland, OR, 1997

[794] Strehlow, H., Mehlhose, R., Znika, P.
Rewiev of MBB's passive and active vibration control activities.
Aero Tech Conf., Birmingham, 1992, S. 14–17

[795] Wang, Y.Z., Cheng, S.H.
The optimal design of dynamic absorber in the time domain and the frequency domain.
Applied Acoustics, 28, 1989, S. 67–78

[796] Yang, J.N.
Recent Advances in Active Control of Civil Engineering Structures.
Journal of Probabilistic Engineering Mechanics, Vol. 3, 1991

[797] Yang, B.
Noncolocated Control of a Damped String Using Time Delay.
Proceedings of the American Control Conference, Vol. 3, Boston, 1991

Objektorientierte Modellierung, Deskriptorsysteme

[798] ABACUSS
Homepage: http://yoric.mit.edu/abacuss/abacuss.html

[799] Anathavaman, M.
       Flexible Multibody Dynamics – An Object-Oriented Approach.
       Proc. of the NATO ASI on Computer Aided Analysis of Rigid and Flexible
       Mechanical Systems, Vol. II (1993), S. 383–402

[800] Anderson, M.
       Dymola – An Object Oriented Language for Model Representations.
       Thesis TFRT–3208, Lund Institute of Technology

[801] Armstrong–Hélouvry, B.
       Control of Machines with Friction.
       Kluwer Academic Publishers, 1991

[802] Bae, D.S., Hang, I.
       *A recursive formulation for constrained mechanical system dynamics. Part I:
       Open loop systems.*
       Mech. Struc. Mach. Vol. 15 (1987), S. 359–382

[803] Brenan, K.E., Campbell, S.L., Petzold, L.R.
       *Numerical Solution of Initial–Value Problems in Differential–Algebraic Equa-
       tions.*
       Elsevier Science Publishers, 2. Auflage, 1996

[804] Canudas de Wit, C., Olsson, H., Åström, K.J., Lischinsky, P.
       A New Model for Control of Systems with Friction.
       International Conference on Control Theory and its Application, Kibbutz
       Maab Hachamisha, Israel, Okt. 1993

[805] Carpanzano, E., Girelli, R.
       *The Tearing Problem: Definition, Algorithm and Application to Generate Ef-
       ficient Computational Code from DAE Systems.*
       Proceedings of 2nd Mathmod Vienna, IMACS Symposium on Mathematical
       Modelling, Wien, 1997

[806] Cellier, F.E.
       *Combined Continuous/Discrete System Simulation by Use of Digital Compu-
       ters: Techniques and Tools.*
       Dissertation, Diss ETH No 6483, ETH Zürich, 1979

[807] Cellier, F.E.
       Continuous System Modeling.
       Springer Verlag, New York, 1991

[808] Cellier, F.E., Elmqvist, H.
       *Automated formula manipulation supports object-oriented continuous-system
       modeling.*
       IEEE Control Systems Magazine, Vol. 13 (1993), S. 28–38

[809] Clauß, C., Haase, J., Kurth, G., Schwarz, P.
       Extended Amittance Description of Nonlinear n-Poles.
       Archiv für Elektronik und Übertragungstechnik / International Journal of
       Electronics and Communications, Vol. 40 (1995), S. 91–97

[810] Duff, I.S., Erisman, A.M., Reid, J.K.
       Direct Methods for Sparse Matrices.
       Oxford Science Publication, 1986

[811] DYMOLA
       Homepage: http://www.dynasim.se/

[812] Elmqvist, H.
       A Structured Model Language for Large Continuous Systems.
       Ph.D. Thesis, Departement of Automatic Control, Lund Institute of Techno-
       logy, Lund, Schweden, 1978

[813] Elmquist, H.
       Dymola – User's Manual.
       Dynasim AB, Lund, Sweden, 1993

[814] Elmqvist, H., Otter, M., Schlegel, C.
       *Physical Modeling with Modelica and Dymola and Real-Time Simulation with
       Simulink and Realtime Workshop.*
       Matlab Conference, San Jose, Oct. 6.-8. 1997 (erhältlich von
       http://www.Modelica.org/papers/mlconf.ps)

[815] Eich-Soellner, E., Führer, C.
       Numerical Methods in Multibody Dynamics.
       Teubner, 1998

[816] Elmqvist, H., Cellier, F.E., Otter, M.
       Object–Oriented Modeling of Hybrid Systems.
       Proceedings ESS'93, European Simulation Symposium, S. xxxi-xli, Delft, Nie-
       derlande, Okt. 1993

[817] Elmqvist, H., Otter, M.
       Methods for Tearing Systems of Equations in Object-Oriented Modeling.
       Proceedings ESM'94 European Simulation Multiconference, S. 326–332, Bar-
       celona, Spanien, 1994

[818] Ernst, T., Klose, M., Tummescheit, H. *Modelica and Smile – A Case Study
       Applying Object-Oriented Concepts to Multi-facet Modeling.*
       Hahn und Lehmann (Editors), European Simulation Symposium (ESS'97),
       Passau, 1997

[819] Falk, G., Ruppel, W.
       Energie und Entropie.
       Springer-Verlag, Berlin, 2. Auflage, 1980

[820] Feehery, W.F., Barton, P.I.
       *A Differentiation-Based Approach to Dynamic Simulation and Optimization
       with High-Index Differential-Algebraic Equations.*
       Computational Differentiation, M. Berz, C. Bischof, G. Corliss und A. Grie-
       wank editors, SIAM, (1996)

[821] Fuchs, H.U.
       Dynamics of Heat.
       Springer Verlag, 1996

[822] Gantmacher, F.R.: *Matrizenrechnung.* VEB Deutscher Verlag der Wissen-
       schaften, Berlin, 1959.
       Sowie: *Matrizentheorie.*
       Nachdruck der 2. Auflage, Springer-Verlag, 1986

[823] Gautier, T., Le Guernic, P., Maffeis, O.
       For a New Real-Time Methodology.
       Publication Interne No. 870, Institut de Recherche en Informatique et Syste-
       mes Aleatoires, Campus de Beaulieu, 35042 Rennes Cedex, France, 1994

[824]   Golub, G.H., Van Loan, C.F.
        Matrix Computations
        The John Hopkins University Press, 3rd edition, 1997

[825]   gPROMS
        Homepage: http://www.psenterprise.com/gPROMS/

[826]   Haas, W., Schlacher, K., Kugi, A.
        Ein Beitrag zur Analyse und Synthese von linearen Deskriptorsystemen.
        10. Steirisches Seminar über Regelungstechnik und Prozeßautomatisierung,
        Graz, 1997

[827]   Hairer, E., Wanner, G.
        *Solving Ordinary Differential Equations II, Stiff and Differential Algebraic
        Problems.*
        Springer-Verlag, Berlin, 2. Auflage, 1996

[828]   Halbwachs, N., Caspi, P., Raymond, P., Pilaud, D.
        The synchronous data flow programming language LUSTRE.
        Proc. of the IEEE, 79(9), S. 1305–1321, Sept. 1991

[829]   Halbwachs, N.
        Synchronous Programming of Reactive Systems.
        Kluwer, 1993

[830]   Holman, J.P.
        Heat Transfer.
        McGraw–Hill, New York, 8. Auflage, 1996

[831]   Job, G.
        Neudarstellung der Wärmelehre.
        Akademische Verlagsgesellschaft, Frankfurt am Main, 1972

[832]   Kecseméthy, A.
        *Objektorientierte Modellierung der Dynamik von Mehrkörpersystemen mit Hil-
        fe von Übertragungselementen.*
        VDI-Fortschrittsberichte, Reihe 20, No. 88, 1993

[833]   Karnopp, D.C., Margolis, D.L., Rosenberg, R.C.
        System Dynamics: A Unified Approach.
        John Wiley, Cambridge, Mass., 2. Auflage, 1990

[834]   Kröner, A., Marquardt, W., Gilles, E.D.
        Getting around Consistent Initialization of DAE Systems?
        Computers chem. Engineering, Vol. 21 (1997), S. 145–158

[835]   Kuijper, M.
        First-order Representations of Linear Systems.
        Birkhäuser, 1994

[836]   Kron, G.
        Diakoptics – The Piecewise Solution of Large-Scale Systems.
        MacDonald & Co., London, 1962

[837]   März, R.
        Numerical methods for differential-algebraic equations.
        Acta Numerica (1992), S. 141–198

[838]   Mah, R.S.H.
        Chemical Process Structures and Information Flows.
        Butterworths Verlag, 1990

[839] Mattsson, S.E., Söderlind, G.
Index reduction in differential-algebraic equations using dummy derivatives.
SIAM Journal of Scientific and Statistical Computing, Vol. 14 (1993), S. 677–692

[840] Mattsson, S.E.
On Modeling of Heat Exchangers in Modelica.
Hahn und Lehmann (Editors), European Simulation Symposium (ESS'97), S. 127–133, Passau, 1997

[841] Mattsson, S.E., Elmqvist, H., Otter, M.
Physical System Modeling with Modelica.
Control Engineering Practice (1998), No. 6, S. 501–510

[842] Matz, K., Clauß, C.
Simulation Support by Index Computation.
Proc. 15th IMACS World Congress, Berlin, 24.-29. August, 1997

[843] Misra, P., Van Dooren, P., Varga, A.
Computation of Structural Invariants of Generalized State-space Systems.
Automatica, Vol. 30 (1994), No. 12, S. 1921–1936

[844] Elmqvist, H., Bachmann, B., Boudaud, F., Broenink, J., Brück, D., Ernst, T., Grozman, P., Franke, R., Fritzson, P., Jeandel, A., Juslin, K., Kagedahl, D., Klose, M., Loubere, N., Mattsson, S.E., Mosterman, P., Nilsson, H., Otter, M., Sahlin, P., Schneider, A., Tummescheit, H., Vangheluwe, H.
Modelica — A Unified Object-Oriented Language for Physical Systems Modeling, Version 1.3.
Modelica homepage: http://www.Modelica.org/, 1999

[845] Mosterman, P.J., Otter, M., Elmqvist, H.
Modeling Petri Nets as Local Constraint Equations for Hybrid Systems using Modelica.
SCSC'98, Reno, Nevada, 1998

[846] NMF
Homepage: http://www.brisdata.se/

[847] OMOLA
Homepage: http://www.control.lth.se/~cace/omsim.html

[848] Otter, M.
Objektorientierte Modellierung mechatronischer Systeme am Beispiel geregelter Roboter.
VDI-Fortschrittsberichte, Reihe 20, No. 147, 1995

[849] Otter, M., Elmqvist, H.
Energy Flow Modeling of Mechatronic Systems via Object Diagrams.
Proceedings of 2nd Mathmod Vienna, IMACS Symposium on Mathematical Modelling, S. 705–710, Wien, 1997

[850] Otter, M., Elmqvist, H., Mattsson, S.E.
Hybrid Modeling in Modelica based on the Synchronous Data Flow Principle.
CACSD'99, 22.-26. August, Hawaii, 1999

[851] Pantelides, C.
The Consistent Initialization of Differential-Algebraic Systems.
SIAM Journal of Scientific and Statistical Computing, S. 213–231, 1988.

[852] Schade, H., Kunz, E.
Strömungslehre.
Walter de Gruyter, 2. Auflage, 1989

[853] Schlacher, K., Kugi, A., Scheidl, R.
Tensor Analysis Based Symbolic Computation for Mechatronic Systems. Part I: Open loop systems.
IMACS Symposium on Mathematical Modelling, Wien, 1997

[854] Stephan, K., Mayinger, F.
Thermodynamik. Band 2: Mehrstoffsysteme und chemische Reaktionen.
Springer-Verlag, Berlin, 13. Auflage, 1992

[855] SIMULINK
Homepage: http://www.Mathworks.com/

[856] SystemBuild
http://www.isi.com/Products/MATRIXx/

[857] Tarjan, R.E.
Depth First Search and Linear Graph Algorithms.
SIAM Journal of Comp. (1972), No. 1, S. 146–160

[858] Varga A.
Computation of Kronecker-Like Forms of a System Pencil: Applications, Algorithms and Software.
Proceedings of the 1996 IEEE International Symposium on Computer-Aided Control System Design, Dearborn, MI, Sept. 15.-18, 1996

Kontinuierliche Fertigungsanlagen

[859] Baumgarten, H.L.
Zugkraft-Verformungsverhalten von Papier.
Wochenblatt der Papierfabrikation (1974), No. 1, S. 6

[860] Brandenburg, G.
Über das dynamische Verhalten durchlaufender elastischer Stoffbahnen bei Kraftübertragung durch Coulomb'sche Reibung in einem System angetriebener, umschlungener Walzen.
Dissertation TU München, 1971

[861] Brandenburg, G., Tröndle, H.-P.
Das dynamische Verhalten des Registerfehlers bei Rotationsdruckmaschinen.
Siemens Forschungs– und Entwicklungsberichte 5, 1976, Nr. 1, S. 17–20 und Nr. 2, S. 65–71

[862] Brandenburg, G.
New mathematical models for web tension and register error.
Proc. 3rd Int. IFAC Conf. on Instrumentation and Automation in the Paper, Rubber and Plastics Industries, PRP 3, Brussels, 1976, S. 411–438

[863] Brandenburg, G.
Verallgemeinertes Prozeßmodell für Fertigungsanlagen mit durchlaufenden Bahnen und Anwendung auf Antrieb und Registerregelung bei Rotationsdruckmaschinen.
Habilitationsschrift, Technische Universität München, 1976

[864] Brandenburg, G., Geißenberger, S., Kink, C., Schall, N.-H., Schramm, M.
Multimotor electronic line for rotary offset printing presses – a revolution in printing machines techniques.
IEEE/ASME Transactions on Mechatronics, 1999, Vol. 4, No. 1, S. 25–31

[865] Brandenburg, G.
Dynamisches Verhalten von Doublier– und Registerfehler bei Rollenoffset– Druckmaschinen. Tagungsband SPS/IPC/DRIVES Elektrische Automatisierung, 2000, S. 698–715

[866] Jacob, H.G.
Rechnergestützte Optimierung statischer und dynamischer Systeme
Springer-Verlag, Berlin, 1982

[867] Kessler, G., Brandenburg, G., Schlosser, W., Wolfermann, W.
Struktur und Regelung bei Systemen mit durchlaufenden elastischen Bahnen und Mehrmotoren-Antrieben.
Regelungstechnik (1984), No. 8, S. 251–266

[868] Lippmann, H. , Mahrenholz, O.
Plastomechanik der Umformung metallischer Werkstoffe, Band 1.
Springer-Verlag, Berlin, 1967

[869] Litz, L.
Dezentrale Regelung
R. Oldenbourg Verlag, München, 1983

[870] Loser, R.
Entwurf und Aufbau von dezentralen Zustandsregelungen mit Entkopplung bei kontinuierlichen Fertigungsanlagen
Diplomarbeit, TU München, Lehrstuhl für Elektrische Antriebssysteme, 1989

[871] Meissner, J.
Deformationsverhalten der Kunststoffe im flüssigen und festen Zustand.
Kunststoffe (1971), No. 8, S. 576

[872] Neuber, H.
Technische Mechanik
Springer-Verlag, Berlin, 1971

[873] Schröder, D.
Intelligent Observer and Control Design for Nonlinear Systems.
Springer-Verlag, Berlin, 2000

[874] Straub, S.O.
Entwurf und Validierung neuronaler Beobachter zur Regelung nichtlinearer dynamischer Systeme im Umfeld antriebstechnischer Problemstellungen.
Dissertation, TU München, Herbert Utz Verlag, München, 1998

[875] Truckenbrodt, E.
Strömungsmechanik. Grundlagen und technische Anwendungen.
Springer-Verlag, Berlin 1968

[876] Wolfermann, W., Schröder, D.
Application of Decoupling and State Space Control in Processing Machines with Continuous Moving Webs.
Preprints of the IFAC87 World Congress on Automatic Control, München, 1987, Vol. 3, S. 100–105

[877] Wolfermann, W.
       *New Decentralized Control in Processing Machines with Continuous Moving
       Webs.*
       Second International Conference on Web Handling IWEB93, Oklahoma USA,
       1993, Session 2, No. 9

[878] Wolfermann, W.
       Dezentrale Regelungen bei kontinuierlichen Fertigungsanlagen
       Antriebstechnik (1994), No. 3, S. 65–69

[879] Wolfermann, W.
       *Tension Control of Webs – A Review of the Problems and Solutions in the
       Present and Future.*
       Third International Conference on Web Handling IWEB95, Oklahoma USA,
       1995, Session 4, No. 15

[880] Wolfermann, W.
       Sensorless Tension Control of Webs.
       Fourth International Conference on Web Handling IWEB97, Oklahoma USA,
       1997, Session 3, No. 23

Stichwortverzeichnis

Druck: Mercedes-Druck, Berlin
Verarbeitung: Buchbinderei Lüderitz & Bauer, Berlin